LEHRBUCH DER BALLISTIK

VON

Dr. C. CRANZ

GEH. REG.-RAT UND O. PROFESSOR AN DER TECHN. HOCHSCHULE
BERLIN

ERSTER BAND
ÄUSSERE BALLISTIK

SPRINGER-VERLAG BERLIN HEIDELBERG GMBH 1925

ÄUSSERE BALLISTIK

ODER THEORIE DER BEWEGUNG DES GESCHOSSES
VON DER MÜNDUNG DER WAFFE AB BIS ZUM
EINDRINGEN IN DAS ZIEL

IN FÜNFTER AUFLAGE HERAUSGEGEBEN VON

Dr. C. CRANZ

GEH. REG.-RAT UND O. PROFESSOR AN DER TECHNISCHEN
HOCHSCHULE BERLIN

UNTER MITWIRKUNG VON

PROFESSOR O. VON EBERHARD

UND

MAJOR Dr. K. BECKER

REFERENT BEI DER INSPEKTION FÜR
WAFFEN UND GERÄT IN BERLIN

MIT 132 TEXTABBILDUNGEN
UND EINEM ANHANG
TABELLEN UND DIAGRAMME

SPRINGER-VERLAG BERLIN HEIDELBERG GMBH 1925

ISBN 978-3-662-39288-1   ISBN 978-3-662-40321-1 (eBook)

DOI 10.1007/978-3-662-40321-1

Additional material to this book can be downloaded from http://extras.springer.com

DEM ANDENKEN SR. EXZELLENZ
DES HERRN GENERALS DER ARTILLERIE

A. VON KERSTING (†)

IN TREUER VEREHRUNG
UND DANKBARKEIT
GEWIDMET

Aus dem Vorwort zur ersten Auflage
von Band I 1910

(zugleich zweiten Auflage des „Kompendiums der theoretischen äußeren
Ballistik"; Verlag von B. G. Teubner in Leipzig, 1896).

Das vorliegende Werk hat die gesamte theoretische und experimentelle Ballistik zu seinem Gegenstand. Die theoretische Ballistik beschäftigt sich mit der Untersuchung der Geschoßbewegung und der daran sich anschließenden Fragen auf Grund der Mathematik und Mechanik. Diese Disziplin zerfällt naturgemäß in zwei Teile; hiervon verfolgt die sogenannte innere Ballistik das Geschoß von dem Moment ab, wo es sich im Innern des Rohrs in Bewegung setzt, bis zum Passieren der Mündung; die äußere weiterhin von dem letzteren Moment bis zum Eindringen in das Ziel. Die experimentelle Ballistik hat es mit den zugehörigen Messungs- und Beobachtungsmethoden zu tun.

Da das Buch sich seinen Leserkreis in sehr verschiedenen Berufsarten suchen muß, so war es notwendig, es in einer Form abzufassen, die auch dem Halb- und Nichtmathematiker die Benützung ermöglicht. Zu diesem Zwecke wurden die Einzelberechnungen ausführlicher gehalten, als es in einem ausschließlich für Mathematiker oder Physiker bestimmten Werk der Fall wäre; ferner sind von Zeit zu Zeit die Resultate samt Schlüssel der Bezeichnungen zusammengestellt. Das dynamische Maßsystem durfte, so sehr dies auch in meinem Sinne gelegen hätte, mit Rücksicht auf den Charakter des Buches nicht wohl verwendet werden. Dies wird in der Ballistik erst dann möglich sein, wenn sich auch die Techniker entschlossen haben werden, jenes System von Maßeinheiten allgemein anzunehmen. Solange aber in der Technik das statische System benützt wird, z. B. Gasdrücke pro Flächeneinheit in kg/qcm statt in Dyn/qcm, lebendige Kräfte in mkg statt in Erg usw. angegeben werden, muß dies auch in der Ballistik geschehen. Damit möge man es erklären, daß hier, wie es in der Waffentechnik noch allgemein üblich ist, von Geschoßgewichten, Ladungsgewichten usw. auch da gesprochen wird, wo der Physiker die Ausdrücke „Geschoßmasse" „Ladungsmasse" usw. erwartet.

             Vorwort zur ersten Auflage.

Der Inhalt der einzelnen Bände des Buches ist in den Inhaltsverzeichnissen aufgeführt und nach fortlaufenden Nummern geordnet. Die Abgrenzung des Stoffes nach den Seiten der Waffenlehre und Waffenkonstruktionslehre, der Chemie der Explosivstoffe und der praktischen Schießlehre ist in mancher Hinsicht Sache der subjektiven Auffassung und daher nicht ganz frei von einer gewissen Willkür. Im vorliegenden Falle war diese Abgrenzung dadurch gegeben, daß das Werk aus den Vorträgen entstanden ist, die ich seit 1905 an der militärtechnischen Akademie abhalte. Solche Leser, denen etwa das Schießwesen der Praxis nicht weitgehend genug berücksichtigt erscheint, mögen das Werk als theoretische Ergänzung betrachten zu den „Schießvorschriften", sowie zu den „Schießlehren für Infanterie und Artillerie" von Generalleutnant a. D. H. Rohne, der sich bekanntlich um die Anwendung der ballistischen Wissenschaft auf die militärische Praxis hervorragende Verdienste erworben hat. Auch auf die Arbeiten von Freih. von Zedlitz und von Krause, sowie auf das gründliche und vorzüglich klar geschriebene Werk von Viktor Ritter von Niesiolowski-Gawin, „Ausgewählte Kapitel der Technik mit besonderer Rücksicht auf militärische Anwendungen", 2. Aufl., Wien 1908, sei bei diesem Anlaß aufmerksam gemacht.

Durchweg habe ich gesucht, die verschiedenen Fragen in möglichst objektiver Weise kritisch zu behandeln, die Grundlagen der einzelnen Berechnungen auf ihre Zuverlässigkeit zu prüfen und damit die Theorien auf ihren richtigen Wert zurückzuführen. So sind z. B. einer kritischen Betrachtung unterzogen: Die verschiedenen Luftwiderstandsgesetze und Luftwiderstandsversuche; die Berechnungen über die Schiefstellung der Geschoßachse, über die Spitzenkoeffizienten und über die günstigste Geschoßform; das übliche Verfahren zum Erschießen von Formwerten; das Übertragen von Formwerten der Artilleriegeschosse auf Infanteriegeschosse; die Methoden des Schwenkens einer Flugbahn; die Berechnungen über das Eindringen von Geschossen; mehrere innerballistische Berechnungs- und Messungsmethoden usw. WeSn es sich dabei gezeigt hat, daß zahlreiche Ergebnisse und Methoden, die bisher als feststehend galten, tatsächlich recht unsicherer Natur sind, daß überhaupt die gesamte theoretische und experimentelle Ballistik weniger weit, als manche glauben und behaupten, bis jetzt gefördert ist, so ist diese Tatsache zwar an sich zu bedauern, aber ihre Hervorhebung und Begründung kann für eine gedeihliche Weiterentwicklung dieser Disziplin nur förderlich sein. Die Gründe für die verhältnismäßig langsame Entwicklung der Ballistik sind darin zu suchen, daß es sich tatsächlich um Probleme von äußerster Kompliziertheit handelt, ferner darin, daß in der äußeren Ballistik die Luftwiderstandsversuche usw. früher nicht immer in rationeller Weise

angestellt wurden und in der inneren Ballistik die Geschwindigkeits-
und Gasdruckmessungen auf sehr große Schwierigkeiten stoßen, endlich
darin, daß ein freier Austausch der wissenschaftlichen Forschungen
in dieser Disziplin nicht ebenso ermöglicht ist, wie in anderen
Disziplinen.

Auf der anderen Seite darf die Genauigkeit der ballistischen
Berechnungen auch nicht unterschätzt werden, wie es mitunter geschieht. In der äußeren Ballistik ist es mit den neueren Methoden
immerhin möglich geworden, z. B. eine Schußweite von 8 Kilometern
aus den Dimensionen und der Masse des Geschosses, aus dessen Anfangsgeschwindigkeit und Abgangswinkel, sowie aus der Tagesluft-
dichte auf 0,5 bis 1 Prozent genau voraus zu berechnen (vgl. Band I,
Tabelle Seite 227). Eine richtige Würdigung der Bedeutung der
Theorie scheint sich namentlich unter den Vertretern der Praxis
mehr und mehr Bahn zu brechen. Seltener als früher kommt es vor,
daß ein Praktiker eine Formel ohne Prüfung ihres Gültigkeitsbereichs
herausgreift und bei mangelhafter Übereinstimmung zwischen Rech-
nungs- und Schießresultat über die Theorie im allgemeinen den Stab
bricht. Zu der richtigen Einschätzung des ballistischen Rechnungs-
und Messungswesens trägt ohne Zweifel die Tätigkeit der staatlichen
Prüfungskommissionen und der großen Geschütz-, Gewehr- und Pulver-
fabriken wesentlich bei. Die Klagen über einen angeblichen Gegensatz
zwischen Theorie und Praxis werden vollends verschwinden, wenn
der Theoretiker die Grundlagen und den Genauigkeitsgrad seiner
eigenen Berechnungen stets deutlich hervortreten läßt und mit seiner
Theorie nach Möglichkeit der Praxis zu dienen sucht, und wenn
der Praktiker einwandfreie Unterlagen für die Theorie schafft und
bei der Anwendung von Formeln auf die Praxis berücksichtigt, daß
eine Theorie inhaltlich nicht mehr bieten kann und will, als durch
die Voraussetzungen und Erfahrungen in anderer Form in sie hinein-
gelegt worden war. Dann wird der Praktiker den Hauptnutzen der
Theorie doch dankbar anerkennen; und dieser besteht auch hier
darin, die Versuche von vornherein in gewisse Grenzen einzuweisen
und damit viele Zeit und viele Kosten zu ersparen.

Der vorliegende erste Band behandelt die theoretische äußere
Ballistik; er bildet die zweite Auflage meines „Kompendiums der
theoretischen äußeren Ballistik" vom Jahre 1896. Mit Ausnahme
des 1. Abschnitts (Wurfbewegung im leeren Raum) sind sämtliche
Teile völlig umgearbeitet ...

Der in kurzem erscheinende Band II behandelt die innere Ballistik.
Mit dem Band III soll ein Leitfaden zur experimentellen Ballistik
gegeben werden. Der Band IV (Atlas) enthält, außer Diagrammen
und Photographien von Momentaufnahmen, insbesondere eine Sammlung

der wichtigsten ballistischen Tabellen. Zum Gebrauch des I. und III. Bandes ist dieser Atlas unentbehrlich.

Irgendwelche Zahlenangaben über neuere Waffen und Geschosse wird man in diesem Werke nicht suchen dürfen (darüber vgl. z. B. die „Waffenlehren" von Berlin und von R. Wille); die Zahlenbeispiele sind teils den Mitteilungen von F. Krupp und P. Mauser entnommen, teils sind sie frei gebildet. Manche Beispielberechnungen und -messungen, die im Text der sämtlichen Teile erwähnt sind, wurden bei Gelegenheit von Prüfungsarbeiten, die ich an der Militärtechnischen Akademie vorzuschlagen hatte, durch Hörer ausgeführt. Die Namen der betreffenden Herren sind dabei bemerkt.

Die Literaturverzeichnisse, die sich am Schluß der ersten drei Bände finden, sind speziell für die Zwecke der Militärtechnischen Akademie angefügt. Sie werden aber auch anderen Lesern willkommen sein, die sich über eine ballistische Spezialfrage zu orientieren beabsichtigen. Vielleicht tragen sie außerdem dazu bei, daß dem häufig geäußerten Wunsch nach eingehenderem Zitieren auch in der Ballistik mehr und mehr entsprochen wird. Es ließen sich zahlreiche Beispiele dafür anführen, wie, infolge von mangelhafter Kenntnis der Literatur, ballistische Untersuchungen zum zweiten- oder drittenmal durchgeführt, Apparate neu konstruiert wurden, die seit Jahrzehnten veröffentlicht sind usw. Die Namen der Autoren sind in dem vorliegenden Verzeichnis durchweg mittels besonderen Drucks hervorgehoben; im Haupttext ist dies nur bezüglich der Namen derjenigen Autoren geschehen, deren Arbeiten an der betreffenden Stelle eingehender besprochen sind. Auf Vollständigkeit kann auch dieses Verzeichnis trotz seiner Reichhaltigkeit keinen Anspruch machen; auch ist mir nur die größte Mehrzahl der zitierten Aufsätze aus eigener Anschauung bekannt geworden. Um so mehr richte ich an die Herren Fachgenossen das Ersuchen, mich auf etwaige Fehler und Mängel, die sich in diesem Verzeichnis und in den sonstigen Teilen des Buches finden, für die Zwecke einer etwaigen weiteren Auflage direkt aufmerksam machen zu wollen, und füge bei diesem Anlaß die Bitte um Austausch der Sonderabdrücke von Zeitschriftenaufsätzen an.

Herr Oberleutnant K r a u s e hatte die Güte, die sekundären Funktionen zu dem Luftwiderstandsgesetz von Chapel-Vallier-Hojel (Band IV Tabellen 12_b bis 12_f) für den vorliegenden Zweck neu zu berechnen und auszugleichen. Ich spreche ihm auch an dieser Stelle den Dank für die Mühe aus, die er mit dieser zeitraubenden Arbeit auf sich genommen hat.

Ebenso ist es mir eine angenehme Pflicht, den Herren Hauptmann B e n s b e r g, Oberleutnant S c h a t t e, Oberleutnant B e c k e r und Oberleutnant E i c h e l k r a u t für die mannigfache Unterstützung zu danken, die sie mir mit der Durchführung zahlreicher Messungen und Berechnungen, die im Text mit Angabe des Namens erwähnt sind, bzw. mit einer zweiten Lesung der Korrekturbogen haben zuteil werden lassen.

Berlin-Charlottenburg.

Dr. C. Cranz,
Geh. Reg.-Rat u. Prof. an der Militärtechnischen Akademie.

Aus dem Vorwort zur dritten und vierten Auflage von Band I (1916 und 1918).

Die 1. Auflage dieses Bandes I hat in militärischen und mathematischen Zeitschriften eine sehr freundliche Beurteilung gefunden (getadelt wurde nur, und nur von einer Seite, daß das Buch zu viele unnötige Fremdwörter enthalte). So durfte angenommen werden, daß die Gesamtanlage des Buchs als zweckmäßig angesehen und für die von der Verlagsanstalt gewünschte Neuauflage beibehalten werden könne.

Die wesentlichsten Abänderungen, die bei der Neubearbeitung des Bandes vorgenommen wurden, beziehen sich auf folgendes: Das Schießen im Gebirgskriege, sowie die Ballistik des Luftkriegs mußten in höherem Maße als früher Berücksichtigung finden. In Abschnitt 2 Nr. 9 und Nr. 10 sind Bemerkungen über die neueren Versuche zur Gewinnung eines theoretischen Luftwiderstandsgesetzes hinzugefügt und diese Versuche kritisch besprochen; auch die seit 1910 durchgeführten Luftwiderstandsmessungen fanden gebührende Berücksichtigung. Das Verfahren der Reihenentwicklung, die Verwendung des Restglieds in Integralform und die Darstellung der Flugbahn durch ganze rationale algebraische Funktionen wurden, für sich abgesondert und ausführlicher als früher, in einer besonderen Nummer abgehandelt. Nahezu vollständig umgearbeitet wurde der Abschnitt, der sich mit den Abweichungen der Geschosse infolge von Geschoßrotationen, insbesondere mit den Bewegungen eines rotierenden Langgeschosses um den Geschoßschwerpunkt beschäftigt. Die analytischen Berechnungen wurden stark gekürzt, dafür ist die graphische Behandlung in den Vordergrund gerückt. Und da mir in den letzten Jahren von mehreren Physikern die Frage vorgelegt worden war, wie es komme, daß ein rotierendes Langgeschoß pfeilartig fliege und daher mit seiner Spitze voran auf den Erdboden aufschlage, und weshalb die Rechtsabweichung eines rotierenden Langgeschosses bei Rechtsdrall nicht später in eine Linksabweichung übergehe, so wurde der scheinbare Pfeilflug eines rotierenden Langgeschosses sowie die Möglichkeit einer Linksabweichung bei

Rechtsdrall, bzw. einer Rechtsabweichung bei Linksdrall in qualitativer Weise erörtert. Bei den zugehörigen Auseinandersetzungen ist von der Vektorendarstellung nur in sehr mäßiger Weise, und nur nach den nötigen Erläuterungen, Gebrauch gemacht. Überhaupt war das Bestreben unter anderem darauf gerichtet, den gesamten Stoff in einer Form darzubieten, die jeden Leser, der wenigstens die Prima eines Gymnasiums hinter sich hat, in den Stand setzt, die sämtlichen ballistischen Aufgaben an der Hand des Buches zu lösen. Zahlreiche Formelzusammenstellungen samt ausführlicher Erläuterung der Bezeichnungen, sowie eine beträchtliche Anzahl von durchgerechneten Zahlenbeispielen dienen dem gleichen Zwecke.

Im übrigen gilt auch für diese Neuauflage alles, was in dem Vorwort zur 1. Auflage über die kritische Behandlung der einschlägigen Fragen, über den Charakter des Buchs als eines Lehrbuchs der theoretischen Ballistik, im Gegensatz zu einer „Waffenlehre", über die Verwendung der Maßsysteme usw. gesagt ist.

Ein Gewinn für das Buch ist es, daß Herr Hauptmann Becker sich bereit gefunden hat, bei der Herausgabe dieser Auflage mitzuwirken. Er hat alles durchgesehen, manche Verbesserungen im einzelnen angebracht, und von ihm stammt die Umarbeitung des Abschnitts über Schußtafelberechnungen, wodurch dieser Teil für die Zwecke der Praxis geeigneter gestaltet ist. Auf die Anregung von Herrn Hauptmann Becker hin wurden auch zahlreiche Fremdwörter beseitigt. Sehr viel weiter kann jedoch vorläufig nicht gegangen werden. Der Ballistiker muß sich, wenn er verstanden sein will, der Sprachweise des Mathematikers, Physikers, Technikers und Chemikers anbequemen.

Herr Leutnant Ermann und Herr stud. math. L. Bauer hatten die Güte, gleichfalls die Korrekturfahnen bzw. die Druckbogen zu lesen und zu berichtigen. Sie haben dies mit solcher Sorgfalt getan, daß ein Druckfehlerverzeichnis vorläufig nicht erforderlich ist. Wenn sich trotzdem ernstliche Versehen in dem Buche finden sollten, bin ich den Herren Fachgenossen, denen solche Irrtümer aufstoßen, für eine Mitteilung an mich zu Dank verpflichtet.

Die Verlagsanstalt hat keine Kosten und keine Mühe gescheut, dem Buche eine würdige Ausstattung zu geben. Besonders hat sie es ermöglicht, daß am Schluße 2 Tafeln mit 15 elektrischen Momentaufnahmen des fliegenden Geschosses angefügt werden konnten, die sich auf die Lehre vom Luftwiderstand bei großen Geschwindigkeiten beziehen.

Das Buch ist Herrn General der Artillerie z. D. Exzellenz A. von Kersting gewidmet, der sich als Begründer und erster Direktor der Militärtechnischen Akademie (1903—1912) und während der beiden ersten Jahre des Krieges als Präses der Artillerie-Prüfungs-Kommission in selbstlosem Wirken die größten Verdienste um die deutsche Militärtechnik erworben und dessen Art, zu denken, zu fühlen und zu handeln, ihm die Herzen aller gewonnen hat, die diesen Mann kennen. Ihm verdanken sämtliche Angehörige der Militärtechnischen Akademie sehr viel. Ihm verdanke ich speziell die meiste Förderung meiner ballistischen Studien seit 1903. Und was Exzellenz von Kersting in dem bekannten Werke des Teubnerschen Verlags „Die Kultur der Gegenwart", Teil IV, Nr. 12, Technik des Kriegswesens, über den „Einfluß des Kriegswesens auf die Gesamtkultur" geschrieben hat, enthält so viele Goldkörner reifsten Urteils, edelster Ethik und abgeklärter Lebensweisheit, daß jedermann, der diese Schrift mit Aufmerksamkeit liest, dadurch sich bereichert fühlt. Der junge Offizier sollte nicht versäumen, die dort niedergelegten Gedanken, z. B. über das Heer als Bildungsanstalt und Erziehungsanstalt (Abschnitt 9 und 10), aufzunehmen und anzuwenden; sie werden ihm reiche Früchte bringen.

Berlin-Charlottenburg 1916 und 1918.

Carl Cranz.

Vorwort zur fünften Auflage von Band I.

Seit einigen Jahren ist Band I (Äußere Ballistik) und Band III (Experimentelle Ballistik) vollständig vergriffen. In dankenswerter Weise hat es die Verlagsbuchhandlung Julius Springer in Berlin übernommen, das gesamte Lehrbuch der Ballistik neu aufzulegen und dabei auch den Band II (Innere Ballistik), der aus mancherlei Gründen bisher nicht veröffentlicht werden konnte, erscheinen zu lassen. Der bisherige Band IV, in dem die ballistischen Tabellen und Diagramme, sowie die photographischen Aufnahmen vereinigt waren, kommt nunmehr in Fortfall; dafür sind die wichtigsten Tabellen und Diagramme in einem Anhange zu Band I, die neueren photographischen Aufnahmen in Anhängen zu Band II bzw. III aufgenommen worden.

Das Bestreben war darauf gerichtet, die Erfahrungen, die der Weltkrieg auf dem Gebiete der Ballistik gebracht hat, tunlichst zu verwerten. Aus diesem Grund spielen die Methoden zur stückweisen Berechnung oder Konstruktion von Steilbahnen (§ 33 bis 39), die Geschoßpendelungen (§ 55 bis 60) und die Tageseinflüsse der variablen Luftdichte, des Windes usw. (§ 15 und 43 bis 52) in dem Band I eine größere Rolle als früher.

Der Abschnitt über die Aufstellung der Schußtafeln (in den früheren Auflagen Abschnitt 8, jetzt Schlußabschnitt 12) ist durch

Herrn Major Dr. K. Becker entsprechend den neuzeitlichen Anforderungen völlig neu bearbeitet worden. Von ihm stammt auch der Passus (§ 49 Schluß), der vom ballistischen Wind und ballistischen Luftgewicht handelt.

Der Rechnungsmethode beim Fernschießen, das während des Krieges Frühjahr 1918 jene schießtechnische Überraschung gebracht hat, ist § 40 gewidmet; dieser Teil ist von dem ehemaligen Assistenten im ballistischen Laboratorium Prof. O. von Eberhard bearbeitet; er hat bekanntlich als Erster durch seine Berechnungen die Möglichkeit einer Schußweite von mehr als 100 km bewiesen.

Neu ist ferner die analytische Berechnung der Geschoßpendelungen und Geschoßabweichungen bei Flachbahnen und Steilbahnen unter Berücksichtigung nicht nur des Kreiseleffekts, sondern auch des Magnuseffekts (§ 58). Es dürfte damit jetzt festgestellt sein, daß die bei einer gewissen größeren Rohrerhöhung am Ende der Flugbahn beobachteten Linksabweichungen bei Rechtsdrall sich anders erklären als die Ballistiker bisher angenommen hatten, daß nämlich in erster Linie der Magnuseffekt die Ursache bildet.

Was die ballistische Literatur anbelangt, so habe ich gesucht, auch die fremdländischen Publikationen, soweit sie mir zugänglich waren und soweit sie lediglich die Wissenschaft fördern sollen, zu berücksichtigen. Auf eine Vollständigkeit des Literaturverzeichnisses kann übrigens unter den gegenwärtigen schwierigen Verhältnissen kein Anspruch gemacht werden. Um so mehr richte ich an die Herren Fachgenossen die Bitte, Sonderabdrücke ihrer ballistischen Arbeiten mir zuzuschicken. Diese Bitte gilt bei fremdländischen Arbeiten nur dann nicht, wenn sie Zeichen feindseliger Gesinnung gegen das Deutschtum enthalten und dadurch als unsachlich gekennzeichnet sind.

Auch an dieser Stelle danke ich den Herren Prof. O. v. Eberhard, Major Dr. Ing. K. Becker und Dipl.-Ing. W. Schmundt für ihre Unterstützung bei der Abfassung und bei der Korrektur, Herrn Professor Rothe für einige Verbesserungsvorschläge und der Verlagsbuchhandlung Julius Springer für die schöne Ausstattung des Werkes.

Berlin-Charlottenburg, September 1925.

Carl Cranz.

Inhaltsverzeichnis.

(Band I.)

Theoretische äußere Ballistik.

Seite

Erster Abschnitt. Wurfbewegung ohne Rücksicht auf den Luftwiderstand.

1. Flugbahnparabel, Scheitel, Schußweite, Bahngeschwindigkeit, Flugzeit 1
2. Schar der Flugbahnen mit konstanter Anfangsgeschwindigkeit 6
3. Schar der Flugbahnen mit konstantem Abgangswinkel und einige andere Flugbahnscharen 12
4. Wurf auf geneigtem Boden 15
5. Beispiele: einige Anwendungen der Flugbahngleichungen des leeren Raumes 22
6. Wurfbewegung im leeren Raum mit Rücksicht auf die Abnahme der Fallbeschleunigung mit der Höhe, die Konvergenz der Vertikalen und die Erdkrümmung 27
7. Zusammenstellung der Formeln für die Wurfbewegung im luftleeren Raum (konstante Fallbeschleunigung) 33

Zweiter Abschnitt. Über den Luftwiderstand.

I. Der Luftwiderstand gegen ein Langgeschoß unter der Voraussetzung, daß dessen Längsachse in der Bewegungsrichtung des Schwerpunktes liegt.

8. Allgemeine Erörterungen 36
9. Theoretische Ansätze zur Gewinnung des Luftwiderstandsgesetzes . . 47
10. Empirisch gewonnene Luftwiderstandsgesetze und zugehörige Experimente 54
11. Allgemeine Bemerkungen über die bei der Aufstellung von empirischen Luftwiderstandsgesetzen angewandten Methoden. Kritische Bemerkungen. Vorschläge 66

II. Über den Einfluß einer Schiefstellung der Geschoßachse gegenüber der Bewegungsrichtung des Schwerpunkts.

12. Ermittlung der Luftwiderstandskomponenten parallel und senkrecht zur Geschoßachse und des Drehmoments um eine Querachse durch den Schwerpunkt. Allgemeine Gleichungen. Beispiele. Bemerkungen über die Unsicherheit der Berechnungen und über die Notwendigkeit von Versuchen 72

III. Der Formwert eines Geschosses.

13. Über die Berechnung der Spitzenkoeffizienten von Geschossen verschiedener Kopfform 84
14. Über die Berechnungen bezüglich der günstigsten Spitzenform des Geschosses. Sogen. Augustsche Geschoßspitze 91

IV. Einfluß der Luftdichte.

15. Berechnung des Tagesluftgewichtes δ 98
16. Zusammenfassende kritische Schlußbemerkung zu diesem Abschnitt . 105

Dritter Abschnitt. **Das spezielle ballistische Problem. Angabe des Problems und allgemeine Folgerungen für die Flugbahn.**

17. Die allgemeinen Gleichungen 107
18 Über die Integrierbarkeit der Hauptgleichung mittels der elementaren Integrationsmethoden zur Lösung von Differentialgleichungen 116
19. Ein Umkehrungsproblem 126
20. Allgemeine Eigenschaften jeder Flugbahn 128

Vierter Abschnitt. **Erste Hauptgruppe von Näherungslösungen des speziellen außerballistischen Problems: Berechnung der Flugbahn in einem einzigen Bogen.**
Erste Untergruppe: **Lösungen mit Benützung der genauen Hauptgleichung und unter Voraussetzung eines Potenzgesetzes $c \cdot r^n$ für die Verzögerung durch den Luftwiderstand.**

21. Methode von Euler-Otto 140
22. Methode von F. Bashforth 144

Fünfter Abschnitt. **Zweite Untergruppe: Integrationen auf Grund einer angenäherten Hauptgleichung.**

23. Allgemeines. Gegenüberstellung der verschiedenen Methoden 147
24. Lösung von J. Didion (1848) 154
25. Die Didion-Bernoullische Näherungslösung für die eingliedrigen Potenzgesetze $cf(v) = cv^n$ 160
26. Näherungslösung von F. Siacci 1880 („Siacci I") 170
27. Die Lösungsmethoden von Siacci 1888 (Siacci II) und 1896 (Siacci III) 175
28. Die Näherungslösung von E. Vallier 1894 178
29. Näherungslösungen von P. Charbonnier 183
30. Über die sekundären ballistischen Funktionen 186
31. Die ballistischen Abaken von C. Cranz 189

Sechster Abschnitt. **Dritte Untergruppe: Reihenentwicklungen zur Berechnung einer Flugbahn in einem einzigen Bogen.**

32. Allgemeines. Methode von Piton-Bressant und Hélie. Formeln der Kommission von Gâvre. Methode von Duchêne. Methode des „Aide-Mémoire" 195

Siebenter Abschnitt. **Zweite Hauptgruppe von Näherungslösungen des speziellen außerballistischen Problems: Streckenweise graphische Konstruktion oder stückweise numerische Berechnung einer Flugbahn.**

33. Das graphische Verfahren von Poncelet (1827) und Didion (1848) . . 207
34. Graphisches Verfahren von C. Cranz und R. Rothe mit den Modifikationen von C. Veithen und L. Gümbel 209
35. Die graphischen Lösungsmethoden von Th. Vahlen (1918) und von E. A Brauer (1918) 219
36. Stückweise Flugbahnberechnung von C. Veithen (1919) nach C. Runge und W. Kutta 222
37. Über die Methoden von O. Wiener (1919) und A. von Brunn (1919) zur stückweisen Berechnung von Flugbahnen 225

38. Über die Methoden von Frh. von Zedlitz, von E. Stübler und von J. de Jong zur stückweisen Berechnung einer Flugbahn 230
39. Der lotrechte und der nahezu lotrechte Schuß 233
30. Einiges über das Fernschießen. (Bearbeitet von O. von Eberhard) . . 243

Achter Abschnitt. Über die Methode der „Normalbahnen" von C. Cranz und ihre Anwendung zur Prüfung der verschiedenen Lösungsmethoden auf deren Genauigkeitsgrad.

41. Der rein mathematische Fehler und der physikalische Fehler der Lösungsmethoden 252
42. Über die Fehler, die speziell bei dem „Schwenken einer Flugbahn" entstehen können 268

Neunter Abschnitt. Sekundäre Einflüsse. Einseitige Geschoßabweichungen.

43. Über einseitige Geschoßabweichungen im allgemeinen 273
44. Einfluß einer kleinen Änderung des Abgangswinkels φ oder der Anfangsgeschwindigkeit v_0 oder des (von Kaliber $2R$, Geschoßgewicht P, Formfaktor i und Luftgewicht δ abhängigen) ballistischen Koeffizienten c 275
45. Geschoßabweichungen durch schiefen Räderstand beim Geschütz bzw. durch Verkanten des Visiers beim Gewehr 287
46. Abweichungen durch Wind. Einleitende Bemerkungen 289
47. Die Waffe sei in Ruhe bezüglich des Erdbodens. Wind wehe horizontal und parallel der Schußebene 292
48. Die Waffe sei in Ruhe bezüglich des Erdbodens. Wind wehe horizontal und senkrecht zur Schußebene 299
49. Die Waffe in Ruhe bezüglich des Erdbodens. Wind wehe schief gegen die Schußebene, konstant oder mit der Höhe veränderlich 302
50. Fallenlassen eines Körpers aus einem Flugzeug bei Wind 311
51. Von einem fahrenden Schiff oder Flugzeug aus wird quer zur Fahrtrichtung geschossen; Wind parallel der Fahrtrichtung 313
52. Ein Dampfer fährt auf einem Fluß. In der Luft bewegt sich ein Flugzeug, das bezüglich des Dampfers eine bestimmte Geschwindigkeit besitzt. Wind weht schief zur Fahrtrichtung des Flugzeugs. Aus dem Flugzeug wird in schiefer Richtung geschossen 315
53. Geschoßabweichungen durch die Erdrotation 316
54. Die regelmäßigen Seitenabweichungen der Infanteriegeschosse bei aufgestecktem Seitengewehr 325
55. Einseitige Abweichungen durch Geschoßrotationen. Abweichungen kugelförmiger Geschosse 328
56. Abweichungen der rotierenden Langgeschosse. Erfahrungstatsachen . 334
57. Wie fliegt ein rotierendes Langgeschoß? Magnuseffekt, Poissoneffekt, Kreiseleffekt. Über die Bedingungen für einen guten Geschoßflug; scheinbare Pfeilwirkung 339
58. Berechnung von Flugbahnen rotierender Langgeschosse (von C. Cranz und W. Schmundt) 358
59. Näherungsformeln für die durch Geschoßrotation bewirkten Seitenabweichungen von Flachbahngeschossen 377
60. Demonstrationsmittel zur Lehre von den Geschoßpendelungen und Geschoßabweichungen 381

XVIII   Inhaltsverzeichnis.

Zehnter Abschnitt. Zufällige Geschoßabweichungen. Anwendung   Seite
der Wahrscheinlichkeitslehre auf die Ballistik.

61. Einleitendes 385
62. Einige Sätze aus der Wahrscheinlichkeitslehre 389
63. Theorie der Geschoßstreuung. Treffgenauigkeitsmaße 395
64. Über den Gegensatz zwischen den wahren und den scheinbaren oder
„plausiblen" Abweichungen. Indirekte Messung ballistischer Größen 404
65. Sukzessive Differenzen 410
66. Wahrscheinlicher Fehler des mittleren Treffpunkts. Zusammenstellung
bezüglich der Genauigkeitsmaße 413
67. Berechnung des arithmetischen Mittels im Fall gruppenweiser Beobachtungen 415
68. Untersuchung einer Beobachtungsreihe. Ausreißer. Symmetrieachsen
eines Trefferbildes 419
69. Die Gruppierungsachsen eines Trefferbildes 425
70. Wahrscheinlichkeit, eine gegebene Fläche zu treffen. Rechteckige
Flächen 429
71. Wahrscheinlichkeit, eine gegebene Kreisfläche zu treffen 441
72. Wahrscheinlichkeit, eine gegebene elliptische Scheibe oder eine Scheibe
von beliebigem Umriß zu treffen 445
73. Verwendung der Gaußschen Methode der kleinsten Fehlerquadratsumme in der Ballistik 450

Elfter Abschnitt. Über die Wirkung der Geschosse im Ziel.

74. Eindringen von Infanteriegeschossen und nicht krepierenden Artilleriegeschossen in feste Körper. Berechnung der Eindringungstiefe und
Eindringungszeit 457
75. Einzelne Erscheinungen. Kritische Bemerkungen 461
76. Über die Explosionswirkung von Sprenggeschossen der Artillerie . . 470
77. Über das Eindringen in flüssige und halbflüssige Körper. Scheinbare
Explosivwirkung (Dum-Dum-Wirkung) der neueren Infanteriegeschosse 480
78. Ablenkungen der Geschoßbahn im Ziel. Streifschüsse. Ricochettieren 493

Zwölfter Abschnitt. Die Aufstellung von Schießbehelfen.
(Bearbeitet von K. Becker.)

79. Die rein rechnerische Aufstellung der Erdschußtafeln 497
80. Die Schußtafelberechnung nach Schußtafelversuchen 504
81. Die Aufstellung der Schießbehelfe zur Flugabwehr 526
82. Herstellung der Schießbehelfe für den Gebirgskrieg 534
83. Die Aufstellung der Korrektionstafeln zur Ausschaltung der besonderen
Einflüsse und der Witterungseinflüsse 537
Literaturnoten und Bemerkungen zu Band I 540

Anhang: Ballistische Tabellen und Diagramme.

1. Tabellen.

Nr. 1: Fallbeschleunigung g für verschiedene geographische Breiten und
verschiedene Meereshöhen 566
Nr. 2: Die natürlichen Werte des sinus, tangens, cosinus 566

Nr. 3: Spannkraft des gesättigten Wasserdampfs für verschiedene Tem- Seite
peraturen 568
Nr. 4: Reduktion des Barometerstands auf 0^0 568
Nr. 5a: Werte von e^z für $z = 0$ bis $z = 3$; (zu § 24 u. 25 dieses Bandes) 569

Nr. 5b: Werte von $2 \cdot \dfrac{e^z - z - 1}{z^2}$ für $z = 0$ bis $z = 2,40$; (zu § 24 u. 25) 570

Nr. 5c: Werte von $\dfrac{e^z - 1}{z}$ für $z = 0$ bis $z = 2,40$; (zu § 24 u. 25) . . . 571

Nr. 6: Das einheitliche Luftwiderstandsgesetz von F. Siacci 1896;
(zu § 10) 572
Nr. 7: Ottosche Tabelle für die Berechnung von Flugbahnen bei Anfangsgeschwindigkeiten kleiner als die Schallgeschwindigkeit und bei
beliebigen Abgangswinkeln; (zu § 21) 577

Nr. 8a: Die Werte von $\displaystyle\int_0^\vartheta \dfrac{d\vartheta}{\cos^{n+1}\vartheta}$ in Funktion von ϑ; für $n = 1,55$;

1,70; 3; 4; 5; 6 583

Nr. 8b: Die Werte von $\displaystyle\int_0^\vartheta \dfrac{d\vartheta}{\cos^3\vartheta} = \xi(\vartheta) = \dfrac{1}{2}\left[\dfrac{\sin\vartheta}{\cos^2\vartheta} + \log\operatorname{nat}\left(45 + \dfrac{\vartheta}{2}\right)\right]$ 585

Nr. 9: Schußfaktorentabelle von F. Siacci auf Grund des quadratischen
Luftwiderstandsgesetzes 606
Nr. 10a: Die primären Funktionen D, J, A, T auf Grund des Luft-
widerstandsgesetzes von Chapel-Vallier-Hojel, nach E. Vallier . 608
Nr. 10b: Zugehörige sekundäre Funktion E 613
Nr. 10c: „   „   „ N 618
Nr. 10d: „   „   „ H 625
Nr. 10e: „   „   „ L 631
Nr. 10f: „   „   „ M 637
Nr. 11: Die primären Funktionen D, J, A, T zu dem einheitlichen Luft-
widerstandsgesetz von F. Siacci 644
Dazu die β-Tabelle von F. Siacci; (diese β-Werte sind besser
durch das nachfolgende Diagramm VI dargestellt).

Nr. 12: Wahrscheinlichkeitsfunktion $\varphi(t) = \dfrac{2}{\sqrt{\pi}} \cdot \displaystyle\int_0^t e^{-t^2} \cdot dt$, nach Czuber. 675

Nr. 13: Tabelle der Wahrscheinlichkeitsfaktoren und Trefferprozente . . 678

Nr. 14: $\operatorname{Sin} x = \dfrac{e^x - e^{-x}}{2}$; $\operatorname{Cof} x = \dfrac{e^x + e^{-x}}{2}$; $\operatorname{Tg} x = \dfrac{e^x - e^{-x}}{e^x + e^{-x}}$ . . . 681

Nr. 15: Tabelle der Werte $Q(v)$ und $M(v)$ für den lotrechten Schuß . 684
Nr. 16: Einige bestimmte Integrale; Formeln für Trägheitsmomente . . 686

2. Diagramme.

Diagramme Ia bis Id: Für den lotrechten und nahezu lotrechten
Schuß. Aufwärtsbewegung, Funktionen M, Q,
G, P 688

Diagramme IIa bis IId: Für den lotrechten und nahezu lotrechten Schuß.   Seite
                         Abwärtsbewegung. Funktionen M_1, Q_1, G_1, P_1 .   696
Diagramme IIIa bis IIIi: Ballistische Abaken von C. Cranz; Funktionen
                         A_1 bis A_9   700
Diagramme IVa bis IVf: Graphische Darstellungen für die Zahlenwerte
                         der Ottoschen Lösung (vgl. § 21 und Tabelle
                         Nr. 7), bei Abgangswinkeln $\varphi \lesseqgtr 45^0$ 706
Diagramm V: Nomographische Darstellung des Luftgewichts δ
                         als Funktion von Barometerstand und Luft-
                         temperatur   707
Diagramm VI: Graphische Darstellung der Werte β zu dem ein-
                         heitlichen Luftwiderstandsgesetz von F. Siacci;
                         vgl. auch § 27 und die Tabelle Nr. 11 Schluß .   707

(Die Diagramme I und II wurden auf Veranlassung des Verfassers
gezeichnet von Hptm. Bensberg und Oblt. Becker, die Diagramme III von
Oblt. Schatte und L. Bauer, die Diagramme IV von E. Stübler, das Diagramm V von H. Kritzinger, das Diagramm VI auf Grund einer Neu-
berechnung der β-Werte gezeichnet von L. Bauer.)

Namenverzeichnis   708
Sachverzeichnis   712

Wurfbewegung ohne Berücksichtigung des Luftwiderstandes.

§ 1. Flugbahnparabel, Scheitel, Schußweite, Bahngeschwindigkeit, Flugzeit.

Bei den Anwendungen der reinen Mathematik auf die Erscheinungen der wirklichen Welt handelt es sich stets um eine mehr oder weniger große Anzahl von gewissen Vereinfachungen. Denn es ist nicht möglich und nicht nötig, alle Einflüsse, denen ein Körper unterliegt, jederzeit in Rechnung zu ziehen. Nicht möglich, weil selbst auf den ersten Blick als sehr einfach erscheinende Naturvorgänge bei genauerer Betrachtung sich als sehr verwickelt erweisen und weil von den hierbei in Betracht kommenden Einflüssen die wenigsten ihrer mathematischen Gesetzmäßigkeit nach bekannt sind. Nicht nötig, weil nur eine beschränkte Anzahl von den Naturkräften, die überhaupt auf den Körper einwirken, eine so bedeutende Wirkung ausübt, daß diese in Anbetracht der Genauigkeit der Rechnung, die angestrebt wird, berücksichtigt werden muß. Je nach der Natur der zu lösenden Aufgabe und je nach dem Grade der zu erreichenden Genauigkeit können wir den einen oder andern Einfluß unberücksichtigt lassen; und eben darin u. a. liegt die Möglichkeit der Erforschung der Natur. Handelt es sich z. B. in der Astronomie um die Bewegung des Merkurs um die Sonne, so wirkt auf ihn nicht nur die Anziehung der Sonne, sondern auch noch diejenige der Venus, der Erde und der übrigen Planeten, Planetoiden und Monde, ferner die Anziehung der übrigen fernen Sonnen, der Fixsterne; es wird aber in vielen Fällen genügen, lediglich denjenigen Einfluß, den die Rechnung als den bei weitem größten aufweist, nämlich die Anziehung der Sonne, zu berücksichtigen.

Entsprechend verhält es sich in dem Fall der vorliegenden Aufgabe: Es wird ein Körper mit bestimmter Anfangsgeschwindigkeit und unter bestimmtem Neigungswinkel gegen die Wagrechte geworfen; an welcher Stelle des Raums befindet sich sein Schwerpunkt nach einer gegebenen Anzahl von Sekunden; welches ist die augenblickliche Bewegungsrichtung, Lage und Geschwindigkeit des Körpers? Oder aber, wenn die Stelle bekannt ist, an welcher der Schwerpunkt des mit gegebener Geschwindigkeit geworfenen Körpers nach gegebener Zeit angelangt ist, unter welchem Neigungswinkel zur Wagrechten wurde er abgeworfen? usw. In diesem Fall wirken auf den Körper mehrere Kräfte: die Anziehung der Erde; ferner der normale und tangentielle Widerstand der Luft (dieser Widerstand hängt von der Gestalt und Oberflächenbeschaffenheit des Körpers, von der fortschreitenden Geschwindigkeit seines Schwerpunkts, von den Relativbewegungen des Körpers in Beziehung auf seinen Schwerpunkt und von der mit der Temperatur der Luft, deren relativer Feuchtigkeit, dem Barometerstand und mit der Erhebung über dem Boden wechselnden Luftdichte ab), außerdem wird die Bewegung des Körpers durch den stets herrschenden Wind, sowie dadurch beeinflußt, daß die Erde selbst sich um ihre Achse dreht, die Schwere des Körpers aber ist mit der geographischen Breite des Ortes, an dem die Wurfbewegung untersucht wird, und mit der Entfernung vom Erdmittelpunkt auf Grund des Newtonschen Gesetzes veränderlich; auch Gebirgsmassen, die in der Nähe des Körpers sich befinden, ändern die Größe und Richtung der Schwerkraft.

Wir werden also hier ebenso verfahren, wie der Astronom oder der Techniker verfährt, wenn an ihn eine sehr verwickelte Aufgabe herantritt, nämlich die Größe der verschiedenen Einflüsse abschätzen und zuerst nur die wichtigsten berücksichtigen, also die Schwerkraft und den Luftwiderstand. Indes auch so wäre die Aufgabe, wie man weiß, noch eine sehr verwickelte; deshalb löst man vorerst die Aufgabe mit den weitestgehenden vereinfachenden Annahmen, indem man nur die Schwerkraft als äußere Kraft in Rechnung zieht und die Beschleunigung durch dieselbe näherungsweise als eine Konstante g einführt, auch von der Erdkrümmung und Erdumdrehung vorläufig absieht.

Die Berechnungen über eine Wurfbewegung im leeren Raum können allerdings niemals mit der Wirklichkeit völlig übereinstimmen; doch können die betr. Ergebnisse als erste Annäherungen dem Ballistiker Nutzen bringen, wenn es sich um kleine Geschwindigkeiten schwerer Geschosse handelt, wie z. B. bei Mörsern, oder wenn bei großer Geschwindigkeit eines Geschosses der Luftwiderstand nur eine kurze Zeit einwirkt, bis das Ziel erreicht wird, wie z. B. bei Berechnungen über den Abgangsfehlerwinkel von Infanteriegeschossen; über solche Verwendungen vgl. die Beispiele § 5, 1 und 2 gegen Schluß des Abschnitts.

Ein Achsenkreuz der x und y sei folgendermaßen angenommen: Sein Nullpunkt O sei die Mitte der Mündung der Schußwaffe im Augenblick des Geschoßaustritts (unter der Voraussetzung, daß die Geschoßgeschwindigkeit von da ab nicht durch die nachströmenden Pulvergase weiterhin eine Beschleunigung erfährt; wenn letzteres der Fall ist, möge als Anfangspunkt O derjenige Flugbahnpunkt gewählt werden, in dem diese Beschleunigung aufhört). Die Geschoßgeschwindigkeit im Punkt O, die sog. „Anfangsgeschwindigkeit", sei v_0, mit dem Horizontalneigungswinkel φ ihrer Richtung; φ heißt „Abgangswinkel", die Horizontalebene durch O heißt „Mündungshorizont" oder „Horizontalebene", die lotrechte Ebene durch die Anfangstangente „Schußebene". Diese Schußebene durch O sei die Ebene des Achsenkreuzes, die x-Achse wagrecht durch O, positiv in der Richtung der wagrechten Komponente $v_0 \cos \varphi$ oder v_1 derAnfangsgeschwindigkeit, die y-Achse lotrecht durch O, positiv nach oben, also im Sinne der lotrechten Komponente $v_0 \sin \varphi$ oder v_2 der Anfangsgeschwindigkeit. Nach t Sekunden, von O ab gezählt, befinde sich der Ge-

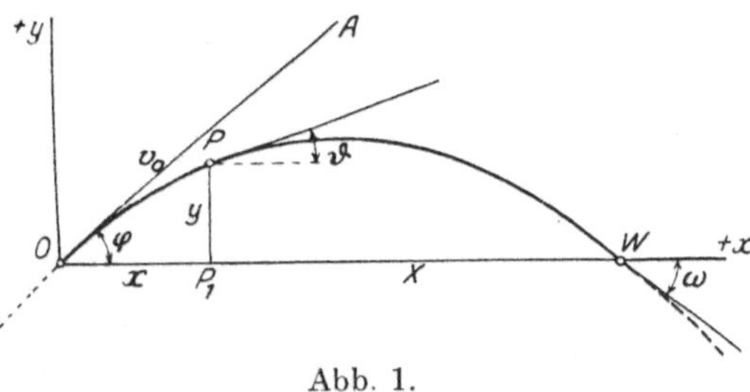

Abb. 1.

schoßschwerpunkt im Punkte $P\,(xy)$ und besitze die Bahngeschwindigkeit v mit der Horizontalneigung ϑ ihrer Richtung. Der positive Drehungssinn von ϑ ist durch den in der Abbildung angedeuteten Pfeil festgelegt; es ist somit im Anfangspunkt O der Flugbahn $\vartheta = \varphi$, dazu $x = 0$, $y = 0$, $v = v_0$. Auf dem aufsteigenden Ast der Flugbahn ist ϑ positiv und nimmt nach Null ab. Im Scheitel ist $\vartheta = 0$, $x = x_s$, $y = y_s$ oder Y, $v = v_s$, $t = t_s$. Auf dem absteigenden Ast der Flugbahn ist ϑ überstumpf, tg ϑ negativ. Im „Auffallpunkt" oder „Endpunkt" der Flugbahn, d. h. in ihrem zweiten Schnittpunkt W mit dem Mündungshorizont ist $\vartheta = \vartheta_e = 360^0 - \omega$, wo ω der „spitze Auffallwinkel" ist (vorausgesetzt, daß die Flugbahn die in der Zeichnung angegebene Gestalt besitzt), dabei ist für $y = 0$, $x =$ „Gesamtschußweite" X, $v =$ „Endgeschwindigkeit" v_e, $t =$ „Gesamtflugzeit" T.

Durch elementare Betrachtungen auf Grund des Unabhängigkeitsprinzips der Mechanik oder, was dem Inhalt nach dasselbe ist, durch Integration der voneinander unabhängigen Differentialgleichungen der Geschoßbewegung: $\dfrac{d^2 x}{d t^2} = 0$, und $\dfrac{d^2 y}{d t^2} = -g$,   mit

1*

den Anfangsbedingungen: $\dfrac{dx}{dt} = v_0 \cos \varphi$, $\dfrac{dy}{dt} = v_0 \sin \varphi$, $x = 0$, $y = 0$
für $t = 0$, erhält man für die Lage (xy) des Geschoßschwerpunktes,
oder kurz gesagt des Geschosses, nach t Sekunden die Gleichungen

$$\left.\begin{aligned}
x &= v_0 \cos \varphi \cdot t = v_1 \cdot t \\
y &= v_0 \sin \varphi \cdot t - \frac{g}{2} t^2 = v_2 \cdot t - \frac{g}{2} t^2.
\end{aligned}\right\} \tag{1}$$

Dies ist die Doppelgleichung der Flugbahn in Parameterform, mit
der Zeit t als Parameter.

Eliminiert man aus den Gleichungen (1) dasjenige Element, das
sich auf den einzelnen Zeitpunkt bezieht, also t, so erhält man die
Gleichung der Flugbahn in der Form

$$y = x \cdot \operatorname{tg} \varphi - \frac{x^2}{4 \cdot h \cdot \cos^2 \varphi}, \quad \left(\text{wo zur Abkürzung } h = \frac{v_0^2}{2g}\right); \tag{2}$$

es ist die Gleichung einer Parabel mit lotrechter Achse.

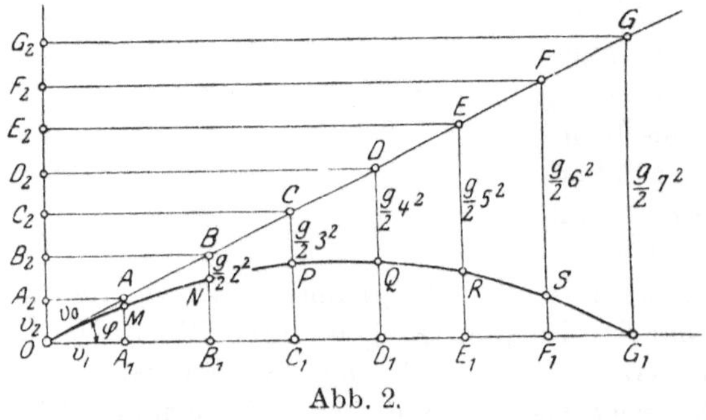

Abb. 2.

Der Gipfel (Scheitel), mit den Koordinaten $x_s y_s$, liegt da, wo die
Flugbahntangente wagrecht, also y' oder $\operatorname{tg} \vartheta = 0$ ist; allgemein ist
$\operatorname{tg} \vartheta = \operatorname{tg} \varphi - \dfrac{x}{2 \cdot h \cdot \cos^2 \varphi}$; somit ist $x_s = 2 h \cdot \cos \varphi \cdot \sin \varphi = h \cdot \sin 2\varphi$,
dazu aus (2) $y_s = h \cdot \sin^2 \varphi$. (Hier, im Fall der Parabel mit vertikaler
Achse, ist der Gipfel zugleich der Scheitel, d. h. der Punkt stärkster
Krümmung.)

Diejenige Höhe y_d, in der sich das Geschoß durchschnitt-
lich befindet, ist bezüglich der Zeit $\dfrac{1}{T} \cdot \displaystyle\int_0^T y \cdot dt$ und bezüglich der

horizontalen Entfernung $\dfrac{1}{X} \cdot \displaystyle\int_0^X y \cdot dx$. Man findet leicht, daß beide
Werte gleich $\frac{2}{3} y_s$ sind. Dagegen diejenige Höhe, über welcher und

unter welcher sich das Geschoß gleich lange Zeit bei seinem Flug befindet, — sie sei die **mittlere Flughöhe** genannt und mit y_m bezeichnet —, ist $y_m = \frac{3}{4} y_s$, wie leicht abgeleitet werden kann.

Die Gesamtschußweite X ergibt sich aus (2) zu $X = 2\,h \cdot \sin 2\,\varphi$.

Die **größte Schußweite** wird, bei gleicher Anfangsgeschwindigkeit v_0 oder gleichbleibendem h, dann erhalten, wenn $\sin 2\,\varphi$ am größten ist, d. h. wenn $\varphi = \frac{\pi}{4}$; ein Ergebnis, das schon **Tartaglia** durch den Versuch annähernd erhärtet hatte. In diesem Fall wird die Schußweite $X = 2\,h \cdot \sin 2\,\varphi = 2\,h$, also das Doppelte der Flughöhe $\frac{v_0^2}{2\,g}$, die von einem Körper erreicht wird, der mit derselben Anfangsgeschwindigkeit v_0 lotrecht in die Höhe geworfen wird.

Die Geschwindigkeit v des geworfenen Körpers nach der Zeit t ist gegeben durch

$$v^2 = \left(\frac{dx}{dt}\right)^2 + \left(\frac{dy}{dt}\right)^2$$

$$= v_0^2 \cdot \cos^2 \varphi + (v_0 \sin \varphi - g\,t)^2 = v_0^2 + g^2\,t^2 - 2\,v_2 \cdot g\,t\,;$$

nun war $y = v_2\,t - \frac{g}{2} \cdot t^2$ und $h = \frac{v_0^2}{2\,g}$, also ist

$$v^2 = 2\,g \left(\frac{v_0^2}{2\,g} - v_2 \cdot t + \frac{g}{2} \cdot t^2\right),$$

somit kurz

$$v^2 = 2\,g\,(h - y).$$

Die Geschwindigkeit des Körpers im Punkt (xy) oder nach der Zeit t ist also dieselbe, wie wenn der Körper um die Strecke $h - y$ frei herabgefallen wäre. Darüber s. w. u.

Die **Flugzeit**, also diejenige Zeit, die der Körper braucht, um den Punkt (xy) zu erreichen, ist nach (1) $t = \frac{x}{v_0 \cdot \cos \varphi}$; im besonderen die Zeit, die er braucht, um den gesamten über dem Mündungshorizont liegenden Teil OW der Flugbahn zu durchlaufen, ist gleich derjenigen Zeit, die die Horizontalprojektion P_1 des Massenpunkts zum Durchlaufen der Gesamtschußweite OW nötig hat, also gleich

$$\frac{OW}{v_0 \cdot \cos \varphi} = \frac{4\,h \cdot \sin \varphi}{v_0}\,; \quad \text{gesamte Flugzeit} \quad T = \frac{2 \cdot v_0 \cdot \sin \varphi}{g}.$$

Führt man diesen Wert $v_0 \sin \varphi = \frac{g}{2}\,T$ in die zweite Gleichung (1) ein, so folgt

$$y = \frac{g}{2}\,t\,(T - t).$$

Wenn t speziell gleich der halben Gesamtflugzeit geworden ist, $t = \dfrac{T}{2}$, so ist, wegen der Symmetrie der Parabel um die Gipfelordinate, y speziell die Gipfelhöhe y_s, also

$$y_s = \frac{g}{8}\,T^2 = 1{,}226 \cdot T^2.$$

Diese Formel, die auch für den lufterfüllten Raum oft gute Dienste leistet, heißt in Deutschland die Hauptsche, in England die Sladensche Formel, ist aber nichts anderes als die betreffende, seit etwa $1^1/_2$ Jahrhunderten bekannte Formel des leeren Raumes.

Mit Hilfe der abgeleiteten Gleichungen für die Elemente x, y, v, t, ϑ eines beliebigen Flugbahnpunkts (bei gegebenem v_0 und φ) lassen sich je vier von diesen Größen in der fünften ausdrücken. Die zugehörigen Gleichungen findet man in der Zusammenstellung am Schlusse dieses Abschnitts.

Weitere Beziehungen erhält man dadurch, daß man eine Schar von Flugbahnen ins Auge faßt und hierbei die gemeinschaftlichen Eigenschaften aufsucht, die die einzelnen Flugbahnen der Schar verbinden.

§ 2. Schar der Flugbahnen bei gleichbleibender Anfangsgeschwindigkeit.

In derselben Vertikalebene, der Zeichnungsebene, liegen unendlich viele Flugbahnparabeln, die demselben Punkt O als Abgangspunkt und demselben Wert v_0 der Anfangsgeschwindigkeit (derselben Ladung) zugehören; man erhält diese Schar, indem man dem Abgangswinkel φ der Reihe nach andere und andere Werte zuerteilt.

Zunächst seien aus der Schar zwei Parabeln herausgegriffen, die dadurch zusammengehören, daß beide durch denselben Punkt (xy) gehen sollen. Man denke sich also (x, y) als einen gegebenen Punkt (Spitze eines Turmes usw.); unter welchem Abgangswinkel muß geschossen werden, damit dieser Zielpunkt (x, y) getroffen wird? Es war $y = x \cdot \operatorname{tg}\varphi - \dfrac{x^2}{4\,h \cdot \cos^2\varphi}$; mit $\cos^2\varphi = \dfrac{1}{1 + \operatorname{tg}^2\varphi}$ und $\operatorname{tg}\varphi = z$ wird $4\,h\,y + x^2 - 4\,h\,x\,z + x^2 z^2 = 0$, daraus

$$z = \operatorname{tg}\varphi = \frac{2\,h}{x} \pm \frac{1}{x} \cdot \sqrt{4\,h^2 - 4\,h\,y - x^2}. \tag{3}$$

Das doppelte Vorzeichen deutet an, daß derselbe Punkt (xy) der Ebene bei derselben Anfangsgeschwindigkeit v_0, also demselben Wert von $h = \dfrac{v_0{}^2}{2\,g}$, auf doppelte Weise getroffen werden kann; die beiden Abgangswinkel φ_1 und φ_2 lassen sich aus (3) berechnen; der eine Schuß heißt Flachschuß oder direkter Schuß, der andere

Bogen- oder indirekter Schuß. Eine Winkelbeziehung zwischen φ_1 und φ_2 wird sich weiter unten ergeben. Vorerst betrachte man die beiden Lösungen (3) näher. Offenbar gibt es dann und nur dann **zwei voneinander verschiedene reelle Abgangswinkel** φ, wenn die Quadratwurzel reell ist, also wenn $4\,h^2 > 4\,hy + x^2$ ist. Beide Lösungen fallen in eine zusammen, wenn der Ausdruck unter der Wurzel Null ist; wenn endlich (xy) so liegt, daß $4\,h^2 < 4\,hy + x^2$, so gibt es (immer bei gegebenem h, also v_0) keinen reellen Abgangswinkel φ, mit dem der Punkt (xy) getroffen werden könnte.

Also zerfällt die ganze Schußebene in zwei Gebiete; in dem einen Gebiet liegen diejenigen Punkte (xy), die auf doppelte Weise getroffen werden können; im andern liegen diejenigen Punkte, die überhaupt nicht getroffen werden; beide Gebiete werden durch die Kurve getrennt, der die Gleichung $4\,h^2 = 4\,hy + x^2$ (mit x, y als Variabeln) zukommt und die den geometrischen Ort der Punkte der Ebene darstellt, die nur auf eine einzige Weise getroffen werden können, für die also der direkte und der indirekte Schuß zusammenfallen.

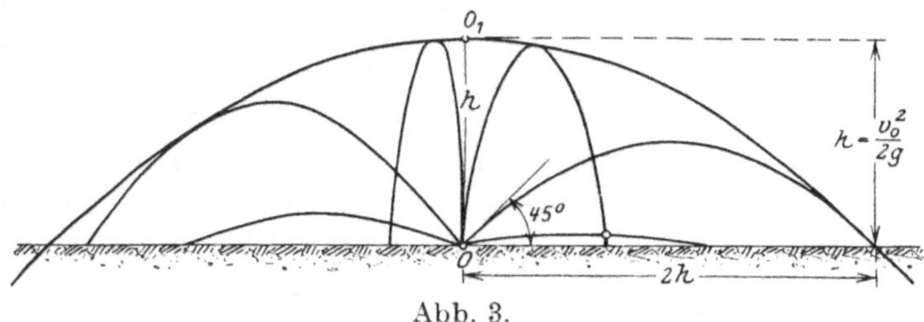

Abb. 3.

Diese Kurve ist eine **Parabel, mit Brennpunkt in** O; man erkennt dies sofort, wenn man den Koordinatenanfang durch Parallelverschiebung des Systems in den Punkt O_1 $(0, h)$ verlegt, der auf der Kurve liegt. Ersetzt man y durch $h + y'$ und nimmt sodann y' negativ, so wird die Kurvengleichung $4\,h^2 = 4\,h\,(h - y') + x^2$ oder $x^2 = 4\,h \cdot y'$; d. h. die Kurve $4\,h^2 = 4\,hy + x^2$ stellt eine Parabel dar, deren Scheitel in O_1, deren Brennpunkt in O liegt und deren Achse somit lotrecht ist.

Nach dem Vorhergehenden, zusammen mit dem aus der Theorie der Einhüllenden Bekannten, ist zu entnehmen, daß diese Parabel

$$4\,h^2 = 4\,hy + x^2 \tag{4}$$

die **Einhüllende** aller Wurfparabeln der besprochenen Schar darstellt, wie sich auch unmittelbar mit Leichtigkeit ergibt:

Die Gleichung der Flugbahnparabel (2) war

$$\frac{x^2}{\cos^2\varphi} - 4\,h \cdot \operatorname{tg}\varphi \cdot x + 4\,h \cdot y = 0\,;$$

leitet man diese Gleichung, die mit φ als willkürlichem Parameter zugleich die Gleichung der erwähnten Parabelschar ist, partiell nach φ ab, so folgt

$$+ \frac{2\cos\varphi \cdot \sin\varphi}{\cos^4\varphi} \cdot x^2 - \frac{4\,h\cdot x}{\cos^2\varphi} = 0;$$

es ist also entweder $x = 0$ und damit $y = 0$ (d. h. man kann den Abgangspunkt O als unendlich kleinen Kreis betrachten, der von sämtlichen Parabeln umhüllt wird), oder aber ist der andere Faktor Null, $\operatorname{tg}\varphi = \dfrac{2\,h}{x}$; wird hieraus und aus der Gleichung der Parabelschar das die einzelne Parabel als Individuum kennzeichnende Element, also φ, ausgeschaltet, so bleibt $x^2\left(1 + \dfrac{4\,h^2}{x^2}\right) - 4\,h\cdot\dfrac{2\,h}{x}\cdot x + 4\,h\cdot y = 0$ oder $x^2 + 4\,h^2 - 8\,h^2 + 4\,h\,y = 0$, woraus endlich $4\,h^2 = 4\,h\,y + x^2$, wie oben.

Dabei war die Betrachtungsweise nur auf die in der vertikal gedachten Zeichnungsebene vor sich gehenden Bewegungen bezogen worden; denkt man sich im Raum von O aus mit derselben Anfangsgeschwindigkeit v_0 unter allen möglichen Abgangswinkeln φ geschossen, so werden die sämtlichen Wurfparabeln von einem Umdrehungsparaboloid eingehüllt, das den Gipfel in O_1, den Brennpunkt in O besitzt.

Um zu den Vorstellungen in einer Schußebene zurückzukehren, so sei gefragt, welches der geometrische Ort der Brennpunkte, sowie derjenige der Gipfel sämtlicher Parabeln der Schar sei.

Die ursprüngliche Gleichung (2) der Wurfparabel

$$y = x\cdot\operatorname{tg}\varphi - \frac{x^2}{4\cdot h\cdot\cos^2\varphi}$$

läßt sich in der Form schreiben

$$\left(x - \frac{v_1\cdot v_2}{g}\right)^2 = -\frac{2\cdot v_1{}^2}{g}\left(y - \frac{v_2{}^2}{2\,g}\right),$$

wobei wie oben $v_1 = v_0\cdot\cos\varphi$; $v_2 = v_0\sin\varphi$ ist. Aus dieser Form der Gleichung läßt sich ohne weiteres auf die Lage der Leitlinie der Parabel schließen. Da nämlich der doppelte Parameter der Parabel aus der Gleichung sich zu $\dfrac{2\cdot v_1{}^2}{g}$ ergibt und da die Leitlinie von dem Gipfel um eine Strecke gleich dem halben Parameter absteht, so ist ihr Abstand von der ihr parallelen x-Achse gleich $y_s + \dfrac{v_1{}^2}{2\,g}$ (wo y_s die Ordinate des Gipfels) oder gleich $\dfrac{v_2{}^2}{2\,g} + \dfrac{v_1{}^2}{2\,g} = \dfrac{v_0{}^2}{2\,g} = h$; somit hängt dieser Abstand von φ nicht ab und man hat den Satz: **alle Parabeln der genannten Schar haben die Leitlinien gemeinschaftlich; ihre Höhe über der Wagrechten, der x-Achse,** ist gleich der Höhe h, die ein mit der Anfangsgeschwindigkeit v_0 vertikal aufwärts geworfener Körper erreicht.

Die Geschwindigkeit des geworfenen Körpers in einem beliebigen Punkt (xy) der Flugbahn wurde früher gleich $\sqrt{2g(h-y)}$ gefunden; dieses Ergebnis läßt sich nunmehr auch so ausdrücken: Die fragliche Geschwindigkeit ist dieselbe, die der Körper besitzen würde, wenn er von der Leitlinie aus bis zu jener Stelle der Bahn frei herabgefallen wäre. [Übrigens läßt sich letzteres auch unmittelbar aus dem Satz von der lebendigen Kraft einsehen; denn die lebendige Kraft des Geschosses von der Masse m in dem beliebigen Bahnpunkt (xy) ist $\frac{m}{2}\cdot v^2$; der Verlust an kinetischer Energie $\frac{m}{2}v_0{}^2 - \frac{m}{2}v^2$ gleich dem Gewinn $mg\cdot y$ an Energie der Lage; da

$$v_0{}^2 = 2gh,$$

so ist

$$v^2 = 2g(h-y).]$$

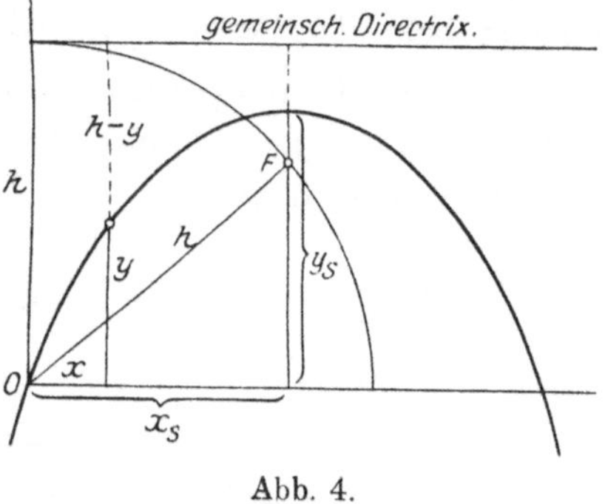

Abb. 4.

Aus der über die Leitlinie gewonnenen Beziehung folgt nunmehr leicht eine solche über die Lage der Brennpunkte sämtlicher Parabeln der Schar. Die Leitlinie jeder der Parabeln hat die unveränderliche Höhe h über der Wagrechten durch O; der Gipfel der

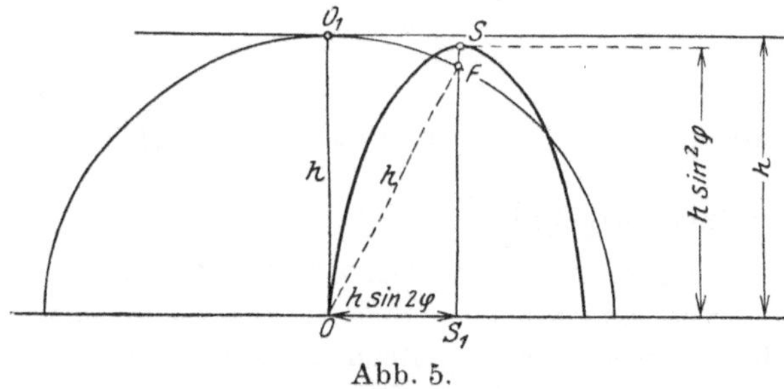

Abb. 5.

dem Abgangswinkel φ zugehörigen Parabel hat die Ordinate $y_s = h\cdot\sin^2\varphi$; also ist, weil der Gipfel einer Parabel vom Brennpunkt einerseits und von der Leitlinie andererseits gleich weit absteht, die Ordinate des Brennpunkts F um $h - h\cdot\sin^2\varphi$ oder um $h\cdot\cos^2\varphi$ kleiner als die Gipfelordinate; folglich ist die Ordinate $S_1 F$ des Brennpunkts gleich $h\sin^2\varphi - h\cos^2\varphi = - h\cdot\cos 2\varphi$; die Abszisse OS_1 des Gipfels und damit des Brennpunkts ist $OS_1 = h\cdot\sin 2\varphi$; daraus $OF^2 = S_1F^2 + OS_1{}^2 = h^2\cos^2 2\varphi + h^2\sin^2 2\varphi = h^2$; $OF = h$, unabhängig von φ. Der geometrische Ort der Brennpunkte F aller Wurfparabeln der Schar ist danach ein Kreis um O mit dem Radius OO_1 oder h (im Raum eine Kugel). Der Schnittpunkt dieses Kreises mit der Wagrechten durch O (der x-Achse) entspricht als Brennpunkt betrachtet der Parabel mit der größten Wurfweite, also mit dem Abgangswinkel 45°; denn für diese ist die Ordinate des Gipfels $\dfrac{h}{2}$, die Abszisse h.

Andererseits ist der geometrische Ort für die Gipfel aller Wurfparabeln der Schar eine Ellipse mit den Halbachsen h und $\dfrac{h}{2}$, die die Wagrechte durch O in O berührt (im Raum ein Umdrehungsellipsoid); denn für die Koordinaten x_s, y_s des Gipfels war erhalten worden:

$$\frac{x_s}{h} = \sin 2\varphi; \quad y_s = h\cdot\sin^2\varphi; \quad \frac{y_s - \dfrac{h}{2}}{\dfrac{h}{2}} = -\cos 2\varphi.$$

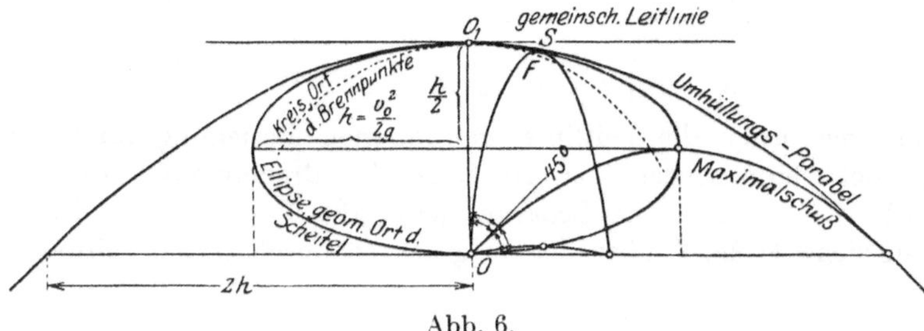

Abb. 6.

Durch Quadrieren und Addieren erhält man $\left(\dfrac{x_s}{h}\right)^2 + \left(\dfrac{y_s - \dfrac{h}{2}}{\dfrac{h}{2}}\right)^2 = 1$, also das erwähnte Ergebnis.

Ferner ist der geometrische Ort der Schnittpunkte zwischen den Anfangstangenten an die verschiedenen Parabeln der Schar und zwischen den Achsen der betreffenden Parabeln ein Kreis, dessen Mittelpunkt auf der gemeinschaftlichen Leitlinie der Parabelschar liegt und der die x-Achse im Abgangspunkt O berührt. Denn für einen solchen Schnittpunkt gelten die Gleichungen $x = h\cdot\sin 2\varphi$ und $y = x\operatorname{tg}\varphi$, woraus folgt:

$$x^2 + (y - h)^2 = h^2.$$

Man kann sich weiterhin die Frage vorlegen: Welches ist der geometrische Ort aller Punkte, die bei derselben Anfangsgeschwindigkeit v_0 unter allen möglichen Abgangswinkeln φ nach einer und derselben Anzahl t von Sekunden erreicht werden? Man denke sich also von O aus unter allen möglichen Abgangswinkeln, aber mit derselben Anfangsgeschwindigkeit gleichzeitig sehr viele Geschosse abgehen; in einem bestimmten Augenblick, also nach einer bestimmten Anzahl t von Sekunden, befinden sich die sämtlichen Geschosse auf einer gewissen Fläche; welcher Art ist diese Fläche? [Oder denke man sich, aus einem Vulkan werden gleichzeitig eine große Menge von Steinen mit annähernd derselben Anfangsgeschwindigkeit herausgeschleudert, und setze voraus, daß bei der Berechnung der Luftwiderstand vernachlässigt werden könne, eine Voraussetzung, die freilich in den seltensten Fällen mit der Wirklichkeit genügend übereinstimmen wird, so kann gefragt werden, welches der Umriß der aus dem Vulkan heraustretenden Wolke in irgendeinem Zeitpunkt sei.] Da um die Lotrechte durch O alles symmetrisch ist, hat man auch hier nur nötig, die Würfe in der lotrechten Zeichnungsebene zu berücksichtigen.

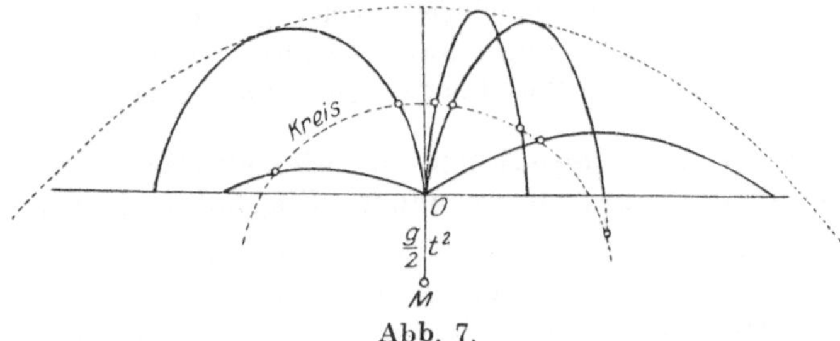

Abb. 7.

Nach t Sekunden waren die Koordinaten eines solchen Geschosses:

$$x = v_0 \cdot \cos \varphi \cdot t, \quad y = v_0 \cdot \sin \varphi \cdot t - \frac{g}{2} \cdot t^2.$$

Nunmehr ist φ auszuschalten mit Hilfe der Beziehung $\cos^2 \varphi + \sin^2 \varphi = 1$; dies gibt $x^2 + \left(y + \frac{g}{2} \cdot t^2\right)^2 = (v_0 \cdot t)^2$. Innerhalb der Zeichnungsebene ist dies die Gleichung eines Kreises, dessen Radius ($= v_0 \cdot t$) sich proportional der Zeit gleichmäßig vergrößert und dessen Mittelpunkt auf der y-Achse abwärts geht; anfangs, für $t = 0$, ist der Kreismittelpunkt in O, nach t Sekunden ist er um $\frac{g}{2} \cdot t^2$ unterhalb von O; also hat sich der Kreismittelpunkt in dieser Zeit um eine gleiche Strecke auf der negativen y-Achse von O entfernt, wie wenn er als ein Massenpunkt infolge der Schwerkraft frei herabgefallen wäre.

Durch Umdrehung der Flugbahnebene um die y-Achse erhält man als gesuchten geometrischen Ort eine Kugel mit dem Halbmesser $v_0 \cdot t$, deren Mittelpunkt M nach t Sekunden in einer Tiefe unter O sich befindet, die in derselben Zeit von einem frei herabfallenden schweren Massenpunkt erreicht worden wäre.

Wenn man mit gleichbleibendem v_0 und Aufsatzwinkel φ_1 schießt, also denselben Winkel φ_1 zwischen Anfangstangente und Richtung nach dem Ziel, oder, was beim Schießen auf schiefem Gelände dasselbe bedeutet, den gleichen Winkel $\varphi_1 = \varphi - E$ zwischen der Anfangstangente und dem schiefen Gelände vom Horizontalneigungswinkel E anwendet, so ist der geometrische Ort für die Schnittpunkte zwischen Visierlinie und Flugbahn (oder für die Auffallpunkte auf dem schiefen Gelände) die Parabel

$$y = x \cdot \operatorname{cotg} \varphi_1 - \frac{g\,x^2}{2\,v_0^2 \sin^2 \varphi_1}.$$

Dies ist eine Flugbahnparabel mit v_0 und einem Abgangswinkel gleich dem Komplement von φ_1. Für verschiedene Visierwinkel φ_1 bei gleichem v_0 hat man eine Schar solcher Parabeln. Diese ganze Schar ist offenbar identisch mit der in dieser Nummer behandelten Schar von Flugparabeln mit gleichbleibendem v_0. Letztere Schar ist somit gleichzeitig die Kurvenschar gleicher Aufsatzwinkel. Die Ableitung der letzteren Beziehungen wird in § 4 gegeben werden.

§ 3. Schar der Flugbahnen mit gleichbleibendem Abgangswinkel und einige andere Flugbahnscharen.

A. Den vorhergehenden Sätzen über die Gesamtheit der Flugbahnen bei unveränderter Ladung, also gleicher Anfangsgeschwindigkeit, stehen andere gegenüber, die sich auf die Schar der Flugbahnen mit unverändertem Abgangswinkel und verschiedenen Anfangsgeschwindigkeiten beziehen. Man denke sich also jetzt ein eingespanntes Gewehr oder ein Geschütz mit immer gleichbleibender Neigung φ der Seelenachse gegen die Wagrechte, dagegen immer andere Anfangsgeschwindigkeiten der Geschosse gewählt, und stelle sich die entsprechenden Fragen wie vorher.

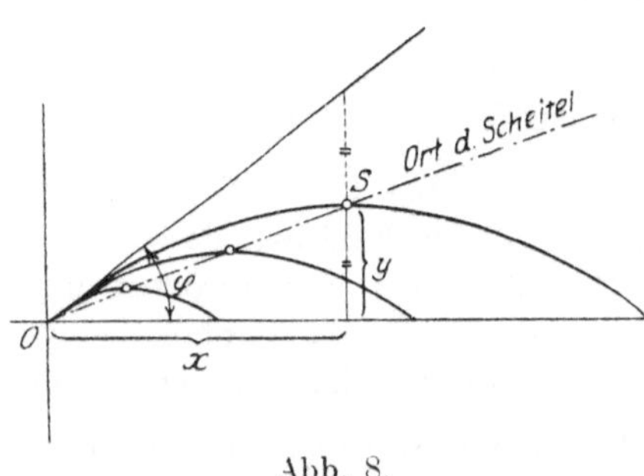

Abb. 8.

Der geometrische Ort der Gipfel aller Wurfparabeln der 2. Schar ist eine gerade Linie, die man erhält, wenn man eine lotrechte Strecke zwischen den Schenkeln des Abgangswinkels φ halbiert und den Halbierungspunkt S mit O verbindet. Denn für den Gipfel war $x = h \cdot \sin 2\,\varphi$, $y = h \cdot \sin^2 \varphi$; hier ist φ unveränderlich; also ist die von einer Flugbahn zur anderen veränderliche Größe $h \left(= \dfrac{v_0{}^2}{2\,g} \right)$ auszuschalten; durch Division wird $\dfrac{y}{x} = \dfrac{\sin^2 \varphi}{\sin 2\,\varphi}$; $2\,y : x$ $= \operatorname{tg} \varphi$, worin der Beweis liegt. Dieser geometrische Ort der Gipfel ist auch der 4. harmonische Strahl zu der wagrechten x-Achse, der Anfangstangente und zu der lotrechten y-Achse.

Ebenso ist der geometrische Ort der Brennpunkte eine Gerade; man konstruiert sie, indem man den Abgangswinkel φ verdoppelt und auf dem freien Schenkel dieses Winkels $2\,\varphi$ die Senkrechte in O errichtet.

In der Tat, die Koordinaten des Brennpunkts waren

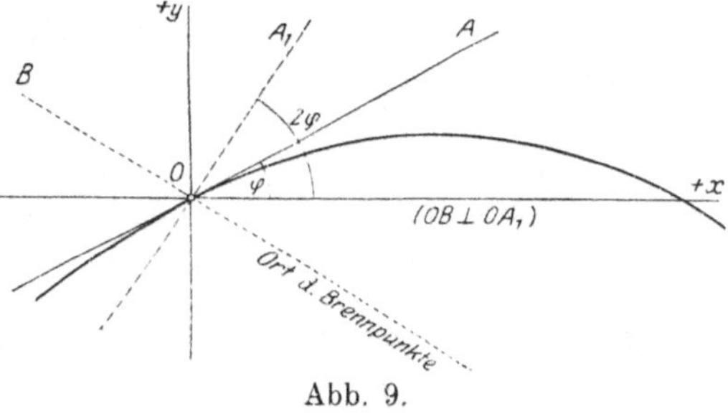

Abb. 9.

$$x = h \cdot \sin 2\,\varphi \quad \text{und} \quad y = -\,h \cdot \cos 2\,\varphi;$$

durch Ausschaltung von h folgt

$$\frac{y}{x} = -\cot 2\,\varphi = \operatorname{tg}\left(\frac{\pi}{2} + 2\,\varphi \right),$$

also die obige Behauptung.

Denkt man sich endlich unter demselben Abgangswinkel φ mit allen möglichen Anfangsgeschwindigkeiten $v_0 \left(= \sqrt{2\,g\,h} \right)$ gleichzeitig in derselben Vertikalebene geschossen, so kann man auch hier fragen, auf welcher Linie finden sich nach einer bestimmten Anzahl t von Sekunden die sämtlichen geworfenen Körper vor?

Die Lage eines solchen Körpers nach t Sekunden ist durch dessen Koordinaten festgelegt;

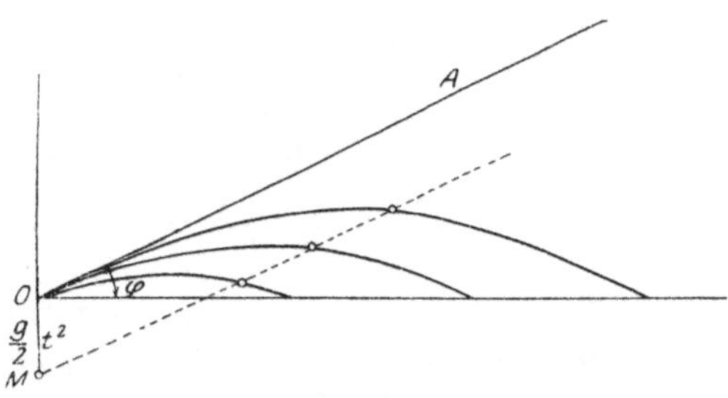

Abb. 10.

$x = v_0 \cdot \cos \varphi \cdot t$ und $y = v_0 \cdot \sin \varphi \cdot t - \dfrac{g}{2} \cdot t^2$. Durch Elimination von v_0 erhält man $y = x \cdot \operatorname{tg} \varphi - \dfrac{g}{2} \cdot t^2$.

Dies ist die Gleichung einer geraden Linie parallel der gleichbleibenden Abgangsrichtung OA; ihr Schnittpunkt M mit der y-Achse befindet sich um $\dfrac{g}{2}\,t^2$ unterhalb O; man hat sich also nur zu denken, daß, gleichzeitig mit jenen von O aus geworfenen Körpern, ebenfalls von O aus eine schwere Masse frei herabfällt. Nach t Sekunden sei diese Masse in M angelangt; durch M ziehe man eine Parallele zu der Abgangsrichtung OA. Durch Drehung um die y-Achse findet man sodann als geometrischen Ort für die Lagen der sämtlichen gleichzeitig abgeworfenen Körper im Raum eine **Kegelfläche**, parallel der Kegelfläche OA; ihre Spitze M rückt von O aus abwärts, wie eine schwere Masse frei fällt.

Endlich sind leicht folgende Eigenschaften zu beweisen: Denkt man sich vom Abgangspunkt O aus eine Gerade $O\,M_1\,M_2\,M_3 \ldots$, die die einzelnen Parabeln der Schar in den Punkten $M_1\,M_2\,M_3 \ldots$ trifft, so sind die Parabeltangenten in $M_1\,M_2\,M_3 \ldots$ unter sich parallel, und die Flugzeiten zum Erreichen dieser Punkte verhalten sich wie die Bahngeschwindigkeiten in diesen Punkten und auch wie die betreffenden Anfangsgeschwindigkeiten. Zieht man ferner eine zweite Gerade $O\,N_1\,N_2\,N_3 \ldots$ durch O, die den Parabeln in $N_1\,N_2\,N_3 \ldots$ begegnet, so sind die Verbindungslinien $M_1\,N_1$, $M_2\,N_2 \ldots$ unter sich parallel.

B. **Schar der Wurfparabeln mit unveränderter wagrechter Komponente der Anfangsgeschwindigkeit,** $v_0 \cos \varphi = \text{konst.} = \varkappa$.

Der Ort der Gipfel ist die Parabel $y = \dfrac{g}{2\,\varkappa^2} \cdot x^2$.

(Denn die Koordinaten des Gipfels waren:

$$x_s = \frac{v_0^2}{g} \sin \varphi \cdot \cos \varphi = \frac{\varkappa^2}{g} \cdot \operatorname{tg} \varphi, \quad y_s = \frac{v_0^2}{2\,g} \sin^2 \varphi = \frac{\varkappa^2}{2\,g} \cdot \operatorname{tg}^2 \varphi; \quad \text{durch Elimination}$$

$$\text{von } \varphi \text{ folgt } y_s = \frac{g}{2\,\varkappa^2} \cdot x_s^2.\Big)$$

Der Ort der Brennpunkte ist dieselbe Parabel, aber parallel mit sich nach abwärts versetzt um $\dfrac{\varkappa^2}{2\,g}$.

(Denn die Koordinaten des Brennpunkts waren:

$$x_f = h \cdot \sin 2\varphi = \frac{\varkappa^2}{g} \cdot \operatorname{tg} \varphi; \quad y_f = -h \cdot \cos 2\varphi = -\frac{\varkappa^2}{2\,g}(1 - \operatorname{tg}^2 \varphi), \quad \text{daraus}$$

$$y_f + \frac{\varkappa^2}{2\,g} = \frac{g}{2\,\varkappa^2} \cdot x_f^2.\Big)$$

Ferner ist der Ort der Punkte, die nach derselben Zeit t erreicht werden, durch die lotrechte Gerade $x = v_0 \cos \varphi \cdot t = \varkappa \cdot t$ dargestellt.

Endlich ist der Ort der Punkte mit gleicher Tangentenneigung ϑ eine Parabel. Denn nach dem Früheren ist:

$$x = \frac{v_0^2 \cdot \cos^2 \varphi}{g}(\operatorname{tg} \varphi - \operatorname{tg} \vartheta) = \frac{\varkappa^2}{g}(\operatorname{tg} \varphi - \operatorname{tg} \vartheta)$$

$$y = \frac{v_0^2 \cdot \cos^2 \varphi}{2\,g}(\operatorname{tg}^2 \varphi - \operatorname{tg}^2 \vartheta) = \frac{\varkappa^2}{2\,g}(\operatorname{tg}^2 \varphi - \operatorname{tg}^2 \vartheta) \,.$$

Durch Elimination von φ ergibt sich $y = x \cdot \operatorname{tg} \vartheta + \dfrac{g\,x^2}{2\,\varkappa^2}$.

C. **Schar der Wurfparabeln mit konstanter Vertikalkomponente der Anfangsgeschwindigkeit,** $v_0 \sin \varphi = \text{konst.} = m$, oder, was dasselbe ist, **mit konstanter Gesamtflugzeit** T **oder auch mit konstanter Gipfelhöhe** y_s.

Der Ort der Gipfel ist die Horizontale $y_s = \dfrac{m^2}{2\,g}$.

Der Ort der Brennpunkte ist die Parabel $y = \dfrac{m^2}{2\,g} - \dfrac{g\,x^2}{2\,m^2}$.

(Denn es war

$$x_f = \frac{v_0{}^2}{g} \sin \varphi \cos \varphi = \frac{m^2}{g} \cdot \cotg \varphi,$$

$$y_f = - \frac{v_0{}^2}{2\,g} (\cos^2 \varphi - \sin^2 \varphi) = - \frac{m^2}{2\,g} (\cotg^2 \varphi - 1).$$

Durch Elimination von $\cotg \varphi$ und Weglassung des Index f folgt obiges.)

Endlich der geometrische Ort der Punkte, die nach derselben Zeit t erreicht werden, ist die Gerade $y = m \cdot t - \dfrac{g}{2} t^2$. Denn es war

$$y = v_0 \sin \varphi \cdot t - \frac{g}{2} t^2.$$

Entsprechende Sätze können abgeleitet werden für die Schar der Wurfparabeln (mit demselben Abgangspunkt O), die durch denselben Zielpunkt O_1 gehen, weiter für die Schar der Wurfparabeln, die innerhalb derselben Schußebene eine gegebene Gerade berühren, u. a. m.

Die Ableitung sämtlicher Sätze kann auch mit Hilfe von elementargeometrischen oder projektivisch-geometrischen Betrachtungen erfolgen. Denn z. B. die Schar der Wurfparabeln mit konstanter Anfangsgeschwindigkeit v_0 hat den Abgangspunkt O, die Achsenrichtung und die Leitlinie gemeinschaftlich, die Schar der Wurfparabeln von gleichem Abgangswinkel φ hat den Punkt O, die Achsenrichtung und die Tangente in O gemein usw. Eine derartige Entwicklung der wichtigsten Sätze hat Hauptmann Fr. Külp (vgl. Lit.-Note) im ballistischen Laboratorium durchgeführt; er hat bei diesem Anlaß einige wie es scheint neue Sätze aufgefunden. Die Arbeit von Fr. Külp, auf die besonders hingewiesen sein möge, bildet für den mathematischen Unterricht, speziell für Vorträge in projektivischer Geometrie, eine Fundgrube von anregenden Anwendungsbeispielen.

Die Sätze über den geometrischen Ort der Punkte gleicher Flugzeit bei gleichbleibender Anfangsgeschwindigkeit einerseits und bei gleichbleibendem Abgangswinkel andererseits gestatten es, sich ein qualitatives Bild von der Verteilung der Sprengpunkte bei einem idealen, d. h. in sich selbst streuungslosen Zeitzünder zu machen. Man erkennt, daß auch der ideale Zünder Längen- und Höhenstreuungea der Sprengpunkte ergibt. Näheres siehe in der Lit.-Note.

§ 4. Wurf auf geneigtem Boden.

Es werde jetzt die vorhergehende Aufgabe verallgemeinert: Die (oben als wagrecht vorausgesetzte) Bodenfläche möge nunmehr mit dem Horizont durch den Abgangspunkt den Neigungswinkel E bilden; der Abgangswinkel φ des Geschosses sei von dem Mündungshorizont aus gerechnet. Wie groß ist bei gegebener Anfangsgeschwindigkeit die Wurfweite OA, gemessen auf der schiefen

Ebene? Welches ist die zugehörige Flugzeit? Und unter welcher Bedingung wird die größte Wurfweite erreicht? Die Gleichung der schiefen Ebene ist $y = x \cdot \operatorname{tg} E$; man hat also zusammen $x = v_1 \cdot t$ und $y = v_2 \cdot t - \frac{g}{2} \cdot t^2 = x \cdot \operatorname{tg} E$; aus diesen drei Gleichungen sind x und y auszuschalten, wenn man die Zeit t erhalten will, die verfließt, bis das Geschoß die schiefe Ebene, also den Punkt A oder (x, y) erreicht; es wird $v_2 \cdot t - \frac{g}{2} t^2 = v_1 \cdot t \cdot \operatorname{tg} E$, somit ist entweder $t = 0$ (der Abgangspunkt O liegt ebenfalls auf der schiefen Ebene), oder

$$t = \frac{2\,v_2}{g} - \frac{2\,v_1}{g} \cdot \operatorname{tg} E = \frac{2\,(v_2 - v_1 \cdot \operatorname{tg} E)}{g};$$

nun ist $v_1 = v_0 \cdot \cos \varphi$; $v_2 = v_0 \sin \varphi$, somit wird

$$\text{die Flugzeit } t = \frac{2\,v_0}{g} \cdot \frac{\sin (\varphi - E)}{\cos E}.$$

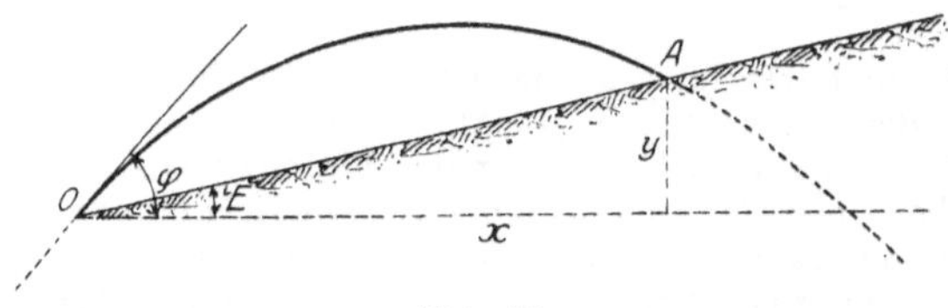

Abb. 11.

Ferner wird die Abszisse von A gleich

$$x = v_1 \cdot t = v_0 \cdot \cos \varphi \cdot t = \frac{2 \cdot v_0^2}{g} \cdot \frac{\cos \varphi \cdot \sin (\varphi - E)}{\cos E},$$

somit ist die Wurfweite OA auf der schiefen Ebene

$$OA = \frac{x}{\cos E} = \frac{2 \cdot v_0^2}{g} \cdot \frac{\cos \varphi \cdot \sin (\varphi - E)}{\cos^2 E},$$

oder auch, wenn der Abgangswinkel gegenüber dem schiefen Gelände (d. i. bei Abgangsfehler Null der Winkel zwischen der Richtung OA nach dem Ziel A und der Seelenachse des Geschützes, der Aufsatzwinkel oder Visierwinkel) mit φ_1 bezeichnet wird, $\varphi - E = \varphi_1$, so ist die Wurfweite

$$OA = \frac{2 \cdot v_0^2}{g} \cdot \frac{\sin \varphi_1 \cdot \cos (E + \varphi_1)}{\cos^2 E}.$$

Für welchen Wert des Abgangswinkels φ wird, bei gegebener Anfangsgeschwindigkeit v_0 und gegebener Neigung E des Bodens, die Wurfweite OA ein Maximum? Der Ausdruck $\cos \varphi \cdot \sin (\varphi - E)$ ist nach φ abzuleiten. Dies gibt

$$- \sin \varphi \cdot \sin (\varphi - E) + \cos \varphi \cdot \cos (\varphi - E) = 0;$$
$$\operatorname{tg} (\varphi - E) = \operatorname{cotg} \varphi = \operatorname{tg} \left(\frac{\pi}{2} - \varphi \right);$$

somit muß sein

$$\varphi - E = \frac{\pi}{2} - \varphi;$$

$$\varphi = \frac{1}{2}\left(\frac{\pi}{2} + E\right),$$

In diesem Fall ist der Winkel zwischen Anfangstangente der Flugbahn und zwischen der Vertikalen in O gleich

$$\frac{\pi}{2} - \frac{\pi}{4} - \frac{E}{2} = \frac{\pi}{4} - \frac{E}{2};$$

andererseits ist der Winkel zwischen der schiefen Ebene und der Lotrechten $\frac{\pi}{2} - E$; also muß die Wurfrichtung den Winkel zwischen der schiefen Ebene und der Lotrechten des Abgangspunktes halbieren, wenn die Wurfweite, gemessen auf der schiefen Ebene, ein Maximum werden soll. (Dieses Ergebnis gilt auch, wenn die schiefe Ebene von A aus abwärts, statt aufwärts führt; s. Beispiel unten.)

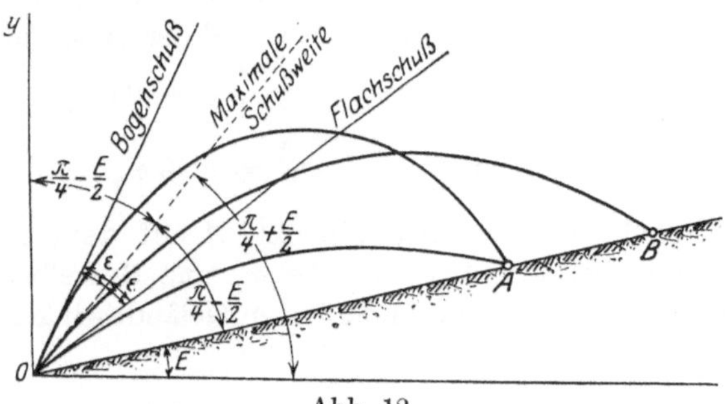

Abb. 12.

Schießt man unter zwei Abgangswinkeln, wovon der eine um den gleichen Betrag ε kleiner, wie der andere größer ist, als der eben erwähnte Winkel der Maximalschußweite, so treffen die beiden Schüsse die schiefe Ebene in demselben Punkt A (Flachschuß; — Bogenschuß).

In der Tat ist der größere der beiden Abgangswinkel

$$\frac{\pi}{4} + \frac{E}{2} + \varepsilon; \quad \text{der andere} \quad \frac{\pi}{4} + \frac{E}{2} - \varepsilon;$$

folglich ist nach dem Obigen das erste Mal

$$\text{die Wurfweite} = \frac{2 \cdot v_0^2}{g} \cdot \frac{\cos\left(\frac{\pi}{4} + \frac{E}{2} + \varepsilon\right) \cdot \sin\left(\frac{\pi}{4} - \frac{E}{2} + \varepsilon\right)}{\cos^2 E};$$

das zweite Mal

$$\text{die Wurfweite} = \frac{2 \cdot v_0^2}{g} \cdot \frac{\cos\left(\frac{\pi}{4} + \frac{E}{2} - \varepsilon\right) \cdot \sin\left(\frac{\pi}{4} - \frac{E}{2} - \varepsilon\right)}{\cos^2 E}.$$

Nun ist

$$\cos\left(\frac{\pi}{4} + \frac{E}{2} + \varepsilon\right) = \text{sinus des Komplements} = \sin\left(\frac{\pi}{4} - \frac{E}{2} - \varepsilon\right)$$

und

$$\sin\left(\frac{\pi}{4} - \frac{E}{2} + \varepsilon\right) = \text{cosinus des } \quad \text{„} \quad = \cos\left(\frac{\pi}{4} + \frac{E}{2} - \varepsilon\right);$$

also erhalten beide Ausdrücke denselben Wert.

Speziell für $E = 0$, also bei wagrechtem Boden, wird die Wurfweite gleich für zwei Wurfwinkel, die sich zu 90^0 ergänzen, oder von denen der eine um denselben Betrag kleiner, wie der andere größer ist als 45^0. Dies folgt erstens aus dem Vorhergehenden durch die Spezialisierung $E = 0$, und zweitens einfacher unmittelbar aus der Formel für die Wurfweite $= 2\,h \cdot \sin 2\,\varphi$; sind φ_1 und φ_2 zwei Abgangswinkel der Art, daß $\varphi_1 + \varphi_2 = \frac{\pi}{2}$, so ist

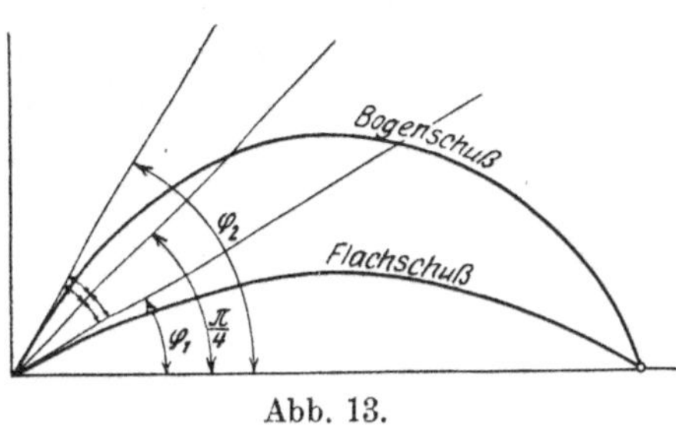

Abb. 13.

$$\sin 2\,\varphi_1 = \sin 2\left(\frac{\pi}{2} - \varphi_2\right) = \sin 2\,\varphi_2.$$

Der geometrische Ort der Auffallpunkte A auf dem schiefen Gelände, bei gleichbleibendem Aufsatzwinkel φ_1 und derselben Anfangsgeschwindigkeit v_0, aber bei veränderlichem Geländewinkel E ist die Parabel

$$y = x \cdot \operatorname{tg}\left(\frac{\pi}{2} - \varphi_1\right) - \frac{g\,x^2}{2\,v_0{}^2 \cdot \cos^2\left(\frac{\pi}{2} - \varphi_1\right)} = x \cdot \cotg \varphi_1 - \frac{g\,x^2}{2\,v_0{}^2 \sin^2 \varphi_1},$$

wie sich sofort ergibt, wenn man aus $x = \dfrac{2\,v_0{}^2}{g} \cdot \dfrac{\cos \varphi \cdot \sin \varphi_1}{\cos(\varphi - \varphi_1)}$ und $y = x \cdot \operatorname{tg}(\varphi - \varphi_1)$ den Winkel φ ausschaltet.

Diese Beziehungen mögen des näheren durch die nachfolgende Tabelle erläutert werden. In dieser sind die Schußweiten $OA = \dfrac{2\,v_0{}^2}{g} \cdot \dfrac{\sin \varphi_1 \cdot \cos(\varphi_1 + E)}{\cos^2 E}$, unter der Annahme $\dfrac{2\,v_0{}^2}{g} = 10000$ oder $v_0 \sim 221$ m/sec, für die Geländewinkel $E = -20, -10, -5, 0, +5, +10, \ldots$ bis $+87$ Grad und für die Aufsatz- oder Visierwinkel $\varphi_1 = 3, 5, 10, 15, 20, \ldots$ bis 90 Grad gegeben.

Aus den Zahlen der Tabelle erkennt man zunächst, daß in der Tat bei gleichem Geländewinkel E die Schußweite dann ein Maximum wird, wenn die Anfangstangente der Flugbahn den Winkel zwischen dem schiefen Gelände und der nach oben gerichteten Vertikalen halbiert; z. B. bei dem Geländewinkel $E = -20^0$ tritt das Maximum von 7600 m dann ein, wenn

$$\varphi_1 = \frac{90 + 20}{2} = 55^0 \text{ ist.}$$

In der Tabelle ist durch dickere Begrenzungsstriche besonders hervorgehoben die Vertikalspalte derjenigen Schußweiten, die man mit dem betreffenden Aufsatzwinkel φ_1 auf horizontalem Gelände ($E = 0$) erzielt. Diese Schußweiten mögen die Visierschußweiten heißen. An den Aufsatzvorrichtungen der Geschütze und Gewehre sind vielfach außer den Visierwinkeln φ_1 (in Graden) oder auch an Stelle dieser Winkel die erwähnten Visierschußweiten in Metern angeschrieben; dann ist im vorliegenden Fall z. B. die Angabe „Visier 2500" gleichbedeutend mit der Angabe „Aufsatzwinkel 15^0" oder die Angabe „Visier 5000" gleichbedeutend mit „Aufsatzwinkel 45^0", (dabei soll, wie schon erwähnt, im folgenden vorausgesetzt sein, daß der Abgangsfehlerwinkel Null sei).

Ist nun ein Ziel, dessen direkte Entfernung vom Geschütz 5000 m beträgt, auf einem schiefen Gelände vom Geländewinkel $E = 20^0$ gelegen und wendet man, um das Ziel zu treffen, das Visier „5000", d. h. den Aufsatzwinkel $\varphi_1 = 45^0$ an, so macht man dabei stillschweigend die Annahme, daß es zur Erreichung des 5000 m entfernten Ziels bei gleicher Anfangsgeschwindigkeit v_0 nur auf diese Entfernung 5000 m, nicht aber auf den Geländewinkel ankomme. Man dreht in Gedanken die Flugbahn um die Geschützmündung, und zwar um den Geländewinkel von z. B. $+ 20^0$, wie wenn die Flugbahn eine starre Kurve wäre. Daß letzteres tatsächlich nicht zutrifft, ist schon aus der Abb. 3 ohne weiteres ersichtlich. Man begeht in der Tat bei dissem „Schwenken der Flugbahnen" im allgemeinen einen Fehler. In dem vorliegenden Beispiel — Geländewinkel $E = + 20^0$, Aufsatzwinkel $\varphi_1 = 45^0$ — wird die Schußweite nicht 5000 m, sondern 3384 m; man hat also Kurzschuß um 1616 m. Bei Geländewinkel $E = - 20^0$ und demselben Aufsatzwinkel 45^0 ist die Schußweite 7258 m statt 5000 m, somit Weitschuß, mit Fehler $+ 2258$ m.

Für alle Aufsatzwinkel φ_1, die größer sind als ein gewisser Winkel zwischen 15^0 und 20^0 (nämlich $16^0 44'$, vgl. w. u.), liefert so das Schwenken der Flugbahn bei positivem Geländewinkel Kurzschuß, bei negativem Geländewinkel Weitschuß und zwar ist der Fehler beim Abwärtsschießen unter sonst gleichen Umständen absolut genommen größer als beim Aufwärtsschießen.

In dem erwähnten Bereich der Aufsatzwinkel trifft also, wie die Tabelle zeigt, die bekannte Jägerregel zu:

Bergauf, halt' drauf;
Bergunter, halt' drunter.

Für kleinere Aufsatzwinkel φ, als $16^0 44'$ sind die Verhältnisse etwas verwickelter. Z. B. werde das „Visier 522,6 m" oder der Aufsatzwinkel 3^0 angewendet. Der Geländewinkel nehme zu von Null bis $+ 87^0$. Bei $E = 0$ wird die Visierschußweite von 522,6 m, bei $E = 87^0$ (vertikaler Schuß) die Schußweite Null erhalten. Dazwischen nimmt die Schußweite zunächst ein wenig ab, sodann erheblich zu, schließlich wieder sehr rasch nach Null hin ab. Es müssen also, da der Verlauf ein stetiger ist, zwischen den Geländewinkeln $E = 0^0$ und $E = 87^0$ zwei Geländewinkel existieren, für die die Visierschußweite 522,6 m wieder erreicht wird. Für diese speziellen Werte ($E_1 = 6^0 2'$ und $E_2 = 86^0 50'$) des Geländewinkels E ist somit das Schwenken der Flugbahn streng richtig; wenigstens hinsichtlich der erreichten Schußweite entsteht kein Fehler (die übrigen Flugbahngrößen allerdings sind nicht dieselben wie in dem Falle $E = 0$, wo das Ziel im Mündungshorizont liegt.)

Ähnliches ist aus den Horizontalreihen der Tabelle für die Aufsatzwinkel 5^0, 10^0 und 15^0 zu ersehen. Man erhält so ein gewisses Gebiet von positiven

Schußweite auf dem schiefen Gelände bei Geländewinkel $E = \ldots \rightarrow$

Aufsatzwinkel $\varphi_1 = \downarrow$	$E=-20°$	$E=-10°$	$E=-5°$	$E=0°$	$E=+5°$	$E=+10°$	$E=+15°$	$E=+20°$	$E=+25°$	$E=+30°$	$E=+35°$	$E=+40°$	$E=+45°$	$E=+50°$	$E=+55°$	$E=+60°$	$E=+65°$	$E=+70°$	$E=+75°$	$E=+80°$	$E=+85°$	$E=+87°$
3°	567	536	527	522,6	522,3	526	534	546	562	585	615	652	700	762	843	950	1098	1308	1624	2115	2404	0
5°	953	895	878	868,3	865	868,1	878	895	919	952	995	1050	1120	1210	1325	1473	1669	1928	2259	2519	0	
10°	1937	1790	1743	1710	1690	1682	1687	1703	1732	1774	1830	1902	1992	2101	2231	2376	2516	2578	2259	0		
15°	2920	2658	2568	2500	2451	2419	2402	2401	2414	2440	2479	2530	2588	2647	2691	2680	2516	1928	0			
20°	3873	3473	3329	3214	3123	3054	3003	2967	2944	2931	2924	2914	2891	2831	2691	2376	1669	0				
25°	4768	4209	4002	3830	3688	3570	3470	3384	3307	3232	3149	3044	2891	2646	2231	1473	0					
30°	5576	4844	4566	4330	4127	3949	3789	3640	3492	3333	3149	2914	2588	2101	1325	0						
35°	6274	5360	5005	4698	4427	4182	3952	3726	3492	3232	2924	2530	1992	1210	0							
40°	6840	5740	5306	4924	4580	4260	3952	3640	3307	2931	2479	1902	1120	0								
45°	7258	5972	5458	5000	4580	4182	3789	3384	2944	2440	1830	1050	0									
50°	7513	6050	5458	4924	4427	3949	3470	2967	2414	1774	995	0										
55°	7600	5972	5306	4698	4127	3570	3003	2401	1732	952	0											
60°	7513	5740	5005	4330	3688	3054	2402	1703	919	0												
65°	7258	5360	4566	3830	3123	2419	1687	895	0													
70°	6840	4844	4002	3214	2451	1682	878	0														
75°	6274	4209	3329	2500	1690	868,1	0															
80°	5576	3473	2568	1710	865	0																
85°	4768	2658	1743	868,3	0																	
90°	3863	1790	878	0																		

Geländewinkeln, innerhalb dessen nicht Kurzschuß, sondern Weitschuß erfolgt (in der Tabelle besonders umrahmt). Die Grenzen dieses Gebiets sind diejenigen Geländewinkel, für welche das Schwenken der Flugbahn dieselbe Schußweite auf dem schiefen Gelände ergibt, wie auf dem horizontalen.

Es entsteht also die Frage: Für welchen Geländewinkel E ist die Schußweite OB auf dem schiefen Gelände (vgl. Abb. 14) ebenso groß, wie die Schußweite OA auf wagrechtem Gelände, falls man gegenüber dem schiefen Gelände denselben Abgangswinkel anwendet, wie gegenüber dem horizontalen ($\varphi_1 = \varphi$)?

Die Bedingung lautet:

$$\frac{2v_0^2}{g} \cdot \frac{\cos(E+\varphi_1)\cdot\sin\varphi_1}{\cos^2 E} = \frac{v_0^2}{g}\sin 2\varphi;$$

also bei Anwendung des Prinzips des Schwenkens ($\varphi_1 = \varphi$):

$$2\cos(E+\varphi)\cdot\sin\varphi = \cos^2 E\cdot\sin 2\varphi.$$

Eine Wurzel dieser Gleichung, mit E als Unbekannter, ist $E = 0$. Abgesehen von dieser erhält man die Gleichung 3. Grades in $\cos E$: $\cos^3 E - \cos^2 E + \cos E\cdot\mathrm{tg}^2\varphi + \mathrm{tg}^2\varphi = 0$. Sie läßt sich auch schreiben:

$$\cos E\cdot\mathrm{tg}\frac{E}{2} = \pm\,\mathrm{tg}\,\varphi.$$

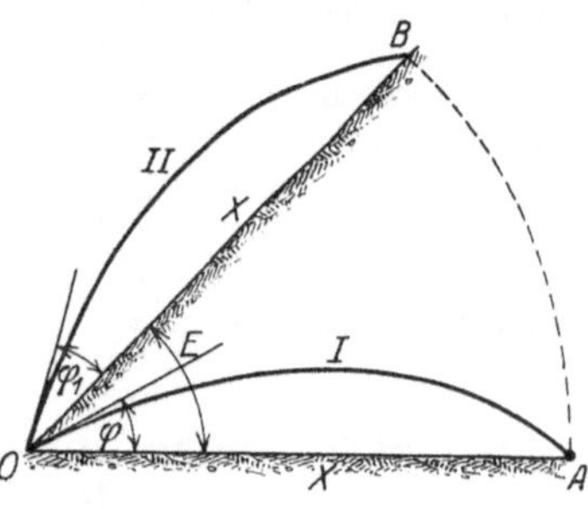

Abb. 14.

Diese Gleichung ist, was die positiven Geländewinkel betrifft, befriedigt: 1. bei Anwendung von $\varphi = 0$, wenn $E_1 = 0$ und $E_2 = 90^0$; 2. bei $\varphi = 3^0$, wenn $E_1 = 6^0\,2'$, $E_2 = 86^0\,50'$; 3. bei $\varphi = 6^0$, wenn $E_1 = 12^0\,16'$ und $E_2 = 83^0\,12'$; 4. bei $\varphi = 9^0$, wenn $E_1 = 19^0\,01'$ und $E_2 = 78^0\,54'$; 5. bei $\varphi = 12^0$, wenn $E_1 = 26^0\,47'$ und $E_2 = 73^0\,26'$; 6. bei $\varphi = 16^0$, wenn $E_1 = 42^0\,31'$ und $E_2 = 60^0\,38'$;

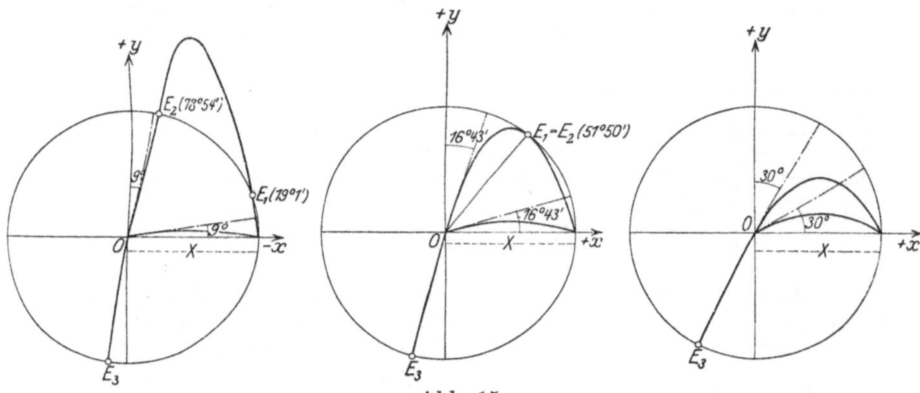

Abb. 15.

7. bei $\varphi = 16^0\,44'$, wenn $E_1 = E_2 = 51^0\,50'$ (die dritten Wurzelwerte gehören nicht zum ersten, sondern zum dritten Quadranten). Z. B. wenn das Visier $\varphi = 3^0$ angewendet wird, hat man beim Schwenken Kurzschuß, wenn $E < 6^0\,2'$ und wenn $E > 86^0\,50'$; Weitschuß, wenn E zwischen $6^0\,2'$ und $86^0\,50'$ liegt. Dieses Weitschußgebiet verengt sich also mehr und mehr bis Null, wenn φ von Null ab bis $16^0\,44'$ wächst. Von da ab nur Kurzschuß.

A. v. Obermayer, der 1901 zuerst diese Verhältnisse (für den luftleeren Raum) untersuchte, gab auch eine einfache geometrische Beziehung für die betreffenden Geländewinkel E_1 und E_2 an: Man zeichnet die zu gleichem v_0 gehörige Flugbahnparabel, die den wagrechten Abgangswinkel $90 - \varphi^0$, als in dem obigen Beispiel $90 - 3 = 87^0$ besitzt, beschreibt mit der zugehörigen Horizontalschußweite als Radius einen Kreis um O und verbindet die beiden im ersten Quadranten liegenden Schnittpunkte der Parabel und des Kreises mit O. Die Horizontalneigungen dieser beiden Verbindungslinien (bei dem Beispiel $5^0\,57'$ und $86^0\,51$) sind die Geländewinkel E_1 und E_2, für die das Schwenken gestattet ist. Zugleich ist, wie schon oben angedeutet, die erwähnte Parabel ein geometrischer Ort der Endpunkte aller schiefen Wurfweiten bei gleichem v_0 und gleichem Aufsatzwinkel $\varphi' = \varphi$, so daß aus der gegenseitigen Lage von Kreis und Parabel sofort entschieden werden kann, ob bei irgendeinem Geländewinkel E Kurzschuß oder Weitschuß erhalten würde. Der Kreis $x^2 + y^2 + X^2$ und die Parabel $y = x \cdot \cot g\,\varphi - \dfrac{q\,x^2}{2\,v_0{}^2 \sin^2 \varphi}$ schneiden sich im 1. Quadranten in zwei Punkten (vgl. Abb. 15), die entweder reell und getrennt oder reell und zusammengefallen oder imaginär sind.

§ 5. Beispiele; einige Anwendungen der Flugbahngleichungen des leeren Raums.

1. Die folgende kleine Tabelle läßt zahlenmäßig erkennen, daß bei relativ kleinen Anfangsgeschwindigkeiten und relativ großen Geschoßgewichten die Formeln des leeren Raumes in der Tat oft mit leidlicher Genauigkeit auf den wirklichen Geschoßflug angewendet werden können. Als Beispiel ist der französische 22 cm-Mörser Modell 1887 gewählt; kleinste Ladung 1,135 kg, $v_0 = 90$ m/sec, größte Ladung 6,126 kg, $v_0 = 230$ m/sec; Geschoßgewicht 118 kg. In der Tabelle sind die mit den Formeln des leeren Raums errechneten Schußweiten X, Flugzeiten T, Scheitelhöhen y_s, spitzen Auffallwinkel ω und Endgeschwindigkeiten v_e gegeben; in Klammern sind entsprechende Angaben der Schußtafel hinzugefügt.

v_0	φ	X	T	y_s	ω	v_e
230	$66^0\,22'$	3961 (3200)	43,0 (40,7)	2263 (2017)	$66^0\,22'$ $(70^0\,2')$	230 (206)
230	35^0	5067 (4300)	26,9 (25,9)	887 (820)	$35^0\,0'$ $(39^0\,23')$	230 (192)
90	$65^0\,15'$	628 (600)	16,7 (16,6)	340 (336)	$65^0\,15'$ $(66^0\,31')$	90 (88)
90	$34^0\,2'$	766 (750)	10,3 (10,2)	129 (127)	$34^0\,2'$ $(35^0\,1')$	90 (88)

2. Da die Krümmung der tatsächlichen Flugbahn z. B. im Abgangspunkt $(x = 0,\ y = 0)$ dieselbe ist wie diejenige der Flugbahnparabel von gleicher Anfangsgeschwindigkeit v_0 und gleichem Abgangswinkel, nämlich nach § 20,8 Krümmungsradius $\varrho_0 = \dfrac{v_0{}^2}{g \cdot \cos \varphi}$, so läßt sich in der nächsten Nähe der Mündung die tatsächliche Flugbahn oft mit Vorteil durch die Parabel mit gleichen Werten von v_0 und φ ersetzen (vgl. auch § 20 und Band III) oder in der Nähe des Auffallpunkts durch die Parabel mit gleicher Endgeschwindigkeit v_e und gleichem Auffallwinkel ω.

a) Eine in 100 m Entfernung von der Mündung eines Mörsers aufgestellte Panzerplatte soll beschossen werden. v_{50} sei $= 200$ m/sec. Nach welchem Punkt der Platte muß durch das Rohr gezielt werden, damit der beabsichtigte Treffpunkt der Platte erhalten wird? Dabei sei der Abgangsfehlerwinkel zu Null angenommen. Auf der Platte muß der Zielpunkt um $\dfrac{g}{2} \cdot \left(\dfrac{100}{200}\right)^2 = 1,23$ m oberhalb des beabsichtigten Treffpunkts liegen.

b) Ermittlung des Abgangsfehlers, nach demselben Prinzip, durch Vergleichung des wirklichen und des errechneten Treffpunkts auf einer in bestimmter Entfernung von der Mündung aufgestellten Scheibe u. dgl.

c) Ermittlung des bestrichenen Raums. Indem man die tatsächliche Flugbahn näherungsweise durch eine Flugbahnparabel ersetzt, die mit ihr die Schußweite X und den Auffallwinkel ω gemeinschaftlich hat, erhält man als bestrichenen Raum für h Meter Zielhöhe:

$$\frac{X}{2}\left(1 - \sqrt{1 - \frac{4h}{X \cdot \operatorname{tg} \omega}}\right).$$

3. Ist es möglich, von der Spitze der Cheopspyramide aus mit einem Stein über die Basis der Pyramide hinaus zu werfen?

Die Höhe der Pyramide ist 137,2 m; die Länge einer Seite der quadratischen Basis 227,5 m; somit der Neigungswinkel $ABC = 50^0\ 20'$. Um die größte Wurfweite zu erhalten, muß von der Spitze A aus in einer Richtung AT geworfen werden, welche den Winkel BAD der schiefen Ebene und der Lotrechten halbiert, somit

$$\sphericalangle\, DAT = \frac{1}{2}\, \sphericalangle\, DAB$$
$$= \frac{90^0 + 50^0\ 20'}{2} = 70^0 10';$$

der Abgangswinkel φ also
$$= 19^0\ 50'.$$

Die Anfangsgeschwindigkeit v_0 beim Werfen aus freier Hand ist zu 24 m/sec angenommen (Mittel aus 30 Versuchen mit ebenso vielen verschiedenen Personen); die Bahngleichung ist

$$y = x \cdot \operatorname{tg} \varphi - \frac{g \cdot x^2}{2 \cdot v_0{}^2 \cdot \cos^2 \varphi}.$$

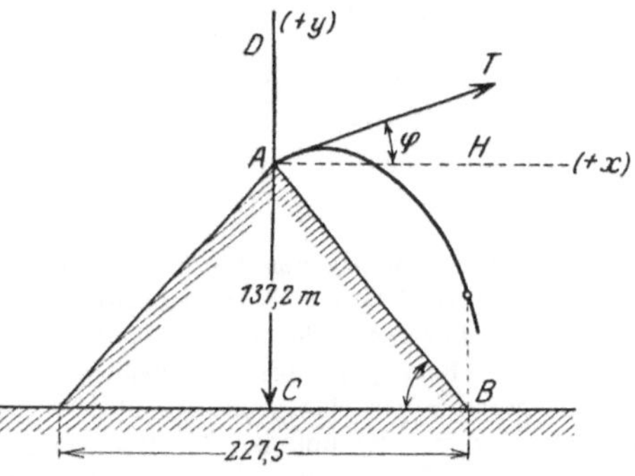

Abb. 16.

Die Frage ist, wie groß y geworden ist, wenn x den Wert $\dfrac{227,5}{2}$ angenommen hat. Es wird

$$y = 113,7 \cdot \operatorname{tg} (19^0\ 50') - \frac{113,7^2 \cdot 9,81}{2 \cdot 24^2 \cdot \cos^2 (19^0\ 50')} = -83,4 \text{ m}.$$

(Mit $v_0 = 22$ m/sec wird $y = -107,0$ m; mit $v_0 = 20$ m/sec wird $y = -138,1$ m). Die Antwort ist also: bei einiger Gewandtheit ist es möglich.

4. Unter welchem Abgangswinkel φ gegen die Wagrechte muß ein Körper geworfen werden, damit er auf einer unter E Grad geneigten schiefen Ebene (die senkrecht auf der Flugbahnebene steht) senkrecht auffällt?

Resultat: $\operatorname{tg} (\varphi - E) = \tfrac{1}{2} \operatorname{cotg} E$, daraus φ.

5. Dasselbe Ziel wird von zwei Geschossen mit den Anfangsgeschwindigkeiten v und v' und den Abgangswinkeln φ und φ' getroffen. Welches ist der Unterschied ihrer Flugzeiten bis zu dem Ziel?

Resultat: $\dfrac{2}{g} \cdot \dfrac{v \cdot v' \sin (\varphi - \varphi')}{v \cos \varphi + v' \cos \varphi'}.$

6. Ein Schuß trifft den Fuß eines Turmes in der wagrechten Ebene durch das Geschütz nach t Sekunden. Ein zweiter Schuß mit anderer Ladung und doppeltem Erhöhungswinkel (Abgangsfehler sei Null) trifft die Spitze des Turmes nach t' Sekunden. Wie weit ist der Turm entfernt? (Die Größe jener Erhöhungswinkel und die Anfangsgeschwindigkeiten sind unbekannt.)

Resultat: $\dfrac{1}{2}\,g t^2 \sqrt{\dfrac{t'^2 + t^2}{t'^2 - t^2}}$.

7. Früher angewendeter Ricochet-Schuß unter bestimmten Voraussetzungen über die Beschaffenheit des Bodens und des geworfenen Körpers.

Auf horizontaler Fläche wird von O aus eine Kugel mit der Geschwindigkeit v_0 und unter dem Abgangswinkel α_0 geworfen. Ihre Elastizität sei e (ein echter Bruch, $e = 0$ bei vollkommen unelastischen, $e = 1$ bei vollkommen elastischen Körpern); die Kugel schlägt bei A unter demselben Winkel $\alpha_1 = \alpha_0$ und mit derselben Geschwindigkeit $v_1 = v_0$ auf dem Boden auf; beginnt von neuem eine Parabel zu beschreiben (aber mit kleinerem Abgangswinkel α_2 und kleinerer Anfangsgeschwindigkeit v_2), schlägt bei B zum zweitenmal auf dem Boden auf usf. (s. Abb. 17). **Wie groß ist die gesamte Wurfweite bit zum n-ten Aufprall und welches ist die zugehörige Flugzeit?**

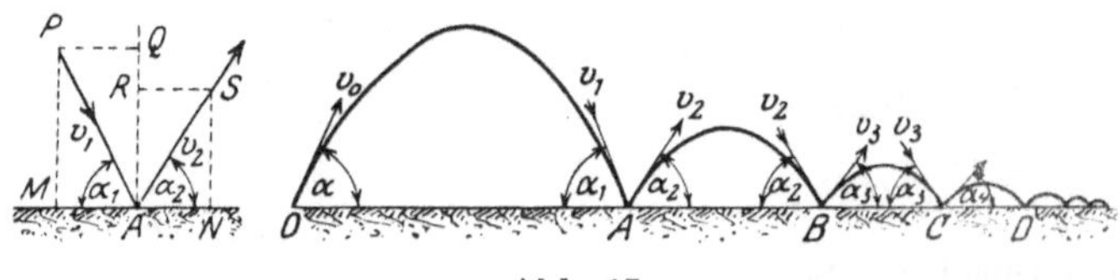

Abb. 17.

Aus dem Newtonschen Gesetz für den senkrechten Stoß zweier elastischer Massen m und M läßt sich, indem man die eine Masse M (Erde) als unendlich groß gegenüber der anderen voraussetzt, leicht die Geschwindigkeit v_2 ableiten, mit der eine Kugel, die mit der Geschwindigkeit v_1 senkrecht auf dem Boden auffällt, wieder zurückspringt. Sie findet sich gleich $e \cdot v_1$, wo e die Elastizität der Kugel darstellt, und ist der Richtung nach entgegengesetzt mit v_1. Wird also (s. Nebenfigur) eine solche Kugel schief, unter dem Neigungswinkel α_1 gegen die wagrechte Bodenfläche geworfen, so hat man nur nötig, die Stoßbewegung in zwei zueinander senkrechte Bewegungen zu zerlegen: in wagrechter Richtung finde kein Stoß statt und es möge vorausgesetzt werden, daß für die betreffende Bodenbeschaffenheit von der Reibung abgesehen werden könne, dann bleibt die horizontale Komponente der Geschwindigkeit unverändert, $MA = AN$ oder $v_1 \cdot \cos\alpha_1 = v_2 \cdot \cos\alpha_2$; dagegen in lotrechter Richtung hat man senkrechten Stoß, so daß $AR = e \cdot AQ$ oder $v_2 \cdot \sin\alpha_2 = e \cdot v_1 \cdot \sin\alpha_1$ ist. Auf diese Weise kennt man die Richtung α_2 und die Größe v_2 der Geschwindigkeit, mit der die aufprallende Kugel die Fläche wieder verläßt; denn es folgt aus den beiden Gleichungen $\operatorname{tg}\alpha_1 : \operatorname{tg}\alpha_2 = 1 : e$; damit kennt man α_2 und hieraus v_2.

Diese Einzelbetrachtungen sind ebenso oft zu verwenden als die Kugel (in A, B, C usw.) auf dem Boden aufprallt. Nennt man α_n den spitzen Winkel, unter dem die Kugel unmittelbar vor dem n-ten Aufprall gegen die ebene Bodenfläche fliegt, v_n die zugehörige Geschoßgeschwindigkeit; es sei ferner W_n die Wurfweite bis zum n-ten Aufprall, von O aus gemessen; t_n die bis dahin verflossene Zeit. In wagrechter Richtung erhält man für die verschiedenen Stöße

$$v_0 \cos\alpha_0 = v_1 \cos\alpha_1 = v_2 \cos\alpha_2 = \cdots = v_n \cdot \cos\alpha_n.$$

Dagegen ist in lotrechter Richtung

ebenso
$$v_2 \sin \alpha_2 = e \cdot v_1 \sin \alpha_1 = e \cdot v_0 \cdot \sin \alpha_0 \quad (\text{weil } \alpha_1 = \alpha_0 \text{ und } v_1 = v_0);$$

allgemein wird so
$$v_3 \sin \alpha_3 = e v_2 \cdot \sin \alpha_2, \text{ also } = e^2 \cdot v_1 \cdot \sin \alpha_1 = e^2 \cdot v_0 \cdot \sin \alpha_0;$$

$$\left\{ \begin{aligned} v_0 \cdot \cos \alpha_0 &= v_n \cdot \cos \alpha_n \\ v_0 \cdot \sin \alpha_0 &= \frac{1}{e^{n-1}} \cdot v_n \cdot \sin \alpha_n. \end{aligned} \right.$$

Durch Division einerseits, Quadrieren und Addieren andererseits wird

$$\left\{ \begin{aligned} \operatorname{tg} \alpha_n &= e^{n-1} \cdot \operatorname{tg} \alpha_0 \\ v_n{}^2 &= v_0{}^2 \cdot \left\{ e^{2n-2} \cdot \sin^2 \alpha_0 + \cos^2 \alpha_0 \right\}. \end{aligned} \right. \tag{I}$$

Damit läßt sich Richtung und Größe der Geschwindigkeit der Kugel allgemein vor dem n-ten Aufprall aus dem Anfangszustand α_0, v_0 und der Elastizität e berechnen.

Welche Zeit ist bis zum n-ten Aufprall verflossen?

Der erste Bogen OA wird in der Zeit beschrieben: $t_1 = \dfrac{2 \cdot v_0}{g} \cdot \sin \alpha_0$; der zweite Bogen in der Zeit: $t_2 - t_1 = \dfrac{2 \cdot v_2}{g} \cdot \sin \alpha_2 = \dfrac{2 \cdot e \cdot v_0 \cdot \sin \alpha_0}{g}$ usf. Die Zeit bis zum n-ten Aufprall ist sonach

$$t_n = \frac{2 \cdot v_0 \cdot \sin \alpha_0}{g} \cdot (1 + e + e^2 + e^3 + \cdots + e^{n-1}) = \frac{2 \cdot v_0 \cdot \sin \alpha_0}{g} \cdot \frac{1 - e^n}{1 - e}. \tag{II}$$

Die Längen der Wurfstrecken OA, AB, BC usw. sind der Reihe nach:

$$OA = v_1 \cdot \cos \alpha_1 \cdot t_1 = v_0 \cdot \cos \alpha_0 \cdot t_1, \quad \text{wobei} \quad t_1 = \frac{2 \cdot v_0}{g} \cdot \sin \alpha_0,$$

$$AB = v_2 \cdot \cos \alpha_2 \, (t_2 - t_1), \quad \text{wobei} \quad t_2 - t_1 = \frac{2 \cdot e \cdot v_0}{g} \sin \alpha_0$$

$$\text{und} \quad v_2 \cos \alpha_2 = v_0 \cos \alpha_0 \quad \text{ist,}$$

also $AB = \dfrac{2 \cdot v_0{}^2 \cdot e \cdot \cos \alpha_0 \cdot \sin \alpha_0}{g}$ usf.

Die ganze Wurfstrecke W_n von O bis zum n-ten Auffallpunkt ist also

$$= \frac{2 \cdot v_0{}^2 \cdot \sin \alpha_0 \cdot \cos \alpha_0}{g} \cdot (1 + e + e^2 + \cdots + e^{n-1}) = \frac{v_0{}^2 \cdot \sin 2 \alpha_0}{g} \cdot \frac{1 - e^n}{1 - e}. \tag{III}$$

Dieser Ausdruck (III) gestattet, entweder W_n zu berechnen, wenn α_0, v_0 und e bekannt sind, oder auch die Elastizität e aus v_0, α_0 und W_n.

Theoretisch wird die Kugel unendlich oft auf dem Boden aufschlagen und immer kleinere parabolische Bögen beschreiben. Wiewohl die Zahl dieser von der Kugel beschriebenen Bögen eine unendliche ist, ist dennoch die Gesamtwurfweite von O aus bis zu dem Punkt, in welchem die Kugel schließlich zur Ruhe kommt, und ebenso die Gesamtzeit, während der die Kugel sich bewegt, eine endliche; eben deshalb, weil die einzelnen Bögen immer kleiner, die Flugzeiten zur Zurücklegung dieser Bögen immer kürzer werden.

Nämlich, für $n = \infty$ wird (da e ein echter Bruch, also limes $e^n = 0$ ist), nach (I) $\alpha_n = 0$, d. h. die Bögen werden immer flacher, die einzelnen Wurfweiten immer kürzer. Und aus (II) und (III) erhält man

$$t = \frac{2 \cdot v_0 \cdot \sin \alpha_0}{g} \cdot \frac{1}{1 - e}; \quad W = \frac{v_0{}^2 \cdot \sin 2 \alpha_0}{g} \cdot \frac{1}{1 - e}.$$

Der schließliche Unterschied gegenüber dem Wurf in einem einzigen Bogen, bei derselben Anfangsgeschwindigkeit v_0 und demselben Abgangswinkel, besteht also darin, daß sich durch das Ricochettieren die Wurfweite und die Flugzeit vergrößern im Verhältnis $1:1-e$; wobei e die Elastizität der Kugel ist.

[Der Ricochetschuß war schon im 16. Jahrhundert bekannt; systematisch wurde diese Schußart erst von Vauban, 1688 eingeführt; durch die Anzahl der Aufschläge wollte man ausgleichen, was an Präzision abging. Der Name „Ricochet" nach Jähns von ri-côchet = Hahnentritt; als Verdeutschung schlägt Humbert, der Übersetzer Vaubans „Jungfernschuß" vor; er erinnert an das Werfen mit flachen Steinen über das Wasser hin, wobei der Stein oftmals wieder über das Wasser emporspringt. Bis zirka Mitte des 18. Jahrhunderts stand die Schußart in Ehren; 1756 schrieb Leutnant Paul Jacobi ein ausführliches Werk über das Ricochettieren und die Regeln, bei deren Befolgung die beste Wirkung erzielt wird. Die mathematische Theorie wurde von Bordoni 1816 entwickelt.] Über das Ricochettieren auf Wasser mit teilweisem Eindringen vgl. man § 78.

Bei Wasser ist $\alpha_2 < \alpha_1$. Dagegen auf Erdboden zeigt sich häufig, je nach der Bodenart und der Art, wie das Geschoß auftrifft, $\alpha_2 > \alpha_1$; dies z. B. bei Versuchen, die F. Krupp nach dem Verfahren von F. Neesen auf sandigem Boden ausführte. In solchen Fällen müßten also andere Annahmen gemacht werden. Die in dem Beispiel 7 gemachten Annahmen gelten nur für den Fall, daß die tangentiale Stoßreibung vernachlässigt werden kann (vgl. auch z. B. Keck: Vorträge über Mechanik, Bd. II, S. 160 Hannover 1901).

8. In welchem Flugbahnpunkt ist die Winkelbeschleunigung $\dfrac{d^2\vartheta}{dt^2}$ der Bahntangente dem absoluten Wert nach ein Maximum?

Es ist $\operatorname{tg}\vartheta = \operatorname{tg}\varphi - \dfrac{g\cdot t}{v_0\cdot\cos\varphi}$;

$$\frac{d\vartheta}{dt} = -\frac{g\cdot\cos^2\vartheta}{v_0\cdot\cos\varphi}, \quad \text{(mit dem Maximum im Gipfel, für } \vartheta = 0);$$

$$\frac{d^2\vartheta}{dt^2} = -\frac{2\,g^2}{v_0{}^2\cdot\cos^2\varphi}\cdot\cos^3\vartheta\cdot\sin\vartheta.$$

Dies ist bei gegebenen Werten v_0 und φ ein Maximum für $\operatorname{tg}^2\vartheta = \tfrac{1}{3}$, also $\vartheta = \pm 30^0$.

Im lufterfüllten Raum wird sich später ergeben, daß wenn $c\cdot f(v)$ die Verzögerung durch den Luftwiderstand bedeutet, die Beziehung besteht:

$$\frac{d^2\vartheta}{dt^2} = -\frac{g\cdot\cos\vartheta}{v^2}\,[2\,g\sin\vartheta + c\cdot f(v)].$$

Hier ist das Produkt $A\cdot\dfrac{d^2\vartheta}{dt^2}$ aus dem Trägheitsmoment A des Langgeschosses um die Querachse durch den Schwerpunkt und aus der Winkelbeschleunigung $\dfrac{d^2\vartheta}{dt^2}$ der Bahntangente bei rotationslosen Geschossen maßgebend für das Drehmoment, das der Luftwiderstand in jedem Punkte der Flugbahn auf den Gefiederteil des Geschosses ausüben muß, damit sich die Geschoßachse immer wieder in die Bahntangente einstellt, also damit ein richtiger Pfeilflug zustande kommt.

§ 6. Wurfbewegung im leeren Raum mit Rücksicht auf die Abnahme der Fallbeschleunigung mit der Höhe, die Konvergenz der Vertikalen und die Erdkrümmung.

Zur Entscheidung darüber, ob diese Einflüsse groß genug sein können, um bei Berechnung von Flugbahnen unter Umständen in Betracht gezogen werden zu müssen, hat man die Bewegung des Geschosses in Beziehung auf die ruhend gedachte Erde in ähnlicher Weise zu verfolgen, wie die eines Mondes oder eines Planeten um den betreffenden Zentralkörper.

Der Erdmittelpunkt M (vgl. Abbildung 18) sei Pol eines Polarkoordinatensystems. Ein beliebiger Flugbahnpunkt P habe die Polarkoordinaten $MP =$ radius vector r und $\sphericalangle\, OMP =$ Polarwinkel α; die Richtung MO der Polarachse, von der aus die Polarwinkel α gezählt werden, möge vorerst noch unbestimmt gelassen sein. Im Abgangspunkt A des Geschosses sei $r = r_0 =$ Erdradius

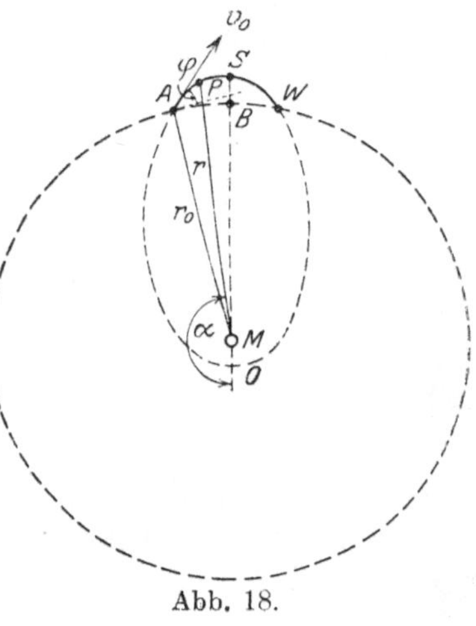

Abb. 18.

$6\,370\,300$ m; die Anfangsgeschwindigkeit v_0, der Abgangswinkel φ.

Im Punkt P ist nach dem Newtonschen Gravitationsgesetz die Fallbeschleunigung $= g \cdot \dfrac{r_0{}^2}{r^2}$ oder kurz bezeichnet $= \dfrac{\mu}{r^2}$. Ferner ist nach dem Flächensatz $r^2 \cdot \dfrac{d\alpha}{dt}$ entlang der ganzen Flugbahn eine Konstante C, die sich aus dem Wert von $r \cdot \dfrac{d\alpha \cdot r}{dt}$ in dem speziellen Punkt A zu: $C = r_0\, v_0 \cos\varphi$ ergibt, da hier $r\, d\alpha = ds \cdot \cos\varphi$ (vgl. Abb. 19, ds Bogenelement) und $\dfrac{ds}{dt} = v_0$ ist; somit

$$r^2 \cdot \frac{d\alpha}{dt} = C = r_0\, v_0 \cos\varphi. \tag{1}$$

Für die Bewegung des Geschosses entlang seiner Bahn hat man ferner

$$\frac{dv}{dt} = -\frac{\mu}{r^2} \cdot \frac{dr}{ds} \quad \text{oder} \quad v \cdot \frac{dv}{dr} = -\frac{\mu}{r^2};$$

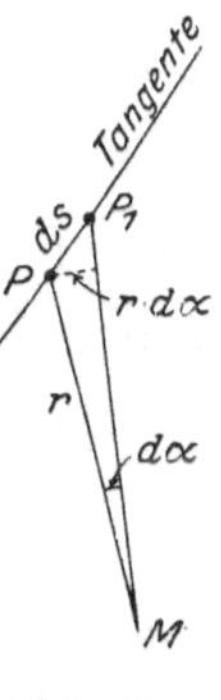

Abb. 19.

integriert von A bis P,

$$v^2 - v_0{}^2 = -2\mu \int_{r_0}^{r} r^{-2} \cdot dr = +2\mu\left(\frac{1}{r} - \frac{1}{r_0}\right)$$

oder

$$v^2 = q + \frac{2\,\mu}{r}, \tag{2}$$

wo $q = v_0{}^2 - \dfrac{2\,\mu}{r_0}$ gesetzt ist.

Da $v^2 = \left(\dfrac{ds}{dt}\right)^2 = \left(\dfrac{dr}{dt}\right)^2 + r^2 \cdot \left(\dfrac{d\alpha}{dt}\right)^2$ und $\dfrac{dr}{dt} = \dfrac{dr}{d\alpha} \cdot \dfrac{d\alpha}{dt}$ oder wegen

(1) $\dfrac{dr}{dt} = \dfrac{dr}{d\alpha} \cdot \dfrac{C}{r^2}$ ist, so läßt sich die Gleichung (2) auch in der Form

schreiben: $q + \dfrac{2\,\mu}{r} = \left(\dfrac{dr}{d\alpha}\right)^2 \cdot \dfrac{C^2}{r^4} + \dfrac{C^2}{r^2}$, oder nach $d\alpha$ aufgelöst:

$$d\alpha = \frac{\dfrac{C}{r^2} \cdot dr}{\sqrt{q + \dfrac{2\,\mu}{r} - \dfrac{C^2}{r^2}}} = - \frac{d\left(\dfrac{\dfrac{C}{r} - \dfrac{\mu}{C}}{\sqrt{q + \dfrac{\mu^2}{C^2}}}\right)}{\sqrt{1 - \left(\dfrac{\dfrac{C}{r} - \dfrac{\mu}{C}}{\sqrt{q + \dfrac{\mu^2}{C^2}}}\right)^2}}.$$

Dies ist die Differentialgleichung der Geschoßbahn, mit r und α als den beiden Veränderlichen. Die Integration gibt

$$\alpha - \gamma = \mathrm{arc\,cos}\,\frac{\dfrac{C}{r} - \dfrac{\mu}{C}}{\sqrt{q + \dfrac{\mu^2}{C^2}}}$$

oder

$$r = \frac{p}{1 + \varepsilon \cdot \cos(\alpha - \gamma)}, \tag{3}$$

wo γ die Integrationskonstante darstellt und wo zur Abkürzung $p = \dfrac{C^2}{\mu}$ und $\varepsilon = \sqrt{1 + \dfrac{q \cdot C^2}{\mu^2}}$ gesetzt ist. Diese Gleichung (3) zeigt, daß die Flugbahn ein Kegelschnitt ist. Um die Integrationskonstante γ festzulegen, erinnere man sich, daß $r = \dfrac{p}{1 + \varepsilon \cdot \cos \alpha}$ die Polargleichung eines Kegelschnitts ist, wobei der Parameter

$$p = \frac{b^2}{a} = \frac{a^2 - d^2}{a} = a - \varepsilon \cdot d = a - \varepsilon^2\,a = a\,(1 - \varepsilon^2)$$

ist [a und b die beiden Halbachsen, a diejenige, die einen Brennpunkt enthält, d die lineare Exzentrizität $=$ Abstand zwischen Mittelpunkt und Brennpunkt des Kegelschnitts, $\varepsilon = \dfrac{d}{a}$ die sog. numerische Exzentrizität]; ein Brennpunkt M ist hierbei der Pol des Polarkoordinatensystems, und der Polarwinkel α wird von demjenigen

Scheitel O der großen Achse aus gezählt, der dem erwähnten Brennpunkt M am nächsten liegt; mit $\varepsilon < 1$ liegt eine Ellipse, speziell mit $\varepsilon = 0$ ein Kreis, mit $\varepsilon = 1$ eine Parabel, mit $\varepsilon > 1$ eine Hyperbel vor.

Wenn also im vorliegenden Fall die Integrationskonstante $\gamma = 0$ gesetzt wird, so heißt dies geometrisch, daß man als Polarachse OM des Polarkoordinatensystems die Verbindungslinie des Perihels O des Kegelschnitts, d. h. des dem Erdmittelpunkte nächsten Scheitels der großen Achse mit dem Erdmittelpunkt M wählt.

Man erhält alsdann:

$$r = \frac{p}{1 + \varepsilon \cdot \cos \alpha}, \qquad (4)$$

$$v^2 = v_0{}^2 - \frac{2\,\mu}{r_0} + \frac{2\,\mu}{r} \qquad (5)$$

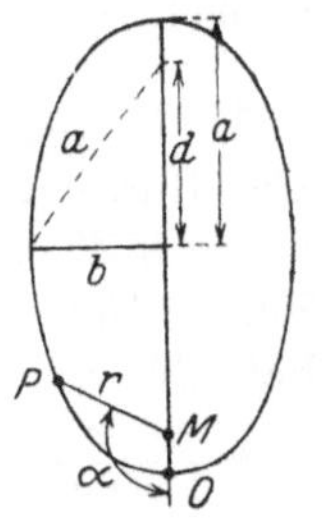

wobei $p = \dfrac{C^2}{\mu}$ und $\varepsilon = \sqrt{1 + \dfrac{q\,C^2}{\mu^2}}$ ist, mit den Abkürzungen:

$$q = v_0{}^2 - \frac{2\,\mu}{r_0}, \qquad \mu = g r_0{}^2; \qquad C = r_0 v_0 \cos \varphi,$$

$$r_0 = 6\,370\,300.$$

Abb. 20.

Da r_0, φ, v_0 und somit C, μ, q, ε, p bekannt sind, so ist man imstande, aus (4) für irgendeinen Wert von α die zugehörige Entfernung r des Geschosses vom Erdmittelpunkt und aus (5) die zu dem betreffenden Punkt (r, α) gehörige Bahngeschwindigkeit v zu ermitteln; die Flugzeit ergibt sich sodann aus $dt = \dfrac{r^2 \cdot d\alpha}{C}$ durch Integration.

Die Flugbahn ist eine Ellipse, wenn $\varepsilon < 1$, d. h. wenn $1 + \dfrac{C^2}{\mu^2}\left(v_0{}^2 - \dfrac{2\,\mu}{r_0}\right) < 1$ oder wenn $v_0 < \sqrt{\dfrac{2\,\mu}{r_0}}$ ist; nun ist

$$\sqrt{\frac{2\,\mu}{r_0}} = \sqrt{2 \cdot 9{,}81 \cdot 6\,370\,300} = 11\,050 \text{ m/sec},$$

somit liegt eine Ellipse stets vor, solange $v_0 < 11\,050$ m/sec bleibt. Diese elliptische Flugbahn ist speziell ein Kreis, wenn $\varepsilon = 0$, oder wenn $1 + \dfrac{r_0{}^2 v_0{}^2 \cos^2 \varphi}{\mu^2}\left(v_0{}^2 - \dfrac{2\,\mu}{r_0}\right) = 0$ ist. Mit der Abkürzung $\dfrac{r_0 v_0{}^2}{\mu} = z$ heißt diese Bedingung: $z^2 - 2z = -\dfrac{1}{\cos^2 \varphi}$; $z = \dfrac{r_0 v_0{}^2}{\mu} = 1 \pm \sqrt{1 - \dfrac{1}{\cos^2 \varphi}}$. Dieser Ausdruck ist für reelles φ nur dann reell, wenn $\cos \varphi = \pm 1$, $\varphi = 0$ oder π, in diesem Fall wird $\dfrac{r_0 v_0{}^2}{\mu} = 1$, $v_0 = \sqrt{\dfrac{\mu}{r_0}} = 7900$ m/sec.

Also ist unter den erwähnten Voraussetzungen die Flugbahn bei den mit menschlichen Mitteln vorerst erreichbaren Anfangsgeschwindigkeiten v_0 stets eine Ellipse; sie ist eine Parabel, wenn $v_0 = 11\,050$ m/sec ist; bei noch größeren Anfangsgeschwindigkeiten wäre sie eine Hyperbel. Speziell ein Kreis könnte die Flugbahn nur sein, wenn das Geschoß horizontal, mit einer Anfangsgeschwindigkeit von 7900 m/sec, abgeschossen würde.

Soll die zu dem Punkt A der Flugbahnellipse gehörige Schußweite AW und die Gipfelordinate BS berechnet werden, so wird man folgendermaßen verfahren: Man berechnet zunächst den Polarwinkel $\alpha_0 = \sphericalangle\,OMA$, der zu Punkt A gehört, aus der Beziehung $r_0 = \dfrac{p}{1 + \varepsilon \cos \alpha_0}$, die angibt, daß A auf der Flugbahn liegen soll. Das Supplement zu diesem Winkel doppelt genommen ist der Winkel AMW; aus diesem und aus r_0 ergibt sich die Schußweite AW. Ferner ist die Gipfelordinate BS der Flugbahn $= MS - r_0$, wobei MS das Maximum von r darstellt; dieses liegt vor, wenn in $r = \dfrac{p}{1 + \varepsilon \cos \alpha}$ der Nenner den kleinsten Wert annimmt, also für $\cos \alpha = -1$, somit ist $r_{\max} = \dfrac{p}{r - \varepsilon}$, (ebenso ist $r_{\min} = \dfrac{p}{1 + \varepsilon} = MO$, woraus sich die große Achse der Ellipse als $r_{\max} + r_{\min}$ ergibt). Also

$$BS = \frac{p}{1 - \varepsilon} - r_0.$$

Zahlenbeispiel: $v_0 = 820$ m/sec, $\varphi = 44^{\circ}$, $r_0 = 6\,370\,300$ m. Es wird $\varepsilon = 0{,}99445$; $\alpha_0 = 179^{\circ}\,41'\,23{,}6''$;

$$\frac{AW}{2\,r_0\,\pi} = \frac{2\cdot(180 - \alpha_0)}{360^{\circ}} = \frac{0{,}31011}{180}.$$

Daraus Schußweite $AW = 68\,958$ m; Gipfelhöhe $BS = 16\,620$ m bei der elliptischen Bahn. Dagegen bei der parabolischen Bahn mit gleichem v_0 und φ wird die Schußweite $68\,500$ m, Gipfelhöhe $16\,538$ m.

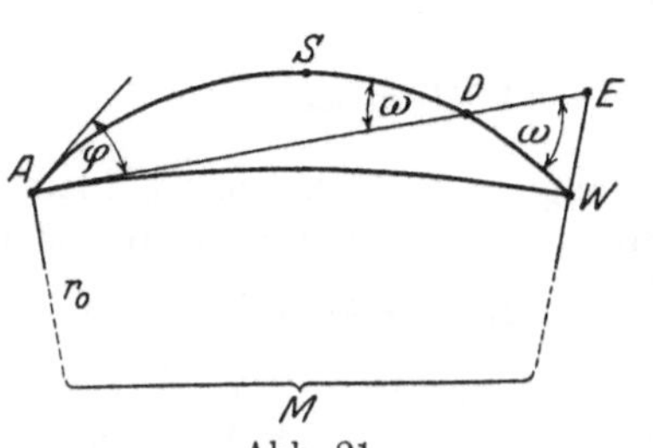

Abb. 21.

Von den drei hier betrachteten Einflüssen ist es in erster Linie die Krümmung der Erdoberfläche, die die Schußweitenänderung von $68\,958 - 68\,500 = 458$ m bewirkt. Zieht man nämlich in der Zeichnungsebene die zu r_0 senkrechte horizontale Gerade ADE, und sei ASD die parabolische Flugbahn mit der zugehörigen Schußweite AD, wobei $\omega = \varphi$ den spitzen Auffallwinkel bedeutet, so ist aus der Abbildung ohne weiteres zu erkennen, daß AD kleiner ist als die Schußweite AW mit Rücksicht auf die Erd-

krümmung. Die Differenz beider Schußweiten läßt sich angenähert berechnen auf Grund von Überlegungen ähnlich denen, die bei der Berechnung einer Horizontweite üblich sind: Es ist $AE^2 = EW \cdot (EW + 2\,r_0)$
oder nahezu $AD^2 = DE \cdot \operatorname{tg} \omega \cdot 2\,r_0$; DE ist annähernd gleich dem
fraglichen Unterschied $AW - AD = \sim \dfrac{AD^2}{2\,r_0 \cdot \operatorname{tg}\omega}$. Dies gibt im vorliegenden Fall 387 m.

Führt man ähnliche Berechnungen für Schußweiten durch, wie
sie in der Praxis vorkommen können, so erkennt man, daß im allgemeinen die drei Einflüsse: Erdkrümmung, Konvergenz
der Vertikalen, Abnahme von g mit der Höhe nicht in
Rechnung gezogen werden müssen, und daß höchstens der
erstere Einfluß in Frage kommen kann. Dieser läßt sich mit
der eben abgeleiteten Näherungsformel meist genügend berücksichtigen. Bei diesem Anlaß sei aber erwähnt, daß O. v. Eberhard die
folgende genauere Formel für die Schußweite AW aufgestellt hat, die
sich bei Berücksichtigung· der Erdkrümmung, der Konvergenz der
Vertikalen und der Abnahme von g mit der Höhe ergibt: Die hierdurch bewirkte Änderung $\varDelta X$ der Schußweite ist

$$\varDelta X = X_p \cdot \frac{1}{\dfrac{2\,r_0\,\operatorname{tg}\varphi}{X_p} - 1}.$$

Dabei ist wieder r_0 der Erdradius; φ der Abgangswinkel; X_p die
Parabelschußweite im leeren Raum für gleiche Werte von v_0 und φ.
Bei Verwendung dieser Formel kommt man mit 5 stelligen Logarithmen
aus. (Für den lufterfüllten Raum rechnet man, wie O. v. Eberhard
findet, genügend genau, wenn man für φ in dieser Formel den
spitzen Auffallwinkel ω einsetzt.) Aus dieser Eberhardschen Formel
ergibt sich die vorher entwickelte Formel als Näherung, wenn man
— 1 vernachlässigt gegenüber $\dfrac{2\,r_0\,\operatorname{tg}\varphi}{X_p}$.

Interessant ist es, die Flugbahnen sich vorzustellen, die entstehen, wenn von demselben Ort A aus, immer in derselben Richtung, mit wachsenden Anfangsgeschwindigkeiten v_0 geschossen würde.

A. Horizontaler Wurf.

Es ist in der Abbildung angenommen, daß von einem erhöhten
Standpunkt A in der Nähe der Erdoberfläche aus in wagrechter
Richtung geschossen wird. Mit $v_0 = 0$ (freier Fall) reduziert sich die
Flugbahnellipse auf die doppelt zu rechnende Strecke AM vom Abgangspunkt A bis zum Erdmittelpunkt M; der eine Brennpunkt ist
dauernd in M, der andere vorerst in A. Wächst die Anfangsgeschwindigkeit v_0, so verbreitert sich die Ellipse, der beweg-

liche Brennpunkt wandert von A nach M hin; mit $v_0 = 7900$ m/sec beschreibt das Geschoß eine Kreisbahn rund um die Erde, in immerwährender Wiederholung; der bewegliche Brennpunkt fällt mit dem festen Brennpunkt in M zusammen. In diesem Fall fliegt das Geschoß in stets gleichem Abstand von dem wagrecht gedachten Boden;

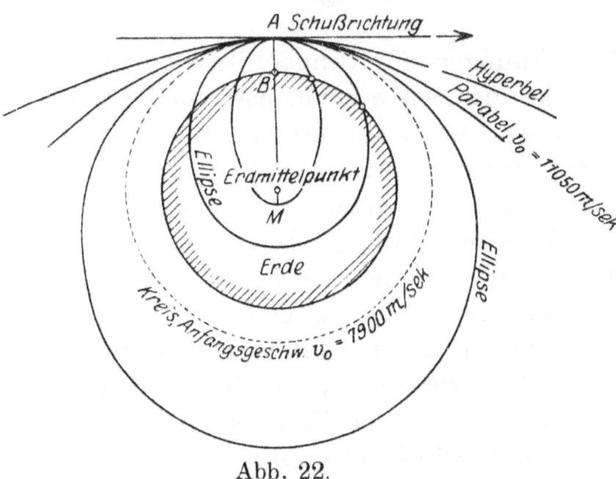

Abb. 22.

seine Rasanz ist eine vollkommene. Wächst die Anfangsgeschwindigkeit noch mehr, so entfernt sich das Geschoß anfangs von der Erdoberfläche (in Ellipsen), kehrt jedoch wiederum zum Abgangspunkt A zurück; auf der entgegengesetzten Seite der Erde entfernt es sich weiter und weiter von der Erdoberfläche; der bewegliche Brennpunkt rückt dabei stetig über M hinaus auf der Verlängerung der Strecke AM fort. Von der oben bestimmten Anfangsgeschwindigkeit $v_0 = 11\,050$ m/sec ab kehrt das Geschoß nicht mehr nach A zurück; gerade mit $v_0 = 11\,050$ m/sec ist die Ellipse in eine Parabel übergegangen; der bewegliche Brennpunkt ist ins Unendliche gerückt. Sobald diese Anfangsgeschwindigkeit $11\,050$ m/sec überschritten wird, sind die Flugbahnen Hyperbeln, deren Zweige durch A sich immer mehr der horizontalen Schußrichtung nähern, aber für keine endliche Geschwindigkeit v_0 mit dieser ganz zusammenfallen können; der bewegliche Brennpunkt nähert sich dabei auf der Seite der rückwärts verlängerten Strecke AM wieder A.

B. Schiefer Wurf.

Wird unter einem Abgangswinkel, der von Null verschieden ist, mit wachsender Anfangsgeschwindigkeit geschossen, so sind die Flugbahnen wiederum vorerst Ellipsen. Die Auffallpunkte liegen auf der Erdoberfläche immer weiter von A entfernt. Der eine Brennpunkt der Ellipsen liegt dauernd im Erdmittelpunkt M; der andere bewegt sich auf einer geraden Linie AF.... Man erhält diese (auf Grund eines bekannten Satzes der Kegelschnittslehre), indem man auf der gleichbleibenden Schußrichtung in A die Senkrechte AN zieht und den Winkel MAN auf der anderen Seite von AN aufträgt (in der Abbildung 23 ist es nur ein Zufall, daß die Richtung von AF

annähernd mit dem Horizont von A zusammenfällt; genau ist dies natürlich nur dann der Fall, wenn unter 45° geschossen wird). Eine Kreisbahn ist in diesem Fall nicht möglich. Bei der Anfangsgeschwindigkeit 11050 m/sec geht wieder die Ellipse in eine Parabel über; das Geschoß kehrt nicht mehr zur Erde zurück. Der bewegliche Brennpunkt hat sich in der Richtung AF ins Unendliche entfernt. Also konstruiert man den Scheitel dieser Parabel, die die Schar der Ellipsen von der Schar der Hyperbeln trennt und als Grenzfall beider angesehen werden kann, wenn man durch den Erdmittelpunkt M eine Parallele zu AF zieht, die Strecke AC zwischen dem Abgangspunkt A und dem Schnittpunkt C dieser Pa-

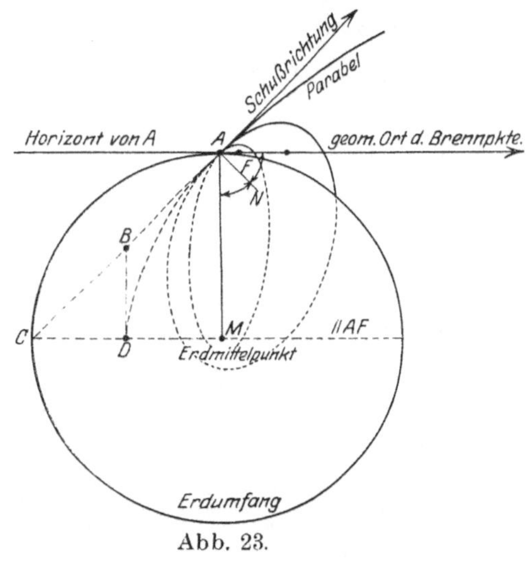

Abb. 23.

rallelen und der Anfangstangente der Flugbahnen in B halbiert, endlich von B aus auf CM das Lot fällt. Der Fußpunkt D dieses Lots ist der Parabelscheitel.

§ 7. Zusammenstellung der Formeln für die Wurfbewegung im luftleeren Raum (gleichbleibende Fallbeschleunigung g).

$v_0 =$ Anfangsgeschwindigkeit; $\varphi =$ Abgangswinkel oder Winkel zwischen Anfangstangente der Flugbahn und Horizont; $g =$ Fallbeschleunigung, bezogen auf den Abgangsort O, dafür Tabelle Nr. 1 im Anhang; x, $y =$ Koordinaten des Geschosses nach t Sekunden, bezogen auf ein rechtwinkliges Koordinatensystem durch den Abgangspunkt O, x-Achse wagrecht und positiv in der Schußrichtung, y-Achse lotrecht, positiv nach oben; $v =$ Geschwindigkeit des Geschosses in dem beliebigen Punkt x, y; $\vartheta =$ Horizontalneigungswinkel der Flugbahntangente in diesem Punkt; $\omega =$ spitzer Auffallwinkel; $X =$ Schußweite im Mündungshorizont; $T =$ Gesamtflugzeit; $v_e =$ Endgeschwindigkeit; x_s, y_s die Koordinaten des Gipfels oder Scheitels; v_s die Geschwindigkeit im Gipfel; t_s die Flugzeit bis zum

Erreichen des Gipfels; $E =$ Geländewinkel; $\varphi_1 = \varphi - E$ der Winkel zwischen der Anfangstangente der Flugbahn und dem schiefen Gelände; $h =$ Abkürzung für $\frac{v_0^2}{2g}$.

1. Beliebiger Flugbahnpunkt.

Flugbahnabszisse:

$$x = v_0 \cos \varphi \cdot t = \frac{v_0^2 \cos^2 \varphi}{g} \left(\operatorname{tg} \varphi - \operatorname{tg} \vartheta \right)$$

$$= \frac{v_0^2 \sin 2\varphi}{2g} \pm \frac{v_0 \cos \varphi}{g} \sqrt{v_0^2 \sin^2 \varphi - 2gy}$$

$$= \frac{v_0^2 \sin 2\varphi}{2g} \pm \frac{v_0^2 \cos^2 \varphi}{g} \sqrt{\frac{v^2}{v_0^2 \cos^2 \varphi} - 1}\,;$$

Flugbahnordinate:

$$y = \operatorname{tg} \varphi \cdot x - \frac{g x^2}{2 v_0^2 \cos^2 \varphi} = v_0 \sin \varphi \cdot t - \frac{g}{2} t^2 = \frac{g}{2} t \left(T - t \right)$$

$$= \frac{v_0^2 - v^2}{2g} = \frac{v_0^2 \cos^2 \varphi}{2g} \left(\operatorname{tg}^2 \varphi - \operatorname{tg}^2 \vartheta \right) = x \cdot \operatorname{tg} \varphi \left(1 - \frac{x}{X} \right);$$

Tangentenneigung:

$$\operatorname{tg} \vartheta = \operatorname{tg} \varphi - \frac{g t}{v_0 \cos \varphi} = \operatorname{tg} \varphi - \frac{g x}{v_0^2 \cos^2 \varphi} = \pm \frac{1}{v_0 \cos \varphi} \sqrt{v_0^2 \sin^2 \varphi - 2 g y}\,,$$

$$\cos \vartheta = \frac{v_0 \cos \varphi}{v}\,;$$

Flugzeit:

$$t = \frac{x}{v_0 \cos \varphi} = \frac{v_0 \cos \varphi}{g} \left(\operatorname{tg} \varphi - \operatorname{tg} \vartheta \right) = \frac{v_0 \sin \varphi}{g} \pm \frac{1}{g} \sqrt{v_0^2 \sin^2 \varphi - 2 g y}$$

$$= \frac{v_0 \sin \varphi}{g} \pm \frac{v_0 \cos \varphi}{g} \sqrt{\frac{v^2}{v_0^2 \cos^2 \varphi} - 1}\,;$$

Geschwindigkeit:

$$v = \frac{v_0 \cos \varphi}{\cos \vartheta} = \sqrt{v_0^2 - 2 g y} = + v_0 \cos \varphi \sqrt{1 + \left(\operatorname{tg} \varphi - \frac{g t}{v_0 \cos \varphi} \right)^2}$$

$$= v_0 \cos \varphi \sqrt{1 + \left(\operatorname{tg} \varphi - \frac{g x}{v_0^2 \cos^2 \varphi} \right)^2}\,.$$

2. Scheitel (Gipfel).

Gipfelabszisse:

$$x_s = \frac{v_0^2}{2g} \sin 2\varphi = h \cdot \sin 2\varphi\,;$$

Gipfelordinate:

$$y_s = \frac{v_0^2}{2g} \sin^2 \varphi = h \cdot \sin^2 \varphi = \frac{g \cdot x_s^2}{2 v_0^2 \cos^2 \varphi} = \frac{x_s \cdot \operatorname{tg} \varphi}{g} = \frac{g}{2} t_s^2$$

$$= \frac{g}{8} T^2 = 1{,}23 \cdot T^2\,;$$

Flugzeit:

$$t_s = \frac{v_0 \sin \varphi}{g} = \frac{x_s}{v_0 \cos \varphi} = \sqrt{\frac{x_s \cdot \operatorname{tg} \varphi}{g}} = \frac{T}{2};$$

Geschwindigkeit:

$$v_s = v_0 \cos \varphi;$$

durchschnittliche Flughöhe (s. o. § 1):

$$y_d = \tfrac{2}{3} y_s = 0{,}816 \cdot T^2;$$

mittlere Flughöhe (s. o. § 1):

$$y_m = \tfrac{3}{4} \cdot y_s;$$

größte Steighöhe (bei $\varphi = 90^0$):

$$= \frac{v_0^2}{2 g} = h.$$

3. Auffallpunkt.

Schußweite:

$$X = \frac{v_0^2}{g} \sin 2\varphi = 2 h \cdot \sin 2\varphi = v_0 T \sqrt{1 - \frac{g^2 T^2}{4 v_0^2}}$$

$$= \frac{g T^2}{2} \operatorname{cotg} \varphi = 2 x_s;$$

Maximum von X (für $\varphi = 45^0$) $= \dfrac{v_0^2}{g} = 2 h$;

Flugzeit:

$$T = \frac{2 v_0 \sin \varphi}{g} = \frac{X}{v_0 \cos \varphi} = \sqrt{\frac{2}{g} X \cdot \operatorname{tg} \varphi} = \sqrt{\frac{8}{g} y_s}$$

$$= \frac{1}{g} \left(\sqrt{v_0^2 + g X} \pm \sqrt{v_0^2 - g X} \right);$$

($+$ bei Steilschuß, $-$ bei Flachschuß; wenn $\varphi = 45^0$, also $g X = v_0^2$ ist, sind die beiden Flugzeiten gleich);

Geschwindigkeit: $v_e = v_0$;

spitzer Auffallwinkel: $\omega = \varphi$.

4. Abgangswinkel φ zur Erreichung eines gegebenen Zielpunktes (ab) bei gegebener Anfangsgeschwindigkeit v_0:

$$\operatorname{tg} \varphi = \frac{2}{a} \left\{ \frac{v_0^2}{2g} \pm \sqrt{\frac{v_0^2}{2g} \left(\frac{v_0^2}{2g} - b \right) - \frac{a^2}{4}} \right\} = \frac{2}{a} \left\{ h \pm \sqrt{h (h - b) - \frac{a^2}{4}} \right\}$$

$$(+ \text{ Steilschuß}, - \text{ Flachschuß}).$$

5. Anfangsgeschwindigkeit v_0 zur Erreichung des Zielpunkts (ab) bei gegebenem Abgangswinkel φ:

$$v_0 = \sqrt{\frac{a g}{2 \sin (\varphi - E)} \cdot \frac{\cos E}{\cos \varphi}}, \text{ wobei } \operatorname{tg} E = \frac{b}{a}.$$

6. Schußweite W auf schiefem Gelände mit Geländewinkel E:

$$W = \frac{2v_0^2}{g} \cdot \frac{\sin(\varphi - E)\cos\varphi}{\cos^2 E} = \frac{2v_0^2}{g} \cdot \frac{\sin\varphi_1 \cdot \cos(\varphi_1 + E)}{\cos^2 E};$$

Flugzeit dabei: $T_\omega = \frac{2v_0}{g} \cdot \frac{\sin(\varphi - E)}{\cos E} = \frac{2v_0}{g} \cdot \frac{\sin\varphi_1}{\cos E}.$

7. Sicherheitsparabel, die alle Flugbahnen von gegebener Anfangsgeschwindigkeit v_0 einhüllt:

$$y = \frac{v_0^2}{2g} - \frac{g}{2v_0^2}x^2.$$

Zweiter Abschnitt.

Über den Luftwiderstand.

I. Der Luftwiderstand gegen ein Langgeschoß unter der Voraussetzung, daß dessen Längsachse in der Bewegungsrichtung des Schwerpunktes liegt.

§ 8. Allgemeine Erörterungen.

Man denke sich eine ruhende Kugel $ABCD$, gegen die die Luft oder eine Flüssigkeit mit bestimmter Geschwindigkeit heranströmt, und setze zunächst voraus, daß die Luft reibungslos sei. Die Strömungslinien, längs derer die einzelnen Luftteilchen sich bewegen, die

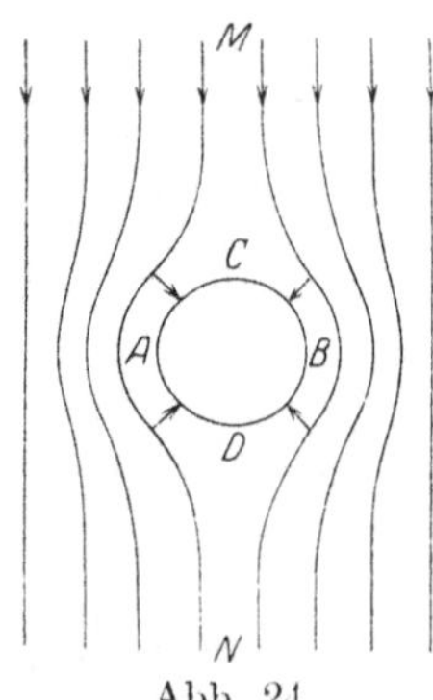

Abb. 24.

sogenannten Luftfäden, werden auf der Vorderseite auseinandergehen und auf der Rückseite sich wieder schließen. (Man erkennt letzteres durch den bekannten Versuch, bei dem man vor den Mund eine zylindrische Flasche von etwa 15 cm Durchmesser und hinter diese eine brennende Kerze hält; die Kerze kann ausgelöscht werden.) Also wird man geneigt sein, zunächst folgendermaßen zu schließen: Auf der Vorderseite ACB der Kugel wird ein Druck in der Strömungsrichtung MN, auf der Rückseite ein ebenso großer Druck in entgegengesetzter Richtung auf die Kugel ausgeübt. Der resultierende Gesamtdruck auf die Kugel ist Null; die Kugel erfährt keinen Antrieb.

Dasselbe würde der Fall sein, wenn die Luft ruht und die Kugel in der Richtung NM sich bewegt: Auf der Vorderseite ACB der Kugel wird Arbeit geleistet, und die Luftteilchen ändern ihre Richtung und Geschwindigkeit. Auf der Rückseite ADB wird Richtung und Geschwindigkeit wieder dieselbe; die geleistete Arbeit kommt wieder zum Vorschein. In ähnlicher Weise dürfte ein Brückenpfeiler, der im fließenden Wasser steht, oder ein Ruder, das durch das Wasser bewegt wird, keinen Widerstand erfahren.

Dieses Ergebnis, auf das die theoretische Hydromechanik der reibungslosen Flüssigkeiten führt, steht bekanntlich zur Erfahrung in unmittelbarem Widerspruch. Die betreffende Vorstellungsweise ist somit unrichtig. Sie findet sich übrigens in der Ballistik da und dort verwendet, z. B. bei einem patentierten Geschoß mit axialer Bohrung und mit Treibplatte. Die Treibplatte soll an der Mündung abfallen und alsdann soll die Luft auf einen kleineren Gesamtquerschnitt des Geschosses wirken, während vorher der Pulvergasdruck auf den größeren Querschnitt, nämlich auf den der Treibplatte, gewirkt hatte. Durch die hyperboloidische Höhlung soll die Luft bei dem Fluge des Geschosses hindurchströmen, ohne daß eine Verminderung der Geschoßenergie durch dieses Hindurchströmen bewirkt würde.

Tatsächlich verläuft der Vorgang der Luftbewegung um das Geschoß nicht so einfach. Denn erstens besteht Reibung der Luftteilchen unter sich und gegenüber dem festen Körper. Die Reibung bewirkt, daß die Luft auf der Rückseite des Körpers zerreißt und daß Wirbel sich bilden. Diese lassen sich hinter einem durch das Wasser bewegten Stab oder in raucherfüllter Luft, durch die ein Körper bewegt wird, deutlich beobachten. Zweitens tritt Wellenbildung ein. Bekanntlich ist es E. Mach zuerst gelungen, das fliegende Geschoß samt den das Geschoß begleitenden Wellen und Wirbeln photographisch sichtbar zu machen. Er hat damit die Theorie des Luftwiderstandes gegen Geschosse wesentlich gefördert. Über das Zustandekommen dieser Luftwellen sei hier das Folgende erwähnt. (Vgl. auch 3. Band.)

In einer langen zylindrischen Röhre bewege sich ein Stempel mit einer Durchschnittsgeschwindigkeit von z. B. 167 m/sec, und zwar stelle man sich vor, diese Bewegung erfolge ruckweise in kleinen Zeitabschnitten. Dann wird bei jeder Vorwärtsbewegung des Stempels eine Luftverdichtung vor dem Stempel eintreten. Diese Verdichtung schreitet mit der Schallgeschwindigkeit 334 m/sec nach vorn fort. Ebenso geht von der Rückseite des Stempels eine Verdünnungswelle mit gleicher Geschwindigkeit nach hinten weiter. Bewegt sich der Stempel mit gleichmäßiger Geschwindigkeit, so bildet sich in jedem kleinsten Zeitabschnitt diese Verdichtung und Verdünnung von neuem. Gleiches wird eintreten, wenn ein Geschoß in freier Luft sich bewegt; nur werden die Luftwellen, die nach vorn und nach rückwärts weitergehen, sich jetzt kugelförmig ausbreiten können. In der Abb. 25 ist das mit einer Geschwindigkeit von 167 m/sec in der Richtung BA sich bewegende Geschoß als Stab AB gezeichnet. Am vorderen Ende A beginnt eine Verdichtungswelle sich zu bilden. Ihr Radius ist noch Null. Ein gewisses Zeitteilchen vorher war die Spitze des Geschosses in C. Die Luftverdichtungswelle, die zu dieser Zeit von der Spitze ausging, hat sich mit der doppelten Geschoßgeschwindigkeit, also mit 334 m/sec, ausgebreitet. Der Radius $CC_2 = CC_1 = CC_3$ der Wellenfläche $C_1 C_2 C_3$ ist somit doppelt so groß als der Weg CA, den indessen die Geschoßspitze zurückgelegt hat, d. h. $CC_2 = 2 \cdot CA$. Zwei Zeitteilchen zuvor war die Geschoßspitze in D $(DC = CA)$. Die damals von der Spitze ausgesandte Verdichtungswelle hat sich jetzt zu der Kugel $D_1 D_2 D_3$ vom Radius $DD_2 = 2 \cdot DA$ ausgebreitet usw.

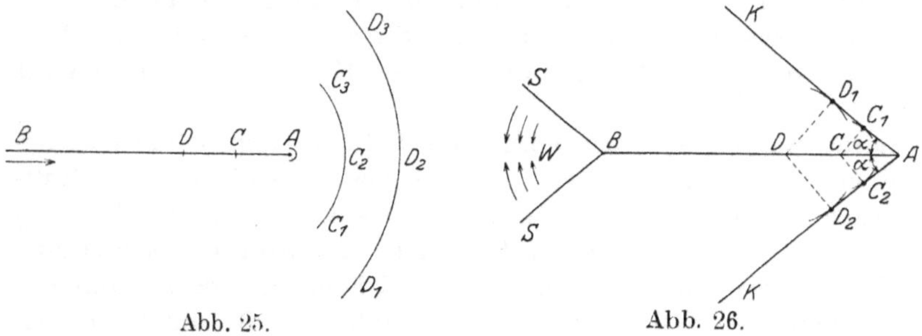

Abb. 25.   Abb. 26.

Man erkennt, daß die Luftverdichtungswellen dem Geschosse voraneilen müssen. Ebenso werden die Verdünnungswellen, die vom hinteren Geschoßende ausgehen, mit der doppelten Geschoßgeschwindigkeit nach hinten kugelförmig sich ausbreiten.

Wächst die Geschoßgeschwindigkeit v und wird sie schließlich größer als die normale Schallgeschwindigkeit s, ist z. B. $v = 668$ m/sec, so können die vor dem Geschoß erzeugten Luftverdichtungswellen nicht mehr dem Geschoß voraneilen, sie begleiten es als konische Wellen. Wiederum sei das Geschoß als ein unendlich dünner Stab AB gedacht. Die Spitze des Geschosses befinde sich jetzt in A. Ein Zeitteilchen vorher war die Spitze in C. Von C breitete sich mit der Schallgeschwindigkeit 334 m/sec eine Verdichtungswelle kugelförmig aus, und ihre Wellenfläche ist jetzt eine Kugel mit Radius $CC_1 = CC_2 = $ der halben Wegstrecke CA des Geschosses. Zwei Zeitteilchen zuvor befand sich die Geschoßspitze noch in D. Die Kugelwelle, die zu jener Zeit gebildet wurde, hat sich zu der Kugel mit Radius $DD_1 = DD_2$ ausgebreitet usw. Die Wellenflächen sämtlicher Elementarwellen, die von der Geschoßspitze in deren verschiedenen Lagen ausgingen, werden somit vom Kegel KK umhüllt (der sogenannten Kopfwelle), dessen halber Öffnungswinkel α ist. Ähnliches gilt für die konische Schwanzwelle SS.

Zufolge dieser von Mach selbst gegebenen Erklärungsweise für die Entstehung der das Geschoß begleitenden Wellen ist $\sin \alpha = \dfrac{s}{v}$. Denn in derselben Zeit, in der die Kopfwelle von D bis D_1 mit der Schallgeschwindigkeit s sich ausbreitet, rückt die Geschoßspitze mit der Geschoßgeschwindigkeit v von D nach A vor. Die einzelnen Stoßwellen, die in den aufeinanderfolgenden Punkten $A, C, D \ldots$ ihren Ursprung haben und die dadurch entstehen, daß die Geschoßspitze gegen die ruhende Luft stößt, also alle einzelnen Huyghensschen Elementarwellen, die sich kugelförmig um die Entstehungspunkte $A, C, D \ldots$ ausbreiten, können auf der Schlieren-Photographie des Geschosses nicht sichtbar werden, weil sie sich gegenseitig überdecken. Nur ihre jeweilige Grenze gegenüber der ruhenden Luft, die Einhüllende aller dieser Elementarwellen tritt zutage. Dies ist eben die Kopfwelle, (und Ähnliches gilt für die Schwanzwelle und die sonstigen Wellen, die an Unstetigkeitspunkten der Geschoßoberfläche entstehen). Daß in der Tat die Kopfwelle nichts anderes ist, als die Einhüllende der Elementarkugelwellen, erkennt man, wenn man, wie der Verfasser im ballistischen Laboratorium getan hat (vgl. Band II, Anhang, Bild 18), durch eine Röhre hindurchschießt, die mit Löchern versehen ist. Aus diesen Löchern quellen vereinzelte Wellenbündel hervor, die alsdann getrennt für sich sichtbar werden.

Bei dem wirklichen Geschoß ist wegen seines endlichen Querschnitts die Kopfwelle vorn abgeflacht. An dieser Stelle MN ist $\alpha = 90^0$, also $v = s$; die Luftverdichtung pflanzt sich hier, durch die Bewegung des Geschosses gezwungen, mit dessen Geschwindigkeit v fort. (Daß in der Tat die Schallgeschwindigkeit im weiteren Sinne, d. h. die Geschwindigkeit, mit der sich eine Luftdichtenänderung fortpflanzt, nur unter gewöhnlichen Umständen gleich ca. 334 m/sec ist, modifiziert durch die Temperatur der Luft, daß vielmehr die Schallgeschwindigkeit s je nach der Stärke und der Art der Erregung der Luftwellen jeden noch so hohen Betrag annehmen kann, wurde von Mach durch eine Reihe von Versuchen bewiesen; darüber s. Band II.)

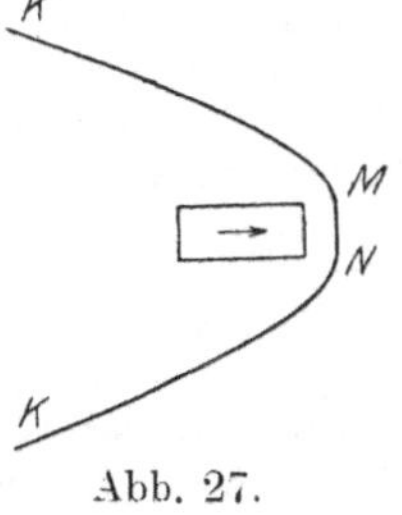

Abb. 27.

Dieses Gebiet MN, in dem die Kopfwellenfläche nahezu eben und senkrecht zur Geschoßachse verläuft, ist um so größer, je breiter und zugleich flacher der Geschoßkopf ist. Von dieser Stelle MN ab nach beiden Seiten zu ist die Kopfwelle noch eine kurze Strecke hin gekrümmt, entsprechend der allmählichen Abnahme der Schallgeschwindigkeit, aber bald verläuft der Umriß der Kopfwelle und ebenso der Schwanzwelle anscheinend völlig geradlinig. Dies deutet an, daß hier die Schallgeschwindigkeit die normale geworden ist. Wenn also die Geschoßgeschwindigkeit mit Hilfe der Gleichung $\sin\alpha = \dfrac{s}{v}$ aus dem Kopfwellenwinkel α bestimmt werden soll, muß dieser an dem geradlinigen Teil des Wellenumrisses gemessen werden, außerdem aber muß berücksichtigt werden, daß die Fortpflanzungsgeschwindigkeit s der Stoßwellen, oder die Schallgeschwindigkeit s im weiteren Sinne des Worts, in den ersten Augenblicken nach ihrer Entstehung noch nicht die normale Schallgeschwindigkeit s_n der Luft ist, $s_n = 330{,}7 + 0{,}66 \cdot \tau$ (τ die Temperatur der Luft in ^{0}C), wie sie aus der Akustik bekannt ist, sondern daß sie sich erst nach und nach asymptotisch der normalen Schallgeschwindigkeit s_n nähert.

Im ballistischen Laboratorium wurden vor dem Kriege 20 photographische Aufnahmen des fliegenden S-Geschosses ($v = 888$ m/sec) und ebenso des Infanteriegeschosses M. 88 ($v = 642$ m/sec) je mit den die Geschosse begleitenden Luftwellen in einer Entfernung von ca. 150 cm nach der Mündung bewirkt und gleichzeitig jedesmal mit einem Chronograph die zugehörige wahre Geschoßgeschwindigkeit gemessen; (Ausführung der Versuche durch Lt. Strödel). Dabei zeigte sich, daß bei Benutzung des (halben) Kopfwellenwinkels α die Geschwindigkeit v des Geschosses mit der Formel $v = s \cdot \operatorname{cosec}\alpha$ viel zu klein, bei Benutzung des Schwanzwellenwinkels α dagegen viel zu groß erhalten wurde, wenn s gleich der normalen Schallgeschindigkeit s_n genommen wurde.

Nämlich beim S-Geschoß ergab sich, im Mittel aus den 20 Aufnahmen, $v = 829{,}0$ mittels der Kopfwelle, dagegen $v = 957{,}1$ mittels der Schwanzwelle. Das arithmetische Mittel aus den beiden Winkeln α lieferte einen nur um Weniges zu großen Wert von v, nämlich $v = 893{,}1$, mit einer wahrscheinlichen Abweichung der einzelnen Messung gegenüber dem Mittelwert von $w = 9{,}39$ m/sec $= 1{,}05^0/_0$. Der Zeitmesser ergab als Mittelwert der zugehörigen 20 Messungen $v = 888{,}3$, mit $w = 2{,}1^0/_0$. Dabei wurde, in $v = s_n \cdot \operatorname{cosec}\alpha$, die Lufttemperatur berücksichtigt; sie betrug 18 bis 20^0.

Bei dem Geschoß M. 88 wurde erhalten: mit der Kopfwelle $v = 617{,}8$; mit der Schwanzwelle $v = 692{,}1$. Dagegen das arithmetische Mittel der beiden Wellenwinkel α ergab als Resultat aus den 20 Schüssen $v = 655{,}2$, mit einem wahrscheinlichen Fehler $w = 0{,}61^0/_0$. Die direkte Messung von v mittels des Zeitmessers lieferte (für die gleiche Entfernung von der Mündung) $v = 642{,}0$, mit $w = 1{,}47^0/_0$.

Diese Tatsache, daß der Kopfwellenwinkel, selbst wenn er an dem geradlinigen Teil der Wellenkontur gemessen wird, einen zu kleinen Wert von v liefert, erklärt sich nach unserer Ansicht sehr einfach wie folgt: die Spitze des S-Geschosses möge sich jetzt im Punkte D (vgl. die Abb. 26) befinden. In diesem Augenblick stößt die Spitze gegen die ruhende äußere Luft; die erzeugte Kugelwelle hat noch den Radius Null. Aber die Fortpflanzungsgeschwindigkeit s dieser Kugelwelle hat in diesen ersten Momenten die Geschwindigkeit $s_0 = 888$, da diese Fortpflanzungsgeschwindigkeit durch die Fortschreitungsgeschwindigkeit des Geschosses $v = 888$ m/sec erzwungen ist. Im weiteren Verlauf nimmt s rasch ab. Wenn die Geschoßspitze in A angelangt ist, hat sich inzwischen die Kugelwelle so weit ausgedehnt, daß ihr Radius r gleich DD_1 geworden ist. Und falls man wahrnimmt, daß die Kontur der Kopfwelle AK von D_1 ab geradlinig verläuft, so ist dies ein Anzeichen dafür, daß $s(r)$ jetzt nicht weiter abnimmt, sondern praktisch schon gleich der normalen Schallgeschwindigkeit s_n geworden ist. Daraus folgt, daß entlang des Radius DD_1 die Schallgeschwindigkeit s variabel ist, nämlich in D gleich $s_0 = v = 588$, in D_1 gleich etwa 331. Danach ist zwar DA ein Maß für die Geschoßgeschwindigkeit, — denn diese kann auf der kurzen Strecke DA, die die Geschoßspitze zurückgelegt hat, als konstant betrachtet werden —; aber DD_1 ist größer als der Weg, den die Schallwelle in der gleichen Zeit zurückgelegt hätte, wenn die Welle sich mit der normalen Schallgeschwindigkeit s_n ausgebreitet hätte. Aus diesem Grund ergibt sich der Winkel α zu groß oder $v = s_n \cdot \operatorname{cosec} \alpha$ zu klein, wenn s_n gleich 331 genommen würde.

Die allmähliche Abnahme der Schallgeschwindigkeit s von ihrem Anfangswert $s = s_0 = v$ ab bis zu $s = s_n$ zeigt sich auf dem photographischen Bild der Kopfwelle eben daran, daß die Kontur nicht durchweg. von K bis A, geradlinig verläuft, also nicht so wie es die Abb. 26 schematisch angibt, sondern daß sie gekrümmt ist, wie die Abb. 27 andeutet. Nun hat die Gleichung $v = s \cdot \operatorname{cosec} \alpha$ einen Sinn lediglich bei der Annahme konstanter Werte v und s. Wenn man also mittels dieser Gleichung den richtigen Wert von v (aus dem geradlinigen Teil der Kopfwelle) berechnen will, so hat man für s einen konstanten Durchschnittswert s_m zu nehmen, der größer ist als die normale Schallgeschwindigkeit. Diesen Wert s_m kann man folgendermaßen finden. Man nimmt die Kopfwellenphotographie eines anderen Geschosses, das sehr angenähert dieselbe Form und Geschwindigkeit besitzt, wie dasjenige, um welches es sich handelt, und konstruiert in einer größeren Anzahl von Punkten D_1, C_1 ... der Kopfwelle je die Tangente und Normale, (hierfür leistet das Spiegellineal von Reusch gute Dienste; und die schärfste Messung wird man erhalten, wenn die Geschoßaufnahme nach dem reinen Schattenverfahren erfolgt ist). Die Tangenten liefern die aufeinanderfolgenden Winkel α, bis zum Endwert $\alpha = 90^0$ im Scheitel der Welle; die Normalen liefern die Lagen der aufeinanderfolgenden Entstehungsorte D, C ... der Elementarwellen, und damit die zugehörigen Kugelradien DD_1, CC_1 ... oder r. Zu jedem der so erhaltenen α kann man, da v bekannt ist, s_m aus $s_m = v \cdot \sin \alpha$ berechnen. Auf diese Weise erhält man eine Kurve mit den Radien r als Abszissen und mit den konstanten Mittelwerten s_m als Ordinaten. Diese Kurve wird man alsdann auf das ähnliche Geschoß anwenden und wird so v richtig erhalten.

Man kann weiterhin auch ein Diagramm zeichnen, welches das empirische Gesetz angibt, nach dem die variable Fortpflanzungsgeschwindigkeit s der Welle mit der Entfernung r oder DD_1 vom Entstehungsort D abnimmt. Weil man nämlich v kennt, ist durch mikrometrische Ausmessung der Strecke DA bekannt die Zeit von dem Augenblick ab, wo die Geschoßspitze sich in D befindet und durch den Stoß der Spitze gegen die ruhende Luft eine Kugelwelle entsteht, bis zu dem Augenblick, wo die Geschoßspitze in A angelangt ist; diese Zeit ist auch gleich derjenigen, die die Welle braucht, um sich von D bis D_1 auszubreiten. Führt man diese Messungen für eine Reihe von Punkten aus, so hat man r in Funktion der Zeit t und durch eine graphische Differentiation die Geschwindigkeit $\dfrac{dr}{dt}$ oder s in Funktion t und damit auch in Funktion von r. [Aus dem betreffenden Diagramm $s(r)$ kann man dann wieder die sukzessiven konstanten Mittelwerte $s_m(r)$ gewinnen und somit eine Kurve $s_m(r)$, die mit der vorhin erwähnten übereinstimmen muß.]

Bei der **Schwanzwelle** erhält man gerade umgekehrt das Resultat, daß die Schallgeschwindigkeit s anfangs wesentlich **kleiner** als die normale Schallgeschwindigkeit s_n ist. Der Grund liegt in folgendem: Unmittelbar hinter dem Geschoßboden befindet sich ein luftleerer Raum, der sich nach rückwärts konisch verjüngt und der weiterhin allmählich mit Wirbeln durchsetzt wird. Die Grenze dieses luftleeren Raumes nach außenhin ist eine Unstetigkeitsfläche. Erst am hinteren Ende dieser Unstetigkeitsfläche, nämlich da, wo die Wirbel beginnen, fängt die Schwanzwelle an, nach außen zu gehen. (Es liegt darin eine schöne Bestätigung eines Satzes, den B. Riemann rein theoretisch abgeleitet hat, daß nämlich entlang einer solchen Unstetigkeitsfläche die Strömungsgeschwindigkeit nur eine zur Fläche tangentiale Komponente hat, daß dagegen senkrecht zur Fläche keine Komponente existiert.) Bei diesem Beginn der Schwanzwelle nun ist die Geschwindigkeit s, mit der sich die Elementarkugelwellen nach außenhin ausbreiten, aus dem Grunde noch weit kleiner als die normale Schallgeschwindigkeit s_n, weil hier die äußere Luft zum Teil nach **innen**, in den luftverdünnten Wirbelkanal, hineinströmt, der sich hinter dem Geschoß weit erstreckt. Deshalb ist der Winkel α an der Schwanzwelle **kleiner**, als er bei konstanter Schallgeschwindigkeit $s = s_n$ wäre; und die Geschoßgeschwindigkeit v ergibt sich daher aus $v = s_n \cdot \operatorname{cosec} \alpha$ **zu groß**.

Selbstverständlich ist, daß die Kopfwelle und ebenso die Schwanzwelle, nach rückwärts genügend weit verlängert gedacht, **geschlossene** Flächen darstellen müssen. Man erkennt dies, wenn man durch ein Rohr durchschießt, das **keine** seitlichen Löcher besitzt und die Aufnahme in einem Moment bewirkt, wo das Geschoß gerade aus dem Rohr ausgetreten ist. Die Kopfwelle war durch das Rohr abgeschnitten worden und muß sich nach dem Rohr von neuem bilden; dabei erscheint die Kopfwelle als geschlossene Fläche, deren rückwärtiger Teil kugelförmig ist (vgl. Bd. II, Anhang, Bild 16 und 24).

Der Scheitel *MN* der **Kopfwelle** liegt dem Geschoßkopf um so näher, je größer die Geschoßgeschwindigkeit ist. Bei den neueren Infanteriegeschossen mit scharfer Spitze und mit sehr großer Geschwindigkeit scheint die **Kopfwelle** sogar etwas hinter der Spitze zu beginnen, also die Geschoßspitze in vollkommen ruhige Luft einzutauchen; nur unmittelbar vor der Spitze besteht eine kräftige **Luftverdichtung.** Auf der hinteren Seite des Geschosses treten **Luftwirbel** auf. Diese Wirbel wurden von uns noch mehrere Meter weit hinter dem Geschosse photographisch fixiert, dabei zeigte sich Th. von Kármán's Theorie (s. Lit.-Note) bewahrheitet.

Alle diese Erscheinungen zeigen sich ebenso im Wasser, bei Schiffen, Brückenpfeilern usw.; nur daß hier die Kopfwelle aus einer großen Zahl von Teilwellen gebildet ist, was bei den Luftwellen des Geschosses nicht der Fall zu sein scheint, wie die mikroskopische Untersuchung ergab. Der Grund hierfür liegt wohl darin, daß im Wasser keine Stoßerregung mit einer einzigen Erhöhungswelle möglich ist, wohl aber in der Luft eine einzige Verdichtungswelle. Das Analogon zur Schallgeschwindigkeit ist für das Wasser die von der

Wassertiefe abhängige Geschwindigkeit, mit der die betreffenden Wasserwellen auf dem Wasser sich fortpflanzen. Wird ein Schiff mit immer größerer Geschwindigkeit durch das Wasser bewegt, so kann man wahrnehmen, daß der Scheitel der Kopfwelle vom Bug des Schiffes aus immer weiter nach der Mitte des Schiffes, nach hinten zu rückt.

Die Analogie zwischen Schiff und Wasser einerseits und Geschoß und Luft andererseits geht übrigens weiter: Bezeichnet man den Widerstand eines Schiffes für irgendeine Geschwindigkeit v mit $W(v)$ und trägt man die aus der Beobachtung erhaltenen Werte von $\dfrac{W(v)}{v^2}$ in Funktion von v graphisch auf, so erhält man eine Kurve, die nach Schütte, Lang und Lorenz einen ähnlichen Verlauf nimmt, wie die analoge Funktion des Luftwiderstandes (s. w. u. bei § 10): Die Kurve hat einen Buckel in der Gegend der Fortpflanzungsgeschwindigkeit s der Wasserwellen. Dasselbe gilt für den Widerstand W, den ein Geschoß bei den verschiedenen Geschwindigkeiten v in der Luft erfährt: Ein Buckel der betreffenden Kurve liegt wenigstens in der Nähe der normalen Schallgeschwindigkeit s.

Für Geschosse scheint zuerst N. Mayevski empirisch die Tatsache festgestellt zu haben, daß der Koeffizient $K = \dfrac{W}{v^2}$ in der Nähe der Schallgeschwindigkeit s eine rasche Zunahme erleidet. A. Indra suchte diese Umstände damit zu erklären, daß durch fortwährende Neubildung der Kopfwelle Geschoßenergie konsumiert wird. Jedoch ist damit nicht verständlich, weshalb der Koeffizient K wieder etwas abnimmt, wenn die Geschoßgeschwindigkeit noch weiter wächst, während· doch auch bei größeren und ebenso bei kleineren Geschwindigkeiten durch Erzeugung der Wellen Geschoßenergie aufgewendet wird. H. Lorenz vermutet, daß hier ein Resonanzphänomen vorliegt, wie solche auf anderen Gebieten wohlbekannt sind. Man erinnere sich an die Energieübertragung bei zwei schwingenden Pendeln und bei dem rotierenden Motor, der als Pendel aufgehängt ist; an das Mitschwingen von Stimmgabeln und Saiten oder an die Resonanz elektrischer Wellen; an das Mitschwingen des Schiffskörpers mit den an der Schiffsmaschine periodisch bewegten Massen bei Übereinstimmung der Schwingungsdauern usw. Verhältnismäßig am meisten Energie wird an die Luft übertragen, wenn die Geschoßgeschwindigkeit annähernd mit der natürlichen Fortpflanzungsgeschwindigkeit der Luftwellen übereinstimmt. Eine andere Erklärungsweise s. w. u. (Gesetz von Sommerfeld).

Die vielseitige Ähnlichkeit zwischen Schiffs- und Geschoßbewegung legt zunächst den Gedanken nahe, daß es angezeigt ist, der Form des hinteren Geschoßendes mehr Aufmerksamkeit zu schenken als früher geschehen ist (vgl. jedoch § 9 Schluß und § 14 Schluß). Weiterhin ist ersichtlich, daß die Bewegung des Geschosses in der Luft eine fast ebenso verwickelte ist, wie diejenige des Schiffes im Wasser, und daß deshalb die einfachen Gesetzmäßigkeiten, die bis vor kurzem für den Luftwiderstand von Geschossen angenommen wurden, nicht in weitem Umfange genau zutreffen werden: Unter der vereinfachenden Annahme, daß die Längsachse des Geschosses in der Bewegungsrichtung des Schwerpunktes liegt, daß also das Geschoß wie ein gut konstruierter Pfeil sich bewegt, wurde gewöhnlich der Luftwiderstand W gegen das Geschoß mit folgenden Größen proportional gesetzt:

a) dem zur Achse senkrechten Geschoßquerschnitt $R^2\pi$,

b) dem Luftgewicht δ, d. h. dem Gewicht einer Raumeinheit Luft am Versuchstage (oder besser gesagt: der in einer Raumeinheit Luft enthaltenen Luftmasse), berechnet aus Temperatur, Druck und Feuchtigkeitsgehalt der Luft. Meistens wird hierbei δ in Beziehung gesetzt zu einem willkürlich angenommenen normalen Luftgewicht δ_0, z. B. $\delta_0 = 1{,}206$ oder $\delta_0 = 1{,}220$ kg/cbm,

c) einem von der Form des Geschosses abhängigen Koeffizienten i ($1000 \cdot i = n$ heißt gewöhnlich der „Formwert"),

d) einer gewissen Funktion $f(v)$ der Translationsgeschwindigkeit v m/sec des Schwerpunktes, so daß der

$$\text{Luftwiderstand} \quad W = R^2\,\pi \cdot \frac{\delta}{\delta_0} \cdot i \cdot f(v).$$

Was die Dimensionen anbetrifft, so ist i eine dimensionslose Zahl, führt man R in m ein, so ergibt sich für $f(v)$ die Dimension kg m^{-2}, wenn W in kg erhalten werden soll.

Die Annahmen a), b), c) sind mehr konventionell, als in der Natur der Sache begründet:

Es ist von vornherein nicht wahrscheinlich, daß der Luftwiderstand, der von dem Kaliber $2R$, der Luftdichte δ, der Form (i) und der Geschoßgeschwindigkeit v abhängt, diese vier Variablen so reinlich als Faktoren eines Produkts geschieden enthält, derart daß der erste Faktor lediglich eine Funktion des Kalibers, der zweite lediglich eine Funktion der Luftdichte, der dritte lediglich eine Funktion der äußeren Form und der vierte lediglich eine Funktion der Geschwindigkeit darstellt.

Mit der Annahme a) wird behauptet, daß der Luftwiderstand auf die Flächeneinheit des Geschoßquerschnitts bei gleicher Luftdichte, gleicher Form und Geschwindigkeit des Geschosses gleich groß sei, mag es sich um ein kleines oder ein großes Geschoßkaliber handeln.

Schon Didion hat aus seinen Versuchen 1848 das Ergebnis abgeleitet, daß der Luftwiderstand gegen Geschosse mit kleinem Quer-

schnitt verhältnismäßig größer sei, als der gegen Geschosse mit großem
Querschnitt, und hat versucht, diese Tatsache dadurch rechnerisch zu
berücksichtigen, daß er $R^2 \pi$ mit dem Faktor $\left(0,74 + \dfrac{0,047}{0,05 + 2\,R}\right)$, gültig für R in m, multiplizierte. (Übrigens ließ er später 1860 diese
Annahme fallen.) Einige Ballistiker glaubten aus ihren Luftwiderstandsversuchen mit Geschossen von sehr verschiedenem Kaliber den
Beweis dafür erbracht zu haben, daß Proportionalität zwischen Luftwiderstand W und Querschnitt $R^2 \pi$ stattfinde, und man trägt zur-
zeit kein Bedenken, die Resultate der mit Artilleriegeschossen
angestellten Versuche ohne weiteres auf Infanteriegeschosse anzuwenden und umgekehrt. Indes besteht diese einfache Beziehung
jedenfalls nicht genau. Die neuere, von H. Lorenz über den
Schiffswiderstand aufgestellte Theorie, die von großer Allgemeinheit
ist und die, wie Lorenz und Falkenhagen gezeigt haben, die
Ausdehnung auf den Luftwiderstand von Geschossen zu gestatten
scheint, führt gleichfalls darauf, daß kleine Querschnitte einen verhältnismäßig größeren Widerstand erfahren, als größere Querschnitte.
Und nach Versuchen an der Towerbrücke (J. W. Barry) erleidet eine
100 qm große Fläche durch den Winddruck kaum den sechsten
Teil des spezifischen Widerstands einer 0,1 qm großen Fläche.

Die Versuche der Firma Fr. Krupp (O. v. Eberhard) von 1912 mit Geschossen verschiedener Form (vgl. Lit.-Note) ergaben unter anderem folgendes.
Der durchschnittliche Widerstand, bezogen auf 1 qcm des Querschnitts und auf
das Luftgewicht 1,22 kg/cbm, ist:

a) bei rein zylindrischen Geschossen

	für $v = 400$	500	600	700	800 m/sec
und bei 6,5 cm-Kaliber	1,4	$2,5_8$	3,8	$5,1_5$	6,6 kg/qcm
„ „ 10 „	$1,2_9$	2,2	3,3	4,7	6,3 „

b) bei ogivalen Geschossen von 3 Kal. Abrundungsradius

	für $v = 550$	650	750	850 m/sec
und bei 6 cm-Kaliber	1	1,3	$1,5_8$	$1,9_4$ kg/qcm
„ „ 10 „	0,98	$1,2_5$	$1,5_2$	$1,8_5$ „
„ „ 28 „	0,62	$0,8_1$	$1,0_1$	$1,2_5$ „
„ „ 30 „	—	—	0,9	$1,0_6$ „

Der Luftwiderstand geteilt durch $R^2 \pi$ ist also in der Tat, wie Didion fand,
bei größeren Kalibern kleiner als bei kleineren Kalibern und außerdem abhängig von der Geschwindigkeit. Dieser Einfluß des Kalibers kommt jedoch
tatsächlich erst bei größeren Kalibern wesentlich in Betracht.

Die gewöhnliche Annahme, der Luftwiderstand gegenüber zwei gleich großen und gegen die Geschoßachse gleich geneigten Flächenelementen des Geschoßkopfes sei, bei gleich großer Geschoßgeschwindigkeit, gleich groß, unabhängig davon, welchen Abstand diese Flächenelemente von der Achse des Geschosses haben, trifft ebenfalls nicht genau zu. Dies wird durch Ermittlungen von Mach wahrscheinlich. Bei den betreffenden Versuchen bestimmte er experimentell die Ablenkung des Lichts beim Durchdringen verschiedener Luftschichten in nächster Nähe des Geschosses. Mit Gewehrgeschossen von 11 mm Kaliber und 520 m/sec Geschwindigkeit (wofür nach den Kruppschen Versuchen der Luftwiderstand rund 1 Atm. Überdruck betragen soll) fand Mach folgendes: Im Scheitel der Kopfwelle entspricht die Dichte der Luft ca. 3 Atm.; 4,5 mm hinter dem Scheitel, 12 mm von der Geschoßachse und 3 mm vom Rand der Kopfwelle entfernt noch ca. 1,7 Atm.; 7,5 cm hinter dem Scheitel, 9 cm von der Geschoßachse und 7,5 cm vom Wellenrand entfernt noch ca. 1,6 Atm. Inwiefern zahlreiche Berechnungen über Formwerte, über die günstigste Spitzenform usw. dadurch an Bedeutung verlieren, soll weiter unten angeführt werden.

Daß der Luftwiderstand von Geschossen gerade mit der ersten Potenz der Luftdichte proportional zu- und abnimmt (Annahme b) ist zwar niemals bestritten, aber auch niemals einwandfrei empirisch bewiesen worden. Es wäre wünschenswert, daß dieses Gesetz durch rationelle, allein hierauf abzielende Versuche mit großen Gechwindigkeiten geprüft würde. Über den Einfluß der Temperatur s. § 44 Schluß und Lit.-Note.

Die Annahmen c) und d) schließen die Behauptung in sich, daß bei gleichem Kaliber und gleicher Luftdichte, aber verschiedener Geschoßform der Charakter der Luftwiderstandsfunktion gewahrt bleibe, so daß bei verschiedenen Geschoßformen nur der Ordinatenmaßstab der Kurve $f(v)$ sich ändert. Diese Voraussetzung, daß der Einfluß der Geschoßform durch einen einzigen Multiplikationsfaktor i dargestellt werden könne, hat sich durch die neueren theoretischen und experimentellen Untersuchungen über den Luftwiderstand nicht bewahrheitet. Vielmehr enthält die Funktion $f(v)$ die Geschoßform implizite.

Übrigens sei schon hier darauf hingewiesen, daß zweifelsohne manche Umstände und Abhängigkeiten, deren mathematische Gesetzmäßigkeiten uns noch unbekannt sind, tatsächlich in den Koeffizienten i oder in den sogenannten Formwert $n = 1000 \cdot i$ verlegt werden, so daß i nur zum Teil einen Formkoeffizienten, zu einem andern, aber unbekannten Teil einen Korrektionsfaktor vorstellt, durch den das Ungenügende in den Annahmen a) und d), vielleicht auch in b) einigermaßen ausgeglichen wird. Jedenfalls ist i im Prinzip nicht konstant, sondern eine Funktion der übrigen Größen, von der man freilich annimmt, daß sie sich bei Abänderung dieser Größen nur langsam ändert.

Weitaus die meisten Bemühungen um die Erforschung des Luftwiderstandsgesetzes beziehen sich auf die Abhängigkeit dieses Widerstandes W von der Geschwindigkeit v des Geschoßschwerpunktes bei gleichem Kaliber, gleicher Luftdichte und gleicher Geschoßform. Hiervon sind in dem folgenden § 9 die wichtigsten theoretischen und in § 10 die empirischen Untersuchungen besprochen.

§ 9. Theoretische Ansätze zur Gewinnung des Luftwiderstandsgesetzes.

Die Überlegungen Newtons scheinen auf folgendem Gedankengang zu beruhen. Ist die Geschoßgeschwindigkeit v das 2, 3, 4, 5 ...-fache eines bestimmten Falls, so ist nicht nur die Beschleunigung der Luftteilchen die 2, 3, 4, 5 ...-fache, sondern auch die Masse der in Bewegung gesetzten Luft; die Widerstandskraft ist somit die 4, 9, 16, 25 ...-fache. Die Berechnung sei (absichtlich sehr elementar) im folgenden kurz gegeben:

Man denke sich ein ruhendes zylindrisches Geschoß von der Vorderfläche F qm, gegen das die Luft mit der Geschwindigkeit v m/sec in Richtung der Achse heranströme. Die Luftteilchen verlieren bei ihrem Anprall gegen das Geschoß ihre Geschwindigkeit. Dabei kommt in der Sekunde zum Zusammenstoß mit dem Geschoß ein Luftvolumen $F \cdot v$ cbm. Das Gewicht eines Kubikmeters Luft sei δ kg, so ist die Masse $\dfrac{F \cdot v \cdot \delta}{9{,}81}$. Die Geschwindigkeitsänderung in der Sekunde ist $v - o$, die Verzögerung $\dfrac{v - o}{1}$. Der Druck, den der Querschnitt F durch die heranströmende Luft erfährt, ist das Produkt von Masse und Verzögerung der ankommenden Luftmenge, also $\dfrac{F \cdot v \cdot \delta}{9{,}81} \cdot \dfrac{v - o}{1}$ $= \dfrac{F \cdot \delta \cdot v^2}{9{,}81}$. Danach ist der Widerstand des in ruhender Luft bewegten Zylinders proportional der senkrechten Fläche F (in qm), dem Luftgewicht δ (in kg/cbm) und dem Quadrat der Geschwindigkeit v (in m/sec),

$$W \text{ (kg)} = \frac{F \cdot \delta \cdot v^2}{9{,}81}.$$

(Die in der Technik übliche Formel für den Winddruck W auf eine senkrechte ebene Fläche F qm bei Windgeschwindigkeit v m/sec ist in einiger Übereinstimmung damit $W = 0{,}122 \cdot F v^2$ kg.)

An dieser Ableitung ist auszusetzen, daß die Wirkung der an der Stirnfläche des Körpers abfließenden Luft, die Reibung, Wellenbildung, und alle Vorgänge auf der Rückseite des Körpers unberücksichtigt gelassen sind.

Daß bei dem Strömen der Luft gegen einen ruhenden Körper oder umgekehrt bei der Bewegung eines Körpers in ruhender Luft nicht der reine Newtonsche Stoßdruck allein maßgebend sein muß, sondern daß auch Saugwirkungen, negative Drücke eintreten können, läßt sich durch folgende Apparate leicht zeigen.

Eine ebene Kreisplatte AB (Abb. 28a) von etwa 30 cm Durchmesser liege auf der einen Wagschale einer Wage. Darüber befinde sich in fester Lage eine parallele Platte CD von etwa 20 cm Durchmesser, die in der Mitte ein kreisrundes Loch besitzt und eine Röhre R trägt; durch letztere kann Luft in der Richtung des Pfeils geblasen werden. Ist CD 20 oder 10 cm hoch über AB angebracht, so wird beim Durchblasen der Luft die bewegliche Platte AB abwärts gehen, man hat den reinen Stoßdruck. Ist dagegen der Abstand der Platten AB und CD etwa 1 cm, so entsteht bei dem seitlichen Abströmen der Luft zwischen den Platten ein Unterdruck, die Platte AB wird gehoben.

Bläst man bei dem Apparat Abb. 28b in der Richtung des gefiederten Pfeils schief abwärts, so wird die in der Röhre R auf einem schmalen Querstäbchen aufliegende Hollundermarkkugel K gehoben und fliegt in der Richtung des gekrümmten Pfeils heraus.

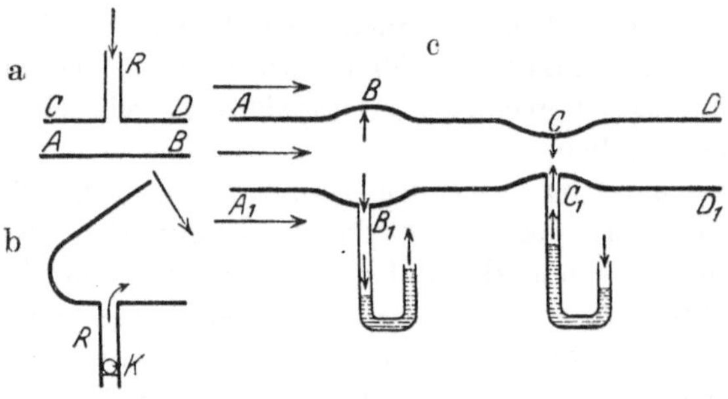

Abb. 28.

In Abb. 28c ist eine Röhre $ABCDA_1B_1C_1D_1$ angedeutet, die bei BB_1 eine Verdickung und bei CC_1 eine Verdünnung besitzt. Es werde in der Richtung der längeren gefiederten Pfeile ein Luftstrom geblasen. Innerhalb der Röhre erfährt der Luftstrom bei BB_1 eine Querschnittszunahme, also eine Geschwindigkeitsabnahme; die Folge ist ein Überdruck (angedeutet durch die kleineren Pfeile). Bei CC_1 hat man Querschnittsverminderung, also Geschwindigkeitszunahme und infolge davon einen Unterdruck (eine Saugwirkung in dem Manometerröhrchen). Außerhalb der Röhre ist das Umgekehrte der Fall.

Der reine Newtonsche Stoßdruck kann auch nicht genügen, wenn es sich z. B. um die Berechnung der Drücke handelt, die das Dach eines Gebäudes durch horizontalen Sturmwind erfährt. Am unteren Teil des Dachs wird zwar durch den Stoßdruck im allgemeinen Druckvermehrung eintreten, aber oberhalb kann bei dem Abströmen der Luft über die Dachkante hinweg ein negativer Druck eintreten, so daß ein Kippmoment möglich ist. In der Tat wird mitunter ein Abheben des Daches im Sturm beobachtet.

In ähnlicher Weise können auch beim fliegenden Geschoß je nach der äußeren Gestalt des Zünders, der Führungsringe, des Geschoßendes usw. Saugwirkungen vorhanden sein.

Unter der Annahme, daß der Widerstand W eines Geschosses nur vom Querschnitt F, von der Luftdichte d oder der Masse eines cbm Luft und von der Geschwindigkeit v abhängt und zwar proportional sei dem Produkt gewisser Potenzen F^α, d^β, v^γ, soll nach Ansicht einiger Forscher das Newtonsche Gesetz auch einfach aus den Dimensionen dieser Größen abgeleitet werden können: $F^\alpha \cdot d^\beta \cdot v^\gamma$ dividiert durch W muß eine reine Zahl sein, also von der Dimension Null. Im technischen Maßsystem der kg, m, sec sind die Dimensionen von F, d, v bzw. (m²), (kg·sec²·m⁻⁴), (m·sec⁻¹). Dies gibt für m, kg, sec bzw. die Gleichungen

$$2\cdot\alpha - 4\cdot\beta + \gamma = o; \quad \beta - 1 = o; \quad 2\cdot\beta - \gamma = o \quad \text{oder} \quad \alpha = 1; \quad \beta = 1; \quad \gamma = 2\,.$$

Somit ist der Widerstand W proportional F, d, und v^2. Über dieses Verfahren, Gesetze abzuleiten, vgl. Th. Vahlen, E. Gehrcke und A. Lamothe, s. Lit.-Note.

Mehrere Forscher, insbesondere O. Mata 1895, faßten die Übertragung der Geschoßenergie auf die umgebende Luft lediglich als einen thermodynamischen Vorgang, speziell Mata als eine isothermische Zustandsänderung auf. Daß diese Auffassung eine einseitige sein muß, geht aus dem oben über die Wellen- und Wirbelbildung Gesagten hervor.

Als Erster berücksichtigte A. Schmidt-Stuttgart die Erregung von Luftwellen durch den bewegten Körper. Er stellte für Geschwindigkeiten v kleiner als die Schallgeschwindigkeit s eine Widerstandsfunktion auf, die unstetig wird, wenn die Geschwindigkeit v des bewegten Körpers der normalen Schallgeschwindigkeit s des Mediums gleichgesetzt wird. Die betreffenden Entwicklungen besitzen keine solche Allgemeinheit, daß sie für die Zwecke der Ballistik verwendbar wären. Doch hat A. Schmidt das Verdienst, die bezüglichen Umstände zu einer Zeit klar erkannt zu haben, in der E. Mach noch nicht mit seinen photographischen Aufnahmen des fliegenden Geschosses hervorgetreten war.

P. Vieille und kurz darauf E. Ökinghaus leiteten auf Grund der Theorie von B. Riemann über die Fortpflanzung von Luftwellen mit endlich großer Amplitude Luftwiderstandsgesetze ab, indem sie speziell Geschosse mit einer ebenen, zur Achse senkrechten vorderen Begrenzungsfläche voraussetzten und die das Geschoß begleitende Kopfwelle wenigstens in den vordersten Teilen als ebene Welle annahmen. Die Fortpflanzungsgeschwindigkeit der endlichen Luftverdichtungen muß dabei gleich der Geschoßgeschwindigkeit genommen werden. Vieille glaubt der von ihm so gewonnenen Formel für den Luftwiderstand in Funktion der Geschoßgeschwindigkeit v eine derartige Allgemeinheit der Anwendbarkeit zuschreiben zu können, daß sie selbst für kosmische Geschwindigkeiten gelte.

Die Vieillesche Beziehung zwischen Luftdruck p und Geschoßgeschwindigkeit ist die folgende:

$$v = \sqrt{\frac{g\cdot p_0}{2\cdot\delta}\left\{2\,k + (k+1)\frac{p - p_0}{p_0}\right\}}\,,$$

dabei δ das Gewicht der umgebenden Luft in kg/cbm, p_0 der gewöhnliche

Atmosphärendruck in kg/qm, p der durch die Bewegung erzeugte Luftdruck in kg/qm, $k = 1{,}41$ das Verhältnis der spezifischen Wärmen, $g = 9{,}81$ m/sec^2. Z. B. für $p_0 = 10\,333$ kg/qm, $\delta = 1{,}206$ kg/cbm und $p = 15{,}64$ Atm. $= 15{,}64 \cdot 10\,333$ kg/qm erhält man $v = 1200$ m/sec. In der folgenden kleinen Tabelle sind so die Widerstände, wie sie von Vieille errechnet und nach seiner Angabe beobachtet sind, endlich von $v = 1200$ m/sec ab auch die theoretisch von ihm abgeleiteten Temperaturen gegeben:

Geschw. v	Widerstand in Atm. $\left(\dfrac{p}{p_0}\right)$:		Temp.
m/sec	berechnet	beobachtet	Grad Cels.
400	1,58	1,25	—
800	6,85	6,23	—
1 200	15,64	15,01	680
2 000	43,8	—	1741
4 000	176,6	—	7751
10 000	1098	—	48 490

Vieille macht bei diesem Anlaß auf das Aufleuchten der Meteoriten aufmerksam.

Die bezügliche Formel von E. Ökinghaus lautet:

$$W = W_0\,k\left(1 - \left(\tfrac{W_0}{W}\right)^{\tfrac{1}{k}}\right)\cdot\left(\tfrac{v}{340}\right)^2 + W_0. \qquad [v \text{ in m/sec}]$$

Hier ist W der Luftwiderstand für die Geschoßgeschwindigkeit v, W_0 speziell der Luftwiderstand für $v = 340$ m/sec; k das Verhältnis der spezifischen Wärmen der Luft, $k = 1{,}41$.

Da die Riemannsche Theorie nur für ebene Wellen gilt, so könnten diese Entwicklungen höchstens für vorn abgestumpfte Geschosse einigermaßen zutreffen. Doch scheint es, daß der weitere Ausbau der Riemannschen Theorie der Luftstöße einige Aussicht auf einen Erfolg für die Zukunft verspricht.

Die Theorie der Peripteral-Bewegungen, die von W. Lanchester für die Bewegung der Gleitflieger in der Luft, besonders für Flächen ähnlich dem Vogelflügel, aufgestellt worden ist, konnte für die Ballistik bisher nicht nutzbar gemacht werden. Bei dieser Theorie setzt man eine gleichmäßige Strömung der Luft mit einer Zirkularbewegung der Luft von passendem Sinn und passender Stärke um den betreffenden Körper (Flügel) herum zusammen. Die betreffenden Betrachtungen gelten aber nur für Potentialbewegungen, nicht für turbulente Bewegungen, wie sie am hinteren Ende des Geschosses jedenfalls vorhanden sind. (Vgl. Lit.-Note.)

Ebenso sind von keiner weitergehenden Bedeutung für die Ballistik die umfangreichen Berechnungen, die Oberst P. Haupt auf Grund der kinetischen Gastheorie durchgeführt hat. Der verwickelte Mechanismus des Luftwiderstands ist durch seine Berechnungen nicht genügend dargestellt und diese haben zu Ergebnissen geführt, die mit den neuesten empirischen Ergebnissen in der Tat in Widerspruch stehen. (Vgl. die Lit.-Note.)

Dagegen sei auf zwei wichtige theoretische Arbeiten über den Luftwiderstand, von H. Lorenz-Danzig und von A. Sommerfeld-München, hingewiesen. H. Lorenz hat 1907 (vgl. die Lit.-Note) gelegentlich einer Theorie des Schiffswiderstandes versucht, die sämtlichen Umstände der verwickelten Luftbewegung um das fliegende Geschoß mathematisch darzustellen, wobei er zu der folgenden Beziehung für den Luftwiderstand geführt wurde: Es bedeute v die Geschoßgeschwindigkeit, $R^2 \pi$ den größten Geschoßquerschnitt, s die Schallgeschwindigkeit, l die Geschoßlänge, so ist

$$W = k_1 \, R^2 \pi \cdot v^2 + k_2 \cdot l \, v + \frac{k_3 \, R^2 \pi \, v^4 + k_4 \, l \, v^3}{\sqrt{(s^2 - v^2)^2 + k_5 \, l^2 \, v^2}}.$$

$k_1 \, k_2 \, k_3 \, k_4 \, k_5$ sind Konstanten, wovon k_1 und k_3 nur von der Form, die übrigen von der Form und der Oberflächenbeschaffenheit des Geschosses abhängen.

Dieser theoretisch abgeleitete Ausdruck für W zeigt erstens, daß danach W nicht genau proportional dem Querschnitt $R^2 \pi$ ist, sondern daß der spezifische Widerstand $W : R^2 \pi$ unter sonst gleichen Umständen um so größer ist, je kleiner dieser Querschnitt ist. Ferner ist nach diesem Gesetz W keineswegs proportional einem einzigen Formkoeffizienten i, vielmehr kommen 5 Koeffizienten der Form in dem Ausdruck vor und zwar implizit derart, daß mit einer wesentlichen Änderung der Form und Oberflächenbeschaffenheit des Geschosses die ganze Luftwiderstandsfunktion $f(v)$ selbst sich ändert. Endlich zeigt der Faktor $W : v^2 = K$, wie oben erwähnt, bei einer graphischen Darstellung von v einen Buckel in der Nähe der Schallgeschwindigkeit und verläuft im übrigen in ähnlicher Weise, wie es die von Siacci zusammengefaßten Schießbeobachtungen (s. w. u.) ergeben haben.

H. Lorenz hat 1917 (s. Lit.-Note betr. Lorenz, Runge, Wieschberger, Karmán, Rubach, Falkenhagen, Sängewald) sein Gesetz vereinfacht: der Widerstand W setzt sich zusammen aus einem Anteil W_1, der durch die Wellenbildung entsteht, und aus einem Anteil W_2, der in der Reibung und der Wirbelbildung seine Ursache hat; $W = W_1 + W_2$; dabei ist

$$\frac{W_1}{v^2} = k \, R^2 \pi \left(1 + \frac{A \cdot v^4}{(v^2 - s^2)^2 + c^2 \, v^2}\right); \quad \frac{W_2}{v^2} = \frac{\mu \cdot l}{v}.$$

Hier ist s die normale Schallgeschwindigkeit; l die Geschoßlänge; k, μ, A und c sind Konstanten, die empirisch zu ermitteln sind, und zwar hängen k, μ und A von der Form und der Oberflächenbeschaffenheit des Geschosses ab, und c stellt einen Dämpfungsfaktor dar. Lorenz zeigte auch, wie die Konstanten aus den Versuchsdaten berechnet werden können. Sein früherer Assistent Dr. Falkenhagen hat die Berechnung an der Hand der Luftwiderstandstabelle von O. v. Eberhard durchgeführt. Auch R. Sängewald (s. Lit.-Note) hat versucht, die Koeffizienten zu bestimmen. Darnach zeigt sich, daß das Gesetz von Lorenz zwar nicht sämtliche Beobachtungstatsachen völlig getreu und eindeutig darstellt, daß aber dieses Gesetz von allen bisher rein theoretisch abgeleiteten Gesetzen noch die meiste Aussicht zu bieten scheint, als Grundlage für die Weiterentwicklung der Ballistik auf diesem Gebiete zu dienen. Bemerkt sei noch, daß nach diesem Gesetz, wie nach demjenigen von Vieille und von Sommerfeld für $v = \infty$ lim $(W : v^2) =$ konst. wird; d. h. daß für sehr große Geschwindigkeiten der Luftwiderstand wieder proportional dem Quadrat der Geschwindigkeit ist, jedoch mit einem anderen Koeffizienten als für kleine Geschwindigkeiten.

A. Sommerfeld (vgl. Lit.-Note) denkt sich den Luftwiderstand W zusammengesetzt aus dem Reibungswiderstand W_1 (im weiteren Sinne), den er nach Newton proportional v^2 nimmt, und aus dem Wellenwiderstand W_2. Für letzteren gewinnt er einen Ausdruck, indem er die Analogie des elektromagnetischen Feldes benutzt, das entsteht, wenn ein Elektron mit Überlichtgeschwindigkeit sich bewegt. Bedeutet s die Schallgeschwindigkeit, so ist für $v < s$, $W = W_1 = a_3 \cdot v^2$, für $v > s$, $W = W_1 + W_2 = av^3 + A\left(1 - \dfrac{s^2}{v^2}\right)$. Die Kurve $W : v^2$ verläuft ähnlich, wie die entsprechende für die neueren empirischen Gesetze. Der Buckel der Kurve erklärt sich dadurch, daß in der Nähe von $v = s$ der Wellenwiderstand W_2 in zunehmendem Maße einsetzt, daß aber dieser Widerstand mit v in geringerem Maße wächst, als der Reibungswiderstand W_1; das Verhältnis $(W_1 + W_2) : W_1$ nimmt daher mit wachsendem v wieder ab. Die Geschoßform ist in dem Gesetz von Sommerfeld vorläufig nicht berücksichtigt.

Endlich hat L. Prandtl (s. Lit.-Note) den Staudruck berechnet, der in Luft von der Dichte ϱ, vor einem mit der Geschwindigkeit v bewegten Körper entsteht; wenn v größer als die normale Schallgeschwindigkeit s_0 ist, besteht diese Druckerhöhung aus zwei Teilen, einer unstetigen in der Kopfwelle und einer stetigen von der Kopfwelle bis zum Staupunkt. Die Berechnung zeigt, daß diese Druckerhöhung nicht nur für die kleinen v, sondern auch wieder für die sehr großen Geschwindigkeiten v proportional v^2 ist, dazwischen wächst sie etwas schneller. L. Prandtl gibt dazu eine kleine Tabelle. Der Widerstand W eines Geschosses vom Querschnitt F kann nach ihm dargestellt werden durch die Formel $W = \psi \cdot F \cdot \varrho \cdot v^2$, wo ψ eine Funktion von $v : s_0$ ist. Die Temperaturerhöhung vor dem Geschoß berechnet sich nach **Prandtl** zu $\dfrac{v^2}{2 \cdot c_p}$, (c_p in Arbeitseinheiten $= 0{,}238 \cdot 427 \cdot 9{,}81$); also z. B. bei $v = 800$ m/sec zu ca. 300^0 C; vgl. übrigens darüber Band II, Gleichung (16) in § 21.

Im ganzen kann gesagt werden, daß von seiten der Theorie bis jetzt kein völlig befriedigendes und völlig allgemeines Gesetz des Luftwiderstandes gegen Geschosse mit aller Sicherheit erbracht ist. Deshalb ist man in der Ballistik genötigt, sich vorläufig an die reine Erfahrung zu halten.

Der Ausdruck für den Luftwiderstand müßte für irgendein Kaliber, irgendein Luftgewicht und irgendeine Geschoßform eine Funktion der Geschwindigkeit (und vielleicht auch noch der Beschleunigung) des Geschoßschwerpunktes enthalten, die folgende Teile darstellt:

1. Den **Saug- und Wirbelwiderstand.** Hinter dem Geschoß bildet sich bei wachsender Geschwindigkeit mehr und mehr ein luftverdünnter Raum aus, in den die umgebende Luft unter Reibungswirbeln einströmt (ähnlich wie man es beim Wasser an einer ebenen Platte beobachtet, die in vertikaler Lage senkrecht zu ihrer Ebene durch das Wasser fortbewegt wird). Die zugehörige Energie findet sich später teils als Wärme im Schußkanal vor, teils geht sie als Bewegungsenergie nach außen (vgl. die bekannten Geräusche beim Schuß). Dieser Widerstand hängt wesentlich von der Form des Geschoßendes ab. In der Nähe der Schallgeschwindigkeit scheint er rasch anzusteigen; aber weiterhin nähert er sich mehr und mehr einem festen Grenzwert, der durch die absolute Luftleere hinter dem Geschoß gegeben ist. Dieser Teil, dividiert durch v^2, wird sich also mit zunehmendem v der Null nähern.

2. Der **Wellenwiderstand.** Dieser tritt an allen vorspringenden Teilen des Geschosses auf, insbesondere am Geschoßkopfe. Er wächst mit der Geschwindigkeit unbegrenzt, und zwar mehr und mehr proportional dem Quadrat der Geschwindigkeit, so daß dieser Teil dividiert durch v^2 einer gewissen Konstanten zustrebt, die je nach der Geschoßform verschieden ist. Die auf diesen Widerstandsteil verwendete Energie geht als Wellenenergie nach außen weiter (Geschoßknall).

3. Der **Reibungswiderstand,** soweit er noch nicht in 1. enthalten ist. Dieser Teil scheint bei den gebräuchlichen Geschoßformen relativ klein zu sein.

4. Endlich müßte ein vollkommenes Luftwiderstandsgesetz erkennen lassen, in welcher Weise sich der Luftwiderstand ändert

wenn die Geschoßachse, die bisher als in der Bewegungsrichtung des Schwerpunktes liegend angenommen wurde, einen gegebenen Winkel gegen diese Richtung bildet (darüber vgl. § 12).

Aus dem Vorstehenden geht unter anderem hervor, daß die Form des Geschoßkopfs insbesondere bei großen Geschwindigkeiten (über 300 m/sec) von Wichtigkeit ist, und zwar um so mehr, je größer die Geschwindigkeit ist, daß ferner die Form des hinteren Geschoßendes bei kleinen Geschwindigkeiten (unter 300 m/sec) von Einfluß ist, daß sich jedoch dieser Einfluß mit wachsender Geschoßgeschwindigkeit mehr und mehr einer Grenze nähert, die nicht mehr überschritten werden kann.

§ 10. Empirisch gewonnene Luftwiderstandsgesetze und zugehörige Experimente.

a) Für sehr kleine Geschwindigkeiten v des bewegten Körpers, wie sie z. B. bei langsamen Pendelschwingungen eintreten, ist nach M. Thiesen der Luftwiderstand proportional der ersten Potenz von v. In der Ballistik kommt dies nicht in Betracht.

b) Für Geschwindigkeiten bis etwa 30 m/sec wird allgemein das quadratische Luftwiderstandsgesetz benutzt: der Luftwiderstand W gegen einen zylindrischen Körper von der Geschwindigkeit v mit ebener Stirnfläche von $R^2 \pi$ bei dem Luftgewicht δ ist

$$W = k R^2 \pi \cdot \frac{\delta}{1,22} \cdot v^2. \quad [\delta \text{ in kg/cbm}].$$

Als Wert des Faktors k in kg m^{-4} sec^2 nimmt Poncelet und Didion 0,081; F. le Dantec 0,080; P. C. Langley 0,085; Ch. Renard 0,085; Canovetti 0,090; J. Weißbach 0,093; J. Smeaton 0,122; F. v. Lössl 0,106; O. Lilienthal 0,125; E. J. Marey 0,125; G. Kirchhoff (wesentlich auf Grund theoretischer Berechnungen) 0,055. Über die näheren Einzelheiten vergleiche man die Zusammenfassung durch S. Finsterwalder. Für geworfene Steine, Schleuderkugeln, Pfeilbolzen usw. würde also, mit R in m, v in m/sec, etwa

$$W = 0,08 \cdot R^2 \pi \cdot \frac{\delta}{1,22} \cdot v^2 \text{ kg}$$

zu nehmen sein.

c) Den Verhältnissen der aus Feuerwaffen geschleuderten Geschosse entspricht zur Zeit der Geschwindigkeitsbereich von $v =$ ca. 50 m/sec bis $v =$ höchstens 1700 m/sec. Hierfür wurden ganz oder teilweise empirisch abgeleitete Luftwiderstandsgesetze in großer Zahl veröffentlicht. Wenn dabei von „Gesetzen“ die Rede ist, so sind sich die betreffenden Ballistiker (mit wenigen Ausnahmen) wohl bewußt, daß es sich lediglich um die Zusammenfassung von Messungsergebnissen durch einen passenden mathematischen Ausdruck handelt. Uns sind etwa 27 solcher empirischer Gesetze bekannt geworden, wovon die Mehrzahl die Form von Potenzgesetzen $W = a v^n$ bzw. $W = a v^m + b v^n + \cdots$ besitzt. Dabei wurde seit **Mayevski** mit Erfolg der ganze für die Praxis in Betracht kommende Bereich der Geschoßgeschwindigkeiten derart in Intervalle, „Zonen", eingeteilt, daß von einer Zone zur anderen in dem Gesetz $W = a v^n$ entweder a oder n oder beide Zahlenwerte variiert wurden.

Von den sämtlichen Gesetzen seien nur einige wenige angeführt, nämlich solche, die im Laufe der Entwicklung der Ballistik eine besondere Bedeutung gewonnen haben.

Durchweg sei das Kaliber des Geschosses mit $2R$ (und zwar, wenn nichts Besonderes bemerkt ist, in Metern), das Geschoßgewicht mit P (kg), das Luftgewicht mit δ (kg/cbm), die Geschoßgeschwindigkeit mit v (m/sec), der Luftwiderstand mit W (kg), die Verzögeruug durch den Luftwiderstand, also das Verhältnis $\dfrac{W \cdot 9{,}81}{P}$ von Luftwiderstand W und Geschoßmasse $\dfrac{P}{g}$, mit $c \cdot f(v)$ bezeichnet. Dabei bedeutet $f(v)$ den von der Geschwindigkeit v allein abhängigen Faktor in dem Ausdruck für die Verzögerung des Geschosses.

1. **J. Didions** Gesetz, aufgestellt auf Grund von Schießversuchen der Metzer Kommission von 1839/40 mit Hilfe des ballistischen Pendels, sowie von Schießversuchen der Metzer Kommission von 1856/58 mit Hilfe des Apparates von **Navez**; für **Kugeln** mit $i = 1$ und für Geschwindigkeiten v zwischen 280 und 460 m/sec gültig;

$$W = 0{,}027 \cdot R^2\, \pi \cdot \frac{\delta \cdot i}{1{,}208} \cdot v^2 \left(1 + \frac{v}{435} \right);$$

also

$$c = \frac{0{,}027 \cdot R^2\, \pi \cdot \delta \cdot g \cdot i}{P \cdot 1{,}208}; \quad f(v) = v^2 \left(1 + \frac{v}{435} \right).$$

2. **St. Robert**, Italien; nach den Metzer Versuchen von 1839/40; für **Kugeln** mit $i = 1$ und für Geschwindigkeiten v von etwa 200 bis 500 m/sec gültig;

$$W = 0{,}0387 \cdot R^2\, \pi \cdot \frac{\delta \cdot i}{1{,}206} \cdot v^2 \left(1 + \left(\frac{v}{696} \right)^2 \right).$$

3. **N. Mayevski**, Rußland, nach russischen und englischen Versuchen 1868/69;

a) für **Kugeln** mit $i = 1$:

$$\begin{cases} W = 0{,}012 \cdot R^2\, \pi \cdot \dfrac{\delta \cdot i}{1{,}206} \cdot v^2 \left(1 + \left(\dfrac{v}{186} \right)^2 \right), \text{ wenn } v > 0 \text{ u. } < 376\,\text{m/sec,} \\[2ex] W = 0{,}061 \cdot R^2\, \pi \cdot \dfrac{\delta \cdot i}{1{,}206} \cdot v^2, \qquad\qquad\quad \text{ „ } v \geq 376\,\text{u.} < 530\,\text{m/sec.} \end{cases}$$

b) mit $i = 1$ gültig für **Langgeschosse** mit „ogivaler“ Spitze von 1 bis 1,5 Kalibern Abrundungsradius (ogivale Spitze, d. h. von einem Längsschnitt in der Gestalt des Spitzbogenfensters):

$$
\begin{cases}
W = 0{,}012 \cdot R^2 \, \pi \cdot \dfrac{\delta}{1{,}206} \cdot v^2 \left(1 + \left(\dfrac{v}{488}\right)^2\right), & \text{wenn } v > 0 \text{ u.} < 280 \,\text{m/sec}, \\[2ex]
\overset{(11)}{W} = 0{,}026 \cdot R^2 \, \pi \cdot \dfrac{\delta}{1{,}206} \cdot v^6, & \text{„} \quad v \geqq 280 \,\text{u.} < 360 \quad \text{„} \\[2ex]
W = 0{,}044 \cdot R^2 \, \pi \cdot \dfrac{\delta}{1{,}206} \cdot v^2, & \text{„} \quad v \geqq 360 \,\text{u.} < 510 \quad \text{„}
\end{cases}
$$

5. **Hélie** gibt auf Grund von französischen Versuchen folgende Werte speziell für **Kugeln**. Es ist $W = \varkappa \cdot (2R)^2 \cdot \dfrac{\delta}{g} \cdot v^2$; wobei

für $v =$	$\varkappa =$	für $v =$	$\varkappa =$
50 m/sec,	0,130	300 m/sec,	0,269
100	0,132	320	0,293
120	0,135	340	0,316
140	0,139	360	0,337
160	0,146	380	0,353
180	0,154	400	0,367
200	0,166	420	0,376
220	0,181	440	0,382
240	0,200	460	0,386
260	0,221	500	0,389
280	0,244	für $v > 500$	0,390

5. **F. Bashforth** (England) nach eigenen Versuchen von 1866/70; für Langgeschosse mit ogivaler Spitze vom Abrundungsradius ca. 1,5 Kalibern gültig mit $i = 1$; $W = m \cdot R^2 \, \pi \cdot \dfrac{\delta \cdot i}{1{,}206} \cdot v^3$, dabei ist

$m =$ 0,000068	0,000075	0,000082	0,000090
für $v =$ 600 bis 550	550 bis 500	500 bis 460	460 bis 419 m/sec.

$m =$ 0,000094	0,000084	0,000060
für $v =$ 419 bis 375	375 bis 330	330 bis 50 m/sec.

Soll das Gesetz für die früheren **Kruppschen** „Normalgeschosse“ von 2 Kalibern Abrundungsradius gelten, so ist (nach **Siacci**) $i =$ ca. 0,896 zu nehmen.

6. **Hojel** (Holland), nach holländischen Versuchen von 1884, sowie nach **Kruppschen** Versuchen; mit $i = 1$ gültig für **Lang**geschosse mit ogivaler Spitze von 2 Kalibern Abrundungsradius; $W = \dfrac{(2R)^2 \cdot 1000 \cdot \delta \cdot i}{9{,}81 \cdot 1{,}206} \cdot m \cdot v^n$, dabei ist

$$\text{für } v = 140 \text{ bis } 300 \text{ m/sec,} \qquad m = \overset{(6)}{0{,}084\,535}, \qquad n = 2{,}5$$

300 „ 350	$\overset{(11)}{0{,}054\,23}$	5
350 „ 400	$\overset{(8)}{0{,}051\,381}$	3,83
400 „ 500	$\overset{(4)}{0{,}074\,83}$	1,77
500 „ 700	$\overset{(3)}{0{,}054\,67}$	1,91.

7. **Mayevski** (Rußland), Gesetz von 1881, mit Fortsetzung durch N. **Sabudski** (Rußland) von $v = 550$ m/sec ab, auf Grund der Versuche **Krupps** 1875/81, der englischen Versuche **Bashforth**s 1866/70 und der russischen Versuche **Mayevski**s 1868/69. Mit $i = 1$ gültig für Ogivalgeschosse von zwei Kalibern Abrundungsradius:

$$W = m \cdot R^2 \pi \cdot \frac{\delta \cdot i}{1{,}206} \cdot v^n; \quad \text{dabei ist}$$

$$\text{für } v = (0) \text{ bis } 240 \text{ m/sec,} \qquad m = 0{,}0140, \qquad n = 2$$

240 „ 295	$\overset{(4)}{0{,}058\,34}$	3
295 „ 375	$\overset{(9)}{0{,}067\,09}$	5
375 „ 419	$\overset{(4)}{0{,}094\,04}$	3
419 „ 550	0,0394	2
550 „ 800	0,2616	1,70
800 „ 1000	0,7130	1,55.

8. Gesetz von **Chapel** (1874) — **Vallier** (1894) — **Scheve** (1907); auf Grund insbesondere von Versuchen **Krupps** und holländischen Versuchen mit Ogivalgeschossen von 2 Kalibern Abrundungsradius:

$$\text{für } v > 330 \text{ m/sec,} \quad W = \frac{R^2 \cdot 10000 \cdot \delta \cdot i}{9{,}81 \cdot 1{,}206} \cdot 0{,}125\,(v - 263)$$

(dies nach **Chapel** — **Vallier** — **Scheve**);

$$\text{für } v \text{ zwischen } 330 \text{ u. } 300 \text{ m/sec,} \quad W = \frac{R^2 \cdot 10000 \cdot \delta \cdot i}{9{,}81 \cdot 1{,}206} \cdot \overset{(11)}{0{,}021\,692} \cdot v^5$$

$$\text{„ } v < 300 \text{ m/sec,} \quad W = \frac{R^2 \cdot 10000 \cdot \delta \cdot i}{9{,}81 \cdot 1{,}206} \cdot \overset{(5)}{0{,}033\,814} \cdot v^{2{,}5}$$

(dies nach **Hojel**).

Der Koeffizient i soll dabei, nach **Vallier**, konstant $= 1$ nur für diejenige Geschoßform sein, die bei den zugrunde liegenden Schießversuchen hauptsächlich benutzt wurde, also $i = 1$ für 2 Kaliber Abrundungsradius der ogivalen Spitze oder für den halben Ogival-winkel $\gamma = 41{,}5^0$. Sonst soll für $v \geqq 330$ m/sec i mit v etwas veränder-lich sein, nämlich

$$i = \frac{\gamma \cdot [v - (180 + 2\,\gamma)]}{41{,}5\,(v - 263)}.$$

Hierin sind für v bzw. γ die Zahlenwerte im m/sec bzw. in Grad zu setzen.

Für $v < 330$ m/sec soll sein

$$i = 0{,}67 \qquad 0{,}72 \qquad 0{,}78 \qquad 1{,}10$$
$$\text{für } \gamma = 31^0 \qquad 33{,}6^0 \qquad 36{,}9^0 \qquad 48{,}2^0.$$

Bezeichnet man

$$W = \frac{R^2 \cdot 10000 \cdot \delta \cdot i}{9{,}81 \cdot 1{,}206}\, f(v) \quad \text{und} \quad \frac{f(v)}{v^2} = K(v), \quad \frac{f(v)}{v^4} = K'(v),$$

so ist der Verlauf der Funktionen K und K' nach Vallier der folgende:

v	$10^7\,K(v)$	$10^{12}\,K'(v)$	v	$10^7\,K(v)$	$10^{12}\,K'(v)$
150	415	1844	390	1043	687
160	430	1680	400	1070	669
170	441	1526	420	1108	628
180	452	1395	440	1143	590
190	466	1293	460	1165	550
200	478	1195	480	1178	511
210	491	1113	500	1185	474
220	502	1037	525	1187	431
230	515	974	550	1186	393
240	526	913	575	1180	357
250	535	856	600	1170	325
260	546	808	650	1145	272
270	558	765	700	1115	228
280	564	719	750	1082	192
290	578	687	800	1049	164
300	586	651	850	1016	140
310	645	667	900	983	121
320	708	671	950	952	106
330	769	706	1000	921	92
340	831	720	1050	892	81
350	888	724	1100	865	72
360	936	722	1150	838	64
370	977	714	1200	813	57
380	1013	702	1250	790	51

Danach hat die Funktion $\dfrac{f(v)}{v^2}$ ein Maximum bei

$$\text{ca. } v = 525 \text{ m/sec.}$$

9. **Einheitliches Gesetz von Siacci 1896.** Dieses soll die sämtlichen bis dahin angestellten Luftwiderstandsversuche zusammenfassen und für den gesamten Geschwindigkeitsbereich bis $v = 1200$ m/sec aufwärts gelten.

$$\text{Verzögerung} = \frac{(2\,R)^2 \cdot 1000 \cdot i \cdot \delta}{P \cdot 1{,}206} \cdot f(v) \quad \text{oder} \quad W = 338 \cdot R^2 \cdot \delta \cdot i \cdot f(v)$$

wo

$$f(v) = 0{,}2002 \cdot v - 48{,}05 + \sqrt{(0{,}1648 \cdot v - 47{,}95)^2 + 9{,}6}$$
$$+ \frac{0{,}0442 \cdot v \cdot (v - 300)}{371 + \left(\dfrac{v}{200}\right)^{10}}.$$

Eine Tabelle für die Funktion $f(v)$ findet man, — außer in der Originalabhandlung von Siacci und dort mit zahlreichen Druckfehlern, — in dem Lehrbuch der Ballistik von C. Cranz, Bd. IV, 2. Aufl. bei B. G. Teubner, 1818, Tabelle Nr. 7. Ferner findet man eine Tabelle für $f(v)$ samt den beiden ersten Differentialquotienten dieser Funktion, fortschreitend von 1 zu 1 m/sec für v, in dem Aufsatz von O. Wiener, Leipzig, Akad. Ber., math.-naturwiss. Kl., Bd. 36 (1919), Nr. 1. Die Kurve $f(v)$ besitzt einen Wendepunkt bei $v =$ ca. 340 m/sec und einen Maximalpunkt bei ca. 500 m/sec. In der vorliegenden Ausgabe ist die Siaccische Tabelle in Nr. 6 des Anhangs abgedruckt.

Mit $i = 1$ soll das Gesetz für Ogivalgeschosse von 0,9 bis 1,1 Kal. Spitzenhöhe gelten. Wird es somit für Normalgeschosse mit 2 Kalibern Abrundungsradius oder 1,3 Kal. Spitzenhöhe verwendet, so ist nach Siacci $i = 0{,}896$ zu nehmen, besser dürfte sein 0,865.

10. Die ältere Kruppsche Tabelle; abgedruckt in des Verfassers Lehrbuch der Ballistik, Bd. IV, 2. Aufl., bei B. G. Teubner, 1918, Tabelle Nr. 8; in der vorliegenden Auflage des Lehrbuchs nicht wieder abgedruckt. Die Tabelle gilt für 2 Kal. Abrundungsradius und für $\delta = 1{,}206$ kg/cbm. Nach W. Gross können die Zahlen bis $v = 300$ m/sec aufwärts nur als annähernd richtig gelten, da bei kleinen Geschwindigkeiten die Messungsfehler erheblich ins Gewicht fielen. Am meisten Vertrauen sollen die Zahlen zwischen 350 und 600 m/sec verdienen. Darüber hinaus störten die Pendelungen der Geschosse.

11. Die neuesten (vgl. Lit.-Note) und wohl exaktesten Messungsergebnisse sind zusammengefaßt in der folgenden Luftwiderstandstabelle der Firma Fr. Krupp (O. v. Eberhard) (S. 58 u. 59). R. Sängewald hat die Eberhardsche Tabelle bis $v = 750$ m/sec aufwärts sorgfältig ausgeglichen und gibt die Zahlenwerte von $100 \cdot f(v)$ samt den beiden ersten Ableitungen dieser Funktion, fortschreitend für v von 1 zu 1 m/sec (Leipzig: Akad. Ber., math.-naturwiss. Kl., Bd. 73 [1921], S. 152). Nachstehend ist die bis $v = 1300$ m/sec reichende Originaltabelle von O. v. Eberhard wiedergegeben.

a) für sogenannte Kruppsche Normalgeschosse, d. h. für Geschosse mit 2 Kalibern Abrundungsradius der ogivalen Spitze und mit einer vorderen Abflachung auf 0,36 Kaliber, (der Name ist nur beibehalten, weil diese Geschosse bei den früheren Messungen verwendet worden waren und die Form wurde angewendet, weil der Vergleich mit den früher aufgestellten Gesetzen dadurch erleichtert war); darnach ist der Luftwiderstand (kg)

$$W = \frac{R^2 \, \pi \cdot \delta \cdot i \cdot f(v)}{1{,}22},$$

$R^2\pi$ der Querschnitt in qcm (nicht in qm wie bei 1. bis 10.), δ das Tagesluftgewicht in kg/cbm, $i = 1$ für Kruppsche Normalgeschosse; dagegen ist (nach O. von Eberhard):

für Geschosse mit 3 Kal. Abrundungsradius und 0,36 Kal. Abflachung

$$\frac{1}{i} = 1{,}3206 - \frac{58{,}2}{v} - 0{,}0001024 \cdot v,$$

für Geschosse mit 5,5 Kal. Abrundungsradius und 0,36 Kal. Abflachung

$$\frac{1}{i} = 1{,}4362 - \frac{73{,}4}{v} - 0{,}0001128 \cdot v,$$

für Geschosse mit 3 Kal. Abrundungsradius und 0,25 Kal. Abflachung

$$\frac{1}{i} = 1{,}1959 - \frac{40{,}6}{v} + 0{,}0001467 \cdot v,$$

für Geschosse mit 3 Kal. Abrundungsradius und scharfer Spitze

$$\frac{1}{i} = 1{,}1311 - \frac{47{,}7}{v} + 0{,}0003166 \cdot v,$$

für Infanteriegeschosse von der Form des S-Geschosses

$$\frac{1}{i} = 1{,}410 - \frac{122{,}68}{v} + 0{,}0005915 \cdot v.$$

In der Tabelle a) sind die Zahlenwerte für $\dfrac{10^6 \cdot f(v)}{v^2}$ oder kurz geschrieben $10^6 \cdot K(v)$ aufgeführt. Es ist also z. B. mit $R^2\pi = 1$ qcm und mit $\delta = 1{,}22$ kg/cbm der durchschnittliche Luftwiderstand auf 1 qcm des Querschnitts eines Ogivalgeschosses von 2 Kal. Abrundungsradius und 0,36 Kal. vorderer Abflachung bei $v = 500$ m/sec

$$= 1 \cdot 500^2 \cdot 3{,}998 \cdot 10^{-6} = 0{,}999 \text{ kg.}$$

Die Versuche zeigten, daß die Kurve $f(v):v^2$ einen Buckel bei etwa $v = 480$ m/sec besitzt und daß sie für große Geschwindigkeiten sich asymptotisch einer Horizontalen zu nähern scheint, d. h. daß für große Geschwindigkeiten wieder das quadratische Gesetz gilt. Weiter aber zeigten die Versuche, daß die frühere Annahme, der Luftwiderstand W sei proportional einem einzigen Formfaktor, der von der Geschwindigkeit v unabhängig ist, nicht zutrifft. Es ist jedoch O. von Eberhard gelungen, die Luftwiderstandsfunktion mit genügender Annäherung in zwei Teile zu spalten, wovon der eine Faktor (i) von der Geschwindigkeit v und von der Form, der andere $f(v)$ nur von v abhängt. Diese Werte von i bzw. von $\frac{1}{i}$ sind oben für mehrere Geschoßformen gegeben, mit Ausnahme des rein zylindrischen Geschosses.

b) Für rein zylindrische Artilleriegeschosse ist

$$W = \frac{R^2\pi \cdot \delta \cdot f(v)}{1{,}22},$$

Tabelle a) $10^6\,K$ für 10 cm Kruppsche Normalgeschosse.

v m/sec	$10^6\,K$	v m/sec	$10^6\,K$	v m/sec	$10^6\,K$	v m/sec	$10^6\,K$	v m/sec	$10^6\,K$
150	1,190	334	2,566	525	3,976	785	3,520	1045	3,292
155	1,190	336	2,654	530	3,970	790	3,514	1050	3,289
160	1,191	338	2,739	535	3,963	795	3,507	1055	3,287
165	1,191	340	2,822	540	3,956	800	3,502	1060	3,284
170	1,191	342	2,902	545	3,949	805	3,496	1065	3,282
175	1,191	344	2,979	550	3,941	810	3,491	1070	3,279
180	1,192	346	3,051	555	3,933	815	3,485	1075	3,277
185	1,192	348	3,115	560	3,925	820	3,480	1080	3,275
190	1,193	350	3,174	565	3,916	825	3,474	1085	3,273
195	1,194	352	3,231	570	3,907	830	3,469	1090	3,271
200	1,195	354	3,286	575	3,899	835	3,463	1095	3,269
205	1,196	356	3,337	580	3,890	840	3,458	1100	3,267
210	1,198	358	3,384	585	3,881	845	3,453	1105	3,265
215	1,200	360	3,427	590	3,871	850	3,448	1110	3,263
220	1,203	362	3,468	595	3,862	855	3,443	1115	3,262
225	1,207	364	3,506	600	3,852	860	3,438	1120	3,260
230	1,212	366	3,541	605	3,841	865	3,433	1125	3,259
235	1,218	368	3,574	610	3,830	870	3,428	1130	3,257
240	1,225	370	3,605	615	3,818	875	3,423	1135	3,256
245	1.233	372	3,633	620	3,807	880	3,418	1140	3,255
250	1,243	374	3,659	625	3,796	885	3,413	1145	3,253
255	1,255	376	3,682	630	3,784	890	3,409	1150	3,252
260	1,270	378	3,703	635	3,773	895	3,404	1155	3,251
265	1,288	380	3,722	640	3,761	900	3,400	1160	3,250
270	1,309	385	3,761	645	3,750	905	3,395	1165	3,249
275	1,334	390	3,792	650	3,740	910	3,391	1170	3,248
280	1,363	395	3,819	655	3,729	915	3,386	1175	3,247
282	1,376	400	3,843	660	3,719	920	3,382	1180	3,247
284	1,390	405	3,864	665	3,709	925	3,378	1185	3,246
286	1,405	410	3,883	670	3,700	930	3,374	1190	3,245
288	1,421	415	3,900	675	3,690	935	3,369	1195	3,245
290	1,439	420	3,916	680	3,681	940	3,365	1200	3,244
292	1,458	425	3,931	685	3,672	945	3,361	1205	3,244
294	1,478	430	3,943	690	3,664	950	3,357	1210	3,243
296	1,500	435	3,955	695	3,655	955	3,353	1215	3,243
298	1,524	440	3,965	700	3,647	960	3,349	1220	3,243
300	1,551	445	3,973	705	3,638	965	3,345	1225	3,242
302	1,580	450	3,981	710	3,630	970	3,341	1230	3,242
304	1,613	455	3,987	715	3,622	975	3,338	1235	3,242
306	1,648	460	3,992	720	3,614	980	3,334	1240	3,241
308	1,687	465	3,995	725	3,606	985	3,330	1245	3,241
310	1,730	470	3,997	730	3,598	990	3,326	1250	3,241
312	1,779	475	3,999	735	3,590	995	3,323	1255	3,241
314	1,832	480	4,000	740	3,583	1000	3,320	1260	3,240
316	1,888	485	4,000	745	3,575	1005	3,316	1265	3,240
318	1,947	490	4,000	750	3,568	1010	3,313	1270	3,240
320	2,010	495	3,999	755	3,561	1015	3,310	1275	3,240
322	2,079	500	3,998	760	3,553	1020	3,307	1280	3,240
324	2,152	505	3,996	765	3,547	1025	3,304	1285	3,240
326	2,229	510	3,992	770	3,540	1030	3,301	1290	3,240
328	2,308	515	3,987	775	3,533	1035	3,298	1295	3,240
330	2,391	520	3,982	780	3,527	1040	3,295	1300	3,240
332	2,478								

die Werte von $\dfrac{10^6 \cdot f(v)}{v^2}$ oder, kurz bezeichnet, die Werte von $10^6\,K(v)$ für solche Geschosse sind in der Tabelle b) niedergelegt.

Tabelle b) $10^6\,K$ für 10 cm zylindrische Geschosse.

v_0 m/sec	$10^6\,K$	v_0 m/sec	$10^6\,K$	v_0 m/sec	$10^6\,K$	v_0 m/sec	$10^6\,K$	v_0 m/sec	$10^6\,K$
100	4,160	285	5,652	440	8,381	630	9,318	940	10,117
110	4,173	290	5,780	450	8,448	640	9,356	960	10,144
120	4,190	295	5,919	460	8,512	650	9,393	980	10,168
130	4,209	300	6,071	470	8,573	660	9,430	1000	10,189
140	4,232	305	6,243	480	8,632	670	9,466	1020	10,207
150	4,260	310	6,430	490	8,689	680	9,501	1040	10,224
160	4,295	315	6,608	500	8,744	690	9,535	1060	10,238
170	4,337	320	6,779	510	8,796	700	9,568	1080	10,249
180	4,387	325	6,935	520	8,846	720	9,631	1100	10,258
190	4,443	330	7,074	530	8,895	740	9,692	1120	10,264
200	4,510	340	7,305	540	8,943	760	9,747	1140	10,268
210	4,589	350	7,495	550	8,989	780	9,800	1160	10,270
220	4,680	360	7,648	560	9,033	800	9,850	1180	10,270
230	4,783	370	7,777	570	9,076	820	9,897	1200	10,270
240	4,898	380	7,888	580	9,118	840	9,941	1220	10,270
250	5,025	390	7,987	590	9,159	860	9,982	1240	10,270
260	5,168	400	8,076	600	9,200	880	10,020	1260	10,270
270	5,335	410	8,161	610	9,240	900	10,055	1280	10,270
275	5,430	420	8,239	620	9,279	920	10,087	1300	10,270
280	5,536	430	8,312						

In der Abbildungsreihe 29, a bis g ist durch Abb. a der Gang der Funktion $f(v):v^2$ für Kruppsche 10 cm-Normalgeschosse und für zylindrische Artilleriegeschosse qualitativ dargestellt; durch Abb. b dasselbe für Infanteriegeschosse, zugleich sind die Werte nach Char-

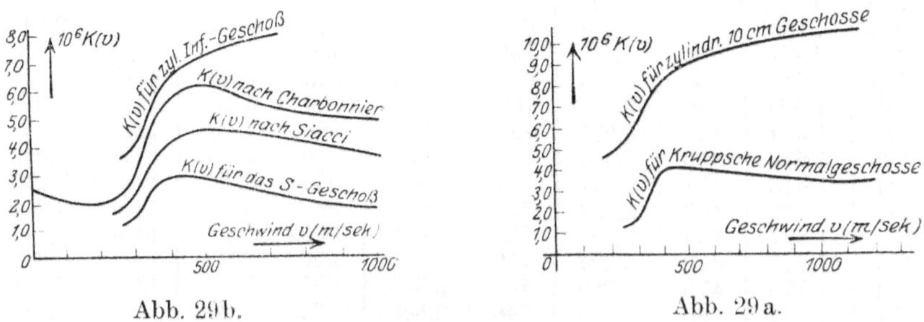

Abb. 29b.   Abb. 29a.

bonnier und nach Siacci eingezeichnet. Abb. c zeigt qualitativ den Verlauf des Widerstands W selbst, speziell für $\delta = 1{,}22$ kg/cbm und für $R^2\,\pi = 1$ qcm. Man sieht u. a., daß die betreffende Kurve in einem ziemlich großen Bereich der v annähernd durch eine gerade Linie $W = a\,v - b$ ersetzt werden kann; es liegt darin die Berechtigung für das Gesetz von Chapel — Vallier — Scheve (s. w. o.).

Weiter läßt die Abb. d erkennen, wie die wahre K-Kurve durch die Linien (1) bzw. (2), (3), (4) ersetzt wird, wenn man durchweg das quadratische Luftwiderstandsgesetz $f(v) = c_1\, v^2$ oder $K = \mathrm{const.}$ (Newton usw.), bzw. das kubische $f(v) = c_2\, v^3$ (z. B. Bashforth, England), bzw. das biquadratische Gesetz $f(v) = c_3 v^4$ (z. B. Piton-Bressant, Frankreich), bzw. das binome Gesetz $f(v) = c_4\, v^2\,(1+bv)$ (z. B. Didion, Frankreich) annehmen und dabei die betreffenden Faktoren c_1, c_2, c_3, c_4, b als Konstanten behandeln will.

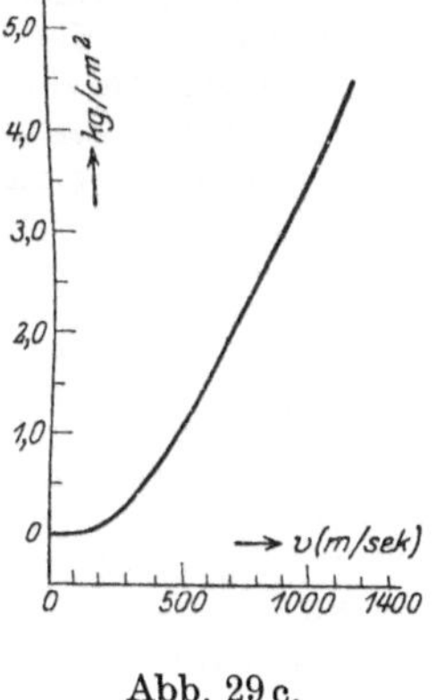

Abb. 29 c.

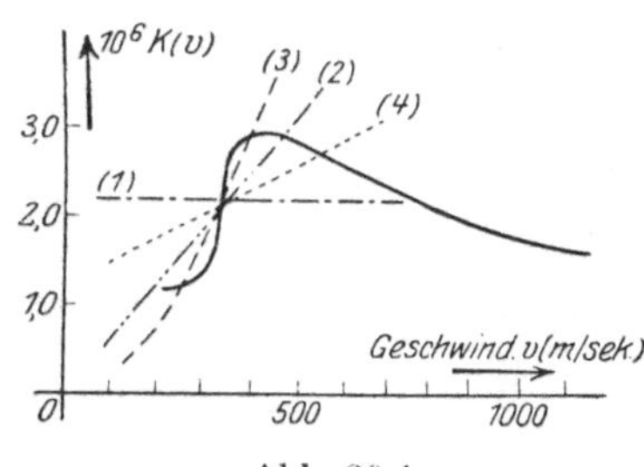

Abb. 29 d.

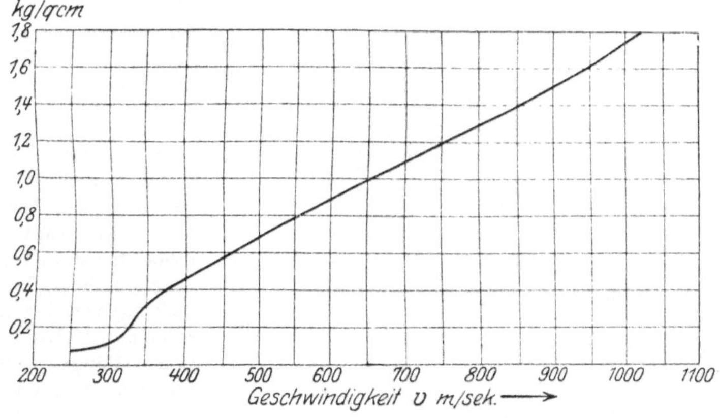

Abb. 29 e.

Die genaueren quantitativen Verhältnisse lassen sich aus den Abb. e, f und g erkennen. Abb. e bzw. f zeigt die Werte $f(v)$ bzw. $f(v):v^2$ speziell für die weiter unten angeführten Messungen von K. Becker und C. Cranz mit S-Geschossen. Dabei ergibt sich aus Abb. f der Betrag der wahrscheinlichen Messungsfehler. Endlich in Abb. g sind die Messungsergebnisse angegeben, aus denen F. Siacci 1896 sein einheitliches Luftwiderstandsgesetz entwickelt hat.

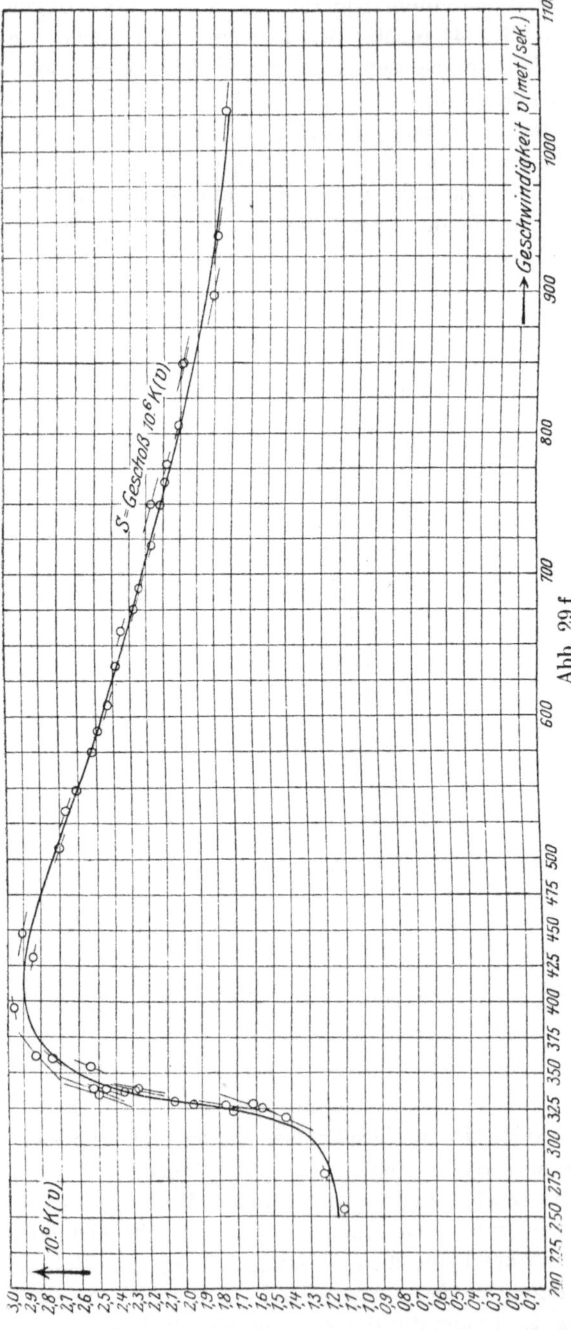

Zugehörige Schießversuche und sonstige Experimente.

1. Die wichtigsten derjenigen Schießversuche, die speziell zur Gewinnung des Luftwiderstandsgesetzes angestellt wurden, sind die folgenden:

a) Versuche der Metzer Kommission Didion-Morin-Piobert 1839/40, der Hauptsache nach mit Kugeln; Geschwindigkeitsbereich 200 bis 600 m/sec; Meßapparat das ballistische Pendel. Die Versuche 1856 58 in Metz wiederholt mit Hilfe des elektrischen Flugzeitenmessers von Navez.

b) Englische Versuche, von F. Bashforth in den Jahren 1866 bis 1870 mit Geschossen von verschiedenem Kaliber (7,6 bis 22,9 cm) von der Spitzenhöhe 1,12 Kal., der Geschoßlänge 2,54 Kal. und mit Geschwindigkeiten $v = 230$ bis $v = 520$ m/sec ausgeführt.

c) Russische Versuche, von N. Mayevski bei St. Petersburg im Jahre 1869 mit Geschossen von verschiedenem Kaliber, verschiedener Spitzenhöhe (meist 0,9 Kal.) und verschiedener Geschoßlänge (meist 2,01 Kal.) und mit dem Geschwindigkeitsbereich $v = 172$ bis 409 m/sec durchgeführt.

d) **Kruppsche Versuche** von 1879 bis 1896, auf dem Schießplatz Meppen, mit Geschossen von verschiedenem Kaliber, verschiedener Länge (2,8 bis 4 Kal.), verschiedener Spitzenhöhe (1,31 und 1,0 Kal., meist 1,3 Kal.); Geschwindigkeitsbereich $v = 150$ bis 910 m/sec.

e) **Holländische Versuche** von W. C. **Hojel** 1884, mit Geschossen von 8 bis 40 cm Kaliber, von 2,5 bis 4 Kal. Geschoßlänge und von 1,31 und 1,33 Kal. Spitzenhöhe; der Geschwindigkeitsbereich war $v = 138$ bis 660 m/sec; vereinzelte Versuche wurden mit erheblich größeren Geschwindigkeiten (bis 1500 m/sec) angestellt.

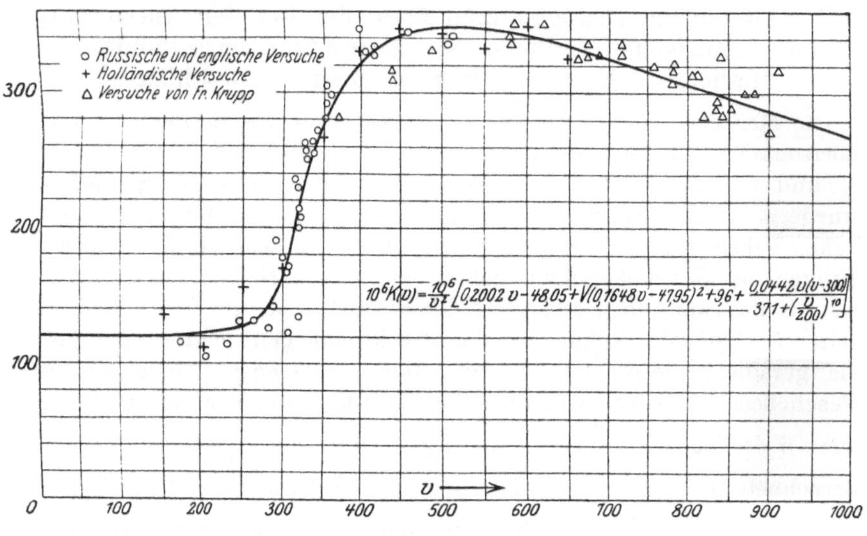

Abb. 29 g.

f) **Gleichzeitige Versuche** der Firma F. **Krupp** (O. von **Eberhard**) mit Artilleriegeschossen und von K. **Becker** und C. **Cranz** mit Infanteriegeschossen (vgl. Lit.-Note). Erstere Versuche durchgeführt mit Hilfe eines Funkenchronographen und auf zahlreichen kurzen Messungsstrecken von je 50 m in Essen a. d. R.; bei großen Kalibern durch Messen der Anfangs- und Endgeschwindigkeit bei kleinen Schußweiten von 2 bis 3 km. Letztere Versuche durchgeführt im ballistischen Laboratorium mit 8 mm-Geschossen verschiedener Form und nach zwei Methoden; mittels eines ballistischen Kinematographen und mittels eines elektrostatischen Funkenchronographen bei photographischer Registrierung; Messungsstrecke dabei 15 bis 20 m. Über die Einzelheiten vgl. die beiden Arbeiten, die in Nr. 69 und Nr. 71 der „Artillerist. Monatshefte" Jahrg. 1912 veröffentlicht sind.

2. Für **kleine** Geschwindigkeiten (bis 30 m/sec aufwärts) liegen sehr zahlreiche Messungen vor. Es handelt sich dabei:

um Fallversuche, die völlig frei oder mit Benützung von vertikalen Drahtführungen oder auf schiefer Bahn durchgeführt wurden; um die Messung des Winddrucks mit Manometern der verschiedensten Art; um Versuche mit Rundlaufapparaten, durch die ein Körper von bestimmter Form im Kreise herumgeführt wird; um Wagebalkenversuche, bei denen der Körper auf der einen Seite einer äquilibrierten Wage befestigt ist und wobei die ganze Wage rasch in die Höhe gehoben wird usw. Über die näheren Einzelheiten vgl. das schon zitierte Referat von Finsterwalder.

Bei diesem Anlaß sei erwähnt, daß F. v. Lössl (1896) in Übereinstimmung mit Dubuat (1850) auf Grund zahlreicher Versuche mit brennenden Kerzen, leichtbeweglichen Papierstücken usw. annimmt, vor der Stirnfläche des mit kleiner Geschwindigkeit bewegten Körpers bilde sich ein Stauhügel von ruhiger Luft und an den Flächen dieses Hügels ströme die Luft seitlich ab.

§ 11. Allgemeine Bemerkungen über die bei der Aufstellung von empirischen Luftwiderstandsgesetzen angewandten Methoden. Kritische Bemerkungen. Vorschläge.

1. Meistens wurden im Anfangspunkt und im Endpunkt einer horizontalen Strecke a die horizontalen Geschwindigkeitskomponenten v_1 und v_2 des Geschosses (Gewicht P) gemessen. Die Strecke a wurde so groß gewählt, als es mit Rücksicht auf die unvermeidlichen Fehler bei der Messung von v_1 und v_2, sowie auf die Schwankungen der Geschoßgeschwindigkeit von einem Schuß zum andern erforderlich war, andererseits so klein, daß man glaubte sicher zu sein, die Flugbahn könne auf der Strecke mit genügender Sicherheit als geradlinig betrachtet werden. Der gemessenen Abnahme der Geschoßenergie wurde alsdann ein als konstant angenommener Mittelwert W des Luftwiderstandes unterlegt. Diese aus $\frac{P}{2g}(v_1{}^2 - v_2{}^2) = W \cdot a$ berechnete Größe W wurde dann der zu der Geschoßgeschwindigkeit $v = \frac{v_1 + v_2}{2}$ gehörige Luftwiderstand genannt. Man erhielt so $W(v)$ und bestimmte unter Annahme eines Potenzgesetzes $c \cdot v^n$ die Konstanten c und n durch die Methode der kleinsten Quadrate[1]).

Dieses Verfahren wird um so einwandfreier sein, je kleiner die Strecke a gewählt werden kann. Will man ferner allein die Abhängigkeit des Luftwiderstandes von der Geschwindigkeit v kennen, so hat man alle anderen Größen, insbesondere das Geschoßgewicht, die Spitzenform, die Geschoßlänge, den Drall usw.,

---

[1]) O. von Eberhard hat bei Verarbeitung der Luftwiderstandsversuche der Firma Krupp die Verzögerung durch den Luftwiderstand gleich $c \cdot v^n$ gesetzt und für n die Mayevskischen Werte der betreffenden Geschwindigkeitsbereiche gewählt. Bei dieser Form des Luftwiderstandsgesetzes kennt man die Gleichungen, welche x und t in Funktion von v geben. Somit läßt sich aus genügend vielen Wertepaaren x und t je der Wert von v und c ermitteln. Man erhält so, wenn man W als Funktion von v aufträgt, für den beim Versuch vom Geschoß durcheilten Geschwindigkeitsbereich kleine Kurvenstücke, welche der gesuchten Luftwiderstandskurve nahezu parallel laufen.

konstant zu halten. Das so gewonnene Gesetz über die Abhängigkeit des Luftwiderstandes $W(v)$ gilt dann streng genommen nur für Geschosse, deren Kaliber, Spitzenform, Geschoßlänge, Rotationsgeschwindigkeit usw. wenig von den betreffenden Größen der benützten Geschosse abweicht, da der Widerstand nicht genau proportional dem Querschnitt und einem einzigen Spitzenkoeffizienten ist. Soll allein die Abhängigkeit von der Spitzenform für eine bestimmte Geschwindigkeit v untersucht werden, so muß diese letztere samt allen übrigen Größen unverändert bleiben, nur die Spitzenform darf variiert werden usw.

Tatsächlich scheint jedoch eine derartige rationelle Abänderung der den Luftwiderstand bestimmenden Größen früher keineswegs überall stattgefunden zu haben. Z. B. heben einige Ballistiker, die sich mit der Aufstellung von Luftwiderstandsgesetzen beschäftigten, rühmend hervor, daß sie zur Gewinnung der Funktion $W(v)$ Geschosse der verschiedensten Kaliber und Geschoßlängen verwendeten. Darin liegt kein Vorzug, sondern das Gegenteil.

Häufig scheinen ferner Geschoßpendelungen erfolgt zu sein, deren Amplitude nicht genau gemessen wurde. Besonders aber wurde früher die Länge der Messungsstrecke sehr häufig so groß gewählt, daß von einer Geradlinigkeit der Flugbahn und von einer Konstanz des Widerstandes W auf dieser Strecke keine Rede sein kann. In solchen Fällen wurde zum Teil angenommen, daß die horizontale Komponente des Luftwiderstandes für eine gewisse Geschwindigkeit v identisch sei mit dem Luftwiderstand für die horizontale Komponente von v, also $f(v) \cdot \cos \vartheta = f(v \cdot \cos \vartheta)$, was nur eine Hypothese ist.

Zum Teil wurde endlich zur Berechnung des Luftwiderstandes auf Grund der Messung der Geschoßgeschwindigkeit an den Enden einer stark gekrümmten Flugbahn das Hilfsmittel rechnerischer Näherungsmethoden beigezogen. Damit aber war ein circulus vitiosus unvermeidlich. Denn hierbei wird auf Grund einer unsicheren Theorie aus den Schießergebnissen die Flugbahn und damit der Luftwiderstand W berechnet; danach werden Rechnungstabellen aufgestellt; diese Tabellen werden dann benützt, um in irgendeinem Falle die Flugbahn zu berechnen. Schließlich vergleicht man vielleicht wieder die Rechnungsresultate mit den Schießergebnissen. So kontrolliert man eine unsichere Theorie durch eine andere oder durch sich selbst.

Soll bei der Aufstellung von Luftwiderstandsgesetzen rationell verfahren werden, so ist alle Theorie auszuschalten und der Versuch so einzurichten, daß das Gesetz der lebendigen Kraft oder ein anderes allgemein gültiges Gesetz der Mechanik in reiner Form angewendet werden kann.

Durch die angeführten Umstände erklären sich wohl zum größten Teil die starken Abweichungen der Luftwiderstandswerte voneinander. Im übrigen sind die Einzelheiten der früheren Versuche nirgends so eingehend veröffentlicht, wie dies in anderen Disziplinen üblich ist, weshalb eine Kontrolle der Fehler nicht in jedem Falle möglich ist.

2. F. Bashforth benützte das folgende systematische Verfahren. In der Nähe der Mündung des Geschützes werden mehrere Gitterrahmen in den gleichen und kleinen Abständen $\varDelta x$ hintereinander aufgestellt. Das erste Gitter habe die Entfernung x von der Mündung. Dort sei die Geschwindigkeit des Geschosses v, der Luftwiderstand $W(v)$. Es wurde horizontal durch die Gitter geschossen; dabei wurden mittels des Bashforthschen Chronographen (s. d.) die Zeitdifferenzen $\varDelta t$, $\varDelta t_1$, $\varDelta t_2$, ... gemessen, in denen das Geschoß vom ersten zum zweiten, vom zweiten zum dritten usw. Gitterrahmen fliegt. Es handelt sich darum, den Widerstand W, also das Produkt aus der Masse $\dfrac{P}{g}$ und der Verzögerung $-\dfrac{dv}{dt}$ des Geschosses, zu ermitteln.

Nun ist $v = \dfrac{dx}{dt}$, $\dfrac{1}{v} = \dfrac{dt}{dx}$; daraus, durch Ableitung nach x,

$$-\frac{1}{v^2}\cdot\frac{dv}{dx} = \frac{d^2t}{dx^2} \text{ oder } \frac{dv}{dt} = -v^2\cdot\frac{dx}{dt}\cdot\frac{d^2t}{dx^2} = -v^3\cdot\frac{d^2t}{dx^2}, \text{ somit } W \text{ oder}$$

$$-\frac{P}{g}\cdot\frac{dv}{dt} = +\frac{P}{g}\cdot v^3\cdot\frac{d^2t}{dx^2}.$$

In der Reihe der gemessenen Zeiten $\varDelta t$, $\varDelta t_1$, $\varDelta t_2$, ... ist $\varDelta t$ das Anfangsglied; in der zugehörigen 1., 2., 3., ... Differenzenreihe seien $\varDelta'' t$, $\varDelta''' t$ usw. die Anfangsglieder. Dann ist den Grundsätzen der Differenzenrechnung zufolge

$$\frac{1}{v} = \frac{dt}{dx} = \frac{1}{\varDelta t}\cdot\left[\varDelta t - \frac{1}{2}\varDelta'' t + \frac{1}{3}\varDelta''' t - \frac{1}{4}\varDelta^{(4)} t + \cdots\right]$$

und

$$\frac{d^2t}{dx^2} = \frac{1}{(\varDelta x)^2}\cdot\left[\varDelta'' t - \varDelta''' t + \frac{11}{12}\varDelta^{(4)} t - \frac{5}{6}\varDelta^{(5)} t + \cdots\right]$$

$$= \frac{1}{(\varDelta x)^2}\cdot\left[\varDelta'' t_{(x-\varDelta x)} - \frac{1}{12}\varDelta^{(4)} t_{(x-2\varDelta x)} + \frac{1}{90}\varDelta^{(6)} t_{(x-3\varDelta x)} - \cdots\right].$$

Somit

$$W = -\frac{P}{g}\cdot\frac{dv}{dt}$$

$$= +\frac{P}{g}\cdot\frac{v^3}{(\varDelta x)^2}\cdot\left[\varDelta'' t - \varDelta''' t + \frac{11}{12}\varDelta^{(4)} t - \frac{10}{12}\varDelta^{(5)} t + \frac{137}{180}\varDelta^{(6)} t - \cdots\right].$$

Auf diese Weise berechnete Bashforth zu den verschiedenen Geschwindigkeiten v aus seinen Messungen den zugehörigen Luftwiderstand W.

So rationell diese Methode ist, muß doch bezweifelt werden, ob der Apparat mit genügender Genauigkeit die einzelnen Zeitintervalle zu messen gestattete. Auch ist über den Widerstand, den die einzelnen Gitterrahmen dem Geschoß darboten und der bei größerer Anzahl der Gitter möglicherweise die Messungen in merklicher Weise beeinflußt, nichts Genaues bekannt.

3. Einige neuzeitliche Verfahren gestatten es, zum Teil bei Nacht durch Aufnahme von Sprengpunkten (photogrammetrische Flugbahnaufnahme), zum Teil auch bei Tage (Ballistograph von Duda, Universalmeßkamera von Rumpff), die Flugbahn in kürzeren Stücken festzulegen. Auch das Neesensche Verfahren kann in Betracht kommen, wenn man die Leuchtzünder nur so kurz brennend bemißt, daß durch Gewichtsabnahme und Schwerpunktsverlegung, sowie durch Reaktion der ausströmenden Gase des Leuchtzünders keine nennenswerten Änderungen der Flugbahn des Leuchtzündergeschosses gegenüber dem normalen Geschoß eintreten (vgl. Bd. III). [Dagegen kommt die Aufnahme der Rauchspur von besonderen Rauchspurgeschossen (z. B. Patent Semple) wegen der durch Abbrennen des Rauchsatzes verursachten verschiedenen Änderungen am Geschoß und wegen der Unsicherheit der Rauchspur, welch letztere besonders bei Wind noch unregelmäßigen Verwehungen ausgesetzt ist, für die vorliegenden Zwecke nicht in Betracht.]

Man gewinnt auf diese Weise für irgendeine horizontale Entfernung x die Flughöhe y des Geschosses. Hieraus und aus den Differentialquotienten y', y'' und y''' nach x berechnet sich für jede Entfernung x

a) die Geschwindigkeit v mittels $v = \sqrt{g} \cdot \dfrac{\sqrt{1 + y'^2}}{\sqrt{-y''}}$,

b) der Neigungswinkel ϑ der Tangente aus: $v \cdot \cos \vartheta = \sqrt{\dfrac{-g}{y''}}$,

c) die Flugzeit t durch mechanische Integration aus:

$$dt = dx \cdot \sqrt{\dfrac{-y''}{g}},$$

d) die Verzögerung durch den Luftwiderstand

$$= -\frac{g}{2} \cdot \frac{y''' \cdot \sqrt{1 + y'^2}}{y''^2} \qquad \text{(vgl. Nr. 19).}$$

Damit würde für eine große Zahl von verschiedenen x und folglich auch von v die Verzögerung und damit der Luftwiderstand W gewonnen werden. Der Vorteil würde also darin liegen, daß man grundsätzlich mit wenigen gelungenen Versuchen den größten Teil der Luftwiderstandstabelle erhielte (vgl. übrigens die Lit.-Note).

Auf ähnlichem Gedanken beruht ein Verfahren, das in England von C. F. Close vorgeschlagen und von G. Greenhill und C. E. Wolff in mathematischer Hinsicht weiter ausgeführt wurde: Mit demselben Geschütz seien für zahlreiche Abgangswinkel φ die Schußweiten X erschossen. Wendet man auf die einzelnen Flugbahnen das Prinzip des Schwenkens an (darüber s. w. u.), so kennt man für die größte Flugbahn eine Reihe von Flugbahnpunkten. Denn diese sind damit durch ihre Polar-Koordinaten gegeben. Somit läßt sich, wie oben angegeben ist, die Verzögerung durch den Luftwiderstand und die Geschwindigkeit für jeden Punkt, somit der Luftwiderstand in Funktion der Geschwindigkeit berechnen.

Indessen würde mit Benützung dieser Rechnungsweise stillschweigend eine Voraussetzung eingeführt, die dem wirklichen Flug des rotierenden Langgeschosses mehr oder weniger widerspricht. Die obige Berechnung gilt nämlich streng nur dann, wenn die Längsachse des Geschosses stets genau in der Bahntangente liegt, also wenn das Geschoß wie ein gut gefertigter Pfeil fliegt. Bei dem rotierenden Langgeschoß müssen jedoch Präzessionspendelungen eintreten, da die Richtung der Bahntangente im Verlauf des Flugs einen immer größeren Winkel mit der Anfangstangente der Flugbahn bildet. Infolge davon muß sich die Längsachse schief zur Bahntangente stellen, und zwar auch dann, wenn keine anfänglichen Nutationspendelungen vorhanden sind. Der tatsächliche Luftwiderstand ist also ein solcher gegen ein schiefgestelltes Geschoß, während die Rechnung die Normalstellung des Geschosses zur Voraussetzung hat. Es ist dies eine Voraussetzung, die allerdings auch den sämtlichen Näherungsmethoden zur Lösung des speziellen ballistischen Problems unterstellt wird. Allein durch obige Rechnung kann der Luftwiderstand gegen ein Geschoß, dessen Längsachse dauernd in der Bahntangente bleiben würde, nicht genau erhalten werden, da man die Beziehung zwischen dem Widerstand gegen ein schiefgestelltes Geschoß und dem Widerstand gegen ein normal gestelles, sowie den jeweiligen Winkel dieser Schiefstellung nicht kennt.

Speziell zu dem Verfahren von Close ist außerdem zu bemerken, daß dabei die Beziehung zwischen φ und X durch eine mathematische Näherungsformel dargestellt wird, und daß der hierin liegende Fehler sich bei der dreimaligen Differentiation unter Umständen vergrößert; ferner, daß das Schwenken der Bahnen jedenfalls mit einem Fehler behaftet ist. Es müßte also im einzelnen Fall untersucht werden, ob diese Fehler durchweg so klein bleiben, daß sie vernachlässigt werden können.

Aus diesen Gründen ist vielleicht das folgende Verfahren vorzuziehen:

Das Geschützrohr wird in vertikaler Lage aufgebaut und eingedeckt. Das Geschoß ist in Neesenscher Weise mit einer seitlichen Leuchtsatzeinrichtung versehen. Das Abfeuern geschieht elektrisch, geschossen wird bei Nacht. In geeignet großer Entfernung vom Geschütz ist ein photographisches Objektiv und dahinter in Bildweite der Geschützmündung eine etwa 120 cm hohe Trommel aufgestellt, die um eine vertikale Achse mit bekannter Geschwindigkeit rotiert. Auf der Trommel ist ein Bromsilberband oder ein Filmband befestigt. Beim vertikalen Emporsteigen des Geschosses entsteht auf dem rotierenden Trommelband eine gestrichelte Spirallinie. Die Ordinatenachse wird durch einen entsprechenden Schuß bei ruhender Trommel, die Abszissenachse durch künstliche Beleuchtung der Geschützmündung bei rotierender Trommel ermittelt. Man erhält auf diese Weise aus den Abszissen der einzelnen Kurvenpunkte die zugehörigen Flugzeiten t, aus den Ordinaten die zugehörigen Flughöhen y. Durch rechnerische Differentiation kennt man die Geschwindigkeit y' und die Beschleunigung y'' in Funktion von t, daraus den Luftwiderstand

$$ W = -\frac{P}{g}\, y'' - P, $$

und zwar zunächst in Funktion der Zeit t, da aber $y' = v$ in Funktion von t gefunden ist, so hat man W auch in Funktion von v. Man gewinnt also bei diesem Verfahren, wenigstens im Prinzip, aus einigen wenigen einwandfreien Aufnahmen die ganze Luftwiderstandstabelle von der maximalen Anfangsgeschwindigkeit ab bis zu der Geschwindigkeit Null.

Selbstverständlich ist, daß die Fehler des Objektivs durch Abstecken einer gleich weit entfernten Horizontallinie und die Gewichtsänderungen der Geschosse durch Laboratoriumsmessungen festgestellt werden müssen. Und eine Voraussetzung, die gesondert geprüft werden müßte, ist die, daß das Abbrennen des Leuchtsatzes keine Störungen im Geschoßflug bewirkt.

Zu Präzessionspendelungen ist beim vertikalen Schuß kein Anlaß gegeben. Dagegen müßte darauf geachtet werden, daß Geschütz und Geschoß so ausgewählt ist, daß keine Nutationspendelungen vorhanden sind.

Im einzelnen dürfte die Ausführung solcher Versuche auf manche Schwierigkeiten stoßen, die überwunden werden müßten. Ob das Verfahren durchführbar ist und brauchbare Ergebnisse liefert oder nicht, kann nur der Versuch zeigen. Uns war bis jetzt nicht die Möglichkeit gegeben, ein derartiges Unternehmen zu beginnen.

II. Über den Einfluß einer Schiefstellung der Geschoßachse gegenüber der Bewegungsrichtung des Schwerpunkts.

§ 12. Ermittlung der Luftwiderstandskomponenten parallel und senkrecht zur Geschoßachse und des Drehmoments um eine Querachse durch den Schwerpunkt.

A. Analytische Behandlung.

Der Widerstand, den eine ebene Fläche von der Größe der Flächeneinheit bei senkrechter Bewegung in ruhender Luft und bei einer bestimmten Geschwindigkeit v erfährt, sei $\varkappa$. Es sei dann vorausgesetzt, daß der Widerstand, den eine ebene Fläche f unter gleichen Bedingungen erleidet, daß f-fache, also $f \cdot \varkappa$ betrage. Steht die Fläche f schief gegen die Bewegungsrichtung B, bildet nämlich die Flächennormale N mit der Bewegungsrichtung B den Winkel α, so hängt der Widerstand der Fläche f in gewisser Weise von α ab. Für diese Abhängigkeit sind auf Grund von Versuchen — allerdings von Versuchen mit nur kleiner Geschwindigkeit — und auf Grund von Theorien mehrere unter sich wesentlich verschiedene Gesetze abgeleitet worden: Nach Newton ist der Widerstand $= \varkappa \cdot f \cdot \cos^2 \alpha$, nach F. v. Loessl $= \varkappa \cdot f \cdot \cos \alpha$, nach Riabouchinsky $= \varkappa \cdot f \cdot \cos 2\alpha$, falls $\alpha > 45^0$; dagegen $= \varkappa \cdot f$, falls $\alpha < 45^0$, nach G. Kirchhoff und Lord Rayleigh

$$\frac{\varkappa \cdot f \, (4 + \pi) \cos \alpha}{4 + \pi \cos \alpha}, \qquad \text{nach Duchemin} \qquad \varkappa \cdot f \cdot \frac{2 \cos^2 \alpha}{1 + \cos^2 \alpha}.$$

Was die Richtung des Widerstandes gegen schiefgestellte Flächen betrifft, so wird meistens angenommen, daß der Druck, den die schiefgestellte Fläche erfährt, senkrecht zur Fläche steht. Es wird im folgenden vorausgesetzt, daß, wenn eine Fläche f mit ihrer Flächennormalen den Winkel α gegen die Bewegungsrichtung B bildet, der Widerstand senkrecht zur Fläche steht (erste Annahme), wobei zu bemerken ist, daß sicherlich immer auch eine tangentielle Komponente vorhanden sein wird und daß diese um so mehr in Betracht kommt, je mehr sich α dem Wert 90^0 nähert. Ferner wird angenommen, daß der Widerstand die Größe $\varkappa \cdot f \cdot \cos^m \alpha$ besitzt (zweite Annahme), wobei $\varkappa$ den Widerstand von 1 qcm bei senkrechter Bewegung für dieselbe Geschwindigkeit bedeutet. Weiter wird angenommen, daß dieses Gesetz ein Elementargesetz darstellt, d. h. daß es auch für unendlich kleine Flächenelemente gültig ist, und daß der Widerstand gegen ein endliches Oberflächenstück des Geschosses durch entsprechende Summation über die dem Luftwiderstand ausgesetzte Oberfläche berechnet werden darf (dritte Annahme). Auch diese Annahme ist mehr als zweifelhaft; vielmehr scheint der Widerstand gegen ein Flächenelement unter sonst gleichen Umständen auch von der Gestalt des ganzen Körpers abzuhängen. Nur um zu zeigen, wie die erwähnten Hypothesen mathematisch verwendet werden müßten, und nur aus Mangel eines Besseren mögen jene Hypothesen vorläufig beibehalten werden. Ihre Verwendung vollzieht sich dann wie folgt.

Um das Geschoß zu orientieren, sei ein rechtwinkliges, räumliches Koordinatensystem zugrunde gelegt. Das Geschoß sei ein Rotationskörper mit der z-Achse als Rotationsachse oder Geschoßlängsachse. Der Boden des Geschosses sei die xy-Ebene. Die Bewegungsrichtung des Schwerpunkts oder die Richtung der Flugbahntangente sei parallel der xz-Ebene und bilde mit der Geschoßachse oder der z-Achse den gegebenen Winkel α. Es ist dann in Beziehung auf die xz-Ebene für das Geschoß alles symmetrisch, und es handelt sich darum, die Komponenten X und Z des Luftwiderstandes in der x- und z-Richtung, sowie die Lage des Angriffspunktes M der Resultanten $\sqrt{X^2 + Z^2}$ des Luftwiderstandes auf der Geschoßachse zu ermitteln.

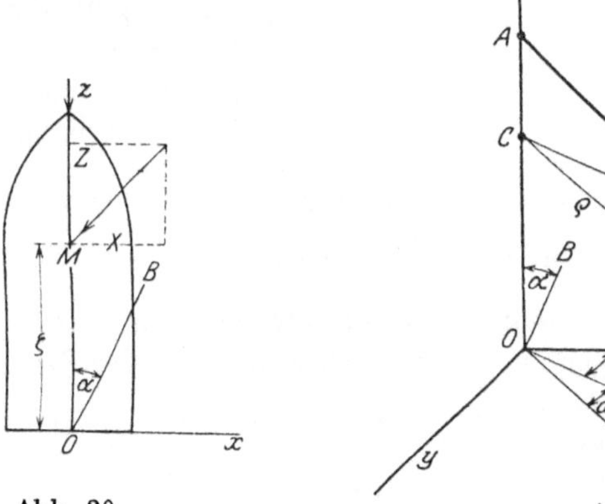

Abb. 30.

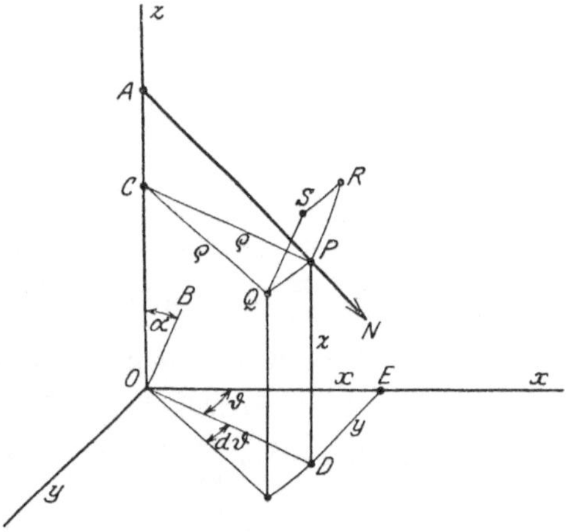

Abb. 31.

Ein Punkt der Geschoßoberfläche (s. Abb. 31) ist P, mit den rechtwinkligen Koordinaten $OE = x$, $ED = y$, $DP = z$, oder mit den Zylinderkoordinaten: $\sphericalangle EOD = \vartheta$, Radiusvektor $OD \parallel CP = \varrho$, $DP = z$. In P denke man sich einen Meridianschnitt durch die Geschoßoberfläche längs der z-Achse oder Geschoßachse, ebenso einen Schnitt senkrecht zur Geschoßachse. Im ersteren Schnitt sei $ds = PR$ ein unendlich kleines Element der Meridiankurve der Geschoßoberfläche. In letzterem Schnitt, der kreisförmig ist, sei $PQ = \varrho\, d\vartheta$ ein unendlich kleines Kreisbogenelement des Querschnitts. Auf diese Weise entsteht in P ein unendlich kleines Flächenelement $PQSR$ mit dem

Flächeninhalt $df = \varrho\, d\vartheta\, ds$. Der Widerstand dieses Flächenelements ist (der ersten Annahme zufolge) nach der Flächennormalen APN des Flächenelements gerichtet und hat (nach der zweiten und dritten Annahme) die Größe $\varkappa \cdot df \cdot \cos^m \omega$, wo ω den Winkel zwischen dieser Flächennormalen und der Richtung OB der Flugbahntangente bedeutet.

Die Flächennormale AN bilde bzw. die Winkel $\beta_1\,\beta_2\,\beta_3$ gegen die x, y, z-Achse. Nun ist der Kosinus des Winkels zwischen AN und der Richtung CP oder OD gleich $\dfrac{dz}{ds}$, also ist $\cos\beta_1 = \dfrac{dz}{ds}\cdot\cos\vartheta$

und $\cos\beta_2 = \dfrac{dz}{ds}\cdot\sin\vartheta$.

Ferner ist $\cos\beta_3 = -\,\dfrac{d\varrho}{ds}$ (s. Abb. 32, in der der Meridianschnitt durch P für sich herausgezeichnet ist). Die Bewegungsrichtung oder die Flugbahntangente bilde die Winkel $\gamma_1\,\gamma_2\,\gamma_3$ gegen die drei Achsen, so ist

$$\cos\gamma_1 = \sin\alpha,\quad \cos\gamma_2 = 0,$$
$$\cos\gamma_3 = \cos\alpha.$$

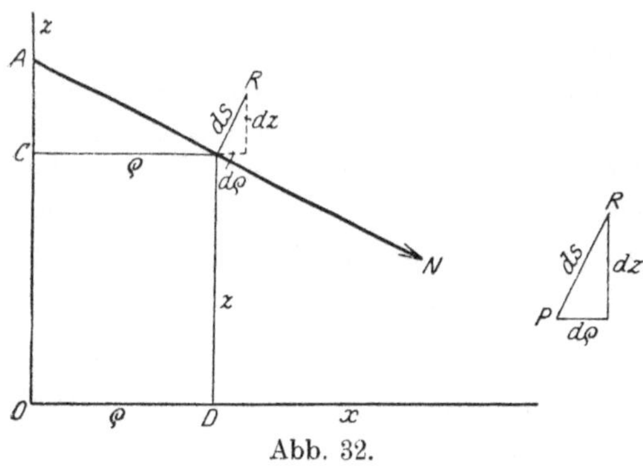

Abb. 32.

Somit ist

$$\cos\omega = \cos\beta_1\cdot\cos\gamma_1 + \cos\beta_2\cdot\cos\gamma_2 + \cos\beta_3\cdot\cos\gamma_3$$
$$= \frac{dz}{ds}\cdot\cos\vartheta\cdot\sin\alpha + 0 - \frac{d\varrho}{ds}\cdot\cos\alpha.$$

Ferner sind die Komponenten des Normalwiderstands $\varkappa \cdot df \cdot \cos^m \omega$ des Flächenelements df gegen die drei Achsen der xyz der Reihe nach

$$dX = \varkappa \cdot df \cdot \cos^m\omega \cdot \frac{dz}{ds}\cdot\cos\vartheta;\qquad dY = \varkappa \cdot df \cdot \cos^m\omega \cdot \frac{dz}{ds}\cdot\sin\vartheta;$$
$$dZ = -\,\varkappa \cdot df \cdot \cos^m\omega \cdot \frac{d\varrho}{ds},$$

wobei $df = \varrho \cdot d\vartheta \cdot ds$ ist. Diese Ausdrücke $dX,\, dY,\, dZ$ sind über die den Luftstrahlen ausgesetzten Teile der Geschoßoberfläche zu integrieren. Dabei ist Y (wegen der Symmetrie bezüglich der xz-Ebene) stets gleich Null.

Um den Abstand $\zeta = OM$ des Angriffspunkts M der Luftwiderstandsresultanten vom Geschoßboden zu erhalten, ist die Momentengleichung der Widerstandskomponenten in Beziehung auf O anzuschreiben. Hierbei kommen nur die x-Komponenten in Betracht, da die z-Komponenten den Hebelarm Null besitzen und die y-Komponenten selbst Null sind. Der Normalwiderstand des Flächenelements df hatte die x-Komponente $\varkappa \cdot df \cdot \cos^m\omega \cdot \dfrac{dz}{ds}\cdot\cos\vartheta$. Diese Komponente greift *in* A auf der Geschoßachse (z-Achse) an. Der Hebelarm OA ist $= OC + CA = z + \varrho \cdot \dfrac{d\varrho}{dz}$. Also ist das Moment

$$\varkappa \cdot df \cdot \cos^m \omega \cdot \left(z + \varrho \cdot \frac{d\varrho}{dz}\right) \cdot \frac{dz}{ds} \cdot \cos \vartheta.$$

Die Summation aller dieser Momente gibt das Moment $\zeta \cdot X$ der Resultanten. Hat man X berechnet, so kennt man also ζ. Das Gesamtergebnis ist somit in den folgenden Formeln niedergelegt:

$$X \quad = \varkappa \cdot \int\!\int \cos^m \omega \cdot \varrho \cdot dz \cdot \cos \vartheta \cdot d\vartheta \tag{1}$$

$$Z \quad = -\varkappa \cdot \int\!\int \cos^m \omega \cdot \varrho \cdot d\varrho \cdot d\vartheta \tag{2}$$

$$X \cdot \zeta = \varkappa \cdot \int\!\int \left(z + \varrho \cdot \frac{d\varrho}{dz}\right) \cdot \cos^m \omega \cdot \varrho \cdot dz \cdot \cos \vartheta \cdot d\vartheta \tag{3}$$

$$\cos \omega = \sin \alpha \cdot \frac{dz}{ds} \cdot \cos \vartheta - \cos \alpha \cdot \frac{d\varrho}{ds}. \tag{4}$$

Hier bedeutet: X die Komponente des Luftwiderstands senkrecht zur Längsachse des Geschosses, Z diejenige entlang dieser Achse. Der resultierende Luftwiderstand $\sqrt{X^2 + Z^2}$ greift in einem Punkt M der Achse an, der den Abstand ζ vom Geschoßboden besitzt. Der Winkel β der Resultanten gegen die Achse ist im allgemeinen nicht identisch mit dem Winkel α zwischen Geschoßachse und Flugbahntangente, sondern es ist tg $\beta = X : Z$. Der Faktor $\varkappa$ bedeutet den Luftwiderstand gegen die Flächeneinheit bei senkrechter Bewegung derselben und für die betreffende Geschwindigkeit v des Geschoßschwerpunkts, um die es sich handelt. $m = 2$, wenn das Newtonsche, $m = 1$, wenn das Lösslsche Gesetz als Elementargesetz zugrunde gelegt wird. Die Gleichung $\varrho = f(z)$ der Meridiankurve des Geschosses ist durch die Gestalt des Geschosses gegeben. Bei der Ausführung der Integration ist über die vom Luftwiderstand direkt getroffenen Teile des Geschosses oder des Geschoßteils, der in Frage steht, zu integrieren; also wenn für das ganze Geschoß auf einmal die Berechnung durchgeführt werden kann, in Beziehung auf z vom Geschoßboden bis zur Spitze, in Beziehung auf ϱ von den innersten bis zu den äußersten Teilen der Geschoßoberfläche und endlich in Beziehung auf ϑ von der einen bis zur andern Grenze der die Oberfläche tangierenden Luftstrahlen; also nur dann von 0 bis 2π, wenn die ganze krumme Geschoßoberfläche von den Luftstrahlen getroffen wird; andernfalls sind die Grenzen mit Rücksicht auf die Geschoßform und den Winkel α festzustellen.

Derartige Berechnungen haben insbesondere Kummer und St. Robert mit der Annahme $m = 2$ (Newton) für mehrere Geschoßformen durchgeführt; desgleichen W. Groß mit der Annahme $m = 1$

(Lössl), übrigens ist darauf aufmerksam zu machen, daß die Berechnungen von Groß auch in mathematischer Hinsicht nur angenäherte sind. Sonstige Berechnungen dieser Art stammen von de Sparre, v. Wuich, Mayevski, Siacci, Charbonnier.

Beispiele. 1. Widerstand der äußeren Mantelfläche eines oben offenen Kreiszylinders vom Radius R und der Höhe a. Komponenten und Angriffspunkt zu berechnen; Annahme von Newton ($m = 2$) (s. Abb. 33).

Die Gleichung der Meridiankurve ist $\varrho = R$; also $d\varrho = 0$; $ds = dz$, $\cos \omega = \sin \alpha \cdot \cos \vartheta$; danach ist

$$\left\{ \begin{aligned} X &= \varkappa \cdot R \cdot \sin^2 \alpha \cdot \int\!\int \cdot \cos^3 \vartheta \cdot d\vartheta \cdot dz, \\ Z &= 0, \ (\text{da } d\varrho = 0, \text{ und Zylinder oben offen}), \\ X \cdot \zeta &= \varkappa \cdot R \cdot \sin^2 \alpha \cdot \int\!\int \cdot \cos^3 \vartheta \cdot d\vartheta \cdot z \cdot dz. \end{aligned} \right.$$

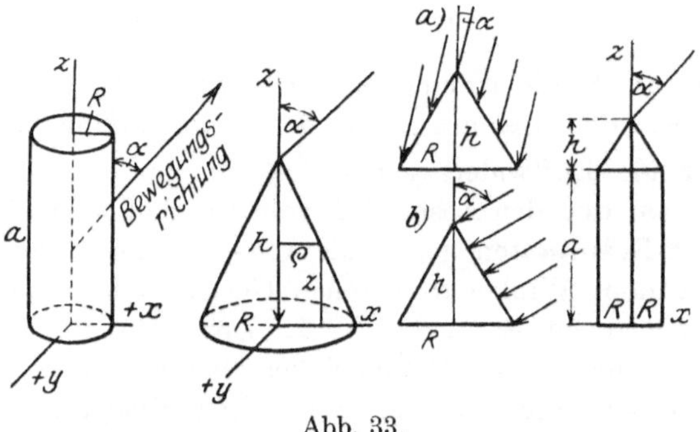

Abb. 33.

Da stets nur die eine Hälfte der krummen Oberfläche des Zylinders von dem Luftwiderstand direkt getroffen wird, so wird nur von $\vartheta = -\dfrac{\pi}{2}$ bis $\vartheta = +\dfrac{\pi}{2}$, außerdem von $z = 0$ bis $z = a$ integriert; also ist

$$\left\{ \begin{aligned} X &= \frac{4}{3} \cdot \varkappa \cdot R \cdot a \cdot \sin^2 \alpha, \\ X \cdot \zeta &= \frac{2}{3} \cdot \varkappa \cdot R \cdot a^2 \cdot \sin^2 \alpha; \quad \text{folglich} \\ \zeta &= \frac{a}{2}, \end{aligned} \right.$$

d. h. der Angriffspunkt liegt in der Mitte der Zylinderhöhe. Wenn der Zylinder oben durch die Kreisfläche $R^2 \pi$ senkrecht abgeschlossen ist, so ist $Z = \varkappa \cdot R^2 \pi \cdot \cos^2 \alpha$ (nach der Annahme Newtons); dann ist $\operatorname{tg} \beta = \dfrac{X}{Z}$ $= \dfrac{4a}{3\pi R} \cdot \operatorname{tg}^2 \alpha$.

2. Kegel, Radius R, Höhe h (s. Abb. 33). Gleiche Voraussetzung $m = 2$.

Die Gleichung der Meridiankurve, d. h. der geraden Erzeugenden, ist $\varrho = \dfrac{R}{h} \cdot (h - z)$; folglich

$$\frac{d\varrho}{dz} = -\frac{R}{h}; \qquad \frac{ds}{dz} = \frac{\sqrt{h^2 + R^2}}{h}; \qquad \frac{d\varrho}{ds} = \frac{-R}{\sqrt{h^2 + R^2}};$$

$$\cos \omega = \frac{h \cdot \sin \alpha \cdot \cos \vartheta + R \cdot \cos \alpha}{\sqrt{h^2 + R^2}};$$

also

$$X = \frac{\varkappa \cdot R \cdot h}{h^2 + R^2} \cdot \int\!\!\int \left(\sin \alpha \cdot \cos \vartheta + \frac{R}{h} \cdot \cos \alpha \right)^2 \cdot (h - z) \cdot dz \cdot \cos \vartheta \cdot d\vartheta;$$

$$Z = \frac{\varkappa \cdot R^2}{h^2 + R^2} \cdot \int\!\!\int \left(\sin \alpha \cdot \cos \vartheta + \frac{R}{h} \cdot \cos \alpha \right)^2 \cdot (h - z) \cdot dz \cdot d\vartheta;$$

$$X \cdot \zeta = \frac{\varkappa \cdot R \cdot h}{h^2 + R^2} \cdot \int\!\!\int \left(\sin \alpha \cdot \cos \vartheta + \frac{R}{h} \cdot \cos \alpha \right)^2$$
$$\cdot \left[z - \frac{R^2}{h^2} (h - z) \right] (h - z) \cdot dz \cdot \cos \vartheta \cdot d\vartheta.$$

Integriert in Beziehung auf z von 0 bis h,

$$X = \frac{\varkappa \cdot R \cdot h^3}{2 \cdot (h^2 + R^2)} \cdot \int \left(\sin \alpha \cdot \cos \vartheta + \frac{R}{h} \cdot \cos \alpha \right)^2 \cdot \cos \vartheta \cdot d\vartheta,$$

$$Z = \frac{\varkappa \cdot R^2 \cdot h^2}{2 \cdot (h^2 + R^2)} \cdot \int \left(\sin \alpha \cdot \cos \vartheta + \frac{R}{h} \cdot \cos \alpha \right)^2 \cdot d\vartheta,$$

$$X \cdot \zeta = \frac{\varkappa \cdot R \cdot h^2 \, (h^2 - 2 \cdot R^2)}{6 \cdot (h^2 + R^2)} \cdot \int \left(\sin \alpha \cdot \cos \vartheta + \frac{R}{h} \cdot \cos \alpha \right)^2 \cdot \cos \vartheta \cdot d\vartheta.$$

Daraus folgt, daß, für jeden Winkel α

$$\zeta = \frac{h^2 - 2 \cdot R^2}{3\,h}.$$

Hinsichtlich der Integration in Beziehung auf ϑ sind **zwei Fälle zu unterscheiden** (vgl. Abb. 33a und b); erstens der Fall, wo die **ganze krumme** Oberfläche des Kegels von dem direkten Luftwiderstand getroffen wird, was eintritt, wenn der Winkel α kleiner ist, als der Winkel, den die Kegelachse mit der Seite desselben bildet, also wenn $\operatorname{tg} \alpha < \dfrac{R}{h}$ ist, und zweitens der Fall, wo nur ein Teil der Kegelfläche vom Luftwiderstand getroffen wird, nämlich wenn $\operatorname{tg} \alpha > \dfrac{R}{h}$.

Im ersten Fall $\left(\operatorname{tg} \alpha < \dfrac{R}{h} \right)$ sind $\vartheta = -\pi$ und $\vartheta = +\pi$ die beiden Integrationsgrenzen bezüglich ϑ, und da

$$\int_{-\pi}^{+\pi} \cos^3 \vartheta \cdot d\vartheta = 0, \qquad \int_{-\pi}^{+\pi} \cos^2 \vartheta \cdot d\vartheta = \pi, \qquad \int_{-\pi}^{+\pi} \cos \vartheta \cdot d\vartheta = 0,$$

so erhält man

$$\begin{cases} X = \dfrac{\varkappa \cdot h^2 \cdot R^2 \, \pi \cdot \sin \alpha \cdot \cos \alpha}{h^2 + R^2}, \\[3mm] Z = \dfrac{\varkappa \cdot h^2 \cdot R^2 \, \pi \cdot \left(\sin^2 \alpha + \dfrac{2 \cdot R^2}{h^2} \cdot \cos^2 \alpha \right)}{2 \, (h^2 + R^2)}. \end{cases}$$

Im zweiten Fall $\left(\operatorname{tg} \alpha > \dfrac{R}{h}\right)$

wird (s. Abb. 34) nur derjenige Teil des Kegelmantels vom Luftwiderstand getroffen, für welchen $\cos \omega$ positiv ist ($\omega =$ Winkel zwischen Normaler und Bewegungsrichtung oder Richtung der Luftströmung); die Integration in Beziehung
auf ϑ hat also ihre Grenzen da, wo eine Parallele
zur Richtung der Luftströmung den Kegelmantel berührt oder für

$$\cos \omega = 0, \quad \text{d. h. für} \quad h \sin \alpha \cdot \cos \vartheta + R \cos \alpha = 0,$$

also

$$\cos \vartheta = -\frac{R}{h} \cdot \operatorname{ctg} \alpha.$$

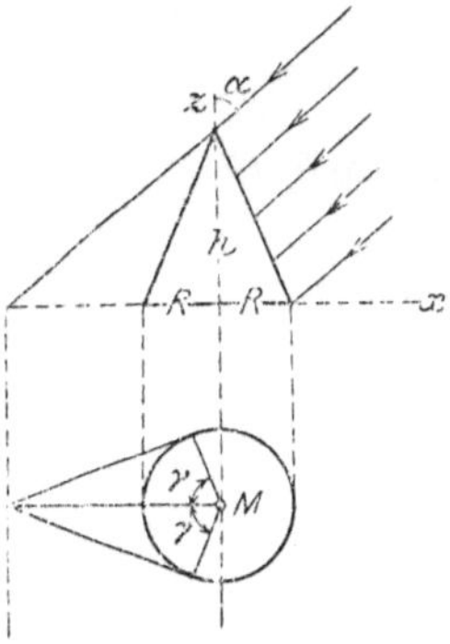

Bestimmt man Winkel γ durch die Gleichung

$$\cos \gamma = \frac{R}{h} \operatorname{ctg} \alpha$$

oder

$$\gamma = \operatorname{Arc} \cos \left(\frac{R}{h} \cdot \operatorname{ctg} \alpha\right),$$

so sind die Grenzen der Integration

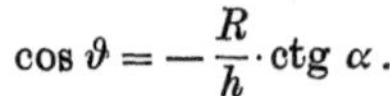

Abb. 34.

$$\vartheta = -\pi + \gamma \quad \text{und} \quad \vartheta = +\pi - \gamma;$$

man braucht für die Integration in diesen Grenzen nur die drei Integrale

$$\begin{cases} \displaystyle\int\limits_{-\pi+\gamma}^{+\pi-\gamma} \cos^3 \vartheta \cdot d\vartheta = \frac{2}{3} \sin \gamma \, (2 + \cos^2 \gamma), \\[2ex] \displaystyle\int\limits_{-\pi+\gamma}^{+\pi-\gamma} \cos^2 \vartheta \cdot d\vartheta = \pi - \gamma - \sin \gamma \cdot \cos \gamma, \\[2ex] \displaystyle\int\limits_{-\pi+\gamma}^{+\pi-\gamma} \cos \vartheta \cdot d\vartheta = 2 \sin \gamma. \end{cases}$$

Setzt man nun der Kürze halber

$$\int\limits_{-\pi+\gamma}^{+\pi-\gamma} \left(\sin \alpha \cdot \cos \vartheta + \frac{R}{h} \cdot \cos \alpha\right)^2 \cdot \cos \vartheta \cdot d\vartheta = P,$$

$$\int\limits_{-\pi+\gamma}^{+\pi-\gamma} \left(\sin \alpha \cdot \cos \vartheta + \frac{R}{h} \cdot \cos \alpha\right)^2 \cdot d\vartheta = Q,$$

so erhält man nach Auflösung des Quadrats und Ausführung der Integrationen

$$P = \frac{2}{3} \sin^2 \alpha \cdot \sin \gamma \cdot (2 + \cos^2 \gamma) + \frac{2R}{h} \sin \alpha \cdot \cos \alpha \, (\pi - \gamma - \sin \gamma \cdot \cos \gamma)$$

$$+ \frac{R^2}{h^2} \cos^2 \alpha \cdot \sin \gamma,$$

$$Q = \sin^2 \alpha \, (\pi - \gamma - \sin \gamma \cdot \cos \gamma) + \frac{4R}{h} \sin \alpha \cdot \cos \alpha \cdot \sin \gamma + \frac{2R^2}{h^2} (\pi - \gamma) \cos^2 \alpha$$

oder, wenn der Winkel γ durch den Winkel α ausgedrückt wird,

$$P = \frac{2}{3}\left(\frac{R^2}{h^2}\cos^2\alpha + 2\sin^2\alpha\right)\cdot\sqrt{1 - \frac{R^2}{h^2}\operatorname{ctg}^2\alpha}$$

$$+ \frac{2\,R}{h}\sin\alpha\cdot\cos\alpha\left(\pi - \operatorname{Arc\,cos}\left(\frac{R}{h}\operatorname{ctg}\alpha\right)\right);$$

$$Q = \left(\frac{2\,R^2}{h^2}\cos^2\alpha + \sin^2\alpha\right)\left(\pi - \operatorname{Arc\,cos}\left(\frac{R}{h}\operatorname{ctg}\alpha\right)\right)$$

$$+ \frac{3\,R}{h}\sin\alpha\cdot\cos\alpha\,\sqrt{1 - \frac{R^2}{h^2}\operatorname{ctg}^2\alpha}\,,$$

und man hat demnach für den Fall, wo $\operatorname{tg}\alpha > \dfrac{R}{h}$,

$$X = \frac{\varkappa\,h^3\,R\,P}{2\,(h^2 + R^2)}\,, \qquad Z = \frac{\varkappa\,h^2\,R^2\,Q}{2\,(h^2 + R^2)}\,.$$

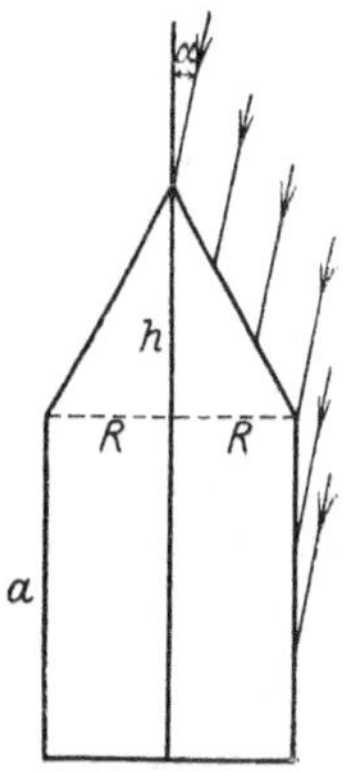

3. **Verbindung des Zylinders und Kegels** (gleiche Annahme $m = 2$).

Abb. 35.

a) Für den Fall, wo $\operatorname{tg}\alpha < \dfrac{R}{h}$ (s. Abb. 35) .

Man erhält einfach durch Addition:

$$X = \varkappa\cdot\frac{4}{3}\,R\,a\cdot\sin^2\alpha + \frac{\varkappa\,h^2\,R^2\cdot\pi\cdot\sin\alpha\cdot\cos\alpha}{h^2 + R^2}\,,$$

$$Z = \frac{\varkappa\,h^2\,R^2\cdot\pi\left(\sin^2\alpha + \dfrac{2\,R^2}{h^2}\cos^2\alpha\right)}{2\,(h^2 + R^2)}\,,$$

$$X\cdot\zeta = \varkappa\cdot\frac{2}{3}\cdot\sin^2\alpha\cdot a^2\,R + \frac{\varkappa\cdot h^2\,R^2\cdot\pi\cdot\sin\alpha\cdot\cos\alpha}{h^2 + R^2}\cdot\left(a + \frac{h^2 - 2\,R^2}{3\,h}\right).$$

also

$$\zeta = \frac{\dfrac{2}{3}\,a^2\sin\alpha + \dfrac{h^2\cdot R\cdot\pi}{h^2 + R^2}\left(a + \dfrac{h^2 - 2\,R^2}{3\,h}\right)\cdot\cos\alpha}{\dfrac{4}{3}\,a\sin\alpha + \dfrac{h^2\cdot R\cdot\pi\cos\alpha}{h^2 + R^2}}\,,$$

b) Für den Fall, wo $\operatorname{tg}\alpha > \dfrac{R}{h}$

$$X = \varkappa\cdot\frac{4}{3}\,R\,a\sin^2\alpha + \frac{\varkappa\,h^3\,R\,P}{2\,(h^2 + R^2)}\,,$$

$$Z = \frac{\varkappa\cdot h^2\cdot R^2\cdot Q}{2\,(h^2 + R^2)}\,,$$

$$X\cdot\zeta = \varkappa\cdot\frac{2}{3}\sin^2\alpha\cdot a^2\cdot R + \frac{\varkappa\cdot h^3\,R}{2\,(h^2 + R^2)}\cdot\left(a + \frac{h^2 - 2\,R^2}{3\,h}\right)\cdot P,$$

also

$$\zeta = \frac{\dfrac{2}{3}\,a^2\sin^2\alpha + \dfrac{h^3\,P\left(a + \dfrac{h^2 - 2\,R^2}{3\,h}\right)}{2\,(h^2 + R^2)}}{\dfrac{4}{3}\,a\sin^2\alpha + \dfrac{h^3\,P}{2\,(h^2 + R^2)}}\,.$$

4. Durch **Näherungsberechnungen** auf Grund des **Lösslschen** Gesetzes ($m = 1$) findet W. **Groß** folgende Werte für den resultierenden Widerstand W eines Geschosses mit ogivaler Spitze:

bei Abrund.-Rad. 2 Kal.: $W = \varkappa R^2 \pi (0{,}3655 + 1{,}3606 \cdot \sin^2 \alpha)$ $\Big\}$ gültig für Winkel α bis

„ „ „ 2,5 „ $W = \varkappa R^2 \pi (0{,}3312 + 1{,}6344 \cdot \sin^2 \alpha)$ $\Big\}$ aufwärts zu $\sin \alpha = 0{,}3$.

Dabei bedeutet wiederum $\varkappa$ den Widerstand der Flächeneinheit bei senkrechter Bewegung mit gleicher Geschwindigkeit, also bei 2,5 Kal. Abrundungsradius $\varkappa \cdot R^2 \pi \cdot 0{,}3312$ den Widerstand dieses Geschosses in dem Fall, daß die Geschoßachse in der Bahntangente liegt.

Was die Entfernung ζ des Angriffspunkts der Resultanten vom Geschoßboden betrifft, so gelangt W. Groß für eine Granate von 3,5 Kal. Gesamtlänge und 1,5 Kal. Kopfhöhe zu folgenden Werten, wo $2R$ das Kaliber bedeutet:

für $\sin \alpha =$ 0,1	0,2	0,3	0,4	0,5	0,6	0,7	0,8	0,9	1
ist $\zeta =$ 5,3	4,8	4,4	4,1	3,9	3,7	3,5	3,4	3,3	3,0 mal **R**.

Der Schwerpunkt hat dabei den Abstand $2{,}97 \cdot R$ vom Geschoßboden. Also selbst bei völliger Querstellung des Geschosses ($\alpha = 90^{\,0}$) würde darnach die Resultante vor dem Schwerpunkt angreifen. Für sehr kleine Winkel α soll der Angriffspunkt etwa in der Mitte des Geschoßkopfs liegen.

Auch unter Voraussetzung des Newtonschen Wertes $m = 2$ ergibt die Rechnung, daß der Angriffspunkt im allgemeinen vor dem Schwerpunkt und für kleine Winkel nahe der Spitze liegt. ζ ist dabei von α abhängig. Nur für den senkrecht abgeschnittenen Zylinder, sowie für diejenige Verbindung von Zylinder und Kegel, bei der die Kopfhöhe $h = 0{,}41 \cdot R$ ist, zeigt sich ζ von α unabhängig. Die Geschoßgeschwindigkeit v kommt allein in dem Faktor $\varkappa$ vor.

5. Th. Vahlen (s. loc. cit. S. 20) hat für kleine Winkel α theoretisch das Resultat erhalten, daß der Abstand des Angriffspunkts der Luftwiderstandsresultanten bei schrägem Flug (d. h. bei $\alpha \neq 0$) von dem Angriffspunkt bei geradem Flug (d. h. bei $\alpha = 0$) proportional α^2 sei. P. Charbonnier findet, daß für die Praxis die Annahme genüge, der Angriffspunkt der Resultanten liege (bei nicht zu großem α) in der Mitte des Geschoßkopfs.

B. Kritische Bemerkungen zum Vorhergehenden; experimentelle Methoden.

Gegenüber Berechnungen der obigen Art ist folgendes einzuwenden: Erstens ist über die eingangs erwähnten drei Annahmen nichts Sicheres bekannt. Zweitens kennt man, auch wenn diese Annahmen als zulässig gelten, nicht den für die ballistischen Verhältnisse am besten zutreffenden Wert von m. Drittens ist das Abfließen der Luft am Geschoß, die Bildung von Wellen und Wirbeln nicht berücksichtigt und kann zur Zeit noch nicht in befriedigender Weise mathematisch berücksichtigt werden.

Aus diesen Gründen wird weiterhin zuerst der Weg des Versuchs zu wählen sein.

Speziell über die Abhängigkeit der Lage des Angriffspunkts auf der Geschoßachse von dem Winkel α hat 1875 E. Kummer zahlreiche und genaue Versuche mit geschoßartigen Körpern, jedoch nur mit kleinen Geschwindigkeiten und ohne Rotation, angestellt. Er suchte für eine bestimmte Form des Rotationskörpers die Beziehung zwischen ζ und α, $\alpha = f(\zeta)$. Dabei wählte er andere und andere Werte von ζ und suchte je den zugehörigen Wert von α, und zwar folgendermaßen:

Um eine horizontale Achse wurde das Geschoßmodell (aus Karton, um die Empfindlichkeit der Methode zu erhöhen) leicht beweglich angebracht und sodann das Geschoß mit etwa 8 m/sec Geschwindigkeit in ruhender Luft bewegt (mittels eines Rotationsapparates; das Geschoßmodell hing an einem über 2 m langen Arm, der um eine vertikale Achse gedreht wurde).

Das sinnreiche Verfahren Kummers bestand nun in folgendem: Für eine große Zahl von Lagen der Querachse bestimmte er die Gleichgewichtslage, welche der Körper allein unter der Wirkung des Luftwiderstandes annahm. Die Entfernung der Querachse vom Geschoßboden war also das frühere ζ; zu diesem wurde der zugehörige Winkel α beobachtet, unter dem sich die Längsachse von selbst jedesmal einstellte.

Natürlich mußten alle übrigen Drehkräfte eliminiert werden; vor allem wurde die Schwerkraft als Drehkraft dadurch aufgehoben, daß der Schwerpunkt mittels eines Mechanismus im Innern stets auf der Querachse lag. Kummer führte die Beobachtungen durch für die Ebene, den Zylinder, die Verbindung von Zylinder mit Kegel, Halbkugel und halbem Ellipsoid und endlich für ein Modell des Mausergeschosses und der 4 pfündigen preußischen Granate. Einige Einzelheiten der Versuchsanordnung verbesserte Kummer in einer zweiten Arbeit.

Es mögen hier die Versuchsergebnisse Kummers mit dem Modell der Granate von der Zylinderhöhe $a = 112,5$ mm, dem Radius $R = 37,5$ mm, der Höhe des aufgesetzten Ogivals (halben Ellipsoids) $h = 47,5$ mm wiedergegeben werden. Er fand für

$\zeta =$	68	70	72	74	76	78	80	82	84	86	88	90	92	94	96	98	100	102	104	106	108	110
$\alpha =$	86	83	82	79	73	70	69	68	64	55	48	43	39	36	34	33	32	30	25	23	21	18

Wenn also der Luftstrom unter immer kleineren Winkeln α gegenüber der Achse gegen das Geschoß gerichtet ist, so rückt der Angriffspunkt mehr und mehr dem oberen Endpunkt des zylindrischen Teils ($\zeta = 112,5$) zu. Für kleinere Winkel als $\alpha = 18^{0}$ gab der Versuch keine bestimmten Ergebnisse mehr. Die Newtonsche Annahme gibt (für einen Zylinder mit aufgesetzter Halbkugel):

$$\zeta = \frac{\dfrac{3}{8} a R \pi + a^2 \operatorname{tg} \dfrac{\alpha}{2}}{\dfrac{3}{8} R \pi + 2 a \operatorname{tg} \dfrac{\alpha}{2}} \quad (a \text{ Höhe des zylindrischen Teils, } 2R \text{ Kaliber}).$$

Setzt man hier $\alpha = 0$, so wird $\zeta = a$, in Übereinstimmung mit dem Experiment; dagegen sind im übrigen der so errechnete und der beobachtete Wert von ζ für irgendein α merklich voneinander verschieden.

Für die Ballistik können solche Versuche, mit Geschwindigkeiten von 8 m/sec, nicht maßgebend sein, da es sich bei wesentlich größeren Geschwindigkeiten um andere Gesetzmäßigkeiten handelt. Vielmehr wird mit Geschwindigkeiten entsprechend denen der Geschosse verfahren werden müssen. Damit stellen sich jedoch sehr große Schwierigkeiten ein. Denn wenn es sich darum handelt, gegen ein ruhendes Geschoßmodell einen solchen Luftstrom längere Zeit wirken zu lassen, so müssen die Strömungslinien der Luft vor dem Modell genau parallele Richtung besitzen und außerdem muß die Geschwindigkeit der Luft über dem Querschnitt konstant sein. Hierzu sind bedeutende sekundliche Arbeitsleistungen und besondere Vorrichtungen zur Messung der Richtung und Geschwindigkeit der Luft in einem Punkt erforderlich, wobei diese Vorrichtungen selbst die Luftströmungen nicht stören dürfen. Streng genommen müßte auch berücksichtigt werden, daß die modernen Langgeschosse eine rasche Rotation um ihre Längsachse besitzen. Es könnte vielleicht daran gedacht werden, die Komponenten und das Moment des Luftwiderstandes messen zu wollen nicht an einem ruhend aufgehängten Geschoßmodell, gegen das ein Luftstrom von bekannter Geschwindigkeit wirkt, sondern durch mehrmalige photographische Aufnahmen des fliegenden Geschosses selbst, — etwa nach der Methode Neesen oder nach der Methode Duda oder mittels elektrischer Momentphotographie (darüber s. Band III). Dem steht aber der erschwerende Umstand entgegen, daß das rotierende fliegende Langgeschoß sehr rasche Nutationspendelungen in der Luft ausführt und daß infolgedessen der Anstellwinkel α immer andere und andere Werte annimmt.

Danach muß sich die Ballistik vorläufig mit den besten Messungen am ruhenden und nicht rotierenden Geschoßmodell begnügen, die zur Zeit existieren. Dies sind in Deutschland diejenigen, die L. Prandtl in seinem aerodynamischen Institut in Göttingen auszuführen imstande ist. Uns scheinen die Versuche von L. Prandtl in ballistischer Hinsicht weit wichtiger als alle früheren Versuche und auch weit zuverlässiger als alle in § 12 oben angeführten theoretischen Berechnungen. Die ganze Versuchseinrichtung seines Göttinger Instituts, seine Methode, einen konstanten und wirbelfreien Luftstrom zu erzielen usw., hat L. Prandtl selbst verschiedentlich beschrieben (z. B. Naturwissenschaften, Heft 8, 1922). Die Einzelheiten der Versuche, die er an Geschoßmodellen ausgeführt hat, und deren Ergebnisse zu veröffentlichen, möchten wir ihm selbst überlassen. Es sei jedoch im folgenden ein Beispiel angeführt, das einmal die charakteristische Art der Abhängigkeit der Luftwiderstandsgrößen vom Anstellwinkel α veranschaulicht und weiterhin zeigen soll, wie man die speziellen Versuchsergebnisse verallgemeinern wird.

Es bezeichne: $2R$ das Kaliber; s den Abstand Mitte Geschoßspitze bis Schwerpunkt; v die Geschwindigkeit des Geschoßschwerpunktes; α den Anstellwinkel Geschoßachse gegen Bahntangente; W_0 den Luftwiderstand bei geradem Flug (also bei $\alpha = 0$), W_t, W_s die Komponenten des Lufwiderstandes in Richtung bzw. senkrecht zur Bahntangente; M das Drehmoment des Luftwiderstandes um eine Querachse durch den Schwerpunkt; δ das Luftgewicht; δ_0 das normale

Luftgewicht. Nach den letzten Ausführungen unter § 10 ist dann

$$W_0 = R^2 \pi \cdot \frac{\delta}{\delta_0} \cdot \lambda_0 \cdot v^2 \,;$$

λ_0 ist dabei ein von Geschoßform und Geschwindigkeit v abhängiger Koeffizient. Für Geschosse mit ogivaler Spitze und 2 Kaliber Abrundungsradius z. B. ist λ_0 der in § 10 wiedergegebenen **Krupp-Eberhard**schen Tabelle zu entnehmen, die für $\delta_0 = 1{,}22$ kg/m³ gilt und z. B. für $v = 150$ m/sec einen Wert von $\lambda_0 = 1{,}19 \cdot 10^{-6}$ m⁻⁴·kg·sec² ergibt.

Es wird nun für Komponenten und Momente des Luftwiderstandes der Ansatz gebildet:

$$W_t = W_0 \cdot \lambda_t\,; \qquad W_s = W_0 \cdot \lambda_s\,; \qquad M = W_0 \cdot s \cdot \lambda_m \,.$$

Und nun wird die Annahme gemacht, daß λ_t, λ_s, λ_m ausschließlich Funktionen von α sind, ein und dasselbe Geschoß vorausgesetzt. Diese Annahme besagt das Folgende: sind z. B. im Luftkanal für ein bestimmtes Geschoß W_t, W_s, M bei einer Geschwindigkeit v (Relativgeschwindigkeit Luft gegen Geschoß) und bei allen möglichen Werten von α gemessen, sind also so die λ_t, λ_s, λ_m für eine Geschwindigkeit bestimmt, so findet man die Werte von W_t, W_s, M bei einer beliebigen anderen Geschwindigkeit aus dem in obigem Ansatz gegebenen Beziehungen durch Einsetzen der also gefundenen Werte der λ. Daß diese Annahme den tatsächlichen Verhältnissen nicht gerecht wird, unterliegt keinem Zweifel; vielmehr sind die Koeffizienten λ_t, λ_s, λ_m sicherlich auch von v abhängig; in welcher Weise jedoch, ist noch völlig ungeklärt. Man wird sich also gegenwärtig mit dieser Annahme, daß die Koeffizienten λ_t, λ_s, λ_m ausschließlich von α abhängen, abfinden müssen. Im übrigen kann man immerhin mit einer gewissen Berechtigung darauf vertrauen, daß die mit $v \simeq 50$ m/sec im Luftkanal gewonnenen Werte der λ zum mindesten für den Bereich der Unterschallgeschwindigkeit Gültigkeit besitzen.

Die im nebenstehenden Kurvenblatt, Abb. 36, wiedergegebenen Werte der Koeffizienten λ_t, λ_s, λ_m sind aus speziellen Versuchswerten nach deren graphi-

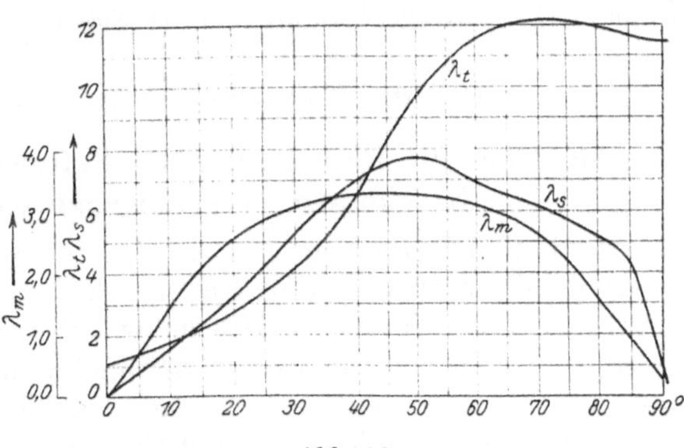

Abb. 36.

Kaliber 250 mm; Länge 1050 mm; ogivale Spitze von 2 Kal. Abrundungsradius; Abstand s zwischen Schwerpunkt und Mitte der Geschoßspitze $s = 430$ mm.

schem Ausgleich gewonnen. Die Versuchswerte sind von Prandtl angegeben für die auf dem Kurvenblatt vermerkten Geschoßdaten und für eine Luftgeschwindigkeit im Luftkanal von $v = 40{,}5$ m/sec. Bei Berechnung von W_0 wurde $\delta = \delta_0$ gesetzt.

Die Richtung der Luftwiderstandsresultanten $W = \sqrt{W_t^2 + W_s^2}$ bildet übrigens gegen die Geschoßachse einen erheblich größeren Winkel als α, nämlich den Winkel $\alpha + \beta$, wobei β gegeben ist durch $\operatorname{tg} \beta = W_s : W_t$. Und der Angriffspunkt der Resultanten auf der Geschoßachse hat vom Schwerpunkt einen Abstand a, der sich ergibt aus: $M = W \cdot a \cdot \sin (\alpha + \beta)$.

Bei den mitgeteilten Versuchen errechnen sich $(\alpha + \beta)$ und a zu folgenden Werten:

$\alpha =$	0	5	10	15	20	25	30	40	50	60	70	80	90	Grad
$\alpha + \beta =$	0	38	52	62	69	76	82	87	89	90	97	104	95	Grad
$a =$	(30,0)[1]	32,2	33,6	32,2	28,9	23,6	19,8	14,8	11,2	9,8	8,4	5,4	0,9	cm

Die im ersten Teile des § 12 verwendeten Komponenten W_p und W_q hängen mit den Komponenten W_t, W_s durch folgende Beziehungen zusammen:

$$W_p = W_t \cdot \cos \alpha - W_s \cdot \sin \alpha; \qquad W_q = W_t \cdot \sin \alpha + W_s \cdot \cos \alpha.$$

Über aerodynamische Messungen in Frankreich (Andreau), in Italien Burzio) und in England (Fowler—Gallop—Lock—Richmond) vgl. die Lit.-Note. Bemerkenswert ist die Arbeit der englischen Forscher, insofern sie einen neuen Weg beschreitet, die Luftwiderstandsgrößen auch bei Überschallgeschwindigkeit zu erhalten. Sie schossen horizontal mit schwach stabilen Geschossen (als günstigster Wert wird ein Stabilitätsfaktor von 1,5 angegeben) und bestimmten aus Scheibendurchschlägen die Rotationsbewegung des Geschosses auf eine kurze Strecke (etwa 200 m) nach dem Verlassen der Geschützmündung. Die Resultate gestatteten die Berechnung des Luftwiderstandsmoments M und der Luftwiderstandkomponente W_q senkrecht zur Geschoßachse. Die Versuche wurden für Geschwindigkeiten bis zur doppelten Schallgeschwindigkeit durchgeführt. (Vgl. auch das unter § 58,8 Gesagte, ferner die früheren Arbeiten von Jansen, Terada und Okochi, vgl. Lit.-Note 57.)

III. Der Formwert eines Geschosses.

§ 13. Über die Berechnung der Spitzenkoeffizienten von Geschossen verschiedener Kopfform.

Wird in den Formeln für X, Z, $X \cdot \zeta$ von § 12 $\alpha = 0$ gesetzt, so ist damit angenommen, daß die Geschoßachse in der Bahntangente liege. Man hat alsdann in Beziehung auf ϑ von 0 bis 2π zu integrieren. Es wird somit $\int \cos \vartheta \cdot d\vartheta$ und damit X und $X \cdot \zeta$ zu Null (der Wert von ζ strebt jedoch einem endlichen Grenzwert zu, den man erhält, wenn man ζ zunächst für einen endlich kleinen Winkel α berechnet und dann erst $\alpha = 0$ setzt).

---

[1] Durch Extrapolation.

Es bleibt somit nur der Widerstand Z in Richtung der z-Achse, der Geschoßachse, übrig. Da jetzt $\cos \omega = -\dfrac{d\varrho}{ds}$ ist, so hat man, wenn man statt ϱ die Bezeichnung x einführt, den folgenden Ausdruck für den **Luftwiderstand** W in Richtung der Geschoßachse für den Fall, daß diese Achse in der Bahntangente liegt:

$$W = 2\,\pi\varkappa \cdot \int \left(\frac{dx}{ds}\right)^m \cdot x \cdot dx, \quad \text{wobei} \quad ds = \sqrt{dx^2 + dz^2} \text{ ist.}$$

Dabei ist $\varkappa\,(v)$ der Widerstand gegen die Flächeneinheit bei senkrechter Bewegung und bei der betreffenden Geschwindigkeit v des Geschoßschwerpunkts. Mit $m = 2$ ist die **Newtonsche**, mit $m = 1$ die **Lösslsche** Annahme eingeführt.

Über die Unsicherheit der Berechnungen gilt das oben Gesagte.

Beispiele. 1. Geschoß, bestehend aus einem Kreiszylinder vom Kaliber $2\,R$, mit aufgesetztem Kegelstumpf von der Höhe h und dem Radius a des Stirnkreises. An-

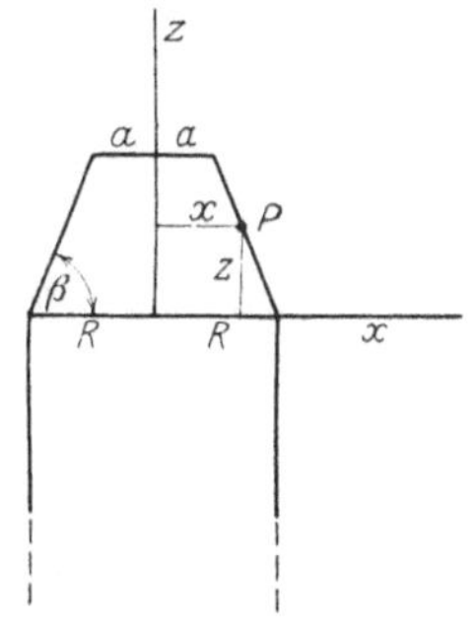

Abb. 37.

nahme $m = 1$ (Lössl-Groß). Der Widerstand W_1 der Mantelfläche in

Richtung der Geschoßachse ist $W_1 = 2\,\pi\varkappa \cdot \displaystyle\int\limits_{x=a}^{x=R} \frac{x \cdot dx}{\sqrt{1 + \left(\dfrac{dz}{dx}\right)^2}}$; wobei

$$x - a = (h - z) \cdot \operatorname{ctg}\beta\,; \quad \operatorname{ctg}\beta = \frac{R - a}{h}.$$

$$dx = -\operatorname{ctg}\beta \cdot dz\,; \quad \sqrt{1 + \left(\frac{dz}{dx}\right)^2} = \frac{1}{\cos\beta},$$

somit

$$W_1 = 2\,\pi\varkappa \cdot \cos\beta \cdot \int\limits_a^R x \cdot dx = \varkappa\pi\,(R^2 - a^2)\cos\beta.$$

Dazu kommt der Widerstand $W_2 = \varkappa a^2\pi$ der ebenen Stirnfläche.

Der Gesamtwiderstand ist $W = W_1 + W_2$; dieser ist gegenüber dem Widerstand $\varkappa R^2\pi$ des senkrecht abgeschnittenen Zylinders vom Kaliber $2\,R$ kleiner im Verhältnis

$$\cos\beta \left(1 - \frac{a^2}{R^2}\right) + \frac{a^2}{R^2} \text{ zu } 1\,.$$

2. **Ogivalgeschoß vom Abrundungsradius $= n$ Halbkaliber.** Annahme $m = 1$ (Lössl). AC sei der erzeugende Kreisbogen des Ogivals, Mittelpunkt O_1, P ein beliebiger Punkt (xz) des Kreisbogens. Es empfiehlt sich, statt x den Zentriwinkel $A O_1 P = \varepsilon$ als unab-

hängige Veränderliche einzuführen. Dabei ist

$$O_1 P \cdot \cos \varepsilon = O_1 D = O_1 A - AD, \qquad \text{also} \qquad nR \cos \varepsilon = nR - (R - x),$$

$$x = nR \left(\cos \varepsilon - \frac{n-1}{n} \right); \qquad dx = -nR \cdot \sin \varepsilon \cdot d\varepsilon; \qquad ds = nR \cdot d\varepsilon;$$

also

$$W = 2\pi\varkappa \int \frac{dx}{ds} \cdot x \cdot dx$$

$$= 2\pi\varkappa \cdot \int \frac{nR \cdot \sin \varepsilon \cdot d\varepsilon}{nR \cdot d\varepsilon} \cdot nR \cdot \left(\cos \varepsilon - \frac{n-1}{n} \right) \cdot nR \sin \varepsilon \cdot d\varepsilon$$

$$= 2\pi\varkappa R^2 n^2 \int_{\varepsilon=0}^{\varepsilon=\gamma} \sin^2 \varepsilon \left(\cos \varepsilon - \frac{n-1}{n} \right) d\varepsilon.$$

$$W = \varkappa R^2 \pi n^2 \left(\sin \gamma - \tfrac{1}{3} \sin^3 \gamma - \gamma \cdot \cos \gamma \right).$$

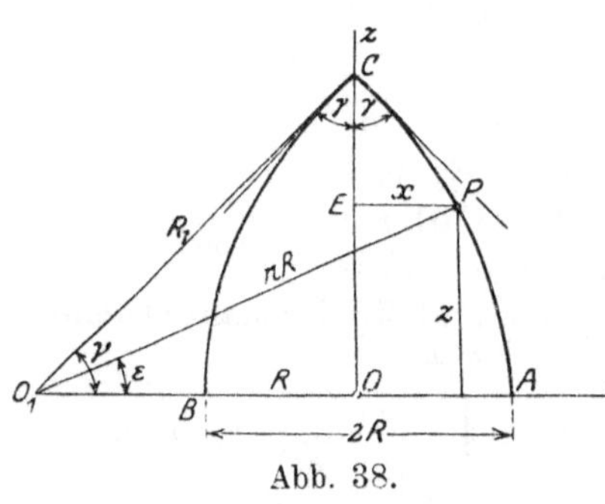

Abb. 38.

Dabei ist der Winkel γ als der Grenzwinkel $A O_1 C$ bestimmt durch

$$\cos \gamma = \frac{nR - R}{nR} = \frac{n-1}{n}.$$

Bei diesem Anlaß sei erwähnt, daß für solche Ogivalgeschosse (Panzergranaten) die Kennzeichnungen durch den halben Ogivalwinkel γ an der Spitze, ferner durch die Kopfhöhe $OC = h$, endlich durch den Abrundungsradius $R_1 = O_1 C = nR$, folgendermaßen zusammenhängen:

$$\cos \gamma = \frac{n-1}{n}, \qquad \sin \gamma = \frac{h}{R_1}, \qquad \left(\frac{h}{2R} \right)^2 = \frac{R_1}{2R} - \frac{1}{4},$$

so daß gleichwertig sind z. B. die Angaben:

Abrundungsradius in Kalibern:	$\dfrac{R_1}{2R} =$	0,5	1	1,5	2	3
oder Kopfhöhe in Kalibern:	$\dfrac{h}{2R} =$	0,5	0,866	1,118	1,323	1,658
oder halber Ogivalwinkel:	$\cos \gamma =$	0 (Halbkugel)	$\dfrac{1}{2}$	$\dfrac{2}{3}$	$\dfrac{3}{4}$	$\dfrac{5}{6}$
	γ	90^0 (Halbkugel)	60^0	$48^0\,11'$	$41^0\,25'$	$33^0\,34'$

Derartige Berechnungen für verschiedene Geschoßkopfformen haben W. Groß auf Grund der Lösslschen Annahme und Ingalls mit Zuhilfenahme des Ducheminschen Gesetzes, ferner neuerdings A. Sjohwist mittels der Gesetze von v. Lössl, von Riabouchinsky und von Hamilton in größerer Anzahl durchgeführt (vgl. Lit. Note).

Hélie (Frankreich) nahm an, daß der Spitzenkoeffizient i von Ogivalgeschossen mit dem Sinus des halben Ogivalwinkels γ an der Spitze zu- und abnehme; dies soll durch zahlreiche Versuche bestätigt sein. A. Hamilton (Nordamerika) gibt dagegen an, es sei festgestellt, daß der i-Wert eines Geschosses proportional sei dem Mittelwert aus dem sinus derjenigen Winkel, die die Tangenten an das Ogival in den verschiedenen Punkten gegenüber der Geschoßachse bilden. Danach würden sich die i-Werte zweier Geschosse umgekehrt wie die Oberflächen der Geschoßspitzen verhalten. Wenn man $i = 1$ wählt für ein Ogival mit 2 Kal. Abrundungsradius, so würde danach für $n = 2, 3, 4, 5, 6, 7$ Kal. Abrundung i resp. $= 1,00; 0,82; 0,71; 0,64; 0,58; 0,54$ sein. Daß die erwähnten Voraussetzungen bis jetzt nicht in aller Strenge als allgemein gültig durch den Versuch bewiesen sein können, soll weiter unten gezeigt werden.

In der folgenden Tabelle ist der spezifische Widerstand von Geschossen gleichen Kalibers, aber verschiedener Kopfform, also $W : R^2\pi\varkappa$, der Widerstand des Geschoßkopfes im Vergleich zu dem Widerstand $R^2\pi\varkappa$ des senkrecht abgeschnittenen Zylinders vom gleichen Kaliber, bezogen auf dieselbe Geschoßgeschwindigkeit gegeben, wie er sich auf Grund der Elementargesetze von v. Lössl, Duchemin und Newton berechnet:

Kopfhöhe in Kalibern	oder (speziell bei Ogivalgeschossen) Abrundungsradius in Kalibern	Ogivale Kopfform			Kegelförmige Kopfform		
		Gesetz von F. v. Lössl (W. Groß)	Gesetz von Duchemin (Ingalls)	Gesetz von Newton (Kummer usw.)	Gesetz von F. v. Lössl (W. Groß)	Gesetz von Duchemin (Ingalls)	Gesetz von Newton (Kummer usw.)
0,5	0,5 (Halbkugel)	0,666	0,858	0,500	0,707	0,943	0,500
0,866	1	0,504	0,752	0,292	0,500	0,800	0,250
1,118	1,5	0,419	0,675	0,204	0,409	0,663	0,167
1,323	2	0,366	0,617	0,156	0,353	0,628	0,125
1,5	2,5	0,331	0,571	0,127	0,317	0,575	0,100

Dies ist der errechnete Spitzenkoeffizient i, falls dieser Koeffizient für den senkrecht abgeschnittenen Zylinder $= 1$ genommen wird.

Wie man sieht, stimmen die mit den einzelnen Gesetzen als Elementargesetzen erhaltenen Zahlenwerte für dieselbe Kopfform recht wenig überein. Neuerdings hat A. Sjohwist für verschiedene Spitzenhöhen die Spitzenwerte nach v. Lössl, nach Riabouchinsky und nach Hamilton berechnet, und zwar für ogivale, für parabolische und für konische Form der Geschoßspitze und damit die nachstehende Tabelle erhalten. Es zeigt sich daraus, daß mit den drei Annahmen fast dieselben Spitzenwerte bei ogivaler Spitze erhalten werden, daß dagegen bei parabolischer und bei konischer Spitzenform die Ergebnisse bedeutend voneinander abweichen. Aus der Vergleichung der theoretisch errechneten und der durch Schießversuche erhaltenen Formwerte schließt er, daß im allgemeinen nach v. Lössl die zuverlässigsten Spitzenwerte erhalten werden.

Spitzenhöhe in Kal.	bei ogivaler Spitze Abrundungsradius der Spitze in Kal.	Ogivale Spitze			Parabolische Spitze			Konische Spitze		
		nach v. Lössl	nach Riabouchinsky	nach Hamilton	nach v. Lössl	nach Riabouchinsky	nach Hamilton	nach v. Lössl	nach Riabouchinsky	nach Hamilton
0,500	0,500	1,825	1,361	1,910	1,693	1,362	2,251	1,937	1,525	2,700
0,750	0,813	1,510	1,270	1,536	1,315	1,187	1,683	1,521	1,525	2,119
1,000	1,250	1,249	1,156	1,254	1,068	1,019	1,326	1,225	1,525	1,708
1,118	1,500	1,148	1,099	1,149	0,981	0,952	1,166	1,118	1,515	1,555
1,250	1,813	1,052	1,035	1,049	0,896	0,885	1,088	1,019	1,488	1,418
1,323	2,000	1,000	1,000	1,000	0,858	0,851	1,035	0,970	1,467	1,350
1,500	2,500	0,907	0,921	0,896	0,773	0,778	0,920	0,866	1,408	1,208
1,750	3,313	0,789	0,823	0,780	0,679	0,694	0,796	0,751	1,314	1,049
2,000	4,250	0,699	0,740	0,691	0,605	0,625	0,701	0,666	1,220	0,927
2,250	5,313	0,630	0,671	0,618	0,542	0,568	0,625	0,595	1,132	0,829
2,500	6,500	0,573	0,612	0,560	0,496	0,520	0,565	0,534	1,052	0,749
2,750	7,813	0,518	0,563	0,510	0,455	0,480	0,515	0,490	0,991	0,684
3,000	9,250	0,474	0,518	0,470	0,419	0,445	0,472	0,449	0,915	0,627

In der Tabelle sind die Werte für ogivale Spitzen von 2 Kal. Abrundungsradius = 1 genommen. Wie große Beträge der Gewinn an Schußweite durch schlanke Form der Spitze annehmen kann, zeigt Sjohwist z. B. durch Berechnungen der Schußweiten eines Geschosses von 15 cm Kaliber, 385,6 kg Gewicht, $v_0 = 920$ m/sec; bei dem Abgangswinkel $\varphi = 15^0$ wird mit ogivaler Spitze von 2; 3; 4; 5; 6; 7; 8 Kal. Abrundungsradius ein Schußweitengewinn (der Rechnung zufolge) von bzw. 0; 11; 19; 25; 31; 35; 39 % erzielt.

Laboratoriumsversuche mit kleinen Geschwindigkeiten liegen in größerer Anzahl vor. Z. B. erhielten Borda, Hutton und Vince folgende Ergebnisse. Der Widerstand gegen eine Halbkugel verhält sich zu demjenigen gegen die ebene Durchmesserfläche durchschnittlich wie 0,407 : 1 (Borda 0,405 : 1; Hutton 0,413 : 1; Vince 0,403 : 1); ferner verhält sich der Widerstand eines Kreiskegels von resp. 90°, 60°, 51° 24′ Kegelöffnung zu dem Widerstand gegen die ebene Grundfläche resp. wie 0,691, 0,543, 0,433 zu 1.

Didion gelangt bei Versuchen mit axial bewegten Zylindern von 10 cm Höhe, auf die ein Kreiskegel von resp. 1; 1,5; 2; 3; 4 Halbkalibern Höhe, endlich eine Halbkugel aufgesetzt war, zu dem Ergebnis, daß in diesen sechs Fällen die Widerstände untereinander sich resp. wie 73,26; 53,99; 47,74; 44,29; 40,96 und (bei der Halbkugel) 43,03 verhalten. Für Kugeln, die mit ca. 9 m/sec

Geschwindigkeit bewegt wurden, erhielt er $W(\mathrm{kg}) = 0{,}0275 \cdot \delta \cdot R^2 \pi v^2$; δ Luftgewicht in kg/cbm; $R^2 \pi$ Querschnitt in qm und v Geschwindigkeit in m/sec.

A. Frank ermittelte 1906 für sehr verschiedene Körperformen auf Grund von Versuchen die Zahlenwerte für den Luftwiderstand bei kleinen Geschwindigkeiten (vgl. Lit. Note). Endlich wurde F. v. Lössl bei seinen Versuchen zu dem Ergebnis geführt, daß der Widerstand eines axial bewegten Kegels von der halben Öffnung α zu dem Widerstand gegen die ebene Grundfläche sich wie $0{,}83 \cdot \sin \alpha$ zu 1 verhalte (mit dem als Elementargesetz verwendeten Lösslschen Gesetz erhält man durch Rechnung das Verhältnis $1 \cdot \sin \alpha$ zu 1). Ferner ist nach seinen Versuchen der Widerstand einer Kugel $\frac{1}{3}$ des Widerstands gegen die ebene Durchmesserfläche (durch Rechnung wird auf Grund des Lösslschen Gesetzes genau das Doppelte, nämlich $\frac{2}{3}$ erhalten, s. o.).

Dies deutet darauf hin, daß jene Gesetze wohl überhaupt nicht als Elementargesetze gelten können. Aber auch abgesehen davon können die Versuche mit Geschwindigkeiten bis etwa 10 m/sec aufwärts für die Ballistik nicht entscheidend sein.

Auf Grund deutscher Schießversuche sollen sich nach W. Heydenreich die Formwerte von Ogivalgeschossen mit resp.

0,5	0,7	1	1,5	2	3	4	6	8	Kal. Abrundungs- radius etwa wie
1350	1200	1100	1000	950	850	800	700	650	verhalten,'

und diese Formwerte sollen, bei sonst gleichen Umständen, „unmittelbar von einem Geschoß auf ein anderes unabhängig vom Kaliber übertragen werden können".

Seinen weiteren Ausführungen zufolge scheint W. Heydenreich selbst die Zuverlässigkeit obiger Zahlen als erschossener Formwerte und die allgemeine Übertragbarkeit eines Formwerts von einem Geschoß auf ein anderes in Zweifel zu ziehen. Es soll im folgenden gezeigt werden, wie die Formwerte in der Regel erschossen wurden und weshalb eine so gewonnene Zahl mehr einen Koeffizienten für den gegenwärtigen Stand der ballistischen Wissenschaft, einen „Koeffizienten unserer Unkenntnis", als einen eigentlichen und übertragbaren Formwertfaktor vorstellt.

Kritische Bemerkungen über das bisher meist übliche „Erschießen" von Formwerten.

Das Erschießen des Spitzenkoeffizienten i ging bisher meist folgendermaßen vor sich: Die Anfangsgeschwindigkeit v_0, die Schußweite X, der Abgangswinkel φ und das Tagesluftgewicht δ werden beobachtet. Aus einer der Näherungslösungen des ballistischen Problems (vgl. 4. bis 7. Abschnitt) und aus der Kenntnis des Geschoßkalibers $2R$ und Geschoßgewichts P erhält man das Produkt $i\beta$. Hier ist β ein Ausgleichsfaktor, der dazu dienen soll, den bei der Integration der Differentialgleichungen des ballistischen Problems begangenen Fehler auszugleichen. Durch Division mit β gewinnt man den i-Wert im Vergleiche zu einem Normalwert $i = 1$, der in bestimmter Weise definiert sein muß, aber sonst willkürlich ist.

a) Wenn man nun für irgendein Geschoß auf Grund derselben Werte v_0. φ, X, $2R$, P, δ den i-Wert mittels zweier verschiedener Lösungssysteme berechnet, die auf denselben Luftwiderstandsgesetzen basiert sind, so erhält man nicht immer denselben Wert; man kann Unterschiede bis zu $13\,^0/_0$ wahrnehmen. Der Grund liegt darin, daß der Ausgleich des Integrationsfehlers bei den verschiedenen Lösungssystemen mehr oder weniger gut gelungen ist (vgl. § 41).

Aber auch innerhalb desselben Lösungssystems (z. B. Siacci II) sind für die verschiedenen Abgangswinkel φ und Schußweiten X die Fehler in den betreffenden Werten β nicht durchweg gleich groß, ohne daß man übrigens genaue Kenntnis darüber hätte, ob β zu groß oder zu klein berechnet wurde und um wieviel Rechnet man also z. B. grundsätzlich mit Siacci II, entnimmt dabei β aus der β-Tabelle, sieht dieses β als genau richtig an und ermittelt damit i, so verlegt man einen Teil des Fehlers von β, also einen Teil des Integrationsfehlers auf den i-Wert. Zu einem ersten Teile liegt somit die Ungenauigkeit der Bestimmung von i in dem mathematischen Integrationsverfahren.

b) Ferner ist, wie erwähnt, der Luftwiderstand nicht genau proportional mit dem Querschnitt des Geschosses. Bei der oben angedeuteten Berechnung des Spitzenkoeffizienten i wird aber diese Proportionalität angenommen. Folglich entsteht wiederum ein Fehler. Auch dieser Fehler wird bei der Rechnung zu einem Teil auf den i-Wert verlegt Je mehr nun zwei der Spitzenform nach ähnliche Geschosse dem Kaliber nach sich unterscheiden, um so mehr wird der Umstand, daß Widerstand und Querschnitt einander nicht proportional sind, sich in dem berechneten Werte i geltend machen können.

c) Das Luftgewicht δ ist tatsächlich variabel, weil von der Flughöhe y des Geschosses abhängig. Bei der Berechnung aber wurde das Luftgewicht vielfach konstant angenommen, nämlich entweder gleich demjenigen am Boden oder besser gleich einem mittleren Luftgewicht; also entspringt hieraus wiederum ein Fehler, der teilweise auf den Koeffizienten i abgeführt wird. Auch der entlang der Bahn auf das Geschoß wirkende und tatsächlich variable Wind wurde bisher entweder überhaupt nicht oder nur näherungsweise in Rechnung gestellt Dieser Umstand führt ebenfalls von einer Bahn zu andern am gleichen Schießtag, sowie von einem Schießtag zum andern bei gleichen Bahnen eine Veränderlichkeit der i-Werte herbei; nur wenn es gelingt, den Windeinfluß durch besondere Maßnahmen empirisch auszuschalten (Schießen abwechselnd in Richtung des Winds und entgegen dem Wind, oder Schießen nach 4 zueinander senkrechten Richtungen usw.) sind die i-Werte gleichmäßiger.

d) Der Widerstand ist, wie oben nachgewiesen wurde, auch nicht genau proportional einem einzigen Koeffizienten, vielmehr ist die Abhängigkeit des Widerstandes von der Form eine weit verwickeltere. Bei der Berechnung des Wertes aber wird jene Proportionalität als genau gültig vorausgesetzt.

Es seien für dasselbe Geschoß und dieselbe Anfangsgeschwindigkeit v_0 und dasselbe Luftgewicht δ, jedoch für mehrere Schußweiten X die zugehörigen Abgangswinkel φ gemessen, so kann man bei jeder einzelnen der betreffenden Flugbahnen dieses Geschosses seinen i-Wert in der erwähnten Weise berechnen. Dabei zeigt es sich aber häufig, daß die Reihe der so erhaltenen Werte nicht konstant ist, wie man früher wohl erwarten mochte, sondern zu- oder abnimmt.

Wenn die Lösung des ballistischen Problems eine vollkommene wäre, und wenn die Längsachse des Geschosses stets in der Flugbahntangente bliebe, was eine der Voraussetzungen von Abschnitt 4—7 bildet, müßten notwendig sämtliche i-Werte einander gleich sein, da ja die Form des Geschosses bei dessen Flug durch die Luft sich nicht ändert. Tatsächlich ändert sich jedoch der errechnete i-Wert, und zwar z. B. bei einigen neueren Infanteriegeschossen von einer Flugbahn zur anderen ziemlich stark.

Die Ursache für diese Änderung der Formenkoeffizienten liegt erstens darin, daß der Fehler in dem Ausgleichsfaktor β bei den verschiedenen Flugbahnen desselben Geschosses verschieden groß ist, zweitens darin, daß die Veränderlichkeit von i mit der Form und der Geschwindigkeit (s. o.) nicht oder nicht genügend berücksichtigt wurde, drittens aber auch darin, daß die Geschosse zum Teil kräftige Pendelungen in der Luft ausführen (Näheres s. 9. Abschnitt). Im letzteren Falle trifft das angewendete Rechnungsverfahren noch weniger genau zu, da die Berechnung der Flugbahn mit Berücksichtigung der Geschoßpendelungen hätte durchgeführt werden müssen (was freilich bis jetzt nicht in befriedigender Weise möglich ist). Wenn also dies nicht geschieht, wenn vielmehr das betreffende Näherungsverfahren auch hier angewendet wird, so muß sich der hieraus entstehende Fehler in einer scheinbaren Veränderlichkeit des Spitzenkoeffizienten i zeigen, der dann gleichzeitig ein Stellungskoeffizient ist.

Umgekehrt darf aber nicht ohne weiteres diese Veränderlichkeit als das quantitative Maß für die Pendelungsgröße betrachtet werden.

Aus den angeführten Gründen kann nicht mit Bestimmtheit behauptet werden, daß die in jener Weise erschossenen i-Werte die wahren Formwerte darstellen und noch weniger, daß sie von einem Geschoß auf ein anderes unmittelbar übertragen werden dürfen.

§ 14. Über die Berechnungen bezüglich der günstigsten Spitzenform des Geschosses. Sogen. Augustsche Geschoßspitze.

Die Behandlung der Aufgabe, denjenigen Umriß der Geschoßspitze zu bestimmen, bei dem der Gesamtwiderstand eines in Richtung seiner Längsachse mit gegebener Geschwindigkeit sich bewegenden Geschosses ein Minimum wird, geht auf Newton zurück. In der Abbildung ist die Längsachse des Geschosses als x-Achse genommen, senkrecht dazu steht die y-Achse. Gegeben ist das Halbkaliber $R = BB_1 = CC_1$ und entweder die Höhe $h = AB = x_1 - x_0$ des Geschoßkopfes oder die ebene Stirnfläche $y_0^2 \cdot \pi$ oder beides. Die Stirnfläche habe den Abstand x_0 vom Koordinatenanfang O. Es handelt

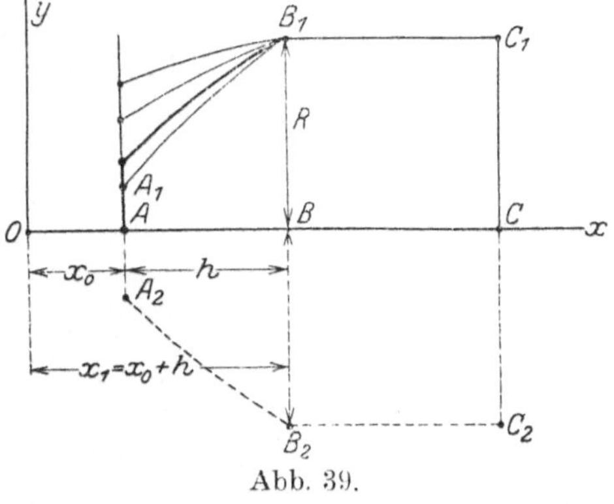

Abb. 39.

sich darum, die Meridiankurve $A_1 B_1$ zu ermitteln, die bei ihrer Rotation um die x-Achse den kleinsten Widerstand in der Richtung der x-Achse gibt, wenn das Geschoß mit gegebener Geschwindigkeit v in der Richtung CA in ruhender Luft sich bewegt oder wenn die Luft mit derselben relativen Geschwindigkeit in der Richtung AC gegen den Geschoßkopf heranströmt. Dabei möge wieder $\varkappa(v)$ den Widerstand der senkrecht zu ihrer Fläche bewegten Flächeneinheit bedeuten. Man soll den Widerstand gegen den gesamten Geschoßkopf $B_1 A_1 A_2 B_2$ berechnen und zu einem Minimum werden lassen.

Eliegt hier eine Aufgabe der Variationsrechnung vor. Ohne Ableitung sei das Folgende vorausgeschickt. Wenn es sich darum handelt, diejenige Funktion y von x (Kurve $A_1 B_1$) zu bestimmen, für die das gegebene bestimmte Integral $\int_a^b F(x, y, y', y'' \cdots)\,dx$ ein Extremum werden soll, so ist die Differentialgleichung

$$0 = \frac{\partial F}{\partial y} - \frac{d}{dx}\left(\frac{\partial F}{\partial y'}\right) + \frac{d^2}{dx^2}\left(\frac{\partial F}{\partial y''}\right) - \cdots \tag{1}$$

zu integrieren. Die Integrationskonstanten werden in den einzelnen bestimmten Fällen folgendermaßen berechnet.

Sind erstens die Enden $(x_0 y_0)$, $(x_1 y_1)$ des betreffenden Kurvenstückes fest gegeben, so muß für $x = x_0$, $y = y_0$ und für $x = x_1$, $y = y_1$ sein.

Ist der eine Endpunkt $(x_1 y_1)$ fest, wie hier der Punkt B_1 fest gegeben ist, soll dagegen der andere Endpunkt $(x_0 y_0)$ auf einer Parallelen zur x-Achse verschiebbar sein, d. h. soll das gesuchte Kurvenstück von einem festen Punkt $(x_1 y_1)$ bis zu einer Parallelen $y = y_0$ zur x-Achse verlaufen und dort endigen, so muß für $x = x_1$, $y = y_1$ und für $y = y_0$, $F - y' \cdot \dfrac{\partial F}{\partial y'} = 0$ sein, woraus die Konstanten zu berechnen sind.

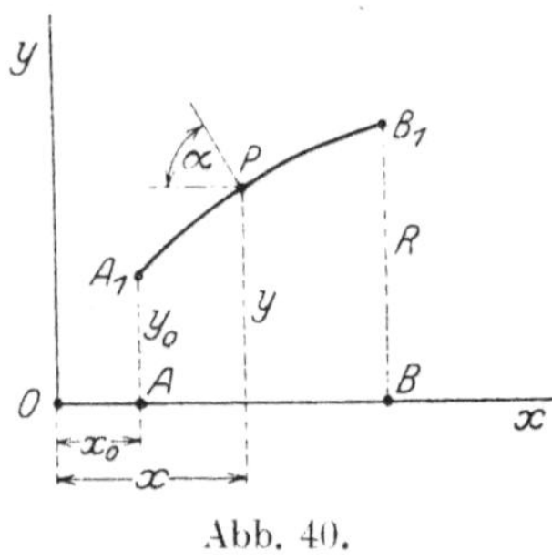

Abb. 40.

Es sei $A_1 B_1$ das fragliche Kurvenstück; P ein beliebiger Punkt desselben und ds ein Kurvenelement bei P. Durch Rotation des Elementes ds um die x-Achse entsteht ein unendlich schmaler Gürtel vom Flächeninhalt $2\pi y \cdot ds$ als Element df der Mantelfläche des Geschoßkopfes. Ist α der Winkel zwischen der Bewegungsrichtung (x-Achse) und der Normalen zum Flächenelement, so ist bei Annahme des Newtonschen Gesetzes

$$\varkappa \cdot df \cdot \cos^2 \alpha$$

oder $\varkappa \cdot 2\pi y\,ds \cdot \left(\dfrac{dy}{ds}\right)^2$ der Widerstand für das Flächenelement, gerichtet in der Normalen zu df. Die Komponente entlang der x-Achse ist $\varkappa\, 2\pi y\,ds \cdot \left(\dfrac{dy}{ds}\right)^3$ oder $2\pi\varkappa \cdot y\,dy \cdot \dfrac{1}{1 + \left(\dfrac{dx}{dy}\right)^2}$. Es sei weiterhin $\dfrac{dx}{dy}$ oder x' mit q, $\dfrac{dy}{dx}$ oder y' oder $\dfrac{1}{q}$ mit p bezeichnet. Dann ist die Summe der x-Komponenten aller Widerstände gegen die krumme Oberfläche des Geschoßkopfs

$$W = 2\pi\varkappa \cdot \int_{y = y_0}^{y = R} \frac{y \cdot dy}{1 + x'^2} = 2\pi\varkappa \int_{y_0}^{R} \frac{y \cdot dy}{1 + q^2}. \tag{2}$$

Hier ist y die unabhängige Variable, und die Funktion unter dem Integral ist $\psi(y, x') = \dfrac{y}{1 + x'^2} = \dfrac{y}{1 + q^2}$. Soll also obige Regel (1) der Variationsrechnung angewendet werden, so ist zu berücksichtigen, daß jetzt x und y ihre Rollen vertauscht haben, d. h. es ist die Differentialgleichung zu integrieren: $0 = \dfrac{\partial \psi}{\partial x} - \dfrac{d}{dy}\left(\dfrac{\partial \psi}{\partial x'}\right) + \cdots$ Da in der Funktion ψ nur y und x', aber nicht x vorkommt, so ist $\dfrac{\partial \psi}{\partial x} = 0$, somit $0 = \dfrac{d}{dy}\left(\dfrac{\partial \psi}{\partial x'}\right)$; $\dfrac{\partial \psi}{\partial x'} = \text{const.}$ Nun ist $\dfrac{\partial \psi}{\partial x'} = \dfrac{\partial \psi}{\partial q} = \dfrac{-2qy}{(1 + q^2)^2}$, also $\dfrac{-2qy}{(1 + q^2)^2} = \text{konst.} = -2\,C$; $y = C\dfrac{(1 + q^2)^2}{q}$. Ferner

$$dx = q \cdot dy = q \cdot C \cdot \dfrac{4\,q^2\,(1 + q^2) - (1 + q^2)^2}{q^2} \cdot dq$$

oder

$$\dfrac{dx}{C} = \left(2\,q + 3\,q^3 - \dfrac{1}{q}\right) \cdot dq.$$

Also ist die Lösung der Aufgabe vorläufig in dem simultanen System gegeben

$$\left. \begin{aligned} x &= C\left(\tfrac{3}{4}q^4 + q^2 - \operatorname{lgnt} q + C_1\right) \\ y &= \dfrac{C}{q}(1 + q^2)^2 \end{aligned} \right\}. \tag{3}$$

Dies ist die Kurvengleichung, in der Form $x = f_1(q)$, $y = f_2(q)$ mit dem Parameter q; nach Ermittelung von C und C_1 läßt sich somit die Kurve diskutieren und punktweise zeichnen. Es zeigt sich allgemein, daß die Kurve einen Rückkehrpunkt S_1 und zwei Asymptoten besitzt; die erste parallel der x-Achse, die zweite parallel der y-Achse; der erste und untere Ast der Kurve geht von $p = \sqrt{3}$ bis $p = 0$; der zweite und obere von $p = \sqrt{3}$. d. h. vom Rückkehrpunkt S_1 ab bis $p = \infty$. Hier kommt, wie sich später zeigen wird, allein der erste Zweig $S_1 B_1$ in Betracht.

Was nun die Bestimmung der Konstanten C und C_1 betrifft, so ist die erste Bedingung jedenfalls, daß für $x = x_1$, $y = R$ sein muß, weil der Geschoßkopf die direkte Fortsetzung des zylindrischen Teils bilden soll. Eine zweite Bedingung suchten sich N. von Wuich (1882) und später August (1888) durch die Überlegung zu verschaffen, daß die obere Stirnfläche $A_1 A_2$ möglichst klein sein, also die Ordinate SS_1 des Rückkehrpunktes S_1 den Radius AA_1 des Stirnkreises für den vorderen ebenen Abschluß des Geschosses bilden soll. Wie aus $\dfrac{dy}{dq} = 0$ leicht zu sehen ist, hat die Kurvenordinate y ihren kleinsten Wert für $q = \dfrac{1}{\sqrt{3}}$, oder $p = \sqrt{3}$, d. h. im Rückkehrpunkt S_1, dort ist der Winkel zwischen der Tangente und der x-Achse $= 60^0$. Somit sind die beiden Bedingungen für die Berechnung von C und C_1 die folgenden: für $x = x_0 + h$ muß $y = R$; für $x = x_0$ $q = \frac{1}{\sqrt{3}}$ sein. Aber damit läßt sich überhaupt kein Extremum erhalten. Denn die Grenzbedingung lautet jetzt: für $x = x_0$ muß sein $\psi - q \cdot \frac{\partial \psi}{\partial q} = 0$, wo $\psi = \frac{y}{1 + q^2}$ ist; dies gibt $\frac{y}{1 + q^2} - q \cdot \frac{-2\,q\,y}{(1 + q^2)^2} = 0$ oder $q^2 = -\frac{1}{3}$; d. h. die Kurve liefert kein Extremum. In der Tat ist der Luftwiderstand gegen die krumme Fläche allein für sich um so kleiner, je mehr sich diese Fläche einem Zylinder nähert.

Auf den Fehler in der Augustschen Lösung haben Armanini und Lampe aufmerksam gemacht. Letzterer wies zahlenmäßig nach, daß bei gleichem Kaliber $2\,R$ des zylindrischen Geschoßteils und bei gleicher Kopfhöhe h für die Form der Mantelfläche des Geschoßkopfes eine hyperboloidische Rotationsfläche mit ebener Stirnfläche gefunden werden kann, die einen noch etwas kleineren Widerstand geben würde als die Augustsche Fläche.

Der Fehler der Augustschen Rechnung liegt darin, daß der auf die ebene Stirnfläche $A_1 A_2$ entfallende Teil des Widerstandes nicht in der richtigen Weise eingerechnet ist. Der Gesamtwiderstand gegen die krumme Oberfläche des Geschoßkopfes und gegen die Stirnfläche soll ein Minimum werden; und bei der Variation des Endpunktes A_1 auf der Parallelen zur y-Achse ändert sich nicht nur die Meridiankurve $A_1 B_1$, sondern auch die Stirnfläche $AA_1{}^2 \cdot \pi$ oder $y_0{}^2 \pi$. Es ist also folgendermaßen zu verfahren:

Der ganze Widerstand gegen den Geschoßkopf ist

$$W = 2\,\pi\varkappa \cdot \left[\int\limits_{\substack{y=0 \\ \text{für } q=0}}^{y=y_0} \frac{y \cdot dy}{1 + q^2}\right] + 2\,\pi\varkappa \cdot \int\limits_{y=y_0}^{y=R} \frac{y \cdot dy}{1 + q^2}. \tag{4}$$

Hier bedeutet der erste Teil den Widerstand gegen die ebene Stirnfläche, entlang deren $q = 0$ ist, da die Stirnfläche senkrecht zur x-Achse steht; der zweite Teil den Widerstand gegen die krumme Oberfläche des Geschoßkopfes.

Das erste Integral sei in zwei Teile zerlegt: $\int\limits_0^{y_0} = \int\limits_0^R + \int\limits_R^{y_0} = \int\limits_0^R - \int\limits_{y_0}^R$, ist

also gleich $\int\limits_0^R \frac{y\,dy}{1 + 0} - \int\limits_{y_0}^R \frac{y \cdot dy}{1 + 0} = \frac{R^2}{2} - \int\limits_{y_0}^R y\,dy$. Ein Minimum soll folglich

werden

$$W = 2\,\pi\varkappa\cdot\left(\frac{R^2}{2} - \int\limits_{y_0}^{R} y\,dy\right) + 2\,\pi\varkappa\int\limits_{y_0}^{R}\frac{y\,dy}{1+q^2}$$

$$= \varkappa R^2\pi - 2\,\pi\varkappa\int\limits_{y_0}^{R}\left(y - \frac{y}{1+q^2}\right)dy,$$

oder

$$W = \varkappa R^2\pi - 2\,\pi\varkappa\cdot\int\limits_{y=y_0}^{y=R}\frac{y\cdot q^2}{1+q^2}\cdot dy. \tag{4a}$$

Um diesen Ausdruck W zu einem Minimum zu machen, hat man, da $R^2\pi\varkappa$ konstant ist, derart zu variieren, daß das Integral $\int\limits_{y_0}^{R}\frac{y\,q^2}{1+q^2}dy$ ein Maximum wird.

Die unter dem Integral stehende Funktion ist jetzt $\varphi = \frac{y\,q^2}{1+q^2}$. Die Lösung der Differentialgleichung $0 = \frac{\partial\varphi}{\partial x} - \frac{d}{dy}\left(\frac{\partial\varphi}{\partial q}\right) + \cdots$ gibt $\frac{\partial\varphi}{\partial q} =$ konst., oder $y\cdot\frac{2q(1+q^2)-2q^3}{(1+q^2)^2} = 2\,C,\quad y = \frac{C}{q}(1+q^2)^2$; dazu $dx = q\cdot dy$; also wiederum

$$\begin{cases} x = C\left(\tfrac{3}{4}q^4 + q^2 - \operatorname{lgnt} q + C_1\right) \\ y = \dfrac{C}{q}(1+q^2)^2 \end{cases} \qquad \text{wie oben in (3).}$$

Die Integrationskonstanten C und C_1 sind zu ermitteln aus den Bedingungen: für $x = x_1$ ist $y = R$; für $x = x_0$ ist $\varphi - q\cdot\frac{\partial\varphi}{\partial q} = 0$ (s. o.). Da es sich jetzt um das Integral $\int\frac{y\,q^2}{1+q^2}\,dy$, also um die Funktion $\varphi = \frac{y\cdot q^2}{1+q^2}$ handelt, so ist die zweite Grenzbedingung: $0 = \varphi - q\cdot\frac{\partial\varphi}{\partial q} = \frac{y\cdot q^2}{1+q^2} - q\cdot\frac{2q(1+q^2)-2q^3}{(1+q^2)^2}\cdot y$, woraus folgt $q^2 = 1$ oder $\frac{dx}{dy} = \pm 1$, wobei, wie man leicht sieht, nur das obere Zeichen in Betracht kommt, wenn

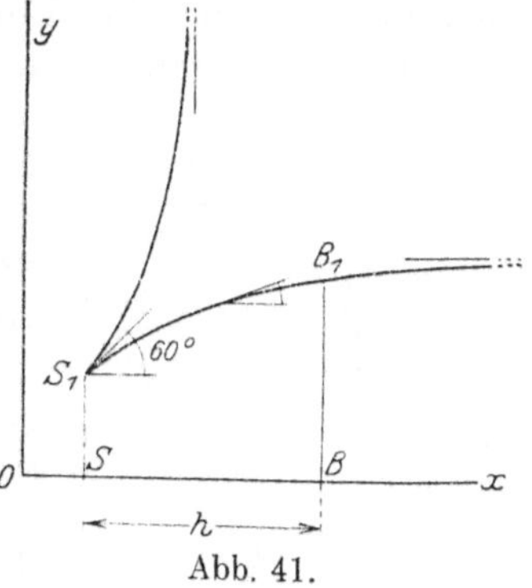

Abb. 41.

es sich um eine reelle Kurve handeln soll. Also muß im Endpunkt A_1 des Kurvenstücks $A_1 B_1$ die Neigung der Kurventangente gegen die x-Achse nicht $60^{\,0}$, sondern $45^{\,0}$ sein.

Daß unter den Voraussetzungen der mathematischen Aufgabe in der Tat ein Maximum des Integrals, und somit ein Minimum von W vorliegt, erkennt man aus der zweiten Variation: $\dfrac{\partial^2 \varphi}{\partial q^2}$ wird $= \dfrac{2\,y\,(1-3\,q^2)}{(1+q^2)^3}$. Da derjenige Zweig der Kurve in Betracht gezogen ist, dessen Asymptote parallel der x-Achse ist, und da die Kurve vom Punkt B_1 bis zum Punkt A_1 mit Tangentenneigung 45^0 reicht. so ist y positiv, und ist $3\,q^2 > 1$, also ist $\dfrac{\partial^2 \varphi}{\partial q^2}$ negativ, das Integral ein Maximum. (In aller Strenge hat Kneser die Extremumseigenschaften untersucht.)

Kritische Bemerkungen zu vorstehender Lösung
des Problems.

Schwerwiegender als der rein mathematische Fehler, der bei der Augustschen Berechnung der günstigsten Spitzenform begangen ist. dürfte die Tatsache sein, daß eine Reihe von Umständen durch obige Theorie teils nicht, teils in ganz unsicherer Weise einbezogen ist.

a) Es ist unwahrscheinlich, daß das Newtonsche Gesetz überhaupt ein Elementargesetz ist und daß es für die hier in Betracht kommenden großen Geschwindigkeiten Anwendung finden darf.

b) Der Normalwiderstand eines Flächenelements df ist nicht nur abhängig von $\varkappa \cdot df$ und α, also nicht genau gleich $\varkappa \cdot df \cdot \cos^2 \alpha$ (s. oben), sondern nach § 8 wahrscheinlich noch eine Funktion der Entfernung y des Flächenelements von der Geschoßlängsachse, überhaupt noch eine Funktion der ganzen Geschoßform. Diese Abhängigkeit ist jedoch nicht bekannt.

c) Die Form des Geschosses geht implizit in die Luftwiderstandsfunktion $\varkappa(v)$ ein. Die Einflüsse der Reibung — parallel, und da das Geschoß rotiert, auch senkrecht zu den Mantellinien des Geschosses —, sowie die Wellen- und Wirbelbildung sind völlig unberücksichtigt.

Zu welchen Ungereimtheiten obige Theorie führt, wenn das Abfließen der Luft am Geschoß, die Wellen- und Wirbelbildung, nicht in Rechnung gezogen wird, zeigt folgende Schlußfolgerung: Man lasse die bisher stillschweigend benutzte, jedoch in der Aufgabe nicht liegende Voraussetzung fallen, daß für die gesuchte Kurve $y = f(x)$ der erste

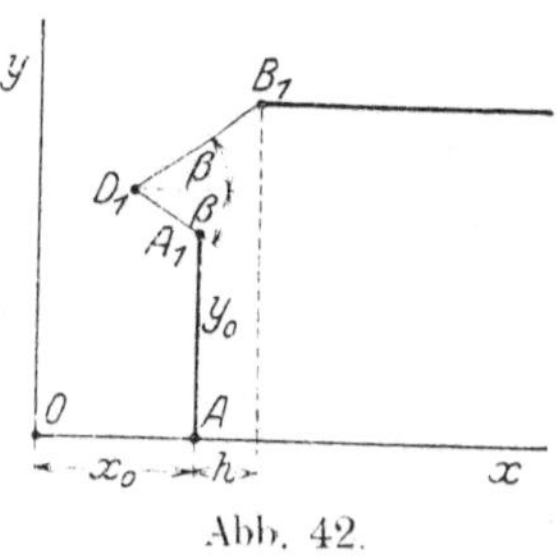

Abb. 42.

Differentialquotient durchweg stetig sein müsse, nehme die Ordinate y_0 des Anfangspunktes A_1 beliebig an und denke sich zwischen den Punkten A_1 und B_1 als Umriß der krummen Oberfläche des Geschoßkopfes eine gebrochene Linie $A_1 D_1 B_1$. Diese soll aus den zwei Geraden $A_1 D_1$ und $D_1 B_1$ bestehen, die gegen die x-Achse um den beliebig angenommenen Winkel β gleich geneigt sind (ein solcher Punkt D_1 läßt sich zu jedem angenommenen Winkel β leicht geometrisch konstruieren). Es ist dann entlang $A_1 D_1 B_1$ der Wert von p gleich $\pm \operatorname{tg} \beta$, $p^2 = + \operatorname{tg}^2 \beta$ oder $q^2 = \operatorname{ctg}^2 \beta$.

Dann wird

$$W = \varkappa \cdot R^2 \pi - 2\,\pi\varkappa \cdot \int\limits_{y_0}^{R} \frac{y \cdot q^2}{1 + q^2} \cdot dy = \varkappa R^2 \pi - 2\,\pi\varkappa \cdot \frac{\operatorname{ctg}^2 \beta}{1 + \operatorname{ctg}^2 \beta} \int\limits_{y_0}^{R} \cdot y\, dy$$

(da $\operatorname{ctg}^2 \beta$ konstant ist), also

$$W = \varkappa R^2 \pi - \pi\varkappa \cos^2 \beta \left(R^2 - y_0{}^2\right).$$

Der Winkel β kann beliebig klein gewählt werden; also ist an der Grenze $W = \varkappa R^2 \pi - \pi\varkappa \cdot 1 \cdot \left(R^2 - y_0{}^2\right) = \varkappa \pi \cdot y_0{}^2$. Und wenn A_1 speziell auf der Längsachse angenommen wird ($y_0 = 0$), so ist im Grenzfall der Luftwiderstand W gegen ein solches Spitzgeschoß mit kegelförmiger Spitze und kegelförmiger Ausbohrung der Spitze theoretisch gleich Null (auf diese Lösung haben schon Legendre und Weierstraß aufmerksam gemacht).

Niemand aber wird glauben, daß tatsächlich der Widerstand gegen Geschosse von der Form I oder II oder III ihres Längsschnitts sehr klein sei. Der Grund des scheinbaren Widerspruchs liegt darin, daß das Abströmen der Luft am Geschoß von der Theorie nicht berücksichtigt ist und vorläufig auch nicht völlig berücksichtigt werden kann.

Aus diesen Gründen haben solche theoretische Berechnungen im vorliegenden Fall keine praktische Bedeutung. Vielmehr kann vorläufig nur der (einwandfreie) Versuch über die günstigste Form des Geschosses entscheiden.

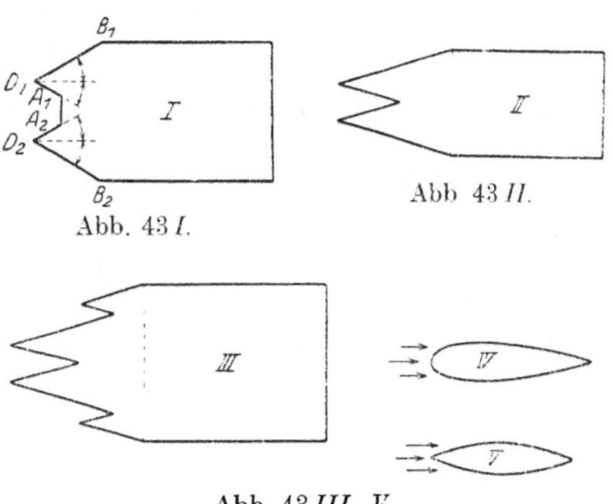

Abb. 43 I.

Abb. 43 II.

Abb. 43 III—V.

Übrigens sei bei diesem Anlaß darauf hingewiesen, daß sicher auch die Form des hinteren Geschoßendes von wesentlicher Bedeutung ist. Es ist nicht unmöglich, daß die Natur durch Anpassung in der Form des Vogel- und Fischkörpers und die jahrtausendelange Erfahrung der Menschheit in der Form des Schiffs (vgl. Abb. IV und V) für kleine Geschwindigkeiten eine günstigere Lösung der Aufgabe gefunden hat, als es bisher der Variationsrechnung möglich war.

Die Formen IV und V wurden schon 1744 von d'Alembert und 1831 von Piobert vorgeschlagen; die Eiform 1761 von Robins; ein Kegelstumpf am hinteren Geschoßende 1840 von Dreyse und 1860 von Witworth; von letzterem und von Hebler außerdem scharfe Zuspitzung des Geschoßkopfs. Hierüber und über spanische Versuche mit torpedoförmigen Geschossen (Form IV und V) aus dem Jahr 1906 vgl. die Lit.-Note. Letztere Form ist rein hydrodynamisch ohne Zweifel günstig; aber Gründe der Stabilisierung des Geschosses im Rohr und beim Flug in der Luft und andere praktische Gründe sprechen gegen diese Geschoßform.

Besser als torpedoförmige Geschosse haben sich bei großen Anfangsgeschwindigkeiten solche Geschosse bewährt, die am hinteren Ende eine Verjüngung in Form eines Kegelstumpfs besitzen, dessen Höhe und dessen Bodenflächendurchmesser nur etwa $82^0/_0$ des eigentlichen Geschoßkalibers betragen. Und was den Geschoßkopf anlangt, so scheint es weniger darauf anzukommen, ob die Meridiankurve des Geschoßkopfes ogival oder parabolisch oder hyperbolisch usw. ist, als vielmehr darauf, daß, wenn z. B. ein Ogival gewählt wird, der Abrundungsradius des Ogivals möglichst groß ist und daß alle Übergangsteile an der Geschoßoberfläche nach Möglichkeit abgerundet sind, damit das Entstehen von starken Luftwellen und Luftwirbeln möglichst vermieden wird. Um bei langer Spitze eine zu starke Vermehrung des Gesamtgewichts des Geschosses und eine zu weitgehende Verlegung des Gesamtschwerpunkts nach der Spitze hin zu vermeiden, wird man unter Umständen, je nach der beabsichtigten Verwendung der Geschosse, die Spitze zwar geschlossen, aber hohl anordnen (sogen. Haubengeschosse, Vorschlag von O. v. Eberhard). Im übrigen sei auf die Aufsätze von Hptm. Justrow (s. Lit.-Note), sowie auf die Waffenlehren von Wille, Berlin, Zimmerle usw. verwiesen.

IV. Einfluß der Luftdichte.

§ 15. Berechnung des Tagesluftgewichts δ.

Der Luftwiderstand hängt nach dem obigen u. a. von der zur Zeit des Schusses herrschenden Dichte der das Geschoß umgebenden Luft ab. Es handelt sich also darum, aus der Lufttemperatur t^0 C, dem reduzierten Barometerstand H_0 mm und dem Feuchtigkeitsgehalt $100 \cdot s^0/_0$ der Luft das Gewicht δ zu berechnen, das 1 cbm Luft am Versuchstag in der Nähe des Mündungshorizonts oder auch in der Höhe y (m) darüber besitzt.

A. Luftgewicht δ_0 am Erdboden (für $y = 0$).

Das Gewicht von 1 cbm vollkommen trockener Luft beträgt für 45^0 geographischer Breite und für Meereshöhe 1,293 03 kg, für Berlin mit der Breite $52^0 30'$ und 40 m Höhe über dem Meer 1,293 88 kg. Somit ist das Gewicht P von 1 cbm trockner Luft bei t^0 C Temperatur und bei H_0 mm Barometerstand nach dem vereinigten Gesetz von Mariotte und Gay-Lussac für Berlin

$$P = 1{,}2939 \cdot \frac{H_0}{760} \cdot \frac{1}{1 + 0{,}00367\, t} . \tag{1}$$

Nun ist die Luft feucht; daher ist $\delta_0 < P$, da der Wasserdampf, den die Luft teilweise enthält, nur $\frac{5}{8}$ vom Gewicht des gleichen Volumens trockner Luft wiegt. Der Barometerstand H_0 bezieht sich auf den Druck der feuchten Luft. Man hat sich also zu denken, daß in einen cbm trockner Luft Wasserdampf von der Spannung e einströme, und daß dafür ein gewisses Quantum trockner Luft austrete, so daß der Druck ebenso groß ist, wie er tatsächlich für die feuchte Luft gemessen wurde, nämlich gleich H_0. Die trockene Luft, die dabei in dem cbm übrig bleibt, wiege G_1 kg, ihr Partialdruck betrage H_1 mm. Der eingeströmte Wasserdampf wiege G_2 kg, der Partialdruck sei e mm. Nun ist nach dem Gesetz von Dalton der Druck eines Gemisches gleich der Summe der Partialdrucke, die man hätte, wenn je das betreffende Gas allein für sich denselben Raum erfüllen würde, d. h. es ist

$$H_0 = H_1 + e. \tag{2}$$

Führt man diese Vorstellung durch, so hat man sich zu denken, daß zuerst allein die G_1 kg trockener Luft in dem cbm sich befinden. Der Druck ist H_1. Vergleicht man diesen Fall mit dem Fall von Gleichung (1), der sich gleichfalls auf Füllung des cbm mit trockener Luft bezieht, so hat man, da nach dem Gesetz von Boyle-Mariotte die Drucke wie die Gewichte pro cbm sich verhalten,

$$\frac{G_1}{P} = \frac{H_1}{H_0} = \frac{H_0 - e}{H_0}. \tag{3}$$

Stellt man sich ebenso vor, es befänden sich nur die G_2 kg Wasserdampf in dem cbm, wobei der Druck e mm betrage und vergleicht diese Füllung mit der oben erwähnten, wobei das cbm mit Wasserdampf vom Druck H_0 mm gefüllt ist (Gewicht des cbm $\frac{5}{8} P$), so ist angenähert

$$\frac{G_2}{\frac{5}{8} P} = \frac{e}{H_0}. \tag{4}$$

Diese Werte von $G_1 + G_2$ in $\delta_0 = G_1 + G_2$ eingesetzt, gibt

$$\delta_0 = \frac{P}{H_0} \cdot \left(H_0 - \frac{3}{8} e \right) \tag{5}$$

oder, wegen (1),

$$\delta_0 (\text{kg/cbm}) = \frac{1{,}2939}{760 \cdot (1 + 0{,}003\,67\, t)} \cdot \left(H_0 - \frac{3}{8} e \right). \tag{I}$$

Wenn die Luft mit Wasserdampf gesättigt ist, läßt sich $e = E$ (Spannkraft des Wasserdampfes bei $t^0\ C$) aus der in der Physik und Technik wohlbekannten Tabelle entnehmen. Wenn sie, wie gewöhnlich, nicht gesättigt ist, so ist e nur ein Bruchteil von E, $e = s \cdot E$.

s wird, mit 100 multipliziert, von den Prozenthygrometern direkt angegeben, somit ist

$$\delta_0 = \frac{1{,}2939 \cdot H_0}{760} \cdot \frac{273}{273 + t} - 0{,}174 \cdot \frac{s \cdot E}{273 + t}. \tag{II}$$

Um die Bedeutung der Bezeichnungen zu wiederholen, so ist

t die Lufttemperatur in Grad Celsius,

s die relative Feuchtigkeit, d. h. das Verhältnis der Spannkraft e des tatsächlich in der Luft vorhandenen Wasserdampfes zu der Spannung E des Wasserdampfes im Fall der Sättigung (für E Tabelle Nr. 3 im Anhang); $100 \cdot s$ von den Prozenthygrometern (z. B. von Koppe und von Lamprecht) direkt angegeben.

H_0 der auf 0^0 C reduzierte Barometerstand in mm.

Abgelesen werden H mm am Quecksilberbarometer. Da man jedoch speziell mit dem Barometer nur den Luftdruck, nicht auch außerdem die Ausdehnung des Quecksilbers mit der Temperatur zu messen wünscht, bezieht man, um Vergleichungen zu ermöglichen, die Angaben des Barometers auf eine und dieselbe Temperatur, die Normaltemperatur 0^0 C. Nun ist der Ausdehnungskoeffizient des Quecksilbers $1 : 5550$, also ist der abgelesene Barometerstand

$$H = H_0 \left(1 + \frac{t}{5550}\right); \quad \text{folglich } H_0 = \text{nahezu } H \left(1 - \frac{t}{5550}\right).$$

Die Korrektion beträgt $\frac{H \cdot t}{5550} = 0{,}000181 \cdot H \cdot t$; diese ist abzuziehen. Andererseits dehnt sich auch der Maßstab am Barometer aus. Wird dieser als aus Messing (Ausdehnungskoeffizient $0{,}000019$) bestehend angenommen, so hat man von der letzterwähnten Zahl wieder $0{,}000019 \cdot H \cdot t$ abzuziehen. Folglich beträgt die im ganzen am abgelesenen Barometerstand H abzuziehende Korrektion nur $0{,}000162 \cdot H \cdot t$.

Häufig wird bei der Berechnung des Tagesluftgewichts δ_0 von dem Feuchtigkeitsgehalt der Luft abgesehen, da dieser Einfluß geringfügig ist. In diesem Fall wird (s. o.)

$$\delta_0 = \frac{0{,}465 \cdot H_0}{273 + t} \quad (H_0 \text{ in mm}), \tag{III}$$

was in den meisten Fällen genügt.

Die Verwendung eines einheitlichen Luftgewichts δ_0 (des sogen. Bodenluftgewichts) kann in allen den Fällen als zulässig angesehen werden, wo man in einer ausreichenden Zahl von Schießversuchen zu verschiedenen Abgangswinkeln, darunter auch zu dem Abgangswinkel der größten Schußweite, oder zu einem diesem sehr naheliegenden, die Schußweiten erschießt. Der durch Annahme eines einheitlichen Bodenluftgewichts δ_0 für alle Bahnen gemachte Fehler fällt dann mit manchen anderen Vernachlässigungen dem aus den Schießergebnissen berechneten ballistischen Koeffizienten zur Last (vgl. § 13 am Schluß). Doch wird man auch in diesem Falle gut tun, nach einem bereits zu Kriegsbeginn durch C. Cranz gemachten Vorschlag zur Berechnung des Bodenluftgewichts nicht die momentane Lufttemperatur am Boden, sondern einen in geeigneter Weise aus periodischen Ablesungen der letzten 24 Stunden gewonnenen Mittelwert zu nehmen, um den in unmittelbarer Bodennähe besonders schwankenden Temperaturgang auszuschalten.

B. Luftgewicht δ_y (kg/m³) in der Höhe y (m) über dem Mündungshorizont.

Um die Änderung des Luftgewichts mit der Erhebung y (m) über dem Erdboden zu berücksichtigen, nahm St. Robert die lineare Funktion $\delta_y = \delta_0 (1 - 0{,}00008 \cdot y)$; P. Charbonnier 1904 $\delta_y = \delta_0 \cdot (1 - 0{,}000\,11 \cdot y)$. E. Everling (s. Lit.-Note) findet mit Berücksichtigung der Erfahrungswerte von Schubert, Coym und Linke eine für Formelberechnungen bequeme Exponentialfunktion: $\delta_y = \delta_0 \cdot e^{-0{,}000\,106 \cdot y}$ $= \delta_0 \cdot 10^{-0{,}000\,046 \cdot y}$ (dabei y in m) und eine für Zahlenrechnungen geeignete Formel:

$$\delta_y = 1{,}250 - 0{,}1153\, y + 0{,}003\,024 \cdot y^2,$$

dabei y in Kilometern.

C. Cranz schlug 1910 vor, für eine rohe Näherungsberechnung, die nicht viel Zeit in Anspruch nehmen darf, mit einem konstanten Luftgewicht zu operieren, wie es in $\frac{2}{3}$ der Gipfelhöhe herrscht; denn $\frac{2}{3} \cdot y_s$ ist nach § 1 die Höhe, in der sich bezüglich der Zeit und der horizontalen Kartenentfernung das Geschoß, wenigstens im luftleeren Raum, durchschnittlich befindet.

Die Cranzsche Regel ist in den ersten Kriegsjahren bei der deutschen Artillerie mit gutem Erfolge zur rechnungsmäßigen Ausschaltung der Witterungseinflüsse benützt worden. Auf Veranlassung von K. Becker fand diese Regel eine weitere Verschärfung durch die im Frühjahr 1918 auf deutscher Seite erfolgte Einführung des „ballistischen Luftgewichts“. Darunter versteht man ein angenommenes einheitliches Luftgewicht, das konstant während des ganzen Geschoßfluges wirkend den gleichen Einfluß auf die Schußweite hat, wie das mit der Geschoßflughöhe variable tatsächliche Luftgewicht. Einzelheiten darüber siehe in § 49 und besonders im 12. Abschnitt.

Bei großen Höhen y, in die das Geschoß gelangt, wird man genauer in der Weise zu rechnen haben, wie es O. v. Eberhard und A. v. Brunn (s. Lit.-Note) ausgeführt haben: Es bedeute p_0 (kg/m²) den Luftdruck und T_0 die absolute Temperatur am Erdboden; p_y bzw. T

den Luftdruck bzw. die Temperatur in der Höhe y (m). Bis zu einer Höhe von $y = $ ca. 12 000 m oder in der sog. Troposphäre, nimmt unter normalen Verhältnissen nicht nur der Luftdruck p, sondern auch die absolute Temperatur T der Luft mit wachsender Erhebung y ab; es ist $T = T_0 - \lambda \cdot y$; λ heißt das Temperaturgefälle. In der sog. Stratosphäre ($y > 12\,000$ m) ist die Temperatur konstant gleich $-54{,}6^0$ C, also im absoluten Maß T konst. $= 218{,}4$. Um nun das Verhältnis $\delta_y : \delta_0$ des Luftgewichts δ_y in der Höhe y (m) zum Luftgewicht δ_0 am Erdboden in seiner Abhängigkeit von der jeweiligen Höhe y, von der Temperatur T_y und dem Luftdruck p_y daselbst zu erhalten, hat man die Gleichgewichtsbedingung $dp_y = -\delta_y \cdot dy$ und das Gasgesetz $p_y = \delta_y \cdot R \cdot T_y$ anzuwenden, wo R die Gaskonstante bedeutet (für Luft $R = 29{,}29$).

a) In der Troposphäre ist $T_y = T_0 - \lambda \cdot y$. Das Temperaturgefälle λ ergibt sich daraus, daß für $y = 12\,000$ m $T_y = 218{,}4$ ist; somit ist $218{,}4 = T_0 - \lambda \cdot 12\,000$; $\lambda = \dfrac{1}{12\,000} \cdot (T_0 - 218{,}4)$. Aus den beiden angeführten Gleichungen, der Gleichgewichtsbedingung und dem Gasgesetz, folgt

$$\frac{d p_y}{p_y} = -\frac{dy}{R \cdot T_y} = -\frac{dy}{R \cdot (T_0 - \lambda \cdot y)};$$

durch Integration $\quad \dfrac{p_y}{p_0} = \left(1 - \dfrac{\lambda \cdot y}{T_0}\right)^{\frac{1}{R\lambda}}.$

Und da $\qquad \dfrac{\delta_y}{\delta_0} = \dfrac{p_y}{p_0} \cdot \dfrac{T_0}{T_y} = \dfrac{p_y}{p_0} \cdot \dfrac{T_0}{T_0 - \lambda \cdot y},$

so wird $\quad \dfrac{\delta_y}{\delta_0} = \left(1 - \lambda \cdot \dfrac{y}{T_0}\right)^{\frac{1}{R\lambda} - 1}, \quad$ worin $\quad \lambda = \dfrac{T_0 - 218{,}4}{12\,000}. \qquad$ (IV)

Näherungsweise kann man bei der obigen Gleichung $\dfrac{d p_y}{p_y} = -\dfrac{dy}{R \cdot T_y}$ auch in der Troposphäre statt mit einem veränderlichen T_y einfach mit einer konstanten mittleren Temperatur rechnen, die mit T_m bezeichnet sein möge. In diesem Fall erhält man durch die Integration

$$\frac{p_y}{p_0} = e^{-\frac{y}{R \cdot T_m}}, \quad \text{also} \quad \frac{\delta_y}{\delta_0} = \frac{T_0}{T_y} e^{-\frac{y}{R \cdot T_m}}; \qquad \text{(IVa)}$$

man braucht also nur die Temperatur in den verschiedenen Höhen y zu kennen. In der Grenze zwischen Troposphäre und Stratosphäre ist

$$\frac{p_{12\,000}}{p_0} = \left(1 - \frac{\lambda \cdot 12\,000}{T_0}\right)^{\frac{1}{R \cdot \lambda}}; \quad \frac{\delta_{12\,000}}{\delta_0} = \left(1 - \frac{\lambda \cdot 12\,000}{T_0}\right)^{\frac{1}{R \cdot \lambda} - 1}.$$

b) In der Stratosphäre, wo

$$T \text{ konst.} = T_0 - \lambda \cdot 12\,000 = T_{12\,000} = 218{,}4 \text{ ist}$$

(in Graden $C = -54{,}6$), hat man durch Integration der Gleichung $\dfrac{d\,p_y}{p_y} = -\dfrac{d\,y}{R\cdot T_y}$ von jener Grenze ab:

$$\frac{p_y}{p_{12\,000}} = \frac{\delta_y}{\delta_{12\,000}} = e^{-\dfrac{y-12\,000}{R\cdot T_{12\,000}}}.$$

Also ist in der Stratosphäre das Verhältnis des Luftgewichts δ_y zum Bodenluftgewicht δ_0

$$\frac{\delta_y}{\delta_0} = \left(1 - \frac{\lambda\cdot 12\,000}{T_0}\right)^{\frac{1}{R\cdot\lambda}-1} \cdot e^{-\dfrac{y-12\,000}{R\cdot(T_0-\lambda\cdot 12\,000)}}. \tag{V}$$

Als Erster hat O. v. Eberhard richtig erkannt, welche Bedeutung diesen Beziehungen (IV) und (V) für sehr großen Steighöhen eines Geschosses zukommt:

Man denke sich, unter Voraussetzung eines normalen Temperatur-Gradienten λ, das Luftgewicht als Funktion der Steighöhe y in einem rechtwinkligen Koordinatensystem als Kurve dargestellt; die δ_y als Abszissen; die Steighöhen y als Ordinaten (s. Abb. 44). Dies möge folgendermaßen dreimal geschehen. Die Kurve 1 beziehe sich auf Normaltemperatur T_0 am Erdboden und Normal-Barometerstand p_0 am Erdboden, woraus sich gemäß $p_0 = \delta_0 \cdot R\cdot T_0$ das normale Luftgewicht $\delta_0 = OD$ am Erdboden ergibt. Die Kurve 2 sei gezeichnet unter Voraussetzung eines gleichen Bodenluftdrucks p_0, aber einer niedrigeren Bodenlufttemperatur T_0' und folglich eines größeren Bodenluftgewichts $\delta_0' = OE$. Die Kurve 3 sei gezeichnet unter Voraussetzung einer unveränderten, also normalen Boden-Lufttemperatur T_0, aber eines höheren Boden-Luftdrucks p_0', derart, daß ein höheres Bodenluftgewicht $\delta_0' = OE$ resultiert. Also in den drei Kurven sind die für $y = 0$ vorausgesetzten

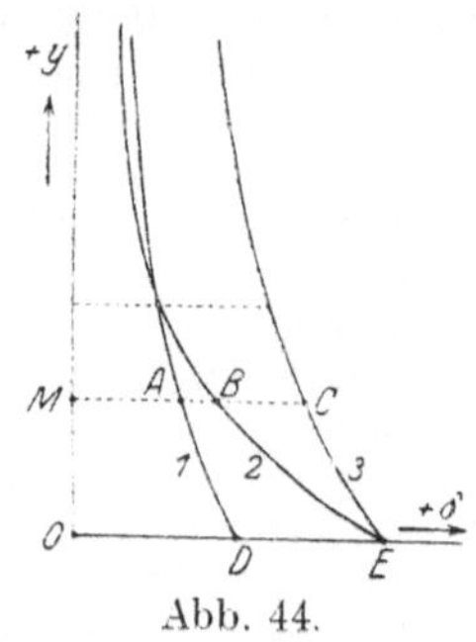

Abb. 44.

Größen: Lufttemperatur, Luftdruck, Luftgewicht bzw. die folgenden: in 1. $T_0\ p_0\ \delta_0$, in 2.: $T_0'\ p_0\ \delta_0'$, in 3.: $T_0\ p_0'\delta_0'$.

a) Vergleicht man die beiden Kurven 1 und 2 (wo der Luftdruck am Boden derselbe p_0 ist), so sieht man, daß die beiden Kurven sich schneiden. Die Flächen aller solchen Kurven wie 1 und 2 mit gleichem Bodenluftdruck p_0 sind unter sich gleich; d. h. die Fläche zwischen der Abszissenachse, der Ordinatenachse und der Kurve 1 ist gleich der Fläche zwischen der Abszissenachse, der Ordinatenachse und der Kurve 2. Denn eine solche Fläche ist nichts anderes, als das Gewicht der Luftsäule, die über 1 qm des Erdbodens steht, weil eine solche Fläche einerseits $= \int\limits_0^\infty \delta_y\cdot d\,y$ und wegen der obigen Gleichgewichtsbedingung andererseits auch $= -\int\limits_{p_0}^0 dp = +\,p_0$ ist.

b) In den beiden Kurven 1 und 3 ist die Bodenlufttemperatur die gleiche T_0, (aber in 3 das Bodenluftgewicht δ_0' statt δ_0 und der Bodenluftdruck p_0' statt p_0). Aus Gleichung (IV) und (V) folgt dann, daß in einer und derselben Höhe $y = OM$ über dem Erdboden $\delta_y : \delta_0 = \delta_y' : \delta_0'$ oder $MA : MC$ $= OD : OE$ ist; denn in (IV) und (V) sind dann die rechten Seiten konstant. Also in diesem Falle, wo die Bodenlufttemperatur sich nicht ändert und streng genommen nur in diesem Falle, kann, falls sich das Bodenluftgewicht um $\Delta\,\delta_0$ gegenüber dem normalen Bodenluftgewicht ändert, die relative Änderung $\Delta\,\delta_y : \delta_y$ des Luftgewichts in der Flughöhe y einfach gleich der relativen Änderung $\Delta\,\delta_0 : \delta_0$ des Bodenluftgewichts gesetzt werden.

c) In den beiden Kurven 2 und 3 ist das Bodenluftgewicht dasselbe δ_0', (aber p und T haben sich in 3 gegenüber 2 beide geändert, und zwar in dem Verhältnis, daß $p_0 : T_0' = p_0' : T_0$). Von diesen beiden Kurven 2 und 3 verläuft diejenige (2) mit der niedrigeren Lufttemperatur T_0' unterhalb derjenigen (3) mit der höheren Bodenlufttemperatur T_0. Also ist bei gleichem Bodenluftgewicht der Luftwiderstand kleiner an einem kälteren Tag, als an einem warmen Tag; und es wird danach in der kalten Luft weiter geschossen, trotz des gleichen Bodenluftgewichts δ_0'.

Betrachtet man nun für diese 3 Kurven je die Kurvenfläche zwischen der Abszissenachse ODE, der Ordinatenachse OM, einer Parallelen $MABC$ zur Abszissenachse in der gegebenen Flughöhe $OM = y$ und der betreffenden Kurve selbst, also die Kurvenfläche $OMAD$, bzw. $OMBE$, bzw. $OMCE$, so zeigt sich folgendes:

Bei kleinen Flughöhen y oder OM ist die Fläche EBC klein gegenüber der Fläche $DACE$, oder die Kurvenfläche $OMCE$ ist nahezu gleich der Kurvenfläche $OMBE$. Das heißt: wenn sich das Bodenluftgewicht δ_0 oder OD auf den Wert δ_0' oder OE ändert, so kommt es wenig darauf an, ob sich dabei die Temperatur T_0 am Erdboden auf T_0' geändert hat; für die Bemessung der Kurvenflächen, — von deren Bedeutung für die Schußweiten nachher die Rede sein soll, — ist vielmehr das Wichtigste, daß sich das Bodenluftgewicht δ_0 in δ_0' abgeändert hat.

Dagegen bei großen Flughöhen y ist die Kurvenfläche $DABE$, wie sich bei richtiger zahlenmäßiger Darstellung des Diagramms (unter Berücksichtigung des Vorzeichens der betr. Flächenstücke, aus denen sich $DABE$ zusammensetzt) zeigt, klein gegen die Fläche EBC. Also ist die Kurvenfläche $OMAD$, nahezu gleich der Kurvenfläche $OMBE$. Obgleich sich das Bodenluftgewicht von δ_0 oder OD auf δ_0' oder OE abgeändert hat, kommt es bei großen Steighöhen y für die Bemessung der Kurvenflächen weniger auf diese Änderung des Bodenluftgewichts an, als vielmehr darauf, daß sich der Barometerstand am Erdboden von p_0 auf p_0' geändert hat.

Und nun hat O. v. Eberhard betreffs dieser Kurvenflächen der Luftgewichtsfunktion $\delta\,(y)$ das folgende interessante Theorem aufgestellt und durch zahlreiche Berechnungen von Flugbahnen bewiesen.

Satz von O. v. Eberhard: Die Schußweitenänderung ΔX, die dadurch bewirkt wird, daß die der Schußtafel zugrunde gelegten normalen Luftverhältnisse (nämlich Temperatur T_0, Barometerstand p_0, somit Luftgewicht δ_0 am Erdboden, und damit $T_y\,p_y\,\delta_y$ in der Höhe über dem Erdboden) am Schießtage auf die Tageswerte: $T_0'\,p_0'\,\delta_0'$ am Boden und somit $T_y'\,p_y'\,\delta_y'$ in der Höhe y sich geändert haben, ist proportional der Änderung desjenigen Teils der Kurvenfläche der Luftgewichtskurve, der zwischen der Abszissenachse und der Parallelen dazu im Abstand y_s der Gipfelhöhe der Flugbahn liegt. Oder, was dasselbe ist, ΔX ist proportional der von der Abszissenachse der δ bis zu der Parallelen dazu im Abstand y_s reichenden Fläche $ACDE$ zwischen der Normalluftgewichtskurve AD und der Tagesluftgewichtskurve CE.

Nach dem Obigen ist die Kurvenfläche $OMCE$ der Tagesluftgewichtskurve $= p_0' - p_y'$, die Kurvenfläche $OMAD$ der Normalluftgewichtskurve $= p_0 - p_y$. Somit ist

$$\varDelta X = \varkappa\,[p_0' - p_y' - (p_0 - p_y)] = \varkappa\cdot P\,. \tag{VI}$$

Die Normalluftgewichtskurve kann ein für allemal gezeichnet und von 1000 zu 1000 m Steighöhe y integriert werden; dann ist $p_0 - p_y$ eine gegebene Funktion von y, die aus einer Tabelle oder einem Diagramm sich ergibt. Am Schießtag wird der Barometerstand p_0' am Erdboden (sowie bei anormalem Temperaturgradient auch die Temperatur in verschiedenen Höhen über dem Erdboden) gemessen; der Barometerstand p_y' in der Gipfelhöhe der betr. Flugbahn ist dann leicht zu berechnen. Man kennt somit in Geichung (VI) den Wert der eckigen Klammer oder P. Und den Proportionalitätsfaktor $\varkappa$ wird man für das betreffende Geschütz und den in Frage kommenden Abgangswinkel φ rein empirisch ermitteln, indem man statt des normalen Barometerstands p_0 einen etwa um 40^{mm} Hg größeren Tages-Barometerstand p_0' bei gleicher Bodentemperatur annimmt. Dazu gehört ein ganz bestimmter Barometerstand p_y' für die Gipfelhöhe. Man kennt alsdann für diese spezielle Annahme den Wert von P; und die Schußweite X' der abgeänderten Flugbahn liefert, wenn sie berechnet ist, die zugehörige Schußweitenänderung $X' - X$ oder $\varDelta X$. Dieses $\varDelta X$ dividiert man durch den vorhin gewonnenen speziellen Wert der eckigen Klammer P und hat so für das betreffende Geschütz, die betreffende Ladung und den betreffenden Abgangswinkel φ den Wert von $\varkappa$. Diese Zahlen $\varkappa$ wird man in der Schußtafel bei den einzelnen Abgangswinkeln φ eintragen.

Speziell bei so großen Steighöhen, daß dabei das Geschoß in Regionen der Stratosphäre gelangt, wo die Luftdichte verschwindend klein ist, kann praktisch p_y und p_y' gleich Null gesetzt werden. Dann ist

$$\varDelta X = k\,(p_0' - p_0)\,. \tag{VII}$$

Also die Schußweitenänderung ist dann einfach proportional der Differenz zwischen dem Tages-Barometerstand und dem Normal-Barometerstand am Erdboden.

Bei mittleren Steighöhen kann man nach Gleichung (VI) verfahren. Oder aber wird man, falls der Temperaturgradient der normale ist, einfach die Tagestemperatur T_0 am Erdboden messen und die Gleichung $\dfrac{\delta_y}{\delta_0} = \dfrac{p_y}{p_0}\cdot\dfrac{T_0}{T_0 - \lambda y}$ verwenden. Oder endlich wird man von einer Wetterwarte den Verlauf der Temperatur in den verschiedenen Höhen y oder auch nur T_y als Funktion von p_y aus Drachenaufstiegen mitgeteilt erhalten und dann $\dfrac{\delta_y}{\delta_0} = \dfrac{p_y}{p_0}\cdot\dfrac{T_0}{T_y}$ berechnen.

Eine ausführliche Tabelle für das Verhältnis $\dfrac{\delta_y}{\delta_0}$ und die Ableitung nach y hat O Wiener gegeben; siehe Lit.-Note u. Bd. III; die Tabelle reicht bis $y = 16\,000$ m.

Betreffs weiterer Einzelheiten, auch der Berücksichtigung von nichtnormalen Temperaturgradienten, ferner der Änderung der Luftgewichtsformel durch die Abnahme der Schwerebeschleunigung mit der Höhe usw., sei auf die Schrift von O. v. Eberhard: Einiges über die Ballistik großer Schußweiten, Berlin 1924, Verlag von G. Bath, verwiesen.

§ 16. Zusammenfassende kritische Schlußbemerkung zu diesem Abschnitt.

Überblickt man die obigen Resultate der Theorie und Beobachtung über den Luftwiderstand gegen Geschosse, so ist das Gesamtbild ein wenig befriedigendes bezüglich der Theorie, und man erhält den Eindruck, daß dieses ganze Gebiet erst in den Anfängen seiner Entwicklung sich befindet.

Die Versuche, durch rein theoretische Erwägungen zu einem Gesetz für den Widerstand der Luft gegen ein axial bewegtes und rotierendes Langgeschoß zu gelangen, haben insofern zu keinem allgemein gültigen und zugleich für die Ballistik brauchbaren Ergebnis geführt, als die theoretisch erhaltenen Gesetze nicht die sämtlichen, je nach den speziellen Verhältnissen mehr oder weniger in Betracht kommenden Begleiterscheinungen einbegreifen. Das Geschoß verliert seine Energie beim Flug durch die Luft dadurch, daß den Teilchen der umgebenden Luft Beschleunigungen erteilt werden. Diese Beschleunigungen sind mit Wellenbildung und infolge von Reibungen mit Wirbelbildung verbunden. Diese äußerst verwickelten Vorgänge der Luftbewegung wurden von den verschiedenen Theorien einseitig als eine einfache Stoßerscheinung oder einseitig als ein thermodynamischer (adiabatischer oder isothermischer) Vorgang usw. in Rechnung gezogen. Andere Gesetze wie das Lorenzsche und das Vieillesche, die wenigstens die wichtigsten Umstände der Luftbewegung um das Geschoß mathematisch wiedergeben, sind derart, daß noch nicht völlig sicher nachgewiesen ist, ob sie für die praktischen Zwecke der Ballistik direkt verwendbar sind.

Es hat sich gezeigt, daß die verschiedenen Größen, die für den Luftwiderstand maßgebend sind, nämlich der Querschnitt $R^2\pi$, der Formkoeffizient i, die Geschwindigkeit v usw., nicht in der früher angenommenen einfachen Weise, nämlich als Faktoren eines Produktes reinlich voneinander geschieden, in der wahren Luftwiderstandsfunktion vorkommen, daß es speziell einen Formkoeffizienten i, der allein den Einfluß der Geschoßform charakterisieren würde, streng genommen nicht gibt.

Für den Fall, daß das Langgeschoß sich nicht axial in der Luft bewegt, daß vielmehr die Längsachse mit der Tangente der Schwerpunktsbahn einen endlichen Winkel bildet, lassen sich zwar die Komponenten des Luftwiderstandes parallel und senkrecht zur Längsachse und ebenso die Lage des Angriffspunktes der Luftwiderstandsresultanten auf der Achse mit Hilfe eines Elementargesetzes (Newton, Lössl usw.) berechnen, allein diese Berechnungen sind sehr unsicher. Abgesehen von den vorerwähnten Umständen schon deshalb unsicher, weil jede genaue Kenntnis darüber fehlt, welches Elementargesetz für die große Geschwindigkeit von Geschossen in Berechnung zu nehmen ist, ja ob überhaupt ein Elementargesetz mit genügender Genauigkeit hier unmittelbar in der Art angewendet werden kann, daß mit dessen Hilfe über die dem Luftwiderstand ausgesetze Geschoßoberfläche integriert werden darf.

Der gleichen Unsicherheit sind deshalb auch alle bisherigen Formwertberechnungen unterworfen. Besonders die sog. Augustsche Spitzenform kann unmöglich die wahre Lösung des Newtonschen Problems der günstigsten Widerstandsfläche sein. Denn nicht nur ist in der rein mathematischen Berechnung eine grundsätzliche Unrichtigkeit enthalten, sondern, was wichtiger ist, es sind die bei der Berechnung gemachten Annahmen im Widerspruch mit den tatsächlichen Vorgängen der Luftbewegung um das Geschoß.

Wenn trotzdem mit jenen Proportionalitäten, besonders auch mit Formkoeffizienten i weiter gearbeitet wird, so liegt der Grund darin, daß die Ballistik einfach und rasch arbeitender Verfahren bedarf und daß der Genauigkeitsgrad der zur Zeit vorhandenen Rechnungsarten immerhin ein derartiger ist, daß er in Anbetracht der natürlichen Geschoßstreuungen für die meisten Bedürfnisse der Praxis genügt, wie z. B. aus § 41 hervorgeht. Es soll also auch im folgenden die Verzögerung des Geschosses durchweg $= cf(v)$ gesetzt werden, wobei c proportional dem Querschnitt $R^2\pi$, dem Luftgewicht δ, einem Formkoeffizienten i und umgekehrt proportional dem Geschoßgewicht P ist.

Dabei soll jedoch ausdrücklich betont werden, daß dies nur aus Mangel eines Besseren geschieht. Es wird einer Zeit von mehreren Jahrzehnten und des Zusammenwirkens zahlreicher Kräfte bedürfen, bis die Lehre vom Luftwiderstand auf eine feste Unterlage gestellt ist. Ohne Zweifel wird dabei der einwandfreie Versuch das Fundament liefern müssen, auf dem die Theorie weiterbauen kann.

Dritter Abschnitt.

Das spezielle ballistische Problem. Angabe des Problems und allgemeine Folgerungen für die Flugbahn.

§ 17. Die allgemeinen Gleichungen.

Die parabolische bzw. elliptische Geschoßbahn, die im ersten Abschnitt für den luftleeren Raum erhalten worden war, wird durch den Luftwiderstand im allgemeinen derart abgeändert, daß die Schußweite verkürzt, die Gipfelhöhe und die Endgeschwindigkeit verringert, der spitze Auffallwinkel vergrößert wird. Allerdings ist es nicht grundsätzlich ausgeschlossen, daß der Luftwiderstand die Schußweite vergrößert — und v. Minarelli, sowie Sabudski (s. Lit.-Note) berichten über die Beobachtung derartiger Fälle; auch

C. Cranz hat (s. w. u.) an rotierenden Holz-Langgeschossen solches einige
Male beobachtet; bei photogrammetrischer Festlegung von Flugbahnen
ist wiederholt, zwar nicht eine Schußweiten-Vergrößerung gegenüber
dem Schuß im Vakuum, aber eine auffallende Streckung des absteigenden Astes konstatiert worden —; dies ist bei Langgeschossen unter
Umständen dann möglich, wenn der vordere Teil der Geschoßachse stets
oder wenigstens im größten Teil der Flugbahn oberhalb der Bahntangente liegt, also die Wirkung der Luft gegen das schiefgestellte
Geschoß eine derartige ist, wie sie bei Luftschiffen durch schiefgestellte Segel absichtlich herbeigeführt wird, (bei kugelförmigen Geschossen kann ein solcher Fall dann eintreten, wenn das Geschoß
eine Rotation um eine horizontale Achse von unten über vorn nach
oben angenommen hat), vgl. § 55. Jedoch gehören derartige Fälle zu
den Seltenheiten, und sie sind ausgeschlossen, wenn, wie in diesem
Abschnitt geschehen soll, die Voraussetzung gemacht wird, daß die
Achse des Langgeschosses durchweg in der Bahntangente
liege (oder, falls es sich um kügelförmige Geschosse handelt, daß
eine Rotation nicht vorhanden sei). Weiter soll von störenden
Einflüssen wie Erdrotation, Wind usw. vorläufig abgesehen werden.
Die einzelnen Aufgaben, um die es sich handelt, werden später
besprochen werden.

Der in der Verzögerung $cf(v)$ des Geschosses durch den Luftwiderstand vorkommende ballistische Koeffizient c ist eine gegebene
Funktion der Flughöhe y. Denn in c ist u. a. das Luftgewicht δ
enthalten, das gemäß § 15 mit der Höhe y veränderlich ist. Ebenso
ist die Fallbeschleunigung g dem Gravitationsgesetz zufolge eine
Funktion von y. [Übrigens sind Sondergeschosse denkbar und zum
Teil auch verwendet, bei denen das gleichfalls in dem Faktor c
enthaltene Geschoßgewicht auch eine Funktion der Zeit ist — rauch-
gebende Geschosse, Lichtspurgeschosse usw. — oder solche, bei denen
sich sogar der Geschoßquerschnitt mit der Zeit ändert. In solchen
Fällen wäre $cf(v)$ eine Funktion der Geschwindigkeit v, der Höhe y
und der Zeit t; $cf(v) = \varphi(v, y, t)$.]

Wenn gerader Flug des Geschosses und Konstanz von g vorausgesetzt ist, so stellt die Aufgabe, bei gegebenen Anfangsbedingungen
die Elemente der Flugbahn zu berechnen, „das spezielle ballistische Problem im engeren Sinne" dar; wenn auch noch konstantes c vorausgesetzt ist, spricht man von dem „ballistischen
Problem im engsten Sinn". Auch dieses Problem als eine bloße
Korrektionsaufgabe gegenüber den Verhältnissen im luftleeren Raum
zu behandeln, ist im allgemeinen nicht angängig, vielmehr höchstens
bei verhältnismäßig kleinen Anfangsgeschwindigkeiten und verhältnismäßig großen Massen der Geschosse. Dies zeigen die folgenden Beispiele:

Beispiele. 1. Französisches Infanteriegeschoß: $v_0 = 701$ m/sec; $2R = 8$ mm; $P = 12{,}8$ g. Bei $\varphi = 4^0\,59'$ ist die Schußweite $= 2400$ m $= 28\,^0/_0$ von derjenigen im leeren Raum.

2. Französische 22 cm-Mörsergranate M. 87: $P = 118$ kg. Mit $\varphi = 45^0$ und mit v_0 bzw. $= 78$, 146, 193, 228 m/sec ist die Schußweite

bzw. $= 97$, 92, 87, $83\,^0/_0$ von derjenigen im leeren Raum.

Das System von Gleichungen, das im Folgenden für die Behandlung des speziellen ballistischen Problems im engeren Sinn aufgestellt wird, hat nur zur Voraussetzung, daß der Geschoßflug ein gerader ist, d. h. daß die Achse des Langgeschosses dauernd in der Bahntangente liegt. Der Luftwiderstandskoeffizient c und die Fallbeschleunigung g können Funktionen von y sein, $c(y)$ und $g(y)$.

A. Das Gleichungssystem bei Verwendung von rechtwinkligen Koordinaten x, y.

Koordinatenanfang im Abgangspunkt O des Geschosses; die x-Achse horizontal und positiv in der Schußrichtung; die y-Achse vertikal und positiv nach oben. In einem beliebigen Flugbahnpunkt (xy), der nach t Sekunden erreicht wird, sei die Geschwindigkeit des Geschoßschwerpunkts v, ihre Horizontalkomponente v_x oder $v \cdot \cos\vartheta$, ihre Vertikalkomponente v_y oder $v \cdot \sin\vartheta$, dabei ϑ der Neigungswinkel der Bahntangente gegen die Horizontale; tg ϑ oder $\dfrac{dy}{dx}$ sei mit p bezeichnet; m sei die Masse des Geschosses, $m = \dfrac{P}{9{,}81}$; P(kg) das Geschoßgewicht.

Da nach der gemachten Voraussetzung der Luftwiderstand $m \cdot c \cdot f(v)$ in der Richtung der Tangente (entgegen der Bewegungsrichtung des Geschoßschwerpunkts) liegt, so wirken auf das Geschoß die folgenden Kräfte: In Richtung der positiven x-Achse die Komponente $- m\,c\,f(v)\cos\vartheta$ des Luftwiderstands; in Richtung der positiven y-Achse die Luftwiderstandskomponente $- m\,c\,f(v)\sin\vartheta$ und das Gewicht $- m\,g$. Somit ist

$$ dv_x = - c\,f(v) \cos\vartheta \cdot dt \quad \text{und} \quad dv_y = - c\,f(v) \sin\vartheta\, dt - g\,dt. $$

Entlang der Bahntangente ist die Bewegungsgleichung $dv = - c\,f(v)\,dt - g \sin\vartheta\, dt$. Entlang der Normalen zur Bahntangente ist die Normalbeschleunigung einerseits $- g \cos\vartheta$, andererseit $v^2 : \varrho$, wo ϱ den Krümmungsradius der Bahn in dem betrachteten Flugbahnpunkt bedeutet. Da das Bogenelement $ds = \varrho \cdot d\vartheta$ und $v = ds : dt$, somit $\varrho \cdot d\vartheta = v \cdot dt$ und $dx = ds \cdot \cos\vartheta$, $dy = ds \cdot \sin\vartheta$ ist, so hat man $- g \cdot \cos\vartheta = \dfrac{v^2}{\varrho} = \dfrac{v^2 \cdot d\vartheta}{v \cdot dt} = v \cdot \dfrac{d\vartheta}{dt} = v^2 \cdot \dfrac{d\vartheta}{ds}$. Weiter ist $g \cdot dx = - v^2 \cdot d\vartheta$; $g \cdot dy = - v^2 \cdot \text{tg}\,\vartheta \cdot d\vartheta$; $g \cdot ds = - v^2 \cdot \sec\vartheta \cdot d\vartheta$. Eliminiert man dt

aus der vorhin abgeleiteten Gleichung $g \cdot dt = - v \cdot \sec \vartheta \cdot d\vartheta$ und der obigen Gleichung der Geschoßbewegung entlang der x-Achse, $d(v \cos \vartheta) = - c \cdot f(v) \cdot \cos \vartheta \cdot dt$, so erhält man die Beziehung $g \cdot d(v \cos \vartheta) = v \cdot cf(v) \cdot d\vartheta$, die als die Hauptgleichung des ballistischen Problems für geraden Geschoßflug bezeichnet zu werden pflegt, und wofür sich mehrere andere Formen aufstellen lassen (s. w. u. in der Zusammenstellung).

Durch Quadrieren der Gleichung $g \cdot dt = - v \cdot \sec \vartheta \cdot d\vartheta$ erhält man $v^2 \cdot \dfrac{d\vartheta}{dt} \cdot \dfrac{d\vartheta}{\cos^2 \vartheta} = g^2 \cdot dt$, wo $v^2 \cdot \dfrac{d\vartheta}{dt} = - g \cdot \dfrac{dx}{át}$ und $\dfrac{d\vartheta}{\cos^2 \vartheta} = d(\operatorname{tg}\vartheta) = dp$ ist; somit ergibt sich: $\dfrac{dx}{dt} \cdot \dfrac{dp}{dt} = - g$; eine Beziehung, die mitunter gute Dienste leistet.

Etwas umständlicher läßt sich aus den beiden erstangeführten Differentialgleichungen der Geschoßbewegung längs der x- und der y-Achse das System der übrigen Gleichungen dadurch ableiten, daß man durch Multiplikation der beiden Gleichungen mit $\sin \vartheta$ bzw. $\cos \vartheta$ und Addition die Luftwiderstandsverzögerung $c f(v)$ eliminiert.

Zusammenstellung.

Längs der x-Achse:

$$dv_x = - c f(v) \cdot \cos \vartheta \cdot dt = - \frac{cf(v)}{v} \cdot v_x \cdot dt. \tag{1}$$

Längs der y-Achse:

$$dv_y = - c f(v) \cdot \sin \vartheta \cdot dt - g \cdot dt = - \left(\frac{cf(v)}{v} v_y + g\right) \cdot dt. \tag{2}$$

Hauptgleichung, 1. Form:

$$g \cdot d(v \cos \vartheta) = v \cdot c f(v) \cdot d\vartheta, \tag{3}$$

Hauptgleichung, 2. Form:

$$\frac{dv}{v} = \frac{d\vartheta}{\cos \vartheta} \cdot \left(\frac{cf(v)}{g} + \sin \vartheta\right) = \frac{dq}{1 - q^2} \cdot \left(\frac{cf(v)}{g} + q\right), \text{ wo } q = \sin \vartheta. \tag{3a}$$

Hauptgleichung, 3. Form:

$$\frac{dw}{d\mathfrak{z}} = \mathfrak{Tg}\,\mathfrak{z} + F(w); \tag{3b}$$

(Form von R. Rothe und C. Cranz, s. Lit.-Note); dabei ist $w = \log \operatorname{nat} v$; $\mathfrak{z} = \mathfrak{Ar}\,\mathfrak{Tg}\,(\sin \vartheta)$ oder $\sin \vartheta = \mathfrak{Tg}\,\mathfrak{z}$; $F(w) = \dfrac{c f(v)}{g}$.

Für die Zeit t:

$$g \cdot dt = - v \cdot \sec \vartheta \cdot d\vartheta = - v_x \cdot d(\operatorname{tg}\vartheta). \tag{4}$$

Für die Abszisse x:

$$g \cdot dx = - v^2 \cdot d\vartheta = - v_x^2 \cdot d(\operatorname{tg}\vartheta). \tag{5}$$

Für die Ordinate y:

$$g \cdot dy = - v^2 \cdot \operatorname{tg}\vartheta \cdot d\vartheta = - v_x^2 \cdot \operatorname{tg}\vartheta \cdot d(\operatorname{tg}\vartheta). \tag{6}$$

Für die Bogenlänge s:

$$g \cdot ds = -v^2 \cdot \sec\vartheta \cdot d\vartheta = -v_x{}^2 \cdot \sec\vartheta \cdot d\,(\operatorname{tg}\vartheta). \qquad (7)$$

Beziehung zwischen x, p, t:

$$\frac{dx}{dt} \cdot \frac{dp}{dt} = -g. \qquad (8)$$

In diesem Gleichungssystem (1) bis (8) ist die Hauptgleichung die einzige Gleichung, die bei konstantem Faktor c nur zwei Variable der Flugbahn enthält [nämlich v und ϑ in der Form (3) oder (3a); bzw. w und $\mathfrak{z}$ in der Form (3b). Man wird somit, falls man nicht vorzieht, zur Lösung die Taylorsche Entwicklung anzuwenden, darauf ausgehen müssen, zunächst diese Gleichung (3) zu integrieren, wobei sich die Integrations-Konstante daraus ergibt, daß für $\vartheta = \varphi$, also im Beginn der Flugbahn, $v = v_0$ ist. Ist es gelungen, v in Funktion von ϑ zu erhalten, $v = F(\vartheta)$, so wird

$$\left.\begin{array}{ll} dx = -\dfrac{1}{g}\,(F(\vartheta))^2 \cdot d\vartheta\,; & dy = -\dfrac{1}{g}\,(F(\vartheta))^2 \cdot \operatorname{tg}\vartheta \cdot d\vartheta\,; \\[2ex] dt = -\dfrac{1}{g}\,F(\vartheta) \cdot \sec\vartheta \cdot d\vartheta\,; & ds = -\dfrac{1}{g}\,(F(\vartheta))^2 \cdot \sec\vartheta \cdot d\vartheta. \end{array}\right\} \quad (9)$$

Man hat also dann nur noch nötig, die dx, dy, dt, ds zu integrieren, oder die Aufgabe ist auf Quadraturen zurückgeführt. Mit den verschiedenen Methoden, die dazu dienen können, diesen Plan durchzuführen, beschäftigt sich der Hauptsache nach der 4. und 5. Abschnitt.

B. Das Gleichungssystem bei Verwendung von schiefwinkeligen Koordinaten ξ, η.

Wiederholt ist in der ballistischen Literatur die (unrichtige) Behauptung aufgetaucht, es lasse sich das ballistische Problem auf Grund der folgenden Überlegung lösen: OA (vgl. Abb. 45) sei die Richtung der Anfangstangente. Wenn die Schwere nicht wirken würde, sondern allein der Luftwiderstand, so würde bis zu einer Zeit t das Geschoß geradlinig weitergehen von O bis A, verzögert durch den Luftwiderstand. Wenn nunmehr allein die Schwere ebensolange wirken würde, der Luftwiderstand nicht, so würde das Geschoß von A nach P herabfallen. Die wirkliche Lage des Flugbahnpunktes P sei bei diesem ruckweisen Wirken beider Kräfte dieselbe wie bei dem tatsächlich gleichzeitigen Wirken derselben. Wenn also OA mit ξ und AP mit η bezeichnet wird, so geht die Behauptung dahin, daß diese Funktionen ξ und η von t unabhängig voneinander aufgestellt werden können, wobei $\xi(t)$ bei gegebener Anfangsgeschwindigkeit nur vom Luftwiderstand, $\eta(t)$ nur von der Schwerebeschleunigung abhängen solle.

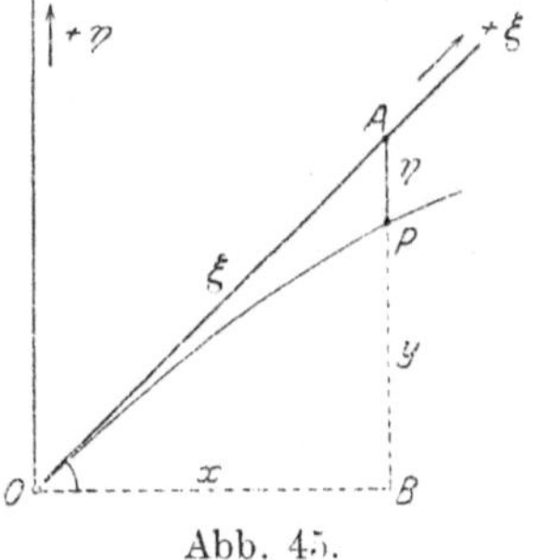

Abb. 45.

Oder aber wurde behauptet (vgl. § 42 und Lit.-Note 42), auf dem Wege AP wirke zwar gleichfalls der Luftwiderstand, aber die Funktionen ξ und η seien **unabhängig von dem Abgangswinkel** φ, sie seien also dieselben, mag sich P im Mündungshorizont befinden oder nicht. Es wurde alsdann vorgeschlagen, auch für irgendeinen Teil OP einer Steilbahn diese Wertepaare ξ und η aus den Flachbahnen zu entnehmen, bei denen sich P im Mündungshorizont befindet. In diesem Falle wurde also eine gewöhnliche Schußtafel zugrunde gelegt, daraus ξ und η entnommen (dabei P im Mündungshorizont) und alsdann bei einer **beliebigen** Anfangsrichtung $OA = \xi$, $AP = \eta$ aufgetragen und auf diese Weise Flugbahnpunkte P konstruiert.

Daß diese Anschauungsweisen wenigstens im Prinzip nicht richtig sind, vielmehr nur Näherungslösungen liefern können, läßt sich am einfachsten erkennen, wenn an Stelle des für rechtwinklige Koordinaten x und y gebildeten Gleichungssystems (1) bis (8) dasjenige Gleichungssystem aufgestellt wird, das sich auf **schiefwinklige Koordinaten** ξ und η bezieht.

Die eine Koordinatenachse sei die Anfangstangente, die andere die Vertikale durch den Abgangspunkt. Nach der Zeit t befinde sich das Geschoß in P, mit den schiefen Koordinaten $OA = \xi$ und $AP = \eta$. Die Vergleichung mit den früher benützten rechtwinkligen Koordinaten x und y (vgl. Abb. 45) gibt

$$\xi \cos \varphi = x,$$
$$\xi \sin \varphi = y + \eta.$$

Die Geschwindigkeitskomponenten in Richtung der ξ- bzw. η-Achse sind $\dfrac{d\xi}{dt}$ bzw. $\dfrac{d\eta}{dt}$. Mit den Abkürzungen $\dfrac{d\xi}{dt} = u$; $\dfrac{d\eta}{dt} = w$; $\dfrac{w}{u} = \dfrac{d\eta}{d\xi} = q$ hat man

$$u \cos \varphi = \frac{dx}{dt} = v \cos \vartheta,$$

$$u \sin \varphi = \frac{dy}{dt} + w = v \sin \vartheta + w.$$

Werden diese zwei Gleichungen mit $\sin \vartheta$ bzw. $-\cos \vartheta$ multipliziert und addiert, so erhält man

$$u \cdot \sin (\vartheta - \varphi) = - w \cos \vartheta \qquad \text{oder} \qquad q = - \frac{\sin (\vartheta - \varphi)}{\cos \vartheta} .$$

Daraus

$$dq = - \frac{\cos \varphi}{\cos^2 \vartheta} \cdot d\vartheta; \qquad d\vartheta = - \cos^2 \vartheta \cdot \sec \varphi \cdot dq.$$

Werden ferner dieselben zwei Gleichungen quadriert und addiert, so folgt

$$v^2 = u^2 (1 + q^2 - 2 q \sin \varphi). \tag{10}$$

Damit lassen sich die früheren Gleichungen (3), (4), (5), (6) auf die neuen Koordinaten übertragen:

Die Gleichung $g \cdot d (v \cos \vartheta) = v \cdot c\, f(v) \cdot d\vartheta$ geht über in:

$$g \cdot du \cdot \cos \varphi = - v \cdot c\, f(v) \cos^2 \vartheta \sec \varphi\, dq$$

oder, da $v \cos \vartheta = u \cos \varphi$ ist, in

$$g \cdot du = - \frac{c\, f(v)}{v} u^2\, dq.$$

Ferner wird

$$g \cdot dt = - \frac{v\, d\vartheta}{\cos \vartheta} = + \frac{v \cos^2 \vartheta}{\cos \vartheta \cos \varphi} \cdot dq = u \cdot dq,$$

$$g \cdot dx = - v^2\, d\vartheta = + v^2 \cos^2 \vartheta \sec \varphi\, dq$$

wird zu:

$$g \cos^2 \varphi \cdot d\xi = + u^2 \cos^2 \varphi \, dq \qquad \text{oder} \qquad g \cdot d\xi = + u^2 \, dq.$$

Endlich die Gleichung

$$g \cdot dy = - v^2 \operatorname{tg} \vartheta \, d\vartheta = + v^2 \operatorname{tg} \vartheta \cdot \cos^2 \vartheta \sec \varphi \, dq$$

geht über in:

$$g \sin \varphi \, d\xi - g \, d\eta = + u^2 \cos \varphi \operatorname{tg} \vartheta \, dq$$

oder, mit Einsetzung des vorigen Wertes von $g \, d\xi$, in:

$$g \, d\eta = u^2 q \, dq.$$

Also hat man zusammen das folgende System von Gleichungen:

$$g \cdot du = - \frac{c \, f(v)}{v} u^2 \cdot dq, \tag{11}$$

$$g \cdot dt = u \cdot dq, \tag{12}$$

$$g \cdot d\xi = u^2 \cdot dq, \tag{13}$$

$$g \cdot d\eta = u^2 \cdot q \cdot dq. \tag{14}$$

Die Gleichung (11), in der v mittels (10) in den Variablen u und q ausgedrückt zu denken ist, enthält nur die Variablen u und q. Wenn diese Gleichung gelöst ist, erhält man ξ, η, t durch mechanische Quadratur.

Dieses System von Gleichungen (10) bis (14), das schon früher, auf eine z. T. etwas andere Weise, von A. Greenhill und P. Charbonnier aufgestellt wurde (vgl. Lit.-Note) läßt erkennen, daß ξ und η nicht unabhängig voneinander erhalten werden können (außer wenn $c \, f(v) = c \, v$ ist), weil die Lösungen ξ und η aus (13) und (14) durch die Lösung von (11) bedingt sind; ferner zeigen sie, daß die Funktionen ξ und η nicht unabhängig von φ sind, da auf der rechten Seite von (10) $\sin \varphi$ vorkommt. Nur für kleine Abgangswinkel φ kann diejenige Näherungslösung, bei der von $\sin \varphi$ abgesehen wird, einigermaßen richtige Werte ξ und η liefern; mit wachsendem φ muß aber auch der Fehler wachsen; für Winkel φ nahe an 90^0 wird der Fehler wieder kleiner, da in dieser Gegend von φ $\sin \varphi$ nahezu konstant ist; K. Popoff hat die Fehler untersucht, s. Lit.-Note.

C. Die neue Hauptgleichung von E. Cavalli.

Wie schon bemerkt, ist in dem Ausdruck für die Verzögerung durch den Luftwiderstand, also in $c \cdot f(v)$ der Faktor c von der Luftdichte und damit von der jeweiligen Steighöhe y des Geschosses abhängig. E. Cavalli (s. Lit.-Note) ging daher 1921 darauf aus, statt der Hauptgleichung (3) eine andere aufzustellen, in der diese Abhängigkeit bereits berücksichtigt ist und die doch nur zwei Variable enthält. Dies geschieht natürlich dadurch, daß aus (3) und (6), also aus

$$g \cdot d(v \cos \vartheta) = c \cdot f(v) \cdot v \cdot d\vartheta$$

und

$$g \cdot dy \qquad = - v^2 \cdot \operatorname{tg} \vartheta \cdot d\vartheta$$

die Variable y eliminiert wird. Zu diesem Zweck wählt Cavalli für das in c vorkommende Verhältnis $\frac{\delta(y)}{\delta_0}$ der Luftdichte $\delta(y)$ in der Höhe y zu der Luftdichte δ_0 im Mündungshorizont die Beziehung $\dfrac{\delta(y)}{\delta_0} = e^{-h \cdot y}$, wo $h = 0{,}000106$ ist (siehe oben § 15). Das Resultat, zu dem E. Cavalli auf diese Weise geführt wird, ist das folgende: Mit den Abkürzungen $\dfrac{v \cdot f'(v)}{f(v)} = n(v)$ und $\dfrac{v \cdot \cos \vartheta}{\cos \varphi} = u$ erhält er

$$\frac{d^2 \vartheta}{d u^2} + h \cdot \frac{\cos^2 \varphi}{g} \cdot \frac{\operatorname{tg} \vartheta}{\cos^2 \vartheta} \cdot u^2 \cdot \left(\frac{d \vartheta}{d u}\right)^2 + (n(v) + 1)\left(\frac{1}{u} + \operatorname{tg} \vartheta \cdot \frac{d \vartheta}{d u}\right) \cdot \frac{d \vartheta}{d u} = 0. \quad (15)$$

Bezüglich der Funktion $n(v) + 1$ weist er nach, daß sie durchweg sehr angenähert gleich $n(u) + 1$ ist, und er gewinnt damit schließlich die einfachere Differentialgleichung zwischen J und ξ:

$$\frac{d^2 \xi}{d J^2} + \left[\varkappa \cdot u^2 (1 + \xi^2) + n(u) - 1\right] \cdot \frac{\xi}{1 + \xi^2} \cdot \left(\frac{d \xi}{d J}\right)^2 = 0; \quad (16)$$

dabei ist

$$\xi = \operatorname{tg} \vartheta; \qquad J = -\int \frac{2 g \cdot d u}{u \cdot f(u)}; \qquad \varkappa = \frac{h \cdot \cos^2 \varphi}{g}; \qquad v \cdot \cos \vartheta = u \cdot \cos \varphi;$$

$$n(u) = \frac{u \cdot f'(u)}{f(u)}.$$

E. Cavalli zeigt noch, daß die Gleichung (16) mit den elementaren Integrationsmethoden eine Lösung in geschlossener Form zuläßt bei der speziellen Annahme (von J. de Jong): $c f(v) = c \cdot v$, also in dem Fall $n = 1$.

Im übrigen wird man abzuwarten haben, wie die weitere Entwicklung des Problems in der Hand von E. Cavalli sich vollzieht. Falls auf der Grundlage von Gleichung (15) oder (16) die Berechnung aller Flugbahnelemente sich künftig tatsächlich einfacher und ebenso genau gestalten läßt, wie wenn die beiden Gleichungen $g \cdot d(v \cos \vartheta) = c(y) \cdot f(v) \cdot v \cdot d \vartheta$ und $g \cdot d y = - v^2 \cdot \operatorname{tg} \vartheta \cdot d \vartheta$ als ein System von simultanen Differentialgleichungen zwischen v, ϑ und y mit einem Verfahren der sukzessiven Approximation integriert werden (s. darüber den späteren § 34), so ist mit dem Vorschlag von E. Cavalli ein erheblicher Fortschritt gewonnen.

D. Über die Hodographenkurve der Flugbahn.

Die Hauptgleichung (3) [oder, was derselbe ist, die Gleichung (3a) oder (3b)] stellt in mechanischer Hinsicht die Differentialgleichung des Hodographen der Flugbahn dar.

Unter dem Hodographen versteht man folgendes (vgl. Abb. 46a und b): Man denke sich zu der Tangente in einem beliebigen Bahnpunkt eine Parallele durch den Anfang O eines Polarkoordinaten-Systems gezogen. Die Horizontalneigung dieser Parallelen ist ϑ. Auf dieser Parallelen durch O sei die Größe v der zugehörigen Bahngeschwindigkeit des Geschosses als radius vector OP von O aus abgetragen. Die Konstruktion denke man sich für alle Punkte der Bahn ausgeführt, so erfüllen die Endpunkte der auf den Strahlen aus O aufgetragenen Strecken v eine Kurve, die Hodographenkurve zu der betreffenden Bahnkurve. Die Variablen v und ϑ sind also jetzt nichts anderes als die Polarkoordinaten des Hodographen $v = \psi(\vartheta)$.

In der Abb. a sind sechs Radienvektoren OA, OP, OB, OC, OD, OE eingezeichnet. OA soll die Anfangsgeschwindigkeit v_0 bedeuten; somit ist der zugehörige Polarwinkel AOB gleich dem Abgangswinkel φ. Ferner OP gleich der Geschwindigkeit v in einem beliebigen Punkt des aufsteigenden Astes; dazu Polarwinkel $POB = \vartheta$. Die horizontale Strecke OB bedeutet die Gipfelgeschwindigkeit v_s; zugehöriger Polarwinkel $\vartheta = 0$. Der radius vector OC bedeutet die Minimalgeschwindigkeit v_m (darüber vgl. § 19, Satz 7). OD soll die Auffallgeschwindigkeit v_e im Mündungshorizont darstellen, so daß der zugehörige negative Polarwinkel DOB gleich dem spitzen Auffallwinkel ω ist. Endlich OE bedeutet die sog. Grenzgeschwindigkeit v_1, die zu $\vartheta = -90^0$ gehört (darüber vgl. § 20, Satz 6).

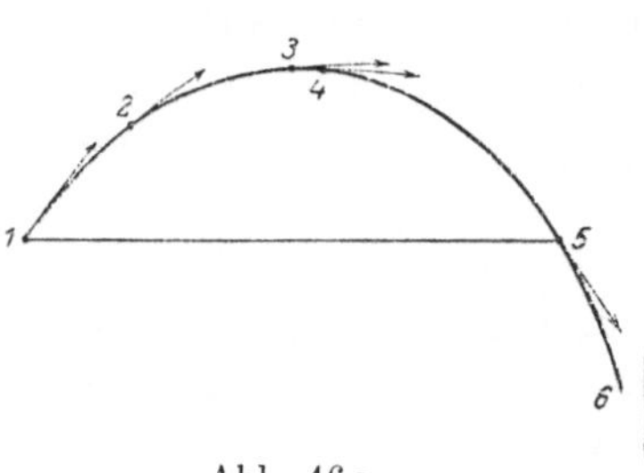

Abb. 46 a.

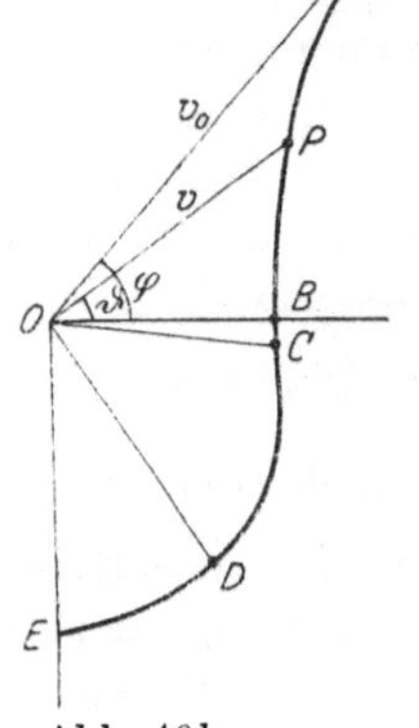

Abb. 46 b.

Im allgemeinen ist die Hodographenkurve eine krumme Linie. Speziell für den luftleeren Raum ist sie eine lotrechte Gerade durch Punkt A. Denn in diesem Falle ist $cf(v) = 0$, also wird die Hauptgleichung (3) zu $d(v\cos\vartheta) = 0$; $v\cos\vartheta = \text{const} = v_0\cos\varphi$. Ferner hat P. Charbonnier nachgewiesen, daß im Fall $cf(v) = cv$ der Hodograph eine schiefe Gerade ist. Dies läßt sich übrigens sofort aus der Hauptgleichung (11) in § 17 ablesen, die sich auf die Verwendung von schiefwinkligen Koordinaten bezieht. Denn diese Gleichung gibt $-\dfrac{g}{c}\cdot\dfrac{du}{u^2} = dq$, daraus durch Integration $\dfrac{g}{c}\cdot\dfrac{1}{u} = q + \text{konst.}$

Da $q = \dfrac{w}{u}$ ist, folgt $w + \text{konst.}\, u = \dfrac{g}{c}$, womit der Satz bewiesen ist.

Mit den Eigenschaften der Hydographenkurve haben sich insbesondere P. Charbonnier und Col. Jacob (vgl. Lit.-Note) eingehend beschäftigt. Einige dieser Eigenschaften sind identisch mit dem weiter unten in § 19 (Sätze 6 und 7) Gesagten. Des weiteren sei folgendes angeführt:

Wenn der ballistische Koeffizient c als konstant betrachtet wird und wenn angenommen wird, daß der Luftwiderstand rascher wächst als proportional der ersten Potenz der Geschwindigkeit v, so verläuft die Hodographenkurve im allgemeinen wie in Abb. b angegeben ist: Der Punkt C, dessen radius vector OC die kleinste Geschwindigkeit v bedeutet, liegt unterhalb B, gehört also zum absteigenden Aste der Flugbahn. In diesem Punkt C besitzt die Kurve einen Wendepunkt, und der radius vector OC steht senkrecht auf der Wendepunktstangente. Für $\vartheta = -90^0$ ist OE gleich der Grenzgeschwindigkeit v_1, der die Geschwindigkeit auf der Verlängerung des absteigenden Astes immer mehr zustrebt; in diesem Punkt E besitzt der Hodograph eine horizontale Tangente.

Ferner hat Jacob (vgl. Lit.-Note) den interessanten Satz bewiesen: **Eine orthogonale Trajektorie zu den Hodographenkurven eines Geschosses kann, welches auch das benützte Luftwiderstandsgesetz sein möge, erhalten werden durch eine in geschlossener Integralform aufzustellende Gleichung, die nur noch eine mechanische Integration erfordert.**

Dies ist folgendermaßen einzusehen. Die Tangentenrichtung in einem Punkt des Hodographen ist gegeben durch $\dfrac{v\,d\vartheta}{dv}$. Dies ist aber nach Gleichung (3a) gleich $\dfrac{g\cos\vartheta}{c\,f(v)+g\sin\vartheta}$. Setzt man statt dieses Bruchs den negativen und reziproken Wert, so erhält man die Tangentenrichtung der zugehörigen orthogonalen Trajektorie. Diese hat also die Differentialgleichung:

$$\frac{v\,d\vartheta}{dv} = -\,\frac{c\,f(v)+g\sin\vartheta}{g\cos\vartheta},$$

oder

$$d_{\scriptscriptstyle\bullet}(v\sin\vartheta) = -\,\frac{c}{g}\,f(v)\cdot dv.$$

Man erhält somit durch eine Integration nach v die Trajektorien in Polarkoordinaten v und ϑ.

§ 18. Über die Integrierbarkeit der Hauptgleichung mittels der elementaren Integrationsmethoden zur Lösung von Differentialgleichungen.

Nur bei bestimmter Annahme über die Form der Funktion $c\cdot f(v)$ für die Geschoßverzögerung durch den Luftwiderstand gestattet die Gleichung (3) von § 17: $g\cdot d\,(v\cdot\cos\vartheta) = v\cdot c\,f(v)\cdot d\vartheta$ eine erste Integration mit geschlossenen Ausdrücken, wobei man als Hilfsmittel zuläßt die elementaren Funktionen und die Quadraturen, d. h. die unbestimmten Integrale:

Für die Annahme $c f(v) = c v^n$ führte schon Joh. Bernoulli 1719 die Integration durch. Danach ist es, wie man nach den obigen Ausführungen erkennt, möglich, für das quadratische Luftwiderstandsgesetz $c f(v) = c v^2$, ebenso für das kubische $c v^3$, das biquadratische $c v^4$ usw. das außerballistische Problem durch einen geschlossenen Ausdruck zu lösen. Und wenn man eine empirisch gegebene Luftwiderstandstabelle durch eine Reihe von Zonen-Gesetzen wiedergibt (vgl. § 10), so kann auch in diesem allgemeineren Fall eine Flugbahn durch Zerlegung in mehrere aufeinander folgende Teile für jeden von diesen Teilen durch einen geschlossenen Ausdruck berechnet werden. Davon handeln die späteren Nummern 21, 22, 25, 38, 41 dieses Bandes.

D'Alembert zeigte sodann 1744, daß und wie die Integration für das allgemeinere Gesetz $c f(v) = c \cdot v^n + a$ möglich ist, in dem die Bernoullische Annahme als Sonderfall enthalten ist; gleiches zeigte er für die Funktionen $a \log v + b$; $a v^n + R + b v^{-n}$; $a (\log v)^2 + R \log v + b$ (mit zwei bzw. drei willkürlich zu wählenden Konstanten, wobei in den zwei letzten Formen zwischen a, R, b und n bzw. zwischen R, a, b eine Beziehung besteht). Diesen drei weiteren Formen dürfte vorerst keine Wichtigkeit für die Ballistik zukommen.

Der von d'Alembert gegebenen Anregung, andere Formen integrabler Funktionen aufzusuchen, kam F. Siacci 1901 nach, indem er 14 weitere Funktionen bekannt machte; u. a.:

$$A v \sqrt{2 c + v^2} + B(c + v^2), \quad (A, B, c \text{ Konstanten}).$$

Mit der Substitution $\sqrt{2 c + v^2} = v \cdot z (B c - \sin \vartheta)$ wird die Hauptgleichung $\dfrac{z \cdot dz}{z^2 (B^2 c^2 - 1) + 2 A c z + 1} + \dfrac{d \vartheta}{\cos \vartheta (B c - \sin \vartheta)} = 0$, womit die Variablen getrennt sind. In dieser Form ist (mit $A = 0$) die von Legendre 1782 behandelte enthalten. Noch weitere Funktionen dieser Art sind von M. Appel, von M. E. Ouivet und von T. Hayashi (Tokio) aufgestellt worden.

Es braucht kaum erwähnt zu werden, daß die Zahl der zu der Hauptgleichung $g \cdot d (v \cos \vartheta) = c f(v) \cdot v \cdot d \vartheta$ gehörigen integrierbaren Funktionen unendlich groß sein muß. Denn man hat nur nötig, eine beliebige Beziehung zwischen $\cos \vartheta$ und v, $\cos \vartheta = \psi(v)$, anzunehmen, diesen Wert und $d \vartheta = - \dfrac{d \psi}{\sqrt{1 - \psi^2}}$ in die Hauptgleichung einzusetzen und nach $c f(v)$ aufzulösen, so hat man jedesmal eine solche Funktion. Auch durch irgendeine Annahme $y = \psi(x)$ über die Gleichung der Flugbahnkurve (Hyperbel usw.) erhält man nach § 19 (s. w. u.) weitere integrable Funktionen.

Die Ballistik würde jedoch schwerlich eine glückliche Entwicklung nehmen, wenn das Bestreben der Ballistiker darauf gerichtet sein würde, die Zahl der integrierbaren Funktionen zu vermehren.

A. Das d'Alembertsche Gesetz $cf(v) = a + c \cdot v^n$.

Im folgenden soll zunächst gezeigt werden, wie die Lösung der Hauptgleichung bei Zugrundelegung des d'Alembertschen Gesetzes $cf(v) = a + cv^n$, worin die meisten der Zonengesetze und das Chapelsche Gesetz als Spezialannahmen enthalten sind, sich vollzieht.

Die Hauptgleichung lautet jetzt $g \cdot d(v \cos\vartheta) = v \cdot d\vartheta \cdot (a + cv^n)$. Wird die linke Seite dieser Gleichung ausgeführt, die Gleichung mit v^{n+1} dividiert und $a v^{-n} \cdot d\vartheta$ nach links gebracht, so ist

$$g \cdot \cos\vartheta \cdot v^{-n+1} \cdot dv - (a + g\sin\vartheta) v^{-n} \cdot d\vartheta = c \cdot d\vartheta. \tag{1}$$

Setzt man für den Augenblick $v^{-n} = u$, woraus folgt $-n v^{-n-1} \cdot dv = du$, so erhält man eine Gleichung von der Eulerschen Form

$$\frac{du}{d\vartheta} + R(\vartheta) \cdot u = Q(\vartheta),$$

wobei $\qquad R = +\dfrac{a + g\sin\vartheta}{\cos\vartheta} \cdot \dfrac{n}{g} \qquad$ und $\qquad Q = -\dfrac{nc}{g\cos\vartheta}.$

Das Integral dieser linearen Differentialgleichung 1. Ordnung mit Störungsglied ist bekanntlich

$$u = e^{-\int R \cdot d\vartheta} \cdot \left\{ \int \left(Q \cdot e^{+\int R \cdot d\vartheta} \right) d\vartheta + \text{Int.-Konst.} \right\}.$$

Folglich ist im vorliegenden Fall die gesuchte Beziehung zwischen v und ϑ die folgende

$$\frac{1}{(v\cos\vartheta)^n} = e^{-\frac{n}{g}\int \frac{a \cdot d\vartheta}{\cos\vartheta}} \cdot \left\{ -\frac{n}{g} \cdot \int \frac{c \cdot e^{+\frac{n}{g}\int \frac{a \cdot d\vartheta}{\cos\vartheta}}}{\cos^{n+1}\vartheta} \cdot d\vartheta + \text{Int.-Konst.} \right\} \tag{2}$$

B. Speziell für $a = 0$ liegt das eingliedrige Potenzgesetz $cf(v) = cv^n$

für die Luftwiderstandsverzögerung vor. Also erhält man zu irgendeinem Tangentenneigungswinkel ϑ die Geschoßgeschwindigkeit v aus:

$$\frac{1}{(v\cos\vartheta)^n} = -\frac{nc}{g} \int \frac{d\vartheta}{\cos^{n+1}\vartheta} + \text{Int.-Konst.} \tag{3}$$

Die Integrationskonstante ergibt sich aus der Bedingung, daß für $\vartheta = \varphi$, also im Anfang der Bahn, $v = v_0$ ist.

Diese Beziehung läßt sich übrigens im vorliegenden speziellen Fall $c\,f(v) = c\,v^n$ aus der Hauptgleichung $g \cdot d\,(v \cos \vartheta) = c\,f(v) \cdot v \cdot d\vartheta$ folgendermaßen einfach ableiten:

$$g \cdot d\,(v \cos \vartheta) = c\,v^n \cdot v \cdot d\vartheta = c\,(v \cos \vartheta)^{n+1} \cdot \frac{d\vartheta}{\cos^{n+1} \vartheta},$$

$$\frac{d\,(v \cos \vartheta)}{(v \cos \vartheta)^{n+1}} = \frac{c}{g} \cdot \frac{d\vartheta}{\cos^{n+1} \vartheta};$$

integriert gibt dies:

$$\frac{1}{(v \cos \vartheta)^n} = -\frac{n\,c}{g} \int \frac{d\vartheta}{\cos^{n+1} \vartheta} + \text{Int.-Konst.}$$

Für die Berechnung des hier vorkommenden Integrals $\displaystyle\int \frac{d\vartheta}{\cos^{n+1} \vartheta}$ sei an die Rekursionsformel erinnert:

$$\int \frac{dx}{\cos^n x} = \frac{\sin x}{(n-1) \cos^{n-1} x} + \frac{n-2}{n-1} \cdot \int \frac{dx}{\cos^{n-2} x},$$

woraus z. B. folgt

$$\int \frac{dx}{\cos^3 x} = \frac{\sin x}{2 \cos^2 x} + \frac{1}{2} \operatorname{lgnt} \operatorname{tg}\left(\frac{\pi}{4} + \frac{x}{2}\right) \tag{4}$$

$$= \frac{1}{2} \sin x\,(1 + \operatorname{tg}^2 x) + \frac{1}{2} \operatorname{lgnt} \frac{1 + \sin x}{\cos x}$$

$$= \frac{1}{2}\left\{p \sqrt{1 + p^2} + \operatorname{lgnt}(p + \sqrt{1 + p^2})\right\}, \quad \text{wo } p = \operatorname{tg} x,$$

Für diese Funktion, die kurz mit ξ bezeichnet sein möge, sind im Anhang, Tabelle 8b, die Werte

$$\xi(x) = \frac{1}{2}\left\{\frac{\sin x}{\cos^2 x} + \operatorname{lgnt} \frac{1 + \sin x}{\cos x}\right\} = \frac{1}{2}\left\{\frac{\sin x}{\cos^2 x} + \operatorname{lgnt} \operatorname{tg}\left(45^0 + \frac{x}{2}\right)\right\}$$

gegeben. Eine ausführliche Tabelle bei Otto: Tafeln für den Bombenwurf, Berlin 1842; für andere n-Werte vgl. auch Tabelle 8a.

$$\int \frac{dx}{\cos^4 x} = \operatorname{tg} x + \frac{1}{3} \operatorname{tg}^3 x, \tag{5}$$

$$\int \frac{dx}{\cos^5 x} = \frac{\sin x}{4 \cos^4 x} + \frac{3 \sin x}{8 \cos^2 x} + \frac{3}{8} \operatorname{lgnt} \operatorname{tg}\left(\frac{\pi}{4} + \frac{x}{2}\right), \tag{6}$$

$$\int \frac{dx}{\cos^6 x} = \operatorname{tg} x + \frac{2}{3} \operatorname{tg}^3 x + \frac{1}{5} \operatorname{tg}^5 x; \quad \text{usw.} \tag{7}$$

Z. B. für $n = 2$ wird

$$\frac{1}{(v \cdot \cos \vartheta)^2} = -\frac{c}{g}\left(\frac{\sin \vartheta}{\cos^2 \vartheta} + \operatorname{lgnt} \frac{1 + \sin \vartheta}{\cos \vartheta}\right) + \text{Konst.}$$

oder mit der Abkürzung $\operatorname{tg} \vartheta = p$,

$$\frac{1 + p^2}{v^2} = -\frac{c}{g}\left\{p \sqrt{1 + p^2} + \operatorname{lgnt}(p + \sqrt{1 + p^2})\right\} + \text{Konst.}$$

Führt man die so gewonnenen Ausdrücke für v bzw. v^2 in die allgemeinen Gleichungen $g \cdot dx = -v^2 \cdot d\vartheta;$ $g \cdot dy = -v^2 \cdot \operatorname{tg} \vartheta \cdot d\vartheta;$

$g \cdot dt = - v \cdot \sec \vartheta \cdot d\vartheta$; $g \cdot ds = - v^2 \cdot \sec \vartheta \cdot d\vartheta$ ein, so sind dx, dy, dt, ds allein in ϑ (oder, mit $\operatorname{tg} \vartheta = p$, allein in p, oder, mit $\operatorname{tg}\left(\dfrac{\pi}{4} + \dfrac{\vartheta}{2}\right) = z$, allein in z) ausgedrückt, so daß nur noch übrig bleibt, diese Integrationen auszuführen; d. h. das Problem ist auf Quadraturen zurückgeführt.

C. Speziell für $a = 0$ und $n = 1$, also für die Annahme
$$c f(v) = c v$$
lassen sich die Ausdrücke für sämtliche Bahnelemente in endlicher Form genau ermitteln. Man erhält je in Funktion von t:

$$x = v_0 \cos \varphi \cdot \frac{1 - e^{-ct}}{c} \tag{8}$$

$$y = - \frac{g}{c} t + \frac{g + c v_0 \sin \varphi}{c^2} \cdot (1 - e^{-ct}) \tag{9}$$

$$v \cos \vartheta = v_0 \cos \varphi \cdot e^{-ct}$$

$$v \sin \vartheta = - \frac{g}{c} + \frac{g + c v_0 \sin \varphi}{c} \cdot e^{-ct}. \tag{11}$$

Für die Zwecke der Ballistik ist dieses Luftwiderstandsgesetz $cf(v) = cv$ neuerdings von dem holländischen Ballistiker G. de Josselin de Jong (s. Lit.-Note) verwendet worden. Zwar ist der Luftwiderstand bei Geschoßgeschwindigkeiten v nicht proportional der 1. Potenz von v; und es ist selbstverständlich, daß eine Lösung des ballistischen Problems um so befriedigender ausfallen wird, auf je größere Intervalle von v hin die Annahme $cf(v)$ mit den Luftwiderstandsmessungen sich deckt. Wenn man aber nur in genügend kleinen Teilen eine Flugbahn berechnet, scheint nach den Untersuchungen von de Jong die Annahme $cf(v) = cv$ eine ausreichende Approximation zu gestatten; und man hat dann den Vorteil, daß innerhalb eines Bahnteils ein mathematischer Fehler nicht in Betracht kommt, und daß außerdem einfache Tabellen Verwendung finden können. Darüber siehe weiter unten § 38.

D. Speziell für $a = 0$ und $n = 2$, also für die Annahme
$$c f(v) = c v^2$$
liegt das quadratische Luftwiderstandsgesetz vor.

Es wird nach obigem
$$\frac{1}{(v \cos \vartheta)^2} = - \frac{2c}{g} \cdot \xi(\vartheta) + \text{Int.-Konst.}$$

Die Integrationskonstante bestimmt sich aus der Bedingung, daß im Abgangspunkt $v = v_0$ und $\vartheta = \varphi$. Also wird

$$v^2 = \frac{g}{2c} \cdot \frac{1}{\cos^2 \vartheta \, (C - \xi(\vartheta))} \tag{12}$$

Dabei ist zur Abkürzung gesetzt

$$C = \frac{g}{2\,c\,(v_0 \cos \varphi)^2} + \xi(\varphi) \tag{13}$$

wo

$$\xi(\varphi) = \frac{1}{2}\left(\frac{\sin \varphi}{\cos^2 \varphi} + \operatorname{lgnt} \operatorname{tg}\left(45^0 + \frac{\varphi}{2}\right)\right).$$

Diese Konstante hängt mit der Geschwindigkeit v_s des Geschosses im Gipfel der Bahn durch eine einfache Beziehung zusammen. Da im Gipfel $\vartheta = 0$, also $\xi(\vartheta) = 0$ und $v = v_s$, so ist auch

$$C = \frac{g}{2\,c\,v_s^2}. \tag{14}$$

Führt man die so erhaltenen Ausdrücke von v^2 bzw. von v in die Systemgleichungen

$$g\,dx = -\,v^2 \cdot d\vartheta, \qquad g\,dy = -\,v^2 \cdot \operatorname{tg}\vartheta \cdot d\vartheta,$$

$$g \cdot dt = -\,v \cdot \frac{d\vartheta}{\cos \vartheta}, \qquad g \cdot ds = -\,v^2 \cdot \frac{d\vartheta}{\cos \vartheta}$$

ein, so wird

$$2\,c \cdot dx = -\,\frac{d\vartheta}{\cos^2 \vartheta \cdot (C - \xi(\vartheta))}, \tag{15}$$

$$2\,c \cdot dy = -\,\frac{\operatorname{tg}\vartheta \cdot d\vartheta}{\cos^2 \vartheta \cdot (C - \xi(\vartheta))}, \tag{16}$$

$$\sqrt{2\,g\,c} \cdot dt = -\,\frac{d\vartheta}{\cos^2 \vartheta \cdot \sqrt{C - \xi(\vartheta)}}, \tag{17}$$

$$2\,c \cdot ds = -\,\frac{d\vartheta}{\cos^3 \vartheta \cdot (C - \xi(\vartheta))}. \tag{18}$$

Diese letzere Gleichung (18) läßt eine nochmalige Integration in endlicher Form zu. Da nämlich (s. o.) $\dfrac{d\xi}{d\vartheta} = \dfrac{1}{\cos^3 \vartheta}$, läßt sich schreiben

$$2\,c \cdot ds = -\,\frac{d\xi}{C - \xi} = +\,\frac{d\,(C - \xi)}{C - \xi};$$

somit hat man

$$2\,c \cdot s = \operatorname{lgnt}(C - \xi(\vartheta)) + \text{Int.-Konst.} \tag{19}$$

a) Wenn man den Flugbahnbogen s wie bisher vom Abgangspunkt O aus rechnet ($s = 0$ für $\vartheta = \varphi$), so wird

$$s = \frac{1}{2\,c} \operatorname{lgnt} \frac{C - \xi(\vartheta)}{C - \xi(\varphi)}, \qquad \text{oder} \qquad \xi(\vartheta) = C - \frac{g}{2\,c\,(v_0 \cos \varphi)^2} \cdot e^{2\,c\,s}.$$

b) Wird dagegen (s. w. u.) der Bogen s vom Gipfelpunkt S aus gerechnet ($s = 0$ für $\vartheta = 0$ und damit für $\xi(\vartheta) = 0$), so ist einfach

$$s = \frac{1}{2\,c} \operatorname{lgnt} \frac{C - \xi(\vartheta)}{C}, \qquad \text{oder} \qquad \xi(\vartheta) = C\,(1 - e^{2\,c\,s}). \tag{20}$$

Die Flugbahn besitzt **zwei Asymptoten.** Die Verlängerung des absteigenden Astes nähert sich nach § 20, 6 mehr und mehr der Vertikalen
die den Abstand $\dfrac{1}{g}\displaystyle\int\limits_{-\frac{\pi}{2}}^{\varphi} v^2 \cdot d\vartheta$ vom Anfangspunkt hat. Im Gipfel ändert die
Integrationsvariable ihr Vorzeichen, $\xi(\vartheta)$ wird Null und weiterhin negativ; so-
mit ist dieser Abstand

$$\frac{1}{2\,c}\cdot\int\limits_{\vartheta=\varphi}^{\vartheta=0}\frac{d\vartheta}{\cos^2\vartheta\,(\xi(\vartheta)-C)}+\frac{1}{2\,c}\cdot\int\limits_{\vartheta=0}^{\vartheta=\frac{\pi}{2}}\frac{d\vartheta}{\cos^2\vartheta\,(\xi(\vartheta)+C)}\,.$$

Die **Rückverlängerung des aufsteigenden Astes** ($t=-\infty$, $x=-\infty$,
$y=-\infty$) konvergiert gegen eine schiefe Gerade, deren Horizontalneigung β
gegeben ist durch $C-\xi(\beta)=0$ und für deren Abstand vom Koordinatenanfang
sich leicht ein Ausdruck aufstellen läßt. Ohne Ableitung sei angegeben, daß
dieser Abstand ist:

$$\frac{1}{2\,c\cdot\cos\beta}\cdot\int\limits_{\vartheta=\varphi}^{\vartheta=\beta}\frac{(\operatorname{tg}\beta-\operatorname{tg}\vartheta)\cdot d\vartheta}{\cos^2\vartheta\,(\xi(\beta)-\xi(\vartheta))}\,.$$

wobei β aus der Bedingung $\xi(\beta)=C$ berechnet gedacht ist.

Ähnliches gilt allgemein für das Luftwiderstandsgesetz $cf(v)=cv^n$.

Zusammenstellung der Resultate.

1. **Verzögerung durch den Luftwiderstand** $=cv^n+a$:

$$\begin{cases}
g\cdot dx = -v^2\cdot d\vartheta = -2\cdot v^2\cdot\dfrac{dz}{1+z^2}\,,\\[2mm]
g\cdot dy = -v^2\cdot\operatorname{tg}\vartheta\cdot d\vartheta = -v^2\cdot\dfrac{z^2-1}{z^2+1}\cdot\dfrac{dz}{z}\,,\\[2mm]
g\cdot dt = -v\cdot\sec\vartheta\cdot d\vartheta = -v\cdot\dfrac{dz}{z}\,,\\[2mm]
g\cdot ds = -v^2\cdot\sec\vartheta\cdot d\vartheta = -v^2\cdot\dfrac{dz}{z}\,,
\end{cases}$$

hier ist v in ϑ bzw. z ausgedrückt durch

$$\frac{1}{(v\cos\vartheta)^n}=e^{-\frac{n}{g}\int\frac{a\cdot d\vartheta}{\cos\vartheta}}\cdot\left\{-\frac{n}{g}\int\frac{c\cdot e^{+\frac{n}{g}\int\frac{a\cdot d\vartheta}{\cos\vartheta}}}{\cos^{n+1}\vartheta}\cdot d\vartheta+\text{Int.-Konst.}\right\}$$

oder, was dasselbe ist, durch

$$\frac{1}{v^n}=-\frac{n}{g}(1+z^2)^{-n}\cdot z^{-n\left(\frac{a}{g}-1\right)}\left[\int c\cdot(1+z^2)^n\cdot z^{\frac{na}{g}-n-1}\cdot dz+C\right],$$

wobei $z=\operatorname{tg}\left(\dfrac{\pi}{4}+\dfrac{\vartheta}{2}\right)$ bedeutet und die Integrationskonstante C aus
der Anfangsbedingung: $v=v_0$ für $\vartheta=\varphi$ oder $z=\operatorname{tg}\left(\dfrac{\pi}{4}+\dfrac{\varphi}{2}\right)$ zu
berechnen ist.

2. Verzögerung durch den Luftwiderstand $cf(v)$ **spezieller** $= cv^n$:

$$g \cdot dx = - v^2 \cdot d\vartheta; \qquad g \cdot dy = - v^2 \cdot \operatorname{tg}\vartheta \cdot d\vartheta;$$

$$g \cdot dt = - v \cdot \sec\vartheta \cdot d\vartheta; \qquad g \cdot ds = - v^2 \cdot \sec\vartheta \cdot d\vartheta;$$

dabei

$$\frac{1}{v^n \cos^n \vartheta} = - \frac{nc}{g} \int \frac{d\vartheta}{\cos^{n+1}\vartheta} + \text{Int.-Konst.}$$

Wird die Integrationskonstante aus der Bedingung $v = v_0$ für $\vartheta = \varphi$ bestimmt, so ist $\dfrac{1}{(v \cdot \cos\vartheta)^n} - \dfrac{1}{(v_0 \cdot \cos\varphi)^n} = - \dfrac{nc}{g}(F(\vartheta) - F(\varphi))$, oder

$$v = \frac{\sec\vartheta}{\left[C - \dfrac{nc}{g} \cdot F(\vartheta)\right]^{\frac{1}{n}}},$$

wobei zur Abkürzung

$$F(\vartheta) = \int_0^\vartheta \frac{d\vartheta}{\cos^{n+1}\vartheta}; \qquad F(\varphi) = \int_0^\varphi \frac{d\vartheta}{\cos^{n+1}\vartheta} \quad \text{und} \quad C = \frac{1}{(v_0 \cos\varphi)^n} + \frac{nc}{g} \cdot F(\varphi)$$

gesetzt ist. Also ist:

$$dx = - \frac{1}{g} \cdot \frac{\sec^2\vartheta \cdot d\vartheta}{\left[C - \dfrac{nc}{g} \cdot F(\vartheta)\right]^{\frac{2}{n}}},$$

$$dy = - \frac{1}{g} \cdot \frac{\sec^2\vartheta \cdot \operatorname{tg}\vartheta \cdot d\vartheta}{\left[C - \dfrac{nc}{g} \cdot F(\vartheta)\right]^{\frac{2}{n}}},$$

$$dt = - \frac{1}{g} \cdot \frac{\sec^2\vartheta \cdot d\vartheta}{\left[C - \dfrac{nc}{g} \cdot F(\vartheta)\right]^{\frac{1}{n}}},$$

$$ds = - \frac{1}{g} \cdot \frac{\sec^3\vartheta \cdot d\vartheta}{\left[C - \dfrac{nc}{g} \cdot F(\vartheta)\right]^{\frac{2}{n}}}.$$

a) $n = 2$; $cf(v) = cv^2$ **(quadratisches Gesetz):**

$$v^2 = \frac{g}{2c} \frac{1}{\cos^2\vartheta \cdot (C - \xi(\vartheta))},$$

wo

$$\xi(\vartheta) = \frac{1}{2}\left(\frac{\sin\vartheta}{\cos^2\vartheta} + \operatorname{lgnt} \operatorname{tg}\left(45^0 + \frac{\vartheta}{2}\right)\right)$$

speziell

$$\xi(\varphi) = \frac{1}{2}\left(\frac{\sin\varphi}{\cos^2\varphi} + \operatorname{lgnt} \operatorname{tg}\left(45^0 + \frac{\varphi}{2}\right)\right)$$

bedeutet (dafür Tabelle 8b, im Anhang) und C eine Abkürzung ist für

$$C = \frac{g}{2\,c\,(v_0\cos\varphi)^2} + \xi(\varphi) \quad \text{oder auch} \quad C = \frac{g}{2\,c\cdot v_s{}^2}\,.$$

Damit hat man

$$2\,c\cdot dx = -\,\frac{d\vartheta}{\cos^2\vartheta\cdot(C-\xi(\vartheta))}\,,$$

$$2\,c\cdot dy = -\,\frac{\operatorname{tg}\vartheta\cdot d\vartheta}{\cos^2\vartheta\cdot(C-\xi(\vartheta))}\,,$$

$$\sqrt{2\,g\,c}\cdot dt = -\,\frac{d\vartheta}{\cos^2\vartheta\cdot\sqrt{C-\xi(\vartheta)}}\,,$$

$$2\,c\cdot ds = -\,\frac{d\vartheta}{\cos^3\vartheta\cdot(C-\xi(\vartheta))}\,,$$

$$s = \frac{1}{2\,c}\operatorname{lgnt}\frac{C-\xi(\vartheta)}{C-\xi(\varphi)}\,,\quad \text{wenn } s \text{ vom Abgangspunkt aus ge-}$$
$$\text{zählt wird.}$$

$$s = \frac{1}{2\,c}\operatorname{lgnt}\frac{C-\xi(\vartheta)}{C}\,,\quad \text{wenn } s \text{ vom Gipfel aus gezählt wird.}$$

b) $n = 3$; Verzögerung $cf(v) = cv^3$ (**kubisches Gesetz**):

$$\left\{\begin{aligned}
dx &= -\,\frac{v^2}{g}\cdot d\vartheta\\[2mm]
dy &= -\,\frac{v^2}{g}\cdot\operatorname{tg}\vartheta\cdot d\vartheta\\[2mm]
dt &= -\,\frac{v}{g}\cdot\frac{d\vartheta}{\cos\vartheta}\\[2mm]
ds &= -\,\frac{v^2}{g}\cdot\frac{d\vartheta}{\cos\vartheta}
\end{aligned}\right\}$$

wobei für v einzusetzen ist:

$$v = \frac{1}{\cos\vartheta\cdot\sqrt[3]{C-\dfrac{3\,c}{g}\left(\operatorname{tg}\vartheta+\dfrac{1}{3}\operatorname{tg}^3\vartheta\right)}}\,,$$

C Abkürzung für:

$$C = \frac{1}{v_0{}^3\cos^3\varphi} + \frac{3\,c}{g}\left(\operatorname{tg}\varphi+\frac{1}{3}\operatorname{tg}^3\varphi\right)$$

oder auch $\quad C = \dfrac{1}{v_s{}^3}\,.$

Die Integrationen x, y, t, s führen für $a = 0$ und $n = 3$ oder $n = 4$ auf elliptische Integrale. Entsprechende Tabellen auf Grund der **Legendre**schen Tafeln haben **Greenhill** (für $n = 3$) und **Sa-budski** (für $n = 4$) aufgestellt.

Anmerkung. Über ähnliche Flugbahnen. Übertragungsregeln.

Unter Voraussetzung des Potenzgesetzes $cf(v) = cv^n$ war, bei Integration

über ϑ von φ bis ϑ, $\quad\dfrac{1}{(v\cos\vartheta)^n} - \dfrac{1}{(v_0\cos\varphi)^n} = -\dfrac{n\,c}{g}\displaystyle\int_\varphi^\vartheta\frac{d\vartheta}{\cos^{n+1}\vartheta}\,,$ woraus

$$v\cos\vartheta = \frac{v_0\cos\varphi}{\left(1-\dfrac{n\,c}{g}(v_0\cos\varphi)^n\cdot\displaystyle\int_\varphi^\vartheta\frac{d\vartheta}{\cos^{n+1}\vartheta}\right)^{\frac{1}{n}}}\,. \tag{1}$$

Da nun allgemein $g \cdot ds = - v^2 \cos^2 \vartheta \cdot \dfrac{d\vartheta}{\cos^3 \vartheta}$ und $g \cdot dt = - v \cos \vartheta \cdot \dfrac{d\vartheta}{\cos^2 \vartheta}$, so wird zwischen ϑ_1 und ϑ:

$$\frac{g s}{v_0{}^2 \cos^2 \varphi} = - \int\limits_{\vartheta_1}^{\vartheta} \frac{d\vartheta}{\left(1 - \dfrac{n c}{g}(v_0 \cos \varphi)^n \cdot \displaystyle\int\limits_{\varphi}^{\vartheta} \dfrac{d\vartheta}{\cos^{n+1}\vartheta}\right)^{\frac{2}{n}} \cdot \cos^3 \vartheta} \tag{2}$$

und

$$\frac{g t}{v_0 \cos \varphi} = - \int\limits_{\vartheta_1}^{\vartheta} \frac{d\vartheta}{\left(1 - \dfrac{n c}{g}(v_0 \cos \varphi)^n \cdot \displaystyle\int\limits_{\varphi}^{\vartheta} \dfrac{d\vartheta}{\cos^{n+1}\vartheta}\right)^{\frac{1}{n}} \cdot \cos^2 \vartheta} . \tag{3}$$

Man denke sich nun die zwei Flugbahnen A und A' zweier verschiedener Geschosse, die unter demselben Abgangswinkel φ, aber mit verschiedenen Anfangsgeschwindigkeiten v_0 und v_0' verfeuert sind und denen die ballistischen Koeffizienten c und c' zugehören. Bei der Bahn A liege zwischen der Anfangsneigung ϑ_1 und der Endneigung ϑ der Bahntangente der Flugbahnbogen s, bei der Bahn A' liege zwischen denselben Neigungen ϑ_1 und ϑ der Bogen s'. Die zu s bzw. s' gehörigen Flugzeiten der beiden Geschosse seien bzw. t und t'.

Die Bahnen A und A' sollen ähnlich heißen, wenn bei gleichen Anfangs- und Endneigungen der Bahntangenten gegen den Horizont das Verhältnis $s : s'$ der Flugbahnbögen konstant ist. Angenommen, es handle sich um dieselbe Luftwiderstandszone und dabei um dasselbe Potenzgesetz, es sei also außer φ, ϑ und ϑ_1 auch n konstant, so ist $\dfrac{g s}{v_0{}^2 \cos^2 \varphi} = \dfrac{g s'}{v_0'{}^2 \cos^2 \varphi}$, d. h. es ist $s : s'$ konstant (gleich $v_0{}^2 : v_0'{}^2$), falls man hat: $c \, (v_0 \cos \varphi)^n = c' \, (v_0' \cos \varphi)^n$ oder $c v_0{}^n = c' v_0'{}^n$. In diesem Fall ist $\dfrac{g t}{v_0 \cos \varphi} = \dfrac{g \cdot t'}{v_0' \cos \varphi}$ oder $t : t'$ konstant $(= v_0 : v_0')$.

In irgendeinem Punkte gleicher Endneigung ϑ der Tangenten bei den beiden Bahnen seien die Geschwindigkeiten der zwei Geschosse bzw. v und v'. Offenbar gilt, unter der obigen Voraussetzung $c v_0{}^n = c' v_0'{}^n$, wegen (1) die Beziehung $v : v' = v_0 : v_0'$. Somit auch $c v^n = c' v'^n$, d. h. die Verzögerung durch den Luftwiderstand ist in den homologen Punkten beider Bahnen, mit gleichem ϑ, von derselben Größe.

Im ganzen hat man also folgendes Ergebnis: Wenn für zwei Geschosse dasselbe Potenzgesetz gilt, wenn sie ferner unter demselben Anfangswinkel φ verfeuert sind und wenn die anfänglichen Luftwiderstandsverzögerungen für beide Geschosse gleich groß sind, so stehen die Flugbahnbögen s und s', die zwischen gleichen Tangentenneigungen enthalten sind, in konstantem Verhältnis, sie verhalten sich nämlich wie die Quadrate der Anfangsgeschwindigkeiten $s : s' = v_0{}^2 : v_0'{}^2$; ebenso stehen die zugehörigen Flugzeiten in gleichem Verhältnis, sie verhalten sich wie die Anfangsgeschwindigkeiten selbst, $t : t' = v_0 : v_0'$. Die Verzögerung durch den Luftwiderstand endlich ist in homologen Punkten beider Bahnen, d. h. bei gleicher Tangentenneigung, für beide Geschosse gleich groß. Diese Sätze über ähnliche Bahnen verdankt man St. Robert und F. Siacci.

Eine Anwendung der Sätze über ähnliche Flugbahnen ist neuerdings von E. Röggla gegeben worden. Dieser ermittelt die Flugbahnelemente für eine Haubitze oder einen Mörser mit Hilfe der Schußtafel eines bekannten Geschützes.

Der ballistische Koeffizient c ist, bei gleichem Luftgewicht und bei gleicher Form des Geschosses, umgekehrt proportional dessen **Querschnittsbelastung** $q = \dfrac{P}{R^2\,\pi}$; P das Geschoßgewicht, $R^2\,\pi$ der Querschnitt. Somit kann obiges Ergebnis auch folgendermaßen ausgesprochen werden:

Zusammenfassung. Für ein Geschütz A sei v_0 die Anfangsgeschwindigkeit, x die horizontale Entfernung und v die Geschwindigkeit des Geschosses nach t Sek.; speziell x_s die Gipfelabszisse, v_s die Geschwindigkeit im Gipfel, t_s die Flugzeit bis zum Gipfel; X die Maximalschußweite (bei ca. 45^0 Abgangswinkel), T die zugehörige Gesamtflugzeit, v_e die Endgeschwindigkeit; P das Geschoßgewicht, $R^2\,\pi$ der Geschoßquerschnitt, $q = P : R^2\,\pi$ die Querschnittsbelastung. Für ein anderes Geschütz B sollen v_0', x', v', t', x_s', v_s', t_s', X', T', v_e', q' das Entsprechende bezeichnen. Die Werte x', t', v' sollen sich beim Geschütz B auf den Flugbahnpunkt mit der gleichen Tangentenneigung beziehen, wie x, t, v ber dem Geschütz A. Beiderseits sei ferner der Abgangswinkel, das Luftgewicht und die Geschoßform dieselbe. Falls dann

$$v_0{}^2 : v_0'{}^2 = q : q',$$

ist

$$v_0{}^2 : v_0'{}^2 = (q : q') = x : x' = x_s : x_s' = X : X'$$
$$= v^2 : v'^2 = v_s{}^2 : v_s'{}^2 = v_e{}^2 : v_e'{}^2,$$

$$\text{ferner } t : t' = t_s : t_s' = v_0 : v_0' = v : v' = v_e : v_e'.$$

Beispiel. Bei einem amerikanischen Küstenmörser ist $2R = 25{,}4$ cm; $P = 274$ kg; also Querschnittsbelastung $q = 0{,}54$ kg/qcm; $v_0 = 352$ m/sec; Maximalschußweite $X = 10500$ m; dabei $v_e = 298$ m/sec.

Dies soll übertragen werden auf ein anderes Geschütz mit $q' = 0{,}343$ kg/qcm (bei gleichem δ und i). Wie groß muß die Anfangsgeschwindigkeit v_0' sein; welches wird die Maximalschußweite X' und welches die Endgeschwindigkeit v_e'?

$$X' : 10500 = 0{,}343 : 0{,}54, \quad v_0'{}^2 : 352^2 = 0{,}343 : 0{,}54;$$

$$v_e' : 298 = v_0' : v_0.\quad \text{Also } X' = 6670 \text{ m}; \ v_0' = 280 \text{ m/sec}; \ v_e' = 237 \text{ m/sec}.$$

Es sei noch darauf hingewiesen, daß obige Regel in innigem Zusammenhang steht mit den von **Newton** und **Froude** aufgestellten und in allgemeinster Form von v. **Helmholtz** ausgesprochenen **Modellübertragungsregeln** (vgl. die Lit.-Note zu § 13). Ein Teil dieser Regeln lautet: Wenn man mit einem Modell Versuche anstellen will, die für einen anderen, in demselben Medium (z. B. Luft) bewegten Körper maßgebend sein sollen, und wenn dabei die linearen Dimensionen l im Verhältnis n verändert werden, so müssen die Quadrate der Geschwindigkeiten und die Quadrate der Zeiten ebenfalls im Verhältnis n geändert werden. Die Luftwiderstände W (auf den ganzen Querschnitt, also in kg gemessen) sind dann geändert im Verhältnis $n^2 \cdot n = n^3$, also $v : v' = t : t' = \sqrt{n}$; $W : W' = n^3$, wo $n = l : l'$ ist. Im vorliegenden Fall verhalten sich, bei gleicher Geschoßform und gleichem Geschoßmaterial, die Querschnittsbelastungen annähernd wie die Geschoßlängen und diese wie die sämtlichen entsprechenden Längen, also wie n.

§ 19. Ein Umkehrungsproblem.

Wenn die Geschoßbahn selbst bekannt wäre (entweder durch ihre Gleichung $y = \psi(x)$ zwischen den Koordinaten x und y eines beliebigen Bahnpunkts, oder auch auf irgendeine Weise experimentell gewonnen), so ließe sich für jeden Flugbahnpunkt (xy) die zugehörige Geschwindigkeit v des Geschoßschwerpunkts, die Horizontalneigung ϑ der Bahntangente, die Flugzeit t und, wenn die Geschoßachse immer in der Bahntangente bliebe, der Luftwiderstand $W = m \cdot cf(v)$ auf folgende Weise erhalten: man bilde die drei ersten Ableitungen von y oder $\psi(x)$ nach x; sie seien mit $y'\,y''\,y'''$ bezeichnet; so ist

$$v = \sqrt{g} \cdot \frac{\sqrt{1+y'^2}}{\sqrt{-y''}}\,; \qquad v \cdot \cos\vartheta = \sqrt{\frac{g}{-y''}}\,;$$

$$cf(v) = -\frac{g}{2} \cdot \frac{y''' \cdot \sqrt{1+y'^2}}{y''^2}\,; \qquad dt = dx \cdot \sqrt{\frac{-y''}{g}}\,.$$

Die Zeit t ergibt sich also durch eine Integration aus letzterer Gleichung.

Differentiiert man nämlich $\operatorname{tg}\vartheta = \dfrac{dy}{dx} = y'$ nach ϑ, so wird

$$\frac{1}{\cos^2\vartheta} = \frac{dy'}{dx} \cdot \frac{dx}{d\vartheta} = y'' \cdot \frac{dx}{d\vartheta}\,,$$

oder da $\dfrac{dx}{d\vartheta} = -\dfrac{v^2}{g}$ ist, so wird $\dfrac{1}{\cos^2\vartheta} = -\dfrac{v^2}{g} \cdot y''$, also $v\cos\vartheta = \sqrt{\dfrac{g}{-y''}}$. Da ferner $\cos\vartheta = \dfrac{1}{\sqrt{1+y'^2}}$, so ist $v = \sqrt{g} \cdot \dfrac{\sqrt{1+y'^2}}{\sqrt{-y''}}$, wobei entlang der Flugbahn y'' negativ, somit $\sqrt{-y''}$ reell ist.

Die Beziehung für t folgt aus $v\cos\vartheta = \dfrac{dx}{dt}$, $dt = \dfrac{dx}{v\cos\vartheta} = dx\sqrt{\dfrac{-y''}{g}}$.

Endlich ist nach der Hauptgleichung (3) $cf(v) = \dfrac{g \cdot d(v\cos\vartheta)}{v \cdot d\vartheta}$. Da hier $v\cos\vartheta = \sqrt{\dfrac{-g}{y''}}$, somit

$$\frac{d}{d\vartheta}(v\cos\vartheta) = \frac{d(v\cos\vartheta)}{dx} \cdot \frac{dx}{d\vartheta} = -\frac{v^2}{g}\sqrt{-g}\left(-\frac{1}{2}\right)(y'')^{-\frac{3}{2}} \cdot y'''$$

$$= +\frac{v^2 \cdot y'''}{2\sqrt{-g}\,\sqrt{(y'')^3}}\,,$$

so wird $c \cdot f(v) = \dfrac{g \cdot v \cdot y'''}{2\sqrt{-g}\,\sqrt{y''^3}} = -\dfrac{g \cdot y''' \cdot \sqrt{1+y'^2}}{2\,y''^2}$.

Beispiele. 1. Daß die Flugbahnkurve des Geschosses in manchen Fällen zweckmäßig durch eine Hyperbel ersetzt werden könne, deren eine Asymptote vertikal steht, haben im Laufe der Entwicklung der Ballistik insbesondere Newton, Indra, Ökinghaus und Stauber geäußert. E. Ökinghaus hat in mehreren Aufsätzen die Ansicht vertreten, daß die lange gesuchte Flugbahnkurve in der Tat mit einer derartig liegenden Hyperbel identisch sei; später sah er sich veranlaßt, die beiden Asymptoten schief zu legen und betrachtete die hyperbolische Lösung des ballistischen Problems nur als eine Näherungslösung; dazu vgl. übrigens Nr. 20, Satz 6.

Angenommen, die Flugbahn wäre eine Hyperbel $y = \dfrac{a\,x - x^2}{b - x} \cdot \dfrac{b}{a} \cdot \operatorname{tg} \varphi$, so findet sich

$$c f(v) \cdot \cos \vartheta = \frac{3 \cdot g \cdot a}{4 \cdot b^2 (b - a) \cdot \operatorname{tg} \varphi} \cdot (b - x)^2, \qquad (v \cos \vartheta)^2 = \frac{g a (b - x)^3}{2\, b^2 (b - a)\, \operatorname{tg} \varphi},$$

$$\operatorname{tg} \vartheta = \operatorname{tg} \varphi \cdot \frac{b}{a} \left(1 - \frac{b(b - a)}{(b - x)^2} \right), \qquad t = \frac{2}{\sqrt{b}} \left(\frac{\sqrt{b}}{\sqrt{b - x}} - 1 \right) \sqrt{\frac{2\, b^2}{a g} (b - a)\, \operatorname{tg} \varphi}.$$

2. **Piton-Bressant** setzte als Flugbahnkurve eine Parabel 3. Ordnung voraus: $y = x \cdot \operatorname{tg} \varphi - \dfrac{g x^2}{2\, v_0{}^2 \cos^2 \varphi} (1 + m x)$, wo m eine empirisch zu bestimmende Konstante ist (vgl. auch § 32). In diesem Falle wird, da $y''' = - \dfrac{3\, g m}{v_0{}^2 \cos^2 \varphi}$, das Gesetz für die Verzögerung durch den Luftwiderstand das folgende:

$$c f(v) = - \frac{3\, m}{2\, v_0{}^2 \cos^2 \varphi} \cdot v^4 \cdot \cos^3 \vartheta, \quad \text{dazu} \quad \operatorname{tg} \vartheta = \operatorname{tg} \varphi - \frac{g x}{v_0{}^2 \cos^2 \varphi} \left(1 + \frac{3}{2}\, m x \right),$$

$$v \cos \vartheta = v_0 \cos \varphi \cdot (1 + 3\, m x)^{-\frac{1}{2}}, \qquad t = \frac{2}{9\, m v_0 \cos \varphi} \cdot \left(\sqrt{(1 + 3\, m x)^3} - 1 \right).$$

3. C. F. **Close** machte (s. o.) folgenden Vorschlag: Angenommen, das Prinzip des Schwenkens der Flugbahnen sei genau zutreffend und eine Schußtafel sei empirisch genau aufgestellt, so könnte man für die größte in der Schußtafel vorkommende Flugbahn des betreffenden Geschützes eine große Zahl von Flugbahnpunkten durch Schwenken der kleineren Bahnen erhalten. Diese Punkte sind alsdann durch ihre Polarkoordinaten gegeben. Die Beziehung zwischen den Radienvektoren und den Polarwinkeln stellt man durch eine Gleichung dar und erhält somit nach dem obigen allgemeinen Prinzip die Werte v; $v \cos \vartheta$; t; $c f(v)$ für einen beliebigen Punkt der größten Flugbahn. Man wäre somit imstande, allein mit Hilfe einer Schußtafel das Luftwiderstandsgesetz zu gewinnen. Die zugehörigen Berechnungen haben G. **Greenhill** und C. E. **Wolff** eingehend gegeben. Über die Zuverlässigkeit der Annahmen vgl. § 11 und 42.

§ 20. Allgemeine Eigenschaften jeder Flugbahn.

Die Kenntnis der in § 17 aufgestellten Differentialgleichungen genügt, um unabhängig von der Annahme eines besonderen Luftwiderstandsgesetzes, also in allgemeiner Gültigkeit für jede Flugbahn im lufterfüllten Raum, eine Reihe von Eigenschaften abzuleiten. Voraussetzung ist dabei lediglich, daß die Luftwiderstandsresultante stets in der Flugbahntangente liegt und daß die Verzögerung $c f(v)$ durch den Luftwiderstand nur eine stetige Funktion der Geschwindigkeit v allein ist. Im folgenden sollen vornehmlich jene allgemeinen Eigenschaften der ballistischen Kurve abgeleitet werden, die den Unterschied zwischen der Flugbahn im lufterfüllten und im luftleeren Raum besonders kennzeichnen, (in der ballistischen Literatur spricht man in dieser Hinsicht vielfach von der dynamischen und der geometrischen Unsymmetrie der ballistischen gegenüber der parabolischen Bahn). Diese Eigenschaften lassen sich aus den Systemgleichungen in § 17 ablesen.

1. Die Horizontalkomponente $v \cos \vartheta$ der Bahngeschwindigkeit v des Geschosses nimmt entlang der Flugbahn fortwährend ab.

Beweis. In der Hauptgleichung $gd\,(v \cos \vartheta) = cf(v) \cdot v \cdot d\vartheta$ ist c und $f(v)$ positiv, $d\vartheta$ ist stets negativ, da der Horizontalneigungswinkel ϑ vom Anfangswert φ an abnimmt; somit ist die rechte Seite der Gleichung negativ, also auch $d\,(v \cos \vartheta)$ negativ oder $v \cos \vartheta$ nimmt dauernd ab.

Zahlenbeispiel: Granate einer Feldkanone; $v_0 = 442$ m/sec, $\varphi = 15\tfrac{14}{16}$ Grad, Kaliber 8,8 cm, Geschoßgewicht $P = 7,5$ kg. Für die horizontalen Entfernungen $x = 0$, 3000, 5000 m ist $v \cos \vartheta = 425$, 223, 168 m/sec.

2. Der spitze Auffallwinkel ω ist größer als der Abgangswinkel φ. Allgemein ist für zwei Punkte A und A_1 gleicher Ordinaten (A auf dem aufsteigenden und A_1 auf dem absteigenden Ast gelegen) der spitze Horizontalneigungswinkel ϑ_1 der Tangente in A_1 größer als ϑ in A (vgl. Abb. 47).

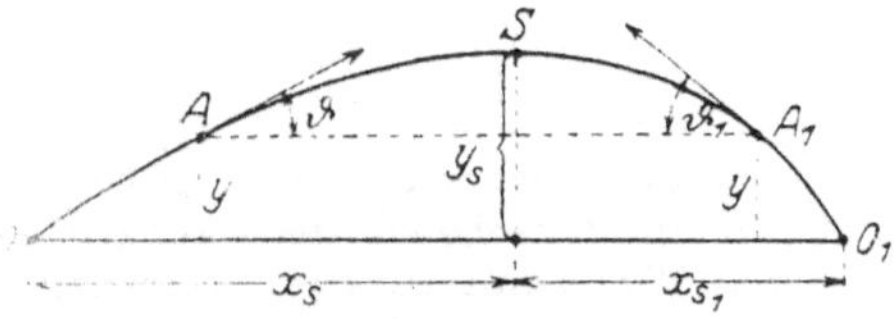

Beweis. Die Gleichung

$$g\,dy = -v^2 \cdot d\vartheta \cdot \operatorname{tg} \vartheta$$

oder

$$-\operatorname{tg}\vartheta \cdot \frac{d\vartheta}{\cos^2 \vartheta} = +\,g \cdot \frac{dy}{(v \cos \vartheta)^2}$$

Abb. 47.

werde integriert, erstens vom Anfangspunkt O bis zum Gipfel S oder von $\vartheta = \varphi$ bis $\vartheta = 0$ oder auch, was dasselbe ist, von $y = 0$ bis $y = y_s$; andererseits vom Auffallpunkt O_1 bis zum Gipfel S ($\vartheta = \omega$ bis $\vartheta = 0$ oder $y = 0$ bis $y = y_s$), so ist

$$\text{einerseits } +\frac{1}{2}\operatorname{tg}^2\varphi = \int_0^{y_s} \frac{g \cdot dy}{(v \cos \vartheta)^2}, \qquad \text{anderseits } \frac{1}{2}\operatorname{tg}^2\omega = \int_0^{y_s} \frac{g \cdot dy}{(v_1 \cos \vartheta_1)^2}.$$

Im zweiten Integral ist, da $v \cos \vartheta$ immer abnimmt, der Nenner durchweg kleiner als der Nenner im ersten Integral oder es ist der Bruchausdruck unter dem zweiten Integral immer größer, als derjenige im ersten; also ist das zweite Integral größer als das erste, somit $\operatorname{tg}\omega > \operatorname{tg}\varphi$; $\omega > \varphi$. Dasselbe gilt, wenn von A bzw. A_1 aus integriert wird. Gleiches Zahlenbeispiel wie bei Satz 1: Es wird $\omega = 24^0\,53'$; $\varphi = 15\tfrac{14}{16}$ Grad.

3. Die Gipfelhöhe y_s der Flugbahn liegt der Größe nach jedenfalls zwischen $\tfrac{1}{4}X \cdot \operatorname{tg}\varphi$ und $\tfrac{1}{4}X \cdot \operatorname{tg}\omega$ (X die Schußweite).

Einen strengeren Beweis dieses Satzes hat im ballistischen Laboratorium 1914 Hauptm. Anér (schwed. Infant.) ausgearbeitet. Hier nur folgendes zur Plausibelmachung des Satzes: Es sei daran erinnert, daß für die parabolische Flugbahn im leeren Raum $y_s = \dfrac{v_0^2 \sin^2 \varphi}{2g}$, $X = \dfrac{v_0^2}{g}\sin 2\varphi$, also $y_s = \dfrac{X}{4}\operatorname{tg}\varphi$; vgl. Abb. 48a. Man denke sich nun (vgl. Abb. 48b) über derselben Strecke $OO_1 = X$ erstens die parabolische Bahn OBO_1 mit Abgangs- und Auffallwinkel φ, für diese ist die Gipfelhöhe $AB = \tfrac{1}{4}X \operatorname{tg}\varphi$; zweitens die parabolische Flugbahn OCO_1 mit Abgangs- und Auffallwinkel ω; für diese ist die Gipfelhöhe $AC = \tfrac{1}{4}X \cdot \operatorname{tg}\omega$;

drittens die wirkliche Flugbahn OSO_1 mit Abgangswinkel φ und Auffallwinkel ω; für diese ist die Gipfelhöhe DS. Letztere ist jedenfalls kleiner als AC und größer als AB, da die wirkliche Flugbahn OSO_1 zwischen den beiden parabolischen Flugbahnen OBO_1 und OCO_1 verlaufen muß; also liegt DS zwischen $\frac{1}{4} X \cdot \operatorname{tg} \varphi$ und $\frac{1}{4} X \cdot \operatorname{tg} \omega$.

Dasselbe Zahlenbeispiel wie bei Satz 1: $X = 4501$ m; Gipfelhöhe zwischen 320 m und 520 m. Der wahrscheinlichste Wert ist also das Mittel 420 m. Die Berechnung nach Siacci (§ 27) ergab 416 m, mit den Tabellen 10 im Anhang 425 m.

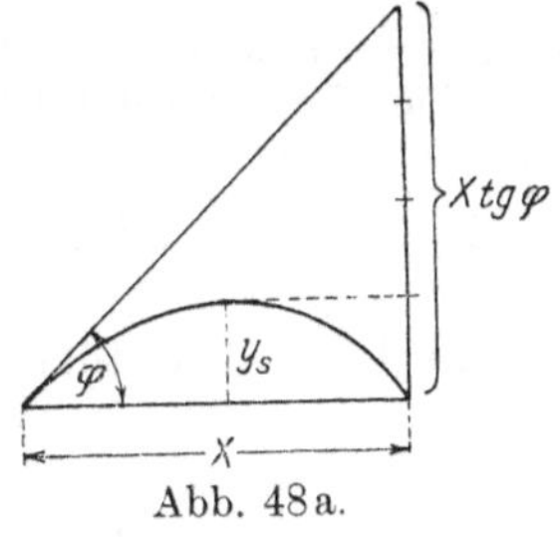

Abb. 48 a.

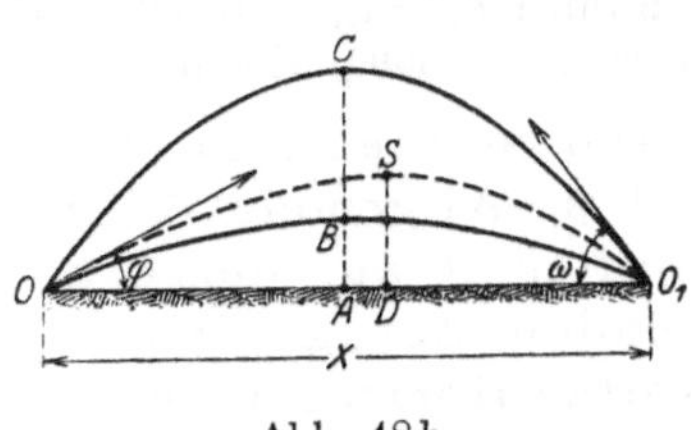

Abb. 48 b.

Je nachdem man das arithmetische oder das geometrische Mittel benützt, erhält man zur Berechnung der Gipfelhöhe eine Formel, die wie es scheint zuerst von Weygand-Plöniés aufgestellt wurde, bzw. eine andere, die in Frankreich seit längerer Zeit Verwendung findet, nämlich:

$$y_s = \frac{X}{8}(\operatorname{tg}\varphi + \operatorname{tg}\omega), \quad \text{bzw.} \quad y_s = \frac{X}{4}\sqrt{\operatorname{tg}\varphi \cdot \operatorname{tg}\omega}.$$

4. Sind A und A_1 zwei Flugbahnpunkte von derselben Höhe y über dem Mündungshorizont OO_1, so ist die Geschwindigkeit v im Punkt A des aufsteigenden Astes der Flugbahn größer als die Geschwindigkeit v_1 im Punkt A_1 des absteigenden Astes.

Beweis. Die Gleichung der Bewegung des Geschosses längs der Bahntangente ist nach § 17 $\frac{dv}{dt} = -cf(v) - g\sin\vartheta$, oder wenn s den Flugbahnbogen bis zu dem betreffenden Punkt darstellt, $\frac{1}{2}d(v^2) = -cf(v)\cdot ds - g\cdot\sin\vartheta\cdot ds = -cf(v)ds - g\cdot dy$. Wird diese Gleichung von A bis A_1 integriert, so wird $\int dy = 0$ und es bleibt $\frac{1}{2}(v_1^2 - v^2) = -c\int_{s_1}^{s_2} f(v)\cdot ds$. Die rechte Seite ist negativ, somit ist $v_1 < v$. [Die benützte Gleichung hätte auch ohne weiteres mittels der Überlegung angeschrieben werden können, daß die Änderung $\frac{m}{2}(v_1^2 - v^2)$ der lebendigen Kraft des Geschosses von A bis A_1 gleich der Summe der Arbeiten von Luftwiderstand und Schwere ist, welch letztere gleich Null wird, da A und A_1 in gleicher Höhe liegen sollen, $\frac{m}{2}(v_1^2 - v^2) = -\int mcf(v)ds$].

Zahlenbeispiel wie in Satz 1: für $y = 0$; $v_0 = 442$ m/sec, $v_e = 197$ m/sec.

5. Der Gipfelpunkt S der Flugbahn liegt, in horizontaler Richtung gemessen, dem Auffallpunkt O_1 näher als dem Abgangspunkt O.

Beweis. Die Gleichung $dx = \dfrac{dy}{\operatorname{tg}\vartheta}$ werde integriert, erstens vom Anfangspunkt O bis zum Gipfel S oder von $y = 0$ bis $y = y_s$, dabei sei ϑ der spitze Horizontalneigungswinkel der Tangente, zweitens vom Auffallpunkt O_1 bis zum Gipfel, spitzer Tangentenwinkel ϑ_1; so hat man $x_s = \displaystyle\int_0^{y_s} \dfrac{dy}{\operatorname{tg}\vartheta}$, $\quad x_{s_1} = \displaystyle\int_0^{y_s} \dfrac{dy}{\operatorname{tg}\vartheta_1}$. Nun ist nach Satz 2, für dasselbe y, $\vartheta_1 > \vartheta$, also $\dfrac{dy}{\operatorname{tg}\vartheta_1} < \dfrac{dy}{\operatorname{tg}\vartheta}$, somit $x_{s_1} < x_s$.

Zahlenbeispiel wie in Satz 1: Die Rechnung nach **Siacci** ergibt: $x_s = OD = 2500$ m; $\quad x_{s_1} = O_1 D = 2001$ m.

6. Der absteigende Ast der Flugbahn besitzt eine vertikale Asymptote, die den Abstand $\dfrac{1}{g}\displaystyle\int_{-\frac{\pi}{2}}^{\varphi} v^2 \cdot d\vartheta$ **vom Anfangspunkt hat; die Bahngeschwindigkeit** v **nähert sich dabei einem Grenzwert** v_1**, der, wenn** c **als konstant betrachtet wird, aus der Gleichung** $cf(v_1) = g$ **zu berechnen ist.**

Beweis. Es ist $dt = -\dfrac{1}{g}\cdot\dfrac{v\cdot d\vartheta}{\cos\vartheta} = -\dfrac{v\cos\vartheta}{g}\cdot\dfrac{d\vartheta}{\cos^2\vartheta}$. Wird diese Gleichung integriert von $t = 0$ bis $t = t$, so läßt sich auf der rechten Seite ein Mittelwert μ von $v\cos\vartheta$ heraussetzen, da $v\cos\vartheta$ stets endlich und stetig ist und da $\dfrac{1}{\cos^2\vartheta}$ sein Vorzeichen nicht wechselt. Somit ist $t = -\dfrac{1}{g}\mu\cdot\displaystyle\int_\varphi^\vartheta \dfrac{d\vartheta}{\cos^2\vartheta} = -\dfrac{\mu}{g}(\operatorname{tg}\vartheta - \operatorname{tg}\varphi)$.

Für $t = \infty$ wird die linke Seite unendlich, somit auch die rechte Seite, und da μ und $\operatorname{tg}\varphi$ endlich sind, muß $\operatorname{tg}\vartheta = -\infty$, $\vartheta = -\dfrac{\pi}{2}$ werden, d. h. die Verlängerung der Geschoßbahn über den Mündungshorizont hinaus konvergiert gegen eine Vertikale. Daß diese Vertikale, der sich der absteigende Ast mehr und mehr nähert, eine im Endlichen verlaufende Gerade ist, erkennt man aus der Beziehung $dx = -\dfrac{v^2}{g}\cdot d\vartheta$,

$x = -\dfrac{1}{g}\displaystyle\int_\varphi^\vartheta v^2 \cdot d\vartheta$. Hier ist v^2 stets endlich; denn die Bahngeschwindigkeit v wird notwendig folgenden Verlauf haben (vgl. Abb. 49a): Vom An-

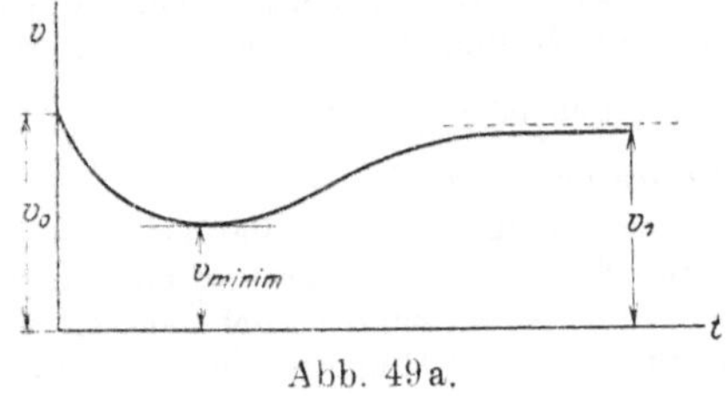

Abb. 49a.

fangswert v_0 ab nimmt sie, falls φ von Null verschieden und positiv ist, zunächst ab infolge der Arbeit der Schwere und des Luftwiderstandes. Nachdem sie ein Minimum erreicht hat, von dem nachher die Rede sein soll, nimmt sie wegen der Arbeit der Schwere wieder zu, bis schließlich der Luftwiderstand gleich dem Gewicht des Geschosses geworden ist; denn wenn dieser Grenzwert v_1 er-

reicht ist, was theoretisch im allgemeinen erst nach unendlich langer Zeit möglich ist, heben sich die auf das Geschoß wirkenden Kräfte $mcf(v)$ und mg
auf und das Geschoß bewegt sich mit dieser konstanten Geschwindigkeit v_1
weiter (immer dabei c als konstant betrachtet).

Somit ist das Integral $\int\limits_{\varphi}^{\vartheta} v^2 \cdot d\vartheta$ stets endlich, welchen Wert zwischen

φ und $-\dfrac{\pi}{2}$ auch ϑ haben möge; der Grenzwert x_∞ von x ist somit

$$x_\infty = -\frac{1}{g}\int\limits_{\varphi}^{-\frac{\pi}{2}} v^2 \cdot d\vartheta = +\frac{1}{g}\int\limits_{-\frac{\pi}{2}}^{\varphi} v^2 \cdot d\vartheta.$$

Zahlenbeispiel. Am 28. April 1892 wurde (einer anderweitigen Ver-
öffentlichung zufolge) bei Meppen mit den folgenden Anfangsbedingungen ein
Schuß abgegeben: Kaliber 24 cm; Geschoßgewicht 215 kg; Abrundungsradius
der ogivalen Geschoßspitze 2 Kaliber, Anfangsgeschwindigkeit 640 m/sec, Abgangswinkel 44⁰, das Luftgewicht sei angenommen zu 1,22 kg/cbm. Für diesen
Schuß gibt die Rechnung folgendes: horizontale Schußweite 19066 m, Flugzeit
68,8 sec, Endgeschwindigkeit 380,4 m/sec, spitzer Auffallwinkel 58⁰21,5′, Gipfelabszisse 10840 m, Gipfelordinate 6150 m. Ferner ist der Grenzwert v_1, dem
die Geschoßgeschwindigkeit immer mehr zustrebt, etwa $= 580$ m/sec und die
Entfernung x_∞ der vertikalen Asymptote vom
Abgangspunkt etwa $= 29300$ m.

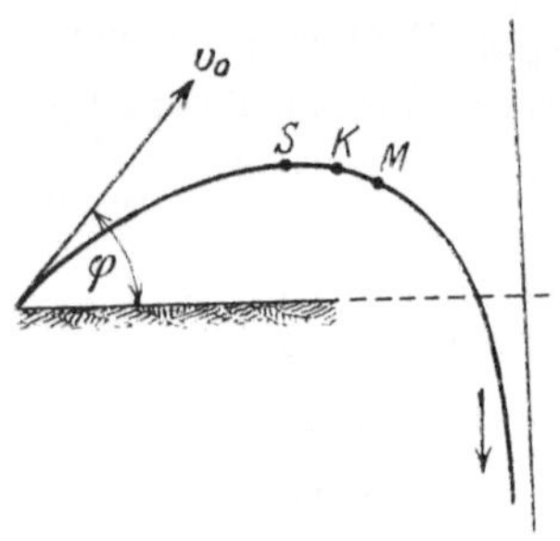

Abb. 49 b.

7. Die Werte eines Minimums v_m,
das die Geschoßgeschwindigkeit v annimmt, sind an die Bedingung ge-
bunden $cf(v_m) = -g\sin\vartheta$. Wenn c als
konstant betrachtet wird, kann nur
ein einziges Minimum vorkommen;
der Flugbahnpunkt, in dem dieser
Wert erreicht wird, liegt jenseits des
Gipfels, also auf dem absteigenden Ast.

Beweis. Soll diejenige Neigung der Bahntangente ermittelt werden, bei
der v ein Minimum wird, so ist die Ableitung von v nach ϑ gleich Null zu
setzen; nun ist allgemein $\dfrac{dv}{d\vartheta} = \dfrac{v}{\cos\vartheta}\left(\dfrac{cf(v)}{g}+\sin\vartheta\right)$, also ergibt sich ohne
weiteres der erste Teil des Satzes.

Ferner läßt sich die Bahngeschwindigkeit v in jedem Punkt in eine hori-
zontale Komponente $v\cos\vartheta$ und eine vertikale Komponente $v\sin\vartheta$ zerlegen. Vom
Abgangspunkt bis zum Gipfel nehmen beide Komponenten ab, also auch die
Resultante v. Im Gipfel ist die horizontale Komponente im weiteren Abnehmen
begriffen, die vertikale Komponente dagegen hat ihr Minimum erreicht oder
mit anderen Worten, sie ist momentan konstant, somit ist die Änderung der
Resultante v durch das Verhalten der hier variablen, also der horizontalen
Komponente bedingt, und da diese abnimmt, so ist v im Gipfel im Abnehmen
begriffen. Da v auf dem beliebig verlängert gedachten absteigenden Ast jedenfalls später wieder wächst, so muß das Minimum jenseits des Gipfels liegen.

Der genauere Ort ist daraus zu ermitteln, daß mit Hilfe der betreffenden Lösungsmethode eine Beziehung zwischen v und ϑ aufgestellt und aus dieser und aus $cf(v) + g\sin\vartheta = 0$ das v und ϑ des Minimumspunkts berechnet wird.

Beispiel wie bei Satz 6: Die Rechnung ergab, daß für $\vartheta = $ etwa $- 15^0$ v sein Minimum (etwa 251 m/sec) annimmt. Die Koordinaten des betreffenden Punkts sind $x = $ etwa 12570 m, $y = $ etwa 5880 m.

8. Krümmung der Flugbahn. Der Punkt K der größten Krümmung ist durch die Bedingung gegeben $cf(v) = -\frac{3}{2}g\sin\vartheta$; er liegt jedenfalls auf dem absteigenden Ast, und zwar zwischen dem Gipfel S und dem Punkt M kleinster Bahngeschwindigkeit (vgl. Abb. 49 b).

Beweis. Die Beschleunigung des Geschosses in der Richtung der Kurvennormalen ist einerseits $g\cos\vartheta$ und andererseits $\dfrac{v^2}{\varrho}$ (ϱ der Krümmungsradius); also ist $|\varrho| = \dfrac{v^2}{g\cos\vartheta}$; dieser Ausdruck wird zu einem Minimum oder die Krümmung zu einem Maximum, wenn $\dfrac{d\varrho}{d\vartheta} = 0$ ist. Nun hat man

$$\frac{d\varrho}{d\vartheta} = \frac{1}{g}\,\frac{2\,v\cdot\cos\vartheta\cdot\dfrac{dv}{d\vartheta} + v^2\cdot\sin\vartheta}{\cos^2\vartheta}\;;\quad \text{wird hier der Ausdruck}\quad \frac{dv}{d\vartheta} = v\cdot\operatorname{tg}\vartheta$$

$+\,\dfrac{v\cdot cf(v)}{g\cdot\cos\vartheta}$ (vgl. § 17, Gleichung 3a) eingesetzt, so ergibt sich die Bedingung eines Extremums zu: $0 = 2\,v\cos\vartheta\left(v\cdot\operatorname{tg}\vartheta + \dfrac{v\cdot cf(v)}{g\cdot\cos\vartheta}\right) + v^2\cdot\sin\vartheta$ oder $3\,g\sin\vartheta$ $+\,2\cdot cf(v) = 0$, wie oben; aus dieser Bedingung läßt sich der Punkt K stärkster Bahnkrümmung ermitteln. Was die Lage dieses Punktes und die Art des Extremums betrifft, so sei die folgende Überlegung angestellt: .

Man betrachte den Verlauf der Änderung von $\varrho = \dfrac{v^2}{g\cdot\cos\vartheta}$ erstens vom Anfangspunkt O bis zum Gipfel S und zweitens vom Punkt M kleinster Bahngeschwindigkeit ab weiterhin. Bis zum Gipfel S nimmt v ab, also auch v^2; ϑ nimmt gleichfalls ab oder $\cos\vartheta$ zu oder $\dfrac{1}{\cos\vartheta}$ ab; aus beiden Gründen nimmt von O nach S hin der Krümmungsradius ϱ ab oder die Bahnkurve krümmt sich vom Abgangspunkt nach dem Gipfel zu immer stärker. Andererseits im Punkt M kleinster Geschwindigkeit v ist in dem Ausdruck $\dfrac{v^2}{g\cdot\cos\vartheta}$ der Zähler v^2 momentan konstant, ϑ ist negativ geworden und $\cos\vartheta$ nimmt ab, $\dfrac{1}{\cos\vartheta}$ nimmt zu; also richtet sich in der Gegend des Punktes M die Änderung von ϱ nach der Änderung von $\dfrac{1}{\cos\vartheta}$, d. h. es nimmt ϱ wieder zu. Da die Krümmung stetig verläuft, liegt somit ein Minimum von ϱ zwischen S und M.

Es sei noch darauf aufmerksam gemacht, daß der Ausdruck $\varrho = \dfrac{v^2}{g\cdot\cos\vartheta}$ von der Annahme eines speziellen Luftwiderstandsgesetzes völlig unabhängig ist, da $f(v)$ nicht darin vorkommt, daß somit alle Flugbahnen mit gleichem v und ϑ unter sich und mit der Flugbahnparabel des leeren Raumes drei unendlich nahe Punkte gemeinsam haben.

Dies hat zur Folge, daß man häufig mit Vorteil die wirkliche Flugbahn auf eine kurze Strecke hin durch die betreffende Flugbahnparabel des leeren Raumes ersetzen kann, also in der Nähe des Abgangspunktes O (s. Abb. 48b zu Satz 3) durch die Parabel OBO_1 mit gleichen Werten von v_0 und φ oder in der Nähe des Auffallpunktes O_1 durch die Parabel OCO_1 mit gleichen Werten von v_e und ω.

Dies kommt z. B. in der Ballistik der Handfeuerwaffen in Betracht bei der **Messung des Abgangsfehlerwinkels** zur Ermittlung der Senkung y des Geschosses oder bei der Bestimmung des **bestrichenen Raums**.

Zahlenbeispiel wie bei Satz 6: Die Rechnung ergab für die Koordinaten des Punktes K stärkster Krümmung $x =$ etwa 12000 m, $y =$ etwa 6000 m, dabei $\vartheta = -10^0$.

Bei diesem Anlaß sei noch derjenige weitere Punkt erwähnt, in dem die Winkelgeschwindigkeit, mit der die Bahntangente sich gegen den Horizont neigt, ihr Maximum hat. Die Geschwindigkeit in diesem Punkt sei v_ω. Man erhält dafür, indem man mittels Gleichung (4) von § 17 $\dfrac{d^2\vartheta}{dt^2}$ bildet und gleich Null setzt, leicht die Bedingung: $cf(v_\omega) + 2g\sin\vartheta = 0$. Zusammengestellt hat man für den Punkt mit der kleinsten Bahngeschwindigkeit (v_m); für den Punkt mit der größten Bahnkrümmung (Geschwindigkeit v_{kr}) und für den Punkt mit der größten Winkelgeschwindigkeit der Tangentenneigung (Geschwindigkeit v_ω) die folgenden Bedingungen, die die betreffenden Geschoßgeschwindigkeiten mit den zugehörigen Neigungswinkeln ϑ der Bahntangente gegen die Horizontale verknüpfen:

$$c \cdot f(v_m) + g\sin\vartheta = 0 \, , \quad \text{(Punkt kleinster Geschwindigkeit)} , \tag{a}$$

$$c \cdot f(v_{kr}) + \tfrac{3}{2} g\sin\vartheta = 0 \, , \quad \text{(Punkt stärkster Bahnkrümmung)} , \tag{b}$$

$$c \cdot f(v_\omega) + 2g\sin\vartheta = 0 \, , \quad \left(\text{Punkt größter Winkelgeschwindigkeit } \frac{d\vartheta}{dt}\right) . \tag{c}$$

9. Die vertikale Geschwindigkeitskomponente wächst auf dem ganzen absteigenden Ast. Sie ist in zwei Punkten A und A_1 gleicher Ordinatengröße y (vgl. Abb. 47 zu Satz 2) auf dem aufsteigenden Ast (in A) absolut genommen größer als auf dem absteigenden Ast (in A_1).

Beweis. Setzt man in die Systemgleichung (2) von § 17, also in $d(v\sin\vartheta) = -(g + cf(v)\sin\vartheta) \cdot dt$ für dt seinen Wert aus $\dfrac{dy}{dt} = v\sin\vartheta$ ein, so wird

$$\tfrac{1}{2} d(v\sin\vartheta)^2 = -(g + cf(v)\sin\vartheta) \cdot dy \, .$$

Diese Gleichung werde integriert erstens auf dem aufsteigenden Ast von A bis S, also links von $v\sin\vartheta$ bis $v_s\sin 0$, rechts von y bis y_s; zweitens auf dem absteigenden Ast vom Scheitel S bis Punkt A_1, d. h. links von $v_s\sin 0$ bis $v\sin\vartheta$, rechts von y_s bis y, so erhält man

$$0 - \tfrac{1}{2}(v\sin\vartheta)^2 = -\int\limits_{y}^{y_s} (g + cf(v)\sin\vartheta)\, dy \, , \tag{a}$$

$$\tfrac{1}{2}(v\sin\vartheta)^2 - 0 = -\int\limits_{y_s}^{y} (g + cf(v)\sin\vartheta)\, dy = +\int\limits_{y}^{y_s} (g + cf(v)\sin\vartheta)\, dy \, . \tag{b}$$

Wenn man in dieser letzteren Gleichung unter ϑ gleichfalls, wie in der Gleichung (a), den spitzen Winkel ϑ zwischen Bahntangente und Horizontaler versteht, so ist in (b) $\sin \vartheta$ negativ, also hat man zusammen

$$\tfrac{1}{2}(v\sin\vartheta)^2 = +\int_{y}^{y_s}(g + cf(v)\sin\vartheta)\,dy \quad \text{aufsteigender Ast,} \tag{a}$$

$$\tfrac{1}{2}(v\sin\vartheta)^2 = +\int_{y}^{y_s}(g - cf(v)\sin\vartheta)\,dy \quad \text{absteigender Ast.} \tag{b}$$

In den Integralen auf der rechten Seite sind die sämtlichen Funktionswerte von (b) kleiner als die entsprechenden von (a), somit ist auch das Integral in (b) kleiner als dasjenige in (a) und daher $v\sin\vartheta$ in (b) kleiner als $v\sin\vartheta$ in (a).

10. Die Flugzeit ist auf dem absteigenden Ast bis zum Mündungshorizont größer als auf dem aufsteigenden Ast.

Beweis. Die Flugzeit auf dem aufsteigenden Ast von O bis S (vgl. die Abb. 47 zu Satz 2) sei mit t_1, die Flugzeit auf dem absteigenden Ast von S bis O_1 mit t_2 bezeichnet.

Gemäß § 17, Systemgleichung (4), ist $dt = -\dfrac{v\cdot d\vartheta}{g\cdot\cos\vartheta}$. Diese Gleichung werde erstens von O bis S, also links von $t=0$ bis $t=t_1$, rechts von $\vartheta=\varphi$ bis $\vartheta=0$ integriert; zweitens von O_1 bis S, also links von $t=0$ bis $t=t_2$ und rechts, wo wiederum ϑ den spitzen Winkel bedeuten möge, von $\vartheta=\omega$ bis $\vartheta=0$. Dies gibt

$$t_1 = -\int_{\vartheta=\varphi}^{\vartheta=0}\frac{v\cdot d\vartheta}{g\,\cos\vartheta} = +\int_{\vartheta=0}^{\vartheta=\varphi}\frac{v\cdot d\vartheta}{g\,\cos\vartheta}\,; \tag{a}$$

$$t_2 = -\int_{\vartheta=\omega}^{\vartheta=0}\frac{v\cdot d\vartheta}{g\,\cos\vartheta} = +\int_{\vartheta=0}^{\vartheta=\omega}\frac{v\cdot d\vartheta}{g\,\cos\vartheta}\cdot \tag{b}$$

Beide Integrale sind endlich, da durchweg v und $\cos\vartheta$ endlich sind: also sind auch t_1 und t_2 endlich. Man kann folglich auch die Gleichung

$$dt = \frac{dy}{v\sin\vartheta}$$

benützen und diese, trotz des im Gipfel zu Null werdenden Nenners, integrieren, erstens auf dem aufsteigenden Ast von O bis S, also von $y=0$ bis $y=y_s$ und zweitens auf dem absteigenden Ast rückwärts von O_1 bis S, also gleichfalls von $y=0$ bis $y=y_s$ (dabei ϑ wiederum der spitze Winkel). So wird

$$t_1 = \int_{y=0}^{y=y_s}\frac{dy}{v\sin\vartheta} \quad \text{aufsteigender Ast,} \tag{a}$$

$$t_2 = \int_{y=0}^{y=y_s}\frac{dy}{v\sin\vartheta} \quad \text{absteigender Ast.} \tag{b}$$

Hier ist, wie vorhin mit Satz 9 bewiesen wurde, $v\sin\vartheta$ in (b) bei gleichem y

kleiner als $v \sin \vartheta$ in (a), also $\dfrac{1}{v \sin \vartheta}$ in (b) größer als in (a), folglich ist auch das Integral in (b) größer als das Integral in (a) oder es ist $t_2 > t_1$.

11. Der aufsteigende Ast s_1, vom Abgangspunkt O bis zum Gipfel S, ist länger als der absteigende Ast s_2, vom Gipfel S bis zum Auffallpunkt O_1 im Mündungshorizont.

Beweis. Es ist $ds = \dfrac{dy}{\sin \vartheta}$. Diese Gleichung werde erstens von O bis S integriert, also links von $s = 0$ bis $s = s_1$, rechts von $y = 0$ bis $y = y_s$; zweitens vom Auffallpunkt O_1 rückwärts bis S, wobei ϑ wiederum den spitzen Winkel bedeuten soll. Man erhält so:

$$s_1 = \int_0^{y_s} \frac{dy}{\sin \vartheta} \qquad \text{aufsteigender Ast}, \tag{a}$$

$$s_2 = \int_0^{y_s} \frac{dy}{\sin \vartheta} \qquad \text{absteigender Ast.} \tag{b}$$

Nach Satz 2 ist hier, bei gleichem y, der Winkel ϑ in (b) durchweg größer als in (a), also $\dfrac{1}{\sin \vartheta}$ in (b) durchweg kleiner als in (a); somit ist $s_2 < s_1$.

Diese Sätze können sich erheblich modifizieren, wenn c nicht als konstant betrachtet, z. B. wenn die Abnahme des Luftgewichts nach oben berücksichtigt wird.

Über die Frage, zu welchem Abgangswinkel φ bei gegebener Anfangsgeschwindigkeit v_0 die größte Schußweite im lufterfüllten Raum gehört, vergleiche man die Bemerkungen der Lit.-Note.

Danach ist der Abgangswinkel φ größter Schußweite nicht notwendig kleiner als 45^0; er kann vielmehr unter Umständen, insbesondere wenn das Geschoß in große Höhen gelangt, größer als 45^0, bis $\varphi \gtreqless 50^0$, betragen. Zonenweise Berechnungen von Flugbahnen mit Schußweiten über 40 km hat zuerst die Firma Krupp und etwas später M. de Sparre angestellt (C. R. Paris 1915, Bd. 161, S. 767 und 1916, Bd. 162, S. 496). Dieser hat dabei ein Geschoß von 920 kg Gewicht, Kaliber 40,6 cm, Formkoeffizient $i = 0,75$ und Anfangsgeschwindigkeit 940 m/sec zugrunde gelegt und gefunden, daß, infolge der Verminderung der Luftdichte mit zunehmender Höhe, die Geschwindigkeit v des Geschosses in seiner Bahn durch ein Minimum, dann durch ein Maximum hindurchgeht und schließlich wieder abnimmt. Er erhielt z. B. in den Höhen y bzw. $= 0$; 7003; 10990; 12171; 10403; 5799; 0 Meter v bzw. $= 940$; 592; 443; 386; 394; 437; 433 m/sec. Solche Untersuchungen lassen sich mit dem neueren graphischen Verfahren (§ 34) auch ohne Zoneneinteilung einwandfrei durchführen.

Über die systematische Einteilung der verschiede nen Lösungsmethoden, über die Auswahl der geeigneten Methode und die Beurteilung der Güte einer Methode.

Vom Standpunkt der reinen Mathematik aus könnte man vielleicht geneigt sein, anzunehmen, daß es an der Zeit wäre, die Ballistik von einer Unzahl von Rechnungsmethoden zur Lösung des speziellen ballistischen Problems zu reinigen, die im Laufe der Entwicklung der Ballistik aufgestellt worden sind, und nur noch die gut konvergente und (da im vorliegenden Falle die Lipschitzsche Bedingung erfüllt ist) auch wirklich anwendbare Methode der sukzessiven Approximationen beizubehalten und zu benützen. Denn, wie in § 18 sich zeigte, gestattet die Hauptgleichung (3) oder auch das gleichwertige Paar der Grundgleichungen (1) und (2) von § 17 eine Integration in geschlossener Form mit den elementaren Integrationsmethoden nur unter zwei Annahmen: Entweder wird für die Luftwiderstandsverzögerung $c \cdot f(v)$ ein System von Zonengesetzen, insbesondere von Potenzgesetzen $c \cdot v^n$, vorausgesetzt; diese Gesetze aber, wird man einwenden, stellen nicht die zur Zeit beste Luftwiderstandsfunktion dar. Oder wird die Hauptgleichung durch eine angenäherte Hauptgleichung ersetzt, und in diesem Fall werden auch weiterhin eine Reihe von Näherungen angewendet, jedenfalls muß aber erst noch der Fehler abgeschätzt werden, der durch die Vertauschung der richtigen Hauptgleichung mit einer unrichtigen entsteht. Dagegen die Methode der sukzessiven Approximation bietet den Vorteil, daß sie anwendbar ist auch auf das neue, nur in Tabellenform vorliegende Luftwiderstandsgesetz von O. v. Eberhard und daß sie einen beliebig hohen Genauigkeitsgrad gestattet.

Nach der Ansicht des Verfassers ist es jedoch aus zwei Gründen noch für längere Zeit unmöglich, sich auf diesen Standpunkt zu stellen: Erstens wird gerade in den Fällen, wo die Methode der sukzessiven Approximation in erster Linie in Betracht kommen müßte, namentlich wo Steil-Flugbahnen zu berechnen sind, die Grundvoraussetzung für das spezielle außerballistische Problem, daß der Luftwiderstand als in Richtung der Bahntangente wirkend angesehen, das Geschoß wie ein Massenpunkt behandelt werden könne, am wenigsten erfüllt. Während bei den gewöhnlichen Flachbahnen die Wirkungen der Kreisel-bewegungen des rotierenden Langgeschosses und diejenigen des Magnus-Effekts im allgemeinen von so geringer Bedeutung für die Gestalt der Flugbahn sind, daß mit jener Voraussetzung eines pfeilartigen Geschoßflugs die zahlreichen Einzelaufgaben der Ballistik in ausreichender Genauigkeit (darüber s. w. u.) gelöst werden können, spielen jene sekundären Einflüsse eine um so größere Rolle, je größer der Abgangswinkel, je steiler die Flugbahn ist. Wenn man also trotzdem das Problem unter Beibehaltung jener Voraussetzung eines geraden Pfeilflugs mittels der Methode der sukzessiven Approximation zu lösen versucht, so wird die erreichte hohe Genauigkeit zu einer bloß scheinbaren, sie wird durch jene Einflüsse illusorisch gemacht. Denn wenn etwa daran gedacht werden würde, eben mit Hilfe jener Methode gleichzeitig alle jene Einflüsse in Rechnung zu ziehen, so müßte gesagt werden, daß die Aerodynamik noch nicht so weit entwickelt ist, daß dies möglich wäre. Dazu müßten erst noch zahlreiche und schwierige aerodynamische Messungen mit hohen Geschwindigkeiten der Translation und Rotation durchgeführt und zu Gesetzmäßigkeiten zusammengefaßt sein. (Zwar wird später in diesem Band eine Steilflugbahn mit Rücksicht auf Kreiselwirkung und Magnus-Effekt berechnet werden, aber nur für einen Fall mit kleiner Anfangsgeschwindigkeit v_0, wo die betreffenden Messungen von L. Prandtl vorliegen.) Zweitens braucht die ballistische Praxis, nicht bloß mitunter, sondern in der überwiegenden Mehrzahl der

Fälle, wegen des Charakters der betreffenden Aufgaben, die zu lösen sind, und mit Rücksicht auf die dem Ballistiker oft nur in beschränktem Maße zur Verfügung stehende Zeit, solche Methoden, die eine Flugbahn bis zum Ziel in einem einzigen Flugbahnbogen (höchstens in zwei Bögen) und möglichst einfach zu berechnen gestatten. Eine der am häufigsten vorkommenden Aufgaben des Ballistikers besteht im folgenden: Zu einer Reihe von verschiedenen Geschützladungen seien die Anfangsgeschwindigkeiten v_0 des Geschosses gemessen; und zu jeder Ladung seien zu mehreren verschiedenen Abgangswinkeln φ je die Schußweiten im Mündungshorizont bei gegebenen meteorologischen Tagesverhältnissen erschossen worden. Es sollen alle diese Messungen auf normales Luftgewicht, auf normale Pulvertemperatur und normales Geschoßgewicht und damit auf normale Anfangsgeschwindigkeit v_0, sowie auf Windstille reduziert, und zu jeder Schußweite soll der Auffallwinkel ω, die Endgeschwindigkeit v_e und die Gesamtflugzeit T berechnet werden. Oder es tritt bei der Vorbereitung oder auch während der Ausführung von Schießversuchen an den Ballistiker die Aufgabe heran, in kürzester Zeit z. B. mitzuteilen, welche Zünderstellung verwendet werden muß, damit bei gegebenen Werten von φ und v_0 ein Luftsprengpunkt von einem bestimmten Beobachtungsstand des Schießplatzes aus aufgenommen wird und welche Sprenghöhe dabei zu erwarten ist. Oder, welcher Abgangswinkel φ bei gegebener Anfangsgeschwindigkeit v_0 zu wählen ist, damit ein Fesselballon getroffen wird, dessen horizontale Kartenentfernung x und dessen Höhe y über dem Mündungshorizont bekannt sind. Oder bei welcher Ladung ein bestimmtes Minenwerfergeschoß, das unter gegebenem Abgangswinkel verschossen wird, eine vorgeschriebene Schußweite auf gegebenem Gelände erreicht und wie groß dabei der Auffallwinkel ω wird, oder anderes mehr. Wollte der Ballistiker bei solchen und ähnlichen Aufgaben grundsätzlich nur mit Methoden operieren, die auf einer stückweisen Berechnung oder Konstruktion der Flugbahn, durch Teilung der Bahn in sehr viele kleine Teilbögen, beruhen, oder wollte er gar ausschließlich solche Methoden verwenden, die einen mehrmaligen Wechsel der unabhängigen Veränderlichen notwendig machen (wie von seiten eines Mathematikers verlangt worden ist), so würde der Ballistiker häufig eine unnötige Mühe aufwenden, insbesondere würde er in der ihm zur Verfügung stehenden Zeit bei Aufgaben, für deren Lösung nur eine mäßige Genauigkeit erforderlich ist, oft nicht zu dem gewünschten Ziel gelangen. Auch bei Flachbahnen kommt es nicht immer nur auf die größtmögliche Genauigkeit an, die bei der Berechnung überhaupt erreichbar ist. Und bei der Auswahl der Lösungsmethode und der Beurteilung der Güte einer bestimmten Methode, dürfen dem Gesagten zufolge, nicht ausschließlich Erwägungen rein mathematischer Art entscheidend sein, sondern es müssen meistens auch die Bedürfnisse der Praxis berücksichtigt werden. Allgemeine Regeln für die Auswahl der Methode lassen sich daher kaum aufstellen; die Auswahl muß vielmehr von Fall zu Fall getroffen werden; im allgemeinen wird diejenige Methode vorzuziehen sein, mit der gleichzeitig erstens der entstehende Fehler erheblich kleiner ausfällt als die wahrscheinliche Streuung der betreffenden ballistischen Größe beträgt, und zweitens die sämtlichen Aufgaben, um die es sich handelt, ohne langwieriges Probieren kurz und einfach erledigt werden können.

Die Einteilung der in den folgenden Abschnitten 4 bis 7 zu behandelnden Methoden zur Lösung des speziellen ballistischen Problems ist vom Verfasser hauptsächlich von dem praktischen Gesichtspunkt aus getroffen worden, daß die Übersichtlichkeit und die Auswahl einigermaßen erleichtert werden soll: zunächst werden solche Methoden zur Besprechung gelangen, mit denen eine

Flugbahn in einem Bogen (höchstens in zwei) berechnet wird, also solche Methoden, die gestatten, direkt die Flugbahnelemente eines bestimmten Bahnpunkts (xy) ohne vielfache Unterteilung der Bahn zu ermitteln, z. B. direkt die Elemente des Auffallpunkts (X, o) im Mündungshorizont, oder diejenigen $(x_s y_s)$ des Gipfelpunkts oder eines anderen Punkts. Auf diese Methoden bezieht sich die erste Hauptgruppe von Näherungsmethoden (Abschnitt 4, 5, 6). Und zwar werden in der ersten Untergruppe (Abschnitt 4) solche Verfahren beschrieben, bei denen man von der genauen Hauptgleichung ausgeht und die notwendigen weiteren Integrationen durch irgendwelche Näherungen bewerkstelligt. Es handelt sich dabei um ältere Methoden, die jedoch, insbesondere für die Ballistik der Minenwerfer, noch eine Bedeutung besitzen. In der zweiten Untergruppe (Abschnitt 5), die fast ausschließlich auf Flachbahnen sich bezieht, kommen solche Methoden zur Besprechung, bei denen die genaue Hauptgleichung durch eine nur angenäherte Hauptgleichung ersetzt wird, so daß die weiteren Integrationen einfacher zu bewerkstelligen sind. Im Gegensatz zu den Methoden der ersten Untergruppe, bei denen ein bestimmtes Potenzgesetz für den Luftwiderstand vorausgesetzt werden muß, kann bei den Methoden der zweiten Untergruppe ein beliebiges mathematisches Luftwiderstandsgesetz, selbst ein solches in bloßer Tabellenform, angenommen werden. Endlich in der dritten Untergruppe (Abschnitt 6) werden diejenigen Reihenentwicklungen behandelt, die direkt die Flugbahnelemente in einem Bahnpunkt (xy) liefern. Diese Entwicklungen können zur Fehlerabschätzung dienen. Die betreffenden Gleichungen weisen am deutlichsten die Korrektionsglieder auf, welche die Geschoßbewegung im lufterfüllten Raum gegenüber der Geschoßbewegung im Vakuum kennzeichnen. Der historische Werdegang der außerballistischen Methoden ist in den drei Abschnitten der ersten Hauptgruppe, soweit es angängig ist, dargestellt.

In der zweiten Hauptgruppe (Abschnitt 7) sind die wichtigsten von denjenigen Verfahren erwähnt, bei denen eine Flugbahn, nach zahlreichen kleinen Zeitintervallen unterteilt, stückweise aufgebaut wird, entweder durch eine graphische bzw. mechanische Konstruktion oder durch eine sukzessive numerische Berechnung.

In Abschnitt 8 ist ein (vom Verfasser 1910 vorgeschlagenes und seitdem von anderen Seiten wiederholt benutztes) Verfahren hinzugefügt, das dazu bestimmt ist, den Genauigkeitsgrad einer Lösungsmethode mit Hilfe von „Normalbahnen" zu ermitteln.

Des weiteren folgt in Abschnitt 9 die Behandlung der von P. Charbonnier passend so genannten sekundären Probleme der äußeren Ballistik; nämlich derjenigen Probleme, die sich auf die meteorologischen und die innerballistischen Einflüsse, auf die Schiefstellung der Räderachse, die Erdrotation und die Geschoßrotation beziehen. Abschnitt 10 gibt sodann die Anwendungen der Wahrscheinlichkeitslehre auf die äußere Ballistik, Abschnitt 11 die Wirkungen des Geschosses im Ziel, endlich Abschnitt 12 die Herstellung von Schußtafeln und deren Verwendung.

Vierter Abschnitt.

Erste Hauptgruppe von Näherungslösungen des äußerballistischen Hauptproblems:

Berechnung der Flugbahn in einem einzigen Bogen.

Lösung mit Benützung der genauen Hauptgleichung und unter Voraussetzung eines Potenzgesetzes $c \cdot v^n$ für die Verzögerung durch den Luftwiderstand.

§ 21. Methode von Euler-Otto.

Im Jahre 1753 gab der bekannte Mathematiker L. Euler eine Näherungslösung des ballistischen Problems, die für Anfangsgeschwindigkeiten $v_0 <$ ca. 240 m/sec noch jetzt von Wichtigkeit ist, und zugleich die Anregung zu einer rationellen Berechnung von zugehörigen Tabellen. Seine Methode bezieht sich auf die Summation der dx, dy, dt, ds. Er betrachtet die Flugbahn näherungsweise als ein Polygon von endlich vielen geradlinigen Stücken $\varDelta s$, stellt hierfür und für die zugehörigen Projektionen $\varDelta x$ und $\varDelta y$, sowie für die entsprechenden Zeiten $\varDelta t$ die geschlossenen Rechnungsausdrücke auf und summiert die $\varDelta x$, $\varDelta y$, $\varDelta t$ zu x, y, t. Dabei setzt er das quadratische Luftwiderstandsgesetz voraus. Die hierbei in Betracht kommenden Ausdrücke, die die Unterlage für die Rechnung bilden, sind in § 18, von allgemeineren Gesichtspunkten aus, schon abgeleitet worden. Des-

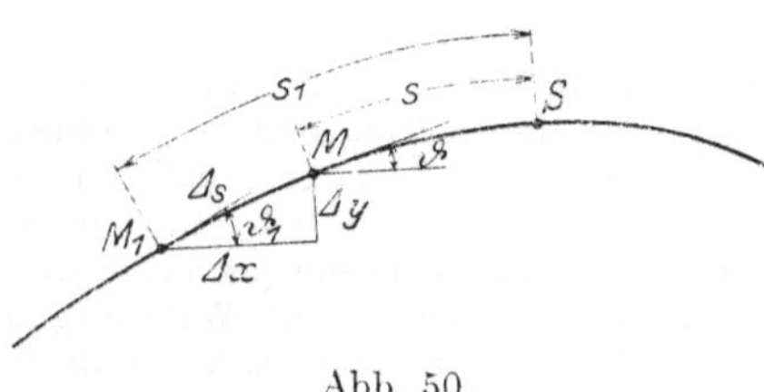

Abb. 50.

halb möge hier nur angedeutet werden, wie Euler die noch übrigbleibenden Summationen vollzieht.

Man denke sich (vgl. Abb. 50) zwei einander benachbarte Punkte M und M_1 desselben Astes der Flugbahn; vom Gipfel S aus gezählt seien die Bögen $SM = s$ und $SM_1 = s_1$. Nach dem Früheren (§ 18, Gl. (20)) haben diese die Größen

$$SM = s = \frac{1}{2c}\, \mathrm{lgnt}\, \frac{C - \xi(\vartheta)}{C} \quad \text{und} \quad SM_1 = s_1 = \frac{1}{2c}\, \mathrm{lgnt}\, \frac{C - \xi(\vartheta_1)}{C},$$

somit ist das kleine Bogenstück MM_1 oder $\varDelta s = \frac{1}{2c}\, \mathrm{lgnt}\, \frac{C - \xi(\vartheta_1)}{C - \xi(\vartheta)}.$

Die Horizontalneigung der Flugbahn ist ϑ im Punkt M und ϑ_1 im Punkt M_1; Euler betrachtet nun das Bogenelement näherungsweise als geradlinig von der mittleren Neigung $\frac{\vartheta + \vartheta_1}{2}$, so ist

$$\varDelta x = \frac{1}{2c} \operatorname{lgnt} \frac{C - \xi(\vartheta_1)}{C - \xi(\vartheta)} \cdot \cos \frac{\vartheta + \vartheta_1}{2},$$

$$\varDelta y = \frac{1}{2c} \operatorname{lgnt} \frac{C - \xi(\vartheta_1)}{C - \xi(\vartheta)} \cdot \sin \frac{\vartheta + \vartheta_1}{2}.$$

Diese Projektionen $\varDelta x$ und $\varDelta y$ des Bogens $\varDelta s$ werden sodann summiert, $\sum \varDelta x = x$; $\sum \varDelta y = y$. In einem Beispiel berechnete Euler in dieser Weise die Flugbahn für Differenzen der Neigungswinkel ϑ und ϑ_1 von 5 zu 5 Grad. Die zugehörigen Flugzeiten ergeben sich dabei aus der Beziehung § 18, Gl. (12):

$$2c\,(v \cos \vartheta)^2 = g \cdot \frac{1}{C - \xi(\vartheta)};$$

also $\varDelta t = \dfrac{\varDelta x}{v \cos \vartheta} = \dfrac{1}{2c} \cdot \operatorname{lgnt} \dfrac{C - \xi(\vartheta_1)}{C - \xi(\vartheta)} \cdot \cos \dfrac{\vartheta + \vartheta_1}{2} \cdot \dfrac{\sqrt{2c}\,\sqrt{C - (\xi\,\vartheta)}}{\sqrt{g}}$, woraus die Summation der Flugzeit $t = \sum \varDelta t$ folgt.

Da es überaus mühsam wäre, in jedem einzelnen Fall die obigen Berechnungen und die Summationen $\sum \varDelta x$, $\sum \varDelta y$, $\sum \varDelta t$ besonders auszuführen, so handelt es sich darum, Tabellen anzulegen, die gestatten, für irgendeine Flugbahn, die durch die Werte von c, φ, v_0 gegeben ist, die Flugbahnelemente: Schußweite X, Auffallwinkel ω, Endgeschwindigkeit v_e, Gipfelabszisse x_s, Gipfelordinate y_s usw. zu entnehmen.

Euler schlug vor, bei der Anlegung solcher Tabellen nach dem folgenden Prinzip zu verfahren, das die aufzuwendende Mühe und die Ausdehnung der Tabellen auf ein Mindestmaß reduziert. Obige Formeln für $\sum \varDelta x$, $\sum \varDelta y$, $\sum \varDelta t$ seien in der Form geschrieben:

$$2cx = 2c \sum \varDelta x = \sum \operatorname{lgnt} \frac{C - \xi(\vartheta_1)}{C - \xi(\vartheta)} \cdot \cos \frac{\vartheta + \vartheta_1}{2}$$

$$2cy = 2c \sum \varDelta y = \sum \operatorname{lgnt} \frac{C - \xi(\vartheta_1)}{C - \xi(\vartheta)} \cdot \sin \frac{\vartheta + \vartheta_1}{2}$$

$$\sqrt{2c} \cdot t = \sqrt{2c} \sum \varDelta t = \sum \operatorname{lgnt} \frac{C - \xi(\vartheta_1)}{C - \xi(\vartheta)} \cdot \cos \frac{\vartheta + \vartheta_1}{2} \cdot \frac{\sqrt{C - \xi(\vartheta)}}{\sqrt{g}}.$$

Die rechten Seiten dieser Gleichungen enthalten nur C (oder auch, da $C = \operatorname{tg} \beta$ ist, den Asymptotenwinkel β) und ϑ an Größen, die entlang einer Flugbahn und von einer Flugbahn zur anderen verschieden sind. Man nehme nun vorläufig an, es sei $c = 1$ und denke sich für einen ersten bestimmten Wert von C die $\varDelta x$, $\varDelta y$, $\varDelta t$ der Reihe nach, von Grad zu Grad, nach obigen Formeln für den aufsteigenden Ast, und dem früheren zufolge mit $C + \xi$ (statt mit $C - \xi$) für den absteigenden Ast, berechnet und die Summationen vom Gipfel $\vartheta = 0$ an ausgeführt. Die verschiedenen möglichen Flugbahnen können sich jetzt nur noch durch die verschiedenen Abgangswinkel φ unterscheiden. Es ist aber ersichtlich, daß alle diese Flugbahnen unter sich kongruent sind; denn sie sind nur größere oder geringere Abschnitte derselben Bahn, vom Gipfel aus gerechnet. Also hat man für jenes eine C die Elemente $x, y. t$ einer ganzen Reihe von Flugbahnen mit verschiedenem φ. Oder anders ausgedrückt, wenn jetzt c nicht mehr speziell $= 1$ ist, so hat man für jenen ersten Wert von C oder von β die Elemente $2cx$, $2cy$, $\sqrt{2c} \cdot t$ der verschiedenen Flugbahnen, die sich durch den Abgangswinkel φ unterscheiden. Dasselbe denke man sich für einen zweiten Wert von C (oder von β) durchgeführt, so kennt man die Elemente $2cx$, $2cy$, $\sqrt{2c} \cdot t$ für eine zweite Reihe von Flugbahnen mit verschiedenem φ usw.

Die Tabellen werden gruppenweise für die verschiedenen Werte von C, die in der Praxis vorkommen können, zu berechnen sein, und sie werden in jeder Gruppe zu den einzelnen φ die Werte von cx, cy, $\sqrt{c} \cdot t$, sowie $\dfrac{x}{t^2}$, was c nicht enthält, aufführen.

Nach diesen Grundsätzen wurden Tabellen berechnet von H. Fr. von Jakobi (die Tabellen gingen verloren), von Fr. P. von Grävenitz 1764, besonders aber von J. C. F. Otto 1842. Später wurden sie von Mola, Scheve, Siacci, Lardillon, Braccialini erweitert, bzw. für bequemen Gebrauch anders angeordnet. Otto hat seine Tabellen 1842 für die verschiedenen Werte von β zwischen 35^0 und 87^0, meist von 2 zu 2 Grad steigend, berechnet und wählte dabei φ zwischen 30^0 und 75^0 von Grad zu Grad steigend.

Da der Wert von C (oder von β) mit cv_0^2 und φ gegeben ist, so wurden für den praktischen Gebrauch die Tabellen in Gruppen nach verschiedenen φ und in jeder Gruppe nach dem Argument cv_0^2 geordnet. Hierfür sind die Elemente cX, ω, $v_e : v_0$, $T : \sqrt{X}$ des Auffallpunkts im Mündungshorizont und außerdem $y_s : X$ gegeben. Durch den folgenden kurzen Abriß soll die Art der Anordnung erläutert werden:

$$\text{z. B. } \varphi = 60^0$$

$2cX$	$\dfrac{cv_0^2}{g}$	$\dfrac{v_0^2}{2gX}$	ω	$\dfrac{v_e}{v_0}$	$T \cdot \sqrt{\dfrac{g}{X}}$	$\dfrac{y_s}{X}$
1,30	1,633	1,256	$72^0\,19'$	0,584	2,135	0,573
1,35	1,759	1,303	$72^0\,44'$	0,570	2,146	0,580
1,40	1,894	1,353	$73^0\,09'$	0,556	2,157	0,586

Gebrauch der Ottoschen Tabellen zur Lösung der einzelnen Flugbahnaufgaben

(vgl. Anhang Tabelle 7 und Diagramm IVa bis IV f).

Es bedeutet X die auf den Mündungshorizont bezogene Gesamt-schußweite in m, φ den Abgangswinkel, v_0 die Anfangsgeschwindig-keit in m/sec, ω den spitzen Auffallwinkel, v_e die Endgeschwindig-keit in m/sec, T die Gesamtflugzeit in sec, y_s die Gipfelhöhe in m. Die Verzögerung durch den Luftwiderstand ist cv^2, dabei $c = \dfrac{R^2\pi \cdot i \cdot \lambda \cdot \delta \cdot g}{P \cdot 1{,}206}$; R halbes Kaliber in m; $\delta =$ Tagesluftgewicht $=$ Gewicht von 1 cbm Luft in kg; $g = 9{,}81$; $i =$ Spitzenkoeffizient ($= 1$ für Kruppsche Nomalgeschosse von 2 Kaliber Abrundungsradius der ogivalen Bogen-spitze oder von 1,3 Kaliber Spitzenhöhe oder vom halben Ogival-winkel an der Spitze 41,5°); P Geschoßgewicht in kg; λ ist $= 0{,}014$ für Geschwindigkeiten kleiner als 240 m/sec, (wenn es sich um geringere Genauigkeit handelt, können die Tabellen mit $\lambda = 0{,}014$ für alle Ge-schoßgeschwindigkeiten kleiner als die normale Schallgeschwindig-keit und mit $\lambda = 0{,}039$ für Geschwindigkeiten größer als die Schall-geschwindigkeit bis etwa 1000 m/sec Verwendung finden).

1. Gegeben sei c, v_0, φ.

Man gehe aus von $\dfrac{cv_0^2}{g}$, was aus den gegebenen Werten v_0, δ, i, R, P berechnet wird. In der Gruppe des gegebenen Abgangs-winkels φ suche man zu dem berechneten $\dfrac{cv_0^2}{g}$ den auf gleicher Horizontaler stehenden Wert von $2cX$, woraus X folgt; ebenso den Wert ω; den Wert $\dfrac{v_e}{v_0}$, woraus v_e folgt, usw. Nötigenfalls wird interpoliert.

2. Gegeben c, X, φ.

Man geht aus von $2cX$, sucht in der φ-Tabelle die auf gleicher Horizontaler mit $2cX$ stehenden Werte von $\dfrac{v_e}{v_0}$, $\dfrac{cv_0^2}{g}$, $\dfrac{v_0^2}{2gX}$ usw. auf und erhält damit, gegebenenfalls nach Interpolation, die Flugbahn-elemente v_e, v_0, X usw.

3. Gegeben c, φ, ω.

Man geht aus von ω.

4. Gegeben v_0, X, φ.

Man geht aus von $\dfrac{v_0^2}{2gX}$.

5. Gegeben c, v_0, X.

Man geht aus von $2cX$ und $\dfrac{cv_0^2}{g}$ und interpoliert. Will man noch die Änderung der Luftdichte mit der Höhe berücksichtigen, so berechnet man mit einem ersten Näherungswert von δ und damit von c die Gipfelhöhe y_s und wiederholt sodann die Rechnung mit dem genaueren Wert von c.

Beispiel: Gegeben Abgangswinkel $\varphi = 60^0$, Flugzeit $T = 40{,}65$ sec, Schußweite 3520 m. Gesucht v_0, v_e, ω, y_s.

Es ist $T \cdot \sqrt{\dfrac{g}{X}} = 40{,}65 \cdot \sqrt{\dfrac{9{,}81}{3520}} = 2{,}146$, somit nach obigem Abriß der Ottoschen Tabelle $\dfrac{v_0{}^2}{2\,gX} = \dfrac{v_0{}^2}{2 \cdot 9{,}81 \cdot 3520} = 1{,}303$; damit $v_0 = 300$ m/sec.

Ferner $\dfrac{y_s}{X} = \dfrac{y_s}{3520} = 0{,}580$; $y_s = 2042$ m; $\dfrac{v_e}{v_0} = \dfrac{v_e}{300} = 0{,}570$; $v_e = 171$ m/sec. Endlich ist $\omega = 72^0\,44'$.

Anmerkungen. a) A. M. Legendre wies 1782 darauf hin, daß bei dem Eulerschen Verfahren dadurch ein Fehler entsteht, daß die $\varDelta x$ und $\varDelta y$ berechnet werden, wie wenn die endlichen Bogenelemente $\varDelta s$ geradlinig wären, wodurch die Projektionen $\varDelta x$ und $\varDelta y$ zu groß genommen werden; deshalb nimmt er statt geradliniger Stücke $\varDelta s$ Kreisbogenstücke $\varDelta s$; er findet alsdann über die Ableitung vgl. Didion 1)

$$\varDelta x = \text{Eulersches } \varDelta x \cdot \frac{\sin \dfrac{\vartheta_1 - \vartheta}{2}}{\dfrac{\vartheta_1 - \vartheta}{2}}; \qquad \varDelta y = \text{Eulersches } \varDelta y \cdot \frac{\sin \dfrac{\vartheta_1 - \vartheta}{2}}{\dfrac{\vartheta_1 - \vartheta}{2}}.$$

J. Didion zeigte später (1848), daß für die Abszissen das Legendresche Verhältnis dem Didionschen immer näher steht als das Eulersche, und daß für die Ordinaten das Eulersche dem Didionschen immer näher kommt als das Legendresche. Th. Vahlen hat 1922 gezeigt, daß die Didionschen Verhältnisse den wahren Werten für kleine $\dfrac{c}{g} f(v)$ beliebig nahe kommen, — eine Eigenschaft, die den Eulerschen und Legendreschen fehlt.

b) Eine entsprechende Methode, wie Euler für das quadratische Luftwiderstandsgesetz cv^2, führte 1873 F. Bashforth unter Zugrundelegung des kubischen Gesetzes cv^3 durch. Hiervon wird nachher eingehender die Rede sein, da das betreffende Lösungsverfahren für die Ballistik in England wesentliche Bedeutung gewonnen hat.

c) A. Bassani führte die Integrationen bei Annahme des quadratischen Luftwiderstandsgesetzes dadurch herbei, daß er die in der Eulerschen Lösung vorkommende Funktion $\dfrac{p}{2} \sqrt{1 + p^2} + \tfrac{1}{2} \lg\mathrm{nt}\,(p + \sqrt{1 + p^2})$ näherungsweise durch $\dfrac{p\,(1 + 0{,}2523\,p^2)}{1 + 0{,}091 \cdot p^2}$ ersetzte.

§ 22. Methode von F. Bashforth.

Wie schon oben kurz erwähnt wurde, legte F. Bashforth das kubische Luftwiderstandsgesetz (Verzögerung $cf(v) = cv^3$ mit einem für mehrere Zonen der Geschwindigkeiten v variierten Konstantenwert c) einem Lösungsverfahren und zugehörigen Tabellensystem zugrunde, das auf dem gleichen, von L. Euler angegebenen Prinzip beruht, wie es Otto mit dem quadratischen Gesetz cv^2 vollständig durchgeführt hatte und wie es später Sabudski auf das biquadratische Gesetz anwandte.

Die Beziehung zwischen der Geschwindigkeit v des Geschosses in seiner Bahn und dem zugehörigen Neigungswinkel ϑ der Bahntangente gegen den Horizont wurde in § 18 in der Form gefunden:

$$\frac{1}{(v \cos \vartheta)^3} = -\frac{3c}{g}\left(\operatorname{tg}\vartheta + \frac{1}{3}\operatorname{tg}^3\vartheta\right) + \text{Int.-Konst. } A.$$

Setzt man zur Abkürzung

$$v \cos \vartheta = v_x, \quad \sqrt[3]{\frac{g}{c}} = \varkappa, \quad 3\operatorname{tg}\vartheta + \operatorname{tg}^3\vartheta = B(\vartheta)$$

und ermittelt die Integrationskonstante A aus der Bedingung für den Gipfel $(\vartheta = 0, \; v = v_s)$, so läßt sich dieselbe Gleichung schreiben

$$v_x = \frac{v_s}{\sqrt[3]{1 - \dfrac{v_s^3}{\varkappa^3}\cdot B(\vartheta)}}.$$

Die allgemeinen Ausdrücke für dt, dx, dy, nämlich:

$$dt = -\frac{v_x \cdot d\vartheta}{g \cdot \cos^2 \vartheta}, \quad dx = -\frac{v_x^2 \cdot d\vartheta}{g \cdot \cos^2 \vartheta}, \quad dy = -\frac{v_x^2 \cdot \operatorname{tg}\vartheta \cdot d\vartheta}{g \cdot \cos^2 \vartheta},$$

geben damit

$$t = -\frac{v_s}{g}\int_\varphi^\vartheta \frac{d\vartheta}{\cos^2 \vartheta \cdot \sqrt[3]{1 - \dfrac{v_s^3\, B(\vartheta)}{\varkappa^3}}},$$

$$x = -\frac{v_s^2}{g}\int_\varphi^\vartheta \frac{d\vartheta}{\cos^2 \vartheta \cdot \sqrt[3]{\left(1 - \dfrac{v_s^3}{\varkappa^3}B(\vartheta)\right)^2}},$$

$$y = -\frac{v_s^2}{g}\int_\varphi^\vartheta \frac{\operatorname{tg}\vartheta \cdot d\vartheta}{\cos^2 \vartheta \cdot \sqrt[3]{\left(1 - \dfrac{v_s^3}{\varkappa^3}B(\vartheta)\right)^2}},$$

Man erkennt, daß diese Integrale nur von ϑ und von dem Wert von $\dfrac{v_s}{\varkappa}$ abhängen, da die Funktion $B(\vartheta)$ allein ϑ enthält. Diese Integrale seien der Kürze halber mit T, X, Y bezeichnet; hierfür hat F. Bashforth Tabellen mit doppeltem Eingang, nämlich mit den Argumenten $\dfrac{v_s}{\varkappa}$ und ϑ berechnet. Und zwar sind, wie man sieht, die Integralwerte zwischen den Grenzen φ und ϑ notwendig: z. B.

$$T_\vartheta^\varphi = T_\vartheta^0 + T_0^\varphi = T_0^\varphi - T_0^\vartheta.$$

Es genügt also, die vom Gipfel ($\vartheta = 0$) ab genommenen Integralwerte zu kennen.

Zusammenstellung:

$$x = + \frac{v_s^2}{g} \cdot X_\vartheta^\varphi = + \frac{v_s^2}{g}(X_0^\varphi - X_0^\vartheta), \tag{1}$$

$$y = + \frac{v_s^2}{g} \cdot Y_\vartheta^\varphi = + \frac{v_s^2}{g}(Y_0^\varphi - Y_0^\vartheta), \tag{2}$$

$$t = + \frac{v_s}{g} \cdot T_\vartheta^\varphi = + \frac{v_s}{g}(T_0^\varphi - T_0^\vartheta), \tag{3}$$

$$v \cdot \cos\vartheta = \frac{v_s}{\sqrt[3]{1 - \dfrac{v_s^3}{\varkappa^3}B(\vartheta)}}; \tag{4}$$

$$v_s = \frac{v_0 \cdot \cos\varphi}{\sqrt[3]{1 + \dfrac{v_0^3}{\varkappa^3} \cdot B(\varphi) \cdot \cos^3\varphi}}; \tag{5}$$

$$B(\vartheta) = 3\,\mathrm{tg}\,\vartheta + \mathrm{tg}^3\,\vartheta; \tag{6}$$

$$\varkappa = \sqrt[3]{\frac{g}{c}}. \tag{7}$$

Die Berechnung erfolgt also mit Tabellen von den zwei Argumenten $\left(\dfrac{v_s}{\varkappa}\right)^3$ und ϑ für X, Y, T und einer Tabelle des Arguments ϑ für $B(\vartheta)$.

Ist z. B. Kaliber $2R$, Geschoßgewicht P, Luftgewicht δ, Anfangsgeschwindigkeit v_0 und Abgangswinkel φ gegeben, so berechnet man nach (7) den Wert von $\varkappa$, entnimmt aus der Tabelle $B(\vartheta)$ den Wert von $B(\varphi)$ und berechnet nach (5) die Gipfelgeschwindigkeit v_s. Dann erhält man zu einem beliebigen Wert von ϑ und dem nunmehr bekannten Wert des Bruchs $\dfrac{v_s^3}{\varkappa^3}$ die Tabellenwerte X, Y, T und hat nach (1), (2), (3) die Flugbahnelemente x, y, t, die je dem gewählten Neigungswinkel ϑ der Flugbahntangente zugehören. Speziell mit $\vartheta = 0$ erhält man die Gipfelkoordinaten x_s, y_s, sowie die Zeit t_s bis zum Erreichen des Gipfels.

Zahlenbeispiel. $2R = 0{,}2286$ m, $P = 110{,}9$ kg, $v_0 = 315{,}5$ m/sec,

$$\varphi = 43{,}5^0, \quad \delta = 1{,}206 \text{ kg/cbm}; \quad i = 1,$$

gesucht die Gipfelhöhe y_s.

$$\varkappa^3 = \frac{g}{c} = \frac{110,9}{0,000\,060 \cdot 0,1143^2 \cdot 3,1416} = 45\,033\,000,$$

$$B\,(\varphi) = 3 \cdot \operatorname{tg} 43,5^0 + \operatorname{tg}^3 43,5^0 = 3,7015,$$

$$v_s = \frac{315,5 \cdot \cos 43,5}{\sqrt[3]{1 + \dfrac{315,5^3 \cdot \cos^3 43,5 \cdot 3,7015}{45\,033\,000}}} = 182,1;$$

$$\frac{v_s^3}{\varkappa^3} = \frac{182,1^3}{45\,033\,000} = 0,1341\,.$$

Die Tabelle Y gibt für $\left(\dfrac{v_s}{\varkappa}\right)^3 = 0,1341$ und für $\vartheta = 0$ den Wert $Y_0^{43,5} = 0,581\,95$, also Gipfelordinate

$$y_s = \frac{v_s^2}{g} \cdot Y_0^{\varphi} = \frac{182,1^2}{9,81} \cdot 0,581\,95 = 1966 \text{ m}.$$

Fünfter Abschnitt.

Integrationen auf Grund einer angenäherten Hauptgleichung.

§ 23. Allgemeines. Gegenüberstellung der verschiedenen Methoden.

Im vorhergehenden wurden solche Verfahren besprochen, bei denen die ursprüngliche, oben als Hauptgleichung bezeichnete Differentialgleichung $g \cdot d\,(v \cos \vartheta) = c \cdot f(v) \cdot v \cdot d\vartheta$ oder $\dfrac{d\vartheta}{\cos^2 \vartheta} = \dfrac{g \cdot d\,(v \cos \vartheta)}{(v \cos \vartheta) \cdot c \cdot f(v) \cdot \cos \vartheta}$, $(c\,f(v)$ Verzögerung durch den Luftwiderstand), in der genauen Form belassen wird, dagegen die weiteren Integrationen durch irgendwelche Annäherungen herbeigeführt werden. Ein anderer Gedanke ist der, die obige genaue Hauptgleichung derart zu vereinfachen, durch eine angenäherte Hauptgleichung zu ersetzen, daß die Integrationen keine weitere Schwierigkeit machen.

Dieses Prinzip scheint zuerst von Borda 1769 angewendet worden zu sein und wurde später insbesondere von St. Robert, N. Mayevski und F. Siacci weiter ausgebildet. Borda ersetzt das Luftgewicht δ, das einen Faktor von c bildet, näherungsweise durch $\delta \cdot \dfrac{\cos \vartheta}{\cos \varphi}$ (was für zwei Punkte der Bahn richtig ist) oder c durch $c \cdot \dfrac{\cos \vartheta}{\cos \varphi}$, wobei er das quadratische Gesetz annimmt, $c\,f(v) = c\,v^2$. Damit wird (mit der Abkürzung $v \cos \vartheta = u$):

$$\frac{d\vartheta}{\cos^2 \vartheta} = \frac{g \cdot du}{u \cdot c\,v^2 \cdot \cos \vartheta} = \sim \frac{g \cdot du}{u \cdot c \cdot \dfrac{\cos \vartheta}{\cos \varphi} \cdot v^2 \cdot \cos \vartheta} = \frac{g \cdot \cos \varphi}{c} \cdot \frac{du}{u^3}\,; \text{ in dieser Glei-}$$

10*

chung $\dfrac{d\,\vartheta}{\cos^2\vartheta} = \dfrac{g\cdot\cos\varphi}{c}\cdot\dfrac{d\,u}{u^3}$ sind die Variablen ϑ und u getrennt, so daß die Integrationen ohne weiteres möglich sind. Z. B.

$$d\,x = -\,\frac{v^2}{g}\cdot d\,\vartheta = -\,\frac{u^2}{g}\cdot\frac{d\,\vartheta}{\cos^2\vartheta} = -\,\frac{u^2}{g}\cdot\frac{g\cos\varphi}{c}\cdot\frac{d\,u}{u^3} = -\,\frac{\cos\varphi}{c}\cdot\frac{d\,u}{u}\,;$$

$$\mathrm{lgnt}\,u = -\,\frac{c}{\cos\varphi}\cdot x + \mathrm{lgnt}\,(v_0\cos\varphi);\quad v\cos\vartheta = v_0\cos\varphi\cdot e^{-\frac{c}{\cos\varphi}\,x}\ \text{usw.}$$

Die Lösung ist, wie sich weiter unten zeigen wird, im Prinzip ähnlich wie diejenige von Didion (vgl. § 24). Ähnlich verfuhr Besout.

Legendre machte mehrere Vorschläge zur Integration der Hauptgleichung; insbesondere ersetzte er, unter Annahme des quadratischen Gesetzes $c\,f(v) = c\,v^2$, das Luftgewicht δ durch

$$\delta\,\frac{1 + a\,p^2}{\sqrt{1 + p^2}}\quad\text{oder } c \text{ durch}\quad c\cdot\cos\vartheta\cdot(1 + a\,p^2),$$

dabei bedeutet $p = \mathrm{tg}\,\vartheta$; den Faktor a nimmt er $= \dfrac{\cos\varphi}{1 + \cos\varphi}$. (Dieses c stimmt mit dem wahren c in den drei Flugbahnpunkten überein, für die bzw. $\vartheta = +\varphi$, $\vartheta = 0$ und $\vartheta = -\varphi$ ist.) Damit wird die Gleichung zu der folgenden:

$$\frac{d\,\vartheta}{\cos^2\vartheta} = d\,p = \frac{g\cdot d\,(v\cos\vartheta)}{v\cos\vartheta\cdot c\,v^2\cdot\cos\vartheta} = \sim \frac{g\cdot d\,(v\cos\vartheta)}{v\cos\vartheta\cdot c\,(1 + a\,p^2)\cos\vartheta\cdot v^2\cdot\cos\vartheta}$$

$$= \frac{g\cdot d\,u}{u\cdot c\,(1 + a\,p^2)\,u^2}\,,\quad\text{oder}\quad d\,p\,(1 + a\,p^2) = \frac{g}{c}\cdot\frac{d\,u}{u^3}\,.$$

In dieser Gleichung zwischen p und u oder zwischen $\mathrm{tg}\,\vartheta$ und $v\cos\vartheta$ sind wiederum die Variablen getrennt. Wird integriert und der Wert von v^2 in Funktion von ϑ in die allgemeine Gleichung für $d\,x$, also in $g\,d\,x = -\,v^2\cdot d\,\vartheta$ eingesetzt, so läßt sich diese Gleichung in endlicher Form lösen; mit Hilfe einer Gleichung 3. Grades wird x in p ausgedrückt, ebenso y.

Gegen dieses Verfahren erhob Français den Einwand, daß für $\vartheta = \dfrac{\pi}{2}$, also mit $\mathrm{tg}\,\vartheta = \infty$, das Luftgewicht unendlich groß genommen werde. Er selbst ersetzte deshalb δ durch $\delta\cdot\cos\vartheta\dfrac{1 + a\,\mathrm{tg}^2\vartheta}{\sqrt{1 + b\cdot\mathrm{tg}^2\vartheta}}$, wo a und b entsprechend bestimmt werden.

Ein allgemeineres Verfahren, das sich auf irgendwelche Funktion $c\,f(v)$ anwenden läßt, mag diese analytisch oder auch nur in Tabellenform gegeben sein, ist das folgende:

Die Verzögerung durch den Luftwiderstand sei wieder mit $c\,f(v)$ bezeichnet. Genau richtig ist die Gleichung

$$\frac{d\,\vartheta}{\cos^2\vartheta} = \frac{g\,d\,(v\cos\vartheta)}{v\cos\vartheta\cdot c\cdot f(v)\cdot\cos\vartheta} = \frac{g\cdot d\!\left(\dfrac{v\cos\vartheta}{\sigma}\right)}{\dfrac{v\cos\vartheta}{\sigma}\cdot c\,f\!\left(\dfrac{v\cos\vartheta}{(\cos\vartheta)}\right)\cdot((\cos\vartheta))}\,, \tag{1}$$

dabei σ eine Konstante, über die nachher verfügt werden wird.

Dazu kommen die Gleichungen

$$d\,x = -\frac{v^2}{g}\,d\,\vartheta\,; \tag{2}$$

$$d\,t = -\frac{v\cdot d\,\vartheta}{g\cos\vartheta}\,; \tag{3}$$

$$d\,y = -\frac{v^2\,\operatorname{tg}\vartheta\cdot d\,\vartheta}{g}\,. \tag{4}$$

Es werde nun zum Zweck der Integration die Gleichung (1) dadurch vereinfacht, daß von den beiden im Nenner stehenden $\cos\vartheta$ der unter dem Funktionszeichen f stehende und mit einer einfachen runden Klammer bezeichnete $\cos\vartheta$ durch einen entlang der Flugbahn oder wenigstens entlang eines größeren Teils derselben **konstanten** Mittelwert σ, der rechts davon stehende und durch eine doppelte runde Klammer markierte $\cos\vartheta$ durch eine andere Konstante γ ersetzt wird.

Dann ist **näherungsweise** richtig

$$\frac{d\,\vartheta}{\cos^2\vartheta} = \sim \frac{g\cdot d\!\left(\dfrac{v\cos\vartheta}{\sigma}\right)}{\dfrac{v\cos\vartheta}{\sigma}\cdot c\,f\!\left(\dfrac{v\cos\vartheta}{\sigma}\right)\cdot\gamma} = \frac{g\,d\,u}{c\,\gamma\cdot u\cdot f(u)}\,, \tag{5}$$

wenn $u = \dfrac{v\cos\vartheta}{\sigma}$ ist. Damit sind die Variablen ϑ und u getrennt, und es wird

$$(\operatorname{tg}\vartheta)_\varphi^\vartheta = \frac{g}{c\,\gamma}\int_{u_0}^{u}\frac{d\,u}{u\cdot f(u)}\,, \quad \text{oder} \quad \operatorname{tg}\vartheta = \operatorname{tg}\varphi - \frac{1}{2\,c\,\gamma}\big(J(u) - J(u_0)\big),$$

wenn $J(u) = -\,2\,g\displaystyle\int\frac{d\,u}{u\cdot f(u)}$ ist.

Damit wird

$$d\,x = -\frac{v^2\cdot d\,\vartheta}{g} = -\frac{\sigma^2}{g}\cdot\frac{u^2\cdot d\,\vartheta}{\cos^2\vartheta} = -\frac{\sigma^2\cdot u^2}{g}\cdot\frac{g\,d\,u}{c\,\gamma\,u\cdot f(u)} = -\frac{\sigma^2}{\gamma\,c}\cdot\frac{u\,d\,u}{f(u)}\,,$$

also

$$(x)_{u_0}^{x} = -\frac{\sigma^2}{\gamma\,c}\int_{u_0}^{u}\frac{u\cdot d\,u}{f(u)}\,;\quad x = +\frac{\sigma^2}{\gamma\,c}\big(D(u) - D(u_0)\big),$$

wenn $D(u) = -\displaystyle\int\frac{u\cdot d\,u}{f(u)}$ ist. Ferner

$$d t = - \frac{v \cdot d\vartheta}{g \cos \vartheta} = - \frac{u \cdot \sigma}{g} \cdot \frac{d\vartheta}{\cos^2 \vartheta} = - \frac{\sigma u}{g} \cdot \frac{g\, d u}{c\, \gamma\, u\, f(u)} = - \frac{\sigma}{c\, \gamma} \cdot \frac{d u}{f(u)}, \quad \text{also}$$

$$t = - \frac{\sigma}{c\, \gamma} \int_{u_0}^{u} \frac{d u}{f(u)} = + \frac{\sigma}{c\, \gamma} (T(u) - T(u_0)), \quad \text{wobei} \quad T(u) = - \int \frac{d u}{f(u)}.$$

Endlich $dy = \operatorname{tg} \vartheta \cdot dx = \operatorname{tg} \varphi \cdot dx - \dfrac{1}{2\, c\, \gamma} (J(u) - J(u_0))\, dx$ oder mit Einsetzung des obigen Wertes von dx

$$dy = \operatorname{tg} \varphi \cdot dx - \frac{1}{2 c\, \gamma} \left\{ - J(u) \cdot \frac{\sigma^2}{\gamma\, c} \cdot \frac{u \cdot d u}{f(u)} - J(u_0)\, dx \right\},$$

integriert von $y = 0$ bis y oder von u_0 bis u oder von $x = 0$ bis x,

$$y = \operatorname{tg} \varphi \cdot x - \frac{1}{2 c\, \gamma} \left\{ - \frac{\sigma^2}{\gamma\, c} \int_{u_0}^{u} \frac{J(u) \cdot u \cdot d u}{f(u)} - J(u_0) \cdot x \right\}$$

$$= \operatorname{tg} \varphi \cdot x - \frac{1}{2 c\, \gamma} \left\{ - \frac{\sigma^2}{\gamma\, c} \int_{u_0}^{u} \frac{J(u) \cdot u \cdot d u}{f(u)} - J(u_0)(D(u) - D(u_0)) \frac{\sigma^2}{\gamma\, c} \right\}$$

und wenn $-\displaystyle\int \frac{J(u) \cdot u \cdot d u}{f(u)}$ mit $A(u)$ bezeichnet wird,

$$y = \operatorname{tg} \varphi \cdot x - \frac{\sigma^2}{2\, c^2\, \gamma^2} \cdot \{ A(u) - A(u_0) - J(u_0)(D(u) - D(u_0)) \}.$$

Die Integralwerte $D(u)$, $T(u)$, $J(u)$, $A(u)$, die als die primären Siaccischen Funktionen bezeichnet seien, lassen sich für die Annahme $f(v) = v^n$, also $f(u) = u^n$ ohne weiteres genau in u ausdrücken und damit Tabellen anlegen; z. B. für das kubische Luftwiderstandsgesetz $c\, f(v) = c\, v^3$, also für $f(u) = u^3$, wird

$$J(u) = - 2 g \int \frac{d u}{u \cdot u^3} = + \frac{2 g}{3} \cdot u^{-3}$$

$$A(u) = - \int \frac{J(u) \cdot u \cdot d u}{f(u)} = - \frac{2 g}{3} \int \frac{u^{-3} \cdot u \cdot d u}{u^3} = + \frac{g}{6} \cdot u^{-4} \quad \text{usw.}$$

Für verwickeltere Funktionen $f(u)$ wird man die Integrale mit einer Simpsonschen Regel oder einem Integraphen auswerten.

So ist es, wenn für den in c enthaltenen Formkoeffizienten i ein konstanter Mittelwert zugrunde gelegt wird. Falls man dagegen, nach dem Vorbild von O. von Eberhard (vgl. den § 10, Absatz 11) i als Funktion von v zu berücksichtigen bestrebt ist, z. B.

$$\frac{1}{i} = 1{,}3206 - \frac{58{,}2}{v} - 0{,}000\,102\,4\, v,$$

allgemeiner

$$\frac{1}{i} = p - \frac{q}{v} - r \cdot v,$$

so kann dies auf doppelte Weise geschehen. Entweder berechnet man demgemäß den Ausgleichsfaktor β, wie dies später in § 28 gezeigt werden soll.

Oder man verfährt genauer in der Weise, wie dies zuerst von O. von Eberhard vorgeschlagen worden ist: Z. B. die obige Funktion $J(u)$ wird jetzt

$$J(u) = -2g \int \frac{\left(p - \frac{q}{u} - r\,u\right) d u}{u \cdot f(u)} = -2g\,p \int \frac{du}{u \cdot f(u)} + 2\,g\,q \int \frac{du}{u^2 f(u)} + 2\,g\,r \int \frac{du}{f(u)}.$$

Von diesen drei Integralen ist das erste und das dritte unter den schon bebekannten Siaccischen Funktionen enthalten. Neu hinzu kommt aber die Funktion $\int \frac{du}{u^2 \cdot f(u)}$. Verfolgt man so die gesamte Lösung, so erkennt man, daß im ganzen sieben neue Funktionen auftreten, die im Gegensatz zu den Siaccischen die Eberhardschen Funktionen heißen mögen.

Man wird vorläufig abwarten müssen, bis für diese sämtlichen Funktionen der neuen Luftwiderstandstabelle die Zahlenwerte berechnet sind und in Tabellenform veröffentlicht vorliegen.

<table>
<tr><td>

Zusammenstellung.

(I) $x = \dfrac{\sigma^2}{\gamma\,c} \left(D(u) - D(u_0)\right)$

(II) $t = \dfrac{\sigma}{c\,\gamma} \left(T(u) - T(u_0)\right)$

(III) $\operatorname{tg} \vartheta = \operatorname{tg} \varphi - \dfrac{1}{2\,c\,\gamma} \left(J(u) - J(u_0)\right)$

(IV) $y = x \operatorname{tg} \varphi - \dfrac{\sigma^2}{2\,c^2\,\gamma^2} \cdot \{ A(u)$
$\qquad - A(u_0) - J(u_0)\,(D(u) - D(u_0)) \}$

oder

(IV a) $y = x \operatorname{tg} \varphi$
$\qquad - \dfrac{x}{2\,c\,\gamma} \left\{ \dfrac{A(u) - A(u_0)}{D(u) - D(u_0)} - J(u_0) \right\}$

Verzögerung durch den Luftwiderstand
$= c\,f(v).$

σ und γ gewisse näher zu bestimmende
Konstanten.

</td><td>

Dabei bedeutet

$$D(u) = -\int \frac{u \cdot d u}{f(u)}$$

$$T(u) = -\int \frac{d u}{f(u)}$$

$$J(u) = -2\,g \int \frac{d u}{u \cdot f(u)}$$

$$A(u) = -\int \frac{J(u) \cdot u \cdot d u}{f(u)}$$

$$u = \frac{v \cos \vartheta}{\sigma}$$

$$u_0 = \frac{v_0 \cos \varphi}{\sigma}$$

</td></tr>
</table>

Wird mittels (I) u in x ausgedrückt und in (II), (III), (IV) eingesetzt, so erhält man t, ϑ, y in Funktionen von x.

Über die Wahl der Konstanten σ und γ.

Diese Konstanten waren bis jetzt willkürlich gelassen. Nunmehr soll darüber verfügt werden.

Man kann von zahlreichen außerballistischen Lösungsmethoden, die im Laufe der letzten 150 Jahre aufgetaucht sind, nachweisen, daß sie ihrem Prinzip nach in dem obigen Gleichungssystem (I) bis

(IV) enthalten sind und sich der Hauptsache nach durch die verschiedene Wahl von σ und γ unterscheiden.

Zwar wurden die betreffenden Methoden nicht durch Spezialisierung aus den Gleichungen (I) bis (IV) abgeleitet, vielmehr wurden sie von ihren Verfassern meistens in wesentlich anderer Form entwickelt, die die Zugehörigkeit der Methoden zu dem System (I) bis (IV) nicht immer ohne weiteres erkennen läßt. Aber es ist für den theoretischen Ballistiker von Interesse, die einschlägigen Methoden von einem allgemeinen Gesichtspunkte aus zu betrachten und ihrem inneren Zusammenhange nachzugehen.

a) Borda 1769 nimmt (siehe oben):

$$\sigma = 1, \quad \gamma = \frac{1}{\cos \varphi}, \quad \text{bei der Annahme } c\, f(v) = c\, v^2.$$

b) J. Didion 1848:

$$\sigma = \gamma = \frac{1}{\alpha},$$

wobei α ein gewisser Mittelwert von $\dfrac{1}{\cos \vartheta}$ zwischen dem Anfang und dem Ende des betreffenden Flugbahnbogens ist. Er wählt als Luftwiderstandsfunktion $c\, f(v) = c\, v^2 \left(1 + \dfrac{v}{r}\right)$, c und r Konstanten.

Damit wird

$$x = \frac{1}{\alpha\, c}\left(D(u) - D(u_0)\right) \qquad\qquad u = \alpha\, v \cos \vartheta$$

$$t = \frac{1}{c}\left(T(u) - T(u_0)\right) \qquad\qquad u_0 = \alpha\, v_0 \cos \varphi$$

$$\operatorname{tg} \vartheta = \operatorname{tg} \varphi - \frac{\alpha}{2\, c}\left(J(u) - J(u_0)\right)$$

$$y = x \operatorname{tg} \varphi - \frac{1}{2\, c^2}\Big\{ A(u) - A(u_0) \\ - J(u_0)\left(D(u) - D(u_0)\right)\Big\}$$

Didion wählte übrigens nicht u als unabhängige Variable des Lösungssystems, sondern x, stellte also für t, ϑ, y, $v \cos \vartheta$ Formelausdrücke auf, die x enthalten. Der von ihm benützte Mittelwert für α ist $\alpha = \dfrac{\displaystyle\int_{\varphi}^{\vartheta} \sec^3 \vartheta \cdot d\vartheta}{\operatorname{tg} \vartheta - \operatorname{tg} \varphi}$.

c) St. Robert schlug u. a. vor, statt dessen das arithmetische Mittel zwischen dem Wert von $\dfrac{1}{\cos \vartheta}$ im Anfangspunkt $\vartheta = \varphi$ (oder auch im Punkt $\vartheta = -\varphi$ des absteigenden Astes) und dem Wert im Gipfel $\vartheta = 0$, also das arithmetische Mittel zwischen $\dfrac{1}{\cos \varphi}$ und $\dfrac{1}{\cos 0}$, $\alpha = \dfrac{1}{2}\left(1 + \dfrac{1}{\cos \varphi}\right)$ zu nehmen.

d) **Hélie** nimmt in einem seiner Lösungssysteme das geometrische Mittel zwischen $\dfrac{1}{\cos \varphi}$ und $\dfrac{1}{\cos 0}$, also $\alpha = \dfrac{1}{\sqrt{\cos \varphi}}$.

e) **F. Siacci** in seinem Verfahren von 1880 (künftig kurz bezeichnet mit „Siacci I"): ebenso $\sigma = \gamma = \dfrac{1}{\alpha}$; dabei werden Zonengesetze für den Luftwiderstand angenommen.

f) **N. v. Wuich** 1886: desgleichen $\sigma = \gamma = \dfrac{1}{\alpha}$. Quadratisches Luftwiderstandsgesetz $c\, f(v) = c\, v^2$; unter Umständen mit einem Wechsel des c-Wertes entlang der Flugbahn; unabhängige Variable ist x.

g) **F. Krupp** (früheres Verfahren): $\sigma = \gamma = 1$; dabei die **Krupp**sche Luftwiderstandstabelle benützt.

h) **F. Siacci** in seinem Verfahren von 1888 (künftig kurz mit „Siacci II" bezeichnet): $\sigma = \cos \varphi$, $\gamma = \beta \cdot \cos^2 \varphi$; β ist aus einer Tabelle mit doppeltem Eingang zu entnehmen, welche X und φ als Argumente enthält; also muß unter Umständen eine erste Näherungsberechnung vorhergehen. Für die Abhängigkeit des Luftwiderstandes von v werden Zonengesetze angenommen. Das Gleichungssystem ist danach:

$$x = \frac{1}{c\,\beta}\left(D(u) - D(u_0)\right) \qquad\qquad u = \frac{v \cos \vartheta}{\cos \varphi}.$$

$$t = \frac{1}{c\,\beta \cdot \cos \varphi}\left(T(u) - T(u_0)\right) \qquad u_0 = v_0.$$

$$\operatorname{tg} \vartheta = \operatorname{tg} \varphi - \frac{1}{2 \cdot c\,\beta \cdot \cos^2 \varphi}\left(J(u) - J(u_0)\right)$$

$$y = x \operatorname{tg} \varphi - \frac{1}{2 \cdot (c\,\beta)^2 \cdot \cos^2 \varphi}\{A(u) - A(u_0) - J(u_0)\,(D(u) - D(u_0))\}$$

So auch bei **J. M. Ingalls** (Nordamerika) 1900 und bei **N. Sabudski** (Rußland) für Flachbahnen.

i) **E. Vallier** 1894: desgleichen $\sigma = \cos \varphi$, $\gamma = \dfrac{1}{m} \cdot \cos^2 \varphi$; m wird, unter Umständen nach vorausgegangener Berechnung mit erster Näherung, mittels einer geschlossenen Formel ermittelt. Zonengesetze.

k) **F. Siacci**, Verfahren von 1896 („Siacci III"): ebenfalls $\sigma = \cos \varphi$; $\gamma = \beta \cdot \cos^2 \varphi$. Einheitliches Luftwiderstandsgesetz. Dazu gehören die Tabellen von **Fasella**.

l) **P. Charbonnier**: In erster Annäherung wird $\sigma = \gamma = 1$ genommen (wie bei dem früheren Verfahren von **F. Krupp**), also

$$x = \frac{1}{c}\left(D(u) - D(u_0)\right) \qquad\qquad u = v\cos\vartheta.$$

$$t = \frac{1}{c}\left(T(u) - T(u_0)\right) \qquad\qquad u_0 = v_0\cos\varphi.$$

$$\operatorname{tg}\vartheta = \operatorname{tg}\varphi - \frac{1}{2\,c}\left(J(u) - J(u_0)\right)$$

$$y = x\operatorname{tg}\varphi - \frac{1}{2\,c^2}\big\{A(u) - A(u_0)$$
$$- J(u_0)\left(D(u) - D(u_0)\right)\big\}$$

Sodann wird in zweiter Annäherung

auf dem aufsteigenden Ast statt des Luftgewichts δ, $\delta\left(1 + \frac{\varkappa_0}{2}\operatorname{tg}^2\varphi\right)$

„ „ absteigenden „ „ „ „ δ, $\delta\left(1 + \frac{\varkappa_\omega}{2}\operatorname{tg}^2\omega\right)$

verwendet; dabei bedeutet ω den spitzen Auffallwinkel und $\varkappa$ allgemein die Funktion $\varkappa = \frac{1}{2}\left(v\cos\vartheta\cdot\frac{f'(v\cos\vartheta)}{f(v\cos\vartheta)} - 1\right)$. Dieses Verfahren für Flachbahnen; die Luftwiderstandsfunktion wie bei **Krupp** in Tabellenform.

Von den hier im allgemeinen gekennzeichneten Lösungsmethoden sollen im folgenden diejenigen etwas eingehender besprochen werden, die im Lauf der Entwicklung der Ballistik besondere Bedeutung erlangt haben.

§ 24. Lösung von J. Didion (1848).

Verzögerung durch den Luftwiderstand $cf(v) = c\,v^2\left(1 + \frac{v}{r}\right)$, wo c und r die in § 10 angeführten Konstanten sind (vgl. auch w. u. die Zusammenstellung). Nach § 17 ist allgemein $dx = -\frac{v^2}{g}\cdot d\vartheta$ oder, da $d\vartheta = \frac{g\cdot d(v\cos\vartheta)}{v\cdot cf(v)}$,

$$dx = -\frac{v\cos\vartheta\cdot d(v\cos\vartheta)}{cf(v)\cdot\cos\vartheta}. \tag{1}$$

Das rechnerische Näherungsverfahren **Didions** wurde schon oben kurz dadurch gekennzeichnet, daß in dem Nenner des auf der rechten Seite von (1) stehenden Bruchs $f(v)$ durch $f(\alpha v\cos\vartheta)$ und ein $\cos\vartheta$ durch $\frac{1}{\alpha}$ ersetzt wird; dabei ist α ein nachher zu besprechender konstanter Mittelwert von $\frac{1}{\cos\vartheta}$. Damit und mit der Bezeichnung $\alpha v\cos\vartheta = u$ nimmt die Differentialgleichung (1) eine Form an, in der die Variablen x und u getrennt sind, so daß die Integration ohne weiteres möglich ist; es wird nämlich $dx = -\dfrac{1}{\alpha c} \cdot \dfrac{u \cdot du}{f(u)}$ oder, da im vorliegenden Fall $f(u) = u^2 \left(1 + \dfrac{u}{r}\right)$,

$$dx = -\frac{1}{\alpha c} \cdot \frac{du}{u\left(1 + \dfrac{u}{r}\right)}. \tag{2}$$

Aus dieser Gleichung lassen sich durch Integration $v \cos \vartheta$ und weiterhin ϑ, t und y je in Funktion von x berechnen.

Zuvor möge die Gleichung (2) noch einmal unabhängig vom Vorhergehenden abgeleitet werden (nämlich in der Weise, wie dies durch Didion selbst erfolgte; denn die Einführung von u als unabhängiger Variabler in das Lösungssystem wurde erst 1872 durch St. Robert bewirkt).

Die Bewegungsgleichung des Geschosses in horizontaler Richtung lautet

$$\frac{dv_x}{dt} = -c f(v) \cdot \cos \vartheta = -c v^2 \left(1 + \frac{v}{r}\right) \cdot \frac{dx}{ds} = -c v \left(1 + \frac{v}{r}\right) \cdot v_x$$

oder

$$\frac{dv_x}{dx} = -c v \left(1 + \frac{v}{r}\right).$$

Didion ersetzt nun ds näherungsweise durch αdx oder, was dasselbe ist, v durch $\alpha \cdot v_x$. Mit der Abkürzung $u = \alpha \cdot v_x = \alpha v \cos \vartheta$; $du = \alpha \cdot d(v_x)$ wird die Gleichung $\dfrac{1}{\alpha} \cdot \dfrac{du}{dx} = -c u \left(1 + \dfrac{u}{r}\right)$, wie oben Gleichung (2).

Die weiteren Berechnungen vollziehen sich wie folgt:

$$\alpha c \, dx = \left(\frac{1}{1 + \dfrac{u}{r}} - \frac{1}{\dfrac{u}{r}}\right) \cdot d\left(\frac{u}{r}\right);$$

integriert von 0 bis x bzw. von u_0 bis u,

$$\alpha c x = \operatorname{lgnt} \frac{1 + \dfrac{u}{r}}{\dfrac{u}{r}} - \operatorname{lgnt} \frac{1 + \dfrac{u_0}{r}}{\dfrac{u_0}{r}}.$$

Hier ist $u = \alpha v \cos \vartheta$, $u_0 = \alpha v_0 \cos \varphi$; durch Auflösung nach $v \cos \vartheta$ erhält man

$$v \cos \vartheta = \frac{v_0 \cos \varphi}{(1 + \varkappa_0) e^{c \alpha x} - \varkappa_0}, \tag{3}$$

wo zur Abkürzung $\dfrac{\alpha v_0 \cos \varphi}{r} = \varkappa_0$ gesetzt ist. Mit (3) kennt man die horizontale Geschwindigkeit $v \cos \vartheta$ für irgendeine wagrechte Entfernung x des Geschosses. Die zugehörige Zeit t ergibt sich durch Integration, mittels der Identität $dt = \dfrac{dx}{v \cos \vartheta}$ nach Einsetzen des Wertes von $v \cos \vartheta$ aus Gleichung (3), $dt = \dfrac{1}{v_0 \cos \varphi} \left\{(1 + \varkappa_0) e^{c \alpha x} - \varkappa_0\right\} dx$, zu

$$t = \frac{1}{v_0 \cos \varphi} \cdot \left[(1 + \varkappa_0) \frac{e^{c \alpha x} - 1}{c \alpha} - \varkappa_0 x\right]. \tag{4}$$

Verwendet man die Beziehung (3) in gleicher Weise in der allgemein gültigen Gleichung für ϑ, nämlich $d\vartheta = -\dfrac{g \cdot dx}{v^2}$ oder $\dfrac{d\vartheta}{\cos^2\vartheta} = -\dfrac{g \cdot dx}{(v\cos\vartheta)^2}$, so wird

$$\frac{d\vartheta}{\cos^2\vartheta} \quad \text{oder} \quad d(\operatorname{tg}\vartheta) = -\frac{g}{v_0^2\cos^2\varphi}\cdot\left[(1+\varkappa_0)\,e^{cax}-\varkappa_0\right]^2 dx;$$

integriert von φ bis ϑ und von 0 bis x:

$$\operatorname{tg}\vartheta - \operatorname{tg}\varphi = -\frac{g}{v_0^2\cos^2\varphi}\cdot\left[(1+\varkappa_0)^2\cdot\frac{e^{2cax}-1}{2c\alpha}\right.$$

$$\left. - 2\varkappa_0(1+\varkappa_0)\cdot\frac{e^{cax}-1}{c\alpha}+\varkappa_0^2 x\right]. \qquad (5)$$

Da endlich $\operatorname{tg}\vartheta = \dfrac{dy}{dx}$, läßt sich Gleichung (5) noch einmal nach x integrieren, wodurch y in Funktion von x erhalten wird. Die sämtlichen Ausdrücke für $v\cos\vartheta$, t, ϑ, y in Funktion von x, sind weiter unten zusammengestellt.

Den Mittelwert α des tatsächlich variablen Verhältnisses $\dfrac{ds}{dx}$ oder $\sqrt{1+\operatorname{tg}^2\vartheta}$ oder $\dfrac{1}{\cos\vartheta}$ berechnet Didion näherungsweise als das Verhältnis $\dfrac{s}{x}$ des endlichen Bogens $OM = s$ der tatsächlichen Flugbahn, um den es sich handelt, zu seiner Horizontalprojektion $OM_1 = x$. Dieses Verhältnis $OM : OM_1$ wiederum nimmt er näherungsweise gleich dem Verhältnis $s_1 : x_1$ des Flugbahnbogens OP, der im luftleeren Raum bei gleichen Anfangs- und Endneigungen φ und ϑ und bei gleicher Anfangsgeschwindigkeit v_0 erhalten würde, zu der Horizontalprojektion OP_1 dieses Bogens; also

$$\alpha = \frac{OP}{OP_1} = \frac{\text{Bogen im leeren Raum bei gleichem } \varphi,\ \vartheta \text{ u. } v_0}{\text{Horizontalprojektion dieses Bogens}} = \frac{s_1}{x_1}.$$

Man hat also, für die gegebenen Werte φ, ϑ und v_0, OP und OP_1 zu berechnen unter der Annahme, daß der Luftwiderstand nicht wirkt (vgl. § 1).

a) Zähler $OP = s_1$ des Bruches:

Nach bekannten Regeln der Rektifikation ist

$$s_1 = \int\limits_{\varphi}^{\vartheta}\sqrt{1+\left(\frac{dy_1}{dx_1}\right)^2}\,dx_1.$$

Im luftleeren Raum war nun $y_1 = \operatorname{tg}\varphi\cdot x_1 - \dfrac{g\,x_1^2}{2\,v_0^2\cos^2\varphi}$ und $\operatorname{tg}\vartheta_1 = \operatorname{tg}\varphi - \dfrac{g\,x_1}{v_0^2\cos^2\varphi}$. Setzt man zur Abkürzung $\operatorname{tg}\vartheta_1 = \dfrac{dy_1}{dx_1} = p$, so ist $dp = - \dfrac{g \cdot dx_1}{v_0^2 \cos^2 \varphi}$, also

$$s_1 = - \frac{v_0^2 \cos^2 \varphi}{g} \int_\varphi^\vartheta \sqrt{1 + p^2} \cdot dp \,.$$

Schon früher wurde die Beziehung benützt:

$$\int_0^\vartheta \sqrt{1 + p^2}\, dp = \frac{1}{2} \cdot \left\{ \frac{\sin \vartheta}{\cos^2 \vartheta} + \operatorname{lgnt} \operatorname{tg} \left(\frac{\pi}{4} + \frac{\vartheta}{2} \right) \right\}$$

$$= \int_0^\vartheta \frac{d\vartheta}{\cos^3 \vartheta} = \xi(\vartheta), \qquad \text{(Tabelle 8b im Anhang)}.$$

Somit ist $s_1 = + \dfrac{v_0^2 \cos^2 \varphi}{g} \left(\xi(\varphi) - \xi(\vartheta) \right)$.

b) **Nenner** $OP_1 = x_1$ **des Bruches:**

Nach dem Obigen ist $x_1 = \dfrac{v_0^2 \cos^2 \varphi}{g} \left(\operatorname{tg} \varphi - \operatorname{tg} \vartheta \right)$. Somit durch Division

$$\alpha = \frac{s_1}{x_1} = \frac{\xi(\varphi) - \xi(\vartheta)}{\operatorname{tg} \varphi - \operatorname{tg} \vartheta} \,. \tag{6}$$

Wenn der Flugbahnbogen, der berechnet werden soll, vom Anfangspunkt $(\vartheta = \varphi)$ bis zum Gipfel $(\vartheta = 0)$ reicht, so ist einfach

$$\alpha = \frac{\xi(\varphi)}{\operatorname{tg} \varphi}, \tag{7}$$

da damit $\vartheta = 0$ auch $\xi(\vartheta) = 0$ wird.

Soll die Flugbahn möglichst genau berechnet werden, so teilt man sie in mehrere Bögen ein, wobei die Teile in der Nähe des Gipfels größer genommen werden können; ist z. B. der Abgangswinkel $\varphi = 45^0$, so teile man etwa in 4 Bögen:

a) von $\vartheta = \varphi = 45^0$ bis $\vartheta = 30^0$; hier ist

$$\alpha = \frac{\xi(45) - \xi(30)}{\operatorname{tg} 45 - \operatorname{tg} 30} = 1{,}2772 \,,$$

b) von $\vartheta = 30^0$ bis $\vartheta = 0$ (Gipfel); hier ist

$$\alpha = \frac{\xi(30) - \xi(0)}{\operatorname{tg} 30 - \operatorname{tg} 0} = \frac{\xi(30)}{\operatorname{tg} 30} = 1{,}0531,$$

c) von $\vartheta = 0$ bis $\vartheta = -30^0$; hier ist

$$\alpha = \frac{\xi(0) - \xi(-30)}{\operatorname{tg} 0 - \operatorname{tg}(-30)} = \frac{\xi(30)}{\operatorname{tg} 30} = 1{,}0531 \quad \text{(wie bei b))},$$

d) von $\vartheta = -30^0$ bis $\vartheta = -45^0$; hier ist

$$\alpha = \frac{\xi(-30) - \xi(-45)}{\operatorname{tg}(-30) - \operatorname{tg}(-45)} = \frac{\xi(45) - \xi(30)}{\operatorname{tg} 45 - \operatorname{tg} 30} = 1{,}2772 \quad \text{(wie bei a))}.$$

Zusammenstellung der Formeln und Bezeichnungen für die Lösung von Didion.

$$(1) \qquad y = x \, \mathrm{tg} \, \varphi$$

$$- \frac{g x^2}{2 v_0^2 \cos^2 \varphi} \cdot B,$$

$$(2) \qquad \mathrm{tg} \, \vartheta = \mathrm{tg} \, \varphi$$

$$- \frac{g x}{v_0^2 \cos^2 \varphi} \cdot J,$$

$$(3) \quad v \cos \vartheta = v_0 \cos \varphi \cdot \frac{1}{V_1},$$

$$(4) \qquad t = \frac{x}{v_0 \cos \varphi} \cdot D,$$

$$\text{dabei} \quad B = (1 + \varkappa_0)^2 \cdot \frac{e^{2 c \alpha x} - 2 c \alpha x - 1}{\frac{1}{2} (2 c \alpha x)^2}$$

$$- 2 \varkappa_0 (1 + \varkappa) \cdot \frac{e^{c \alpha x} - c \alpha x - 1}{\frac{1}{2} (c \alpha x)^2} + \varkappa_0^2,$$

$$J = (1 + \varkappa_0)^2 \frac{e^{2 c \alpha x} - 1}{2 c \alpha x}$$

$$- 2 \varkappa_0 (1 + \varkappa_0) \cdot \frac{e^{c \alpha x} - 1}{c \alpha x} + \varkappa_0^2,$$

$$V_1 = (1 + \varkappa_0) e^{c \alpha x} - \varkappa_0,$$

$$D = (1 + \varkappa_0) \frac{e^{c \alpha x} - 1}{c \alpha x} - \varkappa_0.$$

$$c = \frac{A \cdot R^2 \pi \cdot g \cdot i \cdot \delta}{P \cdot 1{,}208}, \qquad (5)$$

$$\varkappa_0 = \frac{\alpha}{r} v_0 \cos \varphi, \qquad (6)$$

$$\alpha = \frac{\xi (\varphi) - \xi (\vartheta)}{\mathrm{tg} \, \varphi - \mathrm{tg} \, \vartheta}; \qquad (7)$$

oder auch näherungsweise:

$$\alpha = \frac{\xi \left(\dfrac{\varphi + \vartheta}{2} \right)}{\mathrm{tg} \left(\dfrac{\varphi + \vartheta}{2} \right)}, \qquad (8)$$

oder endlich kurz.

$$\alpha = \frac{\xi (\varphi)}{\mathrm{tg} \, \varphi}. \qquad (9)$$

Hier bedeutet für den Endpunkt (xy) des zu berechnenden Flugbahnbogens: v die Bahngeschwindigkeit des Geschosses in m/sec; ϑ die Horizontalneigung der Bahntangente; t die Flugzeit bis zu diesem Punkt in sec. Ferner sei v_0 die Anfangsgeschwindigkeit des Geschosses in m/sec; φ der Abgangswinkel; $2 R$ das Kaliber des Geschosses in m; δ das Luftgewicht am Versuchstage in kg/cbm; P das Geschoßgewicht in kg; g die Fallbeschleunigung in m/sec^2; $A = 0{,}0270$; $r = 435$ [gültig für den ganzen Bereich der Geschwindigkeiten von $v = $ ca. 550 m/sec abwärts; nach Didion, Traité de balistique, Paris 1860, S. 67]; $i = 1$ für Kugeln. Die Funktionen $B J V_1 D$ werden $= 1$ für den luftleeren Raum.

Verfahren bei Berechnung einiger Flugbahnaufgaben.

a) Gegeben v_0, φ, c. Man berechnet α nach (9) und $\varkappa_0$ nach (6) und damit für irgendein vorgeschriebenes x das y nach (1), ϑ nach (2), v nach (3), t nach (4). Soll die Schußweite $x = X$ für $y = 0$ berechnet werden, so bestimmt man aus der Beziehung (1) für $y = 0$, also aus

$$\frac{v_0^2 \sin 2\,\varphi}{g} = X \cdot B\,(2\,c\,\alpha\,X,\,\varkappa_0)$$

den Wert X durch Probieren (allmähliches Eingabeln) unter Zuhilfenahme der Tabelle für B.

Soll die Aufgabe genauer gelöst werden, so teilt man die Flugbahn in mehrere Teilbögen; der erste Bogen reiche z. B. von $\vartheta = \varphi = 45^0$ bis $\vartheta = 40^0$; dann ist $\alpha = \dfrac{\xi\,(45) - \xi\,(40)}{\text{tg}\,45 - \text{tg}\,40}$; aus Gleichung (2) folgt

$$J \cdot x = (\text{tg}\,\varphi - \text{tg}\,\vartheta)\,\frac{v_0^2 \cos^2 \varphi}{g}\;;$$

da ϑ willkürlich gewählt wurde (z. B. $\vartheta = 40^0$), kennt man daraus, durch Eingabeln gefunden, die Abszisse x des Endpunkts für den ersten Teilbogen, und mittels (1), (3) und (4) die zugehörigen Werte von y, v und t. Nun denkt man sich den Koordinatenanfang oder Abgangspunkt in diesen Endpunkt des ersten Teilbogens verlegt und rechnet von diesem aus einen zweiten Bogen usw.

b) Gegeben c, φ und das Ziel $(x\,y)$; gesucht v_0. Ein erster Näherungswert wird mittels der betreffenden Formel für den leeren Raum

$$v_0^2 = \frac{1}{2\cos^2 \varphi \cdot (x \cdot \text{tg}\,\varphi - y)} \cdot g\,x^2$$

berechnet oder besser mit Hilfe einer verwandten Schußtafel geschätzt; damit kennt man erste Näherungswerte von $\varkappa_0$ und, da x gegeben ist, auch von B. Nunmehr ergibt sich aus Gleichung (1), worin y gegeben ist, ein genauerer Wert von v_0. Mit diesem v_0 wird die Rechnung wiederholt: man gelangt auf diese Weise zu immer genaueren Werten von v_0; doch wäre es verfehlt, die Berechnung sehr oft wiederholen zu wollen, da die gesamte Rechnung nur ein Näherungsverfahren darstellt.

c) Gegeben c, v_0 und das Ziel $(x\,y)$, gesucht φ (2 Werte φ_1 und φ_2: für Flachschuß und Bogenschuß). Ein erster Näherungswert φ ergibt sich aus der Gleichung des leeren Raums; damit kennt man $\cos\varphi$ und α und somit auch $\varkappa_0 = \dfrac{\alpha\,v_0 \cos\varphi}{r}$, ebenso B. Jetzt läßt sich aus Gleichung (1), worin $\cos^2 \varphi = 1 : (1 + \text{tg}^2\,\varphi)$ gesetzt wird, der doppelte Wert von $\text{tg}\,\varphi$ berechnen. Wenn nötig, wird die Berechnung wiederholt, indem man von dem so erhaltenen Wert von φ als 2. Näherungswert ebenso ausgeht wie vorhin von dem ersten.

d) Gegeben Ziel $(x\,y)$, c und Einfallswinkel ϑ, gesucht φ und v_0.

Zunächst werden erste Näherungslösungen für φ und v_0 mittels der Gleichungen des leeren Raums $y = x\,\text{tg}\,\varphi - \dfrac{g\,x^2}{2\,v_0^2 \cos^2 \varphi}$ und $\text{tg}\,\vartheta = \text{tg}\,\varphi - \dfrac{g\,x}{v_0^2 \cos^2 \varphi}$ gesucht (2 Gleichungen mit den beiden Unbekannten v_0 und φ), damit ergeben sich erste Näherungswerte von $\varkappa_0$, B und J; jetzt wird entsprechend aus den Gleichungen (1) und (2), worin x, y, ϑ, B, J bekannt sind, das Paar von Unbekannten v_0 und φ berechnet. Dieselbe Rechnung wird weiter von den so berechneten Werten v_0 und φ aus noch einmal durchgeführt, wodurch die Lösung verschärft wird.

Zahlenbeispiel. Gegeben $2R = 0{,}1895$ m; $\varphi = 45^0$; $P = 29{,}37$ kg; $\delta = 1{,}208$; $i = 1$; $X = 225$ m (für $y = 0$), gesucht v_0, ferner ϑ_e, v_e, T.

Es wird

$$c = 0{,}000\,254; \qquad \alpha = \xi\,(45^0) : \operatorname{tg} 45^0 = 1{,}1478;$$

$$c\,\alpha\,X = 0{,}000\,254 \cdot 1{,}1478 \cdot 225 = 0{,}065.$$

Im leeren Raum ist

$$v_0 = \sqrt{\frac{g\,X}{\sin 2\,\varphi}} = \sqrt{\frac{9{,}81 \cdot 225}{1}} = 46{,}98 \text{ m};$$

damit wird

$$\varkappa_0 = \frac{\alpha\,v_0 \cos \varphi}{r} = \frac{1{,}1478 \cdot 46{,}98 \cdot \cos 45^0}{435} = 0{,}0875;$$

die Tabellen von Didion liefern hierzu $B = 1{,}024$, $J = 1{,}0375$, $D = 1{,}0355$, $V_1 = 1{,}0555$. Damit ergibt sich ein genauerer Wert von v_0 mittels Gleichung (1), worin $x = X = 225$ und $y = 0$ ist; es wird nämlich $2\,v_0^2 \cos^2 45^0 \cdot \operatorname{tg} 45^0 = 225 \cdot 9{,}81 \cdot 1{,}024$; also $v_0 = 47{,}5$. Ferner für $x = X$ wird

$$\operatorname{tg} \vartheta_e = \operatorname{tg} 45^0 - \frac{9{,}81 \cdot 225 \cdot 1{,}0375}{47{,}5^2 \cdot \cos^2 45^0}; \quad \vartheta_e = -45^0\,50'.$$

Weiter wird

$$v_e = \frac{v_0 \cos \varphi}{\cos \vartheta_e \cdot V_1} = \frac{47{,}5 \cdot \cos 45^0}{\cos \vartheta_e \cdot 1{,}0555} = 45{,}6;$$

$$T = \frac{X \cdot D}{v_0 \cos \varphi} = \frac{225 \cdot 1{,}0355}{47{,}5 \cdot \cos 45^0} = 6{,}94.$$

Zusammen:

$$v_0 = 47{,}5 \text{ m/sec}; \quad \vartheta_e = -45^0\,50'; \quad v_e = 45{,}6 \text{ m/sec}; \quad T = 6{,}94 \text{ sec}.$$

§ 25. Die Didion-Bernoullische Näherungslösung für die eingliedrigen Potenzgesetze $c\,f(v) = c\,v^n$.

Für die Luftwiderstandsverzögerung $c\,f(v) = c\,v^n$ (quadratisches Gesetz für $n = 2$, kubisches für $n = 3$, biquadratisches für $n = 4$ usw.) läßt sich die Lösung in entsprechender Weise durchführen, wie dies von Didion (vgl. § 24) bezüglich seines Gesetzes $f(v) = v^2\left(1 + \dfrac{v}{r}\right)$ geschehen ist. Der Gang der Berechnung war allgemein der, daß aus der Näherungsgleichung $dx = -\dfrac{1}{\alpha c} \cdot \dfrac{u \cdot du}{f(u)}$, wo $u = \alpha v \cos \vartheta$, eine Beziehung zwischen $v \cos \vartheta$ und x hergestellt und diese alsdann in $dt = \dfrac{dx}{v \cos \vartheta}$ und $\dfrac{d\vartheta}{\cos^2 \vartheta} = -\dfrac{g \cdot dx}{(v \cos \vartheta)^2}$ verwendet wird.

Die Ableitung der betreffenden Formeln, die sich ohne jede Schwierigkeit vollzieht, sei an dem Beispiel des biquadratischen Gesetzes $c\,f(v) = c\,v^4$ gezeigt.

$$dx = -\frac{u \cdot du}{\alpha \cdot c\,u^4} = -\frac{du}{\alpha c\,u^3}; \quad 2\,\alpha c\,x = \frac{1}{u^2} - \frac{1}{u_0^2};$$

oder da $u = \alpha\, v \cos \vartheta$, $u_0 = \alpha\, v_0 \cos \varphi$ ist,

$$v \cos \vartheta = v_0 \cos \varphi \cdot (1 + 2\, c\, \alpha^3\, v_0{}^2 \cos^2 \varphi \cdot x)^{-\frac{1}{2}}.$$

Damit wird

$$dt = \frac{dx}{v \cos \vartheta} = \frac{1}{v_0 \cos \varphi} \cdot \sqrt{1 + 2\, c\, \alpha^3\, v_0{}^2 \cos^2 \varphi\, x} \cdot dx,$$

$$t = \frac{1}{3\, c\, \alpha^3\, v_0{}^3 \cos^3 \varphi} \cdot \left\{ (1 + 2\, c\, \alpha^3\, v_0{}^2 \cos^2 \varphi \cdot x)^{\frac{3}{2}} - 1 \right\}.$$

Ferner

$$\frac{d\vartheta}{\cos^2 \vartheta} = - \frac{g}{v_0{}^2 \cos^2 \varphi} \cdot (1 + 2\, c\, \alpha^3\, v_0{}^2 \cos^2 \varphi \cdot x)\, dx,$$

$$\operatorname{tg} \vartheta - \operatorname{tg} \varphi = - \frac{g}{v_0{}^2 \cos^2 \varphi} \left(x + c\, \alpha^3\, v_0{}^2 \cos^2 \varphi \cdot x^2 \right);$$

und da $\operatorname{tg} \vartheta = \dfrac{dy}{dx}$,

$$y = x \operatorname{tg} \varphi - \frac{g}{v_0{}^2 \cos^2 \varphi} \left(\frac{x^2}{2} + \frac{1}{3}\, c\, \alpha^3\, v_0{}^2 \cos^2 \varphi \cdot x^3 \right).$$

Dies ist die in der nachfolgenden Zusammenstellung angeführte Formel (1) für das biquadratische Gesetz. Sie ist identisch mit der Flugbahngleichung von Piton-Bressant und Hélie, die in Frankreich meist in der Form verwendet wird:

$$y = x \operatorname{tg} \varphi - \frac{g\, x^2}{2 \cos^2 \varphi} \left(\frac{1}{v_0{}^2} + H x \right);$$

es ist hier somit $H = \dfrac{2}{3}\, c\, \alpha^3 \cos^2 \varphi$; H für dasselbe Geschoß abhängig von φ. In diesem Band I, § 19 (Umkehrungsproblem, 2. Beispiel) ist $\dfrac{2}{3}\, c\, \alpha^3\, v_0{}^2 \cos^2 \varphi$ oder $H v_0{}^2 = m$ gesetzt und in § 32 (Anwendungen, 1. Methode) ist $H v_0{}^2$ mit K bezeichnet. K hängt also für dasselbe Geschoß von v_0 und von φ ab. Von dieser Abhängigkeit ist in § 32 des näheren die Rede.

Zusammenstellung.

$$y = x \operatorname{tg} \varphi - \frac{g\, x^2}{2\, v_0{}^2 \cos^2 \varphi} \cdot B, \tag{1}$$

$$\operatorname{tg} \vartheta = \operatorname{tg} \varphi - \frac{g\, x}{v_0{}^2 \cos^2 \varphi} \cdot J, \tag{2}$$

$$v \cos \vartheta = v_0 \cos \varphi \cdot \frac{1}{V}, \tag{3}$$

$$t = \frac{x}{v_0 \cos \varphi} \cdot D; \tag{4}$$

dabei haben die Funktionen B, J, V, D folgende Werte (s. Tabellen 5 a, b, c im Anhang):

Verzögerung durch den Luftwiderstand	$B =$	$J =$	$V =$	$D =$	mit der Abkürzung
$cf(v) = cv^2$	$\dfrac{e^z - z - 1}{\frac{1}{2}z^2}$	$\dfrac{e^z - 1}{z}$	$e^{\frac{z}{2}}$	$\dfrac{e^{\frac{z}{2}} - 1}{\frac{z}{2}}$	$z = 2c\alpha x$
cv^3	$1 + \frac{2}{3}z + \frac{1}{6}z^2$	$1 + z + \frac{1}{3}z^2$	$1 + z$	$1 + \frac{z}{2}$	$z = c\alpha^2 v_0 \cos\varphi \cdot x$
cv^4	$1 + \frac{1}{3}z$	$1 + \frac{1}{2}z$	$(1+z)^{\frac{1}{2}}$	$\dfrac{(1+z)^{\frac{3}{2}} - 1}{\frac{3}{2}z}$	$z = 2c\alpha^3 v_0{}^2 \cos^2\varphi \cdot x$
allgemein $cf(v) = cv^n$	$\dfrac{(1+z)^{\frac{2n-2}{n-2}} - \frac{2n-2}{n-2}z - 1}{\frac{n(n-1)}{(n-2)^2} \cdot z^2}$	$\dfrac{(1+z)^{\frac{n}{n-2}} - 1}{\frac{n}{n-2} \cdot z}$	$(1+z)^{\frac{1}{n-2}}$	$\dfrac{(1+z)^{\frac{n-1}{n-2}} - 1}{\frac{n-1}{n-2} \cdot z}$	$z = c \cdot \alpha^{n-1} \cdot (n-2) \cdot (v_0 \cos\varphi)^{n-2} \cdot x$

Verschiedene Umformungen der Didion-Bernoullischen Näherungslösung, speziell für das quadratische und das kubische Luftwiderstandsgesetz,

A. Im Fall des quadratischen Gesetzes (Verzögerung $c\,f(v) = c\,v^2$) ist

$$y = x\,\operatorname{tg}\varphi - \frac{g\,x^2}{2\,v_0^2\cos^2\varphi}\,B(z); \quad \operatorname{tg}\vartheta = \operatorname{tg}\varphi - \frac{g\,x}{v_0^2\cos^2\varphi}\,J(z);$$

$$v\cos\vartheta = \frac{v_0\cos\varphi}{V(z)}; \quad t = \frac{x}{v_0\cos\varphi}\,D(z);$$

wo $z = 2\,c\,\alpha\,x$. Speziell für den Auffallpunkt $(x = X,\ y = 0)$ sei $2\,c\,\alpha\,X = Z$; für diesen Punkt wird aus der ersten Gleichung $\dfrac{v_0^2\sin 2\varphi}{g}$ (oder kurz bezeichnet $\mathfrak{W}) = X\,B(Z)$.

Ferner sei statt $J(z)$ die Funktion $E(z)$ eingeführt, definiert durch $2\,J = B(1 + E)$; $E(z)$ ist somit die Funktion

$$\frac{2\,J - B}{B} = \frac{e^z(z-1)+1}{e^z - z - 1}.$$

Damit nimmt die zweite Gleichung die Form an:

$$\operatorname{tg}\vartheta = \operatorname{tg}\varphi - \frac{g\,x\,B(1+E)}{2\,v_0^2\cos^2\varphi} = \operatorname{tg}\varphi\left\{1 - \frac{x\,B(z)\,(1 + E(z))}{\mathfrak{W}}\right\}.$$

Im Auffallpunkt mit $z = Z$, $\vartheta = \vartheta_e = -\omega$ (ω spitzer Auffallwinkel) ist demnach $\operatorname{tg}\omega = \operatorname{tg}\varphi\cdot E(Z)$.

Weiter möge neben der Funktion $D(z)$ eine andere $\Theta(z)$ durch die Gleichung $D = \sqrt{B\,\Theta}$, also $\Theta = \dfrac{D^2}{B} = \dfrac{2\left(e^{\frac{z}{2}}-1\right)^2}{e^z - z - 1}$ definiert sein, so ist für einen beliebigen Flugbahnpunkt

$$t = \frac{x}{v_0\cos\varphi}\cdot\sqrt{B(z)\cdot\Theta(z)}$$

und speziell für den Auffallpunkt

$$T = \frac{X}{v_0\cos\varphi}\cdot D(Z) = \frac{X}{v_0\cos\varphi}\cdot\sqrt{B(Z)\cdot\Theta(Z)}$$

$$= \frac{X}{v_0\cos\varphi}\sqrt{\frac{v_0^2\sin 2\varphi}{g\,X}\cdot\Theta(Z)} = \sqrt{\frac{2\,X\,\operatorname{tg}\varphi}{g}\cdot\Theta(Z)}.$$

Endlich im Gipfel der Flugbahn (mit $\vartheta = 0$, $\operatorname{tg}\vartheta = 0$; $x = x_s$, $y = y_s$, $z = z_s = 2\,c\,\alpha\,x_s$) wird die zweite der obigen Gleichungen zu der folgenden:

$$0 = \operatorname{tg}\varphi - \frac{g\cdot x_s}{v_0^2\cos^2\varphi}\cdot J(z_s) \quad\text{oder}\quad X\cdot B(Z) = 2\,x_s\cdot J(z_s).$$

Eine andere Beziehung für die Gipfelabszisse ergibt sich daraus, daß die Gleichung für $\operatorname{tg}\vartheta$ in der Form

$$\operatorname{tg}\vartheta = \operatorname{tg}\varphi - \frac{g}{v_0^2\cos^2\varphi}\cdot\frac{e^z-1}{2\,c\,\alpha}$$

sich schreiben läßt. Hier ist $e^z - 1 = V^2 - 1$, da $V = e^{\frac{z}{2}}$ ist. Für $\vartheta = 0$ wird somit $\frac{1}{2}\,\frac{v_0^2 \sin 2\,\varphi}{g}\cdot 2\,c\,\alpha = e^{z_s} - 1 = V^2\,(z_s) - 1$, was wegen $\mathfrak{W} = X \cdot B\,(Z)$ und $Z = 2\,c\,\alpha\,X$ auch die Form $V^2\,(z_s) = 1 + \frac{1}{2}\mathfrak{W}\cdot 2\,c\,\alpha = 1 + \frac{1}{2}Z\cdot B\,(Z)$ annimmt.

Zusammenstellung.

$$y = x\,\mathrm{tg}\,\varphi - \frac{g\,x^2}{2\,v_0^2 \cos^2\varphi}\,B\,(z) = x\,\mathrm{tg}\,\varphi\cdot\left[1 - \frac{x\cdot B\,(z)}{X\cdot B\,(Z)}\right], \qquad (1)$$
für Flugbahnordinate y.

$$\mathrm{tg}\,\vartheta = \mathrm{tg}\,\varphi - \frac{g\,x}{v_0^2 \cos^2\varphi}\cdot J\,(z) = \mathrm{tg}\,\varphi\cdot\left[1 - \frac{x\cdot B\,(z)}{X\cdot B\,(Z)}\,(1 + E\,(z))\right], \qquad (2)$$
für Neigung ϑ der Bahntangente.

$$v\cos\vartheta = \frac{v_0\cos\vartheta}{V\,(z)}, \qquad (3)$$
für horizontale Geschwindigkeit $v\cos\vartheta$.

$$t = \frac{x}{v_0\cos\varphi}\cdot D\,(z) = \frac{x}{v_0\cos\varphi}\cdot\sqrt{B\,(z)\cdot\Theta\,(z)}, \qquad (4)$$
für Flugzeit t.

Dabei $z = 2\,c\,\alpha\cdot x$. \qquad (5)

Beliebiger Flugbahnpunkt $(x\,y)$

$$2\,c\,\alpha\,\mathfrak{W} = 2\,c\,\alpha\cdot\frac{v_0^2 \sin 2\,\varphi}{g} = Z\cdot B\,(Z),\ \text{oder}\ \frac{v_0^2 \sin 2\,\varphi}{g\,X} = B\,(Z), \qquad (6)$$
für $Z = 2\,c\,\alpha\,X$.

$$\mathrm{tg}\,\omega = -\,\mathrm{tg}\,\vartheta_e = \mathrm{tg}\,\varphi\cdot E\,(Z),\ \text{oder}\ \mathrm{tg}\,\omega = \frac{g\,X}{v_0^2 \cos^2\varphi}\,J\,(Z) - \mathrm{tg}\,\varphi, \qquad (7)$$
für spitzen Auffallwinkel ω.

$$v_e = \frac{v_0\cos\varphi}{\cos\omega\cdot V\,(Z)},\ \text{für Endgeschwindigkeit}\ v_e. \qquad (8)$$

$$T = \frac{X}{v_0\cos\varphi}\cdot D\,(Z) = \sqrt{\frac{2\,X\cdot\mathrm{tg}\,\varphi}{g}\cdot\Theta\,(Z)}, \qquad (9)$$
für Gesamtflugzeit T.

Auffallpunkt

$$X\cdot B\,(Z) = 2\cdot x_s\cdot J\,(z_s)\qquad\text{oder}\qquad 2\,c\,\alpha\,\mathfrak{W} = 2\cdot z_s\cdot J\,(z_s) \qquad (10)$$
$$V^2\,(z_s) = 1 + c\,\alpha\,\mathfrak{W} = 1 + \frac{1}{2}Z\cdot B\,(Z) \qquad (11)$$
für $z_s = 2\,c\,\alpha\,x_s$ und damit für Gipfelabszisse x_s.

$$y_s = \mathrm{tg}\,\varphi\cdot x_s - \frac{g\cdot x_s^2}{2\,v_0^2 \cos^2\varphi}\,B\,(z_s), \qquad (12)$$
für Gipfelordinate y_s.

Gipfelpunkt

$$v_s = \frac{v_0 \cos \varphi}{V(z_s)}, \text{ für Gipfelgeschwindigkeit } v_s. \qquad \left.\begin{array}{c} \text{Gipfelpunkt.} \end{array}\right\} \quad (13)$$

$$t_s = \frac{x_s}{v_0 \cos \varphi} \cdot D(z_s), \text{ für Flugzeit } t_s \text{ bis zum Gipfel.} \qquad \qquad (14)$$

Hier bedeutet:

$v_0 =$ Anfangsgeschwindigkeit in m/sec; $\varphi =$ Abgangswinkel;

$X =$ Schußweite (m) für $y = 0$; $\alpha = \dfrac{\xi(\varphi)}{\operatorname{tg}\varphi}$ (vgl. Anhang, Tabelle 8b

für ξ), genauer $\alpha = \dfrac{\xi\left(\dfrac{\vartheta + \varphi}{2}\right)}{\operatorname{tg}\left(\dfrac{\vartheta + \varphi}{2}\right)}$, noch genauer soll sein

$$\alpha = \frac{\xi(\varphi) - \xi(\vartheta)}{\operatorname{tg}\varphi - \operatorname{tg}\vartheta}; \qquad c = \frac{R^2\,\pi\cdot g\cdot i\cdot\delta}{P\cdot 1{,}206}\cdot 0{,}014,$$

wobei $2R =$ Geschoßkaliber in m, $P =$ Geschoßgewicht in kg, $\delta =$ Luftgewicht am Versuchstag in kg/cbm, $i = 1$ für Langgeschosse mit ogivaler Spitze von 2 Kal. Abrundungsradius (vgl. auch § 13); mit diesem Zahlenfaktor 0,014 gültig für Geschwindigkeiten kleiner als die normale Schallgeschwindigkeit; mit dem Faktor 0,039 statt 0,014 gültig für v zwischen ca. 550 und 420 m/sec; mitunter wird mit einem mittleren Zahlenfaktor gerechnet; sicherer ist es, die Flugbahn in mehreren Teilen zu berechnen und dabei den Zahlenfaktor zu wechseln (vgl. dazu § 10). B, J, V, D, E, Θ sind die Funktionen:

$$B(z) = \frac{e^z - z - 1}{\frac{1}{2}z^2} \text{ (Anhang, Tabelle 5b)}, \quad J(z) = \frac{e^z - 1}{z} \text{ (Anhang, Ta-}$$

belle 5c), $V(z) = e^{\frac{z}{2}}$ (dafür Anhang, Tabelle 5a), $D(z) = \dfrac{e^{\frac{z}{2}} - 1}{\dfrac{z}{2}}$

(dafür gleichfalls Anhang, Tabelle 5c); $\quad E(z) = \dfrac{e^z(z-1)+1}{e^z - z - 1};$

$\Theta(z) = \dfrac{2\left(e^{\frac{z}{2}} - 1\right)^2}{e^z - z - 1}.$ Bezüglich Tabellen für $E(z)$ und $\Theta(z)$, sowie für $z\cdot B(z)$ vgl. Heydenreich, Lehre vom Schuß, Berlin 1908, II, S. 130 und 131. Die ausführlichsten Tabellen für die hier vorkommenden Funktionen und für α findet man in dem Buch von J. Kozák, Einführung in die äußere Ballistik und deren Anwendung zur Berechnung von Schießtafeln, Wien und Leipzig 1911.

Verfahren bei der Lösung einzelner Aufgaben:

Gegeben v_0, φ, X, R, P, δ; gesucht i, v_e, T, ω, x_s, y_s, v_s und y zu beliebigem x. Berechne $\dfrac{v_0^2 \sin 2\varphi}{g\,X}$ und α, dazu Z aus (6) und damit $c = \dfrac{Z}{2\,\alpha\,X}$ und folglich i. Ferner folgt aus (11) z_s und damit x_s, hierzu y_s

mittels (12), v_s aus (13), t_s aus (14). Weiter ω mit (7), dann v_e mit (8), T aus (9). Da i berechnet ist, ergibt sich zu beliebigem Abscissenwert x der Wert von z und folglich nach (1) y, nach (2) ϑ, nach (3) v, nach (4) t.

Gegeben c, φ, v_0; die übrigen Größen gesucht.

Zunächst wird mit dem ersten Näherungswert $\alpha = \dfrac{\xi(\varphi)}{\operatorname{tg}\varphi}$ (zu jedem beliebigen x) der Wert von z nach (5) und sodann y, ϑ, v, t nach (1), (2), (3), (4) ermittelt. Ferner ergibt sich nach (6) aus der Tabelle für $Z \cdot B(Z)$ der Wert von Z und damit X, sowie ω nach (7). Mit diesem Wert von ω wird unter Umständen α genauer ermittelt und damit werden die übrigen Berechnungen wiederholt. Jetzt folgt v_e aus (8), T aus (9), z_s und damit x_s aus (11) usw.

Gegeben c, v_0, X, gesucht φ (z. B. zum Zweck der Berechnung des Abgangsfehlers) und die übrigen Größen.

Es wird φ mittels der betreffenden Formel des luftleeren Raumes oder besser mit einer verwandten Schußtafel geschätzt und dazu der 1. Näherungswert von α berechnet. Damit bekommt man $Z = 2\,c\,\alpha\,X$ und folglich nach (6) einen 2. Näherungswert von φ und nach (7) von ω. Damit wird α genauer ermittelt und die Rechnung wiederholt, unter Umständen zweimal. Dann ergibt sich v_e aus (8), T aus (9) usw.

Gegeben c, φ, x und $v \cos\vartheta$, gesucht v_0 (z. B. zum Zweck der Reduktion einer Geschwindigkeitsmessung in der Entfernung x m auf die Mündung).

Berechne α und damit z und $V(z)$; dann folgt v_0 aus (3).

Gegeben R, P, δ, sowie X, φ, T; gesucht i, v_0, v_c, ω usw.

Aus (9) folgt, da T, X, φ gegeben ist, $\Theta(Z)$ und damit Z, also $c = \dfrac{Z}{2\,\alpha\,X}$ und daraus i. Sodann ergibt sich v_0 z. B. aus $v_0 = \dfrac{X \cdot D}{T \cos\varphi}$, ω aus (7), v_e aus (8) usw.

Die obige Lösung eignet sich insbesondere für solche Fälle, in denen die Anfangsgeschwindigkeit v_0 des Geschosses kleiner als etwa 300 m/sec ist; über den Grad der Genauigkeit vgl. § 41. Neben den ursprünglichen Funktionen B, J, V, D lassen sich außer den erwähnten Funktionen E und Θ und $z \cdot B(z)$ selbstverständlich noch beliebige andere in das Gleichungssystem einführen.

Besonders N. v. Wuich hat die Lösungsart durch Anlegung ausgedehnter Tabellen dem praktischen Gebrauch angepaßt; in Österreich wurde dieses Verfahren zu Schußtafelberechnungen benützt. Die in Heydenreichs „Lehre vom Schuß", Berlin 1908, II, S. 122 ff. aufgeführte Methode ist identisch mit der obigen.

B. Mit der vorgenannten Lösungsmethode samt zugehörigen Tabellen fällt außerdem dem Inhalt nach völlig zusammen die Methode der sogenannten Schußfaktoren von Siacci (Anhang, Tabelle Nr. 9). Diese Tabelle enthält für die verschiedenen Werte von Z diejenigen von $\dfrac{v_0{}^2 \sin 2\varphi}{g\,X}$, $\dfrac{\operatorname{tg}\omega}{\operatorname{tg}\varphi}$, $\dfrac{T}{\sqrt{X \operatorname{tg}\varphi}}$, $\dfrac{v_0 \cos\varphi}{v_e \cos\omega}$, $\dfrac{x_s}{X}$, $\dfrac{y_s}{X \operatorname{tg}\varphi}$, $\dfrac{\delta\,i\,\alpha\,X\,(2\,R)^2\,1000}{P \cdot 1{,}206}$ und von $\dfrac{\delta\,i\,\alpha\,1000\,(2\,R)^2}{P \cdot 1{,}206} \cdot \dfrac{v_0{}^2 \sin 2\varphi}{g}$; diese Ausdrücke sind der Reihe nach mit $f\,f_1\,f_2 \ldots f_7$ bezeichnet und heißen die Schußfaktoren.

Gebrauch der Tabelle:

Gegeben P, R, δ, i, sowie X und φ.

Man gehe aus von dem gegebenen Wert von f_6; dazu suche man die auf derselben Horizontalreihe stehenden, also zu dem gleichen Werte von Z gehörigen Zahlenwerte von $f f_1 f_2 f_3 f_4 f_5$ auf. Dann erhält man v_0 aus f, ω aus f_1, T aus f_2, v_e aus f_3, x_s aus f_4, y_s aus f_5.

Gegeben v_0, X, φ.

Man gehe aus von f und suche dazu die zugehörigen Werte von $f_1 f_2 \dots$ Dann gibt f_1 den Wert von ω, f_2 denjenigen von T usw.

Ableitung: Berechnung der Tabelle:

Nach dem Obigen ist $\dfrac{v_0{}^2 \sin 2\,\varphi}{g\,X} = B\,(Z)$, dies sei bezeichnet mit f;

ferner war $\dfrac{\operatorname{tg}\omega}{\operatorname{tg}\varphi} = E\,(Z) = \dfrac{2\,J\,(Z)}{B\,(Z)} - 1$,   „   „   „   „ f_1;

„ $\dfrac{T}{\sqrt{X \cdot \operatorname{tg}\varphi}} = \sqrt{\dfrac{2}{g}} \cdot \dfrac{D\,(Z)}{\sqrt{B\,(Z)}} = \sqrt{\dfrac{2}{g} \cdot \Theta\,(Z)}$,   „   „   „   „ f_2;

„ $\dfrac{v_e \cos \omega}{v_0 \cos \varphi} = 1 : V\,(Z)$,   „   „   „   „ $\dfrac{1}{f_3}$;

„ $V^2\,(z_s) = 1 + \tfrac{1}{2}\,Z \cdot B\,(Z)$; also gehört zu jedem gegebenen Z ein bestimmtes z_s, somit nach Division mit Z auch ein bestimmtes $\dfrac{z_s}{Z}$ oder, was dasselbe ist, ein bestimmtes $\dfrac{x_s}{X}$; dies sei f_4. Weiter war

$$y = x \operatorname{tg}\varphi \cdot \left[1 - \frac{x \cdot B\,(z)}{X \cdot B\,(Z)} \right],$$

speziell für den Gipfel ist $y = y_s$ und $x = x_s$, also ist, nach Division mit $\operatorname{tg}\varphi$ und X, $\dfrac{y_s}{X \cdot \operatorname{tg}\varphi} = \dfrac{x_s}{X} \cdot \left[1 - \dfrac{x_s}{X} \cdot \dfrac{B\,(z_s)}{B\,(Z)} \right]$. Hierin ist nach dem Vorigen z_s eine bestimmte Funktion von Z, also ist auch $B\,(z_s)$ mit Z gegeben; ebenso ist $\dfrac{x_s}{X} = f_4$ eine gegebene Funktion von Z, somit ist mit Z auch $\dfrac{y_s}{X \cdot \operatorname{tg}\varphi}$ vorgeschrieben.

Z selbst war $= 2\,\alpha\,c\,X$; somit ist f_6 mit Z gegeben und wegen f auch f_7.

Zusammenstellung über die Berechnung der Schußfaktoren $f f_1 f_2 \dots$ als Funktionen von Z:

$$f = \frac{v_0{}^2 \sin 2\,\varphi}{g\,X} = B\,(Z)$$

$$f_1 = \frac{\operatorname{tg}\omega}{\operatorname{tg}\varphi} = E\,(Z) = \frac{2\,J\,(Z)}{B\,(Z)} - 1$$

$$f_2 = \frac{T}{\sqrt{X \operatorname{tg}\varphi}} = \sqrt{\frac{2}{g}} \cdot \frac{D\,(Z)}{\sqrt{B\,(Z)}} = \sqrt{\frac{2}{g} \cdot \Theta\,(Z)}$$

$$f_3 = \frac{v_0 \cos \varphi}{v_e \cos \omega} = V\,(Z)$$

also je eine gegebene Funktion von $Z = 2\,c\,\alpha\,X$.

$$f_4 = \frac{|x_s}{X} = \frac{z_s}{Z}$$

$$f_5 = \frac{y_s}{X \cdot \operatorname{tg} \varphi} = \frac{x_s}{X}\left[1 - \frac{x_s}{X} \cdot \frac{B(z_s)}{B(Z)}\right]$$

$$f_6 = \frac{\delta\,i\,\alpha\,1000\,(2\,R)^2}{P \cdot 1{,}206} \cdot X$$

$$f_7 = \frac{\delta\,i\,\alpha\,1000\,(2\,R)^2}{P \cdot 1{,}206} \cdot \frac{v_0^2 \sin 2\,\varphi}{g}$$

also je eine gegebene Funktion von $Z = 2\,c\,\alpha\,X$.

Auf diese Weise läßt sich zu jedem Wert von Z der zugehörige von $f\,f_1\,f_2 \ldots$ berechnen; diese Berechnung ist in Tabelle 9 niedergelegt. Man sieht, daß f einfach die frühere Funktion $B(z)$ (Tabelle 5b) ist, f_3 die Funktion $V(z)$ (Tabelle 5a), und daß mit f_1 und f_2 die Funktionen $E(z)$ und $\Theta(z)$ tabellarisch dargestellt sind.

C. **Für das kubische Luftwiderstandsgesetz hat F. Chapel eine entsprechende Tabelle von Schußfaktoren aufgestellt.** Diese Tabelle ist ihrerseits dem Inhalt nach gleichwertig mit dem Formelsystem, das völlig unabhängig von Chapel Fr. v. Zedlitz 1896 auf Grund des kubischen Gesetzes erhielt:

Unter Voraussetzung des letzteren hat man, wenn die Verzögerung durch den Luftwiderstand $c\,v^3$ ist,

$$y = x \operatorname{tg}\varphi - \frac{g\,x^2}{2\,v_0^2 \cos^2 \varphi}\left(1 + \frac{2}{3}\,z + \frac{1}{6}\,z^2\right), \quad \text{wobei} \quad z = c\,\alpha^2\,v_0 \cos\varphi \cdot x,$$

$$\operatorname{tg}\vartheta = \operatorname{tg}\varphi - \frac{g\,x}{v_0^2 \cos^2 \varphi}\left(1 + z + \frac{1}{3}\,z^2\right),$$

$$v \cos\vartheta = \frac{v_0 \cos\varphi}{1 + z},$$

$$t = \frac{x}{v_0 \cos\varphi}\left(1 + \frac{z}{2}\right).$$

Mit der Substitution $1 + \dfrac{z}{2} = q$ oder $z = 2\,(q - 1)$ wird

$$y = x \operatorname{tg}\varphi - \frac{g\,x^2}{2\,v_0^2 \cos^2 \varphi} \cdot \frac{1 + 2\,q^2}{3}; \quad \operatorname{tg}\vartheta = \operatorname{tg}\varphi - \frac{g\,x}{v_0^2 \cos^2 \varphi} \cdot \frac{1 - 2\,q + 4\,q^2}{3};$$

$$v \cos\vartheta = \frac{v_0 \cos\varphi}{2\,q - 1}, \quad \text{wobei} \quad q = \frac{t\,v_0 \cos\varphi}{x}.$$

Hier ist q ein Parameter, der entlang der Flugbahn sich ändert; für den Endpunkt $(y = 0,\ x = X)$, wo $v = v_e,\ \vartheta = -\,\omega,\ t = T$, möge der Wert von q mit q_e bezeichnet sein. Dann ist

$$\sin 2\,\varphi = \frac{g\,X}{v_0^2} \cdot \frac{1 + 2\,q_e^2}{3}, \tag{I}$$

und dann, mit Benutzung von (I),

$$\operatorname{tg}\omega = \frac{g\,X}{2\,v_0^2 \cos^2 \varphi} \cdot \frac{1 - 4\,q_e + 6\,q_e^2}{3}, \tag{II}$$

$$v_e = \frac{v_0 \cos\varphi}{\cos\omega} \cdot \frac{1}{2\,q_e - 1}, \tag{III}$$

$$T = \frac{X}{v_0 \cos\varphi} \cdot q_e. \tag{IV}$$

Danach würde die Konstruktion einer Schußtafel folgendermaßen vor sich gehen: Für mehrere Schußweiten X sind die Abgangswinkel φ aus der Beobachtung bekannt, außerdem ist die Anfangsgeschwindigkeit v_0 gegeben; die notwendigen Reduktionen auf Windstille, Normalluftgewicht usw. seien schon erfolgt, so ergibt sich zu jedem Tripel von Werten v_0, φ, X mit Hilfe von (I) ein bestimmter Wert von q_e; die sämtlichen Werte von q_e werden in Funktion von X graphisch aufgetragen, und unter Umständen wird die Kurve ausgeglichen. Aus dieser Kurve werden sodann zu gleichweit abstehenden Werten von X, also z. B. zu $X = 100$, 200, 300 usw. Metern, je die zugehörigen Werte von q_e entnommen. Zu jedem dieser q_e-Werte berechnet sich dann nach (I) der Abgangswinkel φ, nach (II) der spitze Auffallwinkel ω, nach (III) die Endgeschwindigkeit v_e und nach (IV) die Flugzeit T.

Zu diesem Lösungssystem von Freih. von Zedlitz mögen die folgenden Bemerkungen hinzugefügt werden, durch die bewiesen werden soll, daß und weshalb dieses System, trotz der verschiedenen äußeren Form, identisch ist mit der Chapelschen Schußfaktorentabelle; die letztere ist darum unter die Tabellen des Anhangs nicht aufgenommen.

Das System der obigen Gleichungen (I) bis (IV) zeigt, daß die Schußfaktoren $\dfrac{v_0{}^2 \sin 2\varphi}{X}$, $\dfrac{\operatorname{tg}\omega}{\operatorname{tg}\varphi}$, $\dfrac{v_e \cos\omega}{v_0 \cos\varphi}$ und $\dfrac{T \cdot v_0 \cos\varphi}{X}$ bestimmte gegebene Funktionen von q_e oder von $1 + \dfrac{Z}{2}$ und damit von $Z \equiv c\alpha^2 v_0 \cos\varphi \, X$ sind und danach in Funktion von Z berechnet und tabellarisch dargestellt werden können. Denkt man sich $\dfrac{T v_0 \cos\varphi}{X}$ durch $\dfrac{v_0{}^2 \sin 2\varphi}{X}$ dividiert, so erkennt man weiter, daß auch $\dfrac{T}{v_0 \sin\varphi}$ eine gegebene Funktion von Z ist. Endlich ist eine solche auch der Ausdruck $\dfrac{y_1}{X \cdot \operatorname{tg}\varphi}$, wo y_1 die Flugbahnordinate für die Abszisse $x = \tfrac{1}{2} X$ bedeuten soll. Es ist nämlich allgemein $y = x \operatorname{tg}\varphi - \dfrac{g x^2}{2 v_0{}^2 \cos^2\varphi} \cdot \dfrac{1 + 2 q^2}{3}$, also speziell $y_1 = \dfrac{1}{2} X \cdot \operatorname{tg}\varphi - \dfrac{g X^2}{8 v_0{}^2 \cos^2\varphi} \cdot \dfrac{1 + 2 q_1{}^2}{3}$, wobei

$$q_1 = 1 + \frac{z_1}{2} = 1 + \frac{1}{2} \cdot c\alpha^2 v_0 \cos\varphi \cdot \frac{X}{2}.$$

Aber q_e war $= 1 + \tfrac{1}{2} c\alpha^2 v_0 \cos\varphi \, X$, also ist $q_1 = 1 + \tfrac{1}{2}(q_e - 1)$; es ist somit q_1 gleichfalls eine gegebene Funktion von q_e. Nun ist $y_1 = \dfrac{1}{2} X \operatorname{tg}\varphi \cdot \left[1 - \dfrac{g X}{2 \sin 2\varphi \cdot v_0{}^2} \cdot \dfrac{1 + 2 q_1{}^2}{3}\right]$; da hier q_1 und $\dfrac{v_0{}^2 \sin 2\varphi}{X}$ gegebene Funktionen von q_e, also von Z sind, so ist die ganze eckige Klammer eine solche und damit auch $\dfrac{y_1}{X \operatorname{tg}\varphi}$.

Diese Schußfaktoren $\dfrac{v_0{}^2 \sin 2\varphi}{X}$, $\dfrac{\mathrm{tg}\,\omega}{\mathrm{tg}\,\varphi}$, $\dfrac{v_e \cos \omega}{v_0 \cos \varphi}$, $\dfrac{T}{v_0 \sin \varphi}$, $\dfrac{y_1}{X \,\mathrm{tg}\,\varphi}$ sind es, die in der Tabelle von Chapel aufgeführt sind; und man sieht den inneren Zusammenhang mit dem angeführten Gleichungssystem von Fr. v. Zedlitz, auf das etwas vorher schon Ronca auf ganz anderen Wegen geführt worden war.

§ 26. Näherungslösung von F. Siacci 1880 („Siacci I").

Gegenüber dem Didionschen Verfahren ließ Siacci 1880 nur die folgenden Modifikationen eintreten, die mehr äußerlicher Natur sind, weniger auf die mathematische Integrationsmethode sich beziehen:

Erstens wählte er, wie schon vorher 1872 N. Mayevski, nach dem Vorschlag von St. Robert (1872), statt der Flugbahnabszisse x die mit dem Didionschen Korrektionsfaktor α multiplizierte Horizontalgeschwindigkeit, also $\alpha v \cos \vartheta = u$, zur unabhängigen Veränderlichen des Lösungssystems; oder, anders ausgedrückt, in dem allgemeinen Lösungssystem § 23 ist $\sigma = \gamma = \dfrac{1}{\alpha}$ gewählt.

Zweitens sind statt des einheitlichen Luftwiderstandsgesetzes $c v^2 \left(1 + \dfrac{v}{r}\right)$ von Didion die Mayevskischen Zonengesetze verwendet. Die Verzögerung durch den Luftwiderstand, also der Luftwiderstand dividiert durch die Geschoßmasse, sei $cf(v)$, so ist konstant $c = \dfrac{(2R)^2 \cdot \delta \cdot i \cdot 1000}{P \cdot 1{,}206}$, ($2R$ das Kaliber in m; δ das Luftgewicht in kg/cbm; P das Geschoßgewicht in kg; i der Formkoeffizient, dabei $i = 1$ für ovigale Geschosse vom Abrundungsradius 2 Kaliber, oder $n = 1000 \cdot i$ der sog. Formwert); dann ist für

$$700 > v > 419 \text{ m/sec} \quad f(v) = \frac{0{,}039 \cdot \pi \cdot g}{4 \cdot 1000} \cdot v^2,$$

$$419 > v > 375 \quad \text{\textquotedbl} \qquad \text{\textquotedbl} = \frac{0{,}000\,094 \cdot \pi \cdot g}{4000} \cdot v^3,$$

$$375 > v > 295 \quad \text{\textquotedbl} \qquad \text{\textquotedbl} = \frac{\overset{(9)}{0{,}0671} \cdot \pi \cdot g}{4000} \cdot v^5,$$

$$295 > v > 240 \quad \text{\textquotedbl} \qquad \text{\textquotedbl} = \frac{\overset{(4)}{0{,}0583} \cdot \pi \cdot g}{4000} \cdot v^3,$$

$$v \gtreqless 240 \quad \text{\textquotedbl} \qquad \text{\textquotedbl} = \frac{0{,}014 \cdot \pi \cdot g}{4000} \cdot v^2,$$

Damit erhält man folgendes System von Gleichungen

$$x = \frac{1}{\alpha c}\left(D_u - D_{u_0}\right), \tag{1}$$

$$\mathrm{tg}\,\vartheta = \mathrm{tg}\,\varphi - \frac{\alpha}{2c}\left(J_u - J_{u_0}\right), \tag{2}$$

$$y = x \operatorname{tg} \varphi - \frac{x \cdot \alpha}{2\,c} \left(\frac{A_u - A_{u_0}}{D_u - D_{u_0}} - J_{u_0} \right)$$

$$= x \operatorname{tg} \varphi - \frac{1}{2\,c^2} \left(A_u - A_{u_0} - J_{u_0} (D_u - D_{u_0}) \right), \tag{3}$$

$$t = \frac{1}{c} (T_u - T_{u_0}); \tag{4}$$

$$u = \alpha\,v \cos \vartheta; \quad u_0 = \alpha\,v_0 \cos \varphi. \tag{5}$$

(φ Abgangswinkel, v_0 Anfangsgeschwindigkeit; (xy) die Koordinaten des Endpunkts des zu berechnenden Flugbahnstücks, ϑ die Neigung der Tangente, v die Geschwindigkeit des Geschosses in diesem Punkt, t die Flugzeit bis zum Erreichen dieses Punktes; $D_u = - \int \frac{u \cdot du}{f(u)}$; $J_u = - 2\,g \cdot \int \frac{du}{u \cdot f(u)}$; $T_u = - \int \frac{du}{f(u)}$; $A_u = - \int \frac{J_u \cdot u \cdot du}{f(u)}$; für D, J, T, A Tabellen bei Siacci, Braccialini, Klußmann usw.)

Was die Berechnung der Integrale D, J, T, A anlangt, so ist zunächst ersichtlich, daß in den Ausdrücken für x, ϑ, t jene Funktionen nur in ihren Differenzen gegenüber dem Anfangszustand, also nur in den Kombinationen $D_u - D_{u_0}$, $J_u - J_{u_0}$ usw. auftreten, so daß beliebige konstante Zahlenwerte hinzugefügt werden können. Gleiches ist bezüglich A der Fall, da y aus $\operatorname{tg}\vartheta$ durch Integration nach u hervorging; man hat nur dafür zu sorgen, daß an den Zonen-Übergängen die Tabellen stetig fortlaufen. Im einzelnen vollzieht sich sonach die Anlegung der Tabellen für D, J, T, A folgendermaßen:

a) Erste Zone, v zwischen 700 und 419 m/sec; $f(v) = q \cdot v^2$, wo zur Abkürzung $q = \dfrac{0{,}0394 \cdot \pi \cdot g}{4000}$.

$$D(u) = - \int \frac{u \cdot du}{f(u)} = - \frac{1}{q} \int \frac{u \cdot du}{u^2}$$

$$= - \frac{1}{q} \operatorname{lgnt} u + \text{willkürliche Integrationskonstante } Q,$$

$$J(u) = - 2\,g \int \frac{du}{u \cdot f(u)} = - \frac{2\,g}{q} \int \frac{du}{u^3}$$

$$= + \frac{g}{q} \cdot \frac{1}{u^2} + \text{willkürliche Integrationskonstante } Q_1,$$

$$T(u) = - \int \frac{du}{f(u)} = - \frac{1}{q} \int \frac{du}{u^2}$$

$$= + \frac{1}{q} \cdot \frac{1}{u} + \text{willkürliche Integrationskonstante } Q_2,$$

$$A(u) = - \int \frac{J(u) \cdot u \cdot du}{f(u)} = - \int \frac{\left(\frac{g}{q} \cdot \frac{1}{u^2} + Q_1 \right) \cdot u \cdot du}{q \cdot u^2}$$

$$= - \frac{g}{q^2} \cdot \int \frac{du}{u^3} - \frac{Q_1}{q} \int \frac{du}{u} = + \frac{g}{2\,q^2} \cdot \frac{1}{u^2} - \frac{Q_1}{q} \operatorname{lgnt} u$$

$$+ \text{willkürliche Integrationskonstante } Q_3.$$

Die Konstanten Q, Q_1, Q_2, Q_3 sind willkürlich. **Siacci** wählt $Q_1 = 0$ und Q, Q_2, Q_3 derart, daß die Tabelllen $D(u)$, $T(u)$, $A(u)$ für $u = 700$ mit Null beginnen.

b) Zweite Zone, v zwischen 419 und 375 m/sec; $f(v) = p v^3$, wo

$$p = \frac{0,000\,094\,04 \cdot \pi \cdot g}{4000}.$$

$$D(u) = -\int \frac{u \cdot du}{f(u)} = -\frac{1}{p} \int \frac{u \cdot du}{u^3}$$

$$= +\frac{1}{p} \cdot \frac{1}{u} + \text{willkürliche Integrationskonstante } C,$$

$$J(u) = -2g \int \frac{du}{u \cdot f(u)} = -\frac{2g}{p} \int \frac{du}{u^4}$$

$$= +\frac{2g}{3p} \cdot \frac{1}{u^3} + \text{willkürliche Integrationskonstante } C_1 \text{ usf.}$$

Die Konstanten C, C_1, C_2, C_3 sind so zu bestimmen, daß die Funktionswerte am Anfang der zweiten Zone gleich den entsprechenden am Ende der ersten Zone werden, also z. B. C aus der Bedingung, daß für $u = 419$, $-\frac{1}{q} \lg\mathrm{nt}\, u + Q = \frac{1}{pu} + C$ usw.

Das Verfahren bei der Lösung der einzelnen Flugbahnaufgaben mittels des Gleichungssystems (1) bis (5) leuchtet nach dem früher Gesagten ohne weiteres ein:

Ist z. B. v_0, φ, c gegeben und sollen für ein bestimmtes x die Größen y, v, t, ϑ ermittelt werden, so wird aus (1), worin x, v_0, φ, c, also auch u_0 und α bekannt sind, $D(u)$ und hieraus u berechnet; die übrigen Tabellen liefern die zugehörigen Werte von $J(u)$, $A(u)$, $T(u)$; also erhält man ϑ aus (2); damit wird gegebenenfalls der Wert von α verschärft und die Berechnung von ϑ wiederholt; dann hat man y aus (3), t aus (4) und v aus (5).

Dagegen macht die Berechnung der Elemente X, v_e, ω, T des Auffallpunkts aus denselben Daten v_0, φ, c ein umständliches Verfahren sukzessiven Eingabelns notwendig: Aus (3) folgt insbesondere für den Auffallpunkt ($y = 0$, $x = X$) die Beziehung $0 = \mathrm{tg}\,\varphi - \frac{\alpha}{2c}\left(\frac{A_{u_e} - A_{u_0}}{D_{u_e} - D_{u_0}} - J_{u_0}\right)$; hieraus wird durch sukzessives Probieren $u_e = \alpha v_e \cos\omega$ ermittelt; daraus folgt nach (1) $X = \frac{1}{\alpha c}(D_{u_e} - D_{u_0})$; und dann mit (2) $\mathrm{tg}\,\omega$. Hierauf wird α genauer ermittelt, und die ganze Rechnung ist damit zu wiederholen.

Die bei Schußtafelberechnungen besonders wichtige Aufgabe, aus gegebenem v_0, φ, X, P, R und δ, aber bei unbekanntem i, also unbekanntem c die sämtlichen Elemente v_e, ω, T des Auffallpunktes zu berechnen, gestaltet sich gleichfalls wenig einfach, da die sukzessive Annäherung durch Probieren erfordert.

Aus diesen Gründen schlug Siacci vor, neben den primären Funktionen D, J, T, A und zugehörigen Tabellen andere Funktionen und Tabellen zu benützen, die jene Aufgaben mit geringerer Mühe zu lösen gestatten.

Sekundäre Funktionen E, N, Q, O, S, S' und zugehörige Tabellen: Denkt man sich die Gleichung (1)

$$D(u) = \alpha c x + D(u_0)$$

nach u aufgelöst, so sieht man, daß u eine Funktion $\alpha c x$ und u_0 ist. Daher sind auch $J_u - J_{u_0}$, $A_u - A_{u_0}$, $T_u - T_{u_0}$ und $\dfrac{A_u - A_{u_0}}{D_u - D_{u_0}} - J_{u_0}$ gegebene Funktionen von $\alpha c x$ und u_0. Für diese Funktionen seien die folgenden abkürzenden Bezeichnungen eingeführt:

$$\begin{cases} T_u - T_{u_0} = S \\ J_u - J_{u_0} = Q \\ \dfrac{A_u - A_{u_0}}{D_u - D_{u_0}} - J_{u_0} = E. \end{cases}$$

Eine von $c \alpha x$ und u_0 in gegebener Weise abhängige Funktion ist ferner $\dfrac{E}{\alpha c x} = N$; ebenso $Q - E = O$ und endlich $\dfrac{S}{\alpha c x} = S'$.

Diese Funktionen E, N, Q, S, S', O heißen sekundäre Funktionen; die zugehörigen Tabellen, die mit Hilfe der ursprünglichen Werte D, J, A und T leicht hergestellt werden können, als Tafeln mit doppeltem Eingang, nämlich mit den beiden Argumenten $c \alpha x$ und u_0, heißen sekundäre Tabellen; offenbar kann ihre Zahl je nach dem besonderen Bedürfnis noch willkürlich vermehrt werden.

Mit Benützung der sekundären Funktionen werden die obigen Gleichungen folgende:

$$D(u) = \alpha c x + D(u_0);$$

$$\operatorname{tg} \vartheta = \operatorname{tg} \varphi - \frac{\alpha}{2c} \cdot Q(c\alpha x,\ u_0);$$

$$y = x \operatorname{tg} \varphi - \frac{\alpha x}{2c} \cdot E(c\alpha x,\ u_0);$$

$$t = \frac{1}{c} \cdot S(c\alpha x,\ u_0);$$

$$u = \alpha v \cos \vartheta; \quad u_0 = \alpha v_0 \cos \varphi.$$

Speziell im Gipfel ist $u = u_s = \alpha v_s$, $x = x_s$, $y = y_s$, $\vartheta = 0$, also

$$D(u_s) = \alpha c x_s + D(u_0); \quad \operatorname{tg} \varphi = \frac{\alpha}{2c} \cdot Q(c\alpha x_s,\ u_0);$$

$$y_s = x_s \operatorname{tg} \varphi - \frac{\alpha x_s}{2c} \cdot E(c\alpha x_s,\ u_0); \quad t_s = \frac{1}{c} \cdot S(c\alpha x_s,\ u_0).$$

Im Auffallpunkt ist $y = 0$, $x = X$, $u = u_e = \alpha v_e \cos\omega$, $\vartheta = -\omega$, also

$$D(u_e) = \alpha c X + D(u_0); \quad \operatorname{tg}\omega = \frac{\alpha}{2c} \cdot Q(c\alpha X, u_0) - \operatorname{tg}\varphi;$$

$$\operatorname{tg}\varphi = \frac{\alpha}{2c} \cdot E(c\alpha X, u_0); \quad T = \frac{1}{c} \cdot S(c\alpha X, u_0);$$

somit auch $\operatorname{tg}\omega = \dfrac{\alpha}{2c} \cdot O(c\alpha X, u_0); \quad \operatorname{tg}\varphi = X \cdot \dfrac{\alpha^2}{2} \cdot N(c\alpha X, u_0);$

$$T = \alpha X \cdot S'(c\alpha X, u_0).$$

Ist z. B. Schußweite X, Abgangswinkel φ und Anfangsgeschwindigkeit v_0 gegeben und wird c oder bei gegebenem R, P, δ der Formkoeffizient i gesucht, so wird zweckmäßig die vorletzte Gleichung $\operatorname{tg}\varphi = \dfrac{\alpha^2}{2} \cdot X \cdot N$ henützt. Hier kennt man X, φ und v_0, somit auch α und u_0, also läßt sich N berechnen und aus der N-Tabelle in der Spalte des gegebenem u_0 der Wert $c\alpha X$ ermitteln, somit kennt man c. Dann findet sich ω aus $\operatorname{tg}\omega = \dfrac{\alpha}{2c} \cdot O$. Mit diesem ω kann ein genauerer Wert von α ermittelt und die Rechnung durch Wiederholung verschärft werden. Man erkennt an diesem Beispiel die Vorteile, die durch Einführung der sekundären Tabellen erzielt werden. Weiteres über die sekundären ballistischen Funktionen findet man weiter unten in § 30.

Anmerkung. Nahe verwandt mit dem Verfahren Siacci I ist das von F. Krupp (W. Groß) entwickelte und früher benutzte Rechnungsverfahren.

Bei diesem Verfahren wurde der von Didion und Siacci (I) benützte Korrektionsfaktor α konstant $= 1$ gesetzt, also $u = \alpha v \cos\vartheta = v \cos\vartheta$; $u_0 = v_0 \cos\varphi$; es stellt also hier u einfach die Horizontalkomponente der Geschoßgeschwindigkeit vor. Mit andern Worten, das Näherungsverfahren bei der Integration der Hauptgleichung besteht darin, daß $c f(v) \cdot \cos\vartheta$ durch $c \cdot f(v \cos\varphi) = c f(u)$ ersetzt wird; es wurde also angenommen, daß die Horizontalkomponente $m \cdot c f(v) \cdot \cos\vartheta$ des Luftwiderstandes $m c f(v)$ für irgendeine Geschoßgeschwindigkeit v gleich dem Luftwiderstand $m \cdot c f(v \cos\vartheta)$ für die Horizontalkomponente der betreffenden Geschoßgeschwindigkeit sei.

Ferner wurde nicht eine analytische Funktion für die Verzögerung $c f(v)$ durch den Luftwiderstand zugrunde gelegt, sondern unmittelbar die ältere empirische Kruppsche Tabelle, die aus zahlreichen Schießversuchen der Firma Krupp entstanden ist und deren Zuverlässigkeit W. Groß im einzelnen erörtert.

Die Integrale D, J, T, A wurden von W. Groß in der Weise berechnet, daß er $-\sum \dfrac{u \cdot \Delta u}{f(u)}$, $-\sum \dfrac{\Delta u}{u \cdot f(u)}$, $-\sum \dfrac{\Delta u}{f(u)}$, $-\sum \dfrac{J(u) \cdot u \cdot \Delta u}{f(u)}$ von $u = 1000\,\mathrm{m/sec}$ ab sukzessive summierte und dabei $\Delta u = -1\,\mathrm{m/sec}$ nahm. W. Olsson hat sodann zu dem Großschen Formel- und Tabellensystem bequemere Tabellen mit doppeltem Eingang herausgegeben, in denen zu den verschiedenen φ und $v_0 \cos\varphi$ die Werte von $v_e \cdot \cos\omega$, ω, T, X für die Einheit des ballistischen Koeffizienten c unmittelbar gegeben sind. Die ältere Kruppsche Tabelle und weitere Einzelheiten betreffs des früheren Kruppschen Rechnungsverfahrens findet man in den früheren Ausgaben dieses Lehrbuchs (Verlag von B. G. Teubner), die Entwicklung des Formelsystems in Band I, die Kruppsche frühere Tabelle in Band IV. In der vorliegenden Neuauflage des Lehrbuchs (Verlag von J. Springer) ist jene ältere Kruppsche Tabelle nicht mehr aufgeführt, und daher sind auch weitere Angaben über das ältere Rechenverfahren F. Krupps unterdrückt worden.

§ 27. Die Lösungsmethoden von Siacci 1888 (Siacci II) und 1896 (Siacci III).

Diese Methoden sind hinsichtlich des Integrationsverfahrens dadurch gekennzeichnet, daß (vgl. § 23) $\sigma = \cos\varphi$, $\gamma = \beta\cdot\cos^2\varphi$ gewählt ist, wobei φ den Abgangswinkel und β einen gewissen, nachher zu besprechenden Korrektionsfaktor vorstellt, der in ähnlicher Weise, wie der Faktor α bei Didion, dazu bestimmt ist, den bei der Integration begangenen Fehler auszugleichen. Das Lösungssysten ist also folgendes:

$$x = \frac{1}{c\beta}(D_u - D_{u_0});$$

$$\operatorname{tg}\vartheta = \operatorname{tg}\varphi - \frac{1}{2\,c\,\beta\,\cos^2\varphi}(J_u - J_{u_0});$$

$$y = x\operatorname{tg}\varphi - \frac{1}{2\,(c\beta)^2\cos^2\varphi}[(A_u - A_{u_0}) - J_{u_0}(D_u - D_{u_0})];$$

$$t = \frac{1}{c\beta\cos\varphi}(T_u - T_{u_0});$$

wobei $u = \dfrac{v\cos\vartheta}{\cos\varphi}$; $u_0 = v_0$; Verzögerung $= cf(v)$; β ein Tabellenwert.

Zur Darstellung der Abhängigkeit des Luftwiderstands von der Geschwindigkeit wählte Siacci 1888 Zonengesetze:

Verzögerung durch d. Luftwiderstand $= c_1 v^2$ für $v = 700$ bis 420 m/sec

„	„	„	„	$= c_2 v^3$	„	$v = 420$	„	343	„
„	„	„	„	$= c_3 v^6$	„	$v = 343$	„	282	„
„	„	„	„	$= c_4 v^3$	„	$v = 282$	„	240	„
„	„	„	„	$= c_5 v^2$	„	$v = 240$ m/sec			

und darunter.

Die entsprechenden Tabellen wurden berechnet von Berardinelli bis $u = 700$, später wurden sie von Mola bis $u = 983$ fortgesetzt; sekundäre Tabellen berechnete Braccialini. Solche primäre und sekundäre Tabellen, nur mit einer etwas anderen Zoneneinteilung, nämlich mit den Zonengesetzen von Mayevski-Sabudski, findet man in dem Werk von Heydenreich: „Die Lehre vom Schuß", Berlin 1908, Teil II, worauf hier verwiesen sei.

Das Verfahren Siaccis vom Jahre 1896 (Siacci III) unterscheidet sich von demjenigen Siacci II nur dadurch, daß das neuere, einheitliche Luftwiderstandsgesetz Siaccis (vgl. § 10) dabei zugrunde gelegt ist; auch hierzu hat Siacci die primären Tabellen D, J, T, A sowie eine Tabelle der β-Werte berechnet.

Der Korrektionsfaktor β bei Siacci II und III.

Der Schwerpunkt der Lösung soll offenbar in dem Ausgleichfaktor β liegen. Die genaue Hauptgleichung war

$$\frac{d\vartheta}{\cos^2\vartheta} = \frac{g}{c}\cdot\frac{d(v\cos\vartheta)}{v\cdot f(v)\cdot\cos^2\vartheta} = \frac{g}{c_y}\cdot\frac{d\left(\dfrac{v\cos\vartheta}{\cos\varphi}\right)}{\dfrac{v\cos\vartheta}{\cos\varphi}\cdot f\left(\dfrac{v\cos\vartheta}{\cos\vartheta}\right)\cdot(\cos\vartheta)},$$

wobei c unter anderem das Luftgewicht enthält, das tatsächlich mit der Höhe y des Geschosses über dem Boden veränderlich ist, was durch den Index y, also durch c_y, angedeutet sein möge. Die angenäherte Hauptgleichung ist

$$\frac{d\vartheta}{\cos^2\vartheta} = \sim \frac{g}{c_0}\cdot\frac{d\left(\dfrac{v\cos\vartheta}{\cos\varphi}\right)}{\dfrac{v\cos\vartheta}{\cos\varphi}\cdot f\left(\dfrac{v\cos\vartheta}{\cos\varphi}\right)\cdot\beta\cdot\cos^2\varphi};$$

hier ist c mit dem Index 0 versehen, um anzudeuten, daß für das in Wirklichkeit veränderliche c näherungsweise der Wert von c in der Höhe der Geschützmündung genommen ist. Führt man $u = \dfrac{v\cos\vartheta}{\cos\varphi}$ ein, so besteht das Näherungsverfahren darin, daß $c_y\cdot f(v)\cdot\cos\vartheta = \sim c_0\cdot f(u)\cdot\beta\cdot\cos^2\varphi$ gesetzt ist. Dieser Faktor β, also

$$\beta = \frac{c_y}{c_0}\cdot\frac{f(v)\cdot\cos\vartheta}{f\left(\dfrac{v\cos\vartheta}{\cos\varphi}\right)\cdot\cos^2\varphi} \tag{1}$$

hat z. B. für das quadratische Gesetz $f(v) = v^2$, also für

$$f\left(\frac{v\cos\vartheta}{\cos\varphi}\right) = \left(\frac{v\cos\vartheta}{\cos\varphi}\right)^2$$

im Anfangspunkt $O(\vartheta = \varphi)$, im Gipfelpunkt $S(\vartheta = 0)$ und in dem Punkt O_1 des absteigenden Astes mit $\vartheta = -\varphi$, abgesehen von dem Faktor $c_y : c_0$, bzw. die folgenden Beträge:

$$\text{in } O \text{ ist } \beta = \frac{v_0^2\cos\varphi}{\left(\dfrac{v_0\cos\varphi}{\cos\varphi}\right)^2\cdot\cos^2\varphi} = \sec\varphi; \quad \text{in } S \text{ ist } \beta = \frac{v_s^2\cdot 1}{\left(\dfrac{v_s\cdot 1}{\cos\varphi}\right)^2\cdot\cos^2\varphi} = 1,$$

$$\text{in } O_1 \text{ ist } \beta = \frac{v_1^2\cdot\cos(-\varphi)}{\left(\dfrac{v_1\cos(-\varphi)}{\cos\varphi}\right)^2\cdot\cos^2\varphi} = \sec\varphi.$$

Also ist in diesem Falle β stets $\geqq 1$, und zwar ist der Unterschied gegenüber 1 um so geringer, je kleiner φ ist.

Für das kubische Gesetz sind die betreffenden drei Werte der Reihe nach: $\sec\varphi$, $\cos\varphi$, $\sec\varphi$, also bzw. > 1, < 1, > 1. Für das biquadratische Gesetz bzw. $\sec^2\varphi$, $\cos^2\varphi$, $\sec\varphi$ usw.

Daraus folgt zunächst, daß bei sehr flachen Flugbahnen sich der β-Wert von der Einheit nicht erheblich unterscheiden kann.

Speziell für das quadratische Gesetz $cf(v) = cv^2$ ist β identisch mit dem Didionschen Ausgleichsfaktor α. Denn bei dem Verfahren von Didion ist $f(v) = \sim \dfrac{f(\alpha v \cos \vartheta)}{\alpha \cos \vartheta} = \dfrac{(\alpha v \cos \vartheta)^2}{\alpha \cos \vartheta} = \alpha v^2 \cos \vartheta$ gesetzt. Andererseits ist bei Siacci II und III $f(v) = \sim f\left(\dfrac{v \cos \vartheta}{\cos \varphi}\right) \cdot \dfrac{\beta \cdot \cos^2 \varphi}{\cos \vartheta}$ $= \left(\dfrac{v \cos \vartheta}{\cos \varphi}\right)^2 \cdot \dfrac{\beta \cdot \cos^2 \varphi}{\cos \vartheta} = \beta v^2 \cos \vartheta$, somit dasselbe.

Um nunmehr zu der Siaccischen Berechnung von β überzugehen, so multipliziere man die Gleichung (1) beiderseits mit dem Faktor

$$\frac{c_0}{c_y} \cdot \Phi \cdot (\operatorname{tg} \varphi + \operatorname{tg} \vartheta)^2 \cdot \frac{d\vartheta}{\cos^2 \vartheta}, \qquad \text{wo} \qquad \Phi = \frac{f\left(\dfrac{v \cos \vartheta}{\cos \varphi}\right)}{f(v)} \cdot \frac{f\left(\dfrac{V_0 \cos \varphi}{\cos \vartheta}\right)}{f(V_0)}.$$

Hier bedeutet V_0 diejenige Anfangsgeschwindigkeit, mit der im luftleeren Raum bei gleichem Wert von φ dieselbe tatsächliche Schußweite erzielt würde, die man im lufterfüllten Raum hat, d. h. es ist V_0 definiert durch $\dfrac{V_0^2 \sin 2\varphi}{g} = X$. Dies gibt

$$\beta \cdot \frac{c_0}{c_y} \cdot \Phi \cdot (\operatorname{tg} \varphi + \operatorname{tg} \vartheta)^2 \cdot \frac{d\vartheta}{\cos^2 \vartheta}$$

$$= \frac{1}{\cos^2 \varphi} \cdot \frac{f\left(\dfrac{V_0 \cos \varphi}{\cos \vartheta}\right)}{f(V_0)} \cdot (\operatorname{tg} \varphi + \operatorname{tg} \vartheta)^2 \cdot \frac{d\vartheta}{\cos \vartheta}. \tag{2}$$

Diese Gleichung werde integriert über ϑ von $+\varphi$ bis $-\varphi$, also vom Anfangspunkt O der Flugbahn bis zu dem Punkt O_1, der nahe dem Auffallpunkt auf dem absteigenden Ast liegt. Dabei sei auf der linken Seite ein konstanter Mittelwert von β und ebenso von Φ und von $\dfrac{c_0}{c_y}$ vor das Integralzeichen gesetzt; diese Mittelwerte seien als solche durch den Index m gekennzeichnet. Dann ist

$$\beta_m \cdot \left(\frac{c_0}{c_y}\right)_m \cdot \Phi_m \cdot \int_{+\varphi}^{-\varphi} (\operatorname{tg} \varphi + \operatorname{tg} \vartheta)^2 \cdot \frac{d\vartheta}{\cos^2 \vartheta}$$

$$= \frac{1}{f(V_0) \cdot \cos^2 \varphi} \int_{+\varphi}^{-\varphi} f\left(\frac{V_0 \cos \varphi}{\cos \vartheta}\right) (\operatorname{tg} \varphi + \operatorname{tg} \vartheta)^2 \frac{d\vartheta}{\cos \vartheta}. \tag{3}$$

Das Integral auf der linken Seite ist, wie durch die Substitution $\operatorname{tg} \vartheta = x$ sofort zu sehen ist, gleich $-\tfrac{8}{3} \operatorname{tg}^3 \varphi$; ferner ist einleuchtend, daß für $cf(v) = cv^n$ der Bruch $\Phi_m = 1$ ist (und darin liegt der Grund für die Einführung von Φ); Siacci nimmt ihn gleich der Einheit. Auf der rechten Seite werden die Grenzen des Integrals und damit die Vorzeichen vertauscht, und so wird die Schlußformel, wie man durch Ausführung von $(\operatorname{tg}\varphi + \operatorname{tg}\vartheta)^2$ leicht sieht:

$$\beta_m = \left(\frac{c_y}{c_0}\right)_m \cdot \frac{3}{2\sin 2\varphi \cdot f(V_0)} \cdot \int\limits_0^\varphi f\left(\frac{V_0\cos\varphi}{\cos\vartheta}\right) \cdot \left(1 + \frac{\operatorname{tg}^2\vartheta}{\operatorname{tg}^2\varphi}\right) \cdot \frac{d\vartheta}{\cos\vartheta} \cdot \qquad (4)$$

Abgesehen von dem Bruch $\left(\dfrac{c_y}{c_0}\right)_m$ enthält dieser Ausdruck nur V_0 und φ; das Integral wird von Siacci durch näherungsweise Summation für die verschiedenen Werte von φ und $V_0\cos\varphi$ berechnet, also läßt sich, abgesehen von $\left(\dfrac{c_y}{c_0}\right)_m$, für β eine Tabelle anlegen, die diesen Wert für alle möglichen in der Schießpraxis vorkommenden Werte φ und $V_0\cos\varphi$ oder, da $V_0 = \sqrt{\dfrac{gX}{\sin 2\varphi}}$, für alle möglichen Werte φ und X liefert. In der Tat ist die β-Tabelle Siaccis eine solche mit doppeltem Eingang φ und X.

Inwieweit durch diesen Faktor β der Integrationsfehler ausgeglichen ist, muß besonders untersucht werden (vgl. darüber § 41). Denn bei der Berechnung von β sind, wie zu sehen war, einige Vernachlässigungen benützt, deren Tragweite für die Genauigkeit der ganzen Flugbahnberechnung nicht ohne weiteres zu bemessen ist; z. B. ist Φ_m nur für die Zonengesetze cv^n, nicht aber für das dem System Siacci III zugrunde gelegte einheitliche Luftwiderstandsgesetz gleich eins, und auch für die Zonengesetze cv^n ist Φ_m nur dann gleich 1, wenn die Funktionswerte $f\left(\dfrac{v\cos\vartheta}{\cos\varphi}\right)$, $f(v)$, $f\left(\dfrac{V_0\cos\varphi}{\cos\vartheta}\right)$, $f(V_0)$ innerhalb derselben Geschwindigkeitszone liegen, also wenn dabei n konstant ist, usw. Siacci suchte sein Rechenverfahren weiterhin dadurch zu verschärfen, daß er für $x = 0$, $\frac{1}{4}X$, $\frac{2}{4}X$, $\frac{3}{4}X$ mit verschiedenen β-Werten rechnet, und zwar mit verschiedenen für x, y, t, ϑ. Parodi hat diese Methode praktisch ausgebildet (vgl. Lit.-Note Nr. 27. Eine Fehleruntersuchung hat Th. Vahlen begonnen (l. c.).

§ 28. Die Näherungslösung von E. Vallier 1894.

Die Wahl von σ und γ und damit das System von Gleichungen, durch die eine Flugbahn berechnet wird, ist gegenüber von Siacci II und III ungeändert. Nur die Berechnung von β ist eine etwas andere (davon nachher). Ferner ist ein anderes Luftwiderstandsgesetz zugrunde gelegt; nämlich es sind zur Darstellung des Luftwiderstands in seiner Abhängigkeit von der Geschoßgeschwindigkeit v für $v > 330$ m/sec das Chapel-Valliersche Gesetz, für $v < 330$ die beiden Zonengesetze von Hoyel verwendet (vgl. § 10): Wird die Verzögerung durch den Luftwiderstand wie bisher mit $cf(v)$ bezeichnet und ist $c = \dfrac{\delta_y \cdot R^2 \cdot i}{1{,}206 \cdot P}$ (δ_y das Luftgewicht in der Höhe y m, gemessen in kg/cbm; R halbes Kaliber des Geschosses in cm, P Geschoßgewicht in kg, $i = \dfrac{1}{1000} \cdot n$ der Formkoeffizient), so ist (vgl. § 10, 8)

$$\text{für } v \geqq 330 \text{ m/sec} \qquad f(v) = 0{,}125\ (v - 263),$$
$$\text{„ } 330 > v \geqq 300 \text{ m/sec} \quad \text{„ } = 0{,}021\,692 \cdot v^5, \tag{11}$$
$$\text{„ } v < 300 \text{ m/sec} \qquad \text{„ } = 0{,}033\,814 \cdot v^{\frac{5}{2}}. \tag{5}$$

Dabei ist i konstant $= 1$ für rotierende Langgeschosse mit ogivaler Spitze vom halben Öffnungswinkel an der Spitze des Ogivals $= 41{,}5\,^0$ ($\gamma = 41{,}5\,^0$); sonst ist nach Vallier i mit v etwas veränderlich, nämlich $i = \dfrac{\gamma\,(v - (180 + 2\,\gamma))}{41{,}5 \cdot (v - 263)}$ für $v \geqq 330$ m/sec; für $v < 330$ m/sec soll sein:

$$i = 0{,}67 \qquad 0{,}72 \qquad 0{,}78 \qquad 1{,}10$$
$$\text{bei } \gamma = \quad 31\,^0 \qquad 33{,}6\,^0 \qquad 36{,}9\,^0 \qquad 48{,}2\,^0.$$

Der Korrektionsfaktor β wird von Vallier in sehr systematischer Weise durch Zuhilfenahme der Taylor-Maclaurinschen Reihenentwicklung mit ihrem in Integralform benützten Restglied berechnet. Es wird damit eine geschlossene Formel für β erzielt. Diese Formel ist zwar weniger einfach zu handhaben als eine β-Tabelle nach Siacci, wie sie z. B. in dem Werk von Siacci: Balistique extérieure, Paris 1892, oder in der „Lehre vom Schuß" von Heydenreich, Berlin 1909, II, S. 30 der Tabellen gegeben ist; sie gewährt ihrerseits kaum die Möglichkeit zur Anlegung einer zugehörigen Tabelle. Dagegen hat sie den Vorzug größerer Allgemeinheit für sich, (z. B. die β-Tabelle bei Siacci und Heydenreich versagt nicht selten bei großen Geschützkalibern). Diese Formel für β wird im folgenden abgeleitet.

Vallier geht aus von der in § 32 zu besprechenden Maclaurinschen Reihenentwicklung mit dem Restglied in Integralform, speziell von der Gleichung (30) in § 32, also von

$$y = x\,\operatorname{tg}\varphi - \frac{g\,x^2}{2\,v_0^{\,2}\cos^2\varphi} - g \cdot \int\limits_{t=0}^{t=x} (x - t)^2 \cdot \left(\frac{c\,f(v)}{v^4 \cos^3\vartheta}\right)_t \cdot dt. \tag{1}$$

Das bei der Integration der Hauptgleichung benützte Näherungsverfahren besteht bei ihm, ähnlich wie bei Siacci II und III darin, daß

$$\frac{R^2 \cdot i(v) \cdot \delta_y \cdot f(v) \cdot \cos\vartheta}{P \cdot 1{,}206} \quad \text{näherungsweise} = \frac{R^2 \cdot i(v_0) \cdot \delta_0 \cdot f\left(\dfrac{v\cos\vartheta}{\cos\varphi}\right) \cdot \beta \cdot \cos^2\varphi}{P \cdot 1{,}206}$$

gesetzt wird, wobei δ_y und $i(v)$ die Werte des Luftgewichts δ bzw.

des Formkoeffizienten i für die tatsächliche Flughöhe y des Geschosses über dem Mündungshorizont, dagegen δ_0 und $i(v_0)$ die entsprechenden Werte im Anfangspunkt der Flugbahn bedeuten. Es wird also $cf(v)\cos\vartheta$ näherungsweise durch diese andere Funktion $c_1 f(u)$ ersetzt. Dabei ist zur Abkürzung

$$u = \frac{v\cos\vartheta}{\cos\varphi}\,; \tag{2}$$

ferner ist $\delta_y = \delta_0\,(1 - 0{,}00011\cdot y)$.

Also hat man folgende Gegenüberstellung:

richtig ist:

$$y = x\,\mathrm{tg}\,\varphi - \frac{g x^2}{2\,v_0^2\cos^2\varphi} - g\cdot\int\limits_{t=0}^{t=x}(x - t)^2\cdot\left(\frac{cf(v)\cos\vartheta}{v^4\cos^4\vartheta}\right)_t\cdot dt\,; \tag{3}$$

$$c = \frac{R^2\cdot i\,(v)\cdot\delta_0\cdot(1 - 0{,}00011\cdot y)}{P\cdot 1{,}206}\,;$$

unrichtig ist:

$$y = x\,\mathrm{tg}\,\varphi - \frac{g x^2}{2\,v_0^2\cos^2\varphi} - g\cdot\int\limits_{t=0}^{t=x}(x - t)^2\cdot\left(\frac{c_1 f(u)}{v^4\cos^4\vartheta}\right)_t\cdot dt\,; \tag{4}$$

$$c_1 = \frac{R^2\cdot i\,(v_0)\cdot\delta_0\,\beta\cdot\cos^2\varphi}{P\cdot 1{,}206}\,.$$

Der beim Näherungsverfahren begangene Fehler ε in Beziehung auf die Flugbahnordinate y, die zu der Abszisse x gehört, ist somit seiner absoluten Größe nach die Differenz der beiden Ausdrücke (3) und (4),

$$\varepsilon = g\int\limits_{t=0}^{t=x}(x - t)^2\cdot\left(\frac{cf(v)\cos\vartheta - c_1 f(u)}{v^4\cdot\cos^4\vartheta}\right)_t\cdot dt\,.$$

Speziell möge es sich um die gesamte Flugbahn handeln, soweit sie über dem Mündungshorizont liegt. Dann ist $x = X$ zu setzen; in (3) wird $y = 0$ (vorausgesetzt, daß in der Annahme der Funktion $cf(v)$ kein Fehler liegt), dagegen wird y aus (4) dann von Null verschieden sein. Der Fehler in Beziehung auf die Flugbahnhöhe y am Ende der Bahn sei jetzt E. Da es in dem bestimmten Integral auf die Bezeichnung und Bedeutung der Integrationsvariablen (bisher t) nicht ankommt, so sei diese jetzt mit x bezeichnet, und darunter sei wie bisher die variable Flugbahnabszisse verstanden, zu der die Bahngeschwindigkeit v und der Tangentenwinkel ϑ gehört; dann ist der Fehler

$$\mathsf{E} = g\int\limits_{x=0}^{x=X}(X - x)^2\cdot\frac{cf(v)\cos\vartheta - c_1 f(u)}{v^4\cos^4\vartheta}\cdot dx\,. \tag{5}$$

In c_1 kommt der fragliche Faktor β vor. Es gilt, dieses β so zu bestimmen, daß der Fehler E Null wird. Könnte dies genau erfolgen, so wäre die Lösung des Flugbahnproblems mit dem aus $\mathsf{E} = 0$ bestimmten β genau richtig — jedoch nur dann, wenn für alle Flugbahnpunkte $\varepsilon = \varepsilon(x) = 0$ wäre, nicht bloß $\mathsf{E} = \varepsilon(X) = 0$ gemacht ist. Also ist schon jetzt vorauszusehen, daß bei der weiteren Behandlung des Ausdrucks (5) gewisse Vernachlässigungen oder Näherungsannahmen eintreten müssen.

Es werde nunmehr als Integrationsvariable $z = \dfrac{x}{X}$ eingeführt, so daß $dx = X \cdot dz$, $(X - x)^2 = X^2(1 - z^2)$. Vallier setzt ferner voraus, es sei möglich, den Bruch $\dfrac{cf(v)\cos\vartheta - c_1 f(u)}{v^4 \cos^4 \vartheta}$, der eine Funktion von x und damit von z ist und der kurz mit $\varphi(z)$ bezeichnet sei, durch eine nach steigenden Potenzen von z fortschreitende konvergente Reihe darzustellen, von der nur die beiden ersten Glieder verwendet werden; also er setzt voraus, daß die Kurve $\varphi(z)$ durch eine gerade Linie ersetzt werden könne, $\varphi(z) = a_0 + a_1 z$ (1. Annahme). Dann ist

$$\mathsf{E} = g X^3 \cdot \int\limits_{z=0}^{z=1} (1 - z)^2 (a_0 + a_1 z) \cdot dz = g X^3 \left(\frac{a_0}{3} + \frac{a_1}{12} \right).$$

Setzt man $\mathsf{E} = 0$, so wird, da g und X von Null verschieden sind,

$$4\, a_0 + a_1 = 0; \tag{6}$$

dies ist diejenige Beziehung, aus der weiterhin β zu berechnen ist. Die Berechnung von a_0 und a_1 erfolge aus den Verhältnissen der Flugbahn im Abgangspunkt und im Gipfel: im ersteren Punkt ist $x = 0$ und damit $z = 0$, also ist hier $\varphi(z) = a_0 + a_1 z = a_0$ und sei mit $\varphi(0)$ bezeichnet; ferner nimmt Vallier an, daß $z_s = \dfrac{x_s}{X}$ (x_s die Gipfelabszisse) für alle Flugbahnen genügend angenähert konstant $= 0{,}55$ sei (2. Annahme); der zugehörige Wert von $\varphi(z)$ sei der Kürze halber mit $\varphi(s)$ bezeichnet, so ist $\varphi(s) = a_0 + a_1 \cdot 0{,}55$. Damit hat man zwei Gleichungen zur Bestimmung von a_0 und a_1. Setzt man diese Werte in (6) ein, so wird diese Bedingung zu der folgenden:

$$6 \cdot \varphi(0) + 5 \cdot \varphi(s) = 0. \tag{7}$$

Nun war allgemein

$$\varphi(z) = \frac{R^2 \cdot \delta_0}{P \cdot 1{,}206} \cdot \frac{i(v) \cdot (1 - 0{,}00011\, y) \cdot f(v)\cos\vartheta - i(v_0) \cdot f(u) \cdot \beta \cos^2\varphi}{(v\cos\vartheta)^4},$$

somit bedeutet

$$\varphi(0) = \frac{R^2 \cdot \delta_0}{P \cdot 1{,}206} \cdot \frac{i(v_0) \cdot 1 \cdot f(v_0) \cdot \cos\varphi - i(v_0) \cdot f(v_0) \cdot \beta \cdot \cos^2\varphi}{(v_0\cos\varphi)^4}$$

(da $u_0 = v_0$); und

$$\varphi(s) = \frac{R^2 \cdot \delta_0}{P \cdot 1{,}206} \cdot \frac{i(v_s) \cdot (1 - 0{,}000\,11 \cdot y_s) \cdot f(v_s) - i(v_0) \cdot f(u_s) \cdot \beta \cos^2 \varphi}{(v_s \cdot 1)^4 \text{ oder } u_s^4 \cdot \cos^4 \varphi}.$$

Setzt man diese Werte $\varphi(0)$ und $\varphi(s)$ in (7) ein, so erhält man

$$\beta \cdot \left[6 \cdot \frac{f(v_0)}{v_0^4} + 5 \cdot \frac{f(u_s)}{u_s^4} \right] \cdot \sec^2 \varphi \cdot i(v_0)$$

$$= 6 \cdot i(v_0), \frac{f(v_0)}{v_0^4} \cdot \sec^3 \varphi + 5\,i(v_s) \cdot (1 - 0{,}000\,11\,y_s) \cdot \frac{f(v_s)}{v_s^4}. \qquad (8)$$

Dies ist die Formel zur Bestimmung von β, die abzuleiten war. Es ist einleuchtend, daß dieser Wert erst dann verwendet werden kann, nachdem man mit einem ersten Näherungswert für β (nämlich $\beta = 1$ oder nach Valliers Vorschlag besser mit $\beta = \cos\frac{2}{3}\varphi$), eine vorläufige Berechnung der Flugbahn in Beziehung auf ihre Verhältnisse im Gipfel durchgeführt, also vorläufige Werte von v_s, u_s, y_s errechnet hat. Eine wiederholte Anwendung dieses Verfahrens führte den Verfasser nicht immer zu einer Verschärfung der Rechnung. Vallier bezeichnet $i(v_0) \cdot \beta$ mit $\frac{1}{m}$.

Ohne Beweis sei eine etwas genauere Formel für β mitgeteilt, die Vallier ableitet. Man denke sich durch eine erste vorläufige Flugbahnberechnung die ballistischen Elemente $x_1\,y_1\,v_1\,u_1\,\vartheta_1$ desjenigen Punktes $(x_1\,y_1)$ der Flugbahn ermittelt, dessen Abszisse $x_1 = 0{,}225 \cdot x_s$ ist (x_s Gipfelabszisse), dann ist

$$\beta \cdot \left[9 \cdot \frac{f(u_1)}{u_1^4} + 4 \cdot \frac{f(u_s)}{u_s^4} \right] i(v_0) \sec^2 \varphi$$

$$= 9 \cdot i(v_1) \cdot \frac{f(v_1)}{v_1^4} \cdot (1 - 0{,}000\,11 \cdot y_1) \sec^3 \vartheta_1 + 4\,i(v_s) \cdot \frac{f(v_s)}{v_s^4} \cdot (1 - 0{,}000\,11 \cdot y_s). \quad (9)$$

Eine weitere Verschärfung der Vallierschen Formeln für β hat 1910 der Verfasser vorgeschlagen: In der obigen Entwicklung war näherungsweise $\frac{x_s}{X}$ konstant $= 0{,}55$ angenommen. Man kann nun bei der vorläufigen Flugbahnberechnung, die jedenfalls bei der Anwendung des Vallierschen β notwendig ist, außer v_s, u_s und y_s auch noch x_s und X berechnen. Dann ist das Verhältnis $x_s : X$ genauer bekannt. Verfolgt man damit den obigen Gedankengang nochmals, so wird z. B. die oben abgeleitete erste Valliersche Formel (8) für β zu der folgenden:

$$\beta \cdot \left[\left(4 \cdot \frac{x_s}{X} - 1 \right) \cdot \frac{f(v_0)}{v_0^4} + \frac{f(u_s)}{u_s^4} \right] \cdot \sec^2 \varphi \cdot i(v_0)$$

$$= \left(4 \cdot \frac{x_s}{X} - 1 \right) \cdot \frac{f(v_0)}{v_0^4} \cdot \sec^3 \varphi \cdot i(v_0) + i(v_s)\,(1 - 0{,}000\,11 \cdot y_s) \cdot \frac{f(v_s)}{v_s^4}, \qquad (10)$$

wobei speziell für konstantes i die Faktoren $i(v_0)$ und $i(v_s)$ wegfallen, da alsdann $i(v_s) = i(v_0)$. Auf die i-Werte von v. Eberhard (vgl. § 10) lassen sich obige β-Formeln selbstverständlich ebenfalls anwenden.

Weiter ließe sich daran denken, je für eine bestimmte Gruppe der Werte c, v_0, φ (Gewehre, Feldgeschütze, Haubitzen usw.) eine geeignete Wahl der Funktionen $\varphi(z)$ an Stelle der linearen $a_0 + a_1 z$ zu treffen. Endlich sei daran erinnert, daß die Wahl des Mittelwerts $\sigma = \cos\varphi$ in $u = \dfrac{v\cos\vartheta}{\sigma}$ $= \dfrac{v\cos\vartheta}{\cos\varphi}$ eine willkürliche war. Es kann allgemeiner $\sigma = \cos^p\psi$ gesetzt und p aus berechneten Normalbahnen (vgl. § 41) oder aus Beobachtungen gewonnen werden; ψ bedeutet dabei ein Mittel aus den Werten von ϑ an den Enden des betreffenden Flugbahnbogens.

§ 29. Näherungslösungen von P. Charbonnier.

Gleichfalls mit Hilfe von Reihenentwicklungen, jedoch in wesentlich anderer Weise als Siacci und Vallier, sucht Charbonnier die Flugbahnberechnung systematisch zu verschärfen. Hier möge speziell seine Methode für Flachbahnen skizziert werden:

Eine erste Näherungslösung sei nach Art von Krupp (oder, was dasselbe ist, nach Siacci I mit $\alpha = 1$) durchgeführt auf Grund des Systems:

$$x = \frac{1}{c}(D_u - D_{v_0}); \qquad \operatorname{tg}\vartheta = \operatorname{tg}\varphi - \frac{1}{2c}(J_u - J_{u_0});$$

$$y = x\operatorname{tg}\varphi - \frac{x}{2c}\left(\frac{A_u - A_{u_0}}{D_u - D_{u_0}} - J_{u_0}\right); \qquad t = \frac{1}{c}(T_u - T_{u_0});$$

wobei $u = v\cos\vartheta$, $u_0 = v_0\cos\varphi$, und $cf(v)$ die Verzögerung durch den Luftwiderstand bedeute.

Die folgenden Entwicklungen gestatten alsdann eine Erhöhung der Genauigkeit. Die richtige Hauptgleichung ist

$$\frac{d\vartheta}{\cos^2\vartheta} = \frac{g}{c} \cdot \frac{1}{vf(v)} \cdot \frac{d(v\cos\vartheta)}{\cos^2\vartheta},$$

oder, wenn $v\cos\vartheta = u$ und

$$\frac{1}{vf(v)} = \varphi(v) = \varphi\left(\frac{v\cos\vartheta}{\cos\vartheta}\right) = \varphi\left(\frac{u}{\cos\vartheta}\right)$$

gesetzt wird, läßt sie sich schreiben:

$$\frac{d\vartheta}{\cos^2\vartheta} = \frac{g}{c} \cdot \varphi\left(\frac{u}{\cos\vartheta}\right) \cdot \frac{du}{\cos^2\vartheta}. \tag{1}$$

Auf der rechten Seite der Gleichung benütze man die Reihenentwicklungen

$$\frac{1}{\cos\vartheta} = 1 + \frac{\vartheta^2}{2!} + 5\cdot\frac{\vartheta^4}{4!} + \cdots \qquad \text{und} \qquad \frac{1}{\cos^2\vartheta} = 1 + \frac{\vartheta^2}{1} + \frac{2\cdot\vartheta^4}{1\cdot3} + \cdots,$$

so wird

$$\frac{d\vartheta}{\cos^2\vartheta} = \frac{g}{c} \cdot \varphi\left(u + \frac{u\vartheta^2}{2!} + \frac{u\cdot5\,\vartheta^4}{4!} + \cdots\right) \cdot \left(1 + \frac{\vartheta^2}{1} + \frac{2\cdot\vartheta^4}{1\cdot3} + \cdots\right)\cdot du;$$

hier wird die Funktion $\varphi\left(u + \dfrac{u\vartheta^2}{2!} + \cdots\right)$ nach dem Taylorschen

Satz entwickelt und

$$= \varphi(u) + \frac{u\vartheta^2}{2} \cdot \varphi'(u) + \vartheta^4\left(\frac{5}{4!} \cdot u \cdot \varphi'(u) + u^2 \cdot \frac{\varphi''(u)}{8}\right) + \text{usw.}$$

geschrieben. Werden noch die beiden Reihen ausmultipliziert, so erhält man, als gleichwertig mit (1) die Hauptgleichung in der Form

$$\frac{d\vartheta}{\cos^2\vartheta} = \frac{g}{c} \cdot \left[\varphi(u) + \vartheta^2\left(\frac{u\cdot\varphi'(u)}{2} + \varphi(u)\right)\right.$$

$$\left. + \vartheta^4\left(\frac{2}{3}\varphi(u) + \frac{17}{24}u\cdot\varphi'(u) + \frac{u^2}{8}\varphi''(u)\right) + \cdots\right] \cdot du. \tag{2}$$

Wenn ϑ so klein ist, daß es genügt, das erste Glied in der eckigen Klammer zu benützen, so ist

$$\frac{d\vartheta}{\cos^2\vartheta} = \frac{g}{c} \cdot \varphi(u) \cdot du = \frac{g}{c} \cdot \frac{d(v\cos\vartheta)}{v\cdot\cos\vartheta \cdot f(v\cos\vartheta)}; \tag{3}$$

dies ist diejenige Näherungsgleichung, die für die frühere Kruppsche Lösung oder auch diejenige von Siacci I mit $\alpha = 1$ die Grundlage bildet; man erhält damit die erwähnte erste Näherungslösung des Problems. Eine zweite Annäherung wird erzielt, wenn die zwei ersten Glieder von (2) verwendet werden. In diesem Falle lautet die vereinfachte Hauptgleichung

$$\frac{d\vartheta}{\cos^2\vartheta} = \frac{g}{c}\left[\varphi(u) + \vartheta^2\left(\frac{u\cdot\varphi'(u)}{2} + \varphi(u)\right)\right] \cdot du$$

oder, da $\varphi(u) = \dfrac{1}{uf(u)}$, $\quad \varphi'(u) = \dfrac{-f(u) - u\cdot f'(u)}{u^2 f^2(u)}$

$$\frac{d\vartheta}{\cos^2\vartheta} = \frac{g}{c} \cdot \frac{du}{u\cdot f(u)} + \frac{g}{c} \cdot \vartheta^2 \cdot \psi(u) \cdot du, \tag{4}$$

wobei $\psi(u) = \dfrac{1}{2\,uf(u)} - \dfrac{f'(u)}{2\,f^2(u)}$.

Die genaue Lösung auch dieser Differentialgleichung zwischen ϑ und u würde Schwierigkeit bereiten, da rechts noch ϑ^2 vorkommt; deshalb ersetzt Charbonnier den Faktor ϑ^2 auf der rechten Seite der Gleichung näherungsweise durch $\mathrm{tg}^2\vartheta$ und nimmt für $\mathrm{tg}\,\vartheta$ in weiterer Annäherung den Ausdruck $\mathrm{tg}\,\vartheta = \mathrm{tg}\,\varphi - \dfrac{1}{2c}(J_u - J_{u_0})$, der aus der früheren Gleichung (3) hervorgegangen war (Lösung nach Siacci I mit $\alpha = 1$). Führt man also in (4) statt ϑ^2 den Ausdruck $\left(q - \dfrac{1}{2c}J(u)\right)^2$ ein, wobei zur Abkürzung die Konstante $\mathrm{tg}\,\varphi + \dfrac{1}{2c}J(u_0)$ mit q bezeichnet ist, so erhält man eine Gleichung, die links nur ϑ, rechts nur u enthält, somit ohne weiteres die Integration zuläßt; nämlich

$$\frac{d\vartheta}{\cos^2\vartheta} = \frac{g}{c} \cdot \frac{du}{uf(u)} + \frac{g}{c}\left(q - \frac{1}{2c}J(u)\right)^2 \cdot \psi(u) \cdot du; \tag{5}$$

diese gibt, mit $J(u) = - \int \dfrac{2\,g\,du}{u\,f(u)}$, $\quad \operatorname{tg}\vartheta - \operatorname{tg}\varphi = - \dfrac{1}{2c} J(u) + \dfrac{1}{2c} J(u_0)$

$$+ \frac{g}{c} \int\limits_{u_0}^{u} \left\{ q^2 \cdot \psi(u) + \frac{1}{4\,c^2} J^2(u) \cdot \psi(u) - \frac{q}{c} J(u) \cdot \psi(u) \right\} du.$$

Denkt man sich weitere drei primäre Tabellen aufgestellt, nämlich für $\int \psi(u) \cdot du$, $\int J(u) \cdot \psi(u) \cdot du$ und für $\int J^2(u) \cdot \psi(u) \cdot du$ und sind diese Werte bzw. mit J', J'' und J''' bezeichnet, so ist

$$\operatorname{tg}\vartheta = q - \frac{1}{2c} J(u) + \frac{g}{c}\left[q^2 (J'_u - J'_{u_0}) + \frac{1}{4\,c^2}(J'''_u - J'''_{u_0}) - \frac{q}{c}(J''_u - J''_{u_0}) \right]. \quad (6)$$

Entsprechend läßt sich t genauer berechnen: es ist $dt = - \dfrac{v \cos\vartheta}{g} \cdot \dfrac{d\vartheta}{\cos^2\vartheta}$, somit $dt = - \dfrac{u}{g}\left\{ \dfrac{g}{c}\,\dfrac{du}{u f(u)} + \dfrac{g}{c}\,\vartheta^2 \cdot \psi(u) \cdot du \right\}$ oder mit demselben Verfahren $dt = - \dfrac{1}{c} \cdot \dfrac{du}{f(u)} - \dfrac{1}{c}\left(q - \dfrac{1}{2c} J(u) \right)^2 \cdot u \cdot \psi(u) \cdot du.$

Man erkennt, daß zur Berechnung von t die weiteren Integrale notwendig sind: $\int u \cdot \psi(u) \cdot du$, $\int J(u) \cdot u \cdot \psi(u) \cdot du$, $\int J^2(u) \cdot u \cdot \psi(u) \cdot du$; für diese müßten also gleichfalls primäre Tabellen T', T'', T''' berechnet werden.

Endlich würde sich y aus $dy = - \dfrac{(v \cos\vartheta)^2}{g} \cdot \operatorname{tg}\vartheta \cdot \dfrac{d\vartheta}{\cos^2\vartheta}$ ergeben.

Da die Anlegung der zahlreichen weiteren Tabellen eine große Mühe notwendig machen würde und da selbst dann, wenn diese Tabellen vorlägen, die Flugbahnberechnungen wenig einfach sich gestalteten, so schlägt Charbonnier folgende Vereinfachung vor. Die Gleichung (4) läßt sich in der Form schreiben:

$$\frac{d\vartheta}{\cos^2\vartheta} = \frac{g}{c} \cdot \frac{du}{u f(u)} \cdot (1 - \varkappa(u) \cdot \vartheta^2),$$

wobei zur Abkürzung $\varkappa(u) = \dfrac{u \cdot f'(u)}{2 \cdot f(u)} - \dfrac{1}{2}$; oder näherungsweise auch in der Form:

$$\frac{d\vartheta}{\cos^2\vartheta} = \frac{g}{c(1 + \varkappa \vartheta^2)} \cdot \frac{du}{u \cdot f(u)}. \quad (7)$$

Diese Gleichung ist gegenüber der Gleichung (3) $\dfrac{d\vartheta}{\cos^2\vartheta} = \dfrac{g}{c} \cdot \dfrac{du}{u f(u)}$ die genauere. Charbonnier operiert nun mit einem Mittelwert des Faktors $1 + \varkappa\vartheta^2$, und zwar getrennt für den aufsteigenden und für den absteigenden Ast der Flugbahn. Auf dem ersteren ist der Wert jenes Faktors im Abgangspunkt $1 + \varkappa(u_0)\varphi^2$, im Gipfel $(\vartheta = 0)$ ist der Wert 1, das Mittel ist $1 + \dfrac{\varkappa(u_0)}{2}\varphi^2$. Auf dem absteigenden Ast ist das Mittel $1 + \dfrac{\varkappa(u_e)}{2}\omega^2$, wobei ω der spitze Auffallwinkel ist und $u_e = v_e \cos\omega$. Also ist das Verfahren das folgende:

Nachdem auf Grund der Gleichung $\dfrac{d\vartheta}{\cos^2\vartheta} = \dfrac{g}{c}\cdot\dfrac{du}{u\,f(u)}$, also mit einem Lösungssystem ähnlich demjenigen von Siacci I (jedoch mit $\alpha = 1$) oder dem früheren von Krupp eine erste vorläufige Berechnung der Flugbahn durchgeführt, insbesondere Gipfel und Auffallpunkt bestimmt ist, wird die Berechnung wiederholt, getrennt für beide Äste; dabei wird für den aufsteigenden Ast c ersetzt durch $c\left(1 + \dfrac{\varkappa_0}{2}\,\varphi^2\right)$, wobei $\varkappa_0 = \dfrac{u_0\cdot f'(u_0)}{2\cdot f(u_0)} - \dfrac{1}{2}$, $u_0 = v_0\cos\varphi$; für den absteigenden Ast wird c ersetzt durch $c\left(1 + \dfrac{\varkappa_e}{2}\,\omega^2\right)$, wobei $\varkappa_e = \dfrac{u_e\cdot f'(u_e)}{2 f(u_e)} - \dfrac{1}{2}$, $(u_e = v_e\cos\omega)$; und für φ^2 bzw. ω^2 wird sodann gesetzt $\operatorname{tg}^2\varphi$ bzw. $\operatorname{tg}^2\omega$. Th. Vahlen hat dieses Verfahren in einfacherer Weise entwickelt (l. c.).

Es ist jedenfalls zuzugeben, daß in der Charbonnierschen Entwicklung ein rationelles Prinzip zur Erhöhung der Genauigkeit einer Flugbahnberechnung liegt; jedoch ist die Berechnung immerhin ziemlich umständlich, trotz Verwendung der Tabellen, die Charbonnier neuerdings berechnet hat (vgl. Lit.-Note). Das zuletzt genannte Näherungsverfahren, das eine gesonderte Berechnung für beide Äste erforderlich macht, ist gemäß § 41 wenigstens teilweise geprüft worden.

§ 30. Über die sekundären ballistischen Funktionen.

Zur Erläuterung dieser Funktionen sei an die Didion-Bernoullische Lösung § 25 erinnert. Dort traten in den Gleichungen (1) bis (4), die zur Berechnung von y, ϑ, v und t dienten, die Funktionen B, J, V, D auf. Aus diesen wurden nachträglich die Funktionen E und Θ abgeleitet, die insbesondere für die Berechnung oder Verwertung der Elemente des Auffallpunkts gute Dienste leisten. Ebenso wurden in § 26 zu dem Verfahren von Siacci (I) nachträglich die Funktionen E, N, Q, O, S, S' eingeführt.

Entsprechendes gilt für das Lösungssystem von Siacci II und III (§ 27) und von Vallier (§ 28). Schreibt man an Stelle von $\dfrac{1}{c\beta}$ kurz c', so lautete dieses Gleichungssystem folgendermaßen:

$$\frac{x}{c'} = D(u) - D(v_0) \tag{1}$$

$$t = \frac{c'}{\cos\varphi}\cdot(T(u) - T(v_0)) \tag{2}$$

$$\operatorname{tg}\vartheta = \operatorname{tg}\varphi - \frac{c'}{2\cos^2\varphi}\cdot(J(u) - J(v_0)) \tag{3}$$

$$y = x \,\mathrm{tg}\, \varphi - \frac{c'^2}{2\cos^2\varphi} \cdot \left[(A(u) - A(v_0) - J(v_0))(D(u) - D(v_0))\right]$$

$$= x \,\mathrm{tg}\, \varphi - \frac{c' \cdot x}{2\cos^2\varphi} \cdot \left[\frac{A(u) - A(v_0)}{D(u) - D(v_0)} - J(v_0)\right] \tag{4}$$

$$v = \frac{u \cdot \cos\varphi}{\cos\vartheta}; \quad v_0 = u_0. \tag{5}$$

Damit sind die Elemente x, t, ϑ, y eines beliebigen Flugbahnpunkts in dem Parameter u ausgedrückt. Die hier auftretenden Funktionen D, T, J, A heißen die **primären ballistischen Funktionen**.

In Gleichung (1) sei zur Abkürzung $\frac{x}{c'}$ mit ξ bezeichnet, speziell für den Endpunkt der Bahn, wo $x = X$, werde $\frac{X}{c'} = \xi_e$ geschrieben. Diese Gleichung (1) läßt erkennen, daß u eine Funktion von ξ und von v_0 ist. So sei bzw. in (2), (3) und (4) gesetzt:

$$T(u) - T(v_0) = H(v_0, \xi),$$

$$J(u) - J(v_0) = L(v_0, \xi),$$

$$\frac{A(u) - A(v_0)}{D(u) - D(v_0)} - J(v_0) = E(v_0, \xi).$$

Es ist leicht zu sehen, wie mit Hilfe der primären Tabellen die sekundären Tabellen für H, L und E hergestellt werden können, die natürlich doppelten Eingang haben müssen: man wählt einen bestimmten Zahlenwert von v_0 und von ξ, gewinnt dazu aus Gleichung (1) den Wert von u und damit z. B. von $J(u)$ und hat folglich denjenigen von L usf.

Ebenso lassen sich Tabellen errechnen für

$$\frac{E}{\xi} = N$$

und

$$L - E = M.$$

Damit ergibt sich das Gleichungssystem in folgender Form:

$$\xi = D(u) - D(v_0) \tag{6}$$

$$t = \frac{c'}{\cos\varphi} \cdot H(v_0, \xi) \tag{7}$$

für den beliebigen Bahnpunkt $(x\,y)$

$$\mathrm{tg}\,\vartheta = \mathrm{tg}\,\varphi - \frac{c'}{2\cos^2\varphi} \cdot L(v_0, \xi) \tag{8}$$

$$= \mathrm{tg}\,\varphi \cdot \left(1 - \frac{c'}{\sin 2\varphi} \cdot L(v_0, \xi)\right) \tag{9}$$

$$y = x \,\mathrm{tg}\, \varphi - \frac{c' \cdot x}{2\cos^2\varphi} \cdot E(v_0, \xi) \tag{10}$$

$$= \frac{x \cdot c'}{2\cos^2\varphi} \cdot \left(\frac{\sin 2\varphi}{c'} - E(v_0, \xi)\right). \tag{11}$$

Was speziell den **Auffallpunkt** im Mündungshorizont betrifft, so ist hier $y = 0$, $x = X$, $\vartheta = -\omega$, $v = v_e$, $u = u_e$, $\xi = \xi_e$. Aus (11) ergibt sich also

$$\sin 2\varphi = c' \cdot E(v_0, \xi_e),$$

und da $.c' = \dfrac{X}{\xi_e}$ und $\dfrac{E(v_0, \xi_e)}{\xi_e} = N(v_0, \xi_e)$ ist, so folgt weiter die für Schußtafelberechnung wichtige Beziehung

$$\frac{\sin 2\varphi}{X} = N(v_0, \xi_e).$$

Die Gleichung (10) gibt, mit $y = 0$, $\operatorname{tg}\varphi = \dfrac{c'}{2\cos^2\varphi} \cdot E(v_0, \xi_e)$. Also wird aus (8):

$$-\operatorname{tg}\omega = \frac{c'}{2\cos^2\varphi} \cdot E_e - \frac{c'}{2\cos^2\varphi} \cdot L_e = -\frac{c'}{2\cos^2\varphi} \cdot M_e.$$

Dabei soll L_e statt $L(v_0, \xi_e)$, E_e statt $E(v_0, \xi_e)$ usw., ebenso später L_s statt $L(v_0, \xi_s)$, E_s statt $E(v_0, \xi_s)$ usw. gesetzt sein.

Die Gleichung (9) wird, spezialisiert für den Auffallpunkt,

$$-\operatorname{tg}\omega = \operatorname{tg}\varphi\left(1 - \frac{c'}{\sin 2\varphi} \cdot L_e\right) \quad \text{oder, da} \quad \frac{\sin 2\varphi}{c'} = E_e \ \text{ist,}$$

$$-\operatorname{tg}\omega = \operatorname{tg}\varphi\left(1 - \frac{L_e}{E_e}\right) = -\operatorname{tg}\varphi \cdot \frac{M_e}{E_e}.$$

Im **Gipfelpunkt** der Bahn ist $\vartheta = 0$, $\operatorname{tg}\vartheta = 0$, also wird Gleichung (8) zu

$$\operatorname{tg}\varphi = \frac{c'}{2\cos^2\varphi} \cdot L_s,$$

und Gleichung (9) zu

$$1 = \frac{c'}{\sin 2\varphi} \cdot L_s.$$

Endlich folgt aus Gleichung (11):

$$y_s = \frac{x_s \cdot c'}{2\cos^2\varphi} \cdot \left(\frac{\sin 2\varphi}{c'} - E_s\right) = x_s \cdot \frac{\operatorname{tg}\varphi}{L_s} \cdot (L_s - E_s)$$
$$= x_s \cdot \operatorname{tg}\varphi \cdot \frac{M_s}{L_s}.$$

Damit hat man die folgende Zusammenstellung:

$$\xi_e = \frac{X}{c'};\tag{12}$$

$$\sin 2\varphi = X \cdot N(v_0, \xi_e) = c' \cdot E(v_0, \xi_e);\tag{13}$$

$$v_e = \frac{u_e \cdot \cos\varphi}{\cos\omega};\tag{14}$$

$$\xi_e = D(u_e) - D(v_0);\tag{15}$$

$$T = \frac{c'}{\cos\varphi} \cdot H(v_0, \xi_e);\tag{16}$$

$$-\operatorname{tg}\vartheta_e = \operatorname{tg}\omega = \frac{c'}{2\cos^2\varphi} \cdot M(v_0, \xi_e) = \operatorname{tg}\varphi \cdot \frac{M(v_0, \xi_e)}{E(v_0, \xi_e)}\tag{17}$$

für den Auffallpunkt ($y = 0$, $x = X$).

$$\frac{\sin 2\varphi}{c'} = L(v_0, \xi_s) \; ; \qquad\qquad\qquad\qquad (18)$$

$$t_s = \frac{c'}{\cos\varphi} \cdot H(v_0, \xi_s) \; ; \qquad\qquad (19)$$

$$\xi_s = \frac{x_s}{c'} = D(u_s) - D(v_0) \; ; \qquad\qquad (20)$$

$$y_s = x_s \cdot \frac{c'}{2\cos^2\varphi} \cdot M(v_0, \xi_s) = x_s \cdot \operatorname{tg}\varphi \cdot \frac{M(v_0, \xi_s)}{L(v_0, \xi_s)} \qquad (21)$$

$$v_s = u_s \cdot \cos\varphi \; . \qquad\qquad\qquad\qquad (22)$$

für den Gipfelpunkt $(x = x_s,\; y = y_s,\; \vartheta = 0)$.

Die hier eingeführten Funktionen E, N, H, L, M heißen die **sekundären ballistischen Funktionen**. Die zugehörigen Tabellen sind im Anhang, Tabellen 10b bis 10f, gegeben.

Der Nutzen dieser sekundären Funktionen wird sofort ersichtlich, wenn man z. B. die Aufgabe zu lösen versucht: Gemessen sei die Schußweite X, der Abgangswinkel φ und die Anfangsgeschwindigkeit v_0. Gesucht die Flugzeit T, die Auffallgeschwindigkeit v_e, der Auffallwinkel ω, die Gipfelabszisse x_s, die Gipfelhöhe y_s. Allein mit Hilfe der primären Funktionen D, T, J, A ist die Lösung etwas umständlich (über die Lösung der einzelnen Flugbahnaufgaben vgl. Abschnitt 12); dagegen mit den sekundären Tabellen vollzieht sich die Lösung sehr einfach:

In Gleichung (13) $\sin 2\varphi = X \cdot N(v_0, \xi_e)$ kennt man φ und X, folglich N, und da auch v_0 bekannt ist, läßt sich ξ_e und wegen (12) auch c' berechnen. Gleichung (16) liefert somit T und Gleichung (17) ω. Aus Gleichung (15) folgt $D(u_e)$, also u_e. Daher ist wegen (14) nunmehr auch v_e zu berechnen. Ferner erhält man aus (18) $\xi_s = \frac{x_s}{c'}$, folglich auch x_s; dazu gibt (21) den Wert von y_s.

Zugleich erkennt man, daß nichts im Wege steht, außer diesen sekundären Funktionen E, N, H, L, M noch andere einzuführen. Z. B. ergibt sich aus (12) und (16)

$$T = \frac{X}{\xi_e \cdot \cos\varphi} \cdot H(v_0, \xi_e) \, .$$

Wenn man folglich für $\frac{H}{\xi}$ eine neue Funktion R einführt und eine Tabelle mit doppeltem Eingang hierfür berechnet, so hat man

$$T = \frac{X}{\cos\varphi} \cdot R(v_0, \xi_e), \; \text{usf.}$$

§ 31. Die ballistischen Abaken von C. Cranz.

Wie in dem vorhergehenden § 30 gezeigt wurde, werden durch die Benutzung der sekundären Funktionen E, N, H, L, M an Stelle der primären Funktionen D, T, J, H die ballistischen Berechnungen wesentlich vereinfacht. Zu dem einheitlichen Siaccischen Luftwiderstandsgesetz von 1896 liegen die Zahlenwerte der sekundären Funktionen in dem verdienstvollen Tabellenwerk von F. Fasella (Tavole balistiche secondarie, Genova 1901) vor.

Aber auch die Rechnung mit den Tabellen der sekundären Funktionen bringt, da es sich um zwei Argumente (v_0 und ξ), also um Tabellen mit doppeltem Eingang handelt, immerhin noch die Unbequemlichkeit mit sich, daß meistens eine zweifache rechnerische Interpolation nötig ist. Solche Interpolationen vollziehen sich bei der Ablesung aus Schaubildern weit leichter, nämlich durch bloßes Abschätzen mit dem Auge.

Die im Anhang dieses Bandes gegebenen Schaubilder Nr. IIIa bis IIIi, die (nur zu Zwecken der Unterscheidung) als ballistische Abaken bezeichnet sind (abakus = Rechentafel), haben den Zweck, mit einem möglichst geringen Aufwand an Mühe und Zeit eine ballistische Aufgabe zu lösen, die sich auf die Elemente eines beliebigen Punkts einer Flachbahn (nach Siacci bis etwa $\varphi = 45^0$ aufwärts) bezieht. Man hat bei den Ablesungen nur nötig, zwischen die aufgeführten Abakenkurven sich jedesmal diejenige Kurve eingezeichnet vorzustellen, die sich auf die in Betracht kommende Mündungsgeschwindigkeit v_0 bezieht. Die Durchführung zahlreicher Beispiele hat ergeben, daß, bei sorgfältiger Ablesung mit Hilfe der Abaken, nahezu die gleiche Genauigkeit erzielt wird, wie mit Hilfe der Fasellaschen Tabellen.

Die Gebrauchsanweisung ist im Anhang zu diesem Band vor dem Schaubild Nr. IIIa gegeben, samt Gleichungssystem, Schlüssel der Bezeichnungen und Zahlenbeispiel. Ein weiteres Zahlenbeispiel findet man am Schlusse dieses § 31.

Über die Herstellung dieser Abakenkurven IIIa bis IIIi und deren Beziehung zu den sekundären Funktionen mögen hier einige allgemeine Bemerkungen Platz finden:

Die Gleichungen (I) bis (III) und (IVa), die in der „Zusammenstellung" von § 23 gegeben worden waren, sollen z. B. für den im Mündungshorizont gelegenen Auffallpunkt ($x = X$, $y = 0$, $\vartheta = -\omega$, $v = v_e$, $t = T$, $u = u_e$) spezialisiert werden. Man hat dann

$$\frac{X \gamma c}{\sigma^2} = D(u_e) - D(u_0); \tag{1}$$

$$T = \frac{\sigma}{c\gamma}(T(u_e) - T(u_0)); \tag{2}$$

$$-\operatorname{tg}\omega = \operatorname{tg}\varphi - \frac{1}{2c\gamma}(J(u_e) - J(u_0)); \tag{3}$$

$$0 = \operatorname{tg}\varphi - \frac{1}{2c\gamma}\left[\frac{A(u_e) - A(u_0)}{D(u_e) - D(u_0)} - J(u_0)\right]; \tag{4}$$

$$u_e = \frac{v_e \cos \omega}{\sigma} \; ; \tag{5}$$

$$u_0 = \frac{v_0 \cos \varphi}{\sigma} \; . \tag{6}$$

Dabei sei $\dfrac{\gamma \, c \, X}{\sigma^2}$ kurz mit ξ bezeichnet.

Die Gleichung (1) zeigt, daß mit u_0 und ξ auch u_e gegeben ist; folglich ist wegen (2) $\dfrac{c\,\gamma}{\sigma} \cdot T$ eine Funktion von u_0 und ξ; wegen (3) gilt dasselbe von $(\mathrm{tg}\,\varphi + \mathrm{tg}\,\omega)\,2\,c\,\gamma$ und wegen (4) ist auch $2\,c\,\gamma \cdot \mathrm{tg}\,\varphi$ eine Funktion von u_0 und ξ; oder kurz geschrieben, es ist

$$T = \frac{\sigma}{c\,\gamma} \cdot F_1\,(u_0, \xi); \quad \mathrm{tg}\,\omega = \frac{1}{2\,c\,\gamma} \cdot F_2\,(u_0, \xi) - \mathrm{tg}\,\varphi; \quad \mathrm{tg}\,\varphi = \frac{1}{2\,c\,\gamma} \cdot F_3\,(u_0, \xi),$$

folglich auch $\mathrm{tg}\,\omega = \dfrac{1}{2\,c\,\gamma} \cdot F_4\,(u_0, \xi).$

Angenommen, es seien die beiden Größen u_0 und ξ bekannt, so ist folglich gegeben:

erstens: $\dfrac{\mathrm{tg}\,\omega}{\mathrm{tg}\,\varphi}$, nämlich $= F_4 : F_3$;

zweitens: $\dfrac{v_e \cos \omega}{v_0 \cos \varphi}$, denn dies ist $= \dfrac{u_e}{u_0}$ und mit u_0 und ξ ist u_e gegeben,

drittens: $\dfrac{v_0^2 \sin 2\,\varphi}{X}$, denn dieser Ausdruck ist $= \dfrac{u_0^2 \cdot \sigma^2}{\cos^2 \varphi} \cdot \dfrac{2 \cdot \sin \varphi \cdot \cos \varphi}{X}$

$= 2 \cdot u_0^2 \cdot \dfrac{\sigma^2}{2\,c\,\gamma\,X} \cdot F_3\,(u_0, \xi) = \dfrac{u_0^2}{\xi} \cdot F_3\,(u_0, \xi),$ worin nur bekannte Größen vorkommen,

viertens: $\dfrac{T}{\sqrt{X \cdot \mathrm{tg}\,\varphi}}$, denn dies ist $= \dfrac{\sigma}{c\,\gamma} \cdot F_1\,(u_0, \xi) \cdot \dfrac{\sqrt{2\,c\,\gamma}}{\sqrt{X} \cdot \sqrt{F_3\,(u_0,\,\xi)}}$

$= \sqrt{2} \cdot \dfrac{1}{\sqrt{\xi}} \cdot \dfrac{F_1\,(u_0,\,\xi)}{\sqrt{F_3\,(u_0,\,\xi)}} \, .$

Spezialisiert man die Gleichungen (I) bis (IV) ebenso für den Gipfelpunkt der Bahn, also für $\vartheta = 0$, $x = x_s$, $y = y_s$, $t = t_s$, $v = v_s$, $u = u_s = \dfrac{v_s}{\sigma}$, so zeigt sich leicht, daß auch $\dfrac{x_s}{X}$ und $\dfrac{y_s}{X \cdot \mathrm{tg}\,\varphi}$ mit u_0 und ξ gegeben wird.

Nun hat es sich als zweckmäßig erwiesen, $\sigma = \cos\varphi$ und $\gamma = \beta \cdot \cos^2 \varphi$ zu wählen (Siacci II und III); dann ist $u_0 = v_0$ und $\xi = c\,\beta\,X$, und es kann das Resultat folgendermaßen ausgedrückt werden: Sind v_0 und $c\,\beta\,X$ gegeben, so sind eben damit die folgenden Kombinationen der Elemente der Flugbahn bekannt: $\dfrac{v_0^2 \sin 2\,\varphi}{X} = A_1$; $\dfrac{\mathrm{tg}\,\omega}{\mathrm{tg}\,\varphi} = A_2$;

$$\frac{v_e \cos \omega}{v_0 \cos \varphi} = A_3; \quad \frac{T}{\sqrt{X \cdot \mathrm{tg}\,\varphi}} = A_4; \quad \frac{x_s}{X} = A_5; \quad \frac{y_s}{X \cdot \mathrm{tg}\,\varphi} = A_6;$$

endlich $A_7 = \xi \cdot A_1.$

In der Praxis wird gewöhnlich die Anfangsgeschwindigkeit v_0, die Schußweite X und der Abgangswinkel φ gemessen; es liegt also A_1 und v_0 vor. Dann ist eo ipso A_2 und damit der spitze Auffallwinkel ω, A_3 und damit die Endgeschwindigkeit v_e, A_4 und damit die Flugzeit T, A_5 und damit die Gipfelabszisse x_s, A_6 und damit die Gipfelhöhe y_s, und endlich $c\beta X$ und damit $c\beta$, folglich (bei gegegebenem Kaliber $2R$, Geschoßgewicht P und Luftgewicht δ) das Produkt βi bekannt.

Es leuchtet nach dem Obigen ein, daß und wie aus irgendeinem Lösungssystem mit zugehörigen Tabellen diese Faktoren A_1, A_2 ... berechnet werden können. So wurden z. B. aus den ballistischen Tabellen von Siacci 1896, sowie aus den dazugehörigen sekundären Tabellen von Fasella, worin mehrere der Faktoren berechnet vorliegen, von Oblt. Schatte auf Veranlassung des Verfassers zunächst die 6 Kurventafeln IIIa bis IIIg hergestellt und in die Auflage dieses Lehrbuchs von 1910 (Band IV) aufgenommen. Für die Auflagen von 1917 und 1918 wurden sodann die Abaken in der Richtung erweitert, daß sie auch zur Berechnung der Elemente eines beliebigen Flugbahnpunkts (xy) dienen und daß somit jede Flachbahnaufgabe mittels dieses halbgraphischen Verfahrens gelöst werden kann, ohne daß eine zweifache rechnerische Interpolation nötig ist.

Zu diesem Zwecke war es nur erforderlich, zwei weitere Abaken, nämlich die Kurven A_8 und A_9 (Abaken Nr. III_h und III_i) hinzuzufügen; die bisherigen Abaken A_1 bis A_7 konnten auch für diese allgemeinen Aufgaben beibehalten werden. Denn, wenn jetzt die Abszisse ξ den Wert $c\beta x$ des beliebigen Bahnpunkts (xy) bedeutet, so ist

$$A_1 = \frac{E(v_0,\, c\beta x)\cdot v_0{}^2}{\xi} = N(v_0,\, c\beta x)\cdot v_0{}^2; \qquad \text{(vgl. Gleichung (10) von § 30),}$$

$$A_3 = \frac{u}{v_0}, \quad \text{wo } u = \frac{v\cos\vartheta}{\cos\varphi}; \qquad \text{(vgl. Gleichung (5) von § 30),}$$

$$A_7 = v_0{}^2\cdot E(v_0,\, c\beta x); \qquad \text{(vgl. Gleichung (11) von § 30),}$$

$$A_8 = H(v_0,\, c\beta x); \qquad \text{(vgl. Gleichung (7) von § 30),}$$

$$A_9 = L(v_0,\, c\beta x); \qquad \text{(vgl. Gleichung (8) von § 30),}$$

man hat also für einen beliebigen Flugbahnpunkt mit den Elementen ϑ, v, t, $\xi = c\beta x$ das folgende Gleichungssystem:

$$\left.\begin{aligned} y &= x\cdot\operatorname{tg}\varphi - \frac{x}{2\,c\beta\,v_0{}^2\cos^2\varphi}\cdot A_7, \\ &= x\cdot\operatorname{tg}\varphi - \frac{x^2}{2\,v_0{}^2\cos^2\varphi}\cdot A_1, \end{aligned}\right\} \quad \text{dabei } \xi = c\beta x.$$

$$\operatorname{tg} \vartheta = \operatorname{tg} \varphi - \frac{1}{2\,c\,\beta\,\cos^2 \varphi} \cdot A_9 \,,$$

$$t = \frac{1}{c\,\beta\,\cos \varphi} \cdot A_8 \,,$$

$$v = \frac{v_0 \cos \varphi}{\cos \vartheta} \cdot A_3 \,.$$

dabei $\xi = c\,\beta\,x$.

Zahlenbeispiel. Gegeben: Anfangsgeschwindigkeit $v_0 = 550$ m/sec; Schußweite 6841 m; Abgangswinkel $\varphi = 20^0$; Geschoßgewicht $P = 6,9$ kg; Kaliber $2\,R = 0,079$ m; mittleres Luftgewicht $\delta = 1,206$ (kg/m³).

Gesucht: a) für den Auffallpunkt im Mündungshorizont: Der spitze Auffallwinkel ω, die Endgeschwindigkeit v_e, und die Gesamtflugzeit T, außerdem die Koordinaten x_s und y_s des Gipfelpunkts. Es wird

$$A_1 = \frac{v_0^2 \sin 2\,\varphi}{X} = 28,4, \qquad \text{daraus ergibt sich} \qquad \xi = 5150;$$

$$A_2 = \frac{\operatorname{tg} \omega}{\operatorname{tg} \varphi} = 1,74, \qquad \text{"} \qquad \text{"} \qquad \text{"} \qquad \omega = 32^0\,22';$$

$$A_3 = \frac{v_e \cos \omega}{v_0 \cos \varphi} = 0,37, \qquad \text{"} \qquad \text{"} \qquad \text{"} \qquad v_e \cos \omega = 191, \text{ also } v_e = 226 \text{ m/sec;}$$

$$A_4 = \frac{T}{\sqrt{X \cdot \operatorname{tg} \varphi}} = 0,512, \qquad \text{"} \qquad \text{"} \qquad \text{"} \qquad T = 25,5 \text{ sec;}$$

$$A_5 = \frac{x_s}{X} = 0,563, \qquad \text{"} \qquad \text{"} \qquad \text{"} \qquad x_s = 3855 \text{ m;}$$

$$A_6 = \frac{y_s}{X \cdot \operatorname{tg} \varphi} = 0,343, \qquad \text{"} \qquad \text{"} \qquad \text{"} \qquad y_s = 854 \text{ m;}$$

$$A_7 = \xi \cdot A_1 = 145\,000, \qquad \text{"} \qquad \text{"} \qquad \text{"} \qquad \beta\,c = 0,746, \text{ somit } i\beta = 0,972 \text{ und}$$
da $\beta = 0,905$ ist, wird $i = 1,07$.

b) Für den beliebigen Flugbahnpunkt, dessen Abszisse $x = 5000$ m ist, wird gesucht: die Ordinate y, der Neigungswinkel ϑ der Bahntangente, die Flugzeit t bis zum Erreichen dieses Punkts und die Geschoßgeschwindigkeit v in diesem Punkt.

Zu $x = 5000$ gehört $\xi = c\,\beta\,x = 3730$; damit erhält man $A_1 = 23$; $A_9 = 0,72$ $A_8 = 11,5$; $A_3 = 0,430$. Somit ist

$$y = x\,\operatorname{tg} \varphi - \frac{x^2}{2\,v_0^2 \cos^2 \varphi} \cdot A_1 = 740 \text{ m;}$$

$$\operatorname{tg} \vartheta = \operatorname{tg} \varphi - \frac{1}{2\,c\,\beta\,\cos^2 \varphi} \cdot A_9; \quad \vartheta = -10^0\,20';$$

$$t = \frac{1}{c\,\beta\,\cos \varphi} \cdot A_8 = 16,4 \text{ sec;}$$

$$v = \frac{v_0 \cos \varphi}{\cos \vartheta} \cdot A_3 = 225,3 \text{ m/sec.}$$

Anmerkungen. 1. Schon J. Didion hat die in seiner analytischen Lösungsmethode vorkommenden Funktionen in zweckmäßiger Weise durch Schaubilder dargestellt, wodurch die Interpolationen erleichtert werden. Seitdem sind in der Mathematik und Technik die graphischen Darstellungsverfahren wesentlich vervollkommnet worden, insbesondere durch M. d'Ocagne, R. Mehmke, C. Runge, R. Rothe, v. Pirani u. a. Auch in der Ballistik haben diese Verfahren immer mehr an Bedeutung gewonnen. Zur Darstellung einer Funktion zwischen 2 Veränderlichen können außer den gewöhnlichen rechtwinkligen oder schiefwinkligen Punktkoordinaten die logarithmischen und anderen „Funktionsskalen“, ferner häufig auch die „projektivischen Teilungen“ mit Vorteil angewandt werden. Und eine Funktion zwischen 3 Veränderlichen kann, statt durch eine Tabelle mit doppeltem Eingang, mittels einer Kurvenschar in einem Punktkoordinatensystem, häufig aber besser durch ein Nomogramm dargestellt werden, eine Rechentafel, die auf dem sogenannten Verfahren der fluchtrechten Punkte beruht (mit geradlinigen oder auch krummlinigen Skalenträgern). So ließe sich auch im vorliegenden Fall daran denken, ein Abaken-Nomogramm aufzustellen. Und im Anfang zu diesem Bande findet man ein Nomogramm für die Ermittlung des Tagesluftgewichts. Über diese Darstellungsmethoden im allgemeinen vgl. die Lit.-Note (d'Ocagne, Mehmke, Schultz, Schrutka, Schilling, J. E. Mayer, v. Sanden, Soreau, M. Pirani). In der Ballistik wurden solche Verfahren, wie es scheint, zuerst angewendet von den italienischen Ballistikern G. Pesci, G. Ronca, Garbasso; ferner von R. v. Portenschlag-Ledermayr, A. Nowakowski. Letzterer hat unter anderem ein Verfahren veröffentlicht, um die zu einer gegebenen Flughöhe y gehörige Flugbahnabszisse x mittels Anlegens logarithmischer Maßstäbe an eine für alle Flugbahnen von gleicher Anfangsgeschwindigkeit v_0 gültige Schaulinie zu ermitteln. Später hat A. Nowakowski eine eigenartige Schußtafeldarstellung beschrieben, die darauf beruht, daß man die Flugbahnen einer Schußtafel in eine krumme Oberfläche auseinanderlegt, und diese Oberfläche durch wagrechte Ebenen in Schichtlinien schneidet; er hat dies weiterhin auch angewendet zur Bestimmung der „schußtoten Räume“. In etwas anderer Weise hat Prof. Amann graphische Schußtafeln konstruiert, die während des Kriegs vielfache Verwendung gefunden haben.

2. Wenn von zahlreichen Flugbahnen mit verschiedenen Werten von v_0 je die Flugbahnelemente $\varphi\, X\, \omega\, v_e\, x_s\, y_s\, T \ldots$ direkt beobachtet wurden (photogrammetrische Messungen oder Aufnahmen nach der Methode F. Neesen), wäre es möglich, solche Abaken rein empirisch aufzustellen, ohne daß zuvor eine Luftwiderstandsfunktion samt den primären und sekundären Tabellen anzuwenden wäre; für β würde dabei etwa der Valliersche Formelausdruck genommen werden. Unter der Annahme, daß die Schußtafeln rein empirischer Natur wären, — was bekanntlich nicht der Fall ist —, wurden solche empirische Abaken aus einer größeren Anzahl von Schußtafeln hergestellt (Hörer Lt. Simon). Es zeigte sich, daß solche Tafeln für rasche und bequeme Lösung von Flugbahnaufgaben gute Dienste leisten könnten. Doch soll mit vorstehendem nicht gesagt werden, daß die Ballistik auf diesem empirischen Weg sich am zweckmäßigsten weiter entwickeln würde.

3. Die Form der Faktoren $A_1\, A_2 \ldots$ ist dieselbe, wie sie Siacci und Chapel unter Voraussetzung des quadratischen bzw. des kubischen Luftwiderstandsgesetzes in ihren Tabellen der Schußfaktoren (vgl. § 25) benützten. Durch die obigen Ausführungen hat sich somit gezeigt, daß den Faktoren $A_1\, A_2 \ldots$ insofern eine weit allgemeinere Bedeutung zukommt, als sie für ein beliebiges Luftwiderstandsgesetz aufgestellt und auf einen beliebigen Flugbahnpunkt angewendet werden können. Aber immer wird man sich der Voraussetzungen bewußt bleiben müssen, unter denen auch diese Lösung gebildet ist; es wäre daher verfehlt, wenn jemand diese Abaken für Steilbahnen verwenden wollte.

Sechster Abschnitt.

Reihenentwicklungen zur Berechnung einer Flugbahn in einem einzigen Bogen.

§ 32. Allgemeines. Methode von Piton - Bressant und Hélie. Formeln der Kommission von Gâvre. Methode von Duchêne. Methode des „Aide-Mémoire".

Wenn eine Funktion $F(x)$ in dem Intervall 0 bis x endlich und stetig ist samt ihren $n+1$ ersten, als existierend vorausgesetzten Ableitungen $F'(x)$, $F''(x)$, ..., $F^{(n+1)}(x)$, so ist bekanntlich nach Taylor-Maclaurin

$$F(x) = F(0) + x \cdot F'(0) + \frac{x^2}{2!} F''(0) + \cdots + \frac{x^n}{n!} F^{(n)}(0) + \text{Restglied } R,$$

wobei nach Lagrange $R = \frac{x^{n+1}}{(n+1)!} \cdot F^{(n+1)}(\varepsilon x)$; dabei ε eine unbekannte Zahl zwischen 0 und 1. Oder auch in Integralform

$$R = \frac{1}{n!} \cdot \int_{t=0}^{t=x} (x-t)^n \cdot F^{(n+1)}(t) \cdot dt.$$

Wird also $F(x)$ durch eine solche Potenzentwicklung berechnet und wird dabei die Berechnung bei dem Gliede $\frac{x^n}{n!} F^{(n)}(0)$ abgebrochen, so wird ein Fehler R begangen, und der Ausdruck für das Restglied R gestattet, für diesen Fehler Grenzen anzugeben, (mit der beliebig fortgesetzten Reihe $F(x) = F(0) + x \cdot F'(0) + \ldots$ usw. in infinitum darf nur gerechnet werden, wenn man in dem betreffenden Fall nachgewiesen hat, daß für $n = \infty$, $R = 0$ wird, d. h. wenn die Reihe konvergiert).

Im vorliegenden Falle möge es sich z. B. darum handeln, die Flugbahnordinate y in Funktion der zugehörigen Flugbahnabszisse x durch eine Reihenentwicklung darzustellen. Dann ist

$$F(x) = y; \qquad\qquad F(0) = y_{x=0} = 0,$$

$$F'(x) = \frac{dy}{dx} = \operatorname{tg} \vartheta; \qquad\qquad F'(0) = \operatorname{tg} \varphi,$$

$$F''(x) = \frac{d(\operatorname{tg} \vartheta)}{dx} = -\frac{g}{v^2 \cos^2 \vartheta} \text{ (vgl. § 17)}; \quad F''(0) = -\frac{g}{(v_0 \cos \varphi)^2},$$

$$F'''(x) = -g \cdot \frac{d}{dx}(v^2 \cos^2 \vartheta)^{-1} = +\frac{g \cdot 2\,v \cdot \cos \vartheta}{v^4 \cos^4 \vartheta} \cdot \frac{d(v \cos \vartheta)}{dt} \cdot \frac{dt}{dx},$$

13*

oder, da

$$\frac{d\,(v\cos\vartheta)}{d\,t} = -\,c\,f(v)\cos\vartheta \quad \text{und} \quad \frac{d\,x}{d\,t} = v\cos\vartheta$$

ist, wird

$$F'''(x) = -\,\frac{2\,g\cdot c\,f(v)\cdot\cos\vartheta}{(v\cos\vartheta)^4}, \quad F'''(0) = -\,\frac{2\,g\cdot c\,f(v_0)}{v_0^4\cos^3\varphi}.$$

Ebenso wird

$$F^{(\mathrm{IV})}(0) = \frac{2\,g\cdot c\,f(v_0)}{v_0^6\cdot\cos^4\varphi}\cdot\left[g\Big\{\frac{v_0\,(c\,f(v_0))'}{c\,f(v_0)} - 1\Big\}\cdot\sin\varphi + v_0\,(c\,f(v_0))' - 4\,c\,f(v_0)\right]$$

usw., wobei unter $(f(v))'$ die Ableitung nach v zu verstehen ist.

So lange das Geschoß sich über dem Mündungshorizont befindet, bleibt y samt seinen Ableitungen nach x jedenfalls endlich und stetig. Somit erhält man durch Einsetzen der berechneten Werte $F(0)$, $F'(0)$, ... in die obige Reihe die Entwicklung von y nach x. Die Tangentenneigung ϑ wird daraus wegen $\operatorname{tg}\vartheta = \frac{d\,y}{d\,x}$ durch einmalige Ableitung und die Horizontalkomponente $v\cos\vartheta$ der Geschwindigkeit wegen $v\cos\vartheta = \sqrt{\dfrac{-g}{y''}}$ (vgl. § 18) durch zweimalige Ableitung gewonnen. Endlich die Flugzeit t berechnet sich aus $d\,t = \dfrac{d\,x}{v\cos\vartheta}$ durch eine Integration, wobei $t = 0$ für $x = 0$ ist.

Man erhält so:

$$y = x\operatorname{tg}\varphi - \frac{g\,x^2}{2\,(v_0\cos\varphi)^2} - \frac{g}{3}\cdot\frac{c\,f(v_0)}{v_0}\left(\frac{x}{(v_0\cos\varphi)}\right)^3$$

$$- \frac{g}{12}\cdot\left[3\left(\frac{c\,f(v_0)}{v_0}\right)^2 - \left(\frac{c\,f(v_0)}{v_0}\right)'\{c\,f(v_0) + g\sin\varphi\}\right]\cdot\left(\frac{x}{v_0\cdot\cos\varphi}\right)^4$$

$$+ \cdots + \text{Restglied } R; \quad \text{oder}$$

$$y = x\operatorname{tg}\varphi - \frac{g\,x^2}{2\,(v_0\cos\varphi)^2}\cdot\left[1 + \frac{2}{3}\,\frac{c\,f(v_0)}{v_0^2\cos\varphi}\,x + \cdots\right] + \text{Restgl. } R \quad (1)$$

$$\operatorname{tg}\vartheta = \operatorname{tg}\varphi - \frac{g\,x}{(v_0\cos\varphi)^2}\cdot\left[1 + \frac{c\,f(v_0)}{v_0^2\cos\varphi}\,x + \cdots\right] + \text{Restgl. } R \quad (2)$$

$$t = \frac{x}{v_0\cos\varphi}\cdot\left[1 + \frac{c\,f(v_0)}{2\cdot v_0^2\cos\varphi}\,x + \cdots\right] + \text{Restgl. } R \quad (3)$$

$$v\cos\vartheta = v_0\cos\varphi\cdot\left[1 - \frac{c\,f(v_0)}{v_0^2\cos\varphi}\,x + \cdots\right] + \text{Restgl. } R. \quad (4)$$

Hier bedeutet, wenn z. B. das biquadratische Luftwiderstandsgesetz $c\,f(v) = c\,v^4$ zugrunde gelegt wird.

$$c\,f(v_0) = c\,v_0^4; \quad (c\,f(v_0))' = (c\,v^4)'_{x=0} = 4\,c\,v_0^3; \quad \left(\frac{c\,f(v_0)}{v_0}\right)' = 3\,c\,v_0^2, \quad \text{usw.}$$

Es lassen sich also für irgendein analytisch gegebenes Luftwiderstandsgesetz die Reihenentwicklungen ohne weiteres bilden.

Derartige Entwicklungen wurden schon seit Ende des 18. Jahrhunderts verschiedentlich durchgeführt, entweder mit x oder mit t oder mit ϑ oder s als der unabhängigen Variablen (Lambert, Borda, Tempelhof, Otto, Heim, Français, Pfister, Denecke, Ligowski, Neumann). Die Konvergenz der Reihenentwicklungen wurde dabei entweder als selbstverständlich betrachtet oder mit wenigen Worten abgetan.

Auch die von P. Haupt neuerdings ausgeführten Konvergenzuntersuchungen (vgl. Lit.-Note) sind nicht beweiskräftig. Erst in neuerer Zeit ist von C. Veithen in aller Strenge nachgewiesen worden, daß die ballistischen Potenzreihenentwicklungen von x und y in Funktion von t für alle endlichen Werte der Flugzeit t konvergieren, falls über die Luftwiderstandsfunktion eine gewisse Annahme gemacht wird.

In einfacherer Weise ist der Nachweis der Konvergenz neuerdings von Th. Vahlen geleistet worden (s. Lit.-Note). Dieser gibt an, weiterhin aus (1) durch Reihenumkehrung und durch die Spezialisierung $y = 0$ den folgenden Ausdruck für die Schußweite X gewonnen zu haben:

$$X = \frac{v_0{}^2 \sin 2\,\varphi}{g} \cdot \Big\{ 1 - \frac{4}{3} \cdot \frac{c\,f(v_0)}{g} \cdot \sin\varphi$$

$$+ \frac{8}{9} \cdot \frac{c\,f(v_0)}{g} \Big(\frac{c\,f(v_0)}{g} + \frac{3}{4} \cdot \frac{v_0}{g} \cdot (c \cdot f(v_0))' \Big) \sin^2\varphi + \cdots \Big\}. \quad (1\mathrm{a})$$

Neuerdings (1917) hat H. Zlamal (vgl. Lit.-Note) unter Zugrundelegung des Luftwiderstandsgesetzes $c\,f(v) = c\,v^n$ unendliche konvergente Potenzreihen für die Variablen $v\cos\vartheta$, x, y, t in Funktion von $\sin\vartheta$ aufgestellt. Die exakte Ableitung gilt allgemein für jeden positiv-reellen Wert der Konstanten c und n und gestattet die Anlegung von Tabellen. Auf diese Arbeit sei besonders hingewiesen.

Werden nur die 3 bzw. 4 ersten Glieder der Reihe (1) benützt, so heißt dies, daß die Flugbahn als eine Parabel 3. bzw. 4. Ordnung angesehen wird. So verfuhren z. B. Prehn, Dolliak, Piton-Bressant, Hélie, Mieg (letzterer rechnete mit höheren arithmetischen Reihen 3. bzw. 4. Ordnung, was inhaltlich dasselbe ist).

Einige Anwendungen.

1. **Methode von Piton-Bressant und Hélie; Formeln der Kommission von Gâvre.** Die Reihe (1) wird mit dem 3. Glied abgebrochen; der Faktor $\dfrac{2}{3} \dfrac{c\,f(v_0)}{v_0{}^2 \cos\varphi}$ wird kurz mit K bezeichnet und aus der Schußweite ermittelt. Man hat somit (vgl. auch § 19):

$$y = x\,\mathrm{tg}\,\varphi - \frac{g\,x^2}{2\,v_0{}^2 \cos^2\varphi} \cdot (1 + K x),$$

und daraus

$$\operatorname{tg} \vartheta = \operatorname{tg} \varphi - \frac{g\,x}{2\,v_0^{\,2}\cos^2\varphi}\,(2 + 3\,K\,x).$$

Für $x = X$ ist $y = 0$, $\vartheta = -\,\omega$. Wird also $1 + K\,X = Z$ gesetzt, so ist

$$\operatorname{tg} \varphi = \frac{g\,X}{2\,v_0^{\,2}\cos^2\varphi}\cdot Z; \quad Z = \frac{v_0^{\,2}\sin 2\varphi}{g\,X},$$

und Z bedeutet das Verhältnis zwischen der Schußweite im leeren Raum bei gleichen Werten von φ und v_0 und der Schußweite X im lufterfüllten Raum. Im Endpunkt der Bahn ist

$$\operatorname{tg}(-\,\omega) = \operatorname{tg}\varphi - \frac{g\,X}{2\,v_0^{\,2}\cos^2\varphi}\,(2 + 3\,K\,X) = \operatorname{tg}\varphi - \frac{\operatorname{tg}\varphi}{Z}\,(2 + 3\,(Z - 1))$$

$$= \operatorname{tg}\varphi\cdot\left(\frac{1}{Z} - 2\right).$$

Da ferner

$$-\,y'' = \frac{g}{v_0^{\,2}\cos^2\varphi}\,(1 + 3\,K\cdot x)$$

ist, so hat man

$$v\cos\vartheta = \frac{v_0\cos\varphi}{\sqrt{1 + 3\,K\,x}};$$

im Endpunkt

$$\frac{v_e\cos\omega}{v_0\cos\varphi} = \frac{1}{\sqrt{1 + 3\,K\,X}} = \frac{1}{\sqrt{3\,Z - 2}}.$$

Endlich die Flugzeit ergibt sich durch Integration aus

$$dt = dx\,\sqrt{\frac{-\,y''}{g}} = \frac{1}{v_0\cos\varphi}\,\sqrt{1 + 3\,K\,x}\cdot dx$$

zu

$$t = \frac{2}{9\,v_0\cos\varphi\,K}\cdot\left((1 + 3\,K\,x)^{\frac{3}{2}} - 1\right),$$

was mit $K = \dfrac{Z - 1}{X}$ leicht für den Endpunkt der Bahn spezialisiert werden kann. Die Gipfelabszisse x_s folgt aus der Bedingung $\vartheta = 0$.

Man erhält so das folgende Formelsystem:

Zusammenstellung.

a) Für einen beliebigen Flugbahnpunkt:

$$y = x\operatorname{tg}\varphi - \frac{g\,x^2}{2\,v_0^{\,2}\cos^2\varphi}\,(1 + K\,x). \tag{5}$$

Dabei K aus

$$1 + K\,X = \frac{v_0^{\,2}\sin 2\varphi}{g\,X}, \tag{6}$$

$$\operatorname{tg}\vartheta = \operatorname{tg}\varphi - \frac{g\,x}{2\,v_0^{\,2}\cos^2\varphi}\,(2 + 3\,K\,x), \tag{7}$$

$$\frac{v\cos\vartheta}{v_0\cos\varphi} = \frac{1}{\sqrt{1 + 3\,K\,x}}, \tag{8}$$

$$t = \frac{2}{9\,v_0\cos\varphi} \cdot \frac{(1+3\,K\,x)^{\frac{3}{2}}-1}{K} \qquad (9)$$

b) Für den Gipfelpunkt:

$$x_s = \frac{1}{3\,K} \cdot \left(\sqrt{1+3\,K\,X\,(1+K\,X)}-1\right) \qquad (10)$$

$$y_s = x_s\,\operatorname{tg}\varphi \cdot \frac{1+2\,K\,x_s}{2+3\,K\,x_s}. \qquad (11)$$

c) Für den Endpunkt im Mündungshorizont:

$$\frac{\operatorname{tg}\omega}{\operatorname{tg}\varphi} = 2 - \frac{1}{Z} = f_1\,(Z), \qquad (12)$$

$$\frac{v_e\cos\omega}{v_0\cos\varphi} = \frac{1}{\sqrt{3\,Z-2}} = f_2\,(Z), \qquad (13)$$

$$\frac{T\,v_0\cos\varphi}{X} = \frac{2}{9} \cdot \frac{(3\,Z-2)^{\frac{3}{2}}-1}{Z-1} = f_3\,(Z). \qquad (14)$$

Dabei

$$Z = 1 + K\,X = \frac{v_0^2\sin 2\varphi}{g\,X}. \qquad (15)$$

Häufig wird K für dasselbe Geschütz, dasselbe Geschoß und dieselbe Anfangsgeschwindigkeit v_0 als unabhängig von φ, also als eine Konstante der betreffenden Schußtafel behandelt. Tatsächlich ist aber, wie aus der Entwicklung (1) ohne weiteres ersichtlich ist, K von φ abhängig.

In der Tat gibt M. Hélie (vgl. Lit.-Note) für solche Fälle, in denen die Schußweite X nicht gegeben ist, sondern erst mittels K, v_0 und φ, also aus Gleichung (15) oder aus

$$X = \frac{1}{2\,K}\left(-1 + \sqrt{1 + \frac{4\,K\,v_0^2\sin 2\varphi}{g}}\right) \qquad (15\,\mathrm{a})$$

berechnet werden soll, eine empirische Formel für K, in der dieser Koeffizient K als eine Funktion von φ erscheint:

$$\frac{10^{10}\cdot P}{\delta\cdot(2\,R)^2\cdot\sin\gamma} \cdot K = v_0^2\,N\left\{-\frac{M}{N}(1-\cos\varphi)+\sec\varphi\right\}.$$

Dabei bedeutet, wie bisher, P das Geschoßgewicht (kg); δ das Luftgewicht (kg/cbm); $2\,R$ das Kaliber (m); γ den halben Ogivalwinkel an der Geschoßspitze, also den Winkel zwischen der Geschoßachse und der Tangente an die Ogivalkurve. Die Faktoren M und N hängen von v_0 ab. Hierfür werden empirische Formeln, sowie eine Tabelle gegeben. Die letztere ist hier im Auszug angeführt.

$v_0 =$ (m/sec)	$v_0\cdot N =$	$\dfrac{M}{N} =$	$v_0 =$ (m/sec)	$v_0\cdot N =$	$\dfrac{M}{N} =$
100	4 070 000	0	460	6 412 000	1,932
200	4 072 000	0	480	6 454 000	1,952
300	4 197 000	0,699	500	6 460 000	1,965
400	5 550 000	1,800	550	6 460 000	1,984
420	5 964 000	1,862	600	6 460 000	1,992
440	6 264 000	1,904	650	6 460 000	1,996

Z. B. für $2R = 0{,}242$; $v_0 = 470$; $\delta = 1{,}208$; $P = 120$; $\gamma = 41^0\,42'$ findet sich: $v_0 \cdot N = 6\,441\,000$; $M/N = 1{,}943$. Daraus wird z. B. für $\varphi = 45^0$ mittels Gleichung (15a) die Schußweite $X = $ rund 11000 m erhalten.

Für $f_1(Z)$, $f_2(Z)$, $f_3(Z)$ ist nachstehend eine Tabelle gegeben.

Beispiel.

Gegeben $X = 3300$ m bei $\varphi = 10^0$ und $v_0 = 354$ m/sec.

Gesucht φ, v_e, ω und T für $X = 4000$ m.

Man erhält K aus

$$1 + K \cdot 3300 = \frac{354^2 \cdot \sin(2 \cdot 10)}{9{,}81 \cdot 3300}, \quad K = \frac{0{,}32}{3300}.$$

Für die Schußweite $X = 4000$ berechnet sich der zugehörige Abgangswinkel φ aus

$$\frac{354^2 \cdot \sin 2\varphi}{9{,}81 \cdot 4000} = 1 + \frac{0{,}32}{3300} \cdot 4000 = 1{,}388, \quad \text{daraus } \varphi = 12^0\,53'.$$

Für dieselbe Schußweite 4000 wird sodann, da $Z = 1{,}388$, also gemäß der Tabelle $f_1(Z) = 1{,}279$, $f_2(Z) = 0{,}680$, $f_3(Z) = 1{,}250$ ist,

$$\frac{\operatorname{tg}\omega}{\operatorname{tg}(12^0 53')} = 1{,}279; \quad \omega = 16^0\,18';$$

$$\frac{v_e \cdot \cos(16^0 55')}{354 \cdot \cos(12^0 53')} = 0{,}680; \quad v_e = 244 \text{ m/sec};$$

$$\frac{T \cdot 354 \cdot \cos(12^0 53')}{4000} = 1{,}250; \quad T = 14{,}5.$$

Diese so berechneten Werte φ, ω, v_e, T dürften mit der Wirklichkeit ziemlich gute Übereinstimmung liefern. Wollte man jedoch z. B. aus den Angaben für die Schußweite 3300 und dem zugehörigen K-Wert auf die Bahnelemente für die Schußweite 6000 schließen, so würden die Fehler voraussichtlich schon ungehörig groß werden.

2. Methode von Duchêne (Frankreich).

Die Flugbahngleichung wird in der Form angenommen:

$$y = x \operatorname{tg}\varphi - \frac{g x^2}{2 v_0^2 \cos^2 \varphi}\left[1 + \frac{A x}{\cos \varphi} + \frac{B x^2}{\cos^2 \varphi}\right], \qquad (16)$$

wobei A und B als nur abhängig von v_0 (bei gleichem Geschoß), aber als unabhängig von φ, d. h. als Konstanten der betreffenden Schußtafel genommen werden.

Um A und B zu ermitteln, braucht man zwei empirisch bestimmte Wertepaare z. B. von X und φ. Verwendet man diese in der Gleichung

$$\frac{v_0^2 \sin 2\varphi}{g X} = 1 + \frac{A \cdot X}{\cos \varphi} + \frac{B \cdot X^2}{\cos^2 \varphi}, \qquad (17)$$

so hat man 2 Gleichungen für die Unbekannten A und B. Z. B. sei gegeben für $v_0 = 529$ m/sec.

$$X_1 = 1800 \text{ m}, \quad \varphi_1 = 2^0\,28'$$

und $\qquad X_2 = 2200$ m, $\quad \varphi_2 = 3^0\,12'$,

so wird $\qquad A = 1{,}984 \cdot 10^{-4}$ und $B = 1{,}724 \cdot 10^{-9}$.

Z	$f_1(Z)$	$f_2(Z)$	$f_3(Z)$
1,00	1,0000	1,0000	1,0000
1,05	1,0476	0,9325	1,0366
1,10	1,0909	0,8771	1,0716
1,15	1,1304	0,8305	1,1052
1,20	1,1667	0,7906	1,1376
1,25	1,2000	0,7559	1,1689
1,30	1,2308	0,7255	1,1992
1,35	1,2593	0,6984	1,2287
1,40	1,2857	0,6742	1,2573
1,45	1,3103	0,6523	1,2852
1,50	1,3333	0,6325	1,3124
1,55	1,3548	0,6143	1,3390
1,60	1,3750	0,5976	1,3650
1,65	1,3939	0,5822	1,3904
1,70	1,4118	0,5680	1,4153
1,75	1,4286	0,5547	1,4397
1,80	1,4444	0,5423	1,4637
1,85	1,4595	0,5307	1,4873
1,90	1,4737	0,5199	1,5104
1,95	1,4872	0,5096	1,5332
2,00	1,5000	0,5000	1,5556
2,05	1,5122	0,4909	1,5776
2,10	1,5238	0,4822	1,5993
2,15	1,5349	0,4740	1,6207
2,20	1,5455	0,4662	1,6418
2,25	1,5556	0,4588	1,6626
2,30	1,5652	0,4517	1,6832
2,35	1,5745	0,4450	1,7035
2,40	1,5833	0,4385	1,7235
2,45	1,5918	0,4323	1,7433
2,50	1,6000	0,4264	1,7628
2,55	1,6078	0,4207	1,7821
2,60	1,6154	0,4153	1,8012
2,65	1,6226	0,4100	1,8201
2,70	1,6296	0,4049	1,8387
2,75	1,6364	0,4000	1,8571
2,80	1,6429	0,3953	1,8754
2,85	1,6491	0,3907	1,8935
2,90	1,6552	0,3863	1,9114
2,95	1,6610	0,3821	1,9291
3,0	1,6667	0,3780	1,9467
3,1	1,6774	0,3701	1,9813
3,2	1,6875	0,3627	2,0153
3,3	1,6970	0,3558	2,0487
3,4	1,7059	0,3492	2,0816
3,5	1,7143	0,3430	2,1139
3,6	1,7222	0,3371	2,1457
3,7	1,7297	0,3315	2,1771
3,8	1,7368	0,3262	2,2079
3,9	1,7436	0,3211	2,2384
4,0	1,7500	0,3162	2,2684
4,5	1,7778	0,2949	2,4126
5,0	1,8000	0,2774	2,5485
5,5	1,8182	0,2626	2,6772
6,0	1,8333	0,2500	2,8000
7,0	1,8571	0,2294	3,0303
8,0	1,8750	0,2132	3,2441
9,0	1,8889	0,2000	3,4444
10,0	1,9000	0,1890	3,6336

$$\operatorname{tg}\omega = \operatorname{tg}\varphi \cdot f_1(Z)\,;\quad v_e\cos\omega = v_0\cos\varphi \cdot f_2(Z)\,;\quad T=\frac{X}{v_0\cos\varphi}\cdot f_3(Z)\,;\quad Z=1+KX=\frac{v_0^2\sin 2\varphi}{gX}\,.$$

Alsdann erhält man für dasselbe Geschoß, dieselbe Anfangsgeschwindigkeit v_0, aber irgendeinen anderen Abgangswinkel die Elemente mittels:

$$y = x \cdot \operatorname{tg} \varphi - \frac{g x^2}{2 v_0^2 \cos^2 \varphi} \cdot (1 + p + q \cdot p^2) \tag{18}$$

$$\operatorname{tg} \vartheta = \operatorname{tg} \varphi - \frac{g x}{v_0^2 \cos^2 \varphi} \cdot \left(1 + \frac{3}{2} p + 2 q \cdot p^2\right) \tag{19}$$

$$v \cos \vartheta = v_0 \cos \varphi \cdot (1 + 3 p + 6 p \cdot q^2)^{-\frac{1}{2}} \tag{20}$$

$$t = \frac{x}{v_0 \cos \varphi} \cdot \frac{1}{p} \int_0^p \sqrt{1 + 3 p + 6 q p^2} \cdot dp, \tag{21}$$

wobei zur Abkürzung $\dfrac{A}{\cos \varphi} \cdot x = p$ und $\dfrac{B}{A^2} = q$ gesetzt ist.

Diese Methode von Duchêne ist mit Rücksicht auf (1) genauer
als die vorige, aber weniger bequem zu handhaben.

3. Wenn man beabsichtigt, eine und dieselbe Flugbahn durch
eine ganze rationale algebraische Funktion vom 3. bzw. 4. Grad darzustellen und alsdann zu beliebigen Entfernungen x die Flughöhen y zu ermitteln oder auch die Flugbahn zu zeichnen,
so ist hierfür eine große Zahl von Möglichkeiten gegeben.

Eine Flugbahnparabel 3. Ordnung, z. B.

$$y = a_0 + a_1 x + a_2 x^2 + a_3 x^3,$$

ist durch die Schußweite X, den Abgangswinkel φ und den spitzen
Auffallwinkel ω eindeutig gegeben, wegen der 4 Bedingungen, daß
für $x = 0$, $y = 0$ und $y' = \operatorname{tg} \varphi$, für $x = X$, $y = 0$ und $y' = - \operatorname{tg} \omega$
sein soll. Somit ist

$$y = x \cdot \operatorname{tg} \varphi - \frac{2 \operatorname{tg} \varphi - \operatorname{tg} \omega}{X} x^2 - \frac{\operatorname{tg} \omega - \operatorname{tg} \varphi}{X^2} \cdot x^3. \tag{22}$$

Eine Parabel 4. Ordnung $y = a_0 + a_1 x + a_2 x^2 + a_3 x^3 + a_4 x^4$ ist
z. B. durch den Abgangswinkel φ, die Anfangsgeschwindigkeit v_0, die
Schußweite X und den spitzen Auffallwinkel ω festgelegt, da für $x = 0$,
$y = 0$, $y' = \operatorname{tg} \varphi$, $v_0 \cos \varphi = \sqrt{\dfrac{-g}{y''}}$ und für $x = X$, $y = 0$ und $y' = - \operatorname{tg} \omega$
sein muß, also 5 Bedingungsgleichungen vorliegen. Wegen der ersten
drei Bedingungen erhält man zunächst die Form

$$y = x \cdot \operatorname{tg} \varphi - \frac{g x^2}{2 v_0^2 \cos^2 \varphi} (1 + A x + B x^2). \tag{23}$$

Die noch übrigen 2 Koeffizienten A und B erhält man sodann aus:

$$\left. \begin{aligned} A X + B X^2 &= \frac{v_0^2 \sin^2 \varphi}{g X} - 1 \\ 3 A X + 4 B X^2 &= (\operatorname{tg} \varphi + \operatorname{tg} \omega) \cdot \frac{2 v_0^2 \cos^2 \varphi}{g X} - 2 \end{aligned} \right\}. \tag{24}$$

Z. B. gegeben $v_0 = 406 \text{ m/sec}$; $\varphi = 35^0$; $X = 8700 \text{ m}$; $\omega = 46^0 19'$. Es wird $A = \dfrac{31{,}3}{8700}$; $B = \dfrac{-14{,}2}{8700^2}$. Damit erhält man mittels (23) $y_s = 1900 \text{ m}$, (nach den Ottoschen Tabellen ist $y_s = 1855 \text{ m}$).

Sind die Koeffizienten nun bekannt, so berechnet man die Flughöhe y zu verschiedenen Entfernungen x etwa mit Hilfe des Hornerschen Schemas und, wenn es sich um zahlreiche äquidistante Werte x handelt, mittels arithmetischer Reihen. Ohne jede Rechnung, nur mit Hilfe von Millimeterpapier und rechtem Winkel, kann y zu beliebigem x graphisch ermittelt werden. Und das Zeichnen einer solchen Parabel höherer Ordnung kann nach dem Vorschlag von Abdank-Abakanowitz mit Hilfe seines Integraphen in besonders einfacher Weise erfolgen. Das Prinzip ist das folgende: Es liege z. B. die Funktion 4. Grads vor $y = a_1 x + a_2 x^2 + a_3 x^3 + a_4 x^4$, mit nunmehr bekannten Koeffizienten. Bildet man die 3 ersten Ableitungen, so hat man

$$y' = a_1 + 2\,a_2 x + 3\,a_3 x^2 + 4\,a_4 x^3$$

$$y'' = 2\,a_2 + 6\,a_3 x + 12\,a_4 x^2$$

$$y''' = 6\,a_3 + 24\,a_4 x.$$

Die letzte Gleichung stellt, mit x und y''' als Koordinaten, eine gerade Linie vor. Diese wird gezeichnet und alsdann mit dem Integraphenstift befahren, wobei die Integrationskonstante aus der Bedingung $y'' = 2\,a_2$ für $x = 0$ bestimmt wird. Die so erhaltene Parabel 2. Ordnung wird wiederum befahren, wobei die Integrationskonstante aus der Forderung sich ergibt, daß für $x = 0$ $y' = a_1$ sei. Man erhält eine Parabel 3. Ordnung. Diese wird noch einmal integriert, wobei für $x = 0$, $y = 0$. Auf diese Weise ist schließlich die Flugbahn als Parabel 4. Ordnung gezeichnet. Ihr Schnitt mit der x-Achse gibt eine reelle Wurzel der Gleichung $0 = a_1 x + a_2 x^2 + a_3 x^3 + a_4 x^4$; also die Schußweite $x = X$, für die $y = 0$ ist.

Über die Einzelheiten der rechnerischen und graphischen Methoden vergleiche man die „Praktische Analysis" von H. von Sanden, und über das mechanische Integraphen-Verfahren das Buch von Abdank-Abakanowitz, Les Intégraphes, Paris 1889, vgl. Lit.-Note.

4. Wenn für ein bestimmtes Geschütz- und Geschoßsystem eine gewöhnliche Schußtafel (für Ziele im Mündungshorizont) vorliegt, so handelt es sich häufig um die Aufgabe, allein mit Hilfe dieser Schußtafel die Bahnelemente eines Punktes P zu ermitteln, der nicht im Mündungshorizont liegt.

Hierfür kann unter anderem die in Frankreich entstandene „Methode des Aide-Mémoire" dienen (Aide-mémoire des officiers d'artillerie, vgl. die Lit.-Note Vallier). Die Grundlage bildet die Voraussetzung, daß die Flugbahngleichung zwischen x und y die Form habe:

$$y = x \operatorname{tg} \varphi - \frac{g x^2}{2 v_0^2 \cos^2 \varphi} \cdot F(x). \tag{a}$$

Diese Voraussetzung ist zwar ziemlich allgemeiner Natur, aber wie man aus der Reihenentwicklung (1) erkennt, trifft sie auch dann nicht genau zu, wenn es sich um dasselbe Geschütz- und Geschoßsystem, dasselbe Luftgewicht und dieselbe Anfangsgeschwindigkeit v_0 handelt. Denn innerhalb derselben Schußtafel wechselt der Abgangswinkel φ; von diesem hängt aber gemäß (1) die Funktion F gleichfalls ab.

Für dasselbe Geschütz und dieselbe Ladung kann obige Gleichung geschrieben werden:

$$y = x \operatorname{tg} \varphi - \frac{f(x)}{\cos^2 \varphi}, \tag{b}$$

woraus

$$\operatorname{tg} \vartheta = y' = \operatorname{tg} \varphi - \frac{f'(x)}{\cos^2 \varphi} \tag{c}$$

und

$$\frac{g}{(v \cos \vartheta)^2} = - y'' = + \frac{f''(x)}{\cos^2 \varphi}. \tag{d}$$

Hier mögen x, y die Koordinaten OA, AB der Flugbahn OB oder 1 bedeuten, die den Abgangswinkel φ besitzt; ϑ die Tangentenneigung in B, v die Geschwindigkeit in B (vgl. Abbildung 51).

Man denke sich nun diejenige Flugbahn 2, welcher die Schußweite OA oder x und nach der vorhanden gedachten Schußtafel der Abgangswinkel φ_x, der spitze Auffallwinkel ω_x in A, die Endgeschwindigkeit v_{ex} in A und die Gesamtflugzeit T_x zugehört. Diese Flugbahn 2 hat die Gleichung

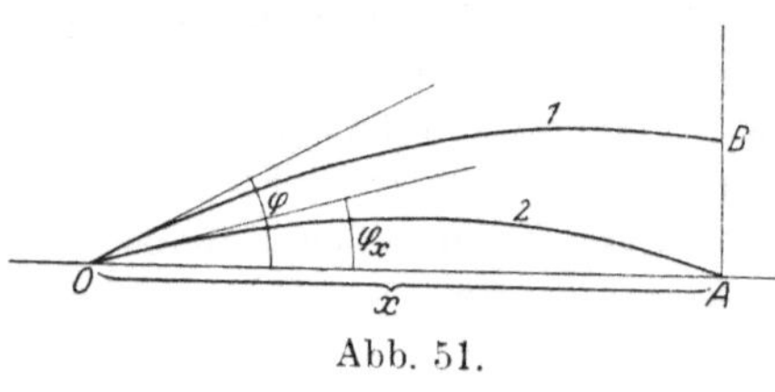

Abb. 51.

$$y = x \operatorname{tg} \varphi_x - \frac{f(x)}{\cos^2 \varphi_x},$$

woraus

$$\operatorname{tg} \vartheta = \operatorname{tg} \varphi_x - \frac{f'(x)}{\cos^2 \varphi_x}; \qquad \frac{g}{(v \cos \vartheta)^2} = \frac{f''(x)}{\cos^2 \varphi_x}.$$

Wenn jedoch in diesen Gleichungen x speziell die Schußweite OA der Flugbahn 2 und zugleich die Abszisse OA des Punktes B der Flugbahn 1 bedeutet, so hat man

$$0 = x \operatorname{tg} \varphi_x - \frac{f(x)}{\cos^2 \varphi_x}, \tag{e}$$

$$\operatorname{tg}(- \omega_x) = \operatorname{tg} \varphi_x - \frac{f'(x)}{\cos^2 \varphi_x}, \tag{f}$$

$$\frac{g}{(v_{ex} \cdot \cos \omega_x)^2} = \frac{f''(x)}{\cos^2 \varphi_x}. \tag{g}$$

Durch Elimination von $f(x)$ aus (b) und (e), von $f'(x)$ aus (c) und (f), von $f''(x)$ aus (d) und (g) erhält man der Reihe nach:

$$y = x\left(\operatorname{tg}\varphi - \frac{\cos^2\varphi_x \cdot \operatorname{tg}\varphi_x}{\cos^2\varphi}\right) = x \cdot \frac{\sin(2\varphi) - \sin(2\varphi_x)}{2\cdot\cos^2\varphi};$$

$$\operatorname{tg}\vartheta = \operatorname{tg}\varphi - \frac{\cos^2\varphi_x\cdot\operatorname{tg}\varphi_x}{\cos^2\varphi} - \frac{\cos^2\varphi_x\cdot\operatorname{tg}\omega_x}{\cos^2\varphi} = \frac{y}{x} - \frac{\operatorname{tg}\omega_x\cdot\cos^2\varphi_x}{\cos^2\varphi};$$

$$\frac{v\cos\vartheta}{v_{ex}\cdot\cos\omega_x} = \frac{\cos\varphi}{\cos\varphi_x}.$$

Endlich die Flugzeit t von O bis B ergibt sich aus

$$\frac{dt}{dx} = \frac{1}{v\cos\vartheta} = \frac{\cos\varphi_x}{\cos\varphi}\cdot\frac{1}{v_{ex}\cdot\cos\omega_x}.$$

Danach wird (näherungsweise) gesetzt:

$$t = T_x\cdot\frac{\cos\varphi_x}{\cos\varphi}.$$

Zusammenstellung:

$$\boldsymbol{y = x\cdot\left(\operatorname{tg}\varphi - \frac{\cos^2\varphi_x\cdot\operatorname{tg}\varphi_x}{\cos^2\varphi}\right)} \tag{25}$$

$$\boldsymbol{\operatorname{tg}\vartheta = \frac{y}{x} - \frac{\operatorname{tg}\omega_x\cdot\cos^2\varphi_x}{\cos^2\varphi}} \tag{26}$$

$$\boldsymbol{v\cos\vartheta = v_{ex}\cdot\cos\omega_x\cdot\frac{\cos\varphi}{\cos\varphi_x}} \tag{27}$$

$$\boldsymbol{t = T_x\cdot\frac{\cos\varphi_x}{\cos\varphi}.} \tag{28}$$

Die Gleichung (25) dient dazu, die Flughöhe (Sprenghöhe) AB oder y zu berechnen, wenn der Abgangswinkel φ gegeben ist. Nach φ aufgelöst lautet sie

$$\operatorname{tg}\varphi = \frac{1}{\sin(2\varphi_x)}\cdot\left(1 - \sqrt{\cos^2(2\varphi_x) - 2\cdot\operatorname{tg}E\cdot\sin(2\varphi_x)}\right), \tag{29}$$

wobei $\operatorname{tg}E = \dfrac{y}{x}$, und gestattet dann, denjenigen Abgangswinkel φ zu berechnen, unter dem das gegebene Ziel B oder (xy) getroffen wird. Gleichung (26) liefert ϑ, alsdann (27) die Geschwindigkeit v und (28) die Flugzeit t.

Sind die Abgangswinkel φ und φ_x wenig voneinander verschieden, so lassen sich diese Gleichungen (25) bis (28) näherungsweise durch die folgenden ersetzen $\dfrac{y}{x} = \operatorname{tg}\varphi - \operatorname{tg}\varphi_x$; $\operatorname{tg}\vartheta = \dfrac{y}{x} - \operatorname{tg}\omega_x$; $v\cos\vartheta = v_{ex}\cdot\cos\omega_x$; $t = T_x$.

Da $\dfrac{y}{x}$ der Tangens des Höhenwinkels BOA oder E ist, unter dem das Ziel von O aus gesehen wird (E Geländewinkel), so ist die erstere dieser Gleichungen gleichbedeutend mit: $\operatorname{tg} E = \operatorname{tg}\varphi - \operatorname{tg}\varphi_x$ oder bei kleinen Winkeln mit: $E = \varphi - \varphi_x$ („Schwenken der Flugbahn").

Die Gleichungen (25) bis (28) liefern, mindestens bis zu Abgangswinkeln φ von 20^0, meistens brauchbare Näherungswerte.

5. **Mit dem Restglied R in Integralform** hat (vgl. § 28) zuerst E. Vallier 1886 in der Ballistik gerechnet.

Die betreffenden Gleichungen für y, ϑ, v und t lauteten folgendermaßen:

$$y = x\operatorname{tg}\varphi - \frac{gx^2}{2v_0^2\cos^2\varphi} - g\int_{\xi=0}^{\xi=x}(x-\xi)^2\cdot\left(\frac{cf(v)}{v^4\cos^3\vartheta}\right)_\xi\cdot d\xi \qquad (30)$$

$$\operatorname{tg}\vartheta = \operatorname{tg}\varphi - \frac{gx}{v_0^2\cos^2\varphi} - 2g\int_{\xi=0}^{\xi=x}(x-\xi)\cdot\left(\frac{cf(v)}{v^4\cos^3\vartheta}\right)_\xi\cdot d\xi \qquad (31)$$

$$v\cos\vartheta = v_0\cos\varphi - \frac{cf(v_0)}{v_0}x + \frac{1}{2}\cdot\int_{\xi=0}^{\xi=x}\left(\frac{cf(v)}{v}\right)'\cdot\left(\frac{cf(v)+g\sin\vartheta}{v\cos\vartheta}\right)_\xi(x-\xi)\cdot d\xi \qquad (32)$$

$$t = \frac{x}{v_0\cos\varphi} + \int_{\xi=0}^{\xi=x}(x-\xi)\cdot\left(\frac{cf(v)}{v^3\cos^2\vartheta}\right)_\xi\cdot d\xi. \qquad (33)$$

Abgesehen von der dritten Gleichung stellt hier das Integral je die Korrektion der Gleichungen des luftleeren Raumes für den lufterfüllten Raum dar.

Eine Anwendung Valliers bezieht sich auf eine Ableitung anderer Art für die Gleichungen von § 25 für Flachbahnen. Es sei das biquadratische Luftwiderstandsgesetz $cf(v) = cv^4$ vorausgesetzt, und für $\sec\vartheta$ sei ein konstanter Mittelwert α (Didionscher Mittelwert) vor das Integral genommen. Damit wird Gleichung (30)

$$y = x\operatorname{tg}\varphi - \frac{gx^2}{2v_0^2\cos^2\varphi} - gc\alpha^3\cdot\int_{\xi=0}^{\xi=x}(x-\xi)^2\cdot d\xi$$

oder

$$y = x\operatorname{tg}\varphi - \frac{gx^2}{2v_0^2\cos^2\varphi}\left(1 + \frac{2}{3}c\alpha^3 v_0^2\cos^2\varphi\cdot x\right)$$

wie in § 25.

Eine Anwendung zur Berechnung eines Ausdrucks für den Ausgleichsfaktor β war in § 28 besprochen worden.

Siebenter Abschnitt.

Zweite Hauptgruppe von Näherungslösungen des speziellen außerballistischen Problems:

Streckenweise graphische Konstruktion oder stückweise numerische Berechnung einer Flugbahn.

Es sei die Anfangsgeschwindigkeit v_0 und der Abgangswinkel φ für ein bestimmtes Geschoß von der Masse $m = \dfrac{P}{g}$, dem Kaliber $2\,R$ und dem Formfaktor i gegeben; mittleres Luftgewicht δ. Man will durch sukzessiven Aufbau der Flugbahn die ballistischen Elemente $xyvt$ für die aufeinanderfolgenden Punkte der Bahn ermitteln, unter Zugrundelegung eines bestimmten Luftwiderstandsgesetzes. Hiefür wird am besten die neuere Luftwiderstandstabelle von O. v. Eberhard gewählt. Falls $v_0 < 240$ m/sec, genügt es für manche Zwecke, nach Mayevski die Verzögerung durch den Luftwiderstand zu setzen gleich $c \cdot f(v) = \dfrac{0{,}014 \cdot R^2 \pi \cdot \delta \cdot i \cdot g}{P \cdot 1{,}206} \cdot v^2$;   Luftwiderstand $W\,(\mathrm{kg}) = m \cdot c \cdot f(v)$

$$= \frac{0{,}014 \cdot R^2 \pi \cdot \delta \cdot i \cdot v^2}{1{,}206}.$$

§ 33. Das graphische Verfahren von Poncelet (1827) und Didion (1848).

Dieses Verfahren beruht auf der Anwendung des Satzes von der lebendigen Kraft. Es sei M_0 der Abgangspunkt. Man denkt sich zunächst die Flugbahn in so kleine Teile $M_0 M_1$, $M_1 M_2$, $M_2 M_3$ usw. zerlegt, daß jedes Bogenstück als geradlinig betrachtet werden kann; man faßt also die Flugbahn als ein Polygon mit geraden Seiten auf.

Der Luftwiderstand im Anfangspunkt M_0 ist längs der Anfangstangente, also der Voraussetzung zufolge längs $M_1 M_0$ gerichtet. In derselben Richtung wirkt außerdem die eine Komponente der Schwerkraft, die wir uns in der Richtung der Tangente und Normale in jedem Kurvenpunkt zerlegt denken. Also hat man längs der Tangente in M_0 als Summe aus Luftwiderstand W und Tangentialkomponente $N_0 P_0$ des Gewichts die Kraft $T_0 = W(v_0) + P \cdot \sin \varphi$; diese Summe kann aus v_0, φ, P, c berechnet werden. Nun ist längs der

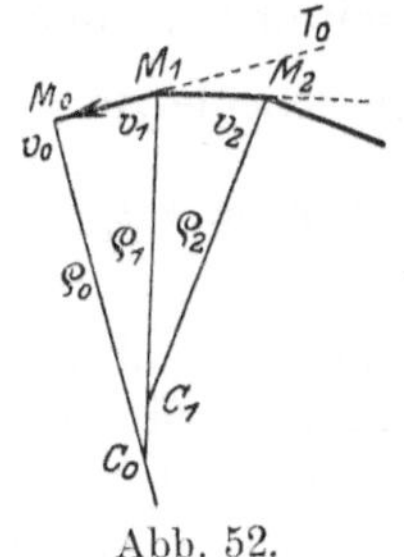

Abb. 52.

Tangente die Abnahme der lebendigen Kraft des Geschosses gleich
der Arbeit der Kraft T_0 auf dem sehr kleinen Weg $M_0 M_1$; die Kraft T_0
sehen wir längs dieses Weges als konstant an und haben

$$\tfrac{1}{2}\, m \cdot v_0{}^2 - \tfrac{1}{2}\, m \cdot v_1{}^2 = M_0 M_1 \cdot T_0.$$

Hieraus läßt sich v_1 berechnen; denn man kennt T_0, v_0 und die
Geschoßmasse m und kann $M_0 M_1$ (beliebig klein) wählen.

Dieser Bogen $M_0 M_1$ wird folgendermaßen beschrieben: Die Komponentensumme $M_0 N_0$ oder N_0 entlang der Normalen $M_0 C_0$ gibt die
Arbeit Null. Die Kraft N_0 wird dazu verwendet, die Bahn zu krümmen;
sie hat die Größe $N_0 = m \cdot \dfrac{v_0{}^2}{\varrho_0}$. Daraus kennt man den Krümmungsradius $M_0 C_0$ oder ϱ_0 in M_0, damit den Schnittpunkt C_0 der zwei aufeinanderfolgenden Normalen $M_0 C_0$ und $M_1 C_0$; um C_0 beschreibt man
danach einen sehr kurzen, also mit der Sekante $M_0 M_1$ nahezu zusammenfallenden Kreisbogen $M_0 M_1$ mit dem Radius $M_0 C_0$. Damit ist
man im Punkt M_1 angelangt, wo man als neue
Tangentenrichtung $M_1 M_2$ die Kreisbogentangente in M_1 oder die Senkrechte zu $M_1 C_0$
hat. So fährt man fort.

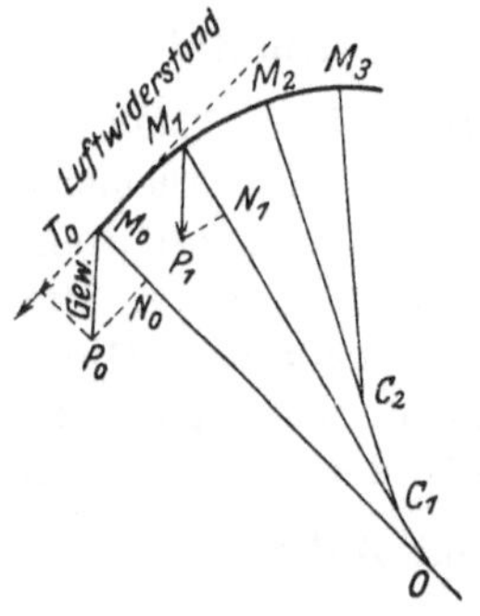

Abb. 53.

Nachdem der Gipfel überschritten ist, werden natürlich die zwei Kräfte: Luftwiderstand
und tangentiale Schwerkraftskomponente einander entgegengesetzt gerichtet sein, weshalb man bei Berechnung
von T auf das Vorzeichen zu achten hat.

Endlich die Flugzeit ermittelt man folgendermaßen:

Zum Zurücklegen des Bogens $M_0 M_1$ brauche das Geschoß die sehr
kleine Zeit t; längs $M_0 M_1$ sehen wir die Kraft T_0 als konstant an
diese ist also gleich bewegter Masse m des Geschosses multipliziert
mit dem Verhältnis der Geschwindigkeitsabnahme $v_0 - v_1$ zur Zeit t, in
welcher letztere erfolgt, also $T_0 = m \cdot \dfrac{v_0 - v_1}{t}$, hieraus wird $t = \dfrac{m v_0 - m v_1}{T_0}$,
oder da $m v_0{}^2 - m v_1{}^2 = 2\, M_0 M_1 \cdot T_0$, so ist $t = \dfrac{M_0 M_1}{\dfrac{v_0 + v_1}{2}}$, ein Ergebnis,

das man auch daraus ableiten kann, daß der Weg $M_0 M_1$, welcher
tatsächlich mit abnehmender Geschwindigkeit vom Geschoß beschrieben
wird, auch mit einer konstanten Geschwindigkeit beschrieben gedacht
werden kann, welche gleich ist dem arithmetischen Mittel aus den
beiden Endgeschwindigkeiten v_0 und v_1 in M_0 und M_1.

Die ganze Flugzeit ist dann die Summe aller dieser Zeitteilchen t.
Auch der Gipfel, der Punkt kleinster Geschwindigkeit und

der Punkt des kleinsten Krümmungshalbmessers lassen sich mit dieser Methode graphisch bestimmen.

Bei sehr flachen Bahnen wird der Krümmungsradius ϱ_0, ϱ_1 usw. sehr groß, so daß die Punkte $C_0 C_1 \ldots$ über das Zeichnungsblatt hinausfallen würden. In diesem Fall schlägt Didion vor, die Bögen $M_0 M_1$, $M_1 M_2$ usw. als Kreisbögen oder auch Parabelbögen zu berechnen. Bei ersterer Annahme z. B. habe man, $M_0 T_0$ als Abszissenachse und die Richtung von $M_0 C_0$ als Ordinatenachse betrachtet, (xy) als Koordinaten von M_1; so ist $x^2 + y^2 - 2\varrho_0 \cdot y = 0$, woraus ϱ_0 bzw. y folgt; das Nähere s. bei Didion.

§ 34. Graphisches Verfahren von C. Cranz und R. Rothe mit den Modifikationen von C. Veithen und L. Gümbel.

1. Wie C. Cranz und R. Rothe (vgl. Lit.-Note) gezeigt haben, läßt sich das außerballistische Hauptproblem für ein beliebig gegebenes Luftwiderstandsgesetz — nämlich auch dann, wenn dieses Gesetz nur in Tabellen- oder Kurvenform vorlegt —, sogar bei beliebig mit der Höhe veränderlichem ballistischem Koeffizienten und ohne Verwendung von Mittelwerten, — auf graphischem Wege vollständig lösen, und zwar mit einer Genauigkeit, die theoretisch unbegrenzt, praktisch nur durch die Fehler des Zeichenmaterials beschränkt ist und gewiß die Genauigkeit ballistischer Messungen übersteigt. Dazu wurde das Verfahren der graphischen Integration von Differentialgleichungen durch aufeinanderfolgende Näherungen benutzt, wie es von C. Runge (s. Lit.-Note) angegeben worden ist. Die Bedeutung dieses Verfahrens besteht hauptsächlich darin, daß es konvergent ist, d. h. man kann aus irgendeiner ersten Näherungslösung eine zweite, daraus eine dritte usw. gewinnen, von denen sich jede folgende mit immer größerer Genauigkeit der gesuchten wirklichen Lösung des Problems annähert. Hierin ist das Verfahren offenbar allen übrigen Lösungsversuchen des ballistischen Problems, auch den rechnerischen, überlegen.

Es sollen zwei verschiedene Weisen kurz beschrieben werden. Bei der einen wird die erste Näherungslösung möglichst genau konstruiert und erst danach durch aufeinanderfolgende Näherungen verbessert. Sie mag auf die ballistische Hauptgleichung mit konstantem ballistischem Koeffizienten c angewendet werden. Bei der anderen wird die Näherungslösung schrittweise konstruiert und zugleich verbessert. Sie soll an dem verallgemeinerten ballistischen Problem für den Fall eines mit der Höhe veränderlichen ballistischen Faktors $c = c(y)$ auseinandergesetzt werden.

2. **Erstes Verfahren.** Es handle sich um die Integration der ballistischen Hauptgleichung

$$g\,d\,(v\cos\vartheta) = c\,f(v)\,v\,d\vartheta \qquad (1)$$

unter der Annahme eines konstanten Wertes von c; die Anfangsbedingung sei gegeben, d. h. für $\vartheta = \vartheta_0$ (Abgangswinkel) soll $v = v_0$ (Anfangsgeschwindigkeit) sein. Man wird zunächst versuchen, die Hauptgleichung auf eine solche Form zu bringen, daß die Herstellung der Zeichnung möglichst erleichtert wird. Wenn man z. B. die Veränderlichen

$$u = \ln v, \qquad z = \ln \mathrm{tg}\left(\frac{\pi}{4} + \frac{\vartheta}{2}\right),$$

also

$$du = \frac{dv}{v}, \qquad dz = \frac{d\vartheta}{\cos\vartheta}$$

einführt und $\dfrac{c}{g}\,f(e^u) = F(u)$ setzt, so nimmt die Hauptgleichung die Form

$$\frac{du}{dz} = \mathfrak{Tg}\,z + F(u) \qquad (2)$$

an, die die zeichnerische Behandlung ungemein vereinfacht. Um eine möglichst gute Näherungslösung dieser Differentialgleichung zu erhalten, zeichnet man zunächst im Koordinatensystem mit der Abszissenachse z und der Ordinatenachse u eine genügend dichte Schar von Isoklinen, das sind Kurven

$$\mathfrak{Tg}\,z + F(u) = \text{konst.},$$

was eben bei der Form (2) der Differentialgleichung leicht ausführbar ist. Die Werte von $F(u)$ sind durch die Luftwiderstandstabelle oder -kurve zu jedem $u = \ln v$ gegeben; die Werte von $\mathfrak{Tg}\,z$ entnimmt man aus einer Tabelle der Hyperbelfunktionen (z. B. W. Ligowski, Berlin 1890,

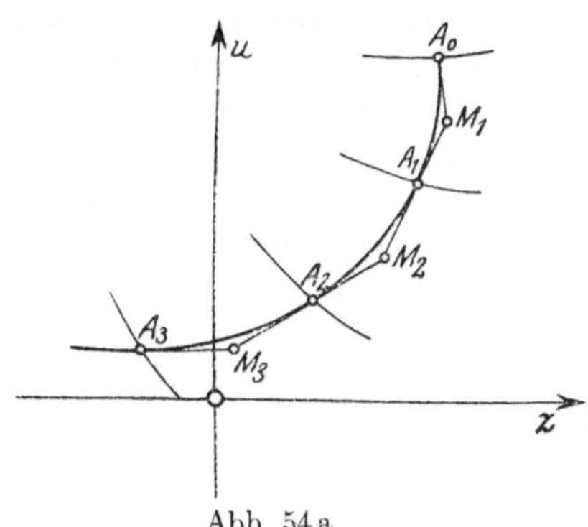

Abb. 54 a.

Verlag von Ernst & Korn; oder Funktionentafeln von Jahnke und Emde, Leipzig 1909, Verlag von B. G. Teubner). Zu jedem Wert C_0, C_1, C_2, ... der Konstanten, als zu jeder Isokline, gehört eine bestimmte Tangentenrichtung der Integralkurve. Zu C_0 gehöre die Isokline, die durch den Anfangspunkt A_0 mit den Koordinaten

$$z_0 = \ln \mathrm{tg}\left(\frac{\pi}{4} + \frac{\vartheta_0}{2}\right), \qquad u_0 = \ln v_0$$

geht. Von diesem Punkte beginnend konstruiert man nun ein Tangentenpolygon der Integralkurve folgendermaßen (Abb. 54 a). Durch

A_0 zieht man die zu C_0 gehörige Tangentenrichtung bis zu einem Punkte M_1, der etwa mitten zwischen der Isokline C_0 und der nächsten C_1 gelegen ist; in M_1 setzt man die zur Isokline C_1 gehörige Tangentenrichtung an bis zu einem Punkte M_2 etwa in der Mitte zwischen den Isoklinen C_1 und C_2, und so fort. Die Schnittpunkte A_1, A_2, ... dieser Tangenten mit den zugehörigen Isoklinen sind die Berührungspunkte mit der gesuchten Kurve, die in erster, bei sorgfältiger Ausführung übrigens schon recht guter Annäherung die Lösung der Differentialgleichung darstellt und sich aus diesen Punkten und den zugehörigen Tangenten leicht und genau zeichnen ließe. Doch ist das für die nun folgende Verbesserung nicht nötig, vielmehr genügt das Tangentenpolygon.

3. Um diese erste Näherungslösung zu verbessern, wendet man nun das Verfahren der aufeinanderfolgenden Näherungen durch Quadraturen (d. h. gewöhnliche Integration) an. Dazu werden die aus der Zeichnung entnommenen Koordinatenwerte der Punkte A_0, A_1, A_2, ... in die rechte Seite der Differentialgleichung eingesetzt, wodurch sich die zugehörigen Werte der Ableitung $\dfrac{du}{dz}$ ergeben. Diese werden als Ordinaten zu den Abszissen z aufgetragen und ihre Endpunkte mit Hilfe eines Kurvenlineals zu einer glatten Kurve verbunden. Wird nun diese Kurve mit einen Integraphen oder auch nach dem im nächsten Abschnitt beschriebenen graphischen Verfahren so integriert, daß die entstehende Integralkurve durch den Punkt A_0 geht, so entsteht, wie sich beweisen läßt, eine zweite. bessere Lösung der Differentialgleichung (Beweis bei Runge). Dies äußert sich in der Zeichnung dadurch, daß beide Kurven, die im Anfangspunkte und in der Anfangsrichtung übereinstimmen, erst allmählich voneinander abweichen, je weiter sie sich vom Punkte A_0 entfernen. Die fortgesetzte Wiederholung der Konstruktion liefert immer bessere Näherungslösungen, die sich mehr und mehr aneinanderschmiegen. Soweit sich zwei aufeinanderfolgende Näherungskurven innerhalb der Zeichengenauigkeit überdecken, stellen sie mit dieser Genauigkeit die gesuchte Lösung dar, und man hat die Fortsetzung des Verfahrens nur auf die Teile zu erstrecken, in denen eine solche Übereinstimmung noch nicht erreicht ist. Wenn schließlich für den ganzen Bereich, für den man die Lösung zu kennen wünscht, eine abermalige Anwendung des Verfahres keine merkliche Verbesserung mehr herbeiführt, so ist die Hauptgleichung fertig integriert. Bringt man auf der z-Achse eine Teilung für ϑ, auf der u-Achse eine solche für v an, so kann man aus der Zeichnung, die am besten auf Gitterpapier ausgeführt wird, ohne weitere Rechnung die zusammengehörigen Werte von v und ϑ entnehmen.

14*

4. Graphische Integration. An Stelle des Integraphen, der bekanntlich zu einer Kurve $y = f(x)$ im Koordinatensystem xy die Integralkurve

$$Y = \int_{x_0}^{x} f(x)\,dx + Y_0$$

zeichnet, die durch den beliebig wählbaren Anfangspunkt $A_0 = (x_0,\, y_0)$ geht, kann man oft mit Vorteil und mit etwa gleicher Genauigkeit das folgende rein graphische Verfahren anwenden.

Wenn zunächst die zur Abszissenachse parallele Gerade $f(x) = a$ integriert wird, entsteht die Gerade $Y = ax + \text{konst.}$, wobei die Konstante durch die Angabe irgendeines Punktes bestimmt ist, durch

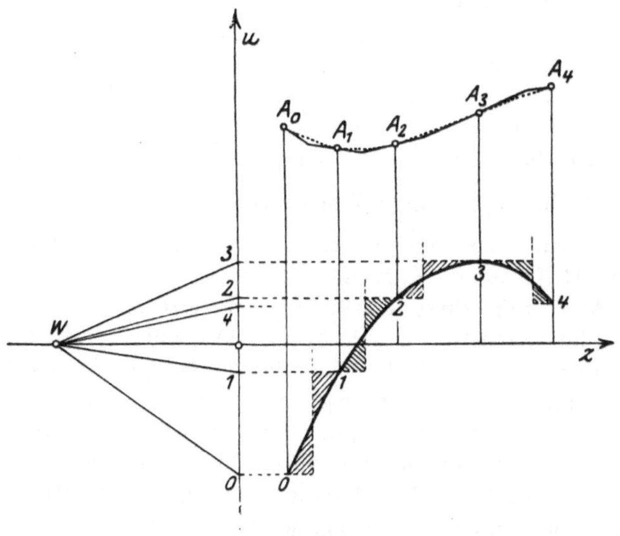

Abb. 54 b.

den diese Gerade hindurchgehen soll. Um nun das Integral einer beliebigen Kurve zu finden, denke man sie sich angenähert durch eine geeignete Treppenkurve mit wagrechten Stufen ersetzt (Abb. 54 b), und diese Treppe Stufe für Stufe integriert, wie vorher angegeben. Es entsteht ein leicht zu zeichnender Polygonzug, der im gegebenen Punkte A_0 beginnt. Jene Treppe ist am besten in folgender Weise anzuordnen. Sie verläuft teils unterhalb, teils oberhalb der Kurve; man kann es so einrichten — Abschätzung nach dem Augenmaß genügt meistens —, daß für jeden Absatz der Flächeninhalt des unterhalb der Kurve verlaufenden Teiles der Stufe gleich dem Flächeninhalt des oberhalb verlaufenden Teiles der nächsten Stufe ist, wie in der Abbildung in den schraffierten Teilen angedeutet. Dann nämlich stimmen an den Schnittpunkten der gegebenen Kurve mit der Treppe die Werte des Integrales und des Polygonzuges überein; durch eine leichte Überlegung schließt man, daß die Seiten des Polygonzuges Tangenten der Integralkurve sind, und daß die Berührungspunkte A_0, A_1, A_2, ... dieselben Abszissen wie die Schnittpunkte von Kurve und Treppe haben. Zur bequemen Zeichnung des Tangentenpolygons nimmt man auf der Abszissenachse einen Punkt W im Abstande 1 von der Ordinatenachse oder von einer anderen dazu parallelen Geraden, auf die man horizontal die Schnittpunkte von Kurve und Treppe projiziert; die von W nach den Projektionspunkten hingehenden Strahlen geben die Richtungen an, denen die entsprechenden Seiten des Tangentenpolygons parallel laufen müssen.

5. **Beispiel 1.** Für die Luftwiderstandsfunktionen werde die in § 10 angegebene empirische Tabelle für **Kruppsche** Normalgeschosse zugrunde gelegt. Luftgewicht konstant gleich 1,22 kg/cbm Geschoßquerschnitt $\pi R^2 = 50$ cm²; Geschoßgewicht $P = 10$ kg; $v_0 = 600$ m/sec; $\vartheta_0 = 30^0$. Danach ergibt sich $u_0 = \ln 600 = 6{,}3969$; $z_0 = \ln \operatorname{tg} 60^0 = 0{,}5495$. Ferner $c = 0{,}5 \cdot g \cdot 10^{-6}$. Daher $F(u) = 0{,}5\, v^2 \cdot 10^{-6} \cdot K(v)$, wofür eine Tabelle mittels der Werte in § 10 leicht zu berechnen ist. In der Zeichnung (Einheit der z-Achse und der u-Achse 50 cm) wurden für die Konstantenwerte $C = 6{,}90$; $5{,}90$; $4{,}90$; $3{,}90$; $2{,}90$; $2{,}00$; $1{,}00$; $0{,}50$; $0{,}30$; $0{,}00$; $-0{,}30$; $-0{,}50$ die zugehörigen Isoklinen durch einzelne Punkte (je etwa drei bis vier) ermittelt. Es ist klar, daß man von diesen Kurven nur kurze Stücke in der Nähe der zu erwartenden Schnittpunkte mit der Integralkurve zu zeichnen braucht. Die Konstruktion des Tangentenpolygons ergab die Werte u_1 der Tabelle; eine einmalige Verbesserung nach dem vorher beschriebenen

$$z = 0{,}542 \qquad 0{,}508 \qquad 0{,}444 \qquad 0{,}316 \qquad -0{,}057 \qquad -0{,}820$$
$$u_1 = 6{,}350 \qquad 6{,}154 \qquad 5{,}914 \qquad 5{,}703 \qquad 5{,}486 \qquad 5{,}506$$
$$u_2 = 6{,}350 \qquad 6{,}154 \qquad 5{,}914 \qquad 5{,}702 \qquad 5{,}482 \qquad 5{,}514$$

Verfahren, wobei ein Integraph nach **Abdank-Abakanowicz** benutzt wurde, lieferte die Werte u_2, und diese Verbesserung genügte fast, denn eine Wiederholung des Verfahrens ergab nur eine Abweichung von höchstens $0{,}05\,^0/_0$.

z	ϑ	v	z	ϑ	v
0,5494	$30^0\ 0'$	600 m/sec	0,00	$0^0\ 0'$	245,2 m/sec
0,50	$27^0\,31'$	452,6	$-0{,}10$	$-\ 5^0\,43'$	237,5
0,45	$24^0\,57'$	376,9	$-0{,}20$	$-11^0\,23'$	233,2
0,40	$22^0\,20'$	335	$-0{,}30$	$-16^0\,56'$	231,7
0,30	$16^0\,56'$	295,6	$-0{,}50$	$-27^0\,31'$	233,7
0,20	$11^0\,23'$	272,6	$-0{,}86$	$-44^0\ 8'$	251,9
0,10	$5^0\,43'$	256			

Die endgültigen Werte von v enthält die vorstehende Tabelle.
Vgl. hierzu Beispiel 3.

Beispiel 2. Zur Kontrolle und Beurteilung der Genauigkeit des Verfahrens wurde eine nach einem quadratischen Luftwiderstandsgesetz hergestellte Tabelle zugrunde gelegt. Luftgewicht 1,206 kg/cbm konstant. Geschoßquerschnitt 50 cm²; $P = 10$ kg; Formfaktor $i = \dfrac{4}{3}$, von der Geschwindigkeit unabhängig; $v_0 = 500$ m/sec; $\vartheta_0 = 45^0$. Mithin $c = 2\,g \cdot 10^{-5}$. Anfangswerte: $z = \ln \operatorname{tg} 67{,}5^0 = 0{,}8814$; $u_0 = \ln 500 = 6{,}21461$. Es wurden die Isoklinen für die Konstantenwerte $C = 5{,}0;\ 4{,}0;\ 3{,}0;\ 2{,}0;\ 1{,}5;\ 1{,}0;\ 0{,}5;\ 0{,}3;\ 0{,}1,\ 0{,}0;\ -0{,}1$ gezeichnet. Maßstabeinheit der z- und u-Achse 50 cm. Die zweimalige Verbesserung der ersten Näherungskurve mit dem Integraphen ergab merklich dieselbe Kurve wie die erste Verbesserung. Daraus zu den Abszissen z entnommene Werte von u in der Spalte 1 der Tabelle.

z	ϑ	1	2	3	v
0,8844	45^0	6,21461	6,21461	0	500 m/sec
0,763	40^0	5,766	5,765	0,001	319,0
0,653	35^0	5,524	5,523	0,001	250,5
0,451	25^0	5,233	5,234	$-$ 0,001	187,6
0,265	15^0	5,062	5,061	0,001	157,8
$0{,}087_5$	5^0	4,953	$4{,}951_5$	$0{,}001_5$	141,4
0	0^0	4,918	4,914	0,004	136,2
$-\,0{,}087_5$	$-\ 5^0$	$4{,}889_5$	4,886	$0{,}003_5$	132,5
$-\,0{,}265$	$-\ 15^0$	4,862	4,857	0,005	128,7
$-\,0{,}451$	$-\ 25^0$	4,867	4,859	0,008	128,9

Die graphisch gefundenen Werte erlauben hier eine rechnerische Kontrolle; vgl. die Formelzusammenstellung in § 18. Unter Benutzung der ξ-Tafeln (Tabelle 8b, im Anhang) wurden die in Spalte 2 der Tabelle angegebenen Werte von u berechnet. Die Unterschiede zwischen den graphisch und rechnerisch gefundenen Werten von u (Spalte 3) betragen höchstens 0,8 $^0/_0$, d. i. 1,03 m/sec der Endgeschwindigkeit von $v = 129$ m/sec. Dieser Fehler liegt gewiß innerhalb der Meßgenauigkeit einer solchen Geschwindigkeit.

6. Zweites Verfahren. Es handle sich jetzt um die Lösung des ballistischen Problems in dem allgemeineren Falle $c = c(y)$. Dann kann das Problem streng genommen nicht mehr in der üblichen Weise — zuerst Integration der Hauptgleichung, danach Bestimmung von x, y, t durch Quadraturen — behandelt werden. Vielmehr tritt jetzt zu der bisherigen Hauptgleichung (1), worin aber $c = c(y)$ gesetzt worden ist, noch die Gleichung

$$g\,dy = -\,v^2\,\operatorname{tg}\vartheta\,d\vartheta \tag{3}$$

hinzu. Man könnte daran denken, y zu eliminieren; aber wir ziehen vor, die Gleichungen (1) und (3) als ein System von zwei gleichzeitigen Differentialgleichungen erster Ordnung der beiden unbekannten Funktionen $v(\vartheta)$ und $y(\vartheta)$ aufzufassen. Benutzt man wieder die Variablen z und u, so nimmt dieses System die einfachere Form an

$$
\left.\begin{aligned}
\frac{du}{dz} &= \mathfrak{T}\mathfrak{g}\, z + \frac{c(y)}{c(0)}\, F(u) \\[2mm]
\frac{dy}{dz} &= -\frac{1}{g}\, e^{2u}\, \mathfrak{T}\mathfrak{g}\, z,
\end{aligned}\right\} \tag{4}
$$

worin $\dfrac{c(0)}{g}\, f(e^u) = F(u)$ gesetzt wurde. Die Funktion $c(y)$ ist dem Luftgewicht δ_y proportional, und dieses hängt von der Höhe in bekannter Weise ab (vgl. § 15); meist wird es genügen, eine lineare Abhängigkeit $\delta_y = \delta(1 + \alpha y)$ mit etwa $\alpha = -0{,}000\,11$ nach Charbonnier anzunehmen; man kann aber auch eine tabellarische Abhängigkeit, etwa die Schubertschen oder die Wienerschen Tabellen (Band III) zugrunde legen.

Die Anfangswerte sind hier $z_0 = \ln \mathrm{tg}\left(\dfrac{\pi}{4} + \dfrac{\vartheta_0}{2}\right)$, $u_0 = \ln v_0$, $y_0 = 0$. Die Aufgabe ist, über der gemeinsamen z-Achse die beiden Integralkurven zu zeichnen, deren Ordinaten u und y die vorstehenden Differentialgleichungen befriedigen und durch die Anfangspunkte $A_0 = (z_0,\ u_0)$ und $B_0 = (z_0,\ 0)$ hindurchgehen. Man bestimmt zunächst die Anfangsbogen dieser Kurven näherungsweise genau genug auf folgende Art: Durch Einsetzen der Anfangswerte in die rechten Seiten der Differentialgleichungen sind $\left(\dfrac{du}{dz}\right)_0$, $\left(\dfrac{dy}{dz}\right)_0$ und damit die Anfangstangenten bekannt. Man zieht sie und nimmt auf ihnen in mäßiger Entfernung von A_0 und B_0 zwei Punkte $A_1 = (z_1,\ u_1)$, $B_1 = (z_1,\ y_1)$ an. Durch Einsetzen ihrer Koordinaten in die rechten Seiten der Differentialgleichungen sind $\left(\dfrac{du}{dz}\right)_1$, $\left(\dfrac{dy}{dz}\right)_1$ und damit die zugehörigen Tangentenrichtungen bekannt. Man setzt diese aber nicht in A_1, B_1, sondern besser in Punkten P_1, Q_1 an, die etwa mitten auf $A_0 A_1$, $B_0 B_1$ gelegen sind (Abb. 54c). Auf ihnen nimmt man in

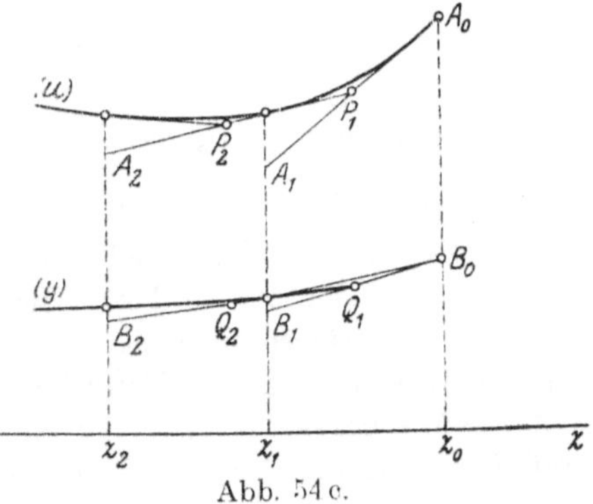

Abb. 54c.

mäßiger Entfernung von P_1, Q_1 zwei Punkte $A_2 = (z_2, u_2)$, $B_2 = (z_2, y_2)$ an und wiederholt das Verfahren zwei oder drei Male. So erhält man zwei von A_0 und B_0 ausgehende Tangentenpolygone für die gesuchten Kurvenanfänge; die Berührungspunkte sind leicht zu finden, da sie die Abszissen z_0, z_1, z_2, ... haben. Danach sind die Kurvenanfänge zu zeichnen. Man könnte durch Fortsetzung des Verfahrens die Näherungskurven für u und y in ihren ganzen gewünschten Ausdehnungen konstruieren, aber es ist vorteilhafter, die Anfangsbogen erst nach dem Verfahren der aufeinander folgenden Näherungen zu verbessern.

Dies geschieht wie vorher, indem man die berechneten Werte $\left(\frac{du}{dz}\right)_0$, $\left(\frac{du}{dz}\right)_1$, ... und $\left(\frac{dy}{dz}\right)_0$, $\left(\frac{dy}{dz}\right)_1$, ... als Ordinaten zu den Abszissen z_0, z_1, ... aufträgt und die hindurchgelegten Kurven integriert, hier am besten graphisch nach dem oben angegebenen Verfahren, da die Benutzung des Integraphen wegen der notwendigen wiederholten Neueinstellungen zu umständlich und daher weniger genau wäre. Erst wenn die Anfänge der u- und der y-Kurve nicht mehr verbesserungsfähig sind, extrapoliert man sie einfach um ein Stück nach dem Augenmaß, betrachtet dieses Stück als erste Annäherung und verbessert es wieder soweit als möglich. So fährt man fort, bis der ganze Bereich von z, für den man die Lösung zu kennen wünscht, durchlaufen ist.

7. **Beispiel 3.** Die Angaben der Aufgabe seien dieselben wie beim Beispiel 1, jedoch soll das Luftgewicht mit der Erhebung y des Geschosses veränderlich sein: $\delta_y = 1{,}22\,(1 - 0{,}00011\,y)$. Setzt man $1 - 0{,}00011\,y = \varepsilon$, ferner $0{,}00011 : g = 0{,}0000112 = k$, so lauten jetzt die Differentialgleichungen

$$\left.\begin{aligned}
\frac{dy}{dz} &= \mathfrak{Tg}\,z + \varepsilon\,F(u) \\[2mm]
\frac{d\varepsilon}{dz} &= k\,e^{2u}\,\mathfrak{Tg}\,z\,.
\end{aligned}\right\} \tag{5}$$

In der Zeichnung waren die Einheiten der Maßstäbe folgendermaßen gewählt: für z 40 cm, für u und ε 20 cm, für $\frac{du}{dz}$ und $\frac{d\varepsilon}{dz}$ 5 cm. Jeder der Werte u, ε (s. die Tabelle S. 217) ist durch drei bis vier Verbesserungen erhalten worden. Die einzelnen Schritte, in denen die Kurven konstruiert wurden, sind an den Werten von z kenntlich. In der Tabelle sind zum Vergleich in Spalte 4 und 6 auch die, hier mit $\bar{u}$ und $\bar{v}$ bezeichneten Werte aus Beispiel 1 aufgeführt. In beiden Fällen nimmt die Bahngeschwindigkeit, vom Anfangswerte beginnend, zunächst ab, erreicht einen kleinsten Wert hinter dem Gipfel der Flugbahn, um sodann wieder zu steigen. Während im Falle eines konstanten ballistischen Koeffizienten nur ein Minimum der Bahngeschwindigkeit, aber kein Maximum auftritt, ist dies beim verallgemeinerten Problem $c = c(y)$ nicht der Fall. Der Unterschied der

1	2	3	4	5	6	7	8	9	10	11	12	13	14
z	ϑ	u	$\bar{u}$	v m/sec	$\bar{v}$ m/sec	Diff.	ε	x m	$\bar{x}$ m	Diff.	y m	$\bar{y}$ m	Diff.
0,5494	30°	6,3969	6,3969	600	600	0	1,000	0	0	0	0	0	0
0,50	27° 31′	6,131	6,115	459,9	452,6	7,3	0,929	1220	1180	40	645	650	(— 5)
0,45	24° 57′	5,950₅	5,932	383,8	376,9	6,9	0,885	2020	1935	85	1045	1030	+ 15
0,40	22° 20′	5,835	5,814	342,7	335	7,7	0,852₅	2630	2520	110	1340	1280	60
0,30	16° 56′	5,709	5,689	301,6	295,6	6,0	0,813	3625	3465	160	1700	1625	75
0,20	11° 23′	5,635	5,608	280,1	272,6	7,5	0,790	4465	4270	195	1910	1830	80
0,10	5° 43′	5,582	5,545	265,6	256	9,6	0,779	5210	4965	245	2010	1935	75
0,00	0° 0′	5,542₅	5,502	255,4	245,2	10,2	0,774₅	5905	5600	305	2050	1965	85
— 0,10	— 5° 43′	5,515	5,470	248,3	237,5	10,8	0,778	6555	6190	365	2020	1935	85
— 0,20	— 11° 23′	5,499₅	5,452	244,5	233,2	11,3	0,789	7165	6755	410	1920	1845	75
— 0,30	— 16° 56′	5,494	5,445₅	243,2	231,7	11,5	0,805	7750	7280	470	1770	1715	55
— 0,50	— 27° 31′	5,507₅	5,454	246,3	233,7	12,6	0,855₅	8860	8300	560	1310	1290	+ 20
— 0,70	— 37° 11′	5,542₅	5,487	255,2	241,5	13,7	0,934	9930	9260	670	610	670	— 60
— 0,86	— 44° 8′	5,578	5,529	264,5	251,9	12,6	1,015	10770	10020	750	— 120	15	— 135

Geschwindigkeiten v und $\bar{v}$ (Spalte 7) erreicht einen Höchstwert nicht weit vor dem Auftreffen des Geschosses auf den Mündungshorizont. Bezüglich der Bestimmung dieser ausgezeichneten Werte und weiterer Einzelheiten sei auf die Abhandlung von C. Cranz und R. Rothe verwiesen.

Will man die Flugbahn selbst konstruieren, so hat man x und y zu bestimmen. Nach Einführung von z als Veränderlicher geschieht dies durch die Formeln

$$x = -\int_{z_0}^{z} \frac{v^2}{g\,\mathfrak{Coj}\,z}\,dz, \qquad y = -\int_{z_0}^{z} \frac{v^2}{g}\,\mathfrak{Tg}\,z\,dz.$$

Im Falle des konstanten ballistischen Koeffizienten hat man beide Integrale zu bestimmen, mit dem Integraphen oder auch nach dem graphischen Integrationsverfahren. Im allgemeineren Falle $c = c(y)$ wird y aber schon durch die Integration des Systems der beiden Differentialgleichungen bestimmt, bei dem Beispiel 3 insbesondere durch $y = (1 - \varepsilon) : 0{,}00011$. In der Tabelle sind die so gefundenen Werte — $\bar{x}$, $\bar{y}$ entsprechen wieder dem Beispiel 1 — eingetragen. Die Schußweite ist um 600 m größer, wenn die Abnahme der Luftdichte mit der Höhe berücksichtigt wird.

8. Bemerkungen. Nachdem einmal nachgewiesen ist, daß die Genauigkeit der graphischen Integration nach dem Verfahren der aufeinanderfolgenden Näherungen ausreichend ist, würde eine weitere Aufgabe sein, zu untersuchen, ob und in welcher Weise sich die graphische Integrationsmethode für praktische Zwecke nutzen ließe. Die im vorstehenden benutzte Form der Differentialgleichungen (mit Einführung der Variabeln z und u) stellt keineswegs den allein möglichen Weg dar, und auch die Integrationsverfahren selbst sind mannigfaltiger Abänderungen fähig. Geeignete Vordrucke von Isoklinen und Skalen sowie die Benutzung von Nomogrammen können wegen der Zeitersparnis selbst auf Kosten der Genauigkeit von Vorteil sein. — Bei der Deutung der Ergebnisse im Falle des verallgemeinerten ballistischen Problems, unter Berücksichtigung der Veränderlichkeit des Luftgewichtes mit der Höhe, wird man zu beachten haben, daß mehrere von den in § 20 erwähnten allgemeinen Eigenschaften der Flugbahn alsdann nicht mehr Gültigkeit haben. Das gilt um so mehr, wenn auch die sehr geringfügige Änderung der Schwere mit der Höhe in Frage kommt, für welchen Fall übrigens das graphische Verfahren ebenfalls anwendbar ist.

Anmerkungen. 1. Das geschilderte graphische Verfahren von C. Cranz und R. Rothe hat C. Veithen (vgl. Lit.-Note) in folgender Weise modifiziert:

Er geht aus von der Hauptgleichung (3) in § 17, also von $d\,(v\cos\vartheta)\,g$ $= c\cdot vf(v)\cdot d\vartheta$, die sich mit den Substitutionen $\xi = v\cos\vartheta$; $vf(v) = \Phi(v)$ schreiben läßt:

$$\frac{d\xi}{d\vartheta} = \frac{c}{g}\cdot\Phi\left(\frac{\xi}{\cos\vartheta}\right).$$

Das System der Isoklinen wird durch die Kurven $\xi = \cos\vartheta\cdot\text{konst.}$, also $v = \text{konst.}$ gebildet. Da diese Isoklinen von c unabhängig sind, können sie, und darin liegt der Hauptvorteil des Verfahrens, ein für allemal vorgedruckt werden.

In dieser Weise führt C. Veithen die graphische Lösung analog durch, wobei er darauf aufmerksam macht, daß noch weitere Vordrucke möglich sind. Wenn c nicht als konstant, sondern als eine Funktion von y betrachtet wird, $c = c_0\cdot c(y)$, so hat man die drei Gleichungen

$$\frac{d\xi}{d\vartheta} = \frac{c_0}{g}\cdot c(y)\cdot\Phi(v); \qquad \frac{dy}{d\vartheta} = -\frac{1}{g}\,v^2\,\mathrm{tg}\,\vartheta\,; \qquad \xi = v\cos\vartheta\,,$$

die mit Hilfe von Nomogrammen für sich graphisch integriert werden. Im übrigen sei auf die Veithensche Arbeit selbst und die darin durchgeführten Beispiele hingewiesen.

2. L. Gümbel (s. Lit.-Note) will das Cranz-Rothesche Verfahren in anderer Weise modifizieren:

Er geht aus von den zwei Differentialgleichungen der Geschoßbewegung in Richtung der Tangente und senkrecht dazu, also von

$$\frac{dv}{dt} = -g\sin\vartheta - cf(v) \qquad\text{und}\qquad \frac{d\vartheta}{ds} = -\frac{g\cos\vartheta}{v^2}$$

und richtet vier Koordinatensysteme ein:

$$\text{a) } y \text{ über } x, \qquad \text{b) } v \text{ über } t, \qquad \text{c) } \frac{dv}{dt} \text{ über } t, \qquad \text{d) } \frac{d\vartheta}{ds} \text{ über } s.$$

Die näheren Einzelheiten sind aus der Arbeit selbst zu ersehen, auf die hingewiesen wird.

3. Bei diesem Anlaß möge noch erwähnt werden der ballistische Integraph von Jacob, der zur mechanischen Integration der Hauptgleichung bestimmt ist. (Übrigens ist der Apparat offenbar derartig umfangreich und kostspielig, daß eine allgemeine Verwendung in der Praxis vorläufig nicht wahrscheinlich scheint.)

§ 35. Die graphischen Lösungsmethoden von Th. Vahlen (1918) und von E. A. Brauer (1918).

1. Th. Vahlen baut eine Flugbahn in folgender Weise graphisch auf. Das Geschoß befinde sich jetzt, im Anfang der ersten Sekunde, in P_0 (s. Abb. 55); $P_0\,Q_0$ sei die Anfangsgeschwindigkeit v_0 nach Größe und Richtung. Aus dem betr. Luftwiderstandsgesetz berechnet man die Verzögerung $cf(v)$ in 1 Sekunde und trägt diese als $Q_0\,R$ von Q_0 aus rückwärts auf. Von R aus geht man um die Schwerebeschleunigung g in 1 Sekunde vertikal abwärts bis S. Dann ist $P_0\,S$ die Geschwindigkeit v_1 zu Anfang der zweiten Sekunde nach Größe und Richtung. Indem man nun annimmt, daß sich das Geschoß in der ersten Sekunde mit der mittleren Geschwindigkeit

$\frac{1}{2}(v_0 + v_1)$ bewegt hat, befindet sich das Geschoß am Schluß der ersten Sekunde in P_1, der Mitte von $Q_0\,S$. Und indem die Flugbahn aus einzelnen Parabelbögen konstruiert gedacht wird, ist $L\,P_1$ die Richtung der neuen Tangente, dabei L die Mitte von $P_0\,Q_0$. Trägt man also auf der Verlängerung der Geraden $L\,P_1$ von P_1 aus eine Strecke $P_1\,Q_1$ gleich $P_0\,S$ auf, so hat man für den Anfang der zweiten Sekunde die Lage P_1 des Geschosses und die Geschwindigkeit v_1 nach Größe und Richtung. So fährt man fort; der Punkt Q_1 spielt jetzt für die zweite Sekunde dieselbe Rolle, wie vorher Q_0 für die erste Sekunde. Je nachdem wird statt 1 sec ein kleineres Zeitintervall $\varDelta\,t$ gewählt.

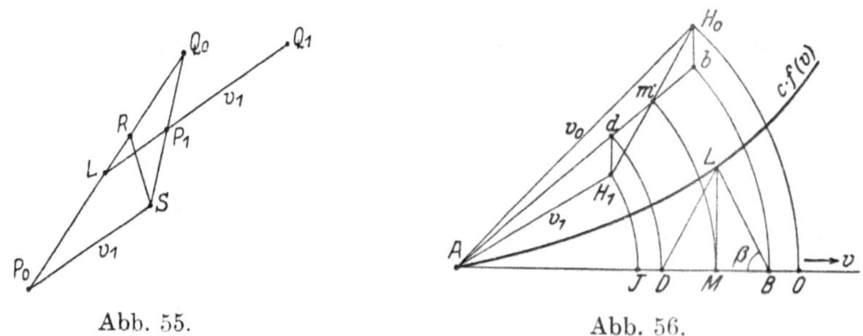

Abb. 55.   Abb. 56.

2. E. A. Brauer geht aus von einer graphischen Lösung der Hauptgleichung (3) in § 17, also von einer Näherungskonstruktion der Hodographenkurve, die die Beziehung zwischen v und ϑ angibt. Durch den Abgangspunkt A seien die Vektoren $A\,H_0$, $A\,H_1$, $A\,H_2$ usw. gleich und parallel den Geschwindigkeiten gezogen, wie sie im Anfang der ersten, zweiten, dritten usw. Sekunde bestehen. Dann ist $H_0\,H_1\,H_2\ldots$ die Hodographenkurve. So sei also zunächst $A\,H_0$ gleich und parallel der Anfangsgeschwindigkeit v_0; dieser Vektor $A\,H_0$ ist ohne weiteres bekannt, da die Anfangsgeschwindigkeit der Größe nach und der Abgangswinkel $H_0\,A\,O = \varphi$ (s. Abb. 56) gegeben ist. Den Vektor $A\,H_1$, also die Geschwindigkeit v_1 nach Größe und Richtung am Anfang der zweiten Sekunde konstruiert alsdann E. A. Brauer wie folgt. Er geht von H_0 aus um eine Strecke $H_0\,b$ gleich $\frac{1}{2}\,g$ vertikal abwärts, trägt sodann auf $b\,A$ nach A hin die Strecke $b\,d$ gleich der mittleren Verzögerung $c\,f(v_m)$ in der ersten Sekunde ab und geht von d aus nochmals um $\frac{g}{2}$ vertikal abwärts bis H_1. Dann ist $A\,H_1$ die Geschwindigkeit v_1 des Geschosses im Anfang der zweiten Sekunde sowohl der Größe als der Richtung nach. Dabei wird $b\,d$ auf Grund der folgenden Überlegung gefunden. Auf der Horizontalen durch A seien die Geschwindigkeiten v als Abszissen abge-

tragen, und dazu als Ordinaten die Verzögerungen $c\,f(v)$, wie sie sich aus dem betreffenden Luftwiderstandsgesetz ergeben. Die Kurve der $c\,f(v)$ sei also gezeichnet. Nun seien um A die 5 Kreisbögen durch H_0, b, m, d, H_1 bis zu den Schnittpunkten O, B, M, D, J mit der Abszissenachse der v beschrieben. Wenn m die Mitte von $d\,b$ ist, so ist $d\,b$ gleich $D\,B$ und M ist die Mitte von $D\,B$ und näherungsweise auch die Mitte von $I\,O$. Die Ordinate $M\,L$ der $c\,f(v)$-Kurve ist dann ebenfalls gleich der mittleren Verzögerung $c\,f(v_m)$ innerhalb der ersten Sekunde; somit in dem gleichschenkligen Dreieck $D\,L\,B$ die Höhe $M\,L$ gleich der Grundlinie $D\,B$, folglich der Winkel $L\,B\,M$ oder β gegeben durch $\operatorname{tg}\beta = 2$. Danach findet man $b\,d$ dadurch, daß man um A einen Kreisbogen mit Halbmesser $A\,b$ bis zum Schnitt B mit der Horizontalen durch A zieht und in B einen Winkel $\beta = \operatorname{arc\,tg}2$ anlegt. Der freie Schenkel dieses Winkels schneidet die $c\,f(v)$-Kurve in L; dann ist die Ordinate $L\,M$ des Punktes L die gesuchte mittlere Verzögerung $b\,d$.

Hat man auf solche Weise die sukzessiven Hodographenpunkte $H_0, H_1, H_2, \ldots$ konstruiert, so kennt man die aufeinanderfolgenden Bahngeschwindigkeiten v und deren Komponenten v_x und v_y und kann durch eine graphische Integration die x und y gewinnen. Auch die Änderung des Luftgewichts mit der Höhe $(c = c\,(y))$ will Brauer weiterhin berücksichtigen.

Eine Prüfung der beiden graphischen Verfahren, von Vahlen und von Brauer, auf die Genauigkeit und auf die praktische Verwendbarkeit dürfte eine dankbare Aufgabe für die Ballistiker sein.

Anmerkungen. Sonstige graphische Lösungsmethoden.

1. Der Versuch von A. Indra (1886) zu einer „graphischen Ballistik" (s. Lit.-Note) beruht auf folgendem Gedanken. Man denke sich zunächst die Flugbahnparabel des luftleeren Raums. O sei der Abgangspunkt; $O_1, O_2, O_3, \ldots$ seien die Bahnpunkte nach 1, 2, 3, ... Sekunden. Verbindet man O mit $O_1, O_2, O_3, \ldots$ und zieht in den Punkten $O_1, O_2, \ldots$ die Vertikalen oder, was dasselbe ist, verbindet man diese Punkte mit dem unendlich fernen Punkt der y-Achse, so stellen sich die aufeinanderfolgenden Bahnpunkte als die Schnittpunkte von zwei projektivischen Strahlenbüscheln dar: dem Strahlenbüschel aus O und dem Strahlenbüschel aus dem unendlich fernen Punkt der y-Achse. Zum Übergang in den lufterfüllten Raum wird nun von A. Indra das Zentrum des Parallelstrahlenbüschels aus dem Unendlichen ins Endliche gerückt. Daß die mit diesem Verfahren verbundene Willkürlichkeit zugleich eine geeignete Anpassung an die Verhältnisse des tatsächlichen Luftwiderstands bedeutet, ist nicht nachgewiesen.

2. Von Dr.-Ing. Rothe (s. Lit.-Note) ist 1911 eine graphische Lösung veröffentlicht worden, bei der die Beziehung zwischen v und ϑ, also die Hodographengleichung, zugrunde gelegt wird. Gegen die Einzelheiten der Rotheschen Lösung sind von H. Rohne, von Narath und von Th. Vahlen Bedenken geäußert worden, worüber man die betreffenden Arbeiten vergleiche.

3. C. Cranz hat 1896/97 ein graphisches Lösungsverfahren gegeben, bei dem die Flugbahn als aus Parabelbögen oder aus Hyperbelbögen zusammengesetzt und die ältere Kruppsche Luftwiderstandstabelle verwendet wird. Dieses Verfahren ist noch in der letzten Auflage dieses Bandes von 1918 aufgeführt. Da in der vorliegenden Neuauflage die Kruppsche Tabelle nicht mehr aufgenommen werden konnte, ist auch jene graphische Lösungsmethode (zumal sie grundsätzlich nur für Flachbahnen Gültigkeit haben sollte) nicht mehr weiter erwähnt.

§ 36. Stückweise Berechnung der Flugbahn von C. Veithen (1919) nach C. Runge und W. Kutta.

C. Veithen ging 1918 zur numerischen Integration der Differentialgleichungen der Geschoßbewegung nicht wie bisher meist geschehen war, von der Hauptgleichung (3) in § 17 aus, sondern von den ursprünglichen Gleichungen (1) und (2). (Dieses Gleichungspaar mit der Zeit t als Parameter ist ja, wie in § 17 gezeigt wurde, gleichwertig mit der Differentialgleichung (3) ohne diesen Parameter). Mit den Abkürzungen: $\xi = v \cos \vartheta$; $\eta = v \sin \vartheta$; $F(v) = \dfrac{1}{v} f(v)$ schrieb C. Veithen diese Gleichungen (1) und (2) in der Form

$$\frac{d\xi}{dt} = - c \cdot F(v) \cdot \xi; \quad \frac{d\eta}{dt} = - c \cdot F(v) \cdot \eta - g; \quad \text{wobei } v = \sqrt{\xi^2 + \eta^2}. \quad (1)$$

Dieses Gleichungssystem behandelte C. Veithen weiter nach dem von C. Runge und W. Kutta aufgestellten Verfahren. Die Arbeit von C. Veithen ist nach dessen Tode von R. Neuendorff (s. Lit.-Note) pietätvoll veröffentlicht worden.

Zunächst zur Einleitung einige erläuternde Worte allgemeiner Art über das Verfahren von Runge und Kutta (s. Lit.-Note, H. v. Sanden): Es liege eine Differentialgleichung vor $\dfrac{dy}{dx} = f(x, y)$. Und zu dem Anfangswert x_0 der einen Variablen sei der Wert y_0 der anderen Variablen gegeben. Man will, um von diesem Anfangspunkt $(x_0 y_0)$ aus die Integralkurve stückweise aufzubauen, ermitteln, um welchen Betrag k sich y ändert, falls man x um den willkürlich gewählten kleinen Betrag h geändert hat. Für k wählt Runge einen Ausdruck von der Form

$$k = R_1 \cdot k_1 + R_2 \, k_2 + R_3 \cdot k_3 + R_4 \cdot k_4.$$

Dabei sollen die Größen $k_1 k_2 \ldots$ aus folgenden Gleichungen genommen werden

$$k_1 = f(x_0, y_0) \cdot h$$
$$k_2 = f(x_0 + \alpha h, \; y_0 + \beta k_1) \cdot h$$
$$k_3 = f(x_0 + \alpha' h; \; y_0 + \beta' k_1 + \gamma' k_2) \cdot h$$
$$k_4 = f(x_0 + \alpha'' h, \; y_0 + \beta'' k_1 + \gamma'' k_2 + \delta'' k_3) \cdot h.$$

Die noch unbestimmten Koeffizienten $R_1 R_2 \ldots$ und die 9 Größen $\alpha \alpha' \alpha'' \beta \beta' \beta'' \gamma' \gamma'' \delta''$ werden nun so ermittelt, daß der Fehler des berechneten Zuwachses k von der 5. Ordnung in h ist. W. Kutta erhielt das Resultat, daß man hiefür z. B. zu nehmen hat $R_1 = R_4 = \frac{1}{6}$ und $R_2 = R_3 = \frac{1}{3}$, ferner $\alpha = \alpha' = \frac{1}{2}$; $\alpha'' = 1$; $\beta = \gamma' = \frac{1}{2}$; $\delta'' = 1$; $\beta' = \beta'' = \gamma'' = 0$. Danach ist also die Vorschrift die, daß man nimmt $k = \frac{1}{6}(k_1 + 2\,k_2 + 2\,k_3 + k_4)$, wobei sich die Werte $k_1\,k_2\,k_3\,k_4$ nacheinander folgendermaßen ergeben: Man berechnet zuerst

$$k_1 = f(x_0,\ y_0)\cdot h,$$

sodann damit $\quad k_2 = f\left(x_0 + \dfrac{h}{2},\ y_0 + \dfrac{k_1}{2}\right)\cdot h$

$$\text{„}\qquad\text{„}\qquad k_3 = f\left(x_0 + \dfrac{h}{2},\ y_0 + \dfrac{k_2}{2}\right)\cdot h$$

$$\text{„}\qquad\text{„}\qquad k_4 = f(x_0 + h,\ y_0 + k_3)\cdot h\,.$$

Auf diese Weise hat man von dem Anfangspunkt $(x_0\,y_0)$ der Integral-Kurve aus näherungsweise einen nächsten Punkt $(x_0 + h,\ y_0 + k)$ erhalten. Und diesen letzteren Punkt betrachtet man sodann als den Ausgangspunkt, um einen dritten Punkt zu gewinnen, usw.

Um die Genauigkeit abzuschätzen, mit der dabei ein Wert von y gewonnen ist, hat man die Rechnung zweimal durchzuführen; erstens geht man mit dem willkürlich gewählten Intervall h (z. B. mit $h = 0,1$) zwei Schritte vorwärts und erhält einen bestimmten Wert von y nach dem zweiten Schritt; zweitens geht man mit dem doppelten Intervall $2\,h$ einen einzigen Schritt nach obiger Vorschrift vor und erhält ein anderes y. Die beiden so erhaltenen Werte y vergleicht man. $\frac{1}{16}$ der Differenz beider Werte y gibt die Größenordnung des zu erwartenden Fehlers an. Hat man z. B. zweimal nacheinander mit $h = 0,1$ gerechnet und $y = 1,0411643$ erhalten (Zahlenbeispiel von H. v. Sanden) und hat man sodann ein einziges Mal mit $h = 0,2$ gerechnet und $y = 1,0411648$ erhalten, so weichen die beiden so erhaltenen Werte von y nur um 5 Einheiten der 7. Dezimale ab, und dann kann der Wert $y = 1,0411643$ mit allen hingeschriebenen Ziffern als genau gelten. Selbstverständlich rechnet man um so genauer, je kleiner h gewählt wird, aber die Rechenarbeit wird auch größer. Das beschriebene Verfahren bietet den Vorteil, daß man an jeder Stelle leicht den Fehler ermitteln kann, den man bei einer bestimmten Wahl von h begeht.

Nach diesen Vorbemerkungen kehren wir zu den Differential-gleichungen (1) zurück. Beim Beginn des Geschoßflugs in der Luft, also zur Zeit $t = o$, sei gegeben $x_0 = o$, $y_0 = o$, $\vartheta_0 = \varphi$, somit $\xi_0 = v_0 \cos\varphi$, $\eta_0 = v_0 \sin\varphi$. Nach dem willkürlich gewählten kleinen Zeitintervall $\varDelta t$ haben $x\,y\,\xi\,\eta$ die Zuwächse erhalten $\varDelta x$, $\varDelta y$, $\varDelta \xi$, $\varDelta \eta$, so daß nach diesem ersten Schritt die Werte $x\,y\,\xi\,\eta$ geworden sind: $x_1 = x_0 + \varDelta x,\ y_1 = y_0 + \varDelta y,\ \xi_1 = \xi_0 + \varDelta\xi,\ \eta_1 = \eta_0 + \varDelta\eta_0$, die Berechnung dieser Zuwächse $\varDelta x,\ \varDelta y,\ \varDelta\xi,\ \varDelta\eta$ vollzieht sich dabei in 4 Stufen: Man berechnet zuerst k_1, l_1, m_1, n_1; damit dann

$$k_2,\ l_2,\ m_2,\ n_2 \text{ usw.}$$

a) 1. Stufe, $\quad k_1 = \xi_0\cdot\varDelta t;\ l_1 = \eta_0\cdot\varDelta t;\ m_1 = -c\cdot F(v_0)\cdot\xi_0\cdot\varDelta t;\ n_1$
$\qquad\qquad\quad = -c\cdot F(v_0)\cdot\eta_0\,\varDelta t - g\cdot\varDelta t.$

b) 2. „ $\quad \xi' = \xi_0 + \dfrac{m_1}{2};\ \eta' = \eta_0 + \dfrac{n_1}{2};\ v' = \sqrt{\xi'^2 + \eta'^2};$
$\qquad\qquad k_2 = \xi'\cdot\varDelta t;\ l_2 = \eta'\cdot\varDelta t;\ m_2 = -cF(v')\cdot\xi'\cdot\varDelta t;\ n_2$
$\qquad\qquad\quad = -cF(v')\cdot\eta'\cdot\varDelta t - g\cdot\varDelta t;$

c) 3. „ $\quad \xi'' = \xi_0 + \dfrac{m_2}{2};\ \eta'' = \eta_0 + \dfrac{n_2}{2};\ v'' = \sqrt{\xi''^2 + \eta''^2}$
$\qquad\qquad k_3 = \xi''\cdot\varDelta t;\quad l_3 = \eta''\cdot\varDelta t;\quad m_3 = -cF(v'')\cdot\xi''\cdot\varDelta t;$
$\qquad\qquad n_3 = -cF(v'')\cdot\eta''\cdot\varDelta t - g\cdot\varDelta t;$

d) 4. „ $\quad \xi''' = \xi_0 + m_3;\ \eta''' = \eta_0 + n_3;\ v'''\sqrt{\xi'''^2 + \eta'''^2}$
$\qquad\qquad k_4 = \xi'''\cdot\varDelta t;\ l_4 = \eta'''\cdot\varDelta t;\ m_4 = -cF(v''')\cdot\xi'''\cdot\varDelta t;$
$\qquad\qquad n_4 = -cF(v''')\,\eta'''\cdot\varDelta t - g\cdot\varDelta t.$

Dann ist

$$\varDelta x = \tfrac{1}{6}(k_1 + k_2 + k_3 + k_4 + k_2 + k_3),$$
$$\varDelta y = \tfrac{1}{6}(l_1 + l_2 + l_3 + l_4 + l_2 + l_3),$$
$$\varDelta\xi = \tfrac{1}{6}(m_1 + m_2 + m_3 + m_4 + m_2 + m_3),$$
$$\varDelta\eta = \tfrac{1}{6}(n_1 + n_2 + n_3 + n_4 + n_2 + n_3).$$

Die so erhaltenen neuen Werte $x_1\,y_1\,\xi_1\,\eta_1$ am Ende des ersten Zeitintervalls, also die Werte $x_1 = x_0 + \varDelta x$ usw., bilden sodann die Anfangswerte des zweiten Zeitintervalls, für das die entsprechenden Zuwächse $\varDelta x,\ \varDelta y$ usw. analog berechnet werden. Man gewinnt so punktweise die Flugbahn. (Zur bequemeren Berechnung, der einzelnen Schritte hat die Art. Prüf.-Komm. in Berlin nach den Vorschlägen von C. Veithen einen besonderen Rechenschieber (von der Firma Dennert & Pape in Altona) herstellen lassen, der Schieber verschieden für die einzelnen Geschoßtypen; dieser Rechenschieber gestattet durch eine erste Einstellung, zu ξ und η den Wert $v = \sqrt{\xi^2 + \eta^2}$ abzulesen, und durch eine zweite Einstellung, die Produkte $cF(v)\cdot\xi$ und $cF(v)\cdot\eta$ für verschiedene Geschoßformen zu gewinnen).

Zahlenbeispiel. Gegeben: Kaliber $2R = 0{,}088$ m; Geschoßgewicht $P = 7{,}5$ kg; Anfangsgeschwindigkeit $v_0 = 442$ m/sec; Abgangswinkel $\varphi = 10^{\circ}$; Luftgewicht am Boden $\delta = 1{,}22$ kg/m³; $v_0\cos\varphi = 435$; $v_0\sin\varphi = 76{,}7$; $c = 1{,}08$. Der Einfachheit halber soll die Abhängigkeit von c mit der Höhe unberücksichtigt bleiben; $\varDelta t$ sei $= 1$ sec gewählt.

Im folgenden sind die Zahlenwerte der $k\,l\,v\,m\,n$ für das erste Zeitintervall angegeben. Es wird mit $\varDelta t = 1$:

$$
\begin{array}{lllll}
k_1 = 435 & l_1 = 76{,}7 & v_0 = 442 & -m_1 = 82{,}2 & -n_1 = 24{,}3 \\
k_2 = 394 & l_2 = 64{,}5 & v' = 399 & -m_2 = 64{,}0 & -n_2 = 20{,}4 \\
k_3 = 403 & l_3 = 66{,}5 & v'' = 408 & -m_3 = 61{,}8 & -n_3 = 21{,}2 \\
k_4 = 373 & l_4 = 55{,}5 & v''' = 377 & -m_4 = 56{,}0 & -n_4 = 18{,}1
\end{array}
$$

Daraus erhält man $\varDelta x = 400$; $\varDelta y = 65{,}7$; $\varDelta \xi = -65{,}0$; $\varDelta \eta = -20{,}9$, so daß nach 1 Sekunde die Koordinaten des Geschosses sind $x_1 = 400$ m; $y_1 = 65{,}7$ m. Nach 12 Schritten, also nach der Zeit $T' = 12{,}0$ sec, erhielt C. Veithen auf diese Weise $\sum \varDelta x = x = 3384$ m; $\sum \varDelta y = y = +1{,}5$ m; $v = 227$ m/sec. (Die Schußtafel ergibt $X = 3400$ m; $T = 12{,}1$ sec; $v_e = 222$ m/sec.

Anmerkung. Hieher zu rechnen ist auch die „Méthode des vitesses", die E. Vallier 1894 in seiner „balistique extérieure" (Paris, Verlag von Gauthier-Villars, S. 34 u. folg.) veröffentlicht hat und die ebenfalls, wie das Verfahren von Kutta, auf einer Art von Simpsonscher Regel beruht.

§ 37. Über die Methoden von O. Wiener (1919) und A. von Brunn (1919) zur stückweisen Berechnung von Flugbahnen.

In Abschnitt 6 wurden Rechnungsverfahren erwähnt, bei denen die Taylorsche Reihenentwicklung auf die direkte Berechnung der ganzen Flugbahn bis zum Mündungshorizont oder wenigstens eines größeren Flugbahnbogens, also auf die Gewinnung von geschlossenen Formeln für die Elemente eines beliebigen Flugbahnpunkts $(x\,y)$, speziell des Auffallpunkts (X, o), angewendet wurden. Wenn dabei, wie es üblich ist, aus praktischen Gründen nur 3 bis 4 Glieder der Reihenentwicklung benützt werden, so ist die Berechnung um so weniger zuverlässig, je größer der Abgangswinkel φ ist. Um jedoch auch Steilbahnen mit ausreichender Genauigkeit berechnen zu können, entwickelt O. Wiener (s. Lit.-Note) die in den Differentialgleichungen vorkommenden Variablen nur für einzelne kurze Wegstrecken der Bahn, etwa je für 1 Sekunde, in Taylorsche Reihen und nimmt für jede Wegstrecke die Integration vor. Das Wienersche Verfahren kann hier aus Platzmangel nur angedeutet werden; über die Einzelheiten vergleiche man die Wienersche Arbeit selbst, sowie ihre Weiterführung durch R. Sängewald (s. Lit.-Note).

Die Verzögerung durch den Luftwiderstand sei jetzt bezeichnet mit $c \cdot k \cdot f(v)$ oder kürzer mit $F(v)$. Dabei ist k von den Dimensionen, der Masse und der Form des Geschosses abhängig und c bedeutet das Verhältnis $\delta_y : \delta_0$ des Luftgewichts δ_y in der Höhe y zum Bodenluftgewicht δ_0. c' ist die Ableitung von c nach y; f' und f'' sind die Ableitungen von $f(v)$ nach v. Der Index a bzw. e bezieht sich auf den Anfang, bzw. das Ende des betreffenden Bahnstücks; der Index m deutet einen Mittelwert in dem betr. Bahnstück an.

Um die zu einem Schritt $\varDelta t$ gehörigen Änderungen $\varDelta v$, $\varDelta \vartheta$, $\varDelta x$, $\varDelta y$ von $v\,\vartheta\,x\,y$ zu erhalten, geht O. Wiener aus von den Gleichungen der Tangential- und der Normalbeschleunigung für den betrachteten Zeitpunkt t, also von den Gleichungen $\dfrac{dv}{dt} = -g\sin\vartheta - F$ und $-\dfrac{d\vartheta}{\cos\vartheta} = g\cdot\dfrac{dt}{v}$. In der ersteren Gleichung wird F in eine Taylorsche Reihe nach steigenden Potenzen von t entwickelt, wovon die 3 ersten Glieder genommen werden. Gleiches geschieht mit ϑ. Nachdem so die rechte Seite dieser ersten Gleichung als Funktion von t dagestellt ist, wird integriert vom Anfang bis zum Ende des Intervalls. In der zweiten Gleichung wird rechts $\dfrac{1}{v}$ in eine Taylorsche Reihe nach Potenzen von t, links $\dfrac{1}{\cos\vartheta}$ in eine solche Reihe nach Potenzen von ϑ entwickelt und alsdann beiderseits integriert. Die Berücksichtigung der Änderung der Luftdichte mit der Höhe geschieht in der Weise, daß $c = \delta_y : \delta_0$, was von y und damit von t abhängt, gleichfalls in eine Reihe nach Potenzen von t entwickelt wird, wovon O. Wiener die beiden ersten Glieder nimmt. Und die zugehörigen Koordinatenzuwächse $\varDelta x$ und $\varDelta y$ in horizontaler und in vertikaler Richtung, also die Änderungen

$$\varDelta x = \int_0^{\varDelta t} v\cdot\cos\vartheta\cdot dt \quad\text{und}\quad \varDelta y = \int_0^{\varDelta t} v\sin\vartheta\cdot dt$$

berechnet er alsdann mit Hilfe eines von ihm aufgestellten allgemeinen Satzes über die abgekürzte Integration des Produkts zweier Reihen.

Das Rechenverfahren ist, ohne weitere Ableitung zusammengestellt, das folgende:

1. Zunächst wird ein angenäherter Wert für die Abnahme $-\varDelta v$ von v während der Zeit $\varDelta t$ ermittelt; (dieser erste Näherungswert sei als solcher durch eine Klammer angedeutet, also durch $-(\varDelta v)$). Es wird

$$-(\varDelta v) = \frac{\mathrm{I}+\mathrm{II}+\mathrm{III}}{1+B+C}\cdot\varDelta t; \quad\text{hier ist}\quad \mathrm{I} = c_a\cdot k\cdot f_a(v);$$

$$\mathrm{II} = \tfrac{1}{2}\cdot v_a\cdot k\cdot f_a(v)\cdot c_a'\cdot\sin\vartheta_a\cdot\varDelta t; \quad \mathrm{III} = g\cdot\sin\vartheta_a;$$

$$B = \tfrac{1}{2}\cdot c_a\cdot k\cdot f_a'\cdot\varDelta t; \quad C = \tfrac{1}{3}c_a\cdot\left(\frac{k\cdot f_a'\cdot\varDelta t}{2}\right)^2.$$

Daraus erhält man einen Näherungswert von v_m, nämlich

$$(v_m) = v_a + \tfrac{1}{2}\cdot(\varDelta v).$$

Sodann berechnet man einen Näherungswert von $\tfrac{1}{2}\varDelta\vartheta$ aus $\tfrac{1}{2}(\varDelta\vartheta)$ in Grad $= -\tfrac{1}{2}\cdot\dfrac{180}{\pi}\cdot\dfrac{g\cos\vartheta_a}{(v_m)}\cdot\varDelta t$; und hieraus $(\vartheta_m) = \vartheta_a + \tfrac{1}{2}(\varDelta\vartheta)$. Sind so diese angenäherten Werte (v_m) und (ϑ_m) erhalten, so wird der endgültige Wert von $-\varDelta v$ durch den folgenden Ausdruck berechnet

$$-\varDelta v = \frac{\mathrm{I} + \mathrm{II} + \mathrm{III} + \mathrm{IV} + \mathrm{V}}{I + B + C + D' + E' \cdot (\varDelta v)} \cdot \varDelta t.$$

Dabei ist zur Abkürzung gesetzt

$$\mathrm{IV} = g \cdot [\sin(\vartheta_m) - \sin \vartheta_a]; \quad \mathrm{V} = \tfrac{1}{4} k f_a(v) c_a{}' \sin(\vartheta_m)(\varDelta v) \cdot \varDelta t,$$
$$D' = \tfrac{1}{3} k f_a{}'(v_m) c_a{}' \sin(\vartheta_m) \cdot \varDelta t^2; \quad E' = \tfrac{1}{6} c_a k f_m{}''(v) \cdot \varDelta t.$$

Damit gewinnt man sodann den genauen Mittelwert $v_m = v_a + \tfrac{1}{2} \varDelta v$ und den Endwert v_e der Geschwindigkeit $v_e = v_a + \varDelta v$.

2. Analog berechnet man den Endwert ϑ_e des Horizontalneigungswinkels am Ende des Zeitintervalls $\varDelta t$; man bildet

$$(y_e) = y_a + v_m \cdot \sin(\vartheta_m) \quad \text{und} \quad \varDelta F = c_e k f_e(v) - c_a k f_a(v);$$

dann ist genau

$$-\varDelta \vartheta \text{ in Grad} = \frac{180}{\pi} \cdot \frac{g \varDelta t}{v_m} \cdot \left(1 + \frac{\varDelta v^2}{12 v_m{}^2} - \frac{\varDelta F}{12 v_m} \cdot \varDelta t\right)$$

und $\vartheta_e = \vartheta_a + \varDelta \vartheta$. Man hat damit den **Tangentenneigungswinkel ϑ_e am Ende des Bahnstücks.**

3. Um endlich aus den Anfangswerten x_a und y_a der Abszisse bzw. der Ordinate des betrachteten Flugbahnstücks d i e E n d w e r t e x_e u n d y_e zu berechnen, verfährt man wie folgt: Man bildet die Mittelwerte

$$\sin \vartheta_m{}' = \tfrac{1}{2}(\sin \vartheta_a + \sin \vartheta_e) \quad \text{und} \quad \cos \vartheta_m{}' = \tfrac{1}{2}(\cos \vartheta_a + \cos \vartheta_e)$$

und hieraus die Hilfsgrößen $v_m{}'$ und u, die definiert sind durch

$$v_m{}' = v_m + \tfrac{1}{12} \varDelta F \cdot \varDelta t; \quad u = \tfrac{1}{6} \varDelta \vartheta \{- \varDelta v + \tfrac{1}{2} g \sin \vartheta_m{}' \cdot \varDelta \vartheta \cdot \varDelta t\}.$$

Dann ist

$$\varDelta x = (v_m{}' \cos \vartheta_m{}' - u \sin \vartheta_m{}') \cdot \varDelta t$$
$$\varDelta y = (v_m{}' \sin \vartheta_m{}' + u \cos \vartheta_m{}') \cdot \varDelta t$$

und endlich $x_e = x_a + \varDelta x; \quad y_e = y_a + \varDelta y$.

Den gesamten Rechnungsverlauf für einen einzelnen Schritt $\varDelta t$ demonstriert R. S ä n g e w a l d an einem Beispiel mit $\varDelta t = 2$ sec; er findet, daß man selbst bei zweckmäßiger Anordnung der Zahlenrechnung eine nicht ganz unbeträchtliche Mühe aufzuwenden hat, um einen Schritt $\varDelta t$ vorwärts zu kommen. Aus der E b e r h a r d schen Luftwiderstandstabelle für K r u p p sche Normalgeschosse hat S ä n g e wald die Zahlenwerte von $f f' f''$ entnommen und bis $v = 750$ m/sec aufwärts sehr sorgfältig ausgeglichen.

Ein Vorzug der W i e n e r schen Methode besteht darin, daß sie gestattet, an jeder Stelle den durch das mathematische Näherungsverfahren entstandenen F e h l e r abzuschätzen, und dies hat O. W i e n e r auch durchgeführt. A. S ä n g e w a l d hat ferner geeignete Kriterien dafür aufgestellt, wie groß jedesmal das betreffende Zeitintervall Δt zu wählen ist, damit ein bestimmter Grad von Genauigkeit erzielt wird. Bei den Änderungen Δv bzw. $\Delta \vartheta$ eines Schrittes Δt fordert er: an absoluter Genauigkeit 0,01 m/sec bzw. 0,0001, an relativer Genauigkeit bei $\Delta t = 1$ sec 0,04 bzw. 0,0002; man findet dann aus seinen Kriterien die notwendige Größe von Δt. In einem Zahlenbeispiel mit $\varphi = 70^0$, $v_0 = 467$ m/sec und $k = 68{,}212$ erhält er im ganzen 34 Schritte Δt, nämlich vom Anfang der Bahn an bis zu deren Ende im Mündungshorizont bzw.: $\Delta t = 1, \frac{1}{2}, \frac{1}{2}, \frac{1}{2}, \frac{1}{3}, \frac{1}{3}, \frac{1}{3}, \frac{1}{2}, 1,$ 1, 2, 3, 3, 3, 3, 2, 2, 2, 1, 1, 1, 1, 1, 2, 2, 2, 2, 3, 3, 3, 3, 3, 3, 3 Sekunden. Er führt die Berechnung einer solchen Steilbahn durch, zunächst für Windstille, weiter für konstanten Gegenwind.

2. A. von Brunn (s. Lit.-Note) operiert insofern ähnlich wie O. Wiener, als er gleichfalls die Flugbahn in kleinen Teilbögen berechnet und dabei gleichfalls Taylorsche Reihenentwicklungen anwendet. Aber A. v. Brunn geht aus von den Differentialgleichungen der Geschoßbewegung längs der horizontalen x-Achse und längs der vertikalen y-Achse, also von den Gleichungen (1) und (2) in § 17:

$$\frac{d^2 x}{dt^2} = -c(y) \cdot \frac{f(v)}{v} \cdot \frac{dx}{dt}; \quad \frac{d^2 y}{dt^2} = -g - c(y) \cdot \frac{f(v)}{v} \cdot \frac{dy}{dt}.$$

Er entwickelt x und y für das betreffende kleine Zeitintervall Δt in eine Taylorsche Reihe nach Potenzen von Δt, und für x', x'', x''' ... und ebenso für y', y'', y''' ... werden unter Verwendung der vorhin erwähnten Differentialgleichungen die zugehörigen Ausdrücke aufgestellt. Das Luftwiderstandsgesetz und das Verhältnis $\delta_y : \delta_0$ kann dabei in Tabellenform vorliegen. R. Sängewald findet, daß die strenge Methode von A. v. Brunn an „Rechenökonomie dem Wienerschen Verfahren weit unterlegen" sei. Übrigens bezog sich einer der Hauptzwecke, die A. v. Brunn bei seinen Untersuchungen leiteten, darauf, mit seinem zwar etwas umständlichen, aber strengen Rechenverfahren einige Lösungsmethoden auf ihre Genauigkeit zu prüfen; insbesondere die Methode, die sich in dem literarischen Nachlaß von Schwarzschild vorfand und von K. Regner bearbeitet worden ist. Über alles Weitere sei auf die Brunnsche Arbeit selbst verwiesen, wo man auch das Prinzip des Schwarzschildschen Verfahrens klar dargestellt findet. Über dieses letztere, sowie über einige andere Vorschläge ist in den folgenden Anmerkungen einiges Wenige gesagt.

Anmerkungen. 1. In § 23 war unter Absatz d) erwähnt worden, daß Hélie die ganze Flugbahn damit zu berechnen sucht, daß er den Ausgleichsfaktor α als das geometrische Mittel zwischen dem Secans des Abgangswinkels und dem Secans des Winkels ϑ im Scheitelpunkt der Bahn wählt. Im Gegensatz zu Hélie will Schwarzschild die Flugbahn in einer größeren Anzahl von kleinen Bogenstücken berechnen, und er nimmt dabei für ein solches Bogenstück den Faktor α gleich dem geometrischen Mittel aus den Werten von $\sec \vartheta$ am Anfang und am Ende des Bogenstücks. Die Hauptsache bei dem Verfahren von Schwarzschild ist aber die Art, wie er die ganze Bahn in einzelne Bogenstücke geteilt denkt. Dies soll in der Weise geschehen, daß die Teilpunkte äquidistant sind in bezug auf $\log \sec \vartheta$, also so, daß die zu den Endpunkten der einzelnen Bahnstücke gehörenden Werte von $\cos \vartheta$ eine geometrische, ihre Logarithmen somit eine arithmetische Reihe bilden. Und bei den zweiten Integrationen, die x, y, t selbst liefern, verzichtet Schwarzschild auf die grundsätzlich strenge Quadratur und ersetzt sie (wie schon die Hauptgleichung durch eine nur angenäherte Hauptgleichung ersetzt worden war) durch Annäherungen, bei denen jedoch nicht mehr vernachlässigt wird, als schon bei der Hauptgleichung vernachlässigt worden war. A. v. Brunn kommt hinsichtlich des Schwarzschildschen Verfahrens zu dem Ergebnis, daß man, wenn man nach Schwarzschilds Vorschriften schematisch operieren wollte, eine sehr große Anzahl von Schritten ausführen müßte, um die Schußweite innerhalb eines kleinen Bruchteils der mittleren Streuung genau zu erhalten, daß man aber unter Verbesserung der Genauigkeit die Schrittzahl bedeutend herabdrücken kann, wenn man das Anfangsstück der Bahn mit einem kleinen, den absteigenden Ast mit einem größeren Intervall von $\log \sec \vartheta$ berechnet. In einem Beispiel mit $v_0 = 1000$ m/sec und $\varphi = 45^0$ nimmt A. v. Brunn für den aufsteigenden Ast 10 Schritte, wobei jedoch der erste Schritt in 4 Schritte unterteilt ist, und erhält eine befriedigende Genauigkeit.

2. Schon Didion, St. Robert, Hélie, v. Wuich und G. Bianchi hatten übrigens, im Fall von Steilbahnen, vorgeschlagen, die Bahn stückweise zu berechnen. Wenn dabei (vgl. § 23) $\sigma = \gamma = \dfrac{1}{\alpha}$ gewählt wird und ϑ_1 und ϑ_2 die Neigungswinkel der Tangenten in den beiden Endpunkten eines Flugbahnstücks bedeuten, so ist nach Didion zu nehmen $\alpha = [\xi(\vartheta_1) - \xi(\vartheta_2)] : (\operatorname{tg} \vartheta_1 - \operatorname{tg} \vartheta_2)$; nach N. v. Wuich $\alpha = \xi\left(\dfrac{\vartheta_1 + \vartheta_2}{2}\right) : \operatorname{tg} \dfrac{\vartheta_1 + \vartheta_2}{2}$; nach St. Robert

$$\alpha = \frac{1}{2} (\sec \vartheta_1 + \sec \vartheta_2);$$

nach Hélie $\alpha = \sqrt{\sec \vartheta_1 \cdot \sec \vartheta_2}$. J. Schatte (vgl. Lit.-Note) schlägt vor, zu nehmen $\alpha = \sec \dfrac{\vartheta_1 + \vartheta_2}{2}$.

3. S. Takeda (s. Lit.-Note) wählt eine gewisse Verbindung des Didionschen und des Siaccischen Verfahrens: $\sigma = \dfrac{1}{\alpha}$. (Dabei α der Didionsche Faktor); $\gamma = \dfrac{\delta_0}{\delta_y} \cdot \beta$, (dabei β der Ausgleichsfaktor von Siacci III).

4. O. v. Eberhard (s. Lit.-Note) rechnet bei Fernbahnen ebenfalls die Bahn in einzelnen Bogenstücken. Dabei nimmt er für einen solchen Bogen, dessen Anfangs- bzw. Endwert von ϑ wieder mit ϑ_1 bzw. ϑ_2 bezeichnet sei, übereinstimmend mit Siacci: $\sigma = \cos \vartheta_1 \left(\text{also } u = \dfrac{v \cos \vartheta}{\cos \vartheta_1}\right)$ und $\gamma = \beta \cdot \cos^2 \vartheta_1$. Aber O. v. Eberhard berechnet β als das arithmetische Mittel aus den beiden wahren Werten, die β an den beiden Enden des Bogens hätte. Unter Voraussetzung von Zonen-Potenzgesetzen $c f(v) = c \cdot v^n$ ist der wahre (veränderliche)

Wert von β der folgende:

$$\beta = \left(\frac{\cos\vartheta_1}{\cos\vartheta}\right)^n \cdot \frac{\cos\vartheta}{\cos\vartheta_1} \cdot \frac{1}{\cos\vartheta_1} = \left(\frac{\cos\vartheta_1}{\cos\vartheta}\right)^{n-1} \frac{1}{\cos\vartheta_1}.$$

Am Anfang des Bogenteils, wo $\vartheta = \vartheta_1$ ist, hat also β den Wert $\dfrac{1}{\cos\vartheta_1}$; und am Ende den Wert $\left(\dfrac{\cos\vartheta_1}{\cos\vartheta_2}\right)^{n-1} \cdot \dfrac{1}{\cos\vartheta_1}$.   So nimmt O. v. Eberhard für β den Mittelwert:

$$\beta = \frac{1}{\cos\vartheta_1} \cdot \frac{1}{2}\left[1 + \left(\frac{\cos\vartheta_1}{\cos\vartheta_2}\right)^{n-1}\right].$$

Dabei wechselt n von einem Zonengesetz zum andern entlang der Bahn; z. B. im Gebiet des quadratischen Zonengesetzes ($n = 2$) ist somit $\beta = \dfrac{1}{2}(\sec\vartheta_1 + \sec\vartheta_2)$, wie bei St. Robert. Gleichzeitig nimmt O. v. Eberhard für $\delta(y)$ und damit für $c(y)$ entlang des Bogenteils einen konstanten Mittelwert, wie er der mittleren Höhe des betrachteten Bogenteils über dem Erdboden entspricht. Näheres darüber in § 40.

§ 38. Über die Methoden von Frh. von Zedlitz, von E. Stübler und von J. de Jong zur stückweisen Berechnung einer Flugbahn.

1. Unstreitig das beste Verfahren zur Festlegung einer Steilbahn ist das in Band III zu besprechende experimentelle Verfahren mittels zweier Phototheodolite. Für den Fall, daß aber doch eine Steilbahn (mit angebbarer Genauigkeit) berechnet werden muß, — und bei den Geschossen ohne Zeitzünder versagt jenes experimentelle Verfahren —, hatte der Verfasser 1909 (s. Lit.-Note) ein planimetrisches Verfahren ausgearbeitet, das im folgenden 8. Abschnitt zur Genauigkeitsprüfung von Näherungsmethoden an der Hand von „Normalbahnen" benützt werden wird. Diese Methode hat sodann 1913 Freiherr von Zedlitz (s. Lit.-Note) rein rechnerisch umgearbeitet und E. Stübler hat die betreffenden Formeln für den praktischen Gebrauch noch weiter vereinfacht. Voraussetzung ist ein Luftwiderstandsgesetz in der Form von Zonenpotenzgesetzen. Gemäß den Formeln von § 18 ist dann die Beziehung zwischen v und ϑ innerhalb jedes einzelnen Zonenbereichs gegeben. Die Flugbahn wird in einzelnen kleinen Bogenstücken berechnet. ϑ_0 und v_0 bzw. ϑ und v mögen die Tangentenneigung und die Geschwindigkeit im Anfangspunkt, bzw. im Endpunkt des betrachteten Bahnstückes bezeichnen. Dann ist z. B. innerhalb des quadratischen Zonenbereichs, wo also $c \cdot v^2$ die Verzögerung $c \cdot f(v)$ durch den Luftwiderstand bedeutet,

$$\frac{1}{(v\cos\vartheta)^2} - \frac{1}{(v_0\cos\vartheta_0)^2} = \frac{2\,c}{g} \cdot [\xi(\vartheta_0) - \xi(\vartheta)];$$

dabei

$$\xi(\vartheta) = \int \sec^3 \vartheta \cdot d\vartheta = \frac{1}{2}\left[\sin\vartheta\cdot\sec^2\vartheta + \operatorname{lognat} \operatorname{tg}\left(\frac{\pi}{4} + \frac{\vartheta}{2}\right)\right];$$

für $\xi(\vartheta)$ ist im Anhang zu diesem Band die Tabelle 8b gegeben.

Nun wendet Frh. von Zedlitz auf ein solches Bogenstück die im 6. Abschnitt behandelte Reihenentwicklung an. Dort ist y, ϑ, $v\cos\vartheta$ in Funktion von x dargestellt. Eliminiert man aus den betreffenden 4 abgebrochenen Reihen das mit c behaftete Glied, so erhält man 3 Gleichungen für die 3 Variablen x, y, t in Funktion von $v\cos\vartheta$. Von der zugehörigen Rechnung sei hier nur das Resultat, und zwar in der von E. Stübler aufgestellten Form wiedergegeben.

Zusammenstellung: Nachdem man, wie angegeben, für eine größere Anzahl von ϑ-Werten die Geschwindigkeitskomponenten $v\cos\vartheta$ berechnet hat (vgl. § 18, Zusammenstellung) berechne man für ein einzelnes Flugbahnstück, das von ϑ_0 bis ϑ reicht, zunächst p, daraus q und damit die horizontalen und vertikalen Koordinatenstücke x und y und die zugehörige Zeit t mit den folgenden Gleichungen:

$$p = \frac{v_0 \cos \vartheta_0}{v \cos \vartheta}; \tag{1}$$

$$q = \frac{\operatorname{tg}\vartheta_0 - \operatorname{tg}\vartheta}{1 + p^2}; \tag{2}$$

$$x = \frac{2}{g}\,(v_0 \cos \vartheta_0)^2 \cdot q, \tag{3}$$

$$y = x\cdot\left[\operatorname{tg}\vartheta_0 - \frac{q}{3}\,(p^2 + 2)\right]; \tag{4}$$

$$t = \frac{2\,x}{3\cdot v_0 \cos \vartheta_0} \cdot \frac{p^3 - 1}{p^2 - 1}. \tag{5}$$

Von einem Flugbahnstück zum nächsten ändern sich die Werte p und q, aber innerhalb desselben Stücks werden sie als konstant betrachtet. Die Zahlenberechnungen von Frh. von Zedlitz haben gezeigt, daß sich mit diesem Verfahren eine Genauigkeit erzielen läßt, die innerhalb der mittleren Streuung liegt. Soll auch die Änderung des Luftgewichts δ mit der Höhe berücksichtigt werden, so wird man die Rechnung zuerst mit einem konstanten mittleren δ und damit c durchführen, alsdann die Rechnung wiederholen und dabei von einem kleinen Bahnstück zum andern δ und damit c veränderlich annehmen.

2. Wesentlich anders ist in jüngster Zeit der holländische Ballistiker G. de Josselin de Jong, Professor an der Kgl. holländ. Militärakademie zu Buda, vorgegangen (s. Lit.-Note). Es sei an die Ausdrücke erinnert, die in § 18 (Gleichungen 8 bis 11) zu dem

linearen Gesetz der Verzögerung durch den Luftwiderstand: $c \cdot f(v)$ $= c \cdot v$ gegeben wurden. Wir sahen dort, daß bei dieser Annahme und nur bei dieser die beiden Differentialgleichungen längs der x-Achse und längs der y-Achse unabhängig voneinander sind und ohne weiteres die Integration zulassen. Nun ist zwar der Luftwiderstand — darauf wurde schon in § 18 hingewiesen — für Geschoßgeschwindigkeiten, keineswegs proportional der 1. Potenz der Geschwindigkeit v; aber die Luftwiderstandskurve läßt sich, wenn sie in zahlreiche kleine Stücke zerlegt wird, mit genügender Annäherung als ein aus geradlinigen Seiten zusammengesetzes Polygon darstellen. Es ist dann der ballistische Koeffizient c nicht allein von den Dimensionen, der Form und der Masse des Geschosses und dem Luftgewicht, sondern auch von der Geschwindigkeit abhängig; von einer Polygonseite zur anderen ist c veränderlich.

Nun waren die in § 18 für die Annahme $c f(v) = c v$ aufgeführten Gleichungen, — mit v_{x_0} bzw. v_{y_0} gleich der Horizontal- bzw. Vertikalkomponente der Geschwindigkeit im Abgangspunkt und mit v_x bzw. v_y gleich diesen Komponenten in dem nach der Zeit t erreichten Bahnpunkt $(x y)$ —, die folgenden:

$$c \cdot x = v_{x_0} \cdot (1 - e^{-ct}); \qquad c \cdot y = -g t + \left(\frac{g}{c} + v_{y_0} \right)(1 - e^{-ct});$$

$$v_x = v_{x_0} \cdot e^{-ct}; \qquad v_y + \frac{g}{c} = \left(v_{y_0} + \frac{g}{c} \right) e^{-ct}.$$

Diese Gleichungen werden von J. de Jong in der folgenden Form geschrieben:

$$c \cdot t = \log \mathrm{nat}\, \frac{v_{x_0}}{v_x} = \log \mathrm{nat}\, \frac{\dfrac{g}{c} + v_{y_0}}{\dfrac{g}{c} + v_y}; \tag{6}$$

$$c \cdot x = v_{x_0} - v_x; \tag{7}$$

$$c \cdot y = v_{y_0} - v_y - g t = \frac{\dfrac{g}{c} + v_{y_0}}{v_{x_0}} \cdot c \cdot x - g t. \tag{8}$$

Damit führt J. de Jong die Berechnung einer Bahn in kleinen Stücken durch; dabei macht er darauf aufmerksam, daß nur wenige Tabellen erforderlich sind. Die bei diesem Jongschen Annäherungsverfahren auftretenden Fehler beziehen sich natürlich in erster Linie auf das Luftwiderstandsgesetz, in rein mathematischer Hinsicht gehen sie nicht über diejenigen Fehler hinaus, die in den benützten logarithmischen und trigonometrischen Tabellen usw. liegen. Jedenfalls dürfte es sich lohnen, eingehende Prüfungen darüber anzustellen, ob dieses Verfahren sich mit ausreichender Genauigkeit für den praktischen Gebrauch einrichten läßt. Nach den von J. de Jong durchgeführten Zahlenbeispielen scheint in der Tat einige Aussicht dafür zu bestehen. Es sei deshalb auf diese Arbeit, die in der holländ. Zeitschr. Militaire Spectator (1924 Jan./Febr.-Heft) erschienen ist, aufmerksam gemacht.

§ 39. Der lotrechte und der nahezu lotrechte Schuß.

Untersuchungen über diesen Schuß haben heutzutage Bedeutung insbesondere für das Fliegerschießen, außerdem für Jagdzwecke und etwa für gerichtliche Feststellungen. Auf eine andere Verwendung des vertikalen Schusses hat als Erster A. Preuß (s. Lit.-Note) aufmerksam gemacht: Bei den neueren Infanteriegeschossen, die mit Mündungsgeschwindigkeiten von rund 1000 m/sec verfeuert werden, handelt es sich häufig darum, Gewißheit darüber zu erlangen, in welchem Zustande sie die Mündung der Waffe verlassen haben; ob sie im Lauf deformiert worden sind; ob sie den Zügen richtig gefolgt sind, usw. Nach dem Einschießen in Sand, Holz, Sägespäne, Werg, Watte zeigen sich die modernen Stahlmantelgeschosse mit Bleikern stark deformiert; und selbst das früher zu jenen Feststellungen übliche Einschießen in ein Wasserbassin ist bei den großen Anfangsgeschwindigkeiten der neueren Geschosse nicht mehr verwendbar, da die Geschosse im Wasser zerdrückt werden. Aber in dem vertikalen Aufwärtsschießen und Auffangen des wieder unten angekommenen Geschosses auf einer Eisfläche oder Rasenfläche oder Holzfläche hat A. Preuß ein Mittel gefunden, um die Geschoßform, wie sie beim Flug des Geschosses in der Luft bestand, in großer Reinheit zu erhalten. Bei diesem Einschießen in ein Luftpolster von über 2 km Länge erfährt z. B. das S-Geschoß $(v_0 = \mathrm{circ.}\,880\ \mathrm{m/sec})$ keine wahrnehmbare Deformation. Es gelangt der Rechnung zufolge in eine Höhe von 2550 m und kommt, wie ein Diabolokreisel angenähert sich selbst parallel bleibend, also abwärts mit dem Geschoßboden voraus fliegend, nach einer Gesamtflugzeit von 74 sec wieder unten an; dabei kündigt sich das Geschoß, weil die Schallwellen bei der Abwärtsbewegung des Geschosses diesem vorauseilen, 3 bis 4 sec vorher durch Sausen an. Die Auffallgeschwindigkeit berechnet sich zu $v_e = 41$ m/sec. In der Tat dringt das S-Geschoß beim Aufschlag auf Holz nur ca. 1 mm, auf Eis 4 bis 5 mm tief ein. Als Deckung für den Schießenden genügt ein über den Kopf gehaltenes gewöhnliches Brett. Beim Schießen von einer Eisfläche aus ließ sich wiederholt wahrnehmen, daß die Geschosse nach ihrer Rückkehr noch längere Zeit ihre Kreiseltänze auf dem Eise ausführten.

Jedenfalls können danach Fälle eintreten, in denen man genötigt ist, auch den vertikalen oder den nahezu vertikalen Schuß rechnerisch bzw. graphisch zu verfolgen.

A. Der vertikale Schuß.

Die Anfangsgeschwindigkeit, mit der das Geschoß von O aus lotrecht in die Höhe geschossen wird, sei v_0. Die Geschwindigkeit des Geschosses wird unter dem Einfluß von Schwere und Luftwiderstand mehr und mehr abnehmen und nach einer gewissen Zeit t_1 und in einer gewissen Höhe $y = Y$ Null werden. Von da beginnt das Geschoß wieder mit der Anfangsgeschwindigkeit Null herabzufallen, seine Geschwindigkeit nimmt zu und nähert sich dabei asymptotisch dem konstanten Grenzwert v_f („Fallschirmgeschwindigkeit"), der durch die Gleichheit von Luftwiderstand und Gewicht bedingt ist (während umgekehrt die Geschwindigkeit eines Meteorsteins, der mit sehr großer Anfangsgeschwindigkeit, von durchschnittlich 30000 m/sec, aus dem Weltraum kommend in die Erdatmosphäre eindringt und schließlich auf die Erde stürzt, immer mehr abnehmen und sich jener Grenzgeschwindigkeit v_f als unterem Grenzwert asymptotisch nähern wird). Ehe das Geschoß jenen oberen Grenzwert v_f der Geschwindigkeit annehmen kann, schlägt das Geschoß nach t_2 sec, vom obersten Punkt ab gerechnet, wieder auf dem Erdboden auf, wobei seine Auffallgeschwindigkeit v_e sein möge. Rechnerisch muß die Geschoßbewegung getrennt für das Aufsteigen und für das Absteigen behandelt werden, da die zwei Teile der Bewegung nicht symmetrisch sind, vielmehr im ersten Teil Luftwiderstand und Schwere in gleicher Richtung, nämlich beide verzögernd, im zweiten Teil Luftwiderstand und Schwere in entgegengesetzter Richtung, nämlich der Luftwiderstand verzögernd; die Schwere beschleunigend, wirken.

a) **Aufsteigende Bewegung:** Anfangsgeschwindigkeit v_0. Vom Abgangspunkt O aus sei die Koordinate y positiv nach oben gerechnet. Nach t sec vom Beginn der Geschoßbewegung in der Luft ab befinde sich das Geschoß in y m Höhe über O. Dabei sei seine Geschwindigkeit v und seine durch den Luftwiderstand bewirkte Verzögerung $c \cdot f(v)$, so ist die Differentialgleichung der Bewegung $\frac{dv}{dt} = -g - c f(v)$. Daraus

$$ t = - \int_{v_0}^{v} \frac{dv}{g + c f(v)}. \tag{1} $$

Ersetzt man $\frac{dv}{dt}$ durch $\frac{v \cdot dv}{dy}$ und integriert, so wird

$$ y = - \int_{v_0}^{v} \frac{v \cdot dv}{g + c f(v)}. \tag{2} $$

Die Gleichung (1) gestattet, die Geschwindigkeit zu berechnen, die das Geschoß bei seiner Aufwärtsbewegung nach t sec besitzt; und die Gleichung (2) liefert die Geschwindigkeit v in der Höhe y. Man wird diese Berechnungen stückweise ausführen, falls die Abnahme des Luftgewichts $\delta(y)$ mit der Höhe y berücksichtigt werden soll, und wird Schritt für Schritt den Wert von c dementsprechend ändern; (selbstverständlich kann auch ein laufendes graphisches Integrationsverfahren angewendet werden). Häufig wird übrigens eine Überschlagsrechnung genügen, bei der ein konstanter Mittelwert von δ und damit von c benützt wird. In diesem Fall wird man für den betreffenden Wert von c die Integrale (1) und (2) durch mechanische Quadratur mittels des Integraphen von Abdank-Abakanowitz oder nach dem graphischen Verfahren von C. Runge gewinnen.

Wenn das Geschoß in der Höhe momentan zur Ruhe gekommen ist ($v = 0$), sei $t = t_1$ und $y = Y$ geworden. Diese gesamte Steigzeit t_1 und diese maximale Steighöhe Y ergeben sich aus:

$$t_1 = + \int_0^{v_0} \frac{dv}{g + c\,f(v)}\,;$$

(3)

$$Y = + \int_0^{v_0} \frac{v\cdot dv}{g + c\,f(v)}.$$

(4)

Wenn speziell das quadratische Luftwiderstandsgesetz, Verzögerung $c\,f(v) = c\,v^2$, zugrunde gelegt werden kann, so ergibt sich durch Integration von $-\,dt = \dfrac{dv}{g + c\,v^2}$ zunächst: $-\,t\cdot\sqrt{g\,c}$

$$= \operatorname{arc\,tg} \frac{v\sqrt{\dfrac{c}{g}} - v_0\sqrt{\dfrac{c}{g}}}{1 + v\,v_0\dfrac{c}{g}}, \quad \text{oder da } \operatorname{arc\,tg} \frac{\alpha \pm \beta}{1 \mp \alpha\beta} = \operatorname{arc\,tg}\alpha \pm \operatorname{arc\,tg}\beta \text{ ist,}$$

durch Auflösung nach v die folgende Gleichung für die Geschwindigkeit v nach der beliebigen Zeit t:

$$v = \frac{v_0\sqrt{\dfrac{c}{g}}\cos(t\sqrt{g\,c}) - \sin(t\sqrt{g\,c})}{v_0\dfrac{c}{g}\sin(t\sqrt{g\,c}) + \sqrt{\dfrac{c}{g}}\cos(t\sqrt{g\,c})}.$$

(5)

Wird $v = \dfrac{dy}{dt}$ nochmals, nach t, integriert, so folgt

$$c\cdot y = \log\mathrm{nat}\left[\cos(t\sqrt{g\,c}) + v_0\sqrt{\dfrac{c}{g}}\sin(t\sqrt{g\,c})\right],$$

(6)

als ein Ausdruck für die nach der Zeit t erreichte Steighöhe y.

Setzt man speziell $v = 0$, so erhält man die ganze Steigzeit t_1 und die ganze Steighöhe Y aus den Gleichungen

$$\mathrm{tg}\,(t_1\,\sqrt{g\,c}) = v_0\,\sqrt{\frac{c}{g}}\,; \qquad (7)$$

$$Y = \frac{1}{2\,c}\,\mathrm{lognat}\left(1 + v_0{}^2\,\frac{c}{g}\right). \qquad (8)$$

Der hier vorkommende Ausdruck $\sqrt{\dfrac{c}{g}}$ hängt mit der oben erwähnten „Fallschirmgeschwindigkeit" v_f dadurch zusammen, daß beim quadratischen Gesetz ist

$$\sqrt{\frac{g}{c}} = v_f\,; \qquad (9)$$

denn, wenn P das Geschoßgewicht ist, so ist v_f der obere Grenzwert, dem die Geschwindigkeit v derart zustrebt, daß mehr und mehr der Luftwiderstand $\dfrac{P}{g}\cdot c\cdot v^2$ gleich dem Gewicht P wird.

b) Absteigende Bewegung. Im obersten Punkt O_1 ist die Geschwindigkeit des Geschosses Null. Von O_1 aus sei jetzt die Koordinate y positiv nach abwärts gerechnet, auch die Zeiten t seien von O_1 ab gezählt. Durch Integration der Bewegungsgleichung $\dfrac{dv}{dt} = + g - c\,f(v) = \dfrac{v\cdot dv}{dy}$ erhält man

$$t = \int_0^v \frac{dv}{g - c\,f(v)}\,; \qquad t_2 = \int_0^{v_c} \frac{dv}{g - c\,f(v)}\,, \qquad (10)$$

$$y = \int_0^v \frac{v\,dv}{g - c\,f(v)}\,; \qquad Y = \int_0^{v_e} \frac{v\,dv}{g - c\,f(v)}\,. \qquad (11)$$

Die letztere Gleichung (11) liefert, da die maximale Steighöhe Y schon aus Gleichung (4) bestimmt ist, die Auffallgeschwindigkeit v_e. Und mittels der Gleichung (10) läßt sich die ganze Zeit t_2 für das Absteigen ermitteln. Das Geschoß ist dann im ganzen $t_1 + t_2$ sec in der Luft.

Meistens wird man, wenigstens bei rotierenden Langgeschossen in diesem zweiten Teil der Geschoßbewegung, wo das Geschoß mit dem Bodenteil vorausfliegt, einen wesentlich größeren Koeffizienten i anzuwenden haben, als im ersten Teil.

Speziell bei Annahme des quadratischen Gesetzes hat man als Bewegungsgleichung $\dfrac{dv}{dt} = g - c\,v^2$. Durch Partialbruchzerlegung läßt sich leicht integrieren; und man erhält für die Berechnung der Geschwindigkeit v, die nunmehr das Geschoß nach der Zeit t vom obersten Punkt O_1 ab besitzt:

$$t = \frac{1}{2\sqrt{gc}} \log \text{nat} \frac{\sqrt{\frac{g}{c}} + v}{\sqrt{\frac{g}{c}} - v},$$

oder

$$v = \sqrt{\frac{g}{c}} \cdot \frac{e^{2t\sqrt{gc}} - 1}{e^{2t\sqrt{gc}} + 1} = \sqrt{\frac{g}{c}} \, \mathfrak{Tg}\,(\sqrt{gc} \cdot t). \qquad (12)$$

Wird diese Gleichung, worin $v = \dfrac{dy}{dt}$ ist, nochmals integriert, so resultiert die folgende Beziehung für den Weg y, den das Geschoß bis zu der Zeit t von oben ab zurückgelegt hat,

$$y = \frac{1}{c} \log \text{nat} \frac{e^{t\sqrt{gc}} + e^{-t\sqrt{gc}}}{2} = \frac{1}{c \cdot 0{,}4343} \cdot \log \text{vulg}\,\mathfrak{Cof}\,(\sqrt{gc}\,t). \qquad (13)$$

Und durch Elimination von t aus (12) und (13) oder auch durch Integration der ursprünglichen Bewegungsgleichung in der Form $\dfrac{v \cdot dv}{dy} = g - cv^2$, erhält man die Geschwindigkeit v nach Zurücklegen des Weges y von oben ab

$$v = \sqrt{\frac{g}{c}} \cdot \sqrt{1 - \frac{1}{e^{2cy}}}. \qquad (14)$$

Spezialisiert man (12) und (13) für den Auffallpunkt, wo $y = Y$; $v = v_e$; $t = t_2$ geworden ist, so gewinnt man, da die maximale Steighöhe Y bereits aus (8) bekannt ist, die ganze Zeit t_2 der Abwärtsbewegung aus:

$$Y = \frac{1}{c \cdot 0{,}4343} \cdot \overset{10}{\log}\,\mathfrak{Cof}\,(\sqrt{gc}\,t_2) \qquad (15)$$

und die Auffallgeschwindigkeit v_e alsdann aus:

$$v_e = \sqrt{\frac{g}{c}} \cdot \mathfrak{Tg}\,(\sqrt{gc}\,t_2). \qquad (16)$$

c) Schuß lotrecht abwärts mit Anfangsgeschwindigkeit v_0. Beim Schuß lotrecht aufwärts beginnt das Geschoß, nachdem es im obersten Punkt O_1 angekommen ist, mit der Anfangsgeschwindigkeit Null abwärts zu fallen. Nunmehr sei statt dessen angenommen, daß das Geschoß von O_1 aus mit der Anfangsgeschwindigkeit v_0 abwärts sich bewege; (Schießen vom Flugzeug aus abwärts; Schießen in Wasser usw.). In diesem Fall erhält man, wenn wiederum das quadratische Luftwiderstandsgesetz verwendet werden kann, an Stelle

der obigen Gleichung (13) die folgende Gleichung für den nach t sec
von oben zurückgelegten Weg y

$$y = \frac{1}{c \cdot 0{,}4343} \cdot \overset{10}{\log} \left\{ v_0 \cdot \sqrt{\frac{c}{g}} \cdot \mathfrak{Sin}\,(\sqrt{g\,c}\,t) + \mathfrak{Cof}\,(\sqrt{g\,c}\,t) \right\}. \qquad (17)$$

Tabellen für die hyperbolischen Funktionen $\mathfrak{Sin}$, $\mathfrak{Cof}$, $\mathfrak{Tg}$ findet man
außer im Anhang dieses Bandes bei: W. Ligowski: Tafeln der
Hyperbelfunktionen und der Kreisfunktionen, Berlin 1890, Verlag
von Ernst und Korn; sowie bei E. Jahnke und F. Emde: Funktionstafeln, Leipzig 1909, Verlag von B. G. Teubner.

Anmerkung. Es ist mehrmals — teils im Ernst, teils im Scherz — die
rein akademische Frage aufgeworfen worden, ob es möglich ist, daß ein
lotrecht aufwärts abgefeuertes Geschoß gewöhnlicher Größe
dauernd die Erde verlassen würde, wenn es mit außerordentlicher
Anfangsgeschwindigkeit (rechnerisch mit $v_0 = \infty$) abgehen könnte.
Diese Frage kann nicht ohne weiteres bejaht werden, da mit der Geschwindigkeit des Geschosses auch dessen Luftwiderstand wächst. Denkt man sich, als
extremen Fall, z. B. eine kleine Kugel aus Holundermark oder eine Flaumfeder
mit enormer Anfangsgeschwindigkeit senkrecht nach oben geschleudert, so wird
es hierbei jedermann begreiflich finden, daß ein solcher Körper nicht unendlich
hoch steigen könnte, da gegenüber sehr großen Geschwindigkeiten ein deformier-
barer Körper, z. B. eine Flüssigkeit oder ein Gas, wie ein fester Körper sich
verhält. Theoretische Berechnungen, die St. Robert über diese Frage mit
Hilfe des 1. Mittelwertsatzes der Integralrechnung angestellt hat, findet man in
den Auflagen dieses Bandes I von 1910, 1917, 1918 auf S. 234—237; sie sind
in diese Neuauflage nicht aufgenommen, da die Grundlagen der betr. Entwicklungen allzu unsicher und unvollständig sind.

Zahlenbeispiele zu b) und c). 1. Ein Geschoß vom Querschnitt
$0{,}52 \cdot 10^{-4}$ m² und vom Gewicht $0{,}01$ kg war lotrecht in die Höhe geschossen
worden und hat eine maximale Steighöhe von 2600 m erreicht. Es kommt nun
mit Anfangsgeschwindigkeit Null wieder herab, mit dem flachen Geschoßboden
vorausfliegend; es sei das quadratische Luftwiderstandsgesetz verwendet; dabei
sei $c = 0{,}0039$. Gesucht die Gesamtzeit t_2 für die Abwärtsbewegung und die
Auffallgeschwindigkeit v_e. Mit den Ausdrücken (15) und (16) ergibt sich
$t_2 = 56$ sec; sodann $v_e = 41$ m/sec.

2. Ein Geschoß vom Querschnitt $R^2\pi = 0{,}025$ (m²) und vom Gewicht
$P = 14$ (kg) werde mit der Anfangsgeschwindigkeit $v_0 = 150$ (m/sec) lotrecht abwärts in eine Wassermasse vom spez. Gewicht $\delta = 1050$ (kg/m³) eingeschossen.
In welcher Tiefe y befindet es sich nach $t = 0{,}1$ sec? Gemäß den Überlegungen,
die in § 9 (Anfang) bei der theoretischen Ableitung des quadratischen Widerstandsgesetzes angestellt wurden, hat man hier bei Wasser als Ausdruck für

den Widerstand anzunehmen: $W = R^2\pi \cdot \dfrac{\delta \cdot i}{9{,}81} \cdot v^2$. Der Formkoeffizient des Spitz-

geschosses sei hierbei $i = 0{,}3$. Dividiert man W durch die Geschoßmasse $\dfrac{P}{9{,}81}$, so

erhält man $c = \dfrac{0{,}3 \cdot 0{,}025 \cdot 1050}{14}$. Damit wird mittels Gleichung (17) die Ein-

tauchtiefe nach 0,1 sec: $y = 7$ m.

B. Der nahezu lotrechte Schuß.

Bei dem folgenden Verfahren ist vorausgesetzt, daß der Winkel ψ der Flugbahntangente gegen die Vertikale so klein bleibt, daß in den Reihenentwicklungen von $\sin \psi$ und $\cos \psi$ je nur die ersten Glieder genommen zu werden brauchen, $\sin \psi = \psi$; $\cos \psi = 1$. Also kommt beim Schuß aufwärts nicht der ganze aufsteigende Ast in Betracht, sondern nur der betreffende rasante Teil davon, der bei dem Schießen nach Flugzeugen praktisch allein benützt wird.

a) Schuß schief aufwärts. Es sei $(x\,y)$ der Bahnpunkt, der nach der Zeit t erreicht wird, v die Bahngeschwindigkeit, $c\,f(v)$ die Verzögerung durch den Luftwiderstand; $\psi = \dfrac{\pi}{2} - \vartheta$ die Neigung der Bahntangente gegen die Vertikale in diesem Punkt; ψ_0 der Abgangswinkel gegenüber der Vertikalen; v_0 die Anfangsgeschwindigkeit. Die allgemeinen Flugbahngleichungen von § 17 werden, da $\cos \psi = \sin \vartheta$, $\sin \psi = \cos \vartheta$, $d\psi = - d\vartheta$ ist, nunmehr

$$d\,(v \cos \psi) = - g \cdot dt - c\,f(v) \cos \psi \cdot dt \tag{18}$$

$$d\,(v \sin \psi) = - c\,f(v) \cdot \sin \psi \cdot dt \tag{19}$$

$$g \cdot dx = + v^2 \cdot d\psi \tag{20}$$

$$g \cdot dt = + v \cdot \operatorname{cosec} \psi \cdot d\psi \tag{21}$$

$$g \cdot dy = + v^2 \cdot \operatorname{cotg} \psi \cdot d\psi \tag{22}$$

$$g \cdot d\,(v \sin \psi) = - c\,f(v) \cdot v \cdot d\psi . \tag{23}$$

Unter der obigen Voraussetzung über die Kleinheit von ψ erhält man aus (18): $dt = - \dfrac{dv}{g + c\,f(v)}$ und wenn man links von $t = 0$ bis t und rechts von $v = v_0$ bis $v = 1200$ und von $v = 1200$ bis v integriert, so wird

$$t = - \int_{v_0}^{v} \frac{dv}{g + c\,f(v)} = M(v) - M(v_0), \quad \text{wobei} \quad M(v) = \int_{v}^{1200} \frac{dv}{g + c\,f(v)}$$

$$\text{und} \qquad M(v_0) = \int_{v_0}^{1200} \frac{dv}{g + c\,f(v)} . \tag{24}$$

Ferner wird aus (21) $\dfrac{d\psi}{\psi} = g \cdot \dfrac{dt}{v} = - g \cdot \dfrac{dv}{v\,(g + c\,f(v))}$. Durch Integration von ψ_0 bis ψ und v_0 bis 1200 und von 1200 bis v erhält man für die jeweilige Bahntangentenneigung ψ die Beziehung

$$\psi = \frac{\psi_0}{G(v_0)} \cdot G(v), \tag{25}$$

wo $G(v) = e^{N(v)}$ und $G(v_0) = e^{N(v_0)}$ ist. Hier bedeuten:

$$N(v) = g \cdot \int_{v}^{1200} \frac{dv}{v\,(g + c\,f(v))}; \qquad N(v_0) = g \cdot \int_{v_0}^{1200} \frac{dv}{v\,(g + c\,f(v))}.$$

Die Gleichungen (20) und (22) endlich liefern x und y; nämlich aus

$$dx = +\frac{v^2}{g} \cdot d\psi = -\frac{\psi_0}{G(v_0)} \cdot \frac{G(v) \cdot v \cdot dv}{g + c\,f(v)} \quad \text{wird erhalten:}$$

$$x = \frac{\psi_0}{G(v_0)}\,[P(v) - P(v_0)], \quad \text{wobei} \quad P(v) = \int_{v}^{1200} \frac{G(v) \cdot v \cdot dv}{g + c\,f(v)}$$

$$\text{und} \qquad\qquad P(v_0) = \int_{v_0}^{1200} \frac{G(v) \cdot v \cdot dv}{g + c\,f(v)} \tag{26}$$

ist, und aus $g \cdot dy = v^2 \cdot \frac{d\psi}{\psi} = -\frac{g \cdot v \cdot dv}{g + c\,f(v)}$ folgt:

$$y = Q(v) - Q(v_0), \quad \text{wobei} \quad Q(v) = \int_{v}^{1200} \frac{v \cdot dv}{g + c\,f(v)}$$

$$\text{und} \qquad\qquad Q(v_0) = \int_{v_0}^{1200} \frac{v \cdot dv}{g + c\,f(v)}. \tag{27}$$

b) Schuß schief abwärts. Der Koordinatenanfang sei jetzt wiederum in den Abgangspunkt verlegt, die y-Achse jedoch vertikal abwärts positiv gerichtet. Die einzige Änderung gegenüber dem vorhergehenden Fall A ist dann die, daß statt $+ g + c\,f(v)$ jetzt $- g + c\,f(v)$ zu nehmen ist. Dem entsprechend sind die Funktionen M, G, N, P, Q jetzt mit M_1, G_1, N_1, P_1, Q_1 bezeichnet.

Zu dem vorstehenden vom Verfasser aufgestellten System von Gleichungen und Funktionen wurden von den ehemaligen Assistenten Hptm. Bensberg und Oblt. Becker auf Grund des einheitlichen Luftwiderstandsgesetzes von Siacci die Zahlenwerte bis zum Ende der Siaccischen Tabelle ($v = 1200$ m/sec) mit Hilfe des Integraphen berechnet und in den Diagrammen I und II (I_a bis I_d und II_a bis II_d) graphisch dargestellt. Diese Diagramme liefern die Werte von G, P, M, Q, G_1, P_1, M_1, Q_1 für $c = 6$; 3; 1; 0,5; 0,2; 0,1; speziell die Werte für M und Q auch noch für $c = 5$; 4; 2. Letztere Funktionen M und Q sind auch in den Tabellen 15 des Anhangs gegeben. Die Interpolation für zwischenliegende Werte c ist nicht unter allen Umständen möglich; man erhält aber wenigstens mit den in den Diagrammen enthaltenen Kurven zwei Grenzen für die Flugbahn.

Zusammenstellung.

I A. Schuß lotrecht aufwärts; Anfangsgeschwindigkeit v_0; y nach oben positiv gerechnet.

Ganze Steigzeit:
$$t_1 = M(0) - M(v_0),$$
ganze Steighöhe:
$$Y = Q(0) - Q(v_0),$$

II A. Nahezu lotrechter Schuß aufwärts; Anfangsgeschwindigkeit v_0.

Flugzeit:
$$t = M(v) - M(v_0),$$
Bahnneigung:
$$\psi = \frac{\psi_0}{G(v_0)} \cdot G(v),$$
Abszisse:
$$x = \frac{\psi_0}{G(v_0)} \cdot [P(v) - P(v_0)],$$
Ordinate:
$$y = Q(v) - Q(v_0).$$

I B. Schuß lotrecht abwärts aus der Höhe Y; Anfangsgeschwindigkeit v_0; y nach unten positiv.

Auffallgeschwindigkeit v_e:
$$Y = Q_1(v_e) - Q_1(v_0),$$
ganze Schußzeit:
$$t_2 = M_1(v_e) - M_1(v_0).$$

II B. Nahezu lotrechter Schuß abwärts; Anfangsgeschwindigkeit v_0.

Flugzeit:
$$t = M_1(v) - M_1(v_0),$$
Bahnneigung:
$$\psi = \frac{\psi_0}{G_1(v_0)} \cdot G_1(v),$$
Abszisse:
$$x = \frac{\psi_0}{G_1(v_0)} \cdot [P_1(v) - P_1(v_0)],$$
Ordinate:
$$y = Q_1(v) - Q_1(v_0).$$

Schlüssel der Bezeichnungen: x, y (in m) die Koordinaten des Flugbahnpunktes, der nach t sec erreicht wird; v (m/sec) die Geschwindigkeit; ψ die Neigung der Bahntangente gegen die Vertikale in diesem Punkte; ψ_0 die Vertikalneigung der Anfangstangente der Bahn; $c\,f(v)$ die Verzögerung durch den Luftwiderstand; dabei ist das einheitliche Gesetz von Siacci (Tabelle 6) zugrunde gelegt; d. h. es ist

$$f(v) = 0{,}2002 \cdot v - 48{,}05 + \sqrt{(0{,}1648 \cdot v - 47{,}95)^2 + 9{,}6} + \frac{0{,}0442\,v\,(v - 300)}{371 + \left(\dfrac{v}{200}\right)^{10}};$$

$c = \dfrac{\delta \cdot (2R)^2 \cdot 865 \cdot i}{1{,}206 \cdot P}$; δ das mittlere Tagesluftgewicht bei dem Geschoßflug (kg/m³); $2R$ das Kaliber in m; P das Geschoßgewicht in kg; der Formkoeffizient i soll nach Siacci $= 1$ sein für die früheren Kruppschen Normalgeschosse mit ogivaler Spitze von 2 Kalibern Abrundungsradius.

Ein Zahlenbeispiel für den lotrechten Schuß aufwärts ist im Anhang bei den Diagrammen gegeben.

C. Bombenabwurf.

Ein Flugzeug bewege sich bei Windstille in der Höhe Y (m) über dem Erdboden in horizontaler Richtung mit der Geschwindigkeit v_0 bezüglich des Erdbodens. In einem bestimmten Augenblick, nämlich wenn die mitgeführte Bombe in einem bestimmten Punkt A angekommen ist, der lotrecht über dem Punkt A_0 des Erdbodens sich befindet, läßt man die (mit ihrer Längsachse horizontal gelagerte) Bombe ohne Anfangsgeschwindigkeit bezüglich des Flugzeugs fallen. Die Bombe wird alsdann von dem Punkt A aus nicht lotrecht längs $A A_0$ bezüglich des Erdbodens herabfallen, sondern sie wird, da sie im Moment des Loslassens die horizontale Geschwindigkeit v_0 des Flugzeugs besitzt, eine krummlinige Bahn beschreiben, wobei die Anfangstangente horizontal und die Anfangsgeschwindigkeit v_0 ist. A sei der Koordinatenanfang eines Koordinatensystems der x, y; die x-Achse horizontal und positiv in der Fahrtrichtung; die y-Achse vertikal und positiv nach unten.

Wenn es gilt, ein Ziel Z zu treffen, das in der Richtung der positiven x-Achse auf dem horizontalen Erdboden sich befindet, so handelt es sich um die Kenntnis zweier Größen X und T. Erstens um die Wurfweite X auf dem Erdboden oder um die Entfernung des Ziels Z vom Fußpunkt A_0 der Stelle A, an der sich die Bombe im Augenblick des Loslassens befand. Denn man wird die Bombe natürlich nicht dann freilassen, wenn sie sich lotrecht über dem Ziel Z befindet, sondern vorher; die Visierlinie muß vor dem Fallenlassen unter einem Winkel α oder $Z A A_0$ gegen die Vertikale eingestellt sein, der sich ergibt aus $\operatorname{tg} \alpha = \dfrac{X}{Y}$. Die Bombe wird freigelassen in dem Augenblick, in dem die so eingestellte Visierlinie gerade durch das Ziel Z geht. Außerdem interessiert aber noch die Kenntnis der Fallzeit T; denn wenn in der Flugrichtung Wind mit der Geschwindigkeit w (m/sec) weht, so wird die Wurfweite X um den Betrag $w \cdot T$ bei Rückenwind vergrößert, bei Gegenwind verkleinert.

Zur Berechnung von X und T, allgemeiner zur Berechnung der Bahnelemente x und t in Funktion von y, wird man am besten stückweise Berechnung der Bahn durchführen, etwa nach der Methode von Veithen-Kutta (§ 36) oder nach der Methode von Frh. v. Zedlitz-Stübler (§ 38). Falls es sich nur um eine rohe Überschlagsberechnung handelt, genügt es meistens, die (nicht streng zutreffende) Voraussetzung zu verwenden, daß die beiden Differentialgleichungen (1) und (2) von § 17 für die Bewegung der Bombe — (in horizontaler Richtung allein unter dem Einfluß des Luftwiderstands, in vertikaler Richtung unter dem Einfluß von Luftwiderstand und Schwere) — voneinander unabhängig seien. Die betreffende Annahme läuft darauf hinaus, daß $c f(v) \cdot \cos \vartheta = c f(v \cos \vartheta)$ und $c f(v) \cdot \sin \vartheta = c f(v \sin \vartheta)$ vorausgesetzt wird, was genau nur für das lineare Gesetz $c f(v) = c \cdot v$ der Fall ist. Wenn man das quadratische Luftwiderstandsgesetz verwendet und zugleich einen Korrektionsfaktor anbringt, so erhält man leicht die folgenden Gleichungen, wovon die erste aus der als bekannt angenommenen Flughöhe Y die Gesamtfallzeit T, alsdann die zweite die Wurfweite X zu berechnen gestattet:

$$c \cdot 0{,}4343 \cdot Y = \log \text{vulg} \ \mathfrak{Cof}(\overline{\sqrt{g}\, c\, T}), \tag{28}$$

$$X = \frac{1{,}85}{c} \cdot \log \text{vulg} \,(1 + c\, v_0\, T). \tag{29}$$

Hier bedeutet: v_0 (m/sec) die Flugzeuggeschwindigkeit; $2R$ (m) das Kaliber der Bombe; P (kg) deren Gewicht; i deren Formkoeffizient; δ (kg/m³) das durchschnittliche Luftgewicht; Y (m) die Höhe des Flugzeugs über dem Boden; X (m) die Wurfweite; T (sec) die Fallzeit; $c = \dfrac{0{,}014 \cdot R^2\, \pi \cdot \delta \cdot i \cdot g}{1{,}206 \cdot P}$; für $\log \mathfrak{Cof}$ vgl. die Tabelle 14 im Anhang.

Beispiele:

1. mit $c = 2{,}92 \cdot 10^{-4}$; $Y = 3440$ m; $v_0 = 30$ m/sec wird $T = 31{,}2$ sec; $X = 660$ m;
2. mit $c = 1{,}96 \cdot 10^{-4}$; $Y = 3150$ m; $v_0 = 30$ m/sec wird $T = 28{,}2$ sec; $X = 680$ m.

§ 40. Einiges über das Fernschießen.
(Bearbeitet von O. von Eberhard.)

Als Fernschießen soll eine Feuertätigkeit dann bezeichnet werden, wenn die dabei zur Verwendung kommenden Flugbahnen zum größeren Teil in Höhen verlaufen, wo die Luftdichte nur noch so gering ist, daß der in diesen Höhen befindliche Teil der Flugbahn sich mit seinen Eigenschaften der Flugbahn des luftleeren Raumes nähert.

Wenn es auch den Anschein haben könnte, daß solche Flugbahnen sich von den gewöhnlich in der Ballistik behandelten nur quantitativ unterscheiden, so ist der Unterschied doch in vielen Beziehungen ein so wesentlicher, daß ihre gesonderte Betrachtung notwendig wird. Der Hauptunterschied liegt in dem Verhalten der Fernflugbahnen gegenüber den Tageseinflüssen (vgl. § 15). Der Luftwiderstand wird, wie im Abschnitt 2 dargelegt wurde, stets als proportional der Luftdichte angenommen, und die Schießergebnisse der Fernflugbahnen lassen, wie gleich bemerkt sein möge, den Schluß zu, daß diese Annahme mit großer Annäherung auch für Luftverdünnungen bis zu 1 g/m³ zutrifft.

Die Luftdichte ist direkt proportional dem Luftdruck und umgekehrt proportional der absoluten Temperatur[1]). Es kann also bei niedrigem Luftdruck und niederer Temperatur dieselbe Luftdichte vorhanden sein, wie bei hohem Luftdruck und hoher Temperatur.

---

[1]) Unter Vernachlässigung des Gehaltes der Luft an Wasserdampf, bzw. unter Vernachlässigung des Umstandes, daß die in 1 cbm Luft enthaltene Menge Wasserdampf in den verschiedenen Höhen nicht dem dort jeweils herrschenden Luftdruck proportional ist.

Bei Flugbahnen mit geringen Scheitelhöhen, wie sie bei den normalen Flachbahnen der Infanterie- und Feldkanonengeschosse vorliegen, wird bei gleichem Bodenluftgewicht nahezu die gleiche Flugbahn erhalten, gleichgültig, ob das Bodenluftgewicht durch niedrigen Druck und gleichzeitig niedrige Temperatur, oder durch hohen Druck und hohe Temperatur bedingt wird.

Beide Fälle gleichen Bodenluftgewichts weisen aber einen grundlegenden Unterschied auf, insofern als die Luftgewichte am Boden zwar gleich sind, in mittleren Höhen über dem Boden jedoch immer weiter auseinanderstreben, um sich erst in ganz großen Höhen wieder einander zu nähern. Die Folge ist, daß man schon beim Bogenschuß der Feldartillerie und noch mehr bei den (Flughöhen von einigen Kilometern erreichenden) Bahnen der schweren Artillerie bei gleichem Bodenluftgewicht je nach der Entstehung dieses Bodenluftgewichts nicht mehr gleich weit schießt, was Anlaß dazu gegeben hat, ein fiktives Luftgewicht, „das ballistische Luftgewicht“, einzuführen. Bei den Fernflugbahnen ist nun der Unterschied gegenüber den Flachbahnen so groß, daß ihr typisches Verhalten ein ganz anderes wird. Zwei Fernbahnen sind nämlich nahezu gleich, wenn ceteris paribus der Barometerstand am Boden der gleiche ist, gleichgültig, welche Temperatur am Boden herrscht. Das Zuviel an Luftdichte in der Nähe des Bodens bei der einen Flugbahn gegenüber der anderen wird gerade kompensiert durch das Zuwenig an Luftdichte gegenüber der anderen, welches in diesem Falle in den oberen Schichten der Atmosphäre statthat. In der Tat wird in beiden Fällen vom Geschoß die gleiche Luftmasse im Verlauf des ganzen Flugbahnkanals verdrängt. Ein weiterer Unterschied der Fernflugbahnen gegenüber den gewöhnlichen ist der, daß der Windeinfluß ein viel geringerer ist, als unter gewöhnlichen Verhältnissen. Auch dies ist leicht einzusehen, denn die Geschoßgeschwindigkeit ist im Verhältnis zur Windgeschwindigkeit so groß, daß der prozentuale Einfluß viel kleiner werden muß.

Schließlich ist der Einfluß der Erdrotation auf die seitliche Lage sehr beträchtlich (vgl. § 53). Der Einfluß auf die Schußweite ist ebenfalls nicht mehr klein, tritt jedoch praktisch zurück, weil er im Verhältnis zur Geschoßstreuung klein bleibt.

Die Flugbahn selbst weist insofern Änderungen gegenüber den normalen Verhältnissen auf, als die größte Schußweite bei Abgangswinkeln von etwa 55° erreicht wird, als ferner die Bahn im oberen Teile der Parabel des luftleeren Raumes ähnlich wird. Der Punkt kleinster Geschoßgeschwindigkeit, größter Bahnkrümmung liegt nahe dem Gipfel. Im absteigenden Ast nimmt die Geschwindigkeit zu bis zu einem Maximum, wo die Komponente der Erdbeschleunigung längs der Bahntangente gleich der Luftwiderstandsverzögerung wird. Die gegen den Boden hin wachsende Luftdichte bewirkt dann aber eine nochmalige Verzögerung des Geschosses.

Praktisch liegen die betreffenden Grenzgeschwindigkeiten, z. B. bei einem 21-cm-Geschoß mit schlanker Spitze und etwa 120 kg Gewicht so hoch (über 800 m/sec), daß die Geschosse mit einer die Schallgeschwindigkeit weit übersteigenden Endgeschwindigkeit und bei Abgangswinkeln von 55^0 mit Auftreffwinkeln von etwa 60^0 herabkommen. Sie kündigen sich also in der Nähe des Auftreffortes nicht durch ein vorheriges Sausen oder einen vor dem Geschoß eintreffenden Kopfwellenknall an, auch der Abschußknall wird erst viel später eintreffen können, sondern sie schlagen unvermittelt ein, während die Knalle erst einige Zeit nach der etwaigen Geschoßdetonation in der Nähe des Auftreffpunktes hörbar werden können.

Daß die Flugbahn größter Schußweite bei etwa 55^0 liegt, ist leicht zu verstehen. Wenn man weit schießen will, sucht man die dichte Luftschicht in der Nähe des Erdbodens möglichst senkrecht zu durchstoßen, damit das Geschoß möglichst wenig Bewegungsenergie an das Luftmeer abgibt. Je steiler man schießt, um so geringer ist also der Energieverlust. Je steiler man aber in der praktischen Luftleere ankommt, um so kleiner wird die Schußweite, deren Maximum im luftleeren Raume ja bei 45^0 liegt. Das Maximum mit Rücksicht auf beide Einflüsse muß also zwischen etwa 44^0 bei homogener Atmosphäre und 90^0 liegen. Es liegt in der Tat bei 55^0. Anlaß zum Studium dieser Verhältnisse bot ein Schuß, der am 21. 10. 1914 in Meppen abgegeben wurde. Er sollte — nach der gewöhnlich verwendeten Siaccischen Methode in einem Stück berechnet — 38 km Schußweite ergeben, während das Geschoß zur allgemeinen Überraschung 49 km flog. Die daraufhin angestellten Untersuchungen zeigten bald, daß bei richtiger Berücksichtigung der Abnahme der Luftdichte mit der Höhe der Ertragsbereich eines großkalibrigen Geschützes mit großer Anfangsgeschwindigkeit in bis dahin ungeahnter Weise gesteigert werden konnte. Die Beschränkung lag schließlich, abgesehen von der Lebensdauer des Rohres, nur in den Grenzen, welche der Anfangsgeschwindigkeit und der Kalibersteigerung gesetzt waren. Auf diese beiden in erster Linie innerballistischen Fragen kann hier nicht eingegangen werden.

Vielfach ist in der Literatur die irrige Ansicht ausgesprochen worden, das Geschoß fliege bei Fernbahnen in seinem oberen Teil im luftleeren Raum. Das ist vom Standpunkte des Meteorologen aus natürlich nicht richtig und vom Standpunkte des Ballistikers zum Glück nicht richtig. Denn wenn der Raum in der Gegend des Flugbahngipfels luftleer wäre, würde das Geschoß der richtenden Kraft des Luftwiderstandsmoments auf den Geschoßkreisel entbehren. Die Geschoßachse würde in diesem am stärksten gekrümmten Teile der Flugbahn der Bahntangente nicht mehr folgen, sondern eine Poinsotsche Präzessionsbewegung mit kleiner Amplitude um die nach schräg aufwärts gerichtete Impulsachse beginnen, d. h. sie würde bei den hier vorliegenden Verhältnissen in denjenigen Teilen des absteigenden Astes, wo das Luftwiderstandsmoment wieder beträchtliche Werte erreicht, mit so großem Winkel gegen die Bahntangente ankommen, daß wahrscheinlich ein Querschläger eintreten würde. Zum mindesten aber würde der Formwert im absteigenden Aste sehr verschlechtert und die Flugzeit gegenüber der errechneten wesentlich vergrößert werden. Da dies bei passend gewählten Verhältnissen nicht eintritt, ist bewiesen, daß der Luftwiderstand auch in den obersten Schichten genügend Richtkraft für die Impulsachse besitzt.

Nachdem so die Verhältnisse qualitativ beleuchtet sind, wird es von Interesse für den Leser sein, wenn er sieht, wie eine Fernflugbahn praktisch berechnet wird. Grundsätzlich ist natürlich jedes rechnerische Verfahren zulässig, bei welchem man die Flugbahn in Teilbogen zerlegt und auf den einzelnen Bogen der Abnahme des Luftgewichts mit der Höhe Rechnung trägt, ebenso geeignet ist natürlich ein graphisches Verfahren, z. B. das von Cranz und Rothe. Es soll hier nur als Beispiel gezeigt werden, wie die Rechnung mittels der bequemen Tabellen von Fasella durchgeführt werden kann.

Man benützt zur Berechnung irgendeine Normalluftgewichtstabelle, welche mittleren Verhältnissen entspricht; beispielsweise ist hier angenommen, daß folgende Verhältnisse normal seien:

$$
\begin{aligned}
\text{am Boden} \quad & \delta_0 && = 1{,}2450 \ \text{kg/m}^3. \\
\text{in } 2\,000 \text{ m Höhe} \quad & \delta_{2000} && = 1{,}0123 \quad \text{,,} \\
\text{,, } 6\,000 \text{ ,, } \quad & \delta_{6000} && = 0{,}6522 \quad \text{,,} \\
\text{,, } 10\,000 \text{ ,, } \quad & \delta_{10\,000} && = 0{,}4040 \quad \text{,,} \\
\text{,, } 14\,000 \text{ ,, } \quad & \delta_{14\,000} && = 0{,}2287 \quad \text{,,} \\
\text{,, } 18\,000 \text{ ,, } \quad & \delta_{18\,000} && = 0{,}1225 \quad \text{,,} \\
\text{,, } 20\,500 \text{ ,, } \quad & \delta_{20\,500} && = 0{,}0844 \quad \text{,,}
\end{aligned}
$$

Die Flugbahn zerlegt man zweckmäßig in Stufen gleicher Höhe. Wie hoch man die einzelnen Stufen wählt, hängt von der Genauigkeit ab, welche man erstrebt. Über die erzielte Genauigkeit erhält man ein Bild, wenn man die Berechnung nochmals mit doppelter und mit halber Stufenhöhe wiederholt. Die Abnahme der Differenzen der Endresultate gibt ein gutes Kriterium der Genauigkeit. Im allgemeinen genügt es, mit Stufen von 4000 m Höhe zu rechnen und das Luftgewicht jeder Stufe gleich dem in der Mitte der Stufe herrschenden zu wählen.

In der Bezeichnung von **Fasella** ist

$$c_0' = \frac{P}{(2\,R)^2\,1000\,i} \qquad\qquad \begin{array}{l} P \text{ in kg,} \\ R \text{ „ m.} \end{array}$$

Ferner kommt in der Siacci-III-Lösung, die den Fasellaschen Tabellen zugrunde liegt, der Korrektionsfaktor β vor. Um für dieses β bei der Berechnung in einzelnen Bogen geeignete Werte zu finden, diene folgende Überlegung. Wir ersetzen das einheitliche Luftwiderstandsgesetz von Siacci III für einen Augenblick durch die Zonengesetze:

$$
\begin{array}{rcll}
v > & 1000 \text{ m}: & f(v) = m_1\,v^{1,3}, \\
v = 800 \text{ bis } & 1000 \text{ „} & = m_2\,v^{1,55}, \\
550 \text{ „} & 800 \text{ „} & = m_3\,v^{1,7}, \\
419 \text{ „} & 550 \text{ „} & = m_4\,v^{2}, \\
375 \text{ „} & 419 \text{ „} & = m_5\,v^{3}, \\
295 \text{ „} & 375 \text{ „} & = m_6\,v^{5}, \\
240 \text{ „} & 295 \text{ „} & = m_7\,v^{3}, \\
0 \text{ „} & 240 \text{ „} & = m_8\,v^{2}.
\end{array}
$$

Allgemein also $m\,v^k$.

Die genaue Hauptgleichung lautet mit dem Fasellaschen c':

$$\frac{d\vartheta}{\cos^2\vartheta} = g\,c_y' \cdot \frac{d\left(\dfrac{v\cos\vartheta}{\cos\varphi}\right)}{\dfrac{v\cos\vartheta}{\cos\varphi}\cdot m\cdot\left(\dfrac{v\cos\vartheta}{\cos\vartheta}\right)^k\cos\vartheta}.$$

Um diese Gleichung integrabel zu machen, wird sie durch folgende ungenaue ersetzt:

$$\frac{d\vartheta}{\cos^2\vartheta} = g\,c_y' \cdot \frac{d\left(\dfrac{v\cos\vartheta}{\cos\varphi}\right)}{\dfrac{v\cos\vartheta}{\cos\varphi}\cdot m\cdot\left(\dfrac{v\cos\vartheta}{\cos\varphi}\right)^k\beta\cos^2\varphi}.$$

Das heißt, es wird gesetzt:

$$\left(\frac{v\cos\vartheta}{\cos\varphi}\right)^k\beta\cos^2\varphi = \left(\frac{v\cos\vartheta}{\cos\vartheta}\right)^k\cos\vartheta,$$

also

$$\beta = \left(\frac{\cos\varphi}{\cos\vartheta}\right)^{k-1}\frac{1}{\cos\varphi} = \left(\frac{\cos\varphi}{\cos\vartheta}\right)^{n}\frac{1}{\cos\varphi}.$$

Statt dieser Variabeln β in der genauen Hauptgleichung wird nun ein angenähertes β_m gewählt, und zwar ein konstanter Mittelwert aus dem Anfangswert von β für $\vartheta = \varphi$:

$$\beta = \frac{1}{\cos\varphi}$$

und dem Endwert von β für $\vartheta = \vartheta_e$:

$$\beta = \left(\frac{\cos\varphi}{\cos\vartheta_e}\right)^{n}\frac{1}{\cos\varphi};$$

also

$$\beta_m = \frac{1}{\cos \varphi} \, \frac{1}{2} \left[1 + \left(\frac{\cos \varphi}{\cos \vartheta_c} \right)^n \right].$$

Außerdem setzt man $c_y' = c_0' \cdot \dfrac{1{,}206}{\beta \cdot \delta_{y_m}}$, wobei δ_{y_m} das Luftgewicht in der Mitte der Stufe ist. Trägt man $n = k - 1$ als Funktion von v auf, so erhält man einen unstetigen, durch Stufen dargestellten Verlauf. Um Unstetigkeiten bei der Bestimmung von β zu vermeiden, und mit Rücksicht darauf, daß bei Fasella das einheitliche Luftwiderstandsgesetz Siacci III verwendet ist, sei die Stufenkurve n durch nebenstehende stetige Kurve ersetzt (Abb. 57).

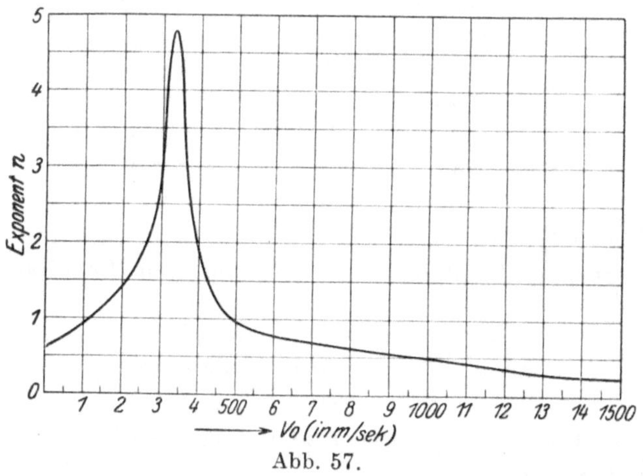

Abb. 57.

Zur Rechnung dienen die Fasellaschen Tabellen I, II und VI. Als Beispiel wurde die Flugbahn für

$$2\,R = 0{,}355 \text{ m},$$
$$v_0 = 1150 \text{ m},$$
$$P = 340 \text{ kg},$$
$$\varphi = 50^0,$$
$$i = 0{,}37$$

gewählt. Also

$$c' = \frac{340}{(0{,}355)^2 \cdot 1000 \cdot 0{,}37} \cdot \frac{1{,}206}{\beta \, \delta_{y_m}}.$$

In β kommt ϑ und wegen n auch v vor. Bei Beginn der Rechnung eines Bahnbogens muß deshalb die Endgeschwindigkeit des betreffenden Bahnbogens v und der Neigungswinkel ϑ geschätzt werden. Bei Berechnung der 1. Stufe wurde $v = 978$, $\vartheta = 48^0 15'$ angenommen. Der Koeffizient n für 978 ist $= 0{,}5$, also

$$\beta = \frac{1}{\cos 50^0} \cdot \frac{\left(\dfrac{\cos 50^0}{\cos 48^0 16'} \right)^{0{,}5} + 1}{2} = 1{,}5420.$$

Berechnung der ersten Stufe.

v_0	1150			
φ	50^0			
y	4000			
$\delta_{y_m} = \delta_{2000}$	1,0123			
$\log 1,206$	0,08135			
$\log(\delta_{y_m})$	0,00531			
$\log \dfrac{1,206}{\delta_{y_m}}$	0,07604			
$\log c_0'$	0,86282			
$\log\left(c_0' \cdot \dfrac{1,206}{\delta_{y_m}}\right)$	0,93886		0,93886	
v	978		947	in der ersten Spalte geschätzt, dann berechnet
ϑ_c	$48^0\,16'$		$48^0\,12'$	
also β	1,5420		1,5413	
$\log \beta$	0,18809		0,18787	
$\log\left(\dfrac{c_0' \cdot \dfrac{1,206}{\delta_{y_m}}}{\beta}\right) = \log(c_y')$	0,75077	0,75077	0,75099	0,75099
x (geschätzt)	3460	3457	3458	**3457,25**
$\log x$	3,53908	3,53870	3,53882	3,53873
also $\log \dfrac{x}{c'}$	2,78831	2,78793	2,78783	2,78774
$\dfrac{x}{c'}$	614,2	613,7	613,5	613,4
daraus f nach Fasella	0,005098	0,005093	0,005091	0,005090
$\log(c_y')$ (s. o.)	0,75077	0,75077	0,75099	0,75099
$\log x$ (s. o.)	3,53908	3,53870	3,53882	3,53873
$\log f$	$\bar{7},70740$	$\bar{7},70697$	$\bar{7},70680$	$\bar{7},70672$
$\log(c'\,x\,f)$	1,99725	1,99644	1,99661	1,99644
$\log(2\cos^2\varphi)$	$\bar{9},91717$	$\bar{9},91717$	$\bar{9},91717$	$\bar{9},91717$
$\log\left(\dfrac{c'\,x\,f}{2\cos^2\varphi}\right)$	2,08008	2,07927	2,07944	2,07927
$\dfrac{c'\,x\,f}{2\cos^2\varphi}$	120	120	120	120
$\log(\operatorname{tg}\varphi)$	0,07619	0,07619	0,07619	0,07619
$\log(x\operatorname{tg}\varphi)$	3,61527	3,61489	3,61501	3,61492
$x\operatorname{tg}\varphi$	4124	4120	4121	4120

(Fortsetzung der Berechnung der ersten Stufe.)

$x\,\mathrm{tg}\,\varphi - \dfrac{c'\,x\,f}{2\cos^2\varphi} = y$	4004	4000	4001	**4000**
f_4		0,01073		0,01073
$\log(f_4)$		$\overline{8},03060$		$\overline{8},03060$
$\log c'$		0,75077		0,75099
$\log(c'f_4)$		$\overline{8},78137$		$\overline{8},78159$
$\log(2\cos^2\varphi)$		$\overline{9},91717$		$\overline{9},91717$
$\log\left(\dfrac{c'f_4}{2\cos^2\varphi}\right)$		$\overline{8},86420$		$\overline{8},86442$
$\dfrac{c'f_4}{2\cos^2\varphi}$		0,07315		0,07318
$\mathrm{tg}\,\varphi$		1,19175		1,19175
$\mathrm{tg}\,\varphi - \dfrac{c'f_4}{2\cos^2\varphi} = \mathrm{tg}\,\vartheta$		1,11860		1,11857
ϑ		$48^{\,0}\,12'$		**$48^{\,0}\,12'$**
u (nach Fasella, Tab. I) . . .		981,65		981,73
$\log u$		2,99195		2,99199
$\log\cos\varphi$		$\overline{9},80807$		$\overline{9},80807$
$\log(u\cos\varphi)$		2,80002		2,80006
$\log\cos\vartheta$		$\overline{9},82382$		$\overline{9},82382$
$\log\left(\dfrac{u\cos\varphi}{\cos\vartheta}\right) = \log v$		2,97620		2,97624
v		947		**947**

Resultat der Berechnung.

Stufe	y	x	Σy	Σx	v	ϑ
1	4000	3457	4000	3457	947	$48^{\,0}\,12'$
2	4000	3743	8000	7200	799	$45^{\,0}\,25'$
3	4000	4234	12000	11434	683	$41^{\,9}\,3'$
4	4000	5188	16000	16622	585	$33^{\,0}\,42'$
5	4000	8104	20000	24726	488	$17^{\,0}\,26'$
6	1071	6717	21071	31443	455	0
6	-1071	6646	20000	38089	468	$-18^{\,0}\,2'$
5	-4000	7669	16000	45758	527	$-35^{\,0}\,49'$
4	-4000	4690	12000	50448	569	$-44^{\,0}\,42'$
3	-4000	3621	8000	54069	588	$-50^{\,0}\,49'$
2	-4000	2981	4000	57050	581	$-55^{\,0}\,45'$
1	-4000	2501	0	59551	547	$-60^{\,0}\,14'$

Die Abszisse für die Ordinate $y = 4000$ m muß geschätzt werden, sie wird mit Hilfe der Formel

$$y = x \operatorname{tg} \varphi - \frac{c' x f}{2 \cos^2 \varphi}$$

durch Probieren gefunden, wobei f $\left(\text{abhängig von } \dfrac{x}{c'}\right)$ der Tabelle II von Fasella entnommen wird. Mit dem gefundenen x wird v und ϑ berechnet. Das Resultat der 1. Rechnung beträgt für

$$x = 3457, \qquad v = 947, \qquad \vartheta = 48^0 12'.$$

Für die rechnerisch ermittelten Werte v und ϑ wird β neu bestimmt und die Rechnung wiederholt. Die 2. Rechnung ändert das Resultat der 1. nicht.

947 m ist nun die Anfangsgeschwindigkeit v_0 und $48^0 12'$ ist der Abgangswinkel φ für die 2. Bahnstufe usw.

Die Berechnung der 1. Stufe sowie das Resultat der Berechnung der ganzen Bahn ist oben wiedergegeben. Es wird, wenn man nicht berücksichtigt, daß der c_0'-Wert infolge der wachsenden Geschoßpendelungen kleiner wird, die Gesamtschußweite 59551 m, der Fallwinkel $60^0 14'$; $v_s = 455$ m/sec $= \sim v_{\min}$; $v_{\max} \sim 588$ m/sec; $v_e = 547$ m/sec.

Achter Abschnitt.

Über die Methode der „Normalbahnen" von C. Cranz und ihre Anwendung zur Prüfung der verschiedenen Lösungsmethoden auf deren Genauigkeitsgrad.

In den vorhergehenden Abschnitten 4 bis 7 wurden zahlreiche Methoden zur Lösung des äußerballistischen Problems besprochen. Alle diese Methoden können mit einem doppelten Fehler behaftet sein. Der erste Fehler, der der Kürze halber der Integrationsfehler oder der rein mathematische Fehler heißen möge, rührt daher daß die Differentialgleichungen der Geschoßbewegung nur mit irgendeinem Näherungsverfahren integriert werden; und zwar auch dann nur mit einem Näherungsverfahren, wenn von vornherein vorausgesetzt werden soll, daß die Geschoßachse dauernd in der Bahntangente bleibt, also das Geschoß wie ein Massenpunkt sich bewegt, wenn ferner von der Änderung des Luftgewichts δ und damit des ballistischen Koeffizienten c mit der Höhe und von sekundären Einflüssen, wie z. B Erdrotation, Geschoßrotation, Abnahme von g mit der Entfernung vom Erdmittelpunkt, Erdkrümmung usw. abgesehen wird. Dieser durch das näherungsweise Integrationsverfahren entstehende Fehler kann der Größe nach ermittelt werden. Der zweite Fehler hat seine

Ursache darin, daß den einzelnen Formel- und Tabellensystemen die verschiedenartigsten Luftwiderstandsgesetze zugrunde gelegt sind, aber das richtige Luftwiderstandsgesetz von der Aeromechanik noch nicht festgestellt werden konnte; ferner darin, daß das Langgeschoß mit einer Rotation um die Längsachse und vielfach auch mit einer solchen um eine Querachse seinen Flug in der Luft beginnt und weiterhin Pendelungen von veränderlicher Größe um den Schwerpunkt ausführt usw. Dieser zweite Fehler, der kurz der physikalische Fehler genannt werden möge, kann, selbst wenn man wenigstens vorläufig als das richtige Luftwiderstandsgesetz das in Tabellenform vorliegende Gesetz von O. v. Eberhard ansehen will, zur Zeit noch nicht in allen seinen Einzelheiten auf rechnerischem Wege genügend genau festgestellt werden. Denn bei den Geschoßpendelungen kommt nicht nur die Kreiselwirkung, sondern auch der später zu besprechende Magnus-Effekt und Poisson-Effekt in Betracht, und über die Anfangsstöße, die das Geschoß in der Nähe der Mündung erfährt, ist wenig Sicheres bekannt. Es bleibt also zur quantitativen Ermittlung dieses zweiten Fehlers nur übrig, einwandfreie Schießversuche zu Hilfe zu nehmen und deren Ergebnisse zu vergleichen mit den Rechnungsergebnissen eines solchen rechnerischen Lösungsverfahrens, bei dem man, unter Berücksichtigung der Luftgewichtsabnahme, den Integrationsfehler quantitativ ermittelt hat.

§ 41. Der rein mathematische Fehler und der physikalische Fehler der Lösungsmethoden.

A. Der rein mathematische Fehler.

Die erwähnte Fehlerursache bestand im folgenden: Es wurden entweder (vgl. 4. Abschnitt) zwar die ursprünglichen Differentialgleichungen der Geschoßbewegung, also die Gleichung (1) und (2) von § 17, oder die daraus hervorgehende Hodographengleichung (3), in geschlossener Form integriert, indem ein dementsprechendes einfaches Potenzgesetz für den Luftwiderstand angenommen wurde; aber die weiteren Integrationen wurden nur mit einem Näherungsverfahren bewerkstelligt. Oder wurden (vgl. 6. Abschnitt) Taylorsche Reihenentwicklungen angewendet, von denen jedoch nur 3 bis 4 Glieder benützt werden konnten. Oder wurde (vgl. 7. Abschnitt) die Flugbahn in zahlreichen, endlich kleinen Stücken aufgebaut, aber mit irgendeinem rechnerischen oder graphischen Annäherungsverfahren; und dabei bieten alle diese Verfahren für die ballistische Praxis den Nachteil, daß, wenn es sich um eine einzelne Aufgabe handelt, bei der z. B. v_0 oder φ oder i gesucht wird, ein äußerst mühsames Probieren erforderlich ist, mit dem auch wieder Fehler verbunden sein können. Oder endlich wurde, wie das bei den (für die praktischen Aufgaben der Ballistik noch immer besonders wichtigen) Methoden des 5. Abschnitts gezeigt wurde, überhaupt nicht die richtige Hodographengleichung

$$d\vartheta = \frac{g \cdot d\,(v\cos\vartheta)}{v \cdot cf(v)} \quad \text{oder} \quad \frac{d\vartheta}{\cos^2\vartheta} = \frac{g \cdot d\,(v\cos\vartheta)}{v\cos\vartheta \cdot cf\left(\dfrac{v\cos\vartheta}{[\cos\vartheta]}\right) \cdot [(\cos\vartheta)]}$$

zugrunde gelegt, sondern diese richtige Differentialgleichung wurde durch eine unrichtige ersetzt, die ohne weiteres die Trennung der Variablen zuläßt, und dies hatte zur Folge, daß die übrigbleibenden Integrationen sich für irgendein Luftwiderstandsgesetz, sogar für ein solches in Tabellenform, verhältnismäßig einfach bewerkstelligen lassen. Die Ersatzgleichung wurde dadurch hergestellt, daß auf der rechten Seite der letzten Gleichung die beiden durch eckige Klammern hervorgehobenen $\cos\vartheta$ je durch einen entlang der ganzen Bahn oder entlang des betrachteten Bahnteils konstanten Mittelwert σ bzw. γ ersetzt wurden, so daß man hat

$$\frac{d\vartheta}{\cos^2\vartheta} = -\frac{g \cdot d\,(v\cos\vartheta)}{v\cos\vartheta \cdot cf\left(\dfrac{v\cos\vartheta}{\sigma}\right) \cdot \gamma} = \frac{g}{\gamma c} \cdot \frac{du}{u \cdot f(u)}, \quad \text{wo} \quad u = \frac{v\cos\vartheta}{\sigma}$$

ist. Da die Größen σ und γ, die tatsächlich längs der Bahn oder des Bahnteils mehr oder weniger variabel sind, als konstant angenommen werden, entsteht ein Fehler. Die verschiedenen Methoden des Abschnitts 5 unterscheiden sich dabei, abgesehen von den Annahmen über den Luftwiderstand, besonders durch die Wahl von σ und γ; Borda nahm $\sigma = 1$, $\gamma = \sec\varphi$. J. Didion, F. Siacci und N. v. Wuich wählten zur Berechnung der ganzen Bahn in einem einzigen Bogen $\sigma = \gamma = \dfrac{1}{\alpha}$, wo α ein Mittelwert von $\sec\vartheta$ im Anfangspunkt und im Scheitel ist, nämlich $\alpha = \dfrac{\xi(\varphi)}{\operatorname{tg}\varphi}$; oder wählten sie, und ebenso N. Mayevski, zur Berechnung der Bahn in zwei Bögen: für den aufsteigenden Ast $\sigma = \gamma = \dfrac{1}{\alpha}$, wo $\alpha = \dfrac{\xi(\varphi)}{\operatorname{tg}\varphi}$, und, nach einer vorläufigen Berechnung des spitzen Auffallwinkels ω, für den absteigenden Ast $\sigma = \gamma = \dfrac{1}{\alpha}$, wo $\alpha = \dfrac{\xi(\omega)}{\operatorname{tg}\omega}$. Zur genaueren Berechnung der Bahn in einem einzigen Stück nahmen Didion, Mayevski und v. Wuich $\sigma = \gamma = \dfrac{1}{\alpha}$, wo $\alpha = \dfrac{\xi\left(\dfrac{\varphi+\omega}{2}\right)}{\operatorname{tg}\dfrac{\varphi+\omega}{2}}$ ist und wobei vorher ein Überschlagswert von ω zu ermitteln ist. St. Robert und Hélie schlugen vor, statt dessen für α das arithmetische bzw. das geometrische Mittel von $\sec\vartheta$ im Abgangspunkt und im Gipfel zu nehmen, also St. Robert: $\alpha = \tfrac{1}{2}(1 + \sec\varphi)$, Hélie: $\alpha = \sqrt{\sec\varphi}$. Bei dem älteren Verfahren von F. Krupp (W. Groß) wurde einfach gesetzt $\sigma = \gamma = 1$. In seinen späteren Verfahren von 1888 und 1896 nahm F. Siacci: $\sigma = \cos\varphi$ und $\gamma = \beta \cdot \cos^2\varphi$, wobei er aus einem gewissen Integralwert (vgl. § 27) und mit einer Näherungsannahme den Wert von β in Funktion von X und φ erhielt; ebenso verfuhr E. Vallier; jedoch bestimmte dieser den Wert von β durch eine Abschätzung des Restglieds der Taylorschen Entwicklung (vgl. § 28). Wieder anders verfuhr P. Charbonnier (vgl. § 29). Alle diese Näherungsverfahren bedingen einen gewissen Fehler in der Flugbahnberechnung.

Was nun die Untersuchungsmethode zur Fehlerbestimmung anlangt, so hat schon 1872 St. Robert mit Zuhilfenahme eines Satzes von Cauchy über die approximative Lösung von Differentialgleichungen (s. Lit.-Note) an einem Zahlenbeispiel eine solche Bestimmung durchzuführen gesucht; er fand, daß ein ganz erheblicher Aufwand an Mühe und Zeit erforderlich ist, um auf diese Weise wenigstens eine obere Grenze für den Fehler zu gewinnen. Ein nur unwesentlich geringerer Aufwand ergab sich bei Anwendung eines ähnlichen neueren Satzes von C. Runge in einem 1907 im ballistischen Laboratorium durchgeführten Beispiel. Bei dem schrittweisen Verfahren von Veithen-Kutta (vgl. § 36) läßt sich eine obere Grenze leicht dadurch erhalten, daß von Zeit zu Zeit zwei Schritte durch einen einzigen Schritt ersetzt werden. Und bei allen Versuchen, bei denen die Flugbahnelemente mittels Taylorscher Reihenentwicklungen gewonnen werden, liegt es nahe, zwei Grenzen für den jeweils entstandenen Fehler zu gewinnen. In der Tat haben O. Wiener und R. Sängewald, ebenso A. v. Brunn (vgl. § 37) strenge Fehlerberechnungen für ihre Methoden durchgeführt. Auch andere Ballistiker, wie z. B. Charbonnier, Parodi, Cavalli u. a. haben teilweise Fehlerabschätzungen vorgenommen. Th. Vahlen (Ballistik 1922, S. 70 u. folg.) bespricht die verschiedenen Lösungsmethoden des Abschnitts 5; dabei leitet er die Methoden von Borda und von Charbonnier in etwas einfacherer Weise ab, indem er eine obere und eine untere Grenze für t, $\mathrm{tg}\,\vartheta$ und $x\,\mathrm{tg}\,\varphi - y$ aufsucht. Er sucht auch ein schärferes Verfahren aufzustellen, um die Grenzen genauer festzulegen; dabei muß er jedoch die Bahn in mehrere Teilbögen zerlegen, und er betont selbst, daß „um die Fehler bis auf 1 bis $2\,^0/_0$ herabzudrücken, selbst bei rasanten Bögen ein ziemlicher Aufwand an Rechnung nötig ist".

In dem Bestreben, ein einfaches Mittel zur Prüfung der Genauigkeit einer neu auftauchenden Lösungsmethode an der Hand zu haben, hat der Verfasser 1909 (s. Lit.-Note) das folgende planimetrische Verfahren zur Berechnung von Flachbahnen und

Steilbahnen entwickelt, das gestattet, die wahrscheinlichen Fehler in der Bestimmung von x, y, t, v quantitativ zu ermitteln und weit unter der wahrscheinlichen Streuung zu halten; dieses Verfahren wurde sodann dazu angewendet, um eine größere Anzahl von Musterbahnen von bekannter Genauigkeit (im folgenden kurz „Normalbahnen" genannt) zu berechnen, die dazu dienen können, um irgendeine Lösungsmethode auf ihre Genauigkeit zu prüfen.

Da es sich hier nicht um das Luftwiderstandsgesetz, überhaupt nicht um die physikalischen Fehler, sondern um die Integrationsfehler handelt, so konnte das Zonengesetz von Mayevski zugrunde gelegt werden, das auch F. Siacci bei seinem Verfahren von 1880 benützt hat. Danach ist die Verzögerung $cf(v)$ durch den Luftwiderstand gleich $c \cdot v^n$, wobei $c = \dfrac{R^2 \pi \cdot \delta \cdot i \cdot g}{P \cdot 1{,}206} \cdot m$ ist; $2R$ das Kaliber (m); P das Geschoßgewicht (kg); δ das Luftgewicht (kg/m^3); i der Formkoeffizient; $g = 9{,}81$; und es ist angenommen:

für $v = 419$ und mehr	$v = 419$ bis 375	$v = 375$ bis 295	$v = 295$ bis 240	$v = 240$ m/sec u. weniger
$m = 0{,}0394$	(4) $m = 0{,}09404$	(9) $m = 0{,}06709$	(4) $m = 0{,}05834$	$m = 0{,}014$
$n = 2$	$n = 3$	$n = 5$	$n = 3$	$n = 2$

Damit läßt sich von einer Zone zur andern, mittels der in § 18 gegebenen Ausdrücke, die Geschwindigkeit v in Funktion des Neigungswinkels ϑ der Bahntangente berechnen; man hat nur bei jedem Zonenübergang dafür zu sorgen, daß die Wertepaare aneinander anschließen. Kennt man so $v = F(\vartheta)$, so werden die Integrationen

$$x = -\frac{1}{g} \int v^2 \cdot d\vartheta; \qquad y = -\frac{1}{g} \int v^2 \cdot \operatorname{tg} \vartheta \cdot d\vartheta; \qquad t = -\frac{1}{g} \int v \cdot \sec \vartheta \cdot d\vartheta$$

mit Hilfe eines Kugelrollplanimeters bewerkstelligt, dessen Angaben zuvor durch Umfahren von entsprechend großen Kreisflächen oder Rechtecksflächen von bekanntem Flächeninhalt ausjustiert sind. So wurden 1909 unter Annahme verschiedener Kaliber und Geschoßgewichte und verschiedener Abgangswinkel φ (zwischen 20^0 und 70^0. von den Hörern Oblt. Blumenthal, Oblt. Busch, Oblt. Freih.) von Göler, Lt. Plaskuda, Oblt. Schatte, Oblt. Schultz sechs verschiedene Flugbahnen berechnet. Wie dies geschah, möge an einem Beispiel gezeigt werden, das Oblt. Schatte durchgeführt hat: Es sei die Anfangsgeschwindigkeit $v_0 = 465$ m/sec; der Abgangswinkel $\varphi = 34\frac{10}{16}$ Grad $= 34^0\,37{,}5'$; das Geschoßgewicht $P = 6{,}85$ kg; das Kaliber $2R = 0{,}077$ m; der Formkoeffizient i werde als konstant $= 1$ und das durchschnittliche Luftgewicht δ als konstant $= 1{,}200$ kg/m^3 angenommen. Da $v_0 = 465$, so kommt zunächst die erste Zone in

Betracht, innerhalb der $m = 0,0394$ und $n = 2$ ist. Somit ist hier

$$c = \frac{0,077^2 \cdot \pi \cdot 9,81 \cdot 1,200}{4 \cdot 6,85 \cdot 1,206} \cdot 0,0394; \quad \log c = 0,41738 - 4.$$ Damit wird die

Beziehung zwischen v und ϑ: $\dfrac{1}{v^2 \cos^2 \vartheta} - \dfrac{1}{v_0^2 \cos^2 \varphi} = \dfrac{2c}{g} [\xi(\varphi) - \xi(\vartheta)]$.
Für das Ende der ersten Zone, also für $v = 419$, erhält man daraus durch wiederholtes Eingabeln den Tangentenwinkel $\vartheta = 33^0 46'$. Man hat damit das Ende der ersten und zugleich den Anfang der zweiten Zone. Diese letztere reicht von $v = 419$ bis $v = 375$. Hierbei sind v und ϑ durch die Beziehung verknüpft:

$$\frac{1}{v^3 \cos^3 \vartheta} = -\frac{3c}{g}\left(\operatorname{tg}\vartheta + \frac{1}{3}\operatorname{tg}^3\vartheta\right) + B,$$

wobei jetzt

$$c = \frac{0,077^2 \cdot \pi \cdot 9,81 \cdot 1,200}{4 \cdot 6,85 \cdot 1,206} \cdot \overset{(4)}{0,09404}; \quad \log c = 0,79519 - 7$$

ist und B daraus sich ergibt, daß für $\vartheta = 33^0 46'$ $v = 419$ sein muß; danach ist $B = \overset{(6)}{0,0170269}$. Speziell für $v = 375$ wird $\vartheta = 32^0 35'$.
Dies ist der Anfang für die dritte Zone usw. Auf diese Weise erhält man für jeden beliebigen Wert von ϑ den Wert von v „genau", d. h. die dabei auftretenden Fehler sind nicht größer als diejenigen, die in den benützten logarithmischen und trigonometrischen Tabellen, der $\xi(\vartheta)$-Tabelle (Anhang Tabelle Nr. 8b) usw. liegen.

Nun wurde für eine große Anzahl von Winkeln ϑ die Funktion $\dfrac{v^2}{g} \cdot \operatorname{tg}\vartheta$ in sehr großem Maßstab in mehreren Teilen graphisch aufgetragen, ϑ als Abszisse, $\dfrac{v^2}{g} \cdot \operatorname{tg}\vartheta$ als Ordinate, und die Kurvenfläche $-\displaystyle\int \dfrac{v^2}{g} \cdot \operatorname{tg}\vartheta \cdot d\vartheta$ oder y mit einem Kugelrollplanimeter planimetriert.
Dies geschah hier bei dem Beispiel in vier Teilen. In den drei ersten stellte $1\,cm^2$ der Zeichnungsfläche $1,1636$ m, im letzten Teil $1\,cm^2$ $3,4907$ m vor. Der krummlinig begrenzte Teil jedes Kurvenflächenstücks wurde 10 mal mit dem Planimeter befahren. Die Planimetrierung wurde zunächst nur bis in die Nähe des im Mündungshorizont gelegenen Auffallpunkts fortgesetzt, nämlich bis $\vartheta = -49,5^0$; hierfür war die Flugbahnordinate y noch $+34,1$ m; weiterhin bis $y = 0$, wofür x gleich der Schußweite X im Mündungshorizont ist. Da man den wahrscheinlichen Fehler der Planimetrierung bei Verwendung des betreffenden ausjustierten Instruments in Prozenten der jedesmal befahrenen Fläche mittels eines ungefähr gleich große Kreises oder Quadrats ermitteln kann, so kennt man für die einzelnen planimetrierten krummlinig begrenzten Flächenstücke je den wahrscheinlichen Fehler $\omega_1 \omega_2 \omega_3 \ldots$ Der wahrscheinliche Fehler für die Summe der Flächenstücke ist dann $\sqrt{\omega_1{}^2 + \omega_2{}^2 \ldots} = \omega$. Und da jedes

Flächenstück 10 mal umfahren wurde, so ist der wahrscheinliche Fehler des Endresultats, z. B. des Resultats bis zu der betreffenden Stelle der Bahn (und analog für x und t) gleich $\dfrac{\omega}{\sqrt{10}}$. Für das benützte Planimeter ergab sich der mittlere quadratische Fehler der Einzelmessung zu $\pm\,0{,}13^0/_0$. Danach hatte in dem Beispiel der wahrscheinliche Fehler in der Bestimmung von y bis $\vartheta = +\,18^0\,17'$ den Betrag $\pm\,0{,}739$ m, bis $\vartheta = 0$ (Gipfel) den Betrag $\pm\,0{,}803$ m, bis nahe dem Endpunkt, nämlich für $\vartheta = -\,49{,}5^0$ den Betrag $\pm\,1{,}71$ m.

Ebenso wurde $\dfrac{v^2}{g}$ als Funktion von ϑ aufgetragen, das Integral

$$-\int \frac{v^2}{g} \cdot d\vartheta = x$$

wurde mechanisch ausgewertet bis $\vartheta = -\,49{,}5^0$ und weiterhin bis zum Mündungshorizont. Die Planimetrierung erfolgte in 5 Teilen; in den drei ersten Teilen bedeutete 1 cm² der Zeichenfläche $0{,}581\,78$ m; im 4. Teil 1 cm² $= 1{,}163\,55$ m; im 5. Teil 1 cm² $= 3{,}490\,70$ m. Bis $\vartheta = +\,18^0\,17'$ war $x = 2765{,}7$ m $\pm\,0{,}288$ m; bis $\vartheta = 0$ (Gipfel) war $x = x_s = 4308{,}0$ m $\pm\,0{,}370$ m; bis $\vartheta = -\,49{,}5^0$ war $x = 7634{,}8$ m $\pm\,0{,}743$ m.

Analog wurde bezüglich $t = -\dfrac{1}{g}\displaystyle\int v \cdot \sec\vartheta \cdot d\vartheta$ verfahren. Bis $\vartheta = +\,18^0\,17'$ war $t = 10{,}001 \pm 0{,}002\,27$ sec; bis $\vartheta = 0$ war $t = t_s = 17{,}2117 \pm 0{,}002\,35$ sec; bis $\vartheta = -\,49{,}5^0$ war $t = 37{,}0407 \pm 0{,}003\,81$ sec. Damit war die Berechnung dieser Flugbahn durchgeführt. Und da die wahrscheinlichen Grenzen für die Fehler von x, y, t bekannt und genügend klein waren und da v in Funktion von ϑ „genau“ (im obigen Sinne) ermittelt war (nämlich z. B. für $\vartheta = 0^0$, $v = 199{,}13 \pm 0{,}00$ und für $\vartheta = -\,49{,}5^0$, $v = 214{,}06 \pm 0{,}00$), so konnte die Flugbahn als eine Normalbahn angesehen und verwendet werden.

Die sechs Flugbahnen, die, in dieser Weise als Normalbahnen berechnet, vorlagen, wurden nun je bei denselben Anfangsdaten v_0, φ, $2R$, P, i, δ und bei Zugrundelegung desselben Mayevskischen Luftwiderstandsgesetzes nach 12 verschiedenen Näherungsmethoden des 5. Abschnitts berechnet, die gestatten sollen, eine Flugbahn direkt in einem einzigen Bogen, höchstens in zwei Bögen zu gewinnen. Die nach diesen 12 verschiedenen Methoden erhaltenen Zahlenwerte für die Schußweiten X, die Gipfelhöhen y_s, die Endgeschwindigkeiten v_e, die Auffallwinkel ω und die Gesamtflugzeiten T wurden alsdann verglichen mit den entsprechenden Zahlen für die betreffende Normalbahn; und die Unterschiede wurden ausgedrückt in Prozenten bezüglich der betreffenden Normalbahn. Dabei ergaben sich Fehler z. B. in der Gipfelhöhe y_s bis $87^0/_0$, Fehler in der Schußweite X schon bei einem Abgangswinkel $\varphi = 45^0$ bis $29^0/_0$. Geringer waren die

Fehler bezüglich der Auffallwinkel ω, der Flugzeiten T und der Auffallgeschwindigkeiten v_e. (Näheres über diese sechs im Jahre 1909 berechneten und zur Kontrolle verwendeten Normalbahnen findet man in den Auflagen dieses Bandes I von 1910, 1917, 1918.) Danach können die Fehler, die allein von dem Integrationsverfahren herrühren, je nach der gewählten Näherungsmethode sehr große Beträge annehmen. Durchschnittlich überwog das von E. Vallier (Frankreich) angegebene Verfahren zur Ausgleichung des Integrationsfehlers hinsichtlich der Genauigkeit über die 11 anderen Methoden, die mittels der 6 Normalbahnen von 1909 untersucht wurden. Darauf folgte das in Österreich benützte Verfahren von N. v. Wuich, das eine leichte Modifikation der Didionschen Methode bildet. Ganz unbrauchbar zeigte sich das von W. Groß benützte Verfahren ($\sigma = \gamma = 1$), bezüglich dessen schon P. Charbonnier richtig gefolgert hatte, daß es zu große Schußweiten liefern müsse. Daß bei Anwendung des Vallierschen Verfahrens selbst auf sehr steile Bahnen der entstehende Fehler unter Umständen noch in mäßigen Grenzen bleiben kann, zeigen die folgenden Beispiele: a) für $\varphi = 80^0$; $v_0 = 500\,\mathrm{m/sec}$; $2R = 3{,}7\,\mathrm{cm}$; $P = 680\,\mathrm{g}$; $i = 1$; $\delta_0 = 1{,}206$ wurde die Flugbahn unter Berücksichtigung der Luftdichtenänderung, wie oben angegeben, planimetrisch berechnet; es fand sich $y_s = 3571{,}2\,\mathrm{m}$; $v_s = 34{,}51\,\mathrm{m/sec}$. Dagegen bei (einmaliger) Anwendung der ersten Vallierschen Formel für β, durch die gleichfalls die Änderung der Luftdichte mit der Höhe Berücksichtigung findet, ergab sich $y_s = 4164\,\mathrm{m}$ (Fehler $16\,^0/_0$), $v_s = 34{,}4\,\mathrm{m/sec}$ (Fehler ca. $0{,}3\,^0/_0$); b) bei $\varphi = 75^0$ und sonst gleichen Annahmen lieferte die Normallösung: $x_s = 1518{,}1\,\mathrm{m}$; $y_s = 3439{,}5\,\mathrm{m}$; dagegen die (einmalige) Anwendung der Vallierschen Formel: $x_s = 1742\,\mathrm{m}$; $y_s\,4138\,\mathrm{m}$. Übrigens wird man die Formel für β in der Praxis höchstens bis zu Abgangswinkeln von etwa $\varphi = 50^0$ benützen, wenn man sichergehen will.

Weitere 9 Normalbahnen sind sodann später (1912) nach demselben planimetrischen Verfahren von Dr. Herm. Cranz sehr sorgfältig berechnet worden; nämlich für die Abgangswinkel $\varphi = 20$, 45 und 70^0 und dabei jedesmal für die Anfangsgeschwindigkeiten $v_0 = 900$, 650 und $400\,\mathrm{m/sec}$. Die übrigen Annahmen waren bei diesen sämtlichen Berechnungen grundsätzlich die gleichen, nämlich: Kaliber $2R = 0{,}077\,\mathrm{m}$; Geschoßgewicht $P = 6{,}9\,\mathrm{kg}$, durchschnittliches Luftgewicht δ konst. $= 1{,}200\,\mathrm{kg/m^3}$; Formkoeffizient i konst. $= 1$. Und für die Luftwiderstandsfunktion wurden wiederum durchweg die Mayevskischen Zonen-Potenzgesetze zugrunde gelegt, wobei der Einfachheit halber angenommen wurde, daß noch bis $v = 900\,\mathrm{m/sec}$ das quadratische Gesetz mit dem Faktor $m = 0{,}039$ gelte. Aus Raummangel konnten die von H. Cranz berechneten Zahlenwerte dieser 9 Normalbahnen hier nicht vollständig und nicht bis zu allen ursprünglichen Dezimalstellen aufgenommen werden. Immerhin enthalten die im folgenden mitgeteilten Tabellenauszüge so viel von den berechneten Zahlen, daß eine Verwendung dieser Normalbahnen zur Kontrolle irgendeiner Lösungsmethode ohne weiteres möglich ist. Der wahrscheinliche Fehler in der Ermittlung von x, y, t ist bei diesen 9 Normalbahnen von Zeit zu Zeit angegeben; derjenige von v ist theoretisch Null. Selbstverständlich ist bei Verwendung dieser Normalbahnen zur Prüfung der Genauigkeit irgendeiner älteren oder neueren Lösungsmethode vorausgesetzt, daß sich bei der zu untersuchenden Methode das System der Mayevskischen Zonen-Potenzgesetze benützen läßt.

Es möge mit dem Vorstehenden und mit den Tabellen der 9 neueren Normalbahnen eine Anregung dazu gegeben werden, die Kontrollberechnungen, die von einigen Ballistikern, insbesondere von Fr. von Zedlitz, sowie vom Verfasser mittels der 6 Normalbahnen von 1909 angestellt worden waren, an der Hand der neueren Tabellen zu vervollständigen und auf weitere Lösungsmethoden auszudehnen. Damit soll jedoch nicht behauptet werden, daß für die Güte und praktische Brauchbarkeit eines Lösungsverfahrens lediglich die Kleinheit des Integrationsfehlers ausschlaggebend sein dürfe. — Wenn dies der Fall wäre, müßten in der Ballistik fast nur noch die Methoden des 7. Abschnitts, also diejenigen Methoden Verwendung finden, bei denen eine Flugbahn in zahlreichen kleinen Stücken aufgebaut wird. Vielmehr spielt auch die Frage eine große Rolle, ob das betreffende Verfahren in einfacher Weise, ohne großen Aufwand an Zeit und Mühe, zu dem gesuchten Resultat führt und ob auch solche Aufgaben, bei denen die Elemente des Abgangspunkts zum Teil gesucht sind (z. B. gegeben v_0, X, Geschoß: gesucht φ; oder gegeben φ, X, T; gesucht v_0 u. dgl.) in gleich einfacher Weise zu lösen sind, wie diejenige Aufgabe, bei der die sämtlichen Anfangselemente der Bahn gegeben vorliegen.

B. Der physikalische Fehler.

Schon Eingangs wurde angeführt, daß dieser Fehler vorerst nur durch Vergleichung mit einwandfreien Schießversuchen ermittelt werden kann und daß er sich aus zahlreichen Einzelteilen zusammensetzt, deren Beträge sich bei dem heutigen Stand der Ballistik nicht sämtlich und zum Teil nur recht unsicher rechnerisch ermitteln lassen. Einen kleinen Teil dieses physikalischen Fehlers hat der Verfasser 1909 zu untersuchen begonnen, nämlich denjenigen, der sich auf die Wahl der Luftwiderstandsfunktion bezieht. 4 Flugbahnen, mit Abgangswinkeln zwischen 6^0 und 36^0 lagen durch Schießversuche vor. Diese

Normalflugbahnen.

Bahn Nr. 1: $v_0 = 900$ m/sec; $\varphi = 20^0$; $2R = 0,077$ m; $P = 6,9$ kg; $\delta = 1,200$ kg/cbm; $i = 1$.

ϑ (^{0})	($'$)	($''$)	v (m/sec)	x (m)	y (m)	t (sec)	ϑ (^{0})	($'$)	($''$)	v (m/sec)	x (m)	y (m)	t (sec)
20	0	0	900,0	0,00	0,00	0,00	— 1	0	0	260,6	5531,65	1317,51	13,9408
19	51	0	849,9	204,15	73,93	0,2482	— 2	30	0	256,2	5709,11	1312,08	14,6311
19	38	0	790,3	465,30	167,13	0,5843	— 4	0	0	252,3	5880,58	1302,49	15,3100
19	11	0	698,1	903,28	321,50	1,2143	— 6	0	0	247,7	6100,00	1282,99	16,2024
18	15	13	578,7	1570,05	543,44	2,3202	— 8	0	0	243,7	6315,88	1256,38	17,0835
17	40	0	528,7	1887,86	649,24	2,9268	—12	0	0	237,4	6722,54	1183,89	18,8225
17	0	0	485,0	2187,83	741,14	3,5507	—16	0	0	232,7	7114,74	1087,59	20,5438
15	0	0	399,5	2871,95	939,72	5,1774	—20	0	0	229,5	7491,37	960,09	22,2734
13	20	0	358,8	3296,33	1051,69	6,3319	—25	0	0	227,1	7951,34	768,22	24,4707
12	0	0	337,8	3585,46	1112,01	7,1768	—28	0	0	226,6	8224,93	631,06	25,8208
11	0	0	325,9	3784,06	1150,94	7,7780	—31	0	0	226,8	8497,77	476,12	27,2153
10	0	0	316,2	3963,61	1183,26	8,3602	—35	30	0	228,1	8909,78	206,13	29,3949
9	0	0	307,9	4142,91	1211,62	8,9217	—38	0	0	229,43	—	30,16	—
8	0	0	300,8	4306,30	1237,42	9,4689	—38	22	35	229,67	9181,537	0,000	30,86659
6	0	0	289,2	4616,41	1274,68	10,5227					($\pm$ 0,642)	($\pm$ 0,246)	($\pm$ 0,0007)
4	0	0	279,2	4898,73	1297,77	11,5347							
0	0	0	263,7	5409,469	1318,60	13,4745							
				($\pm$ 0,56)	($\pm$ 0,19)	($\pm$ 0,0005)							

(Aufsteigender Ast der Flugbahn)

(Absteigender Ast der Flugbahn)

Bahn Nr. 2: $v_0 = 900$ m/sec; $\varphi = 45^0$; $2R = 0,077$ m; $P = 6,9$ kg; $\delta = 1,200$ kg/cbm; $i = 1$.

ϑ			v	x	y	t
(°	′	″)	(m/sec)	(m)	(m)	(sec)
45	0	0	900,0	0,00	0,00	0,00
44	50	0	827,7	218,63	216,88	0,3606
44	35	0	745,6	486,75	482,61	0,8554
44	20	0	683,7	724,80	714,47	1,2978
44	0	0	620,8	965,38	962,47	1,8336
43	15	0	524,9	1393,87	1371,82	2,8872
42	20	0	451,3	1807,98	1720,76	3,9576
40	15	0	360,1	2361,78	2222,33	5,9245
				(± 0,42)	(± 1,02)	(± 0,0007)
39	15	0	336,8	2577,36	2401,74	6,7289
38	0	0	316,0	2814,44	2590,52	7,6570
37	0	0	303,1	2985,05	2722,15	8,3503
34	0	0	274,8	3426,93	3037,18	10,2380
30	30	0	251,2	3853,50	3310,51	12,1726
25	0	0	225,3	4411,64	3605,33	14,7965
20	0	0	208,4	4826,03	3777,75	16,8786
10	0	0	186,2	5518,57	3955,77	20,4988
0	0	0	173,91	6084,54	4026,10	23,7003
				(± 1,16)	(± 1,37)	(± 0,0020)

(Aufsteigender Ast der Flugbahn)

ϑ			v	x	y	t
(°	′	″)	(m/sec)	(m)	(m)	(sec)
− 10	0	0	168,4	6603,77	3982,08	26,7485
− 18	0	0	167,8	7002,80	3881,51	29,2076
− 26	0	0	170,5	7415,96	3720,74	31,8018
− 33	0	0	175,6	7788,96	3510,56	34,2763
− 40	0	0	183,7	8181,15	3208,59	37,0532
				(± 1,38)	(± 1,50)	(± 0,0024)
− 46	0	0	193,1	8559,40	2852,61	39,8006
− 52	0	0	205,2	8979,64	2363,47	43,0532
− 57	0	0	217,8	9372,40	1807,43	46,2967
− 60	0	0	226,4	9639,57	1375,71	48,5727
− 64	10	52,19	240,0	10038,09	—	52,2788
− 66	47	7,1	249,31	10315,18	+ 0,04	55,0285
				(± 1,46)	(± 1,58)	(± 0,0027)

(Absteigender Ast der Flugbahn)

Bahn Nr. 3: $v_0 = 900$ m/sec; $\varphi = 70^0$; $2R = 0,077$ m; $P = 6,9$ kg; $\delta = 1,200$ kg/cbm; $i = 1$.

ϑ (^{0})	($'$)	($''$)	v (m/sec)	x (m)	y (m)	t (sec)	ϑ (^{0})	($'$)	($''$)	v (m/sec)	x (m)	y (m)	t (sec)
70	0	0	900,00	0,00	0,00	0,00	−15	0	0	86,7	3809,59	6397,56	32,7049
69	50	0	765,6	203,06	562,20	0,7152	−30	0	0	94,6	4026,72	6295,18	35,3444
69	30	0	613,1	493,84	1284,25	1,8650	−45	0	0	112,14	4307.84	6068,16	38,7963
69	2	0	498,7	748,79	1960,42	3,1251					($\pm 1,40$)	($\pm 7,0$)	($\pm 0,0066$)
68	20	0	404,5	970,20	2542,21	4,5821	−54	0	0	130,5	4541,76	5793,42	41,7902
67	45	0	359,3	1128,93	2930,42	5,6342	−59	0	0	144,8	4707,20	5542,62	44,0263
67	0	0	324,3	1300,49	3348,38	6,8217	−65	0	0	167,6	4969,67	5061,07	47,5614
				($\pm 0,70$)	($\pm 5,2$)	($\pm 0,0019$)	−70	45	0	197,5	5309,02	4210,77	52,5690
66	0	40,66	295,00	1466,94	3735,31	8,1849	−75	30	0	229,8	5699,21	2904,35	58,8248
65	0	0	273,16	1612,56	4050,89	9,4147	−80	49	25	269,67	6283,122	0,04	70,6204
63	30	0	248,2	1791,76	4428,80	11,0083					($\pm 1,50$)	($\pm 8,06$)	($\pm 0,0067$)
61	0	0	217,7	2033,77	4886,81	13,2251							
55	30	0	174,5	2400,12	5470,77	16,8652							
50	0	0	148,0	2655,42	5829,61	19,4550							
42	0	0	123,6	2913,43	6089,51	22,2235							
36	0	0	111,6	3053,58	6197,50	23,8161							
27	0	0	99,4	3226,55	6295,34	25,8666							
15	0	0	89,9	3411,48	6371,89	28,0149							
0	0	0	85,30	3613,93	6424,44	30,3998							
				($\pm 1,03$)	($\pm 6,35$)	($\pm 0,0053$)							

(Absteigender Ast der Flugbahn)

(Aufsteigender Ast der Flugbahn)

Bahn Nr. 4: $v_0 = 650$ m/sec; $\varphi = 20^\circ$; $2R = 0,077$ m; $P = 6,9$ kg; $\delta = 1,200$ kg/cbm; $i = 1$.

(Aufsteigender Ast der Flugbahn)

ϑ ($^\circ$	'	")	v (m/sec)	x (m)	y (m)	t (sec)
20	0	0	650,00	0,00	0,00	0,00
19	28	0	586,4	362,07	129,60	0,6214
19	0	0	534,7	625,66	221,37	1,1174
18	0	0	476,6	1085,24	375,64	2,0710
16	0	0	394,5	1747,29	579,46	3,6772
				($\pm$0,16)	($\pm$0,11)	($\pm$0,0002)
13	0	0	335,1	2444,04	761,22	5,6674
11	0	0	314,09	2817,38	840,66	6,8464
9	0	0	299,0	3149,26	899,52	7,9508
4	0	0	273,2	3872,89	984,09	10,5041
0	0	0	258,91	4378,00	1000,629	12,3974
				($\pm$0,21)	($\pm$0,14)	($\pm$0,0003)

(Absteigender Ast der Flugbahn)

ϑ ($^\circ$	'	")	v (m/sec)	x (m)	y (m)	t (sec)
$-$4	0	0	248,3	4834,46	984,96	14,2017
$-$8	9	31,37	240,0	5274,34	937,98	16,0175
$-$14	0	0	231,9	5853,28	824,49	185,143
$-$18	0	0	228,2	6227,53	717,37	20,2189
				($\pm$0,246)	($\pm$0,145)	($\pm$0,0003)
$-$25	0	0	224,8	6865,65	465,91	23,2489
$-$33	0	0	225,20	—	68,50	—
$-$34	09	04	225,57	7685,88	$+$0,0011	27,4762
				($\pm$0,26)	($\pm$0,17)	($\pm$0,0004)

Bahn Nr. 5: $v_0 = 650$ m/sec; $\varphi = 45^\circ$; $2R = 0,077$ m; $P = 6,9$ kg; $\delta = 1,200$ kg/cbm; $i = 1$.

(Aufsteigender Ast der Flugbahn)

ϑ ($^\circ$	'	")	v (m/sec)	x (m)	y (m)	t (sec)
45	0	0	650,00	0,00	0,00	0,00
44	0	0	515,25	586,40	589,86	1,4171
43	0	0	439,0	987,95	968,95	2,5666
41	0	0	356,1	1533,66	1464,58	4,4437
39	0	0	317,0	1934,50	1800,09	6,0036
				($\pm$0,25)	($\pm$0,40)	($\pm$0,0005)
34	45	0	272,6	2583,46	2288,68	8,7691
30	30	0	245,0	3088,39	2612,00	11,0879
23	0	0	213,4	3781,97	2967,59	14,4937
14	0	0	190,06	4425,73	3187,97	17,9001
0	0	0	171,148	5218,08	3291,297	22,4099
				($\pm$0,38)	($\pm$0,60)	($\pm$0,0006)

(Absteigender Ast der Flugbahn)

ϑ ($^\circ$	'	")	v (m/sec)	x (m)	y (m)	t (sec)
$-$14	0	0	165,29	5915,23	3206,77	26,6378
$-$26	0	0	168,4	6504,82	2987,14	30,4193
$-$35	0	0	175,7	6975,09	2709,46	33,6152
				($\pm$0,41)	($\pm$0,65)	($\pm$0,0007)
$-$46	0	0	191,2	7628,68	2146,59	38,3438
$-$52	0	0	203,5	8042,56	1668,11	41,5510
$-$58	0	0	218,96	8521,36	984,33	45,4898
$-$63	53	36	237,64	9067,61	$-$0,0038	50,4276
				($\pm$0,46)	($\pm$0,75)	($\pm$0,0003)

Bahn Nr. 6: $v_0 = 650$ m/sec; $\varphi = 70^0$; $2R = 0,077$ m; $P = 6,9$ kg; $\delta = 1,200$ kg/cbm; $i = 1$.

ϑ (^{0})	ϑ (′)	ϑ (″)	v (m/sec)	x (m)	y (m)	t (sec)	ϑ (^{0})	ϑ (′)	ϑ (″)	v (m/sec)	x (m)	y (m)	t (sec)
70	0	0	650,0	0,00	0,00	0,00	−25	0	0	89,7	3066,30	5189,92	32,8129
69	45	0	567,6	160,95	448,66	0,7863	−45	0	0	110,4	3413,91	4938,93	37,1858
69	08	0	449,2	447,11	1203,00	2,3687					($\pm$ 0,64)	($\pm$ 1,01)	($\pm$ 0,0034)
68	0	0	348,9	748,27	1992,60	4,4932	−57	0	0	136,7	3733,32	4530,35	41,3465
75	0	0	264,06	1225,10	3092,71	8,5225	−67	0	0	174,9	4157,64	3730,91	47,3212
				($\pm$ 0,41)			−74	0	0	216,9	4636,02	2353,11	54,7096
58	30	0	190,2	1704,53	4135,69	13,9779	−79	23	33	258,48	5170,35	+0,072	65,1648
					($\pm$ 0,66)	($\pm$ 0,0022)					($\pm$ 0,78)	($\pm$ 1,25)	($\pm$ 0,0038)
49	0	0	141,0	2072,68	4764,04	18,6744							
35	0	0	107,8	2382,81	5094,61	22,7965							
20	0	0	91,4	2581,36	5226,00	25,7552							
0	0	0	83,78	2746,39	5269,437	28,8881							
				($\pm$ 0,61)	($\pm$ 0,87)	($\pm$ 0,0031)							

(Aufsteigender Ast der Flugbahn)   (Absteigender Ast der Flugbahn)

Bahn Nr. 7: $v_0 = 400$ m/sec; $\varphi = 20^0$; $2R = 0,077$ m; $P = 6,9$ kg; $\delta = 1,200$ kg/cbm; $i = 1$.

ϑ (^{0})	($'$)	($''$)	v (m/sec)	x (m)	y (m)	t (sec)	ϑ (^{0})	($'$)	($''$)	v (m/sec)	x (m)	y (m)	t (sec)
20	0	0	400,0	0,00	0,00	0,00	− 1	53	25,46	240,0	3257,07	624,88	11,3960
19	40	0	389,7	92,41	33,34	0,2487	− 4	0	0	235,8	3469,19	613,99	12,2899
19	20	0	380,3	180,22	64,54	0,4909	− 9	0	0	227,9	3946,24	559,37	14,3645
19	07	43,03	375,0	231,99	82,57	0,6367	−14	0	0	222,3	4396,09	467,98	16,4046
18	30	0	360,7	383,05	133,93	1,0708	−17	0	0	220,0	4657,85	395,62	17,6360
17	45	0	347,0	550,58	188,60	1,5680	−20	0	0	218,4	4914,03	309,74	18,8678
17	0	0	335,8	705,97	237,10	2,0446	−22	0	0	217,6	5082,91	245,16	19,6939
16	0	0	323,6	899,07	294,32	2,6546	−24	0	0	217,2	5252,14	173,69	20,5389
15	0	0	313,6	1079,11	344,45	3,2441	−26	0	0	217,0	5420,74	95,55	21,3871
14	0	0	305,1	1249,81	387,95	3,8123	−28	0	0	217,12	5592,03	9,27	22,2566
12	35	07,05	295,0	1476,08	441,82	4,5876	−28	12	45	217,148	5603,77	+ 0,004	22,3404
10	0	0	280,1	1856,51	517,83	5,9347				(± 0,2)		(± 0,4)	(± 0,0003)
7	0	0	266,4	2252,09	577,10	7,4072							
3	0	0	252,5	2726,99	619,31	9,2588							
0	0	0	244,5	3059,71	628,086	10,58172							
				(± 0,124)	(± 0,03)	(± 0,0001)							

(Aufsteigender Ast der Flugbahn)

(Absteigender Ast der Flugbahn)

Bahn Nr. 8: $v_0 = 400$ m/sec; $\varphi = 45^0$; $2R = 0,077$ m; $P = 6,9$ kg; $\delta = 1,200$ kg/cbm; $i = 1$.

ϑ (°)	′	″	v (m/sec)	x (m)	y (m)	t (sec)	ϑ (°)	′	″	v (m/sec)	x (m)	y (m)	t (sec)
45	0	0	400,00	0,00	0,00	0,00	−10	0	0	158,2	4425,72	2263,75	22,7970
43	30	0	347,9	365,55	358,24	1,3799	−23	0	0	160,0	5006,06	2092,88	26,6342
40	15	37,19	295,00	948,71	888,26	3,8395	−35	0	0	169,2	5580,644	1770,129	30,6371
35	0	0	250,8	1636,109	1426,950	7,04105					(± 0,17)	(± 0,25)	(± 0,0005)
				(± 0,12)	(± 0,10)	(± 0,0003)	−46	0	0	185,2	6191,16	1245,87	35,2034
26	0	0	208,9	2468,23	1921,51	11,2831	−58	0	0	213,65	—	+ 143,32	—
14	0	0	179,0	3260,25	2212,47	15,6668	−59	02	22	216,80	7119,25	+ 0,0033	42,1850
0	0	0	162,483	3971,125	2304,105	19,9387					(± 0,18)	(± 0,27)	(± 0,0005)
				(± 0,16)	(± 0,24)	(± 0,0004)							

Bahn Nr. 9: $v_0 = 400$ m/sec; $\varphi = 70^0$; $2R = 0,077$ m; $P = 6,9$ kg; $\delta = 1,200$ kg/cbm; $i = 1$.

ϑ (°)	′	″	v (m/sec)	x (m)	y (m)	t (sec)	ϑ (°)	′	″	v (m/sec)	x (m)	y (m)	t (sec)
70	0	0	400,00	0,00	0,00	0,00	−15	0	0	80,6	2613,18	3824,85	28,0489
69	0	0	332,16	228,40	624,91	1,8322	−30	0	0	88,2	2801,01	3747,59	30,4996
67	15	0	279,1	514,79	1334,63	4,3610	−70	45	0	188,8	3943,48	1861,02	46,7294
65	03	35,73	240,00	777,07	1929,26	6,8553	−74	0	0	210,4	4172,88	1128,48	50,5631
58	30	0	175,8	1261,99	2849,96	11,9412	−77	15	0	236,01	4460,08	+ 0,050	55,7549
				(± 0,15)	(± 1,04)	(± 0,0008)					(± 0,25)	(± 1,59)	(± 0,0022)
49	0	0	131,6	1651,70	3393,05	16,3067							
35	0	0	101,2	1978,54	3684,46	20,1696							
20	0	0	86,0	2207,59	3812,89	22,9562							
0	0	0	79,296	2443,982	3849,260	25,9061							
				(± 0,20)	(± 1,19)	(± 0,0014)							

(Aufsteigender Ast der Flugbahn)   (Absteigender Ast der Flugbahn)

4 Flugbahnen wurden mit demjenigen Lösungssystem, das sich 1909 als
das genaueste erwiesen hatte und bei dem der Integrationsfehler quantitativ ermittelt worden war, unter Berücksichtigung der Luftgewichtsänderung mit der Höhe und unter Berücksichtigung des Windes berechnet (Oblt. J. Schatte). Dabei wurden jedesmal folgende drei
verschiedene Luftwiderstandsgesetze verwendet: a) das Zonengesetz
von Chapel-Vallier-Hojel; b) das Zonengesetz von Mayevski-
Sabudski; c) das einheitliche Gesetz von Siacci. Die 4 Flugbahnen
ergaben

mit dem 1. Gesetz einen Schußweitenfehler von bzw. $- 1{,}2$; $- 1{,}8$;
$$- 1{,}2, \; - 2{,}5\,^0/_0$$

„ „ 2. „ „ „ „ „ $- 1{,}5$; $- 1{,}0$;
$$+ 0{,}4; \; - 0{,}7\,^0/_0$$

„ „ 3. „ „ „ „ „ $+ 1{,}5$; $+ 1{,}1$;
$$+ 2{,}3; \; + 0{,}6\,^0/_0$$

gegenüber den betreffenden Resultaten der Schießversuche: (das
Tabellengesetz von O. v. Eberhard lag damals noch nicht vor).

Diese prozentualen Fehler sind also verhältnismäßig nicht sehr
groß und im allgemeinen kleiner als die oben erwähnten Integrationsfehler. Aber es läßt sich nicht ohne weiteres feststellen, welche Fehlerbeträge, die den anderen physikalischen Einflüssen zur Last fallen,
sich dabei gegenseitig aufgehoben haben. Daher ist diese Prüfung
keineswegs einwandfrei und erschöpfend, und es kann nur vermutet
werden, daß die Auswahl des mathematischen Rechnungsverfahrens einen
etwas größeren Fehler mit sich bringen kann, als die Auswahl des
Luftwiderstandsgesetzes (unter den früher aufgestellten und bisher als
bewährt geltenden Gesetzen). Zur Feststellung der einzelnen Teile
des physikalischen Fehlers wird man wohl am besten tun, die betreffende erschossene Flugbahn mit dem Gesetz von O. von Eberhard
und etwa dem Verfahren von Veithen-Kutta (§ 36) zu berechnen,
alsdann die Berechnung jedesmal zu wiederholen, mit Berücksichtigung
des Windes und der Änderung von δ, dann mit Rücksicht auf die
Änderung von g, ferner auf die Erdrotation und endlich, wenn dies
später allgemein üblich geworden ist, auf die Geschoßrotation. Schließlich müßte man suchen, alle diese Einflüsse gleichzeitig zu berücksichtigen. Dem Ballistiker liegt hier eine reiche Fülle von ungelösten
Aufgaben vor.

Nicht versäumt soll übrigens werden, auch an dieser Stelle darauf
hinzuweisen, daß die photogrammetrisch aufgenommenen Geschoßflugbahnen und die daraus erhaltenen Luftschußtafeln ein vorzügliches
Material zur Genauigkeitsprüfung enthalten dürften. A. Nowakowski
(Österreich) scheint der erste gewesen zu sein, der dies (1912) erkannt

und eine solche Prüfung begonnen hat. (Die Resultate von A. Nowakowski sind schon in der ersten Auflage von Band III erwähnt worden.) Neuerdings hat K. Becker zahlreiche erschossene Flak-Flugbahnen mit dem Eberhardschen Verfahren (§ 40) geprüft und gefunden daß die errechneten Flugbahnen „sich im allgemeinen den erschossenen und auf Normalbedingungen reduzierten Punkten ausgezeichnet anpassen".

§ 42. Über die Fehler, die speziell bei dem „Schwenken einer Flugbahn" entstehen können.

Die verschiedenen Methoden, die in der Ballistik vorgeschlagen worden sind, um eine Flugbahn zu schwenken, haben folgenden Zweck: Aus der Schußtafel einer bestimmten Waffe und Geschoßart habe man entnommen, daß bei der Anfangsgeschwindigkeit v_0 ein Punkt Z_1 des Mündungshorizonts mit der Kartenentfernung w_1 getroffen wird, wenn der Abgangswinkel α angewendet wird, (vom Abgangsfehlerwinkel sei dabei abgesehen). Man wünscht allein aus diesen Angaben einen einfachen Schluß zu ziehen auf den Fall daß zwar mit der gleichen Geschoßart und der gleichen Anfangsgeschwindigkeit v_0 geschossen wird, daß aber das Ziel Z nicht mehr im Mündungshorizont, die Visierlinie nach dem Ziel nicht mehr wagrecht liegt, sondern daß die Visierlinie um einen bestimmten Winkel E (Geländewinkel, Visierwinkel) gegen die Wagrechte geneigt ist. Wie groß ist die direkte Entfernung w des Treffpunkts Z auf dem schiefen Gelände, wenn der frühere Abgangswinkel als Aufsatzwinkel α wieder verwendet wird; oder umgekehrt, welcher neue Aufsatzwinkel α muß benutzt werden, damit ein auf dem schiefen Gelände gelegener Punkt Z getroffen wird, der die frühere direkte Entfernung w_1 von der Mündung der Waffe hat? Die Methoden des Schwenkens, die im folgenden kurz besprochen werden, sind mehr oder weniger rohe Näherungsverfahren zur Lösung von äußerballistischen Aufgaben, und es handelt sich um die Größe der damit verbundenen mathematischen Fehler.

1. Das gewöhnliche Verfahren des Schwenkens einer Flugbahn.

Von diesem Verfahren war schon in § 4 (für den leeren Raum) und in § 32$_4$ (gelegentlich der Reihenentwicklungen) kurz die Rede. Das Verfahren besteht in folgendem.

Eine Flugbahn $O S_1 Z_1$ (s. Abb. 58) wird wie eine starre Kurve behandelt, die um den Geländewinkel E in die steile Lage $O S Z$ gedreht werden könne. Umgekehrt, wenn ein Ziel Z, das unter dem Geländewinkel E erscheint, mit dem richtigen Abgangswinkel zur Horizontalen $\varphi = E + \alpha$ getroffen wird, so nimmt man an, daß die Flugbahn OSZ berechnet werden dürfe, wie wenn eine Flachbahn OS_1Z_1 mit dem Abgangswinkel $\varphi - E$ oder α, bei gleicher Anfangsgeschwindigkeit usw., vorläge.

Die Größe des entstehenden Fehlers läßt sich an der Hand der obigen Tabelle für die 9 Normalbahnen leicht feststellen. Hier mögen die Ergebnisse einer Prüfung mitgeteilt werden, die schon 1909 im ballistischen Laboratorium angestellt wurde. Es wurden nach dem planimetrischen Verfahren zu 4 verschiedenen Steilbahnen OSZ mit 4 verschiedenen Abgangswinkeln desselben Geschosses die schiefen Schußweiten w oder OZ berechnet, die zu mehreren Geländewinkeln E gehören. Berechnete man alsdann je zu dem betreffenden Aufsatzwinkel $\varphi - E$ als Abgangswinkel die Flachbahnschußweite w_1 nach dem besten Verfahren von Abschnitt 5 (von E. Vallier) und verglich man die Schußweiten w_1 und w, so erhielt

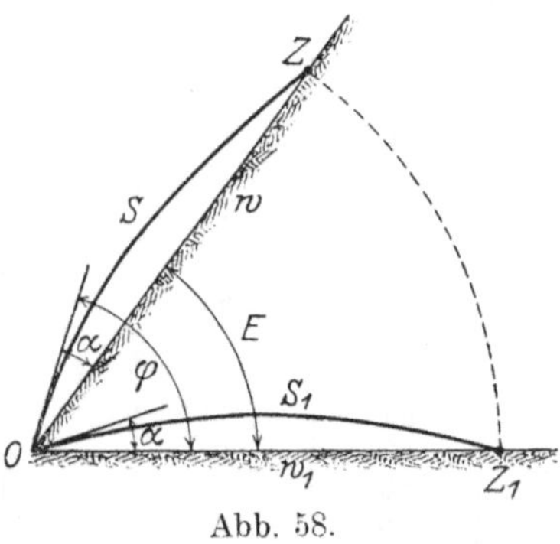

Abb. 58.

man den Fehler ε, der im vorliegenden Fall mit der Anwendung dieser Methode des Schwenkens verbunden ist.

Nachstehende Tabelle läßt für die erwähnten Verhältnisse erkennen, daß bei Anwendung desselben Visiers auf steil ansteigendem Gelände weiter geschossen wird, als auf wagrechtem Gelände; oder, anders ausgedrückt, wenn wie üblich die Visiereinrichtung der Waffe für Ziele im Mündungshorizont geteilt ist, so hat man gegen ein gleichweit entferntes, aber stark erhöhtes Ziel nicht dieselbe Visierstellung anzuwenden, wie gegen ein Ziel in Höhe der Waffe, sondern eine kleinere Visierstellung.

Aus den in § 4 dargelegten Beziehungen ist bekannt, daß wir uns besonders bei diesen Beispielen im Gebiete des Weitschusses befinden und daß sich die betreffenden Verhältnisse vollständig umkehren können. Jedenfalls aber kann der Fehler, der durch das einfache Schwenken der Flugbahnen entsteht, absolut genommen sehr bedeutende Beträge annehmen.

2. Schwenken nach von Burgsdorff und Gouin.

Das Prinzip ist folgendes: Gegeben sei die Flachbahn OZ_1 mit Abgangswinkel α_1 (s Abb. 59). Hierzu kennt man die Endfallhöhe $A_1Z_1 = f$ senkrecht zum Mündungshorizont im Auffallpunkt Z_1, sowie die Strecke $OA_1 = a$. Man denke sich nun OA_1Z_1 als ein Gestänge mit den Scharnieren O und A_1 oder als eine Angelrute OA_1

	Gelände-winkel $E =$	Der Aufsatz-winkel α gegen-über dem schiefen Gelände $\alpha = \varphi - \varepsilon =$	Flachbahnschuß-weite w_1 mit Abgangswinkel α bei Annahme eines Gelände-winkels Null	Wahre Steilbahn-schußweite w bei Geländewinkel E und Aufsatz-winkel α	Differenz zwischen w und w_1 in m $\varepsilon = w - w_1 =$	Fehler in Prozenten von w_1 $^0/_0$
$\varphi = 80^0$	78^0	2^0	$w_1 = 1111$ m	$w = 2847$ m	1736	156
	76	4	1791	3535	1744	91
	74	6	2325	3713	1388	60
$\varphi = 75^0$	74	1	667	1525	858	129
	72	3	1480	2827	1347	91
	70	5	2069	3416	1347	65
	68	7	2554	3656	1102	43
$\varphi = 70^0$	68	2	1117	2094	977	88
	66	4	1791	2909,5	1118,5	62
	64	6	2326	3352	1026	44
	62	8	2770	3590	820	30
$\varphi = 65^0$	64	1	668	1140	472	71
	62	3	1480	2300	820	55
	60	5	2069	2918	849	41
	58	7	2554	3310	756	30
	56	9	2966	3565	599	20
	54	11	3319	3724	405	12

mit Schnur $A_1 Z_1$; dieses System drehe man um den Abgangspunkt O als festen Drehpunkt in die Lage $O A Z$, so daß $O A = O A_1 = a$ und $A Z = A_1 Z_1 = f$ bleibt. Die Drehung wird so lange fortgesetzt,

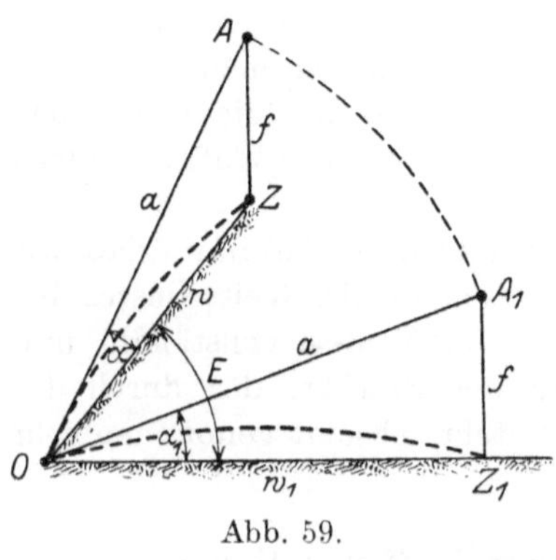

Abb. 59.

bis Z_1 in das schief ansteigende Gelände $O Z$ gelangt, dessen Ge-ländewinkel $Z O Z_1 = E$ gegeben ist. Dann soll $O Z$ oder w die Schuß-weite auf dem schiefen Gelände für den Steilschuß sein, wenn man be-züglich des Horizonts durch O mit dem Abgangswinkel $A O Z_1 = E + \alpha$ oder bezüglich des schiefen Gelän-des $O Z$ mit dem Aufsatzwinkel α schießt. Dieser Winkel α und die Schußweite w sind mit eben dieser Drehung gegeben; man erhält diese Größen entweder durch graphische Konstruktion oder durch Rechnung:

$$\sin \alpha = \sin \alpha_1 \cdot \cos E;$$

$$w = w_1 \cdot \mathrm{tg}\, \alpha_1 \cdot \cos (E + \alpha) \cdot \mathrm{cosec}\, \alpha .$$

Bei der graphischen Konstruktion wird man berücksichtigen, daß bei der erwähnten Bewegung auch Z_1 einen Kreis beschreibt. Man denke sich vertikal unterhalb O einen Punkt O_1 in der Entfernung $O\,O_1 = A_1\,Z_1 = A\,Z = f$, so hat man ein bewegliches Parallelogramm $O\,O_1\,Z_1\,A_1$ in der ersten Lage oder $O\,O_1\,Z\,A$ in der zweiten Lage. Die festen Drehpunkte sind O und O_1. Es bewegt sich somit Z_1 auf einem Kreise $Z_1\,Z$ mit dem Mittelpunkt in O_1 und dem Radius a. Diese Überlegung kann auch dazu führen, mittels eines Mechanismus, nämlich eines Gelenkparallelogramms, zu irgendeiner Zielentfernung $O\,Z$ und irgendeinem Geländewinkel E den Aufsatzwinkel $Z\,O\,A$ oder α zu ermitteln. (Apparat hergestellt von der Firma Haker & Heidorn in Hamburg.)

Bei der Aufstellung dieses Prinzips wurde von der folgenden mechanischen Vorstellung ausgegangen: die Flachbahn $O\,Z_1$ wird vom Geschoß in der Gesamtflugzeit T sec beschrieben, indem der Luftwiderstand und die Schwere gleichzeitig auf das Geschoß wirken. Dasselbe Ziel Z_1 würde erreicht werden, wenn diese beiden Kräfte nacheinander zur Wirksamkeit kämen und je T sec das Geschoß beeinflußten. Dann würde das mit der gegebenen Anfangsgeschwindigkeit in der Richtung $O\,A_1$ geschleuderte Geschoß zuerst etwa nur dem Luftwiderstand, aber nicht der Schwere unterworfen sein und folglich in der Geraden $O\,A_1$ bis A_1 gelangen, alsdann unter der alleinigen Wirkung der Schwere (bzw. unter der Wirkung von Schwere und Luftwiderstand) von A_1 und Z_1 herabfallen. Diese Strecken $O\,A_1 = a$ und $A_1\,Z_1 = f$ bleiben bei der Steilbahn $O\,Z$ gleichgroß, da die Überlegung dieselbe ist, also wird beim Horizontalabgangswinkel $A\,O\,Z_1$ der Punkt Z getroffen; der Unterschied zwischen Flachbahn und Steilbahn ist nur der, daß bei letzterer die Abnahme der Luftdichte mit der Höhe sich in etwas anderer Weise geltend macht als bei der Flachbahn.

Es ist klar, daß auch diese mechanische Vorstellung im Prinzip unstreng ist, d. h. selbst abgesehen von der Veränderlichkeit der Luftdichte. Denn die beiden Bewegungen längs a und längs f sind, wie sich in § 17 mit Verwendung eines schiefwinkligen Koordinatensystems deutlich zeigte, nicht voneinander unabhängig; ebenso wie die Geschoßbewegungen längs der x- und y-Achse voneinander abhängen (außer für das spezielle Luftwiderstandsgesetz, bei dem der Luftwiderstand proportional der ersten Potenz der Geschwindigkeit gesetzt wird). Wäre diese Unabhängigkeit für endliche Flugstrecken vorhanden, so wäre die Lösung des ballistischen Problems eine sehr einfache. Der Satz vom Parallelogramm der Wege gilt aber für endliche Wegstrecken nur dann, wenn es sich um Kräfte handelt, die nach Größe und nach Richtung konstant sind. Das ist hier nicht der Fall; der Luftwiderstand ist vielmehr variabel. Diese Methode des Schwenkens stellt also nur ein Näherungsverfahren vor, das mit einem Fehler behaftet ist. Zur Ermittlung dieses Fehlers können wiederum obige 4 Steilbahnen dienen; man kennt je E, α, w, kann also α_1 und w_1 zeichnen oder berechnen. Wenn man alsdann die zum Abgangswinkel α_1 und zu sonst gleichen Umständen gehörige richtige Flachbahnschußweite w_r beobachtet oder mit dem Vallierschen Verfahren berechnet, dessen Fehler hier vernachlässigt werden darf, so kann man die beiden Schußweiten w_1 und $\dot{w}_r$ miteinander vergleichen, wovon die erste w_1 als Flachbahnschußweite zum Abgangswinkel α_1 gehören soll, die andere w_r als Flachbahnschußweite zu α_1 wirklich gehört.

Im obigen Beispiel mit $\varphi = 80^0$ war u. a. $E = 78^0$ oder $\alpha = 2^0$ gewählt. Daraus ergibt sich $\alpha_1 = 9^0\,39{,}8'$, $f = 572{,}40$ m; hieraus $w_1 = f \cdot \operatorname{cotg} \alpha_1 = 3361$. Andererseits gehört zum gleichen Abgangswinkel $\alpha_1 = 9^0\,39{,}8'$ die wahre Flachbahnschußweite $w_r = 3088$ m; Differenz 273 m. Will man diesen Fehler in Prozenten ausdrücken, so kann es zweifelhaft erscheinen, auf welche Schußweite die Prozente zu beziehen sind; nimmt man hierfür w_1, so beträgt der Fehler $8{,}1^0/_0$. Für $E = 76^0$ oder $\alpha = 4^0$ wird $w_1 = 4712$ m, $w_r = 4169$ m, Fehler 543 m $= 11{,}5^0/_0$; für $E = 74^0$ oder $\alpha = 6^0$, $w_1 = 5459$, $w_r = 4722$, Fehler 737 m $= 13{,}5^0/_0$. Auch bei den anderen Beispielen zeigte es sich, daß der prozentuale Fehler der Methode mit α ansteigt, jedoch durchweg erheblich kleiner ausfällt als derjenige, der bei dem gewöhnlichen Verfahren des Schwenkens entsteht.

3. Schwenken nach Percin.

Wenn das Ziel Z getroffen werden soll, das sich auf einem schiefen Gelände OZ, mit Geländewinkel $ZOB = E$ in der Entfernung w m befindet, so ist derjenige Aufsatzwinkel α bezüglich des Geländes OZ

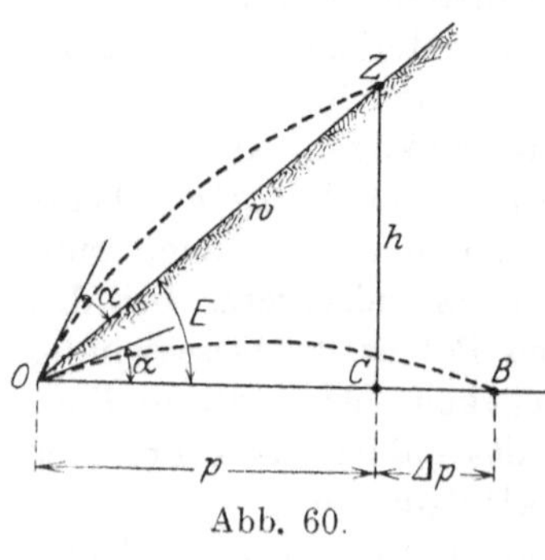

Abb. 60.

anzuwenden, der bei einer Flachbahn OB als Abgangswinkel zur Schußweite $p \pm \Delta p = OB$ gehört. Hier bedeutet p die Horizontalprojektion OC oder $w \cdot \cos E$ der Zielentfernung w; Δp ist $= \dfrac{\alpha h}{100}$, h die Zielhöhe CZ; $(+$ resp. $-$, je nachdem $E >$ bzw. $< 2\,\alpha$ ist; wenn $E = 2\,\alpha$, ist $\Delta p = 0)$. Unter Umständen soll Δp mit einem Faktor k multipliziert werden, der von 1 verschieden ist und empirisch bestimmt werden muß.

1. Beispiel s. o., $\varphi = 80^0$: Für $\alpha = 2^0$ wird $h = 2785$ m; $\Delta p = \dfrac{2 \cdot 2785}{100} = 55{,}70$ m, also $OB = 647{,}7$ m. Dazu gehört der rich-

tige Abgangswinkel $\alpha = 0^0\,57,45'$; nach Percin soll dagegen $\dot\alpha = 2^0$ sein; Differenz $1^0\,2,55' = 52^0/_0$.

Zu $\alpha = 4^0$, $h = 3430$ m, $OB = 992,2$ m, wahres $\alpha = 1^0\,41,7'$, statt nach Percin 4^0, Fehler $58^0/_0$.

Zu $\alpha = 6^0$, $h = 3569,5$ m, $OB = 1238,2$ m, wahres $\alpha = 2^0\,14,1'$, statt nach Percin 6^0, Fehler $63^0/_0$.

2. Beispiel s. o. $(\varphi = 75^0)$:

Für $\alpha =$ resp. 1, 3, 5, 7^0 wird der Fehler 42, 50, 53, $58^0/_0$.

3. Beispiel s. o. $(\varphi = 70^0)$:

Für $\alpha =$ resp. 2, 4, 6, 8^0 wird der Fehler 26, 29, 30, $32^0/_0$.

Ergebnis: Das gewöhnliche Verfahren, eine Flugbahn zu schwenken, ist bei sehr steilem Schuß nicht verwendbar. Das Verfahren von Percin gibt unter gleichen Umständen ebenfalls zu große Fehler, falls nicht ein empirischer Korrektionsfaktor k eingeführt wird; da jedoch für Geländewinkel E bis ca. 65^0 der prozentuale Fehler bei dieser Methode ziemlich konstant ausfält, wird man mit Einführung eines solchen Faktors öfters gut brauchbare Resultate erhalten können. Verhältnismäßig noch die kleinsten Fehler entstehen bei Anwendung des Burgsdorffschen Verfahrens, insbesondere für den rasanten Teil des aufsteigenden Astes einer Steilbahn kann es, je nach der gewünschten Genauigkeit, oft gute Dienste leisten.

Neunter Abschnitt.

Sekundäre Einflüsse.
Einseitige Geschoßabweichungen.

§ 43. Über einseitige Geschoßabweichungen im allgemeinen.

Wenn mit gleicher Waffe, gleicher Munition und gleichem Visier wiederholt nach demselben Punkt Z geschossen wird, gruppieren sich die Auftreffpunkte der Geschosse um einen mittleren Treffpunkt T. Von dieser Gruppierung wird im Abschnitt 11 (zufällige Abweichungen) des näheren die Rede sein. Hier handelt es sich um die Lage des tatsächlichen mittleren Treffpunkts T gegenüber dem beabsichtigten Treffpunkt Z.

Im allgemeinen wird T eine einseitige Abweichung gegenüber Z aufweisen, die ihre Ursachen in folgendem haben kann: Erstens kann die Rohrerhöhung (das Visier), also der Abgangswinkel φ, unrichtig gewählt sein; dies wird eintreten, wenn die Zielentfernung zu groß oder zu klein geschätzt ist oder wenn zu hoch oder zu tief gezielt wurde oder durch Windeinfluß oder wenn die Waffe nicht genau eingeschossen, d. h. wenn die mit Entfernungsteilung versehene Visiereinrichtung falsch bemessen ist. Zweitens kann der ballistische Koeffizient c nicht der normale (schußtafelmäßige) sein, insofern am Versuchstag das Gewicht δ eines Kubikmeters der Luft — bestimmt durch Lufttemperatur, Barometerstand, Luftfeuchtigkeit —, nicht dasjenige ist, für das die Schußtafel aufgestellt, die Visiereinrichtung getroffen ist; in selteneren Fällen kann die Spitzenform des Geschosses, das Kaliber, das Gewicht von der Norm abweichen usw. Drittens kann die Anfangsgeschwindigkeit v_0 des Geschosses von der schußtafelmäßigen abweichen, indem die Pulverladung zu kleines oder zu großes Gewicht oder nicht die normale (schußtafelmäßige) Temperatur und Feuchtigkeit besitzt oder indem der Lauf sich stark erwärmt hat usw. Viertens kann das Azimut der Schußebene unrichtig gewählt sein, indem Seitenabweichungen zu berücksichtigen wären; solche Abweichungen der Geschosse nach der Seite können eintreten durch seitlichen Wind, durch Geschoßrotation, durch Erdrotation (jedenfalls ist in Beziehung auf die letztere eine Untersuchung darüber notwendig, ob dieser Einfluß so bedeutend ist, daß er in Anbetracht der zufälligen unvermeidbaren Abweichungen berücksichtigt werden muß); bei Gewehren können durch das Aufstecken des Seitengewehrs Seitenabweichungen erfolgen; ferner werden solche durch Schiefstellung der Räderachse des Geschützes bzw. durch Verkanten des Gewehrs beim Zielen bewirkt usw.

Solche Abweichungen heißen einseitige oder konstante oder regelmäßige, da sie im allgemeinen nach derselben Seite gehen. Sie können ausgeschaltet werden, entweder im voraus durch Berechnung oder Beobachtung oder während des Schießens selbst durch Korrektur auf Grund der Beobachtung (Einschießen); so werden z. B. mittels des Aufsatzes bei der Artillerie im voraus ausgeschaltet die Abweichungen durch Geschoßrotation und meist auch die durch Schiefstellung der Räderachse. — Allgemein wird man darauf ausgehen, Störungen der Flugbahn zu einseitigen zu machen, falls sie es noch nicht sind; hierfür geben die Abweichungen der Geschosse durch Rotation ein Beispiel: die früheren kugelförmigen Geschosse zeigten bedeutende Abweichungen nach unbestimmter Seite; durch Einführung exzentrischer Geschosse und Einlagerung der Kugel entweder mit Schwerpunkt nach oben oder nach unten im Rohr wurden die Abweichungen zu regelmäßigen gestaltet und konnten damit von vornherein berücksichtigt werden.

§ 44. Einfluß einer kleinen Änderung des Abgangswinkels φ oder der Anfangsgeschwindigkeit v_0 oder des (von Kaliber $2R$, Geschoßgewicht P, Formfaktor i und Luftgewicht δ abhängigen) ballistischen Koeffizienten c.

Bezüglich der einseitigen Geschoßabweichungen handelt es sich zunächst in diesem § 44 um Aufgaben der folgenden Art: Angenommen, unter den Verhältnissen, die der Schußtafel eines Geschützes als normal zugrunde gelegt worden sind, also bei den schußtafelmäßigen Werten von v_0 und c müßte bei Verwendung des Abgangswinkels φ das Geschoß nach der Zeit t in einem bestimmten Punkt $(x\,y)$ und unter dem Neigungswinkel ϑ der Bahntangente gegen die Horizontale angelangt sein. Von diesem Punkt $(x\,y)$ oder P eines bergigen Geländes aus steige das Gelände unter einem bekannten Böschungswinkel an oder falle es unter bekanntem Winkel ab. Nun möge an einem Versuchstage entweder die Anfangsgeschwindigkeit v_0 um den kleinen Betrag Δv_0 gegenüber dem schußtafelmäßigen Wert v_0 sich geändert haben, oder möge der Koeffizient c aus irgendeinem Grunde, etwa durch meteorologische Einflüsse, um Δc anders liegen, oder möge φ um $\Delta \varphi$ anders genommen worden sein; oder aber können alle drei Größen v_0, c und φ sich geändert haben. Man will ohne weitläufige Berechnungen erfahren, welcher Punkt P_1 des Geländes an Stelle von P mutmaßlich getroffen werden wird. Eine andere Aufgabe stellt sich bei dem Erschießen von Flugbahnen ein: es sei eine Flugbahn eines Artilleriegeschosses durch photogrammetrische Sprengpunktsaufnahmen (vgl. Band III) punktweise festgelegt worden, zum ersten Sprengpunkt gehören dann die gemessenen Koordinaten x_1 und y_1 und die gemessene Flugzeit t_1, zum nächsten Sprengpunkt gehören die Werte $x_2\,y_2\,t_2$ usw. Man wünscht die sämtlichen Messungstripel $x\,y\,t$ auf die schußtafelmäßigen Werte von v_0 und c, sowie auf Windstille zu reduzieren. Die meisten Aufgaben solcher Art werden sich auf die Elemente des Aufschlagspunkts im Mündungshorizont beziehen. Häufig handelt es sich um die Frage, welche Änderungen ΔX, ΔT, $\Delta \omega$ die Schußweite X, die Gesamtflugzeit T und der spitze Auffallwinkel ω erfahren, wenn φ um $\Delta \varphi$ oder v_0 um Δv_0 oder c um Δc geändert wird oder wenn alle drei Größen φ, v_0 und c sich ändern.

Zur Lösung solcher und ähnlicher Aufgaben sind von zahlreichen Ballistikern mehr oder weniger umfangreiche Berechnungen angestellt und Formeln aufgestellt worden, insbesondere von St. Robert, Siacci, Sabudski, Ingalls, Charbonnier, Vallier, Veithen, Stübler u. a. Dabei muß auf einen wichtigen Punkt aufmerksam gemacht werden: alle solche Differenzenformeln zur Berechnung von

$\varDelta x$, $\varDelta y$, $\varDelta t$, $\varDelta \vartheta$, bzw. von $\varDelta X$, $\varDelta T$, $\varDelta \omega$ bringen bei ihrer tatsächlichen Verwendung notwendig Fehler mit sich, die um so größer ausfallen, je größer die Änderungen $\varDelta \varphi$, $\varDelta v_0$, $\varDelta c$ sind; denn bei der Aufstellung der betreffenden Formeln werden die Differentiale, also die mathematisch unendlich kleinen Änderungen näherungsweise durch endlich kleine Unterschiede ersetzt. Daher dürfen die betr. Formeln nur für sehr kleine Beträge von $\varDelta \varphi$, $\varDelta v_0$, $\varDelta c$ benützt werden (darüber s. w. u.). Und falls es sich doch um einigermaßen beträchtliche Unterschiede in φ, v_0 und c handelt, tut man besser, die Differenzenformeln nicht zu verwenden, sondern mit den neuen Elementen $\varphi + \varDelta \varphi$, $v_0 + \varDelta v_0$, $c + \varDelta c$ die ganze Flugbahnberechnung neuerdings durchzuführen. Aus diesem Grunde ist es auch von geringem Interesse für die praktischen Bedürfnisse der Ballistik, wenn zur Berechnung von $\varDelta x$, $\varDelta y$, $\varDelta t$, $\varDelta \varphi$ bzw. von $\varDelta X$, $\varDelta T$, $\varDelta \omega$ komplizierte Formelausdrücke aufgestellt werden. Vielmehr wird man darauf ausgehen müssen, einfache und leicht benützbare Differenzenformeln aufzustellen. Solche Formeln sind diejenigen, die wohl als Erster C. Veithen mit Hilfe des Siaccischen Lösungssystems entwickelt hat. Im folgenden sollen unter A. einige der Veithenschen Ausdrücke abgeleitet werden und zwar zunächst aus dem besonders einfachen Lösungssystem von Piton-Bressant, weil sich durch diese Ableitung deutlich zeigen läßt, daß man, je nach den willkürlichen Annahmen und Voraussetzungen, die man zu Hilfe nimmt, richtige Differenzenformeln der verschiedensten Art aufstellen kann. Alsdann werden unter B. die allgemeinen und genaueren Formeln entwickelt, die E. Stübler gegeben hat und in denen die Veithenschen als Spezialfälle enthalten sind. Darauf folgt die Zusammenstellung der Formeln samt einigen Zahlenbeispielen.

A. Eine Flugbahn sei unter den nicht schußtafelmäßigen Einflüssen des Schießtages durch photogrammetrische Sprengpunktsaufnahmen punktweise festgelegt worden; man will nun die einzelnen erschossenen Punkte auf normale Verhältnisse reduzieren, wobei c um $\varDelta c$, v_0 um $\varDelta v_0$, φ um $\varDelta \varphi$ zu ändern sei. Hier soll es sich allein um die Änderung von c (bei gleichbleibenden Werten von v_0 und φ) handeln. Um welche Beträge $\varDelta x$, $\varDelta y$, $\varDelta t$ sind die gemessenen Elemente x, y, t eines bestimmten einzelnen Flugbahnpunkts abzuändern?

Man hat zu diesem Zweck die Flugbahn 1 (vgl. die schematische Abbildung 61) in eine andere, der ersten unmittelbar benachbarte Flugbahn 2 umgewandelt zu denken, die denselben Abgangspunkt O, dieselbe Anfangsgeschwindigkeit v_0 des Geschosses und dieselbe Anfangstangente besitzt. Es fragt sich, welcher Punkt an Stelle des Bahnpunkts P oder $(x\,y)$ zum Zweck einer solchen Reduktion auf normalen Wert von c (z. B. auf Normalluftgewicht am Boden) zu nehmen ist. Hierbei hat man freie Wahl, die Flugbahn 2 an der betreffenden Stelle entweder dadurch festzulegen, daß von P aus auf derselben Vertikalen, also bei konstantem $x = O\,A$ zu einem Punkt P_1 der Bahn übergegangen und das zugehörige $\varDelta y = P P_1$ berechnet wird, oder aber bei konstantem $y = A P$ von P aus zu einem Punkt P_2 weiterzugehen und das zugehörige $\varDelta x = P P_2$ zu ermitteln, oder endlich sowohl

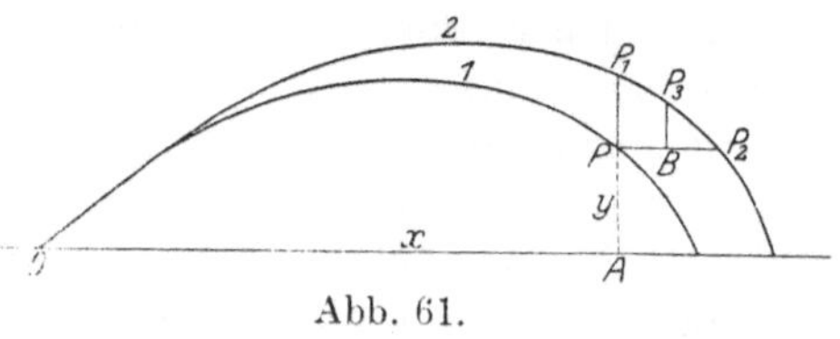

Abb. 61.

x als y sich ändern zu lassen, x um $P B = \varDelta x$ und y um $B P_3 = \varDelta y$.

Im letzteren Fall muß selbstverständlich eine Annahme über die Richtung der Änderung $P P_3$ eintreten. Z. B. kann vorausgesetzt werden, daß dabei die Verschiebung von P bis P_3 auf einem gegebenen schiefen Gelände vom Gefälle $\dfrac{\varDelta y}{\varDelta x} = \lambda$, oder daß sie auf der durch P gehenden Kurve gleicher Bahngeschwindigkeit v, oder auf der Kurve gleicher Horizontalgeschwindigkeit $v \cos \vartheta$ erfolgen solle.

Auch die Berechnung dieser kleinen Änderungen von y bzw. von x, oder von x und y kann auf sehr verschiedenen Grundlagen erfolgen. Z. B. dadurch, daß die Flugbahn an der Stelle P durch eine geeignete ganze rationale algebraische Funktion vom 3. Grade in x also etwa durch eine Kurve nach Piton-Bressant ersetzt wird. Dessen Gleichungssystem war (vgl. § 32):

$$y = x\,\mathrm{tg}\,\varphi - \frac{g\,x^2}{2\,v_0{}^2\cos^2\varphi}(1 + K\,x), \quad\ldots\ldots\ldots (1)$$

$$\mathrm{tg}\,\vartheta = \mathrm{tg}\,\varphi - \frac{g\,x}{2\,v_0{}^2\cos^2\varphi}(2 + 3\,K\,x), \quad\ldots\ldots\ldots (2)$$

$$v \cos \vartheta = \frac{v_0 \cos \varphi}{\sqrt{1 + 3\,K\,x}}, \quad\ldots\ldots\ldots\ldots\ldots (3)$$

$$t = \frac{2}{9\,v_0 \cos \varphi} \cdot \frac{(1 + 3\,K\,x)^{\frac{3}{2}} - 1}{K}. \quad\ldots\ldots\ldots (4)$$

Dabei ist der empirische Faktor K dadurch bestimmt, daß der Punkt P gegeben ist, also daß in (1) $x\,y\,v_0\,\varphi$ bekannt sind. K ist dem Früheren zufolge proportional dem ballistischen Koeffizienten c und dieser proportional z. B. dem Luftgewicht δ, so daß man hat

$$\frac{\varDelta K}{K} = \frac{\varDelta c}{c} = \frac{\varDelta \delta}{\delta}. \tag{5}$$

Wenn man nun zunächst von P nach P_1 übergeht, also x konstant läßt, so wird bei einer unendlich kleinen Änderung von K in $K + dK$

$dy = PP_1 = - \dfrac{g\,x^3}{2\,v_0{}^2\cos^2\varphi}\cdot dK$. Werden hier statt der Differentiale endlich kleine Differenzen genommen, so ist mit Rücksicht auf (5)

$$\Delta y = - \frac{g\,x^3\,K}{2\,v_0{}^2\cos^2\varphi}\cdot\frac{\Delta c}{c}\,. \tag{6}$$

Diese Gleichung, in der K zuvor für jeden solchen Punkt P oder $(x\,y)$ aus (1) berechnet zu denken ist, könnte zwar zur Reduktion auf normales Luftgewicht dienen. Aber es wäre immerhin damit die Unbequemlichkeit verbunden, daß man eben diese Berechnung von K aus $(x\,y)$ jedesmal ausführen müßte; außerdem werden die Ausdrücke für Δt und für $\Delta(v\cos\vartheta)$ etwas weniger einfach.

Deshalb möge ein anderer Weg gesucht werden. Von Punkt P gehen wir zu einem Punkt P_3 in der Weise über, daß dabei $v\cos\vartheta$ konstant bleiben soll. Die obige Gleichung (3) läßt dann sofort erkennen, daß jetzt $K\cdot x$ konstant bleibt, so daß $\dfrac{\Delta x}{x} = -\dfrac{\Delta K}{K} = -\dfrac{\Delta c}{c}$. Ferner geht aus (4) hervor, daß alsdann t umgekehrt proportional K bleibt, also ist auch $\dfrac{\Delta t}{t} = -\dfrac{\Delta K}{K} = -\dfrac{\Delta c}{c}$. Aus Gleichung (1) folgt durch Ableitung, da $K\,x$ konstant und $\dfrac{dx}{x} = -\dfrac{dc}{c}$ ist:

$$dy = \mathrm{tg}\,\varphi\cdot dx - \frac{g\cdot 2x\cdot dx}{2\,v_0{}^2\cos^2\varphi}\cdot(1+Kx) = - \mathrm{tg}\,\varphi\cdot x\cdot\frac{dc}{c} + \frac{g\,x^2(1+Kx)}{2\,v_0{}^2\cos^2\varphi}\cdot 2\,\frac{dc}{c}\,;$$

also ist wegen (1)

$$dy = \frac{dc}{c}\left(- x\cdot\mathrm{tg}\,\varphi + 2\,(x\,\mathrm{tg}\,\varphi - y)\right) = \frac{dc}{c}\cdot(x\,\mathrm{tg}\,\varphi - 2\,y)\,.$$

Damit sind zur Reduktion auf den normalen c-Wert die folgenden Differenzengleichungen abgeleitet:

$$\Delta x = - \frac{\Delta c}{c}\cdot x; \tag{8}$$

$$\Delta y = + \frac{\Delta c}{c}\,(x\cdot\mathrm{tg}\,\varphi - 2\,y); \tag{9}$$

$$\Delta t = - \frac{\Delta c}{c}\cdot t; \tag{10}$$

$$\Delta\,(\mathrm{tg}\,\vartheta) = + \frac{\Delta c}{c}\,(\mathrm{tg}\,\varphi - \mathrm{tg}\,\vartheta)\,. \tag{11}$$

Analog lassen sich Gleichungen für die Reduktion auf ein anderes v_0 und ein anderes φ bilden.

Veithen hat, wie schon erwähnt, diese Gleichungen (8) bis (11) in anderer Weise, nämlich mittels des Siaccischen Lösungssystems abgeleitet. Dieses war (vgl. 5. Abschn.) das folgende:

$$x = \frac{\sigma^2}{\gamma\cdot c}\,(D_u - D_{u_0}); \qquad t = \frac{\sigma}{c\cdot\gamma}\,(T_u - T_{u_0});$$

$$\mathrm{tg}\,\vartheta = \mathrm{tg}\,\varphi - \frac{1}{2\,c\,\gamma}\,(J_u - J_{u_0});$$

$$y = x\,\mathrm{tg}\,\varphi - \frac{\sigma^2}{2\,c^2\,\gamma^2}\cdot\left\{A_u - A_{u_0} - J_{u_0}(D_u - D_{u_0})\right\}\,.$$

Wenn c in $c + dc$ übergeht, möge x in $x + dx$ und gleichzeitig y in $y + dy$ derartig übergehen, daß u oder $\dfrac{v \cos \vartheta}{\sigma}$, somit auch $v \cos \vartheta$ konstant bleibt: Da σ und γ als Konstanten der Lösung geführt werden, ergibt sich, daß in dem Gleichungssystem die sämtlichen Klammerausdrücke auf der rechten Seite ungeändert bleiben. Und daraus wiederum folgt, daß $x \cdot c$; $t \cdot c$; $(\operatorname{tg} \varphi - \operatorname{tg} \vartheta) \cdot c$; $(x \operatorname{tg} \varphi - y) \cdot c^2$ konstant bleiben. Die drei ersten dieser vier Beziehungen liefern sofort die obigen Gleichungen (8), (10) und (11). Und aus der letzten Beziehung ergibt sich durch Ableitung $(\operatorname{tg} \varphi \cdot dx - dy)\, c^2$ $+ 2\, c \cdot dc \cdot (x \operatorname{tg} \varphi - y) = 0$ oder $dy = \operatorname{tg} \varphi \cdot dx + 2\,(x \operatorname{tg} \varphi - y) \cdot \dfrac{dc}{c}$, und daraus folgt, da $dx = -\, x \cdot \dfrac{dc}{c}$ ist, wieder die obige Gleichung (9). Zu bemerken ist noch, daß diese Ableitung von Veithen auch dann Gültigkeit hat, wenn man sich die Flugbahn in mehreren einzelnen Bogenstücken berechnet denkt, deren Enden aneinander anschließen, und daß folglich das Gleichungssystem (8) bis (11) auch auf **Steilbahnen** Anwendung finden kann.

Um dieses Gleichungssystem auch für den **Auffallpunkt im Mündungshorizont** (also für $x = X, y = 0, \vartheta = -\,\omega, t = T, v = v_e$) aufzustellen, hat man die obige Abbildung 61 für diesen Punkt zu spezialisieren (vgl. nebenstehende Abbildung 62). Die Linie 1 möge das letzte Stück der Flugbahn darstellen, die zum Wertetripel c, v_0, φ gehört, dabei sei P_1 der Auffallpunkt; die Linie 2 möge ebenso das Ende der Bahn mit $c + \varDelta c$, v_0, φ vorstellen, wobei P_2 der Auffallpunkt ist. Dann ist $\varDelta X = P_1 P_2$ die Änderung der Schußweite

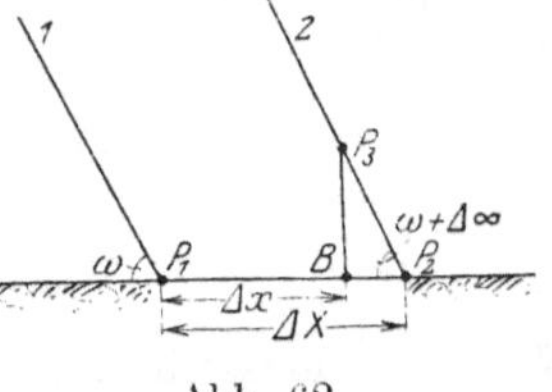

Abb. 62.

im Mündungshorizont. Wenn man sich nun wieder wie oben die Gleichungen (8) bis (11) abgeleitet denkt, hat man sich vorzustellen, daß der Punkt P_1 zunächst übergeht in den Punkt P_3, welch letzterer gegenüber P_1 die Abszissenänderung $\varDelta x = P_1 B$ und die Ordinatenänderung $\varDelta y = B P_3$ aufweist. Alsdann ergibt sich aus dem rechtwinkligen Dreieck $B P_2 P_3$, daß $\varDelta X = P_1 B + B P_2 = \varDelta x + \varDelta y \cdot \operatorname{cotg}(\omega + \varDelta \omega)$ ist. Entwickelt man $\operatorname{cotg}(\omega + \varDelta \omega)$ und läßt unendlich kleine Größen von der zweiten und von höherer Ordnung weg neben solchen von der ersten Ordnung, so wird

$$\varDelta X = \varDelta x + \varDelta y \cdot \operatorname{cotg} \omega ; \qquad (12)$$

Wenn man hier für $\varDelta x$ und $\varDelta y$ die Ausdrücke in (8) und (9) einsetzt und zugleich berücksichtigt, daß es sich jetzt um den Mündungshorizont, also um $x = X$ und $y = 0$ handelt, so erhält man

$$\frac{\Delta X}{X} = -\frac{\operatorname{tg}\omega - \operatorname{tg}\varphi}{\operatorname{tg}\omega}\cdot\frac{\Delta c}{c}.$$

Ebenso lassen sich die betreffenden Ausdrücke für die Änderung ΔT der Gesamtflugzeit T und für die Änderung $\Delta\omega$ des spitzen Auffallwinkels ω gewinnen, nämlich

$$\Delta T = \left(\frac{X\cdot\operatorname{tg}\varphi}{v_e\sin\omega} - T\right)\cdot\frac{\Delta c}{c}; \qquad \Delta\omega = \left[\frac{gX\operatorname{tg}\varphi}{v_e^2\cdot\operatorname{tg}\omega} - \frac{\sin(\varphi+\omega)\cdot\cos\omega}{\cos\varphi}\right]\cdot\frac{\Delta c}{c}.$$

Was c selbst anlangt, so ist nach dem Zonen-Luftwiderstandsgesetz von Mayevski-Sabudski, also wenigstens angenähert, c proportional dem Geschoßquerschnitt $R^2\pi$, dem Luftgewicht δ am Versuchstag, dem Formfaktor i und umgekehrt proportional dem Geschoßgewicht P; es ist somit

$$\frac{\Delta c}{c} = 2\cdot\frac{\Delta R}{R} + \frac{\Delta\delta}{\delta} + \frac{\Delta i}{i} - \frac{\Delta P}{P}; \tag{13}$$

und über die Abhängigkeiten von i bzw. δ selbst vgl. Nr. 10 bzw. 15.

B. Allgemeinere Gleichungen, in denen die oben abgeleiteten Gleichungen (8) bis (11) enthalten sind, hat E. Stübler entwickelt, indem er von der Didion-Bernoullischen Lösung (§ 25) und damit von Potenzgesetzen $c v^n$ für den Luftwiderstand ausging: die Gleichung (1) von § 25 (Zusammenstellung) lautete, aufgelöst nach $B(z)$

$$B(z) = \frac{2\,(v_0\cos\varphi)^2\cdot(x\operatorname{tg}\varphi - y)}{g\,x^2}, \tag{14}$$

wobei

$$z = c\cdot\alpha^{n-1}\,(n-2)\,(v_0\cos\varphi)^{n-2}\cdot x. \tag{15}$$

Wird (14) logarithmiert und dann differentiiert, so erhält man, falls der Differentialquotient von $B(z)$ nach z mit B' bezeichnet wird,

$$\frac{B'}{B}\cdot dz = 2\cdot\frac{d\,(v_0\cos\varphi)}{v_0\cos\varphi} + \frac{x\cdot d\,(\operatorname{tg}\varphi) + dx\cdot\operatorname{tg}\varphi - dy}{x\cdot\operatorname{tg}\varphi - y} - \frac{2\cdot dx}{x},$$

oder

$$(x\cdot\operatorname{tg}\varphi - y)\frac{B'}{B}\cdot dz$$

$$= 2\,(x\operatorname{tg}\varphi - y)\frac{d\,(v_0\cos\varphi)}{v_0\cos\varphi} + \frac{x\cdot d\varphi}{\cos^2\varphi} + \left(\frac{2\,y}{x} - \operatorname{tg}\varphi\right)dx - dy. \tag{16}$$

$\dfrac{B'}{B}$ läßt sich fortschaffen, indem man die Horizontalneigung ϑ der Bahntangente einführt. Geht man zu diesem Zweck längs der Flugbahn (für gleichbleibende Werte von v_0 und φ) weiter, so ist $dv_0 = 0$ und $d\varphi = 0$; ferner ist $d\vartheta = \frac{\partial z}{\partial x}\cdot dx$ oder nach (15) $dz = \frac{z}{x}\cdot dx$ zu setzen. Die aus (16) so entstehende Gleichung hat die Form $dy = \frac{\partial y}{\partial x}\cdot dx$.

Setzt man $\dfrac{\partial y}{\partial x} = \operatorname{tg} \vartheta$, so hat man

$$(x \operatorname{tg} \varphi - y)\frac{B'}{B} \cdot \frac{z}{x} = \frac{2y}{x} - \operatorname{tg} \varphi - \operatorname{tg} \vartheta \,.$$

Somit ist nach Gleichung (16)

$$(2y - x\operatorname{tg}\varphi - x\operatorname{tg}\vartheta)\frac{dz}{z}$$

$$= 2(x\operatorname{tg}\varphi - y)\frac{d(v_0\cos\varphi)}{v_0\cos\varphi} + \frac{x \cdot d\varphi}{\cos^2\varphi} + \left(\frac{2y}{x} - \operatorname{tg}\varphi\right)\cdot dx - dy \,. \quad (17)$$

Wird jetzt auch Gleichung (15) logarithmisch differentiiert, so folgt

$$\frac{dz}{z} = (n-2)\frac{d(v_0\cos\varphi)}{v_0\cos\varphi} + (n-1)\cdot\frac{d\alpha}{\alpha} + \frac{dc}{c} + \frac{dx}{x} \,. \quad (18)$$

So ergibt sich schließlich:

$$\boldsymbol{dy - dx \cdot \operatorname{tg}\vartheta = \frac{d(v_0\cos\varphi)}{v_0\cos\varphi} \cdot \{n\cdot x\cdot\operatorname{tg}\varphi + (n-2)\,x\cdot\operatorname{tg}\vartheta - 2\,(n-1)\,y\}}$$

$$\boldsymbol{+ \frac{x\cdot d\varphi}{\cos^2\varphi} + \left\{(n-1)\frac{d\alpha}{\alpha} + \frac{dc}{c}\right\}\cdot(x\cdot\operatorname{tg}\varphi + x\cdot\operatorname{tg}\vartheta - 2\,y) \,.} \quad (19)$$

(Für α kann dabei nach Nr. 24 der Wert $\dfrac{\xi(\varphi)}{\operatorname{tg}\varphi}$ oder auch ein Mittelwert von $\sec\varphi$, z. B. nach Hélie $\alpha = \sqrt{\sec\varphi}$ oder näherungsweise
einfach eine Konstante gesetzt werden; im letzteren Fall ist $d\alpha = 0$.)

In gleicher Weise läßt sich eine Formel für die Änderung von
ϑ oder von v oder von t ableiten. Hier möge noch diejenige für
dt entwickelt werden:

In § 25, Zusammenstellung, Gleichung (4), wurde erhalten

$$t = \frac{x \cdot D(z)}{v_0\cos\varphi}, \text{ wobei } z = (n-2)\,c\cdot\alpha^{n-1}\cdot(v_0\cos\varphi)^{n-2}\cdot x \,. \quad (20)$$

Durch logarithmische Ableitung wird daraus

$$\frac{dt}{t} = \frac{dx}{x} - \frac{d(v_0\cos\varphi)}{v_0\cos\varphi} + z\cdot\frac{D'(z)}{D(z)}\cdot\left\{\frac{dc}{c} + (n-1)\frac{d\alpha}{\alpha} + (n-2)\cdot\frac{d(v_0\cos\varphi)}{v_0\cos\varphi} + \frac{dx}{x}\right\} . \,(21)$$

Wenn man in Gedanken auf derselben Flugbahn vorwärtsschreitet,
so ist $dc = 0$; $d\varphi = 0$; $d(v_0\cos\varphi) = 0$; $d\alpha = 0$, und es ist $\dfrac{dt}{dx} = \dfrac{1}{v\cdot\cos\vartheta}$.
Die Gleichung (21) wird dann zu der folgenden

$$\frac{1}{t}\cdot\frac{\partial t}{\partial x} = \frac{1}{x} + z\cdot\frac{D'}{D}\cdot\frac{1}{x} = \frac{1}{t\cdot v\cos\vartheta} \,. \quad (22)$$

Damit läßt sich $z\cdot\dfrac{D'}{D}$ aus (21) eliminieren; denn es ist $t\cdot z\cdot\dfrac{D'}{D} = \dfrac{x}{v\cos\vartheta} - t$.
Damit wird (21):

$$\boldsymbol{dt = \frac{dx}{v\cos\vartheta} + \left[\frac{(n-2)x}{v\cos\vartheta} - (n-1)\,t\right]\cdot\frac{d(v_0\cos\varphi)}{v_0\cos\varphi}}$$

$$\boldsymbol{+ \left(\frac{x}{v\cos\vartheta} - t\right)\cdot\left[\frac{dc}{c} + (n-1)\frac{d\alpha}{\alpha}\right] \,.} \quad (23)$$

Und die entsprechende Formel für $d\vartheta$ wird:

$$d\,(\mathrm{tg}\,\vartheta) + \frac{g\cdot dx}{(v\cos\vartheta)^2} = \frac{d\varphi}{\cos^2\varphi}$$

$$- \frac{d\,(v_0\cos\varphi)}{v_0\cos\varphi}\cdot\left[2\,(\mathrm{tg}\,\vartheta - \mathrm{tg}\,\varphi) + (n-2)\left(\mathrm{tg}\,\vartheta - \mathrm{tg}\,\varphi + \frac{g\,x}{(v\cos\vartheta)^2}\right)\right]$$

$$- \left[\mathrm{tg}\,\vartheta - \mathrm{tg}\,\varphi + \frac{g\,x}{(v\cos\vartheta)^2}\right]\cdot\left[\frac{dc}{c} + (n-1)\frac{d\alpha}{\alpha}\right]. \tag{24}$$

Diese drei Stüblerschen Gleichungen ((19) für dx bzw. dy, (23) für dt und (24) für $d\,\mathrm{tg}\,\vartheta$ und damit für $d\vartheta$) gestatten, wenn die Differentiale durch endliche Differenzen ersetzt werden, die durch eine kleine Änderung von v_0 oder φ oder c bewirkten Änderungen $\varDelta x$, $\varDelta y$, $\varDelta t$, $\varDelta \vartheta$ der Elemente einer Flugbahn festzulegen. Dabei kann $\varDelta x$ willkürlich gewählt werden, und dann ergibt sich $\varDelta y$ aus (19); oder aber wird $\varDelta y$ willkürlich gewählt, und dann folgt $\varDelta x$ aus derselben Gleichung (19); $\varDelta t$ aus (23); $\varDelta\varphi$ aus (24). Z. B. möge es sich lediglich um eine kleine Änderung $\varDelta v_0$ der Anfangsgeschwindigkeit v_0 handeln. Dann ist $\varDelta\varphi = 0$ und $\varDelta c = 0$; zugleich sei das quadratische Gesetz ($n = 2$) vorausgesetzt und es sei α näherungsweise konstant genommen, $\varDelta\alpha = 0$. In diesem Falle wird man $\varDelta x$ willkürlich gleich Null wählen und hat alsdann zusammen:

$$\varDelta x = 0;\quad \varDelta y = 2\,(x\cdot\mathrm{tg}\,\varphi - y)\cdot\frac{\varDelta v_0}{v_0};\quad \varDelta t = -\,t\cdot\frac{\varDelta v_0}{v_0},$$

$$\varDelta\,(\mathrm{tg}\,\vartheta) = +\,2\,(\mathrm{tg}\,\varphi - \mathrm{tg}\,\vartheta)\cdot\frac{\varDelta v_0}{v_0}\quad \text{oder}\quad \varDelta\vartheta = 2\cdot\frac{\sin\,(\varphi - \vartheta)}{\cos\varphi}\cdot\cos\vartheta\cdot\frac{\varDelta v_0}{v_0}.$$

Wenn dagegen lediglich der Einfluß einer kleinen Änderung $\varDelta c$ von c berechnet werden soll, so daß $\varDelta v_0 = 0$ und $\varDelta\varphi = 0$ ist (und dazu wieder $\varDelta\alpha = 0$ und $n = 2$), so empfiehlt es sich nicht, $\varDelta x = 0$ zu setzen, um $\varDelta y$ zu bestimmen, weil in den Ausdruck für $\varDelta y$ noch der im allgemeinen nicht ohne weiteres bekannte Neigungswinkel ϑ der Bahntangente erscheinen würde. Aus diesem Grunde wird man vielmehr $\varDelta x$ derartig willkürlich wählen, daß $\mathrm{tg}\,\vartheta$ herausfällt. Dies ist der Fall, wenn man wählt: $\varDelta x = -\dfrac{\varDelta c}{c}\cdot x$; denn dann wird aus

(19) erhalten: $\varDelta y = +\dfrac{\varDelta c}{c}\,(x\,\mathrm{tg}\,\varphi - 2\,y)$; ferner aus (23): $\varDelta t = -\dfrac{\varDelta c}{c}\cdot t$

und aus (24): $\varDelta\,(\mathrm{tg}\,\vartheta) = +\dfrac{\varDelta c}{c}\cdot(\mathrm{tg}\,\varphi - \mathrm{tg}\,\vartheta)$, wie oben in (8) bis (11).

Wenn von dem Punkt P oder $(x\,y)$ aus das Gelände unter dem bekannten Böschungswinkel β ansteigt und gefragt wird, welcher Nachbarpunkt P_1 statt P auf dem schiefen Gelände getroffen wird, falls c um $\varDelta c$ sich ändert, steht die Wahl der Änderung $\varDelta x$ nicht frei, sondern man hat zu nehmen $\dfrac{\varDelta y}{\varDelta x} = \mathrm{tg}\,\beta$; also aus $\varDelta x = \varDelta y\cdot\mathrm{cotg}\,\beta$ hat man mittels (19) $\varDelta y$ zu berechnen und hat damit den gesuchten Punkt P_1.

Was den Exponenten n anlangt, so pflegt man für Kanonen und Gewehre zu nehmen: $n = 3$; für Haubitzen und Mörser: $n = 2$; dieser Vorschlag scheint zuerst von F. Siacci gemacht worden zu sein. Besser dürfte sein, nach dem Zahlenwert der Anfangsgeschwindigkeit v_0 zu unterscheiden: $n = 2$ für $v_0 < 300$ m/sec, $n = 3$ für $v_0 > 300$ m/sec. Siacci hat auch bereits die in der nachfolgenden Zusammenstellung aufzuführenden Formeln für die Veränderungen im Auffallpunkt abgeleitet. Und wenn mitunter für die durch eine Änderung von φ bewirkten Änderungen von X, T, ω etwas abweichende Formeln für den Auffallpunkt angegeben werden, so rührt der Unterschied meist davon her, daß α zum Teil angenähert gleich einer Konstanten, zum Teil gleich einer Funktion von φ, z. B. nach Hélie $\alpha = \sqrt{\sec \varphi}$, gesetzt wird.

C. Zusammenstellung der Reduktionsformeln.

a) Für einen beliebigen Flugbahnpunkt (mit x, y, t, ϑ).

I. Für $v_0 > 300$ m/sec.

1. Allein der ballistische Koeffizient c ändere sich um $\varDelta c$; dann ist

$$\varDelta x = -\frac{\varDelta c}{c} \cdot x, \tag{25}$$

$$\varDelta y = +\frac{\varDelta c}{c} \cdot (x \operatorname{tg} \varphi - 2y), \tag{26}$$

$$\varDelta t = -\frac{\varDelta c}{c} \cdot t, \tag{27}$$

$$\varDelta (\operatorname{tg} \vartheta) = +\frac{\varDelta c}{c} \cdot (\operatorname{tg} \varphi - \operatorname{tg} \vartheta). \tag{28}$$

2. Allein die Anfangsgeschwindigkeit v_0 ändere sich um $\varDelta v_0$; dann ist

$$\varDelta x = -\frac{\varDelta v_0}{v_0} \cdot x, \tag{29}$$

$$\varDelta y = +\frac{\varDelta v_0}{v_0} \cdot (3 x \operatorname{tg} \varphi - 4y), \tag{30}$$

$$\varDelta t = -2 \cdot \frac{\varDelta v_0}{v_0} \cdot t, \tag{31}$$

$$\varDelta (\operatorname{tg} \vartheta) = +3 \cdot \frac{\varDelta v_0}{v_0} \cdot (\operatorname{tg} \varphi - \operatorname{tg} \vartheta). \tag{32}$$

3. Allein der Abgangswinkel φ ändere sich um $\varDelta \varphi$; dann ist

$$\varDelta x = x \cdot \operatorname{tg} \varphi \cdot \varDelta \varphi, \tag{33}$$

$$\varDelta y = [x - 2 (x \operatorname{tg} \varphi - 2y) \operatorname{tg} \varphi] \cdot \varDelta \varphi, \tag{34}$$

$$\varDelta t = 2 t \cdot \operatorname{tg} \varphi \cdot \varDelta \varphi, \tag{35}$$

$$\varDelta (\operatorname{tg} \vartheta) = (2 \operatorname{cotg} 2 \varphi - \operatorname{tg} \varphi + 3 \operatorname{tg} \vartheta) \cdot \operatorname{tg} \varphi \cdot \varDelta \varphi. \tag{36}$$

$$\text{II. Für } v_0 < 300 \text{ m/sec.}$$

1. Allein der ballistische Koeffizient c ändere sich um $\varDelta c$; dann ist

$$\varDelta x = -\frac{\varDelta c}{c} \cdot x, \tag{37}$$

$$\varDelta y = +\frac{\varDelta c}{c} \cdot (x \operatorname{tg} \varphi - 2\,y), \tag{38}$$

$$\varDelta t = -\frac{\varDelta c}{c} \cdot t, \tag{39}$$

$$\varDelta (\operatorname{tg} \vartheta) = +\frac{\varDelta c}{c} \cdot (\operatorname{tg} \varphi - \operatorname{tg} \vartheta). \tag{40}$$

2. Allein die Anfangsgeschwindigkeit v_0 ändere sich um $\varDelta v_0$; dann ist

$$\varDelta x = 0, \tag{41}$$

$$\varDelta y = +\,2\,\frac{\varDelta v_0}{v_0} \cdot (x \operatorname{tg} \varphi - y) \tag{42}$$

$$\varDelta t = -\frac{\varDelta v_0}{v_0} \cdot t, \tag{43}$$

$$\varDelta (\operatorname{tg} \vartheta) = +\,2\,\frac{\varDelta v_0}{v_0} \cdot (\operatorname{tg} \varphi - \operatorname{tg} \vartheta). \tag{44}$$

3. Allein der Abgangswinkel φ ändere sich um $\varDelta \varphi$; dann ist

$$\varDelta x = 0, \tag{45}$$

$$\varDelta y = [x - (x \cdot \operatorname{tg} \varphi - 2\,y) \cdot \operatorname{tg} \varphi] \cdot \varDelta \varphi, \tag{46}$$

$$\varDelta t = t \cdot \operatorname{tg} \varphi \cdot \varDelta \varphi, \tag{47}$$

$$\varDelta (\operatorname{tg} \vartheta) = 2 \cdot \operatorname{tg} \varphi \cdot (\operatorname{cotg} 2\,\varphi + \operatorname{tg} \vartheta) \cdot \varDelta \varphi. \tag{48}$$

b) Für den Auffallpunkt im Mündungshorizont (mit X, T, ω, v_e).

$$\text{I. Für } v_0 > 300 \text{ m/sec.}$$

1. Allein der ballistische Koeffizient c ändere sich um $\varDelta c$; dann ist

$$\frac{\varDelta X}{X} = -\frac{\varDelta c}{c} \cdot \frac{\operatorname{tg} \omega - \operatorname{tg} \varphi}{\operatorname{tg} \omega}, \tag{49}$$

$$\varDelta T = \frac{\varDelta c}{c} \left(\frac{X \cdot \operatorname{tg} \varphi}{v_e \cdot \sin \omega} - T \right), \tag{50}$$

$$\varDelta \omega = \frac{\varDelta c}{c} \cdot \left[g\,\frac{X \cdot \operatorname{tg} \varphi}{v_e{}^2 \cdot \operatorname{tg} \omega} - \frac{\sin (\varphi + \omega) \cdot \cos \omega}{\cos \varphi} \right]. \tag{51}$$

2. Allein die Anfangsgeschwindigkeit v_0 ändere sich um $\varDelta v_0$; dann ist

$$\frac{\varDelta X}{X} = \frac{\varDelta v_0}{v_0} \cdot \frac{3 \operatorname{tg} \varphi - \operatorname{tg} \omega}{\operatorname{tg} \omega}, \tag{52}$$

$$\varDelta T = \frac{\varDelta v_0}{v_0} \cdot \left\{ \frac{3\,X \cdot \operatorname{tg} \varphi}{v_e \cdot \sin \omega} - 2\,T \right\}, \tag{53}$$

$$\varDelta \omega = 3 \cdot \frac{\varDelta v_0}{v_0} \cdot \left[\frac{g\,X \cdot \operatorname{tg} \varphi}{v_e{}^2 \cdot \operatorname{tg} \omega} - \frac{\sin (\varphi + \omega) \cos \omega}{\cos \varphi} \right]. \tag{54}$$

3. Allein der Abgangswinkel φ ändere sich um $\varDelta\varphi$; dann ist

$$\frac{\varDelta X}{X} = \frac{\operatorname{tg}\varphi}{\operatorname{tg}\omega}\cdot(2\operatorname{cotg}2\varphi - \operatorname{tg}\varphi + \operatorname{tg}\omega)\cdot\varDelta\varphi, \tag{55}$$

$$\varDelta T = \left[\frac{X\cdot(2\operatorname{cotg}2\varphi - \operatorname{tg}\varphi)}{v_e\cdot\sin\omega} + 2\,T\right]\cdot\operatorname{tg}\varphi\cdot\varDelta\varphi, \tag{56}$$

$$\varDelta\omega = \left[\frac{g\,X\,(2\operatorname{cotg}2\varphi - \operatorname{tg}\varphi)}{v_e^2\cdot\sin\omega} - \cos\omega\,(2\operatorname{cotg}2\varphi - \operatorname{tg}\varphi - 3\operatorname{tg}\omega)\right]\cdot\operatorname{tg}\varphi\cdot\cos\omega\cdot\varDelta\varphi. \tag{57}$$

II. Für $v_0 < 300$ m/sec.

1. Allein der ballistische Koeffizient c ändere sich um $\varDelta c$; dann ist

$$\frac{\varDelta X}{X} = -\frac{\varDelta c}{c}\cdot\frac{\operatorname{tg}\omega - \operatorname{tg}\varphi}{\operatorname{tg}\omega}, \tag{58}$$

$$\varDelta T = \frac{\varDelta c}{c}\cdot\left(\frac{X\cdot\operatorname{tg}\varphi}{v_e\cdot\sin\omega} - T\right), \tag{59}$$

$$\varDelta\omega = \frac{\varDelta c}{c}\cdot\left[\frac{g\,X\cdot\operatorname{tg}\varphi}{v_e^2\cdot\operatorname{tg}\omega} - \frac{\sin(\varphi + \omega)\cdot\cos\omega}{\cos\varphi}\right]. \tag{60}$$

2. Allein die Anfangsgeschwindigkeit v_0 ändere sich um $\varDelta v_0$; dann ist

$$\frac{\varDelta X}{X} = 2\cdot\frac{\varDelta v_0}{v_0}\cdot\frac{\operatorname{tg}\varphi}{\operatorname{tg}\omega} \tag{61}$$

$$\varDelta T = \frac{\varDelta v_0}{v_0}\cdot\left(\frac{2\,X\cdot\operatorname{tg}\varphi}{v_e\cdot\sin\omega} - T\right), \tag{62}$$

$$\varDelta\omega = 2\,\frac{\varDelta v_0}{v_0}\cdot\left[\frac{g\,X\cdot\operatorname{tg}\varphi}{v_e^2\cdot\operatorname{tg}\omega} - \frac{\sin(\varphi + \omega)\cdot\cos\omega}{\cos\varphi}\right]. \tag{63}$$

3. Allein der Abgangswinkel φ ändere sich um $\varDelta\varphi$; dann ist

$$\frac{\varDelta X}{X} = \frac{2\operatorname{tg}\varphi}{\operatorname{tg}2\varphi\cdot\operatorname{tg}\omega}\cdot\varDelta\varphi, \tag{64}$$

$$\varDelta T = \left(\frac{2\,X}{v_e\cdot\sin\omega\cdot\operatorname{tg}2\varphi} + T\right)\cdot\operatorname{tg}\varphi\cdot\varDelta\varphi, \tag{65}$$

$$\varDelta\omega = 2\cdot\left[\frac{g\,X\cdot\operatorname{cotg}2\varphi}{v_e^2\cdot\sin\omega} - \cos\omega\cdot\operatorname{cotg}2\varphi + \sin\omega\right]\cdot\cos\omega\cdot\operatorname{tg}\varphi\cdot\varDelta\varphi. \tag{66}$$

Beispiele. 1. Bei photogrammetrischen Aufnahmen mittels Kanonen-Schrapnells sei z. B. der Sprengpunkt $x = 6200$ m, $y = 3820$ m, gemessen worden; dazu mittels der Tertienuhr die Flugzeit $t = 24{,}5$ sec. Dabei war $v_0 = 580$ m/sec, $\varphi = 45^0$ und das Tagesluftgewicht $\delta = 1{,}20$ kg/m³. Es sollen die Messungen x, y, t auf das Normalluftgewicht $1{,}22$ kg/m³ reduziert werden.

Es ist $\varDelta\delta = +0{,}02$, somit $\dfrac{\varDelta\delta}{\delta} = \dfrac{\varDelta c}{c} = \dfrac{0{,}02}{1{,}20}$; also hat man nach (25), (26) und (27):

$$\varDelta x = -\frac{0{,}02}{1{,}20}\cdot 6200 = -103\text{ m}; \text{ daraus } x = 6097\text{ m der reduzierte Wert,}$$

$$\varDelta y = +\frac{0{,}02}{1{,}20}\cdot(6200\cdot\operatorname{tg}45^0 - 2\cdot 3820) = -24\text{ m}; \quad y = 3796\text{ m der reduz. Wert,}$$

$$\varDelta t = -\frac{0{,}02}{1{,}20}\cdot 24{,}5 = -0{,}4\text{ sec,} \qquad\qquad \text{daraus } t = 24{,}1\text{ sec \quad\char34\qquad\char34\qquad\char34}$$

2. Während des Schießversuchs habe Wind geherrscht, der in der Schußrichtung eine Geschwindigkeit w_p m/sec besitze. Man will die Flugbahn **Punkt für Punkt auf Windstille reduzieren**. Welche Änderungen Δx, Δy, Δt sind an den Elementen x, y, t eines einzelnen Bahnpunkts anzubringen?

Wie in Nr. 46 u. folg. gezeigt werden wird, hat man, zunächst bei unverändertem x, statt $v_0 \cos \varphi$ einen um $\Delta (v_0 \cos \varphi) = + w_p$ und statt $\operatorname{tg} \varphi$ einen um $\Delta (\operatorname{tg} \varphi) = - \dfrac{\operatorname{tg} \varphi \cdot w_p}{v_0 \cos \varphi}$ größeren Wert anzunehmen oder statt φ einen um $\Delta \varphi = + \dfrac{w_p \cdot \sin \varphi}{v_0}$ kleineren Wert. (Dabei ist vorausgesetzt, daß sich der Bahnpunkt (xy) nahe dem Mündungshorizont befindet und daß in diesem Punkt derselbe Wind herrscht wie am Erdboden; anderenfalls hat man der Höhe nach mit sukzessiven Windzonen zu rechnen).

In den Gleichungen (19) und (23) ist folglich, wenn zugleich das quadratische Gesetz angenommen wird $(n = 2)$ und wenn von der Änderung von α mit φ näherungsweise abgesehen werden soll, folgendes zu setzen:

$$d(v_0 \cos \varphi) = + w_p; \quad d\varphi = - \frac{w_p \cdot \sin \varphi}{v_0}; \quad n = 2; \quad dc = 0; \quad d\alpha = 0; \quad dx = 0.$$

Damit wird:

$$\begin{cases} \Delta x = 0, \\ \Delta y = \dfrac{w_p}{v_0 \cos \varphi} \cdot (2\,x \operatorname{tg} \varphi - 2\,y) - \dfrac{x \cdot w_p \cdot \sin \varphi}{v_0 \cdot \cos^2 \varphi} = - \dfrac{w_p}{v_0 \cos \varphi} \cdot (2\,y - x \operatorname{tg} \varphi), \\ \Delta t = - \dfrac{t \cdot w_p}{v_0 \cos \varphi}. \end{cases}$$

Endlich hat man noch zu berücksichtigen, daß in der Zeit t das Luftmeer sich um $w_p \cdot t$ fortbewegt hat, also statt x zu setzen $x - w_p \cdot t$.

Im ganzen reduziert man also den Bahnpunkt auf **Windstille**, indem man:

$$x \text{ ersetzt durch } x - w_p \cdot t,$$

gleichzeitig $\qquad y \quad " \qquad " \quad y - \dfrac{w_p}{v_0 \cos \varphi} \cdot (2\,y - x \cdot \operatorname{tg} \varphi), \text{ und}$

$$t \quad " \qquad " \quad t - \dfrac{w_p \cdot t}{v_0 \cos \varphi}.$$

3. Das ungefähre Maß von Unsicherheit, das mit der Verwendung der Differenzenformeln an Stelle einer Wiederholung der betreffenden Flugbahnberechnung verbunden sein kann, läßt sich aus den folgenden Berechnungsresultaten erkennen, die im ball. Lab. von dem Hörer Lt. Lupascu erhalten worden waren:

Für eine Feldhaubitze und für die Schußweiten 500, 1000, 2000, 4000, 5000 m mit $v_0 = 295$ m/sec fand sich bei der Annahme einer Änderung $\Delta v_0 = 12$ m/sec a) nach dem quadratischen Gesetze $(n = 2)$ bzw.: $\Delta X = 38, 86, 176, 324, 383$ m; b) nach dem kubischen Gesetze $(n = 3)$ bzw. $\Delta X = 32, 78, 163, 283, 319$ m; c) durch Wiederholung der Flugbahnberechnung: $\Delta X = 39, 83, 162, 300, 347$ m. Und bei der Annahme einer Änderung $\Delta \varphi = 10'$ des Abgangswinkels fand sich a) nach dem quadratischen Gesetze $\Delta X = 48; 46; 40; 27{,}5; 19$ m, b) durch Wiederholung der Berechnung dagegen $\Delta X = 60; 46; 38{,}5; 26{,}5; 18$ m.

Für ein Gewehr und für die Schußweiten 500, 1000, 1500 m mit $v_0 = 875$ m/sec ergab sich bei der Annahme $\Delta v_0 = 25$ m/sec: a) nach dem quadratischen Gesetz

$\Delta X =$ bzw. 20; 28,5; 39,5 m; b) nach dem kubischen Gesetz bzw. 15,5; 14,0; 16,5 m; c) durch Wiederholung der Rechnung 25,5; 22,5; 28,0 m. Ebenso bei der Annahme $\Delta \varphi = 3'$: a) nach dem quadratischen Gesetz $\Delta X =$ bzw. 129, 65, 26, 15 m; b) gemäß Wiederholung der Berechnung: 110; 54,5; 27; 14 m.

Anmerkung. Hinsichtlich des Einflusses, welchen eine Änderung der Lufttemperatur auf die Schußweite ausübt, ist noch folgendes zu sagen. Wenn sich die absolute Temperatur T der Luft unter sonst gleichen Umständen um ΔT ändert, so ändert sich der Luftwiderstand gegen das Geschoß und daher die Schußweite zunächst deshalb, weil das Luftgewicht und damit der ballistische Koeffizient c umgekehrt proportional T ist (vgl. § 15, Gleichung (II)). Dieser Einfluß ist durch den Ausdruck (49) bzw. (58) nach § 44 angegeben. Aber außerdem scheint eine Änderung der Temperatur noch aus einem anderen Grunde den Luftwiderstand und folglich die Schußweite zu modifizieren: Wenn das Geschoß mit Unterschallgeschwindigkeit fliegt, ändert sich mit der Temperatur der Luftwiderstand insofern, als die Viskosität eine andere wird (dieser Einfluß wird um so weniger bedeutend, je mehr sich die Geschoßgeschwindigkeit der Schallgeschwindigkeit nähert). Bei Überschallgeschwindigkeit des Geschosses insofern, als die Elastizität der Luft, also die Schallgeschwindigkeit eine Funktion der Temperatur ist; denn die Schallgeschwindigkeit ist proportional $\sqrt{T}$; wenn also allein die Temperatur der Luft größer wird, so wird der Winkel der Kopfwelle und Schwanzwelle größer; die Wirkung ist die gleiche, wie wenn die Geschoßgeschwindigkeit allein für sich und damit der Luftwiderstand kleiner würde. Mit diesen Fragen haben sich insbesondere G. Darrieus, P. Langevin, E. Jouguet und M. Garnier beschäftigt (vgl. Lit.-Note zu § 8 bis 16, theoretische Ableitungen); Garnier gibt auch Zahlenberechnungen dazu an. Es wird notwendig sein, die betreffenden Gesetzmäßigkeiten genau zu prüfen und, wenn sie völlig geklärt sind, eventuell diese Einflüsse regelmäßig rechnerisch zu berücksichtigen.

§ 45. Geschoßabweichungen durch schiefen Räderstand bzw. durch Verkanten des Visiers beim Gewehr.

Wird mit Erhöhung geschossen (Abgangswinkel positiv), so weicht das Geschoß nach der Seite des tiefer stehenden Rades bzw. der zu tief gehaltenen Visierkante ab.

Um die Größe dieser Abweichung zu erhalten, denke man sich die Waffe erstens im unverdrehten, zweitens im verdrehten Zustand. Im ersteren ist (s. Abb. 63) VO die nach dem Ziel Z weisende Visierlinie; SO die Seelenachse, φ oder VOS der Erhöhungswinkel (oder wenn von dem Abgangsfehlerwinkel abgesehen wird, näherungsweise auch der Abgangswinkel). Im zweiten Zustand stellt $S_1 O$ die Lage der Seelenachse im Raume dar; Visierlinie VO hat ihre Lage beibehalten, fungiert also hierbei als Drehachse; i ist der Verdrehungswinkel.

Senkrecht zur Visierlinie VO sei eine Ebene durch das Visier V gedacht. In dieser Ebene (die in den Seitenrissen für sich herausgezeichnet ist) gelangt der Punkt S der Seelenachse bei der Drehung nach S_1. Im Aufriß stellt sich die neue Lage der Seelenachse als AO dar; im Grundriß als S_2O. Innerhalb der Vertikalebene durch S_2O liegt die neue Flugbahn, also der neue Erhöhungswinkel φ_1.

$\sin \varphi_1$ ist gleich AV oder $h \cdot \cos i$, dividiert durch den wahren Abstand von O und S (s. Abb. 63)

$$\sin \varphi_1 = \frac{h}{OS} \cdot \cos i = \sin \varphi \cdot \cos i.$$

Der durch Verdrehung um i bewirkte Fehler in der Erhöhung ist also dadurch gegeben, daß im verdrehten Zustand der Erhöhungswinkel nicht φ, sondern φ_1 ist, wobei

$$\sin \varphi_1 = \sin \varphi \cdot \cos i. \tag{1}$$

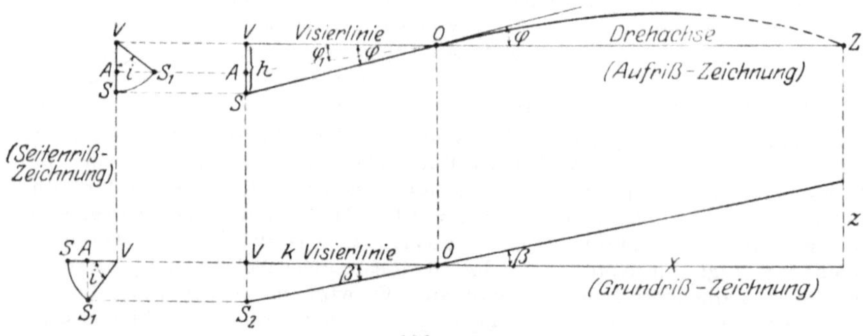

Abb. 63.

Die durch die Verdrehung bewirkte Seitenabweichung stellt sich im Grundriß durch den Winkel β dar, für den

$$\operatorname{tg} \beta = S_2 V : OV = AS_1 : OV = \frac{h}{k} \cdot \sin i, \text{ somit}$$

$$\operatorname{tg} \beta = \operatorname{tg} \varphi \cdot \sin i. \tag{2}$$

Bei der Schußweite X m ist somit die Seitenabweichung z, in Metern gemessen, $z = \sim X \operatorname{tg} \beta$, also ungefähr

$$z = X \operatorname{tg} \varphi \cdot \sin i. \tag{3}$$

Bei kleinen Winkeln φ und i ist näherungsweise

$$z = \frac{X \cdot \varphi \cdot i}{3280} \ (S \text{ und } i \text{ in Graden}). \tag{4}$$

Beispiel: $\varphi = 4^0 35'$; $X = 1800$ m; $i = 5^0$; Seitenabweichung näherungsweise $z = \dfrac{1800 \cdot 4{,}58 \cdot 5}{3280} = 12{,}5$ m.

Die obigen Betrachtungen, die speziell für Geländewinkel Null und für Gleichheit von Aufsatzwinkel und Abgangswinkel gelten, lassen sich selbstverständlich auch mit sphärischer Trigonometrie durchführen; zu diesem Zweck denkt man sich um O eine Kugel mit der

Längeneinheit als Radius beschrieben usw. J. Didion denkt sich, um die notwendigen Korrektionen der Seiten- und Höhenrichtung zu finden, die Drehung nicht um die Visierlinie, sondern um die Seelenachse ausgeführt. Unter gewissen Voraussetzungen über den Abgangswinkel bleibt dann die Anfangstangente der Flugbahn und damit der Treffpunkt auf der in X m Entfernung aufgestellten Vertikalscheibe unverändert. Dagegen verschiebt sich der Schnittpunkt der verlängert gedachten Visierlinie mit der Scheibe. Diese Verschiebung nach der Seite des höher stehenden Rades ist die erforderliche Korrektion.

Über die verschiedenen Mittel zur Ausschaltung des schiefen Räderstandes bei Geschützen und über deren vollständige Theorie vgl. man in erster Linie die Schrift von O. v. Eberhard (s. Lit.-Note).

§ 46. Abweichungen durch Wind. Einleitende Bemerkungen.

In §§ 46 bis 53 ist von Relativbewegungen die Rede, die sich auf das Geschoß, die Waffe, die Luft und die Erde beziehen. Bisher war erstens vorausgesetzt worden, daß die Luft, die einen Widerstand auf das Geschoß ausübt, in Beziehung auf die Waffe und ebenso die Waffe in Beziehung auf den Erdboden in Ruhe sei, zweitens war von der Drehung der Erde um ihre Achse abgesehen worden. In §§ 46 bis 52 soll zunächst die erste Voraussetzung fallen gelassen werden: In Beziehung auf die festgedachte Erde kann die Waffe und die Luft in Bewegung sein (Schießen bei Wind, aus einem Auto. Schiff, Flugzeug, Luftschiff). Dabei kann das Ziel selbst eine Eigenbewegung in Beziehung auf die Erde besitzen.

Es handelt sich vorzugsweise um zwei Fragen, die im einzelnen Falle zu beantworten sind: Die zur Aufstellung einer Schußtafel dienenden Schießversuche sind häufig bei Wind angestellt. Aber die Angaben einer gewöhnlichen Schußtafel beziehen sich naturgemäß auf Windstille, da es nicht möglich ist, für dieselbe Waffe, dieselbe Geschoßart und dieselbe Ladung Schußtafeln für alle möglichen Windgeschwindigkeiten und Windrichtungen aufzustellen. Deshalb müssen die bei dem Schußtafelschießen erhaltenen Messungsergebnisse zunächst auf Windstille reduziert werden. Da ferner beim praktischen Schießen infolge des Winds Abweichungen nach der Seite und nach der Länge eintreten würden, wenn nicht dementsprechend (gegenüber den Angaben der Schußtafel, die sich auf Windstille beziehen) eine geeignete Seiten- bzw. Längenkorrektur benützt wird, so fragt es sich, wie groß die Abweichungen durch den Wind ausfallen werden.

Die betreffenden Berechnungen können von sehr allgemeinen Gesichtspunkten aus durchgeführt und sodann auf die einzelnen Fälle spezialisiert werden. Es möge jedoch hier die induktive Methode vorgezogen und im folgenden eine Aufgabe nach der andern, von der einfachsten aus beginnend, behandelt werden.

Bei sämtlichen Berechnungen über den Windeinfluß ist übrigens darauf aufmerksam zu machen, daß sie als sehr unsicher betrachtet werden müssen. Denn die Messung der Windgeschwindigkeit erfolgt meistens innerhalb eines gewissen längeren Zeitraums und erfolgte wenigstens früher fast nur in der Nähe des Erdbodens: tatsächlich weht aber der Wind fast immer stoßweise, ist also die Windgeschwindigkeit selbst innerhalb ziemlich kurzer Zeitintervalle veränderlich. Außerdem ist die Windgeschwindigkeit in den Höhen, in die das Geschoß gelangt, meist eine andere, als in der Nähe des Erdbodens (Zahlenangaben s. in Band III), und ein allgemeines Gesetz, wonach die Windgeschwindigkeit mit der Höhe sich ändert, ist nicht bekannt und läßt sich wohl niemals aufstellen. Weiter ist auch die Windrichtung in größeren Höhen nicht dieselbe wie am Erdboden, vielmehr soll sich der Wind nach oben zu im allgemeinen im Sinne der Uhrzeigerbewegung von oben betrachtet drehen. Endlich ist es nicht ausgeschlossen, daß, insbesondere bei Gegenwind, eine hebende Kraft, eine Tragflächenwirkung des Winds auf das rotierende Langgeschoß ausgeübt wird. Aus den angeführten Gründen können die Ergebnisse der nach den aufzustellenden Formeln durchgeführten Berechnungen nur als ungefähre Anhaltspunkte angesehen werden; und die beste Regel für das Schußtafelschießen wird stets die bleiben, daß ein Präzisionsschießen bei möglichst ruhiger Luft angestellt werden solle. Zur Messung des Bodenwinds dienen dabei meist Schalenkreuz-Anemometer, die in Höhen von einigen Metern über dem Erdboden aufgestellt werden; zur Messung des Höhenwindes dienen periodische Pilotballon- und Drachenaufstiege.

Für das Folgende dürfte es zweckmäßig sein, einiges über Relativbewegungen an der Hand anderweitiger Beispiele des täglichen Lebens vorauszuschicken.

Ein Eisenbahnwagen fahre (Abb. 64 a) auf dem Geleise BC von B nach C mit einer gleichmäßigen absoluten Geschwindigkeit $BC = w_a$ bezüglich des Erdbodens. Innerhalb des Wagens bewege sich ein Mann; seine absolute Geschwindigkeit bezüglich des Erdbodens sei nach Größe und Richtung AC oder m_a. Dann erhält man die relative Geschwindigkeit m_r des Mannes bezüglich des Wagens nach Größe und Richtung, indem man die absolute Geschwindigkeit w_a des Wagens zu $- w_a$ umkehrt und alsdann die beiden absoluten Geschwindigkeiten m_a und $- w_a$ nach dem Gesetz vom Parallelogramm der Geschwindigkeiten zusammensetzt zu $AB = m_r$. Anders ausgedrückt: Wenn nach Größe und Richtung AB die Geschwindigkeit des Mannes bezüglich des Wagens, BC die Geschwindigkeit des

Wagens bezüglich des Erdbodens ist, so ist die schließende Seite des Dreiecks oder die geometrische Summe AC nach Größe und Richtung die Geschwindigkeit des Mannes bezüglich der Erde.

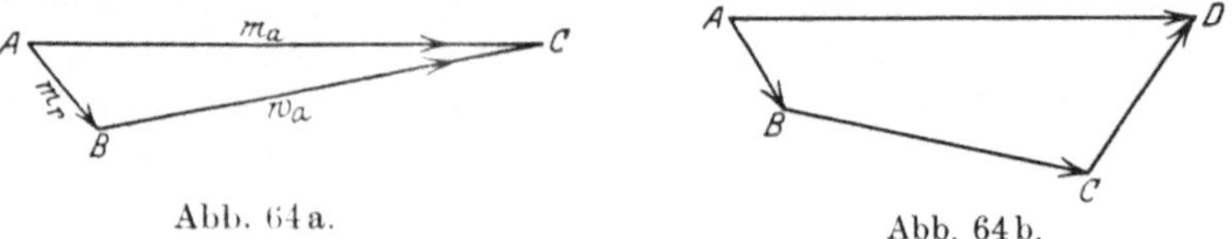

Abb. 64a.

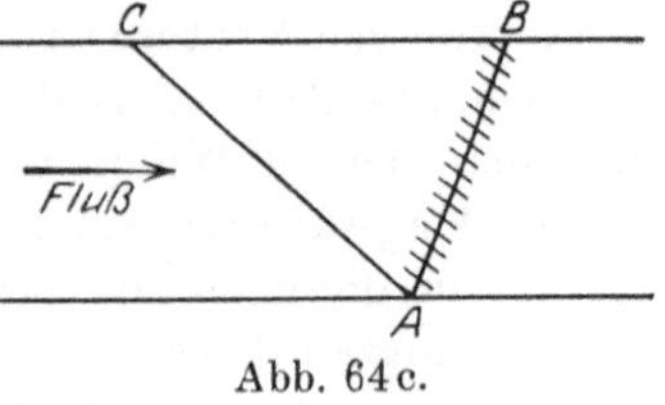

Abb. 64b.

Diese Betrachtung läßt sich vervielfältigen. Z. B. bewege sich (Abb. 64b) ein Mann auf dem Deck eines Schiffs, das auf gleichförmig bewegtem Wasser fährt. AB sei die Geschwindigkeit des Mannes bezüglich des Schiffs, BC die Geschwindigkeit des Schiffs bezüglich des Wassers, also diejenige Geschwindigkeit, die das Schiff hätte, wenn das Wasser in Ruhe wäre, CD die Geschwindigkeit des Wassers bezüglich der festen Erde. Dann ist die geometrische Summe oder die schließende Seite AD des Vierecks die Geschwindigkeit des Mannes bezüglich der Erde.

Wenn dabei die Bewegungen gleichförmig und geradlinig sind, so stellen die Geschwindigkeitsdiagramme gleichzeitig die Wegediagramme dar. Z. B. fahre (Abb. 64c) ein Schiff von A nach B über einen Fluß, und sowohl die Strömungsgeschwindigkeit, wie die Fahrtgeschwindigkeit sei durchweg als konstant angenommen. Das Schiff wird nach einem oberhalb B gelegenen Punkt C derartig gesteuert werden, wie wenn das Wasser in Ruhe wäre. Dieser Punkt C ist so gewählt, daß das Schiff in derselben Zeit, in der die Strömung von C bis B gelangt, im ruhigen Wasser von A nach C gelangen würde; in dieser Zeit fährt alsdann tatsächlich das Schiff von A nach B. AC ist der Weg des Schiffs bezüglich des Wassers, CB der Weg des Wassers bezüglich des Lands in derselben Zeit, AB ist der vom Schiff in schräger Lage in derselben Zeit zurückgelegte Weg bezüglich des Landes.

Falls dagegen, wie dies bei der Geschoßbewegung der Fall ist, die Geschwindigkeiten veränderlich sind, empfiehlt es sich, außer dem Diagramm der Anfangsgeschwindigkeiten noch das Diagramm der Wege zu zeichnen.

Zunächst mögen zwei einfache Fälle besprochen werden; nämlich der Fall eines horizontalen Winds mit der konstanten Geschwindigkeit w_p parallel der Schußebene des (ruhenden) Geschützes und der Fall eines Winds senkrecht zur Schußebene, mit der konstanten Geschwindigkeit w_s. Dann erst sollen die komplizierteren Fälle des Windeinflusses besprochen werden. Die Gleichungen sind in § 46 bis 52, die sich auf den Windeinfluß beziehen, durchnumeriert.

Regeln für die Berechnung des Windeinflusses sind dabei nicht nur für den Auffallpunkt im Mündungshorizont erforderlich, sondern wegen der Aufgaben für den Gebirgskrieg und den Luftkampf auch für einen beliebigen Flugbahnpunkt.

19*

§ 47. Die Waffe sei in Ruhe bezüglich des Erdbodens. Wind wehe horizontal und parallel der Schußebene.

Die horizontale Windgeschwindigkeit w_p sei positiv etwa in Richtung der Horizontalkomponente der Anfangsgeschwindigkeit des Geschosses, also in der Richtung der positiven x-Achse („Mit-Wind"). Bei solchem Wind möge nach t sec eine horizontale Entfernung

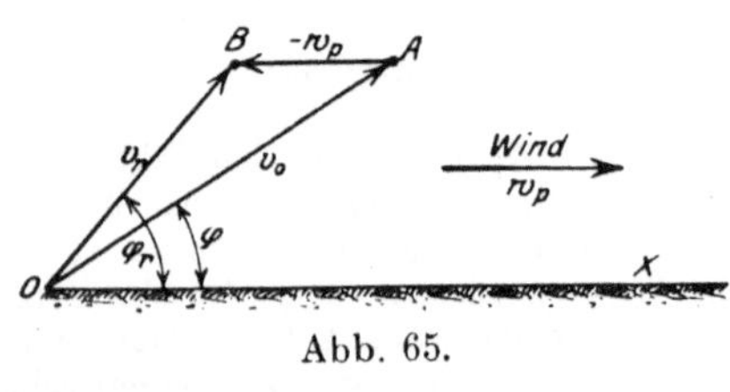

x Meter des Geschosses, speziell nach der Gesamtflugzeit T sec die Schußweite X Meter beobachtet worden sein. Die Anfangsgeschwindigkeit sei v_0, in der Abb. 65 dargestellt durch OA, der Abgangswinkel AOX oder φ.

Abb. 65.

Die auf Windstille reduzierte Anfangsgeschwindigkeit v_r ist die geometrische Summe aus v_0 und der negativ genommenen Windgeschwindigkeit w_p. In dem Geschwindigkeitsdiagramm Abb. 65 stellt somit OB die Anfangsgeschwindigkeit des Geschosses bezüglich der Luft, BA die Geschwindigkeit der Luft bezüglich des Erdbodens, der resultierende Vektor OA die Anfangsgeschwindigkeit des Geschosses bezüglich des Erdbodens dar. Aus dem so konstruierten Vektor v_r erhält man den auf Windstille reduzierten Abgangswinkel φ_r oder BOX.

Das Wegediagramm für die Horizontalprojektion der Geschoßwege ist in diesem Falle besonders einfach (Abb. 66). $OD = x_r$ ist die zur Flugzeit t gehörige Abszisse des Geschosses bezüglich der

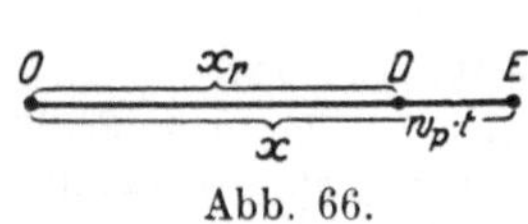

Abb. 66.

Luft, also die auf Windstille reduzierte horizontale Entfernung, $DE = w_p \cdot t$ der Weg der Luft bezüglich der Erde oder die Windversetzung, $OE = x$ die tatsächliche, bei Wind vorhandene horizontale Entfernung des Geschosses bezüglich des Erdbodens, also $x = x_r + w_p t$, speziell für den Auffallpunkt im Mündungshorizont $X = X_r + w_p T$.

Wenn also bei dem Schießversuch die Anfangsgeschwindigkeit v_0 und der Abgangswinkel φ benutzt sind und nach der Flugzeit von t sec bzw. T sec die horizontalen Entfernungen x bzw. X des Geschosses gemessen wurden, so werden diese auf Windstille reduziert, indem man sie durch v_r, φ_r, x_r bzw. X_r ersetzt. Dabei ist, wie aus der Abb. 65 sofort ersichtlich ist,

$$v_r \cdot \sin \varphi_r = v_0 \cdot \sin \varphi, \quad v_r \cdot \cos \varphi_r = v_0 \cdot \cos \varphi - w_p,$$

also

$$v_r = \sqrt{v_0^2 + w_p^2 - 2 v_0 w_p \cos \varphi}, \tag{1}$$

$$\operatorname{tg} \varphi_r = \frac{v_0 \sin \varphi}{v_0 \cos \varphi - w_p}. \tag{2}$$

Dazu

$$x_r = x - w_p\,t; \quad X_r = X - w_p\,T. \tag{3}$$

Bei Gegenwind statt Mitwind ist w_p negativ zu nehmen.

In der Abb. 67 in welcher zum Zweck größerer Deutlichkeit die Flugbahnen unverhältnismäßig auseinandergezogen sind, bedeutet 1 eine mit v_0 und φ, also mit der horizontalen Komponente $v_0\cos\varphi$ oder v_{x_0} der Anfangsgeschwindigkeit bei horizontalem konstanten Mitwind w_p tatsächlich erschossene Flugbahn, deren Schußweite X oder $O\,E$ ist. Wenn man von X die Windversetzung $C\,E$ oder $w_p \cdot T$ abzieht und statt mit v_0 und φ mit v_r und φ_r, also statt mit der horizontalen Anfangsgeschwindigkeit v_{x_0} mit der kleineren horizontalen Anfangsgeschwindigkeit $v_{x_0} - w_p$ und statt mit dem Abgangswinkel φ mit dem größeren Abgangswinkel φ_r rechnet, so erhält man die Relativbahn 2 von der Schußweite $O\,C = X - w_p \cdot T = X_r$. Zum leichteren Verständnis solcher für die Reduktion auf Windstille notwendigen Überlegungen kann folgende Fiktion dienen. Man stelle

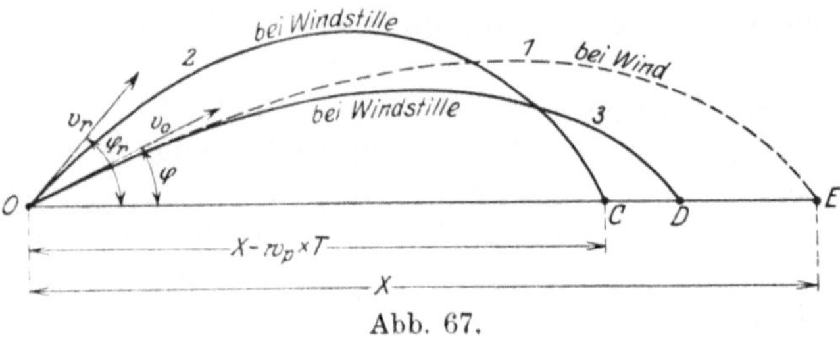

Abb. 67.

sich vor, die Bedienungsmannschaft des (auf dem Erdboden aufgestellten) Geschützes stünde auf einer großen Plattform, die mit der Geschwindigkeit und in der Richtung des Windes über den Erdboden hingleitet. Für die Bedienungsmannschaft würde dann Windstille herrschen (ganz ebenso, wie in einem Freiballon kein Wind zu wehen scheint). Es handelt sich dann um die Aufgabe, z. B. die Schußweite auf dieser Plattform, nicht auf dem Erdboden, zu ermitteln. Falls Wind in der Schußrichtung weht und falls daher vom Abfeuern ab die Plattform in der Schußrichtung gleitet, wird die auf der Plattform gemessene Schußweite kleiner sein, als die auf dem Erdboden gemessene Schußweite X, nämlich kleiner um den Weg der Plattform in der Zeit T bezüglich des Erdbodens oder kleiner um die Strecke, um welche das Geschütz vom Abfeuern ab in der Zeit T hinter der Bedienungsmannschaft zurückgeblieben ist; dies ist die Strecke $w_p \cdot T$. Die horizontale Anfangsgeschwindigkeit wäre für die Bedienungsmannschaft nicht v_{x_0}, sondern $v_{x_0} - w_p$. Und wenn im extremen Fall die Geschwindigkeit der Plattform gleich der horizontalen Anfangsgeschwindigkeit des Geschosses wäre, $w_p = v_r$, so wäre auf der Plattform die Schußweite Null; das Geschoß würde sich für die Bedienungsmannschaft nur in derselben Vertikalen aufwärts und abwärts zu bewegen scheinen. (Statt durch Rechnung, mittels v_r und φ_r, können die Aufgaben über den Windeinfluß unter Berücksichtigung von Abb. 65 auch graphisch behandelt werden; darüber vgl. die Arbeit von O. von Eberhard (l. c. S. 36).

In der Praxis genügt es jedoch meistens nicht, eine bei Wind erhaltene Flugbahn 1 (mit v_0, φ, X) dadurch auf Windstille zu reduzieren, daß man sie ersetzt durch eine Flugbahn 2 (mit v_r, φ_r, $X - w_p T$), sondern gewöhnlich wird die Reduktion auf Windstille in einer Form gewünscht, in der die Anfangsgeschwindigkeit v_0 und der Abgangswinkel φ ihre Werte behalten; denn andernfalls müßten, wenn z. B. bei einem länger dauernden Beschuß der Wind sich ändert, immer andere Werte v_r und φ_r zugrunde gelegt werden.

Man hat also die auf Windstille bezogene Flugbahn 2 nochmals umzuwandeln in die gleichfalls auf Windstille bezogene Flugbahn 3, zu der die Anfangswerte v_0 und φ gehören.

Bei diesem Übergang von Bahn 2 zu Bahn 3 wird, in unserem Falle von Mitwind $+ w_p$, die Anfangsgeschwindigkeit v_r wieder auf v_0 vergrößert und gleichzeitig der Abgangswinkel φ_r wieder auf φ verkleinert. Hierdurch vergrößert sich wieder die Schußweite X_r oder OC um einen gewissen Betrag $CD = \Delta X_r'$, so daß nunmehr mit den Werten

$$v_0, \; \varphi, \; OC + \Delta X_r'$$

zum Zweck der Reduktion auf Windstille weitergerechnet werden muß.

Den Wert $\Delta X_r'$ ermittelt F. Siacci näherungsweise wie folgt: Es ist, da w_p klein gegen v_0, also $\left(\dfrac{w_p}{v_0}\right)^2$ gegen 1 zu vernachlässigen ist,

$$v_r = \sqrt{v_0{}^2 + w_p{}^2 - 2\,v_0 \cdot w_p \cos \varphi} = \sim v_0 \sqrt{1 - 2\,\frac{w_p}{v_0} \cos \varphi}$$

$$= \sim v_0 \left(1 - \frac{w_p}{v_0} \cos \varphi\right), \; \text{also}$$

$$v_0 - v_r \quad \text{oder} \quad \Delta v_0 = + \, w_p \cdot \cos \varphi.$$

Ferner ist

$$\operatorname{tg} \varphi_r = \frac{v_0 \sin \varphi}{v_0 \cos \varphi - w_p} = \sim \operatorname{tg} \varphi \cdot \left(1 + \frac{w_p}{v_0 \cos \varphi}\right),$$

somit

$$\operatorname{tg} \varphi - \operatorname{tg} \varphi_r \quad \text{oder} \quad \Delta(\operatorname{tg} \varphi) \quad \text{oder} \quad \frac{\Delta \varphi}{\cos^2 \varphi} = - \frac{\operatorname{tg} \varphi \cdot w_p}{v_0 \cos \varphi};$$

$$\Delta \varphi = - \frac{w_p \cdot \sin \varphi}{v_0}.$$

Zusammen

$$\varLambda v_0 = \quad w_p \cdot \cos \varphi; \quad \varLambda \varphi = - \frac{w_p \cdot \sin \varphi}{v_0}.$$

Nach § 44 ist die durch eine Änderung $\varLambda v_0$ und $\varLambda \varphi$ bewirkte Schußweitenänderung unter Voraussetzung z. B. des quadratischen Luftwiderstandsgesetzes gegeben durch

$$\frac{\varLambda X_r'}{X_r} \quad \frac{2 \operatorname{tg} \varphi}{\operatorname{tg} \omega \cdot \operatorname{tg} 2 \varphi} \cdot \varLambda \varphi + \frac{2 \cdot \operatorname{tg} \varphi}{v_0 \cdot \operatorname{tg} \omega} \cdot \varLambda v_0,$$

wobei hier der Auffallwinkel ω mittels einer vorläufigen Näherungsberechnung der Flugbahn erhalten werden muß.

Führt man die obigen Werte von $\varLambda v_0$ und $\varLambda \varphi$ ein, so erhält man, wenn man zugleich näherungsweise X für X_r nimmt,

$$\varLambda X_r' = + \frac{w_p \cdot X \operatorname{tg} \varphi}{\operatorname{tg} \omega \cdot v_0 \cos \varphi}. \tag{4}$$

Somit ist, für die auf Windstille bezogene Flugbahn 3 mit den Anfangswerten v_0 und φ, die Schußweite OD oder X_r'

$$X_r' = X_r + \varLambda X_r' = X - w_p T + \frac{w_p \cdot X \operatorname{tg} \varphi}{\operatorname{tg} \omega \cdot v_0 \cos \varphi}. \tag{5}$$

Allgemeiner möge nunmehr für einen beliebigen **Flugbahnpunkt**, dessen Koordinaten x und y, samt der zugehörigen Flugzeit t, etwa mittels der photogrammetrischen Methode bei Mitwind $+ w_p$ gemessen worden seien, die Reduktion auf Windstille durchgeführt werden. Hierfür verwendet man am zweckmäßigsten die Stüblerschen Differenzenformeln von § 44, also die Formeln

$$\varLambda x = - (n - 2) x \cdot \frac{\varLambda v_0}{v_0}; \quad \varLambda y = (n \cdot x \cdot \operatorname{tg} \varphi - 2 (n - 1) y) \cdot \frac{\varLambda v_0}{v_0},$$

zusammen mit

$$\varLambda x = (n - 2) x \cdot \operatorname{tg} \varphi \cdot \varLambda \varphi; \quad \varLambda y = [x - (n - 1)(x \operatorname{tg} \varphi - 2 y) \operatorname{tg} \varphi] \cdot \varLambda \varphi,$$

indem man wiederum, wie oben,

$$\varLambda v_0 = + w_p \cdot \cos \varphi \quad \text{und} \quad \varLambda \varphi = - \frac{w_p \cdot \sin \varphi}{v_0}$$

setzt und die hierdurch bewirkten Zuwächse addiert, sowohl für $\varLambda x$, wie für $\varLambda y$. Man erhält so:

$$\varLambda x = - (n - 2) \cdot x \cdot \frac{w_p}{v_0 \cos \varphi}; \quad \varLambda y = (n - 1)(x \cdot \operatorname{tg} \varphi - 2 y) \cdot \frac{w_p}{v_0 \cos \varphi}.$$

Also ist für $v_0 < 300 \text{ m/sec } (n = 2)$:

$$\varLambda x = 0; \quad \varLambda y = (x \cdot \operatorname{tg} \varphi - 2 y) \cdot \frac{w_p}{v_0 \cos \varphi},$$

für $v_0 > 300 \text{ m/sec } (n = 3)$:

$$\varLambda x = - \frac{x \cdot w_p}{v_0 \cos \varphi}; \quad \varLambda y = \frac{2 \cdot w_p}{v_0 \cos \varphi} \cdot (x \cdot \operatorname{tg} \varphi - 2 y).$$

Man erhält damit das nachstehende System von Reduktionsformeln:
Regeln für die Reduktion auf Windstille bei konstantem
Mitwind w_p m/sec.

A. Bei einem beliebigen Flugbahnpunkt mit Abszisse x m,
   Ordinate y m, Flugzeit t sec:

   1. für $v_0 < 300$ m/sec:

Man ersetze x durch: $x - w_p \cdot t$ $\qquad\qquad$ (6)

$\qquad\quad$ „ $\qquad$ y $\qquad$ „ $\qquad$ $y + (x \cdot \operatorname{tg} \varphi - 2\,y) \cdot \dfrac{w_p}{v_0 \cos \varphi}$ $\qquad$ (7)

$\qquad\quad$ „ $\qquad$ t $\qquad$ „ $\qquad$ $t - \dfrac{w_p \cdot t}{v_0 \cos \varphi}$. $\qquad\qquad$ (8)

   2. für $v_0 > 300$ m/sec:

Man ersetze x durch: $x - w_p \cdot t - \dfrac{x \cdot w_p}{v_0 \cos \varphi}$ $\qquad$ (9)

$\qquad\quad$ „ $\qquad$ y $\qquad$ „ $\qquad$ $y + \dfrac{2 \cdot w_p}{v_0 \cos \varphi} \cdot \{x \cdot \operatorname{tg} \varphi - 2\,y\}$ $\qquad$ (10)

$\qquad\quad$ „ $\qquad$ t $\qquad$ „ $\qquad$ $t - \dfrac{2\,w_p \cdot t}{v_0 \cos \varphi}$. $\qquad\qquad$ (11)

B. bei dem Auffallpunkt im Mündungshorizont, mit Schußweite X m, Gesamtflugzeit T sec, spitzem Auffallwinkel ω:

   1. für $v_0 < 300$ m/sec:

Man ersetze X durch: $X - w_p \cdot T + \dfrac{w_p \cdot X}{v_0 \cos \varphi} \cdot \dfrac{\operatorname{tg} \varphi}{\operatorname{tg} \omega}$ $\qquad$ (12)

   2. für $v_0 > 300$ m/sec:

Man ersetze X durch: $X - w_p \cdot T + \dfrac{w_p \cdot X}{v_0 \cos \varphi} \cdot \dfrac{\operatorname{tg} \varphi}{\operatorname{tg} \omega} \cdot \left(2 - \dfrac{\operatorname{tg} \omega}{\operatorname{tg} \varphi}\right) \cdot$ (13)

(Die Gesamtflugzeit T wird nicht wesentlich geändert).

Beispiel für eine Kanone, mit $n = 3$:

Gemessen sei bei konstantem Mitwind $w_p = + 6$ m/sec und bei $v_0 = 580$ m/sec,
$\varphi = 30^0$:

1. Die Schußweite $X = 10400$ m und die Flugzeit $T = 40$ sec; dabei $\omega = 45^0$.
Für die Aufstellung der Schußtafel ist statt $X = 10400$ die auf Windstille reduzierte Schußweite X_r' zu verwenden:

$$X_r' = 10400 - 6 \cdot 40 + \frac{6 \cdot 10400}{580 \cdot \cos 30} \cdot \frac{\operatorname{tg} 30}{\operatorname{tg} 45} \cdot \left(2 - \frac{\operatorname{tg} 45}{\operatorname{tg} 30}\right) = 10179 \text{ m}.$$

2. Außerdem sei durch photogrammetrische Aufnahmen bei diesem Wind
z. B. der Bahnpunkt $x = 6600$ m, $y = 2000$ m und die zugehörige Flugzeit
$t = 20$ sec gemessen. Man hat für die Reduktion auf Windstille zu ersetzen:

$$x = 6600 \text{ durch: } x = 6600 - 6 \cdot 20 - \frac{6600 \cdot 6}{580 \cdot 0{,}866} = 6402 \text{ m; und gleichzeitig}$$

$$y = 2000 \quad \text{„} \quad y = 2000 + \frac{2 \cdot 6}{580 \cdot 0{,}866} \cdot (6600 \cdot 0{,}5774 - 2 \cdot 2000) = 1995 \text{ m}.$$

$$t = 20 \quad \text{„} \quad t = 20 - \frac{2 \cdot 6 \cdot 20}{580 \cdot 0{,}866} = 19{,}52 \text{ sec}.$$

Wind mit der Höhe veränderlich.

Bisher war die Geschwindigkeit w_p des Mitwinds als konstant vorausgesetzt. Tatsächlich erfährt aber die Windgeschwindigkeit mit wachsender Höhe y fast immer eine Änderung, meistens eine Zunahme. Es gilt, diese Änderung bei der Berechnung der Windkorrektion zu berücksichtigen, wobei angenommen sei, daß an dem betreffenden Tag die Windgeschwindigkeit (und Windrichtung) durch eine Wetterstation in Funktion der Höhe y ermittelt worden ist; zunächst soll vorausgesetzt werden, daß auch in der Höhe nur Mitwind herrsche.

Th. Vahlen (l. c. 1922, S. 120) gelangt durch theoretische Betrachtungen zu dem Satze, daß man „bei der Berechnung der Windkorrektur der Veränderung des Winds mit der Höhe am besten Rechnung trägt, indem man sie wie für einen mit der Höhe unveränderlichen Wind berechnet und dabei den in halber Flughöhe wehenden Wind nimmt". Statt dessen hat 1910 der Verfasser vorgeschlagen, mit einer mittleren konstanten Windgeschwindigkeit zu rechnen, wie sie in $\tfrac{2}{3}$ der Gipfelhöhe der Flugbahn herrscht, da in dieser Höhe sich das Geschoß (wenigstens im luftleeren Raum) durchschnittlich bewegt, vgl. § 1. Diese beiden Annahmen: mittlere konstante Windgeschwindigkeit wie in der Höhe $\tfrac{1}{2}\cdot y_s$, und: mittlere konstante Windgeschwindigkeit wie in der Höhe $\tfrac{2}{3}\cdot y_s$, sind jedenfalls bloß rohe Annäherungen. E. Stübler hat neuerdings gezeigt (Heerestechnik 1924, Nr. 10, S. 307), daß der Vahlensche Vorschlag (Wind in Höhe $\tfrac{1}{2}y_s$) eine erste Näherung bildet in einer Reihe, die dem Cranzschen Vorschlag (Wind in Höhe $\tfrac{2}{3}y_s$) als Grenzwert zustrebt.

Genauere Resultate dürfte das Verfahren von E. Stübler liefern: Er denkt sich die Atmosphäre in mehrere Luftschichten von verschiedener Windgeschwindigkeit eingeteilt. Die erste Luftschicht mit der Windgeschwindigkeit w_p reiche bis zu dem Flugbahnpunkt mit den Koordinaten x_1 und y_1, der Flugzeit t_1, der Geschoßgeschwindigkeit v_1 und der Tangentenneigung ϑ_1. Von diesem Punkt ab beginnt die zweite Luftschicht mit der anderen Windgeschwindigkeit $w_p{'}$. Innerhalb dieser zweiten Luftschicht befinde sich der fragliche Punkt (mit den Koordinaten x und y und der Flugzeit t), dessen Bahnelemente $x\,y\,t$ auf Windstille reduziert werden sollen. Diese Reduktion geht so vor sich, daß $x\,y\,t$ nach den obigen Formeln von (6) bis (8), bzw. von (9) bis (11) zunächst für die Windgeschwindigkeit w_p der ersten Schichte reduziert werden, daß aber von der Flugbahnstelle $(x_1\,y_1)$ ab, wo das Geschoß in die Luftschicht von der anderen Windgeschwindigkeit $w_p{'}$ eindringt, bis zu dem Punkt $(x\,y)$

eine zweite Reduktion hinzugefügt wird, die sich auf den Flugbahnteil $(x_1\,y_1)$ bis $(x\,y)$ bezieht. Bei dieser Zusatzreduktion ist an Stelle von w_p nunmehr der Zuwachs $w_p' - w_p$ zu setzen; und es ist so zu rechnen, als wenn $(x_1\,y_1)$ der Anfangspunkt einer Flugbahn wäre. Also hat man, falls es sich um eine Haubitze oder einen Mörser handelt ($n = 2$), in den Gleichungen (6) bis (8) die Werte $x\,y\,t\,v_0\,\varphi$ zu ersetzen durch bzw. $x - x_1$, $y - y_1$, $t - t_1$, v_1, ϑ_1, oder, was dasselbe ist, man hat noch die folgenden weiteren Reduktionsglieder hinzuzufügen:

bei der Abszisse x: $\quad -(w_p' - w_p)\cdot(t - t_1)$.

„ „ Ordinate y: $\quad +\dfrac{w_p' - w_p}{v_1\cdot\cos\vartheta_1}\cdot((x - x_1)\,\mathrm{tg}\,\vartheta_1 - 2\,(y - y_1))$.

„ „ Flugzeit t: $\quad -\dfrac{w_p' - w_p}{v_1\cdot\cos\vartheta_1}\cdot(t_1 - t_1)$.

In dieser Weise fährt man fort. Neue Reduktionsglieder treten hinzu, wenn es sich um einen Punkt des absteigenden Astes handelt, der in der unteren Luftschicht liegt, z. B. um den Auffallpunkt.

Beispiel. In dem vorhergehenden Beispiel (wo $v_0 = 580$ m/sec; $\varphi = 30^0$; $w_p = +6$ m/sec; $x = 6600$ m; $y = 2000$ m; $t = 20$ sec war) sei jetzt angenommen, daß von $y = 1000$ m ab die Geschwindigkeit des Mitwinds eine größere, nämlich $w_p' = +10$ m/sec sei. Die Elemente der Flugbahnstelle, wo das Geschoß in diese zweite Luftschicht eindringt, sind: $x_1 = 1880$ m; $y_1 = 1000$ m; $t_1 = 4$ sec; tg $\vartheta_1 = 0{,}49$; $v_1\cos\vartheta_1 = 435$ m/sec, wie die ballistische Berechnung gemäß dem 5. Abschnitt §25 ergibt. Also kommen bezüglich des Punktes $x = 6600$, $y = 2000$ m zu den bereits ausgeführten Reduktionen auf Windstille noch die folgenden Zusätze hinzu, falls wieder mit $n = 2$ gerechnet wird:

zu $x = 6402$: $\quad -(w_p' - w_p)\cdot(t - t_1) = -(10 - 6)\cdot(20 - 4) = -64$;

$\qquad$ also $x = 6402 - 64 = 6338$ m;

„ $y = 1995$: $\quad +\dfrac{(10 - 6)}{435}\cdot((6600 - 1880)\cdot0{,}49 - 2\,(2000 - 1000)) = +12$;

$\qquad$ also $y = 2007$ m;

„ $t = 19{,}76$: $\quad -\dfrac{(w_p' - w_p)\cdot(t - t_1)}{v_1\cdot\cos\vartheta_1} = -\dfrac{4\cdot16}{435} = -0{,}15$; $\quad$ also $t = 19{,}61$ sec.

Für den Auffallpunkt im Mündungshorizont ist wieder $x = X$, $y = 0$, $t = T$ zu setzen und (für $n = 2$) außer dem Glied

$$-w_p\Big(T - \frac{X\cdot\mathrm{tg}\,\varphi}{v_0\cos\varphi\,\mathrm{tg}\,\omega}\Big) \quad \text{noch das Reduktionsglied}$$

$$-(w_p' - w_p)\cdot\Big[T - t_1 - \frac{(X - x_1)\,\mathrm{tg}\,\vartheta_1 + 2\,y_1}{v_1\cos\vartheta_1\,\mathrm{tg}\,\omega}\Big]$$

der Schußweite X beizufügen. Denn wie (12) aus (9) und (10) entstanden ist, so hat man auch hier die x-Reduktion unverändert, die y-Reduktion dagegen mit dem Faktor cotg ω zur Schußweite X hinzuzunehmen. Ein weiteres Glied ist für den späteren zweiten Eintritt des Geschosses in die untere Luftschicht im absteigenden Ast erforderlich.

Zusammenfassend kann man nach Stübler die folgende Regel aufstellen:

Um die Wirkung irgendeiner Luftschichte, in welcher die Windgeschwindigkeit w_p' herrscht, auf den Auffallpunkt aufzuheben, hat man (bei $n = 2$) die Werte des Ausdrucks

$$w_p' \cdot \left[T - t - \frac{(X - x)\,\mathrm{tg}\,\vartheta + 2\,y}{v \cos \vartheta \, \mathrm{tg}\,\omega} \right]$$

für jede Ein- und Austrittsstelle des Geschosses in die betreffende Schicht zu berechnen und dann die Eintrittswerte von X abzuziehen, die Austrittswerte zu X zu addieren. Und der allgemeinere Ausdruck für beliebiges n lautet

$$w_p' \cdot \left\{ T - t + \frac{X - x}{v \cos \vartheta} \left(n - 2 - (n - 1)\frac{\mathrm{tg}\,\vartheta}{\mathrm{tg}\,\omega} \right) - \frac{2\,(n - 1)\,y}{\mathrm{tg}\,\omega \cdot v \cos \vartheta} \right\}.$$

§ 48. Die Waffe sei in Ruhe bezüglich des Erdbodens. Wind wehe horizontal und senkrecht zur Schußebene.

In dem Geschwindigkeitsdiagramm Abb. 68 ist angenommen, daß der Wind senkrecht zur Schußebene, in der Schußrichtung gesehen von links nach rechts, mit der Geschwindigkeit w_s wehe. Für diesen Fall sei w_s positiv, bei Wind von rechts nach links negativ.

Der Vektor OG möge die Anfangsgeschwindigkeit nach Größe und Richtung darstellen, die Ebene OGF die Schußebene, so daß der Winkel GOF gleich dem Abgangswinkel φ ist. Die Windgeschwindigkeit $+ w_s$ ist durch HF (senkrecht OF) dargestellt. Setzt man v_0 mit der negativ genommenen Windgeschwindigkeit $- w_s$ oder GJ

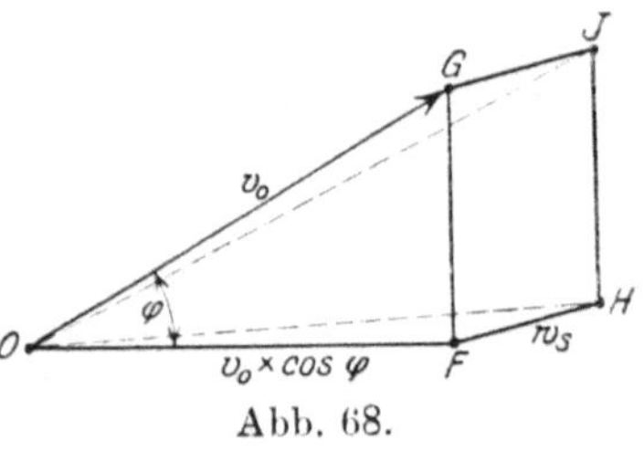

Abb. 68.

zusammen, so ist die geometrische Summe OJ die reduzierte Anfangsgeschwindigkeit v_r, JOH der reduzierte Abgangswinkel φ_r. Die Vertikalebene OJH, die den Winkel HOF oder ψ gegen die Schußebene OGF bildet, ist diejenige Ebene, auf welche man die Geschoßbewegung beziehen wird, wenn diese auf Windstille reduziert sein soll.

Offenbar ist $FG = HJ$; $OG^2 + GJ^2 = OJ^2$; $\mathrm{tg}\,\psi = \dfrac{HF}{OF}$;

$\mathrm{tg}\,\varphi_r = \dfrac{HJ}{HO}$,   oder

$$v_0 \sin \varphi = v_r \sin \varphi_r ; \quad v_r{}^2 = v_0{}^2 + w_s{}^2 ; \quad \mathrm{tg}\,\psi = \frac{w_s}{v_0 \cos \varphi} ;$$

$$\mathrm{tg}\,\varphi_r = \frac{v_0 \sin \varphi}{\sqrt{v_0{}^2 \cos^2 \varphi + w_s{}^2}}.$$

Von diesen Gleichungen dienen

$$\operatorname{tg} \varphi_r = \frac{v_0 \sin \varphi}{\sqrt{v_0^2 \cos^2 \varphi + w_s^2}} \left.\vphantom{\frac{a}{b}}\right\} \tag{14}$$
$$v_r = \sqrt{v_0^2 + w_s^2} \left.\vphantom{\frac{a}{b}}\right\}$$

dazu, die Anfangsgeschwindigkeit v_r und den Abgangswinkel φ_r für
die Relativbahn, also für diejenige Flugbahn zu ermitteln, durch die
die Geschoßbewegung auf Windstille reduziert wird, und die Gleichung

$$\operatorname{tg} \psi = \frac{w_s}{v_0 \cos \varphi} \tag{15}$$

dient dazu, die Vertikalebene OHJ festzulegen, in der die auf Windstille reduzierte Geschoßbewegung vor sich geht (Reduktionsebene
oder Ebene der Relativbahn).

In dem Wegediagramm Abb. 69 für die Horizontalprojektionen
der Geschoßwege erscheint die Schußebene als die Gerade OK. Unter
dem Winkel ψ, der aus Gleichung (15) hervorgeht, ist gegen OK
die Gerade OM gezogen, die die Reduktionsebene darstellt. Mit den
nach (14) berechneten Werten v_r und φ_r, sowie dem ballistischen
Koeffizienten c denke man sich die Abszisse x_r des Geschosses nach
der Zeit t, speziell die Schuß-
weite $X_r = OM$ berechnet,
die zur Gesamtflugzeit T gehört. Parallel der Windrichtung, also senkrecht zu OK,
denke man sich an x_r den
Vektor $w_s \cdot t$, bzw. an X_r
oder OM den Vektor $w_s \cdot T$
oder ML angefügt. Dann ist
L die wirkliche Lage des Geschosses nach der Zeit T bezüglich des Erdbodens. In
der Tat ist OM der horizon-

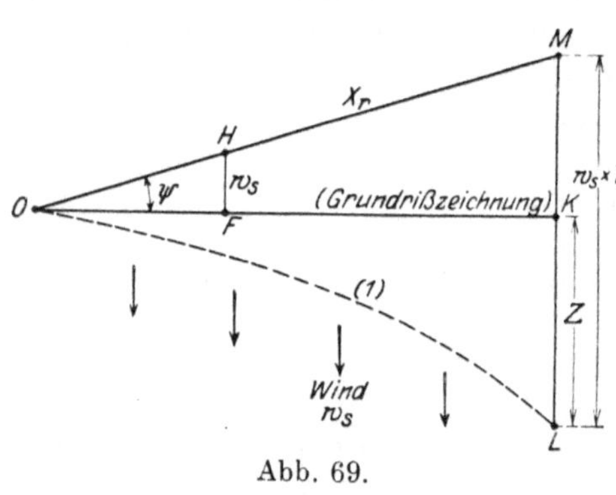

Abb. 69.

tale Weg des Geschosses bezüglich der Luft (oder der auf Windstille reduzierte Weg), ML der Weg der Luft bezüglich des Erdbodens, also OL der Weg des Geschosses bezüglich des Erdbodens.

Die Schußweite, die man bei Wind innerhalb der Schußebene
hat, ist OK oder

$$X = X_r \cdot \cos \psi , \tag{16}$$

wobei ψ aus (15) folgt.

Und die Seitenabweichung Z des Geschosses durch den
Wind, gemessen senkrecht zur Schußebene ist $KL = ML - MK$ also

$$Z = w_s T - X_r \sin \psi . \tag{17}$$

Diese Betrachtung gilt selbstverständlich auch für einen beliebigen Flugbahnpunkt. Die Koordinaten eines solchen, nach der Zeit t bei Seitenwind $+ w_s$ erhalten, seien mit x und y bezeichnet; die durch den Wind bewirkte Seitenablenkung an dieser Stelle mit z; die auf Windstille bezogene Abszisse mit x_r, so ist

$$x = x_r \cos \psi; \qquad z = w_s t - x_r \sin \psi. \tag{18}$$

Da ψ aus $\operatorname{tg} \psi = \dfrac{w_s}{v_0 \cos \varphi}$ sich ergibt, so ist in der Regel ψ ein sehr kleiner Winkel, und alsdann x_r durch x, $\sin \psi$ durch $\operatorname{tg} \psi$ zu ersetzen. Die im allgemeinen zu benützende Formel für die Seitenablenkung des Geschosses durch den Wind, senkrecht zur Schußebene, ist somit

$$z = w_s t - x \cdot \frac{w_s}{v_0 \cos \varphi}; \qquad Z = w_s T - X \cdot \frac{w_s}{v_0 \cos \varphi}, \tag{19}$$

dabei bedeutet: v_0 die Anfangsgeschwindigkeit, φ den Abgangswinkel, x die bei Wind beobachtete horizontale Entfernung des Geschosses nach der Zeit t, X die Schußweite bei Wind, T die Gesamtflugzeit, $+ w_s$ die Geschwindigkeit des Winds senkrecht zur Schußebene, von links nach rechts, z die Seitenabweichung durch Wind nach der Zeit t, Z dieselbe nach der Zeit T.

Beispiel. Wie oben sei $v_0 = 580$ m/sec; $\varphi = 30^0$; $x = 6600$ m; $t = 20$ sec; $X = 10\,400$ m; $T = 40$ sec; jedoch nunmehr die Windrichtung senkrecht zur Schußebene, $w_s = + 6$ m/sec.

Es wird $\cos \psi = 0{,}9999$. Somit sind die Gleichungen (19) anwendbar, und es ist

$$\text{nach der Zeit } t = 20 \text{ sec} \qquad z = 6 \cdot 20 - \frac{6600 \cdot 6}{580 \cdot \cos 30^0} = 41 \text{ m}$$

$$\text{„ \qquad „ \qquad „ } T = 40 \text{ sec} \qquad Z = 6 \cdot 40 - \frac{10\,400 \cdot 6}{580 \cdot \cos 30^0} = 116 \text{ m}.$$

Wie schon erwähnt, bewegt sich das Geschoß (von der Drallwirkung abgesehen) mit den Anfangselementen v_r und φ_r innerhalb der Vertikalebene OM geradeso, wie wenn kein Wind wehen würde. Wenn man nun aus v_r, φ_r und dem ballistischen Koeffizienten c die Koordinaten x_r und y_r eines beliebigen Bahnpunkts zu irgendeiner Flugzeit t berechnen will, so hat man streng genommen zu berücksichtigen, daß (vgl. Abb. 70) die Achse des Langgeschosses, von

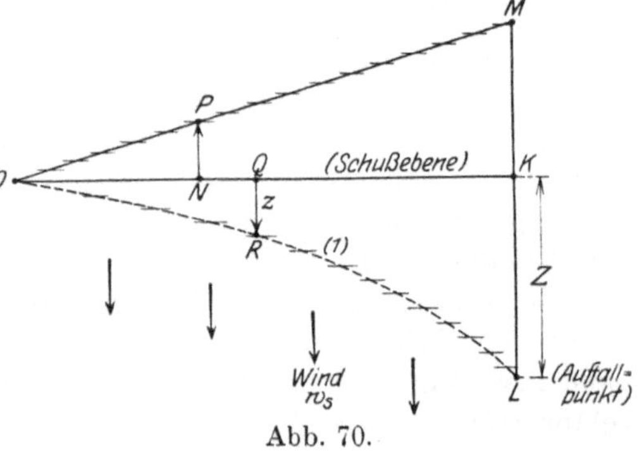

Abb. 70.

Nutations- und Präzessionspendelungen vorläufig abgesehen, parallel der Schußebene OK bleibt. Es wird also der ballistische Koeffizient c, der für die Bewegung des Geschosses von O nach M zu benützen ist, durch diesen Umstand etwas vergrößert.

§ 49. Die Waffe in Ruhe bezüglich des Erdbodens. Wind wehe schief gegen die Schußebene, konstant oder mit der Höhe veränderlich.

Allgemeiner sei jetzt angenommen, daß der (horizontale) Wind gleichzeitig als Mitwind und als Seitenwind wirke. Der Winkel zwischen der positiven Windrichtung und der Schußebene sei α; die Komponente der Windgeschwindigkeit parallel der Schußebene sei w_p, positiv bei Mitwind; die Komponente senkrecht zur Schußebene w_s, positiv für einen Wind von links nach rechts. Ein rechtwinkliges Koordinatensystem sei angenommen mit dem Abgangspunkt O als Koordinatenanfang, die x-Achse horizontal und positiv in der horizontalen Schußrichtung; die y-Achse vertikal und positiv nach oben; die z-Achse horizontal und senkrecht zur Schußebene, positiv von links nach rechts.

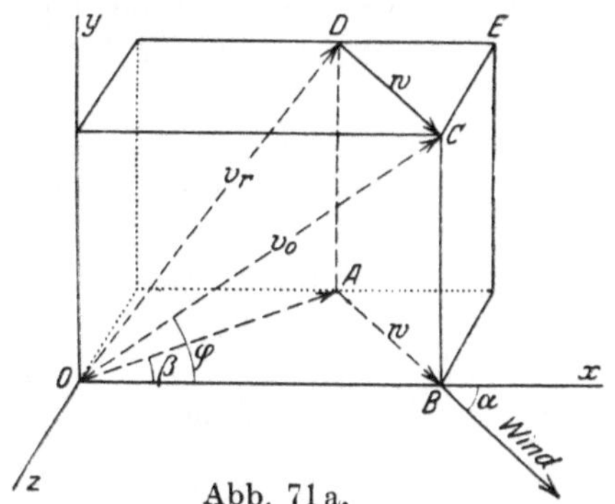

Abb. 71 a.

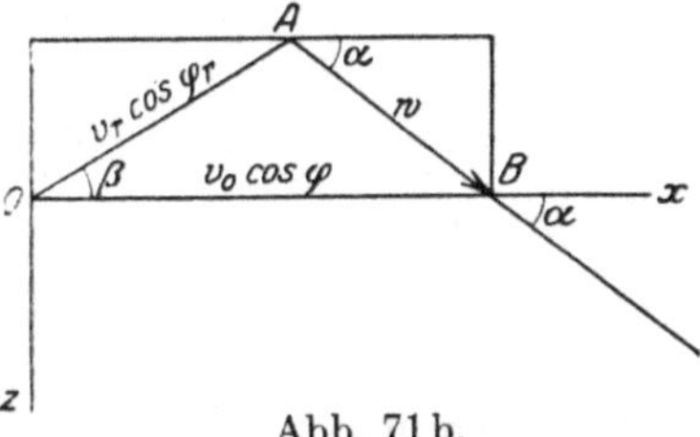

Abb. 71 b.

In dem Diagramm der Anfangsgeschwindigkeiten (Abb. 71a), wovon in der Abb. 71b der Grundriß herausgezeichnet ist, stellt OC die Anfangsgeschwindigkeit v_0 des Geschosses, Winkel COB den Abgangswinkel, also OB die Horizontalkomponente $v_0 \cdot \cos \varphi$ oder v_{x_0} der Anfangsgeschwindigkeit, AB oder DC die Windgeschwindigkeit w mit den Komponenten $DE = w_p$ parallel der Schußebene OCB und $EC = w_s$ senkrecht zur Schußebene dar.

An den Vektor OC von v_0 wird der Vektor CD der negativ genommenen Windgeschwindigkeit angetragen; dann ist der resultierende Vektor OD die auf Windstille reduzierte Anfangsgeschwindigkeit v_r in der Reduktionsebene ODA, also in der Ebene der Relativbahn, Der Winkel DOA ist der Abgangswinkel für diese Relativbahn. Die Ebene ODA der Relativbahn bildet gegen die Schußebene OCB

einen Winkel β. Wie man aus der Abb. 71a abliest, ist

$$\left.\begin{aligned}
v_r \cdot \cos \varphi_r &= \sqrt{(v_{x_0} - w_p)^2 + w_s^2}; \qquad v_r = \sqrt{v_0^2 + w^2 - 2\,v_{x_0} \cdot w_p}; \\
v_r \cdot \sin \varphi_r &= v_{y_0}:
\end{aligned}\right\} \quad (20)$$

$$\sin \beta = \frac{w_s}{v_r \cdot \cos \varphi_r}; \qquad \cos \beta = \frac{v_{x_0} - w_p}{v_r \cdot \cos \varphi_r}; \qquad \operatorname{tg} \beta = \frac{w_s}{v_{x_0} - w_p}. \quad (21)$$

Diese Angaben beziehen sich, wie schon bemerkt, auf den Anfang der Bahnen. Im weiteren Verlauf wird, abgesehen von der Drallwirkung, die Relativbahn oder Windstillenbahn des Geschosses in der Anfangsebene OAD bleiben, sie wird eine ebene Kurve bilden. Dagegen die Bahn bei Wind wird allmählich aus der Anfangsebene OBC nach rechts herausrücken, wie dies in der obigen Abb. 69 im Grundriß schematisch angedeutet wurde. Nämlich in der obigen ersten Gleichung (20) stellt v_{x_0} den Anfangswert der Horizontalkomponente v_x oder $v \cdot \cos \vartheta$ der Geschoßgeschwindigkeit dar; v_x wird im weiteren Verlauf kleiner und kleiner: folglich wird, wie die erste Gleichung (21) erkennen läßt, der Winkel β allmählich etwas größer als im Anfang.

A. Die Windgeschwindigkeit (w_p, w_s) mit der Höhe unveränderlich.

Aus den Anfangselementen v_r und φ_r der Relativbahn und aus dem ballistischen Koeffizienten c berechnet sich die horizontale Gesamtschußweite X_r der Relativbahn und die zugehörige Gesamtflugzeit T_r der Relativbahn (wobei T_r gleich der Gesamtflugzeit T bei Wind ist). Die Projektion von X_r auf die Schußebene OBC ist $X_r \cdot \cos \beta$. Fügt man dazu die Windversetzung $w_p \cdot T_r$ oder $w_p \cdot T$ in der Schußebene hinzu, so erhält man die Gesamtschußweite X bei Wind. Die Projektion von X_r auf die zur Schußebene senkrechte z-Achse ist $-X_r \cdot \sin \beta$; fügt man dazu die Windversetzung $w_s \cdot T$ hinzu, so erhält man die durch den Wind bewirkte Seitenabweichung Z. Es ist also

Schußweite bei Wind:

$$\left.\begin{aligned}
X &= X_r \cdot \cos \beta + w_p \cdot T; \\
Z &= -X_r \cdot \sin \beta + w_s \cdot T.
\end{aligned}\right\} \quad (22)$$

Seitenablenkung durch den Wind:

Hat man umgekehrt bei Wind (w_p, w_s) die Schußweite X beobachtet und wünscht man, diese Beobachtung auf Windstille zu reduzieren, so hat man mit X die negative Windversetzung $-w_p \cdot T$ geometrisch zusammenzusetzen und erhält damit innerhalb der Relativ-Ebene OAD eine Schußweite X_r, die zu einer auf Windstille bezogenen Bahn gehört, mit der horizontalen Anfangsgeschwindigkeit $v_r \cdot \cos \varphi_r$ und der vertikalen Anfangsgeschwindigkeit v_{y_0}.

Diese Betrachtungen gelten auch für einen beliebigen Bahnpunkt. Die zugehörigen Rechnungen gestalten sich jedoch etwas umständlich, insbesondere deshalb, weil das allmählicre Größerwerden von β zu berücksichtigen ist. Einfacher vollzieht sich die Rechnung mit Benützung eines Gleichungssystems, das E. Stübler (vgl. Lit.-Note) mit Hilfe des Didion-Bernoullischen Lösungssystems von § 25 aufgestellt hat und das im folgenden ohne Ableitung wiedergegeben werden soll: Es seien xyz die Koordinaten eines Flugbahnpunkts bei Windstille; t die zugehörige Flugzeit; v_{x_0} und v_{y_0} wie bisher die Horizontal- bzw. Vertikalkomponente der Anfangsgeschwindigkeit v_0 des Geschosses; $x'y'z'$ die entsprechenden Koordinaten bei einem Wind mit der Längskomponente w_p m/sec (positiv in der x-Richtung) und der Seitenkomponente w_s m/sec (positiv in der z-Richtung, also von links nach rechts); t die zugehörige Flugzeit; δ (kg/m³) das Luftgewicht; $g = 9{,}81$; n der Exponent in dem betr. eingliedrigen Potenzgesetz für die Luftwiderstandsverzögerung $c \cdot f(v) = c \cdot v^n$, also bei Annahme des quadratischen Luftwiderstandsgesetzes $n = 2$. Dann ist, falls die Windgeschwindigkeit als mit der Höhe unveränderlich vorausgesetzt werden kann:

$$\Delta x = x' - x = (\lambda - 1) \cdot x + \lambda \cdot w_p \left(t - \frac{x}{v_{x_0}} \right); \qquad (23)$$

$$\Delta y = y' - y = (\lambda - 1) \cdot \left[(\lambda + 1)\, y - \frac{\lambda \cdot v_{y_0} \cdot x}{v_{x_0}} \right]; \qquad (24)$$

$$\Delta z = z' - z = \lambda \cdot w_s \cdot \left(t - \frac{x}{v_{x_0}} \right); \qquad (25)$$

$$\Delta t = t' - t = (\lambda - 1) \cdot t. \qquad (26)$$

Dabei ist zur Abkürzung gesetzt

$$\lambda = \left[\frac{v_{x_0}}{\sqrt{(v_{x_0} - w_p)^2 + w_s^{\,2}}} \right]^{n-1}. \qquad (27)$$

Beispiel. Für Windstille seien die Elemente $x = 709{,}17$ m; $y = 392{,}16$ m; $t = 8{,}464$ sec eines Flugbahnpunkts berechnet oder gemessen; dabei $v_0 = 141$ m/sec und $\varphi_u^0 = 45^0$, also $v_{x_0} = 100$; $v_{y_0} = 100$ m/sec.

Wie wirkt ein starker Gegenwind $w_p = -29$ m/sec, $w_s = 0$ auf die Bahn? Man wird zur Lösung dieser Aufgabe entweder gemäß § 47 zunächst die Relativbahn berechnen (mit v_r und φ_r) und dann die Windversetzung $w_p \cdot t$ hinzufügen; oder aber kürzer mit den obigen Formeln von E. Stübler operieren. Hier ist $n = 2$ zu nehmen, somit $\lambda = \frac{100}{129} = 0{,}775$; $\lambda - 1 = -0{,}225$; $\lambda + 1 = 1{,}775$; also

$$\Delta x = -0{,}225 \cdot 709{,}17 - 0{,}775 \cdot 29 \left(8{,}464 - \frac{709{,}17}{100} \right) = -190{,}4\,;$$

$$\Delta y = -0{,}225 \cdot \left(1{,}775 \cdot 392{,}16 - 0{,}775 \cdot \frac{100}{100} \cdot 709{,}17 \right) = -33{,}0\,;$$

$$\Delta z = 0\,;$$

$$\Delta t = -0{,}225 \cdot 8{,}464 = -1{,}90\,.$$

Somit ist bei dem Wind:

$$x' = x + \varDelta x = 709{,}2 - 190{,}4 = 518{,}8 \text{ m};$$
$$y' = y + \varDelta y = 392{,}2 - 33{,}0 = 359{,}2 \text{ m};$$
$$t' = t + \varDelta t = 8{,}46 - 1{,}90 = 6{,}56 \text{ sec}.$$

B. Der Wind mit der Höhe veränderlich.

Die Komponenten w_p und w_s der Windgeschwindigkeit mögen durch besondere Messung, etwa mittels Pilotballon-Registrierungen, in Funktion von y gemessen vorliegen. Wenn es sich um die Reduktion einer Flugbahn auf Windstilleverhältnisse handelt, ist es am einfachsten, das (schon oben in § 47 für einen speziellen Fall angedeutete) Verfahren anzuwenden, das E. Stübler entwickelt und auf den hier vorliegenden allgemeineren Fall ausgedehnt hat. Zwischen dem Erdboden und der Höhe y_1, die das Geschoß nach der Zeit t_1 im Bahnpunkt P_1 oder $(x_1 y_1)$ mit der Geschwindigkeit v_1 und unter dem Tangentenneigungswinkel ϑ_1 erreicht, herrsche ein Mitwind $+ w_p$ und ein Seitenwind w_s; zwischen den Höhen y_1 und y_2 oder den Flugbahnpunkten P_1 und P_2 seien die Windgeschwindigkeitskomponenten $w_p + \varDelta_1 w_p$ bzw. $w_s + \varDelta_1 w_s$; in der nächstfolgenden Luftschicht, die bis zur Höhe y_3 reicht, seien die Windkomponenten wieder um $\varDelta_2 w_p$ bzw. um $\varDelta_2 w_s$ größer, also von dem Betrage $w_p + \varDelta_1 w_p + \varDelta_2 w_p$ bzw. $w_s + \varDelta_1 w_s + \varDelta_2 w_s$, und so fort.

Es sei ferner $v_0 \cos \varphi$ die Horizontalkomponente der Geschoßgeschwindigkeit im Abgangspunkt; $v_1 \cos \vartheta_1$ dieselbe Komponente in demjenigen Bahnpunkt P_1 oder $(x_1 y_1)$, der nach der Zeit t_1 erreicht wird und der die erste Schichtgrenze der Windgeschwindigkeit darstellt; $v_2 \cdot \cos \vartheta_2$ sei ebenso die Horizontalgeschwindigkeit des Geschosses in dem nach der Zeit t_2 sec erreichten Bahnpunkt P_2 oder $(x_2 y_2)$ usw.; x, y seien die Koordinaten des nach t sec erreichten Bahnpunkts, für welchen die Seitenablenkung z durch den Wind berechnet werden soll und um dessen Reduktion auf Windstille es sich handelt.

Wenn man sich vorstellt, daß der Anfangspunkt der Bahn vorübergehend zunächst in den ersten Schichtengrenzpunkt P_1 verlegt und dort auch der Koordinatenanfang angenommen wird, so daß ein variabler Punkt P bezüglich des Punktes P_1 nach der Zeit $t - t_1$ erreicht wird und die Koordinaten $x - x_1$ und $y - y_1$ besitzt, daß sodann P_2 zum Anfangspunkt einer Flugbahn und zum Koordinatenanfangspunkt gewählt wird usf., erhält man das folgende Resultat:

1. Die durch den Wind bewirkte Seitenablenkung $\varDelta z$ des Geschosses in dem Bahnpunkt $(x y)$ ist

$$\left.\begin{aligned}\varDelta z = w_s \cdot \left(t - \frac{x}{v_0 \cos \varphi}\right) + \varDelta_1 w_s \cdot \left(t - t_1 - \frac{x - x_1}{v_1 \cos \vartheta_1}\right) \\ + \varDelta_2 w_s \cdot \left(t - t_2 - \frac{x - x_2}{v_2 \cos \vartheta_2}\right) + \cdots \end{aligned}\right\} \quad (28)$$

2. Die bei Wind gemessenen Koordinaten x, y eines beliebigen Flugbahnpunkts P, der nach der Zeit t sec erreicht worden ist, werden (mit $n = 2$) auf Windstille reduziert, indem man statt x bzw. y setzt:

$$\text{statt } x:\quad x - w_p \cdot t \quad\Delta_1 w_p \cdot (t - t_1) \quad \Delta_2 w_p \cdot (t - t_2) \tag{29}$$

$$„\quad y:\quad y - w_p \cdot \frac{2y}{c_0 \cos q} \cdot x \cdot \operatorname{tg} q \quad \Delta_1 w_p \cdot \frac{2(y - y_1) - (x - x_1) \operatorname{tg} \vartheta_1}{c_1 \cos \vartheta_1} \left.\begin{array}{l}\\[2em]\\\end{array}\right\} \tag{30}$$

$$\Delta_2 w_p \cdot \frac{2(y - y_2) - (x - x_2) \operatorname{tg} \vartheta_2}{c_2 \cos \vartheta_2} \quad \ldots$$

Beispiel. Gegeben $c_0 = 410$ m sec; $q = 25°$. Es seien die Koordinaten xyz (x horizontal nach vorn, y vertikal nach oben, z horizontal von links nach rechts) von mehreren Flugbahnpunkten bei Wind (mittels Stereophotogrammetrie bei Nacht oder mit Hilfe von Gitterplatten-Theodoliten bei Tag) gemessen worden; die zugehörigen Flugzeiten t mittels der Tertienuhr. Ferner sei durch einen Pilotballonaufstieg die Windrichtung und Windgeschwindigkeit in den Höhen $y = 0$; 250; 500; 750; 1000 m festgestellt worden; dabei habe sich nur Seitenwind ergeben (also $w_p = 0$) und zwar von rechts nach links, mit den Geschwindigkeiten von bzw.: $w_s = -3,4$; $-6,6$; $6,0$; $-3,8$; $-1,2$ m/sec.

Aus den gemessenen Flugbahnpunkten sei die untenstehende Tabelle graphisch abgeleitet worden, die die Werte von x, y, t und $c \cos \vartheta$ enthält für

x (m)	y (m)	t (sec)	$c \cdot \cos \vartheta$ (m sec)
0	0	0	372
287	125	0,89	351
881	375	2,72	314
1557	625	4,99	283
2526	875	8,62	253
3658	980	13,25	233
4740	875	18,08	223
5575	625	22,13	206

diejenigen Bahnpunkte, deren Ordinaten y je in der Mitte zwischen den Höhen der Pilotballonmessungen liegen, also für die Punkte mit $y = 125$; 375; 625 ... Dabei sei angenommen, daß zwischen je zwei aufeinanderfolgenden solchen Höhen die mittlere Windgeschwindigkeit als angenähert konstant angesehen werden könne, z. B. zwischen den Höhen 125 und 375 m, $w_s = $ konstant $-6,6$ m/sec. Dann ist zu nehmen: $w_s = -3,4$; $\Delta_1 w_s = -3,2$; $\Delta_2 w_s = +0,6$; $\Delta_3 w_s = +2,2$; $\Delta_4 w_s = +2,6$.

Für den ersten gemessenen Sprengpunkt sei gefunden worden $x = 1564$ m; $y = 629$ m; $z = +6$ m; $t = 5,00$ sec. Diese Messungszahlen sollen auf Windstille reduziert werden. Da nur Seitenwind wirkt, sind die Änderungen Δx und Δy von x und y Null und kommt nur die Gleichung (28) in Betracht. Diese liefert für den erwähnten ersten Sprengpunkt als Seitenverschiebung durch den Wind:

$$\Delta z = -3,4 \left(5,00 - \frac{1564}{372}\right) - 3,2 \left(5,00 - 0,89 - \frac{1564 - 287}{351}\right)$$

$$+ 0,6 \cdot \left(5,00 - 2,72 - \frac{1564 - 881}{314}\right) + 2,2 \cdot \left(5,00 - 4,99 - \frac{1564 - 1557}{283}\right) \cdot = \sim -4 \text{ m.}$$

Also sind die auf Windstille reduzierten Koordinaten dieses ersten Sprengpunkts die folgenden: $x = 1564$ m; $y = 629$ m; $z = 6 - 4 = 2$ m. Entsprechend wird betreffs der übrigen Sprengpunkte gerechnet. Und wenn auch in der Schußebene eine Windkomponente aufgetreten wäre, so hätten zur Reduktion auf Windstille außerdem die Beziehungen (29) und (30) benützt werden müssen.

Anmerkung. Das vorstehend angegebene Reduktionsverfahren genügt für die gewöhnlichen Bedürfnisse der Praxis. Da der Wind meistens seine Geschwindigkeit und seine Richtung mehr oder weniger rasch wechselt, so wird ein genaueres und kontinuierliches Windberichtigungsverfahren selten angewendet werden müssen. Ein solches ist ebenfalls von E. Stübler aufgestellt worden (vgl. Lit.-Note); die betr. Gleichungen werden hier nur kurz ohne jede Ableitung angeführt, indem auf die Arbeit selbst verwiesen wird. Die Komponenten w_p und w_s des Winds seien als Funktionen von y und damit von x und t empirisch gegeben; w_{p_0} bzw. w_{s_0} die Anfangswerte für $y = 0$ und $x = 0$. Im übrigen gelten die Bezeichnungen von A. Unter der Voraussetzung, daß die Anfangsgeschwindigkeit des Geschosses groß ist, etwa größer als 150 m/sec, haben die Änderungen Δx, Δy, Δz, Δt bzw. ΔX, ΔZ, ΔT, die an den Elementen $xyzt$ eines beliebigen Bahnpunkts, bzw. an den Elementen X, $(Y = 0)$, Z, T des Auffallpunkts durch den Wind bewirkt werden, folgende Werte:

$$\Delta x = \int w_p \cdot d\left(t + \frac{(n-2)x}{v_x}\right) - (n-2) \cdot x \cdot \int w_p \cdot d\left(\frac{1}{v_x}\right);$$

$$\Delta y = (n-1) \cdot \int w_p \cdot d\left(\frac{2y}{v_x} - \frac{v_y \cdot x}{v_x^2}\right) - 2 \cdot (n-1) \cdot y \cdot \int w_p \cdot d\left(\frac{1}{v_x}\right)$$
$$+ (n-1) \cdot x \cdot \int w_p \cdot d\left(\frac{v_y}{v_x^2}\right);$$

$$\Delta z = \int w_s \cdot d\left(t - \frac{x}{v_x}\right) + x \cdot \int w_s \cdot d\left(\frac{1}{v_x}\right);$$

$$\Delta t = (n-1) \cdot \int w_p \cdot d\left(\frac{t}{v_x}\right) - (n-1) \cdot t \cdot \int w_p \cdot d\left(\frac{1}{v_x}\right).$$

Dabei sind die Integrale bis zu dem betreffenden Punkt zu erstrecken, um den es sich gerade handelt; und man wird z. B. das Integral $\int w_p \cdot d\left(\frac{1}{v_x}\right)$ auswerten, indem man $\frac{1}{v_x}$ als Funktion etwa von x numerisch ermittelt und in einem Koordinatensystem die Werte $\frac{1}{v_x}$ als Abszissen, die Werte w_p als Ordinaten aufträgt und dann graphisch integriert; ebenso verfährt man bei den anderen Integralen. Ferner für den Auffallwinkel, für den bei Windstille $x = X$, $y = Y = 0$, $z = Z$ war und die Gesamtflugzeit mit T, der spitze Auffallwinkel mit ω bezeichnet ist, werden die betr. Änderungen durch den Wind:

$$\Delta X = \int w_p \cdot dt + (n-2) \cdot \int w_p \cdot d\left(\frac{x}{v_x}\right) - (n-2) \cdot X \cdot \int w_p \cdot d\left(\frac{1}{v_x}\right)$$
$$+ \frac{n-1}{\operatorname{tg}\omega} \cdot \left\{ \int w_p \cdot d\left(\frac{2y}{v_x} - \frac{v_y \cdot x}{v_x^2}\right) + X \cdot \int w_p \cdot d\left(\frac{v_y}{v_x^2}\right) \right\};$$

$$\Delta Z = \int w_s \cdot dt - \int w_s \cdot d\left(\frac{x}{v_x}\right) + X \cdot \int w_s \cdot d\left(\frac{1}{v_x}\right);$$

$$\Delta T = (n-1) \cdot \left\{ \int w_p \cdot d\left(\frac{t}{v_x}\right) - T \cdot \int w_p \cdot d\left(\frac{1}{v_x}\right) \right\}.$$

Es scheint übrigens, daß, wenigstens bei Langgeschossen, der Seitenwind w_s mit einem anderen Koeffizienten in der Rechnung geführt werden muß, als der Mitwind w_p.

Anmerkung (hinzugefügt von K. Becker).

Ballistischer Wind und ballistisches Luftgewicht.

Dieselbe Schußweitenänderung und dieselbe seitliche Versetzung, welche durch einen mit der Höhe nach Richtung und Geschwindigkeit veränderlichen Wind hervorgerufen wird, kann auch durch einen bestimmten Wind, der längs der ganzen Flugbahn konstante Geschwindigkeit und konstante Richtung hat, erzeugt gedacht werden. Dieser fingierte Wind, dessen Geschwindigkeit und Richtung je ein Mittelwert aus den tatsächlich herrschenden Windgeschwindigkeiten und Richtungen ist, heißt ballistischer Wind. (Die Bezeichnung für seine Komponente in der Schußrichtung, die zunächst der Einfachheit halber allein betrachtet werden soll, sei w_b). Er ist für die verschiedenen Flugbahnen im allgemeinen verschieden, aber bei gleichen Gipfelhöhen y_s annähernd gleich. Seine Geschwindigkeit w_b ergibt sich aus den Stüblerschen Formeln zu

$$w_b = \frac{1}{M}\,(w_1 \cdot m_1 + w_2 \cdot m_2 + w_3 \cdot m_3 \ldots);\qquad\text{(a)}$$

w_i ($i = 1, 2, 3 \ldots$) ist dabei die Windgeschwindigkeit in der i-ten Schicht; und m_i erhält man nach E. Stübler, indem man die Werte, welche

$$m = T - t + \frac{X - x}{v \cdot \cos \vartheta}\left((n - 2) - (n - 1)\,\frac{\operatorname{tg}\vartheta}{\operatorname{tg}\omega}\right) - \frac{2\,(n - 1)\,y}{\operatorname{tg}\omega \cdot v \cdot \cos \vartheta}\qquad\text{(b)}$$

beim Eindringen des Geschosses in die i-te Schicht im auf- und im absteigenden Ast (vgl. § 47 Schlußformel) annimmt, von der Summe der beiden Werte abzieht, welche m beim Austreten aus derselben Schicht annimmt; M ist die Summe der Werte m_i, also $M = T + X \cdot \dfrac{(n - 2) \cdot \operatorname{tg}\omega - (n - 1)\,\operatorname{tg}\varphi}{v_0 \cdot \cos \varphi \cdot \operatorname{tg}\omega}$.

Für den Seitenwind gilt eine der Gleichung (a) ganz entsprechende Formel; nur hat man zu setzen

$$m = T - t - \frac{X - x}{v \cdot \cos \vartheta} \qquad \text{und} \qquad M = T - \frac{X}{v_0 \cdot \cos \varphi}.\qquad\text{(c)}$$

Einen Näherungswert für w_b ergibt die Formel

$$w_b = \frac{1}{T} \cdot (w_1 \cdot t_1 + w_2 \cdot t_2 + w_3 \cdot t_3 + \cdots),\qquad\text{(d)}$$

oder im Grenzfall

$$w_b = \frac{1}{T} \cdot \int_0^T w \cdot dt.\qquad\text{(e)}$$

(In Frankreich werden diese letzteren Formeln dem Mathematiker M. E. Borel zugeschrieben.) In den Formeln (c) und (d) bedeutet T die Gesamtflugzeit und t die Zeit, während welcher sich das Geschoß in der i-ten Schicht befindet. Die Näherungsformeln haben zur Grundlage die Annahme, daß die Werte $\dfrac{t_1}{T}$; $\dfrac{t_2}{T}$; $\dfrac{t_3}{T}$ usw. für alle Flugbahnen mit gleicher Gipfelhöhe bei gleicher Schichtenteilung konstant sein sollen. Diese Annahme läßt sich für das Vakuum beweisen; für die Verhältnisse des lufterfüllten Raumes soll sie nach französischen Angaben gleichfalls völlig bestätigt sein.

In der artilleristischen Praxis sind die genaueren Formeln (a) und (b) zu zeitraubend. Man ist daher im Weltkriege, wo der Begriff des ballistischen Windes zuerst auftaucht, zu Vereinfachungen geschritten. Dabei wurden zwei prinzipiell verschiedene Verfahren eingeschlagen. Bei dem ersten wird die Luftschicht bis zur Gipfelhöhe der betreffenden Flugbahn eingeteilt in Teilschichten von verschiedener Dicke; diese werden so bestimmt, daß jede einzelne Teilschicht den gleichen Betrag zur Gesamtversetzung des Geschosses durch den Wind beisteuert. Dieses Verfahren ist besonders in Deutschland angewendet worden. Die Durchrechnung einer großen Zahl von Flugbahnen in kleinen Bogenstücken mit und ohne Wind hat dabei gezeigt, daß man bis zu einer Flugzeit von 60 Sek. herauf mit einer Teilung in drei Schichten auskommt, wobei die Schichtdicken vom Gipfel nach abwärts sich etwa wie $2:5:7$ verhalten sollen. Betrachtet man für die Verhältnisse des luftleeren Raumes die Schichten gleicher Wertigkeit, d. h. solche Schichten, die vom Geschoß in der gleichen Zeit ($t_1 = t_2 = t_3 = \cdots$) durchlaufen werden, so verhalten sich die Schichtdicken, vom Gipfel an abwärts gerechnet, wie die ungeraden Zahlen, also wie $1:3:5:7$ usw. Zur Berechnung des ballistischen Windes entnimmt man aus den Ergebnissen des Pilotaufstiegs die Richtung und Geschwindigkeit der durchschnittlichen Luftversetzung in jeder einzelnen Schicht, zerlegt die betreffenden Schichtwinde in zwei aufeinander senkrechte Komponenten (meist nach der Süd- und der Westrichtung), bildet aus den drei Komponenten jeder Richtung das arithmetische Mittel und erhält aus dem Süd- und dem Westmittel als Resultierende den ballistischen Wind nach Geschwindigkeit und Richtung.

Das zweite Verfahren der Praxis, das in Frankreich, England und Amerika angewendet wird, besteht darin, daß man die Gipfelhöhe in Schichten gleicher Dicke, meist 500 m, einteilt. Die Richtung und Geschwindigkeit der durchschnittlichen Luftversetzung (des Schichtwindes) läßt sich für die einzelnen Schichten aus dem Pilotdiagramm entnehmen. Man zerlegt die einzelnen Schichtwinde wiederum in ihre Süd- und Westkomponenten, multipliziert die einzelnen Komponenten mit den für die betreffende Schicht geltenden Gewichtsfaktoren und bildet, für jede der beiden Richtungen gesondert, das arithmetische Mittel. So gelangt man zur Süd- und zur Westkomponente des ballistischen Windes, woraus sich dann als Resultante der ballistische Wind nach Stärke und Richtung ergibt. Als Gewichtsfaktoren werden dabei in Frankreich einfach die Verhältniszahlen $\dfrac{t_1}{T}, \dfrac{t_2}{T}, \dfrac{t_3}{T}, \cdots$ benützt, die in der obigen Formel (c) vorkommen und sich für die Verhältnisse des luftleeren Raumes leicht berechnen lassen. Auch in den Vereinigten Staaten von Nordamerika benützte man zuerst die gleichen Gewichtsfaktoren. Später ist dort festgestellt worden, daß mit ihrer Anwendung eine nicht immer ausreichende Annäherung verbunden ist; deshalb glaubte man, gesonderte Gewichtsfaktoren für die verschiedenen Geschützarten, Anfangsgeschwindigkeiten und Erhöhungsgruppen nicht entbehren zu können; um jedoch die Anwendung im Felde nicht allzu kompliziert zu gestalten, beschränkte man sich schließlich, nach dem Vorschlage von H. B. Hitchcock, auf drei Klassen von Gewichtsfaktoren und stellte dazu noch besondere Tabellen auf, aus denen für jedes Geschütz zu der augenblicklich angewendeten Erhöhung zu ersehen ist, welche von den drei Gewichtsfaktorenklassen im vorliegenden Falle die beste Annäherung an die genaue Rechnung gibt. Die Ermittelung des ballistischen Windes erfolgt dabei in sehr einfacher Weise graphisch. Soll er z. B. für eine Gipfelhöhe von 1500 m bestimmt werden, so ist von dem Pilotdiagramm auszugehen, welches in drei zusammenhängenden Linienzügen die Richtungen und Geschwindigkeiten der durchschnittlichen Luftversetzung für die Schichten von 0 bis 500 m, von 500 bis 1000 m und von 1000 bis 1500 m angibt. Die Schlußlinie (Resultante) des Polygons gibt dann die Richtung und den dreifachen Betrag der durchschnittlichen Luftversetzung in der Schicht von 0 bis 1500 m. Zur Bestimmung des ballistischen Windes multipliziert man nun den Schichtwind der ersten Zone mit dem für diese Zone geltenden Gewichtsfaktor und trägt das Produkt auf der ersten Seite des Pilotpolygons, vom gleichen Nullpunkt ausgehend und im gleichen Maßstab, auf. Am Endpunkt zieht man eine Parallele zur Richtung des Schichtwindes in der zweiten Zone, multipliziert dessen Geschwindigkeit mit dem Gewichtsfaktor der zweiten Zone und trägt das neue Produkt wiederum im gleichen Maßstab auf der Parallelen ab. Für die dritte Zone wird entsprechend verfahren. Die Schlußlinie des zweiten, kleineren Polygons gibt den ballistischen Wind nach Richtung und Geschwindigkeit. Dieses Verfahren scheint uns, namentlich wenn die Frage der Gewichtsfaktoren etwa durch exakte Berechnungen nach dem Stüblerschen Verfahren oder besser noch durch systematische Versuche genauer geklärt ist, von den bekannt gewordenen Verfahren das für die Praxis einfachste und beste zu sein.

Das ballistische Luftgewicht δ_b und seinen Überschuß $\varDelta \delta_b$ über das Normalluftgewicht δ_n erhält man aus den Luftgewichten δ_1, δ_2, δ_3 ... in den einzelnen Höhenschichten, wenn man setzt

$$\delta_b = \frac{1}{L} \, (\delta_1 \cdot l_1 + \delta_2 \cdot l_2 + \delta_3 \cdot l_3 + \cdots) \qquad \text{und}$$

$$\delta_n + \overline{\varDelta \delta_b} = \frac{1}{L} \left(\frac{\varDelta \delta_1}{\delta_1} \cdot l_1 + \frac{\varDelta \delta_2}{\delta_2} \cdot l_2 + \cdots \right).$$

Darin ist $L = X \cdot \left(1 - \dfrac{\operatorname{tg} \varphi}{\operatorname{tg} \omega} \right)$, und l_i wird aus

$$l = (X - x) \left(1 - \frac{\operatorname{tg} \vartheta}{\operatorname{tg} \omega} \right) - \frac{2\,y}{\operatorname{tg} \omega} \tag{f}$$

in derselben Weise bestimmt, wie m_i aus m, nämlich als Differenz der Eintritts- und Austrittswerte der Funktion l bezüglich der i-ten Schicht.

Bei kleinen Geschoßsteighöhen y_s soll eine Einteilung in drei Zonen, deren Höhen sich wie $1:2:2$ (von der Gipfelhöhe abwärts gerechnet) verhalten, zu einem angenäherten Ergebnis führen, wenn man für $\dfrac{\varDelta \delta_b}{\delta_n + \varDelta \delta_b}$ das arithmetische Mittel von $\dfrac{\varDelta \delta_i}{\delta_i}$ ($i = 1, 2, 3$) nimmt, oder noch einfacher die ballistische Temperatur als arithmetisches Mittel aus den Temperaturen der drei Schichten berechnet und sodann aus ihr und dem Luftdruck am Boden das ballistische Luftgewicht ableitet.

Während das Verfahren des ballistischen Windes in der einen oder anderen Form während des Weltkrieges bei allen Artillerien Anwendung fand, scheint die Verwendung des ballistischen Luftgewichts nur bei der deutschen Artillerie stattgefunden zu haben. Sie war hier mit dem Verfahren des ballistischen Windes zusammengefaßt und systematisch aufgebaut in dem „Verfahren der Baltasekunden" (d. h. ballistische Tageseinflüsse, gestaffelt nach Flugzeitsekunden) und hat hier an vielen Stellen zu einer wesentlichen Verschärfung des Schießens ohne Beobachtung beigetragen.

§ 50. Fallenlassen eines Körpers aus einem Flugzeug bei Wind.

Das Flugzeug bewege sich horizontal mit der gleichförmigen Geschwindigkeit v_0 bezüglich des Erdbodens und befinde sich in dem Augenblick, in dem der betreffende Körper (die Bombe oder dergl.) losgelassen wird, in O, senkrecht über dem Punkt A, in der Höhe Y über dem Erdboden. Die Bewegung des Körpers geht also, da dieser von vornherein ebenfalls die Geschwindigkeit v_0 besaß, bezüglich des Erdbodens in gleicher Weise vor sich, wie wenn von dem festen Punkt O aus der Körper mit der Anfangsgeschwindigkeit v_0 unter dem Abgangswinkel Null geschleudert würde. Es läßt sich also nach früheren Methoden die zur Ordinate Y gehörige Wurfweite X, die Flugzeit T, die Auffallgeschwindigkeit v_e und der spitze Auffallwinkel ω berechnen. (Für kugelförmige Bomben von 15 cm Durchmesser und 7,5 kg Gewicht hat P. Charbonnier (vgl. Lit.-Note) die Berechnung nach dem Verfahren von Euler-Otto für Höhen Y von 250 m bis 2000 m durchgeführt.)

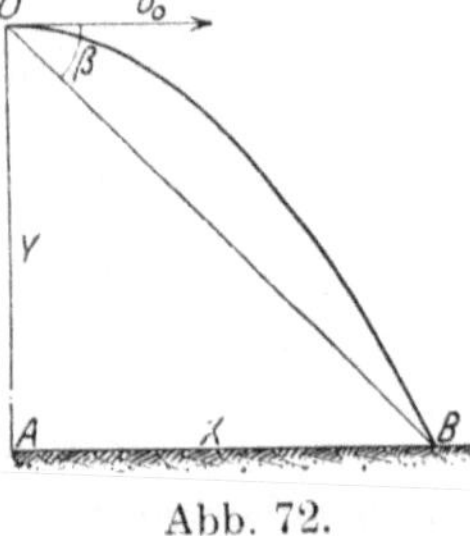

Abb. 72.

A. Wind weht in gleicher Richtung mit der Fahrtrichtung.

Die früher erwähnten Rechnungsmethoden sind unter der Voraussetzung von Windstille aufgestellt. Wenn also die Windgeschwindigkeit bezüglich des Erdbodens w ist, so hat man zur Berechnung der zu der Höhe Y gehörenden Wurfweite X_r und der Flugzeit T_r außer dem ballistischen Koeffizienten c und dem Abgangswinkel 0^0, eine Anfangsgeschwindigkeit v_r zugrunde zu legen, die gleich ist der auf Windstille bezogenen Fahrtgeschwindigkeit, also gleich derjenigen Geschwindigkeit des Flugzeugs, die sich aus der Tourenzahl des Propellers ergibt. Die Wurfweite X bei Wind ist alsdann

$$X = X_r + w \cdot T_r. \tag{31}$$

B. Wind weht schief von hinten nach vorn.

Das Fahrzeug befinde sich in dem Augenblick, wo die Bombe losgelassen wird, in dem Punkte O und habe wieder die Geschwindigkeit v_0 bezüglich des Erdbodens. Die Windgeschwindigkeit bezüglich des Erdbodens sei w, und die Windrichtung möge den Winkel α gegen die Fahrtrichtung bilden, die etwa über der Straße OS verlaufe. Um die auf Windstille bezogene Fahrtgeschwindigkeit v_r zu erhalten, setzt man v_0 mit $-w$ zusammen, dann ist in dem

Geschwindigkeitsdiagramm Abb. 73a OA die Geschwindigkeit v_r des Fahrzeugs bezüglich der Luft, AB die Geschwindigkeit w der Luft bezüglich des Erdbodens, also OB die Geschwindigkeit des Fahrzeugs (und damit die Anfangsgeschwindigkeit der Bombe) bezüglich des Erdbodens.   Aus der Abb. 73a ergibt sich

$$v_r^2 = v_0^2 + w^2 - 2\,w \cdot v_0 \cdot \cos\alpha; \quad \operatorname{tg}\beta = \frac{w \cdot \sin\alpha}{v_0 - w\cdot\cos\alpha}. \tag{32}$$

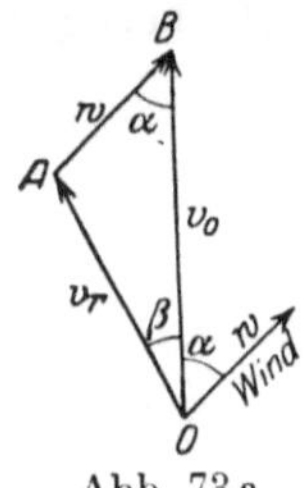

Abb. 73a.

Die auf Windstille bezogene Bewegung der Bombe geht in der Vertikalebene durch OA vor sich. Diese Reduktions- oder Relativbahnebene bildet gegen die Vertikalebene durch die Fahrtrichtung OB einen Winkel β, der durch Konstruktion des Dreiecks OAB oder aus der zweiten Gleichung (32) gewonnen wird. Mit der Anfangsgeschwindigkeit v_r und dem Abgangswinkel 0^0, sowie dem ballistischen Koeffizienten c wird die zur Höhe Y des Fahrzeugs über dem Erdboden gehörige Wurfweite X_r sowie die Flugzeit T_r usw. berechnet.

Weiter ist in Abb. 73b, entsprechend dem Geschwindigkeitsdiagramm, das Wegediagramm (für den Grundriß) gezeichnet.   An

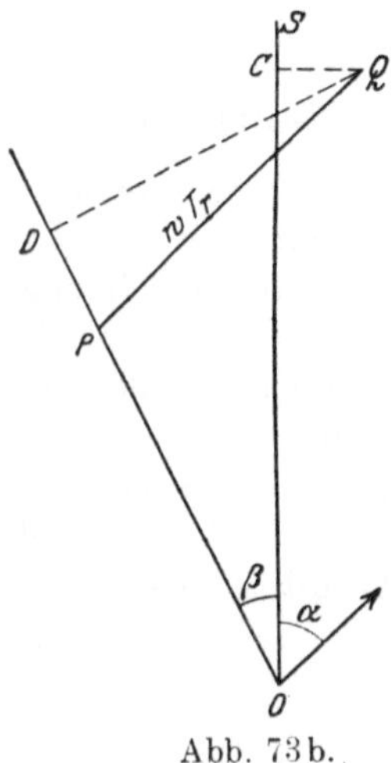

Abb. 73b.

OS ist unter dem Winkel β, also parallel zu OA, eine Strecke OP gleich X_r angetragen und im Endpunkt P eine Strecke PQ parallel der Windrichtung AB und gleich der Windversetzung $w \cdot T_r$ gezogen. Dann ist Q bezüglich der Straße OS der wirkliche **Auffallpunkt der Bombe bei Wind.** Fällt man ein Lot QC auf OS, so ist OC die **Wurfweite bezüglich der Straße OS bei Wind, und CQ ist die Seitenabweichung durch den Wind.** Die Richtung OP ist diejenige, in der sich die Flugzeugachse einstellt, und das Lot DQ von Q auf OP bedeutet die Abweichung des Auffallpunkts von der Vertikalebene durch die Flugzeugachse.

Speziell möge der Wind **senkrecht zur** Fahrtrichtung wehen, dann ist $AB \perp OS, \alpha = 90^0$.   Es wird

$$v_r^2 = v_0^2 + w^2; \quad \operatorname{tg}\beta = \frac{w}{v_0};$$

und die Seitenabweichung gegenüber der Fahrtrichtung OS ergibt sich alsdann zu:

$$Z = w \cdot T_r - X_r \cdot \sin\beta = w \cdot T_r - X_r \cdot \frac{w}{v_r}.$$

§ 51. Von einem fahrenden Schiff oder Flugzeug aus wird quer zur Fahrtrichtung geschossen; Wind parallel der Fahrtrichtung.

Die Fahrtgeschwindigkeit bezüglich des Erdbodens sei s; Wind wehe bezüglich des Erdbodens mit der Geschwindigkeit w in Richtung der Fahrt; beim Abfeuern quer zur Fahrtrichtung sei v_{x_0} oder $v_0 \cdot \cos \varphi$ die Horizontalkomponente der Anfangsgeschwindigkeit des Geschosses. Angenommen, bei ruhendem Schiffe und bei Windstille würde die zur Fahrtrichtung senkrechte Schußebene (von der Drallwirkung abgesehen) gerade durch das Ziel gehen, so muß bei dem Schießen aus dem fahrenden Schiff die Schußebene um einen gewissen Winkel β nach rückwärts gedreht werden. Es fragt sich, wie groß muß dieser negative Vorhaltewinkel β gewählt werden, damit trotz Fahrt und Wind das Ziel getroffen wird?

Erste Methode. Wenn man, um die Abweichung des Geschosses durch die Fahrt und durch den Wind im ruhenden Bezugssystem der Erde zu bestimmen, zunächst, wie oben wiederholt geschehen ist, die Relativbahn des Geschosses bezüglich der Luft feststellen will, so wird man folgendermaßen überlegen. Der Wind weht in der Richtung der Fahrt des Schiffes, und da senkrecht zur Fahrtrichtung geschossen wird, so weht der Wind quer zur Schußebene. Somit kann die Gleichung (19) von § 48 Verwendung finden; danach ist die allein durch den Seitenwind bewirkte Seitenablenkung Z des Geschosses gegenüber dem im Mündungshorizont gelegenen Ziel (mit horizontaler Entfernung X und Flugzeit T) von dem Betrage: $Z = w_s \cdot T - \dfrac{w_s \, X}{v_{x_0}}$; oder, wenn statt der Seitenverschiebung Z im Längenmaß die Seitenverschiebung $\dfrac{Z}{X}$ im Winkelmaß eingeführt, der kleine Winkel $Z : X$ mit β_1 bezeichnet und statt w_s kurz w geschrieben wird, so ist $\beta_1 = w\left(\dfrac{T}{X} - \dfrac{1}{v_{x_0}}\right) = \text{Seiten-}$ verschiebung allein durch den Wind.

Eine weitere Verschiebung tritt ein durch die Fahrt allein: Die Fahrtgeschwindigkeit s ist immer sehr klein gegen die horizontale Anfangsgeschwindigkeit v_{x_0} des Geschosses, so daß man die Form der Geschoßbahn als durch die Fahrt nicht wesentlich abgeändert voraussetzen kann, wenn man nur die Seitenverschiebung des Geschosses durch die Fahrt berücksichtigt. Diese Verschiebung im Winkelmaß betrage β_2, so ist

$$\beta_2 = \frac{s}{v_{x_0}} = \text{Seitenverschiebung der Schußebene durch die Fahrt allein, bei Windstille.}$$

Im ganzen muß also die Schußebene, die bei ruhendem

Schiff und bei Windstille durch das Ziel ginge, um einen Winkel $\beta = \beta_1 + \beta_2$ nach rückwärts gedreht werden; dabei ist

$$\beta = w \cdot \left(\frac{T}{X} - \frac{1}{v_{x_0}}\right) + \frac{s}{v_{x_0}} ; \qquad (33)$$

hier ist X die horizontale Entfernung (m) des Ziels im Mündungshorizont, T die Flugzeit (sec); s (m/sec) die Fahrtgeschwindigkeit; v_{x_0} (m/sec) die Horizontalkomponente der Anfangsgeschwindigkeit des Geschosses: w (m/sec) die Geschwindigkeit des wahren Winds, d. h. die Geschwindigkeit der Luftströmung bezüglich des Erdbodens. Der erste Teil in Gleichung (33), der vom wahren Wind herrührt, wird an der entsprechenden Seitenverschiebung ausgeschaltet; der zweite Teil $\frac{s}{v_{x_0}}$, der von der Fahrt allein herrührt, wird am Fahrtschieber ausgeschaltet.

Zweite Methode. Zu einer andern Verteilung der Gesamtverbesserung gelangt man, wenn man die Geschoßbahn nicht betrachtet bezüglich der Erde oder bezüglich der Luft, sondern bezüglich des fahrenden Schiffs. Bei diesem Verfahren denkt man sich das Deck des Schiffs beliebig ausgedehnt und als eine mit dem Schiff fest verbundene und mit ihm bewegliche Koordinatenebene und betrachtet alle Vorgänge der Art, wie sie sich in dem Raumsystem des fahrenden Schiffs abzuspielen scheinen. Bezüglich dieses Bezugssystems ist die Geschoßbahn die gleiche, wie sie ein von einem ruhenden Schiff aus abgefeuertes Geschoß gegenüber der Erde beschreiben würde, falls ein Wind gleich dem scheinbaren Wind weht (wahrer Wind minus Fahrtwind), also ein Wind, wie er auf dem fahrenden Schiff direkt gemessen wird, somit von der Geschwindigkeit $w - s$ (m/sec). Danach ist in dem Bezugssystem des fahrenden Schiffs gemäß Gleichung (19) von § 48 die im Winkelmaß gemessene Seitenabweichung β_3 durch den scheinbaren Wind:

$$\beta_3 = (w - s) \cdot \left(\frac{T}{X} - \frac{1}{v_{x_0}}\right).$$

Dazu kommt die Verbesserung β_4 für die scheinbare Auswanderung des ruhenden Ziels; diese ist

$$\beta_4 = s \cdot \frac{T}{X}.$$

Die Gesamtverbesserung der Geschützrichtung ist somit $\beta_3 + \beta_4$. Diese ist ebenfalls nach rückwärts zu nehmen; β_4 wird wieder am Fahrtschieber ausgeschaltet.

Man sieht leicht, daß das Resultat genau das obige ist; denn

$$\beta_3 + \beta_4 = (w - s) \cdot \left(\frac{T}{X} - \frac{1}{v_{x_0}}\right) + \frac{s \cdot T}{X} = w \cdot \left(\frac{T}{X} - \frac{1}{v_{x_0}}\right) + \frac{s}{v_{x_0}} = \beta.$$

Dieses zweite Verfahren bietet den Vorteil, daß es sich unmittelbar übertragen läßt auf den Fall, wo in beliebiger Richtung und bei beliebigem Wind aus einem bewegten Fahrzeug geschossen wird, und sogar auf den Fall, daß das Ziel selbst sich bewegt. Was den Wind betrifft, so erkennt man, daß der wahre Wind zu berücksichtigen ist, wenn man die durch die Fahrt bewirkte Verlegung des Treffpunkts auf der Erdoberfläche in Betracht ziehen will, daß dagegen die Wirkung des scheinbaren Winds kompensiert werden muß, wenn man die Ortsveränderung des Ziels, wie sie sich vom eigenen Fahrzeug aus gesehen darstellt, berücksichtigen will. Selbstverständlich kann auch der Bombenabwurf (§ 50) nach der zweiten Methode behandelt werden.

§ 52. Ein Dampfer fährt auf einem Fluß. In der Luft bewegt sich ein Flugzeug, das bezüglich des Dampfers eine bestimmte Geschwindigkeit besitzt. Wind weht schief zur Fahrtrichtung des Flugzeugs. Aus dem Flugzeug wird in schiefer Richtung geschossen.

Dieses fingierte Beispiel ist lediglich dazu bestimmt, zu zeigen, daß und wie auch ein scheinbar verwickelter Fall von Relativbewegungen mit Hilfe des Geschwindigkeits- und Wegediagramms einfach behandelt werden kann. An eine praktische Verwendung der Theorie ist hier nicht gedacht.

In dem (rein schematischen) Geschwindigkeitsdiagramm $OABCDE$ Abb. 74 stelle die Vertikalebene durch OA die Schußebene dar und nach Größe und Richtung sei OA die Horizontalkomponente $v_0 \cos \varphi$ der Anfangsgeschwindigkeit des Geschosses bezüglich des Flugzeugs, wie wenn dieses in Ruhe wäre; AB die horizontale Geschwindigkeit des Flugzeugs bezüglich der

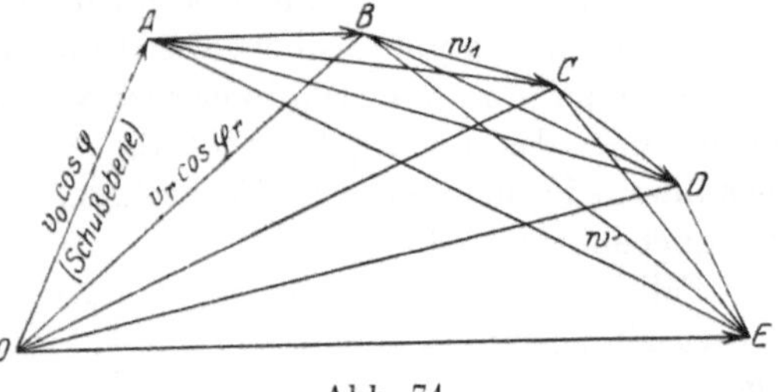

Abb. 74.

Luft; BC die horizontale Geschwindigkeit der Luftströmung bezüglich des Dampfers; CD die Geschwindigkeit des Dampfers bezüglich des Flusses; DE die Geschwindigkeit der Flußströmung bezüglich des Landes.

Folglich ist CE die Geschwindigkeit des Dampfers bezüglich des Landes; BD die Geschwindigkeit der Luft bezüglich des Flusses; BE diejenige der Luft bezüglich des Landes; AC die Geschwindigkeit des Flugzeugs bezüglich des Dampfers; AD dieselbe bezüglich des Flusses; AE dieselbe bezüglich des Landes; OB die Horizontalkomponente $v_r \cos \varphi_r$ der Anfangsgeschwindigkeit des Geschosses bezüglich der Luft; OC dieselbe bezüglich des Dampfers; OD dieselbe bezüglich des Flusses; OE dieselbe bezüglich des Landes.

Diejenige Ebene, innerhalb deren allein die Geschoßbewegung auf Windstille reduziert erscheint, ist die Vertikalebene durch OB. Man berechnet oder zeichnet folglich mit Hilfe der sonstigen Daten $v_r \cos \varphi_r$ und ermittelt dem Obigen zufolge getrennt v_r und φ_r. Damit und mit dem ballistischen Koeffizienten wird die Schußweite X_r und die Flugzeit T_r für den Horizont des Ziels berechnet.

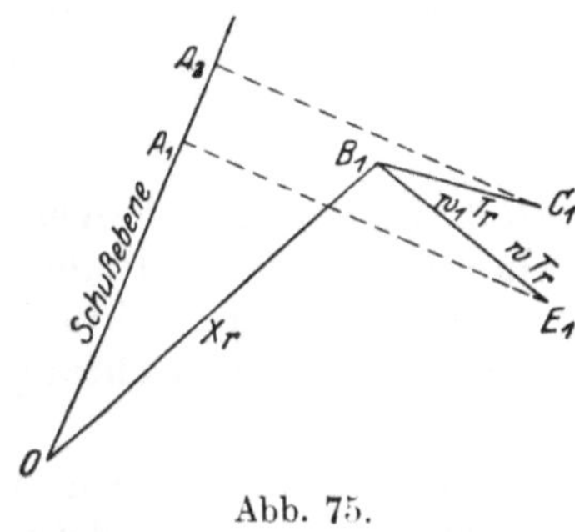

Abb. 75.

Alsdann zieht man (vgl. das Wegediagramm Abb. 75) durch den Abgangspunkt O eine Parallele OA_1A_2 zu OA und unter dem durch Abb. 74 konstruierten Winkel AOB eine Strecke $OB_1 = X_r$. Durch den Endpunkt B_1 wird eine Gerade parallel BE gezogen und gleich der Windversetzung wT_r gemacht, wobei w die Geschwindigkeit BE der Luft bezüglich des Landes darstellt. Dann ist der Endpunkt E_1 der Auffallpunkt des Geschosses bezüglich des Landes; fällt man ein Lot E_1A_1 auf OA_1, so ist OA_1 die Schußweite und A_1E_1 die Seitenabweichung des Treffpunktes auf der Erdoberfläche bezüglich der gegenüber der Erdoberfläche ruhend gedachten Schußebene OA_1.

Zieht man dagegen durch B_1 eine Parallele zu BC und macht sie gleich $w_1 T_r$, wo w_1 die Geschwindigkeit BC der Luft bezüglich des Dampfers vorstellt, so ist der Endpunkt C_1 der Auffallpunkt bezüglich einer mit dem Dampfer fest verbunden gedachten Horizontalebene, und das Lot C_1A_2 stellt die Seitenabweichung und OA_2 die Schußweite bezüglich der im Verhältnis zum Dampfer ruhend gedachten Schußebene OA_1 dar.

Falls in solchen Beispielen das Ziel selbst in Bewegung ist, so ist als Zielpunkt nicht derjenige Punkt zu wählen, in dem sich das Ziel in dem Augenblick des Abfeuerns befindet, sondern derjenige, in dem das Ziel nach Verlauf der Geschoßflugzeit sein wird, wenn das Ziel seine Bewegungsart während dieser Flugzeit beibehält.

Die vorstehenden Betrachtungen sind absichtlich nur allgemein theoretisch gehalten; es ist dem Leser überlassen, zu den Fällen von § 49 ab einfache Regeln für die Praxis zu bilden.

§ 53. Geschoßabweichungen durch die Erdrotation.

Wie im Vorhergehenden die Bewegung des Geschosses in Beziehung auf die Luft untersucht wurde, die sich ihrerseits gegenüber dem festgedachten Erdboden bewegt, so handelt es sich jetzt um die relative Bewegung des Geschosses gegenüber der Erde, die ihrerseits eine Eigenbewegung um die Erdachse besitzt. Dabei sieht man die Erdachse als fest im Raume an, da sich bisher ein Einfluß der Erdbewegung (bezüglich des Sonnensystemes), die mit einer Geschwindigkeit gleich dem 35-fachen der Anfangsgeschwindigkeit eines neueren Infanteriegeschosses vor sich geht, durch keinerlei rein irdische Erscheinungen nachweisen ließ.

Die qualitative Erklärung der hier in Betracht kommenden Abweichungen ist aus der Theorie der Passatwinde bekannt. Denkt man sich von einem Punkt O des Äquators aus nach Norden geschossen, so besitzt von vornherein das in O stehende Geschütz und folglich auch das Geschoß eine Geschwindigkeit nach Osten zu (etwa von derselben Größe wie die Anfangsgeschwindigkeit des Infanteriegeschosses M. 71; Äquatorumfang in Metern dividiert durch einen Tag in Sekunden ausgedrückt). Diese Geschwindigkeit nach Osten zu behält das Geschoß im luftleeren Raum vollständig und im lufterfüllten Raum nahezu bei, da die Atmosphäre mit der Erde rotiert. Nach einer gewissen Anzahl von Sekunden schlägt das Geschoß in einem weiter nördlich gelegenen Punkt O_1 eines kleineren Parallelkreises auf, dessen Punkte eine geringere Geschwindigkeit nach Osten zu besitzen. Das Geschoß bleibt also nicht in der Meridianebene durch O, sondern eilt den entsprechenden Punkten des Meridians immer weiter nach Osten zu voraus; es entsteht im Auffallpunkt O_1 eine Seitenabweichung nach Osten, also in der Schußrichtung gesehen nach rechts. Schießt man umgekehrt von dem Punkt O_1 der nördlichen Halbkugel aus nach Süden, so bleibt das Geschoß, da es die östliche Geschwindigkeit von O_1 besitzt, wegen dieser geringeren Geschwindigkeit immer weiter hinter den nach dem Äquator zu gelegenen Punkten des gleichen Meridians zurück, es weicht nach Westen, also für den Schützen wiederum nach rechts ab. Die entsprechende Überlegung ergibt für die südliche Halbkugel der Erde eine Linksabweichung. Außer diesen Abweichungen nach der Seite der Schußebene ergeben sich Änderungen der Schußweite, der Gipfelhöhe und der Flugzeit.

Was die quantitative Bestimmung der Geschoßabweichungen durch die Erdrotation anlangt, so ergibt die Rechnung für den luftleeren Raum zum Teil Abweichungen von mehreren hundert oder tausend Metern nach der Seite, weniger nach der Länge; im lufterfüllten Raum scheinen den bisherigen rechnerischen Ermittlungen zufolge (vgl. Lit.-Note) diese Abweichungen von einer solchen Größe zu sein, daß diese Art von einseitigen Abweichungen in der Praxis fast nur bei Fernschießen berücksichtigt zu werden braucht.

Die experimentelle Ermittlung speziell der Seitenabweichungen durch Erdrotation dürfte auf große Schwierigkeiten stoßen; vorgeschlagen wurde z. B. das Verfahren, mit dem gleichen Geschütz auf der nördlichen und auf der südlichen Halbkugel zu schießen und die halbe Differenz der beobachteten Seitenabweichungen zu nehmen; ferner, mit Rechts- und mit Linksdrall zu schießen usw. Alle solche Versuche würden wegen sonstiger Einflüsse schwerlich zu einem greifbaren Ergebnis führen, lohnen auch wohl nicht die Mühe und die Kosten.

A. Theoretisches für den luftleeren Raum.

Man denke sich ein rechtwinkliges Koordinatensystem der x-, y-, z-Achsen, das mit der Erde fest verbunden ist und samt dieser mit der Winkelgeschwindigkeit n der Erddrehung $\left(n = \dfrac{2\pi}{24\cdot 60\cdot 60}\ \mathrm{sec}^{-1}\right)$ um die Erdachse rotiert; als Anfangspunkt des Koordinatensystems gelte der Abgangspunkt O des Geschosses; als x-Achse die Tangente an den Parallelkreis, positiv nach Osten zu; die gleichfalls wagrechte y-Achse sei positiv nach Norden, die z-Achse positiv nach oben.

Zur Berechnung der Bewegung des Geschosses bezüglich dieses mit der Erde sich drehenden Koordinatensystems hat man zu den äußeren Kräften zwei Scheinkräfte hinzuzufügen: die Zentrifugalkraft und die Corioliskraft.

Die Zentrifugalkraft ist gerichtet senkrecht zur Erdachse nach außen hin und hat die Größe $m\cdot r\cdot n^2$, wo m die Geschoßmasse und r die augenblickliche Entfernung des Geschosses von der Erdachse ist.

Die Corioliskraft ist der Größe nach gleich $2\cdot m\cdot v_p\cdot n$. Dabei ist v_p diejenige Komponente der Bahngeschwindigkeit des Geschosses v, die man erhält, wenn man sich die Bahn und damit die Tangente in dem betreffenden Bahnpunkt projiziert denkt auf die Ebene des Parallelkreises. Die Richtung der Corioliskraft geht senkrecht zu dieser Tangentenprojektion und senkrecht zur Erdachse. Wenn man sich in dem betreffenden Bahnpunkt einen Beobachter parallel der Erdachse so stehend denkt, daß die Richtung Süd-Nord von den Füßen nach dem Kopfe geht und daß er in der Richtung der Geschwindigkeitskomponente v_p blickt, so weist die Corioliskraft für den Beobachter nach rechts. In den mittleren Breiten der nördlichen Halbkugel hat die Corioliskraft erstens eine Komponente senkrecht zur vertikalen Schußebene; und diese Komponente bewirkt die Rechtsabweichung. Zweitens eine Komponente innerhalb der vertikalen Schußebene; diese Komponente, die positiv oder negativ sein kann, hat eine Änderung der Schußweite zur Folge. Schießt man am Äquator unter irgendwelcher Erhöhung nach Norden, so ist die Corioliskraft bis zum Gipfelpunkt der Bahn nach Westen gerichtet; hinter dem Gipfelpunkt nach Osten. Schießt man am Äquator senkrecht nach oben, so ist bei der Aufwärtsbewegung die Corioliskraft nach Westen, bei der Abwärtsbewegung nach Osten gerichtet.

Wenn man voraussetzt, daß die z-Achse die Lotrechte ist (die Schwere als Resultante aus Erdanziehung und Zentrifugalkraft); wenn ferner γ die geographische Breite bedeutet und die Koordinaten $x\,y\,z$ als klein gegen den Erdradius R $(R = 6\,370\,300$ m$)$ vorausgesetzt werden, so sind, wie in der Mechanik gezeigt wird, die Bewegungsgleichungen des Geschosses

$$x'' = 2\,n \cdot \sin \gamma \cdot y' - 2\,n \cdot \cos \gamma \cdot z', \tag{1}$$

$$y'' = -\,2\,n \cdot \sin \gamma \cdot x', \tag{2}$$

$$z'' = 2\,n \cdot \cos \gamma \cdot x' - g. \tag{3}$$

Dabei bedeuten die Striche die Ableitungen nach der Zeit t.

Wenn dagegen die z-Achse die Richtung des Erdradius bedeutet, γ_0 den Winkel zwischen Erdradius und Äquator und die Koordinaten $x\,y\,z$ nicht notwendig gegen den Erdradius R vernachlässigt werden sollen, so lauten die Bewegungsgleichungen:

$$x'' = 2\,n \cdot \sin \gamma_0 \cdot y' - 2\,n \cdot \cos \gamma_0 \cdot z' - n^2 \cdot x, \tag{4}$$

$$y'' = -\,2\,n \cdot \sin \gamma_0 \cdot x' - n^2 \cdot \sin \gamma_0 \cdot \{z \cdot \cos \gamma_0 - y \cdot \sin \gamma_0 + R \cdot \cos \gamma_0\}, \tag{5}$$

$$z'' = 2\,n \cdot \cos \gamma_0 \cdot x' + g + n^2 \cdot \cos \gamma_0 \cdot \{z \cdot \cos \gamma_0 - y \cdot \sin \gamma_0 + R \cdot \cos \gamma_0\}. \tag{6}$$

Diese Gleichungssysteme lassen sich in aller Strenge lösen. Am einfachsten das System der Gleichungen (1) bis (3). Diese lassen eine erste Integration ohne weiteres zu. Bedeuten $a\,b\,c$ die Komponenten der Anfangsgeschwindigkeit des Geschosses in der Richtung der x-, bzw. y-, bzw. z-Achse, so ist

$$x' = 2\,n \cdot \sin \gamma \cdot y - 2\,n \cdot \cos \gamma \cdot z + a, \tag{7}$$

$$y' = -\,2\,n \cdot \sin \gamma \cdot x + b, \tag{8}$$

$$z' = 2\,n \cdot \cos \gamma \cdot x - g \cdot t + c. \tag{9}$$

Diese Werte von y' und z' in (1) eingesetzt gibt

$$x'' + 4\,n^2 \cdot x = 2\,n \cdot \cos \gamma \cdot g \cdot t + 2\,n \cdot \sin \gamma \cdot b - 2\,n \cdot \cos \gamma \cdot c. \tag{10}$$

Dies ist eine lineare Differentialgleichung zwischen x und t mit Störungsglied; sie läßt sich leicht integrieren, z. B. mit Hilfe der Methode der komplementären Funktion; die Integrationskonstanten ergeben sich dabei aus den Anfangsbedingungen (für $t = o$ ist $x = o$ und $x' = a$). Damit kennt man x für jede Zeit t, folglich auch x' in Funktion von t, und folglich lassen sich auch y und z aus den Gleichungen (2) und (3) in Funktion von t gewinnen. Damit ist die

Lage (xyz) des Geschosses zu jeder Zeit t bekannt. Das Ergebnis der Rechnung ist folgendes:

$$x = \frac{p}{2n}\left(1 - \cos 2nt\right) + \frac{q}{2n}\left(t - \frac{\sin 2nt}{2n}\right) + \frac{a}{2n}\sin 2nt, \tag{11}$$

$$y = b\cdot t - p\cdot\sin\gamma\cdot\left(t - \frac{\sin 2nt}{2n}\right) - q\cdot\sin\gamma\cdot\left(\frac{t^2}{2} + \frac{\cos 2nt}{4n^2} - \frac{1}{4n^2}\right)$$
$$+ \frac{a\sin\gamma}{2n}\cdot(\cos 2nt - 1), \tag{12}$$

$$z = c\cdot t - \frac{gt^2}{2} + p\cdot\cos\gamma\cdot\left(t - \frac{\sin 2nt}{2n}\right) + q\cdot\cos\gamma\cdot\left(\frac{t^2}{2} + \frac{\cos 2nt}{4n^2} - \frac{1}{4n^2}\right)$$
$$- \frac{a\cdot\cos\gamma}{2n}(\cos 2nt - 1). \tag{13}$$

Dabei bedeuten: x, y, z die Koordinaten des Geschosses nach t sec, und zwar, mit dem $+$-Zeichen, x wagrecht nach Osten, y wagrecht nach Norden, z lotrecht nach oben; entsprechend a die Komponente der Anfangsgeschwindigkeit v_0 wagrecht nach Osten, b dieselbe nach Norden, c dieselbe lotrecht nach oben; $+\gamma$ die nördliche geographische Breite; n die Winkelgeschwindigkeit der Erddrehung, $n = \frac{2\pi}{24\cdot 60\cdot 60}$ sec^{-1}; $g = 9{,}81$ m$\cdot$sec^{-2}; p und q die Abkürzungen: $p = b\cdot\sin\gamma - c\cdot\cos\gamma$; $q = g\cdot\cos\gamma$. Meistens ist ferner genügend genau:

$$\frac{1 - \cos 2nt}{2n} = nt^2; \quad \frac{1 - \cos 2nt}{4n^2} = \frac{t^2}{2}; \quad \frac{2nt - \sin 2nt}{2n} = \tfrac{2}{3}n^2 t^3.$$

Zweckmäßiger benützt man die Lösung in der folgenden Form. Die Erdrotation bewirkt eine

Schußweitenvergrößerung (in m)

$$= \frac{4n\cdot v_0^3\cos\gamma\cdot\sin\varphi}{3g^2}\left[4\cos^2\varphi - 1\right]\cdot\sin\psi, \tag{14}$$

Rechtsabweichung (in m)

$$= \frac{4n\cdot v_0^3}{3g^2}\cdot\sin^2\varphi\cdot\left[3\cos\varphi\cdot\sin\gamma + \sin\varphi\cos\gamma\cdot\cos\psi\right], \tag{15}$$

Flugzeitvergrößerung (in sec)

$$= 2T\cdot\cos\varphi\cdot\cos\gamma\cdot\sin\psi\cdot\frac{v_0 n}{g},$$

also

$$T = \frac{2v_0\sin\varphi}{g}\cdot\left(1 + \frac{2}{g}v_0\cdot n\cdot\cos\varphi\cdot\cos\gamma\cdot\sin\psi\right). \tag{16}$$

In diesen Gleichungen (14) bis (16) bedeutet auf der nördlichen Halbkugel: n wieder die Winkelgeschwindigkeit der Erddrehung; $g = 9{,}81$; v_0 die Anfangsgeschwindigkeit des Geschosses (m/sec); φ den Abgangswinkel; γ die geographische Breite; ψ den Winkel, den die Schußebene gegen die Richtung nach Süden bildet, wobei ψ positiv gemessen wird von Süden über Osten nach Norden und Westen; es ist somit für den Schuß nach Süden $\psi = o$; für den Schuß nach Osten $\psi = 90^0$; für den Schuß nach Norden $\psi = 180^0$; für den Schluß nach Westen $\psi = 270^0$. Auf der südlichen Halbkugel ist γ negativ zu nehmen.

Beispiele. 1. Beim Schuß nach Norden und am Äquator $(\gamma = o)$ tritt Linksabweichung ein vom Betrag $\dfrac{4}{3} \dfrac{n}{g^2} v_0^3 \sin^3 \varphi$. Dies ergibt sich aus (11), indem man hat: $a = o$; $p = -c = -v_0 \sin \varphi$; $q = g$, also $x = -c \cdot n \cdot T^2 + g \dfrac{n T^3}{3}$ oder, da $T = \dfrac{2 v_0}{g} \sin \varphi$ ist, $x = -\dfrac{4}{3} \dfrac{n}{g^2} v_0^3 \sin^3 \varphi$; oder einfacher aus (15), wo $\sin \gamma = o$, $\cos \gamma = 1$, $\cos \psi = -1$ ist.

2. Schuß nach Süden unter der geographischen Breite $\gamma = 45^0$ mit Anfangsgeschwindigkeit $v_0 = 1600$ m/sec und Abgangswinkel $\varphi = 45^0$. Wie groß ist die Seitenabweichung im Auffallpunkt?

Da $\sin \varphi = \sin \gamma = \cos \varphi = \cos \gamma = 0{,}7071$; $\psi = o$ ist, so erhält man eine Rechtsabweichung von 4100 m.

B. Allgemein, auch für den lufterfüllten Raum.

Die betreffende Flugbahnaufgabe sei zunächst ohne Rücksicht auf die Erdrotation, also in der gewöhnlichen Weise nach einer der Methoden der Abschnitte 4 bis 8, oder nach der graphischen Methode § 34 für den lufterfüllten Raum gelöst. Man kennt dann die Koordinaten der Flugbahn für irgendeine Zeit t unter dieser Voraussetzung; sie seien mit ξ, η, ζ bezeichnet; z. B. wenn es sich um einen Schuß nach Osten zu handelt, bedeutet ξ dasselbe, was in Abschnitt 3 bis 8 mit x bezeichnet wurde, nämlich die jeweilige wagrechte Entfernung des Geschosses vom Abgangspunkt nach der Zeit t, ζ bedeutet die jeweilige Flughöhe, η die durch Geschoßrotation erzeugte und für irgendein t berechnet gedachte Seitenabweichung, wobei η negativ sein wird, da die Geschoßrotation (bei Rechtsdrall) eine Rechtsabweichung mit sich bringt. Ferner mögen nunmehr $x y z$ die Koordinaten des Geschosses zur Zeit t mit Rücksicht auf die Erdrotation und auf den Luftwiderstand bedeuten. Dann ist offenbar

$$x'' = 2 n \sin \gamma \cdot y' - 2 n \cos \gamma \cdot z' + \xi''(t); \qquad (17)$$

$$y'' = -2 n \sin \gamma \cdot x' + \eta''(t); \qquad (18)$$

$$z'' = 2 n \cos \gamma \cdot x' + \zeta''(t); \qquad (19)$$

ebenso

$$x' = 2 n \sin \gamma \cdot y - 2 n \cos \gamma \cdot z + \xi'(t); \qquad (20)$$

$$y' = -2 n \sin \gamma \cdot x + \eta'(t); \qquad (21)$$

$$z' = 2 n \cos \gamma \cdot x + \zeta'(t). \qquad (22)$$

Denn die Beschleunigungen x'', y'', z'' setzen sich zusammen aus denen, die für die Geschoßbewegung im lufterfüllten Raum ohne Berücksichtigung der Erdumdrehung gelten, und denen, die für die Erdumdrehung allein bestehen, nämlich den rechten Seiten der Gleichungen (1) bis (3) nach Fortlassung des Anteils $-g$ der Erdbeschleunigung.

Hier sind n und γ bekannte Konstanten und $\xi\,\eta\,\zeta$ samt ihren Ableitungen nach der Zeit sind aus der erwähnten vorläufigen Lösung des Problems ohne Rücksicht auf die Drehung der Erde als bekannte Funktionen der Zeit anzusehen. Setzt man (21) und (22) in (17) ein, so erhält man

$$x'' + 4\,n^2\,x = f(t),\tag{23}$$

wo $f(t) = 2\,n\sin\gamma\cdot\eta'(t) - 2\,n\cos\gamma\cdot\zeta'(t) + \xi''(t)$ eine bekannte Funktion von t ist. Diese Differentialgleichung wird mittels der Methode der Variation der Konstanten und unter Zuhilfenahme des Integraphen von Abdank-Abakanowitz mechanisch gelöst. Man erhält damit x, folglich auch x' in Funktion von t; dann erhält man durch weitere mechanische Integration aus (18) und (19) auch y und z in Abhängigkeit von t, womit man die Lage $(x\,y\,z)$ des Geschosses unter dem Einfluß von Schwere, Luftwiderstand und Erdrotation für irgendeine Zeit kennt.

Es wird durch Integration von (23):

$$x = \frac{1}{2\,n}\sin 2\,n\,t\cdot\int_0^t f(t)\cdot\cos 2\,n\,t\cdot dt - \frac{1}{2\,n}\cos 2\,n\,t\cdot\int_0^t f(t)\sin 2\,n\,t\cdot dt,$$

oder mit Einsetzen des Wertes von $f(t)$ und nach zweimaliger teilweiser Integration hat man folgendes Ergebnis:

Zusammenstellung.

$$x = \xi + \varDelta x,\tag{I}$$

wobei

$$\varDelta x = +\,2\,n\sin\gamma\cdot\sin 2\,nt\cdot\int_0^t\eta\cdot\sin 2\,nt\cdot dt + 2\,n\sin\gamma\cdot\cos 2\,nt\cdot\int_0^t\eta\cdot\cos 2\,nt\cdot dt$$

$$-\,2\,n\cos\gamma\cdot\sin 2\,nt\cdot\int_0^t\zeta\cdot\sin 2\,nt\cdot dt - 2\,n\cos\gamma\cdot\cos 2\,nt\cdot\int_0^t\zeta\cdot\cos 2\,nt\cdot dt$$

$$-\,2\,n\sin 2\,nt\cdot\int_0^t\xi\cdot\cos 2\,nt\cdot dt - 2\,n\cos 2\,nt\cdot\int_0^t\xi\cdot\sin 2\,nt\cdot dt,$$

$$y = \eta + \varDelta y,\tag{II}$$

wobei

$$\varDelta y = -\,2\,n\sin\gamma\cdot\int_0^t x\cdot dt$$

(für x ist dabei der Ausdruck (I) eingesetzt zu denken);

$$z = \zeta + \varDelta z, \tag{III}$$

wobei

$$\varDelta z = + 2\,n\cos\gamma \cdot \int\limits_0^t x \cdot dt$$

(für x ist dabei der Ausdruck (I) eingesetzt zu denken).

Die hier noch vorkommenden Integrale

$$\int \xi \cdot {}^{\sin}_{\cos} 2\,n\,t \cdot dt, \qquad \int \eta \cdot {}^{\sin}_{\cos} 2\,n\,t \cdot dt, \qquad \int \zeta \cdot {}^{\sin}_{\cos} 2\,n\,t \cdot dt$$

werden mit dem Integraphen ausgewertet. Eine bestimmte Luftwiderstandsfunktion ist bei diesem Verfahren, das der Verfasser seit 1909 benützt, um die durch die Erdrotation allein bewirkten Änderungen $\varDelta x$, $\varDelta y$, $\varDelta z$ der Koordinaten des Geschosses zur Zeit t zu berechnen, nicht vorausgesetzt.

Es leuchtet ein, daß diese Ausdrücke (I) bis (III) auch für den luftleeren Raum Gültigkeit haben; es bedeuten dann $\xi\eta\zeta$ die Koordinaten des Geschosses in Funktion von t für den luftleeren Raum, (vgl. die Gleichungen (11), (12), (13) s. o.).

Beispiel (wie oben, aber mit Rücksicht auf den Luftwiderstand):

Ein Geschoß von 30,5 cm Kaliber, Gewicht 445 kg, Länge 3,5 Kal., Abrundungsradius 2 Kal., Anfangsgeschwindigkeit 820 m/sec wird unter dem Abgangswinkel $\varphi = 44^0$ nach Norden abgefeuert; geographische Breite des Abgangsortes $\gamma = + 54^0$, Barometerstand am Boden 760 mm, Lufttemperatur 15,5° C, relative Luftfeuchtigkeit 50°/₀: Enddrallwinkel des Geschützes 25 Kal.

(Ohne Rücksicht auf die Drehung der Erde berechnet sich: im luftleeren Raum die Schußweite zu 68500 m, die Gipfelhöhe der Bahn zu 16500 m; im lufterfüllten Raum: Schußweite 33900 m, Gipfelabszisse 19400 m, Gipfelordinate 10980 m.)

Soll der Einfluß der Erdrotation (im lufterfüllten Raum) rechnerisch bestimmt werden, so bedeutet nach den obigen Festsetzungen über $xyz\,\xi\eta\zeta$ im vorliegenden Fall eines Schusses nach Norden, falls $t = T$ die gesamte Flugzeit vorstellt: ξ die Seitenabweichung durch Geschoßrotation im lufterfüllten Raum ohne Erddrehung, η die Schußweite ohne Erddrehung, ζ die Flugbahnordinate ohne Rücksicht auf Erddrehung (also $\zeta = 0$ am Ende der Bahn); x ist die gesamte Seitenabweichung durch Geschoßrotation und Erddrehung, y die Schußweite mit Rücksicht auf Erddrehung (und Luftwiderstand), z die Endordinate unter gleichen Umständen (also $z = 0$ am Ende der Bahn).

Von diesen Größen wurden η und ζ in Funktion von t nach Abschnitt 5, § 28 berechnet, ξ in Funktion von t mittels der Formel (vgl. § 59):

$$\xi = \lambda \cdot v_0 \cdot \mathrm{tg}\,\varDelta \cdot \frac{1}{l} \left(\varphi \cdot t - \int\limits_0^T \vartheta \cdot dt \right).$$

Dabei ist v_0 die Anfangsgeschwindigkeit, $\varDelta$ der Enddrallwinkel, l die Geschoßlänge in Kal., ϑ der jeweilige Horizontalneigungswinkel der Bahntangente, λ ein empirischer Faktor, $\lambda = 1{,}158$. Damit fand sich:

$$\int_0^T \eta \cdot \sin 2\,n\,t \cdot dt = 15872 ; \qquad \int_0^T \eta \cdot \cos 2\,n\,t \cdot dt \;\; 1\,824\,000 ;$$

$$\int_0^T \zeta \cdot \sin 2\,n\,t \cdot dt = 4544 ; \qquad \int_0^T \zeta \cdot \cos 2\,n\,t \cdot dt \; = 688\,000 ;$$

$$\int_0^T \xi \cdot \cos 2\,n\,t \cdot dt = 80\,720 ; \qquad \int_0^T \xi \cdot \sin 2\,n\,t \cdot dt \;\; 2264 .$$

Somit wird am Ende der Bahn:

$$\varDelta x = 0{,}025 + 215{,}4 - 0{,}0053 - 59{,}0 - 0{,}160 - 0{,}33 = \text{rund} + 156 \text{ m} .$$

Ferner

$$\int_0^T x \cdot dt = 84\,282 ,$$

also

$$\varDelta y = -\,9{,}96 = \text{rund} - 10 \text{ m} .$$

Also ist das **Ergebnis**: Durch die Erdrotation allein wird (bei diesem Abgangswinkel von 44 ^{0}) die Schußweite um 10 m verkürzt und eine Rechtsabweichung von 156 m bewirkt. Auch der letztere Betrag kann mit Rücksicht auf die Geschoßstreuungen und neben der durch Geschoßrotation bewirkten Rechtsabweichung mutmaßlich vernachlässigt werden; denn die letztere Rechtsabweichung berechnet sich, sehr unsicher, zu etwa 2000 m am Ende der Bahn. (Berechnung dieses Beispiels durch Oblt Schatte.)

Anmerkung 1. S. D. Poisson benützt die obigen Bewegungsgleichungen für die Geschoßbewegung mit Rücksicht auf Luftwiderstand und Erdrotation unter Voraussetzung des quadratischen Luftwiderstandsgesetzes, Verzögerung $= c \cdot v^2 = c \left(\dfrac{d s}{d t}\right)^2$: d. h. er nimmt in (17) bis (19)

$$\begin{aligned}
\xi'' &= -c \cdot \left(\frac{d s}{d t}\right)^2 \cdot \frac{d x}{d s} = -c \cdot \frac{d s}{d t}\frac{d x}{d t} = -c \cdot s' \cdot x' ; \\[4pt]
\eta'' &= -c \cdot s' \cdot y' ; \qquad \zeta'' = -c\,s'\,z' - g ,
\end{aligned} \tag{18}$$

sucht jedoch die beiden Einflüsse des Luftwiderstandes und der Erdrotation gleichzeitig (statt wie oben nacheinander) zu berücksichtigen; dabei wird er auf Doppelintegrale geführt, für die sich nur Grenzen angeben lassen. Z. B. erhält er für eine Bombe von 51 kg Gewicht und 27 cm Kaliber mit $\varphi = 45^0$ und $v_0 = 120$ m/sec unter der Breite von Paris Rechtsabweichungen zwischen 0,9 und 1,2 m, dabei Wurfweite 1200 m. Bei einer Granate von 90 kg Gewicht und 33 cm Kaliber, mit $\varphi = 45^0$ und einer Schußweite von 4000 m, erhält er (beim Schuß nach Osten) Rechtsabweichungen zwischen 5 und 10 m usw.

Anmerkung 2. St. Robert benützt ein Koordinatensystem der $x\,y\,z$, dessen x- und y-Achse in der Schußebene liegen, die x-Achse wagrecht und positiv in der Schußrichtung, die y-Achse lotrecht nach oben, die z-Achse positiv nach der rechten Seite der Schußebene. Die Schußebene selbst bilde mit dem Meridian, und zwar mit der Richtung nach Süden, einen Winkel β. Die betreffenden Gleichungen statt (1) bis (3) erhält man durch Drehung unserer bisherigen $x\,y$-Ebene um die Lotrechte und mit der erwähnten Bezeichnung der Koordinaten in der Form

$$x'' = -2\,n\,(\sin\gamma\cdot z' + \cos\gamma\cdot\sin\beta\cdot y')\;; \tag{19}$$

$$y'' = 2\,n\,\cos\gamma\,(\sin\beta\cdot x' - \cos\beta\cdot z') - g\,: \tag{20}$$

$$z'' = 2\,n\,(\sin\gamma\cdot x' + \cos\gamma\cdot\cos\beta\cdot y')\;. \tag{21}$$

Dies für den luftleeren Raum. Für den lufterfüllten Raum lauten die Gleichungen

$$x'' = -2\,n\,(z'\sin\gamma + y'\cos\gamma\sin\beta) + \xi''\;; \tag{22}$$

$$y'' = +2\,n\,\cos\gamma\,(x'\sin\beta - z'\cos\beta) + \eta''\,: \tag{23}$$

$$z'' = +2\,n\,(x'\sin\gamma + y'\cos\gamma\cos\beta) + \zeta''\;. \tag{24}$$

Dabei bedeuten $\xi\,\eta\,\zeta$ die Koordinaten des Geschosses, wie sie in der früheren Weise **ohne** Rücksicht auf Erddrehung erhalten worden sind; ξ die **wagrechte** Entfernung, η die Flughöhe, ζ die Seitenabweichung durch Geschoßrotation. Die Integration gibt

$$x' = -2\,n\,\sin\gamma\cdot z - 2\,n\,\cos\gamma\,\sin\beta\cdot y + \xi'\;; \tag{25}$$

$$y' = 2\,n\,\cos\gamma\cdot\sin\beta\cdot x - 2\,n\,\cos\gamma\cdot\cos\beta\cdot z + \eta'\;; \tag{26}$$

$$z' = 2\,n\,\sin\gamma\cdot x - 2\,n\,\cos\gamma\cdot\cos\beta\cdot y + \zeta'\;. \tag{27}$$

Setzt man diese Werte von $x'\,y'\,z'$ aus (25) bis (27) in (22) bis (24) ein und vernachlässigt dabei die mit n^2 multiplizierten Glieder gegenüber denjenigen, die nur mit n behaftet sind $\left(\text{da } n^2 = \left(\dfrac{2\,\pi}{24\cdot 60\cdot 60}\right)^2 \text{ ist}\right)$, so wird erhalten

$$x'' = -2\,n\,\sin\gamma\cdot\zeta' - 2\,n\,\cos\gamma\cdot\sin\beta\cdot\eta' + \xi''\;;$$

entsprechend die drei anderen Gleichungen: durch Integration

$$x = \xi - 2\,n\,\sin\gamma\cdot\int_0^t \zeta\cdot dt - 2\,n\,\cos\gamma\cdot\sin\beta\cdot\int_0^t \eta\cdot dt$$

und ebenso die drei übrigen.

In diesem Sinne hat N. Sabudski das Lösungsverfahren wieder aufgenommen und das Problem bis zu geschlossenen Formeln weitergeführt, wofür er bequeme Tabellen berechnete. Man könnte gegen diese Methode von St. Robert-Sabudski möglicherweise einwenden, daß erst nachzuweisen wäre, ob die Vernachlässigung der Glieder mit n^2 gegenüber denen mit n von vornherein gestattet ist oder nicht. Denn ein solches Verfahren bedeutet, daß $-2\,n\,\sin\gamma\cdot z$ und $-2\,n\,\cos\gamma\cdot\sin\beta\cdot y$ gegenüber ξ', ebenso $2\,n\,\cos\gamma\cdot\sin\beta\cdot x$ und $2\,n\,\cos\gamma\cdot\cos\beta\cdot z$ gegenüber η', endlich $2\,n\,\sin\gamma\cdot x$ und $2\,n\,\cos\gamma\cos\beta\cdot y$ gegen ζ' als genügend klein angenommen werden. Das vom Verfasser benützte Verfahren ist von jenen Vernachlässigungen frei; tatsächlich zeigt sich dann, daß für das berechnete Beispiel die beiden Verfahren ziemlich übereinstimmende Resultate liefern, so daß hierbei in der Tat von den erwähnten Tabellen von Sabudski Gebrauch gemacht werden darf.

§ 54. Die regelmäßigen Seitenabweichungen der Infanteriegeschosse bei aufgestecktem Seitengewehr.

Seit langer Zeit wurde beobachtet, daß, wenn das Seitengewehr auf der rechten Seite des Laufs vorn aufgesteckt war, die Geschosse nach **links** abweichen. In den z. T. offiziellen Lehrbüchern der siebziger und achtziger Jahre des vorigen Jahrhunderts (Stacharowski, Neumann, Weygand, Hentsch) war dies als feststehende und allgemeine Tatsache aufgeführt (siehe Literaturnote), und es wurde nur noch nach der Erklärung dieser eigentümlichen Erscheinung gesucht.

Zunächst wurde die Linksabweichung damit erklärt, daß die aus der Laufmündung austretenden Pulvergase sich an der rechts befindlichen Seitengewehrklinge stauen und auf das vorbeifliegende Geschoß eine Rückwirkung nach links hin ausüben. Aber nachdem es sich gezeigt hatte, daß die Abweichung wegfiel, wenn ohne Seitengewehr an einer in gleichem Abstand rechts befindlichen Wand vorbeigeschossen wurde, und daß die Abweichung mitunter größer, nicht kleiner wurde, wenn man das Seitengewehr senkrecht zum Lauf befestigte, war dieser Erklärungsgrund als Hauptgrund hinfällig.

Längere Zeit, etwa 15 bis 18 Jahre, galt sodann der Rücklauf des Gewehrs und Seitengewehrs als eines einzigen starren Systems infolge der Reaktion des Gasdrucks und die Drehung dieses Systems um den rechts von der Seelenachse liegenden Gesamtschwerpunkt als Hauptgrund der Erscheinung. Eine mathematische Behandlung auf Grund der diesbezüglichen mechanischen Vorstellung wurde 1885 vom Verfasser und 1888 in einfacherer Weise, nämlich mit Hilfe des Flächensatzes, von F. Kötter durchgeführt. Allein später wurden dem Verfasser Tatsachen bekannt, die sich mit der genannten zweiten Erklärungsweise nicht vereinbaren lassen: die Erscheinung der Linksabweichung bei Seitengewehr rechts oder der Rechtsabweichung bei Seitengewehr links ist keine völlig allgemeine, sondern nur an die Mehrzahl der Gewehre desselben Systems oder an gewisse Systeme von Gewehren gebunden, nämlich von deutschen Gewehrsystemen insbesondere an das Zündnadelgewehr und an M. 71 und M. 71/84. Über österreichische Gewehre berichtet A. Ch. Minarelli-Fitzgerald, daß bei Gewehren desselben Systems, mit Seitengewehr links, teils Rechts-, teils Linksabweichungen beobachtet wurden. Gleiches fand sich beim deutschen Gewehr M. 88 (Seitengewehr rechts, am Mantel des Laufs befestigt). Wurde ferner ein Gewehr M. 71 am Rücklauf verhindert und war das Seitengewehr nicht rechts, sondern unten befestigt, so blieb eine Linksabweichung, während nach jener zweiten Erklärungsweise zu erwarten gewesen wäre, daß die Abweichung wegfällt.

So mußte nach einer dritten Erklärungsweise, nach einem weiteren Einfluß gesucht werden. Dieser Einfluß liegt in den elastischen Deformationen, in den beginnenden Transversalschwingungen des Laufs (vgl. Band III). Die Schwingungen eines Gewehrlaufs M. 71 wurden 1901 von K. R. Koch und dem Verfasser (wie früher

1899 in lotrechter Richtung, so nunmehr in wagrechter Richtung) mit photographischen Methoden untersucht (vgl. Lit.-Note). Es ergab sich dabei folgendes:

Sofort nach der Explosion beginnt der Lauf transversal zu schwingen, im Grundton und in den Obertönen. Hierbei geht die Mündung nach oben und unten und gleichzeitig nach links und rechts, die Mündung führt also elliptische Schwingungen aus. Was allein die horizontalen Schwingungen betrifft, so bewegt sich die Mündung zunächst nach links, dann durch die Gleichgewichtslage hindurch nach rechts usw. Das Geschoß tritt aus dem Lauf aus, wenn sich die Mündung schon etwas rechts befindet (der Moment des Geschoßaustrittes wurde stets durch Funkenphotographie markiert). Dieser Verbiegung der Mündungsteile entsprechend saß der Schuß etwas rechts.

So verhielt sich der Lauf, wenn ohne Seitengewehr geschossen wurde. Wenn nun das Seitengewehr aufgesteckt wurde, so verlangsamten sich naturgemäß die Schwingungen, da jetzt die schwingende Masse eine größere war, und es war somit zu vermuten, daß das vordere Laufende noch nach links verbogen sei, während das Geschoß die Mündung passiert. In der Tat zeigt die photographische Aufnahme beides: die Verlangsamung der Schwingungen und die Deformation des Mündungsteils nach links in jenem Moment. Für die Abgangsrichtung des Geschosses — ob nach rechts oder nach links — erwies sich bei diesen horizontalen Schwingungen der zweite Oberton maßgebend (kombiniert mit dem ersten bzw. dritten Oberton); seine Schwingungsdauer betrug ohne Seitengewehr etwa 0,0016 sec, mit Seitengewehr 0,0036 sec. Der Schuß schlug, entsprechend der Deformation des Laufendes und entsprechend der Schwingungsphase, auf der linken Seite ein.

Die Erklärung der fraglichen Erscheinung liegt somit kurz gesagt darin, daß die elastischen Deformationen des Laufes, die beginnenden Transversalschwingungen, durch die angehängte Seitengewehrmasse abgeändert werden. Eine Bestätigung dieser Erklärungsweise war dadurch gegeben, daß gewisse Erscheinungen damit vorhergesagt werden konnten: durch allmähliche Verringerung der Pulverladung bei sonst gleichen Umständen ließ sich erzielen, daß bei demselben Gewehrexemplar M. 71 mit Seitengewehr rechts das Geschoß in immer späteren Schwingungsphasen des zweiten Obertons aus der Mündung austrat, und daß somit abwechselnd Links- und Rechtsschuß erfolgte. Die verschiedenen Gewehrexemplare desselben Systems zeigten sich übrigens auch in dieser Hinsicht etwas verschieden.

§ 55. Einseitige Abweichungen durch Geschoßrotationen.
Abweichungen kugelförmiger Geschosse.

Bei den früheren kugelförmigen Geschossen waren die hierher gehörigen Abweichungen lange Zeit zufällige, veranlaßt durch regellose Rotation der Kugeln. Diese Rotationen hatten ihre Ursache darin, daß immer etwas Spielraum zwischen Kugel und Rohrwandung blieb und daß die Kugeln einmal oder mehrmals innerhalb des Rohres an der Wandung reflektierten oder darin, daß die Pulvergase z. T. neben der Kugel sich herausdrängten und wegen des dadurch bewirkten einseitigen Drucks die Kugel ins Rollen brachten.

Um die Rotationen der Kugel zu im voraus bestimmbaren und damit die Abweichungen zu einseitigen, konstanten zu machen, wurden von etwa 1830 ab eine Zeitlang exzentrische Kugeln benützt. Wurde eine solche Kugel z. B. mit „Schwerpunkt unten" in das Rohr gelegt und abgefeuert, so drehte sich, wenigstens anfangs, die Kugel um eine wagrechte Achse von oben über vorn nach unten (da die Resultante der Pulvergasdrücke nach dem geometrischen Mittelpunkt der Kugel gerichtet war, der oberhalb des Schwerpunktes lag, und da der Pulvergasdruck den Luftwiderstand bei weitem überwog); dann aber erfolgte eine Abweichung des Schwerpunktes der Kugel nach unten, eine Verkürzung der Flugbahn und meist eine Vergrößerung des Einfallwinkels. Mit „Schwerpunkt oben" erfuhr die Kugel eine Abweichung nach oben und damit, bei Abgangswinkeln unter 45°, eine Verlängerung der Flugbahn, dagegen bei sehr großen Abgangswinkeln eine Verkürzung der Schußweite.

In einem extremen Fall, den Heim 1840 beobachtete, erfolgte sogar ein Aufschlagen der Kugel hinter dem Mörser (s. Abbildung 76).

Einige Versuchsreihen sind hier angeführt:

1. Versuche zu Metz 1839, ausgeführt von Didion, Morin und Piobert (Kaliber 22 cm; Abgangswinkel 4° 6'; Exzentrizität 0,0015 m bis 0,0020 m):

Pulver-gewicht	Kugel-gewicht	Normale Schußweite ohne Exzentrizität	Schußweite mit Exzentrizität	
			Schwer-punkt an-fangs unten	Schwerpunkt anfangs oben
1,5 kg	26,6 kg	708 m	(keine Exzentrizität, also 708 m)	
1,5 „	29,9 „	708 „	518	950, dabei 8,6 Touren pro sec
1,5 „	27,9 „	708 „	548	941, „ 8 „ „ „
1,5 „	26,6 „	869 „	(keine Exzentrizität, also 869 m)	
1,5 „	29,9 „	869 „	712	1163, dabei 8,6 Touren pro sec
1,5 „	27,9 „	869 „	731	1009, „ 8 „ „ „
3 „	26,6 „	1170 „	(keine Exzentrizität, also 1170 m)	
3 „	29,9 „	1170 „	1072	1557, dabei 8,6 Touren pro sec
3 „	27,9 „	1170 „	1117	1320, „ 8 „ „ „

Dabei beträgt für die Kugel von 27,9 kg die hebende Kraft „Schwerpunkt oben" etwa 7,1 kg.

2. Versuche von Heim, Ulm 1840, mit exzentrischen Granaten aus dem zehnpfündigen Mörser (S. 330).

3. Versuche von Heim mit exzentrischen Granaten aus der zehnpfündigen Haubitze (S. 331).

[„Die Entfernungen sind in Schritten zu 2,75 württ. Fuß angegeben. Mittlere Seitenabweichung ist der durch die Zahl der Würfe dividierte Unterschied zwischen der Summe der Abweichungen nach der einen und der Summe der Abweichungen nach der anderen Seite.

Breite des Raumes der Seitenabweichungen die Summe der größten Abweichung nach der einen und jener nach der andern Seite, wenn die Geschosse nach beiden Seiten, und der Unterschied zwischen der größten und kleinsten Abweichung, wenn sie nur nach einer Seite abwichen", Bemerkungen von Heim.]

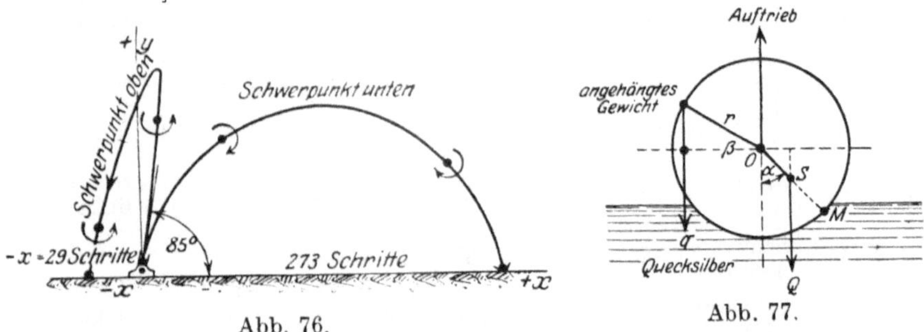

Abb. 76.   Abb. 77.

Das Nichtzusammenfallen von Schwerpunkt und Kugelmittelpunkt wurde durch Aushöhlungen bewirkt. Die Lage des Schwerpunkts innerhalb der Kugel ergab sich sodann durch zwei Versuche. Erstens ließ man die Kugel auf Quecksilber schwimmen und bezeichnete sodann den Punkt, der am höchsten lag; dessen Verbindungslinie mit dem Kugelmittelpunkt gab verlängert denjenigen Durchmesser an, auf welchem der Schwerpunkt lag; damit kannte man die Richtung von OSM. Um ferner den Abstand OS zwischen Kugelmittelpunkt O und Schwerpunkt S oder die speziell so genannte Exzentrizität x zu finden, hängte man an einer bestimmten Stelle der Oberfläche ein Gewicht q an und beobachtete die neue Gleichgewichtslage (vgl. Abbildung 77); die drei Kräfte: Gewicht q der angehängten Masse, Auftrieb und Gewicht Q der Kugel allein (im Schwerpunkt S vereinigt gedacht) hielten sich dann das Gleichgewicht; man maß die Winkel α und β und hatte die Momentengleichung

$$q \cdot r \cdot \cos \beta = Q \cdot x \cdot \sin \alpha,$$

woraus die Größe x der Exzentrizität erhalten wurde.

Die Rotationsgeschwindigkeit bestimmte man entweder durch Berechnung aus Gas- und Atmosphärendruck oder sicherer durch Messung: in einer kleinen Entfernung von der Mündung wurde eine Scheibe aufgestellt; Marken, die an der Kugel angebracht waren, zeichneten sich beim Durchgang der Kugel durch die Scheibe ab, so daß man wußte, welche Stelle der Kugel während des Durchgangs sich gerade oben befand; z. B. fand man bei Kugeln von 15 cm Kaliber und bei 0,5 kg Pulverladung, daß die Kugel anfangs 18,8 Touren pro Sekunde machte; dies ist eine am Umfang gemessene Geschwindigkeit der Rotation von 5 m/sec, gleich $\frac{1}{52}$ der Translationsgeschwindigkeit.

Ladung in Loten	Erhöhung des Geschützes in Graden	Lage des Geschosses im Rohre	Anzahl der Würfe	Mittlere Wurfweite	Unterschied zwischen der größten und kleinsten Wurfweite	Mittlere Seitenabweichung	Breite des Raums der Seitenabweichung	Zahl der nach jeder Seite abgewichenen Geschosse
12	35	Schwerp. oben	10	622	126	1,2 rechts	22	6 rechts 4 links
12	35	Schwerp. unten	10	517,5	91	5,9 links	25	2 rechts 8 links
12	35	Schwerp. rechts	10	561,5	126	41,2 rechts	18	10 rechts
12	55	Schwerp. oben	10	540	73	18,9 links	38	10 links
12	55	Schwerp. unten	10	523	59	13,3 links	38	1 rechts 9 links
12	55	Schwerp. rechts	3	538	57	56,3 rechts	24	3 rechts
12	55	Schwerp. links	7	529	106	40,9 links	30	7 links
12	20	Schwerp. oben	10	393	81	1,5 links	5	6 links 4 ohne Abweichung
12	20	Schwerp. unten	10	311	72	3,4 links	11	2 rechts 8 links
12	70	Schwerp. oben	10	322	61	4,1 links	46	4 rechts 5 links 1 ohne Abweichung
12	70	Schwerp. unten	10	369	60	1,3 links	36	3 rechts 6 links 1 ohne Abweichung
24	80	Schwerp. oben	3	132	64	14,3 links	83	1 rechts 2 links
24	80	Schwerp. unten	5	611	113	23,8 rechts	102	4 rechts 1 links
24	80	Schwerp. rechts	1	375		258 rechts		
24	85	Schwerp. oben	3	29,3 negativ oder rückwärts	68	21 rechts	85	2 rechts 1 links
24	85	Schwerp. unten	2	473	14	7,5 rechts	3	2 rechts
24	85	Schwerp. rechts	1	255		306 rechts		

Ladung in Pfund	Erhöhung des Geschützes in Graden	Lage des Geschosses im Rohre	Anzahl der Würfe	Mittlere Wurfweite	Unterschied zwischen der größten und kleinsten Wurfweite	Mittlere Seitenabweichung	Breite des Raums der Seitenabweichung	Zahl der nach jeder Seite abgewichenen Geschosse
$^1/_2$	$13^1/_2$	Schwerp. vorn	10	717	266	0,7 links	21	4 rechts / 6 links
$^1/_2$	$13^1/_2$	Schwerp. hinten	10	720	154	2,1 links	26	3 rechts / 6 links / 1 ohne Abweichung
$^1/_2$	$13^1/_2$	Schwerp. oben	10	907	223	7,6 links	24	1 rechts / 9 links
$^1/_2$	$13^1/_2$	Schwerp. unten	10	568	71	1 links	19	3 rechts / 7 links
$^1/_2$	$13^1/_2$	Schwerp. rechts	5	646	114	38 rechts	18	5 rechts
$^1/_2$	$13^1/_2$	Schwerp. links	5	613	78	30 links	11	5 links
$^3/_4$	10	Schwerp. hinten	10	1328	543	9 links	92	5 rechts / 5 links
$^3/_4$	10	Schwerp. oben	11	2316	244	15,9 rechts	173	6 rechts / 5 links
$^3/_4$	10	Schwerp. unten	10	1055	84	2 links	21	4 rechts / 6 links
$^3/_4$	10	Schwerp. links	10	1424	92	133,8 links	39	10 links

Die Erklärung der durch Rotationen bewirkten Geschoßabweichungen beschäftigte seit Mitte des 18. Jahrhunderts die Ballistiker, zumal nachdem 1794 die Berliner Akademie eine diesbezügliche Preisaufgabe gestellt hatte. Zu nennen sind die Namen: Robins 1742 (die Rotation soll die Richtung des Luftwiderstandes abändern), Euler 1745 (mangelhafte Rundung der Geschosse soll der Grund sein, vielleicht dachte Euler schon an die Kreiselwirkung), Lombard 1783 (ähnlich wie später Poisson), Rhode 1795 (er suchte die Ursache in der Treibkraft des brennenden Zündsatzes), Hutton 1812, Gassendi 1819, Paixhans 1822, Terquem 1826, Neumann (die „Zentrifugalkraft des Geschosses" sollte die Abweichung bewirken), Timmerhans 1841 (er folgert wenigstens richtig, daß der Grund der Abweichung außerhalb des Rohres liegen müsse, weil die Abweichung rascher als proportional mit der Entfernung von der Mündung wächst); Didion 1841 und Otto 1843 kamen der richtigen Erklärung sehr nahe. Z. B. Otto bemerkt: „Von je zwei Flächenelementen A und B, die beide gleich weit von dem in der Flugrichtung lie-

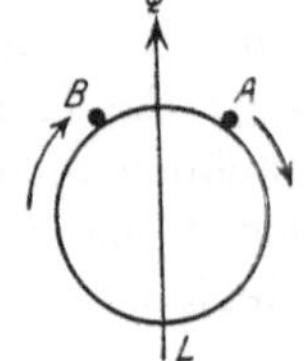

Abb. 78.

genden Durchmesser LQ abstehen, hat vor demjenigen B, dessen Geschwindigkeit durch die Umdrehung vergrößert wird, eine größere Verdichtung der Luft statt als vor demjenigen A, dessen Geschwindigkeit durch die Umdrehung vermindert wird." Otto hätte nur noch die der Kugel adhärierende Luftschicht herbeiziehen müssen, um endgültig das Problem für kugelförmige Geschosse gelöst zu haben.

In Betracht kommen wesentlich die Erklärungsweisen von Poisson 1839 und Magnus 1852:

S. D. Poisson ging rein rechnerisch vor; er berechnete zunächst den Einfluß der Erdrotation, von dem er nachwies, daß er zur Erklärung der großen Abweichung nicht genüge. Ferner zog Poisson den Einfluß der Verschiedenheiten der Luftdichten am Geschoß in Betracht: die Kugel rotiere z. B. um eine wagrechte Achse von oben über vorn nach unten. Dann ist auf der Vorderseite die Luftdichte eine größere als auf der Rückseite der Kugel; somit ist, schloß er, auch die Reibung zwischen Kugel und Luft vorn größer als hinten. Infolgedessen muß die Kugel in die Höhe gehen, wie eine gleichsinnig rotierende Kugel, gegen deren Vorderseite ein rauhes Polster gedrückt wird, an dem Polster aufwärts zu rollen sucht. (Ähnliche Wirkungen nimmt man bekanntlich bei Kegelkugeln, Billardkugeln usw. häufig wahr.) Diese Wirkung sei kurz als „Poisson-effekt" oder als „Polsterwirkung" bezeichnet.

Schon Poisson selbst und nach ihm eingehend J. P. G. v. Heim berechneten, allerdings auf Grund von unzureichenden Erfahrungen über den Einfluß der Luftdichte auf die Luftreibung, daß diese Wirkung des tangentiellen Luftwiderstands nur äußerst klein sein und die tatsächlichen Abweichungen ihrer Größe nach nicht erklären könne. (Dazu sei bemerkt, daß das Newton-Maxwellsche Gesetz über die Unabhängigkeit der Luftreibung von der Dichte nur im Intervall einer Atmosphäre experimentell bestätigt worden ist; bei Vergrößerung der Dichte und Erhöhung der Temperatur scheint die Reibung zuzunehmen). Übrigens stimmt der Sinn der Einwirkung nicht, denn in dem betrachteten Fall einer Kugel, die um eine wagrechte Achse von oben über vorn nach unten rotiert, geht die Kugel (siehe oben exzentrische Geschosse) beim Schuß tatsächlich nicht nach oben, sondern nach unten. Auch den Einfluß einer mangelhaften Rundung des Geschosses suchte Poisson in Rechnung zu ziehen.

Eine befriedigende Erklärung gab zuerst 1852 der bekannte Physiker G. Magnus auf Grund von Experimenten mit einem rotierenden Zylinder, gegen den ein Luftstrom geblasen wurde (vgl. Abb. 79):

Die Kugel bewege sich in ruhender Luft wagrecht vorwärts, etwa von links nach rechts, oder umgekehrt ruhe der Schwerpunkt der Kugel, und dieser entgegen ströme die Luft von rechts nach links heran. Die Kugel möge sich dabei in Rotationsbewegung befinden, z. B. rotiere sie um eine wagrechte Achse durch den fest gedachten Schwerpunkt von oben über vorn (rechts) nach unten. Nun bewegt sich die an der Kugel adhärierende und mit ihr rotierende Luft unterhalb bei C in gleichem Sinn wie die gegen die Kugel heranströmende Luft, oberhalb bei B dieser entgegen. Somit entsteht nach den hydrodynamischen Gesetzen oben Vergrößerung, unten Verminderung des Luftdrucks. [Daß in der Tat bei B eine Luftdruckvergrößerung, bei C eine Luftdruckverminderung eintritt, läßt sich durch Windfahnen A und D erkennen; die Fahne A bewegt sich von der Kugel weg, D nach der Kugel hin. Bei B stoßen die beiden Luftströmungen aufeinander, die Luftteilchen weichen zur Seite aus und erzeugen in der Nachbarschaft eine Vermehrung des Drucks. Bei C geht eine raschere Luftströmung über eine langsamere

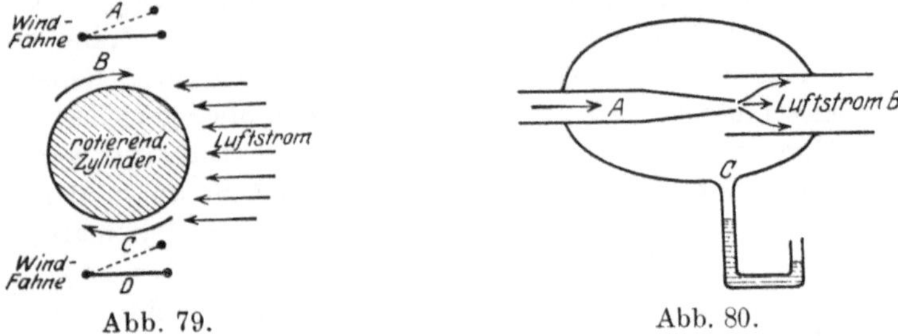

Abb. 79.   Abb. 80.

hinweg, es entsteht ein negativer Druck, ähnlich wie bei einem Zerstäuber (s. Abb. 80) bei C eine Druckverminderung durch den Luftstrom AB entsteht.] Die Folge ist ein Überdruck von oben nach unten, eine Abweichung des Schwerpunkts der Kugel von oben nach unten, wie wenn das Gewicht der Kugel vermehrt würde.

Das Ergebnis wird also sein: Abweichung nach unten (bzw. oben), wenn die Kugel um eine wagrechte Achse von oben über vorn (bzw. hinten) nach unten rotiert, und Abweichung nach rechts (bzw. links), wenn die Rotation der Kugel um eine lotrechte Achse von links über vorn (bzw. hinten) nach rechts erfolgt.

In etwas anderer Weise hat F. W. Lanchester (England) den Vorgang beschrieben. Er nimmt die Unstetigkeitsfläche zu Hilfe, die sich hinter der fliegenden Kugel erstreckt. Diese Fläche wird durch die mit der Kugel rotierende Luft gedreht. Über die näheren Einzelheiten vergleiche man die Arbeit selbst (s. Lit.-Note). Den quantitativen Ausdruck für diese Wirkung der adhärierenden Luft gewinnt man jetzt durch Überlagerung einer Zirkularbewegung der Luft, die

zur Folge hat, daß der **Staupunkt**, in dem die Luftgeschwindigkeit Null ist, verschoben wird (in der Abbildung nach oben); man
erhält dann das Resultat, daß die auf den rotierenden Körper ausgeübte seitliche Kraft proportional der Querschnittsfläche, der Luftdichte, der Translations- und Rotationsgeschwindigkeit ist.

Eine rechnerische Theorie der Abweichung von Kugeln auf Grund
dieses Einflusses der adhärierenden Luft („**Magnuseffekts**") wurde
schon von Hélie und besonders von Tait begonnen. Letzterer ging
von den entsprechenden Abweichungen des Golf- oder Tennisballes
aus und setzte die ablenkende Kraft proportional dem Produkt aus
der Translationsgeschwindigkeit v und der Rotationsgeschwindigkeit,
welch letztere als konstant behandelt wird. Die ablenkende Kraft
setzt er alsdann proportional v; und bei Rotation der Kugel z. B.
um eine wagrechte Achse von oben über hinten nach unten habe
man in der Rechnung einfach g durch $g - \mu v$ zu ersetzen, was
übrigens schon Didion andeutete. Die Rechnung zeigt, daß man
bei einer solchen Rotation eine Bahn erhält, die in der Nähe des An-
fangs- und Endpunktes konkav von oben gesehen verläuft. Es ist sogar
nicht ausgeschlossen, daß die Kurve eine nach oben gerichtete Spitze
erhält. (Über die näheren Einzelheiten und die Literatur vergleiche
das Referat von G. W. Walker über Spiel und Sport in der Ency-

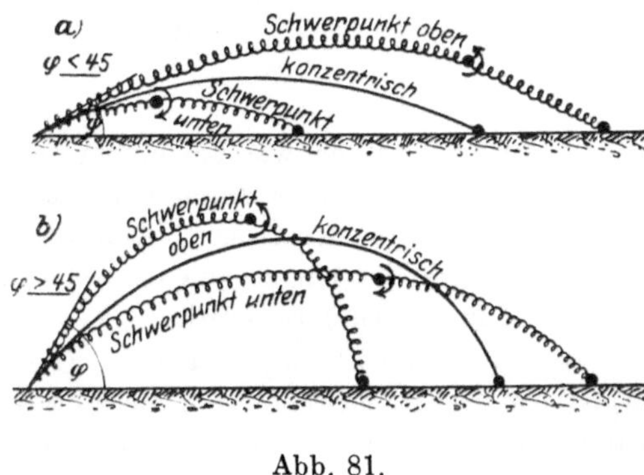

Abb. 81.

klopädie der math. Wiss.,
Bd. IV 9, Nr. 2 c.)

Tait stellte auch Ver-
suche mit rotierenden Holz-
kugeln an, die an Drähten
hingen. Oberst Ludwig
konstruierte 1853 eine
Wurfmaschine, mittels
deren der Einfluß der Ro-
tation von Kugeln auf die
Gestaltung der Flugbahn
(s. Abb. 81) demonstriert
werden konnte.

§ 56. Abweichungen der rotierenden Langgeschosse. Erfahrungstatsachen.

Das Bestreben, durch Vergrößerung der Geschoßmasse ohne gleichzeitige Vergrößerung des Geschoßkalibers mächtigere Wirkungen zu
erzielen, führte auf die systematische Verwendung von Langgeschossen, und diese wieder, wegen der Notwendigkeit, den Geschossen
Stabilität beim Flug in der Luft zu geben, auf die Anbringung von
Schraubenzügen im Rohr, wodurch das Geschoß eine mehr oder

weniger rasche Rotation um die Längsachse erhält. (Es scheint übrigens, daß schon vor Einführung der Feuerwaffen den Wurfspeeren und Armbrustbolzen aus gleichem Grunde mitunter eine Rotation um die Längsachse erteilt wurde.)

Auch bei rotierenden Langgeschossen gibt es Abweichungen von bestimmtem Sinn, die nur durch die Geschoßrotation erzeugt sind, und zwar Abweichungen sowohl in der Schußebene als auch senkrecht dazu. Die letzteren als die wichtigsten sollen im folgenden des näheren besprochen werden.

Bei rechtsgewundenen Schraubenzügen im Rohr, bei „Rechtsdrall“, erfolgen sie im allgemeinen nach rechts, bei Linksdrall (z. B. italienisches Feldgeschütz) nach links. Sie wachsen stärker als proportional der Entfernung des Geschosses von der Mündung; die Flugbahn ist daher eine doppelt gekrümmte Kurve, die bei Rechtsdrall — wenigstens im großen ganzen und abgesehen von besonderen Umständen — rechts von der Schußebene verläuft, und deren Horizontalprojektion im allgemeinen, von der Schußebene aus gesehen, konvex gekrümmt ist. Diese Seitenabweichungen, die verhältnismäßig groß sind, werden bekanntlich in der artilleristischen Praxis durch eine entsprechende Einstellung der Seitenrichtung oder automatisch durch Schrägstellung des ganzen Aufsatzes ausgeschaltet.

Was die absolute Größe der Seitenabweichungen betrifft, so mögen zunächst für die untere Winkelgruppe, nämlich für Abgangswinkel zwischen 0^0 und 45^0, einige Zahlenwerte angegeben werden, speziell solche, die mit französischen Geschützen erhalten wurden.

Nach Hélie (vgl. Lit.-Note) wurden aus einer französischen 16 cm-Kanone vom Kaliber 162,3 mm und dem End-Drallwinkel $6^0 30'$ im Jahr 1860 Ogivalgeschosse von 30,4 kg Gewicht, der Geschoßlänge 371 mm und dem halben Öffnungswinkel γ der ogivalen Spitze von $\gamma = 41^0 51'$ verfeuert. Die Anfangsgeschwindigkeit v_0 betrug 334 m/sec, der Abgangsfehlerwinkel 12'. In der folgenden Tabelle sind die Schußweiten $X\,(m)$, die Abgangswinkel φ, die durch die Geschoßrotation erzeugten Seitenabweichungen $Z\,(m)$ und die Schußzahlen n gegeben.

Schußweite X (m)	Abgangswinkel φ	Seitenabweichung Z (m)	Schußzahl n
1806	$5^0\,24'\,18''$	7,2	70
3108	$10^0\,17'\,43''$	29,0	90
5688	$25^0\,12'\,0''$	182,0	80
6579	$35^0\,12'\,0''$	324,5	60

Daß die Seitenabweichungen rascher wachsen, als die Schußweiten, also daß die Flugbahn eine doppeltgekrümmte Kurve ist,

ersieht man weiterhin aus der folgenden Tabelle für die Seitenabweichungen Z bei dem französischen Feldgeschütz M. 1897; dabei Kaliber 75 mm; konstanter Drallwinkel 7^0; Höchstgasdruck 2400 kg/qcm;
Gewicht des Schrapnells 7,24 kg; Geschoßlänge 290 mm; Anfangsgeschwindigkeit $v_0 = 529$ m/sec; Abgangsfehlerwinkel $+ 7'$; Rechtsdrall.

Schußweite X (m)	Abgangs-winkel φ	Rechts-abweichung Z (m)	Schußweite X (m)	Abgangs-winkel φ	Rechts-abweichung Z (m)
1000	$1^0 6'$	0,4	6000	$14^0 3'$	54,0
2000	$2^0 43'$	2,2	7000	$18^0 50'$	95,0
3000	$4^0 46'$	6,5	8000	$25^0 53'$	172,9
4000	$7^0 16'$	14,9	8500	$32^0 41'$	264,3
5000	$10^0 19'$	29,3			

Die Erfahrungen haben gezeigt, daß unter je sonst gleichen
Umständen die Seitenabweichung Z im Mündungshorizont
um so größer ist, je größer das Kaliber, je kleiner das Geschoßgewicht, je größer der End-Drallwinkel, je größer
die Anfangsgeschwindigkeit des Geschosses, je größer der
Abgangswinkel und je stumpfer die Geschoßspitze ist. Dies
gilt jedoch bezüglich des Abgangswinkels nur bis zu einer gewissen
Grenze, von der nachher die Rede sein soll.

Auch bei Infanteriegeschossen, die aus gezogenen Gewehren
verfeuert werden, muß eine Seitenabweichung infolge von Geschoßrotation vorhanden sein. Bei den gewöhnlich angewendeten kleinen
Abgangswinkeln ist sie allerdings nur schwer nachzuweisen und wird
leicht durch die natürliche Geschoßstreuung verdeckt werden. Die
kleine Masse des Gewehrgeschosses folgt den unkontrollierbaren
störenden Einflüssen, die an der Mündung der Waffe und bei dem
Flug des Geschosses durch die Luft sich geltend machen, verhältnismäßig leichter als die große Masse des Artilleriegeschosses. Zudem
handelt es sich bei Gewehren meistens um gemessene Schußweiten
nur bis etwa 2000 m. Beim Infanteriegewehr M. 71 ergibt sich aus
der Theorie (s. w. u.) auf 1000 m Entfernung eine Rechtsabweichung
von 1,7 bis 3,4 m. Andererseits ist aber der Durchmesser des 50-pro-
zentigen Streuungskreises auf 1000 m Entfernung bei diesem Gewehr
(nach Hebler) etwa 3,1 m; also leuchtet ein, daß für das Gewehr
M. 71 die „Derivation" nicht leicht mit aller Sicherheit festgestellt
werden kann.

Beobachtungen an Gewehrgeschossen liegen nur wenige vor
(vgl. Lit.-Note, Thiel, Krause, Quinaux). G. Thiel hat mit einem
nicht ganz einwandfreien Verfahren bei Gewehr M. 71 auf 300 m
Entfernung 36 cm Derivation gefunden. Nach Krause hat man bei
Gewehr M. 88 auf 1000 m Schußweite eine Rechtsabweichung von 1 m.

Bei der oberen Winkelgruppe, nämlich bei Abgangswinkeln zwischen 45⁰ und 90⁰ treten besondere Erscheinungen auf: Wenn man bei dem Schießen aus einem Geschütz die Pulverladung, also die Anfangsgeschwindigkeit des Geschosses, unverändert läßt, aber den Abgangswinkel größer und größer wählt, so wächst zunächst (bei Rechtsdrall) die Rechtsabweichung mehr und mehr. Aber wenn ein bestimmter Abgangswinkel überschritten wird, so wechselt die Seitenabweichung ihr Vorzeichen (nicht sprunghaft, sondern durch Null hindurch), so daß man bei Rechtsdrall Linksabweichung, bei Linksdrall Rechtsabweichung beobachtet. Der kritische Abgangswinkel, bei dem diese Erscheinung auftritt, liegt je nach Art von Waffe und Geschoß zwischen 45⁰ und 85⁰. Wächst der Abgangswinkel dann noch weiter, so nimmt die bei Rechtsdrall erhaltene Linksabweichung bzw. bei Linksdrall erhaltene Rechtsabweichung ab, bis sie schließlich beim lotrechten Schuß Null wird.

Einige Messungen, die Hélie anführt, sind die folgenden:

a) Französische 16 cm-Kanone; Kaliber 162,3 mm; Enddrallwinkel 6⁰ (Linksdrall); Geschoßgewicht 31,49 kg; Anfangsgeschwindigkeit des Geschosses 323 m/sec; Geschoßlänge 371 mm; ogivale Geschoßspitze mit halbem Öffnungswinkel des Ogivals von $\gamma = 41^0 51'$. Versuche aus dem Jahre 1869:

Abgangswinkel φ	Seitenabweichung bei Linksdrall Z	$\dfrac{Z}{v_0{}^2 \cdot \sin^2 \varphi} =$
45⁰	386 m nach links	0,007 42
60⁰	562 „ „ „	0,007 26
70⁰	715 „ „ „	0,007 74
75⁰	328 „ nach rechts	—
80⁰	290 „ „ „	—

b) Französische 10 cm-Kanone; Kaliber 100 mm; Enddrallwinkel 6⁰, ogivale Geschoßspitze mit halbem Öffnungswinkel $\gamma = 44^0 26'$ des Ogivals. Versuche aus dem Jahre 1881 mit zwei verschiedenen Geschoßgewichten, Geschoßlängen und Anfangsgeschwindigkeiten v_0:

Geschoßgewicht 12 kg; Geschoßlänge 343 mm; $v_0 = 535{,}5$ m/sec		Geschoßgewicht 14 kg; Geschoßlänge 392 mm; $v_0 = 504{,}5$ m/sec	
Abgangswinkel φ	Seitenabweichung bei Linksdrall Z (m) $=$	Abgangswinkel $\varphi =$	Seitenabweichung bei Linksdrall Z (m) $=$
42⁰ 4′	525,9 nach links	42⁰ 4′	430,2 nach links
57⁰ 4′	533,9 „ „	57⁰ 4′	421,5 „ „
69⁰ 4′	829,0 „ „	69⁰ 4′	640,8 „ „
80⁰ 4′	365,0 „ rechts	80⁰ 4′	420,3 „ rechts

Danach änderte bei diesen letzteren Geschützen die Abweichung ihr Vorzeichen zwischen 70^0 und 80^0 Abgangswinkel. Zugleich wurde beobachtet, daß, wenn bei Linksdrall Rechtsabweichung oder bei Rechtsdrall Linksabweichung eintrat, das Geschoß mit dem hinteren Ende zuerst auf dem Erdboden aufschlug. [Bei diesem Anlaß sei erwähnt, daß man von „Bodentreffern" spricht, wenn die Geschosse mit dem Geschoßboden zuerst auf dem horizontalen Gelände aufschlagen; von „Bauchtreffern", wenn die Geschosse mit wagrechter Geschoßachse aufschlagen; endlich von „Spitzentreffern", wenn die Geschosse sich mit der Spitze in den Erdboden eingraben. Wegen richtigen Funktionierens der gewöhnlichen Zünder und wegen der Wirkung im Ziel werden Spitzentreffer angestrebt. Übrigens ist es selbstverständlich, daß der Winkel α zwischen Geschoßachse und Bahntangente nicht notwendig größer als 90^0 gewesen sein muß, falls man einen Bodentreffer beobachtet hat; es kommt auch auf den spitzen Auffallwinkel ω, also auf den Winkel an, den die Endtangente der Flugbahn mit dem Horizont bildet. Wenn z. B. $\omega = 20^0$ ist und wenn im letzten Teil der Flugbahn der Stellungswinkel $\alpha = 40^0$ war, so erhält man zwar einen „Bodentreffer", aber das Geschoß flog in diesem letzten Teil der Bahn doch noch bezüglich der Bahntangente mit der Spitze voraus. Nur wenn α größer als 90^0 war, kann gesagt werden, daß das Geschoß „mit dem Geschoßboden voraus" fliegend im Mündungshorizont ankam.]

Auch bei Infanteriegeschossen muß der Theorie zufolge (s. w. u.) dieser Wechsel vorhanden sein, für das Geschoß des französischen Infanteriegewehrs etwa bei 82^0 Abgangswinkel; ungefähr bei dieser Erhöhung muß die Rechtsabweichung in Linksabweichung übergehen. Wegen der unvermeidlichen Streuungen wird sich dieser Wechsel darin zeigen, daß bei einer bestimmten Erhöhung ungefähr gleich oft Rechtsabweichung und Linksabweichung und bei weiterer Vergrößerung der Erhöhung immer häufiger Linksabweichung eintritt.

Beim Schießen lotrecht aufwärts müßte die regelmäßige Seitenabweichung wieder Null geworden sein; von rechts und links kann in diesem Fall nicht mehr gesprochen werden; tatsächlich werden nur durch den Einfluß des Windes, durch Änderungen des Abgangsfehlerwinkels, die Erdrotation usw. noch Abweichungen von der lotrechten Richtung zu bemerken sein. Im übrigen bleibt ein solches Geschoß im großen ganzen sich parallel, kommt also mit dem Geschoßboden zuerst unten wieder an.

§ 57. Wie fliegt ein rotierendes Langgeschoß? Magnuseffekt, Poissoneffekt, Kreiseleffekt. Über die Bedingungen für einen guten Geschoßflug: scheinbare Pfeilwirkung.

Hier sollen zunächst rein qualitativ, ohne Rechnung, die regelmäßigen Abweichungen eines Langgeschosses besprochen werden, das aus einem etwa mit rechtsgewundenen Zügen versehenen Rohr verschossen ist. Eine Reihe von Einzelfragen, die sich auf die Art der Bewegung eines solchen Geschosses beziehen, wird der Ballistiker immer wieder von neuem zu beantworten Veranlassung haben: Wie erklärt sich die Seitenabweichung des rotierenden Langgeschosses?

Warum erhält man bei der unteren Winkelgruppe Rechtsabweichung bei Rechtsdrall, Linksabweichung bei Linksdrall? Warum nehmen die Seitenabweichungen rascher zu als die Schußweiten? Wenn das Geschoß als ein Kreisel anzusehen ist, warum bleibt die Kreiselachse (Geschoßachse) nicht sich selbst parallel (Abb. 82a) und wenn das Geschoß Kreiselpendelungen (Abb. 82b) um die Tangente herum ausführt, warum weicht das Geschoß nicht abwechselnd nach rechts und nach links aus der Schuß-

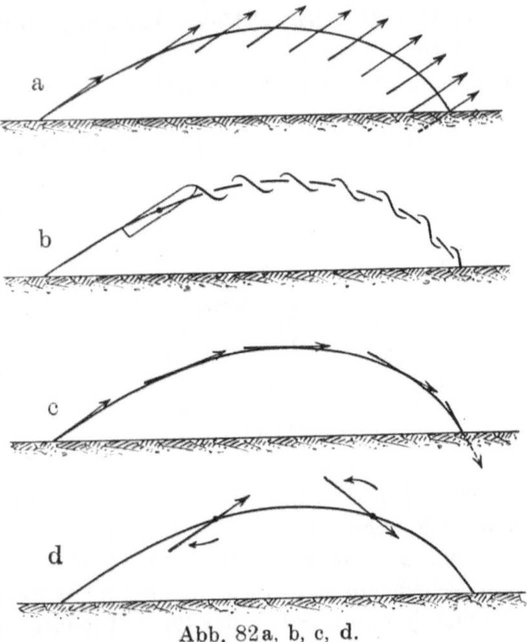

Abb. 82a, b, c, d.

ebene ab? Und woher kommt es, daß das rotierende Langgeschoß eine Flachbahn ähnlich wie ein gut konstruierter Pfeil (Abb. 82c) zurückzulegen scheint, d. h. so, daß die Geschoßachse immer wieder in die Richtung der Bahntangente sich legt (Abb. 82d) und daß daher das Geschoß mit der Spitze zuerst am Erdboden ankommt und der Zünder funktionieren kann? Was ist der Grund dafür, daß von einer gewissen Erhöhung des Rohres ab die Seitenabweichung des Geschosses das Vorzeichen wechselt, also Linksabweichung trotz Rechtsdrall entsteht oder umgekehrt?

Im lufterfüllten Raum ergeben sich als Folgen der raschen Rotation, die dem Langgeschoß durch die Züge aufgezwungen ist, drei verschiedene Wirkungen: der Magnus-Effekt, der Poisson-Effekt und der Kreiseleffekt, wovon zwei bereits bei den kugelförmigen Geschossen erwähnt wurden. Im luftleeren Raum müßte einfach die Geschoßachse ihre Anfangsrichtung beibehalten, falls diese Achse zugleich Hauptträgheitsachse und anfängliche Rotationsachse ist und falls von Stoßnutationen an der Mündung vorläufig abgesehen wird. Die Schwere allein für sich kann lediglich die Krümmung der Schwerpunktsbahn innerhalb der anfänglichen Schußebene bewirken. Da aber diese Bahn tatsächlich eine doppeltgekrümmte ist und wir von der Erddrehung jetzt absehen, so müssen äußere Kräfte hinzugetreten sein, die senkrecht zur Schußebene wirken.

a) Der Magnus-Effekt (Wirkung der am Geschoß adhärierenden Luft). Man denke sich, das Langgeschoß sei etwa unter einem Abgangswinkel von 40^0 verschossen, und sein Schwerpunkt befinde sich jetzt z. B. in der Nähe des Flugbahngipfels in S. Es lag zunächst keine Ursache vor, daß die Achse des rotierenden Lang-

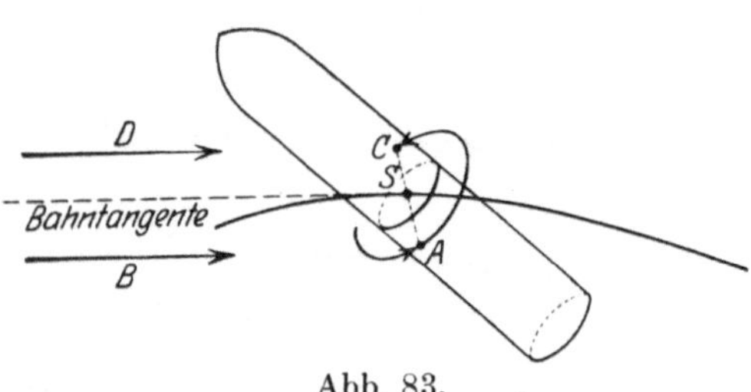

Abb. 83.

geschosses ihre Richtung im Raum ändere: also habe sich bis jetzt ein Winkel von etwa 40^0 zwischen Geschoßachse und Bahntangente gebildet (vgl. Abbildung 83); und mit einer gegen die Bahntangente schiefgestellten Achse bewegt sich somit das Geschoß in der als ruhig angenommenen Luft weiter. Statt dessen kann man sich vorstellen, der Geschoßschwerpunkt sei im Raum in Ruhe und die Luft ströme mit einer Geschwindigkeit gleich der des Geschoßschwerpunkts, aber in entgegengesetzter Richtung, gegen das Geschoß heran, parallel der Bahntangente. Diese Luftströmungen sind in der schematischen Abb. 83 durch die Pfeile B und D angedeutet: dabei beziehe sich für einen Beobachter, der das Geschoß von hinten, vom Geschütz her (oder, bezüglich der Abbildung gesprochen, von rechts her), betrachtet, die Strömung B auf die linke Seite, die Strömung D auf die rechte Seite des rotierenden Geschosses.

Außerdem wird aber auch Luft, die am Geschoß selbst anhaftet, mit diesem herumgeschleudert. Diese adhärierende Luft bewegt sich auf der linken Geschoßseite im Sinne des Pfeils A, also mit einer Geschwindigkeitskomponente in gleichem Sinne wie die Strömung B der zuerst genannten Luftströmung. Dagegen auf der rechten Geschoßseite bewegt sich die adhärierende Luft in Richtung des Pfeils C; diese Luftgeschwindigkeit ist in einer Komponente parallel und entgegengesetzt gerichtet mit der gegen das Geschoß heranströmenden Luft. Man muß also hier Erscheinungen und Wirkungen haben, ähnlich denen, die in § 55 für die kugelförmigen Geschosse ausführlich besprochen wurden. Der betreffende Effekt möge deshalb auch hier der Kürze halber der „Magnus-Effekt" genannt werden.

Dieser Effekt besteht offenbar darin, daß auf der linken Geschoßseite Luftverdünnung, auf der rechten Seite Luftverdichtung eintritt. Die Folge muß bei dem hier angenommenen Rechtsdrall ein Überdruck von rechts nach links. eine Linksabweichung des Geschosses sein.

Da nun in unserem Falle tatsächlich eine Rechtsabweichung, nicht eine Linksabweichung eintritt. so folgt, daß dieser Effekt allein für sich die fragliche Erscheinung nicht erklären kann. Wohl aber kann er andere Einflüsse etwas abändern.

[Bei dieser Gelegenheit sei eine Theorie kurz erwähnt, die A. Dähne 1884 aufgestellt und verschiedentlich verfochten hat (vgl. Lit.-Note). Er nahm an, daß diese Wirkung der adhärierenden und mit dem Geschoß rotierenden Luft die Hauptsache bilde, daß aber die Resultante des Luftwiderstands hinter dem Schwerpunkt auf der Geschoßachse angreife. Man hätte alsdann zwischen Schwerpunkt und Geschoßboden einen Überdruck von rechts nach links. Dadurch wird der Geschoßboden nach links, folglich die Geschoßspitze nach rechts gedrückt. Der Luftwiderstand wirkt jetzt gegen das Geschoß wie gegen ein schiefgestelltes Segel und drückt das Geschoß als Ganzes aus der Schußebene nach rechts heraus. Diese Theorie hat zwar ihren guten Sinn. Daß sie jedoch nicht zutreffen kann, daß vielmehr der Angriffspunkt des resultierenden Luftwiderstands vor dem Schwerpunkt liegt, wurde in § 12 erörtert.]

b) Poisson-Effekt (Luftpolsterwirkung). Wieder sei angenommen, daß sich bereits ein von Null verschiedener Winkel zwischen Geschoßachse und Bahntangente gebildet habe, und daß, wie in Abb. 83, die Geschoßspitze sich oberhalb der Tangente befinde. Ferner stelle man sich wiederum vor. das Geschoß rotiere an seiner Stelle, und die Luft ströme mit der Geschwindigkeit des Geschosses (und in einer der tatsächlichen Geschoßbewegung entgegengesetzten Richtung) gegen das Geschoß heran.

Es herrscht alsdann auf der Vorderseite des Geschosses, d. h. auf der nach dem Ziel zu gelegenen Seite eine Luftverdichtung, auf der Rückseite, d. h. auf der nach dem Geschütz zu gelegenen Seite eine Luftverdünnung. Die Luftreibung ist infolge davon auf der Vorderseite größer als auf der Rückseite. Und es ist, als ob gegen die Vorderseite des an seiner Stelle rotierenden Geschosses ein Luftpolster PP gedrückt würde (vgl. schematische Abb. 84a). Man erhält also eine Wirkung, wie man sie an Billardkugeln, Kegelkugeln usw. oft beobachten kann (vgl. Abb. 84b): Das Geschoß rollt an dem festen Luftpolster ab, und zwar in unserem Falle nach rechts.

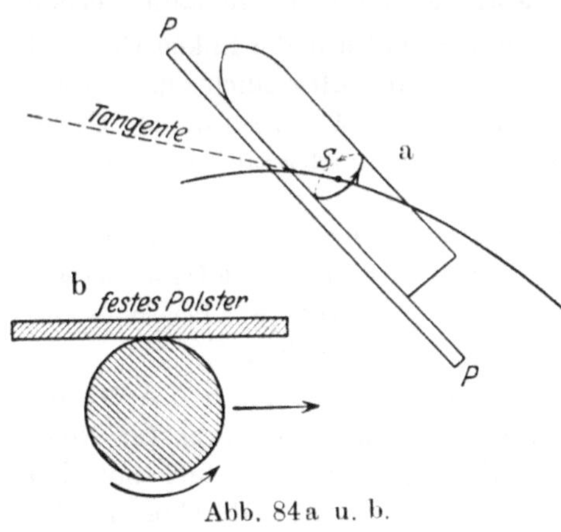

Abb. 84a u. b.

Bei Rechtsdrall, und wenn sich die Geschoßspitze oberhalb der Bahntangente befindet, erhält man allein hierdurch eine Rechtsabweichung.

c) Die Kreiselwirkung. Auf die Möglichkeit, daß die Abweichungen von rotierenden Langgeschossen durch die Kreiselwirkung erklärt werden könnten, hat schon S. D. Poisson 1839 (vgl. Lit.-Note) rechnerisch hingewiesen. Erst G. Magnus (vgl. Lit.-Note) hat jedoch 1852 durch Laboratoriumsversuche mit rotierenden Geschoßmodellen, gegen die ein Luftstrom gerichtet wurde, die Erscheinung, wenigstens in der Hauptsache, endgültig aufgeklärt:

Wenn ein Kreisel (vgl. Abb. 85), um einen festen Unterstützungspunkt S drehbar angeordnet, kräftig angetrieben wird und sich infolgedessen im Sinne des eingezeichneten gekrümmten Pfeils um seine Achse SB rasch dreht, so fällt er nicht um, nachdem er freigelassen ist, sondern er zeigt die bekannte auffallende Kreiselerscheinung: Falls der Schwerpunkt A im Unterstützungspunkt liegt, behält die Kreiselachse ihre Richtung im Raum bei, auch wenn die Pfanne S, in der der Kreisel unterstützt ist, mit dem Kreisel langsam im Zimmer herumgetragen wird. Falls dagegen, wie dies in der Abb. 85 angedeutet ist, der Schwerpunkt A sich außerhalb, etwa oberhalb des Unterstützungspunktes S befindet, so beschreibt das obere Ende B des Kreisels (von Nutationen vorläufig abgesehen) langsam einen wagrechten Kreis $BB_1B_2B_3\ldots$ um die Lotrechte SO durch S. Die Kreiselachse SB beschreibt einen Kreiskegel mit SO als Kegelachse. Statt daß also, wie man etwa erwarten sollte, unter

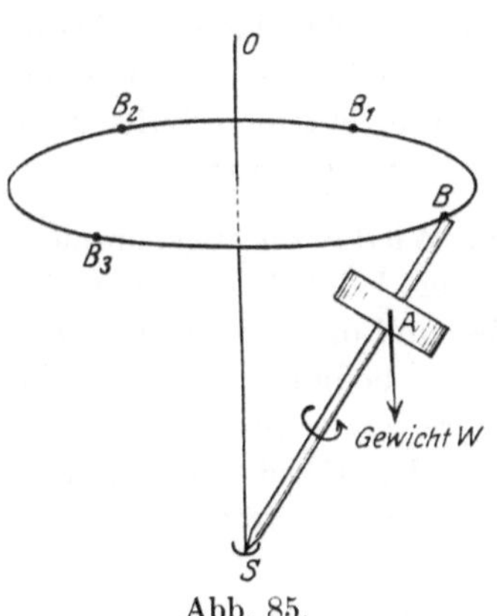

Abb. 85.

der Wirkung der Schwere die Kreiselachse in der Ebene OSB um S sich dreht und der Kreisel in dieser Ebene umkippt, weicht er senkrecht zu dieser Ebene aus.

Diese Bewegung heißt die Präzessionsbewegung oder konische Pendelung. Die Erde als Kreisel betrachtet führt eine ähnliche Bewegung unter der Wirkung hauptsächlich der Sonnenanziehung aus. Die Erdachse beschreibt in 26000 Jahren einen vollen Kegel mit dem halben Kegelwinkel von $23^1/_2{}^0$, so daß der Himmelspol, der Punkt am Himmel, nach dem die verlängerte Erdachse zeigt, immer andere Lagen annimmt und einen großen Kreis am Himmel um den Pol der Ekliptik als Mittelpunkt herum beschreibt. Es ist dies die Ursache für das Vorrücken der Tag- und Nachtgleichen.

Wendet man das Gesagte auf das rotierende Geschoß an, das ebenfalls einen Kreisel darstellt, und folgt man in Gedanken dem in ruhiger Luft fliegenden Geschoß, d. h. stellt man sich wiederum vor, der Schwerpunkt des Geschosses sei relativ in Ruhe und dafür ströme die Luft entgegengesetzt der Bewegungsrichtung des Geschoßschwerpunkts gegen das Geschoß heran, so hat man folgendes Analogon:

Der Unterstützungspunkt S des Kreisels (vgl. die Abb. 86 a u. b) wird jetzt zum festgedachten Geschoßschwerpunkt. SO ist die Bewegungsrichtung des Schwerpunkts oder die Richtung der Bahntangente; also parallel OS. strömt bei festgedachtem Schwerpunkt die Luft gegen das Geschoß heran. SB ist jetzt die Geschoßachse, die zur Zeit einen Winkel OSB gegen die Bahntangente SO bildet. Das Geschoß rotiert im Sinne des Pfeils um die Geschoßachse, d. h. von S aus gesehen im Sinne von Rechtsdrall. Das im Kreiselschwerpunkt A angreifende Gewicht W ist zu ersetzen durch den resultierenden Luftwiderstand W, der durch die heranströmende Luft bewirkt wird und dessen Angriffspunkt A zwischen Geschoßschwerpunkt S und Geschoßspitze B liegt.

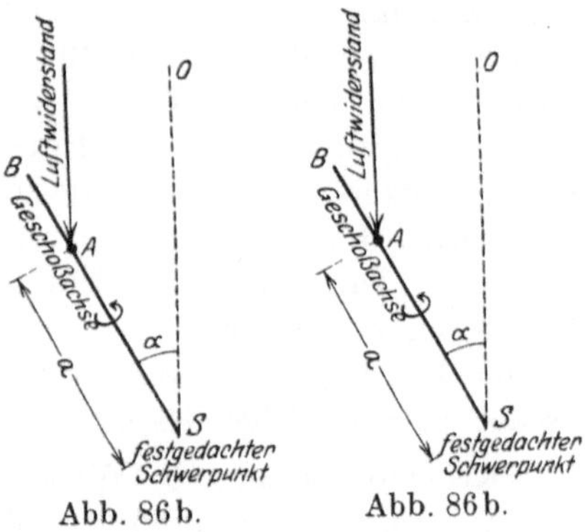

Abb. 86 b. Abb. 86 b.

Folglich muß die Geschoßspitze B senkrecht zur Ebene OSB ausweichen oder, von S aus gesehen, nach der rechten Seite. Wenn aber die Geschoßspitze sich nach rechts wendet, wird die heranströmende Luft, bei der üblichen Form der Langgeschosse, mehr gegen die linke Seite als gegen die rechte Seite des Geschosses drücken. Sie wirkt, wie schon oben angeführt, gegen das mit dem vorderen Ende schief nach rechts gestellte Geschoß wie gegen ein schief gestelltes Segel oder Brett und drückt das Geschoß als Ganzes nach der rechten Seite der Schußebene. Man erhält bei **Rechtsdrall Rechtsabweichung.**

Das ist die jetzt allgemein angenommene Erklärung für die Seitenabweichung von rotierenden Langgeschossen. Denn es läßt sich leicht zeigen, **daß von den drei Wirkungen a. b. c im allgemeinen die Kreiselwirkung gegenüber den beiden andern der Größe nach überwiegt:** Man stelle sich wiederum ein Langgeschoß vor, das etwa unter einem Abgangswinkel von 40^0 aus einem Geschütz mit kräftigem Enddrall (Rechtsdrall) verschossen und in der Nähe des Gipfelpunkts der Bahn angekommen ist, so daß die Geschoßspitze sich jedenfalls oberhalb der Bahntangente befindet. Die Wirkung a der adhärierenden Luft (Magnus-Effekt) würde allein für sich Linksabweichung ergeben. Da tatsächlich Rechtsabweichung erfolgt, so ist in diesem Fall die Kreiselwirkung c größer als jener Magnus-Effekt a. Die Wirkung c ist aber mutmaßlich auch größer als die Polsterwirkung b (Poisson-Effekt), die ebenfalls allein für sich eine Rechtsabweichung liefern würde. Denn bei rotierenden Kugeln sind die beiden Wirkungen a und b (Magnus-Effekt und Poisson-Effekt) unbedingt vorhanden. In Wirklichkeit aber folgt die rotierende Kugel, wie in **§ 55** gezeigt wurde, der Wirkung a der adhärierenden Luft, nicht der Polsterwirkung b. Diese letztere allein für sich würde den unrichtigen Sinn der Ablenkung liefern.

Man hat folglich, wenn der Schluß von der Kugel auf das Langgeschoß zutrifft, folgendes:

Kreiselwirkung c > Wirkung a der adhärierenden Luft,
Wirkung a der adhärierenden Luft > Polsterwirkung b,

also $$c + b > a.$$

Es kann somit die Kreiselwirkung durch die beiden anderen Wirkungen abgeändert werden; aber **die Hauptsache ist im allgemeinen die Kreiselwirkung.**

2. Es bleiben übrigens noch zahlreiche Fragen zu erledigen, die sich unmittelbar aufdrängen.

Zunächst könnte der folgende Einwand erhoben werden: Wenn der Vergleich zwischen dem Geschoß und dem gewöhnlichen Kreisel, der unter der Wirkung der Schwere seine Präzessionsbewegung ausführt, wirklich zutrifft, so muß die Geschoßspitze einen **vollen Kreis** um die Richtung des Luftwiderstands herum, also annähernd um die Bahntangente herum beschreiben. Die Geschoßspitze muß folglich aus der Vertikalebene durch die Bahntangente heraus sich nach rechts wenden, abwärts gehen, sodann nach links und weiterhin wieder nach oben wandern. Man sollte danach vermuten, daß abwechselnd größere und kleinere Rechtsabweichung oder gar Rechts- und Linksabweichung erfolgt. Woher rührt es, daß in unserem Fall nicht später die Rechtsabweichung sich verringert oder in eine Linksabweichung übergeht?

G. Magnus 1852, ebenso A. Paalzow 1867 und E. Kummer 1875 (vgl. Lit.-Note) erkannten diese Schwierigkeit wohl. Und da in dem erwähnten Falle eines Abgangswinkels zwischen 0 und 50^0 nur zunehmende Rechtsabweichung bei Rechtsdrall eintritt, so nahmen sie willkürlich an, die konische Pendelung der Geschoßachse gehe so langsam vor sich, daß die Geschoßachse nur Zeit habe, nach rechts und etwas nach abwärts zu gehen, aber nicht mehr nach links gelangen könne, ehe das Geschoß wieder am Erdboden angekommen ist.

Diese Annahme trifft jedoch im allgemeinen nicht zu: Wenn man die betreffende, weiter unten anzuführende Formel der Kreiseltheorie auf unseren Fall anwendet, also statt des Gewichtsmoments das Luftwiderstandsmoment, statt des Kreiselimpulses den Geschoßimpuls einsetzt, so erhält man das Ergebnis, daß nur im Fall eines zu großen Drallwinkels die Zeit einer vollen Präzession größer ist als die größte Gesamtflugzeit, daß aber gerade bei einem gut konstruierten Geschoß- und Geschützsystem zahlreiche volle Präzessionen während der Gesamtflugzeit ausgeführt werden können. Z. B.:

	Zeit eines vollen Präzessionsumlaufs	oder Zahl der Präzessionspendelungen in der Sekunde
bei einer älteren schweren Feldkanone		
a) im Anfang der Flugbahn . . .	0,7 sec	1,4
b) am Ende der Flugbahn	0,3 „	3.3
bei einem Mörser	3,7 „	$^1/_4$
bei einem Infanteriegewehr	0,11 „	9,1

Die richtige Lösung der Schwierigkeit ist vielmehr die folgende: Der Vergleich zwischen der Bewegung eines rotierenden Langgeschosses einerseits und der Bewegung eines allein unter dem Einfluß der Schwere um einen festen Unterstützungspunkt sich bewegenden symmetrischen Kreisels andererseits ist nicht dadurch erschöpft, daß man einfach den Kreiselimpuls durch den Geschoßimpuls und das Gewichtsmoment durch das Luftwiderstandsmoment ersetzt. Der Gedanke, ein durch die Luft fliegendes Langgeschoß mittels absichtlich herbeigeführter Rotationen zu stabilisieren, stellt wohl die älteste praktische Verwendung des Kreisels dar; aber unter den verschiedenen technisch verwendeten Kreiselbewegungen im weiteren Sinne (Fahrrad, Einschienenbahn, Schiffskreisel, Kreiselkompaß, Torpedokreisel usw.)

ist gerade die Geschoßbewegung gleichzeitig auch die verwickeltste.
Während bei dem gewöhnlichen Schwerekreisel die Schwerkraft, durch die eine Präzessionsbewegung bewirkt wird.
nach Größe und Richtung konstant ist oder wenigstens ohne
weiteres als eine konstante Kraft behandelt werden kann,
ist bei dem fliegenden Langgeschoß der Luftwiderstand, der
die Präzessionsbewegung des Geschosses erzeugt, erstens
nach der Größe, zweitens nach der Richtung veränderlich.
drittens ändert der Angriffspunkt der Luftwiderstandsresultante auf der Geschoßachse seine Lage.

Die Folge davon ist, daß die Geschoßachse keinen Kreiskegel
beschreibt, die Geschoßspitze nicht in einem vollen Kreis um die
Anfangstangente oder um die veränderliche Bahntangente herum sich
bewegt. Vielmehr beschreibt die Geschoßspitze, von Nutationen abgesehen, im Raum eine zykloidische Kurve. die Geschoßachse einen
zykloidischen Kegel, der meist auf der rechten Seite der Vertikalebene durch die Tangente liegt. Oder, bezüglich der Tangente gesprochen, die Geschoßspitze befindet sich, fast immer rechts von der
Tangente bleibend, abwechselnd oberhalb und unterhalb der Tangente.

Dieser Umstand, daß die Geschoßspitze, bei richtiger
Konstruktion des Geschoß- und Geschützsystems und bei
nicht zu großem Abgangswinkel, fast während der ganzen
Flugzeit auf der rechten Seite der Vertikalebene durch die
Bahntangente bleibt, ist die Ursache dafür, daß die Rechtsabweichung nicht später in eine Linksabweichung übergeht.
Und der Umstand, daß die Geschoßspitze immer wieder. nach
Vollendung eines Zykloidenbogens, mit der Bahntangente
ganz oder nahezu zusammenfällt, ist die Ursache dafür, daß
das Geschoß mit seiner Spitze zuerst auf dem Erdboden
aufschlägt.

Die näheren Umstände der Bewegung des Geschosses um den
Schwerpunkt werden in § 58 mit den Hilfsmitteln der analytischen
Mechanik untersucht werden; hier soll versucht werden, eine erste
Orientierung darüber mittels geometrischer Betrachtungen zu geben:
Die Bewegung des Geschosses kann zerlegt gedacht werden in eine
Translationsbewegung des Schwerpunkts, die so vor sich geht, wie
wenn im Schwerpunkt alle äußeren Kräfte, parallel mit sich selbst
versetzt, angreifen würden, und in eine Drehung des Geschosses um
den Schwerpunkt; wobei diese Drehung in derselben Weise erfolgt,
wie wenn der Schwerpunkt im Raum relativ fest wäre. Beide Bewegungen sind voneinander abhängig; diese beiderseitige Abhängigkeit
leuchtet auch ohne Rechnung sofort ein: je größer der Winkel α
zwischen Geschoßachse und Bahntangente ist, um so größer wird der

Luftwiderstand gegen das Geschoß, das mehr seine Langseite diesem Widerstand darbietet; dadurch wird die Schwerpunktsbahn abgeändert; andererseits, je größer die Krümmung der Bahn ist, um so mehr ändert sich der Winkel zwischen der Richtung der Bahntangente in einem beliebigen Punkt und zwischen der Richtung der Anfangstangente; um so größer werden also die Amplituden bei den Kreiselbewegungen der Geschoßachse sein.

Will man sich einen Überblick über die Art der Geschoßbewegung verschaffen, so ist es gut, den Weg zu beschreiten, der in § 58 als Lösung für Flugbahnen 1. Art angegeben werden wird. Der Weg ist dieser: Man löst die Gleichungen der Translationsbewegung vorerst ohne Rücksicht auf die Rotationsbewegung (also unter den Voraussetzungen von Abschnitt 4 bis 7), setzt alsdann die betreffenden Ausdrücke in die Gleichungen der Rotationsbewegung ein und integriert diese. Die so gewonnenen Integralwerte können dann rückwärts wieder dazu verwendet werden, um die Gleichungen der Translationsbewegung nachträglich mit gewissen Korrektionsgliedern zu versehen. Die folgende graphische Integrationsmethode hat der Verfasser 1898 veröffentlicht (s. Lit.-Note). Zunächst seien mit Hilfe der üblichen ballistischen Rechnungsverfahren die Elemente $x\,y\,v\,\vartheta$ und damit der Luftwiderstand $W(v)$ zu einem beliebigen Bahnpunkt in Funktion der Zeit t ermittelt. Nun denke man sich um den Schwerpunkt S des Geschosses eine Kugel mit dem Halbmesser 1 m beschrieben und durch S Gerade gezogen parallel zu den verschiedenen Bahntangentenrichtungen, die man für die einzelnen Zeitabschnitte $\varDelta t$ zuvor berechnet hatte. Die Durchstoßungspunkte dieser Geraden mit der Kugelfläche (der Kürze halber die aufeinanderfolgenden Lagen der „Tangentenspitze" genannt)

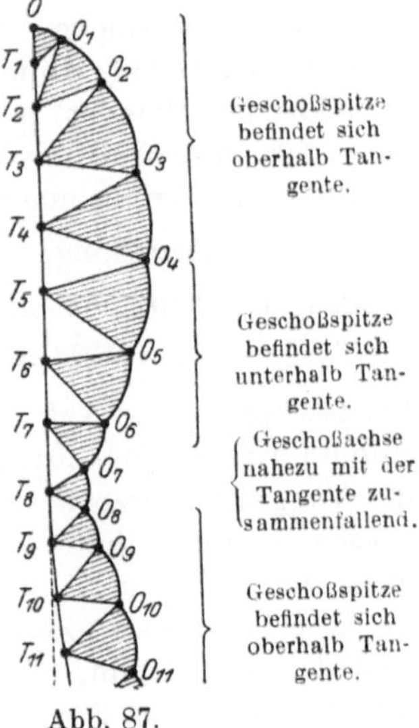

Abb. 87.

seien mit $O\,T_1\,T_2\,T_3\ldots$ bezeichnet, vgl. Abb. 87; die Durchstoßungspunkte der verlängerten Geschoßachse mit der Kugelfläche seien die sukzessiven Lagen der „Geschoßspitze" genannt und mit $O\,O_1\,O_2\,O_3\ldots$ bezeichnet. Die Kugelfläche hat man sich dabei vom Mittelpunkt S aus betrachtet zu denken (und streng genommen ist die nachfolgende Konstruktion auf einer kugelförmigen Zeichenfläche auszuführen, und falls sie doch auf einem ebenen Zeichenblatt ausgeführt wird, hat man sich dabei die Kugelfläche auf dem ebenen

Blatt abgerollt vorzustellen). Im Anfang der Geschoßbewegung befindet sich die Tangentenspitze in O; nach der Zeit Δt hat sie sich nach T_1 herabbewegt; nach der Zeit $2 \cdot \Delta t$ befindet sie sich in T_2 usw. Diese Punktreihe, die als durch die erwähnte Vorberechnung bekannt anzusehen ist, hat ihre kleinste Dichte in der Gegend des Gipfels der Flugbahn und geht wegen der Seitenabweichung des Geschosses schließlich etwas nach rechts. Die Geschoßspitze befand sich (da Stoßnutationen an der Mündung vorläufig ausgeschlossen sein sollen) ebenfalls in O; nach Verlauf der Zeit Δt, nachdem sich also die Bahntangente aus der Lage SO in die Lage ST_1 gedreht hat, ist ein Winkel OST_1 zwischen Geschoßachse und Bahntangente ST_1 entstanden, da die Achse des durch den Drall stabilisierten Geschosses in dieser Zeit Δt ihre Richtung zu erhalten sucht. Nunmehr ist Anlaß zu einer Präzessionsbewegung gegeben: Die Geschoßachse beschreibt in der Zeit Δt einen kleinen Teil SOO_1 eines Kreiskegels um die Tangente ST_1, oder die Geschoßspitze beschreibt um T_1 ein Kreisbogenstück OO_1 mit dem Halbmesser $T_1O = T_1O_1$. Der zu dem angenommenen Zeitelement Δt gehörige Zentriwinkel OT_1O_1 oder $\Delta \psi$ kann mit Hilfe der Kreiseltheorie berechnet werden, wenn man für das Moment M des Luftwiderstandes während der Zeit Δt einen konstanten Mittelwert annimmt. Z. B. liefert die Kreiseltheorie unter Voraussetzung eines genügend großen Stabilitätsfaktors [s. § 58] für $\Delta \psi$ die Beziehung: $\Delta \psi = \dfrac{M/\sin \alpha}{C \cdot r} \cdot \Delta t$. ($\alpha$ der Winkel T_1SO_1; C das Trägheitsmoment des Geschosses um seine Längsachse; $r = \dfrac{v_0 \, \mathrm{tg}\, \Delta_1}{R}$ die Winkelgeschwindigkeit des Geschosses um seine Längsachse; v_0 die Anfangsgeschwindigkeit; $2R$ das Kaliber; Δ_1 der Enddrallwinkel der Züge.) Nach einem weiteren Zeitelement Δt ist die Tangentenspitze in T_2 angelangt; der Winkel zwischen Geschoßachse SO_1 und Bahntangente ST_2 ist jetzt O_1ST_2 geworden; es wird also nunmehr um T_2 mit Halbmesser T_2O_1 ein Kreisbogen O_1O_2 beschrieben, dessen Zentriwinkel sich mit dem neuen Wert von r und ϑ analog ergibt, wie zuvor, usf. Der weitere Verlauf der Konstruktion geht aus der Abbildung hervor. (Bemerkt sei noch, daß die beiden kleinen Bewegungen, das Senken der Tangentenspitze z. B. von O nach T_1 und die Drehung der Stoßebene um den Winkel $\Delta \psi$, in Wirklichkeit natürlich nicht ruckweise nacheinander in gleichen Zeiten, sondern in derselben Zeit Δt gleichzeitig erfolgen; ferner daß die Bewegung der Geschoßspitze damit noch nicht völlig beschrieben ist: es überlagern sich den gezeichneten Präzessionskreisen noch Nutationspendelungen, deren Verlauf ebenfalls mit Hilfe der Kreiseltheorie bestimmt werden kann. Jedoch sind die Präzessionskreise gewissermaßen die Leitlinien für diese Nutationspendelungen, die übrigens eine im Verhältnis zur Präzessionsperiode kleine Periode und meistens. nämlich sobald der Stabilitätsfaktor genügend groß ist, nur sehr kleine Amplituden besitzen, ähnlich dem bekannten Spielkreisel, bei dem ja auch die Nutationen so klein sind, daß man sie mit dem bloßen Auge meistens gar nicht erkennen kann.)

3. Bei einem gut konstruierten Geschütz- und Geschoßsystem und bei Flachbahnen bewegt sich, wie man aus der rein schematischen Abb. a sieht (durch welche übrigens keine quantitativen Verhältnisse dargestellt sein sollen), die Geschoßachse zeitweilig immer wieder zur Bahntangente hin oder kommt wenigstens in deren Nähe (z. B. im Punkt T_8); ferner sieht man, daß die Geschoßspitze abwechslungsweise höher und tiefer liegt als die Tangente, d. h. abwechslungsweise oberhalb und unterhalb der Ebene durch Bahntangente und Nebennormale sich befindet, und daß bei Rechtsdrall und unter obiger Voraussetzung die Geschoßspitze auf der rechten Seite der Tangente sich bewegt. Diese Konstruktion erklärt also auf die einfachste Weise nicht nur den pfeilartigen Flug des (gut konstruierten und eine Flachbahn beschreibenden) Geschosses, sondern auch die Beobachtungstatsache, daß bei Rechtsdrall nur Rechtsabweichung erfolgt, falls der Abgangswinkel unter einer bestimmten Grenze liegt und der Drall richtig gewählt ist. Das Verhalten des Geschosses entlang einer Steilbahn wird unter Absatz 4 des § 57 erwähnt werden.

Die konstruierte zykloidenartige Kurve $O O_1 O_2 \ldots$ der Geschoßspitze ist die Präzessionskurve; sie stellt die Analogie dar zu dem Präzessionskreis, den die Spitze eines schweren Kreisels zu beschreiben scheint, welcher allein unter der Wirkung der Schwere seine Präzessionsbewegung vollführt. Die Umwandlung des Kreises zu einer Zykloide hat, wie der Verlauf der Konstruktion deutlich zeigt, ihren Grund darin, daß der Mittelpunkt des Präzessionskreises auf der Linie $O T_1 T_2 T_3 \ldots$ nicht stillsteht, sondern wandert, d. h. darin, daß die Richtung der Bahntangente und damit auch die Richtung der Luftwiderstandsresultanten, welche die Präzession bewirkt, eine immer andere wird. (Die Kurve $O O_1 O_2 \ldots$ kann man sich übrigens auch durch die Rollbewegung eines Kreises erzeugt denken; der Mittelpunkt des Kreises wandert von O aus mit der Winkelgeschwindigkeit $\dfrac{d\vartheta}{dt}$ auf der Linie $O T_1 T_2 \ldots$, und gleichzeitig dreht sich der Kreis und damit der zu dem beschreibenden Punkt des Kreisumfangs gehende Halbmesser um den Mittelpunkt mit der Winkelgeschwindigkeit $\dfrac{d\psi}{dt}$; der beschreibende Punkt des Kreisumfangs liegt anfangs in O; der Radius des Kreises ist etwas veränderlich.)

Denkt man sich die Konstruktion unter den verschiedensten Bedingungen ausgeführt, so erkennt man, daß zweierlei möglich ist: entweder fallen entlang der Flachbahn die Zykloidenbögen zahlreich und dann klein aus (Abb. 88) oder wenig zahlreich und dann groß (Abb. 89). Ob der eine oder der andere Fall eintritt, hängt ab von dem Verhältnis zwischen der Winkelgeschwindigkeit $\frac{d\psi}{dt}$, mit der die Präzessionsbewegung vor sich geht, also mit der die Stoßebene sich dreht, und zwischen der Winkelgeschwindigkeit $\frac{d\vartheta}{dt}$, mit der die Bahntangente sich neigt, also mit der die Bahn sich krümmt. Falls die Präzessionsbewegung $\frac{d\psi}{dt}$ verhältnismäßig schnell vor sich geht, so werden die Bögen nach der Höhe und nach der Seite klein bleiben:

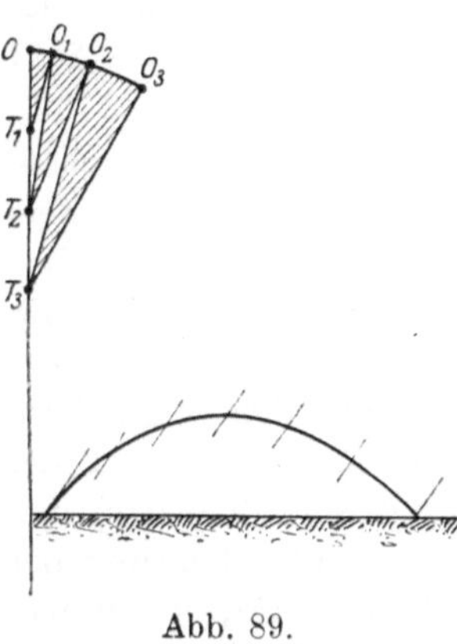

Abb. 88.   die Geschoßachse nähert sich dann sehr häufig wieder der Bahntangente und entfernt sich niemals weit von ihr nach oben und nach unten und nach der Seite; in diesem Fall ist also der Flug des Geschosses am meisten ähnlich demjenigen eines gut fliegenden Pfeils, und die Seitenabweichungen bleiben klein. Wenn dagegen die Präzessionsbewegung verhältnismäßig langsam sich vollzieht, so kann der Fall (Abb. 89) eintreten, daß die Punkte $O\,O_1\,O_2\ldots$ nahe zusammenrücken im Vergleich zu der Punktreihe $OT_1\,T_2\ldots$ und daß infolge davon die Geschoßspitze überhaupt nicht mehr in die Nähe der Tangente gelangt, während das Geschoß die Luft durchfliegt, in diesem Fall muß für einen Beobachter, der die Flugbahn von der Seite her betrachtet, die Geschoßachse nahezu sich selbst parallel bleibend erscheinen; das Geschoß ist überstabilisiert und kommt als Bauch- oder Bodentreffer am Erdboden an. Welcher Fall zu erwarten ist, kann durch die Ausführung der erwähnten Konstruktion

Abb. 89.

entschieden werden; näherungsweise durch die Berechnung des Verhältnisses $f = \frac{d\psi}{dt} : \frac{d\vartheta}{dt}$. Dieses Verhältnis möge der **Folgsamkeitsfaktor** oder der **Einstellungsfaktor** heißen; er wird zweckmäßigerweise speziell für den Gipfelpunkt der Bahn berechnet werden, da sich in dieser Gegend die Bewegungsrichtung der Schwerpunktsbahn am raschesten ändert. Nun ist $\frac{d\psi}{dt} = \frac{M\!\int\sin\alpha}{C\cdot r}$ (hier in der Nähe des Gipfels ist bei Steilbahnen immer die der Formel zugrunde liegende Voraussetzung eines großen Stabilitätsfaktors erfüllt) und $\dfrac{d\vartheta}{dt} = -\dfrac{g \cdot \cos\vartheta}{v}$ oder im Gipfel-

punkt dem Absolutwert nach $\dfrac{d\vartheta}{dt} = \dfrac{g}{v_s}$. Somit ist dieser erste Faktor, der für einen guten Geschoßflug genügend groß bleiben muß, der folgende:

$$\text{Folgsamkeitsfaktor} \quad f = \frac{M/\sin\alpha \cdot v_s}{C \cdot r \cdot g}. \tag{1}$$

Andererseits muß aber auch die Stabilität des Geschosses eine genügende sein. Diese ist definiert durch den in der Kreiseltheorie abgeleiteten Faktor σ, der für den Abgangspunkt berechnet wird:

$$\text{Stabilitätsfaktor} \quad \sigma = \frac{(C \cdot r)^2}{4 \, A \cdot M/\sin\alpha}. \tag{2}$$

Hier bedeutet A das Trägheitsmoment des Geschosses um eine Quer-achse durch den Schwerpunkt (M, C, r sind bereits oben erwähnt). σ muß jedenfalls größer als 1 sein; und wenn dies für den Abgangs-punkt der Fall ist, dann ist es weiterhin sicher der Fall. Je größer σ ist, um so mehr besteht Sicherheit gegen unzulässig große Amplituden von Nutationen, die daß Geschoß bei seinem Fluge durch die Luft ausführt. Wie groß f und σ mindestens sein müssen, damit ein guter Geschoßflug gewährleistet ist, läßt sich am ein-fachsten ermitteln, indem man in dem betreffenden konkreten Fall die Faktoren für f und σ für ein möglichst ähnliches Geschütz- bzw. Gewehrsystem berechnet, bei dem ein guter Geschoßflug bereits be-obachtet worden ist. Bei der Berechnung bereitet am meisten Un-sicherheit der Faktor $M/\sin\alpha$, da alle bisherigen Theorien hierfür versagt haben (vgl. § 12). Falls keine aerodynamischen Messungen für die betreffende Geschoßform vorliegen, wird man in roher An-näherung (die übrigens um so weniger zutrifft, je mehr sich α dem Wert 90^0 nähert), den Faktor $M/\sin\alpha$ als das Produkt $W_0 \cdot a$ be-rechnen, wo W_0 den in den Abschnitten 4 bis 7 sog. Luftwiderstand und a den mittleren Abstand zwischen dem Schwerpunkt und dem Angriffspunkt der Luftwiderstandsresultanten auf der Achse bedeutet; nach P. Charbonnier wird man a gleich der Entfernung zwischen Schwerpunkt und Mitte der Geschoßspitze nehmen, (eine wenig davon verschiedene Berechnungsart für a hat E. Röggla 1912 gegeben). So fand sich z. B. für das Inf.-Geschoß M/71: $\sigma = 9$, $f = 76$; für das Inf.-Geschoß M/88: $\sigma = 8,2$, $f = 72$; für das S-Geschoß: $\sigma = 10$, $f = 57$; für das Feldhaubitzgeschoß 05 der l. F. H.: $\sigma = 48$, $f = 4,9$; für die 10-cm-Granate 96 der 10-cm-Kan. 04: $\sigma = 3,5$, $f = 8$; für das Geschoß der s. F.-K. 73: $\sigma = 3,1$, $f = 27$ usw.

Der Stabilitätsfaktor σ wird vergrößert, d. h. die stoßfreien Nutationspendelungen des Geschosses bei dessen Flug in der Luft werden verringert durch folgende Maßnahmen: Vergrößerung des Träg-

heitsmoments um die Längsachse; Vergrößerung des Enddrallwinkels;
Verkleinerung der Geschoßlänge; Verlegung des Schwerpunkts nach
der Spitze zu. Der Folgsamkeitsfaktor f wird vergrößert,
d. h. das Geschoß wird dazu gebracht, sich bei gleicher Rohrerhöhung
besser in die Bahntangente einzustellen, durch: Vergrößerung der
Anfangsgeschwindigkeit des Geschosses; Vergrößerung der Geschoßlänge; Verlegung des Schwerpunkts nach hinten: Verkleinerung des
Enddrallwinkels; Verkleinerung des Trägheitsmoments C um die
Längsachse. Man sieht also, daß nahezu durch dieselben Maßnahmen,
jedoch nach verschiedenen Gesetzen, die Stabilität des Geschosses
verbessert bzw. verringert und gleichzeitig die Einstellung der Geschoßachse in die Bahntangente verringert bzw. verbessert wird. Folglich wird man in allen Fällen, in denen gleich großer Wert auf einen
pfeilartigen Geschoßflug gelegt werden muß, wie auf die Stabilität
des Geschosses, bei der Konstruktion des Geschützes und Geschosses
gewissermaßen einen Kompromiß abzuschließen haben: d. h. man
wird dafür sorgen, daß beide Faktoren, der Stabilitätsfaktor σ und
der Folgsamkeitsfaktor f, genügend größer als 1 bleiben. so wie es
die sonstigen Erfahrungen der Praxis nahelegen.

4. Die im vorigen beschriebenen Folgen des Kreiseleffekts auf
die Drehbewegungen des Geschosses um seinen Schwerpunkt gestatten nun auch, die etwas mannigfacheren Verhältnisse bei Steilbahnen zu überblicken. Beim aufsteigenden Ast einer Steilbahn liegen
die Verhältnisse wie bei Flachbahnen: der Quotient $\dfrac{d\psi}{dt} : \dfrac{d\vartheta}{dt}$ ist groß,
da ϑ sich nur langsam ändert $\left(\dfrac{d\vartheta}{dt}\ \text{klein}\right)$, dahingegen $\dfrac{d\psi}{dt}$ groß ist:
denn es ist in $\dfrac{d\psi}{dt} = \dfrac{M/\sin\alpha}{C\cdot r}$ sowohl M groß wegen der anfangs noch
großen Geschwindigkeit v, als auch α klein. Im Anfang einer Steil-
bahn wird also der Verlauf der Präzessionsbewegung qualitativ durch
die Abb. 88 gekennzeichnet sein. — Je mehr sich jedoch das Geschoß
dem Gipfel der Bahn nähert, um so größer wird die Änderungs-
geschwindigkeit $\dfrac{d\vartheta}{dt}$ des Winkels ϑ, um so kleiner wird die Geschwindigkeit v, somit das Moment M und damit die Änderungsgeschwin-
digkeit $\dfrac{d\psi}{dt}$ des Winkels ψ. Das heißt, es tritt die durch Abb. 89 ge-
kennzeichnete Erscheinung mehr und mehr auf: die Geschoßspitze O
kann dem Tangentenpunkt T immer weniger folgen. Dadurch wird
der Winkel α zwischen Geschoßachse und Bahntangente immer größer,
was seinerseits eine weitere Verkleinerung von $\dfrac{d\psi}{dt}$ bewirkt, und zwar
nicht nur dadurch, daß $\sin\alpha$ im Nenner der Formel für $\dfrac{d\psi}{dt}$ steht,

sondern auch dadurch, daß M für größere Winkel α mit wachsendem α kleiner und kleiner wird (bis es für einen in der Nähe von 90^0 gelegenen Wert von α überhaupt verschwindet). — Am Gipfel hat der Winkel α unter allen Umständen einen Wert kleiner als 90^0; denn der Höchstwert, den α dann überhaupt haben kann, ist der, welcher eintreten würde, wenn das völlig stabile Geschoß sich selbst parallel geblieben wäre: dann wäre am Gipfel α gleich dem Abgangswinkel. So fällt also im ersten Teile des absteigenden Astes die Entscheidung, ob das Geschoß folgsam sein wird, d. h. α kleiner als 90^0 bleibt oder nicht. Ist das Geschoß folgsam, so führt eine erst langsame und allmählich schneller werdende Präzessionsbewegung die Geschoßspitze (in Richtung der Bahntangente gesehen) erst auf gleiche Höhe, dann unterhalb der Bahntangente und, wenn nicht vorher schon der Aufschlag des Geschosses auf den Boden erfolgte, so vollführt nun die Geschoßspitze eine verschlungene Zykloidenbewegung um die Bahntangente, die immer schneller und immer kreisförmiger wird. Daß diese Präzessionsbewegung schneller und schneller wird, also $\frac{d\psi}{dt}$ größer und größer wird, liegt an dem mit der Geschwindigkeit v wachsenden Moment M. Die Zykloidenbewegung aber wird immer kreisförmiger, weil der letzte Teil der Steilbahn immer geradliniger wird. (Die Bewegung des Geschosses ist dann mehr und mehr die eines schweren Kreisels, nur daß beim Geschoß die Präzessionsgeschwindigkeit nicht konstant ist wegen des wachsenden Momentes M.) — Ist das Geschoß n i c h t folgsam, so wird die Bewegung der Geschoßachse um die Bahntangente ihren Drehsinn umkehren oder beibehalten, je nachdem das Moment M seinen Drehsinn umkehrt oder beibehält, d. h. je nachdem der Angriffspunkt der Luftwiderstandsresultanten, bei $\alpha > 90^0$ ist, in Richtung der Bahntangente gesehen, v o r oder h i n t e r dem Schwerpunkt liegt. Der weitere Verlauf der Bewegung ist qualitativ im übrigen der des folgsamen Geschosses. — Die Abb. 90a und 90b geben je eine maßstäbliche Darstellung der Rotationsbewegung eines nicht folgsamen und eines folgsamen Geschosses; ersteres unter der Annahme, daß der Angriffspunkt der Luftwiderstandsresultanten auch für $\alpha > 90^0$, in Richtung der Bahntangente gesehen, v o r dem Schwerpunkt liegt. Die Abbildungen sind Ergebnisse von Berechnungen, die W. S c h m u n d t für 7,7-cm-Granaten bei verschiedenen Anfangsgeschwindigkeiten und Drallwinkeln durchführte. Die Bewegung im Anfang der Bahnen ist nicht wiedergegeben; ihre Wiedergabe würde der erforderlichen Maßstabsvergrößerungen wegen einen allzu großen Raum einnehmen: für die Bahn der Abb. 90b z. B. wurden für die Strecke $\vartheta = 70^0$ bis $\vartheta = 50^0$ 26 Zykloidenbögen errechnet, von denen allein 18 auf das Intervall zwischen 70^0 und 69^0 fallen (dabei die größten Werte α wachsend von $25''$ bis $2'$); weitere 6 Bögen kommen auf das Intervall 69^0 bis 67^0 ($\alpha_{\max} = 2'$ bis $10'$), die restlichen beiden auf das Intervall 67^0 bis 60^0 ($\alpha_{\max} = 10'$ bis 1^0); bei 60^0 beginnt der große, sich nun bis -60^0 erstreckende Bogen; von etwa $69^0\,30'$ an kommt die Geschoßachse nicht mehr mit der Bahntangente zusammen, während sie bei den ersten 8 Bögen sogar **verschlungene Zykloiden** um die Bahntangente beschreibt. Die Abbildungen sind so zu verstehen, daß die

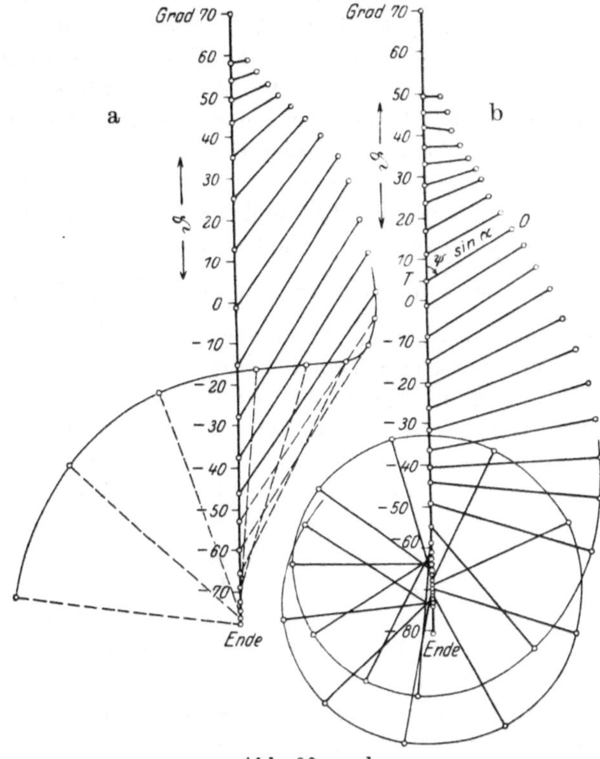

Abb. 90a u. b.

Geraden TO die Werte $\sin\alpha$ darstellen; es ist also die Zeichenebene für jeden Punkt T die in ihm an die gedachte Einheitskugel um S gelegte Tangentialebene, und TO ist die Projektion der Geschoßachse von Schwerpunkt bis Spitze auf die jeweils zu T gehörige Ebene. Für $\alpha > 90^0$ sind die Geraden TO gestrichelt.

Und nun kommen wir zurück auf die oben erwähnte Tatsache, daß von einem gewissen Abgangswinkel ab die bei **Rechtsdrall** vorher beobachtete **Rechtsabweichung** in eine **Linksabweichung** übergeht. Diese Erscheinung erklären sich die Ballistiker noch jetzt folgendermaßen: Wenn der Abgangswinkel größer und größer gewählt ist, so wird in der Gegend um den Flugbahngipfel der Anstellwinkel α zwischen Geschoßachse und Tangente einmal gleich 90^0; das Drehmoment M des Luftwiderstands wird Null; die Kreiselwirkung hört dann auf. Aber die Geschoßspitze steht immer noch rechts von der Vertikalebene durch die Tangente; und wenn nun auf dem absteigenden Ast der Winkel α größer als 90^0 geworden ist, so fliegt das Geschoß mit dem Bodenteil voraus weiter; der Geschoßboden ist nach links gerichtet und infolge davon ist die Wirkung des Luftwiderstands derart, wie wenn ein mit stumpfem Vorderteil versehenes Geschoß mit Linksdrall verfeuert wäre, man erhält eine Abweichung nach der linken Seite der Schußebene.

Diese Erklärungsweise hat zur notwendigen Voraussetzung, daß α größer als 90^0 ist. Wenn also einmal $\alpha < 90^0$ konstatiert wird und trotzdem bei Rechtsdrall und rechtsgerichteter Geschoßspitze Linksabweichung des Geschosses am Ende der Bahn beobachtet wird, so ist diese Erklärungsweise als unhaltbar nachgewiesen. Dies ist nun in der Tat der Fall. C. Cranz und W. Schmundt haben mit Holzgeschossen von 7,8 cm Kaliber und 39,5 cm Länge (2 Kaliber Abrundungsradius der ogivalen Spitze) eine Reihe von Schießversuchen angestellt ($v_0 = 23{,}6$ m/sec, Drallwinkel 45^0), bei denen sich schon mit einem Abgangswinkel von 45^0 eine Linksabweichung von durchschnittlich 7,0 m bei einer durchschnittlichen Schußweite von 35 m trotz Rechtsdrall ergab und bei denen mehrere Beobachter, die von der Seite der Flugbahn her den Flug des Geschosses verfolgten, gleichzeitig feststellten, daß der Anstellwinkel α zwischen Geschoßachse und Bahntangente k l e i n e r als 90^0 blieb. Hierdurch und durch die analytische Berechnung von § 58 scheint erwiesen zu sein, daß sich die Linksabweichung bei Rechtsdrall bzw. die Rechtsabweichung bei Linksdrall, wenn sie am Ende der Bahn bei einem gewissen größeren Abgangswinkel beobachtet wird, e i n f a c h   d u r c h   d e n   M a g n u s - E f f e k t erklärt, der den Kreiseleffekt überwog.

Bisher war man nämlich der Ansicht, daß der Magnuseffekt unter allen Umständen neben dem Kreiseleffekt zu vernachlässigen sei. Ob dies der Fall ist oder nicht, hängt jedoch von der Größe des Anstellwinkels α ab: Wenn $\alpha = 0$ ist, so ist der Kreiseleffekt (nämlich die Luftwiderstands-Komponente W_s) und ebenso der Magnuseffekt gleich Null. Ist α von Null verschieden, aber klein, so sind beide Effekte klein; dies ist der Grund dafür, daß, wenn es sich um eine Flachbahn und um ein gut konstruiertes Geschoß handelt, das ballistische Problem als ein solches im engeren Sinne behandelt werden darf (vgl. die Abschnitte 4 bis 7), bei dem das Geschoß als ein Massenpunkt gilt, auf den in der vertikalen Richtung die Schwere und in der negativen Tangentenrichtung der Luftwiderstand wirkt; in der Tat ergeben in solchen Fällen die besten der üblichen Rechenmethoden, bei denen jene Voraussetzung benützt ist, in der Berechnung der Schußweite Fehler, die im allgemeinen über $1\,^0/_0$ nicht hinausgehen. Wenn der Anstellwinkel α weiterwächst, so ist zunächst der Magnuseffekt kleiner als der Kreiseleffekt, welch letzterer sich in der Größe von W_s und M geltend macht; in der Tat erhält man aus diesem Grund zunächst Rechtsabweichung bei Rechtsdrall. Wenn jedoch α sich dem Werte 90^0 nähert, so kehrt sich das Größenverhältnis um; dies ist ohne weiteres verständlich, wenn man berücksichtigt, daß bei $\alpha = 90^0$ W_s und M wieder ganz oder nahezu Null geworden sind und daher der Kreiseleffekt ganz oder nahezu ganz verschwindet, dagegen die Magnuskraft bei $\alpha = 90^0$ ihr Maximum erreicht.

Auch die Tatsache, daß mit wachsendem Abgangswinkel die einmal eingetretene Linksabweichung bei Rechtsdrall zunächst wächst, läßt sich nur dann erklären, wenn man die Magnuskraft als die Ursache der Linksabweichung ansieht. Man überzeugt sich davon leicht, wenn man bedenkt, daß die die Seitenabweichung bewirkende Komponente der Magnuskraft um so größer ist, je kleiner ψ, d. i. der Winkel zwischen Stoßebene und Vertikalebene durch die Flugbahntangente, ist, daß dahingegen für die die Seitenabweichung bewirkende Komponente des Luftwiderstandes das Gegenteil gilt.

5. **An der Mündung der Waffe** treten häufig **Stoßnutationen** auf. Wenn diese nicht weiterhin sich abdämpfen, verlaufen sie so, daß die oben besprochene Präzessionskurve die Leitlinie für sie bildet, und zwar immer im Drehsinn des Dralls (s. Abb. 91a, b, c. Dabei bezieht sich Abb. 91a auf den Fall von größeren, Abb. 91b auf den Fall kleinerer

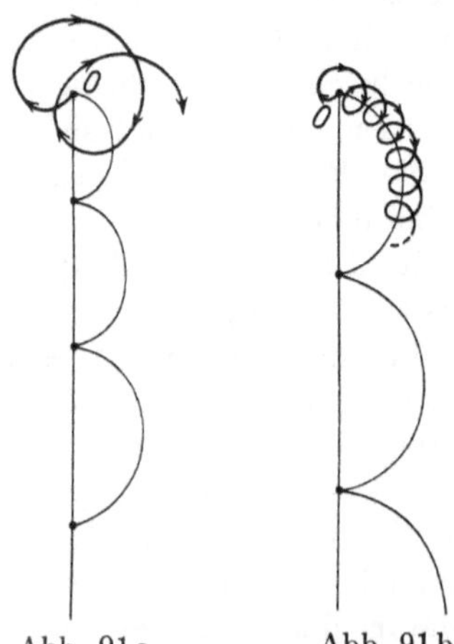

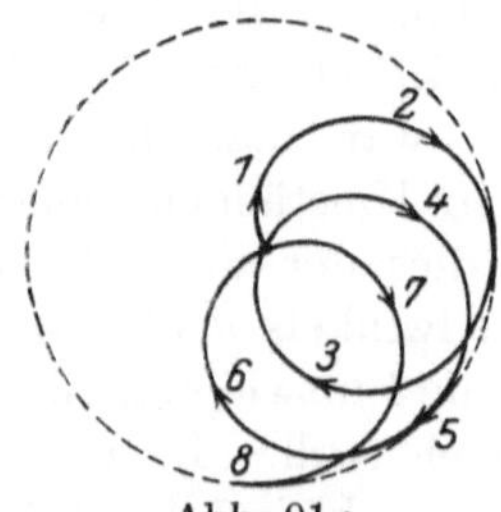

Abb. 91a.   Abb. 91b.   Abb. 91c.

Nutationsamplituden, Abb. 91c auf den Fall des vertikalen Schusses). Diese Nutationen haben ihre Entstehungsursache entweder in einem Stoß durch die mit dem Geschoß aus der Mündung austretenden

Pulvergase oder durch Vibrationen des Rohrs oder und meistens durch das **Bucken des Rohrs**: Falls die Mündung dabei aufwärts buckt, so wird während des Geschoßaustritts der Geschoßboden aufwärts, die Geschoßspitze abwärts gestoßen. Bei Rechtsdrall müssen alsdann die Stoßnutationen so verlaufen, daß die Geschoßspitze abwärts, links, aufwärts, rechts usw. geht. Daher dürfte es rühren, daß mitunter die Minenwerfergeschosse im Anfang der Flugbahn eine Linksabweichung bei Rechtsdrall aufweisen. H. Güldner (s. Lit.-Note) hat darüber zahlreiche Beobachtungen mitgeteilt. Wenn das Geschoß seine Flachbahn durchlaufen hat und, mit dem Kopfteil voraus, mit der Längsachse annähernd in der Bahntangente, am Erdboden ankommt, so wird das Aufschlagen meist so erfolgen, daß die Geschoßspitze nach oben gestoßen wird; die entstehenden Nutationspendelungen müssen sich dann wiederum im Sinne des Dralls abspielen; folglich wird bei Rechtsdrall die Geschoßspitze zuerst nach oben und rechts gehen. Dies ist wohl der Grund dafür, daß bei Rechtsdrall die aufschlagenden und nach kurzem Eindringen wieder in der Luft weitergehenden Geschosse in der Mehrzahl der Fälle, auf ruhiger Wasserfläche sogar stets nach rechts abspringen und daß die in Erde oder Sand eindringenden Geschosse mitunter eine stark gekrümmte Bahn innerhalb dieses Materials beschreiben.

Die Nutationen, die von einem seitlichen Drehstoß oder auch von einer Unsymmetrie in der Massenverteilung des Geschosses herrühren, lassen sich zwar theoretisch behandeln; da jedoch über die Größe dieser Stöße nichts Gesetzmäßiges bekannt ist und da die Lage der Hauptträgheitsachsen im Geschoß nur selten experimentell festgestellt wird, so konnte eine rechnerische Behandlung nicht zahlenmäßig durchgeführt werden. Daher soll hier nicht näher darauf eingegangen werden; in der 3. und 4. Auflage dieses Bandes findet man einige weitere Ausführungen über diesen Gegenstand; ebenso in dem Lehrbuch von Th. Vahlen.

6. Zum Schlusse soll noch die allgemeine **Regel** angegeben werden, mit deren Hilfe man in jedem Falle leicht entscheiden kann, nach welcher Seite sich infolge der Kreiselwirkung die Geschoßspitze wenden wird: Die Geschoßachse liege so, daß sich die Geschoßspitze ein wenig oberhalb der Tangente der Schwerpunktsbahn befindet. Nun denke man sich auf der Geschoßachse einen Vektor aufgetragen, der die Winkelgeschwindigkeit des Geschosses um seine Längsachse nach Größe und Richtung angibt; bei Rechtsdrall wird dieser Vektor vom Schwerpunkt aus nach der Spitze zu aufgetragen (also nach derselben Seite, nach welcher sich ein Korkzieher vorwärts bewegt, wenn er in den Kork eingeschraubt wird); dies sei der Vektor 1. Der resultierende Luftwiderstand greift zwischen Schwerpunkt und

Spitze auf der Geschoßachse an; er sucht also das Geschoß so zu drehen, daß sich die Spitze weiter hebt; dabei wird die Geschoßachse gedreht um eine horizontale Querachse durch den Schwerpunkt, also um die Binormale; den entsprechenden Drehungsvektor 2 denke man sich vom Schwerpunkt aus auf der Binormalen aufgetragen und zwar für einen Beobachter, der vom Geschütz aus nach dem Geschoß blickt, nach der rechten Seite. Diese beiden Vektoren 1 und 2 setzen sich zusammen zu einem resultierenden Vektor 3, der nach vorwärts und zugleich nach rechts zeigt. In dieser Richtung wird sich die Geschoßachse einzustellen suchen. Die analoge Überlegung hat man in jedem anderen Falle anzustellen.

§ 58. Berechnung von Flugbahnen rotierender Langgeschosse.
(von C. Cranz und W. Schmundt).

In den Abschnitten 3 bis 7 ist das ballistische Problem als dasjenige im engeren Sinne, d. h. unter der Voraussetzung behandelt worden, daß die Längsachse des Geschosses dauernd in der Bahntangente liege. Mit dem ballistischen Problem im weiteren Sinne, also unter Berücksichtigung der Schiefstellungen der Geschoßachse, haben sich zahlreiche Ballistiker, als Erster wie es scheint N. Mayevski 1855, unter Verwendung analytischer Hilfsmittel beschäftigt (die Literatur ist in der Lit.-Note erwähnt). Durchweg sind bei der analytischen Behandlung mehr oder weniger beschränkende Annahmen gemacht worden; teils wurde vorausgesetzt, daß der Anstellwinkel α zwischen Geschoßachse und Bahntangente entlang der ganzen Flugbahn klein bleibe, teils wurden lediglich Flachbahnen zugrunde gelegt. Immer aber ist von der Einrechnung der Magnuskraft abgesehen worden. Zwar hat M. de Sparre 1911 die Magnuskraft anfangs in seinen Gleichungen geführt, aber später in den Endformeln hat auch er den Magnuseffekt neben dem Kreiseleffekt vernachlässigt. Was die seit dem Erscheinen der 4. Auflage veröffentlichte Literatur betrifft, die uns bekannt geworden ist, so hat R. Grammel in seinem Kreiselbuch der Kreiselbewegung geworfener Körper einen durch Einfachheit und Klarheit der Darstellung ausgezeichneten kurzen Abschnitt gewidmet; darin beschränkt er sich auf solche Fälle, wo die Geschoßachse nach Vollendung einer Präzessionszykloide jedesmal wieder genau mit der Bahntangente zusammenfällt, so daß für die aufeinanderfolgenden Zykloiden dasselbe Gleichungssystem verwendet werden kann, nur mit anderen Zahlenwerten für die Zeiten. Am weitesten ist das Problem durch A. Sommerfeld und F. Nöther gefördert worden; bemerkt sei, daß die Arbeit zwar in rein mathematischer Hinsicht durch die Wahl der Parameter, die Reihenentwicklungen und die Diskussion mittels komplexer Integration dem Leser einen hohen geistigen Genuß gewährt, daß aber auch hier vom Magnuseffekt ganz abgesehen wird und daß die schließlichen Linksabweichungen bei Rechtsdrall in der bisher üblichen Weise erklärt und berechnet werden, die wir, wie schon erwähnt, nicht mehr für zutreffend ansehen können. H. König und Th. Vahlen setzen wieder voraus, daß der Anstellwinkel α klein bleibe; dies trifft jedoch nur für Flachbahnen und den größten Teil des aufsteigenden Astes der Steilbahnen zu. Neuerdings haben die englischen Ballistiker Fowler, Gallop, Lock und Richmond in ihrer schon oben (§ 12) erwähnten Arbeit eine vollständige Theorie der Bewegung eines rotierenden Langgeschosses entwickelt, in die sie, allerdings nicht zahlenmäßig, auch die Magnuskraft einbeziehen und außerdem, was unseres Wissens bisher noch von keiner Seite geschehen ist, das durch die Drehgeschwindigkeit der Geschoßachse hervorgerufene Luftwiderstandsmoment. In den ausgeführten Flugbahnberechnungen beschränken sich jedoch auch jene Forscher auf Flachbahnen (mit Winkeln zwischen Geschoßachse und Bahntangente $\alpha < 10^0$), vernachlässigen daher die Magnuskraft und behalten nur die Luftwiderstandskomponenten und die beiden Luftwiderstandsmomente bei. Freilich vermuten auch sie, daß die Magnuskraft für größere Winkel α, wie sie bei Steilbahnen auftreten, nicht mehr vernachlässigt werden darf.

1. **Ansätze für die Komponenten und das Moment des Luftwiderstandes und für die Magnuskraft.** Die Komponenten W_t bzw. W_s des Luftwiderstandes parallel bzw. senkrecht zur Bahntangente, sowie das Drehmoment M um eine Querachse durch den Schwerpunkt seien im folgenden als bekannte Funktionen von Geschwindigkeit v und Anstellwinkel α vorausgesetzt. (Hierüber s. § 12.) In der dort gegebenen Bezeichnungsweise ist also

$$W_t = W_0 \cdot \lambda_t; \quad W_s = W_0 \cdot \lambda_s; \quad M = W_0 \cdot s \cdot \lambda_m.$$

Dabei ist W_0 der für ein und dasselbe Geschoß nur von v und der Luftdichte δ abhängige Luftwiderstand, wenn $\alpha = 0$ ist; s ist der Abstand des Schwerpunktes von der Mitte der Geschoßspitze; λ_t, λ_s, λ_m sind nur von α abhängige Koeffizienten.

Die **Magnuskraft** K nehmen wir nach dem Vorgang von P. G. Tait proportional der zur Geschoßachse senkrechten Komponente $v \cdot \sin \alpha$ der Translationsgeschwindigkeit des Schwerpunkts und der Luftdichte δ_y; ferner, soweit ein Oberflächenelement dO des Geschosses in Betracht kommt, proportional dO und der Umfangsgeschwindigkeit $\varrho \cdot r$ dieses Oberflächenelements, so daß $K = \mu \cdot v \sin \alpha \cdot \int \varrho \cdot r \cdot dO$ ist. Nun ist, wenn ϱ die Entfernung des Flächenelements dO von der Geschoßachse, H die ganze Geschoßlänge, dh ein Element der Mantellinie und r die Winkelgeschwindigkeit des Geschosses um seine Längsachse bedeutet, $dO = 2\pi \varrho \cdot dh$, somit ist

$$K = \mu \cdot \frac{\delta_y}{\delta_0} \cdot v \sin \alpha \cdot 2\pi r \cdot \int_{h=0}^{h=H} \varrho^2 \cdot dh.$$

(Der Anteil des Geschoßbodens ist als unbedeutend vernachlässigt.) Was die Richtung von K anlangt, so ist diese Kraft senkrecht zur Ebene durch Geschoßachse und Bahntangente oder senkrecht zur „Stoßebene" gerichtet. Und der Richtungssinn kann am einfachsten so ermittelt werden: Ein „Rechtssystem" (d. h. das System: Daumen, Zeigefinger und Mittelfinger der rechten Hand, wenn diese Finger zu drei aufeinander senkrechten Koordinatenachsen gestellt werden) wird in dieser Reihenfolge aus folgenden drei Vektoren gebildet: a) der Geschwindigkeitskomponente $v \cdot \sin \alpha$ der Schwerpunktsbahn senkrecht zur Geschoßachse (Daumen); b) dem Vektor, der Magnuskraft (Zeigefinger); c) dem Vektor der Drehgeschwindigkeit um die Geschoßachse (Mittelfinger). Dabei denke man sich den Vektor der Drehgeschwindigkeit bei Rechtsdrall positiv in der Richtung vom Schwerpunkt nach der Geschoßspitze hin; also in derselben Richtung, in der ein Korkzieher in den Kork eingeschraubt wird).

Den Koeffizienten μ haben wir empirisch durch Schießversuche bestimmt, wobei von der Plattform eines Hausdaches aus in horizontaler Richtung geschossen wurde: der Drallwinkel der Züge war 45^0 (Rechtsdrall); das Geschoß war ein hölzerner Kreiszylinder von $2R = 0,078$ m Kaliber, $H = 0,395$ m Länge und $P = 1,23$ kg Gewicht; die Anfangsgeschwindigkeit war $v_0 = 23,6 \pm 0,9$ m/sec (Mittel aus 8 Versuchen). Gemessen wurde außerdem die Schußweite X, die Seitenabweichung Z und die Flugzeit T (mittels der Löbnerschen Tertienuhr); die Höhe der Seelenachse des Rohrs über dem horizontalen Erdboden betrug $Y = 23,2$ m. Ein Koordinatensystem sei angenommen, dessen Ursprung der Fußpunkt des Lots von der Mündung auf den Erdboden ist; die x-Achse horizontal und positiv in der Schußrichtung; die y-Achse vertikal und positiv nach oben; die z-Achse horizontal und positiv nach rechts, so daß die xyz-Achsen ein Rechtssystem bilden. Wird der Luftwiderstand in Anbetracht der Kleinheit der Geschwindigkeiten proportional der Schwerpunktsgeschwindigkeit v angenommen, so sind, wegen $v \cdot \sin \alpha = - \dfrac{dy}{dt}$, die Differentialgleichungen der Geschoßbewegung:

$$\frac{d^2 y}{dt^2} + \mathfrak{k} \cdot \frac{dy}{dt} + g = 0; \qquad \frac{d^2 z}{dt^2} - \mu \cdot \frac{g}{P} \cdot 2\,\pi\,R^2 \cdot H \cdot r \cdot \frac{dy}{dt} = 0.$$

$$\text{Für} \quad t = 0 \quad \text{ist:} \quad y = Y; \quad z = 0; \quad \frac{dy}{dt} = 0; \quad \frac{dz}{dt} = 0;$$

$$\text{\textquotedbl} \quad t = T \quad \text{\textquotedbl} \quad y = 0; \quad z = Z.$$

Diese sechs Grenzbedingungen liefern sechs Gleichungen zur Bestimmung der vier Integrationskonstanten und der beiden unbekannten Koeffizienten $\mathfrak{k}$ und μ. Die 8 Schießversuche, die angestellt wurden, und bei denen der Holzzylinder ohne erhebliche Nutationsschwankungen sich selbst parallel flog und platt auf dem Erdboden aufschlug, ergaben durchweg Linksabweichung; die Messungsresultate waren bzw. die folgenden:

Schußweite $X = 48,7$; $40,4$; $47,5$; $45,0$; $47,4$; $48,5$; $47,4$; $47,4$ m;

Seitenabweichung $-Z = 3,95$; $3,62$; $4,75$; $4,34$; $5,45$; $5,70$: $5,30$; $5,40$ m;

Flugzeit $T = 2,55$, $2,46$; $2,55$; $2,47$; $2,48$; $2,52$; $-$; $2,51$ sec.

Die Berechnung ergab im Mittel:

$$\mu = 0,014 \text{ m}^{-4} \text{ kg sec}^2 \cdot \text{[1]}$$

---

[1] (Hinzufügung während des Drucks von Band I): Unsere Schießversuche zur Ermittlung des Koeffizienten μ für die Magnuskraft K wurden Frühjahr 1923 abgeschlossen. Seitdem hat der Magnuseffekt, welcher früher fast ausschließlich zur Erklärung von ballistischen Erscheinungen eine gewisse Rolle gespielt hatte und auch in der Ballistik bisher nicht genügend berücksichtigt worden war (vgl. § 57), durch die Flettnersche Erfindung des Rotorschiffs in den weitesten Kreisen Beachtung gefunden. Dabei hat Herr L. Prandtl in seiner Göttinger aerodynamischen Versuchsanstalt Messungen angestellt und

[Unter den von J. Didion mitgeteilten Schießversuchen mit exzentrischen Kugeln ergab der Versuch mit: Kugelgewicht 27,9 kg; Kaliber 22 cm; Abgangswinkel $4°6'$; Flugweite ohne Exzentrizität 1170 m; Flugweite mit Schwerpunkt unten 1117 m; Flugweite mit Schwerpunkt oben 1320 m; Drehzahl $8,0\ \mathrm{sec}^{-1}$ bei der Berechnung den Wert $\mu = 0,0146$; die übrigen Didionschen Versuche ergaben sehr untereinander abweichende Werte μ, weshalb nicht angenommen werden kann, daß die dabei mitgeteilte Drehzahl, zumal diese jedenfalls schwierig festzustellen war, durchweg $8,0\ \mathrm{sec}^{-1}$ betragen hat. Die zahlreichen Versuche von Heim mit exzentrischen Kugeln und die französischen Versuche mit diskusartigen Geschossen konnten zur Berechnung nicht beigezogen werden, da die Drehzahl nicht angegeben ist.]

2. **Die Transformationsgleichungen.** Wir nehmen die drei rechtwinkligen Koordinatensysteme (Rechtssysteme) an: System 1 mit dem Ursprung O in der Geschützmündung und den Einheitsvektoren $i_1 j_1 f_1$; i_1 horizontal in der Schußebene, nach vorn gerichtet; j_1 vertikal in der Schußebene nach oben gerichtet; f_1 horizontal nach rechts gerichtet bezüglich eines Beobachters, der vom Geschütz aus in der Schußrichtung blickt. System 2 mit dem Ursprung in dem Schwerpunkt S des fliegenden Geschosses; von den Einheitsvektoren $i_2 j_2 f_2$, die ein Rechtssystem bilden, liegt f_2 in der Bahntangente, nach vorn gerichtet; j_2 in der Binormalen und für jenen Beobachter nach rechts gerichtet; i_2 in der Hauptnormalen der Flugbahn und

---

gefunden, daß der Koeffizient μ nicht konstant ist, sondern einerseits von dem Verhältnis zwischen Länge und Durchmesser des rotierenden Zylinders, andererseits von dem Verhältnis φ zwischen der Umfangsgeschwindigkeit $R \cdot r$ und der Geschwindigkeitskomponente $v \cdot \sin \alpha$ senkrecht zur Zylinderachse abhängt.

Das Verhältnis zwischen Länge und Durchmesser des Zylinders war bei den Prandtlschen Versuchen $4,7:1$, bei unseren Flugbahnberechnungen $4,2:1$, somit wenigstens von derselben Größenordnung.

Was jedoch die Abhängigkeit des Koeffizienten μ von dem Verhältnis φ anlangt, so fand Herr Prandtl für $\varphi = 1, 2, 3$ die folgenden Werte von $\mu\ (\mathrm{kg} \cdot \mathrm{m}^{-4} \cdot \mathrm{sec}^{+2})$:

$$\text{für } \varphi = 1,0 \qquad 2,0 \qquad 3,0$$
$$\mu = 0,0220 \qquad 0,03222 \qquad 0,0278.$$

Dagegen bei unseren im folgenden zu besprechenden drei Flugbahnberechnungen war das Verhältnis φ in den entscheidenden Teilen der 3 Bahnen, nämlich zwischen Gipfel- und Auffallpunkt, wesentlich kleiner als $\varphi = 1,0$; nämlich bei allen 3 Bahnen nahm φ ab von 0,38 bis 0,14. Es fehlten uns somit zum Vergleich die Prandtlschen μ-Werte für solche kleinere Werte von φ. Auf eine Anfrage des Verfassers hatte Herr Prandtl die Güte, uns mitzuteilen, daß die niedrigsten von ihm benützten Werte des Verhältnisses φ waren: 1,3 und 0,66 und daß er für diese den Koeffizienten μ gemessen habe zu bzw. 0,0273 und 0,0138. Die ganzen Göttinger Versuche seien übrigens vorläufiger Art, genauere Versuche kommen noch.

Diesen Mitteilungen zufolge scheint es, daß der von uns benützte Mittelwert $\mu = 0,0140$ in seiner Anwendung auf die 3 Flugbahnberechnungen **in guter Übereinstimmung mit den Prandtlschen Messungen steht,** die natürlich am meisten Vertrauen verdienen.

nach außen gerichtet. System 3 mit den Einheitsvektoren $i_3\,j_3\,\mathfrak{k}_3$, die mit dem fliegenden Geschoß fest verbunden zu denken sind; Ursprung im Schwerpunkt S; $\mathfrak{k}_3$ in der Geschoßachse und nach der Geschoßspitze hin gerichtet; i_3 und j_3 im Geschoß fest und auf der Geschoßachse und aufeinander senkrecht; in der Reihenfolge $i_3\,j_3\,\mathfrak{k}_3$ ein Rechtssystem bildend. Die Ebenen $(i_2\,j_2)$ und $(i_3\,j_3)$ schneiden sich in einer Geraden, der Knotenlinie, welcher der Einheitsvektor $\mathfrak{p}$ zugeordnet sei; $\mathfrak{k}_2\,\mathfrak{k}_3\,\mathfrak{p}$ bilden ein Rechtssystem. q_2 sei ein Einheitsvektor

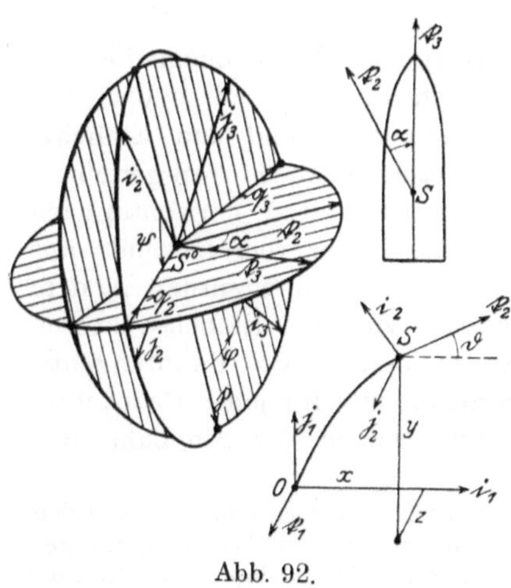

Abb. 92.

senkrecht zu $\mathfrak{p}$ in der Ebene $(i_2\,j_2)$; q_3 sei ein solcher senkrecht zu $\mathfrak{p}$ in der Ebene $(i_3\,j_3)$; $\mathfrak{p}\,q_2\,\mathfrak{k}_2$ und $\mathfrak{p}\,q_3\,\mathfrak{k}_3$ bilden Rechtssysteme, vgl. die Abb. 92, wo die positiven Richtungen durch Pfeile angedeutet sind.

Wir machen die Voraussetzung, daß die Vertikalebene $(i_2\,\mathfrak{k}_2)$ durch die jeweilige Bahntangente mit der anfänglichen Schußebene $(i_1\,j_1)$ einen so kleinen Winkel bilde, daß dieser Winkel und dessen zwei erste Ableitungen nach der Zeit vernachlässigt werden können (Annahme 1, aus der folgt, daß $j_2 = \mathfrak{k}_1$ ist). Diese Voraussetzung ist in der Praxis der Artillerie- und Infanteriegeschosse im allgemeinen genügend erfüllt. Unter dieser Voraussetzung genügen die folgenden Koordinaten zur eindeutigen Festlegung der Systeme 2 und 3 in dem System 1: xyz als Koordinaten des Geschoßschwerpunkts S; $\vartheta = i_1\,\widehat{}\,\mathfrak{k}_2$ als Richtungswinkel der Bahntangente; $\alpha = \mathfrak{k}_2\,\widehat{}\,\mathfrak{k}_3$ als Anstellwinkel der Geschoßachse gegen die Bahntangente; $\psi = i_2\,\widehat{}\,(-q_2)$; $\varphi = \mathfrak{p}\,\widehat{}\,i_3$. α, ψ und φ sind die bekannten Eulerschen Winkel; im besonderen ist α der Nutationswinkel und ψ der Präzessionswinkel.

Die Beziehungen zwischen den Einheitsvektoren der 3 Systeme lassen sich aus den Abbildungen ablesen; sie sind

$$i_2 = -\,i_1\cdot\sin\vartheta + j_1\cos\vartheta; \quad j_2 = \mathfrak{k}_1; \quad \mathfrak{k}_2 = i_1\cdot\cos\vartheta + j_1\cdot\sin\vartheta. \quad (1)$$

$$\left.\begin{aligned}
\mathfrak{p} &= i_1\sin\vartheta\cdot\sin\psi - j_1\cos\vartheta\cdot\sin\psi + \mathfrak{k}_1\cos\psi; \\
q_2 &= i_1\cdot\sin\vartheta\cdot\cos\psi - j_1\cos\vartheta\cdot\cos\psi - \mathfrak{k}_1\cdot\sin\psi.
\end{aligned}\right\} \quad (2)$$

$$\left.\begin{aligned}
i_2 &= -\,\mathfrak{p}\cdot\sin\psi - q_3\cos\alpha\cdot\cos\psi + \mathfrak{k}_3\cdot\sin\alpha\cdot\cos\psi \\
j_2 &= +\,\mathfrak{p}\cdot\cos\psi - q_3\cdot\cos\alpha\cdot\sin\psi + \mathfrak{k}_3\cdot\sin\alpha\cdot\sin\psi \\
\mathfrak{k}_2 &= \qquad\qquad\quad + q_3\sin\alpha \qquad\quad + \mathfrak{k}_3\cdot\cos\alpha.
\end{aligned}\right\} \quad (3)$$

Mit $\overline{\omega}$ sei der Vektor der Drehgeschwindigkeit des Systems 3 ($i_3\,j_3\,f_3$) gegen das Sytem 1 ($i_1\,j_1\,f_1$) bezeichnet. Es ist zweckmäßig, $\overline{\omega}$ durch seine drei Komponenten pqr in dem System ($\mathfrak{p}\,q_3\,f_3$) darzustellen; diese seien durch die Vektorgleichung definiert:

$$\overline{\omega} = p\cdot\mathfrak{p} + q\cdot q_3 + r\cdot f_3. \tag{4}$$

$\overline{\omega}$ läßt sich ausdrücken als die vektorielle Summe aller hier möglichen Drehungen des Systems 3 gegen das System 1, nämlich

$$\overline{\omega} = \frac{d\vartheta}{dt}\cdot j_2 + \frac{d\alpha}{dt}\cdot\mathfrak{p} + \frac{d\psi}{dt}\cdot f_2 + \frac{d\varphi}{dt}\cdot f_3.$$

Formt man diese Gleichung mit Hilfe der Transformationsgleichungen (3) so um, daß sie nur noch die Einheitsvektoren $\mathfrak{p}$, q_3, f_3 enthält, so findet man durch Vergleichung mit (4) die Komponenten pqr:

$$\left.\begin{aligned}
p &= \frac{d\vartheta}{dt}\cdot\cos\psi + \frac{d\alpha}{dt}\\[2mm]
q &= -\frac{d\vartheta}{dt}\cdot\cos\alpha\cdot\sin\psi + \frac{d\psi}{dt}\cdot\sin\alpha\\[2mm]
r &= \frac{d\vartheta}{dt}\cdot\sin\alpha\cdot\sin\psi + \frac{d\psi}{dt}\cdot\cos\alpha + \frac{d\varphi}{dt}.
\end{aligned}\right\} \tag{4a}$$

Für die Drehgeschwindigkeit $\overline{\omega}_4$ des Systems ($\mathfrak{p}\,q_3\,f_3$), das als System 4 bezeichnet sei, ergibt sich

$$\overline{\omega}_4 = \frac{d\vartheta}{dt}\cdot j_2 + \frac{d\alpha}{dt}\cdot\mathfrak{p} + \frac{d\psi}{dt}\cdot f_2$$

oder

$$\overline{\omega}_4 = p\cdot\mathfrak{p} + q\cdot q_3 + \left(r - \frac{d\varphi}{dt}\right)\cdot f_3. \tag{5}$$

Damit sind alle im folgenden benötigten kinematischen Beziehungen entwickelt. Es sind nun die Differentialgleichungen für die Bewegung des Geschosses aufzustellen; wie schon oben erwähnt wurde, teilt sich diese Bewegung in eine Translationsbewegung des Schwerpunkts und eine Drehbewegung um den Schwerpunkt.

3. **Die Gleichungen der Translationsbewegung des Schwerpunkts.** Es sei $\overline{Q}$ die Vektorsumme der äußeren Kräfte, die auf das Geschoß wirken; $\overline{v}$ der Vektor der Geschwindigkeit des Schwerpunkts; m die Geschoßmasse, so ist nach dem Schwerpunktsatz der Mechanik:

$$\overline{Q} = \frac{d}{dt}(m\overline{v}). \tag{I}$$

Als äußere Kräfte wirken: Luftwiderstand $\overline{W}$, Magnuskraft $\overline{K}$, Schwerkraft $\overline{P}$:

$$\overline{Q} = \overline{W} + \overline{K} + \overline{P}. \tag{6}$$

Hier ist: $\overline{W} = -W_t\cdot f_2 - W_s\cdot q_2$; $\overline{K} = -K\cdot\mathfrak{p}$; $\overline{P} = -P\cdot j_1$.

Die Komponenten der Kräfte im ruhenden System 1 erhält man daraus mit Hilfe der Transformationsgleichungen (1) und (2):

$$
\begin{aligned}
\overline{W} = {}& \mathfrak{i}_1 \cdot [- W_t \cos\vartheta - W_s \cos\psi \sin\vartheta] \\
& + \mathfrak{j}_1 \cdot [- W_t \sin\vartheta + W_s \cos\psi \cos\vartheta] + \mathfrak{k}_1 \cdot [W_s \sin\psi] \\
\overline{K} = {}& \mathfrak{i}_1 \cdot [- K \sin\psi \sin\vartheta] \\
& + \mathfrak{j}_1 \cdot [K \sin\psi \cos\vartheta] \qquad\qquad + \mathfrak{k}_1 \cdot [- K \cos\psi] \\
\overline{P} = {}& \qquad\quad \mathfrak{j}_1 \cdot [- P]
\end{aligned}
\tag{6a}
$$

W_t, W_s und K sind ihrer Größe nach in Funktion von v, α und y gegeben. (Letzteres wegen der Luftdichte, die von der Höhe y über dem Erdboden abhängt.) Die Schwerpunktsgeschwindigkeit ist, in Komponenten angeschrieben,

$$
\overline{v} = \mathfrak{i}_1 \cdot \frac{dx}{dt} + \mathfrak{j}_1 \cdot \frac{dy}{dt} + \mathfrak{k}_1 \cdot \frac{dz}{dt}.
\tag{7}
$$

Wir machen weiter die Voraussetzung, daß das System 1 oder $(\mathfrak{i}_1\,\mathfrak{j}_1\,\mathfrak{k}_1)$ ruhe, daß also von der Erdrotation abgesehen werden kann und daß nicht etwa von einem Flugzeug od. dgl. aus, sondern vom Erdboden aus geschossen werde (Annahme 2). Unter dieser Voraussetzung und derjenigen einer konstanten Masse m des Geschosses wird die rechte Seite der Gleichung (I):

$$
\frac{d}{dt}(m\overline{v}) = \mathfrak{i}_1 \cdot m \cdot \frac{d^2x}{dt^2} + \mathfrak{j}_1 \cdot m \cdot \frac{d^2y}{dt^2} + \mathfrak{k}_1 \cdot m \cdot \frac{d^2z}{dt^2}.
\tag{8}
$$

Mit Gleichung (6) und (8) wird dann die Beziehung (I) für die Bewegung des Schwerpunkts:

$$
\left.
\begin{aligned}
- m \cdot \frac{d^2x}{dt^2} &= W_t \cdot \cos\vartheta + W_s \cdot \cos\psi \cdot \sin\vartheta + K \cdot \sin\psi \cdot \sin\vartheta \\
- m \cdot \frac{d^2y}{dt^2} &= W_t \cdot \sin\vartheta - W_s \cdot \cos\psi \cdot \cos\vartheta - K \cdot \sin\psi \cdot \cos\vartheta + P \\
m \cdot \frac{d^2z}{dt^2} &= W_s \cdot \sin\psi - K \cdot \cos\psi.
\end{aligned}
\right\}
\tag{Ia}
$$

4. **Die Gleichungen für die Rotationsbewegung um den Schwerpunkt.** Es sei $\overline{M}$ das Moment der äußeren Kräfte; $\overline{J}$ der Drall oder Drehimpuls des Geschosses; beide bezogen auf den Schwerpunkt. Der Flächensatz gibt für die Rotationsbewegung:

$$
\overline{M} = \frac{d\overline{J}}{dt}.
\tag{II}
$$

Wir sehen davon ab, die Beiträge von Magnuskraft und Luftreibung zum Moment, sowie das durch die Drehgeschwindigkeit der Geschoßachse hervorgerufene Moment in die Rechnung einzubeziehen (s. hierüber weiter unten unter 7.), vielmehr betrachten wir diese drei Momente als vernachlässigbar klein (Annahme 3). Danach bleibt als wirksames Moment dasjenige des Luftwiderstandes:

$$\overline{M} = M \cdot \mathfrak{p}; \qquad (9)$$

M ist als Funktion von v, α und y gegeben. Zum Zweck der Auflösung der Gleichung (II) in die entsprechenden Komponentengleichungen wird man mit Rücksicht auf (9) das System 4 oder ($\mathfrak{p}\,\mathfrak{q}_3\,\mathfrak{k}_3$) benützen. Es bezeichnen A das Trägheitsmoment des Geschosses um eine Querachse durch den Schwerpunkt, C dasselbe um die Längsachse, so ist mit Rücksicht auf (4) der Drehimpuls des Geschosses:

$$\bar{J} = \mathfrak{p} \cdot A \cdot p + \mathfrak{q}_3 \cdot A \cdot q + \mathfrak{k}_3 \cdot C \cdot r. \qquad (10)$$

Die Ableitung des Drehimpulses nach der Zeit wird am besten mit Hilfe der Eulerschen Formel bestimmt:

$$\frac{dJ}{dt} = \left[\frac{d\bar{J}}{dt}\right]_4 + \omega_4 \cdot J. \qquad (11)$$

Hier bedeutet $\left[\dfrac{d\bar{J}}{dt}\right]_4$ die Änderung des Drehimpulses bezogen auf das System 4; $\overline{\omega_4 \cdot J}$ das vektorielle Produkt aus der Drehgeschwindigkeit ω_4 dieses Systems gegenüber dem raumfesten System 1 und aus dem Drall $\bar{J}$. Führt man mit Hilfe der Gleichungen (10) und (5) die Operation (11) aus, so folgt

$$\begin{aligned}
\frac{d\bar{J}}{dt} = \ &\mathfrak{p} \cdot \left[A \cdot \frac{dp}{dt} + q\left(Cr - A\left(r - \frac{d\varphi}{dt}\right)\right)\right] \\
&+ \mathfrak{q}_3\left[A\frac{dq}{dt} + p\left(A\left(r - \frac{d\varphi}{dt}\right) - Cr\right)\right] + \mathfrak{k}_3 \cdot C\frac{dr}{dt}.
\end{aligned} \qquad (11\,\mathrm{a})$$

(9) und (11a) in (II) eingesetzt gibt

$$\left.\begin{aligned}
A \cdot \frac{dp}{dt} + q\cdot\left[Cr - A\left(r - \frac{d\varphi}{dt}\right)\right] &= M \\
A \cdot \frac{dq}{dt} + p\cdot\left[A\left(r - \frac{d\varphi}{dt}\right) - Cr\right] &= 0 \\
C \cdot \frac{dr}{dt} &= 0.
\end{aligned}\right\} \qquad (\mathrm{II}\,\mathrm{a})$$

pqr sind durch (4a) gegeben. Die Gleichungen (Ia) und (IIa) geben bei den Annahmen 1, 2, 3 und mit den erwähnten Ansätzen für die wirkenden Kräfte die Bewegungen des Geschosses; sie enthalten die 8 Variablen $xyzv\vartheta\alpha\psi\varphi$ und den Parameter t. Die Beziehungen

$$\frac{dx}{dt} = v \cdot \cos\vartheta; \qquad \frac{dy}{dt} = v \cdot \sin\vartheta \qquad (12)$$

reduzieren die Zahl der Unbekannten auf 6, entsprechend der Zahl der Gleichungen des Systems (Ia) und (IIa). (Der zutage tretende Gegensatz zwischen (12) und (7) beruht auf der Annahme 1.)

5. Die Lösung der Bewegungsgleichungen. Zwei Merkmale charakterisieren die Art der Geschoßbewegung: das eine ist die

Größe des Anstellwinkels α, das andere ist der Typus der Kreiselbewegung des Geschosses, die entweder als pseudoreguläre Präzession aufgefaßt werden kann oder nicht. Dieses zweite Merkmal wird bestimmt durch die Größe des schon oben erwähnten Stabilitätsfaktors σ

$$\sigma = \frac{C^2 \cdot r^2}{4\,A \cdot M/\sin\alpha} \, . \tag{13}$$

Für $\sigma \geq 1$ ist die Kreiselbewegung stabil. Wir unterscheiden nun 4 Fälle, von denen jeder eine andere Lösung der Bewegungsgleichungen erfordert: 1. Fall: $0 < \alpha < 5^0$; $\sigma > 20$; 2. Fall: $0 < \alpha < 5^0$; $1 < \sigma < 20$; 3. Fall: $\alpha > 5^0$; $\sigma > 20$; 4. Fall: $\alpha > 5^0$; $1 < \sigma < 20$.

Die hier angegebenen Grenzen $\alpha = 5^0$ und $\sigma = 20$ sind als ganz rohe Anhaltswerte zu betrachten: ihre Zweckmäßigkeit ist durch einige Erfahrungen erprobt. Die Beschränkung auf Winkel α zwischen 0^0 und 5^0 (oder bei Zulassung größerer Fehler auch wohl noch zwischen 0^0 und 30^0, wie Nöther vorschlägt), gestattet, in den Ausdrücken für W_t und W_s $\lambda_t = 1$ und $\lambda_s = 0$ und in denjenigen für K $\sin\alpha = 0$ zu nehmen.

Damit wird $W_s = 0$; $K = 0$ und W_t wird von α unabhängig; (Ia) wird zu:

$$-m \cdot \frac{d^2x}{dt^2} = W_t \cdot \cos\vartheta : \qquad -m \cdot \frac{d^2y}{dt^2} = W_t \sin\vartheta + P\,. \tag{Ib}$$

D. h. die Bahn des Schwerpunkts wird, unabhängig von den Gleichungen (IIa) der Rotation, einfach nach einer der früheren Methoden (Abschnitt 4 bis 7) berechnet, wodurch man $xyv\vartheta$ in Funktion der Zeit t erhält. Ferner die Beschränkung $\sigma > 20$ besagt, daß die Art der Kreiselbewegung eine pseudoreguläre Präzession ist (F. Klein und A. Sommerfeld geben in ihrem Kreiselbuch als Grenzwert $\sigma = 25$ an). In diesem Fall können die Komponenten des Impulsvektors $\bar{J}$ senkrecht zur Figurenachse $\mathfrak{k}_3$ vernachlässigt werden, und es wird (10) zu

$$\bar{J} = C \cdot r \cdot \mathfrak{k}_3\,. \tag{10a}$$

Deshalb vereinfachen sich die Bewegungsgleichungen (IIa) wie folgt:

$$C \cdot r \cdot q = M; \qquad -C \cdot r \cdot p = 0; \qquad C \cdot \frac{dr}{dt} = 0\,.$$

Von diesen Gleichungen liefert die letzte durch Integration

$$C \cdot r = \text{konst.} = N; \tag{14}$$

und die beiden anderen ergeben wegen (4a)

$$\left.\begin{aligned} \frac{d\psi}{dt} &= \frac{M}{N \cdot \sin\alpha} + \frac{\sin\psi}{\operatorname{tg}\alpha} \cdot \frac{d\vartheta}{dt} \\ \frac{d\alpha}{dt} &= -\frac{d\vartheta}{dt} \cdot \cos\psi\,. \end{aligned}\right\} \tag{IIb}$$

Diese Gleichungen ergeben α und ψ in Funktion von t, da durch die Lösung des Gleichungssystems (Ib) v und ϑ für jedes t als bekannt anzusehen sind.

Bemerkt sei noch, daß die Gleichungen (II b), die schon N. Mayevski analytisch abgeleitet hat, für kleine α auch durch einfache geometrische Infinitesimalbetrachtungen gewonnen werden können (vgl. darüber die Auflage von 1910, S. 328). Zu diesem Zweck sei an die in § 57 erwähnte graphische Konstruktion erinnert; s. Abb. 93. Die Tangentenspitze, die zu Anfang einer Präzessionsperiode in O war, sei jetzt in T angelangt; die Geschoßspitze, die anfangs ebenfalls in O lag, möge sich jetzt, zur Zeit t, im Punkt A befinden. Wenn die Bahntangente ihre Richtung im Raum beibehielte, müßte die Geschoßachse um die Bahntangente ST herum einen Kreiskegel beschreiben; es wäre dann die partielle Änderung $\delta\psi$ des Winkels ψ in der Zeit dt gegeben durch

$$\delta\psi = \frac{M/\sin\alpha}{C\cdot r}\cdot dt.$$

Tatsächlich bewegt sich jedoch gleichzeitig das Ende T der Bahntangente in der Zeit dt nach T_1 abwärts. Der Neigungswinkel ϑ der Tangente nimmt dabei ab um $d\vartheta$ (in der Figur Großkreisbogen $TT_1 = -d\vartheta$). Wenn man also voraussetzt, daß für das Zeitdifferential dt diese beiden Bewegungen voneinander unabhängig seien, so gelangt zuerst, bei gleichbleibender Lage von T, die Geschoßspitze von A nach B, und hierauf rückt, bei gleichbleibender Lage von B, T abwärts nach T_1. Der Winkel TT_1B der Stoßebene gegen die Vertikalebene durch die Bahntangente ist somit nach Verlauf der Zeit dt im ganzen zu $\psi + d\psi$ geworden; und gleichzeitig ist dadurch der Anstellwinkel zwischen Tangente und Geschoßachse, der vorher $TA = \alpha$ war, nunmehr zu $T_1B = \alpha + d\alpha$ geworden. Die Anwendung des Sinussatzes auf das Dreieck TB_1T_1 gibt $(\alpha + d\alpha) : \alpha = \sin(\psi + \delta\psi) : \sin(\psi + d\psi)$

oder
$$d\psi = \frac{M/\sin\alpha}{C\cdot r}\cdot dt - \operatorname{tg}\psi\cdot\frac{d\alpha}{\alpha}.$$

Fällt man ferner das Lot von T auf T_1B, so folgt: $d\alpha = -\cos\psi\cdot d\vartheta$. Damit hat man wieder die obigen Gleichungen (II b) für kleine α.

Dem obigen zufolge kann man die Schwerpunktsbahn statt durch die genauen Gleichungen (I a) zunächst in erster Annäherung mit den Gleichungen (I b) berechnen, falls $\alpha < 5^0$ ist.

Und falls $\sigma > 20$ ist, können die Pendelbewegungen des Geschosses um den Schwerpunkt statt durch die genauen Rotationsgleichungen (II a) mittels der einfacheren Gleichungen (II b) berechnet werden. Danach gestaltet sich die Berechnung in den einzelnen Fällen wie folgt:

a) Erster Fall: $\alpha < 5^0$; $\sigma > 20$. Dieser Fall umfaßt alle Flachbahnen und den ersten Teil aller Steilbahnen von eingeführten Geschossen bis auf das erste sich an die Geschützmündung anschließende mehr oder weniger kurze Stück, das dem zweiten Falle angehört. (Wie bei Behandlung des zweiten Falles gezeigt werden wird, läßt sich der erste Fall auf Bahnen bis $\sigma > 1,5$ ausdehnen.)

Man hat für diesen Fall die vereinfachten Gleichungen (I b) und (II b) zu verwenden. Aus (I b) erhält man v und ϑ in Funktion von t. Damit gewinnt man α und ψ aus (II b). Jetzt ist man imstande, mit Hilfe von (Ia) die durch die Geschoßrotation bewirkten Änderungen der Koordinaten, insbesondere die Änderung der Schußweite und die Seitenabweichung zu ermitteln.

Eine Lösung der Gleichungen (IIb) in geschlossener Form ist von F. Noether angegeben. Dabei wird die mit (Ib) gewonnene Schwerpunktsbahn durch eine Parabel angenähert und das Luftwiderstandsmoment M proportional $v^2 \cdot \sin \alpha$ angenommen. Unter den für diesen ersten Fall gegebenen Einschränkungen erscheinen diese Näherungen durchaus erlaubt, zumal gegenüber dem Resultat einer geschlossenen Lösung der Gleichungen (IIb), daß eine mühevolle stückweise Integration überflüssig macht, die durch die Näherungen verursachten, sicherlich nicht sehr großen Fehler gerne in Kauf genommen würden. Jedoch ist dieses Resultat recht kompliziert und müßte zum praktischen Gebrauch jedenfalls noch umgearbeitet werden. Um die Seitenabweichung zu erhalten, muß die Lösung von (IIb) in (Ia) eingesetzt werden. Dieses geht nun bei Noether nicht ohne weitere vereinfachende Annahmen, die in ihrer Wirkung schwer zu übersehen sind. Die Brauchbarkeit dieses vielversprechenden Verfahrens müßte zunächst durch praktische Beispiele an Hand der Erfahrung erprobt werden, was bisher noch nicht geschehen ist.

Das sicher zum Ziele führende Verfahren ist das der stückweisen Integration. Besonders einfach dient hierfür das bereits in § 57 und kurz zuvor besprochene Cranzsche graphische Verfahren. Der Grundgedanke ist der folgende: Man wählt ein Zeitintervall Δt, für welches 1. die (durch die bereits erfolgte Lösung von (Ib) bekannte) Flugbahn geradlinig, 2. die Funktion $P = M/\sin \alpha$ als konstant angesehen werden kann. Zu Beginn des Zeitelements sind in graphischer Darstellung nach Art der Abb. 93 gegeben: ϑ_0 (in der Abb. OT), α_0 (TA), ψ_0 (Winkel OTA); während der Zeit Δt sind $\vartheta = \vartheta_0$.

$v = v_m$, somit nach (IIb): $\alpha = \alpha_0$ und $\Delta \psi = \dfrac{P_0}{Cr} \cdot \Delta t$, wobei $P_0 = \dfrac{M(v_m,\, \alpha_0)}{\sin \alpha_0}$ ist.

$\Delta \psi$ wird in der graphischen Konstruktion an TA in T angetragen (als Winkel ATB). Die Anfangswerte für das nächste Zeitelement Δt sind dann $\alpha_1 = T_1 B$, $\psi_1 = OT_1 B$, wenn OT_1 der diesem Zeitelement entsprechende Anfangswert ϑ_1 von ϑ ist. — Nun genügt es aber nicht, Δt nur den beiden angeführten Bedingungen zu unterwerfen; vielmehr müßte man verlangen, daß 3. $\Delta \psi$ eine gewisse Größe nicht überschreitet (etwa $\Delta \psi < 30^0$). Dadurch würde nun aber Δt praktisch in vielen Fällen außerordentlich eingeschränkt, da, zumal solange α sehr klein ist, die Präzessionsgeschwindigkeit $\dfrac{d\psi}{dt}$ sehr groß sein kann.

In solchen Fällen empfiehlt es sich, Δt trotzdem nur durch die beiden erst angegebenen Bedingungen einzuschränken, nun aber das errechnete $\Delta \psi$ durch eine ganze Zahl so zu teilen, daß die einzelnen Teile kleiner sind als etwa 30^0. Man teilt dann die dem Zeitintervall Δt gehörige Strecke $\Delta \vartheta$ in ebensoviele Teile und führt die Konstruktion entsprechend oft durch, wobei man für das Intervall keinerlei weitere Rechnungen anzustellen hat. Allerdings ist dann α für jeden Einzelteil verschieden; doch kann man dessen ungeachtet in der Formel für $\Delta \psi$ die Größe P_0 mit dem Werte α_0 berechnen, da in der Tat für kleine Werte von α $M/\sin \alpha$ sich nur wenig mit α ändert. — Hat man α und ψ für die ganze Bahn gewonnen, so erhält man die Flugbahnkorrekturen und die Seitenabweichung aus der Gleichung (Ia) durch numerische oder graphische Verfahren der stückweisen Integration.

Über die Größe des Momentes M und der Kräfte W_t, W_s ist in § 12 gesprochen. Sind diese Kraftgrößen nicht experimentell im

Luftkanal oder auf anderem Wege gewonnen, so wird man hier, wo es sich um kleine Winkel α handelt, zur Not den Ansatz machen:

$$W_t = W_0, \quad W_s = W_0 \cdot \sin \alpha, \quad M = W_0 \cdot s \cdot \sin \alpha.$$

b) **Zweiter Fall:** $\alpha < 5^0$; $1 < \sigma < 20$. Der zweite Fall schließt in sich den ersten mehr oder weniger kurzen Teil aller Bahnen. Wegen $\alpha < 5^0$ erhält man die Schwerpunktsbahn in erster Näherung mit den Gleichungen (Ib). Zur Bestimmung der Elemente α, ψ der Rotationsbewegung aber hat man wegen $1 < \sigma < 20$ nun nicht das vereinfachte Gleichungssystem (IIb), sondern das System (IIa) zu integrieren. Da die praktische Lösung von (IIa) jedoch nicht ohne reichliche Mühe und Rechenarbeit möglich ist, und da im allgemeinen das weitaus größte Stück einer Flugbahn mit kleinem α zum ersten Fall und nur ein kleines Stück zum zweiten Fall gehört, so wird man in den meisten Fällen, in denen es sich um die Berechnung von Flugbahnen handelt, für das diesem zweiten Fall angehörige Stück der Bahn auf die Kenntnis der Rotationsbewegung verzichten. Andererseits aber muß man danach trachten, die Grenze zwischen dem ersten und zweiten Falle möglichst zu kleineren Werten von σ hin zu verschieben. Durch ein Fehlerabschätzungsverfahren, wie Klein und Sommerfeld es in ihrer Kreiseltheorie angegeben haben und das auf Reihenentwicklung beruht, läßt sich nun in der Tat ein Korrekturwert für die nach der Näherungsformel berechneten Werte von $\varDelta \psi$ entwickeln. Diese Korrekturwerte sind in der nachstehenden Tabelle angegeben. Sei $\varDelta \psi_0$ der nach der Näherungsformel gewonnene Wert $\varDelta \psi_0 = \dfrac{M/\sin \alpha}{C \cdot r} \cdot \varDelta t$, so ist der korrigierte Wert $\varDelta \psi = \varDelta \psi_0 (1 - \mu)$ Für kleine Winkel α, wie diese hier im ersten und zweiten Falle vorausgesetzt sind, ist dann μ wie folgt in Abhängigkeit von σ gegeben:

$\sigma =$	30	20	15	10,0	8,0	6,0	5,0	4,0	3,0	2,0	1,8	1,6
$100 \cdot \mu =$	2,4	3,6	4,7	7,0	8,5	11,1	12,9	15,9	19,6	26,5	29,2	33,0

(Die drei letzten Werte beanspruchen keine unbedingte Genauigkeit.)

Somit sind alle Flugbahnen mit σ zwischen 1,5 und 20 der stückweisen Integrationsmethode des ersten Falles übergeben. Handelt es sich jedoch nicht um die Berechnung von Bahnen, will man vielmehr das Verhalten eines Geschosses auf dem ersten Stück seines Weges nach Verlassen der Geschützmündung studieren, für welches Stück bei größeren Geschwindigkeiten stets sehr nahe $\sigma \approx 1$ ist, so wird man von der Krümmung der Bahn überhaupt absehen, also $\vartheta = \vartheta_0$ und $\dfrac{d\vartheta}{dt} = 0$ setzen. Dann fallen in den Gleichungen (4 a) für pqr die Glieder mit $\dfrac{d\vartheta}{dt}$ fort:

$$p = \frac{d\alpha}{dt}; \qquad q = \frac{d\psi}{dt}\cdot\sin\alpha; \qquad r = \frac{d\psi}{dt}\cdot\cos\alpha + \frac{d\varphi}{dt}.$$

Werden diese Ausdrücke in (IIa) eingesetzt, so erhält man der Art nach die Gleichungen des symmetrischen schweren Kreisels. Die ersten Integrale dieser Gleichungen lassen sich ohne Schwierigkeiten aufstellen; sie lauten in der von Klein und Sommerfeld angegebenen Form:

$$\begin{cases} \dfrac{du}{dt} = \sqrt{U} \\[2mm] \dfrac{d\psi}{dt} = \dfrac{n - N\cdot u}{A\,(1-u^2)}\,; \end{cases}$$

dabei ist

$$u = \cos\alpha; \qquad N = C\cdot r\ (=\text{konst.}),$$

$$U = \frac{1}{A^2}\left[(1-u^2)\left(k - N^2 - 2\,\frac{AM}{\sqrt{1-u^2}}\cdot u\right) - (n - Nu)^2\right].$$

Der Ausdruck für $\dfrac{d\varphi}{dt}$ interessiert hier nicht. n und k sind Integrationskonstanten. Man wird, um formal in Übereinstimmung mit den Kreiselgleichungen zu kommen, den Ansatz machen: $M = P\cdot\sin\alpha$. Beschränkt man sich dann auf Bahnstücke, für welche $P = $ konst. genommen werden kann, so sind die Gleichungen völlig in Übereinstimmung mit den Kreiselgleichungen und können also mittels elliptischer Funktionen an Hand der Kreiseltheorie, wie man sie z. B. in dem klassischen Werk von Klein und Sommerfeld findet, gelöst werden. Grammel gibt eine Erweiterung dieser Lösung für den Fall, daß P eine analytische Funktion von $u = \cos\alpha$ ist, was die Lösung in diesem Falle verbessert, da der oft nicht unbedeutenden Nutationspendelungen wegen P unter Umständen über das zulässige Maß hinaus mit α schwanken kann.

Es muß bemerkt werden, daß man beim Studium des ersten Stückes der Bahn die Anfangsbedingungen zu beachten hat. Man kann an der Geschützmündung wohl $\alpha = 0$, $\psi = 0$, allenfalls noch $\dfrac{d\psi}{dt} = 0$ annehmen, sicherlich aber wird im allgemeinen $\dfrac{d\alpha}{dt}$ einen von Null verschiedenen Wert haben. (Über diese sogenannten Stoßnutationen ist unter § 57, 5 bereits gesprochen.)'

c) Dritter Fall: $\alpha > 5^0$ und $\sigma > 20$. Dieser Fall umfaßt alle Steilbahnen mit Ausnahme ihres ersten Teils, der zum ersten oder zweiten Fall gehört, und gegebenenfalls ihres letzten Teils, der zum vierten Fall gehören kann.

Man hat die Gleichungssysteme (Ia) und (IIb) zu verwenden. Da (Ia) nicht unabhängig von (IIb) ist, so bleibt nichts anderes

übrig, als beide gemeinsam mit einem Verfahren der stückweisen Integration zu behandeln; dies sei das folgende:

Die Indizes 0 mögen sich beziehen auf den Anfang des betr. Zeitelements Δt,
die Indizes 1 auf das Ende von Δt, die Indizes m mögen Mittelwerte für das
Zeitelement Δt bedeuten. Gegeben seien $t_0\ \vartheta_0\ \alpha_0\ \psi_0\ v_0\ x_0\ y_0\ z_0\ x_0'\ y_0'\ z_0'\ x_0''\ y_0''\ z_0''$
und $\delta(y_0)$. Gewählt wird Δt, so daß $t_1 = t_0 + \Delta t$. Man schätzt nun $\vartheta_1\ v_1\ \psi_m$
und $\delta(y_1)$. Damit hat man $\Delta \vartheta = \vartheta_1 - \vartheta_0$, ferner $\Delta \alpha = -\Delta \vartheta \cdot \cos \psi_m$ (wegen der
zweiten Gleichung (IIb)), weiter $\alpha_1 = \alpha_0 + \Delta \alpha$; $\alpha_m = \alpha_0 + \frac{1}{2}\Delta \alpha$; $v_m = \frac{1}{2}(v_0 + v_1)$
und $\delta(y_m)$. Jetzt läßt sich der von v_m, α_m und $\delta(y_m)$ abhängende Mittelwert M_m
gemäß § 12 berechnen: $M_m = \lambda_0(v_m) \cdot v_m^2 \cdot \pi R^2 \cdot \dfrac{\delta(y_m)}{\delta_0} \cdot s \cdot \lambda_m(\alpha_m)$, folglich auch

(wegen der ersten Gleichung (IIb)) die Änderung $\Delta \psi = \dfrac{M_m}{N \cdot \sin \alpha_m} \cdot \Delta t + \dfrac{\sin \psi_m}{\operatorname{tg} \alpha_m} \cdot \Delta \vartheta$.

Daraus ergibt sich $\psi_1 = \psi_0 + \Delta \psi$; und als Probe hat man $\psi_m = \psi_0 + \frac{1}{2}\Delta \psi$, was
mit dem geschätzten Wert ψ_m übereinstimmen muß. Nun wird für $t = t_1$ der
Wert von W_t und W_s und K berechnet (gemäß § 12 ist dies für W_t und W_s,
wie ja auch für M, nur möglich, falls aerodynamische Messungen (λ_t, λ_s, λ_m)
vorliegen). Es ist dann:

$$W_{t_1} = \lambda_0(v_1) \cdot v_1^2 \cdot R^2 \cdot \pi \cdot \frac{\delta(y_1)}{\delta_0} \cdot \lambda_t(\alpha_1),$$

$$W_{s_1} = \lambda_0(v_1) \cdot v_1^2 \cdot R^2\,\pi \cdot \frac{\delta(y_1)}{\delta_0} \cdot \lambda_s(\alpha_1),$$

$$K_1 = \mu \cdot v_1 \cdot \sin \alpha_1 \cdot 2\,\pi \cdot r \cdot \int_{h=0}^{h=H} \varrho^2 \cdot dh\,\frac{\delta(y_1)}{\delta_0}$$

So erhält man gemäß (Ia) $x_1''\ y_1''\ z_1''$ mit den für $t = t_1$ geltenden Werten.
Damit wird

$$\begin{cases} \Delta x' = \frac{1}{2}(x_0'' + x_1'') \cdot \Delta t, & \text{somit} & x_1' = x_0' + \Delta x', \\ \Delta y' = \frac{1}{2}(y_0'' + y_1'') \cdot \Delta t, & \text{\textquotedbl} & y_1' = y_0' + \Delta y'. \end{cases}$$

Als Probe wird erhalten

$$\begin{cases} v_1 = \sqrt{x_1'^2 + y_1'^2}, & \text{in Übereinstimmung mit dem geschätzten } v_1, \\ \vartheta_1 = \operatorname{arctg}\dfrac{y_1'}{x_1'}, & \text{\textquotedbl} \qquad \text{\textquotedbl} \qquad \text{\textquotedbl} \quad \text{\textquotedbl} \qquad \text{\textquotedbl} \qquad \vartheta_1. \end{cases}$$

(Falls die Übereinstimmung nicht genügend ist, wird natürlich die Rechnung
wiederholt.) Endlich wird berechnet:

$$\Delta z' = \tfrac{1}{2}(z_0'' + z_1'') \cdot \Delta t; \quad \text{hieraus} \quad z_1' = z_0' + \Delta z',$$
$$\Delta x = \tfrac{1}{2}(x_0' + x_1') \cdot \Delta t; \qquad \text{\textquotedbl} \qquad x_1 = x_0 + \Delta x,$$
$$\Delta y = \tfrac{1}{2}(y_0' + y_1') \cdot \Delta t; \qquad \text{\textquotedbl} \qquad y_1 = y_0 + \Delta y,$$
$$\Delta z = \tfrac{1}{2}(z_0' + z_1') \cdot \Delta t; \qquad \text{\textquotedbl} \qquad z_1 = z_0 + \Delta z.$$

Diese Werte $x_1\ y_1\ z_1$ gelten dann als Anfangswerte für das nächste Zeitintervall Δt usw. Die Schätzung der Werte $\vartheta_1\ v_1\ \psi_m$ und $\delta(y_1)$ geschieht am
sichersten durch graphische Extrapolation. Bei den letzten Integrationen der
$x\,y\,z$ genügt es übrigens meistens, über zwei oder gar vier Zeitelemente auf
einmal zu integrieren.

Die praktische Brauchbarkeit des Verfahrens ist an den Umstand
geknüpft, daß die Zeitelemente Δt genügend groß gewählt werden

können. Dazu ist aber notwendig, daß während des Zeitelements Δt die Mittelwerte $\psi_m \, \alpha_m \, v_m$ genügend genau als Konstante anzusehen sind. Daß die α und v eine genügend große Wahl von Δt zulassen, läßt sich einsehen; doch zeigt sich, daß im Bereiche dieses dritten Falles, wo $\alpha > 5^0$ und $\sigma > 20$ ist, auch die Änderung von ψ so langsam erfolgt, daß die praktische Anwendbarkeit des Verfahrens gewährleistet ist.

Im Anfang jeder Flugbahn (eingeführte Geschosse vorausgesetzt) ist α sehr klein; für die praktische Berechnung von Steilbahnen genügt es völlig, diesen Teil ausschließlich mit den Gleichungen (Ib) zu behandeln (also ohne Rücksicht auf die Rotationsbewegung); erst wenn $\Delta \vartheta$ etwa 3^0 geworden ist, geht man zu der eben erwähnten Methode des dritten Falls über, indem man mit $\psi_0 = 0^0$ beginnt; den bisher gewonnenen Erfahrungen zufolge ist dann σ, das anfangs klein ist (weil M groß), bereits > 20 geworden.

d) **Vierter Fall:** $\alpha > 5^0$; σ zwischen 1 und 20. Wegen $\alpha > 5^0$ ist (Ia) und wegen $1 < \sigma < 20$ ist (IIa) zu verwenden. Die stückweise Integration dieser beiden Gleichungssysteme würde eine ganz erhebliche Rechenarbeit erfordern und praktisch sogar unmöglich sein, da die rasche Änderung von ψ nicht gestatten würde, Δt genügend groß zu wählen. Aber wenn man voraussetzt, daß es sich um Geschosse handle, deren Länge, Form und Schwerpunktslage dem Drallwinkel der Züge einigermaßen angepaßt ist, so daß unzulässig große Anfangsnutationen ausgeschlossen sind, so scheint diesem vierten Fall für den weitaus größten Teil aller Geschoßbahnen überhaupt keine Bedeutung zuzukommen. Nur für den letzten Teil einer Steilbahn kann dieser Fall eine Rolle spielen, da hier α groß und σ wegen der wachsenden Geschwindigkeit v (des wachsenden Moments M) erheblich klein sein kann. In § 57 wurde schon erläutert, daß auf diesem Teile der Bahn das Geschoß ähnlich einem schweren Kreisel sehr rasche, mehr und mehr kreisförmige Präzessionsbewegungen um die Bahntangente beschreibt, deren Richtung sich nur mehr wenig ändert. Daher wird man diesen letzten Teil einer steilen Bahn eben dieser Verhältnisse wegen mit genügender Annäherung so behandeln: Man betrachtet α als konstant und nimmt an, daß alle Kraftkomponenten senkrecht zur Bahntangente sich im Verlauf der Bewegung je in ihrer Wirkung aufheben. Das bedeutet, daß in der Gleichung (Ia) alle Glieder, die W_s und K enthalten, fortfallen, daß also (Ia) formal in (Ib) übergeht und daher unabhängig von der Rotationsbewegung behandelt werden kann. Der Unterschied gegenüber der Gleichung (Ib), wie sie bisher gebraucht wurde, besteht darin, daß dort der Koeffizient λ_t von $W_t = 1$ gesetzt war, während hier $\lambda_t = \lambda_t(\alpha_c)$ ist, wenn α_c der für diesen letzten Teil der Bahn als konstant angenommene Wert von α ist.

6. **Zahlenbeispiele zur Berechnung von Geschoßsteilbahnen.** Die im folgenden angeführten Ergebnisse von Steilbahnberechnungen sind nach der für den dritten Fall angegebenen Methode durchgeführt.

Die Daten des den Berechnungen zugrunde gelegten Geschosses sind: $2R = 0{,}250$ m; $P = 97$ kg; Geschoßlänge $H = 1{,}05$ m: Entfernung von Schwerpunkt bis Mitte Spitze $0{,}430$ m; ogivale Spitze von 2 Kal. Abrundungsradius; Trägheitsmomente $A = 0{,}246$ mkgsec^2, $C = 0{,}0926$ mkgsec^2. Die Koeffizienten der Luftwiderstandsgrößen λ_t, λ_s, λ_m für dieses Geschoß entstammen Versuchen, die im Göttinger Luftkanal von Prandtl ausgeführt sind, und sind in § 12 bereits mitgeteilt. In der nachstehenden Tabelle sind die Rechnungsergebnisse angeführt, soweit sie die Seitenabweichung des Geschosses betreffen. Die lineare Zusammensetzung der Beschleunigungsgrößen in den Gleichungen (I a) gestattet die Trennung der Einflüsse von Kreiseleffekt und Magnuseffekt, was für die Beurteilung ihrer Größe lehrreich ist. Die Schußtafel, welcher die Vergleichswerte entnommen sind, enthält keine Angaben über die Anfangsgeschwindigkeiten. Es sind daher die Werte von Schußweite und Seitenabweichung für mehrere Ladungen angeführt, soweit die Schußtafel sie enthält.

Herkunft	Ladung	Flug-bahn	Ab-gangs-winkel	Anfangs-geschwin-digkeit	Flug-zeit	Schuß-weite	Seiten-abweichung	Beitrag des Luftwider-standes	Beitrag der Magnuskraft
		Nr.	ϑ_0 Grad	v_0 m/sec	T sec	X m	Z m	Z_w m	Z_k m
Schußtafel	III	—	60	—	—	544	28	—	—
„	II	—	60	—	—	441	21	—	—
„	I	—	60	—	—	357	11	—	—
Rechnung	—	1	60	64	11,6	350	8,6	13,6	— 5,0
Schußtafel	III	—	63	—	—	496	27	—	—
„	II	—	63	—	—	410	21	—	—
„	I	—	63	—	—	328	5,5	—	—
Rechnung	—	2	63	64	11,9	322	2,5	8,3	— 5,8
Schußtafel	I	—	66	—	—	296	— 2,6	—	—
Rechnung	—	3	66	64	21,1	293	— 1,8	4,8	— 6,6

Die weniger gute Übereinstimmung von Rechnung und Schußtafel bei der Flugbahn Nr. 3 hat ihren Grund darin, daß für diese Bahn der Winkel α auf einer längeren Strecke größer als 90^0 ist, die Koeffizienten λ jedoch nur für $\alpha \leq 90^0$ ermittelt sind, so daß für dieses Stück der Bahn gewisse mehr oder weniger willkürliche Annahmen über diese Koeffizienten gemacht werden mußten. Doch findet man Einzelheiten hierüber und insbesondere auch den Verlauf der $x\,y\,z\,v\,\vartheta\,\alpha\,\psi$ in der Originalarbeit (Zeitschr. f. angew. Math. u. Mech. S. 449, 1924).

Aus den hier angeführten Zahlen läßt sich erkennen, daß der **Magnuseffekt eine immer größere Rolle spielt, je steiler die Bahn ist**: Bei den Abgangswinkeln 60^0 und 63^0 ist noch Rechtsabweichung; der Kreiseleffekt überwiegt noch den Magnuseffekt. Dagegen bei $\vartheta_0 = 66^\circ$ haben sich schon die Verhältnisse umgekehrt; der Kreiseleffekt allein für sich würde eine Rechtsabweichung $(+4{,}8$ m$)$ liefern; jedoch der Magnuseffekt ergibt für sich allein eine Linksabweichung $(-6{,}6$ m$)$, so daß im ganzen eine Linksabweichung resultiert $(-2{,}6$ m nach der Schußtafel, $-1{,}8$ m nach der Rechnung$)$.

7. Es bleibt noch einiges über die durch Annahme 3 (s. den 4. Abschnitt dieses § 58) vernachlässigten drei Momente zu sagen. Während die drei Kräfte W_t, W_s. K und das Moment M prinzipiell, zum mindesten für Unterschallgeschwindigkeiten, bestimmbar sind (W_t, W_s, M für jedes Geschoß im Luftkanal, K mit dem oben angegebenen Faktor $\mu = 0{,}014$ m$^{-4} \cdot$ kg $\cdot$ sec^2), so ist dies mit den angeführten drei Momenten gegenwärtig noch nicht möglich.

Die Bestimmung des von der Magnuskraft herrührenden Momentes ist bislang weder theoretisch noch praktisch in Angriff genommen. Es läßt sich von ihm zunächst nicht mehr aussagen, als daß es sicherlich sehr klein ist, da die Magnuskraft sehr nahe dem Geschoßschwerpunkt angreifen wird. Die Erfahrung scheint diese Vermutung zu bestätigen und läßt es zum mindesten als voll berechtigt erscheinen, das Moment in den Rechnungen auch dann zu vernachlässigen, wenn die Magnuskraft selbst große Werte aufweist:

Bei den früher erwähnten Schießversuchen mit Holzgeschossen zeigte sich folgende Erscheinung. Von einem gewissen Abgangswinkel ab ergab sich durch weg Linksabweichung bei Rechtsdrall. Die Linksabweichung zeigte sich hauptsächlich auf dem letzten Teil des absteigenden Bahnastes, und wenn dabei der Winkel zwischen Geschoßachse und Bahntangente etwa ein rechter war, so glitt das Geschoß ganz auffallend sich selbst parallel bleibend und ohne jegliche Pendelungen nach links ab. (Die Schußweiten gingen dabei bis über 300 m.) Aus dieser auffallenden Erscheinung schließen wir: das Moment der Magnuskraft ist so gering, daß es keinen wahrnehmbaren Einfluß auf die Rotationsbewegung des Geschosses hat; denn sonst hätte es gerade in dem angeführten Falle unbedingt zu Pendelungen Anlaß geben müssen. Das Luftwiderstandsmoment stört in diesem Falle die Erscheinungen nicht, da es bei einem in der Nähe von 90° liegenden Wert des Anstellwinkels α gleich Null ist.

Rechnet man das — mit $\overline{L}$ bezeichnete — Moment der Magnuskraft positiv, wenn die Magnuskraft an einem zwischen Schwerpunkt und Spitze gelegenen Punkt der Geschoßachse angreift, dann ist in der oben eingeführten Vektorschreibweise:

$$\overline{L} = -L \cdot \mathfrak{q}_3 .$$

Das Moment der Luftreibung bewirkt eine Bremsung der Geschoßrotation um seine Längsachse, also eine Verkleinerung der Rotationsgeschwindigkeit r. Was die Größe dieses Momentes anbetrifft, so liegen zwar einige Messungen von Neesen in Deutschland und von Hill in England, ebenso eine Theorie von E. Röggle (Österreich) darüber vor (vgl. Band III), aber die experimentellen

Unterlagen sind zu wenig ausgedehnt, um einen genügend sicheren Anhalt zu Berechnungen abzugeben.

Rechtsdrall vorausgesetzt, ist die Lage dieses mit $\overline{R}$ bezeichneten Momentes der Luftreibung gekennzeichnet durch die Gleichung:

$$\overline{R} = - R \cdot \mathfrak{k}_3 .$$

Das durch die Drehgeschwindigkeit der Geschoßachsenlage im Raum verursachte Luftwiderstandsmoment, das mit $\overline{H}$ bezeichnet sei, haben (wie eingangs dieses § 58 erwähnt) die Engländer **Fowler** usw. zahlenmäßig zu bestimmen gesucht. Sie erhalten bei einem Ansatz: $H = \varrho \cdot v \cdot w \cdot R^4 \cdot \lambda_h$ Werte für den Faktor λ_h zwischen 30 und 90 bei einer Genauigkeit von etwa $50^0/_0$ und bei Geschwindigkeiten v von 300 bis 700 m/sec. In der Formel sind: ϱ die Luftdichte; v die Schwerpunktsgeschwindigkeit; $2R$ das Kaliber; w die Rotationsgeschwindigkeit der Geschoßachse um die Bahntangente. In unserer Schreibweise ist w zu bestimmen aus der Vektorgleichung:

$$\overline{w} = \mathfrak{p} \cdot \frac{d\alpha}{dt} - \mathfrak{q}_3 \cdot \frac{d\psi}{dt} \cdot \sin\alpha; \quad \text{also ist } w = \sqrt{\left(\frac{d\alpha}{dt}\right)^2 + \left(\frac{d\psi}{dt}\right)^2 \sin^2\alpha} .$$

Die Lage des Momentes $\overline{H}$ ist gekennzeichnet durch die Gleichung:

$$\overline{H} = - H_1 \cdot \mathfrak{p} - H_2 \cdot \mathfrak{q}_3 .$$

Hierin sind H_1 der von $\frac{d\alpha}{dt}$, H_2 der von $\frac{d\psi}{dt} \cdot \sin\alpha$ gelieferte Beitrag zu dem Momente H.

Man wird berücksichtigen müssen: das Moment $\overline{L}$ bei Steilbahnen (Fall 3) (vorausgesetzt, daß man es überhaupt zu berücksichtigen braucht, was wir auf Grund der mitgeteilten Erfahrungstatsachen verneinen), **das Moment $\overline{R}$ bei Fernbahnen, das Moment $\overline{H}$ bei raschen Präzessionen und größeren Nutationen, d. h. bei kleinem Stabilitätsfaktor σ (Fall 2).**

Es seien nun noch die vollständigen Bewegungsgleichungen des Geschosses angeschrieben. Mit Berücksichtigung der drei Zusatzmomente wird das Gesamtmoment $\overline{M}_0$ der äußeren Kräfte:

$$\overline{M}_0 = \mathfrak{p} \cdot (M - H_1) - \mathfrak{q}_3 \cdot (L + H_2) - \mathfrak{k}_3 \cdot R .$$

Die Grundgleichung (II) (in welcher nun $\overline{M}$ durch $\overline{M}_0$ zu ersetzen ist) wird dann mit Rücksicht auf (IIa) zu (IIc):

$$\text{(IIc)} \quad \begin{cases} A \cdot \dfrac{dp}{dt} + q \cdot \left[C \cdot r - A \cdot \left(r - \dfrac{d\varphi}{dt} \right) \right] = M - H_1 , \\[2ex] A \cdot \dfrac{dq}{dt} + p \cdot \left[A \cdot \left(r - \dfrac{d\varphi}{dt} \right) - C \cdot r \right] = - L - H_2 , \\[2ex] C \cdot \dfrac{dr}{dt} \qquad\qquad\qquad\qquad = - R . \end{cases}$$

Hierin sind p, q, r gemäß Gleichung (4 a) Funktionen der Elemente ϑ, α, ψ, φ und deren Ableitungen nach der Zeit.

Unter den in den Abschnitten 2. und 3. dieses § 58 gemachten Annahmen 1 und 2 bilden die Gleichungen (Ia) und (IIc) die allgemeinsten Bewegungsgleichungen des Geschosses.

8. Bisher waren die Betrachtungen so angestellt, daß es sich bei gegebenen Luftwiderstands- usw. Funktionen um die Berechnung der Flugbahnelemente handelte. Umgekehrt, wenn es gelingen würde, in Funktion der Zeit t nicht nur die Bahnelemente $x\,y\,z\,\vartheta$ des Geschoßschwerpunkts in dessen Flugbahn, sondern auch die Winkel α und ψ, welche die jeweilige Stellung der Geschoßachse gegenüber der Bahntangente angeben, photographisch festzulegen, so würden die drei Gleichungen (Ia) die Bestimmung der Kräfte W_t, W_s, K, die drei Gleichungen (IIc) die Bestimmung des Momentes M und noch eines der Zusatzmomente zulassen. (Die dritte Gleichung von (IIc) dient zur Bestimmung von r, in dem das unbekannte φ enthalten ist.) Bei Flachbahnen des Falles 1 wird man L und H vernachlässigen und R bestimmen; bei Steilbahnen (Fall 3) wird man H und R vernachlässigen und L bestimmen; endlich bei Flachbahnen des Falles 2 wird man L und R vernachlässigen und H bestimmen, H_1 und H_2 lassen sich ja auf eine Unbekannte, nämlich λ_h, zurückführen. Dies dürfte das einzige Mittel sein, um die Abhängigkeiten und Gesetzmäßigkeiten der Kraftgrößen in Rücksicht auf Geschoßform und Drallwinkel sowohl, wie auf Geschwindigkeit v und Anstellwinkel α einwandfrei zu gewinnen. Das Bestreben der Experimentalballistiker sollte daher auf diesen Punkt gerichtet sein.

Die ersten Anfänge zu einer solchen Ermittlung hat in Deutschland Jansen 1890 gemacht (s. Lit.-Note zu §§ 55 bis 60); in Japan 1908 M. Okochi, T. Terada und S. Yokota (s. Lit.-Note zu § 57); sehr bemerkenswert sind die neuerdings (1920) in England von Fowler, Gallop, Lock, Richmond angestellten Versuche (s. Lit.-Note zu §§ 55 bis 60). Diese letzteren Ballistiker bestimmten bei Flugbahnen auf einer kurzen Strecke (nahe der Geschützmündung), welche der Geschoßbewegung der zweiten Art angehörte ($\sigma \approx 1$), die Rotationsbewegung des Geschosses durch Beobachtung von Scheibendurchschlägen. Gemäß der vorigen Betrachtung konnten sie also die Momente M und H bestimmen. Zudem erreichten sie durch Schwerpunktsverlagerung bei ein und derselben Geschoßart die Bestimmung der Luftwiderstandskomponente W_q senkrecht zur Geschoßachse (W_q und M hängen ja durch eine Gleichung $M = W_q \cdot a$ zusammen, wenn a der Abstand des Angriffspunktes der Luftwiderstandsresultanten vom Schwerpunkt ist). Freilich ist zu bedenken, daß diese Methode nicht W_t und nicht W_s liefert. Ihre Ergebnisse reichen also nur für die Berechnung von Flachbahnen aus, bei denen α klein ist, daher $W_s \approx W_q$ und $W_t(\alpha) \approx W_t(0) = W_0$ gesetzt werden kann.

§ 59. Näherungsformeln für die durch Geschoßrotation bewirkten Seitenabweichungen von Flachbahngeschossen.

1. Empirische Formel von Hélie

$$Z = A \cdot v_0^2 \cdot \sin^2 \varphi ; \qquad \text{wobei} \qquad A = 551 \cdot \frac{(2\,R)^3}{P} \cdot \operatorname{tg} \varDelta_1 \cdot \sin \gamma ; \qquad (1)$$

dabei ist Z (in m) die Abweichung des Geschosses im Mündungshorizont; v_0 die Anfangsgeschwindigkeit (in m/sec); φ der Abgangswinkel; P das Geschoßgewicht (kg); $\varDelta_1$ der Enddrallwinkel des Rohrs; γ der halbe Öffnungswinkel an der Spitze des ogivalen Geschosses. Für dasselbe Geschütz- und Geschoßsystem soll A („Ablenkungswert" genannt) eine Konstante sein. Nach W. Heydenreich ist für die Turmhaubitze mit 21 cm Schrapnell $A = 0,0166$ (verhältnismäßig kurzes Geschoß aus einem Rohr mit starkem Drall); für die schwere Feldkanone $A = 0,0030$ (verhältnismäßig bedeutende Geschoßlänge bei schwachem Drall).

2. E. Bravetta schlägt vor (s. Lit.-Note), bei großen Anfangsgeschwindigkeiten v_0 den Faktor A als lineare Funktion der Schußweite X zu nehmen,

$$Z = (A_1 + A_2 \cdot X) \cdot v_0^2 \cdot \sin^2 \varphi \qquad (2)$$

und A_1 und A_2 aus den Beobachtungen von Z für zwei verschiedene Werte von X zu berechnen.

3. P. Bertagna (s. Lit.-Note) gibt an, durch größere Versuchsreihen nachgewiesen zu haben, daß am besten die Formel zutreffe:

$$Z = \text{konst.} \cdot X \cdot \sin \varphi ; \qquad (3)$$

von anderer Seite ist dies bestritten worden.

4. Nach P. Haupt (1876) und P. Charbonnier soll, wenn mit ω der spitze Einfallwinkel bezeichnet wird, bei großen Anfangsgeschwindigkeiten sein:

$$Z = \text{konst.} \cdot (\varphi + \omega) \cdot T \qquad (4)$$

und nach P. Charbonnier bei kleinen Anfangsgeschwindigkeiten:

$$Z = \text{konst.} \cdot \varphi \cdot T . \qquad (5)$$

5. E. Hamilton hat 1908 die Formel aufgestellt:

$$Z = \text{konst.} \cdot \frac{R^3 \cdot \operatorname{tg} \varDelta_1}{m} \cdot (\varphi + \omega) \cdot \sec \varphi . \qquad (6)$$

6. C. Cranz hat 1898 in der Zeitschr. f. Math. u. Phys., 43. Jahrg., Heft 3 und 4 gelegentlich seiner in § 57 erwähnten graphischen Konstruktion der Geschoßpendelungen (Abb. 87) die folgende Überschlagsrechnung zur Ermittlung der Seitenabweichungen angestellt:

Die beiden Gleichungen, die oben aus der betr. Konstruktionsfigur 93 (unter Voraussetzung kleiner Winkel α) abgelesen wurden, waren

$$d\psi = \frac{M/\sin\alpha}{C\cdot r}\cdot dt - \frac{\mathrm{tg}\,\psi\cdot d\alpha}{\mathrm{tg}\,\alpha}\quad\text{und}\quad d\alpha = -\cos\psi\cdot d\vartheta.$$

Wenn man hier $\dfrac{M}{\sin\alpha}$ durch $W\cdot a$ ersetzt und bedenkt, daß allgemein

$$d\vartheta = -\frac{g\cdot\cos\vartheta}{v}\cdot dt\ \text{ ist, so wird}$$

$$\frac{d(\sin\psi)}{d\alpha} + \sin\psi\cdot\mathrm{cotg}\,\alpha = f,\qquad\text{wo}\qquad f = \frac{r\cdot W\cdot a}{C\cdot r\,g\cos\vartheta}.$$

Dies ist eine lineare Differentialgleichung zwischen $\sin\psi$ und α. Der Faktor f, der mit dem oben benutzten „Folgsamkeitsfaktor" f identisch ist, kann wenigstens entlang eines einzelnen Zykloidenbogens als annähernd konstant behandelt werden, falls es sich um zahlreiche kleine Zykloidenbogen, also um eine genügende Folgsamkeit des Geschosses und damit um kleine Winkel α handeln soll. Im Anfang eines solchen Bogens ist $\psi = 0$ und, da immer wieder, nämlich im Anfang und am Ende eines solchen Bogens die Geschoßachse mit der Bahntangente zusammenfällt, auch $\alpha = 0$. Damit ist die Integrationskonstante bestimmt, und es ist

$$\sin\psi = f\cdot\mathrm{tg}\,\frac{\alpha}{2}.$$

Wenn die Geschoßachse in die Ebene durch Binormale und Bahntangente gekommen, also $\psi = 90^0$ geworden ist, hat α seinen Maximalwert entlang des Zykloidenbogens erreicht; dieser Wert oder die Pfeilhöhe des Zykloidenbogens ist also bestimmt durch die Beziehung $\mathrm{tg}\left(\dfrac{\alpha_{\max}}{2}\right) = \dfrac{1}{f}$; bei kleinen Winkeln α ist also $\alpha_{\max} = \dfrac{2}{f}$; der Durchschnittsbetrag $\dfrac{1}{f}$.

Nun sei u oder $\dfrac{dz}{dt}$ die Geschwindigkeit, mit der das Geschoß (dessen Masse m ist) senkrecht zur Schußebene getrieben wird, dann ist $m\cdot\dfrac{du}{dt}$ gleich der Ablenkungskraft, und diese kann proportional dem Luftwiderstand und dem Winkel α gesetzt werden; somit hat man $m\cdot\dfrac{du}{dt} = \text{konst.}\cdot W\cdot\dfrac{1}{f}$; $\ du = \text{konst.}\cdot\dfrac{W\cdot Cr\cdot g\cos\vartheta}{m\cdot v\cdot W\cdot a}\cdot dt$, oder, da sich W weghebt, $du = -\text{konst.}\cdot\dfrac{C\cdot r}{m\cdot a}\cdot d\vartheta$. Also bleibt, falls wir r und a in erster Näherung als konstant betrachten, eine Differentialgleichung allein zwischen u und ϑ. Da im Abgangspunkt, also für $t = 0$, $u = 0$ und $\vartheta = \varphi$ ist, so hat man

$$u = \frac{dz}{dt} = \text{konst.}\cdot\frac{C\cdot r}{m\cdot a}\cdot(\varphi - \vartheta);\tag{7}$$

hieraus

$$z = \text{konst.} \cdot \frac{C \cdot r}{m \cdot a} \left(\varphi \cdot t - \int\limits_0^t \vartheta \cdot dt \right). \tag{8}$$

Hier bedeutet, um dies zu wiederholen: C das Trägheitsmoment des Geschosses um die Längsachse; r die Winkelgeschwindigkeit des Geschosses um dieselbe Achse, wobei anfangs $r = \dfrac{v_0 \, \mathrm{tg} \, \Delta_1}{R}$; Δ_1 den Enddrallwinkel der Züge; v_0 die Anfangsgeschwindigkeit des Geschosses; $2R$ das Kaliber; $m = \dfrac{P}{g}$ die Geschoßmasse; P das Geschoßgewicht; a den mittleren Abstand zwischen dem Angriffspunkt der Luftwiderstandsresultanten auf der Achse und dem Schwerpunkt; ϑ den Horizontalneigungswinkel der Bahntangente zur Zeit t; z die Seitenabweichung zur Zeit t, positiv bei Rechtsdrall; konst. einen empirisch zu ermittelnden Wert. Durch eine Vorbereitung nach Art von Abschnitt 4 bis 7 sei ϑ als Funktion von t erhalten; das Integral wird alsdann graphisch oder mit Hilfe des Integraphen mechanisch ausgewertet.

Eine für die Praxis geeignetere Formel ergibt sich aus (7) durch die folgende rohe Näherungsberechnung: Für ein zylindrisches Geschoß wäre $C = m \cdot \dfrac{R^2}{2}$. Ein Mittelwert von a ist bei kleinen Anstellwinkeln ungefähr proportional der Geschoßlänge L oder $2R \cdot l$, wo l die Geschoßlänge in Kalibern bedeutet. ϑ ist anfangs $= \varphi$; im Auffallpunkt ist $\vartheta = -\omega$; somit ist $\varphi - \vartheta$ anfangs $= 0$, im Auffallpunkt gleich $\varphi + \omega$; das arithmetische Mittel ist $\frac{1}{2}(\varphi + \omega)$. Somit ergibt sich die Seitenabweichung $Z(m)$ im Auffallpunkt des Mündungshorizonts zu:

$$\boldsymbol{Z = \lambda \cdot \frac{v_0 \, \mathrm{tg} \, \Delta_1}{l} \cdot (\varphi + \omega) \cdot T;} \tag{9}$$

λ ist ein empirisch zu bestimmender Faktor, der für die meisten Geschütze zwischen 0,005 und 0,01 liegt, wenn die Anfangsgeschwindigkeit v_0 in m/sec, die Geschoßlänge l in Kalibern, der Abgangswinkel φ und der spitze Auffallwinkel ω in Graden, die Gesamtflugzeit in sec gemessen wird.

Diese Ableitung der Gleichung (9) zeigt. daß diese Formel schon wegen der Annahmen über C, r und a nur einen Anhalt für die Bemessung der voraussichtlichen Seitenabweichung geben kann; aber die Gleichung (7), woraus (9) entstanden ist, läßt durch die Art ihrer Entstehung erkennen, daß sie nur unter der Voraussetzung einer durchgängigen Folgsamkeit der Geschoßachse, also nur dann gelten kann, wenn die Geschoßspitze unter Beschreibung zahlreicher und kleiner Zykloidenbögen immer wieder ganz oder nahezu zur Bahntangente zurückkehrt, so daß α dauernd klein bleibt.

Zahlenbeispiel. Für das Gewehr M. 71 sei angenommen: $v_0 = 440$ m/sec: $l = 2{,}6$ Kaliber; bei der Schußweite 1000 m sei $\varphi = 3^0\,20'$; $\omega = 5^0\,13'$; $T = 3{,}92$ sec; Drallwinkel $\varDelta_1 = 3^0\,36'$ (Rechtsdrall); danach ist die Rechtsabweichung:

$$Z = (0{,}005 \text{ bis } 0{,}01) \cdot \frac{440 \cdot \text{tg } 3^0\,36'}{2{,}6} \cdot (3^0\,20' + 5^0\,13') \cdot 3{,}92 = 1{,}7 \text{ bis } 3{,}4 \text{ m.}$$

Dies ist ein Betrag, der, wie früher erwähnt, leicht durch die zufällige Geschoßstreuung verdeckt werden kann.

7. E. Muzeau hat die Formel entwickelt:

$$Z = \text{konst.} \cdot X \cdot \text{tg } \varphi \cdot f(\xi); \tag{10}$$

dabei ist

$$f(\xi) = \frac{4}{15\,\xi\,(\xi - 1)} \cdot \left\{ \frac{2}{21} \cdot \frac{(3\,\xi - 2)^{\frac{7}{2}} - 1}{\xi - 1} - 1 \right\}; \quad \xi = \frac{v_0^2 \cdot \sin 2\,\varphi}{g \cdot X}.$$

Werte der Funktionen M und B von u
(Tabelle von Langenskiöld).

u	$10^5 \cdot M(u)$	$10^4 \cdot B(u)$	u	$10^5 \cdot M(u)$	$10^4 \cdot B(u)$
700	00	00	400	1399	94560
690	14	34	390	1543	107560
680	29	137	380	1706	122670
670	45	317	370	1893	140370
660	62	580	360	2118	162230
650	80	935	350	2391	189670
640	99	1392	340	2724	224600
630	119	1953	330	3133	269600
620	140	2635	320	3640	328400
610	163	3448	310	4270	406000
600	188	4404	300	5060	510300
590	214	5516	290	6050	651000
580	242	6801	280	7234	832500
570	272	8274	270	8651	1065800
560	305	9953	260	10356	1366400
550	340	11863	250	12422	1755300
540	377	14027	240	14950	2262000
530	417	16467	230	17990	2910000
520	460	19216	220	21610	3725000
510	507	22305	210	25950	4746000
500	557	25774	200	31200	6035000
490	612	29659	190	37820	7667000
480	672	34020	180	45550	9744000
470	737	38897	170	55450	12409000
460	807	44357	160	68990	15862000
450	884	50470	150	84090	20390000
440	968	57320	140	105120	26420000
430	1060	64990	130	133140	34550000
420	1161	73590	120	171300	45780000
410	1273	83330	110	224600	61640000
400	1399	94560	100	301300	84690000

8. Endlich sei, ohne Ableitung, die von Mayevski-Vallier aufgestellte Formel für die Seitenabweichung z (m) in der Entfernung x (m)
erwähnt:

$$z = \frac{1}{400} \cdot \psi \cdot \mu^2 \cdot \text{tg } \varDelta \cdot \frac{P}{i\,(v_0) \cdot \beta \cdot R^2} \cdot v_0 \cdot x \left| \frac{B\,(u) - B\,(v_0)}{D\,(u) - D\,(v_0)} - M\,(v_0) \right| \cdot \sec^3 \varphi. \quad (11)$$

Hier ist μ der Trägheitsradius des Geschosses um seine Längsachse
in Halbkalibern; $\varDelta$ der Enddrallwinkel; P das Geschoßgewicht in
Tonnen; R das Halbkaliber in m; v_0 die Anfangsgeschwindigkeit in
m/sec; ψ eine Konstante gleich etwa 0,41, die übrigens für das betreffende Geschützsystem am besten empirisch ermittelt wird; $i\,(v_0)$,
β, u, $D\,(u)$, $D\,(v_0)$ beziehen sich auf das Lösungssystem Tabelle 10a
des Anhangs; $M\,(v_0)$ ist durch die obige Tabelle von Langenskiöld gegeben, ebenso $B\,(u)$ und $B\,(v_0)$.

Beispiel. $2\,R = 0,27$ m; $P = 0,180$ t; $v_0 = 505$ m/sec; Geschoßlänge
$= 2,5$ Kal.; $\mu = 0,8$ Halbkaliber; $\psi = 0,41$; $\varDelta = 4^0$. Für $\varphi = 1^0\,11'$ und
$x = 1000$ m wird $z = 0,4$ m; für $\varphi = 14^0\,10'$ und $x = 7000$ m wird $z = 49,9$ m
(beobachtet nach Vallier 47,7 m).

§ 60. Demonstrationsmittel zur Lehre von den Geschoßpendelungen und Geschoßabweichungen.

A. Apparat von Perrodon.

Auf einer krummen Schienenbahn von der Form der Flugbahn
läßt man eine Art von Wagen laufen, auf dem sich ein Bohnenberger-
sches Maschinchen mit einem Geschoßmodell befindet. Das Langgeschoß hängt frei beweglich in kardanischer Aufhängung und wird
rasch rotiert. Der Luftwiderstand wird nachgeahmt durch den Druck
einer Spiralfeder, die in der Richtung der Wagenachse (entsprechend
der Richtung der jeweiligen Flugbahntangente) wirkt. Auf diese
Weise wird konische Pendelung erhalten, und Perrodon sucht so eine
Beziehung für die Geschoßstabilität.

B. Vorlesungsapparat von Pfaundler.

Er dient dazu, die Stabilität der Achse eines rotierenden Geschosses und die mit der Rotation verbundene konische Pendelung
zu demonstrieren. Ein Spitzgeschoß wird in einem wagrechten
Rahmen, der leicht beweglich aufgehängt ist, in Rotation versetzt.
Am hinteren Ende kann ein Windflügel angeschraubt und in jede
beliebige Lage gebracht werden. Damit soll sich die konische Pendelung zeigen lassen, die nach der einen oder anderen Seite erfolgt, je
nach dem Sinn der Rotation und der Stellung des Flügels.

C. Stoßapparat von Ludwig (vgl. Lit.-Note).

Ein kleines Geschoßmodell aus Holz wird auf das eine Ende der Drehachse des Apparats aufgesteckt, der von Hand in Bewegung zu setzen ist. Durch Hammerschlag auf das andere Ende der Achse wird das Geschoßmodell fortgestoßen.

D. Vorlesungsapparat von A. von Obermayer und V. v. Niesiolowski.

Aus einem kräftigen Ventilator wird ein Luftstrom von großem Querschnitt gegen ein Geschoßmodell geblasen, das in kardanischer Aufhängung um den Schwerpunkt drehbar ist; damit wird die durch den Luftwiderstand bewirkte Präzessionsbewegung gezeigt.

Auch Verwendung von magnetischen Kräften wurde von anderer Seite verschiedentlich vorgeschlagen (vgl. Lit.-Note).

E. Der Verfasser verwendete von 1909 ab die folgenden Mittel zur Demonstration der Geschoßpendelungen und Geschoßabweichungen:

a) Werfen mit Holzscheiben oder flachen Steinen. Mit einer kreisrunden Holzscheibe von etwa 8 cm Durchmesser und $^1/_2$ cm Dicke oder mit einem glatten und flachen Stein läßt sich auf einem freien Platz von 60 bis 80 m Länge ein Teil der Kreiselbewegungen der Geschosse deutlich zeigen. Die Scheibe sei, wie dies beim Werfen eines solchen Körpers üblich ist, zwischen Daumen und Mittelfinger gehalten und teilweise vom Zeigefinger umfaßt. Ihre Ebene stehe senkrecht zur beabsichtigten Flugbahnebene und bilde gegen den Horizont einen Winkel von etwa 30^0. Beim Abschleudern der Scheibe rollt diese am Zeigefinger ab und dreht sich folglich, falls mit der rechten Hand geworfen wird, um eine schief nach unten und vorwärts gerichtete Drehachse. Damit ist die Anfangslage des Impulsvektors gegeben. Die Luftwiderstandsresultante greift an der Vorderseite der Scheibe an, sucht folglich die Scheibe zu drehen und zwar um eine wagrechte Achse, die nach der rechten Seite der Wurfebene gerichtet ist. Damit ist auch der in Gedanken anzubringende resultierende Vektor (vgl. § 57 Schluß) seiner Lage nach gegeben. Es läßt sich durch diese Überlegung also vorhersagen, wie sich die Scheibe drehen und nach welcher Seite sie abweichen muß. In der Tat ist die bei dieser Geschoßform (Diskusform) auftretende Linksabweichung (bei Werfen mit der rechten Hand, bzw. Rechtsabweichung bei Werfen mit der linken Hand) schon auf 40 m Wurfweite sehr augenfällig wahrzunehmen.

b) Mörsermodell mit Holzgeschossen. In ein aufklappbares Holzgestell, das als Lafette dient, kann irgendeines von vier vorhandenen Mannesmannrohren eingelegt werden. Diese sind mit Zinkeinguß in

Form von erhöhten Zugleisten, einer Vorrichtung zum Einlegen von kleinen Schwarzpulverladungen (bis 10 g) und mit einem Bajonettverschluß versehen. Zwei der Rohre besitzen Rechtsdrall (Drallwinkel a) $43^0 40' = 3{,}3$ Kal., b) $17^0 39' = 10$ Kal.), die beiden anderen Linksdrall mit denselben Drallwinkeln. Das Kaliber beträgt 7,9 cm.

Die Geschosse sind aus Rotbuchenholz gefertigt und enthalten Zugeinschnitte, entsprechend den Zugleisten der Rohre. Ihre Länge ist verschieden (30,27; 35,5; 40 cm); eins der Geschosse besitzt eine Längsbohrung, in der ein Eisenstück entweder vorn oder in der Mitte oder hinten festgelegt werden kann, so daß es möglich ist den Einfluß der Schwerpunktslage zu beobachten. Der Erhöhungswinkel wird mit dem Quadranten gemessen. Die Zündung der Pulverladung erfolgt mittels einer Zündschnur. Für die Ausführung der Versuche ist ein freier Platz von etwa 400 m Länge erforderlich; es muß nahezu Windstille herrschen, da die leichten Holzgeschosse durch Wind stark beeinflußt werden.

Einige der Versuchsergebnisse sollen im folgenden angeführt werden. Diese beziehen sich, wo nichts anderes gesagt ist, auf das Geschoß von 30,27 cm Gesamtlänge (Kaliber 7,9 cm; Länge des zylindrischen Teils 23,70 cm; Gewicht 0,930 kg; Trägheitsmoment um die Längsachse $C = 0{,}00012$ mkgsec^2; Trägheitsmoment um die Querachse durch den Schwerpunkt $A = 0{,}000515$ mkgsec^2; Anfangsgeschwindigkeit bei 5 g Ladung $v_0 = 23{,}88$ m/sec; bei 10 g Ladung $v_0 = 41{,}4$ m/sec).

I. Rohr mit dem schwächeren Rechtsdrall (Drallwinkel $17^0 39'$); 5 g Ladung.

Das Geschoß fliegt pfeilartig, und zwar bis zu einem Abgangswinkel $\varphi = 71^0$. Von der Seite der Flugbahn her läßt sich deutlich verfolgen, wie die Längsachse des Geschosses, anscheinend genau, in der Bahntangente liegt. Das Geschoß schlägt daher mit der Spitze zuerst auf dem Erdboden auf. Schußweite bei $\varphi = 45^0$ 107 m, Flugzeit $T = 5{,}3$ sec. Bei allmählich zunehmendem Abgangswinkel steigert sich die Rechtsabweichung Z. Übergang zur Linksabweichung und zu einem Aufschlagen des Geschosses mit dem Bodenteil voraus erfolgt bei $\varphi = 71^0$.

II. Dasselbe Rohr. 10 g Ladung.

Bei $\varphi = 45^0$ Maximalschußweite $X = 321$ m; Flugzeit $T = 9{,}3$ sec; Rechtsabweichung $Z = 39$ m.

Bei $\varphi = 70^0$ Schußweite 183 m; $T = 12{,}4$ sec; $Z = 61$ m.

Übergang von Rechtsabweichung zu Linksabweichung bei einem Abgangswinkel φ, der zwischen 77^0 und 80^0 liegt. Bei $\varphi = 80^0$ fällt das Geschoß mit dem Bodenteil zuerst auf (einmal erfolgte dies auch in flacher Lage, die Spitze dabei nach rechts gewendet). Linksabweichung bei $\varphi = 80^0$ gleich 66 m (einigemal auch weniger). Dabei ist vom Schießgerüst aus wahrzunehmen, daß bei einem solchen Abgangswinkel von 80^0 das Geschoß bis zum Gipfel der Flugbahn hin eine leichte Rechtsabweichung erfährt und daß erst hinter dem Gipfelpunkt die Linksabweichung einsetzt, die sich alsdann rasch steigert.

III. Rohr mit dem stärkeren Rechtsdrall (Drallwinkel $43^0\,40'$).

Die Geschoßachse bleibt für alle Abgangswinkel anscheinend sich selbst parallel (man glaubt bei genauer Beobachtung vom Schießgerüst aus wahrnehmen zu können, daß die Geschoßspitze ein wenig nach rechts weist). Übergang von der Rechtsabweichung zur Linksabweichung bei ungefähr $\varphi = 53^0$, und zwar sowohl bei 5 g Ladung, als bei 10 g Ladung. Die Schußweite bei $\varphi = 45^0$ und bei 5 g Ladung ist 55 m ($T = 4{,}26$ sec), bei $\varphi = 45^0$ und 10 g Ladung 180 m ($T = 8{,}24$ sec). Der Drallwinkel ist also für dieses Geschoß zu groß.

Bei Verwendung dieses Rohrs mit dem stärkeren Drall ergab sich einigemal die Schußweite etwas größer, als nach der Rechnung auf Grund der Messungen von v_0 und φ für den luftleeren Raum folgen würde; es scheint also eine Tragflächenwirkung der Luft gegen das Geschoß vorhanden gewesen zu sein.

IV. Dasselbe Rohr. Schuß lotrecht aufwärts.

Das Geschoß fliegt sich selbst nahezu parallel bleibend (nach Art des Diabolokreisels), kommt also, durch starkes Sausen sich ankündigend, in fast lotrechter Stellung zurück und schlägt mit dem flachen hinteren Ende zuerst auf dem Erdboden auf.

V. Rohr mit dem schwächeren Rechtsdrall (Drallwinkel $17^0\,39'$); Geschosse von der größeren Länge 35,5 cm.

Es erfolgen sehr heftige Nutationspendelungen. Die Geschoßspitze beschreibt anscheinend Vollkreise um die Bahntangente herum; das Geschoß erscheint, vom Schießgerüst aus gesehen, wie eine große Scheibe. Der Drall reicht also für diese Geschoßlänge nicht aus.

Bei Verwendung der Rohre mit Linksdrall kehren sich die betreffenden Vorzeichen der Seitenabweichungen, der Drehungssinn der Pendelungen usw. um. (Eingehende Meßversuche, u. a. auch die oben erwähnten, wurden von Hörer Oblt. von Rudolphi ausgeführt.)

Zehnter Abschnitt.

Zufällige Geschoßabweichungen. Anwendung der Wahrscheinlichkeitslehre auf die Ballistik.

§ 61. Einleitendes.

Wenn gegen dasselbe Ziel M auf einer lotrechten Scheibe unter sonst gleichen Umständen geschossen wird und wenn dabei die sämtlichen feststellbaren, einseitigen Abweichungen ausgeschaltet sind, so schlagen die Geschosse bekanntlich doch nicht sämtlich in M ein sondern die Durchschlagspunkte zeigen Abweichungen, die ihren Grund in unbekannten Zielfehlern, kleinen Schwankungen des Luftgewichts und der Windgeschwindigkeit und -richtung, des Geschoßgewichts und der Massenverteilung, bei Gewehren ferner in kleinen Schwankungen der Laufschwingungen, in kleinen unvermeidlichen Änderungen der Anfangsgeschwindigkeit usw. haben. Diese Abweichungen heißen, da sie nicht feststellbar sind, zufällige. Sie verlaufen von Schuß zu Schuß scheinbar völlig regellos. Aber die Häufigkeit einer Abweichung von bestimmter Größe bei einer größeren Schußzahl unterliegt ganz bestimmten Gesetzen, denselben Gesetzen, die bei allen exakten Messungen der Physik und Technik, bei den Glücksspielen usw. zutage treten, und die z. B. in den Lebensversicherungs-, Pensionskassen-, Invalidenkassen-Berechnungen eine fruchtbare Anwendung gefunden haben. Vom einzelnen Schuß kann nicht vorausgesagt werden, ob er mehr oder weniger weit nach rechts oder links, nach oben oder unten vom beabsichtigten Treffpunkt M einschlagen werde, ebenso wie es keinen Sinn hat, mit Hilfe der Wahrscheinlichkeitsrechnung ermitteln zu wollen, wann einen einzelnen Menschen der Tod ereilt, dagegen wissen wir mit einiger Genauigkeit, wieviel von 100 Schüssen aus einem bekannten Gewehr höchstens 20 cm nach rechts oder links vom Zielpunkt abweichen werden; ebenso wie es uns bekannt ist, daß von 100 000 gleichzeitig Geborenen des männlichen bzw. weiblichen Geschlechts im Alter von 70 Jahren noch 17 750 Männer, bzw. 21 901 Frauen am Leben sein werden.

Die folgenden Betrachtungen gelten übrigens keineswegs ausschließlich für Geschoßabweichungen, sondern für alle quantitativen Bestimmungen der Ballistik, die unkontrollierbaren Schwankungen unterworfen sind, also z. B. für die Messung von Gasdrücken, von Geschoßgeschwindigkeiten, von Hülseninhalten, von Pulverkonstanten u. a. m.; nur der leichteren Vorstellung halber sind den Betrachtungen meistens die Geschoßabweichungen zugrunde gelegt.

Das Wichtigste aus der mathematischen Wahrscheinlichkeitslehre.

Die betreffenden Definitionen, Sätze und Regeln mögen hier kurz zusammengestellt werden; die Beweise der letzteren sind in den folgenden Beispielen zum Teil angedeutet.

a) (Definition:) **Die mathematische oder absolute Wahrscheinlichkeit** a für das Eintreten eines Ereignisses A ist das Verhältnis aus der Zahl t der für das Eintreten von A günstigen Fälle (Chancen, Treffer) zu der Zahl n der hierbei überhaupt in Betracht kommenden möglichen Fälle; $a = \dfrac{t}{n}$; z. B. = Trefferzahl : Schußzahl. a ist also ein echter Bruch, der gleich 1 ist im Fall der Gewißheit, gleich 0 ist im Fall der Unmöglichkeit für das Eintreten von A.

Die Wahrscheinlichkeit für das entgegengesetzte Ereignis „nicht A", also dafür, daß A nicht eintritt, ist $1 - a$.

1. **Beispiel.** Was ist die Wahrscheinlichkeit, beim Würfeln mit 2 Würfeln die Summe 7 zu werfen? Die Zahl der möglichen Fälle ist $n = 36$, denn jede der 6 Seiten des einen Würfels kann mit jeder der 6 Seiten des anderen oben liegen. Die Summe 7 jedoch liegt, wenn die beiden Würfel folgendes zeigen 6 und 1; 5 und 2; 4 und 3; 3 und 4; 2 und 5; 1 und 6; also 6 günstige Fälle, $a = \frac{6}{36} = \frac{1}{6}$. Dafür, daß die Summe 7 jedoch nicht liegt, ist die Zahl der günstigen Fälle $36 - 6 = 30$, also ist die Wahrscheinlichkeit dafür, nicht die Summe 7 zu werfen, $\frac{30}{36} = \frac{5}{6}$.

Ebenso findet sich die Wahrscheinlichkeit dafür, die Summe 2, 3, 4, 5, 6, 7, 8, 9, 10, 11, 12 zu werfen, gleich $\frac{1}{36}, \frac{2}{36}, \frac{3}{36}, \frac{4}{36}, \frac{5}{36}, \frac{6}{36}, \frac{5}{36}, \frac{4}{36}, \frac{3}{36}, \frac{2}{36}, \frac{1}{36}$. Am größten ist somit die Wahrscheinlichkeit für die Summe 7, das Mittel aus den äußersten Werten 2 und 12.

2. **Beispiel.** Eine bedeckte Urne enthält 20 Kugeln, nämlich 7 weiße, 5 schwarze und 8 rote; was ist die Wahrscheinlichkeit, auf einen beliebigen Griff in die Urne eine schwarze Kugel zu ziehen? $a = \frac{5}{20} = \frac{1}{4}$.

3. **Beispiel.** Eine Urne enthält 7 weiße und 6 schwarze Kugeln. Man greift in die Urne und faßt 5 Kugeln; was ist die Wahrscheinlichkeit dafür, daß von den ergriffenen 5 Kugeln drei weiß und somit zwei schwarz sind?

Berechnung von n: Aus den 13 Kugeln lassen sich auf $\binom{13}{5}$ verschiedene Weisen Gruppen zu je 5 bilden, also $n = \binom{13}{5}$.

Berechnung von t: Man denke sich die 7 weißen Kugeln mit Nummern 1 bis 7 bezeichnet, die schwarzen mit 8 bis 12. An solchen Kombinationen der weißen Kugeln, die für den Erfolg günstig sind, gibt es im ganzen $\binom{7}{3}$. Es kann z. B. Kugel 1 mit 2 und 3 zusammen gezogen werden, ebenso 1 mit 3 und 4 usw. Die Zahl der dem Erfolg günstigen Kombinationen von schwarzen Kugeln ist analog $\binom{6}{2}$. Jede günstige weiße Kombination kann mit jeder günstigen schwarzen Kombination zusammen den gewünschten Erfolg herbeiführen. Also ist die Zahl aller günstigen Fälle $\binom{7}{3} \cdot \binom{6}{2}$. Die gesuchte

Wahrscheinlichkeit ist also $a = \dfrac{\binom{7}{3} \cdot \binom{6}{2}}{\binom{13}{5}}$.

b) Die Wahrscheinlichkeit des „Entweder — oder“: Wenn die Ereignisse A, B, C... bzw. die absoluten Wahrscheinlichkeiten a, b, c,... ihres isolierten Eintretens für sich haben und wenn sich die Ereignisse ausschließen, so daß keines gleichzeitig mit einem der andern eintreten kann, so ist die Wahrscheinlichkeit dafür, daß entweder A oder B oder C... eintritt, gleich der Summe $a + b + c$... der betreffenden absoluten Wahrscheinlichkeiten.

1. Beispiel. Wahrscheinlichkeit dafür, beim Würfeln mit 2 Würfeln entweder die Summe 2 oder 3 oder 4 zu werfen? Die absoluten Wahrscheinlichkeiten für die Summe 2, bzw. 3, bzw. 4 sind $a = \frac{1}{36}$, $b = \frac{2}{36}$, $c = \frac{3}{36}$; die Zahl der günstigen Fälle für das Ereignis „entweder 2 oder 3 oder 4“ ist $1+2+3$, also

$$\frac{t}{n} = \frac{1+2+3}{36} = \frac{1}{36} + \frac{2}{36} + \frac{3}{36} = a + b + c = \frac{1}{6}.$$

Die Wahrscheinlichkeit dafür, entweder die Summe 2 oder 3 oder 4 ... bis 12 zu werfen, ist Gewißheit, $\frac{1}{36} + \frac{2}{36} + \ldots = 1$.

2. Beispiel. Es handle sich darum, eine Scheibe zu treffen. Letztere denke man sich in unendlich viele unendlich schmale lotrechte Streifen eingeteilt; die Wahrscheinlichkeit, den ersten Streifen zu treffen, sei dy_1, den zweiten zu treffen dy_2 usw.; so ist die Wahrscheinlichkeit dafür, die ganze Scheibe zu treffen, gleich derjenigen, entweder den ersten oder den zweiten usw. Streifen zu treffen, also $= dy_1 + dy_2 + \cdots = \sum dy = \int dy$, das Integral erstreckt sich vom äußersten Streifen links bis zum äußersten Streifen rechts. Davon wird nachher Gebrauch gemacht werden. Die Bedingung des Satzes, daß die Ereignisse sich ausschließen müssen, liegt in diesem Fall in der Voraussetzung, daß das Geschoß nicht in Stücke geht; also sind z. B. Mantelreißer ausgeschlossen.

c) Die Wahrscheinlichkeit des „Miteinander“ oder „Nacheinander“ (zusammengesetzte Wahrscheinlichkeit). Die Wahrscheinlichkeit dafür, daß mehrere voneinander unabhängige Ereignisse A, B, C..., für deren isoliertes Eintreten bzw. die Wahrscheinlichkeiten a, b, c... bestehen, gleichzeitig oder auch in bestimmter Reihenfolge nacheinander eintreten, ist gleich dem Produkte abc... ihrer absoluten Wahrscheinlichkeiten. — Sind dagegen die Ereignisse voneinander abhängig, so bedeutet das Produkt abc... die Wahrscheinlichkeit dafür, daß zuerst A, dann B, dann C eintritt, nur unter der Voraussetzung, daß unter b die Wahrscheinlichkeit für das Eintreten von B nach Eintreten von A, unter c die Wahrscheinlichkeit für das Eintreten von C nach Eintreten von A und B usw. verstanden ist.

25*

1. Beispiel. Zwei Personen P_1 und P_2 würfeln gleichzeitig mit je 2 Würfeln. Was ist die Wahrscheinlichkeit dafür, daß P_1 die Summe 2 und P_2 gleichzeitig die Summe 4 wirft? Die absolute Wahrscheinlichkeit a dafür, daß P_1 die Summe 2 wirft, ist $a = \dfrac{t_1}{n_1} = \dfrac{1}{36}$; die absolute Wahrscheinlichkeit b dafür, daß vor P_2 die Summe 4 liegt, ist $b = \dfrac{t_2}{n_2} = \dfrac{3}{36}$; die Zahl der für das Zusammentreffen der beiden Würfe 2 und 4 günstigen Fälle ist $t_1 \cdot t_2 = 1 \cdot 3$, die Zahl der dabei möglichen Fälle $n_1 \cdot n_2 = 36 \cdot 36$, also ist die fragliche Wahrscheinlichkeit

$$= \frac{t_1 t_2}{n_1 n_2} = \frac{t_1}{n_1} \cdot \frac{t_2}{n_2} = a \cdot b = \frac{1}{36} \cdot \frac{3}{36} = \frac{1}{432};$$

die Wahrscheinlichkeit des Gegenteils $\frac{431}{432}$, oder es ist nur mit 1 gegen 431 zu wetten, daß jener Fall eintrete.

2. Beispiel. Ein Schüler schätzt die Wahrscheinlichkeit, zu Ostern versetzt zu werden, auf $\frac{2}{3}$ und die Wahrscheinlichkeit, zu Ostern ein Fahrrad zu bekommen, auf $\frac{1}{2}$, was ist die Wahrscheinlichkeit dafür, daß er zu Ostern versetzt wird und ein Fahrrad erhält? (Beispiel von H. Schubert.)

Falls das zweite Ereignis vom ersten nicht unabhängig ist, so wird die Antwort $\frac{2}{3} \cdot \frac{1}{2} = \frac{1}{3}$ nur dann richtig sein, wenn $\frac{1}{2}$ die Wahrscheinlichkeit bedeutet, daß der Schüler ein Fahrrad erhält, nachdem seine Versetzung gesichert ist.

3. Beispiel. Ein Mann A ist 35 Jahre alt, seine Frau B 28 Jahre. Was ist die Wahrscheinlichkeit, daß nach 20 Jahren a) beide leben, b) mindestens eines von beiden tot ist (nicht beide leben), c) A lebt, B tot ist, d) A tot ist, B lebt, e) beide tot sind, f) wenigstens eines noch lebt (nicht beide tot sind)? — Nach der deutschen Sterbetafel sind von 100000 gleichzeitig Geborenen männlichen Geschlechts mit 35 Jahren noch 51815 und mit 55 Jahren noch 36544 am Leben; von 100000 gleichzeitig Geborenen weiblichen Geschlechts mit 28 Jahren noch 58647 und mit 48 Jahren noch 46605 am Leben. Also ist die Wahrscheinlichkeit von A, noch 20 Jahre zu leben, $a = \frac{36544}{51815}$, diejenige von B, noch 20 Jahre zu leben, $b = \frac{46605}{58647}$. Also Antwort zu a) $a \cdot b = 0,56$, zu b) $1 - a \cdot b = 0,44$, zu c) $a(1 - b) = 0,145$, zu d) $(1 - a) \cdot b = 0,234$, zu e) $(1 - a)(1 - b) = 0,061$, zu f) $1 - (1 - a)(1 - b) = 0,94$. Die Wahrscheinlichkeiten zu a), c), d), e) geben zusammen $= 1$, da einer dieser Fälle jedenfalls eintreten muß.

4. Beispiel. Beim Einschießen der Artillerie sei die Wahrscheinlichkeit eines Kurzschusses gleich a, diejenige eines Weitschusses gleich b oder $1 - a$, die Wahrscheinlichkeit einer falschen Beobachtung sei konstant gleich c (nach Magnon $c = 0,1$). Dann ist die Wahrscheinlichkeit dafür, daß ein Kurzschuß beobachtet wird, identisch mit der Wahrscheinlichkeit dafür, daß entweder ein Kurzschuß wirklich vorliegt und richtig als solcher beobachtet wird oder daß ein Weitschuß vorliegt, aber irrtümlicherweise als ein Kurzschuß beobachtet wird, folglich gleich $a(1 - c) + (1 - a)c$.

5. Beispiel. Mit der Erhöhung für 4000 m sei die Wahrscheinlichkeit eines Kurzschusses $(-)$ gleich $\frac{3}{4}$, also die eines Weitschusses $(+)$ gleich $\frac{1}{4}$, mit der Erhöhung für 4100 m sei die Wahrscheinlichkeit von $+$ gleich $\frac{4}{5}$, die von $-$ also gleich $\frac{1}{5}$.

a) Wie groß ist die Wahrscheinlichkeit, eine richtige Gabel (4000 $-$ und 4100 $+$) zu erhalten? Sie ist gleich der Wahrscheinlichkeit, gleichzeitig 4000 $-$ und 4100 $+$ zu bekommen, also $\frac{3}{4} \cdot \frac{4}{5} = \frac{12}{20}$.

b) Die Wahrscheinlichkeit, eine **unrichtige** Gabel zu erhalten, ist diejenige,

entweder 4000 + und gleichzeitig 4100 + zu haben (diese ist gleich $\frac{1}{4} \cdot \frac{4}{5} = \frac{4}{20}$),

oder 4000 − „ „ 4100 − „ „ („ „ „ $\frac{3}{4} \cdot \frac{1}{5} = \frac{3}{20}$),

oder 4000 + „ „ 4100 − „ „ („ „ „ $\frac{1}{4} \cdot \frac{1}{5} = \frac{1}{20}$).

Sieht man von der letzteren Möglichkeit ab, so ist die Wahrscheinlichkeit einer falschen Gabel $= \frac{4}{20} + \frac{3}{20} = \frac{7}{20}$. Auf 12 richtige Gabeln kommen also 7 unrichtige.

Die Aufgabe a) kann dahin erweitert werden, daß auch die falschen Beobachtungen berücksichtigt werden, so daß die Aufgabe lautet: Wie groß ist die Wahrscheinlichkeit, eine **richtige** Gabel zu **beobachten**?

Diese ist gleich der Wahrscheinlichkeit, zu haben:

entweder 4000 − u. richt. beobacht. als −, gleichz. 4100 + u. richt. beobacht. als +,

oder 4000 + „ falsch „ „ −, „ 4100 − „ falsch „ „ +,

oder 4000 − „ richt. „ „ −, „ 4100 − „ „ „ „ +,

oder 4000 + „ falsch „ „ −, „ 4100 + „ richt. „ „ +,

oder 4000 + „ richt. „ „ +, „ 4100 − „ „ „ „ −,

oder 4000 − „ falsch „ „ +, „ 4100 + „ falsch „ „ −,

oder 4000 − „ „ „ „ +, „ 4100 − „ richt. „ „ −,

oder 4000 + „ richt. „ „ +, „ 4100 + „ falsch „ „ −.

§ 62. Einige Sätze aus der Wahrscheinlichkeitslehre.

A. Wiederholte Versuche.

Es handle sich um die zwei Ereignisse A und B, von denen jedenfalls das eine eintreten müsse (z. B. Treffen und Nichttreffen), mit den absoluten Wahrscheinlichkeiten a und b (wobei $b = 1 - a$). Wenn der betreffende Versuch z. B. dreimal nacheinander ausgeführt wird, so ist folgendes möglich:

a) Dreimal nacheinander tritt A ein, die Wahrscheinlichkeit dafür ist $a \cdot a \cdot a = a^3$.

b) Zweimal A, einmal B, die Wahrscheinlichkeit dafür ist $a \cdot a \cdot b = a^2 \cdot b$; dagegen wenn die Reihenfolge gleichgültig ist, so handelt es sich um die Wahrscheinlichkeit dafür, daß entweder zuerst A, dann A, dann B oder, daß A, dann B, dann A oder, daß B, dann A, dann A eintritt; die Wahrscheinlichkeit dafür ist $aab + aba + baa = 3\,a^2 b$.

c) Einmal A, zweimal B in beliebiger Folge; die Wahrscheinlichkeit dafür ist $3\,a b^2$.

d) Keinmal A, dreimal B, Wahrscheinlichkeit dafür $b \cdot b \cdot b = b^3$.

Diese Ausdrücke sind die Glieder in der Entwicklung von $(a + b)^3$.

Ferner ist $1 - b^3$ offenbar die Wahrscheinlichkeit dafür, daß (nicht jedesmal B, oder auch dafür, daß) wenigstens einmal A

fällt; ebenso ist $1 - (b^3 + 3\,a\,b^2)$ die Wahrscheinlichkeit dafür, daß wenigstens zweimal A fällt usw. Dies läßt sich verallgemeinern:

Satz: Wenn es sich um zwei entgegengesetzte Ereignisse A und B (Nicht-A) mit den absoluten Wahrscheinlichkeiten a und b handelt $(b = 1 - a)$, so ist die Wahrscheinlichkeit dafür, daß bei im ganzen s Versuchen das Ereignis A m-mal, das Ereignis B also $(s - m)$-mal in beliebiger Reihenfolge eintritt,

$$\binom{s}{m} a^m \cdot b^{s-m} \quad \text{oder} \quad \frac{s!}{m!\,(s - m)!}\, a^m \cdot b^{s-m}.$$

1. **Beispiel.** Die Wahrscheinlichkeit, mit zwei Würfeln Pasch zu werfen, ist $\frac{6}{36} = \frac{1}{6}$. Also ist mit der Wahrscheinlichkeit

$$\frac{600!}{3!\,597!} \cdot \left(\frac{1}{6}\right)^3 \cdot \left(\frac{5}{6}\right)^{597}$$

zu erwarten, daß unter 600 Würfen mit zwei Würfeln gerade dreimal, nicht weniger oft und nicht öfter, Pasch fällt.

2. **Beispiel.** Nach wieviel Würfen ist die Wahrscheinlichkeit, mit zwei Würfeln wenigstens einmal Pasch zu werfen, gleich $\frac{1}{2}$ geworden? $\frac{1}{2} = 1 - \left(\frac{5}{6}\right)^s$; $s = \log 0{,}5 : \log \frac{5}{6} = 3{,}8$; also schon nach 4 Würfen ist die fragliche Wahrscheinlichkeit etwas größer als $\frac{1}{2}$.

3. **Beispiel.** Die Wahrscheinlichkeit eines Kurzschusses sei a, diejenige eines Weitschusses also $1 - a = b$. Es werden 5 Schüsse abgegeben. Dann ist die Wahrscheinlichkeit von 3 Kurzschüssen, also 2 Weitschüssen (in beliebiger Reihenfolge) $10 \cdot a^3 \cdot b^2$. Die Wahrscheinlichkeit, wenigstens 3 Weitschüsse zu erhalten, ist gleich derjenigen, entweder 3 oder 4 oder 5 zu bekommen (dabei Reihenfolge beliebig), also gleich $10\,a^2\,b^3 + 5\,a\,b^4 + b^5$. Die Wahrscheinlichkeit, höchstens 2 Weitschüsse zu erhalten, ist gleich derjenigen, entweder keinen oder 1 oder 2 zu erhalten, also $a^5 + 5\,a^4\,b + 10\,a^3\,b^2$.

4. **Beispiel.** Ein Geschütz sei auf das Ziel eingeschossen, so daß ein Kurzschuß (−) und ein Weitschuß (+) dieselbe Wahrscheinlichkeit $\frac{1}{2}$ für sich hat. Es wird eine Gruppe von 6 Schüssen auf das Ziel abgegeben. Dann ist (bei beliebiger Reihenfolge) die Wahrscheinlichkeit von

$$3 + \text{ und } 3 - \text{ gleich } \binom{6}{3} \cdot \left(\frac{1}{2}\right)^3 \cdot \left(\frac{1}{2}\right)^3 = \frac{20}{64},$$

$$2 - \text{ und } 4 + \quad \text{,,} \quad \binom{6}{2} \cdot \left(\frac{1}{2}\right)^4 \cdot \left(\frac{1}{2}\right)^2 = \frac{15}{64},$$

$$2 + \text{ und } 4 - \quad \text{,,} \quad \binom{6}{4} \cdot \left(\frac{1}{2}\right)^2 \cdot \left(\frac{1}{2}\right)^4 = \frac{15}{64}.$$

Also ist die Wahrscheinlichkeit dafür, daß einer dieser 3 Fälle eintritt, oder daß man sich gemäß der betreffenden Schießregel als eingeschossen zu betrachten hat, gleich $\frac{20 + 15 + 15}{64} = 0{,}78$. Unter 100 solchen Schußgruppen werden also 78 die Entfernung richtig angeben.

Diese Betrachtung kann auf den Fall ausgedehnt werden, daß das Ziel sich nicht, wie vorhin angenommen, in der Mitte des Trefferbilds befindet, sondern kürzer oder weiter liegt, ferner, daß auch falsche Beobachtungen berücksichtigt werden. Dies führt alsdann zur Prüfung eines bestimmten Schießverfahrens. Einen solchen Weg schlägt z. B. Groos ein (vgl. Lit.-Note). Über die weiteren Einzelheiten vergleiche man die Werke, die sich speziell mit den Einschießverfahren beschäftigen: von Wuich, Sabudski—v. Eberhard, Kozak, Rohne, Groos.

B. Gesetz der großen Zahlen.

Die erwähnte Wahrscheinlichkeit dafür, daß bei $s = m + n$ Versuchen das Ereignis A gerade m-mal, das Ereignis B also $n = s - m$-mal eintritt, nämlich der Ausdruck $\dfrac{s!}{m!\,n!} \cdot a^m \cdot b^n$ ist im allgemeinen klein; noch am größten ist er (wie sich durch Anschreiben von drei aufeinander folgenden Gliedern der Entwicklung von $(a + b)^s$ zeigen läßt) für dasjenige m, das zwischen $sa - b$ und $sa + a$ liegt. Das Maximum also nimmt jene Wahrscheinlichkeit für $m = sa$ an (und wenn sa keine ganze Zahl ist, für die einzige zwischen $sa - b$ und $sa + a$ liegende ganze Zahl). Ein Näherungsausdruck für die Größe dieses Maximums ist $\dfrac{1}{\sqrt{2\,\pi\,s\,a\,b}}$.

Je größer die Versuchszahl s gewählt wird, um so mehr nähert sich die bis dahin durch die Versuche tatsächlich erhaltene Kombination $m : n$ derjenigen, für die $m : n = a : b$ ist, also derjenigen, für die das Maximum der Wahrscheinlichkeit besteht (Gesetz der großen Zahlen von Jak. Bernoulli). Wenn z. B. in einer Urne sich 1 Million Kugeln befinden, 100'000 weiße und 900000 schwarze, und es sich um die Wahrscheinlichkeit a bzw. b handelt, eine weiße bzw. eine schwarze Kugel zu ziehen, so ist $a = \frac{1}{10}$, $b = \frac{9}{10}$; wenn man sehr oft in die Urne greift und jedesmal die gezogene Kugel wieder zurücklegt, wird die Zahl m der gezogenen weißen zu der Zahl n der gezogenen schwarzen Kugeln immer genauer sich wie $1 : 9$ verhalten.

C. Satz von Bernoulli-Laplace.

Wie erwähnt, ist z. B. die Wahrscheinlichkeit auch dafür, daß beim Würfeln mit zwei Würfeln unter 600 Würfen gerade 100mal Pasch (nicht mehr und nicht weniger) fällt, ziemlich klein, nämlich gleich etwa

$$\frac{1}{\sqrt{2\,\pi \cdot 600 \cdot \frac{1}{6} \cdot \frac{5}{6}}} = \frac{1}{23}.$$

Dagegen weit größer ist die Wahrscheinlichkeit, daß unter 600 Würfen ungefähr 100mal, nämlich z. B. 80- bis 120mal Pasch falle. Derartige Fragen zu beantworten, dient der folgende Bernoulli-Laplacesche Satz, der gleichfalls nur eine mit Hilfe des Satzes von Stirling erhaltene Näherungsregel darstellt, die um so genauer zutrifft, je größer die Versuchszahl s ist:

Es ist mit der Wahrscheinlichkeit

$$P = \frac{2}{\sqrt{\pi}} \cdot \int_0^{\gamma} e^{-t^2} \cdot dt + \frac{e^{-\gamma^2}}{\sqrt{2\pi s a b}}$$

zu erwarten, daß bei s Versuchen das Ereignis A, das die absolute Wahrscheinlichkeit $a = 1 - b$ für sich hat,

$$s a - \gamma \sqrt{2 s a b} \text{ bis } s a + \gamma \sqrt{2 s a b}\text{-mal}$$

eintritt, also daß die Wiederholungszahl m des Ereignisses A zwischen diesen Grenzen, oder das Verhältnis $\frac{m}{s}$ zwischen den Grenzen

$$a \mp \gamma \sqrt{\frac{2 a b}{s}}$$

liegt. — Zur leichteren numerischen Anwendung kann die folgende Form des Satzes dienen:

Mit der Wahrscheinlichkeit $P = \frac{2}{\sqrt{\pi}} \int_0^{\gamma} e^{-t^2} \cdot dt$ ist anzu-

nehmen, daß m zwischen den Grenzen $s a \pm (\gamma \sqrt{2 s a b} - \frac{1}{2})$ liege. Wenn speziell $P = \frac{1}{2}$ sein soll, muß $\gamma = \varrho = 0{,}476936$ sein; in diesem Falle heißt $\gamma \sqrt{2 s a b} - \frac{1}{2}$ die „wahrscheinliche Abweichung".

Eine Verallgemeinerung dieses Satzes, von Poisson gegeben, bezieht sich auf den Fall, daß die Wahrscheinlichkeit a für das Eintreten des Ereignisses A von einem Versuch zum andern wechselt; beim ersten Versuch sei sie a_1, beim zweiten a_2 usw. Die durchschnittliche Wahrscheinlichkeit, also das arithmetische Mittel

$$\frac{a_1 + a_2 + \cdots}{s}$$

sei bezeichnet mit a. Ferner bedeute ähnlich wie oben $b_1 = 1 - a_1$, $b_2 = 1 - a_2$, ..., $b = 1 - a$; endlich sei $\varkappa$ Abkürzung für

$$\sqrt{\frac{2 (a_1 b_1 + a_2 b_2 + \cdots)}{s}}.$$

Dann ist bei s Versuchen mit der Wahrscheinlichkeit

$$P = \frac{2}{\sqrt{\pi}} \int_0^{\gamma} e^{-t^2} \cdot dt + \frac{e^{-\gamma^2}}{\varkappa \sqrt{\pi s}}$$

zu erwarten, daß die Wiederholungszahl m des Ereignisses A zwischen den Grenzen $a \cdot s \mp \gamma \varkappa \sqrt{s}$ oder $\frac{m}{s}$ zwischen den Grenzen $a \mp \frac{\gamma \varkappa}{\sqrt{s}}$ liege. Daraus folgt, daß, mit wachsender Versuchszahl s, immer genauer $\frac{m}{s} = a$ wird. (Werden die Wahrscheinlichkeiten $a_1, a_2, \ldots$, also auch $b_1, b_2, \ldots$, unter sich gleich genommen, so ist $\varkappa = \sqrt{2 a b}$, d. h. es liegt wieder der Satz von Bernoulli-Laplace vor.)

Beispiel. Mit welcher Wahrscheinlichkeit ist darauf zu rechnen, daß bei 600 Würfen mit 2 Würfeln 80- bis 120 mal Pasch fällt? Es ist $a = \frac{6}{36} = \frac{1}{6}$; $b = \frac{5}{6}$; $s = 600$; $\gamma \sqrt{2\,s\,a\,b} - \frac{1}{2}$ soll $= 20$, also $\gamma = 1{,}59$ sein, daraus folgt $P = 0{,}97$ als die gesuchte Wahrscheinlichkeit.

D. Regel von Bayes.

Bis jetzt war angenommen, daß die absoluten Wahrscheinlichkeiten a und $1 - a = b$ für das Eintreten der Ereignisse A und B (Nicht-A) von vornherein bekannt seien („Wahrscheinlichkeit a priori"), und es war nach der Wahrscheinlichkeit einer Wirkung gefragt. Z. B. es ist bekannt, daß in einer Urne 1 Million Kugeln liegen, und zwar 400000 weiße und 600000 andersfarbige, so daß die Wahrscheinlichkeit, eine weiße Kugel zu ziehen, $a = \frac{2}{5}$ und die Wahrscheinlichkeit des Gegenteils $b = \frac{3}{5}$ gegeben ist; es werden 800 Kugeln gezogen und jedesmal wieder zurückgelegt; mit welcher Wahrscheinlichkeit ist zu erwarten, daß unter den gezogenen 800 Kugeln 310 bis 330 weiße Kugeln sein werden (denn am wahrscheinlichsten ist die Zahl 320 weißer Kugeln)?

Jetzt möge nur bekannt sein, daß in der Urne eine Million Kugeln liegen, darunter eine gewisse Anzahl weiße. Man stellt 800 Versuche an und zieht 320 weiße, also 480 andersfarbige. Mit welchem Grad der Genauigkeit hat man durch diese Versuche das unbekannte Verhältnis a der Zahl der weißen zur Gesamtzahl der Kugeln annähernd ermittelt? Wie groß ist z. B. die Wahrscheinlichkeit dafür, daß das durch die 800 Versuche bestimmte Verhältnis $a = \frac{320}{800} = \frac{16}{40}$ um weniger als $\frac{1}{40}$ $(2{,}5\,^0/_0)$ falsch ist, oder mit anderen Worten, was ist die Wahrscheinlichkeit dafür, daß die Zahl der weißen Kugeln, die in der Urne sich befinden, größer als 375000 und kleiner als 425000 ist?

In solchen Aufgaben handelt es sich also darum, aus der beobachteten Wirkung umgekehrt über die unbekannte Ursache, also über a und b, Aufschluß zu erhalten.

Hierzu dient die Näherungsregel von Bayes:

Wenn das Ereignis A, dessen absolute Wahrscheinlichkeit a unbekannt ist, bei $s = m + n$ Versuchen m-mal eintrat und n-mal nicht eintrat, so ist mit der Wahrscheinlichkeit $P = \frac{2}{\sqrt{\pi}} \int_0^\gamma e^{-t^2} \cdot dt$ zu erwarten, daß die unbekannte Zahl a zwischen den Grenzen $\frac{m}{s} \mp \gamma \sqrt{\frac{2\,m \cdot n}{s^3}}$ liege, γ eine beliebige Zahl. Speziell mit der Wahrscheinlichkeit $P = \frac{1}{2}$ ist darauf zu rechnen, daß a zwischen $\frac{m}{s} \mp 0{,}4769 \sqrt{\frac{2\,m \cdot n}{s^3}}$ liegt. Je größer also die Versuchszahl s ist, um so genauer kann für a das Verhältnis $\frac{m}{s}$ genommen werden (Umkehrung des Gesetzes der großen Zahlen).

1. **Beispiel.** Obige Urnenaufgabe (Czuber): Es ist $s = 800$, $m = 320$, $n = 480$: es soll $\gamma \sqrt{\dfrac{2 \cdot 320 \cdot 480}{800^3}} = \dfrac{1}{40}$ sein. Daraus $\gamma = 1{,}0205$; also $P = 0{,}851$ Mit der Wahrscheinlichkeit 0,851 ist also anzunehmen, daß das Verhältnis a der Zahl der weißen Kugeln der Urne zu der Gesamtzahl der Kugeln bis auf $6{,}2\,^0/_0$ genau $= \frac{320}{800}$ bestimmt sei oder zwischen $\frac{15}{40}$ und $\frac{17}{40}$ liege oder, daß die Zahl der weißen Kugeln zwischen 375000 und 425000 liegt.

2. **Beispiel.** Von einer Schießliste, die Treffer und Fehlschüsse aufführt, ging die Hälfte der Blätter verloren. Die Auszählung der noch vorhandenen ergab 240 Treffer und 120 Fehlschüsse. Danach ist es am wahrscheinlichsten, daß die gesamte Liste mit 720 Schüssen 480 Treffer und 240 Nichttreffer enthielt. Um wieviel kann im wahrscheinlichen Fall diese Annahme von 480 Treffern falsch sein? $s = 360$; $m = 240$; $n = 120$; $P = \dfrac{1}{2}$. Also

$$a = \frac{240}{360} \mp 0{,}4769 \cdot \sqrt{\frac{2 \cdot 240 \cdot 120}{360^3}} = \frac{480 \mp 38}{720}.$$

Also wird die Zahl der Treffer im wahrscheinlichen Fall zwischen 442 und 518 liegen.

Über die Herleitung obengenannter Sätze und ebenso über das Folgende vergleicht man am besten die Werke von Czuber, sowie diejenigen von Sabudski-v. Eberhard und von Kozák.

E. Schlüsse aus angestellten Beobachtungen auf künftige Ereignisse.

Es seien $m + n$ Versuche für das Ereignis A angestellt, das Ereignis sei m-mal eingetreten, n-mal nicht. Dann ist die Wahrscheinlichkeit dafür, daß bei $p + q$ folgenden Versuchen das Ereignis A p-mal eintritt, also q-mal nicht eintritt,

$$\frac{(p+q)!}{p!\,q!} \cdot \frac{\displaystyle\int_0^1 x^{m+p} \cdot (1-x)^{n+q} \cdot dx}{\displaystyle\int_0^1 x^{m}(1-x)^{n} \cdot dx} = \frac{(p+q)!\,(m+p)!\,(n+q)!\,(m+n+1)!}{p!\,q!\,(m+n+p+q+1)!\,m!\,n!}.$$

Anmerkung 1. Die erwähnte Formel von Stirling bezieht sich auf näherungsweise Berechnungen großer Fakultätszahlen:

$$n! = \sim n^n \cdot e^{-n} \cdot \sqrt{2\,\pi\,n}$$

(für große n und noch für $n = 10$ verwendbar).

Anmerkung 2. Über die in der Wahrscheinlichkeitslehre gebrauchten bestimmten Integrale findet man das Nötige in den dem Buch beigegebenen Anhang, Tabelle 16.

§ 63. Theorie der Geschoßstreuung. Treffgenauigkeitsmaße.

Es werde wiederholt nach demselben Punkt M einer lotrechten Scheibe geschossen. Die Waffe sei auf diesen Punkt schon eingeschossen, d. h. alle einseitigen Fehler seien ausgeschaltet. Die Durchschlagspunkte $P_1 P_2 P_3 \ldots$ der Geschosse, die Schnittpunkte des von der Mündung der Waffe nach der Scheibe gehenden Bündels von Flugbahnen („Geschoßgarbe") gruppieren sich alsdann um den Garbenmittelpunkt M in der Weise, daß die kleinen Abweichungen (von M aus) häufiger vorkommen als die großen, und zwar sind in Beziehung auf eine Wagrechte und eine Lotrechte durch M die Abweichungen gleicher Größe nach rechts bzw. links, ebenso nach oben bzw. unten ungefähr gleich häufig.

Es mögen vorläufig allein die Abweichungen nach rechts (positive) und nach links (negative) betrachtet werden; diese seien mit $f_1 f_2 f_3 \ldots$ bezeichnet; sie sind die x-Koordinaten der verschiedenen Durchschlagspunkte in dem Koordinatensystem der xy, in dem der als bekannt angenommene Garbenmittelpunkt M der Koordinatenanfang ist.

Daß kleine f häufiger vorkommen werden als große f, sowie daß die Punkte in Beziehung auf die y-Achse symmetrisch liegen werden, erkennt man besonders leicht dadurch, daß man sich denkt, diese

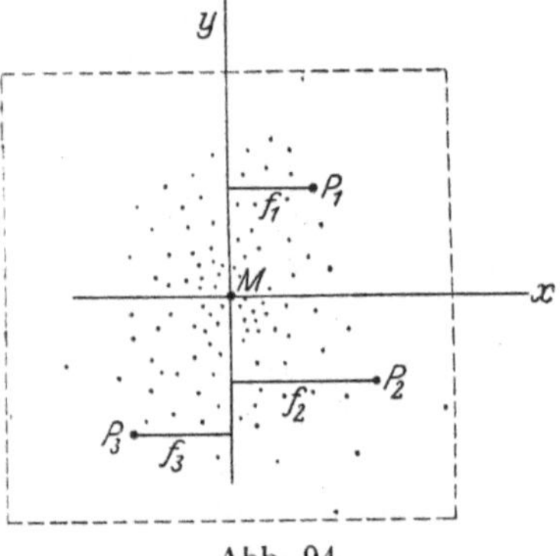

Abb. 94.

Abweichungen $f_1 f_2 f_3 \ldots$ entstehen durch das Zusammenwirken von mehreren unabhängigen Fehlerursachen. Z. B. seien es drei Ursachen, die mit gleicher Leichtigkeit Fehler erzeugen mögen:

a) kleine Änderungen der Windgeschwindigkeit mögen die Abweichungen: $-2, -1, 0$ cm erzeugen;

b) kleine Änderungen der Laufvibration nach rechts und links die Abweichungen: $-1, 0, +1$ cm;

c) Zielfehler die Abweichungen $-1, 0, +1, +2, +3$ cm.

Durch ihre Kombination können die Abweichungen: $-4, -3, -2, -1, 0, +1, +2, +3, +4$ cm im Resultat entstehen und zwar bzw. auf $1, 3, 6, 8, 9, 8, 6, 3, 1$ verschiedene Arten. Denn z. B. die Abweichung -4 kann auf die eine Art: $-2, -1, -1$ entstehen. Dagegen der Fehler 0 kann nicht nur dadurch zustande kommen, daß sehr kleine Fehler zusammentreffen und sich aufheben, sondern auch dadurch, daß die großen Fehler sich kompensieren; nämlich auf die folgenden Arten:

$$-2, -1, +3 \mid -2, 0, +2 \mid -2, +1, +1 \mid -1, -1, +2 \mid$$
$$-1, 0, +1 \mid -1, +1, 0 \mid 0, -1, +1 \mid 0, 0, 0 \mid 0, +1, -1 \mid,$$

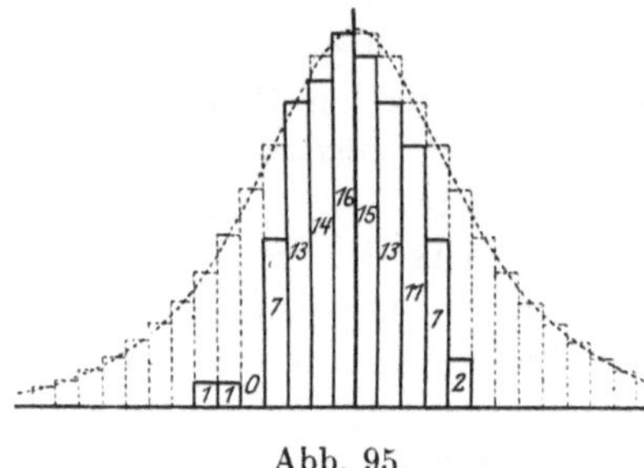

Abb. 95.

also auf 9 verschiedene Arten (Czuber).

Beispiel. Für einen Beschuß aus einem Infanteriegewehr mit 100 Schüssen wurden je die Abweichungen nach rechts und links abgemessen; die Abzählung ergab, daß zwischen $x = 0$ und $x = \pm 4$ cm: 15 positive (nach rechts gerichtete) und 16 negative (nach links gerichtete) Abweichungen lagen; zwischen $x = 4$ und $x = 8$ cm: 13 positive und 14 negative; zwischen 8 und 12 cm: 11 positive und 13 negative, zwischen 12 und 16 cm: 7 positive und 7 negative, zwischen 16 und 20 cm: 2 positive, 0 negative, zwischen 20 und 24 cm: 0 positive, 1 negative, zwischen 24 und 28 cm: 0 positive, 1 negative Abweichung; zusammen 100. Also zeigt dieser Beschuß, daß in der Tat die kleinen Abweichungen häufiger vorkommen als die großen.

Gleiches ergibt sich durch Versuche mit dem Fehlerverteilungsapparat, bei dem die fliegenden Geschosse durch fallende Hirsekörner oder Bleischrote, und die verschiedenen Streuungsursachen der Geschosse durch das an zahlreichen Metallstiften erfolgende Abprallen der Körner, das auf die mannigfaltigste Weise möglich ist, ersetzt sind (vgl. Abb. 96).

Trägt man für eine sehr große Beschußreihe die Zahl der Abweichungen in Funktion von x graphisch auf, so erhält man eine Kurve von nebenstehender Gestalt (Abb. 97). Hierfür hat Gauß die Funktionsgleichung aufgestellt $\eta = a\,e^{-h^2x^2}$, die theoretisch abgeleitet werden kann, deren Berechtigung hier jedoch darin gesucht werden soll, daß die Formel sich in zahllosen Anwendungen als besonders gut verwendbar gezeigt hat. Dabei bedeutet η folgendes: Man denke sich in der Entfernung x von der lotrechten Mittellinie durch den Garbenmittelpunkt M einen sehr schmalen, nach oben und unten beliebig ausgedehnten Zielstreifen von der Breite der (sehr klein zu denkenden) Einheit. Die Wahrscheinlichkeit, diesen Streifen zu treffen, ist $\eta = a\,e^{-h^2x^2}$, oder wenn n die Gesamtzahl der Schüsse ist, so fallen in diesen Streifen $n \cdot a\,e^{-h^2x^2}$ Treffer. Hat der Streifen die unendlich kleine Breite dx (Geradenpaar PP im Abstand x von M), so kommen auf ihn $n \cdot a\,e^{-h^2x^2} \cdot dx$ Treffer; kurz, es bedeutet $n\,a\,e^{-h^2x^2} \cdot dx$ die Anzahl derjenigen Schüsse unter den sämtlichen n Schüssen, die gerade die Abweichung x nach rechts oder links von der Lotrechten durch M besitzen.

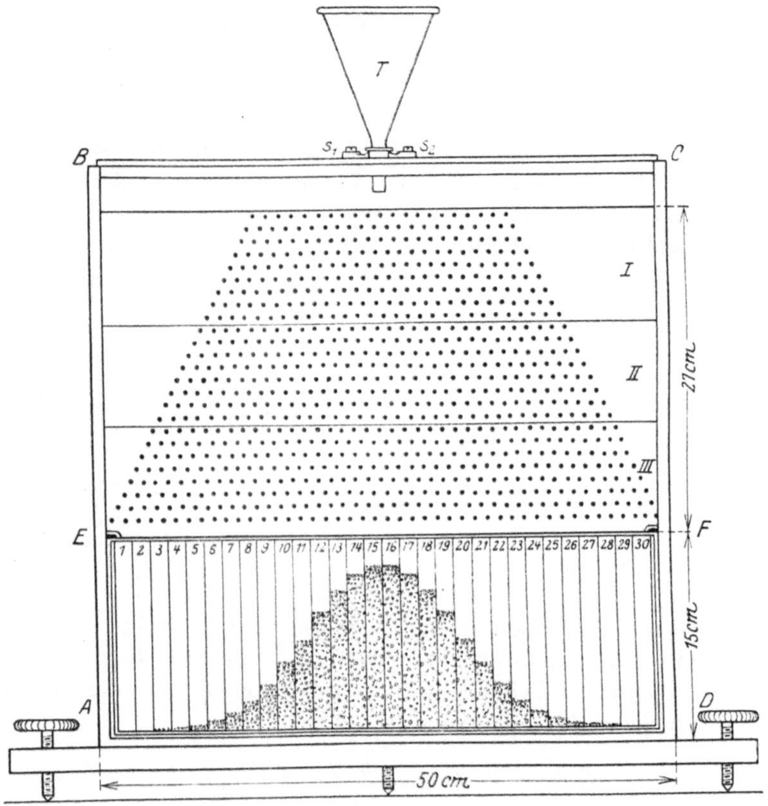

Abb. 96.

Es gilt nun, die beiden Konstanten a und h zu bestimmen:
Zunächst a. Die unendlich große Ebene der beliebig erweitert gedachten Scheibe wird jedenfalls getroffen. D. h. die Gesamtzahl der auf die unendlich vielen Zielstreifen mit der Breite dx von $x = -\infty$ bis $x = +\infty$ entfallenden Schüsse ist gleich n selbst,

$$n \cdot a \cdot \int_{=\infty}^{+\infty} e^{-h^2 x^2} \cdot dx = n\,;$$

da nun

$$\int_{-\infty}^{+\infty} e^{-h^2 x^2} \cdot dx = \frac{\sqrt{\pi}}{h},$$

so hat man

$$a = \frac{h}{\sqrt{\pi}}.$$

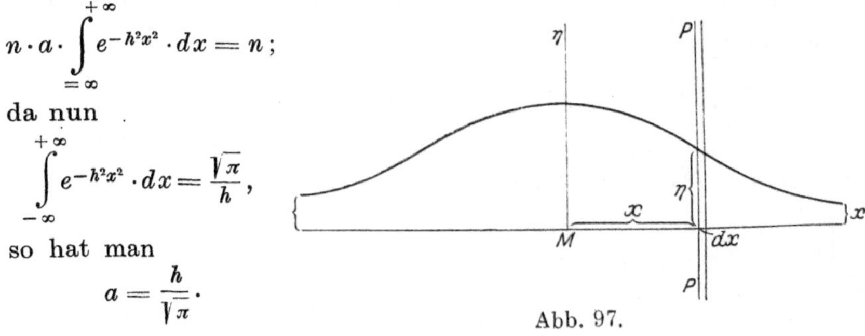

Abb. 97.

Also ist $\dfrac{h}{\sqrt{\pi}} e^{-h^2 x^2} \cdot dx$ die Wahrscheinlichkeit einer Abweichung von der Größe x, und $n \cdot \dfrac{h}{\sqrt{\pi}} \displaystyle\int_c^d e^{-h^2 x^2} \cdot dx$ ist die Zahl der Treffer in einem nach oben und unten unbegrenzten Zielstreifen $PPQQ$ (Abb. 98), dessen Seiten die Abstände c bzw. d vom Garbenmittelpunkt M besitzen; dies ist die Kurvenfläche $ABCD$, multipliziert mit der Schußzahl n.

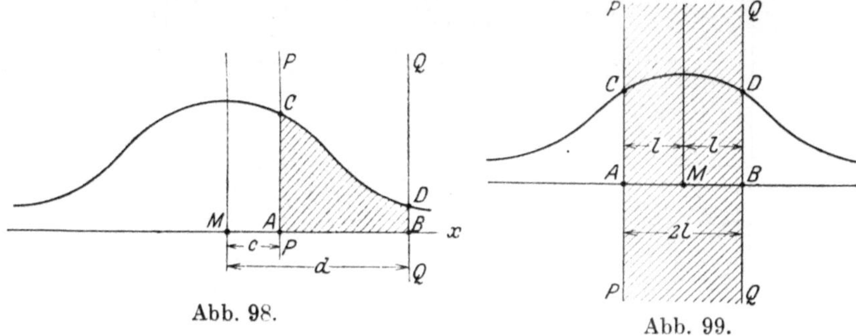

Abb. 98.   Abb. 99.

Handelt es sich speziell darum, eine Zielfläche $PPQQ$ zu treffen, die die Breite $2\,l$ hat und in Beziehung auf M symmetrisch liegt (Abb. 99), so ist die Wahrscheinlichkeit, sie zu treffen, oder, was dasselbe ist, die Kurvenfläche $ABCD$ gleich

$$\frac{h}{\sqrt{\pi}} \int_{-l}^{+l} e^{-h^2 x^2} \cdot dx = 2\,\frac{h}{\sqrt{\pi}} \int_0^l e^{-h^2 x^2} \cdot dx;$$

mit $hx = t$, $dx = \dfrac{1}{h} \cdot dt$ wird sie

$$= \frac{2}{\sqrt{\pi}} \int_{t=0}^{t=hl} e^{-t^2} \cdot dt = \varphi\,(hl).$$

Dieses Integral läßt sich für jeden Wert hl berechnen. Denn es ist $e^{-z} = 1 - z + \dfrac{1}{2!} \cdot z^2 - \dfrac{1}{3!} \cdot z^3 + \dots,$ und wegen der gleichmäßigen Konvergenz ist

$$\int e^{-t^2} \cdot dt = \int \left(1 - t^2 + \frac{t^4}{2!} - \frac{t^6}{3!} + \frac{t^8}{4!} - \dots \right) dt = t - \frac{t^3}{3} + \frac{t^5}{2!\cdot 5} - \frac{t^7}{3!\cdot 7} + \dots,$$

somit ist die Wahrscheinlichkeit, den Streifen $PPQQ$ von der Breite $2\,l$ zu treffen:

$$= \frac{h}{\sqrt{\pi}} \int_{x=-l}^{x=+l} e^{-h^2 x^2} \cdot dx = \frac{2}{\sqrt{\pi}} \int_{t=0}^{t=hl} e^{-t^2} \cdot dt = \frac{2}{\sqrt{\pi}} \left[hl - \frac{1}{3}(hl)^3 + \frac{1}{2!\cdot 5}(hl)^5 - \dots \right] = \varphi\,(hl),$$

vgl. Tabelle 12 des Anhangs.

Die Konstante h ist ein Maß für die Genauigkeit des Schießens mit der betreffenden Waffe. Denn die Treffgenauigkeit läßt sich, was allein die Abweichungen in Richtung der x-Achse anlangt, offenbar charakterisieren durch die Wahrscheinlichkeit, den unendlich schmalen Strich zu treffen. der durch M geht (y-Achse). Diese Wahrscheinlichkeit ist aber gleich

$$\frac{h}{\sqrt{\pi}}\, e^{-h^2 \cdot 0} \cdot dx \quad \text{oder} \quad \frac{h}{\sqrt{\pi}} \cdot dx\,.$$

Sie sei für eine erste Waffe $\dfrac{h_1}{\sqrt{\pi}}\, dx$, für eine zweite Waffe $\dfrac{h_2}{\sqrt{\pi}}\, dx$, so verhalten sich die Genauigkeitsmaße beider Waffen wie $h_1 : h_2$.

Statt h pflegt man bequemere Genauigkeitsmaße zu benützen, die mit Leichtigkeit aus den Trefferbildern abzunehmen sind. Dies sind verschiedene Mittelwerte aus den beobachteten Geschoßabweichungen:

Das arithmetische Mittel der mit ihren Vorzeichen genommenen Abweichungen $\dfrac{f_1 + f_2 + \cdots}{n}$ zu nehmen, verbietet sich von selbst, da dieses Mittel genau oder annähernd gleich Null ist (darüber siehe weiter unten); dagegen wählt man entweder die sog. mittlere quadratische Abweichung

$$\mu = \sqrt{\frac{f_1^2 + f_2^2 + \cdots}{n}}$$

oder (seltener) die mittlere kubische Abweichung

$$\mu_3 = \sqrt[3]{\frac{|f_1|^3 + |f_2|^3 + \cdots}{n}}$$

oder die durchschnittliche Abweichung

$$E = \frac{|f_1| + |f_2| + |f_3| + \cdots}{n}$$

(dabei die Abweichungen $f_1 f_2 \ldots$ sämtlich mit dem Zeichen $+$ genommen) oder endlich die wahrscheinliche oder 50prozentige Abweichung w, d. h. diejenige, für die die Wahrscheinlichkeit $\frac{1}{2}$ besteht. Aus jedem dieser Genauigkeitsmaße läßt sich, wie folgt, h berechnen.

a) Die mittlere quadratische Abweichung $\mu = \sqrt{\dfrac{\Sigma(f^2)}{n}}$.

Nach der Definition von μ ist $n\,\mu^2$ gleich der Summe der Quadrate aller Abweichungen $f_1 f_2 f_3 \ldots$, also $= $ (Abweichung x_1)^2 mal Zahl der Abweichungen je von dieser Größe $x_1 + $ (Abweichung x_2)^2 mal Zahl der Abweichungen je von dieser Größe $x_2 + $ usw. Somit ist nach dem Obigen

$$n\,\mu^2 = x_1{}^2 \cdot \frac{h}{\sqrt{\pi}}\, e^{-h^2 x_1{}^2} \cdot dx_1 \cdot n + x_2{}^2 \cdot \frac{h}{\sqrt{\pi}} \cdot e^{-h^2 x_2{}^2} \cdot dx_2 \cdot n + \dots$$

$$= n\,\frac{h}{\sqrt{\pi}} \int\limits_{-\infty}^{+\infty} x^2 \cdot e^{-h^2 x^2} \cdot dx.$$

Dieses Integral ist über die ganze unendliche Ebene, also von $x = -\infty$ bis $x = +\infty$ zu erstrecken, da das Gaußsche Gesetz $a\,e^{-h^2 x^2}$ auch unendlich große Fehler als möglich zuläßt. Nun ist

$$\int\limits_{-\infty}^{+\infty} x^2 \cdot e^{-h^2 x^2}\, dx = \frac{\sqrt{\pi}}{2\,h^3},$$

also wird

$$n\,\mu^2 = n \cdot \frac{h}{\sqrt{\pi}} \cdot \frac{\sqrt{\pi}}{2\,h^3}, \quad h = \frac{1}{\mu\,\sqrt{2}} = \frac{0{,}7071}{\mu},$$

womit h bestimmt ist.

b) **Die durchschnittliche Abweichung** $E = \dfrac{\Sigma\,|f|}{n}$.

Es ist, nach der Begriffsbestimmung von E, $n\,E =$ Summe der Produkte aus dem betreffenden x und der Zahl der Abweichungen je von dieser Größe x,

$$n\,E = 2 \cdot \int\limits_{0}^{+\infty} x \cdot \frac{h}{\sqrt{\pi}}\, e^{-h^2 x^2} \cdot n \cdot dx,$$

oder da

$$\frac{2\,h}{\sqrt{\pi}} \cdot \int\limits_{0}^{\infty} x \cdot e^{-h^2 x^2}\, dx = \frac{1}{\sqrt{\pi} \cdot h},$$

hat man

$$E = \frac{1}{h\,\sqrt{\pi}}; \quad h = \frac{1}{E\,\sqrt{\pi}},$$

womit von neuem eine Bestimmung von h vorliegt. Zugleich kennt man jetzt eine Beziehung zwischen μ und E, nämlich es ist

$$E = \mu\,\frac{\sqrt{2}}{\sqrt{\pi}} = 0{,}79788 \cdot \mu.$$

c) **Die wahrscheinliche oder 50prozentige Abweichung** w.

Sie ist diejenige Abweichung, für die die Wahrscheinlichkeit $\frac{1}{2}$ besteht. Oder mit anderen Worten, $2\,w$ ist z. B. die Breite eines (nach oben und unten beliebig ausgedehnten, in bezug auf M symmetrischen, lotrechten) Zielstreifens, der die bessere Hälfte aller Schüsse faßt. Also ist w nach dem Obigen aus der Bedingung zu ermitteln:

$$\frac{n}{2} = \frac{h}{\sqrt{\pi}} \cdot n \cdot \int\limits_{x=-w}^{x=+w} e^{-h^2 x^2} \cdot dx$$

oder auch aus

$$\frac{2}{\sqrt{\pi}} \int\limits_{t=0}^{t=wh} e^{-t^2} \cdot dt = \frac{1}{2}.$$

Für das Integral

$$\frac{2}{\sqrt{\pi}} \int\limits_{t=0}^{t=t} e^{-t^2} \cdot dt$$

ist (vgl. Anhang, Tabelle 12) die Abkürzung $\varphi(t)$ benützt, also ist die Bedingung $\varphi(wh) = \frac{1}{2}$. Die Tabelle gibt hierfür

$$h\,w = 0{,}4769363 = \text{„}\varrho\text{“};$$

somit ist $w = \dfrac{\varrho}{h} = \varrho \cdot \mu \sqrt{2} = 0{,}6744898 \cdot \mu$.

Zusammen ist

$$h = \frac{1}{\mu\sqrt{2}} = \frac{1}{E\sqrt{\pi}} = \frac{\varrho}{w} \qquad (\varrho = 0{,}4769363);$$

wahrscheinliche Abweichung

$$\boldsymbol{w = 0{,}6744898 \cdot \mu = 0{,}8453476 \cdot E,}$$

mittlere quadratische Abweichung

$$\boldsymbol{\mu = 1{,}4826021 \cdot w = 1{,}2533141 \cdot E,}$$

durchschnittliche Abweichung

$$\boldsymbol{E = 0{,}7978846 \cdot \mu = 1{,}1829372 \cdot w.}$$

(Im deutschen Heer verstand man bis vor wenigen Jahren unter „mittlerer Abweichung“ die durchschnittliche Abweichung E, unter „mittlerer Streuung“ nicht das Doppelte von E, sondern das Doppelte der wahrscheinlichen Abweichung w, worauf besonders zu achten ist.)

Anmerkung 1. Den wahrscheinlichen Fehler w kann man nach Gauß mit erheblich geringerer Genauigkeit auch in der folgenden Weise erhalten: Man ordnet die Abweichungen $f_1 f_2 f_3 \ldots$ ihrer absoluten Größe nach und nimmt bei ungeradem n die mittelste, bei geradem n das Mittel aus den beiden mittleren. Dieses w sei mit w_g bezeichnet.

Z. B. seien die Abweichungen

$$-2{,}8 \mid +0{,}9 \mid +0{,}4 \mid -0{,}2 \mid +0{,}3 \mid -0{,}4 \mid +0{,}1 \mid -1{,}6;$$

geordnet

$$0{,}1 \mid 0{,}2 \mid 0{,}3 \mid \underline{0{,}4 \mid 0{,}4} \mid 0{,}9 \mid 1{,}6 \mid 2{,}8;$$

also

$$w = w_g = 0{,}4.$$

Doch empfiehlt sich diese nicht selten angewendete Methode nur in solchen Fällen, wo eine rohe Schätzung von w genügt.

Anmerkung 2. Es kann gefragt werden, auf wieviele Stellen die Berechnung von μ oder E oder w_g wahrscheinlich genau ist. Hierfür

sei die Gaußsche Näherungsregel angegeben, die übrigens nur für die wahren
Fehler und für große Versuchszahlen n gültig ist und für sehr kleine alle Bedeutung verliert (über die Ableitung sei auf das Werk von Czuber verwiesen):

Im wahrscheinlichen Fall ist:

$$\mu = \sqrt{\frac{\Sigma f^2}{n}} \quad \text{auf} \quad \frac{0{,}4769}{\sqrt{n}} \cdot 100 \text{ Prozent ungenau,}$$

$$E = \frac{\Sigma |f|}{n} \quad \text{auf} \quad \frac{0{,}5096}{\sqrt{n}} \cdot 100 \text{ Prozent ungenau,}$$

$$w_g \qquad \text{auf} \quad \frac{0{,}7867}{\sqrt{n}} \cdot 100 \text{ Prozent ungenau.}$$

Daraus ist ersichtlich, daß die Ermittlung von w oder von h aus $= \sqrt{\dfrac{\Sigma f^2}{n}}$
die verhältnismäßig genaueste ist.

Z. B. sei (aus der Summe der Quadrate der Abweichungen f) berechnet
$\mu = 30$ cm; die Schußzahl sei $n = 10$; so ist

$$\mu = 30 \left(1 \pm \frac{0{,}4769}{\sqrt{n}}\right) = 30\,(1 \pm 0{,}15) = 30 \pm 4{,}5;$$

die wahrscheinlichen Grenzen von μ sind $\pm 4{,}5$ cm, oder es kann Eins gegen
Eins gewettet (oder es kann mit 50 % Wahrscheinlichkeit angenommen)
werden, daß μ größer als 25,5 und kleiner als 34,5 cm sei. Es genügt also,
zu sagen, daß μ etwa $= 30$ cm sei, mit einem wahrscheinlichen Genauigkeitsgrad von 15 %.

Anmerkung 3. Die Gaußsche Kurve $\eta = \dfrac{h}{\sqrt{\pi}}\, e^{-h^2 x^2}$ besitzt zwei Wendepunkte. Die Abszissen $\pm x_1$ dieser Wendepunkte ergeben sich aus $\eta'' = 0$;
man erhält sofort $1 - 2h^2 x^2 = 0$; $x_1 = \pm \dfrac{1}{h\sqrt{2}}$, also $x_1 = \pm\,\mu$. Die Abszisse
eines Wendepunktes ist somit gleich der mittleren quadratischen Abweichung μ.
Wie sich ferner zeigen läßt, ist μ auch gleich dem Trägheitshalbmesser der
einen Hälfte der Kurvenfläche in bezug auf die y-Achse; ferner ist die durchschnittliche Abweichung $E = \dfrac{1}{\sqrt{\pi}\,h} = $ der Abszisse des Schwerpunktes derselben
Flächenhälfte.

Anmerkung 4. Statt der Gaußschen Funktion $\eta = \dfrac{h}{\sqrt{\pi}}\, e^{-h^2 x^2}$ wurden
zahlreiche andere versucht (von Bernoulli, Poisson, Jordan, Helmert,
Pearson, de Forest, Simpson-Hélie, J. U. van Loon u. a., vgl. die Lit.-
Note) z. B. $\eta = \dfrac{a}{1 + x^2}$, $\eta = a\left(1 - \dfrac{x^2}{b^2}\right)$ usw. Hélie, wie schon 1756 Simpson,
wählte, um unendlich große Fehler auszuschließen, zwei zur Vertikalen durch
M symmetrische Geraden AB und AB_1 oder $\eta = a \mp \dfrac{a}{b}\,x$ (Abb. 100). Dann ist
$BB_1 = 2b$ die Breite des lotrechten, zu M symmetrischen Zielstreifens (1, 1, 2, 2),
der alle Schüsse faßt. Es möge kurz gezeigt werden, wie bei einer solchen
Annahme die Berechnungen sich gestalten. Die Zahl der Treffer im Streifen
(1, 1, 2, 2) ist

$$n \cdot 2 \int_{x=0}^{x=b} \left(a - \frac{a}{b}\,x\right) dx = n, \quad \text{daraus } a = \frac{1}{b},$$

so daß

$$\eta = \frac{1}{b} \cdot \left(1 - \frac{x}{b}\right).$$

Somit ist die Zahl der Treffer in dem zu M symmetrischen Zielstreifen (3, 3, 4, 4) von der Breite $2\,l$ gleich

$$2\,n \int_0^l \frac{1}{b}\left(1 - \frac{x}{b}\right)\mathrm{d}x$$

= dem n-fachen der Fläche $ACDFEA = n \cdot \dfrac{l}{b}\left(2 - \dfrac{l}{b}\right)$. Statt b sei die wahrscheinliche Abweichung w eingeführt: Wird l speziell $= w$, so ist jene Trefferzahl $= \dfrac{n}{2}$, also $\dfrac{w}{b}\left(2 - \dfrac{w}{b}\right) = \dfrac{1}{2}$; $w = b\left(1 - \dfrac{1}{\sqrt{2}}\right) = \dfrac{b}{3{,}414}$. Also kann die Trefferzahl N, die auf den Streifen 3, 3, 4, 4) von der Breite $2\,l$ entfällt,

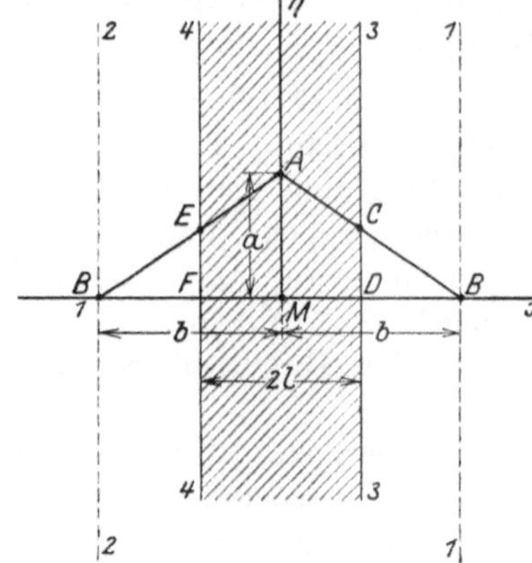

Abb. 100.

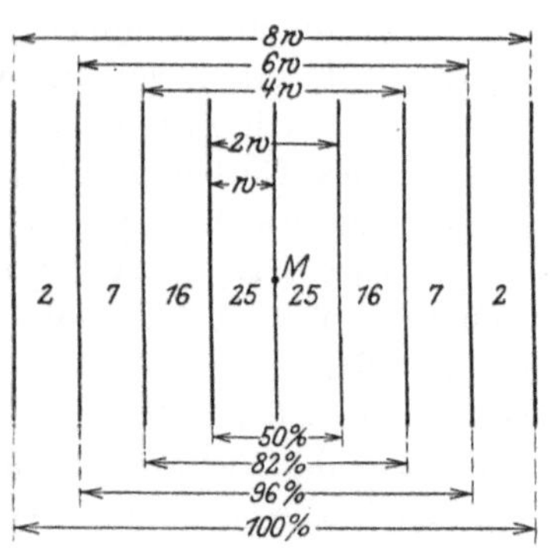

Abb. 101.

statt durch $\dfrac{l}{b}$ durch den Wahrscheinlichkeitsfaktor $\dfrac{l}{w}$ ausgedrückt werden, es ist

$$N = n \cdot \frac{l}{3{,}414 \cdot w}\left(2 - \frac{l}{3{,}414 \cdot w}\right) = 0{,}293 \cdot \varkappa\,(2 - 0{,}293\,\varkappa),$$

wo $\varkappa = \dfrac{l}{w} = \dfrac{2\,l}{2\,w} = \dfrac{\text{Breite des Zielstreifens}}{\text{50 prozentige Streuung}}$. Übrigens hat das Gaußsche Gesetz noch immer seinen Platz in der Wahrscheinlichkeitstheorie behauptet.

Anmerkung 5. Auf Grund des Gaußschen Gesetzes hatte man für die Zahl N der Treffer, die in einem zum Garbenmittelpunkt symmetrischen Zielstreifen von der Breite $2\,l$ liegen

$$N = 2\,n\,\frac{h}{\sqrt{\pi}} \int_0^l e^{-h^2 x^2} \cdot \mathrm{d}x = \frac{2\,n}{\sqrt{\pi}} \int_0^{h\,l} e^{-t^2} \cdot \mathrm{d}t = n \cdot \varphi\,(h\,l) = n \cdot \varphi\left(0{,}4769 \cdot \frac{l}{w}\right)$$

(s. Anhang, Tabelle 12). Hierfür pflegt man lieber die Tabelle $\psi\left(\dfrac{l}{w}\right)$ (vgl. Tabelle 13) zu benützen, die unmittelbar $N = n \cdot \psi\left(\dfrac{l}{w}\right)$ in Funktion des sog. Wahrscheinlichkeitsfaktors $\dfrac{l}{w}$ liefert.

26*

Mit $n = 100$ gibt $100 \cdot \psi \left(\dfrac{l}{w} \right)$ die Prozentzahl der Treffer in jenem Streifen von der Breite $2\,l$ an, wenn die wahrscheinliche oder 50prozentige Abweichung w oder das Doppelte davon, die 50prozentige „Streuung" $2\,w$ gegeben ist. Ein sehr kurzer Auszug aus der Tabelle $\psi \left(\dfrac{l}{w} \right)$ ist in der obenstehenden Abbildung 101 niedergelegt, die in der praktischen Ballistik viel benützt wird und in der die zu M symmetrischen Zielstreifen von der Breite $2\,w$, $4\,w$, $6\,w$, $8\,w$, $\left(\dfrac{2\,l}{2\,w} = 1,\ 2,\ 3,\ 4 \right)$ eingezeichnet sind, samt den zugehörigen Trefferprozentzahlen. (Übrigens wird statt $100^0/_0$ besser $99^0{}_0$ verwendet.)

§ 64. Über den Gegensatz zwischen den wahren und den scheinbaren oder „plausiblen" Abweichungen. Indirekte Messung ballistischer Größen.

Bisher wurde angenommen, daß der wahre Mittelpunkt M der Geschoßgarbe bekannt sei. Es war nämlich vorläufig nur von den Abweichungen nach rechts und links die Rede, und hierbei war die Abszisse X des Garbenmittelpunkts M als gegeben vorausgesetzt: von diesem aus wurden alsdann die Abweichungen $f_1\, f_2\, f_3 \ldots$ der einzelnen Durchschlagspunkte $P_1\, P_2 \ldots$ gleich $\xi_1 - X$, $\xi_2 - X$ usw. genommen, wobei $\xi_1\, \xi_2 \ldots$ die Abszissen der Durchschlagspunkte selbst vorstellen.

Tatsächlich ist nun M nicht bekannt, sondern statt dieses wahren Garbenmittelpunkts wird der plausibelste oder wahrscheinlichste Mittelpunkt O der Garbe genommen (Abb. 102), dessen Lage $(\xi_0\,\eta_0)$ als die des

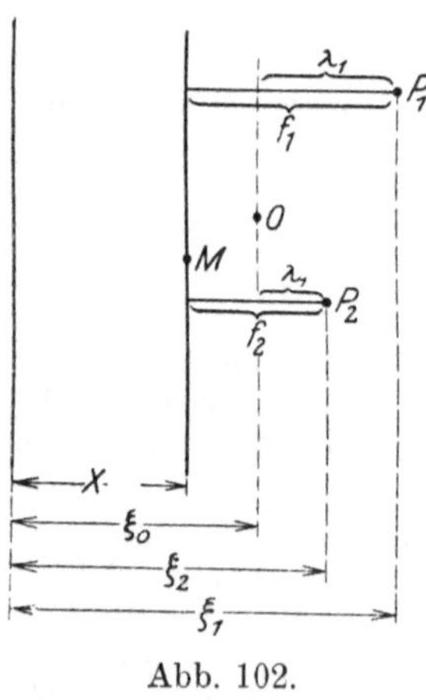

Abb. 102.

mittelsten unter den verschiedenen Durchschlagspunkten $(\xi_1\,\eta_1)$, $(\xi_2\,\eta_2) \ldots$ dadurch gegeben ist, daß seine Abszisse ξ_0 das arithmetische Mittel aus den Abszissen $\xi_1\,\xi_2\,\xi_3 \ldots$ der verschiedenen Durchschlagspunkte ist.

$$\xi_0 = \frac{\xi_1 + \xi_2 + \xi_3 + \cdots}{n},$$ entsprechend für die Ordinate. Wenn man den Durchschlagspunkten $P_1\, P_2\, P_3 \ldots$ gleiche Gewichte zuerteilt denkt, so ist dieser Punkt O der Schwerpunkt (sukzessive Konstruktion von O als Schwerpunkt). Daß dieser mittelste Treffpunkt O gleichzeitig der wahrscheinlichste oder plausibelste Garbenmittelpunkt ist, läßt sich nur unter einer Hilfsannahme beweisen. bezüglich deren man übrigens eine gewisse Auswahl hat. Eine solche hinreichende Annahme ist z. B., daß der folgende Satz als durch die Erfahrung bestätigt vorausgesetzt wird: Wenn n Beobachtungen $\xi_1\,\xi_2\,\xi_3 \ldots \xi_n$ einer Größe vorliegen, so ist

derjenige Wert α der wahrscheinlichste Wert der Größe, für den die Summe der Quadrate der Abweichungen $\alpha - \xi_1$, $\alpha - \xi_2$, ... der einzelnen Beobachtungen von ihm ein Minimum ist. (Einer der beiden Sätze muß unbewiesen bleiben.) Im vorliegenden Fall handelt es sich um den Abstand ξ des Treffpunkts vom linken Scheibenrand; hierfür liegen von den n Schüssen die Messungen $\xi_1\,\xi_2\,\xi_3\ldots\xi_n$ vor. Man suche einen Punkt O, für den — was allein diese Abszissen ξ anlangt —

$$(\alpha - \xi_1)^2 + (\alpha - \xi_2)^2 + \cdots + (\alpha - \xi_n)^2$$

ein Minimum ist: die Ableitung nach α gibt $\alpha = \dfrac{\xi_1 + \xi_2 + \cdots}{n}$, also $= \xi_0$; entsprechend für die Ordinate.

Die Abweichungen der einzelnen Beobachtungen gegenüber dem meist unbekannten **wahren** Wert heißen die **wahren Abweichungen** $f_1\,f_2\,f_3\ldots$; dagegen die Abweichungen gegenüber dem wahrscheinlichsten Wert oder dem arithmetischen Mittel heißen die **scheinbaren oder plausiblen Abweichungen** $\lambda_1\,\lambda_2\,\lambda_3\ldots$. Im vorliegenden Fall sind diese letzteren (soweit es sich zunächst nur um die Abweichungen nach rechts und links handelt) die Abstände $\lambda_1\,\lambda_2\,\lambda_3\ldots$ der einzelnen Durchschlagspunkte $P_1\,P_2\,P_3\ldots$ von der Lotrechten durch den mittelsten Treffpunkt O mit $\xi_0 = \dfrac{\Sigma\xi}{n}$. Diese scheinbaren Abweichungen sind durch die Beobachtung gegeben, die wahren nicht; überhaupt hat man es in den meisten Anwendungen der Ballistik mit den scheinbaren Abweichungen zu tun, da nur diese bekannt sind. Und es entsteht die Frage, wie man aus den scheinbaren Abweichungen $\lambda_1\,\lambda_2\,\lambda_3\ldots$ die Genauigkeitsmaße $\mu,\,E,\,w$ zu berechnen hat.

Der Unterschied zwischen den wahren Abweichungen $f_1\,f_2\,f_3\ldots$ und den scheinbaren Abweichungen $\lambda_1\,\lambda_2\,\lambda_3\ldots$ wird vielleicht am klarsten durch das folgende Beispiel, bei dem in gewissem Sinn beide Arten von Abweichungen gegeben sind. Es wurde ein möglichst genaues Quadrat von 16 cm Seitenlänge gezeichnet und mit einem Planimeter, aus dem die einseitigen Fehler möglichst beseitigt waren, zehnmal umfahren. Aus den Differenzen $f_1\,f_2\,f_3\ldots$ der einzelnen Inhaltsmessungen gegenüber dem wahren Wert $X = 256{,}0$ qcm ergab sich

$$\mu = \sqrt{\frac{\Sigma f^2}{10}} = \sqrt{\frac{0{,}961}{10}} = 0{,}31 \text{ qcm} = 0{,}12\,{}^0/_0\,.$$

Andererseits betrug das arithmetische Mittel ξ_0 der 10 Messungen 256,1 qcm. Die Differenzen $\lambda_1\,\lambda_2\,\lambda_3\ldots$ gegenüber letzterem Wert gaben $\Sigma\lambda^2 = 0{,}8650$; es fragt sich, wie nunmehr aus $\Sigma\lambda^2$ der mittlere quadratische Fehler μ sich ergibt.

Offenbar ist

$$\begin{aligned} f_1 &= \xi_1 - X & \lambda_1 &= \xi_1 - \xi_0 \\ f_2 &= \xi_2 - X & \lambda_2 &= \xi_2 - \xi_0 \\ f_3 &= \xi_3 - X & \lambda_3 &= \xi_3 - \xi_0 \, . \end{aligned}$$

also

$$\left. \begin{aligned} f_1 - \lambda_1 &= \xi_0 - X \\ f_2 - \lambda_2 &= \xi_0 - X \\ f_3 - \lambda_3 &= \xi_0 - X \end{aligned} \right\} . \tag{1}$$

wobei $n\,\xi_0 = \xi_1 + \xi_2 + \xi_3 + \cdots$, woraus $\lambda_1 + \lambda_2 + \lambda_3 + \cdots = 0$ folgt. Durch Addition der Gleichungen (1) ergibt sich

$$f_1 + f_2 + f_3 + \cdots = n\,(\xi_0 - X),$$

folglich ist

$$f_1 - \lambda_1 = \frac{f_1 + f_2 + f_3 + \cdots}{n}$$

$$f_2 - \lambda_2 = \text{demselben}$$

oder

$$\left. \begin{aligned} \lambda_1 &= f_1 - \frac{f_1 + f_2 + f_3 + \cdots}{n} = \frac{n-1}{n}\,f_1 - \frac{f_2}{n} - \frac{f_3}{n} - \cdots \\ \lambda_2 &= f_2 - \frac{f_1 + f_2 + f_3 + \cdots}{n} = \frac{n-1}{n}\,f_2 - \frac{f_1}{n} - \frac{f_3}{n} - \cdots \\ \lambda_3 &= f_3 - \frac{f_1 + f_2 + f_3 + \cdots}{n} = \frac{n-1}{n}\,f_3 - \frac{f_1}{n} - \frac{f_2}{n} - \cdots \end{aligned} \right\} , \tag{2}$$

Durch die Gleichungen (2) hängen die wahren Abweichungen $f_1 f_2 f_3 \ldots$ **mit den plausiblen Abweichungen** $\lambda_1 \lambda_2 \lambda_3 \ldots$ **zusammen.** Dabei ist $\Sigma \lambda$ genau $= 0$, Σf nur annähernd $= 0$.

Nun ist in der Fehlertheorie von dem folgenden wichtigen Satz häufig Gebrauch zu machen. Es sei eine Größe y durch die Gleichung $y = f(x_1 x_2 x_3 \ldots)$ von den unmittelbar gemessenen Größen $x_1 x_2 x_3 \ldots$ abhängig. y wird nicht selbst gemessen, vielmehr die Größen $x_1 x_2 x_3 \ldots$ Erst indirekt wird damit y erhalten. (Z. B. bei der Messung einer Geschoßflugzeit y mittels der Kondensatormethode wird die Anfangsladung x_1 und die Restladung x_2 des Kondensators gemessen und hieraus y berechnet, vgl. Beispiel weiter unten.) Die Fehler bei der Bemessung von $x_1 x_2 \ldots$ seien $\pm\, dx_1 \cdot \pm\, dx_2, \ldots$ und der hieraus entspringende Fehler von y selbst möge $\pm\, dy$ sein, so ist

$$\pm\, dy = \pm\, \frac{\partial f}{\partial x_1} \cdot dx_1 \pm \frac{\partial f}{\partial x_2} \cdot dx_2 \pm \frac{\partial f}{\partial x_3} \cdot dx_3 + \cdots .$$

Der größtmögliche Fehler m' **von** y **wird dann eintreten,** wenn bei der Messung von $x_1 x_2 x_3 \ldots$ die größtmöglichen Fehler

$m_1\, m_2\, m_3 \ldots$ begangen werden und wenn gleichzeitig diese Teilfehler sich sämtlich summieren; denn dies wird der ungünstigste Fall sein. Also ist

$$m' = + \frac{\partial f}{\partial x_1}\cdot m_1 + \frac{\partial f}{\partial x_2}\cdot m_2 + \cdots. \tag{3}$$

Im allgemeinen jedoch werden sich die Fehler nicht sämtlich summieren, sondern teilweise aufheben; und das Genauigkeitsmaß bei den Messungen von $x_1\, x_2\, x_3$ sei gegeben durch die betreffenden mittleren quadratischen Fehler $\mu_1\, \mu_2\, \mu_3 \ldots$. Alsdann ist für den mittleren quadratischen Fehler μ' von y

$$\mu'^2 = \left(\frac{\partial f}{\partial x_1}\cdot \mu_1\right)^2 + \left(\frac{\partial f}{\partial x_2}\cdot \mu_2\right)^2 + \cdots. \tag{4}$$

Dasselbe gilt für die wahrscheinlichen und für die durchschnittlichen Fehler, da $w = \varrho\,|\overline{2}\cdot \mu$ und $E = \sqrt{\dfrac{2}{\pi}}\cdot \mu$.

Die Richtigkeit der Gleichung (4) läßt sich folgendermaßen erkennen: μ' bestimmt sich aus der Summe der Quadrate aller dy, ebenso μ_1 aus der Summe der Quadrate aller dx_1 usw. Nun ist, durch Quadrieren der Gleichung für dy,

$$(dy)^2 = + \left(\frac{\partial f}{\partial x_1}\cdot dx_1\right)^2 + \left(\frac{\partial f}{\partial x_2}\cdot dx_2\right)^2 + \cdots,$$

da die doppelten Produkte

$$2\,\frac{\partial f}{\partial x_1}\cdot dx_1\cdot \frac{\partial f}{\partial x_2}\cdot dx_2, \qquad 2\,\frac{\partial f}{\partial x_1}\cdot dx_1\cdot \frac{\partial f}{\partial x_3}\cdot dx_3 \quad \text{usw.}$$

sich um- so genauer aufheben werden, je größer die Versuchszahl ist. Denn z. B. zu irgendeinem $dx_1\cdot dx_2 = (+5)(+4)$ wird ein Produkt gleich $(+4)(-5)$ existieren usw. Denkt man sich die Gleichung für dy^2 zu sämtlichen Beobachtungen angeschrieben und alle diese Gleichungen addiert, so erhält man (4). Über den strengen Beweis der Formel (4) vgl. Czuber, Wahrscheinlichkeitsrechnung, Leipzig 1903, Nr. 126.

Wenn speziell y eine gegebene lineare Funktion der Größen $x_1\, x_2\, x_3 \ldots$ ist, $y = a_1 x_1 + a_2 x_2 + \ldots$, so ist $\dfrac{\partial f}{\partial x_1} = a_1,\ \dfrac{\partial f}{\partial x_2} = a_2$, also

$$\mu^2 = (a_1\mu_1)^2 + (a_2\mu_2)^2 + \cdots. \tag{5}$$

Setzt sich endlich y durch algebraische Summation

$$y = \pm x_1 \pm x_2 \pm x_3 + \cdots$$

aus $x_1\, x_2 \ldots$ zusammen, so wird

entsprechend

$$\left.\begin{aligned} \mu'^2 &= \mu_1^2 + \mu_2^2 + \mu_3^2 + \cdots, \\[4pt] w'^2 &= w_1^2 + w_2^2 + \cdots. \end{aligned}\right\} \tag{6}$$

Wirken also z. B. auf den Flug von Geschossen mehrere voneinander unabhängige Streuungsursachen (Zielfehler des Schützen; Schwankungen der Vibration der Waffe; Änderungen in der Windgeschwindigkeit), so ist die resultierende mittlere Streuung gleich der Quadratwurzel aus der Summe der Quadrate der mittleren Einzelstreuungen. (Sie ist nicht gleich der Summe der Einzelstreuungen, da sich die Einflüsse zum Teil aufheben können.) Der letztere Satz (6) pflegt in der Ballistik als das Didionsche Gesetz bezeichnet zu werden; ob mit Recht, sei hier nicht untersucht.

Den Satz (5) wende man auf die Beziehung (2) zwischen den $f_1 f_2 \dots$ und den $\lambda_1 \lambda_2 \dots$ an. Die wahren Fehler $f_1 f_2 \dots$ haben dieselbe Genauigkeit, ausgedrückt durch den mittleren quadratischen Fehler μ; d. h. es ist $\mu_1 = \mu_2 = \mu_3 = \cdots = \mu$. Die Koeffizienten $a_1 a_2 a_3 \dots$ sind hier $\dfrac{n-1}{n}, \; -\dfrac{1}{n}, \; -\dfrac{1}{n}, \; \cdots$; der mittlere quadratische Fehler μ' der λ, nach demselben Gesetz gebildet wie früher μ für die wahren Abweichungen, ist $\mu' = \sqrt{\dfrac{\Sigma(\lambda^2)}{n}}$; also ist

$$\mu'^2 = \frac{\Sigma(\lambda^2)}{n} = \left(\frac{n-1}{n}\cdot\mu\right)^2 + \left(-\frac{1}{n}\cdot\mu\right)^2 + \left(-\frac{1}{n}\cdot\mu\right)^2 + \cdots$$
$$= \left\{\left(\frac{n-1}{n}\right)^2 + \frac{1}{n^2} + \frac{1}{n^2} + \cdots\right\}\mu^2 = \left\{\left(\frac{n-1}{n}\right)^2 + \frac{n-1}{n^2}\right\}\mu^2$$
$$= \frac{n^2 + 1 - n - 1}{n^2}\cdot\mu^2 = \frac{n-1}{n}\mu^2;$$

somit ist

$$\mu = \sqrt{\frac{n}{n-1}}\cdot\mu' = \sqrt{\frac{\Sigma\lambda^2}{n-1}}. \tag{7}$$

Nach dieser Regel ist der mittlere quadratische Fehler μ (und daraus der wahrscheinliche w) zu bilden, wenn, wie dies in der Ballistik fast stets der Fall ist, die „plausiblen" Abweichungen $\lambda_1 \lambda_2 \lambda_3 \dots$, also diejenigen gegenüber dem arithmetischen Mittel, der Rechnung zugrunde gelegt werden müssen.

Ferner die durchschnittliche Abweichung E ist jetzt nicht mittels $E = \dfrac{\Sigma|\lambda|}{n}$, sondern streng genommen mittels

$$E = \frac{\Sigma|\lambda|}{\sqrt{n(n-1)}} \tag{8}$$

zu berechnen.

Denn bezeichnet man $\dfrac{\Sigma|\lambda|}{n}$ mit E', so ist $\mu' = E'\cdot\sqrt{\dfrac{\pi}{2}}$, wie früher $\mu = E\sqrt{\dfrac{\pi}{2}}$ war; also ist $\dfrac{E}{E'} = \dfrac{\mu}{\mu'} = \sqrt{\dfrac{n}{n-1}}$. Folglich

$$E = \sqrt{\frac{n}{n-1}}\, E' = \sqrt{\frac{n}{n-1}}\cdot\frac{\Sigma|\lambda|}{n} = \frac{\Sigma|\lambda|}{\sqrt{n(n-1)}}.$$

Ebenso ist $w_g = w_g'\sqrt{\dfrac{n}{n-1}}$, wobei w' das Entsprechende zu w_g (s. o.) für die scheinbaren Abweichungen bedeutet.

Anmerkung. 1. Die Sicherheit dieser Ausdrücke

$$\sqrt{\frac{\Sigma\,\lambda^2}{n-1}} \quad \text{bzw.} \quad \frac{\Sigma\,|\lambda|}{\sqrt{n\,(n-1)}}$$

für μ bzw. E und damit die Genauigkeit der Berechnung von w aus μ oder E ist angegeben durch die wahrscheinlichen Grenzen. Letztere seien hier ohne Ableitung mitgeteilt, wie sie von Helmert berechnet wurden.

Wahrscheinliche Grenzen von μ:

$$\sqrt{\frac{\Sigma\,\lambda^2}{n-1}} \cdot \left[1 \pm \varrho\,\sqrt{2}\,\sqrt{2 - \frac{\Gamma\left(\dfrac{n}{2}\right)\cdot\sqrt{\dfrac{8}{n-1}}}{\Gamma\left(\dfrac{n-1}{2}\right)}}\,\right];$$

n Versuchzahl; $\varrho = 0{,}476936$; betreffs Γ vgl. Anhang, Tabelle 16; oder angenähert, für größere n (etwa von $n = 10$ ab):

$$\sqrt{\frac{\Sigma\,\lambda^2}{n-1}}\left[1 \pm \frac{\varrho}{\sqrt{n-1}}\right];$$

wahrscheinliche Grenzen von E:

$$\frac{\Sigma\,|\lambda|}{\sqrt{n\,(n-1)}}\left[1 \pm \varrho\,\sqrt{2}\,\sqrt{\frac{1}{n}\left(\frac{\pi}{2} + \sqrt{n\,(n-2)} - n + \arcsin\frac{1}{n-1}\right)}\,\right]$$

oder angenähert, für größere n:

$$\frac{\Sigma\,|\lambda|}{\sqrt{n\,(n-1)}}\left[1 \pm \varrho\,\sqrt{\frac{\pi-2}{n-1}}\right];$$

wahrscheinliche Grenzen von w_g':

$$w_g' \cdot \sqrt{\frac{n}{n-1}} \cdot \left[1 \pm \frac{0{,}7867}{\sqrt{n-1}}\right].$$

Die Glieder mit $\pm$ geben, mit 100 multipliziert, die wahrscheinliche Genauigkeit in Prozenten an. Damit kennt man auch die Genauigkeit von w, je nachdem w aus μ oder E oder w_g (mit den scheinbaren Fehlern) berechnet wird.

2. Erwähnt sei noch, daß man $\Sigma\,(\lambda^2)$ und damit μ auch aus den direkten Beobachtungswerten erhalten kann (z. B. aus den Abmessungen ξ_1, ξ_2, ... der einzelnen Schußlöcher vom linken Scheibenrand aus); wie nämlich aus dem ersten Teil von § 64 leicht zu ersehen ist, hat man

$$\Sigma\,(\lambda^2) = \Sigma\,(\xi^2) - \frac{1}{n}\,(\Sigma\,\xi)^2 \quad \text{(Formel von Jordan)}.$$

Ebenso aus den in § 65 eingehender zu besprechenden Differenzen d dieser direkten Beobachtungen:

$$\Sigma\,(\lambda^2) = \Sigma\,(d^2) - \frac{1}{n}\,(\Sigma\,d)^2 \quad \text{(Formel von Wellisch)}.$$

Endlich nach Kozák aus den sogenannten Beobachtungsresten. Darüber vgl. die Lit.-Not. § 61 bis 73.

Beispiele. 1. Im ballistischen Laboratorium wurde dasselbe Zeitintervall t mittels des Kondensator-Chronoskops 10 mal gemessen (Hörer Lt. Uschold);

$$t = \frac{W \cdot C}{10^6}\left\{\text{lognat } \sin\frac{\alpha_0}{2} - \text{lognat } \sin\frac{\alpha}{2}\right\};$$

W der Widerstand des Entladungskreises in Ohm, $\log W = 2,69910$; C die Kapazität des Kondensators in Farad, $\log C = 0,69897$; α_0 der Galvanometerausschlag vor dem Versuch, α derjenige nach Unterbrechung beider Stromkreise. Es fand sich bei den 10 Versuchen als Mittel von $\sin \frac{\alpha_0}{2} = 0,039886$, dazu der mittlere quadratische Fehler $\mu_1{}^2 = 0,08546$; als Mittel von $\sin \frac{\alpha}{2}$
$$\overset{(9)}{}$$
$= 0,01214$, dazu $\mu_2{}^2 = 0,04423$.
$$\overset{(8)}{}$$
Nach Gleichung (4) ist sonach der mittlere quadratische Fehler μ für die einzelne Bestimmung des Zeitintervalls t gegeben durch

$$\mu = \frac{WC}{10^6} \sqrt{\left(\frac{\mu_1}{\sin \frac{\alpha_0}{2}}\right)^2 + \left(\frac{\mu_2}{\sin \frac{\alpha}{2}}\right)^2} \; ;$$

es wird $\mu = 0,0000014$ sec oder $w = 0,00000093$ sec.

Derselbe Wert für μ muß sich ergeben, wenn zu jedem einzelnen Versuche t berechnet wird. Es fand sich im Mittel der 10 Versuche $t = 0,0002975$: und aus den Differenzen λ der einzelnen berechneten Werte von t gegenüber dem Mittelwert von t ergab sich gleichfalls $\mu = 0,0000014$ sec $= 0,47^0/_0$ der gemessenen Zeit t, die ungefähr der Flugzeit des S-Geschosses auf der Strecke von 25 cm entspricht.

2. Mit einem Boulengé-Apparat wurde eine Zeitdifferenz von zirka 0,016 sec wiederholt gemessen (Hörer Lt. Uschold); die Ablesungen am Zeitmesserstab erfolgten mit Nonius und Lupe, so daß 0,01 mm noch geschätzt werden konnten. Der mögliche maximale Ablesefehler bei der Ausmessung der Disjunktionsmarke betrug 0,05 mm; dies entsprach einer Zeitdifferenz von $\pm$ 0,000034 sec; bei der Ausmessung der Zeitmarke konnte der Ablesefehler im Maximum gleichfalls 0,05 mm sein, was einer Zeitdifferenz von $\pm$ 0,000031 sec gleichkam. Also trat der mögliche maximale Fehler, der bei der Messung der fraglichen Zeit durch die Ablesungen bewirkt wird, dann ein, wenn im ungünstigsten Fall beide Partialfehler sich addieren; er ist somit $= + 0,000034 + 0,000031 = 0,000065$ sec (der mittlere quadratische Fehler ergab sich zu 0,000057 sec).

§ 65. Sukzessive Differenzen.

Neben den bis jetzt erwähnten, aus den Beobachtungen leicht zu entnehmenden Genauigkeitsmaßen, der mittleren quadratischen Abweichung μ, der durchschnittlichen E und dem weit weniger genauen Maß w_g (durch Abzählen), ist speziell für die Zwecke der Ballistik noch ein weiteres Genauigkeitsmaß von besonderer Wichtigkeit. Man geht aus von den ursprünglichen Beobachtungen (also z. B., wenn es sich um die Streuung der Geschosse nach rechts oder links handelt, von den Abständen $\xi_1 \, \xi_2 \, \xi_3 \ldots$ der einzelnen Durchschlagspunkte vom linken Scheibenrand, oder wenn es sich um die Längenstreuungen handelt, von den beobachteten Schußweiten usf.), nimmt deren sukzessive Differenzen $\xi_1 - \xi_2 = d_1$, $\xi_2 - \xi_3 = d_2$ usw. ohne Rücksicht auf das Vorzeichen und berechnet den Durchschnittswert

$E_d = \dfrac{\Sigma\,|d|}{s}$ dieser s Differenzen. Falls die Beobachtungen in der richtigen Reihenfolge angeschrieben sind, hat man $s = n - 1$ unabhängige Differenzen bei n Beobachtungen. Nur wenn über die Reihenfolge der Beobachtungen nichts bekannt ist, wird man sämtliche Differenzen zu Hilfe nehmen, in der Anzahl $s = \dfrac{n\,(n-1)}{2}$. Dann ist die durchschnittliche Abweichung E zu berechnen aus

$$E = \frac{1}{\sqrt{2}} \cdot \frac{\Sigma\,|d|}{s} = \frac{1}{\sqrt{2}} \cdot E_d, \tag{1}$$

somit $w = E \cdot \varrho\sqrt{\pi} = 0{,}5978 \cdot \dfrac{\Sigma\,|d|}{s}$.

Um dies einzusehen, sei an Gleichung (5) von § 64 erinnert. Wenn eine Größe y als lineare Funktion zweier anderen x_1 und x_2 gegeben ist, $y = a_1 x_1 + a_2 x_2$, und wenn x_1 und x_2 mit einer Genauigkeit gemessen sind, die durch die mittleren quadratischen Fehler μ_1 für x_1 und μ_2 für x_2 oder auch durch den durchschnittlichen Fehler E_1 für x_1 und E_2 für x_2 gekennzeichnet ist, so ist die Genauigkeit der Größe y durch deren mittleren quadratischen Fehler μ' oder den durchschnittlichen Fehler E' bestimmt, wobei $\mu'^2 = a_1^2 \cdot \mu_1^2 + a_2^2 \cdot \mu_2^2$ bzw., da allgemein $E = \mu\sqrt{\dfrac{2}{\pi}}$, $E'^2 = a_1^2 E_1^2 + a_2^2 E_2^2$. Im vorliegenden Fall handelt es sich um die Differenzen $d = \xi_1 - \xi_2$ usw. der einzelnen Beobachtungen $\xi_1\,\xi_2\,\xi_3 \ldots$ Alle Durchschlagspunkte seien mit gleicher Genauigkeit von dem linken Scheibenrand aus gemessen, so ist $E_1 = E_2 = E$; ferner ist hier $a_1 = +1$, $a_2 = -1$. Die durchschnittliche Differenz ist $E' = \dfrac{\Sigma\,|d|}{s}$, somit ist

$$\frac{\Sigma\,|d|}{s} = \sqrt{(+1 \cdot E)^2 + (-1 \cdot E)^2} = \sqrt{2}\,E \quad \text{oder} \quad E = \frac{1}{\sqrt{2}} \cdot \frac{\Sigma\,|d|}{s}.$$

Nach der Berechnung von Helmert ist der Grad der Genauigkeit dieses Präzisionsmaßes durch die folgenden wahrscheinlichen Grenzen gegeben:

$$\frac{\Sigma\,|d|}{s}\left[1 \pm \varrho\sqrt{2}\,\sqrt{\frac{\dfrac{n+1}{3} \cdot \pi + 2\,(n-2)\sqrt{3} - 4\,n + 6}{n\,(n-1)}}\right];$$

n Versuchszahl; $\varrho = 0{,}4769$.

Speziell für $n = 10$ Versuche verhalten sich die Ermittlungen der wahrscheinlichen Abweichungen w (oder des Doppelten, der sogenannten 50 prozentigen Streuung $2\,w$), aus der mittleren quadratischen Abweichung μ, aus der durchschnittlichen E und aus den Differenzen d der Beobachtungen selbst, der Genauigkeit nach folgendermaßen: Im wahrscheinlichen Fall sind diese Maße (vgl. § 64) genau bis auf Beträge, die bzw. im Verhältnis 0,159; 0,170; 0,163 stehen. Also ist das Maß μ das genaueste, dann folgt $\dfrac{\Sigma\,|d|}{s}$, endlich die durchschnittliche Abweichung E.

Die Vorteile, die eine Berechnung des Schußgenauigkeitsmaßes aus den sukzessiven Differenzen d mit sich bringt, bestehen übrigens keineswegs nur in der größeren Genauigkeit gegenüber der Berechnung aus der durchschnittlichen Abweichung und in dem geringeren Aufwand an Mühe, sondern auch darin, daß das Differenzenverfahren weniger leicht versagt: Es kann vorkommen, daß während des Beschusses eine veränderliche störende Ursache bewirkt, daß der mittlere Treffpunkt „wandert", daß allgemein das arithmetische Mittel fortwährend sich ändert: z. B. kann die Lufttemperatur sich steigern, der Lauf sich erhitzen, die Geschwindigkeit des Windes kann merklich sich ändern usw. In solchen Fällen versagen alle Genauigkeitsmaße, bei deren Berechnung man vom arithmetischen Mittel auszugehen hat, und es muß das Verfahren der sukzessiven Differenzen angewendet werden, wenn man die Beobachtungsreihe beibehalten will. Es hat nämlich E. Vallier darauf aufmerksam gemacht, daß die Berechnung der wahrscheinlichen Abweichung aus den sukzessiven Differenzen unabhängig von einem etwaigen Wandern des mittleren Treffpunkts ist, und O. v. Eberhard hat hierfür den allgemeinen Beweis gegeben.

Ob eine störende Ursache vorlag oder nicht, läßt sich dadurch aus der Beobachtungsreihe entnehmen, daß man den wahrscheinlichen Fehler w sowohl aus der durchschnittlichen Abweichung E als auch mittels der sukzessiven Differenzen d errechnet; beide Werte für w müssen annähernd übereinstimmen oder es muß

$$\frac{1}{\sqrt{2}} \cdot \frac{\Sigma\,|d|}{s} : \frac{\Sigma\,|\lambda|}{\sqrt{n\,(n-1)}}$$

nahezu $= 1$ sein. Weicht der Wert des Bruches um mehr als etwa $20\,{}^0/_0$ nach oben oder unten von 1 ab, d. h. liegt der Wert des Bruchs nicht zwischen 0,8 und 1,2. so ist anzunehmen, daß der mittlere Treffpunkt wanderte, daß eine störende Ursache vorlag.

Beispiel. Bei gleicher Rohrerhöhung und gleicher Pulverladung wurden die folgenden Werte der Schußweite beobachtet, die in der wahren Reihenfolge aufgeführt sind:

a) bei Windstille 2111, 2134, 2112, 2146, 2108, 2121. 2097, 2082, 2139, 2161 m; Mittel 2121 m.

$$\frac{\Sigma\,|\lambda|}{\sqrt{n\,(n-1)}} = \frac{191}{\sqrt{10\cdot 9}} = 20,1; \qquad \frac{1}{\sqrt{2}} \cdot \frac{\Sigma\,|d|}{9} = \frac{1}{\sqrt{2}} \cdot 28,66 = 20,2.$$

Verhältnis beider Zahlen nahezu $= 1$.

b) bei zunehmendem Rückenwind 2111, 2144, 2132, 2176, 2148, 2171, 2157, 2152, 2219, 2251 m; Mittel 2166 m.

$$\frac{\Sigma\,|\lambda|}{\sqrt{n\,(n-1)}} = \frac{305}{\sqrt{10\cdot 9}} = 32,2; \qquad \frac{1}{\sqrt{2}} \cdot \frac{\Sigma\,|d|}{9} = \frac{1}{\sqrt{2}} \cdot 28,66 = 20,3.$$

Verhältnis beider Zahlen 0,63.

Ein weiteres Beispiel in § 71 („Zahlenbeispiel").

§ 66. Wahrscheinlicher Fehler des mittleren Treffpunkts. Zusammenstellung bezüglich der Genauigkeitsmaße.

Mit dem Vorstehenden ist die Berechnung des Genauigkeitsmaßes h aus den Abweichungen λ gegenüber dem arithmetischen Mittel gezeigt. Diesem letzteren haftet jedoch ein Fehler an, der um so größer sein wird, aus je weniger Beobachtungen das Mittel genommen ist. Es fragt sich, auf wieviele Stellen der Mittelwert im wahrscheinlichen Fall genau ist.

Direkt beobachtet sind die Größen $\xi_1 \xi_2 \xi_3 \ldots \xi_n$; das Mittel ist $\xi_0 = \dfrac{\xi_1 + \xi_2 + \xi_3 + \cdots}{n}$ (z. B. $\xi_1 \xi_2 \ldots$ die Abstände der Geschoßdurchschläge von der linken Scheibenkante; ξ_0 der Abstand des mittleren Treffpunkts O von derselben Kante). Die Größen $\xi_1 \xi_2 \xi_3 \ldots$ seien alle mit derselben Genauigkeit gemessen, ausgedrückt durch den mittleren quadratischen Fehler μ. Wendet man Gleichung (5) von § 64 auf diesen Fall an und berücksichtigt, daß $\xi_0 = \dfrac{1}{n}\xi_1 + \dfrac{1}{n}\xi_2 + \ldots$, daß also hier $a_1 = a_2 = \ldots = \dfrac{1}{n}$, so ist der mittlere quadratische Fehler M von ξ_0 gegeben durch $M^2 = \left(\dfrac{1}{n}\mu\right)^2 + \left(\dfrac{1}{n}\mu\right)^2 + \ldots \,(n\text{-mal})$ $= \dfrac{n}{n^2}\mu^2 = \dfrac{\mu^2}{n}$, also ist der mittlere quadratische Fehler M des arithmetischen Mittels

$$M = \frac{\mu}{\sqrt{n}}, \tag{2}$$

ebenso der wahrscheinliche Fehler W des Mittels $W = \dfrac{w}{\sqrt{n}}$, wenn μ bzw. w die betreffenden Fehler für die Einzelmessungen darstellen.

Während also μ und w von der Zahl der Beobachtungen unabhängig sind — wenn diese nur so groß ist, daß die Grundsätze der Wahrscheinlichkeitslehre Anwendung finden dürfen —, nimmt M bzw. W mit der reziproken Quadratwurzel aus der Zahl der Einzelbeobachtungen ab. $\dfrac{1}{\sqrt{n}}$ ist für $n = 1$; 2; 10; 20; 100 bzw. $= 1$; 0,71; 0,32; 0,22; 0,1. Die Genauigkeit des arithmetischen Mittels steigert sich also bei wachsender Versuchszahl n anfangs rasch, dagegen wird später der Gewinn immer geringer. Das ist der Grund dafür, daß bei Präzisionsmessungen meist nicht mehr als 10 bis 15 Versuche angestellt werden.

Zusammenstellung bezüglich der Genauigkeitsmaße.

Wenn n einzelne Beobachtungen der betreffenden ballistischen Größe vorliegen, so nehme man das arithmetische Mittel der

Beobachtungen und die Abweichungen der einzelnen Beobachtungswerte gegenüber diesem Mittelwert. Ohne Rücksicht auf das Vorzeichen seien diese Abweichungen λ_1, λ_2, $\lambda_3 \ldots$

Dann ist

a) Die sogenannte durchschnittliche Abweichung (in der deutschen Armee früher „mittlere Abweichung" genannt):

$$E = \frac{\lambda_1 + \lambda_2 + \lambda_3 + \cdots}{\sqrt{n\,(n-1)}};$$

b) die sogenannte mittlere quadratische Abweichung der einzelnen Beobachtung:

$$\mu = \sqrt{\frac{\lambda_1{}^2 + \lambda_2{}^2 + \lambda_3{}^2 + \cdots}{n-1}}.$$

c) Falls die Beobachtungen in der richtigen Reihenfolge notiert vorliegen, schreibt man die aufeinanderfolgenden Unterschiede der einzelnen Beobachtungen selbst an; diese $n-1$ Unterschiede seien, gleichfalls ohne Rücksicht auf das Vorzeichen, der Reihe nach $d_1, d_2, d_3, \ldots$; ihr arithmetisches Mittel sei

$$D = \frac{d_1 + d_2 + d_3 + \cdots}{n-1}.$$

Alsdann ist

d) Die wahrscheinliche oder 50prozentige Abweichung w der einzelnen Beobachtung

am genauesten gegeben durch: $\quad w = 0{,}6745 \cdot \mu,$
etwas weniger genau $\quad\quad$ „ $\quad\quad$ $w = 0{,}5978 \cdot D,$
noch weniger genau $\quad\quad$ „ $\quad\quad$ $w = 0{,}8453 \cdot E.$

e) Die wahrscheinliche oder 50prozentige Streuung s_{50} (in der deutschen Armee früher die „mittlere Streuung" genannt) ist das Doppelte von w, also

am genauesten: $\quad\quad\quad s_{50} = 1{,}3490 \cdot \mu,$
etwas weniger genau: $\quad s_{50} = 1{,}1956 \cdot D,$
noch weniger genau: $\quad s_{50} = 1{,}6906 \cdot E.$

Über den Genauigkeitsgrad vgl. § 64 und 65.

f) Der wahrscheinliche Fehler des arithmetischen Mittels ist

$$W = \frac{w}{\sqrt{n}}.$$

Beispiel. Mittels eines Boulengé-Apparats wurde die Geschwindigkeit v_{25} eines Infanteriegeschosses auf der Messungsstrecke von 50 m nach der Mündung durch 10 Schüsse gemessen:

Nr. des Schusses	Gemessene Geschwindig- keiten v_{25} (m/sec)	Unterschiede gegenüber dem Mittelwert λ	Quadrate dieser Unterschiede λ^2	Aufeinander fol- gende Unterschiede der gemessenen Ge- schwindigkeiten d
1	863,0	3,7	13,69	
				5,1
2	857,9	1,4	1,96	
				1,5
3	859,4	0,1	0,01	
				2,2
4	857,2	2,1	4.41	
				2,1
5	855,1	4,2	17,64	
				2,5
6	857,6	1,7	2,89	
				3,9
7	861,5	2,2	4,84	
				0,8
8	862,3	3,0	9,00	
				0,8
9	861,5	2,2	4,84	
				3,6
10	857,9	1,4	1,96	
Arithmet. Mittel = 859,3	Summe = 22.0	Summe = 61,24	Summe = 22,5	

a) Durchschnittliche Abweichung (im deutschen Heer früher „mittlere Ab-weichung")

$$E = \frac{22,0}{\sqrt{10 \cdot (10 - 1)}} = \pm\, 2,3 \text{ m/sec} = \pm\, 0,27\,^0/_0\,.$$

b) Mittlere quadratische Abweichung

$$\mu = \sqrt{\frac{61,24}{10 - 1}} = \pm\, 2,6 \text{ m/sec} = \pm\, 0,3\,^0/_0\,.$$

c) $D = \dfrac{22,5}{9} = 2,51\,.$

d) 50 prozentige Abweichung w

$$\begin{aligned}
\text{aus } \mu:\quad & w = 0,6745 \cdot 2,6 \;= \text{rund } 1,7 \text{ m/sec,} \\
\text{„ } D:\quad & w = 0,5978 \cdot 2,51 = \text{„} \quad 1,5 \quad \text{„} \\
\text{„ } E:\quad & w = 0,8453 \cdot 2,3 \;= \text{„} \quad 1,9 \quad \text{„}
\end{aligned}$$

e) 50 prozentige Streuung (im deutschen Heer früher „mittlere Streuung")

$$\begin{aligned}
\text{aus } \mu:\quad & s_{50} = 3,5 \text{ m/sec,} \\
\text{„ } D:\quad & s_{50} = 3,0 \quad \text{„} \\
\text{„ } E:\quad & s_{50} = 3,9 \quad \text{„}
\end{aligned}$$

§ 67. Berechnung des arithmetischen Mittels im Fall gruppenweiser Beobachtungen.

Wenn z. B. ein bestimmtes Zeitintervall mit mehreren (r) Boulengé-Apparaten $A, B, C, \ldots$ gemessen wurde, die unter sich verschiedene Genauigkeit besitzen, und zwar mit A 10 mal, mit B 15 mal, mit C

9 mal usw., und wenn die mit den einzelnen Apparaten erhaltenen Mittelwerte $x_1\, x_2\, x_3 \ldots$ waren, so ist von vornherein ersichtlich, daß es nicht gestattet sein kann, als wahrscheinlichsten Wert x des Zeitintervalls zu nehmen $x = \dfrac{x_1 + x_3 + x_3 + \cdots}{r}$, da die Genauigkeit der einzelnen Mittel $x_1\, x_2\, x_3 \ldots$ sowohl wegen der Verschiedenheit der Apparate als auch wegen der Verschiedenheit der Versuchszahlen eine verschiedene ist. Man wird vielmehr die einzelnen arithmetischen Mittel $x_1\, x_2\, x_3 \ldots$, um sie vergleichbar zu machen, mit gewissen Zahlen $p_1\, p_2\, p_3 \ldots$ — „Gewichten“, Zeugnissen — multiplizieren, ehe man sie addiert und durch die Zahl der Gruppen dividiert; so daß man hat

$$x = \frac{x_1\, p_1 + x_2\, p_2 + x_3\, p_3 + \cdots}{p_1 + p_2 + p_2 + \cdots}. \tag{1}$$

Gleiches gilt für irgendwelche ballistische Messungen (Gasdrücke, Geschwindigkeiten, mittlere Treffpunkte von Scheibentreffbildern usw.). Es handelt sich darum, diese Gewichtszahlen $p_1\, p_2\, p_3 \ldots$ zu ermitteln.

a) Die Genauigkeit der Messungen sei in allen Gruppen dieselbe (mittlerer quadratischer Fehler der einzelnen Messung μ), **nur die Anzahlen $n_1\, n_2\, n_3 \ldots$ der Versuche, aus denen die einzelnen Mittelwerte $x_1\, x_2\, x_3 \ldots$ entstanden sind, seien verschiedene;** ferner seien alle Messungen voneinander unabhängig. In diesem Fall ist das Gesamtmittel x

$$x = \frac{n_1\, x_1 + n_2\, x_2 + n_3\, x_3 + \cdots}{n_1 + n_2 + n_3 + \cdots}. \tag{2}$$

Die Gewichtszahlen sind also $p_1 = n_1$, $p_2 = n_2$ usw. Der mittlere quadratische Fehler für x ist $\dfrac{\mu}{\sqrt{p_1 + p_2 + p_3 + \cdots}}$.

b) Die Versuchszahlen $n_1\, n_2\, n_3 \ldots$ in den einzelnen Gruppen seien gleich $n_1 = n_2 = n_3 = \cdots$, aber die Genauigkeiten seien verschieden; nämlich in der ersten Gruppe sei der mittlere quadratische Fehler der Einzelmessung μ_1, in der zweiten μ_2 usw., so ist das Gesamtmittel x wie folgt zu berechnen

$$x = \frac{p_1\, x_1 + p_2\, x_2 + p_3\, x_3 + \cdots}{p_1 + p_2 + p_3 + \cdots}, \tag{3}$$

dabei

$$p_1 = \frac{1}{\mu_1^{\,2}}, \qquad p_2 = \frac{1}{\mu_2^{\,2}}, \qquad p_3 = \frac{1}{\mu_3^{\,2}}, \ldots.$$

Dasselbe Rechnungsverfahren tritt ein, wenn $x_1\, x_2\, x_3 \ldots$ nicht einzelne Mittelwerte, sondern die Ergebnisse der Einzelbeobachtungen sind, die mit verschiedener Genauigkeit angestellt wurden. Der mittlere quadratische Fehler μ für x selbst ist dabei aus

$$\frac{1}{\mu^{2}} = \frac{1}{\mu_1^{\,2}} + \frac{1}{\mu_2^{\,2}} + \frac{1}{\mu_3^{\,2}} + \cdots \tag{4}$$

zu bestimmen: oder wenn $\dfrac{1}{\mu^2}$ das Gewicht p des Mittels x bedeutet,
ist $p = p_1 + p_2 + p_3 + \cdots$.

c) Sind sowohl die Genauigkeiten in den einzelnen Gruppen verschieden (mittlere quadratische Fehler der Einzelmessungen bzw. $\mu_1\,\mu_2\,\mu_3\ldots$) als auch die Versuchszahlen $n_1\,n_2\,n_3\ldots$, aus denen die Einzelmittel $x_1\,x_2\,x_3\ldots$ entstanden sind, so sind gegenüber b) die mittleren Fehler $\mu_1\,\mu_2\,\mu_3\ldots$ zu ersetzen durch $\dfrac{\mu_1}{\sqrt{n_1}}$, $\dfrac{\mu_2}{\sqrt{n_2}}$, $\ldots$, also ist das Gesamtmittel x gegeben durch

$$x = \frac{p_1\,x_1 + p_2\,x_2 + p_3\,x_3 + \cdots}{p_1 + p_2 + p_3 + \cdots}. \tag{5}$$

dabei jetzt

$$p_1 = \frac{n_1}{\mu_1{}^2}, \qquad p_2 = \frac{n_2}{\mu_2{}^2}, \qquad p_3 = \frac{n_3}{\mu_3{}^2}, \ldots$$

Andeutung des Beweises.

Zu a. Es sei x_1 das Mittel aus den beiden gleich genauen Beobachtungen y_1 und y_2, d. h. es sei $y_1 + y_2 = 2\,x_1$; ferner sei x_2 das Mittel aus den drei mit derselben Genauigkeit wie y_1 und y_2 angestellten Beobachtungswerten y_3, y_4, y_5, d. h. $3\,x_2 = y_3 + y_4 + y_5$; dann ist das Gesamtmittel

$$x = \frac{y_1 + y_2 + y_3 + y_4 + y_5}{5} = \frac{2\,x_1 + 3\,x_2}{2 + 3},$$

woraus die Verallgemeinerung sich leicht ergibt. Ist dabei μ der durchweg gleiche mittlere Fehler der Einzelmessung, so ist derjenige des Mittels x gleich μ dividiert durch die Quadratwurzel aus der Anzahl der Versuche (vgl. § 66), also $= \dfrac{\mu}{\sqrt{5}} = \dfrac{\mu}{\sqrt{p_1 + p_2}}$.

Zu b. Gegeben seien die drei Mittel $x_1\,x_2\,x_3$, entstanden aus je n Messungen, jedoch x_1 mit dem mittleren Fehler μ_1 der Einzelmessung, x_2 mit μ_2, x_3 mit μ_3. Der mittlere Fehler des Mittels x_1 ist sodann $\dfrac{\mu_1}{\sqrt{n}}$. Andererseits sei die Fiktion gebildet, daß sämtliche Beobachtungen (wie bei a) mit gleicher Genauigkeit, nämlich mit dem mittleren Fehler μ, angestellt seien, daß dafür aber die Versuchszahlen in den einzelnen Gruppen verschieden seien, nämlich für x_1 sei die Versuchszahl p_1, für x_2 sei sie p_2 usw. Dann ist nach a. $x = (p_1\,x_1 + p_2\,x_2 + p_3\,x_3) : (p_1 + p_2 + p_3)$. Der mittlere Fehler von x_1 ist bei dieser Fiktion offenbar $\dfrac{\mu}{\sqrt{p_1}}$, derjenige von x_2 ist $\dfrac{\mu}{\sqrt{p_2}}$, der von x_3 ist $\dfrac{\mu}{\sqrt{p_3}}$. Also ist $\dfrac{\mu_1}{\sqrt{n}} = \dfrac{\mu}{\sqrt{p_1}}$ oder $p_1 = \dfrac{n\,\mu^2}{\mu_1{}^2}$, ebenso $\dfrac{\mu_2}{\sqrt{n}} = \dfrac{\mu}{\sqrt{p_2}}$ oder $p_2 = \dfrac{n\,\mu^2}{\mu_2{}^2}$ usw. Also wird

$$x = \left(\frac{n\,\mu^2}{\mu_1{}^2}\,x_1 + \frac{n\,\mu^2}{\mu_2{}^2}\,x_2 + \frac{n\,\mu^2}{\mu_3{}^2}\,x_3 \right) : \left(\frac{n\,\mu^2}{\mu_1{}^2} + \frac{n\,\mu^2}{\mu_2{}^2} + \frac{n\,\mu^2}{\mu_3{}^2} \right)$$

oder

$$x = \frac{\dfrac{1}{\mu_1{}^2}\,x_1 + \dfrac{1}{\mu_2{}^2}\,x_2 + \dfrac{1}{\mu_3{}^2}\,x_3}{\dfrac{1}{\mu_1{}^2} + \dfrac{1}{\mu_2{}^2} + \dfrac{1}{\mu_3{}^2}},$$

also dasselbe, was oben allgemeiner ausgedrückt wurde.

Da n hier nicht mehr vorkommt, ist ersichtlich, daß diese Berechnung auch für $n = 1$ gültig ist, also für den Fall, wo $x_1\,x_2\,x_3\ldots$ nicht Mittelwerte, sondern Einzelwerte sind, die mit den durch $\mu_1\,\mu_2\,\mu_3\ldots$ ausgedrückten, unter sich verschiedenen Genauigkeiten gemessen wurden.

Um das Gewicht des Mittels zu erhalten, denken wir uns nunmehr etwa die beiden Beobachtungen x_2 (mit dem mittleren Fehler μ_2) und x_3 (mit dem mittleren Fehler μ_3) zu einem Mittel x' vereinigt, was in der obigen Gleichung durch Klammerzeichen angedeutet wurde. Diesem Mittel komme der Fehler μ' oder das Gewicht p' zu. Dann ist das Gesamtmittel

$$x = \frac{\dfrac{1}{\mu_1{}^2}\,x_1 + \dfrac{1}{\mu'{}^2}\,x'}{\dfrac{1}{\mu_1{}^2} + \dfrac{1}{\mu'{}^2}},$$

dabei

$$\frac{1}{\mu'{}^2}\,x' = \frac{1}{\mu_2{}^2}\,x_2 + \frac{1}{\mu_3{}^2}\,x_3 \quad \text{und} \quad p' = p_2 + p_3 \quad \text{oder} \quad \frac{1}{\mu'{}^2} = \frac{1}{\mu_2{}^2} + \frac{1}{\mu_3{}^2},$$

$$x' = \left(\frac{1}{\mu_2{}^2}\,x_2 + \frac{1}{\mu_3{}^2}\,x_3\right) : \left(\frac{1}{\mu_2{}^2} + \frac{1}{\mu_3{}^2}\right).$$

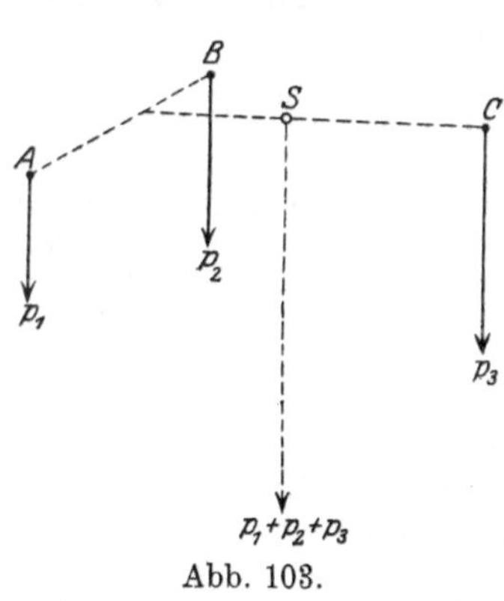

Abb. 103.

Daraus ist ohne weiteres die allgemeine Beziehung (4) zu erkennen.

Die Richtigkeit des Gesagten läßt sich auch durch die Analogie mit der Mechanik einsehen. Die Gleichung

$$x = (p_1\,x_1 + p_2\,x_2 + p_3\,x_3) : (p_1 + p_2 + p_3)$$

erinnert an die Momentengleichung zur Berechnung z. B. der Abszisse x des Schwerpunkts S dreier punktförmiger Körper ABC mit den Abszissen $x_1\,x_2\,x_3$ und den Gewichten $p_1\,p_2\,p_3$. In Punkt A wirkt das Gewicht p_1, in B p_2, in C p_3. Alsdann ist in dem Schwerpunkt S, wenn er die drei Punkte ersetzen soll, das Gewicht $p_1 + p_2 + p_3$ anzubringen und seine Abszisse x hat den obigen Wert.

Zu c) ist eine weitere Erläuterung überflüssig.

Beispiel. Derselbe Zeitabschnitt von ca. 0,016 sec wurde mit sechs verschiedenen und voneinander unabhängigen Chronographen je 50 mal gemessen: für jede Messungsgruppe wurde das Mittel und der mittlere quadratische Fehler μ gegenüber dem Mittelwert bestimmt. Es fand sich

Kondensatorchronograph:	Mittel	$x_1 = 0{,}016\,315$ sec
	mittlerer Fehler $\mu_1 = 0{,}000\,016$ „
älterer Funkenchronograph:	Mittel	$x_2 = 0{,}016\,480$ „
	mittlerer Fehler $\mu_2 = 0{,}000\,128$ „

Stimmgabelchronograph:	Mittel	x_3	$= 0,016\,552$ sec
	mittlerer Fehler	μ_3	$= 0,000\,134$ „
Boulengé-Apparat A:	Mittel	x'	$= 0,016\,339$ „
	mittlerer Fehler	μ'	$= 0,000\,055$ „
Boulengé-Apparat B:	Mittel	x''	$= 0,016\,398$ „
	mittlerer Fehler	μ''	$= 0,000\,057$ „
Boulengé-Apparat C:	Mittel	x'''	$= 0,016\,575$ „
	mittlerer Fehler	μ'''	$= 0,000\,143$ „

Da die drei Boulengé-Apparate nicht grundsätzlich verschiedene Flugzeitenmesser darstellen, sollten sie als ein einziger Apparat behandelt werden, so daß schließlich das Gesamtmittel aus nur vier Gruppen zu berechnen ist. Es ist also zunächst das Mittel x_4 aus $x'\,x''\,x'''$ und der μ_4-Wert dieses Mittels zu berechnen. Nach obigem ist

$$x_4 = \frac{\dfrac{0,016\,339}{0,000\,055^2} + \dfrac{0,016\,398}{0,000\,057^2} + \dfrac{0,016\,575}{0,000\,143^2}}{\dfrac{1}{0,000\,055^2} + \dfrac{1}{0,000\,057^2} + \dfrac{1}{0,000\,143^2}} = 0,016\,382 \text{ sec};$$

dazu

$$\frac{1}{\mu_4{}^2} = \frac{1}{\mu'^2} + \frac{1}{\mu''^2} + \frac{1}{\eta'''^2},$$

$\mu_4 = 0,0000381$ sec. Wollte man das Gesamtmittel x des Zeitintervalls mit Hilfe von $x_4 = 0,016382$ und $\mu_4 = 0,0000381$ berechnen, so würde dies bedeuten, daß aus allen sechs Gruppen das Mittel genommen würde, wobei die drei Boulengé-Apparate als getrennte Apparate gerechnet würden. Nun sollen sie aber als ein einziger Apparat gelten, somit ist zu nehmen

$$\mu_4 = 0,0000381 \cdot \sqrt{3} = 0,000066 \text{ sec}.$$

Also Gesamtmittel

$$x = \frac{\dfrac{0,016\,315}{16^2} + \dfrac{0,016\,480}{128^2} + \dfrac{0,016\,552}{134^2} + \dfrac{0,016\,382}{66^2}}{\dfrac{1}{16^2} + \dfrac{1}{128^2} + \dfrac{1}{134^2} + \dfrac{1}{66^2}} = 0,01632 \text{ sec}$$

(vgl. Bd. III).

§ 68. Untersuchung einer Beobachtungsreihe. Ausreißer. Symmetrieachsen eines Trefferbildes.

Um eine bestimmte ballistische Beobachtungsreihe (Messungen von Geschoßflugzeiten, Gasdrücken, Bestimmung der Lage der Durchschlagspunkte auf einer Scheibe usw.) auf ihre Zufälligkeit zu prüfen, wird man, falls die Versuchszahl genügend groß war, die Abweichungen $\lambda_1\,\lambda_2\,\lambda_3 \ldots$ vom Mittelwert ihrer Größe nach in Gruppen teilen und zählen, wie viele Abweichungen z. B. zwischen 0 und 2 cm, zwischen 2 und 4 cm usw. liegen und wird alsdann aus dem Genauigkeitsmaß μ oder w berechnen, wie viele nach dem Fehlergesetz in jenen Intervallen liegen sollten. Stimmen die beiden so erhaltenen Fehlerkurven genügend überein, so kann man darauf rechnen, daß keine einseitigen Störungen vorlagen.

Meistens ist jedoch die Versuchszahl n zu klein, als daß dieses Verfahren Platz greifen könnte. In diesem Fall pflegt man die folgenden Kriterien anzuwenden:

a) Wenn man die Versuchszahlen in der Reihenfolge anschreibt, in der die Versuche angestellt wurden, und die Reihe der verschiedenen Abweichungen λ betrachtet, so muß die Zahl der positiven Abweichungen ungefähr gleich derjenigen der negativen, ebenso die Zahl der Zeichenwechsel $(+\; -$ oder $-\; +)$ ungefähr gleich derjenigen der Zeichenfolgen $(+\; +,\; -\; -)$ sein.

b) Wichtiger ist, daß die Berechnung der wahrscheinlichen Abweichung w aus der mittleren quadratischen μ, aus der durchschnittlichen E und aus den sukzessiven Beobachtungsdifferenzen d ungefähr dieselbe Zahl geben muß,

$$w = 0{,}6745 \cdot \sqrt{\frac{\Sigma\, \lambda^2}{n-1}} = 0{,}8453 \cdot \frac{\Sigma\, |\lambda|}{\sqrt{n\,(n-1)}} = 0{,}5978 \cdot \frac{\Sigma\, |d|}{s}.$$

Wenn das nicht der Fall ist, wenn nämlich die beiden letzteren Bestimmungen von w in einem Verhältnis stehen, das von 1 um mehr als $20\,^0/_0$ abweicht (vgl. Beispiel b in § 65), so liegt der Verdacht vor, daß eine **störende Ursache** vorlag. Wie schon erwähnt, hat man in diesem Fall w aus den sukzessiven Differenzen zu ermitteln, $w = 0{,}5978 \cdot \frac{\Sigma\, |d|}{s}$, falls man nicht vorzieht, die Beobachtungsreihe zu verwerfen.

c) Von besonderer Wichtigkeit ist die Frage, wann eine Beobachtung mit auffallend großem numerischen Betrag von λ ausgeschieden werden solle („Ausreißer"), bzw. wann nicht.

Da das Gaußsche Gesetz $\frac{h}{\sqrt{\pi}}\, e^{-h^2 x^2}$ erst unendlich große Abweichungen ausschließt, so ist von vornherein zu erwarten, daß es auf dem Standpunkt dieses Gesetzes bei der Aufstellung einer Ausschließungsregel nicht ohne eine gewisse Willkür abgehen wird. Manche Forscher wollen auch von der Annahme jeder Regel zur nachträglichen Ausscheidung einer Beobachtung abgesehen wissen, z. B. Airy, Bessel, Faye. Manche wollen nur dann eine Beobachtung ausschließen, wenn schon während des Versuchs Verdachtsgründe sich zeigten. Indessen scheint es, daß speziell für die schießtechnischen Fragen Ausreißerregeln nicht entbehrt werden können.

Solche Regeln sind in größerer Anzahl aufgestellt worden; insbesondere von Bertrand, B. Peirce (dazu Tabellen von Gould und Chauvenet), von Chauvenet, Stone, Vallier, Heydenreich, Mazzuoli, H. Rohne.

Der Gedankengang von Chauvenet schließt sich eng an die Berechnung der Maximalabweichung M einer Beobachtungsreihe an: Es sei w die wahrscheinliche Abweichung oder $2w$ die 50 prozentige Streuung; $\pm M$ die größte vorkommende Abweichung oder $2M$ die Gesamtstreuung, so war die Wahrscheinlichkeit dafür, daß eine Abweichung zwischen $-M$ und $+M$ liege (oder, vgl. Abbildung, die Wahrscheinlichkeit dafür, daß ein Schuß in das Gebiet I, I fällt), gegeben durch:

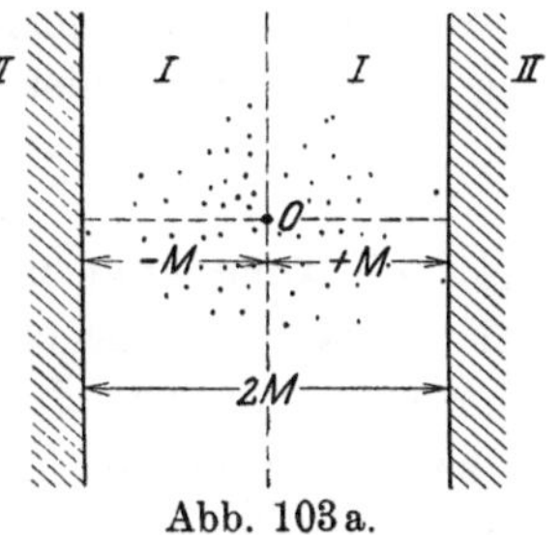

Abb. 103 a.

$$\frac{h}{\sqrt{\pi}} \int_{x=-M}^{x=+M} e^{-h^2 x^2} \cdot dx = \frac{2}{\sqrt{\pi}} \int_{t=0}^{t=Mh} e^{-t^2} \cdot dt = \varphi(Mh) = \varphi\left(\frac{M \cdot 0{,}4769}{w}\right) = \psi\left(\frac{M}{w}\right);$$

(für φ und ψ vgl. Anhang, Tabelle Nr. 12 und 13).

Also wird mit der Wahrscheinlichkeit $1 - \psi\left(\dfrac{M}{w}\right)$ ein Schuß jenseits dieser Grenzen, d. h. in das schraffierte Gebiet (II, II) fallen; unter n Schüssen sind es $n\left(1 - \psi\left(\dfrac{M}{w}\right)\right)$. Schreibt man die Bedingung dafür an, daß diese letztere Anzahl $= 1$ sei, so hat man die Gleichung $n\left(1 - \psi\left(\dfrac{M}{w}\right)\right) = 1$ zur Bestimmung der maximalen Abweichung.

Um eine Ausschließungsregel zu gewinnen, überlegt Chauvenet folgendermaßen: Beträgt diese Zahl weniger als $\frac{1}{2}$, so hat ein Fehler vom Betrag M eine größere Wahrscheinlichkeit gegen sich, als für sich. Die Gleichung

$$n\left(1 - \psi\left(\frac{M}{W}\right)\right) = \frac{1}{2} \quad \text{oder} \quad \psi\left(\frac{M}{W}\right) = \frac{2n-1}{2n} \tag{1}$$

entscheidet danach über die Ausschließung. War z. B. die Versuchszahl $n = 10$ und die 50 prozentige Streuung $2w = 4$ cm, $w = 2$, so erhält man M aus $\psi\left(\dfrac{M}{2}\right) = \dfrac{2 \cdot 10 - 1}{2 \cdot 10} = 0{,}95$; nach Tabelle 13 ist somit $\dfrac{M}{2} = 2{,}92$; $M = 5{,}84$ cm; das heißt, wenn sich, in der Reihe der Abweichungen λ zwischen den einzelnen Beobachtungen und dem arithmetischen Mittel, eine Abweichung findet, die etwas größer als 5,84 cm ist, so gilt dieser Schuß als Ausreißer.

Vallier hat die Bedingungsgleichung (1) durch die andere ersetzt:

$$\psi\left(\frac{M}{w}\right) = \frac{n^2-1}{n^2}, \tag{2}$$

nur für $n = 4$ und $n = 5$ hält er sich an Chauvenet. Auf diese Weise werden von $n = 6$ an erheblich mildere Ausreißerregeln gewonnen.

Mazzuoli hat neuerdings die obige Gleichung, die zur Berechnung des Maximalfehlers M dient, nämlich

$$\psi\left(\frac{M}{w}\right) = \frac{n-1}{n}, \tag{3}$$

direkt zur Aufstellung von Ausreißerregeln angewendet und teilt eine große Anzahl von Ergebnissen an wirklich erschossenen Trefferbildern mit, wonach die betreffenden Grenzen fast genau wiedergegeben wären. Der ganzen Entstehung dieser letzteren Bedingung (3) zufolge ist es möglich, daß die hiermit gewonnenen Ausreißerregeln etwas zu streng sind.

B. Peirce gelangt auf Grund theoretischer Entwicklungen, die hier nicht wiedergegeben seien, zu Regeln, die denjenigen von Chauvenet ziemlich ähnlich sind, jedoch die Unterscheidung darüber enthalten, ob es sich um 1 oder 2 oder 3 usw. extreme Abweichungen und deren Ausscheidung handelt.

Die theoretischen Ausführungen von Stone kommen letzten Endes darauf hinaus, daß für die betreffende Gattung von Beobachtungen und für den betreffenden Beobachter je besondere Regeln gelten müßten, die am besten aus der Erfahrung gewonnen würden.

Heidenreich betrachtet einen Schuß dann als Ausreißer, wenn seine Abweichung λ größer ist, als sie unter $2\,(n-1)$ Schüssen einmal zu erwarten wäre, d. h. aus der Bedingung

$$2\,(n-1)\left(1 - \psi\left(\frac{M}{w}\right)\right) = 1; \qquad \psi\left(\frac{M}{w}\right) = \frac{2\,n-3}{2\,n-2}; \tag{4}$$

dabei erhöht Heydenreich das betreffende Vielfache noch um das Maß der wahrscheinlichen oberen Grenze.

H. Rohne (Art. Monatsh. 1923) schließt folgendermaßen: Ein Schuß muß ausgeschaltet werden, wenn die Ausschaltung eine Änderung des Mittelwerts herbeiführt, die größer ist als der wahrscheinliche Fehler des Mittelwerts. Durch die Ausschaltung eines Schusses mit der Abweichung λ wird bei n-Schüssen der Mittelwert geändert um $\dfrac{\lambda}{n-1}$; der wahrscheinliche Fehler des Mittelwerts ist $\dfrac{w}{\sqrt{n}}$; folglich hat ein Schuß dann als Ausreißer zu gelten, wenn $\dfrac{\lambda}{n-1} > \dfrac{w}{\sqrt{n}}$ oder wenn $\dfrac{\lambda}{w} > \dfrac{n-1}{\sqrt{n}}$ ist; z. B. bei $n = 10$, wenn $\dfrac{\lambda}{w} > \dfrac{9}{\sqrt{10}}$ oder 2,84.

Im folgenden sind die verschiedenen Ausreißerregeln zusammengestellt.

Man scheidet eine Beobachtung dann aus, wenn die betreffende Abweichung λ vom arithmetischen Mittel, also

z. B. bei Scheibentreffbildern die Abweichung vom mittleren Treffpunkt, größer ist, als das $\varkappa$-fache der wahrscheinlichen Abweichung w oder der halben 50prozentigen Streuung.

Bei der Schußzahl	1. Nach Chauvenet	2. Nach Peirce (bei 1 Ausreißer)	3. Nach Vallier	4. Nach Heydenreich	5. Nach Mazzuoli	6. Nach H. Rohne
$n = 3$	$\varkappa = -$	$\varkappa = 1{,}80$	$\varkappa = -$	$\varkappa = -$	$\varkappa = 1{,}46$	$\varkappa = -$
$n = 4$	$\varkappa = 2{,}27$	$\varkappa = 2{,}05$	$\varkappa = 2{,}27$	$\varkappa = -$	$\varkappa = 1{,}73$	$\varkappa = 1{,}50$
$n = 5$	$\varkappa = 2{,}43$	$\varkappa = 2{,}24$	$\varkappa = 2{,}43$	$\varkappa = 2{,}76$	$\varkappa = 1{,}91$	$\varkappa = 1{,}79$
$n = 6$	$\varkappa = 2{,}56$	$\varkappa = 2{,}39$	$\varkappa = 3{,}25$	$\varkappa = 2{,}91$	$\varkappa = 2{,}05$	$\varkappa = 2{,}04$
$n = 7$	$\varkappa = 2{,}66$	$\varkappa = 2{,}51$	$\varkappa = 3{,}45$	$\varkappa = 3{,}03$	$\varkappa = 2{,}18$	$\varkappa = 2{,}27$
$n = 8$	$\varkappa = 2{,}77$	$\varkappa = 2{,}61$	$\varkappa = 3{,}60$	$\varkappa = 3{,}12$	$\varkappa = 2{,}28$	$\varkappa = 2{,}48$
$n = 9$	$\varkappa = 2{,}83$	$\varkappa = 2{,}70$	$\varkappa = 3{,}69$	$\varkappa = 3{,}20$	$\varkappa = 2{,}36$	$\varkappa = 2{,}67$
$n = 10$	$\varkappa = 2{,}92$	$\varkappa = 2{,}78$	$\varkappa = 3{,}84$	$\varkappa = 3{,}27$	$\varkappa = 2{,}44$	$\varkappa = 2{,}84$
$n = 12$	$\varkappa = 3{,}02$	$\varkappa = 2{,}92$	$\varkappa = 4{,}00$	$\varkappa = 3{,}37$	$\varkappa = 2{,}58$	$\varkappa = 3{,}18$
$n = 20$	$\varkappa = 3{,}33$	$\varkappa = 3{,}27$	$\varkappa = 4{,}49$	$\varkappa = 3{,}64$	$\varkappa = 2{,}91$	$\varkappa = 4{,}25$

Wie man sieht, ist die Übereinstimmung eine sehr geringe. Dem Verfasser erscheinen vorläufig die Zahlen von Chauvenet als die geeignetsten, er möchte jedoch vorschlagen, durch Untersuchung zahlreicher ballistischer Beobachtungsreihen auf empirischem Wege die Entscheidung herbeizuführen. Dabei dürfen nur einwandfreie Beobachtungen in Betracht kommen (vgl. auch § 69).

Zahlenbeispiel. 12malige Geschwindigkeitsmessung an einem Geschütz, 40 m vor der Mündung.

Gemessen $v =$ (m/sec)	Abweichungen vom Mittel $\lambda =$		Quadrate der Abweichungen λ^2		Sukzessive Differenzen $\mid d \mid$
439,1		$-2{,}8$		7,84	3,8
442,9	$+1{,}0$		1,0		0,7
442,2	$+0{,}3$		0,09		0,1
442,3	$+0{,}4$		0,16		0,2
442,1	$+0{,}2$		0,04		0,3
442,4	$+0{,}5$		0,25		0,9
441,5		$-0{,}4$		0,16	0,7
442,2	$+0{,}3$		0,09		0,7
441,5		$-0{,}4$		0,16	0,5
442,0	$+0{,}1$		0,01		2,2
444,2	$+2{,}3$		5,29		3,9
440,3		$-1{,}6$		2,56	
Mittel $v = 441{,}9$	$\Sigma \mid \lambda \mid = 10{,}3$		$\Sigma (\lambda^2) = 17{,}65$		$\Sigma \mid d \mid = 14{,}0$

Mittlerer quadratischer Fehler der einzelnen Messung

$$\mu = \sqrt{\frac{\Sigma \lambda^2}{n-1}} = \sqrt{\frac{17{,}65}{12-1}} = 1{,}27 = 1{,}27 \left(1 \pm \frac{0{,}4769}{\sqrt{11}} \right)$$

$$= 1{,}27 \pm 0{,}18 = 1{,}09 \text{ bis } 1{,}45$$

$$= \text{etwa } 1{,}3 \text{ m/sec} = 0{,}29^0/_0 \text{ von } v.$$

Mittlerer quadratischer Fehler des Ergebnisses (des Mittels)

$$M = \frac{\mu}{\sqrt{n}} = \frac{1,26}{\sqrt{12}} = 0,36 \text{ m/sec} = 0,081\,\%\ \text{von } v.$$

Durchschnittlicher Fehler der einzelnen Messung

$$E = \frac{\Sigma\,|\,\lambda\,|}{\sqrt{n\,(n-1)}} = \frac{10,3}{\sqrt{11\cdot 12}} = 0,90 \text{ m/sec}$$

$$\frac{\Sigma\,|\,d\,|}{s} = \frac{14,0}{11} = 1,276.$$

Also beträgt die wahrscheinliche Abweichung w,

$$\text{berechnet aus} \qquad \mu: \quad w = 0,6745 \cdot \mu = 0,85;$$
$$\text{„} \qquad \text{„} \qquad E: \quad w = 0,8453 \cdot E = 0,75;$$
$$\text{„} \qquad \text{„} \quad \frac{\Sigma\,|\,d\,|}{s}: \quad w = 0,5978 \cdot \frac{\Sigma\,|\,d\,|}{s} = 0,76.$$

Das Verhältnis der beiden letzten Bestimmungen $= \dfrac{w \text{ aus } |\,d\,|}{w \text{ aus } E}$ (vgl. § 65) $= \dfrac{0,76}{0,75} =$ nahezu 1, zwischen 0,8 und 1,2. Danach liegt kein Grund vor, anzunehmen, daß eine störende Ursache gewirkt habe. Ferner zeigt die Reihe der λ 5 Zeichenfolgen und 6, also nahezu gleichviel, Zeichenwechsel. Dagegen hat man 8 positive λ gegen 4 negative λ, dabei die 5 positiven λ $(+1,0; +0,3; +0,4; +0,2; +0,5)$ unmittelbar nacheinander. Dies hängt damit zusammen, daß die erste Messung 439,1 gegen die übrigen sehr klein ist. Da diese Erscheinung häufig auftritt („Anwärmeschuß“, „Reinigungsschuß“), so pflegen manche die erste Messung grundsätzlich wegzulassen. Es fragt sich, ob 439,1 als Ausreißer zu gelten habe oder nicht. Da hier $n = 12$ und $w = 0,85$ (gemäß der genauesten Bestimmung von w aus μ), so ist nach Chauvenet dieser Schuß auszuschalten, da

$$2,8 > 3,02 \cdot 0,85 \quad \text{oder} \quad > 2,56;$$

nach Peirce ist dieser Schuß auszuschalten, da

$$2,8 > 2,92 \cdot 0,85 \quad \text{oder} \quad > 2,48;$$

nach Vallier ist dieser Schuß nicht auszuschalten, da

$$2,8 \text{ nicht} > 4,00 \cdot 0,85 \text{ oder} > 3,4;$$

nach Heydenreich ist dieser Schuß gerade noch auszuschalten, da

$$2,8 = \sim 3,37 \cdot 0,85;$$

nach Mazzuoli ist dieser Schuß auszuschalten, da

$$2,8 > 2,58 \cdot 0,85 \quad \text{oder} \quad > 2,2;$$

nach Rohne ist dieser Schuß auszuschalten, da

$$2,8 > 3,18 \cdot 0,85 \quad \text{oder} \quad > 2,7 \text{ ist.}$$

Andererseits ist nach den sonstigen Erfahrungen der fragliche Schuß Nr. 1 offenbar als Ausreißer zu betrachten. Die Berechnungen wären somit auf Grund der übrigen 11 Messungen von neuem durchzuführen. Es zeigt sich dann, daß Nr. 1, 11 und 12 auszuscheiden sind.

Anmerkung. Die obige Gleichung $n\left(1 - \psi\left(\dfrac{M}{w}\right)\right) = 1$ benutzt H. Rohne dazu, um aus der Gesamtstreuung $2\,M$ die 50prozentige Streuung $2\,w$ zu er-

halten. Durch Vergleichung von Theorie und Beobachtung erhält er das Ergebnis: Bei bzw. 5, 10, 15, 20, 25, 30, 40, 50 Schüssen ist das Verhältnis der
ganzen Streuung zur 50prozentigen bzw. gleich 1,95, 2,40, 2,59, 2,76, 2,90,
3,02, 3,12, 3,20. Auch die Methode, durch Auszählen der schlechteren Hälfte
der Schüsse und Abscheidung dieser Hälfte die 50prozentige Streuung zu
gewinnen (A. v. Burgsdorff u. a.) wird von H. Rohne untersucht; vgl. Literaturnote.

§ 69. Die Gruppierungsachsen eines Trefferbildes.

Wenn es sich um die mehrdimensionale Verteilung von Abweichungen gegenüber dem wahrscheinlichsten Wert, dem Mittel, handelt,
z. B. wenn die Gruppierung der Geschoßdurchschläge in der E b e n e
einer lotrechten Scheibe um den mittelsten Treffpunkt O herum oder
wenn beim Brennzünderschießen die Verteilung der Sprengpunkte
bezüglich des mittelsten Sprengpunkts im R a u m in Frage kommt,
so muß untersucht werden, ob die Streuungsursachen in Beziehung
auf die gewählten Koordinatenachsen unabhängig voneinander wirken
oder nicht.

Die bisherigen Betrachtungen waren der Anschaulichkeit halber
meistens an die Verteilung der Geschoßdurchschläge in einer lotrechten Scheibe angeknüpft, und zwar wurden ausschließlich die Abweichungen in der Richtung der wagrecht angenommenen x-Achse,
also die Abweichungen nach rechts oder links in Betracht gezogen.
Ganz entsprechend werden die Abweichungen nach oben und unten,
also in Richtung der lotrechten y-Achse untersucht. Sind nämlich die
Abweichungen in der x-Richtung mit $x_1 x_2 x_3 \ldots$, diejenigen in der
y-Richtung mit $y_1 y_2 y_3 \ldots$ bezeichnet, so ist die mittlere quadratische
Abweichung μ_1 in der x-Richtung $\mu_1 = \sqrt{\dfrac{\Sigma x^2}{n-1}}$, in der y-Richtung
$\mu_2 = \sqrt{\dfrac{\Sigma y^2}{n-1}}$ usw.

Aber die V o r a u s s e t z u n g hierfür ist, daß die Streuungen in
der Richtung der x-Achse und in der Richtung der y-Achse unabhängig voneinander berechnet werden dürfen; dies ist der Fall, wenn
in Beziehung auf beide Achsen das Trefferbild s y m m e t r i s c h
ist. Wenn dies zutrifft, so wird bei genügend großer Schußzahl n zu
irgendeinem Punkte $P_1 = (+4, +5)$ ein Punkt $P_2 = (-4, +5)$
existieren, der hinsichtlich der y-Achse zu P_1 symmetrisch liegt;
ebenso ein Punkt $P_3 = (+4, -5)$, der zu P_1 bezüglich der x-Achse
das Spiegelbild ist, endlich $P_4 = (-4, -5)$, der hinsichtlich beider
Achsen zu P_1 Symmetriepunkt ist. Es wird also aus Gründen der
Symmetrie $\Sigma(x \cdot y) = 0$ sein.

Umgekehrt wird der numerische Betrag von $\Sigma(x \cdot y)$ darüber
entscheiden, ob hinsichtlich des zunächst willkürlich gewählten Koordinatensystems der x und y Symmetrie herrscht. Ist der Wert

$\Sigma (x \cdot y)$ von Null merklich verschieden, so muß streng genommen stets ein anderes Koordinatensystem der u und v gewählt werden, gleichfalls mit dem mittleren Treffpunkt als Koordinatenanfang), so daß bezüglich der neuen Koordinatenachsen Symmetrie besteht, also $\Sigma (u \cdot v) = 0$ ist.

Diese neuen Koordinaten u und v brauchen übrigens keineswegs geradlinig zu sein. Z. B. kann es bei unrichtiger Konstruktion einer Schrotflinte vorkommen, daß ein ringförmiges Trefferbild entsteht, das in der Mitte einen Hohlraum besitzt. Angenommen, es handle sich um Kreisringform, so kann die u-Achse eine Gerade durch die Mitte, die v-Achse ein Kreis um die Mitte sein. Im folgenden ist jedoch vorausgesetzt, daß ein rechtwinkliges Koordinatensystem der u und v existiere, dessen Achsen geradlinig sind, so daß das neue System (u, v) gegenüber dem alten (x, y) nur gedreht erscheint. Erst für dieses neue Koordinatensystem u, v gelten alsdann die sämtlichen angeführten und noch anzuführenden Entwicklungen.

Es fragt sich dann, um welchen Winkel α das Koordinatensystem der xy zu drehen ist. Die Betrachtungen entsprechen denjenigen, die in der Mechanik bzw. analytischen Geometrie angestellt werden, wenn es sich darum handelt, die Koordinatenachsen in die Richtungen der Hauptträgheitsachsen eines Körpers oder in die Richtungen der Hauptachsen eines Kegelschnitts zu bringen. Für die wagrechte Richtung der x und die lotrechte Richtung der y seien die Summen

$$\Sigma (x^2) = A,$$
$$\Sigma (y^2) = B,$$
$$\Sigma (x \cdot y) = C$$

bezüglich der sämtlichen Durchschlagspunkte schon berechnet. Der Drehwinkel sei vorläufig beliebig gleich ϑ angenommen, so ist

$$u = x \cos \vartheta + y \sin \vartheta;$$
$$v = - x \sin \vartheta + y \cos \vartheta,$$

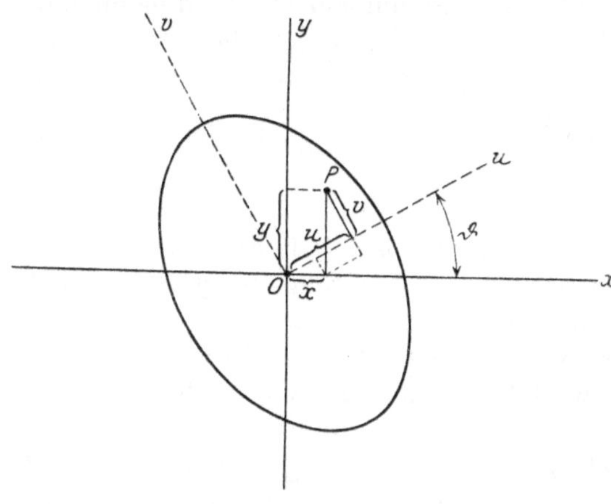

Abb. 104.

somit

$$u v = - \sin \vartheta \cos \vartheta \, (x^2 - y^2) + (\cos^2 \vartheta - \sin^2 \vartheta) \, x y.$$

Denkt man sich die letztere Gleichung für sämtliche Durchschlagspunkte angeschrieben und alle diese Gleichungen addiert, so folgt

$$\Sigma (u \cdot v) = - \tfrac{1}{2} \sin 2 \vartheta \, (A - B) + \cos 2 \vartheta \cdot C.$$

Wenn die u- und v-Achsen die Symmetrieachsen des Trefferbildes vorstellen sollen, so muß $\sum(u \cdot v) = 0$ sein; der aus dieser Bedingung sich ergebende besondere Wert von ϑ sei mit α bezeichnet; so ergibt sich α aus

$$0 = -\frac{1}{2}\sin 2\alpha\,(A - B) + \cos 2\alpha \cdot C \quad\text{oder}\quad \operatorname{tg} 2\alpha = \frac{2C}{A-B}\,.$$

Nachdem das Koordinatensystem um diesen Winkel α gedreht ist, sind alle parallelen Abweichungen auf die neuen Achsen u und v zu beziehen. Doch hat man nicht nötig, die sämtlichen Berechnungen von neuem durchzuführen, wenn es sich nur darum handelt, die Genauigkeitsmaße, z. B. die mittleren quadratischen Abweichungen μ' bzw. μ'' bezüglich der neuen Achsen u und v zu gewinnen; da nämlich jetzt

$$u^2 = x^2 \cos^2\alpha + y^2 \sin^2\alpha + x\,y \sin 2\alpha$$

und

$$v^2 = x^2 \sin^2\alpha + y^2 \cos^2\alpha - x\,y \sin 2\alpha,$$

also

$$\sum(u^2) = A\cos^2\alpha + B\sin^2\alpha + C\sin 2\alpha$$

und

$$\sum(v^2) = A\sin^2\alpha + B\cos^2\alpha - C\sin 2\alpha,$$

so erhält man mit den schon berechneten Werten von A, B, C, α direkt $\mu' = \sqrt{\dfrac{\sum u^2}{n-1}}$, $\mu'' = \sqrt{\dfrac{\sum v^2}{n-1}}$. Diese Genauigkeitmaße μ' und μ'' sind jetzt Maxima bzw. Minima; — eine Überlegung, die gleichfalls zur Berechnung von $\operatorname{tg} 2\alpha$ geführt hätte.

Zusammenfassung (für den Fall geradliniger Koordinaten u und v):

Man bezieht die Abweichungen vorläufig auf eine wagrechte x-Achse und eine lotrechte y-Achse durch den mittleren Treffpunkt O, berechnet $\sum(x^2) = A$, $\sum(y^2) = B$, $\sum(x \cdot y) = C$. Findet sich C merklich von Null verschieden, so ist dies das Anzeichen dafür, daß die zueinander senkrechten Symmetrieachsen u und v des Trefferbildes gegen die Wagrechte bzw. Lotrechte durch O etwas geneigt sind, nämlich um einen Winkel α, der sich aus $\operatorname{tg} 2\alpha = \dfrac{2C}{A-B}$ bestimmt. Für diese richtigen Bezugsachsen des Trefferbildes sind die mittleren quadratischen Abweichungen μ' bzw. μ'' zu errechnen aus:

$$(n-1)\,\mu'^2 = A\cos^2\alpha + B\sin^2\alpha + C\sin 2\alpha,$$
$$(n-1)\,\mu''^2 = A\sin^2\alpha + B\cos^2\alpha - C\sin 2\alpha.$$

Beispiele. Treffpunktslagenbeschuß eines Infanteriegewehrs von 6 mm Kaliber, Scheibenentfernung 1500 m. Die 20 Treffpunkte abgemessen von der lotrechten linken Scheibenkante nach rechts $(+\xi)$ und von der wagrechten unteren Scheibenkante nach oben $(+\eta)$. Mittlerer Treffpunkt $\xi_0\,\eta_0$. Die Abweichungen bezüglich dieses wahrscheinlichsten Garbenmittelpunkts nach rechts, bzw. links sind bezeichnet mit $+x$, bzw. $-x$, diejenigen nach oben, bzw. unten mit $+y$, bzw. $-y$.

$$\begin{aligned}
&\xi = 515 \quad 645 \quad 658 \quad 622 \quad 627 \quad 592 \quad 696 \quad 572 \quad 615 \quad 596 \quad 733 \quad 662, \\
&\eta = 218 \quad 265 \quad 274 \quad 281 \quad 293 \quad 304 \quad 309 \quad 316 \quad 352 \quad 352 \quad 374 \quad 371, \\
&\xi = 591 \quad 565 \quad 730 \quad 654 \quad 626 \quad 604 \quad 672 \quad 726 \text{ cm}; \text{ Mittel } \xi_0 = 635{,}05 \text{ cm}, \\
&\eta = 375 \quad 459 \quad 526 \quad 541 \quad 573 \quad 583 \quad 636 \quad 665 \text{ cm}; \text{ Mittel } \eta_0 = 403{,}75 \text{ cm}.
\end{aligned}$$

Daraus, in wagerechter Richtung

$$\Sigma\,|\,x\,| = 921, \qquad \Sigma\,(x^2) = 63969,$$

durchschnittliche Abweichung:

$$E_1 = 47{,}2 \text{ cm},$$

daraus wahrscheinl. Abweichung:

$$w_1 = 39 \text{ cm},$$

mittlere quadratische Abweichung:

$$\mu_1 = 58 \text{ cm},$$

daraus wahrscheinl. Abweichung:

$$w_1 = 40 \text{ cm},$$

wahrscheinlicher Fehler des Mittels:

$$W_1 = 9 \text{ cm}.$$

in lotrechter Richtung:

$$\Sigma\,|\,y\,| = 2315{,}5, \qquad \Sigma\,(y^2) = 352034,$$

$$\begin{cases} E_2 = 119 \text{ cm} \\ w_2 = 92 \text{ cm}, \end{cases}$$

$$\begin{cases} \mu_2 = 136 \text{ cm} \\ w_2 = 92 \text{ cm}, \end{cases}$$

$$W_2 = 21 \text{ cm}.$$

$$\Sigma\,(x \cdot y) = 60820, \text{ also nicht } = 0.$$

$$\operatorname{tg} 2\alpha = \frac{2\,C}{A-B} = \frac{2 \cdot 60820}{63969 - 352034}; \qquad \alpha = -11^{\circ}26{,}8'.$$

Für die Symmetrieachsen der u bzw. v wird dann

$$\Sigma\,u^2 = 51655$$

somit in Richtung der u:

$$\begin{cases} \mu' = 52 \text{ cm (mittlere quadratische Abweichung).} \\ w' = 35 \text{ cm (wahrscheinliche Abweichung).} \end{cases}$$

$$\Sigma\,v^2 = 364354,$$

somit in Richtung der v:

$$\begin{cases} \mu'' = 138 \text{ cm (mittlere quadratische Abweichung).} \\ w'' = 93 \text{ cm (wahrscheinliche Abweichung).} \end{cases}$$

(Ausführung der Berechnung durch Hörer Oblt. Gottschow.)

Ferner errechnete der Verfasser aus einem Beschuß von 100 Schüssen mit einem 7,65 mm-Gewehr gegen eine lotrechte Scheibe in 250 m Entfernung einen Verdrehungswinkel $\alpha = +7^{\circ}32'$. — Bertrand untersuchte ein Trefferbild von 1000 Gewehrschüssen und fand $\alpha = -19^{\circ}47'$; Mayevski erhielt aus einem Beschuß von 44 Schüssen aus einer 10,5 cm Kanone $\alpha = +0^{\circ}47'$.

Irgendwelche Gesetze, aus denen sich für irgendeine bestimmte Scheibenentfernung die Lage der Symmetrieachsen (oder „Orientierungsachsen", „Gruppierungsachsen") von vornherein entnehmen ließe, sind, trotz gewisser Behauptungen hierüber, tatsächlich nicht bekannt. Es würde ein dankenswertes Unternehmen sein, solchen Gesetzmäßigkeiten nachzugehen.

§ 70. Wahrscheinlichkeit, eine gegebene Fläche zu treffen. Rechteckige Flächen.

Im folgenden ist ein auf der Scheibe gedachtes Koordinatensystem der x und y zugrundegelegt, dessen Koordinatenanfang der mittlere Treffpunkt O ist. In Beziehung auf O seien die einzelnen Treffpunkte $(x_1 y_1)$, $(x_2 y_2)$, ... Vorausgesetzt wird, daß die Koordinatenachsen xy schon in die Richtungen der Symmetrieachsen des Treffbilds gebracht sind (vgl. § 69), und daß die mittleren quadratischen Abweichungen, μ_1 in Richtung der x und μ_2 in Richtung der y, also

$$\mu_1 = \sqrt{\frac{\Sigma x^2}{n-1}} \quad \text{und} \quad \mu_2 = \sqrt{\frac{\Sigma y^2}{n-1}},$$

und daraus die wahrscheinlichen Abweichungen w_1 bzw. w_2 oder das doppelte, die 50 prozentigen Streuungen $2w_1 = s_1$ in Richtung der x und $2w_2 = s_2$ in Richtung der y, berechnet seien.

Die Wahrscheinlichkeit, gerade den Punkt P mit den Koordinaten (xy) oder, was dasselbe ist, das dort gelegene unendlich kleine Rechteck $dx \cdot dy$ zu treffen, ist natürlich unendlich klein

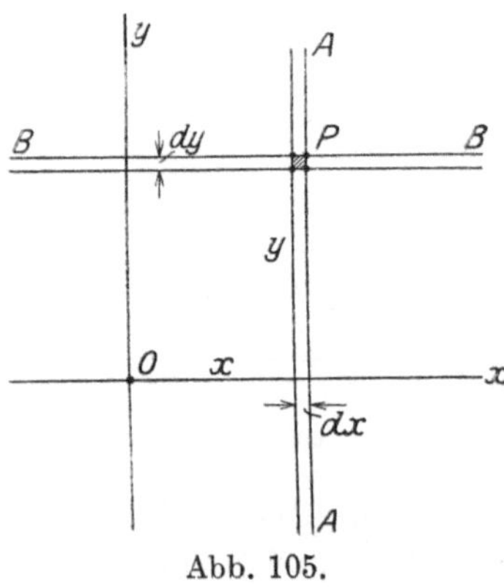

Abb. 105.

und setzt sich zusammen aus der Wahrscheinlichkeit $\dfrac{h_1}{\sqrt{\pi}} \cdot e^{-h_1{}^2 x^2} \cdot dx$ dafür, den in Richtung der y-Achse unendlich ausgedehnten Zielstreifen AA von der Breite dx zu treffen, und aus der Wahrscheinlichkeit $\dfrac{h_2}{\sqrt{\pi}} \cdot e^{-h_2{}^2 y^2} \cdot dy$ dafür, gleichzeitig den in Richtung der x-Achse beliebig ausgedehnten Streifen BB von der Breite dy zu treffen. Dabei ist

$$h_1 = \frac{1}{\sqrt{2}\,\mu_1} = \frac{0{,}4769}{w_1}; \quad h_2 = \frac{1}{\sqrt{2}\,\mu_2} = \frac{0{,}4769}{w_2}.$$

Somit werden in das erwähnte unendlich kleine Rechteck P von n Schüssen entfallen

$$n \frac{h_1 h_2}{\pi} \cdot e^{-(h_1{}^2 x^2 + h_2{}^2 y^2)} \cdot dx \cdot dy.$$

Nun sei (Abb. 106) gegeben die rechteckige Scheibe $ABCD$, in deren Mitte der mittlere Treffpunkt O liege; Breite $2l_1$, Höhe $2l_2$. Wird über die sämtlichen Flächenelemente $dx \cdot dy$ dieses Rechtecks integriert, so erhält man als Zahl t der Treffer gegen dieses Rechteck

$$t = n \frac{h_1 h_2}{\pi} \int\limits_{x=-l_1}^{x=+l_1} \int\limits_{y=-l_2}^{y=+l_2} e^{-(h_1{}^2 x^2 + h_2{}^2 y^2)} \cdot dx \cdot dy$$

$$= n \cdot \frac{h_1}{\sqrt{\pi}} \cdot \int\limits_{-l_1}^{+l_1} e^{-h_1{}^2 x^2} \cdot dx \cdot \frac{h_2}{\sqrt{\pi}} \cdot \int\limits_{-l_2}^{+l_2} e^{-h_2{}^2 y^2} \cdot dy = n \cdot \varphi(h_1 l_1) \cdot \varphi(h_2 l_2)$$

$$= n \cdot \varphi\left(\frac{l_1}{w_1} \cdot 0{,}4769\right) \cdot \varphi\left(\frac{l_2}{w_2} \cdot 0{,}4769\right) = n \cdot \psi\left(\frac{l_1}{w_1}\right) \cdot \psi\left(\frac{l_2}{w_2}\right);$$

$$t = n \cdot \psi\left(\frac{2 l_1}{s_1}\right) \cdot \psi\left(\frac{2 l_2}{s_2}\right); \tag{1}$$

für ψ vgl. Anhang, Tabelle 13.

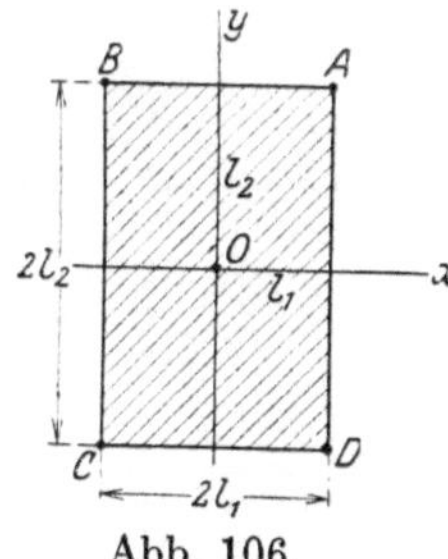

Abb. 106.

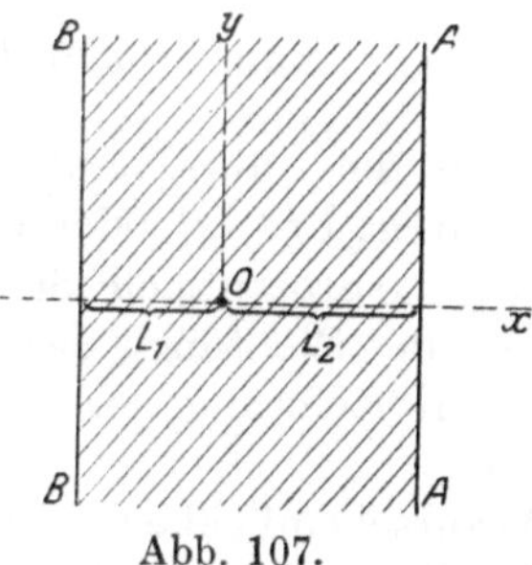

Abb. 107.

Ferner liege (Abb. 107) ein in Richtung der y-Achse beliebig ausgedehnter Zielstreifen $AABB$ vor — ein Rechteck, dessen beide andere Parallelseiten ins Unendliche gerückt sind —; der mittlere Treffpunkt O liege innerhalb des Streifens, seine Abstände von den Begrenzungslinien des Streifens seien L_1 und L_2, die wahrscheinliche Abweichung in der zum Streifen senkrechten x-Richtung sei $w_1 = w$. In diesen Streifen entfallen von n Schüssen

$$t = \frac{h\,n}{\sqrt{\pi}} \cdot \int\limits_{x=-L_1}^{x=+L_2} e^{-h^2 x^2} \cdot dx, \qquad \text{wobei} \qquad h = \frac{0{,}4769}{w};$$

mithin

$$t = \frac{h\,n}{\sqrt{\pi}} \int\limits_{x=0}^{x=+L_1} e^{-h^2 x^2} \cdot dx + \frac{h\,n}{\sqrt{\pi}} \int\limits_{x=0}^{x=+L_2} e^{-h^2 x^2} \cdot dx;$$

also, da allgemein $\dfrac{h}{\sqrt{\pi}} \displaystyle\int\limits_{-l}^{+l} e^{-h^2 x^2} \cdot dx = \varphi(h\,l)$ war, ist

$$\text{Trefferzahl} \quad t = \frac{1}{2}\left[\psi\left(\frac{L_1}{w}\right) + \psi\left(\frac{L_2}{w}\right)\right] n. \tag{2}$$

Dagegen wird der Zielstreifen (vgl. Abb. 108), der den mittleren Treffpunkt O nicht enthält,

$$t = \frac{h\,n}{\sqrt{\pi}} \int\limits_{x=+L_1}^{x=+L_2} e^{-h^2 x^2} \cdot dx = -\frac{h\,n}{\sqrt{\pi}} \int\limits_{0}^{+L_1} e^{-h^2 x^2} \cdot dx + \frac{h\,n}{\sqrt{\pi}} \int\limits_{0}^{+L_2} e^{-h^2 x^2} \cdot dx$$

oder

$$= \frac{1}{2}\left[\psi\left(\frac{L_2}{w}\right) - \psi\left(\frac{L_1}{w}\right)\right] n \tag{3}$$

Treffer aufnehmen.

Läßt man in dem ersteren Zielstreifen die Seite AA ins Unendliche rücken $(L_2 = \infty)$, in dem zweiten Zielstreifen gleichfalls die rechte Seite $(L_2 = \infty)$, so wird je $\psi\left(\frac{L_2}{w}\right) = \psi(\infty) = 1$. Die Wahrscheinlichkeit dafür, daß ein Schuß in den schraffierten Teil der

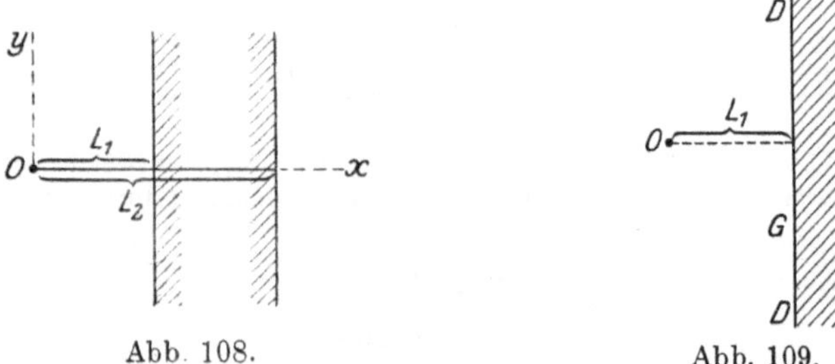

Abb. 108.   Abb. 109.

Ebene fällt (Abb. 109), ist somit im ersteren Fall $\frac{1}{2}\left(\psi\left(\frac{L_1}{w}\right) + 1\right)$, im zweiten Fall $\frac{1}{2}\left(1 - \psi\left(\frac{L_1}{w}\right)\right)$. Das Ergebnis ist sonach folgendes: Ist eine Gerade G gegeben, die vom mittleren Treffpunkt O den Abstand L_1 besitzt, und ist w die wahrscheinliche Abweichung senkrecht zu der Geraden, so werden unter n Schüssen

$$
\left.
\begin{array}{l}
\dfrac{n}{2}\left(1 + \psi\left(\dfrac{L_1}{w}\right)\right) \quad \text{auf diejenige Seite von } G \text{ fallen, auf der} \\
\qquad\qquad\qquad\qquad\qquad\quad O \text{ liegt,} \\[2mm]
\dfrac{n}{2}\left(1 - \psi\left(\dfrac{L_1}{w}\right)\right) \quad \text{auf diejenige Seite von } G \text{ fallen, auf der} \\
\qquad\qquad\qquad\qquad\qquad\quad O \text{ nicht liegt.}
\end{array}
\right\} \tag{4}
$$

Anmerkung zu Gleichung (3). Wenn der mittlere Treffpunkt O nicht in dem Zielstreifen liegt (L_1 die Entfernung des Punktes O von der nächsten, L_2 die Entfernung des Punktes O von der entfernteren Grenze des Streifens), so kann gefragt werden: für welchen Wert der 50prozentigen Streuung s_{50} quer zum Streifen ist die auf den Zielstreifen entfallende Trefferzahl ein Maximum? (Der Verfasser verdankt die Stellung dieser Aufgabe Herrn H. Rohne.) s_{50} hängt nach § 60 mit dem Präzisionsmaß h durch die Beziehung zusammen: $\frac{1}{2} \cdot s_{50} = w = \dfrac{0{,}476\,936}{h}$. Also kommt die Aufgabe darauf hinaus, dasjenige h zu bestimmen, für das die Wahrscheinlichkeit

$$\frac{h}{\sqrt{\pi}} \int\limits_{x=+L_1}^{x=+L_2} e^{-h^2 x^2} \cdot dx\,,$$

den Zielstreifen zu treffen, ein Maximum ist. Dies kann also (vgl. z. B. J. H. Jellett) eine Aufgabe der Variationsrechnung genannt werden. Setzt man $h \cdot x = t$; $h \cdot dx = dt$, so handelt es sich um die Variation des Integrals:

$$\frac{1}{\sqrt{\pi}} \int_{t=h \cdot L_1}^{t=h \cdot L_2} e^{-t^2} \cdot dt \, .$$

Die Variation nach h ist gleich Null zu setzen; also

$$\frac{1}{\sqrt{\pi}} \left\{ e^{-h^2 L_2{}^2} \cdot L_2 \cdot \delta h - e^{-h^2 \cdot L_1{}^2} \cdot L_1 \cdot \delta h \right\} = 0 \, .$$

Hieraus folgt:

$$e^{h^2 (L_2{}^2 - L_1{}^2)} = \frac{L_2}{L_1} \, ;$$

somit

$$h^2 = \frac{1}{L_2{}^2 - L_1{}^2} \cdot \log \operatorname{nat} \frac{L_2}{L_1} \, .$$

Folglich ist die gesuchte 50 prozentige Streuung s_{50}, für welche die auf den Zielstreifen entfallende Trefferzahl am größten ausfällt, durch die Gleichung bestimmt:

$$s_{50} = \frac{2 \cdot 0{,}476936 \cdot \sqrt{L_2{}^2 - L_1{}^2}}{\sqrt{\log \operatorname{nat} \dfrac{L_2}{L_1}}} \, .$$

Z. B. für $L_1 = 3$ m; $L_2 = 4$ m ergibt sich $s_{50} = 4{,}70$ m.

Zusammenstellung.

a) **Die Wahrscheinlichkeit, einen Zielstreifen zu treffen,** der durch zwei unter sich parallele und zur Schußebene senkrechte oder parallele unendliche Geraden begrenzt ist und in dessen **Mittellinie der mittlere Treffpunkt liegt,** ist

$$= \varphi \left(0{,}4769 \cdot \frac{2l}{s_{50}} \right) \tag{I}$$

$$= \psi \left(\frac{2l}{s_{50}} \right), \tag{I a}$$

dabei $2l$ die Breite des Zielstreifens; s_{50} die 50 prozentige Streuung oder die doppelte 50 prozentige Abweichung quer zu den begrenzenden Parallelen und innerhalb der Ebene des Zielstreifens; für φ bzw. ψ die Tabelle 12 bzw. 13 im Anhang. $\dfrac{2l}{s_{50}}$ heißt der „Wahrscheinlichkeitsfaktor" (in der ausländischen Fachliteratur vielfach auch „relative Zielausdehnung"); $100 \cdot \psi$ ist die Anzahl der zugehörigen Trefferprozente.

b) **Die Wahrscheinlichkeit, ein Rechteck zu treffen,** in dessen **Mittelpunkt der mittlere Treffpunkt liegt,** ist

$$= \psi \left(\frac{2l_1}{s_1} \right) \cdot \psi \left(\frac{2l_2}{s_2} \right), \tag{II}$$

dabei $2l_1$ bzw. $2l_2$ die Längen der Rechtecksseiten; die eine Rechtecksseite parallel, die andere senkrecht zur Schußebene gelegen; s_1 die 50 prozentige Streuung parallel der Rechtecksseite $2l_1$, s_2 die 50 prozentige Streuung parallel der Rechtecksseite $2l_2$.

c) Die Wahrscheinlichkeit, einen unendlich ausgedehnten, durch parallele Gerade begrenzten Zielstreifen zu treffen, innerhalb dessen der mittlere Treffpunkt eine unsymmetrische Lage hat (Abstand des mittleren Treffpunkts von der einen Geraden l_1, von der anderen l_2; 50 prozentige Streuung innerhalb der Ebene des Streifens und senkrecht zu den Begrenzungsgeraden gleich s_{50}) ist

$$= \frac{1}{2} \cdot \left[\psi\left(\frac{2l_2}{s_{50}}\right) + \psi\left(\frac{2l_1}{s_{50}}\right) \right]. \tag{III}$$

d) Die Wahrscheinlichkeit, einen Zielstreifen zu treffen, außerhalb dessen der mittlere Treffpunkt liegt (Abstand des mittleren Treffpunkts von der näheren Begrenzungsseite des Streifens l_1, von der entfernteren l_2; s_{50} die 50 prozentige Streuung quer zu den Begrenzungsseiten) ist

$$= \frac{1}{2} \cdot \left[\psi\left(\frac{2l_2}{s_{50}}\right) - \psi\left(\frac{2l_1}{s_{50}}\right) \right]. \tag{IV}$$

e) Gegeben eine Ziellinie quer zur Schußebene; Abstand des mittleren Treffpunkts von dieser Ziellinie l; 50 prozentige Streuung in Richtung quer zur Ziellinie gleich s_{50}. Die Wahrscheinlichkeit dafür, daß ein Schuß auf diejenige Seite der Ziellinie fällt, auf der der mittlere Treffpunkt liegt, ist

$$= \frac{1}{2} \cdot \left[1 + \psi\left(\frac{2l}{s_{50}}\right) \right], \tag{V}$$

(für diese Funktion eine Tabelle mit dem Argument $\frac{2l}{s_{50}}$ in dem Werk von Sabudski—v. Eberhard, S. XX, vgl. Lit.-Note; für die Berechnungen genügt auch die Tabelle 13 im Anhang).

f) Ebenso: Die Wahrscheinlichkeit dafür, daß ein Schuß auf diejenige Seite der Ziellinie fällt, auf der der mittlere Treffpunkt nicht liegt, ist

$$= \frac{1}{2} \left[1 - \psi\left(\frac{2l}{s_{50}}\right) \right]. \tag{VI}$$

(Die Größen l, l_1, l_2 müssen in derselben Maßeinheit gegeben sein, wie s_{50}.)

1. Beispiel. Ein Zielstreifen erstreckt sich in der Schußrichtung, Breite des Streifens $2l = 6$ m; die 50 prozentige Breitenstreuung $s_{50} = 4$ m; das Geschütz ist auf die Mittellinie des Streifens eingeschossen. Wieviel Prozent Treffer entfallen in den Streifen?

a) Mit der Tabelle Nr. 12 im Anhang:

$$\frac{2l}{s_{50}} = \frac{6}{4} = 1{,}5 \, .$$

Nach Formel (I) ist die gesuchte Wahrscheinlichkeit

$$= \varphi \, (0{,}4769 \cdot 1{,}5) = \varphi \, (0{,}7153) = 0{,}688 \, .$$

Also $68{,}8\,{}^0/_0$ Treffer.

b) Mit der Tabelle Nr. 13 im Anhang:

gesuchte Wahrscheinlichkeit $= \psi \, (1{,}5) = 0{,}688$, also $68\,{}^0/_0$ Treffer.

2. **Beispiel.** Ein wagrechter Zielstreifen liegt quer zur Schußebene; das Geschütz ist auf die wagrechte Mittellinie des Streifens eingeschossen. Über die Breite $2l$ des Zielstreifens ist bekannt, daß sie ein Drittel der 25 prozentigen Längenstreuung beträgt. Wieviel Prozent Treffer entfallen auf den Streifen?

Man denke sich zunächst einen anderen Zielstreifen mit derselben Mittellinie, aber von der Breite $2l_{25}$. Für diesen Streifen beträgt die Treffwahrscheinlichkeit 0,25, also ist nach Formel (Ia)

$$\psi \left(\frac{2l_{25}}{s_{50}} \right) = 0{,}25 \, ,$$

somit nach Tabelle 13:

$$\frac{2l_{25}}{s_{50}} = 0{,}472 \, .$$

Andererseits ist nach der Voraussetzung $2l_{25} = 3 \cdot 2l$. Also hat man

$$s_{50} \cdot 0{,}472 = 3 \cdot 2l \quad \text{oder} \quad \frac{2l}{s_{50}} = \frac{0{,}472}{3} = 0{,}157 \, .$$

Nach Tabelle 13 ist $\psi \, (0{,}157) = 0{,}084$. Folglich sind auf den Zielstreifen $8{,}4\,{}^0/_0$ Treffer zu erwarten.

3. **Beispiel.** Die Höhe eines nach rechts und links beliebig ausgedehnten, aufrecht stehenden Zielstreifens soll so bemessen werden, daß, wenn ein Gewehr auf die wagrechte Mittellinie des Streifens eingeschossen ist, $41\,{}^0/_0$ Treffer auf den Streifen entfallen; dabei die 50 prozentigen Höhenstreuung 3,5 m.

Die Höhe sei $2l \, (m)$; so soll sein $\psi \left(\frac{2l}{3{,}5} \right) = 0{,}41$. Also ist nach Tabelle 13 des Anhangs: $\frac{2l}{3{,}5} = 0{,}80$. Gesuchte Höhe $2l = 2{,}8$ m.

4. **Beispiel.** Ein nach rechts und links beliebig ausgedehnter, aufrechtstehender Zielstreifen hat die Höhe 1,9 m. Die 50 prozentige Höhenstreuung beträgt 3,5 m. Der mittlere Treffpunkt liege in der oberen Begrenzungslinie des Streifens. Wieviel Prozent Treffer sind auf dem Streifen zu erwarten?

In Formel (III) oder (IV) ist $s_{50} = 3{,}5$; $l_1 = 0$; $l_2 = 1{,}9$. Also hat man

$$100 \cdot \frac{1}{2} \left[\psi \left(\frac{2 \cdot 1{,}9}{3{,}5} \right) \pm 0 \right] = 50 \cdot \psi \, (1{,}08) = 50 \cdot 0{,}5337 = \text{rund } 27\,{}^0/_0 \text{ Treffer.}$$

5. **Beispiel. Wahrscheinlichste Korrektur und wahrscheinlicher Einschießfehler.**

Bei Anwendung einer bestimmten gleichbleibenden Rohrerhöhung wurden von 10 Schüssen 7 diesseits eines zur Schußrichtung senkrechten Grabens, folglich als Kurzschüsse, beobachtet. Die 50 prozentige Längenstreuung beträgt 20 m. Welches ist die wahrscheinliche Entfernung des mittleren Treffpunkts vom Graben, um welchen Betrag muß also korrigiert werden?

Die Entfernung des mittleren Treffpunkts vom Graben sei l. Diese ergibt sich nach Formel (V) aus der Gleichung

$$\frac{7}{10} = \frac{1}{2} \cdot \left[1 + \psi \left(\frac{2l}{20} \right) \right],$$

also $\psi \left(\dfrac{l}{10} \right) = 0,4$. Gemäß Tabelle 13 des Anhangs ist somit $\dfrac{l}{10} = 0,778$; $l =$ rund 7,8 m. Folglich befindet sich der mittlere Treffpunkt wahrscheinlich rund 7,8 m diesseits des Grabens. Dies ist gleichzeitig die „wahrscheinlichste Korrektur", die anzuwenden ist.

Zur Bestimmung der wahrscheinlichen Grenzen dieser Ermittlung von l (am wahrscheinlichsten ist $l = 7,8$ oder rund 8 m), also zur Bestimmung des „wahrscheinlichen Einschießfehlers" dient die in § 62 erwähnte Regel von Bayes:

Es ist mit $50\,^0/_0$ Wahrscheinlichkeit anzunehmen, daß das Verhältnis der Kurzschüsse zu der Zahl aller Schüsse zwischen den Grenzen

$$\frac{7}{10} + 0,4769 \; \sqrt{\frac{2 \cdot 7 \cdot (10 - 7)}{10^3}} \qquad \text{und} \qquad \frac{7}{10} - 0,4769 \; \sqrt{\frac{2 \cdot 7 \cdot (10 - 7)}{10^3}}$$

liege, also zwischen $0,7 + 0,0974$ und $0,7 - 0,0974$ oder zwischen 0,7974 und 0,6026.

Also berechnet man die wahrscheinlichen Grenzen l_1 und l_2 von l aus den Gleichungen:

$$\frac{1}{2} \cdot \left[1 + \psi \left(\frac{2l_1}{20} \right) \right] = 0,7974$$

und

$$\frac{1}{2} \cdot \left[1 + \psi \left(\frac{2l_2}{20} \right) \right] = 0,6026.$$

Die erste dieser Gleichungen gibt

$$\frac{2l_1}{20} = 1,23, \quad \text{also} \quad l_1 = 12,3 \text{ m},$$

die zweite dieser Gleichungen gibt

$$\frac{2l_2}{20} = 0,38, \quad \text{also} \quad l_2 = 3,8 \text{ m}.$$

Dies sind die wahrscheinlichen Grenzen der Ermittlung von l.

Die wahrscheinliche Korrektur ist danach

$$\text{rund } 8 \pm 4 \text{ m},$$

und ± 4 m ist der wahrscheinliche Einschießfehler, den man dabei zu erwarten hat.

6. Beispiel. Umrechnung der Az-Streuung von einer Zielebene auf eine andere. Wahrscheinlichkeit eines Luftsprengpunkts beim Bz-Schießen.

a) Die Garbe der Flugbahnen, die mit Az-Schießen bei gleichem Ziel, gleicher Ladung und gleicher Rohrerhöhung erhalten werden, denkt man sich in ihren letzten Endstücken als unter sich parallele Gerade, sämtlich von einem spitzen Neigungswinkel gegen den Horizont gleich dem spitzen Auffallwinkel ω. Eine von diesen Flugbahnen der Garbe ist die mittlere Flugbahn. In Beziehung auf diese kann man nach § 66 die Streuung l_{50} und b_{50} für ein wagerechtes Zielgelände im Mündungshorizont aus dem wagrechten Az-Trefferbild berechnen; dabei bezieht sich l_{50} auf die Wagrechte in der Schußebene, b_{50} auf die Wag-

28*

rechte quer zur Schußebene; l_{50} heißt die 50 prozentige Längsstreuung, b_{50} die 50 prozentige Breitenstreuung beim Az-Schießen. Für ein nicht wagrechtes, sondern abfallendes oder ansteigendes Zielgelände ist b_{50} gleich groß wie für ein wagrechtes; dagegen hat l_{50} einen anderen Wert, der sich aus dem Schnitt des Parallelstrahlenbündels der Flugbahnendstücke mit dem schiefen Zielgelände ohne weiteres ergibt. Offenbar ist die 50 prozentige Längenstreuung auf abfallendem Zielgelände größer, auf ansteigendem kleiner, als auf wagerechtem. Und für eine lotrechte, zur Schußebene senkrechte Zielfläche ergibt sich die zugehörige 50 prozentige Höhenstreuung h_{50} aus der wagrechten Längenstreuung l_{50} mittels der einfachen Beziehung

$$h_{50} = l_{50} \cdot \mathrm{tg}\, \omega .$$

Für ein wagrechtes Zielgelände, das nicht im Mündungshorizont, sondern wesentlich höher oder tiefer liegt, läßt sich die 50 prozentige Längenstreuung aus derjenigen für ein wagrechtes Zielgelände im Mündungshorizont graphisch ableiten, indem man die Grenzflugbahnen berechnet und zeichnet. Sicherer ist das unmittelbare Erschießen.

b) Beim Schießen mit Zeitzündergeschossen streuen die Flugbahnen der einzelnen Schüsse in der gleichen Weise wie beim Schießen mit Aufschlaggeschossen. Darin liegt ein erster Grund, warum die Sprengpunkte einer größeren Zahl von Geschossen, die mit gleicher Zünderstellung und unter auch sonst möglichst gleichen Anfangs- und sonstigen Bedingungen abgefeuert werden, nicht zusammenfallen, sondern sich im Raume verteilen. Außer der Streuung der Flugbahnen kommt als weitere Ursache für die Streuung der Sprengpunkte noch das ungleichmäßige Wirken scheinbar gleich eingestellter Zünder hinzu. Dies erklärt sich aus unvermeidlichen Verschiedenheiten in der Einstellung der Zünder, Ungleichmäßigkeiten in der Zusammensetzung, Pressung, Feuchtigkeit des Zündsatzes, Verschiedenheit der Uhrwerke und anderen Ursachen mehr. Aus dem Zusammenwirken der reinen Flugbahnstreuungen und der allein im Zünder liegenden Streuungen ergibt sich die Streuung der Sprengpunkte. Dieses Zusammenwirken ist derartig, daß die Breitenstreuung der Sprengpunkte (vom Geschütz aus betrachtet) sich nicht von der reinen Breitenstreuung der Flugbahnen der Az-Geschosse unterscheidet. Von ihr kann daher abgesehen werden.

Betrachtet man dagegen die Streuung der Sprengpunkte, projiziert auf eine Vertikalebene, die die mittlere Flugbahn enthält, so unterscheidet man in der Praxis die Zeitzünderhöhenstreuungen und Zeitzünderlängenstreuungen, die letzteren gemessen in der wagrechten Schußrichtung, die ersteren senkrecht dazu. Bei den Brennzünderstreuungen läßt sich obige einfache Beziehung $h_{50} = l_{50} \cdot \mathrm{tg}\, \omega$ nicht anwenden. Die 50 prozentige Höhen- und Längenstreuungen der Sprengpunkte können ebensogut kleiner wie gleich oder größer sein als die reinen Flugbahnhöhen- und Längenstreuungen. Näheres hierüber siehe Lit.-Note.

In der Praxis werden daher die 50 prozentigen Höhen- und Längenstreuungen der Sprengpunkte unabhängig voneinander aus den erschossenen Brennlängenbildern errechnet (vgl. § 66). Die Angabe der 50 prozentigen Höhenstreuung h_{50} der Sprengpunkte gestattet, für eine bestimmte mittlere Sprenghöhe H die Wahrscheinlichkeit w eines Luftsprengpunkts, bzw. $1 - w$ eines Aufschlags nach Formel (V) zu errechnen:

$$w = \frac{1}{2} \cdot \left[1 + \psi \left(\frac{2\,H}{h_{50}} \right) \right] ;$$

$100 \cdot w$ ist die Prozentzahl der zu erwartenden Luftsprengpunkte.

7. **Beispiel.** Das Rechteck $ABCD$ (Abb. 110), dessen Mitte mit dem mittleren Treffpunkt O zusammenfällt und dessen Seiten gleich den bezüglichen 50prozentigen Streuungen $s_1 = 2w_1$ und $s_2 = 2w_2$ sind, wird 50% von 50% oder 25% aller Schüsse enthalten. In welchem Verhältnis λ ist dieses Rechteck zu vergrößern, damit das ihm ähnliche größere Rechteck $A_1 B_1 C_1 D_1$ die Hälfte der Schüsse aufnimmt? Die Seiten seien λs_1 und λs_2, so soll sein

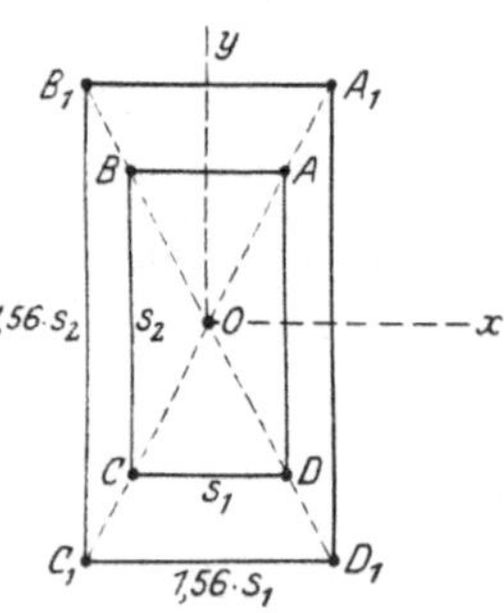

$$\psi\left(\frac{\lambda s_1}{s_1}\right) \cdot \psi\left(\frac{\lambda s_2}{s_2}\right) = \frac{1}{2}, \qquad \psi(\lambda) = \frac{1}{\sqrt{2}}; \qquad \lambda = 1,56 .$$

8. **Beispiel. Berechnung eines Teils einer Trefferreihe.** — (Über die Bedeutung der Trefferreihen für die Schießpraxis vergleiche man insbesondere die in der Literaturnote angeführten Werke von Krause, Rohne, Ch.Minarelli-Fitzgerald, Zedlitz, Heydenreich. Diese Reihen lassen die Wirkung erkennen, die bei gegebenen Bedingungen zu erwarten sind, wenn es sich um Abteilungsfeuer handelt; sie geben Aufschluß darüber, ob in einem

Abb. 110.

Fall die Beibehaltung des Visiers für die ganze Abteilung angezeigt ist oder ob zum Teil mit dem Visier gewechselt werden muß usw.; das wohl reichhaltigste Material für Infanteriefeuer ist in dem Werke von Krause enthalten; vgl. S. 30.)

Speziell Berechnung des Trefferbergs beim Schießen auf 800 m (vgl. Abb. 111). Ziel unterer Scheibenrand A. Die mittlere Flugbahn des Geschosses sei in der üblichen Weise berechnet; in der Nähe des Auffallpunktes A seien die Ordinaten y gleich BB_0 für $x = 775$ m, gleich CC_0 für $x = 750$ m usw. gegeben. Ferner seien für die betreffenden Entfernungen die 50 prozentigen Höhenstreuungen $s_{50} = 2w$ erschossen. So ist vorausgesetzt, daß gegeben sei, für die Entfernungen

| 800 | 825 | 850 | 875 | 900 | $\cdots$ | 775 | 750 | 725 | 700 | ... m , |

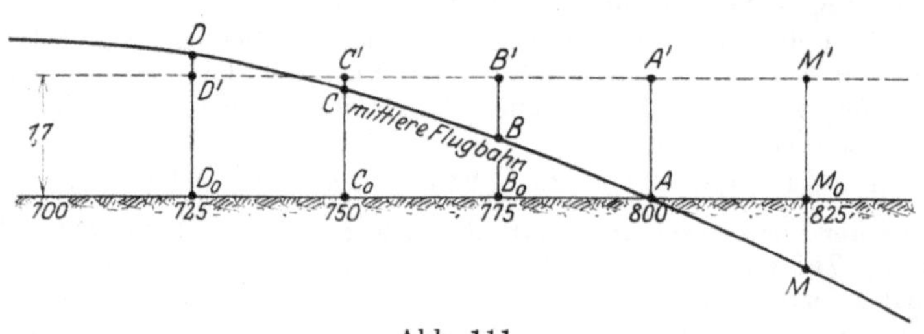

Abb .111.

die mittlere Flugbahnordinate

$$y = 0 \mid -0,89 \mid -1,85 \mid -2,90 \mid -4,04 \mid \cdots \mid +0,80 \mid +1,52 \mid +2,16 \mid +2,74 \ldots \text{m}$$

und die 50 prozentige Höhenstreuung

| 2,26 | 2,36 | 2,45 | 2,54 | 2,64 | $\cdots$ | 2,18 | 2,09 | 2,00 | 1,91 | ... m . |

Die Wahrscheinlichkeit, die Scheibe AA' von 1,70 m Höhe auf 800 m Entf. zu treffen, ist

$$= \frac{1}{2} \psi\left(\frac{1,70}{1,13}\right) = 0,344 = 34,4\% ,$$

die Wahrscheinlichkeit, die Scheibe $B_0 B'$ auf 775 m Entf. zu treffen, ist

$$= \frac{1}{2}\left[\psi\left(\frac{0,80}{1,09}\right) + \psi'\left(\frac{1,70 - 0,80}{1,09}\right)\right] = 40,0\%\,,$$

die Wahrscheinlichkeit, die Scheibe $C_0 C'$ auf 750 m Entf. zu treffen, ist

$$= \frac{1}{2}\left[\psi\left(\frac{1,52}{1,045}\right) + \psi\left(\frac{1,70 - 1,52}{1,045}\right)\right] = 38,2\%\,,$$

usw.   usw.

die Wahrscheinlichkeit, die Scheibe $M_0 M'$ auf 825 m Entf. zu treffen, ist

$$= \frac{1}{2}\left[\psi\left(\frac{0,89 + 1,70}{1,18}\right) - \psi\left(\frac{0,89}{1,18}\right)\right] = 23,7\%\,.$$

usw.   usw.

So erhält man der Reihe nach für die Entfernungen

800 | 825 | 850 | 875 | 900 | 925 | 950 | $\cdots$ | 775 | 750 | 725 | 700 | 675 | 650 | 625 | 600 | 575 | $\ldots$

die Trefferprozente

34,4 | 23,7 | 12,9 | 5,4 | 1,8 | 0,4 | 0 | $\cdots$ | 40,0 | 38,2 | 30,0 | 20,5 | 12,0 | 5,8 | 2,4 | 0,9 | 0 | $\ldots$

Trägt man diese Zahlen der Trefferprozente in Funktion der Entfernung auf, so erhält man den zur Visierschußweite 800 m zugehörigen **Trefferberg.**

Die „**mittlere Trefferprozentzahl**" (von Fr. v. Zedlitz eingeführter Begriff) gibt für ein Ziel von bestimmter Größe und bestimmter wahrer Entfernung in Prozent an, wie viele Treffer bei vielen gleichartigen Schießversuchen durchschnittlich zu erwarten sind, wenn die Visierstellung bei jedem Schießen neu durch Messen oder Schätzen der Entfernung bestimmt wird. Sie ergibt sich aus der Trefferreihe dadurch, daß man die Trefferprozente für jede Visierstellung mit der Wahrscheinlichkeit dafür multipliziert, daß das betreffende Visier infolge unrichtiger oder richtiger Entfernungsmessung oder Entfernungsschätzung eingestellt wird, und die Produkte addiert.

Z. B. sei die wahre Zielentfernung 900 m, das Ziel ein wagrechter Zielstreifen von 1 m Höhe; die Trefferreihenzahlen für die zehn Entfernungen 650, 700, 750, 800, 850, **900,** 950, 1000, 1050, 1100 m seien (wie oben angegeben) berechnet worden bzw. zu:

0,1 0,4 1,8 6,1 14,5 **23,4** 22,8 11,2 2,2 0,2%.

Dies bedeutet, daß, wenn man statt der richtigen Visierstellung 900 z. B. 850 wählt, die Treffwahrscheinlichkeit gegen den Zielstreifen $= 0,145$ oder $14,5\%$ ist; analog für die anderen Möglichkeiten, das Visier zu wählen. Ferner kenne man aus getrennten Versuchen die Wahrscheinlichkeit dafür, daß man eine wahre Distanz von z. B. 900 m mit dem Entfernungsmesser oder mit Schätzung um 50 oder 100 oder 150 usw. Meter zu kurz oder zu weit erhält; diese Wahrscheinlichkeitszahlen seien z. B. für die Messung mit dem Entfernungsmesser und für die gleichen Entfernungen 650, 700, 750 usw. bzw.

0 0 $\dfrac{0,6}{100}$ $\dfrac{2,2}{100}$ $\dfrac{23,0}{100}$ $\dfrac{49,4}{100}$ $\dfrac{23,0}{100}$ $\dfrac{2,2}{100}$ $\dfrac{0,6}{100}$ 0 ;

oder in Prozenten

0 0 0,6 2,2 23,0 49,4 23,0 2,2 0,6 0 .

Es handelt sich um die zusammengesetzte Wahrscheinlichkeit dafür, daß man **entweder** mit dem Entfernungsmesser die Distanz 650 statt 900 abgelesen und daher das Visier 650 angewendet hat (Wahrscheinlichkeit 0) und daß man mit dem Visier 650 den Zielstreifen wirklich trifft $\left(\text{Wahrscheinlichkeit } \dfrac{0,1}{100}\right)$, oder daß man 700 abliest (Wahrscheinlichkeit 0) und mit dem Visier 700 den in 900 m stehenden Zielstreifen trifft $\left(\text{Wahrscheinlichkeit } \dfrac{0,4}{100}\right)$, oder daß man am Entfernungsmesser 750 abliest (statt 900), also das Visier 750 wählt $\Big(\text{Wahr-}$ scheinlichkeit $\dfrac{0,6}{100}\Big)$ und daß man dabei mit dem Visier 750 das Ziel trifft $\left(\text{Wahrscheinlichkeit } \dfrac{1,8}{100}\right)$, usw.

Also im ganzen:

$$= \frac{0\cdot 0,1 + 0\cdot 0,4 + \dfrac{0,6}{100}\cdot 1,8 + \dfrac{2,2}{100}\cdot 6,1 + \dfrac{23,0}{100}\cdot 14,5 + \dfrac{49,4}{100}\cdot 23,4 + \dfrac{23,0}{100}\cdot 22,8}{100}$$

$$+ \frac{\dfrac{2,2}{100}\cdot 11,2 + \dfrac{0,6}{100}\cdot 2,2 + 0\cdot 0,2}{100} = \frac{20,6}{100}$$

oder in Prozenten 20,6 oder rund 21°/₀. Die „mittlere Trefferzahl" für das betreffende Gewehr samt Munition und für die Zielentfernung 900 m und für einen wagrechten Zielstreifen von 1 m Höhe ist somit 21°/₀.

Anmerkung. Über das Abteilungsschießen der Infanterie vergleiche man insbesondere die Werke von H. Rohne, vgl. Lit.-Note.

Über die Theorie des Einschießens der Artillerie soll hier nur folgendes angeführt werden: Die Wahrscheinlichkeit dafür, daß ein Schuß auf derselben Seite liegt, wie der mittlere Treffpunkt O, war $\dfrac{1}{2}\left(1 + \psi\left(\dfrac{L_1}{w}\right)\right)$. Es sei ξ in Metern die unbekannte schußtafelmäßige Entfernung des Ziels vom Geschütz, α in Metern die schußtafelmäßige Entfernung, auf der geschossen wird. Diese Strecken seien vom Geschütz nach dem Ziel zu positiv gerechnet, ebenso sei die Entfernung L_1 des mittleren Treffpunkts O vom Ziel in derselben Richtung positiv gezählt. Da nun $\xi - \alpha = L_1$ und ψ eine ungerade Funktion ist, $\psi(-y) = -\psi(+y)$, so stellt $\dfrac{1}{2}\left(1 + \psi\left(\dfrac{\xi - \alpha}{w}\right)\right)$ in allen Fällen die Wahrscheinlichkeit eines Kurzschusses vor. In Einheiten w gemessen sei ξ mit x und α mit a bezeichnet, also $\dfrac{\xi}{w} = x$, $\dfrac{\alpha}{w} = a$, so ist $\dfrac{1}{2}(1 + \psi(x - a))$ oder, kurz bezeichnet, $F(x - a)$ die Wahrscheinlichkeit eines Kurzschusses, folglich $F(a - x)$ oder $1 - F(x - a)$ die Wahrscheinlichkeit eines Weitschusses. (Für diese Funktion F ist in den Werken von Sabudski-v. Eberhard, sowie von Kozák eine Tabelle gegeben.)

Wenn $s = m + n$ Schüsse abgegeben werden, so ist die Wahrscheinlichkeit dafür, daß sich unter diesen s Schüssen m Kurzschüsse und n Weitschüsse finden, durch den Ausdruck $(F(x - a))^m \cdot (F(a - x))^n$ dargestellt. Die wahrscheinlichste schußtafelmäßige Zielentfernung x ist diejenige, für die der Ausdruck zu einem Maximum wird; also x zu berechnen aus $F(x - a) = \dfrac{m}{s}$ (vgl. obiges Beispiel 5).

Allgemeiner seien $s = m + n$ Schüsse mit **verschiedenen** Höhenrichtungen abgegeben: auf den Entfernungen a_1, a_2, a_3, ..., a_m seien Kurzschüsse; auf den Entfernungen b_1, b_2, ..., b_n Weitschüsse in bestimmter Folge beobachtet, wobei falsche Beobachtungen ausgeschlossen seien. Die unbekannte Zielentfernung x erhält man alsdann nach Magnon durch die folgende Überlegung: Die Wahrscheinlichkeit für die erwähnte Gesamtbeobachtung ist:

$$\eta = F(x - a_1) \cdot F(x - a_2) \cdots F(x - a_m) \cdot F(b_1 - x) \cdot F(b_2 - x) \cdots F(b_n - x). \quad \text{(a)}$$

Durch logarithmische Differentiation und Nullsetzen der Ableitung erhält man die Bedingung für das Maximum von η und damit die wahrscheinlichste Zielentfernung x. Die Bedingung wird:

$$f(x - a_1) + \cdots + f(x - a_m) - f(b_1 - x) - \cdots - f(b_n - x) = 0 ; \quad \text{(b)}$$

dabei bedeutet $f(y)$ den Ausdruck $\dfrac{F'(y)}{F(y)}$, (hierfür oder vielmehr für $\dfrac{1}{2 \cdot \varrho^2} \cdot \dfrac{F'}{F}$ findet man eine Tabelle bei Sabudski und bei Kozák). Diese Gleichung (b) wird durch Probieren gelöst.

Z. B. seien beim Schießen aus einer Kanone folgende Beobachtungen erhalten worden (Beispiel nach Sabudski-v. Eberhard): Bei einer Aufsatzhöhe 50 mm, entsprechend der Entfernung A_1, sei erhalten: —, bei 51 mm entsprechend A_2: +, —, —; bei 52 mm entsprechend A_3: +, +; (+ = Weitschuß — = Kurzschuß) · 1 mm am Aufsatz verändere die Schußweite um 26 m, und die wahrscheinliche Längenabweichung w betrage 9,4 m. Die wahrscheinlichste Zielentfernung ist gesucht. Die Bedingung (b) lautet jetzt:

$$f(x - A_1) + 2 f(x - A_2) - f(A_2 - x) - 2 f(A_3 - x) = 0 . \quad \text{(c)}$$

Um diese Gleichung zu lösen, versuche man zuerst $x = A_2$. Dann wird die linke Seite von (c): $f(A_2 - A_1) + 2 f(0) - f(0) - 2 f(A_3 - A_2)$. Die Entfernungsdifferenz $A_2 - A_1$ entspricht einer Aufsatzhöhendifferenz von 51—50 mm; da aber 1 mm Aufsatzhöhenänderung die Schußweite um 26 m ändert, so ist

$$A_2 - A_1 = (51 - 50)\, 26 \text{ in Metern oder } = \frac{(51 - 50)\, 26}{9,4} = 2{,}77 \text{ in Einheiten } w. \text{ Eben-}$$

so ist $A_3 - A_2 = 2{,}77$. Also hat man $f(2{,}77) + 2 f(0) - f(0) - 2 \cdot f(2{,}77)$. Aus der erwähnten Tabelle erhält man für die linke Seite:

$$0{,}11 + 2 \cdot 1{,}18 - 1{,}18 - 2 \cdot 0{,}11 \quad \text{oder} \quad + 1{,}07 ,$$

die linke Seite wird positiv. Versucht man ebenso x gleich der Entfernung, die der Aufsatzhöhe 51,36 mm entspricht, so wird die linke Seite $= -1{,}26$. Endlich für 51,2 mm wird sie $-0{,}21$. Somit liegt die wahrscheinlichste Aufsatzhöhe für die Zielentfernung zwischen 51 und 51,2 mm und zwar nahe an 51,2 mm.

Dieses Verfahren hat Magnon — dessen Methoden zuerst H. Rohne in Deutschland anwandte — auf den Fall ausgedehnt, daß bei einem Schuß oder bei mehreren Schüssen die Abweichung vom Ziel gemessen werden konnte (z. B. Aufschlag im Ziel selbst, Abweichung Null gegeben). Darüber, sowie über die sonstigen Aufgaben bezüglich des Einschießens der Artillerie vgl. insbes. das von O. v. Eberhard verdeutschte Werk von N. Sabudski, worin die betreffenden Fragen in eingehender Weise theoretisch behandelt sind. Ebendort sind einige Schießregeln betrachtet, die auf der Unterscheidung von Kurz- und Weitschüssen aufgebaut sind; auch ist eine Theorie des Brennzünderschießens mit Schrapnells gegeben. Siehe Lit.-Note § 71, auch bezüglich der Arbeiten von Rohne und Callenberg.

§ 71. Wahrscheinlichkeit, eine gegebene Kreisfläche zu treffen.

Auf einer lotrechten Scheibe sei ein Kreis mit Radius R gegeben; die Waffe sei auf den Mittelpunkt O genau eingeschossen, so daß O den genauen Mittelpunkt der Geschoßgarbe vorstellt. Die Streuungsverhältnisse seien in der Ebene der Scheibe nach allen Richtungen von O aus dieselben.

Eine Stelle P der Kreisfläche (Abb. 112) wird als unendlich kleine Schnittfläche df eines Sektors vom Zentriwinkel $d\varphi$ und eines unendlich schmalen Kreisrings von dem inneren Radius r und dem äußeren Radius $r + dr$ gekennzeichnet. Die Wahrscheinlichkeit, diesen Punkt P zu treffen, ist auf Grund des Gaußschen Gesetzes $a^2 \cdot e^{-b^2 r^2} \cdot df$, wo a und b zwei Konstante sind, die nachher bestimmt werden sollen und wobei $df = r\,d\varphi \cdot dr$. Integriert man in Beziehung auf φ von 0 bis 2π, so entfallen von n Schüssen auf den unendlich schmalen Kreisring $2n\pi a^2 \cdot e^{-b^2 r^2} \cdot r \cdot dr$. Also ist die Zahl t der Treffer, die auf die ganze Kreisfläche vom Radius R fallen,

$$t = 2\,n\,\pi\,a^2 \cdot \int_{r=0}^{r=R} e^{-b^2 r^2} \cdot r \cdot dr = n\pi \frac{a^2}{b^2}\left(1 - e^{-b^2 R^2}\right). \tag{1}$$

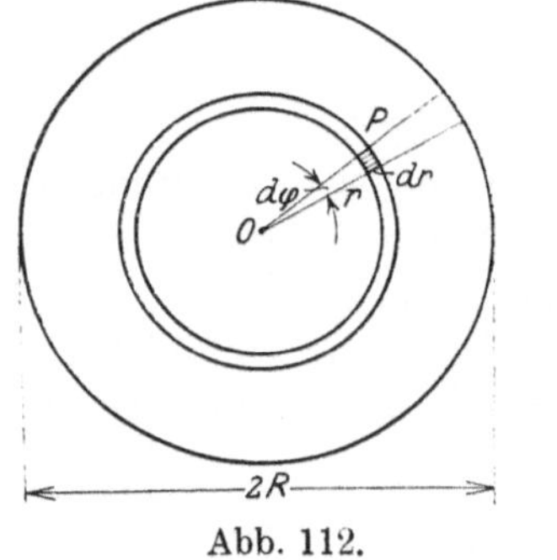

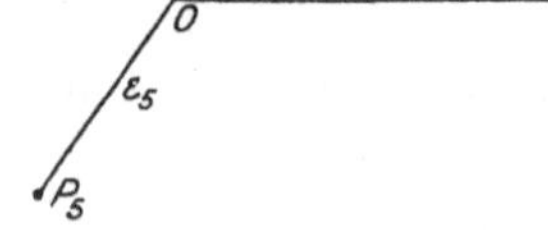

Abb. 112.   Abb. 113.

Die Konstante a wird sofort aus der Überlegung erhalten, daß die ganze unendliche Ebene der Kreisfläche jedenfalls getroffen wird, daß also $t = n$ ist, wenn $r = \infty$; dies gibt $a = \dfrac{b}{\sqrt{\pi}}$.

Die Konstante b stellt ein Treff-Genauigkeitsmaß bezüglich der radialen Abweichungen dar, wie sie je in Richtung der Radienvektoren von O aus gerechnet werden (Abb. 113). Von diesen radialen Abweichungen sei die mittlere quadratische Abweichung μ_r, die durchschnittliche E_r, die wahrscheinliche oder 50prozentige Abweichung (50prozentiger Streuungshalbmesser) w_r oder R_{50}. Die Beziehungen zwischen diesen Treff-Genauigkeitsmaßen der Praxis sind

für die radialen Abweichungen andere als für die bisher
betrachteten parallelen Abweichungen.

a) Mittlere quadratische (radiale) Abweichung μ_r.

Sind die einzelnen radialen Abweichungen der Geschoßdurch-
schläge $\varepsilon_1\,\varepsilon_2\,\varepsilon_3 \ldots$, so ist nach der Voraussetzung

$$\mu_r = \sqrt{\frac{\varepsilon_1{}^2 + \varepsilon_2{}^2 + \varepsilon_3{}^2 + \cdots}{n}} = \sqrt{\frac{\sum \varepsilon^2}{n}}.$$

Also $n \cdot \mu_r{}^2 = \sum \varepsilon^2 = \sum$ (r^2 mal Anzahl der Treffer, die in den betreffenden unendlich schmalen Kreisring mit den Radien r und
$r + dr$ entfallen),

$$= \sum (r^2 \cdot 2\,\pi\,n\,a^2 \cdot e^{-b^2 r^2} \cdot r \cdot dr).$$

die Summe genommen über die ganze Ebene; somit

$$n\,\mu_r{}^2 = 2\,\pi\,n \cdot \frac{b^2}{\pi} \cdot \int\limits_{r=0}^{r=\infty} e^{-b^2 r^2} \cdot r^3 \cdot dr;$$

durch die Substitution $b^2 r^2 = t$ und partielle Integration wird

$$\mu_r{}^2 = \frac{1}{b^2}, \qquad b = \pm\,\frac{1}{\mu_r}. \tag{2}$$

so daß wegen (1) Trefferzahl $t = n\left(1 - e^{-\frac{R^2}{\mu_r{}^2}}\right)$. Speziell für $R = \mu_r$
wird $t = n\left(1 - \frac{1}{e}\right) = 0{,}631 \cdot n = 63\,{}^0/_0$ der Schüsse.

Wenn die mittleren quadratischen Abweichungen in Richtung der
aufeinander senkrechten Symmetrierichtungen der x- und y-Achsen
mit μ_1 und μ_2 bezeichnet werden, so folgt daraus $\mu_r = \sqrt{\mu_1{}^2 + \mu_2{}^2}$,
(da $r^2 = x^2 + y^2$, also auch $\sum r^2 = \sum x^2 + \sum y^2$), und da die Streuungen nach der x- und nach der y-Achse als gleich vorausgesetzt
sind, $\mu_1 = \mu_2 = \mu$, so ist $\mu_r = \mu\sqrt{2}$.

b) Wahrscheinliche (radiale) Abweichung oder 50prozentiger
Streuungshalbmesser w_r oder R_{50}.

R_{50} ist der Radius des Kreises um O, der die bessere Hälfte
aller Schüsse faßt oder für den die Treffwahrscheinlichkeit $\dfrac{t}{n} = \dfrac{1}{2}$.
Folglich ist $\dfrac{1}{2} = 1 - e^{-\frac{R_{50}^2}{\mu_r{}^2}}$ oder

$$R_{50} = w_r = \mu_r \cdot \sqrt{\log\mathrm{nat}\,2} = 0{,}832\,55 \cdot \mu_r. \tag{3}$$

Damit wird die Trefferzahl

$$t = n\left(1 - e^{-\frac{R^2 \cdot \log\mathrm{nat}\,2}{R_{50}^2}}\right) = n\left[1 - \left(e^{-\log\mathrm{nat}\,2}\right)^{\frac{R^2}{R_{50}^2}}\right],$$

$$t = n \cdot \left[1 - 0{,}5^{\frac{R^2}{R_{50}^2}}\right].$$

c) Durchschnittliche (radiale) Abweichung E_r.

Diese ist das arithmetische Mittel aller dem absoluten Wert nach genommenen radialen Abweichungen, $E_r = \dfrac{\Sigma |\varepsilon|}{n}$, also ist $n\,E_r = \Sigma\,(r\,\text{mal Zahl der Abweichungen von dieser Größe } r)$; diese Summe erstreckt über die ganze Ebene, gibt

$$n \cdot E_r = \Sigma\,(r \cdot n\,a^2 \cdot e^{-b^2 r^2} \cdot 2\,\pi\,r \cdot dr) = 2\,\pi\,a^2\,n \cdot \int_{r=0}^{r=\infty} e^{-b^2 r^2} \cdot r^2 \cdot dr\,;$$

hieraus mit $b\,r = t$:

$$E_r = 2\,\pi\,a^2\,\frac{1}{b^3} \cdot \int_{t=0}^{t=\infty} e^{-t^2} \cdot t^2 \cdot dt = 2\,\pi\,a^2 \cdot \frac{1}{b^3}\,\frac{\sqrt{\pi}}{4}$$

oder, da $a = \dfrac{b}{\sqrt{\pi}}$,

$$E_r = \frac{1}{b}\,\frac{\sqrt{\pi}}{2} = \frac{0{,}8862}{b}. \tag{4}$$

Mit Benützung dieses Genauigkeitsmaßes ist

$$t = n\left(1 - n^{-\frac{\pi R^2}{4 E_r^2}}\right).$$

Die Konstante b ist nunmehr in dreifacher Weise durch Genauigkeitsmaße ausgedrückt, die sich leicht aus dem Trefferbild entnehmen lassen; es ist

$$b = \frac{1}{\mu_r} = \frac{1}{E_r} \cdot \frac{\sqrt{\pi}}{2} = \frac{\sqrt{\log\mathrm{nat}\,2}}{w_r\,(\text{oder } R_{50})},$$

also R_{50} oder $w_r = 0{,}832\,55 \cdot \mu_r = 0{,}9395 \cdot E_r$ für die radialen Abweichungen von O aus (wie früher $w = 0{,}6745 \cdot \mu = 0{,}8453 \cdot E$ für die parallelen Abweichungen).

Der Kreis, dessen Mittelpunkt mit dem mittleren Treffpunkt zusammenfällt und der $50^0/_0$ aller Treffer enthalten soll, hat zu seinem Halbmesser R_{50}. Denkt man sich andererseits ein Quadrat, dessen Mittelpunkt ebenfalls mit dem mittleren Treffpunkt identisch ist und bezüglich dessen die 50prozentige Höhenstreuung und Längenstreuung gleichgroß, nämlich gleich s ist, so ist, wenn das Quadrat ebenfalls $50^0/_0$ Treffen aufnehmen soll, (nach § 70, Beispiel 7) die Beziehung zwischen R_{50} und s die folgende:

$$R_{50}^2 \cdot \pi = (1{,}56 \cdot s)^2, \quad \text{woraus} \quad R_{50} = 0{,}88 \cdot s.$$

Zusammenfassung. Die Trefferprozente beim Schießen gegen eine Kreisscheibe vom Radius R, in deren Mittelpunkt O der mittlere Treffpunkt liegt, betragen 100mal

$$1 - e^{-\frac{R^2}{\mu_r^2}} = 1 - 0{,}5^{\frac{R^2}{R_{50}^2}} = 1 - e^{-\frac{\pi R^2}{4 \cdot E_r^2}}.$$

Dabei bedeutet:

μ_r = mittlere quadratische Abweichung von O aus gerechnet
$= \sqrt{\mu_1{}^2 + \mu_2{}^2}$. wobei μ_1 und μ_2 die mittleren quadratischen Abweichungen in Beziehung auf die zwei zueinander senkrechten Richtungen der Symmetrieachsen (x- und y-Achsen) des Trefferbilds sind; da hier speziell $\mu_1 = \mu_2 = \mu$ vorausgesetzt ist, so ist $\mu_r = \mu\sqrt{2}$; $2R_{50}$ = 50 prozentiger Streuungsdurchmesser; E_r die durchschnittliche Abweichung, von O aus gerechnet; R und μ_r oder R und R_{50} oder R und E_r sind in gleicher Längeneinheit zu benützen.

Es bedeute z. B. wie früher $2w_1$ die doppelte wahrscheinliche Abweichung oder die 50prozentige Streuung parallel der horizontalen x-Achse gemessen; $2w_2$ die 50prozentige Streuung parallel der vertikalen y-Achse gemessen. Ferner sei speziell $w_1 = w_2 = w$. Man hat dann (vgl. Abbildung 113a) zwei Zielstreifen von der Breite $2w$. Jeder faßt, für sich genommen, $50^0/_0$ Treffer. Das ihnen gemeinschaftliche Quadrat $ABCD$ faßt somit $50^0/_0$ von $50^0/_0$ oder $25^0/_0$ Treffer. Wieviel Treffer faßt der eingeschriebene Kreis vom Halbmesser w?

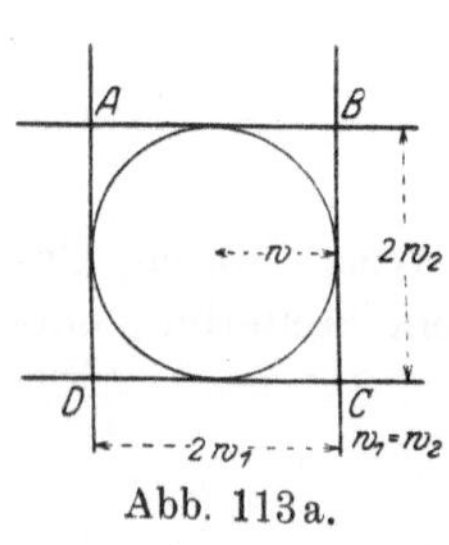

Abb. 113a.

Hier ist $R = w_1 = w_2 = w = 0{,}6745\,\mu$ (vgl. § 63 oder § 66);

$$= \frac{0{,}6745}{\sqrt{2}} \cdot \mu_r \text{ (s. oben)} = \frac{0{,}6745}{\sqrt{2}} \cdot \frac{w_r}{0{,}83255} \text{ (s. oben)},$$

$$= \frac{0{,}6745}{\sqrt{2}} \cdot \frac{R_{50}}{0{,}83255} .$$

Dabei bedeutet nach dem Obigen R_{50} die wahrscheinliche radiale Abweichung oder $2R_{50}$ den Durchmesser des Kreises, der $50^0/_0$ Treffer faßt.

Man hat also in den obigen Hauptformeln entweder

$$\frac{R}{R_{50}} = \frac{0{,}6745}{\sqrt{2}\cdot 0{,}83255} \quad \text{oder} \quad \frac{R}{\mu_r} = \frac{0{,}6745}{\sqrt{2}}$$

zu setzen und erhält rd. $20^0/_0$ Treffer in dem Kreis mit Halbmesser $w_1 = w_2 = w$.

Eine kleine Tabelle für $\left(1 - 0{,}5^{\frac{R^2}{R_{50}^2}}\right)\cdot 100$ in Funktion von $\frac{R}{R_{50}}$ sei nebenstehend (S. 445) angefügt.

Zahlenbeispiel. Eine Pistole sei auf den Mittelpunkt einer in bestimmter Entfernung aufgestellten Ringscheibe genau eingeschossen; der 50prozentige Streuungsdurchmesser betrage hierbei 0,5 m. Die mit 12, 11, 10, 9, 8, 7, 6 bezeichneten Ringe haben bzw. die Radien 5, 10, 15, 20, 25, 30, 35 cm. Wieviel Treffer unter 1000 Schüssen sind innerhalb der einzelnen Kreisflächen und innerhalb der einzelnen Ringflächen zu erwarten?

$$2R_{50} = 50 \text{ cm}, \quad R_{50} = 25 \text{ cm}.$$

Kreisfläche bis Ring Nummer 12, $\dfrac{R}{R_{50}} = \dfrac{5}{25} = 0{,}2$, dazu gehören 2,73 %

„ „ „ „ 11, „ $\dfrac{10}{25} = 0{,}4$, „ „ 10,50 %

„ „ „ „ 10, „ $\dfrac{15}{25} = 0{,}6$, „ „ 22,08 %

„ „ „ „ 9, „ $\dfrac{20}{25} = 0{,}8$, „ „ 35,82 %

„ „ „ „ 8, „ $\dfrac{25}{25} = 1{,}0$, „ „ 50 %

„ „ „ „ 7, „ $\dfrac{30}{25} = 1{,}2$, „ „ 63,14 %

„ „ „ „ 6, „ $\dfrac{35}{25} = 1{.}4$, „ „ 74,30 %

also in der Ringfläche

Nummer	12	11	10	9	8	7	6
Treffer	27	105—27 = 78	221—105 = 116	358—221 = 137	500—358 = 142	631—500 = 131	743—631 = 112

zusammen innerhalb der Ringe 743 Treffer, also außerhalb 257.

$\dfrac{\text{Kreisradius } R}{50\,\text{proz. Streuungshalbmesser } R_{50}} =$						0,1	0,2	0,3	0,4	0,5	0,6
Trefferprozente =						0,69	2,73	6,04	10,50	15,91	22,08
0,7	0,8	0,9	1	1,1	1,2	1,3	1,4	1,5	1,6	1,7	1,8
28,80	35,82	42,96	50,00	56,77	63,14	69,01	74,30	78,98	83,04	86,51	89,42
1,9	2	2,1	2,2	2,3	2,4	2,5	2,6	2,7	2,8	2,9	3
91,81	93,75	95,29	96,51	97,44	98,15	98,69	99,07	99,37	99,56	99,71	99,80

§ 72. Wahrscheinlichkeit, eine gegebene elliptische Scheibe oder eine Scheibe von beliebigem Umriß zu treffen.

A. Elliptische Scheibe.

Die Koordinatenachsen der x und y seien die Symmetrieachsen des Treffbilds. Die mittleren quadratischen Abweichungen in Richtung der x- bzw. y-Achse mögen gleich μ_1 bzw. μ_2 und daraus die wahrscheinlichen Abweichungen gleich w_1 bzw. w_2 bestimmt sein. Dann gibt es eine unendliche Schar von Ellipsen, für die das Achsenverhältnis konstant gleich $\mu_1 : \mu_2$ oder $w_1 : w_2$ ist und die folglich unter sich ähnlich sind. Unter diesen Ellipsen sei eine bestimmte CDC_1D_1 dadurch gegeben, daß ihre Halbachsen $OC = \lambda\mu_1$ und $OD = \lambda\mu_2$ sind; mit dem Wert von λ ist diese Ellipse gegeben, und es handelt sich darum, wieviel Prozent Treffer sie aufnehmen wird.

Zu diesem Zweck zerlegen wir die gegebene Ellipsenfläche in geeigneter Weise in Flächenelemente df, berechnen die Anzahl Treffer, die auf ein solches Element df entfallen, und erhalten durch Integration die Trefferzahl für die gegebene Ellipse $C D C_1 D_1$.

Am zweckmäßigsten wählt man ein solches Flächenelement in der Form einer unendlich schmalen elliptischen Ringfläche $A B A_1 B_1$, deren begrenzende Ellipsen zu der erwähnten Schar von ähnlichen Ellipsen gehören. Denn es läßt sich leicht zeigen, daß entlang einer jeden solchen Ellipse die Treffwahrscheinlichkeit gleich groß ist (Kurve gleicher Wahrscheinlichkeit des Treffens):

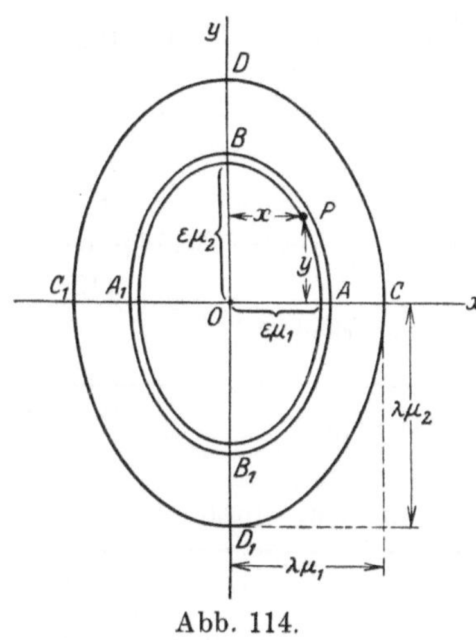

Abb. 114.

Die Wahrscheinlichkeit, ein unendlich kleines Flächenelement $dx \cdot dy$ (Punkt P) zu treffen, hatte sich gefunden gleich

$$\frac{h_1}{\sqrt{\pi}} e^{-h_1^2 x^2} \cdot dx \cdot \frac{h_2}{\sqrt{\pi}} e^{-h_2^2 y^2} \cdot dy,$$

wobei

$$h_1 = \frac{1}{\mu_1 \sqrt{2}} \quad \text{und} \quad h_2 = \frac{1}{\mu_2 \sqrt{2}},$$

also auch gleich

$$\frac{1}{2\pi \mu_1 \mu_2} e^{-\frac{1}{2}\left(\frac{x^2}{\mu_1^2} + \frac{y^2}{\mu_2^2}\right)} \cdot dx \cdot dy$$

ist. Läßt man nun den Punkt (xy) und damit das Flächenelement $dx \cdot dy$ sich in der Ebene so ändern, daß P auf der Ellipse $A B A_1 B_1$ mit den Halbachsen $\varepsilon \mu_1$ und $\varepsilon \mu_2$ verbleibt, d. h. so, daß $\dfrac{x^2}{(\varepsilon \mu_1)^2} + \dfrac{y^2}{(\varepsilon \mu_2)^2} = 1$ oder $\dfrac{x^2}{\mu_1^2} + \dfrac{y^2}{\mu_2^2} = \varepsilon^2$ bleibt, so ist die erwähnte Wahrscheinlichkeit konstant; denn der Wert ε ist entlang der Ellipse konstant; diese ist eben durch ε gegeben, und μ_1, μ_2 sind gleichfalls gegebene Zahlen.

Denkt man sich also über alle Elemente $dx \cdot dy$ des elliptischen Rings $A B A_1 B_1$ integriert, so ergibt sich die Wahrscheinlichkeit, diesen unendlich schmalen Ring zu treffen, gleich $\dfrac{1}{2\pi \mu_1 \mu_2} e^{-\frac{1}{2}\varepsilon^2} \cdot df$. Dabei ist df die Fläche dieses Rings.

Ein Ausdruck für df läßt sich folgendermaßen finden. Die innere Ellipse des Rings hat die Halbachsen $\varepsilon \mu_1$ und $\varepsilon \mu_2$, die äußere die Halbachsen $(\varepsilon + d\varepsilon)\mu_1$ und $(\varepsilon + d\varepsilon)\mu_2$. Nun ist die Fläche einer Ellipse von den Halbachsen a und b gleich $ab\pi$, also hat die innere

Ellipse des Rings $AB A_1 B_1$ den Flächeninhalt

$$f = \varepsilon\,\mu_1 \cdot \varepsilon\,\mu_2 \cdot \pi = \mu_1\,\mu_2\,\pi \cdot \varepsilon^2.$$

Hiervon ist df das Differential. Also $df = 2\,\mu_1\,\mu_2\,\pi \cdot \varepsilon \cdot d\varepsilon$.

Damit wird der Ausdruck für die Wahrscheinlichkeit, den unendlich schmalen Ring zu treffen, gleich

$$\frac{1}{2\,\pi\,\mu_1\,\mu_2} \cdot e^{-\frac{1}{2}\varepsilon^2} \cdot 2\,\mu_1\,\mu_2\,\pi \cdot \varepsilon \cdot d\varepsilon = e^{-\frac{1}{2}\varepsilon^2} \cdot \varepsilon \cdot d\varepsilon,$$

oder unter n Schüssen werden $n \cdot e^{-\frac{1}{2}\varepsilon^2} \cdot \varepsilon \cdot d\varepsilon$ Treffer in den Ring fallen. Wird dieser Ausdruck über das ganze Gebiet der gegebenen Ellipse $CD C_1 D_1$ integriert, d. h. von $\varepsilon = 0$ bis $\varepsilon = \lambda$, so erhält man

$$n \int\limits_{\varepsilon=0}^{\varepsilon=\lambda} e^{-\frac{\varepsilon^2}{2}} \cdot \varepsilon \cdot d\varepsilon = n\left(1 - e^{-\frac{\lambda^2}{2}}\right)$$

als Trefferzahl bezüglich dieser Ellipsenfläche.

Zusammenfassung. Diejenige Ellipse, die die Halbachsen

$$OC = \lambda\,\mu_1 = \lambda \cdot 1{,}483 \cdot w_1 \quad \text{und} \quad OD = \lambda\,\mu_2 = \lambda \cdot 1{,}483 \cdot w_2$$

in den Richtungen der Symmetrieachsen des Trefferbilds besitzt (λ eine beliebige reelle Zahl) und deren Mittelpunkt mit dem mittleren Treffpunkt zusammenfällt, nimmt $100\left(1 - e^{-\left(\frac{\lambda}{\sqrt{2}}\right)^2}\right)$ **Prozent Treffer auf. Außerhalb der Ellipse** liegen $100 \cdot e^{-\left(\frac{\lambda}{\sqrt{2}}\right)^2}$ **Prozent Treffer.**

Soll die Ellipse $CD C_1 D_2$ insbesondere die wahrscheinliche Abweichungsellipse vorstellen, die $50^0/_0$ Treffer aufnimmt, so muß $\frac{n}{2} = n\left(1 - e^{-\frac{\lambda^2}{2}}\right)$ oder $\lambda = \sqrt{2\log\mathrm{nat}\,2} = 1{,}1774$ sein, d. h. die Ellipse mit den Halbachsen $1{,}177\,\mu_1$ und $1{,}177\,\mu_2$ wird die bessere Hälfte aller Schüsse enthalten.

Auf diese Weise lassen sich die Halbachsen der zu irgendwelchen vorgeschriebenen Trefferprozenten gehörigen Ellipse errechnen aus der Schar der ähnlichen Ellipsen, deren Halbachsen im konstanten Verhältnis $\mu_1 : \mu_2 = w_1 : w_2$ stehen. Unter dieser Schar von ähnlichen Ellipsen befindet sich auch diejenige Ellipse, die den natürlichen Umriß des Trefferbilds darstellt; denn die Maximalabweichungen $M_1 = $ etwa $3 \cdot w_1$ und $M_2 = $ etwa $3 \cdot w_2$ in den beiden Achsenrichtungen stehen in demselben Verhältnis $\mu_1 : \mu_2 = w_1 : w_2$. Folglich stellen die erwähnten Ellipsen die kleinsten Scheiben dar, deren Flächen vorgeschriebene Trefferprozente enthalten können.

Die unendlich vielen konzentrischen und ähnlichen Ellipsen, die zu den verschiedenen Werten von λ gehören, können aufgefaßt werden als die horizontalen Schichtlinien eines ellipsoidischen Trefferbergs. Jede einzelne stellt ein größeres oder kleineres Bild der Trefferverteilung dar. Unter ihnen sind in der Mathematik und Ballistik besonders drei hervorgehoben worden, wovon eine oben schon erwähnt wurde:

a) Mit $\lambda = 1$ hat man die Ellipse von den Halbachsen μ_1 und μ_2. Sie heißt nach Helmert die mittlere Fehlerellipse; die Anzahl Treffer, die sie aufnimmt, ist

$$100 \cdot \left(1 - e^{-\frac{1}{2}}\right) = 39,35\,^0/_0.$$

Es läßt sich zeigen, daß die mittlere quadratische Abweichung μ für irgendeine bestimmte Richtung gleich ist dem Abstand einer zu dieser Richtung senkrechten Tangente der Ellipse von deren Mittelpunkt.

b) Mit $\lambda = \sqrt{2 \cdot \log nat\, 2} = 1{,}1774$ liegt die schon erwähnte Ellipse vor, die die Halbachsen $1{,}1774\,\mu_1$ und $1{,}1774\,\mu_2$ besitzt und $100 \cdot (e^{-\log nat\, 2}) = 100 \cdot (1 - \frac{1}{2}) = 50\,^0/_0$ Treffer faßt. Sie heißt deshalb häufig die 50 prozentige Streuungsellipse.

c) Mit $\lambda = 0{,}6745$ (vgl. § 66) ist die Ellipse mit den Halbachsen $0{,}6745\,\mu_1 = w_1$ und $0{,}6745\,\mu_2 = w_2$ gegeben. Ihre Achsen sind also die 50 prozentigen Streuungen $2\,w_1$ und $2\,w_2$, in Richtung der Achsen gemessen. Sie enthält $100 \cdot \left(1 - e^{-\frac{0{,}6745^2}{2}}\right) = $ rd. $20\,^0/_0$ Treffer; ein Ergebnis, das auch noch gilt, wenn die Ellipse in einen Kreis übergeht, also $w_1 = w_2$ ist, und das bereits oben in § 71 erhalten wurde. Für irgendeine Richtung wird bei dieser Ellipse die 50 prozentige Streuung erhalten als der Abstand der zu der Richtung senkrechten Tangenten. Der Abstand ihrer lotrechten Tangenten ist also die 50 prozentige Längenstreuung; der Abstand ihrer wagrechten Tangenten ist die 50 prozentige Höhenstreuung des Treffer- oder Sprengpunktsbilds.

Eine kleine Tabelle für $100 \left(1 - e^{-\left(\frac{\lambda}{\sqrt{2}}\right)^2}\right)$ in Funktion von $\dfrac{\lambda}{\sqrt{2}}$ und umgekehrt ist die folgende:

$\dfrac{\lambda}{\sqrt{2}} =$			0,00	0,10	0,20	0,30	0,40
$100 \left(1 - e^{-\left(\frac{\lambda}{\sqrt{2}}\right)^2}\right) = \,^0/_0$			0,00	0,99	3,92	8,61	14,79
0,50	0,60	0,70	0,80	0,90	1,0	1,2	1,4
22,12	30,23	38,74	47,27	55,51	63,21	76,31	85,91
1,6	1,8	2,0	2,2	2,4	2,6	2,8	3,0
92,27	96,08	98,17	99,21	99,68	99,88	99,96	99,99

Umgekehrt:

$100\left(1-e^{-\frac{\lambda^2}{2}}\right) =$	$10\,^0/_0$	$20\,^0/_0$	$30\,^0/_0$	$40\,^0/_0$
$\dfrac{\lambda^2}{2} =$	0,10537	0,22315	0,35668	0,51083

$50\,^0/_0$	$60\,^0/_0$	$70\,^0/_0$	$80\,^0/_0$	$90\,^0/_0$
0,69315	0,91630	1,20398	1,60944	2,30259

Auf diese Weise ließen sich für eine bestimmte Handfeuerwaffe und je für eine bestimmte Scheibenentfernung elliptische Ringscheiben konstruieren, deren einzelne Ringe den tatsächlichen Höhen- und Breitenstreuungen angepaßt wären und deren Ringflächen bestimmte Trefferprozente aufnehmen sollen.

Die vorstehenden Entwicklungen lassen sich auf den Raum ausdehnen (mittleres, wahrscheinliches Trefferellipsoid usw.). Wegen der zur Zeit noch geringen praktischen Bedeutung sei hiervon abgesehen.

B. Beliebig begrenzte Scheibe.

In § 70 ergab sich, daß die Wahrscheinlichkeit, eine gegebene ebene Scheibe zu treffen, durch das folgende, über die Randlinie der Scheibe zu erstreckende Doppelintegral ausgedrückt ist:

$$\frac{h_1 h_2}{\pi} \cdot \int\int e^{-(h_1{}^2 x^2 + h_2{}^2 y^2)} \cdot dx\, dy\,.$$

Dieses Doppelintegral konnte, wie sich in § 70 bis 72 gezeigt hat, nicht nur für eine rechteckige, sondern auch für eine kreisförmige bzw. elliptische Begrenzung verhältnismäßig einfach ausgeführt werden, falls der mittlere Treffpunkt im Mittelpunkt des Kreises bzw. der Ellipse liegt.

Wenn es sich jedoch um unregelmäßig begrenzte Scheibenflächen handelt, z. B. um Figurenscheiben, wie sie zur Darstellung gefechtsmäßiger Ziele der Infanterie üblich sind, so ist es überhaupt nicht möglich, das Doppelintegral in endlicher geschlossener Form analytisch auszuwerten. Man behalf sich bis jetzt damit, anzunehmen, der mittlere Treffpunkt falle nahezu mit dem Schwerpunkt der Figurenscheibe zusammen und man könne diese durch eine ihr flächengleiche Kreisscheibe oder Rechtecksscheibe ersetzen, in deren Mittelpunkt der mittlere Treffpunkt gelegen ist.

Erst in neuester Zeit hat R. Rothe (Berlin) zwei graphisch-mechanische Verfahren entwickelt, die gestatten, für eine beliebig begrenzte Scheibe, bei beliebig gegebenen Streuungsverhältnissen, bei beliebiger Lage der Gruppierungsachsen und bei willkürlicher Annahme des mittleren Treffpunkts die auf die Scheibe entfallenden

Trefferprozente zu ermitteln, und zwar mit einer weitaus genügenden, an Zahlenbeispielen geprüften Genauigkeit.

Zu diesem Zweck wird zunächst durch Einführung neuer Veränderlicher an Stelle von $h_1 x$ und $h_2 y$ das Doppelintegral in das einfachere

$$\frac{1}{\pi} \cdot \int \int e^{-(x^2+y^2)} \cdot dx\, dy$$

umgewandelt. Sodann wird das von R. Rothe entwickelte allgemeine Verfahren benützt, mit Hilfe des Planimeters ein beliebig gegebenes, über eine bestimmte Randkurve sich erstreckendes Doppelintegral

$$\int \int f(x, y) \cdot dx\, dy$$

auszuwerten.

Dieses Verfahren besteht kurz ausgedrückt in folgendem: Man stellt zunächst eine Karte der Fläche $z = f(x, y)$ durch deren Schichtlinien $z =$ konst. dar, zeichnet darin die Randlinie des Integrals ein, bestimmt mit dem Planimeter für genügend viele Höhen z die Querschnitte des über der Randlinie errichteten zylindrischen Körpers, trägt diese als Ordinaten zu den Abszissen z in einer neuen Zeichnung auf, verbindet ihre Endpunkte durch eine glatte Kurve und bestimmt wieder mit dem Planimeter den algebraischen Flächeninhalt, der von dieser Kurve, von den beiden äußersten Ordinaten und von der Abszissenachse begrenzt wird.

R. Rothe hat dieses Verfahren für mehrere Beispiele durchgeführt, u. a. für eine Brustscheibe der Infanterie von 1283 qcm Fläche. Dabei ergab sich eine Treffwahrscheinlichkeit von 0,662, während die Annahme einer flächengleichen Kreisscheibe den zu großen Wert 0,754 liefert.

Auch auf die Treffwahrscheinlichkeit eines räumlich ausgedehnten Ziels kann das Rothesche planimetrische Verfahren ausgedehnt werden.

Endlich hat R. Rothe gezeigt, wie derjenige Punkt der Scheibe ermittelt werden kann, in dem der mittlere Treffpunkt angenommen werden muß und wie die Scheibe orientiert werden muß, damit die Treffwahrscheinlichkeit ihren größten Wert annimmt.

Auf die näheren Einzelheiten kann hier nicht eingegangen werden. Denjenigen Ballistikern, an die derartige Fragen herantreten, möge die sehr eingehende und klar geschriebene Arbeit von R. Rothe selbst empfohlen werden (vgl. Lit.-Note).

§ 73. Verwendung der Gaußschen Methode der kleinsten Fehlerquadratsumme in der Ballistik.

A. Aufstellung von empirischen ballistischen Gesetzen, von Interpolationsformeln usw. Erstes Verfahren.

Der Zweck, um den es sich hier handelt, und das Verfahren selbst dürfte am besten an der Hand eines einfachen Beispiels zu erläutern sein:

Es seien für die Schußweiten $X = 1, 2, 3, 4, 5, 6$ km bzw. die Flugzeiten $T = 2,70;\ 6,20;\ 10,30;\ 15,20;\ 21,40;\ 30,30$ sec gemessen worden. Man wünscht eine Beziehung zwischen Schußweite X und Flugzeit T (für irgendeine theoretische Untersuchung oder auch für die Berechnung von Zwischenwerten) zu gewinnen; und zwar sei die Form gewählt:

$$T = AX + BX^2.$$

Zur Ermittlung der zwei unbekannten Koeffizienten A und B hat man, da sechs Beobachtungen vorliegen, sechs Bestimmungsgleichungen, nämlich:

$$2,7 = 1 \cdot A + 1^2 \cdot B; \quad 6,2 = 2A + 2^2 \cdot B; \quad 10,3 = 3A + 3^2 \cdot B;$$
$$15,2 = 4A + 4^2 \cdot B \ \text{usw.}$$

Nimmt man etwa nur die zwei ersten Gleichungen, so wird $A = 2,3$ und $B = 0,4$, so daß die Beziehung lautet:

$$T = 2{,}3\,X + 0{,}4 \cdot X^2. \tag{1}$$

Stellt man die aus dieser Gleichung berechneten Flugzeiten T den gemessenen Flugzeiten T gegenüber, so werden die Fehler f die folgenden:

gemessen:	$T =$	2,7	6,2	10,3	15,2	21,4	30,3 ,
berechnet:	$T =$	2,7	6,2	10,5	15,6	21,5	28,2 ,
also Fehler:	$f = \pm\,0$	$+\,0$	$+\,0{,}2$	$+\,0{,}4$	$+\,0{,}1$	$-\,2{,}1$;

$$\textstyle\sum (f^2) = 0{,}2^2 + 0{,}4^2 + 0{,}1^2 + 2{,}1^2 = 4{,}6_2 .$$

Es gilt, in zweckmäßigster Weise alle Beobachtungen zu verwerten oder die Fehler f auf die ganze Beobachtungsreihe zu verteilen, oder sie auszugleichen. Dies geschieht mit der Methode der kleinsten Fehlerquadratsumme: Die Koeffizienten A und B müssen so bestimmt werden, daß die Fehlerquadratsumme $\sum (f^2)$ und daher auch der mittlere Fehler so klein als möglich wird (das rechnerische Verfahren, um das es sich handelt, ist also analog dem bekannten graphischen, bei dem man eine mittlere Kurve durch die beobachteten Punkte legt, und ist damit häufig gleichwertig). Denkt man sich A und B bestimmt, so sind die zu den einzelnen X berechneten Flugzeiten $T = AX + BX^2$; die Fehler sind die Differenzen zwischen diesen berechneten und den gemessenen Flugzeiten, somit ist die Summe der Fehlerquadrate, die ein Minimum werden soll:

$$(1 \cdot A + 1^2 \cdot B - 2{,}7)^2 + (2 \cdot A + 2^2 \cdot B - 6{,}2)^2$$
$$+\ (3A + 3^2 \cdot B - 10{,}3)^2 + \cdots .$$

Nach den Regeln für Maxima und Minima zweier Veränderlicher hat man diesen Ausdruck partiell nach A und nach B abzuleiten und diese Ableitungen je der Null gleichzusetzen. Dies gibt die folgenden zwei Gleichungen für A und B:

$$(A + B - 2{,}7) + 2(2A + 4B - 6{,}2) + 3(3A + 9B - 10{,}3) + \cdots = 0$$
$$(A + B - 2{,}7) + 4(2A + 4B - 6{,}2) + 9(3A + 9B - 10{,}3) + \cdots = 0$$

oder

$$A(1 + 4 + 9 + \cdots) + B(1 + 8 + 27 + \cdots)$$
$$= 2{,}7 + 2 \cdot 6{,}2 + 3 \cdot 10{,}3 + \cdots$$
$$A(1 + 4 \cdot 2 + 9 \cdot 3 + \cdots) + B(1^2 + 4^2 + 9^2 + \cdots)$$
$$= 2{,}7 + 4 \cdot 6{,}2 + 9 \cdot 10{,}3 + \cdots$$

Aus diesen beiden Gleichungen:

$$91\,A + 441\,B = 395{,}6 \quad \text{und} \quad 441\,A + 2275\,B = 1989{,}2$$

folgt

$$A = 1{,}81388 \quad \text{und} \quad B = 0{,}52276 ;$$

also ist die gesuchte Beziehung

$$T = 1{,}81388\,X + 0{,}52276 \cdot X^2. \tag{2}$$

Dieses empirische Gesetz zwischen Schußweite und Flugzeit gestattet, für die betreffenden Schußverhältnisse zu irgendeiner Entfernung die Flugzeit rechnerisch zu interpolieren. Was den mittleren Fehler einer solchen einzelnen Flugzeitermittlung anlangt, so ist dieser folgendermaßen zu erhalten: Berechnet man aus (2) zu $X = 1, 2, 3, \ldots$ die Flugzeiten, so hat man:

beobachtete Flugzeiten:

| 2,7 | 6,2 | 10,3 | 15,2 | 21,4 | 30,3 , |

berechnete Flugzeiten:

| 2,33664 | 5,71880 | 10,14648 | 15,61968 | 22,13840 | 29,70264 , |

also Fehler f:

| 0,36336 | 0,48120 | 0,15352 | 0,41968 | 0,73840 | 0,59736 , |

Fehlerquadrat f^2:

| 0,13203 | 0,23156 | 0,02357 | 0,17613 | 0,54523 | 0,35685 . |

Die Summe der Fehlerquadrate $\sum (f^2)$ wird $= 1{,}46537$ und ist kleiner als bei irgendeiner anderen Bestimmung von A und B (z. B. bei der Bestimmung von (1) hatte sich $\sum (f^2) = 4{,}62$ ergeben).

Wie ohne Beweis angegeben sein möge, ist der mittlere quadratische Fehler $\mu = \sqrt{\dfrac{\sum (f^2)}{n - m}}$, wo n die Zahl der Beobachtungen und m die Zahl der zu bestimmenden Koeffizienten bedeutet; also hier $\mu = \sqrt{\dfrac{\sum (f^2)}{6 - 2}} = \sqrt{\dfrac{1{,}46537}{4}} = 0{,}605$; dieser Fehler μ oder auch der wahrscheinliche Fehler w ist damit zu einem Minimum gemacht — wohlgemerkt unter Voraussetzung der Funktionsform $AX + BX^2$.

B. Zweites Verfahren.

Die im vorhergehenden besprochene Aufgabe kann auch folgendermaßen behandelt werden:

Gesucht ist eine Funktion $T = \varphi(X, X^2, A, B)$. Man ermittle für die unbekannten Koeffizienten A und B zunächst **Näherungswerte**; diese seien bezeichnet mit $\bar{A}$ und $\bar{B}$. Sie mögen z. B. aus den beiden ersten Beobachtungen ($X = 1$, $T = 2{,}7$ und $X = 2$, $T = 6{,}2$) bestimmt sein zu $\bar{A} = 2{,}3$ und $\bar{B} = 0{,}4$.

Diese Näherungswerte werden nun **verbessert** durch α bzw. β, so daß man hat: $A = \bar{A} + \alpha$ und $B = \bar{B} + \beta$. Der wahre Wert von T ist folglich

$$T = \varphi(\bar{A} + \alpha, \bar{B} + \beta),$$

oder wenn man die Entwicklung nach **Taylor** anwendet und nach dem 3. Glied abbricht,

$$T = \varphi(\bar{A} + \alpha, \bar{B} + \beta) = \varphi(\bar{A}, \bar{B}) + \alpha \cdot \frac{\partial \varphi}{\partial A} + \beta \cdot \frac{\partial \varphi}{\partial B}.$$

Hier bedeutet $\varphi(\bar{A}, \bar{B})$ den Näherungswert von T, der sich bei Verwendung von $\bar{A}$ und $\bar{B}$ ergibt und der mit $\bar{T}$ bezeichnet sein möge. Also ist

$$T - \bar{T} = \alpha \cdot \frac{\partial \varphi}{\partial A} + \beta \cdot \frac{\partial \varphi}{\partial B}.$$

Aber im vorliegenden Falle ist $\varphi = AX + BX^2$, also $\dfrac{\partial \varphi}{\partial A} = X$, $\dfrac{\partial \varphi}{\partial B} = X^2$; folglich

$$T - \bar{T} = \alpha X + \beta X^2.$$

Dem obigen zufolge liegen die nachstehenden Werte der Fehler $T - \bar{T} = \varkappa$ der Flugzeiten zu den Schußweiten X vor:

$T - \bar{T} = \varkappa$	X
0	1
0	2
$-\,0{,}2$	3
$-\,0{,}4$	4
$-\,0{,}1$	5
$+\,2{,}1$	6

Man hat also in der Gleichung $\varkappa = \alpha X + \beta X^2$ nunmehr die Koeffizienten α und β mit der Methode der kleinsten Fehlerquadratsumme zu ermitteln.

Es soll sein:

$$(\alpha \cdot 1 + \beta \cdot 1^2 - 0)^2 + (\alpha \cdot 2 + \beta \cdot 2^2 - 0)^2 + (\alpha \cdot 3 + \beta \cdot 3^2 + 0{,}2)^2 + \cdots = \text{Min.}$$

Man verfährt also zur Berechnung von α und β ebenso, wie oben unter A. zur Berechnung von A und B verfahren wurde, und hat

$$\begin{cases} 91\cdot\alpha + 441\cdot\beta = 9{,}9, \\ 441\cdot\alpha + 2275\cdot\beta = 64{,}9. \end{cases}$$

Daraus ergibt sich $\alpha = -0{,}4862$ und $\beta = +0{,}1228$. Folglich sind die verbesserten Werte der Koeffizienten A und B die folgenden:

$$A = \bar{A} + \alpha = 2{,}3 - 0{,}4862 = 1{,}8138,$$
$$B = \bar{B} + \beta = 0{,}4 + 0{,}1228 = 0{,}5228.$$

Danach wird die gesuchte Beziehung zwischen Flugzeit T und Schußweite X:

$$T = 1{,}81\cdot X + 0{,}52\cdot X^2, \quad \text{wie oben.}$$

Die Richtigkeit dieses Verfahrens läßt sich auch ohne Taylorsche Entwicklung wie folgt einsehen: Es seien Näherungwerte $\bar{A}$ und $\bar{B}$ gefunden, wozu Näherungswerte $\bar{T}$ von T gehören, also

$$\bar{T} = \bar{A}\cdot X + \bar{B}\cdot X^2:$$

während die richtige Beziehung sein soll;

$$T = A\cdot X + B\cdot X^2.$$

Durch Subtraktion erhält man

$$T - \bar{T} = (A - \bar{A})\cdot X + (B - \bar{B})\cdot X^2 \quad \text{oder} \quad \varkappa = \alpha\cdot X + \beta\cdot X^2.$$

C. Fall von transzendenten Gleichungen.

Das unter B. beschriebene Verfahren muß angewendet werden, wenn es sich um Gleichungen handelt, die nicht ohne Näherungsverfahren gelöst werden können.

Z. B. stelle man sich die Aufgabe, die Beziehung zwischen y und x in der Form

$$y = A\cdot x^B + C$$

zu gewinnen.

Es seien zu den Werten $x_1, x_2, \ldots$ die Werte $y_1, y_2, \ldots$ gemessen. Dann müßte man die Konstanten A, B, C aus der Bedingung

$$(A\cdot x_1{}^B + C - y_1)^2 + (A\cdot x_2{}^B + C - y_2)^2 + \cdots = \text{Min.}$$

zu erhalten suchen, also aus den drei Gleichungen:

$$\begin{cases} x_1{}^B(A\cdot x_1{}^B + C - y_1) + x_2{}^B(A\cdot x_2{}^B + C - y_2) + \cdots = 0, \\ x_1{}^B\cdot\log x_1\,(A\cdot x_1{}^B + C - y_1) + x_2{}^B\cdot\log x_2\,(A\cdot x_2{}^B + C - y_2) + \cdots = 0, \\ A\cdot x_1{}^B + C - y_1 + A\cdot x_2{}^B + C - y_2 + \cdots = 0. \end{cases}$$

Diese Gleichungen lassen sich jedoch nur genähert auflösen.

Man sucht daher zunächst ein Tripel von Näherungswerten $\bar{A}$, $\bar{B}$, $\bar{C}$.

Dies kann etwa in der folgenden Weise geschehen: Man trägt zu den aus der Beobachtung vorliegenden Werten $x_1, x_2, \ldots$ die gemessenen Werte $y_1, y_2, \ldots$ in einem Schaubild auf und legt eine Kurve durch die erhaltenen Punkte. Alsdann mißt man etwa in den beiden ersten Punkten je das Gefälle p der Kurve (die Tangentenneigung). Da allgemein $\dfrac{dy}{dx} = p = A \cdot B \cdot x^{B-1}$ sein soll, so bestehen für die beiden gemessenen Werte p_1 und p_2 des Kurvengefälles die Gleichungen:

$$p_1 = A \cdot B \cdot x_1^{B-1} \quad \text{und} \quad p_2 = A \cdot B \cdot x_2^{B-1}.$$

Daraus hat man A und B und aus $y_1 = A \cdot x_1^{B} + C$ den Wert von C. Diese so erhaltenen Werte von A, B, C sind alsdann die Näherungswerte $\bar{A}$, $\bar{B}$, $\bar{C}$.

Zu diesen Näherungswerten berechnen sich aus der vorgelegten Gleichung $y = A \cdot x^B + C$ die betreffenden einzelnen Näherungswerte von y, nämlich: $\bar{y} = \bar{A} \cdot x^{\bar{B}} + \bar{C}$.

Nunmehr werden Verbesserungen α, β, γ eingeführt, so daß

$$y = \varphi(\bar{A} + \alpha,\ \bar{B} + \beta,\ \bar{C} + \gamma), \quad y - \bar{y} = \alpha \cdot \frac{\partial \varphi}{\partial A} + \beta \cdot \frac{\partial \varphi}{\partial B} + \gamma \cdot \frac{\partial \varphi}{\partial C}.$$

Dabei ist hier $\dfrac{\partial \varphi}{\partial A} = x^{\bar{B}}$; $\quad \dfrac{\partial \varphi}{\partial B} = \bar{A} \cdot \log x \cdot x^{\bar{B}}$; $\quad \dfrac{\partial \varphi}{\partial C} = 1$.

Folglich hängen die Fehler $y - \bar{y}$ von y mit den Werten x durch die folgende Gleichung zusammen

$$y - \bar{y} = \alpha \cdot x^{\bar{B}} + \beta \cdot \bar{A} \cdot \log x \cdot x^{\bar{B}} + \gamma.$$

Da hier die zu bestimmenden Verbesserungen α, β, γ in der 1. Potenz vorkommen, lassen sie sich nach dem Verfahren von A. berechnen.

Die genaueren Werte der Konstanten A, B, C sind alsdann

$$\bar{A} + \alpha, \quad \bar{B} + \beta, \quad \bar{C} + \gamma.$$

Unter Umständen wird mit diesen verbesserten Werten die Rechnung wiederholt.

D. Zweckmäßigste Verwendung der Munition bei Aufstellung von Schußtafeln.

Bei großkalibrigen Geschützen entsteht mitunter die Frage nach der zweckmäßigen Verwendung der zur Verfügung stehenden Munition. Soll z. B. eine Schußtafel erschossen werden und handelt es sich insbesondere darum, für mehrere Erhöhungswinkel die Schußweiten zu erschießen, so ist zu überlegen, ob man je nur wenige Geschosse auf möglichst viele Entfernungen oder je eine größere Anzahl von Geschossen auf wenige Entfernungen verwenden soll.

E. Vallier (vgl. Lit.-Note) schlägt vor, eine Schußtafel nicht auf möglichst vielen Entfernungen mit einer nur ganz geringen Anzahl von Schüssen zu erschießen, sondern lieber auf wenigen Entfernungen mit je einer größeren Anzahl von Schüssen. Auf Grund der Wahrscheinlichkeitslehre gelangt er im einzelnen zu den folgenden Angaben für mittlere Kaliber:

Wenn weniger als 16 Schuß zur Verfügung stehen: Schießen auf einer einzigen Entfernung, einschließlich der Messung der Anfangsgeschwindigkeit v_0 und des Abgangsfehlers.

Wenn 16 bis 24 Schuß verfügbar sind: auf 2 Entfernungen, samt der v_0-Messung usw.

Wenn 24 bis 40 Schuß verfügbar sind: auf 3 Entfernungen, samt der v_0-Messung usw.

Und bei großen Kalibern verringern sich die Schußzahlen auf je etwa $\frac{1}{3}$.

Die günstigsten Entfernungen X, auf denen dabei die Beschüsse stattfinden sollen. ergeben sich aus der folgenden Tabelle, in der W die größte überhaupt in Betracht kommende Entfernung bedeutet.

Bei der folgenden Anzahl von Beschüssen	Die zu wählenden Entfernungen X				
1	0 (d. h. v_0-Messung				
2	0	$0{,}828 \cdot W$			
3	0	$0{,}464 \cdot W$	$0{,}928 \cdot W$		
4	0	$0{,}281 \cdot W$	$0{,}679 \cdot W$	$0{,}960 \cdot W$	
5	0	$0{,}186 \cdot W$	$0{,}4875 \cdot W$	$0{,}790 \cdot W$	$0{,}975 \cdot W$
6	0	$0{,}131 \cdot W$	$0{,}359 \cdot W$	$0{,}622 \cdot W$	$0{,}849 \cdot W$	$0{,}981 \cdot W$

Dies soll gelten, wenn die Anfangsgeschwindigkeit v_0 mit einer Genauigkeit ermittelt wird, die von der Größenordnung ist, mit der auf jeder Entfernung x die Schußweite gemessen wird.

Ist dagegen die Genauigkeit der v_0-Messung eine höhere, so sind

Bei der folgenden Anzahl von Beschüssen	Die zu wählenden Entfernungen X		
1	0 (d. h. v_0-Messung		
2	0	$0{,}894 \cdot W$	
3	0	$0{,}603 \cdot W$	$0{,}952 \cdot W$
4	0	$0{,}415 \cdot W$	$0{,}730 \cdot W$	$0{,}996 \cdot W$

Unter Umständen kann die verfügbare Munition so bemessen sein, daß man die v_0-Messung mit einem Treffpunktslagen-Beschuß auf der kleinen Entfernung x' verbinden muß. In diesem Fall ändert sich die Tabelle in die folgende um:

Bei der folgenden Anzahl von Beschüssen	Die zu wählenden Entfernungen x		
1	x'		
2	x'	$0{,}1057 \cdot x' + 0{,}894 \cdot W$	
3	x'	$0{,}397 \cdot x' + 0{,}603 \cdot W$	$0{,}048 \cdot x' + 0{,}952 \cdot W$
4	x'	$0{,}585 \cdot x' + 0{,}415 \cdot W$	$0{,}270 \cdot x' + 0{,}730 \cdot W$	$0{,}004 \cdot x' + 0{,}996 \cdot W$

Der Entwicklung vorstehender Regeln zufolge gelten diese für irgendwelche ballistische Funktionen. Sollen also z. B. für ein Infanteriegewehr Treffpunktslagen-Beschüsse mit lotrechten Scheiben durchgeführt werden, gilt ferner bezüglich der v_0-Messung die erstgenannte Annahme und beträgt die größte Schußweite der Schußtafel 2000 m, so wäre, wenn 6 (Wiederholungs-)Beschüsse beabsichtigt sind, die Scheibe der Reihe nach etwa in den folgenden Entfernungen aufzustellen:

0 (v_0-Messung zwischen 0 und 50 m); 260 m; 720 m; 1240 m;
1700 m; 1960 m.

Diese Regeln von Vallier werden sich in der Praxis nicht überall anwenden lassen. Immerhin können sie für die Schießversuche, die zur Aufstellung einer Schußtafel bestimmt sind, wertvolle Anhaltspunkte liefern.

Elfter Abschnitt.

Über die Wirkung der Geschosse im Ziel.

§ 74. Eindringen von Infanteriegeschossen und nicht krepierenden Artilleriegeschossen in feste Körper. Berechnung der Eindringungstiefe und Eindringungszeit.

Wenn das Geschoß die Luft durchdringt, erhalten die Luftteilchen Beschleunigungen; diese erzeugen Wellenbewegungen, und da Reibung erfolgt, entstehen Wirbel. Auch beim Eindringen des Geschosses in flüssige, halbflüssige und feste Körper werden Verdichtungswellen entstehen. Doch werden diese Wellen dem Geschoß im allgemeinen voraneilen, da die Geschwindigkeit, mit der sich eine Verdichtungswelle in festen und flüssigen Körpern fortpflanzt, sehr groß ist (Schallgeschwindigkeit in Luft rund 340, in Wasser rund 1440, in Stahl rund 5000 m/sec). Möglicherweise zeigt sich die Wirkung solcher Erschütterungswellen daran, daß, wenn gegen einen Steinblock oder Metallblock geschossen wird, mitunter auf der gegenüberliegenden Seite sich Stücke ablösen.

Neu kommt bei festen (und flüssigen) Körpern hinzu, daß Kohäsionskräfte zu überwinden sind. Beim Eindringen in solche Körper verliert somit das Geschoß seine Energie erstens dadurch, daß den Teilchen Beschleunigungen erteilt werden, die unter sonst gleichen Umständen um so größer sind, je leichter sich die Teilchen gegeneinander verschieben können, also je kleiner deren Reibung ist; zweitens dadurch, daß gegen die Zusammenhangskräfte des Körpers Arbeit geleistet wird. Über das Gesetz des Widerstandes W, den ein Geschoß von der Geschwindigkeit v und dem Querschnitt $R^2\pi$ in solchen Körpern erleidet, sind auf Grund derartiger Überlegungen verschiedene Annahmen gemacht worden:

Euler wählt $W = R^2\pi \cdot a$,

Poncelet $W = R^2\pi\,(a + b\,v^2)$,

Résal $W = R^2\pi\,(a\,v + b\,v^2)$,

T. Levi-Civita nimmt für den Fall einer Stauchung des Geschosses $W = R^2 \pi \cdot (a + b v^2)(1 + k v_0)$. Dabei bedeutet v_0 die Auftreffgeschwindigkeit des Geschosses, a und b sind Konstanten, die von der Beschaffenheit des Materials abhängen, in welches das Geschoß eindringt; k ist eine empirische Konstante.

Mit der Annahme von Poncelet vollzieht sich die Berechnung für das Eindringen des Geschosses in einen festen Körper folgendermaßen:

Auf dem meist kurzen Weg, den das Geschoß in dem Körper zurücklegt, wird die Flugbahn als geradlinig vorausgesetzt, indem man von dem Einfluß der Schwere absieht. Der Widerstand $W = R^2 \pi \cdot i (a + b v^2)$, wo i einen Koeffizienten der Geschoßform bedeuten soll, ist alsdann die einzige Kraft, die in Betracht kommt. t Sekunden nach dem Auftreffen auf dem Ziel habe das Geschoß x Meter in dem Körper zurückgelegt. Seine Geschwindigkeit, die in dem Auftreffpunkt v_0 war, sei jetzt v; $\dfrac{P}{g}$ sei die Geschoßmasse, dann ist

$$\frac{P}{g} \cdot \frac{dv}{dt} = \frac{P}{g} \frac{dv}{dx} \cdot v = - R^2 \pi \cdot i \cdot (a + b v^2).$$

Durch Integration folgt, da für $t = 0$ $x = 0$ und $v = v_0$ ist,

$$x = \frac{P}{2 b g R^2 \pi i} \cdot \log \mathrm{nat}\, \frac{a + b v_0^2}{a + b v^2}, \tag{1}$$

$$t = \frac{P}{R^2 \pi \cdot i \sqrt{a b} \cdot g} \left\{ \mathrm{arc\,tg} \left(v_0 \bigg] \sqrt{\frac{b}{a}} \right) - \mathrm{arc\,tg} \left(v \bigg] \sqrt{\frac{b}{a}} \right) \right\}. \tag{2}$$

Falls es sich um ein Durchschießen des Körpers von der Dicke x Meter in der Richtung des Schusses handelt, erhält man aus Gleichung (1) die Austrittsgeschwindigkeit v und aus Gleichung (2) die Zeit t, während der das Geschoß in dem Körper verweilt.

Falls dagegen der Körper in der Schußrichtung beliebig ausgedehnt ist, wird nach einer gewissen Zeit T und in einer gewissen gesamten Eindringungstiefe X das Geschoß zur Ruhe kommen $(v = 0)$. Es wird

Gesamte Eindringungstiefe

$$X = \frac{P}{2 b g R^2 \pi i} \log \mathrm{nat}\left(1 + \frac{b}{a} v_0^2\right) \tag{3}$$

Gesamte Eindringungszeit

$$T = \frac{P}{g R^2 \pi \cdot i \sqrt{a b}} \cdot \mathrm{arc\,tg}\left(v_0 \bigg] \sqrt{\frac{b}{a}} \right) \tag{4}$$

$v_0 =$ Auftreffgeschwindigkeit in m/sec.

$P =$ Geschoßgewicht in kg.

$R^2 \pi =$ Geschoßquerschnitt in qm,

$g = 9{,}81$.

Über i s. w. u.

Die Koeffizienten a und b haben nach den Schießversuchen von Didion-Morin-Piobert (1839 bis 1840) folgende Werte:

Kalkstein $\qquad a = 12\,000\,000, \quad 10^6 \cdot \dfrac{b}{a} = 15$

Gutes Mauerwerk $\qquad a = 5\,520\,000, \quad 10^6 \cdot \dfrac{b}{a} = 15$

Mittleres Mauerwerk $\qquad a = 4\,400\,000, \quad 10^6 \cdot \dfrac{b}{a} = 15$

Ziegelmauerwerk $\qquad a = 3\,160\,000, \quad 10^6 \cdot \dfrac{b}{a} = 15$

Sand mit Kieselsteinen $\qquad a = 435\,000, \quad 10^6 \cdot \dfrac{b}{a} = 200$

Tonige Erde, halb Kieselsteine, halb Sand $\quad a = 1\,045\,000, \quad 10^6 \cdot \dfrac{b}{a} = 35$

Leichte Erde mit Gras bewachsen $\qquad a = 700\,000, \quad 10^6 \cdot \dfrac{b}{a} = 60$

Aufgeworfene Erde, halb Ton, halb Sand $\quad a = 461\,000, \quad 10^6 \cdot \dfrac{b}{a} = 60$

Feuchter Ton $\qquad a = 266\,000, \quad 10^6 \cdot \dfrac{b}{a} = 80$

Eichen-, Buchen-, Eschenholz $\qquad a = 2\,085\,000, \quad 10^6 \cdot \dfrac{b}{a} = 20$

Ulmenholz $\qquad a = 1\,600\,000, \quad 10^6 \cdot \dfrac{b}{a} = 20$

Tannen- und Birkenholz $\qquad a = 1\,160\,000, \quad 10^6 \cdot \dfrac{b}{a} = 20$

Pappelholz $\qquad a = 1\,090\,000, \quad 10^6 \cdot \dfrac{b}{a} = 20$

Nach E. Vallier (1913) ist für Erde, Holz und Mauerwerk $10^6 \cdot \dfrac{b}{a} = 50$, und $b \cdot i$ wird empirisch bestimmt, so daß man statt (3) die folgende Gleichung für die Eindringungstiefe X hat:

$$X = \lambda \cdot \frac{P}{R^2\,\pi} \cdot \log\left(1 + \frac{1}{2} \cdot \frac{v_0^2}{10^4}\right), \tag{5}$$

dabei λ abhängig von der Natur des Hindernisses, in das das Geschoß eindringt, und aus Versuchen zu ermitteln.

Pétry gibt 1910 für die Eindringungstiefe $X\,(m)$ eines Geschosses von P (kg) Gewicht und $2\,R$ (cm) Kaliber folgenden Ausdruck an:

$$X = \frac{P}{(2\,R)^2} \cdot \varkappa \cdot f(v_0). \tag{6}$$

Dabei hängt $\varkappa$ allein von der Beschaffenheit des Materials ab, in das das Geschoß eindringt. $\varkappa$ ist für Beton-Mauerwerk 0,64; für gutes Stein-Mauerwerk 0,94; für gutes Ziegel-Mauerwerk 1,63; für sandige Erde 2,94; für gewachsenen Erdboden 3,86; für toniges Erdreich 5,87; und $f(v_0)$ ist eine Funktion der Auftreffgeschwindigkeit v_0 (m/sec).

für $v_0 =$ ist	40	60	80	100	120	140	160	180	200	220	240	260
$f(v_0) =$	0,33	0,72	1,21	1,76	2,36	2,97	3,58	4,18	4,77	5,34	5,89	6,41
für $v_0 =$ ist	280	300	320	340	360	380	400	420	440	460	480	500
$f(v_0) =$	6,92	7,40	7,87	8,31	8,74	9,15	9,54	9,92	10,29	10,64	10,98	11,30

Ein Abspringen und Weitergehen des Geschosses, das in schiefer Richtung auf eine Erdfläche bzw. eine Mauerfläche auftrifft, soll nach Pétry dann stattfinden, wenn der Winkel zwischen der Auftreffrichtung und der Normalen zur Auftrefffläche größer ist als 75^0 bzw. als 60^0.

Mitunter zeigt sich die Notwendigkeit, aus dem Eindringen einer Bleikugel (Schrotkugel, Schrapnellkugel od. dgl.) in Holz einen rohen Schätzungswert für die Auftreffgeschwindigkeit der Kugel zu gewinnen. Hierfür möge eine empirische Formel von Journée angeführt werden: Die Eindringungstiefe X (cm) einer Bleikugel von dem Durchmesser d (cm) in Fichtenholz ist bei einer Auftreffgeschwindigkeit v_0 m/sec gegeben durch:

$$X = 0,000093 \cdot d \cdot v_0{}^2. \tag{7}$$

Beispiel.

Eine Schrapnellkugel von 10 g Gewicht (Durchmesser 1,22 cm) soll eine solche Auftreffgeschwindigkeit haben, daß ihre Wucht genügt, um einen Mann außer Gefecht zu setzen (s. w. u. 8 mkg). Die Auftreffgeschwindigkeit soll in roher Weise durch Einschießen in Fichtenholz ermittet werden. Wie tief muß die Kugel eindringen? (H. Rohne.)

Aus $8 = \dfrac{10 \cdot v_0{}^2}{2 \cdot 9,81 \cdot 1000}$ erhält man $v_0 = 125$ m/sec. Damit wird die Eindringungstiefe

$$X = 0,000093 \cdot 1,22 \cdot 125^2 = 1,8 \text{ cm.}$$

Die obige Ponceletsche Theorie des Eindringens — die seit Poncelet und Didion nicht in nennenswerter Weise gefördert worden ist — beruht auf einem Widerstandsgesetz, das, ebenso wie dasjenige von Euler und Résal, lediglich eine Annahme bedeutet. Man darf daher nicht erwarten, mit den Formeln (3) und (4) genau zutreffende Werte für die Eindringungstiefe, bzw. die Eindringungszeit zu erhalten. Dazu kommt, daß die in den Tabellen aufgeführten Materialien, die durch die konstanten Werte a und b gekennzeichnet sein sollen, durch die linksstehenden Bezeichnungen „Gutes Mauerwerk" usw. völlig **ungenügend definiert** sind. Endlich beruhen diese Zahlenwerte auf Schießversuchen, die der Hauptsache nach mit **Kugeln** und mit **kleineren Geschwindigkeiten** ausgeführt sind, als sie jetzt gebraucht werden.

Der Koeffizient i soll für kugelförmige Geschosse gleich 1, für Langgeschosse gleich $\frac{2}{3}$ sein. Wo es möglich ist, wird man vorziehen, in dem Widerstandsgesetz $W = R^2\,\pi \cdot a\,i\left(1 + \frac{b}{a}\,v^2\right)$ **die Konstanten** $a \cdot i$ und $\frac{b}{a}$ **empirisch** zu bestimmen. Zu diesem Zweck wird man für die betreffende Geschoßart und für das Material, um das es sich handelt, die Eindringungstiefen X' und X'' zu zwei verschiedenen Auftreffgeschwindigkeiten v' und v_0' beobachten. Man hat dann auf Grund von Gleichung (3) zwei Gleichungen mit den beiden Unbekannten $b \cdot i$ und $\frac{b}{a}$, folglich kennt man auch $a \cdot i$ und $\frac{b}{a}$.

§ 75. Einzelne Erscheinungen. Kritische Bemerkungen.

A. Tiefstes Eindringen des Geschosses in Erde usw.

Die von **Levi-Civita** vorgeschlagene Abänderung des Widerstandsgesetzes bezieht sich auf die bekannte Erscheinung, daß **die neueren Infanteriegeschosse meist erst in größerer Entfernung von der Mündung ab am tiefsten in Sand, Erde usw. eindringen.** Z. B. wird für das französische Infanterigeschoß folgende Tabelle aus dem Jahre 1900 angegeben:

Auf die Entfernung	Eindringungstiefe des Geschosses in:			
	Sand	Gartenerde	Tannenholz	Eichenholz
10 m	11 cm	25 cm	90 cm	20 cm
40 „	18 „	39 „	82 „	19 „
100 „	32 „	62 „	70 „	18 „
200 „	45 „	75 „	60 „	18 „
300 „	46 „	77 „	56 „	17 „
400 „	44 „	73 „	53 „	16 „
500 „	40 „	67 „	50 „	15 „
600 „	38 „	63 „	49 „	15 „

Man pflegt diese Erscheinung mit der **Stauchung** des Geschosses zu erklären: Wenn die Geschwindigkeit des Geschosses sehr groß ist, staucht sich das Geschoß derart, daß sein Querschnitt erheblich größer wird, als der normale; der Einfluß der Änderung von $R^2\,\pi$ überwiegt dann denjenigen von $a + b\,v^2$; infolge davon wird der Widerstand ein so erheblicher, daß die Eindringungstiefe kleiner ausfällt, als bei kleinerer Auftreffgeschwindigkeit. Diesem Umstand soll dadurch Rechnung getragen werden, daß $R^2 \pi$ mit $1 + k \cdot v_0$ multipliziert wird. k müßte aus einer Beobachtung ermittelt werden. (Es ist einleuchtend, daß damit nichts über den wahren Charakter der Widerstandsfunktion ausgesagt ist, sondern daß ein solches Verfahren höchstens dazu dienen kann, Beobachtungen einer gewissen beschränkten Gruppe mathematisch zusammenzufassen.)

Auftreffge-schwindig-keit (m/sec)	Zuge-hörige Schuß-weite (m)	Ein-dring-ungs-tiefe (cm)	Einschießen in Sand Deformation des Geschosses	Ein-dring-ungs-tiefe (cm)	Einschießen in Buchenholz Deformation des Geschosses
98	2500	19,5	Keine Deformation: (nur Oberfläche rauh gerieben).	4	Keine Deformation.
330	874	24,7	Ebenso.	12,7	Das Geschoß ist zusammengedrückt, der Querschnitt oval geworden; dabei die große Achse des Ovals in der Richtung der Holzfasern.
473	560	28,6	Ebenso.	26,5	Dasselbe, gesteigert.
579	398	31,4	Geschoß zusammengedrückt.	41,6	Dasselbe, noch mehr.
710	218	22,4	Ein Teil des Bleikerns nach hinten herausgedrückt.	65	Ebenso.
735	186	19,7	Mantel ganz zerrissen.	70,7	Ebenso.
762	153	18,2	Dasselbe im stärkeren Maße; das Geschoß hängt noch zusammen.	76,7	Der Bleikern beginnt, aus dem Mantel nach hinten herauszudringen.
788	121	17	Ebenso: Geschoßform nicht mehr erkennbar.	40,7	Geschoß stark deformiert; Geschoßmantel zerrissen; das Blei zum Teil ausgetreten.
815	90	15,8	Getrennte Bruchstücke des Geschosses.	34,7	Dasselbe, in gesteigertem Maß; Geschoß verbogen; Spitze unversehrt.
870	2	13,8	Ganz kleine Bruchstücke des Geschosses übrig.	29,7	Größte Deformation; Geschoß noch zusammenhängend; Spitze fast unversehrt.

Die erste Deformation beobachtet bei der Auftreffgeschwindigkeit 559 m/sec. Maximale Eindringungstiefe 33,0 cm. (Schußweite 314 m.)

Maximale Eindringungstiefe 76,7 cm (Schußweite 153 m).

Daß die erwähnte eigentümliche Erscheinung mit dem Umstand zusammenhängt, daß ein Teil der Energie des Geschosses auf dessen Deformation verwendet wird, ist durch die systematischen Versuche sehr wahrscheinlich gemacht, die auf Veranlassung des Verfassers Oberleutnant Wernicke im ballistischen Laboratorium, sowie in der Versuchsanstalt Halensee-Berlin angestellt hat und deren Ergebnisse durch die vorstehende Tabelle auszugsweise dargestellt sind. Es wurde mit dem normalen S-Geschoß in Buchenholz und in Sand geschossen. Die Tabelle enthält: Die Auftreffgeschwindigkeiten des Geschosses; die Gesamtschußweiten, bei denen man mit der normalen Ladung die Auftreffgeschwindigkeiten als Endgeschwindigkeiten hat; die ausgeglichene Reihe der Eindringungstiefen und endlich Bemerkungen über die Deformation des aufgefundenen Geschosses. (Die kleineren Auftreffgeschwindigkeiten wurden dabei durch Verkürzung der normalen Ladung erzeugt.)

B. Vorschlag von N. v. Wuich.

N. v. Wuich schlägt folgendes indirekte Verfahren vor, um zu dem Gesetz des Eindringungswiderstandes für ein bestimmtes Material zu gelangen: Man beobachtet die Eindringungstiefen X, X', X'', ..., die mit den Auftreffgeschwindigkeiten v_0, v_0', v_0'', ... erhalten werden. Dann wird angenommen, daß bei der größten Eindringungstiefe X die Geschwindigkeit des Geschosses v_0' betrug in der Entfernung X' vor dem Endpunkt, in dem das Geschoß im Innern des Materials zur Ruhe kommt. Ebenso wird angenommen, daß die Geschwindigkeit v_0'' betrug in der Entfernung X'' usw. Auf diese Weise erhält man die Geschwindigkeit v in Funktion des Wegs x, den das Geschoß in dem betreffenden Material zurücklegt und daraus den Widerstand $W = \dfrac{P}{g} \cdot \dfrac{dv}{dt} = \dfrac{P}{g} \cdot v \cdot \dfrac{dv}{dx}$. Indessen ist die Voraussetzung für dieses Verfahren, daß die Bewegung des Geschosses im Innern des Materials an jeder Stelle unabhängig sei von denjenigen Zuständen des Materials und des Geschosses, die an den unmittelbar vorhergehenden Stellen geherrscht haben. Wegen der möglichen Stauchung und sonstigen Deformation des Geschosses, und wegen des Trägheitswiderstandes derjenigen Materialteile, die in jedem Augenblick unmittelbar hinter dem Geschoß und seitlich von ihm liegen, dürfte diese Voraussetzung kaum allgemein zutreffen.

C. Die erzeugte Höhlung.

Einen mathematischen Ausdruck für die Gestalt des als Umdrehungskörper angenommenen Trichters, der vom Geschoß bei seinem Eindringen gebildet wird, suchte Poncelet auf folgende Weise zu gewinnen. Er nahm an, es sei das Volumen $\int\limits_0^x y^2 \pi \cdot dx$ der bis zu irgendeiner variablen Eindringungstiefe x gebildeten Höhlung proportional dem bis dahin eingetretenen Verlust $\dfrac{P}{2g} \cdot (v_0{}^2 - v^2)$ an

lebendiger Kraft des Geschosses. Dabei bedeutet y die Ordinate der
Kontur der erzeugten Höhlung für den jeweiligen Weg x des Ge-
schosses von der Auftreffstelle ab. Dies gibt $\frac{P}{g} \cdot v\,dv = -\lambda\,\pi\,y^2\,dx$.
Damit erhält man eine Beziehung zwischen x, y und v und wegen
(1) in § 74 eine solche zwischen y und x, d. h. die Gleichung für
die Meridiankurve des Trichters. Die mit der erwähnten Annahme
errechneten Ergebnisse stimmen jedoch wenig mit der Erfahrung
überein. Dies darf nicht wundernehmen, wenn man bedenkt, daß
die Teilchen des Materials keineswegs nur senkrecht zur Schußrichtung, sondern auch nach dem Einschuß zu vom Geschoß in
Bewegung gesetzt werden und daß ein größerer oder kleinerer Teil
der lebendigen Kraft des Geschosses auch auf die Überwindung von
Kohäsionskräften verwendet wird, wobei dieser prozentuale Anteil sehr veränderlich sein wird.

D. Panzerplatten.

Bezüglich der Dicke von Panzerplatten, die von einem gegebenen Geschoß bei gegebener Geschwindigkeit noch durchschlagen
werden, sind zahlreiche, halb empirische, halb theoretische Formeln
aufgestellt worden. G. Ronca zählt nicht weniger als 36 solcher
Panzerformeln auf und fügt selbst eine neue hinzu. Hier sei nur
eine von der Firma Krupp 1880 aufgestellte und nach den verschiedensten Seiten geprüfte Formel und außerdem eine in Frankreich
benützte Formel erwähnt:

Es bedeute z die lebendige Kraft des Geschosses in mkg pro
1 qcm des Geschoßquerschnittes, also $\frac{P\,v^2}{2\,g} : R^2\,\pi$; ebenso bedeute e
diese lebendige Kraft pro 1 ccm des Volumens einer Kugel vom
Geschoßkaliber, also $\frac{P\,v^2}{2\,g} : \frac{4}{3}\,R^3\,\pi$, so muß sein

$$z = 100 \cdot S \cdot \sqrt[3]{\frac{S}{D}} \quad \text{oder} \quad e = 150 \cdot \left(\frac{S}{D}\right)^{\frac{4}{3}}$$

(S Plattendicke in cm, $D = 2R$ Kaliber in cm, P Geschoßgewicht
in kg, v Auftreffgeschwindigkeit in m/sec, $g = 9{,}81$).

Diese Formel bezieht sich auf senkrechtes Auftreffen und auf
Kruppsche schmiedeeiserne Panzerplatten ohne Hinterlager. Trifft
das Geschoß unter einem Winkel α zur Platte auf, so soll

$$z = \frac{100}{\sin^2 \alpha} \cdot S \cdot \sqrt[3]{\frac{S}{D}}$$

genommen werden. Im übrigen ist zu empfehlen, womöglich die
Zahl 100 durch einen Koeffizienten λ zu ersetzen, der aus einer Beobachtung mit ähnlichem Geschoß und ähnlicher Platte gewonnen wird,

da die Durchschlagsdicke von dem Material und der Bearbeitung der
Platte und des Geschosses und von dessen Spitzenform (z. B. Kappengeschosse) abhängt.

Beispiel:

Kaliber $D = 2R = 26$ cm, Plattendicke $S = 38$ cm, Geschoßgewicht
$P = 205$ kg. Man erhält $v = 468$ m/sec als notwendige Auftreffgeschwindigkeit.

Nach Jacob de Marre (vgl. Lit.-Note) wird eine Panzerplatte von
der Dicke $S\,(dm)$ bei dem senkrechten Auftreffen eines Geschosses
von P kg Gewicht und $2R$ dm Kaliber durchschossen, wenn die
Auftreffgeschwindigkeit v (m/sec) ist:

$$v = A \cdot \frac{(2R)^{0,75}}{P^{0,5}} \cdot S^{0,7};$$

wenn dagegen der Winkel zwischen der Auftreffrichtung und der
Normalen zur Auftrefffläche nicht 0^0, sondern α^0 ist, soll S multipliziert werden mit

$$(\cos \tfrac{3}{2}\alpha)^{1,43}.$$

Für gewöhnlichen Stahl ist nach Jacob de Marre $A = 1{,}530$. Für
gehärteten Stahl ist

$$v = \sqrt{1{,}885 - 0{,}0014 \cdot S} \cdot \frac{1{,}530 \cdot (2R)^{0,75}}{P^{0,5}} \cdot S^{0,7}.$$

Einige Einzelheiten bezüglich des Schießens gegen Panzerplatten
seien noch kurz erwähnt. Häufig werden Panzergranaten mit einer
Kappe aus Schmiedeeisen oder aus weichem Stahl versehen (Makarow,
Rußland); sie dringen dann tiefer in den Panzer ein, als ohne die
Kappe, und zwar tiefer im Verhältnis $2450:1900$ (nach Pétry).
Diese Erscheinung wird meist damit erklärt, daß das Kappenmaterial
gewissermaßen als Schmiermittel diene. Wahrscheinlicher ist es,
daß beim Eindringen die Granate durch die sich erweiternde Kappe
hindurchgleitet und daß diese dabei als ein die Festigkeit der Geschoßspitze erhöhender Gürtel dient; das Zersplittern der Geschoßspitze wird durch die Umhüllung erschwert. Genauen Aufschluß
könnte wohl die elektrische Momentphotographie geben. Eine Theorie
der Wirkung von Kappengeschossen hat z. B. A. Mimey gegeben
(vgl. Lit.-Note). Er behandelt bei diesem Anlaß allgemein theoretisch die durch Stoß erzeugten Deformationen an festen Körpern.

Schießt man mit einem modernen Stahlmantelgeschoß gegen
eine Platte aus weichem Stahl, so kann man folgende Erscheinung
wahrnehmen: Der Stahlmantel reißt an der Spitze auf; der Bleikern,
der bei weitem den größten Teil der Geschoßmasse ausmacht, dringt
vor und erzeugt eine Höhlung in der Platte; dabei bleibt der Mantel
mehr und mehr zurück und stülpt sich durch die Reibung an den
Wänden des Schußlochs vollständig um (vgl. Lit.-Note, Polte).

Wird dagegen mit einem neueren Stahlmantelgeschoß gegen eine genügend kräftige gehärtete Stahlplatte geschossen, so zerstäubt das Geschoß an der Platte, ohne einzudringen. Die Teile des Geschosses fliegen dabei mit bedeutender Geschwindigkeit, und zwar zum größten Teil in der Ebene der Platte seitlich weg; nahe Holzwände werden durch die Geschoßsplitter zersägt; nur wenige Stücke des Geschosses gehen in der Schußlinie zurück. Man sollte erwarten, daß die meisten Geschoßsplitter znrückprallen. Daß dies nicht der Fall ist, dürfte sich, da die Erscheinung auch ohne Geschoßrotation auftritt, durch den Trägheitswiderstand des Geschoßmantels und der hinteren Geschoßhälfte einfach erklären.

E. Größe der notwendigen Geschoßenergie.

Die Angaben über die Größe der Geschoßenergie, die erforderlich ist, um einen Mann bzw. ein Pferd außer Gefecht zu setzen (nach Mitteilungen der französischen Artillerie 4 mkg für einen Mann, 19 mkg für ein Pferd, nach deutschen Mitteilungen 8 mkg für einen Mann), treffen nur unter sehr beschränkenden Voraussetzungen zu. Denn diese Energie hängt nicht nur vom Kaliber des Geschosses, sondern auch von der Stelle des Körpers ab, an der der Einschlag erfolgt (und, bei Menschen, von der Art der Bekleidung).

Neuere Versuchsergebnisse für Kaliber zwischen 6 und 11 mm gibt J. Pangher in folgender Zusammenfassung: Unterhalb eines gewissen Minimums an lebendiger Kraft des Geschosses auf die Querschnittflächeneinheit erhält man bloße Kontusionen; dieses Minimum ist 2 mkg auf 1 qcm für den Menschen und etwa 10 mgk/qcm für Pferde. Die Tiefe der Wunden in Weichteilen ist proportional der lebendigen Kraft auf 1 qcm Querschnitt. Die zertörende Wirkung der Geschosse in der Gegend von Knochen ist von der Gesamtenergie abhängig: Es ist eine Auftreffenergie nötig von mindestens 5 mkg, um Menschenknochen anzubrechen, von 16 mkg, um sie sicher zu zertrümmern (gültig für den nackten Menschenkörper); ferner von 17 mkg, um Pferdeknochen anzubrechen, und von 35 mkg, um Pferdeknochen sicher zu zertümmern.

F. Die erzeugte Wärme.

Wenn ein Geschoß in einen Zielkörper eindringt und in diesem verbleibt, so ist die gesamte erzeugte Wärme nicht unter allen Umständen gleich der Auftreffenergie des Geschosses in Kalorien; denn häufig gehen zahlreiche Massenteile des Geschosses und des Zielkörpers aus dem Einschußloch nach rückwärts und seitlich; d. h. ein Teil der Energie findet sich außerhalb vor. Aber auch wo dies nicht der Fall ist, ist die Wärme, die beim Eindringen eines Geschosses von P kg Gewicht und der Auftreffgeschwindigkeit v_0 m/sec im ganzen erzeugt wird, nur dann gleich der ganzen in Kalorien aus-

gedrückten Energie $\dfrac{P\,v_0^2}{2\,g\cdot 427}$ Cal, wenn der Körper nach wie vor ruht.
Geht dagegen der Körper mit dem Geschoß vereinigt weiter, so wird
nur die Wärmemenge $\dfrac{P\,v^2}{2\,g\cdot 727}\cdot\dfrac{1}{1+\dfrac{P}{P_1}}$ erzeugt, dabei P_1 das Gewicht
des Körpers, in den das Geschoß eingedrungen ist. Denn die gemeinschaftliche Geschwindigkeit ist $u = v\cdot\dfrac{P}{P+P_1}$. Die lebendige
Kraft war unmittelbar vor dem Eindringen $\dfrac{P\cdot v^2}{2\,g}$, nachher ist sie
$\dfrac{P+P_1}{2\,g}\cdot u^2$, die Differenz ist die erzeugte Wärmemenge in mkg.

G. Trägheitswiderstand.

Ein Geschoß von z. B. 14,7 g Gewicht und 0,79 cm Kaliber hat
bei 444 m/sec Geschwindigkeit eine lebendige Kraft von 145 mkg.
Damit kann also ein Widerstand von durchschnittlich 145 kg auf der
Länge von 1 m oder ein solcher von 1450 kg auf 10 cm oder von
20 700 kg auf 0,7 cm überwunden werden. Nun wird ein solches Geschoß (nach Willes Waffenlehre 1905 I, S. 215) eine Schweißeisenplatte von 0,7 cm noch durchschlagen. Rechnet man nach den Grundsätzen der Festigkeitslehre, so ist zum Ausstanzen eines Loches von
0,79 cm Durchmesser und von 0,7 cm Tiefe eine Kraft von

$$0,79\,\pi\cdot 0,7\cdot 0,8\cdot 3500 = \text{etwa } 5000 \text{ kg}$$

erforderlich, wobei die Festigkeit in der Längsrichtung der Platte
zu 3500 kg/qcm angenommen ist. Daraus folgt, daß solche Festigkeitsberechnungen, angewendet auf das Durchschießen von
festen Körpern, zu völlig unrichtigen Ergebnissen führen
können.

Die Übertragung der Verhältnisse der statischen Festigkeitslehre
auf das Durchschießen von Platten, Lamellen und Drähten ist aus
folgenden Gründen in der erwähnten Weise nicht ohne weiteres angängig: Die statische Festigkeitslehre setzt voraus, daß der stanzende
Körper keine bleibende Deformation erleidet, und daß keine
bedeutenden Geschwindigkeiten auftreten. Aber bei Durchschießungen
deformiert sich häufig das Geschoß selbst bedeutend. Dazu kommt
zweitens folgendes hinzu: Wenn z. B. ein an beiden Enden eingespannter lotrechter Kupferdraht von 15 cm Länge und 0,5 cm
Durchmesser in der Mitte gefaßt und durch langsam gesteigerten
hydraulischen Druck oder durch Gewichtsdruck zerrissen wird, so
wird sich dabei der Draht zunächst bis zu einem Maximalwert der
Spannung dehnen. Ist dieser Wert erreicht, so nimmt die Spannung
rasch ab und der Draht zerreißt schließlich. In der ersten Periode

dieses Vorganges wird Dehnungsarbeit, in der zweiten Zerreißungs-
arbeit geleistet, eine merkliche lebendige Kraft des Drahtes tritt
nicht auf. Wird dagegen der Draht durch ein neueres Infanteriegeschoß durchschossen und verfolgt man den Durchschießungsvorgang mit elektrischer Momentphotographie, so ist eine Dehnung des
Drahtes nicht wahrnehmbar. Man erhält den Eindruck, als ob der
Draht in dem Moment zerreißen würde, in dem er von der Geschoßspitze berührt wird. Hat sich das Geschoß um 1 bis 2 Geschoßlängen vom Drahte entfernt, so zeigen sich die beiden Stücke des
nun durchschossenen Drahtes dicht an der Auftreffstelle nach oben
und unten etwas aufgeringelt, der übrige Teil des Drahtes ist aber
wegen des Beharrungsvermögens noch in Ruhe, erst weit später
zeigen sich die beiden Drahtstücke ihrer ganzen Länge nach verbogen. In dem Falle der Durchschießung ist somit die Dehnungsarbeit vermutlich sehr klein, es kommt wesentlich nur die Zer-
reißungsarbeit in Frage, aber gleichzeitig treten erhebliche lebendige Kräfte und folglich Trägheitswiderstände auf. Da nämlich
das Aufringeln der Drahtstücke von der Zerreißungsstelle aus nach
oben und unten in sehr kurzer Zeit vor sich geht und nachher auch
die übrigen Teile der Drahtstücke in die Bewegung mit hinein-
gezogen werden, so wird im Vergleich zu der kleinen Masse des Geschosses einer nicht unbeträchtlichen Masse des Drahtes in kurzer
Zeit eine Geschwindigkeit erteilt. Die betreffenden Beschleunigungen
und folglich Trägheitswiderstände, überhaupt die Energieanteile
des von einem Geschosse getroffenen festen Körpers scheinen bei
Durchschießungen von wesentlicher Bedeutung zu sein,
während beim langsamen Durchstanzen fast nur die Festigkeit des Materials in Betracht kommt.

Was die Rückwirkung auf das Geschoß selbst betrifft, so
wird in manchen Fällen das Geschoß zertrümmert und bleibt ebenso
in manchen Fällen unversehrt, wo man nach dem gewöhnlichen
mechanischen Gefühl, das an kleine Körpergeschwindigkeiten gewöhnt
ist, beide Male das Gegenteil erwartet. So wird ein Stahlmantelgeschoß von z. B. 10 g Gewicht und 900 m/sec Auftreffgeschwindigkeit beim Einschießen in eine große Wassermasse zerdrückt,
ja häufig vollständig zerrissen. Andererseits läßt sich bekanntlich eine Stearinkerze durch ein dünnes Holzbrett schießen,
wobei nachher ziemlich große Stücke der Kerze unversehrt aufgefunden werden. Ein Stab aus weichem Holz kann durch ein Brett
aus härterem Holz hindurchgeschossen werden, ohne eine erhebliche
Verbiegung oder Zerdrückung zu erleiden.

Auch hier spielt die Zeit, in der der Vorgang des Durchschießens
bzw. des Eindringens stattfindet, die größte Rolle. Im Falle des Holz-

stabes fehlt die zum Verbiegen und Zerdrücken nötige Zeit. Ganz allgemein sind die durch gleichgroße Kräfte bewirkten Deformationen von festen Körpern um so geringer, je kürzere Zeit die Kräfte auf den Körper wirken. Eine Eisdecke, die durch den ruhenden Gewichtsdruck eines Menschen gerade noch zertrümmert würde, hält stand, wenn der Schlittschuhläufer rasch darüber hinwegfährt. Die Wandung einer Schußwaffe scheint einen größeren Gasdruck zu ertragen (ohne sich bleibend zu deformieren), als die Berechnung mittels der statischen Festigkeitslehre erwarten läßt. Der Kupferzylinder eines Stauchapparats wird beim Schuß unter Umständen weniger stark zusammengepreßt, als dies durch den gleichgroßen Druck in der Hebelpresse der Fall ist usw.

Trifft der Holzstab das Brett, so entsteht am Vorderende ein Druck und damit eine Verzögerung. Dieser Druckunterschied und damit diese Verzögerung schreitet mit großer Geschwindigkeit durch den Holzstab nach hinten fort, nämlich mit der Geschwindigkeit der Longitudinalschallwellen im Holzstab. Ehe nun sehr große Druckunterschiede und folglich sehr große relative Verzögerungen innerhalb des Holzstabes sich bilden können, ist das Brett durchschossen und eine Veranlassung zum Zerdrücken und ebenso zum Verbiegen des Stabes liegt dann nicht mehr vor.

Wird aus einem neueren Infanteriegewehr gegen die Mitte einer an zwei Fäden aufgehängten großen Glasplatte senkrecht geschossen, so bildet sich nur ein scharfkantiges Loch in der Glasplatte, von einem Durchmesser ungefähr gleich dem Kaliber des Geschosses. Die Glasplatte selbst bewegt sich kaum von der Stelle, das Geschoß fliegt mit anscheinend wenig verminderter Geschwindigkeit weiter (vgl. Lit.-Note). Das Maximum der Widerstandskraft, die auf das Geschoß wirkt, ist hier zwar bedeutend, allein das Zeitintegral dieser Kraft ist von sehr geringem Betrag. Von der Auftreffstelle aus geht dabei eine transversale Verbiegung der Glasplatte nach allen Richtungen in der Ebene der Platte weiter. Man erkennt diese beginnende Verbiegung durch das Hilfsmittel der elektrischen Momentphotographie daran, daß diese Verbiegungen auf der Ausschußseite eine Verdichtung und auf der Einschußseite eine Verdünnung der zunächstliegenden Luftschichten bewirken. Diese beiden Luftwellen sind auf eine kurze Strecke hin von der Auftreffstelle aus wahrzunehmen. Allein ehe eine bedeutende Verbiegung sich bilden und entlang der ganzen Glasplatte sich ausbreiten kann, ist die Glasplatte schon durchschossen.

Weit größer ist die Zeit, während der ein Geschoß in eine große Wassermasse eindringt. Da zugleich die Widerstandskraft der Wassermasse ungefähr proportional dem Quadrat der Geschwindigkeit des Geschosses ist, läßt sich das Zerdrücken eines Stahlmantelgeschosses durch das Wasser wohl verstehen. Ein vollkommen zylindrisches Geschoß von Schweißeisen mit 1 qcm Querschnitt und z. B. 5 cm Länge bewege sich in der Richtung seiner Längsachse mit 800 m/sec Geschwindigkeit und treffe senkrecht auf eine große Wassermasse auf. Der dynamische Wasserwiderstand wird in der Technik $= \dfrac{0,7 \cdot F \cdot \gamma \cdot v^2}{9,81}$ genommen ($F =$ Querschnitt des Körpers in qm, $v =$ Geschwindigkeit in m/sec, γ ist das Gewicht eines cbm Wassers in kg). Angenommen, dieser Ausdruck sei auch hier anzuwenden, so ergibt sich ein Widerstand auf das Geschoß von etwa 4500 kg. Die Druckspannung im vorderen Ende des Geschosses ist somit ebenfalls etwa 4500 kg/qcm. (Genau wird dieser Wert keinesfalls sein, aber die Größenordnung dürfte wenigstens zutreffen.) Nun beträgt die Quetschgrenze für Schweißeisen 2200 bis 2800 kg/qcm; also kann das Geschoß zertrümmert werden, da in diesem Fall die Zeit hierzu ausreicht.

Die letztgenannten Erscheinungen: Bewegung einer Stearinkerze gegenüber einem ruhenden Brett oder die Relativbewegung einer Wassermasse gegenüber einem Geschoß usw., gehören zu der Klasse von Bewegungsvorgängen, bei denen ein weicher Körper, wenn er rasch bewegt ist, härter erscheint, als wenn er ruht oder mit geringer Geschwindigkeit sich bewegt, (durch eine rasch rotierende Papierscheibe läßt sich Metall polieren; ein Luftstrahl von großer Geschwindigkeit fühlt sich wie ein fester Körper an usw.). Durchweg spielt hier der Trägheitswiderstand eine hervorragende Rolle.

§ 76. Über die Explosionswirkung von Sprenggeschossen der Artillerie.

A. Kegelwinkel von Schrapnells und Granaten, die in der Luft krepieren.

Die nach der Explosion wegfliegenden Füllkugeln und Sprengstücke des Schrapnells, bzw. die Sprengstücke der Granaten bilden eine Garbe, deren Schwerpunkt — abgesehen von den veränderten Luftwiderstandsverhältnissen — dieselbe Flugbahn zu beschreiben fortfährt, die das nicht krepierte Geschoß einschlagen würde.

Und zwar fliegen die Teile rotierend weg, da sie schon vorher um die Geschoßachse rotierten. Ihre durch die betreffenden Schwerpunkte gehenden Drehachsen müssen unmittelbar nach der Explosion des Geschosses im allgemeinen parallel der Richtung sein, die die Geschoßachse unmittelbar vor der Explosion hatte; und die Tourenzahl der Kugeln und Sprengstücke um ihre Schwerpunktsachsen muß sogleich nach der Explosion die gleiche sein, wie die Tourenzahl des Geschosses unmittelbar vor der Explosion.

Die Kugeln bzw. Sprengstücke bewegen sich innerhalb eines Kegels, dessen Achse die letzte Tangente der Flugbahn ist; der Öffnungswinkel des Kegels heißt der Kegelwinkel. Bei dessen Ermittlung durch Rechnung oder durch Messung pflegt man die unregelmäßig zerstreuten äußersten Teile, nämlich etwa $15\,^0/_0$, unberücksichtigt zu lassen.

Rechnerische Ermittlung des Kegelwinkels.

Die Geschwindigkeit eines in der Mantelfläche des Streukegels wegfliegenden Teils kann sich aus vier Teilen zusammensetzen.

Erstens besitzt der Teil in Richtung der letzten Bahntangente, also in Richtung der Kegelachse die Geschwindigkeit v (m/sec), die das Geschoß unmittelbar vor dem Krepieren hatte und die mittels der Rechnungsverfahren von Abschnitt 4 bis 7 einfach zu berechnen ist. Wenn der Sprengpunkt nahe dem Mündungshorizont liegt, kann in den meisten Fällen für v die Auffallgeschwindigkeit v_e genommen werden.

Zweitens erhält der Teil durch die Explosion der Sprengladung eine Geschwindigkeit v_s senkrecht zur Bahntangente. Diese Geschwindigkeit ist bei Granaten verhältnismäßig groß, zwischen 400 und 2000 m/sec; bei den Schrapnells (den älteren Kopfkammer-Schrapnells, den älteren Mittelkammer- oder Röhren-Schrapnells und den Bodenkammer-Schrapnells) ist v_s kleiner als bei Granaten; am kleinsten bei den Bodenkammer-Schrapnells, zumal wenn deren Hülle unzerlegt bleibt und folglich das Schrapnell als ein kleines Geschütz mit einer Kartätschladung aufgefaßt werden kann („Ausbläser"). Auch bei den zuletzt erwähnten Schrapnells muß eine solche Geschwindigkeit v_s quer zur Bahntangente in endlicher Größe vorhanden sein; und zwar aus demselben Grunde, aus dem beim Schuß aus einer Schrotflinte die Schrote seitlich sich ausbreiten: Mit den Schrotkugeln treten die Pulvergase aus der Mündung der Waffe aus; es entstehen auf diese Weise zwischen den einzelnen Kugeln Gasdrücke, wobei der auf eine einzelne Kugel senkrecht zur Schußlinie ausgeübte Druck von der Schußlinie nach außen hin den von außen nach der Schußlinie hin wirkenden Druck überwiegt. (Nach einer Mitteilung von Pétry über ein belgisches Bodenkammer-Schrapnell ist $v_s = 15$ m/sec).

Zur Berechnung von v_s (m/sec) gibt J. de la Llave folgenden Ausdruck an, der bei Mittelkammer-Schrapnells Anwendung finden soll,

$$v_s = \frac{3000 \cdot L^{0,6} \cdot p_2}{P \cdot p_1^{0,4}}, \qquad (1)$$

dabei L das Gewicht der Sprengladung in kg; P das Geschoßgewicht (kg); p_1 das Gewicht der einzelnen Füllkugel (kg); p_2 das Gesamtgewicht der Füllkugeln (kg).

Drittens besitzt jeder Teil, z. B. jede Füllkugel eines Schrapnells, infolge der Drehung des Geschosses um seine Längsachse eine Geschwindigkeit v_d senkrecht zur Geschoßachse; die Kugel beschreibt vor der Explosion um die Geschoßachse einen Kreis mit einer linearen Geschwindigkeit, die gleich ist der Winkelgeschwindigkeit des Geschosses multipliziert mit dem Abstand des Kugelschwerpunkts von der Geschoßachse. Mit dieser Geschwindigkeit fliegt nach der Explosion die Kugel in der Tangente dieses Kreises weg, soweit allein die Geschoßdrehung in Betracht kommt; die nahe der Geschoßachse gelagerten Kugeln mit der kleinsten, die nahe der Hülle gelagerten mit der größten Geschwindigkeit. Würden die Kugeln alle im Zylindermantel des Geschosses gelagert sein, so wäre ihre Umfangsgeschwindigkeit (m/sec) im Anfang der Flugbahn $v_0 \cdot \operatorname{tg} \varDelta$, wo v_0 die Mündungsgeschwindigkeit (m/sec) des Geschosses und $\varDelta$ der Enddrallwinkel ist. Die Tourenzahl des Geschosses vermindert sich jedoch von der Mündung ab ein wenig (vgl. Band III), und außerdem haben die Kugeln verschiedenen Abstand von der Geschoßachse. Deshalb nimmt A. Noble für diese Geschwindigkeit v_d den Ausdruck:

$$v_d = (v_0 + v) \cdot 0{,}555 \cdot \operatorname{tg} \varDelta; \qquad (2)$$

Pétry den Ausdruck:

$$v_d = \lambda \cdot v_0 \cdot \operatorname{tg} \varDelta,$$

wo λ für die Schrapnells der belgischen Belagerungskanonen gleich 0,75 sein, im übrigen durch den Versuch bestimmt werden soll; endlich W. Heydenreich gibt an:

$$v_d = (0{,}67 \text{ bis } 0{,}80) \cdot v_0 \cdot \operatorname{tg} \varDelta.$$

Viertens wird einer Füllkugel durch die Sprengladung auch eine Zusatzgeschwindigkeit v_z in der Richtung der Bahntangente erteilt. Bei den Kopfkammer-Schrapnells ist diese Geschwindigkeit v_z negativ (für ein französisches Geschütz gibt Pétry an: $v_z = -25$ m/sec). Bei Mittelkammer-Schrapnells ist $v_z = 0$. Bei Bodenkammer-Schrapnells liegt v_z zwischen 20 und 80 m/sec; nach W. Heydenreich soll v_z rund gleich 50 m/sec sein, falls die Bodenkammerladung $\frac{1}{40}$ des ganzen Kugelgewichts ausmacht, dagegen v_z gleich rund 80 m/sec, falls dieses Verhältnis $\frac{1}{25}$ ist. J. de la Llave berechnet v_z (in m/sec) für Bodenkammer-Schrapnells mittels der empirischen Formel:

$$v_z = \frac{620 \cdot L^{0{,}6}}{p_2^{0{,}4}} \qquad (3)$$

wo wiederum L (kg) das Gewicht der Sprengladung, p_2 (kg) das Gesamtgewicht der Kugelfüllung bedeutet.

Diese vier Geschwindigkeitskomponenten v, v_s, v_d und v_z beziehen sich, wie erwähnt, auf die Teile, die in der **Mantelfläche** des Streukegels wegfliegen. Die aufeinander senkrechten Geschwindigkeiten v_s und v_d, die beide **senkrecht** zur Bahntangente gerichtet sind (die Geschoßachse als in der **Bahntangente** liegend angenommen), setzen sich zu einer Geschwindigkeit $\sqrt{v_d^2 + v_s^2} = V_s$ zusammen und die Geschwindigkeitskomponenten v und v_z addieren sich algebraisch zu einer **entlang der Bahntangente** gerichteten Geschwindigkeit $v + v_z$. Somit ist der halbe **Kegelwinkel** $\dfrac{\gamma}{2}$ gegeben durch:

$$\operatorname{tg} \frac{\gamma}{2} = \frac{\sqrt{v_d^2 + v_s^2}}{v + v_z} = \frac{V_s}{v + v_z}. \qquad (4)$$

Hier ändern sich v_s und v_z entlang der Flugbahn kaum; v_d verkleinert sich nur langsam; dagegen nimmt v beträchtlich ab und später wieder etwas zu. Somit **vergrößert sich anfangs der Kegelwinkel entlang der Flugbahn und wird später unter Umständen wieder kleiner.**

Man hat danach bei den einzelnen Geschoßarten das Folgende:

a) bei den älteren Schrapnells mit Kopfkammerladung ist v_s klein gegenüber v_d; v_z ist negativ, somit

$$\operatorname{tg} \frac{\gamma}{2} = \frac{V_s}{v - v_z}. \qquad (5)$$

b) Bei den älteren Mittelkammer- oder Röhren-Schrapnells ist $v_z = 0$, also

$$\operatorname{tg} \frac{\gamma}{2} = \frac{V_s}{v}. \qquad (6)$$

c) Bei den Bodenkammer-Schrapnells ist

$$\operatorname{tg} \frac{\gamma}{2} = \frac{V_s}{v + v_z}. \qquad (7)$$

Z. B. beträgt bei der französischen F. K. 97 auf den Entfernungen 1000, 3000, 6000 m der halbe Kegelwinkel $\dfrac{\gamma}{2}$ bzw. $7^0 38'$; 10^0; $12^0 9'$; dabei ist die Geschwindigkeit v des Schrapnells im Augenblick der Explosion bzw. 422, 300, 230 m/sec; Zahl der Kugeln 291; Einzelgewicht der Kugel 12 g; Gesamtgewicht der Füllkugeln 3,48 kg; Gewicht der Bodenkammerladung 40 g; Anfangsgeschwindigkeit v_0 des Geschosses 529 m/sec; Drallwinkel $\varDelta = 7^0$.

Danach ist bei Benützung der Formel von A. Noble für die Entfernung 6000 m:

$$v_d = (529 + 230) \cdot 0{,}555 \cdot \operatorname{tg} 7^0 = \text{rund } 52 \text{ m/sec}.$$

Ferner wird die Geschwindigkeit v_z nach der Formel von de la Llave:

$$v_z = \frac{620 \cdot 0{,}04^{0,6}}{3{,}48^{0,4}} = \text{rund } 55 \text{ m/sec}.$$

Wenn man also vorläufig v_s unberücksichtigt läßt, so ist für 6000 m Entfernung der halbe Kegelwinkel $\frac{\gamma}{2}$ gegeben durch

$$\operatorname{tg}\frac{\gamma}{2} = \frac{52}{230 + 55}; \qquad \frac{\gamma}{2} = 10^{\,0}\,21'.$$

Vorausgesetzt, daß die statt dessen mitgeteilte Zahl $12^0\,9'$ auf richtiger Beobachtung beruht und daß die benützten Formeln genügend genau zutreffen, folgt daraus, daß in der Tat v_s nicht ohne weiteres gegen v_d vernachlässigt werden darf; vielmehr würde sich danach $v_s =$ etwa 9 m sec ergeben.

d) Bei den Granaten

ist $v_z = 0$, also

$$\operatorname{tg}\frac{\gamma}{2} = \frac{V_s}{v}. \tag{8}$$

Da, wie erwähnt, die Geschwindigkeit v_s, die den Sprengstücken durch die Sprengladung erteilt wird, weit größer ist als v_s bei den Schrapnells, nämlich bei Granaten v_s zwischen 400 und 2000 m/sec, so ist die Öffnung des Granatenstreukegels eine beträchtliche, der halbe Kegelwinkel $\frac{\gamma}{2}$ liegt zwischen 50^0 und 90^0; auch er nimmt entlang der Flugbahn etwas zu, da v abnimmt. $V_s = \sqrt{v_d^2 + v_s^2}$ ist, weil v_s über v_d weit überwiegt, von der Schußweite und von der Anfangsgeschwindigkeit v_0, also von der Geschützladung, nahezu unabhängig. Der Streukegel der Granatensprengstücke ist, je nach der Geschoßkonstruktion, zum Teil im Innern hohl; mitunter findet sich dann noch ein zweiter weniger dichter Streukegel von kleinerer Öffnung innerhalb des ersten.

Ermittlung des Kegelwinkels durch Messung:

Sicherer als mit Hilfe der obigen Gleichungen (1) bis (3), die übrigens nur die Berechnung für Bodenkammer-Schrapnells zulassen, erfolgt die Bestimmung des Kegelwinkels γ durch Schießversuche.

H. Rohne schlägt vor, in der Gleichung $\operatorname{tg}\frac{\gamma}{2} = \frac{V_s}{v + v_z}$, worin v aus der Schußtafel oder durch einfache ballistische Vorberechnung ohne weiteres bekannt ist, die Unbekannten V_s und v_z dadurch zu gewinnen, daß für zwei verschiedene Entfernungen, also zwei verschiedene v, je der Kegelwinkel gemessen wird. Man hat dann zwei Gleichungen für die beiden Unbekannten. Z. B. sei auf 1000 m Entfernung, wo $v = 421$ m/sec ist, gemessen $\frac{\gamma}{2} = 7^0\,38'$; auf 4000 m, wo $v = 274$ m/sec ist, gemessen $\frac{\gamma}{2} = 10^0\,54'$; dann ist

$$\operatorname{tg}(7^0\,38') = \frac{V_s}{421 + v_z}; \quad \operatorname{tg}(10^0\,54') = \frac{V_s}{274 + v_z};$$

daraus $V_s = 66$ m/sec; $v_z = 72$ m/sec; also allgemein

$$\operatorname{tg} \frac{\gamma}{2} = \frac{66}{v + 72}.$$

Bei diesem Verfahren würden V_s und v_z als Konstanten des betreffenden Geschütz- und Geschoßsystems angenommen werden. Dies trifft bei Schrapnells nur angenähert zu, da in V_s die Komponente v_d etwas veränderlich ist.

Die Messung des Kegelwinkels wird meistens in der Nähe der Mündung und zwar folgendermaßen bewerkstelligt:

Bei Schrapnells wird eine aufrechte Fangscheibe benützt, an der das Schrapnell zum Krepieren gebracht wird. Dahinter befindet sich eine gleichfalls aufrechte Hauptscheibe mit einem in Quadrate eingeteilten Vorhang. Die Hauptscheibe ist so weit von der Fangscheibe entfernt, daß alle Kugeln noch aufgefangen werden. Durch Kamerabeobachtung von der Seite her wird die Lage des Sprengpunkts festgelegt, etwa auf 0,5 m genau. Es wird auf dem Vorhang der Hauptscheibe die Höhe und die Breite des Rechtecks ermittelt, das die dichteste Gruppe der Streugarbe, nämlich $85^0/_0$ aller Kugeln faßt. Aus der Entfernung von Sprengpunkt und Hauptscheibe einerseits und aus der Höhe und Breite des Rechtecks andererseits erhält man zwei etwas verschiedene Kegelwinkel γ_1 und γ_2, die alsdann zu $\gamma = \frac{1}{2}(\gamma_1 + \gamma_2)$ gemittelt werden. Diese Messung erfolgt meist für zwei verschiedene Entfernungen vom Geschütz. Sodann wird der durch die Bodenkammerladung erzeugte Geschwindigkeitszuwachs v_z durch einen besonderen Versuch gewonnen, nämlich durch Aufhängen des Geschosses ohne Zünder, Entzündung der Ladung und Messung der Geschwindigkeit der vordersten Kugeln mittels Boulengé-Apparat und Gitterrahmen.

Man hat so v_z und für zwei Entfernungen die Werte von γ. Da man für diese Entfernungen die Geschwindigkeit v des Schrapnells in seiner Bahn kennt, so sind damit aus der Gleichung $\operatorname{tg} \frac{\gamma}{2} = \frac{V_s}{v + v_z}$ die Werte von V_s für die beiden Entfernungen zu ermitteln. Aus diesen beiden Werten von V_s wird das arithmetische Mittel genommen, und dieses wird als V_s den weiteren Berechnungen des Kegelwinkels γ für eine beliebige Entfernung zugrunde gelegt, wozu dieselbe Gleichung dient.

Bei Granaten verwendet man eine Fangscheibe und hinter ihr einen wagrechten oben offenen Kasten von genügender Ausdehnung. Man erhält auf diese Weise die Flugrichtung der am steilsten vom Sprengpunkt aus nach abwärts gehenden Granatsprengstücke und damit den Kegelwinkel (man hat dabei die Richtung der Flugbahntangente im Sprengpunkt zu berücksichtigen). Da man in der Gleichung (8) $\operatorname{tg} \frac{\gamma}{2} = \frac{V_s}{v}$ durch die erwähnte Messung den Winkel γ und außerdem v aus der Schußtafel kennt, so ist damit V_s und folglich vermöge derselben Gleichung der Kegelwinkel γ für eine beliebige Entfernung, also ein beliebiges v, zu erhalten.

Die Kenntnis des Kegelwinkels ist von Wichtigkeit zur theoretischen Beurteilung der Tiefenwirkung und der Wirkung, die von der seitlichen Ausbreitung der Streugarbe erwartet werden kann. Die resultierende Geschwindigkeit V der in dem Mantel des Streukegels wegfliegenden Schrapnellkugeln (bzw. Granatsprengstücke) ist offenbar

$$V = \sqrt{V_s^2 + (v + v_z)^2}.$$

Benützt man diese als Anfangsgeschwindigkeit, so kann man für die obersten und die untersten Kugeln des Streukegels nach dem Rechnungsverfahren von Abschnitt 12 berechnen, in welcher Entfernung vom Sprengpunkt sich die lebendige Kraft einer Kugel durch den Luftwiderstand so weit vermindert hat (nämlich, vgl. oben, auf etwa 8 mkg), daß sie gerade noch gegen lebende Ziele ausreicht. Dabei bewegt sich vom Sprengpunkt ab die oberste Kugel zunächst aufwärts, bzw. wagrecht, bzw. sogleich abwärts, je nachdem der spitze Auffallwinkel der Geschoßflugbahn kleiner, bzw. gleich, bzw. größer als der halbe Kegelwinkel ist.

Diese Berechnung kann unter Annahme des quadratischen Luftwiderstandsgesetzes und einer geradlinigen Bewegung der Kugel in erster Annäherung mit der nachstehenden Formel erfolgen. Die Flugweite b, bei der die Kugelgeschwindigkeit von V auf v (m/sec) herabgesunken sein wird, ist:

$$b = \frac{p_1}{\varkappa \cdot d^2 \cdot \delta} \log \mathrm{nat} \frac{V}{v}.$$

Dabei ist: p_1 das Gewicht der Schrapnellkugel (kg); d deren Durchmesser (m); δ das Tagesluftgewicht, z. B. 1,22 kg/cbm; $\varkappa = 0{,}367$; $0{,}269$; $0{,}166$; $0{,}132$ für $\frac{V + v}{2} = $ bzw. 400; 300; 200; 100 m/sec.

Nach Siacci berechnet H. Rohne z. B. für eine bestimmte F. K. und für eine Schrapnellkugel von 10 g Gewicht, daß, wenn die Kugel im Sprengpunkt eine Geschwindigkeit von 400, bzw. 300, bzw. 200 m/sec hatte, ihre Geschwindigkeit auf den Betrag 125 m/sec (lebendige Kraft 8 mkg) herabgesunken ist nach einer Flugweite von bzw. 300, 262, 145 m.

Auf solche Weise läßt sich beurteilen, ob die Sprengweite richtig gewählt ist. Unter Sprengweite, Sprenghöhe and Flugweite ist, bei Annahme eines wagrechten Zielgeländes, folgendes zu verstehen: Der mittlere Sprengpunkt sei M (vgl. Abb. 115), der Fußpunkt des Lots von M auf das Zielgelände sei A, das Ziel sei Z, der mittlere Aufschlagpunkt des nicht zerspringenden Geschosses sei B. Dann heißt MB die Flugweite, MA die Sprenghöhe, AZ die Sprengweite, AB mitunter die Aufschlagweite. Bei richtig liegender Flugbahn zum Ziel fallen (für Schrapnells) Aufschlagweite und Sprengweite zusammen. In diesem Sinne ist auch im Nachstehenden der Begriff Sprengweite gebraucht. Falls das Geschütz mittels Az.-Schießens auf das Ziel Z bereits eingeschossen ist, fällt Z mit B zusammen; die Aufschlagweite AB ist dann gleichzeitig die Sprengweite. Falls zugleich die Flugweite MB einen sehr kleinen Teil der ganzen über dem Mündungshorizont gelegenen Flugbahn bildet, kann MAB als ein rechtwinkliges Dreieck betrachtet werden, worin die Flugweite MB die Hypotenuse, die Sprenghöhe MA die lotrechte Kathete, die Sprengweite AB die wagrechte Kathete darstellt. Auf diesen Fall beziehen sich die nachstehenden Ausführungen.

Die Sprengweite und damit die Sprenghöhe muß so groß angenommen sein, daß die Kugeln sich z. B. auf genügend viele lebende Ziele verteilen, oder mit anderen Worten, daß die Trefferdichte,

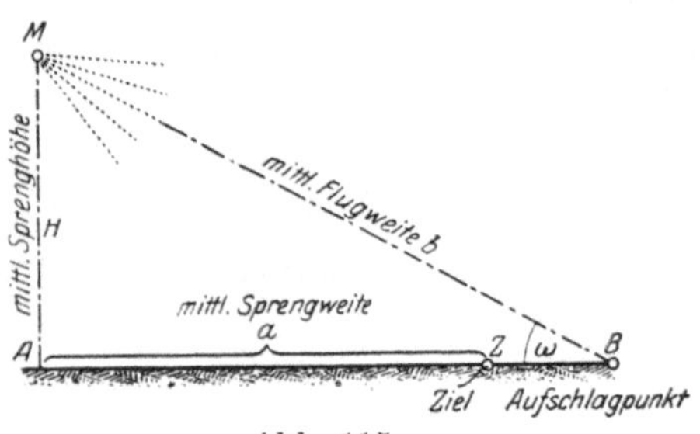

Abb. 115.

die Zahl der auf einen zur Achse des Streukegels senkrechten Quadratmeter des Ziels entfallenden Kugeln nicht zu groß wird; andererseits muß sie so klein gewählt werden, daß die Trefferdichte genügend groß ist und daß die lebendige Kraft die Kugeln im Ziel noch ausreicht. Erfahrungsgemäß nimmt übrigens die Schrapnellwirkung viel mehr infolge der unzureichend werdenden Trefferdichte, als infolge der zu geringen Endenergie der Kugeln ab.

Meistens wird die Sprengweite a oder auch die Flugweite b für eine und dieselbe Schrapnellart aus demselben Geschütz für die gleiche Anfangsgeschwindigkeit konstant gehalten, etwa gleich 60 m. Dann nimmt die Sprenghöhe $a \cdot \operatorname{tg} \omega$ (ω der spitze Auffallwinkel) rascher zu als proportional der Entfernung. In Frankreich und Österreich läßt man (nach H. Rohne) die scheinbare Sprenghöhe, d. h. den Winkel, unter dem die Sprenghöhe vom Geschütz aus erscheint, gleich bleiben. In diesem Falle nimmt die Flugweite mit der Schußweite ab (die Flugweite ist z. B. bei der französischen F. K. auf 1000, 2000, 4000 m, bzw. 122, 94, 64 m). Die Trefferdichte ändert sich alsdann gleichfalls, sie nimmt, wie H. Rohne berechnet, mit der Entfernung zu. Krupp nahm für die älteren Geschütze (bis 1905) eine für alle Entfernungen gleichbleibende Sprengweite von 60 m an; bei den neueren Feldkanonen dagegen ließ er (nach H. Rohne) die Sprengweite langsam und zwar im Verhältnis der wagrechten Endgeschwindigkeit $v_e \cdot \cos \omega$ des Geschosses abnehmen:

$$\text{Sprengweite } a = \tfrac{1}{4} v_e \cos \omega. \tag{9}$$

Es ist dann die Sprenghöhe $H = \dfrac{v_e \sin \omega}{4}$.

Ist die Sprengweite a, folglich auch die Sprenghöhe $H = a \cdot \operatorname{tg} \omega$ und die Flugweite $b = a \cdot \sec \omega$ bekannt, ebenso der Kegelwinkel γ für die betreffende Entfernung, sowie die Zahl N der Füllkugeln des Schrapnells, so läßt sich die **Trefferdichte** einfach berechnen: Man denke sich den Streukegel durch eine zur Kegelachse senkrechte Ebene in der Entfernung der Flugweite b vom Sprengpunkt geschnitten. Der Schnitt ist ein Kreis vom Halbmesser ϱ. Die Trefferdichte in dieser Kreisebene sei mit D bezeichnet, d. h. auf 1 qm des Kreises sollen D Kugeln entfallen. Dann entfällt die ganze Anzahl $0{,}85 \cdot N$ der Füllkugeln, die bei der Bemessung des Streukegels überhaupt in Rechnung gezogen wird, auf eine Fläche $\varrho^2 \pi = \dfrac{0{,}85 \cdot N}{D}$. Da nun $\operatorname{tg} \dfrac{\gamma}{2} = \dfrac{\varrho}{b}$ ist, so wird der Ausdruck für die **Trefferdichte** D:

$$D = \frac{0{,}85 \cdot N}{\pi \cdot b^2 \cdot \operatorname{tg}^2 \dfrac{\gamma}{2}}. \tag{10}$$

Bei dem obigen Beispiel der französischen F. K., mit $N = 291$, $\dfrac{\gamma}{2} = 12^0\,9'$, wird bei einer Entfernung zwischen Sprengpunkt und Ziel oder bei einer Flugweite $b = 50$ m:

$$D = \frac{0{,}85 \cdot 291}{(50 \cdot \operatorname{tg} 12^0\,9')^2 \cdot \pi} = 1{,}4;$$

d. h. auf 10 qm des Ziels entfallen 14 Kugeln.

Anmerkung. Gleichung des Sprengkegels. Der halbe Kegelwinkel sei wieder $\dfrac{\gamma}{2}$; der spitze Auffallwinkel ω; die Sprenghöhe H m. Im Fußpunkt A des Lots, das vom mittleren Sprengpunkt M auf das horizontale Zielgelände gefällt wird, denke man sich den Anfangspunkt eines rechtwinkligen Koordinatensystems der xyz; die x-Achse horizontal und positiv in der horizontalen Schußrichtung; die y-Achse horizontal und positiv nach rechts; die z-Achse vertikal und positiv nach oben. Dann hat der Streukegel, dessen Spitze im Sprengpunkt M ist, die folgende Gleichung (die sich mit den Hilfsmitteln der analytischen Geometrie des Raums unschwer ergibt):

$$y^2 + [(H - z)\cos\omega - x \cdot \sin\omega]^2 = \operatorname{tg}^2 \frac{\gamma}{2} \cdot [(H - z)\sin\omega + x \cdot \cos\omega]^2. \tag{9}$$

Setzt man hier $z = 0$, so erhält man die Gleichung der Ellipse bzw. Hyperbel (bzw. Parabel), welche die Begrenzung der Aufschlagpunkte in dem horizontalen Zielgelände darstellt, falls man, wie dies üblich ist, annimmt, daß die Sprenghöhe H so klein ist, daß man die Bahnen der wirksamen Schrapnellkugeln bzw. der Granatsplitter bis zum Gelände als geradlinig betrachten kann.

Mit dem Koordinatenanfang in A ist diese Gleichung in (xy):

$$y^2 + (H\cos\omega - x\sin\omega)^2 = \operatorname{tg}^2 \frac{\gamma}{2} (H \cdot \sin\omega + x\cos\omega)^2. \tag{10}$$

Damit hat H. Rohne (vgl. Lit.-Note) eine Reihe von Fragen über den Einfluß der Sprenghöhe und die Wirksamkeit des Schrapnell- und Granatschusses behandelt.

Über die Ermittlung der Tiefenwirkung von Schrapnells durch Messung vergleiche das Buch von W. Heydenreich sowie einen Aufsatz von Hptm. Justrow (s. Lit.-Note).

B. Die Größe des Sprengtrichters beim Schießen mit Aufschlagzündung.

Für die Abmessungen des Sprengtrichters, der bei der Explosion eines Artilleriegeschosses in Erde, Mauerwerk usw. entstehen wird, geben J. de la Llave, E. Vallier und N. Sabudski (vgl. Lit.-Note) einige rein empirische Formeln, die, wie die Verfasser selbst hervorheben, mit großer Vorsicht zu gebrauchen sind, da die Rechnungsergebnisse bis zu $50^0/_0$ unrichtig ausfallen können. Die Formeln können daher nur für einen ersten rohen Anhalt dienen.

Der Rauminhalt der entstehenden Höhlung, die von der etwa zurückfallenden Erde usw. gereinigt zu denken ist, sei mit J (cbm) bezeichnet; das Gewicht der Sprengladung des Geschosses mit L (kg). Dann ist

a) für Erde

$$J = (0{,}503 \text{ bzw. } 0{,}816) \cdot m \cdot \lambda \cdot L. \tag{11}$$

Dabei gilt die Zahl 0,503, wenn die Auftreffgeschwindigkeit v_0 des Geschosses kleiner als 300 m/sec, die Zahl 0,816, wenn $v_0 > 300$ ist. m ist ein Koeffizient, der allein von der Bodenbeschaffenheit abhängt: $m = 0{,}70$ für harten bewachsenen Erdboden, $m = 0{,}85$ für Sandboden, $m = 1$ für gewöhnliche Erde, $m = 1{,}2$ für weiche Erde und Aufschüttungen. λ hängt von der Art des Sprengstoffs ab, und es ist $\lambda = 1$ für die gewöhnlichen Pulver, ebenso für Pikrinsäure dann, wenn es sich um Zünder ohne Verzögerung handelt; $\lambda = 2$ für feuchte Schießbaumwolle. Bei Zündern mit Verzögerung soll nach Sabudski J das 1,4 fache sein.

Was die Form des Trichters anlangt, so soll die Tiefe t etwa $\frac{1}{4}$ des Durchmessers sein, $J = \frac{3}{16}\pi \cdot d^2 \cdot t$.

b) Für Mauerwerk:

$$J = 0{,}194 \cdot X \cdot \lambda \cdot L. \tag{12}$$

X (m) ist die Eindringungstiefe, wie sie sich aus § 74 für die zur Auftrefffläche senkrechte Geschwindigkeitskomponente des Geschosses berechnet; L (kg) wieder das Gewicht der Sprengladung. λ ist abhängig von der Art des Sprengstoffs, nämlich $\lambda = 1$ für gewöhnliches Schwarzpulver; $\lambda = 2$ bis 2,1 für Schießwollpulver; $\lambda = 2$ bis 2,2 für Pikrinsäure.

Bei gegebenem Durchmesser d des Trichters soll sich die Tiefe t berechnen mittels $J = \frac{1}{8}\pi \cdot d^2 \cdot t$.

Speziell für Beton wird nach de la Llave die Zahl 0,194 ersetzt durch 0,035, wenn die Explosion in schwachem Beton, durch 0,014, wenn sie in stark gebundenem Beton erfolgt. Die neuesten Zahlen können nicht mitgeteilt werden.

§ 77. Über das Eindringen in flüssige und halbflüssige Körper. Scheinbare Explosivwirkung (Dum-Dum-Wirkung) der neueren Infanteriegeschosse.

Wenn ein Infanteriegeschoß mit großer Geschwindigkeit in einen Körper eindringt, dessen Teile sich *leicht* gegeneinander verschieben lassen (flüssige und halbflüssige Körper, Gehirn, Leber, Niere, Milz, Herz im gefüllten Zustande, Magendarm, gefüllte Blase, Mark des Knochens. feuchter Ton, Wasser, Kleister usw.), so ist die Wirkung auf den Körper eine ähnliche, wie wenn innerhalb des Körpers eine Sprengladung sich befunden hätte und zur Entzündung gebracht worden wäre.

Eine nicht zu große Wassermasse wird nach allen Seiten, zumal nach dem Schützen zu, verspritzt; in einem großen Block aus plastischem Ton entsteht eine Höhlung, deren Inhalt das Vielhundertfache von dem Volumen des eingedrungenen Geschosses betragen kann und deren Form von den Dimensionen und der Geschwindigkeit des Geschosses, von dem Grade des Anfeuchtung des Tones, sowie von der Umfassung des Tonblocks abhängt. Selbst in Blei zeigt sich die Wirkung, wenn auch in verringertem Maße; dagegen bleibt sie in vollkommen trockenem Sand und in Holz fast vollständig aus. Über die Einzelheiten der bezüglichen Erscheinungen vergleiche man insbesondere die Untersuchungen der Medizinalabteilung des Preußischen Kriegsministeriums (s. Lit.-Note).

Hier seien die verschiedenen Theorien zur Erklärung der Erscheinung kurz besprochen:

1. Stauchung des Geschosses. Es wurde an die Wirkung der Stauchung des Geschosses gedacht: Indem das Geschoß sich am Vorderende abplattet, bewegen sich Teile des Geschosses seitwärts (s. Abb.). Dadurch erhalten die Teile des Materials, in das das Geschoß eindringt, z. B. des Tons, Geschwindigkeiten nach der Seite.

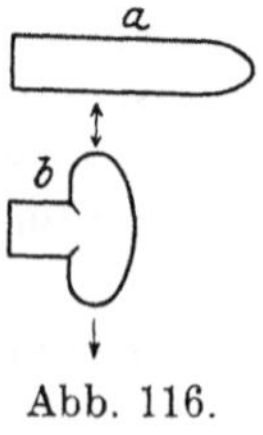

Dieser Umstand ist ohne Zweifel von Einfluß auf die fragliche Erscheinung. Es ergibt sich dies z. B. aus dem Verhalten des in umgekehrter Stellung verschossenen Infanteriegeschosses bei dessen Eindringen in feuchten Ton (s. w. u.), wobei zu bemerken ist, daß das Geschoß in dieser Stellung sich weit leichter staucht, als in der normalen Stellung. Ferner ergibt sich dies aus der kräftigen Dum-Dum-Wirkung von Teilmantelgeschossen und von Mantelgeschossen mit angebohrter oder abgebrochener Spitze. Indessen zeigt sich eine kräftige Explosionswirkung auch ohne Stauchung beim Schuß mit

Abb. 116.

massiven Stahlgeschossen, also kann diese Ursache nicht die hauptsächlichste sein.

2. Die hohe Temperatur, die das Geschoß beim Eindringen annimmt, soll das Wasser des Tones usw., unter Umständen auch das Blei des Geschosses zum Verdampfen bringen, der Druck des Dampfes soll die Explosion hervorrufen. Indessen ist es sehr unwahrscheinlich, daß zur Verdampfung von einer reichlichen Menge Wasser die Zeit ausreicht. Ferner wurden mancherlei Versuche angestellt, um die Maximaltemperatur zu messen, die das Geschoß unmittelbar nach dem Eindringen besitzt: Wurde gegen Schwefelblumen, Pulver oder Schießwolle geschossen, so fand keine Entzündung dieser Stoffe statt; da man die Entzündungstemperatur dieser Materialien kennt, so glaubte man eine ungefähre obere Grenze für die Geschoßtemperatur zu erhalten. Ferner wurde das Geschoß sofort nach dem Einschlagen herausgenommen und in ein Kalorimetergefäß gebracht. Es fanden sich Geschoßtemperaturen von $70-110^0$ C. Endlich wurde das Mantelgeschoß mit einem Kern von leichtflüssiger Metallegierung versehen (z. B. Woods Metall $65-70^0$, Rosesches Metall 95^0, $Pb_3 Bi_8$ 125^0 usw.). Man fand eine Maximaltemperatur des Geschosses M. 88 zwischen 140 und 160^0. Damit entfällt die Verdampfungstheorie.

3. Pendelungen. Das Geschoß führt, wie ein rasch gedrehter Kreisel, den man anhalten will, in dem Innern des Tonblocks kräftige Pendelungen aus. Hierdurch sollen die Tonteile nach der Seite geschleudert werden.

Versuche mit rotationslosen Geschossen, die im ballistischen Laboratorium aus glattem Lauf und unter sonst gleichen Umständen vom Verfasser vorgenommen wurden, ergaben nahezu die gleiche Explosionswirkung.

Zwar ist es danach und nach den Untersuchungen der Medizinalkommission des Preußischen Kriegsministeriums nicht unmöglich, daß diese Pendelungen und die damit verbundene Querstellung des Geschosses zu der zerreißenden Wirkung im tierischen Körper wenigstens etwas beitragen. Die Hauptursache aber kann nicht in den Pendelungen liegen. (Über eine interessante Diskussion, die diese Erklärungsweise betrifft, vgl. man das Jahrbuch der Schiffbautechn. Gesellschaft, 1911, S. 279.)

4. Der Druck von Luftmassen, die etwa vom Geschoß in den betreffenden Körper mit hineingerissen würden, oder der Druck der Luftwellen, die das Geschoß begleiten, kann gleichfalls nicht in erster Linie die Explosionswirkung hervorrufen.

Denn was das erstere betrifft, so hat E. Mach nachgewiesen, daß es sich hierbei überhaupt nicht um ein und dasselbe Luftquantum handelt, das mit dem Geschoß weiterginge, sondern um einen Bewegungszustand der Luft, der sich in jedem Moment von neuem bilden muß. Auch sind niemals Gasmassen beobachtet worden, die aus einem durchstoßenen Körper ausgestoßen würden.

Ferner hat E. Mach den Luftdruck in verschiedener Entfernung um das Geschoß gemessen und so gering gefunden, daß die Kopfwelle als Ursache der Explosionswirkung ebenso unwahrscheinlich ist, wie die Erzählungen über die Tötung von Menschen durch den Luftdruck vorbeifliegender Geschosse.

Da neuerdings doch von H. Lehmann der Druck der Geschoßkopfwelle als Ursache der scheinbaren Sprengwirkung angeführt wurde, haben P. A. Günther und der Verfasser einige Sonderversuche darüber angestellt (vgl. Lit.-Note):

In verschieden große Platten nnd Kugeln aus feuchtem Lehm wurden Löcher gebohrt, die einen nur sehr wenig größeren Durchmesser hatten, als das Geschoßkaliber beträgt, und es wurde durch diese Öffnungen hindurchgeschossen. Würde die Kopfwellentheorie zutreffen, so müßte sich eine Sprengwirkung zeigen. Davon war nichts wahrzunehmen.

Ferner wurde dicht über ein mit Wasser oder Quecksilber übervoll gefülltes flaches Gefäß hinweggeschossen; gleiche negative Wirkung.

Endlich wurde eine Kugel aus feuchtem Lehm unter die Glocke einer Luftpumpe gebracht, die Luft aus der Glocke ausgepumpt, und hindurchgeschossen. Da keine Luft in der Glocke vorhanden ist, kann auch keine Kopfwelle vorhanden sein; also dürfte nach der Kopfwellentheorie keine Sprengwirkung eintreten. Tatsächlich trat sie unvermindert auf.

Die Kopfwellentheorie, wonach nicht der Stoß des Geschosses selbst, sondern der Stoß der das Geschoß begleitenden Kopfwelle die Ursache der Erscheinung bildet, scheidet damit endgültig aus.

5. Sogenannter hydraulischer Druck. Analogie mit der Wasserverdrängung bei der hydraulischen Presse:

Wenn ein geschlossenes Gefäß vollständig mit Wasser oder einer anderen Flüssigkeit gefüllt ist und wenn alsdann ein Stempel mit bestimmtem Druck in das Gefäß eingetrieben wird, so pflanzt sich dieser Druck durch die ganze Masse hindurch nach allen Seiten in gleicher Stärke fort. — (Dieser Verdrängungsdruck wird bekanntlich in der hydraulischen Presse zur Erzeugung außerordentlich hoher Kräfte benützt.) — Das Geschoß, das in ein mit Wasser gefülltes Gefäß eindringt, soll wie ein solcher Stempel wirken. Auf Grund des Pascalschen Gesetzes von der Fortpflanzung eines Druckes nach allen Seiten innerhalb einer Flüssigkeit würde sich dann in einfacher Weise die auffallende Tatsache erklären, daß das Wasser nicht nur in der Schußrichtung, sondern auch nach den Seiten und nach dem Schützen zu mit Gewalt austritt.

Dieser Erklärungeweise steht folgendes entgegen. Die Flüssigkeiten sind sehr wenig elastisch zusammendrückbar. Wenn also im Innern eines Wassergefäßes ein hoher Druck herrscht, so genügt es, daß in der äußeren Hülle ein kleiner Ritz oder eine Ausbauchung sich bildet, damit der Innendruck sofort auf den gewöhnlichen Atmosphärendruck herabsinkt. (Dies ist auch der Grund dafür, daß das Arbeiten mit sehr hohen hydraulischen Drucken nicht mit der gleichen Gefahr verbunden ist, wie dasjenige mit pneumatischen Drucken: Die gedrückte Wassermasse braucht sich nur sehr wenig auszudehnen, die Wasserteilchen der Oberfläche brauchen nur sehr kleine Wege zurückzulegen, bis der Überdruck Null geworden ist Wenn daher durch den Überdruck die Hülle gesprengt wird, so erhalten die Trümmerstücke keine bedeutende Geschwindigkeit. Anders ist es bei gedrückten Gasen.)

Im vorliegenden Falle werden jedoch die Teile unter Umständen sehr weit hinausgeschleudert. Ferner entsteht im feuchten Ton usw. eine Höhlung, die mehr als das 400 fache des Geschoßvolumens betragen kann. Danach ist die Theorie des hydraulischen Drucks als der Erklärungsursache für die Explosionswirkung zunächst wenig wahrscheinlich.

Widerlegt aber wird sie dadurch, daß die Explosionswirkung nicht nur in geschlossenen, sondern auch in offenen Wassergefäßen und bei Streifschüssen auftritt, also in Fällen, wo von einem Verdrängungsdrucke im obigen Sinne keine Rede sein kann.

Richtig an diesem Gedanken wird also nur das eine sein, daß die Kleinheit der Kohäsionskräfte und Reibungskräfte sowie die leichte Verschiebbarkeit der Teilchen des durchschossenen Körpers gegeneinander, die ja die Voraussetzung für die Gültigkeit des Pascalschen Gesetzes von der Druckfortpflanzung nach allen Seiten bildet, gleichzeitig die Voraussetzung für die Explosionswirkung beim Durchschießen darstellt. In der Tat ist die Explosionswirkung um so größer, je geringer die Reibung der Teilchen unter sich ist und je leichter sich die Teilchen gegeneinander verschieben.

6. **Viskosität.** Man könnte geneigt sein, die Viskosität (Zähigkeit) der flüssigen und halbflüssigen Körper als Erklärungsprinzip beizuziehen: Das Geschoß zieht (s. Abb. 117a) die nächstliegenden Wasserschichten 1—1 gewissermaßen nach sich, diese die angrenzenden 2—2 usw., bis schließlich die ganze Wassermasse von der Bewegung ergriffen wird, ähnlich wie man dies bei einem um

seine lotrechte Achse rotierenden, mit Wasser gefüllten Kreiszylinder bezüglich der Rotationsbewegung beobachten kann. Die auffallend lange Verzögerung der eigentlichen Explosion der Wassermasse gegenüber dem Durchschießungsmoment wäre damit einfach erklärt. Allein die Seitenwirkung, diejenige senkrecht zur Schußrichtung, wäre weniger leicht verständlich. Schießt man ferner durch ein Tonstück (s. Abb. b), das durch vertikale Luftschichten, parallel der Schußrichtung unterbrochen ist, so dürfte, wenn die Viskositätstheorie zuträfe, nur Teil 1 zertrümmert werden, nicht aber könnte 2—2, noch weniger 3—3 nachgezogen werden, während tatsächlich auch diese Teile von der Bewegung ergriffen werden. Je größer die innere

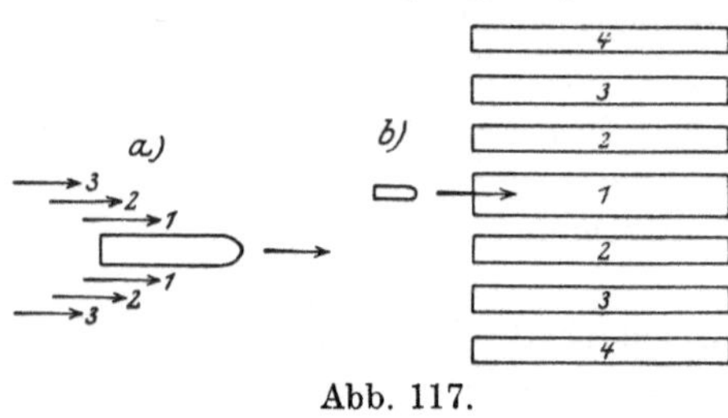

Abb. 117.

Reibung eines flüssigen oder halbflüssigen Körpers wäre, um so größer müßte unter sonst gleichen Umständen die Explosionswirkung sich gestalten; sie müßte bei Leim, Pech usw. größer sein als bei Wasser; und bei Blei, Kupfer usw., — denn auch bei diesen kann bekanntlich von Fließen gesprochen werden, — müßte sie am größten sein. Blei zeigt allerdings die Wirkung, aber weit weniger als Wasser.

So bleiben zwei Theorien übrig, zwischen denen die Entscheidung zu treffen ist: Die Theorie der longitudinalen Verdichtungswelle oder Druckwelle und die Theorie der translatorischen Fortführung.

7. Die Druckwellentheorie (Reger 1884): Wenn das Geschoß mit großer Geschwindigkeit in das Wasser eindringt, so wird auf letzteres ein Stoß ausgeübt; eine longitudinale Schallwelle, bestehend aus einer Verdichtung, vielleicht auch aus mehreren aufeinander folgenden Verdichtungen und Verdünnungen der Flüssigkeit, pflanzt sich vermöge der Elastizität der letzteren nach allen Seiten fort. Die Geschwindigkeit ist diejenige des Schalls im Wasser, also etwa 1435 m/sec (möglicherweise aber auch erheblich größer, wenn nämlich, wie bei der Luft, so auch bei Wasser, die Schallgeschwindigkeit von der Intensität des Stoßes abhängt). Ist die Erschütterungswelle an der freien Oberfläche angelangt, also an einer Wasserschicht A, die keinen Gegendruck an einer vorliegenden Wassermasse findet, so wird diese äußerste Schicht A abgeschleudert. Kommt der nächste Verdichtungsstoß an, so wird die nächste Schicht B, die jetzt freiliegt, weggestoßen usw. Zur Bekräftigung dieser Theorie wurde u. a. auf die Analogie einer kräftig tönenden Flüssigkeitssäule

(Cagniard-Latour und Dvorak) hingewiesen, deren Oberflächenteile als Tropfen wegfliegen.

Diese Erklärungsweise muß zunächst durchaus einleuchtend erscheinen. Ein Erschütterungsstoß muß unter allen Umständen von der Erregungsstelle aus in dem Wasser sich fortpflanzen. Denkt man sich in sehr großer Tiefe unter der Oberfläche des Meeres geschossen, so kann zwar eine eigentliche Explosion nicht erfolgen, trotzdem muß die Schallwelle sich ausbreiten. Bei Explosion von Seeminen scheint in zahlreichen Fällen dieser Stoß beobachtet worden zu sein. Die bekannte Erscheinung, daß beim Schießen gegen einen Steinblock, der nicht ganz durchschossen wird, häufig auf der Rückseite Stücke abspringen, erklärt sich vielleicht durch die longitudinale Stoßwelle. Allein die kräftige Explosionswirkung, wie sie beim Durchschießen von Wasser- und Tonmassen mit Infanteriegeschossen eintritt, wird durch die Wellen elastischer Verdichtung nicht bewirkt. Dies ergibt sich aus folgenden Versuchen.

Versuche von C. Cranz und K. R. Koch (1900):

a) Ein Bleirohr vom inneren Durchmesser 4,6 cm und äußeren Durchmesser 5,5 cm ist am Ende E (s. Abb. 118) verschlossen. Das Stück EA des Rohres liegt auf 60 cm Länge in der Schußrichtung. Von da ab ist das Rohr in der Form eines Kreisbogens nach rückwärts gebogen, verläuft weitere 95 cm geradlinig und horizontal und geht dann in der Länge von 28 cm lotrecht aufwärts; das Rohr ist ganz mit Wasser gefüllt; bei O ist die freie Oberfläche.

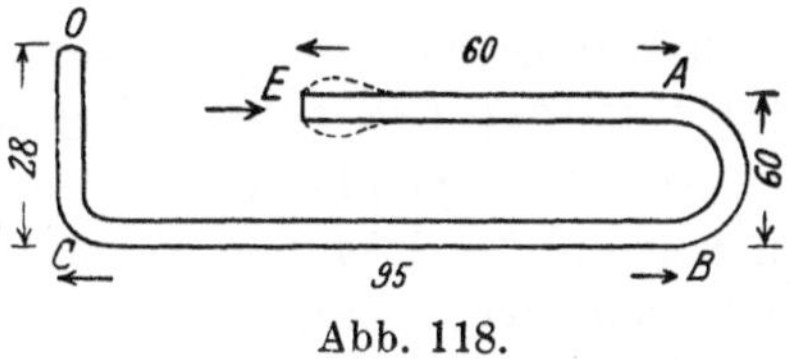

Abb. 118.

Die Ausbuchtungen der Wasserfläche O wurden in Funktion der Zeit zunächst mit Hilfe desselben Verfahrens photographisch registriert, das K. R. Koch und der Verfasser für die Aufnahme der Gewehrlaufschwingungen 1899 angewendet hatten (vgl. Band III). Weiter wurde das folgende, in der Abbildung schematisch angedeutete, sehr empfindliche photographische Verfahren benützt (Abb. 119): Von der Bogenlampe B geht paralleles Licht durch die Kreisblende S und nach totaler Reflexion in dem Glasprisma Pr_1 zur Wasseroberfläche O und von da zurückgeworfen und nach nochmaliger totaler Reflexion in Pr_2 durch das Objektiv L nach der photographischen Platte P. Von der Öffnung der Kreisblende wird ein Bild auf der Platte erzeugt, Wird die Platte senkrecht zum Strahl rasch weggezogen, so wird auf ihr eine schmale gerade Lichtlinie erzeugt, so lange die Wasseroberfläche O in Ruhe ist. Eine sehr geringe Erschütterung der Wasser-

oberfläche brachte ein beträchtliches Heben oder Senken der Lichtlinie auf der Platte hervor. Der Augenblick des Einschusses wurde
durch ein Funkenbild α markiert, die Zeiten wurden durch mit-
photographierte Stimmgabelschwingungen registriert. Das Ergebnis
der Aufnahme beim Schuß ist im Anhang von Band III, photographische Aufnahmen, gegeben; CD sind die Stimmgabelschwin-

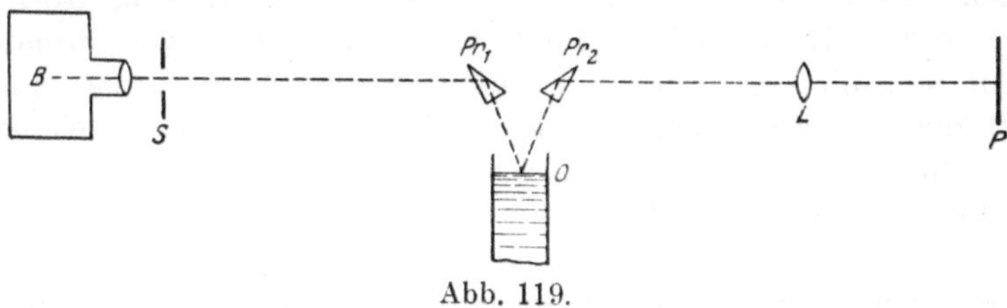

Abb. 119.

gungen, $AB\ldots$ ist die Linie der Wasseroberfläche bei Verwendung
des ersten Verfahrens, die Lotrechte durch Punkt α gibt den Moment
des Einschusses; die Schwingungsdauer der Stimmgabel betrug 0,0023
Sekunden. Man erkennt, daß die erste Erschütterung B der Wellen-
oberfläche weit später erfolgt, als es nach der Schallwellentheorie
zu erwarten gewesen wäre.

b) Einige weitere Versuche wurden angestellt. um den Verlauf
der Explosionserscheinungen zu untersuchen:

Ein Blechzylinder von 15 cm Länge und 12,5 Durchmesser wurde
in horizontaler Richtung an Schnüren aufgehängt, auf der Einschußseite mit Pergamentpapier, auf der Ausschußseite mit Gummihaut
verschlossen und ganz mit Wasser gefüllt; es wurde in der Richtung
der Zylinderachse mit einem
Geschoß von 6 mm Kaliber
und etwa 750 m/sec Geschwindigkeit durch den Zylinder geschossen. Dieser befand sich
dabei (s. schemat. Abb. 120)
zwischen einem Hohlspiegel 4
mit davor angebrachter Be-
leuchtungsfunkenstrecke 3 und
einem Photographieapparat 5.

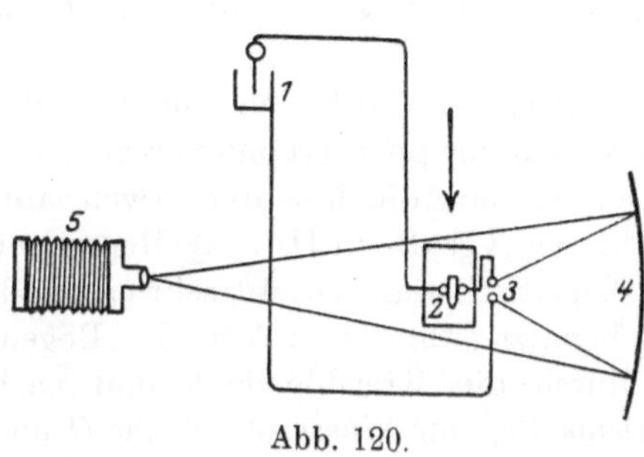

Abb. 120.

Im Innern der Wassermasse, und
zwar in der (durch den Pfeil angedeuteten) Schußlinie, war eine Glas-
röhrchenauslösung 2 angebracht. Wenn das Geschoß diese Stelle im
Wasser erreichte, ging auf dem Wege 1, 2, 3, 1 die Entladung der
Leydener Flasche über. Es konnte auf diese Weise die Form der
Gummihaut in dem Augenblick aufgenommen werden, in dem sich

das Geschoß in der Mitte des Wassergefäßes befand. In einer Reihe von Versuchen wurde die Auslösevorrichtung innerhalb des Wassers immer weiter nach der Ausschußmembran hin verlegt. Schließlich wurde zur Auslösung des Funkens eine Franklinsche Tafel auch hinter dem Zylinder, also außerhalb des Wassers in verschiedenen Abständen angebracht. Das Ergebnis war: Solange das Geschoß sich noch im Wasser befindet, zeigt die Gummihaut nicht die geringste Ausbiegung, das ganze Gefäß ist noch völlig in Ruhe. Erst wenn das Geschoß das Wassergefäß durchsetzt hat und sich etwa 1 cm hinter ihm befindet, wird eine erste Ausbauchung der Ausschußhaut überhaupt wahrnehmbar. Aus der Einschußöffnung tritt sehr früh eine Wassergarbe nach dem Gewehr zu heraus. Diese vergrößert sich mehr und mehr, zugleich stülpen sich die Papierränder des Einschußloches immer weiter auf. Von dem Augenblick ab, in dem das Geschoß sich 1 cm hinter dem Wassergefäß befindet, vergrößert sich die erwähnte Ausbiegung der Ausschußhaut; diese Haut wird mehr und mehr in schlauchähnlicher Form durch das dem Geschoß nachströmende Wasser hervorgetrieben. Eine eigentümliche zapfenähnliche Ausbuchtung dieser Haut zeigt sich ferner am oberen Rand und vergrößert sich mehr und mehr.

Ferner wurde durch ein 1 m langes schmiedeeisernes Rohr von 8 mm Wandstärke und 13,8 cm äußerem Durchmesser geschossen, das in gleicher Weise wie der Blechzylinder durch Pergamentpapier am Einschuß und durch Gummihaut am Ausschuß verschlossen und mit Wasser gefüllt war. Am oberen Ende war ein Längsschlitz von 2 cm Breite gelassen, um die Seitenwirkung beobachten zu können. Eine Aufbiegung des Rohres war durch drei kräftige eiserne Ringe verhindert. Der obere Längsschlitz war durch eingekeiltes Holz verschlossen, und dieses Holzstück sollte durch 40 Windungen Eisendraht von 1,75 mm Durchmesser gehalten werden. Beim Schuß erreichte das Geschoß die Ausschußhaut in der langen Röhre überhaupt nicht. Die photographischen Aufnahmen durch den elektrischen Funken (der bei diesen Versuchen durch das nach oben austretende Wasser ausgelöst wurde) zeigten wiederum, daß das Zerreißen der Ausschußhaut erst sehr spät erfolgt. Es bildet sich zunächst eine immer größer werdende Ausbauchung der Haut, alsdann reißt sie. War dabei die Gummimembran sehr stark gespannt worden, so reißt sie entlang der Rohrwandung, es bildet sich also ein großes, kreisförmiges Loch; war die Membran einseitig gespannt worden, so ergab sich ein Längsschlitz; war sie endlich ohne vorhergehende Spannung gleichmäßig aufgezogen worden, so zeigte sich ein kleines rundes Loch; die zugehörigen vom Wasserstrahl weggerissenen Membranteile fanden sich als nahezu kreisförmige Platten von 0,5 bis 8 cm Durchmesser vor. Als Beleg für die Mächtigkeit der Explosionswirkung möge angeführt sein, daß die erwähnte Eisendrahtwicklung gesprengt und daher durch eine solche mit Hanfseilen von 6 mm Durchmesser ersetzt werden mußte.

Ähnliche Umstände traten ein, als kleinere Geschoßenergien und kleinere Wassermengen verwendet wurden: Schüsse durch ein 20 cm langes, mit Wasser gefülltes Bleirohr von 5,5 cm äußerem Durchmesser mit einer Flobertpistole; am oberen Teil der Röhre 6 kleine kreisförmige Öffnungen. Es zeigte sich hier deutlich, wie zunächst eine bestimmte Wassermenge, von der übrigen sich absondernd, in Pilzform vorgestoßen, und wie dadurch zugleich die Ausschußmembran ausgebuchtet wird. Durch die oberen Löcher wird Wasser gleichfalls in Pilzform ausgestoßen. Ähnliches gaben Aufnahmen über Schüsse durch eine wassergefüllte Schweinsblase für einige aufeinander folgende Augenblicke: Es tritt ein Streukegel von Wasserteilchen wiederum zuerst an der Einschußseite, dann ein solcher an der Ausschußseite hervor und vergrößert sich immer mehr. Die Blase als Ganzes ist noch längere Zeit in Ruhe. Erst wenn das Geschoß 245 cm hinter der Ausschußseite sich befindet, und dazwischen noch ein 4,3 cm dickes Brett durchschlagen hat, beginnt die eigentliche Explosion der Wasserblase. Ebenso bei einer durchschossenen Tonkugel. (Über weitere Einzelheiten vgl. die Arbeit selbst, s. Lit.-Note.)

Schon früher hat Tielmann kinematographische Aufnahmen von Schädeldurchschießungen bekannt gegeben. Der von ihm benützte Apparat mit mechanischem Momentverschluß gestattete 50 Aufnahmen in der Sekunde; die Absprengung des Schädeldaches dauerte etwa $\frac{2}{50}$ Sekunde. Bircher schoß durch ein wassergefülltes Blechgefäß mit breiter Lötnaht; aus der Gestalt des zerrissenen Cefäßes ließ sich nach dem Schuß deutlich erkennen, daß das Zerreißen des Gefäßes erst erfolgt sein konnte, nachdem das Geschoß ausgetreten war. Ferner erweiterten später 1903 Kranzfelder und Schwinning (vgl. Lit.-Note) das Verfahren der elektrischen Momentphotographie in der Weise, daß sie zehn Leydener Flaschen nacheinander durch denselben Schuß entluden, wodurch von demselben Durchschießungsvorgang zehn Bilder erzielt wurden.

Zuletzt gaben die in Band III beschriebenen kinematographischen Aufnahmen, die in der Sekunde 5000 (und neuerdings 100 000 Einzelbilder) liefern und wovon mehrere durch kurze Bruchstücke im Anhang von Band III wiedergegeben sind, die deutlichste Analyse des Durchschießungsvorgangs.

8. Nach allen diesen Versuchen hat man sich folgende Vorstellung von dem Vorgang der scheinbaren Explosion zu machen:

Die Bewegungsenergie des Geschosses wird ganz oder zum großen Teil auf den durchschossenen Körper übertragen; das Geschoß gibt von seiner Energie den nächstliegenden Teilchen des Körpers ab, diese wiederum einen Teil ihren Nachbarn usw. Die Teilchen des Körpers werden dadurch gewissermaßen zu Geschossen, die mit großer Geschwindigkeit wegfliegen, bis durch die Widerstände der Umgebung die Geschwindigkeit Null wird. Dabei setzen sich die Massen mit den größten Beschleunigungen nach denjenigen Richtungen in Bewegung, in denen der Widerstand einschließlich desjenigen Widerstandes, der von der Trägheit der Massen selbst herrührt, am kleinsten ist.

Das Wegschleudern der Teilchen des betreffenden Körpers erfolgt dann am stärksten und die scheinbare Explosivwirkung ist folglich dann am größten, wenn sich die Teilchen des Körpers leicht gegeneinander verschieben lassen (bei Flüssigkeiten). Dagegen fällt die Wirkung weg, wenn zwischen den Teilchen des Körpers große Reibung besteht (z. B. bei trockenem Quarzsand); im letzteren Falle wird die Geschoßenergie zum größten Teil unmittelbar in Reibungswärme umgewandelt.

Der Vorgang der scheinbaren Explosivwirkung ist also in der Tat sehr ähnlich demjenigen beim Zerreißen eines Körpers durch eine Sprengladung; nur mit dem Unterschied, daß die Massenteile ihre Beschleunigung beim Durchschießen durch den Stoß des Geschosses, beim Sprengen durch den Druck der erzeugten Gase erhalten. Auch bei Sprengungen bilden sich die Krater derart, daß ihre Achsen in die Richtung des kleinsten Widerstandes fallen.

Wenn also z. B. in eine Tonplatte geschossen wird, so geht folgendes vor sich: Es treten die Tonteile zuerst am Einschuß nach der Waffe zu aus, weil sie hier den kleinsten Widerstand finden. Alsdann findet dasselbe am Ausschuß statt. Innerhalb des durchschossenen Körpers bildet sich um die Schußlinie herum eine Druckzone, deren Durchmesser von der Geschoßenergie und von der Beschaffenheit

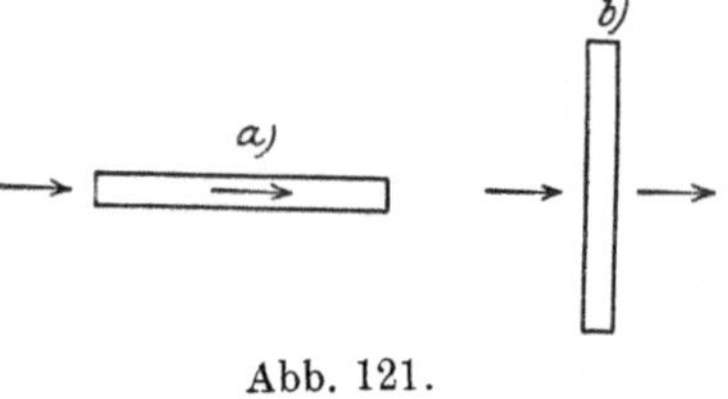

Abb. 121.

des Materials abhängt, nämlich mit der Reibung und Kohäsionskraft der Teilchen unter sich abnimmt. Man kann somit dieselbe Masse (Wasser oder feuchter Ton) sowohl so anordnen, daß die ganze Masse heftig explodiert, als auch so, daß von einer Explosion kaum geredet werden kann. Im ersteren Fall wird man die Masse möglichst in der Nähe der Schußlinie (s. Abb. 121 a), im zweiten Falle möglichst senkrecht zu ihr verteilen (s. Abb. 121 b).

Mit Vorstehendem stimmt überein, daß die Wirkung gegen Wasser sehr energisch, gegen dicken Leim geringer, gegen Holz und Kautschuk (wegen deren bedeutender Kohäsionskraft) und gegen trockenen Sand (wegen dessen Reibung) sehr klein ist. Bei Sand kann wegen der Reibung der scharfkantigen Quarzteile eine Explosionswirkung kaum aufkommen; ein 6 mm-Geschoß von fast 800 m/sec Geschwindigkeit drang nur etwa 15 cm in ausgeglühten Quarzsand ein. Nach dem Schuß fühlte sich der Sand heiß an, die Geschoßmantelteile waren blau angelaufen, nahezu die ganze Geschoßenergie wird hier durch die Reibung in Wärme verwandelt. Ein großer Teil des Geschosses selbst scheint dabei zu zerstäuben oder zu verdampfen. (In der Mauserschen Gewehrfabrik Oberndorf a. N. wurden über 1 Million Infanteriegeschosse von je 10 g in einen Kugelfang aus trockenem Sand verfeuert; später fanden sich nach einer Mitteilung von P. Mauser II nur etwa 500 kg Metall vor statt etwa 10000 kg.) Bei Anfeuchtung des Sandes tritt die Explosivwirkung mehr und mehr hervor, das Wasser wirkt hier (wie ein Schmiermittel zwischen Lager und Achse) auf Verminderung der inneren Reibung.

Wird ferner mit einem Gewehr- oder Pistolengeschoß und einer Geschwindigkeit von mindestens 600 oder 700 m/sec in einen nach allen Seiten sehr großen Tonblock $ABKJ$ geschossen, so ist der Widerstand nach den Seiten und in der Schußrichtung so groß, daß eine sichtbare Explosionswirkung nur nach der Waffe zu eintreten kann. Im Innern bildet sich die in der Abbildung 122 angedeutete Höhlung. (Weiteres darüber siehe weiter unten.) Das Einschußloch ist kraterförmig erweitert und von einem Durchmesser, der erheblich größer ist als derjenige des Geschosses, ausgenommen, wenn längs AB ein Widerstand, z. B. eine Holz- oder Blechwand angebracht ist. Der Rand ist meistens aufgeworfen. Dahinter folgt eine mächtige Erweiterung; hier ist die in Betracht kommende Verbindung von Massenwiderstand und Geschoßenergie am größten. Die Höhlung

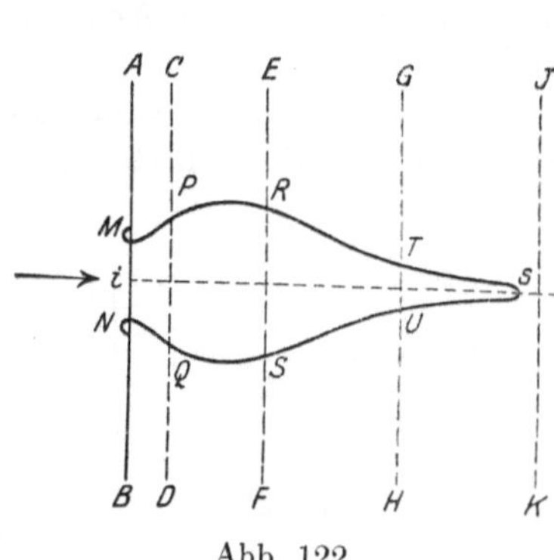

Abb. 122.

schließt sich z. B. bei Kautschuk wieder fast vollständig durch die Elastizität, bei Wasser schließt sie sich durch das Gewicht, abgesehen davon, daß beim Einschuß eine Wassergarbe heraustritt, sie schließt sich also vollständig beim lotrecht Abwärtsschießen in eine große Wassermasse. Wenn man die Tonmasse längs CD, EF, GH durchschneidet, so daß hier Luftschichten vorhanden sind, so ist die Höhlung von ähnlicher Form, doch treten bei PQ, RS, TU alsdann wegen des geringeren Widerstandes Ausstülpungen ein.

Speziell mit Ton haben insbesondere die Medizinalabteilung des Pr. Kriegsministeriums, ferner A. v. Obermayer und die Versuchsanstalt für Handfeuerwaffen in Halensee (E. Thiel) systematische Versuche angestellt. E. Thiel fand bei Verwendung von Teilmantelgeschossen oder von Ganzmantelgeschossen mit wenig abgefeilter Spitze oder von Hohlspitzengeschossen u. U. einen ziemlich glatten Einschuß mit nach innen gezogenen Rändern bei großen Tonplatten (sog. Afterwirkung). E. Thiel erklärte diese eigentümliche Erscheinung als eine Sekundärwirkung: Die Ränder des Einschußlochs sind zunächst nach außen aufgestülpt; im Innern des Tonblocks entsteht in sehr kurzer Zeit ein luftverdünnter Verdrängungsraum durch die Explosivwirkung des Geschosses; in diesen Raum stürzt die Luft von außen herein und drückt die Ränder nach innen. Die Richtigkeit dieser Erklärung hat J. Schatte durch Aufnahmen mit dem in Band III beschriebenen kinematographischen Apparat im ballistischen Laboratorium bewiesen: Man sieht, wie die Ränder zuerst nach außen gebogen werden und erst dann nach innen sich einziehen; wie ein Tonstück wieder hereinfliegt usw. Dabei wurde das in normaler Stellung und mit normaler Anfangsgeschwindigkeit auf kurze Entfernung verschossene S-Geschoß benutzt.

Einige Messungsversuche seien hier noch mitgeteilt, die 1909 im ballistischen Laboratorium mit feuchtem Ton und mit dem normalen S-Geschoß auf Veranlassung des Verfassers angestellt wurden; spezifisches Gewicht des plastischen Tons = 1,8.

a) Rechteckige Tonplatten von gleicher Höhe 60 cm, Breite 60 cm, Dicke 10 cm, mit Geschossen M. 98 S von verschiedener Geschwindigkeit beschossen; v_0 Auftreffgeschwindigkeit; Durchmesser des Schußlochs vorn am Einschuß d_v, in der Mitte d_i, hinten am Ausschuß d_h; Größe der Ausstülpungen vorn am Einschuß a_v, hinten am Ausschuß a_h (Abb. 123):

v_0	Schußöffnungen			Ausstülpungen	
	d_v	d_i	d_h	a_v	a_h
	cm	cm	cm	cm	cm
870	10	8	11	4	4
710	10	8	11	4	3,5
633	5,5	4,5	10	2	3
525	4	4	8	2	2,5
475	4	4	7,5	2	2,5
400	3,5	3,5	7	2	2
388	3	3	7	2	1,5
330	3	4	6	2	2
200	2	3	5	sog. After-wirkung	1,5
100	1	2	3		1

Abb. 123.

b) Tonplatten von gleicher Dicke 10 cm, aber von ungleicher Höhe = Breite mit $v_0 = 870$ m/sec beschossen: es wurde untersucht, bei welcher Maximalhöhe (= Breite) der Platte die ganze Platte noch explosionsartig zerspringt: Es zeigte sich, daß Platten von 20 cm Höhe und Breite gerade noch oder gerade noch nicht vollständig zersprangen.

c) Tonplatten von gleicher Höhe 60 cm, gleicher Breite 60 cm, aber wechselnder Dicke mit S-Geschossen von gleicher Auftreffgeschwindigkeit 870 m/sec beschossen.

Plattendicke	Schußöffnungen			Ausstülpungen	
	d_v	d_i	d_h	a_v	a_h
cm	cm	cm	cm	cm	cm
0,5	4,5	3,2	4,5	3,5	0,4
2,0	8	5,5	8,5	1,5	1,5
4,0	11	7,5	12	3	3
6,0	11	7,5	12,5	3,5	4,5
10,0	12	8	14	3,5	4,5
20	11	12	25	5	5
30	12	15	20	5	5

d) Tonkugeln von wechselndem Durchmesser mit S-Geschossen von gleicher Auftreffgeschwindigkeit 870 m/sec zentral beschossen: Bei Kugeln bis zu 30 cm aufwärts trat stets totale Explosionswirkung, vollständiges Zerspringen der Kugeln ein. Erst eine Kugel von 45 cm Durchmesser blieb ganz. Die Einschußöffnung hatte einen mittleren Durchmesser von 4 cm, die Ausschußöffnung einen solchen von 8 cm. Im Innern befand sich ein nahezu kugelförmiger Hohlraum von 25 cm Durchmesser. Sowohl am Einschuß wie am Ausschuß hatten sich die ursprünglichen Ausstülpungen wieder nach innen gezogen (sog. Afterwirkung): Teile davon lagen auch im Innern. Das Geschoß hatte sich im Innern der Tonkugel gewendet und ging nach oben heraus, während es wagrecht eingeschossen worden war.

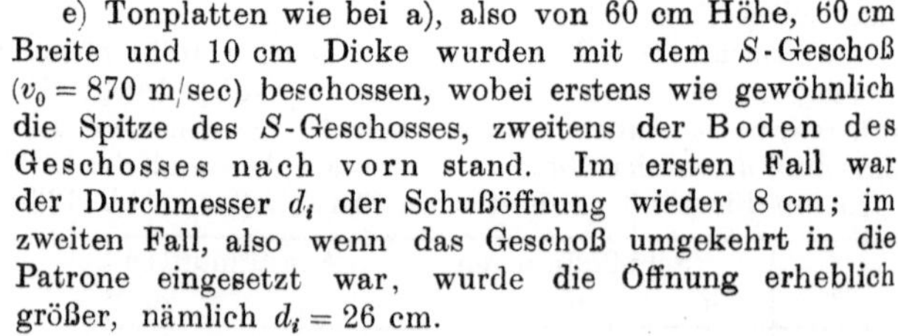

Abb. 124.

e) Tonplatten wie bei a), also von 60 cm Höhe, 60 cm Breite und 10 cm Dicke wurden mit dem S-Geschoß ($v_0 = 870$ m/sec) beschossen, wobei erstens wie gewöhnlich die Spitze des S-Geschosses, zweitens der Boden des Geschosses nach vorn stand. Im ersten Fall war der Durchmesser d_i der Schußöffnung wieder 8 cm; im zweiten Fall, also wenn das Geschoß umgekehrt in die Patrone eingesetzt war, wurde die Öffnung erheblich größer, nämlich $d_i = 26$ cm.

f) Gegen einen großen Tonblock von etwa 1 cbm Inhalt, mit ebener Auftrefffläche AA wurde mit umgekehrtem S-Geschoß geschossen (Abb. 124). Es bildete sich eine halbkugelförmige Mulde in der ebenen Vorderfläche des Blocks; Durchmesser der Vertiefung 40 cm, Tiefe 20 cm, die Ränder stark ausgestülpt. Im tiefsten Punkt der Mulde (bei a) lag der zerfetzte Stahlmantel des Geschosses, vom Bleikern vollständig befreit. (Ausführung der Versuche und Messungen durch Oblt. Schatte.)

§ 78. Ablenkungen der Geschoßbahn im Ziel. Streifschüsse. Ricochettieren.

1. Ablenkung des Geschosses im Ziel.

Wie im vorhergehenden ausgeführt wurde, entsteht im Innern eines Körpers, z. B. eines Tonblocks $EFHG$, in den das Geschoß eindringt, eine Druckzone $ABDC$ um die Schußlinie (vgl. schematische Abb. 125); das Geschoß stößt gegen die nächstliegenden Teilchen, diese stoßen ihre Nachbarn usw. Auf das Geschoß selbst macht sich eine kräftige Druck-reaktion geltend, die sich häufig in Zer-quetschung des Geschosses äußert (s. oben). Handelt es sich dabei um ein nicht rotieren-des Geschoß, das aus glattem Lauf verfeuert wird, so ist keine Veranlassung zu einer wesent-

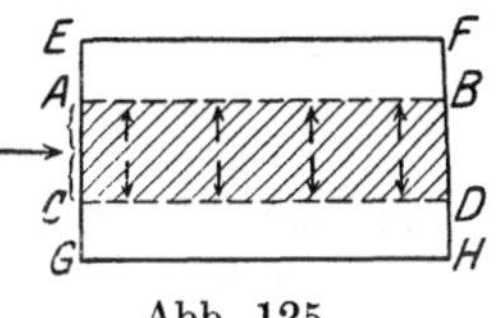

Abb. 125.

lichen Abänderung der Geschoßbahn gegeben, vorausgesetzt, daß die Tonmasse sehr groß und völlig homogen ist und die Geschoßachse genau in der Bahntangente liegt; in diesem Falle sind um die Ge-schoßbahn herum die Drücke symmetrisch verteilt.

Anders ist es bei rotierenden Langgeschossen. Wenn (bei Rechtsdrall der Waffe) das Geschoß von hinten gesehen im Sinne des Uhrzeigers rotiert, so wird eine sehr kleine anfängliche Schief-stellung der Geschoßachse oder eine Unsymmetrie in der Tonmasse genügen, um kräftige Pendelungen im Sinne des Uhrzeigers aus-zulösen. Steht dabei die Geschoßspitze beim Einschuß z. B. nur sehr wenig nach oben, so wird die Spitze durch den Widerstand des Materials gehoben und geht dann rechts. Das Geschoß als Ganzes wird sich in diesem Fall nach oben und, wenn die Bahn des Ge-schosses innerhalb der Tonmasse genügend groß ist, nach rechts wenden. Stand die Geschoßspitze etwas nach unten, so geht das Geschoß nach unten und links. Derartige Erscheinungen sind bei Artillerie- und Infanteriegeschossen sehr häufig beobachtet worden. Selbst ein teilweises bumerangartiges Umkehren des Geschosses innerhalb des Ziels, ja selbst ein Zurückspringen nach der Waffe zu kommt vor.

Indessen auch aus einer anderen Ursache als der der Rotation können starke Ablenkungen des Geschosses erfolgen, wenn näm-lich der betreffende Körper, z. B. der Tonblock, einseitig ge-troffen wird, so daß die Druckzone $ABDC$ bis zur Grenzfläche EF des betreffenden Körpers reicht oder z. T. (s. Abb. 126) außerhalb des Körpers fällt. Im Fall der Abb. 126 ist die Druckreaktion des Tons gegenüber dem Geschoß unterhalb der Schußlinie größer als oberhalb.

Das Geschoß bewegt sich nach der Seite des kleineren Widerstands und weicht nach oben ab.

Man versteht so, weshalb ein Geschoß bei Streifschüssen eine starke Abweichung von seiner vorhergehenden Bahn erfahren kann, und weshalb ein Geschoß, das nicht weit von der Oberfläche einer Wassermasse wagrecht in diese eingeschossen wird, nach oben herausspringt, falls die Geschoßgeschwindigkeit genügend groß ist.

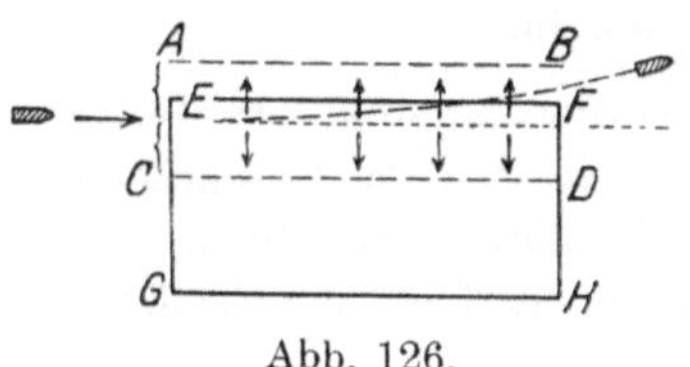

Abb. 126.

2. Ricochettieren des Geschosses.

Ein solches Herausspringen kann auch bei schiefem Einschuß erfolgen, wenn nur das Einschießen unter kleinem Winkel gegen die Zieloberfläche erfolgt.

Man hat alsdann ein Abprallen und ein Weitergehen des (nicht krepierenden) Geschosses in anderer Richtung.

Ob ein Geschoß abprallt oder nicht, hängt ab von der Beschaffenheit des Zielgeländes, der Form und Stellung des Geschosses und von dem Einfallwinkel. Nach v. Chrismar ricochettierten französische 10-cm-Geschosse auf einer Sandfläche bei einem Auffallwinkel bis zu 10^0 aufwärts, 32-cm-Geschosse bei spitzem Auffallwinkel bis zu 28^0 stets, und gingen auf dem Kruppschen Schießplatz auf 1500 m zum erstenmal einschlagende 26-cm-Geschosse bei gefrorenem Boden und tauendem Schnee in Sprüngen über 8000 m weit.

Endlich kamen (gleichfalls nach v. Chrismar, vgl. Lit.-Note) beim Schießen mit Marine-Geschossen gegen eine glatte Wasseroberfläche die Geschosse wieder heraus, und zwar meist mit starker seitlicher Abweichung, falls der spitze Einfallwinkel kleiner als 25^0 war; französische 32-cm-Geschosse gingen auf diese Weise von 1500 m bis 11000 m in zahlreichen Sprüngen weiter; bei Seegang beobachtet man ein Weitergehen oder ein Eindringen des Geschosses je nach dem Auftreffen auf den Wellenberg.

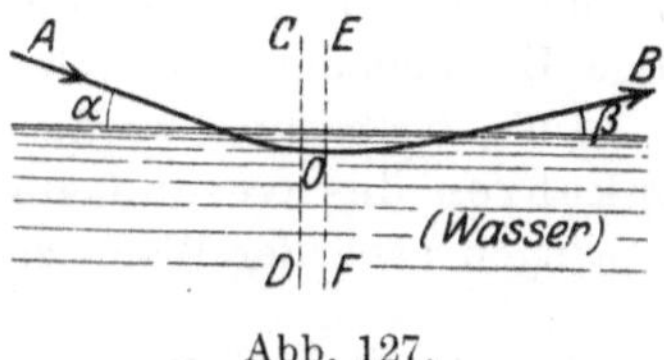

Abb. 127.

Über diesen Gegenstand hat C Ramsauer (vgl. Lit.-Note) interessante Messungen durchgeführt: Es wurden Messingkugeln von 5,85 g Gewicht und 11 mm Durchmesser aus glattem Lauf mit der Geschwindigkeit 621 bis 625 m/sec unter verschiedenen Auftreffwinkeln α in einen großen Wasserkasten geschossen. Gemessen wurde der Austrittswinkel β und die Austrittsgeschwindigkeit v_e. Es fand sich für

$\alpha = 1^0\ 1'\ 23''$,	$\beta = 1^0\ 0'\ 17''$,	also $\alpha - \beta = 1'\ 6''$
1 58 12	1 54 17	3 55
3 2 55	2 51 34	11 21
4 0 34	3 47 32	13 2
5 0 49	4 39 12	21 37
5 59 40	5 33 51	25 49
6 40 13	5 52 3	48 10

Auftreffgeschwindigkeit dabei $v_0 = 621{,}2$ m/sec.

Wurde α noch größer, nämlich gleich 7^0 gewählt, so erhob sich das Geschoß nicht mehr aus dem Wasser. Die Versuchsreihe läßt erkennen, daß der Austrittswinkel β stets kleiner ist als der Einfallswinkel α. Daraus erklärt sich, weshalb Kugeln auf dem Wasser eine große Zahl von Sprüngen ausführen können (Ricochettieren auf Wasser. Bekanntlich läßt sich die diesbezügliche Erscheinung mit flachen Steinen auf Wasser leicht erzeugen).

Die Bahnen der Kugeln innerhalb des Wassers wurden von C. Ramsauer mit Hilfe von Schirmen festgestellt, die parallel zueinander in lotrechter Lage in das Wasser gestellt wurden. Daß die Schirme zerrissen wurden, erst nachdem die Kugel durch die Schirme gegangen war, bewies er nach dem Bircherschen Verfahren. Auch beim Schießen aus Geschützen zeigen sich nicht selten Geschoßbahnen ähnlich der obigen AOB auf weichem, mit starker Grasnarbe versehenem Erdboden.

Der zweite Teil OB der Geschoßbahn ist dabei völlig unabhängig von dem ersten AO. Wurde nämlich eine Luftschicht $CDFE$ in der Gegend des auf eine kurze Strecke horizontalen Teils der Geschoßbahn zwischengebracht, so änderte sich an der Erscheinnng nichts. Es ist dies in Übereinstimmung mit dem, was oben über das wagrechte Einschießen in Wasser nicht weit von der Oberfläche gesagt wurde; C. Ramsauer stellte auch derartige Versuche an; ferner zeigte er, daß ein ähnliches Heben des Geschosses bewirkt wird, wenn durch zehn parallele Bleiplatten von 3 mm Dicke, die je 2,5 cm voneinander entfernt lotrecht aufgestellt wurden, im Maximalabstand 9 mm vom oberen Rand wagrecht hindurchgeschossen wurde.

Die Austrittsgeschwindigkeit v_e beim schiefen Einschießen in Wasser wurde nach dem Pouilletschen Verfahren zu verschiedenen Einfallswinkeln gemessen:

Zu $\alpha =$	$1^0 2' 13''$	$2^0 0' 44''$	. . .	$6^0 2' 31''$	$6^0 49' 27''$
gehört $v_e =$	608,3	571,5	. . .	221,5	67,5 m/sec,

dabei war $v_0 = 625{,}3$ m/sec. Wenn also $\alpha =$ etwa 7^0 gewählt wird,

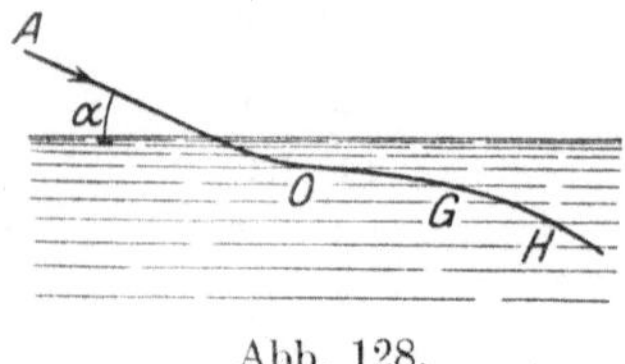

Abb. 128.

so ist die Geschwindigkeit des Geschosses durch den Wasserwiderstand schon derartig vermindert, daß das Geschoß nicht mehr nach oben heraustreten kann, sondern innerhalb des Wassers die Bahn OGH durchlaufen muß (Abb. 128).

Zwölfter Abschnitt.

Die Aufstellung von Schießbehelfen.

Bearbeitet von K. Becker.

Die durch reine Rechnung oder besser durch eine entsprechende Kombination von praktischen Versuchen, Rechnung und graphischem Ausgleich gewonnenen Beziehungen zwischen den Anfangselementen der verschiedenen Flugbahnen (Anfangsgeschwindigkeit v_0, Abgangswinkel φ, Seitenrichtung) und den Endelementen der gleichen Flugbahnen für den Auffallpunkt im Mündungshorizont (horizontale Gesamtschußweite X, zugehörige Gesamtflugzeit T, Fallwinkel ω, Endgeschwindigkeit v_e) werden entweder in Form von Tabellen („Erdschußtafeln" in Buchform) oder in entsprechenden graphischen Darstellungen oder auch, soweit die Beziehung zwischen den Anfangselementen und der Gesamtschußweite in Betracht kommt, in der Meterteilung der Richtmittel für den praktischen Gebrauch durch den Infanteristen oder Artilleristen niedergelegt. Für das Beschießen von Zielen außerhalb des Mündungshorizontes sind, soweit die Verhältnisse das einfache Schwenken der Geschoßbahnen nicht mehr zulassen (vgl. § 42), also für die Flugabwehr und für den Gebirgskrieg, besondere Schießbehelfe nötig, die über den gesamten Verlauf der Geschoßbahnen in geeigneter Weise Aufschluß geben: Flugbahnbilder, graphische Schußtafeln, Ordinatentabellen usw.

Alle diese Schießbehelfe gelten genau nur für gewisse „schußtafelmäßige" Normalbedingungen bezüglich der Anfangsgeschwindigkeit, des Geschoßgewichtes, des Bodenluftgewichtes, ferner für normalen Verlauf der Abnahme des Luftgewichtes mit der Höhe und für Windstille. Beim praktischen Schießen sind indessen diese „schußtafelmäßigen" Verhältnisse vielfach nicht vorhanden. Dadurch treten mehr oder minder große Abweichungen der tatsächlichen Lage des mittleren Treffpunktes von der beabsichtigten (schußtafelmäßigen) Lage ein. Diesen Abweichungen hat man im allgemeinen vor dem Jahre 1914 entweder durch Korrekturen der Treffpunktslage auf Grund von Beobachtungen (Einschießen) oder, wo ein Einschießen nicht möglich war, durch „Streuen" (Abgabe von Schußgruppen, deren Höhen- und Seitenrichtung, evtl. auch Zünderstellung man in weiten Grenzen, oft bis zu $10^0/_0$ der kartenmäßigen Zielentfernung und mehr variierte) Rechnung zu tragen versucht. Schon in den ersten Monaten des Weltkrieges zeigte sich indessen, daß das Einschießen in vielen Lagen nicht möglich war, das Streuen aber einen bedeutenden Munitionsverbrauch brachte, den Eintritt der Wirkung verzögerte und zu schnellerer Abnutzung der Rohre führte. So sind denn bald auf beiden Seiten Korrektionstabellen aufgestellt worden, aus denen auf Grund gewisser innerballistischer Ermittlungen und meteorologischer Messungen diejenigen Verbesserungen für Höhen- und Seitenrichtung. u. U. auch für die Zünderstellung, festgestellt werden können, die durch Abweichungen der Tagesbedingungen von den schußtafelmäßigen Bedingungen („Tageseinflüsse" oder jetzt in der deutschen Artillerie „besondere Einflüsse und Witterungseinflüsse" genannt) nötig werden. Über die Aufstellung dieser Korrektionstafeln (Tafeln zur Ausschaltung der besonderen Einflüsse und der Witterungseinflüsse, abgekürzt B.W.E.-Tafeln) wird daher im Anschluß an die Aufstellung der für normale Bedingungen geltenden Schießbehelfe noch besonders zu sprechen sein.

Die nachstehenden Darlegungen beschäftigen sich in der Hauptsache eingehender mit denjenigen Verfahren zur Aufstellung der Schießbehelfe, die in und nach dem Weltkriege unter der Mitarbeit zahlreicher namhafter Fachgelehrter bei der Artillerie-Prüfungskommission als zweckmäßig erprobt worden sind. Ein allgemein gültiges Rezept können und sollen die Ausführungen indessen nicht geben. Sache des mathematisch-physikalisch und praktisch - experimentell geschulten Ballistikers ist es, im besonderen Falle die zweckmäßigste Rechen- oder Ausgleichsmethode herauszusuchen und anzuwenden. Hierzu bieten die Darlegungen der früheren Abschnitte die beste Grundlage.

§ 79. Die rein rechnerische Aufstellung der Erdschußtafeln.

A. Bahnberechnung in Teilbogen.

Bei großen Anfangsgeschwindigkeiten (etwa von 600 m/sec an aufwärts) ist die Berechnung der Geschoßbahn in Teilbogen, auch wenn es nur auf die Gesamtschußweite ankommt, unter Berücksichtigung der Abnahme des Luftgewichts mit der Höhe — wenigstens zur Erzielung genauerer Ergebnisse — der Berechnung in einem einzigen Zuge vorzuziehen. Bei der oberen Winkelgruppe wird man schon von einer Anfangsgeschwindigkeit von 300 m/sec an aufwärts, wo die Methode Euler-Otto zu versagen beginnt, zur Berechnung in Teilbogen übergehen müssen. Bei dieser Teilbogenberechnung ist die Wahl des Formkoeffizienten i (siehe später unter B. 2) im allgemeinen wichtiger als die Wahl der Lösungsmethode, für die eines der Verfahren des 7. Abschnittes benutzbar ist. Besonders bequem für die Rechnung gestaltet sich die Eberhardsche Lösung (siehe § 40), die man indessen, soweit nicht ausgesprochene Fernbahnen vorliegen, etwas modifizieren kann.

Die bei der Geschoßbahnberechnung in einzelnen Bögen nach O. v. Eberhard zu benutzenden Tafeln der sekundären Funktionen nach Fasella sind abgeleitet aus den Tafeln der primären Funktionen von Siacci (1896). Zugrunde liegt daher auch den Fasella-Tafeln das einheitliche Luftwiderstandsgesetz von Siacci. Da in § 30 bereits allgemein über die Aufstellung von Tafeln sekundärer ballistischer Funktionen gesprochen ist, kann die Herleitung der sekundären Funktionen nach Fasella hier unterbleiben. Sie findet sich im übrigen auch ausführlich in der Einleitung zu den Zahlentafeln von Fasella selbst.

Fasella führt zunächst einen reduzierten ballistischen Koeffizienten c' ein, der mit dem Koeffizienten von Siacci (1896) verknüpft ist durch die Beziehung: $c' = \dfrac{1}{c\cdot\beta}$. Demnach ist

$$c' = \frac{P}{1000\cdot(2\,R)^2\cdot i\cdot 0{,}896\cdot\lambda\cdot\beta}. \tag{1}$$

Darin bedeutet P das Geschoßgewicht in kg, $2\,R$ das Kaliber in m, i den Formkoeffizienten, der für Kruppsche Normalgeschosse gleich der Einheit sein soll. β ist der Siaccische Ausgleichsfaktor, der aber bei der stückweisen Bahnberechung nach O. v. Eberhard für die einzelnen Teilbögen nach den Angaben des § 40 jeweils gesondert berechnet werden muß. λ ist das Verhältnis des wirksamen Luftgewichts zum Normalluftgewicht am Boden, das Fasella, wie in den außerdeutschen Staaten meist üblich, zu 1,206 kg/cbm festsetzt. Nimmt man zur Abkürzung

$$C_0' = \frac{P}{1000\cdot(2\,R)^2\cdot i\cdot 0{,}896}\,, \tag{2}$$

so kann C_0' (von Sonderfällen abgesehen, in denen auch der Formkoeffizient i etwa wegen des zunehmenden Ausschlags der Geschoßachse entlang einer Bahn verändert werden muß) als Konstante für die gesamte Bahn angesehen werden, während λ und β und damit auch

$$c' = \frac{C_0'}{\lambda\cdot\beta} \tag{3}$$

von Teilbogen zu Teilbogen zu ändern ist. Die zur Flugbahnberechnung in Teilbögen nötigen Funktionen von Fasella sind die folgenden:

$$D(u) - D(v_0) = f_0 \tag{4}$$

$$\frac{A(u) - A(v_0)}{D(u) - D(v_0)} - J(v_0) = f, \tag{5}$$

$$\frac{J(u) - \dfrac{A(u) - A(v_0)}{D(u) - D(v_0)}}{\dfrac{A(u) - A(v_0)}{D(u) - D(v_0)} - J(v_0)} = f_2, \tag{6}$$

$$T(u) - T(v_0) = f_3, \tag{7}$$

$$J(u) - J(v_0) = f_4. \tag{8}$$

Zwischen den sekundären Funktionen f, f_2 und f_4 besteht noch der manchmal zu verwertende Zusammenhang

$$f \cdot (1 + f_2) = f_4. \tag{9}$$

Mit diesen sekundären Funktionen geht das Gleichungssystem von Siacci III für einen beliebigen Flugbahnpunkt über in

$$\frac{x}{c'} = f_0. \tag{10}$$

$$\operatorname{tg} \vartheta = \operatorname{tg} \varphi - \frac{c'}{2 \cdot \cos^2 \varphi} \cdot f_4, \tag{11}$$

$$y = x \cdot \operatorname{tg} \varphi - \frac{x}{2 \cdot \cos^2 \varphi} \cdot c' \cdot f, \tag{12}$$

$$t = \frac{c'}{\cos \varphi} \cdot f_3, \tag{13}$$

$$v = \frac{u \cdot \cos \varphi}{\cos \vartheta} \quad \text{(wie bei Siacci III)}. \tag{14}$$

Dazu entwickelt Fasella noch die weitere, in bestimmten Fällen verwendbare Beziehung

$$\frac{\operatorname{tg} \varepsilon - \operatorname{tg} \vartheta}{\operatorname{tg} \varphi - \operatorname{tg} \varepsilon} = f_2 \tag{15}$$

worin $\dfrac{y}{x} = \operatorname{tg} \varepsilon$, also ε der Geländewinkel nach dem Flugbahnpunkt (x, y) ist. Das Formelsystem (10) bis (14) wird zur stückweisen Flugbahnberechnung benützt. Man kann dabei den in § 40 empfohlenen Weg einschlagen, indem man die Zoneneinteilung nach Schichten gleicher Dicke vornimmt. Beim Vergleich von photogrammetrisch festgelegten Flugbahnen, vor allem aber der zahlreichen, während des Krieges aufgenommenen Geschoßbahnen von Flugabwehrkanonen ist indessen von Gleichung (11) ausgegangen worden, die auf folgende Form gebracht wurde:

$$f_4 = (\operatorname{tg} \varphi - \operatorname{tg} \vartheta) \cdot \frac{2 \cos^2 \varphi}{c'}. \tag{16}$$

Der Rechnungsgang ist dann schematisch der folgende: Berechnung der Konstanten C_0' nach Formel (2); Wahl des Neigungswin-

32*

kels ϑ_1 der Flugbahntangente am Ende des ersten Teilbogens. Schätzung der Höhe y_1 der ersten Schicht. Bestimmung des Dichteverhältnisses λ_1 für die Mitte dieser Schicht (am besten zu entnehmen aus der Tabelle bei Wiener, Die streckenweise Berechnungder Geschoßbahnen, S. 59, wo das Dichteverhältnis mit c bezeichnet ist). Schätzung der Geschwindigkeit v_1 am Ende des ersten Teilbogens. Diese Schätzung von y_1 und v_1 wird wesentlich erleichtert, wenn man in einer Vorberechnung bei konstantem c'-Wert mittels der Formeln (11) bis (14) ϑ, y und v in bestimmten Intervallen berechnet, als Funktion von x aufträgt und die erhaltenen Kurven dann nach der Teilbogenberechnuug stückweise verbessert. Hiernach wird der mittlere Wert β_1 für den ersten Teilbogen nach Eberhard (§ 40) bestimmt. Berechnung von c_1' nach Formel (3). Berechnung von f_4 nach Gleichung (16). Zu f_4 und der Anfangsgeschwindigkeit v_0 gibt die Tafel VI bei Fasella den Wert $f_{0(1)}$. Damit erhält man aus Formel (10) ξ_1, aus (12) η_1, aus (13) τ_1, aus (14) v_1 für das Ende des ersten Teilbogens, wobei die Funktionen f und f_3 sowie u bezüglich aus den Tafeln II, V und I von Fasella gefunden werden. (Zur Unterscheidung der auf die Mündung bezogenen Werte x, y, t sind dabei im vorstehenden die auf den Anfang des jeweiligen Teilbogens bezogenen Werte mit ξ, η, τ bezeichnet.) Der Vergleich der zu Beginn jeder Teilbogenberechnung geschätzten Höhe sowie der geschätzten Geschwindigkeit am Ende des Teilbogens mit den errechneten Werten zeigt, ob die Rechnung für denselben Teilbogen mit den genaueren Werten wiederholt werden muß. Wie weit man dabei mit der Annäherung der errechneten an die geschätzten Werte gehen muß, ergibt sich ebenso wie die Zahl der für eine Bahn gewählten Teilbögen und die Art der Unterteilung durch den Vergleich aus genaueren Durchrechnungen mit engerer Bogenunterteilung und grundsätzlicher Wiederholung jeder Bogenberechnung für gewisse Bahntypen. Für die artilleristische Praxis kann das Endergebnis der Rechnung als völlig genau angesehen werden. wenn die Abweichungen errechneter von erschossenen und möglichst empirisch (siehe unten) auf Windstille zurückgeführten Werten gleich oder kleiner sind als die halbe 50prozentige Streuung auf der betreffenden Entfernung.

Für den zweiten Teilbogen dienen die Endelemente des ersten Teilbogens als Anfangselemente usw. Schließlich wird für einen Punkt (x, y), bis zu dem die Berechnung durchgeführt wird.

$$x = \Sigma \xi; \quad y = \Sigma \eta, \quad t = \Sigma \tau.$$

Die Bahngeschwindigkeit im Punkte (x, y) ist gleich der Bahngeschwindigkeit am Ende des letzten Teilbogens.

Bei ganz steilen Bahnen (über 70^0) versagen die Fasella-Tafeln in der Nähe des Scheitels. Ihre Verlängerung nach der Richtung kleinerer Geschwindigkeiten ist daher erwünscht.

B. Berechnung der Endelemente einer Flugbahn in einem Bogen.

Auf die Berechung in Teilbögen kann verzichtet werden allgemein bei ersten Überschlagsrechnungen der unteren Winkelgruppe (ausgenommen die reinen Fernbahnen), sowie bei Anfangsgeschwindigkeiten unter 600 m/sec und unterer Winkelgruppe, also für die leichte Artillerie bisheriger Leistung; weiter bei kleinkalibrigen Waffen der unteren Winkelgruppe und endlich bei Anfangsgeschwindigkeiten unter 300 m/sec auch für die obere Winkelgruppe (Minenwerfer usw.). Aber auch in diesen Fällen empfiehlt es sich, mit Ausnahme vielleicht der ganz flachen Flugbahnen von Geschützen und Gewehren, die Abnahme des Luftgewichts mit der Höhe dadurch zu berücksichtigen, daß man in einer ersten Näherungsrechnung mit dem Bodenluftgewicht δ_0 die Gipfelhöhe y_s errechnet. Man setzt dann für die Wiederholung der Rechnung nach dem Vorschlage von Cranz das Luftgewicht für die Höhe $\frac{2}{3} \cdot y_s$ oder ein nach § 49 berechnetes ballistisches Luftgewicht δ_b ein. Im Zweifelsfalle ist durch Berechnung einer weiten Bahn der betreffenden Schußtafel in Teilbögen und in einem Bogen festzustellen, inwieweit das einfachere der beiden Verfahren zulässig ist.

1. Lösung mit den Tabellen Nr. 10 des Anhangs.

Das bei dieser Lösung benutzte Formelsystem ist vor den Tabellen Nr. 10 des Anhanges angegeben. Der Wert $i_0 \cdot \beta$ ist dabei nach Vallier mit steigender Genauigkeit:

a) $i_0 \cdot \beta = i_0 \cdot 1$.

b) $i_0 \cdot \beta = i_0 \cdot \cos \frac{2}{3} \varphi$,

c) $i_0 \cdot \beta = \dfrac{6 \cdot i_0 K'(v_0) \cdot \sec^3 \varphi + 5 \cdot i(v_s) \cdot (1 - 0,00011 \cdot y_s) \cdot K'(v_s)}{\{6 \cdot K'(v_0) + 5 \cdot K'(u_s)\} \cdot \sec^2 \varphi}$. $\qquad$ (16)

Der Formkoeffizient i ist dabei, gleichfalls nach Vallier

1. für $v > 330$ m/sec: $i(v) = \gamma_1 \cdot \dfrac{v - (180 + 2\gamma_1)}{41,5 \cdot (v - 263)}$, worin γ_1 der halbe Öffnungswinkel der ogivalen Bogenspitze in Graden ist.

2. für $v < 330$ m/sec gilt:

für $\gamma_1 =$	31^0	$33^0{,}6$	$36^0{,}9$	$41^0{,}5$	$48^0{,}2$
ist i	0,67	0,72	0,78	1,00	1,10

i_0 bedeutet dabei den Wert von i für $v = v_0$. Für die früheren Krupp-schen Normalgeschosse mit ogivaler Spitze von 2 Kalibern Spitzenradius ist der Formkoeffizient konstant $i_0 = 1$. Nach O. v. Eberhard ist der i-Wert gegeben durch die Gleichungen des § 10, S. 60. Den Wert von $K'(v)$ in obiger Formel c) für $i_0 \cdot \beta$ entnimmt man der Tabelle in § 10, Ziffer c) Nr. 8 am Schluß. Die dabei benutzten Luftwiderstandsgesetze enthält § 28. Für die Wahl des Höhenluftgewichts gilt das zu Beginn des Abschnitts B. dieses Paragraphen Gesagte.

2. Lösung mit den Tabellen von Siacci III oder Fasella.

Das Formelsystem der Methode Siacci III ist enthalten in § 27. Tafeln für die primären Funktionen zum einheitlichen Luftwiderstandsgesetz von Siacci (III, 1896) findet man in den Tabellen Nr. 11 des Anhangs. Am Schluß dieses Tabellenwerkes ist die β-Tabelle von Siacci, außerdem im Diagramm Nr. VI des Anhangs eine graphische Darstellung für β gegeben. Wo diese Angaben nicht ausreichen, ist β mittels folgender Gleichung zu berechnen:

$$\beta \cdot \left[6 \cdot \frac{f(v_0)}{v_0^4} + 5 \frac{f(u_s)}{u_s^4} \right] \cdot \sec^2 \varphi = 6 \cdot \frac{f(v_0)}{v_0^4} \cdot \sec^3 \varphi + $$
$$+ 5 \cdot (1 - 0{,}00011 \cdot y_s) \cdot \frac{f(v_s)}{v_s^4} . \qquad (17)$$

Dabei sind u_s und v_s unter der Annahme $\beta = 1$ durch eine Vorberechnung zu bestimmen, die Werte $f(v)$ und $f(u)$ aus der Tabelle 6 des Anhanges zu entnehmen.

Durch Spezialisierung der Gleichungen (10) bis (15) für den zweiten Schnitt der Flugbahn mit dem Mündungshorizont (Auffallpunkt: $x = X$, $y = 0$, $\vartheta = -\omega$, $\varepsilon = 0$, $v = v_e$, $t = T$) erhält Fasella folgende Formeln für die Elemente des Auffallpunktes:

$$\frac{X}{c'} = f_0 \qquad (18)$$

$$\frac{\sin 2\varphi}{c'} = f \qquad (19)$$

$$\frac{\operatorname{tg} \omega}{\operatorname{tg} \varphi} = f_2 \qquad (20)$$

$$v_e = \frac{u \cdot \cos \varphi}{\cos \omega} \qquad (21)$$

$$T = \frac{c'}{\cos \varphi} \cdot f_3 \qquad (22)$$

$$\frac{\sin 2\varphi}{X} = f_1 . \qquad (24)$$

Damit tritt zu den in § 79 A) erwähnten sekundären Funktionen (4) bis (8) noch eine weitere f_1 hinzu, die bestimmt ist durch

$$f_1 = f : f_0 . \tag{25}$$

Zur rein rechnerischen Aufstellung einer Erdschußtafel mittels der Formeln (18) bis (24) unter Benutzung der Tafeln von Fasella hat man zunächst den c'-Wert nach Gleichung (1) des § 79 zu bestimmen. Dabei wird der ihm zugrundeliegende i-Wert aus den bei den betreffenden Stellen vorhandenen Erfahrungsgrundlagen ermittelt. Liegen solche nicht vor, so kann die Kruppsche Tabelle der i-Werte in Tafel 20 des Bandes IV der früheren Auflage dieses Buches benutzt werden, wobei jedoch dann der Faktor 0,896 im Nenner auf der rechten Seite der Formel (1) fortgelassen werden muß. Vom Abgangswinkel ausgehend, gelangt man über Formel (19) dieses Abschnittes zur Funktion f und von dieser mittels der Tafel II zum Werte f_0. Dadurch ist mit Formel (18) die Gesamtschußweite gegeben. Geht man von der Schußweite aus, so liefert Formel (18) zunächst f_0, daraus Tafel II die Funktion f und damit Formel (19) den Abgangswinkel. Die Berechnung der übrigen Elemente erfolgt mit den Formeln (20). (21) und (22), nachdem man zu f_0 aus den entsprechenden Funktionstafeln die Werte f_2, u und f_3 in der Vertikalspalte der betreffenden Anfangsgeschwindigkeit aufgesucht hat. (Die hierbei wie bei allen Rechnungen in Tabellen mit doppeltem Eingang häufig nötigen doppelten Interpolationen lassen sich, wie nebenbei erwähnt sei, mit der Rechenmaschine bequem und sicher in einer Operation ausführen).

Gleichung (24) wird, wie später gezeigt werden soll, insbesondere zur Bestimmung des c'-Wertes aus Schießversuchen gebraucht. Zur Berechnung der Koordinaten x_s, y_s des Gipfels, die zur Ermittlung des wirksamen Luftgewichtes bei der Vorberechnung nötig sind, dienen weitere sekundäre Funktionstafeln für f_5 (Tafel VII) und f_6 (Tafel VIII). Die zugehörigen Gleichungen sind

$$x_s = f_5 \cdot X \tag{26}$$

und

$$y_s = f_6 \cdot X \cdot \operatorname{tg} \varphi . \tag{27}$$

Der Vorteil der Benutzung dieser und anderer Tafeln mit ballistischen sekundären Funktionen tritt besonders zutage, wenn man die Rechenmaschine in weitgehendem Maße an Stelle der logarithmischen Rechnung benutzt, wobei sich für die Bestimmung der Reziproken und der natürlichen Werte der trigonometrischen Funktionen besonders die Tafeln von Lohse (s. Lit.-Note) bewährt haben. Vielfach genügt zur Berechnung auch der Rechenschieber. Zu beachten bleibt, daß zur Flugbahnberechnung in einem Bogen die Tafeln von Fasella ebensowenig wie das ursprüngliche Lösungssystem von Siacci bei der oberen Winkelgruppe angewandt werden dürfen.

3. Lösung mittels der Tafeln von Euler-Otto.

Dieses Verfahren gilt nur für Anfangsgeschwindigkeiten bis 240 m/sec und gibt die besseren Ergebnisse bei der oberen Winkelgruppe. Es kommt daher in der Hauptsache für die Schußtafelberechnung der Minenwerfer in Betracht. Die Tabellen Nr. 7 des Anhangs enthalten auch die Angabe über den ballistischen Koeffizienten dieser Lösungsmethode.

§ 80. Die Schußtafelberechnung nach Schußtafelversuchen.

A. Ausgangsgrundlagen.

Nähere Angaben über die praktische Ausführung von Schußtafelschießen gibt Heydenreich (s. Lit.-Note), die jedoch in vieler Hinsicht als veraltet gelten müssen. Die beste theoretische Verteilung der für einen Schußtafelversuch zur Verfügung stehenden Munitionsmenge behandelt der § 73 D. dieses Buches (am Schluß). In der Praxis wird man mit dem Erschießen der mittleren Schußweite X zu jedem Abgangswinkel φ auch die mittleren (50 prozentigen) Streuungen für die betreffende Entfernung feststellen und daher für das einzelne Treffbild wenigstens 10, womöglich 15 Schuß aufwenden (vgl. § 66, 3. Absatz). Wenn die Munitionslage es erlaubt, empfiehlt sich z. B. für eine Ladung das Erschießen der mittleren Treffpunktslage bei Abgangswinkeln von 5⁰, 10⁰, 20⁰, 30⁰, 40⁰ und 45⁰, bei Geschützen mit oberer Winkelgruppe ist entsprechend zu verfahren. Für Geschosse mit Zeitzündern sind ferner die Beziehungen zwischen der Zünderstellung und den Koordinaten der Sprengpunkte, sowie die Flugzeiten bis zum Sprengpunkt empirisch festzulegen. Mit diesen Messungen wird gleichfalls die Ermittlung der Streuungen der Luftsprengpunkte verbunden.

Bei Geschützen mit mehreren Ladungen sind diese Ermittlungen womöglich für alle Ladungen, jedenfalls aber für die größte und die kleinste Ladung sowie für Zwischenladungen in dem Umfange durchzuführen, daß die nichtbeschossenen Ladungen mit Sicherheit interpoliert werden können. Für leichtere Waffen, besonders Gewehre empfiehlt sich die Durchführung paralleler Versuche aus einer größeren Zahl von Waffen. Bei schwereren Geschützen ist dieses Verfahren weniger nötig, auch meist durch die Munitionslage ausgeschlossen.

Zur Aufstellung der Schußtafeln aus den Schießergebnissen sind demnach folgende Messungen und Feststellungen unerläßlich:

1. Schußrichtung in genauen geographischen Angaben (möglichst auch Winkelabweichung der senkrechten Ebene durch die Seelenachse (Schußebene) von der Nullrichtung des benutzten Schießplatzes). Eine

Verkantung muß sorgfältig vermieden werden, da sie besonders bei der oberen Winkelgruppe bedeutende Fehler bringen kann.

2. Lage der Geschützstellung (Mündung) in Platzkoordinaten (Länge, Seite, Höhe über Normalnull).

3. Höhenlage des jeweiligen Aufschlaggeländes über Normalnull.

4. Periodische Messungen des Luftgewichtes am Boden, wenn möglich $^1/_2$ stündlich. Messung des Luftgewichtes in größeren Höhen durch aerologische Sondierungen (Drachen- oder Ballonaufstiege, aerologische Flugzeugaufstiege), diese in Intervallen von höchstens 2 bis 3 Stunden.

5. Windmessungen in geringer Höhe über dem Erdboden durch registrierendes Schalenkreuzanemometer, fortlaufend während des ganzen Beschusses. Ferner Höhenwindmessungen durch Pilotaufstiege möglichst einstündlich oder noch öfter.

6. Angaben über Geschoßform (Spitzenradius, konische Verjüngung), Geschoßgewichte und Schwerpunktslagen. (Bei Beschüssen, die für die Bestimmung einer Geschoßkonstruktion grundlegend sein sollen, sind ferner die Trägheitsmomente um Längs- und Querachse sowie die zur geometrischen Längsachse etwa exzentrische Schwerpunktslage nach einem der im Band III beschriebenen Verfahren zu bestimmen.)

7. Fortlaufende Messung der Pulvertemperatur in den gegen Sonnenbestrahlung und Niederschläge geschützten Kartuschen und Patronen. Mindestens 24 stündige Einlagerung der Kartuschen vor dem Beschuß in besonderen wärmeisolierten Behältnissen, die auf eine ganz bestimmte Temperatur eingestellt werden können, ist für eine gleichmäßige Lage der Anfangsgeschwindigkeiten vorteilhaft.

8. Angaben über die Ladungen (Pulverlieferung, Ladungsgewicht, Bestimmung des Feuchtigkeitsgehaltes des Pulvers nach dem Beschuß aus zurückgebliebenen Ladungen gleicher Art).

9. Messung der Anfangsgeschwindigkeit, vielfach zu verbinden mit dem Messen der Abgangsfehlerwinkel. Zum mindesten ist die Anfangsgeschwindigkeit bei jeder Ladung einmal zu Beginn oder am Ende jedes Schußtafelversuches zu messen. Vorteilhaft sind bei längeren Versuchen öftere Messungen, zu Beginn, etwa in der Mitte und am Ende des Versuchs. Durch Auftragen dieser wiederholt gemessenen Anfangsgeschwindigkeiten in Funktion der Uhrzeit ist es dann meist möglich, mit einiger Sicherheit auf die Anfangsgeschwindigkeiten dazwischenliegender Schüsse zu schließen. Am günstigsten für die ballistische Auswertung der einzelnen Schüsse ist es indessen, wenn die Anfangsgeschwindigkeit mit einem der im Band III näher zu beschreibenden besonderen Verfahren ohne Gitterrahmen Schuß für Schuß gemessen werden kann.

10. Feststellung der Schußweiten (durch Ausmessung der einzelnen Geschoßeinschläge in Platzkoordinaten oder durch photogrammetrische Aufnahme oder durch Anschneiden im Lichtmeßverfahren), Flugzeiten und Seitenabweichungen (diese bezogen auf die Schußebene) für die einzelnen Schüsse. Notierung der genauen Schußzeiten zum Zwecke des Zusammenfindens mit den gleichzeitigen meteorologischen Messungen. (Bei kleinkalibrigen Waffen Treffpunktslagenbeschüsse nach Scheiben und Flugzeitmessungen wenigstens auf den kürzeren Entfernungen.)

11. Bei Brennzünderschüssen außerdem Zünderstellung, Lage der Luftsprengpunkte nach Länge, Seite und Höhe, ferner Flugzeiten bis zu den Sprengpunkten.

12. Bei getrennter Munition sind bei allen Schüssen die Längen der Verbrennungsräume nach dem Ansetzen der Geschosse zu messen.

Einzelheiten über die Ausführung dieser verschiedenen Messungen bringt Band III. Eine mehrfache Wiederholung des gleichen Schußtafelversuchs ist wünschenswert.

B. Vorbereitende Rechnungen.

1. **Umrechnung der beobachteten Schußweiten auf den Mündungshorizont (Reduktion auf Geländewinkel Null).**

a) Bei kleinem Abgangswinkel und Geländewinkel, wo das Schwenken der Bahn (vgl. § 42) zulässig ist: Der Abgangswinkel zur Horizontalen sei $\varphi = \angle BOA_1$; mit ihm werde auf dem geneigten Gelände mit der Flugbahn O—S—A die schiefe Schußweite O—A erreicht. Der Geländewinkel, negativ genommen, wenn das Gelände vom Geschütz zum Ziel fällt, sei $\gamma = \angle A_1 O A$. Man denke sich die Flugbahn O—S—A und damit auch die Anfangstangente

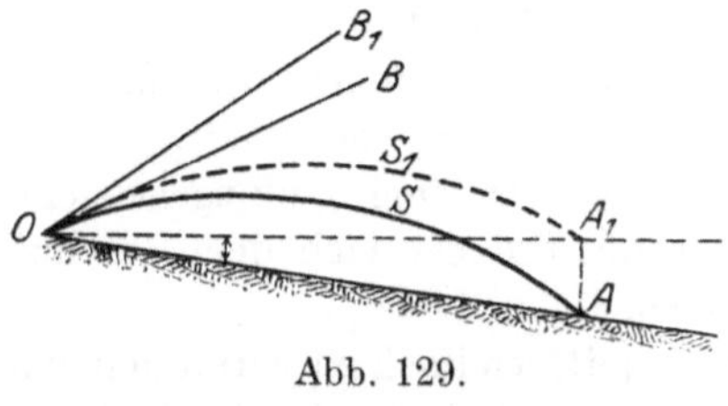

Abb. 129.

O—B an die Flugbahn um den Geländewinkel γ nach oben geschwenkt, so daß A mit A_1 zusammenfällt. Dann ist die wagrechte Schußweite O—$A_1 = O$—A. Sie wird erreicht mit einem reduzierten Abgangswinkel

$$\varphi_r = \varphi + \gamma, \text{ wenn das Gelände nach dem Ziel hin abfällt,}$$
$$\varphi_r = \varphi - \gamma, \text{ wenn das Gelände nach dem Ziele hin steigt.}$$

Bei den Treffpunktslagenbeschüssen kleinkalibriger Waffen ist unter Berücksichtigung des Abgangsfehlerwinkels, des Visier-(Aufsatz-)winkels und der Höhenlage des mittleren Treffpunktes zur Horizontalschußweite X (gleich dem Abstand der Scheibe) der reduzierte Abgangswinkel mittels des Schwenkens der Bahn zu bestimmen.

b) Ist das Schwenken der Bahn nicht zulässig, so kann man den Schnittpunkt C des Mündungshorizontes O—A_1 mit Flugbahn O—S—A suchen. Man mache O—$A_1 = O$—A und berechne in erster Näherung den spitzen Auffallwinkel ω. Dann erhält man $A_1 C = \sim A A_1 \cdot \operatorname{cotg} \omega$.

Um dieses Maß $A_1 C$ ist die beobachtete Schußweite O—$A = O$—A_1 zu verkürzen, um die auf die Mündungswagrechte reduzierte Schußweite O—C zu erhalten.

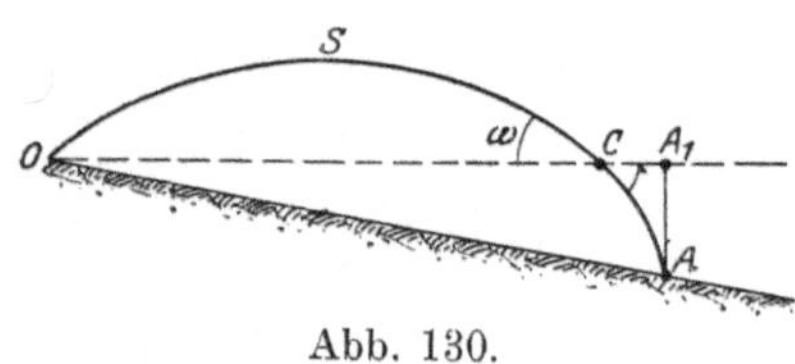

Abb. 130.

c) Auch die Parabelsubstitution wird zur Umrechnung eines auf dem schiefen Gelände beobachteten Geschoßeinschlages mit den Koordinaten x, y auf die Schußweite X im Mündungshorizont u. U. verwandt werden können. Es ist $y = x \cdot \operatorname{tg} \omega \cdot \left(1 - \dfrac{x}{X}\right)$ (siehe Formelzusammenstellung im § 7, 1). Hieraus ist X zu berechnen.

d) Bei größeren Höhenunterschieden führen die vorausgehenden Verfahren mehr oder minder alle zu Fehlern. Man verwendet in diesem Fall besser die beobachteten Koordinaten x, y des Geschoßeinschlages im Gelände unmittelbar zur Berechnung des ballistischen Koeffizienten c'. Aus Formel (12) kann $c' \cdot f = (x \cdot \operatorname{tg} \varphi - y) \cdot \dfrac{2 \cos^2 \varphi}{x}$ berechnet werden. f ist nun selbst nach dem früher Dargelegten eine Funktion von c' und x. Daher muß man aus der Fasellaschen Tafel II c' durch Probieren bestimmen.

2. Berücksichtigung des Abgangsfehlerwinkels.

Der Abgangsfehlerwinkel δ ist, je nach dem Sinne der Abweichung der Seelenachse beim Schuß von ihrer Lage unmittelbar vorm Abschuß, zum Erhöhungswinkel ε zu addieren oder von ihm abzuziehen. Man erhält dann z. B bei einem Erhöhungswinkel ε, einem positiven Abgangsfehlerwinkel δ und einem negativen Geländewinkel γ, wenn das Schwenken der Bahn zulässig ist, als reduzierten Abgangswinkel, mit dem die weiteren Berechnungen durchzuführen sind,

$$\varphi_r = \varepsilon + \delta + \gamma.$$

3. Umrechnung der gemessenen Bahngeschwindigkeit auf die Mündung (Berechnung der Tagesanfangsgeschwindigkeit).

In der Regel mißt man mit dem Boulengé-Apparat (vgl. hierzu Band III) die Zeit t, die das Geschoß vom Durchreißen des ersten Gitters G_1 bis zum Durchreißen des zweiten Gitters G_2 braucht. Die beiden Gitter stehen dabei meist lotrecht. Ist ihr wagrechter Abstand a $\left(\text{meist gleich } \dfrac{1}{10} \text{ der zu erwartenden } v_0 \text{ gewählt}\right)$, so ist die durchschnittliche wagrechte Komponente $v_x = v \cdot \cos \vartheta = \sim v \cdot \cos \varphi$ der Geschoßgeschwindigkeit zwischen den beiden Gittern bestimmt durch $v_c = \dfrac{a}{t}$. Diesen Wert teilt man, unter der Annahme einer gleich-

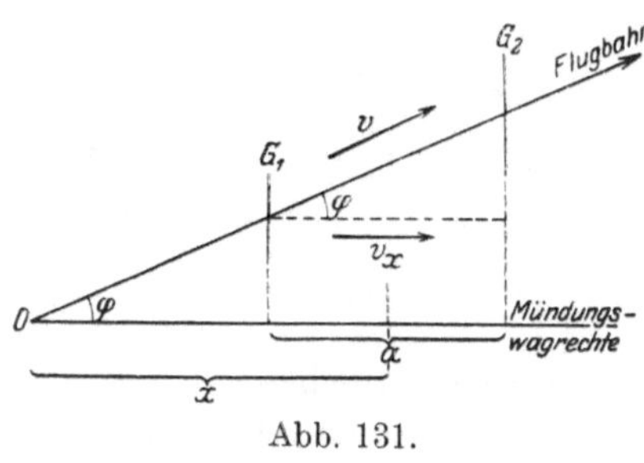

Abb. 131.

mäßigen Abnahme der Geschwindigkeit innerhalb der Meßstrecke, der um die Entfernung x vor der Mündung liegenden Mitte der Meßstrecke zu. Aus dem gemessenen Wert v_x erhält man die Bahngeschwindigkeit v im Bahnpunkt mit der Abszisse b zu $v = \dfrac{v_x}{\cos \varphi} \cdot (O-G_1-G_2$ als gradlinig angenommen). Dieser Wert v ist nun noch auf die Mündung umzurechnen. Hierzu ist beispielsweise die Siaccische Formel

$$\frac{x}{c'} = D(u) - D(v_0)$$

brauchbar, in der $u = v$ gesetzt werden kann. Den Wert von c' berechnet man in erster Näherung nach der Formel (1) zu Beginn des § 79, demnächst aus einer mittleren Schußweite nach dem weiter unten beschriebenen Verfahren.

Besonders bequem für die Umrechnung der Bahngeschwindigkeit auf die Mündung gestalten sich Tabellen der Firma Krupp, die im bisherigen Band IV (Tafel 24) enthalten sind.

4. Berechnung der schußtafelmäßigen Anfangsgeschwindigkeit.

Die erhaltenen Werte der Tagesanfangsgeschwindigkeit sind auf normale Temperatur (meist $+ 10^0$ C) und normale Feuchtigkeit des Pulvers sowie u. U. auf normales Geschoßgewicht umzurechnen. Hierzu sind womöglich durch Sonderversuche für die betreffenden Verhältnisse ermittelte Umrechnungsfaktoren zu verwenden (vgl. Band II). Liegen derartige Erfahrungen noch nicht vor, so dient für die Berücksichtigung der Pulvertemperatur τ^0 C die Näherungsregel $\dfrac{\varDelta v_0}{v_0} = \dfrac{10 - \tau}{1000}$, für die Berücksichtigung der Pulverfeuchtigkeit die aus amerikanischen Versuchen der Vorkriegszeit hergeleitete Regel:

$$\frac{\varDelta v_0}{v_0} = - 0{,}045 \cdot \varDelta h.$$

Darin ist $\varDelta h$ die Differenz: normaler prozentualer Feuchtigkeitsgehalt des Pulvers minus tatsächlicher prozentualer Feuchtigkeitsgehalt des Pulvers.

Zur Umrechnung der mit einem Geschoßgewicht P gemessenen Anfangsgeschwindigkeit auf normales Geschoßgewicht P_r benutzt man am besten eine empirische durch Messung mit verschiedenen Geschoßgewichten erhaltene Beziehung zwischen Anfangsgeschwindigkeit und Geschoßgewicht. Soweit diese nicht vorliegt, dient zur Reduktion die Näherungsformel

$$\frac{\Delta v_0}{v_0} = -\,\nu \cdot \frac{\Delta P}{P}, \quad \text{wobei} \quad \Delta P = P_r - P \quad \text{und} \quad \nu = 0{,}3 \text{ bis } 0{,}5.$$

Liegen wiederholte Messungen von mehreren Schießtagen für eine Ladung vor, so wird als endgültige schußtafelmäßige Anfangsgeschwindigkeit der Mittelwert, nötigenfalls unter Berücksichtigung der Gewichte der Tagesmittel, aus den reduzierten Mittelwerten der einzelnen Tage gewählt. Handelt es sich um ein Geschütz mit mehreren Ladungen, so trägt man in Funktion der Ladungsgewichte die reduzierten Werte der einzelnen Tagesanfangsgeschwindigkeiten graphisch auf und zieht eine ausgleichende Kurve. Aus ihr werden dann die schußtafelmäßigen Anfangsgeschwindigkeiten der verschiedenen Ladungen endgültig bestimmt.

5. Die Umrechnung der Tagesschußweiten auf Normalbedingungen.

Die Tagesschußweiten X_1', X_2', X_3' usw. (zugehörig zu den mittleren Treffpunkten der einzelnen Bodentreffbilder) für bestimmte Abgangswinkel φ_1, φ_2, φ_3 usw. sind auf Windstille, schußtafelmäßiges Luftgewicht am Boden (bei der deutschen Landartillerie 1,22 kg/cbm) schußtafelmäßiges Geschoßgewicht und schußtafelmäßige Anfangsgeschwindigkeit umzurechnen. Für alle Änderungen Δv_0, $\Delta \delta$, ΔX usw. möge Δ die Korrektur bedeuten, die dem beobachteten Wert hinzuzufügen ist, um zum reduzierten Wert zu gelangen (also $\Delta =$ reduzierter Wert minus beobachteter Wert).

a) **Reduktion der Schußweiten auf Windstille.** Soweit nicht bei größeren Schußweiten eine bogenweise Berücksichtigung des Windeinflusses nötig wird (siehe § 49), ist die Scheitelhöhe der betreffenden Flugbahn in einer Vorberechnung zu ermitteln (siehe Formel (27) des § 79) und entweder der in $^2/_3$ der Scheitelhöhe gemessene Wind oder genauer der für die betreffende Scheitelhöhe aus den Windmessungen abgeleitete ballistische Wind in Rechnung zu setzen (über dessen Ermittlung vgl. § 49). Da Schußrichtung und Richtung des ballistischen Windes bekannt sind, kann dieser in seine beiden Komponenten in der Schußrichtung w_p und senkrecht zur Schußrichtung w_s zerlegt werden. Bei längeren Versuchen kann ein graphischer Ausgleich der Windmessungen nach Uhrzeit und Höhe nach § 81 B, Ziffer 6a zweckmäßig sein. Zur Reduktion der Schußweiten auf Windstille dient die Komponente w_p in der Schußrichtung. Eine kleine Vereinfachung der Rechnung erreicht man, wenn man die Formeln (12) und (13) des § 47 in folgender Form verwendet:

$$\text{für} \quad v_0 < 300 \text{ m/sec} \quad \varDelta_1 X = - w_p \cdot \left(T - \frac{X}{v_0 \cos \varphi} \cdot \frac{1}{f_2} \right)$$

$$\text{für} \quad v_0 > 300 \text{ m/sec} \quad \varDelta_1 X = - w_p \cdot \left| T - \frac{X}{v_0 \cdot \cos \varphi} \cdot \left(\frac{2}{f_2} - 1 \right) \right|$$

(w_p positiv bei Mitwind, negativ bei Gegenwind). f_2 ist dabei aus den Tagesbedingungen X', φ, v_0 auf dem Wege über Formel (24) des § 79 zu ermitteln. Bei sehr großen Reduktionen (weiten Entfernungen, starkem Wind) versagen diese Formeln vielfach, da sie nach ihrer Ableitung auf der Voraussetzung kleiner Beträge von $\varDelta X$ aufgebaut sind. Daraus ergibt sich die Forderung, zu Schußtafelversuchen möglichst Tage mit schwachen Winden auszusuchen. Wo die Platzverhältnisse (Schießen gegen See) und die sonstigen Umstände dies erlauben, schaltet man den Windeinfluß besser empirisch aus, indem man unter sonst gleichen Bedingungen gleichzeitig Treffbilder nach mehreren, mindestens aber nach zwei um 180^0 verschiedenen Richtungen erschießt. (Näheres siehe Lit.-Note.)

b) **Reduktion der Schußweiten auf normales Luftgewicht.** Normales (schußtafelmäßiges) Luftgewicht δ_r, Luftgewicht zur Zeit des betreffenden Treffbildes δ (beide Werte zunächst geltend für die Höhe der Mündung), also $\varDelta \delta = \delta_r - \delta$. Die Reduktion erfolgt bei allen Anfangsgeschwindigkeiten nach $\dfrac{\varDelta_2 X}{X'} = - \left(1 - \dfrac{1}{f_2} \right) \cdot \dfrac{\varDelta \delta}{\delta}$ (entspricht der Formel (49) bzw. (58) in § 44). Genauer verfährt man wiederum, wenn man an Stelle der Luftgewichtswerte im Mündungshorizont die ballistischen Luftgewichte für die betreffende Flugbahn einsetzt (siehe § 49, Schluß).

c) **Reduktion der Schußweiten auf schußtafelmäßiges Geschoßgewicht.** P_r schußtafelmäßiges Geschoßgewicht, P Geschoßgewicht des Treffbildes, $\varDelta P = P_r - P$. Unter Berücksichtigung der Formel (13) des § 44 läßt sich dann Gleichung (49) bzw. (58) des § 44 auf folgende Form bringen: $\dfrac{\varDelta_3 X}{X'} = + \left(1 - \dfrac{1}{f_2} \right) \cdot \dfrac{\varDelta P}{P}$ (Bestimmung von f_2 wie bei a).

d) **Reduktion der Schußweiten auf schußtafelmäßige Anfangsgeschwindigkeiten.** Tagesanfangsgeschwindigkeit v_0, schußtafelmäßige Anfangsgeschwindigkeit $v_{0,r}$, demnach $\varDelta v_0 = v_{0,r} - v_0$. Die Reduktion der Schußweiten erfolgt entweder nach den Formeln (52) und (61) des § 44 oder für alle Geschwindigkeiten nach $\dfrac{\varDelta_4 X}{X'} = f_v \cdot \dfrac{\varDelta v_0}{v_0}$, wobei f_v aus Tafel IX von Fasella zu entnehmen ist. Auch der

Geltungsbereich dieser Formeln ist auf kleine Unterschiede in ΔX beschränkt. Bei Geschützen mit mehreren Ladungen trägt man besser für einzelne der in Frage kommenden Abgangswinkel die Schußweiten bezogen auf Anfangsgeschwindigkeiten graphisch auf und liest die Werte ΔX für die betreffenden Werte Δv_0 ab.

Damit sind die wichtigsten Reduktionen der Schußweiten durchgeführt. Die reduzierte Schußweite X_r ergibt sich sodann aus der beobachteten Schußweite X' zu $X_r = X' + \Delta_1 X + \Delta_2 X + \Delta_3 X + \Delta_4 X$. Man erhält als Endergebnis für jede beschossene Ladung eine Reihe von zusammengehörigen Wertepaaren für X_r und φ. (Im nachfolgenden ist der Index r bei den reduzierten Schußweiten der Einfachheit halber wieder fortgelassen.)

C. Weiterer Gang der Schußtafelberechnung.

1. Lösung nach der Methode von Fasella.

(Nur für die untere Winkelgruppe.)

a) **Aufstellung der c'-Kurven.** Die reduzierten Schußweiten X trage man zum vorläufigen Ausgleich als Funktion der Abgangswinkel φ auf. Abszisse: Schußweite X (reduziert) und daneben auch X' (unreduziert), zusammengehörige Werte von X und X' verbunden durch einen Pfeil im Sinne der Reduktion. Ordinate: Abgangswinkel φ. Die Kurve $\varphi = F(X)$ beginnt im Nullpunkt das Koordinatensystems. Die größte Schußweite wird erreicht bei einem Abgangswinkel von annähernd 45^0 (gewöhnlich zwischen 43^0 und 45^0, Ausnahmen siehe § 20). Bei $\varphi = 90^0$ erhält man wieder die Schußweite Null (d. h. Schuß senkrecht nach oben). Die Schußweite wächst also mit wachsendem φ von 0^0 bis etwa 45^0, erreicht dort ein Maximum und vermindert sich dann wieder bis zum Werte Null bei $\varphi = 90^0$. Da im Abgangspunkt die Flugbahnen des leeren und des lufterfüllten Raums bei gleichen Werten von v_0 und φ nicht nur die Tangentenrichtung, sondern auch die Krümmung gemeinschaftlich haben (vgl. § 20, Absatz 8, Schluß), so können für den ersten Teil der Kurve $\varphi = F(X)$ die Verhältnisse des luftleeren Raumes als Anhalt dienen. Die Schußweite im luftleeren Raum ist: $X = \dfrac{v_0^2 \cdot \sin 2\varphi}{g}$. Hieraus folgt: $dX = \dfrac{2 \cdot v_0^2}{g} \cdot \cos 2\varphi \cdot d\varphi$. Im Anfang $(X = 0,\ \varphi = 0)$ ist $\left(\dfrac{d\varphi}{dX}\right)_{x=0} = \dfrac{g}{2 \cdot v_0^2} = \operatorname{tg}\psi$. ψ ist demnach die Neigung der Anfangstangente zur Abszissenachse.

Durch die erschossenen und reduzierten Elemente läßt sich die Kurve $\varphi = F(X)$ bei Beachtung der vorstehenden allgemeinen Gesichtspunkte über ihren Beginn und Verlauf meist sicher zeichnen. Ergebnisse weiterer Schießtage werden entsprechend verwertet.

Aus den nunmehr fertig reduzierten Schußweiten und den zugehörigen Abgangswinkeln berechnet man nach Formel (24) des § 79 jeweils $f_1 = \dfrac{\sin 2\varphi}{X}$ und findet hierzu aus der Tabelle III von Fasella für die schußtafelmäßige Anfangsgeschwindigkeit v_0 der zugehörigen Ladung die Werte f_0. Es ist dann $c' = \dfrac{X}{f_0}$ der ballistische Koeffizient, der dem weiteren Verfahren zugrunde gelegt wird. Die gefundenen Werte von c' trage man als Funktion von φ auf (Abszisse φ, Ordinate c') in nicht zu großem Maßstabe. Man wird hierbei ungünstigenfalls finden, daß die Punkte sehr stark streuen, besonders für kleine Werte von φ. Bessere Anfangswerte für c' erhält man aus Luftwiderstandsmessungen in der Nähe der Mündung. Sollte in besonderen Fällen sich durch die so aufgetragenen Punkte keine glatte Kurve legen lassen, so kann man als Anhalt aus den oben behandelten vorläufigen Kurven $\varphi = F(X)$ für runde Werte von φ oder X die c'-Werte berechnen und zu den aus den reduzierten Schußweiten direkt gewonnenen Punkten eintragen. Mit diesen Hilfsmitteln zeichne man die Kurve $c' = F(\varphi)$ so, daß die Abweichungen von den erschossenen Punkten möglichst gering sind. Über die Natur und Form der Kurve $c' = F(\varphi)$ ist grundsätzlich nur zu sagen, daß sie gewöhnlich (besonders für Kanonen) in Richtung der positiven c'-Achse gesehen, flach konkav gekrümmt ist und daß bei Hunderten von c'-Kurven, die im Laufe vieler Jahre gezeichnet wurden, niemals mehr als ein Wendepunkt beobachtet worden ist. Eine gute Kontrolle dafür, daß die c'-Kurven richtig gezeichnet wurden, bieten die später aus c' gerechneten Flugzeiten, die mit den beim Schießen gewonnenen und reduzierten Flugzeiten gute Übereinstimmung zeigen müssen. Sind mehrere Ladungen vorhanden, so muß zwischen den c'-Kurven für die einzelnen Ladungen ein gesetzmäßiger Zusammenhang bestehen, der später noch in einem besonderen Abschnitt behandelt werden wird (siehe Ladungsausgleich). Die c'-Kurven bilden im allgemeinen die weitere Grundlage der Berechnung. In manchen Fällen gelangt man indessen zu einer etwas größeren Gleichmäßigkeit, wenn man nicht die c'-Werte unmittelbar benutzt, sondern nach der Formel (3) des § 79 die $C_0{}'$-Werte errechnet und diese in Funktion der Abgangswinkel aufträgt.

b) Ermittlung der Erhöhungskurven. Aus der grundlegenden c'-Kurve werden für runde Werte von φ, im allgemeinen von 5^0 zu 5^0 fortschreitend, die zugehörigen c'-Werte abgelesen. Dann berechnet man die Werte $f = \dfrac{\sin 2\varphi}{c'}$ und sucht zu diesen bei der schußtafelmäßigen Anfangsgeschwindigkeit in Tafel II von Fasella die entsprechenden Werte $f_0 = \dfrac{X}{c'}$. Der nochmalige graphische Ausgleich der so erhaltenen f_0-Werte ist empfehlenswert (f_0 bezogen auf φ in großem Maßstab), da von f_0 die gesamten weiteren Berechnungen abhängen. Nun erhält man $X = c' \cdot f_0$ und damit die endgültige Beziehung zwischen Abgangswinkel φ und schußtafelmäßiger Schußweite X. Ist der Erhöhungswinkel ε, der Abgangsfehlerwinkel $\pm \delta$, so ist $\varepsilon = \varphi \mp \delta$. Damit kann auch die Erhöhungskurve $\varepsilon = F(X)$ gezeichnet werden. Sie entspricht in ihrem Verlauf völlig der Kurve $\varphi = F(X)$, ist jedoch parallel zu dieser um den Betrag $\mp \delta$ in der Ordinatenrichtung verschoben.

c) **Ermittlung der übrigen Endelemente.** Man liest bei **Fasella** zur schußtafelmäßigen Anfangsgeschwindigkeit v_0 und zu f_0 ab: in Tafel I u, in Tafel IV f_2, in Tafel V f_3. Dann ergibt sich der Fallwinkel ω aus $\operatorname{tg} \omega = f_2 \cdot \operatorname{tg} \varphi$, die Endgeschwindigkeit v_e aus $v_e = \dfrac{u \cdot \cos \varphi}{\cos \omega}$, die Flugzeit T aus $T = f_3 \cdot \dfrac{c'}{\cos \varphi}$. Diese Werte werden als Funktion der Schußweite graphisch aufgetragen und nötigenfalls ausgeglichen. Die Kurve $v_e = F(X)$ beginnt bei $X = 0$ mit dem Werte $v_e = v_0$. Die Kurve $\omega = F(X)$ beginnt im Koordinatennullpunkt und hat die gleiche Anfangstangente wie die Kurve $\varphi = F(X)$.

Sind bei den Schußtafelversuchen **Flugzeiten** gemessen, so werden diese zunächst auf Normalbedingungen umgerechnet. Diese Reduktionen erfolgen

α) **für das Luftgewicht** bei allen Anfangsgeschwindigkeiten

$$\varDelta_1 T = \frac{\varDelta \delta}{\delta} \cdot \left(\frac{X \cdot \operatorname{tg} \varphi}{v_e \cdot \sin \omega} - T \right);$$

β) **für das Geschoßgewicht** ebenso bei allen Anfangsgeschwindigkeiten nach

$$\varDelta_2 T = - \frac{\varDelta P}{P} \cdot \left(\frac{X \cdot \operatorname{tg} \varphi}{v_e \cdot \sin \omega} - T \right);$$

vgl. für α) und β) § 44 Formel (13), (50) und (59).

γ) **für die Anfangsgeschwindigkeit** für $v_0 > 300$ m/sec nach

$$\varDelta_3 T = \frac{\varDelta v_0}{v_0} \cdot \left(\frac{3\, X \cdot \operatorname{tg} \varphi}{v_e \cdot \sin \omega} - 2\, T \right);$$

vgl. § 44 Formel (53); für $v_0 < 300$ m/sec nach

$$\varDelta_3 T = \frac{\varDelta v_0}{v_0} \cdot \left(\frac{2\, X \cdot \operatorname{tg} \varphi}{v_e \cdot \sin \omega} - T \right);$$

vgl. § 44 Formel (62);

δ) **für den Wind** findet eine Reduktion nicht statt (vgl. die Bemerkung bei Formel (13) des § 47).

Die Summe der drei Korrektionen $\varDelta_1 T + \varDelta_2 T + \varDelta_3 T$ wird an der gemessenen Flugzeit T' angebracht. Die reduzierten und die nicht reduzierten Werte T_r und T' sind graphisch aufzutragen ($T = F(X)$)

und zusammengehörige Werte von T_r und T' (wie bei den Erhöhungskurven die Werte X_r und X') durch Pfeile im Sinne der Reduktionen
zu verbinden. Auf das gleiche Kurvenblatt werden die aus den
c'-Kurven berechneten Flugzeiten eingetragen; sie müssen bei richtiger c'-Kurve gute Übereinstimmung zu den unmittelbar aus den gemessenen Flugzeiten durch Reduktion erhaltenen Werten zeigen. Die
Kurve $T = F(X)$ geht vom Koordinatennullpunkt aus. Ferner gilt für
den luftleeren Raum $T = \dfrac{X}{v_0 \cdot \cos \varphi}$. Hieraus ergibt sich $\dfrac{dT}{dX} = \dfrac{1}{v_0 \cdot \cos \varphi}$.
Für $X = 0$ wird $\left(\dfrac{dT}{dX}\right)_{\varphi=0} = \dfrac{1}{v_0}$. Zur Konstruktion der Anfangstangente trägt man daher z. B. vom Koordinatennullpunkt aus auf der
Abszissenachse $10 \cdot v_0$ im Abszissenmaßstab auf, im Endpunkt der
Strecke errichtet man ein Lot und trägt auf diesem die Länge von
10 sec im Ordinatenmaßstab ab. Der Endpunkt des Lots, verbunden
mit dem Koordinatennullpunkt ergibt die gesuchte Anfangstangente
an die Kurve $T = F(X)$.

2. Lösung nach der Methode von Piton-Bressant.

Da das Verfahren ausführlich in § 32 beschrieben ist, genügen
hier einige kurze Angaben. Man bestimmt aus den wie oben reduzierten Schußweiten X und den dazugehörigen Abgangswinkeln φ
die Werte $Z = \dfrac{v_0^2 \cdot \sin 2\varphi}{g \cdot X}$ und daraus die Funktionen $K = \dfrac{Z-1}{X}$. Der
Koeffizient K ist als Funktion von X graphisch auszugleichen. (Würde
man K als Funktion von φ darstellen, so würden sich bei der
weiteren Entwicklung quadratische Gleichungen ergeben). Aus der
ausgeglichenen Kurve $K = F(X)$ werden für runde Werte von X,
etwa von 1000 zu 1000 m fortschreitend, die K-Werte abgelesen, aus
ihnen die Z-Werte bestimmt nach $Z = 1 + K \cdot X$. Dann erhält man

die Abgangswinkel aus: $\sin 2\varphi = \dfrac{g \cdot X}{v_0^2} \cdot Z$,

die Flugzeiten aus: $T = \dfrac{2}{9} \cdot \dfrac{X}{v_0 \cdot \cos \varphi} \cdot \dfrac{(3Z-2)^{3/2}-1}{Z-1}$,

die Fallwinkel aus: $\operatorname{tg} \omega = \operatorname{tg} \varphi \cdot \left(2 - \dfrac{1}{Z}\right)$,

die Endgeschwindigkeiten aus: $v_e = \dfrac{v_0 \cdot \cos \varphi}{\cos \omega} \cdot \dfrac{1}{\sqrt{3Z-2}}$.

Das Verfahren wurde besonders bei Haubitz- und Mörserschuß-
tafeln im Vergleich zur Methode von Siacci-Fasella und zur nach-
genannten Methode von Euler-Otto angewandt. Soweit es sich
um Erhöhungen und Flugzeiten innerhalb des durch Schießversuche
gefaßten Bereiches handelte, war die Übereinstimmung stets eine

sehr gute. Dagegen zeigen Fallwinkel und Endgeschwindigkeiten teilweise erhebliche Abweichungen (siehe unten).

3. Lösung nach dem Ausgleichsverfahren von Euler-Otto.

Das Verfahren ist im allgemeinen hauptsächlich für die obere Winkelgruppe und — als Ausgleichsverfahren bei einer erschossenen Schußtafel — für Anfangsgeschwindigkeiten bis etwa zur Schallgeschwindigkeit geeignet. Es wird daher heute in erster Linie noch für die Schußtafelaufstellung der Minenwerfer verwandt.

Man bildet, wie unter 1. beschrieben, die vorläufigen Kurven $\varphi = F(X)$ für die verschiedenen Ladungen, liest aus diesen Kurven zu dem Abgangswinkel φ etwa von 5^0 zu 5^0 fortschreitend, die Schußweiten X ab und berechnet die Werte $\dfrac{v_0{}^2}{2\,g\cdot X}$. Für diese liest man aus Tabelle Nr. 7 oder Diagramm IV des Anhangs entweder $\dfrac{c\cdot v_0{}^2}{g}$ oder $2\,c\cdot X$ ab. Aus beiden Werten kann man c berechnen. Die einzelnen c-Werte sind als Funktion von φ ladungsweise graphisch auszugleichen. Die ausgeglichenen Werte bilden die Grundlage für die weitere Berechnung (siehe die Köpfe der Tabelle Nr. 7).

Die anderen, im wesentlichen in den früheren Abschnitten geschilderten Verfahren werden im allgemeinen in der Praxis der Schußtafelberechnungen in Deutschland seltener angewendet. Doch muß sie der praktische Ballistiker kennen, da die drei im vorausgehenden geschilderten Verfahren durchaus kein für alle Fälle brauchbares Rezept darstellen. Im einzelnen Falle kann sehr wohl die Notwendigkeit eintreten, auch bei der Schußtafelaufstellung auf Grund von Schießversuchen nach einer anderen Ausgleichsmethode zu greifen. Jedenfalls bleibt aber zu betonen, daß, wie zu erwarten und durch zahlreiche Parallelrechnungen nach den verschiedensten Methoden bestätigt, die Wahl des Ausgleichsverfahrens so lange keine für die Praxis ins Gewicht fallenden Verschiedenheiten bringt, als man das betreffende Rechenverfahren gewissermaßen nur als Interpolationsmethode für die empirisch ermittelten Beziehungen zwischen Anfangsgeschwindigkeit, Abgangswinkel, Schußweite und Flugzeit benutzt. Größere Unterschiede treten dagegen sofort zwischen den mit den einzelnen Verfahren erhaltenen Resultaten auf, wenn man entweder mit den aus Schießversuchen erhaltenen Koeffizienten über die beschossenen Entfernungen hinaus extrapoliert oder die Fallwinkel und Endgeschwindigkeiten berechnet. Namentlich in den Fallwinkeln sind die Unterschiede, je nach dem angewandten Verfahren, oft sehr erheblich. Welche Methode für Fallwinkel und Endgeschwindigkeiten die richtigeren Werte liefert, wird wohl so lange unentschieden bleiben müssen, als praktisch ermittelte Fallwinkel und

Endgeschwindigkeiten nur in dem ganz beschränkten Umfange, wie dies bis jetzt leider der Fall ist, vorliegen. Dem experimentellen Ballistiker ist hier in der Anwendung neuzeitiger Verfahren zur Messung der Endgeschwindigkeiten und Fallwinkel auch auf den weiteren Entfernungen ein dankbares Forschungsgebiet eröffnet (vgl. hierzu auch Band III).

D. Weitere spezielle Ausgleichungen und Berechnungen.

1. Ladungsausgleich.
(Für Geschütze mit mehreren Ladungen.)

Für jeden von Ladung zu Ladung konstant genommenen Abgangswinkel φ stellt sich die Schußweite lediglich als eine Funktion der Anfangsgeschwindigkeit dar: $X = F(v_0)$. Man trägt diese Beziehungen, etwa von 5^0 zu 5^0 im Abgangswinkel fortschreitend, graphisch auf (Abszisse X, Ordinate v_0) und gleicht durch Kurvenzug aus. Die Kurven $X = F(v_0)$ beginnen im Koordinatennullpunkt. Für sehr kleine Schußweiten und Anfangsgeschwindigkeiten können die Verhältnisse des luftleeren Raums herangezogen werden: $X = \dfrac{v_0^2}{g} \cdot \sin 2\,\varphi$. Danach wird, da φ konstant, $\dfrac{dX}{dv_0} = \dfrac{2 \cdot v_0}{g} \cdot \sin 2\,\varphi$. Im Anfangspunkt ist $\left(\dfrac{dX}{dv_0}\right)_{v_0=0} = 0$. Die Anfangstangente an die Kurve $X = F(v_0)$ ist somit die Ordinatenachse selbst. Weiter stellt die Beziehung des luftleeren Raums $X = \dfrac{v_0^2}{g} \cdot \sin 2\,\varphi$ bei konstantem Wert von φ die Gleichung einer Parabel dar, deren Scheitel im Nullpunkt des Koordinatensystems liegt. Von dieser Parabel weicht die Kurve des lufterfüllten Raums $X = F(v_0)$ für denselben Abgangswinkel φ um so mehr ab, je größer die Anfangsgeschwindigkeit v_0 und ferner je größer der Abgangswinkel φ ist, und zwar liegt die Kurve über der entsprechenden, für den gleichen Abgangswinkel geltenden Parabel, da bei gleichem Abgangswinkel zur Erreichung ein und derselben Schußweite im lufterfüllten Raum eine größere Anfangsgeschwindigkeit nötig ist als im luftleeren Raum.

Für die c'-Werte, die Fallwinkel und die Endgeschwindigkeiten haben gleichfalls Ladungsausgleiche stattzufinden.

2. Berechnung der schußtafelmäßigen Seitenverschiebung (Drallausgleich).

Zur Berechnung der schußtafelmäßigen Seitenverschiebung, die zum Ausgleich der durch den Drall verursachten Seitenabweichung der Geschosse aus der Schußebene dient, sind zunächst die Abweichungen Z der mittleren Treffpunkte von der Schußebene zu ermitteln. Die einzelnen Geschoßeinschläge eines Treffbildes werden meist in Platzkoordinaten durch Ausmessen erhalten. Das arithmetische Mittel ergibt u. a. auch die Seitenlage des mittleren Treffpunktes auf dem Platze. Hieraus und aus der Seitenlage des Geschützes sowie der beim Schießen etwa eingestellten oder durch schräggestellten Aufsatz verursachten Seitenverschiebung (Abweichung der Schußebene von der Parallelen zur Mittellinie des Platzes) werden die Seitenabweichungen Z der mittleren Treffpunkte von der Schußebene berechnet. (Z positiv, wenn der mittlere Treffpunkt, vom Geschütz gesehen, rechts der Schußebene liegt.) Die erhaltenen Werte sind weiter auf Windstille zu reduzieren nach $\Delta Z = - w_s \cdot \left(T - \dfrac{X}{v_0 \cdot \cos \varphi} \right)$ (vgl. § 48 Formel (19), für alle Anfangsgeschwindigkeiten geltend). In dieser Formel ist w_s die Komponente des ballistischen Windes senkrecht zur Schußebene, und zwar gemäß § 48, Abs. 1 positiv, wenn sie von links nach rechts wirkt. Dann ist die auf Windstille reduzierte Seitenabweichung: $Z_0 = Z + \Delta Z$ (in Metern). Zum Ausgleich der Z_0-Werte, die meist sehr stark streuen, eignet sich bei der unteren Winkelgruppe die oft erprobte Berechnung nach Helié über den „Ablenkungswert" A (vgl. § 59, 1), der für gleiche Anfangsgeschwindigkeit konstant sein soll. Man berechnet für die einzelnen mittleren Treffpunkte $A = \dfrac{Z_0}{v_0{}^2 \cdot \sin^2 \varphi}$, bildet (für jede Ladung gesondert, $v_0 = $ Tagesanfangsgeschwindigkeit) das arithmetische Mittel der A-Werte und trägt diese Mittelwerte als Funktion der Anfangsgeschwindigkeiten der verschiedenen beschossenen Ladungen auf. Durch die erhaltenen Punkte wird eine ausgleichende Kurve $A = F(v_0)$ gezogen, aus ihr rückwärts für jede Ladung der A_0-Wert abgelesen und mit diesem A-Wert die Berechnung der schußtafelmäßigen Seitenabweichung Z_s (in Metern) für einzelne Abgangswinkel durchgeführt nach § 59 Formel (1): $Z_s = A_0 \cdot v_0{}^2 \cdot \sin^2 \varphi$ (hierbei $v_0 = $ schußtafelmäßige Anfangsgeschwindigkeit). Schließlich wird der einzelne in Metern erhaltene Wert Z_s nach der zum gleichen Abgangswinkel gehörigen Schußweite X in Winkelmaß (Seitenverschiebung in Teilstrichen, bei der deutschen Artillerie ist für die Seite 1 Teilstrich $= 3'\,22{,}5''$) umgerechnet: $s = \dfrac{Z_s}{X} \cdot 1017$ (Teilstrich). Man trägt endlich zu den Schußweiten X als Abszissen die Seitenverschiebungen s als Ordinaten für jede Ladung gesondert auf und liest aus der Ausgleichskurve $s = F(X)$ die endgültigen Seitenverschiebungswerte für die Schußtafel ab.

Bei Geschützen mit schräggestelltem Aufsatz ist der durch diese Schrägstellung allein berücksichtigte Betrag in Anrechnung zu bringen (vgl. Lit.-Note).

Bei der oberen Winkelgruppe kann die empirische Formel von Helié nicht angewendet werden. Doch kann hier zum Ausgleich der erschossenen Seitenabweichungen Formel (4) oder (6) des § 59 benutzt werden.

3. Berechnung der sogenannten Korrekturmaße.

($^1/_{16}$ Grad ändert die Schußweite um ... m, bzw. verlegt den Treffpunkt nach der Höhe um ... m.)

Man legt an die endgültige Erhöhungskurve $\varepsilon = F(X)$ von 500 zu 500 m die Normalen (am besten mit dem Spiegellineal von Reusch, siehe Band III) und die Tangenten. Dann konstruiert man in dem betreffenden Punkt der Erhöhungskurve ein rechtwinkliges Dreieck, dessen Hypotenuse mit der Tangente an die Erhöhungskurve zusammenfällt, macht die zur Abszissenachse (x-Achse) parallele Kathete gleich 1000 m und bestimmt die Größe a der anderen Kathete in Sechzehntelgraden. Dann ist $\dfrac{\varDelta X}{\varDelta \varepsilon} = \dfrac{1000}{a}$ die gesuchte Korrektur. Der Anfangspunkt der nun zu zeichnenden Kurve $\left(\dfrac{\varDelta X}{\varDelta \varepsilon}\right)_{\varDelta\varepsilon=^1/_{16}{}^0} = F(X)$ ergibt sich wiederum aus entsprechenden Erwägungen für den luftleeren Raum. Für diesen ist $\dfrac{dX}{d\varphi} = \dfrac{dX}{d\varepsilon}$ $= \dfrac{2\cdot v_0{}^2}{g}\cdot\cos 2\varphi$, also $\left(\dfrac{\varDelta X}{\varDelta\varepsilon}\right)_{X=0} = \dfrac{2 v_0{}^2}{g}$. Für eine Änderung der Erhöhung um ein Sechzehntelgrad wird dann $\left(\dfrac{\varDelta X}{\varDelta\varepsilon}\right)_{X=0} = \dfrac{2 v_0{}^2}{g}\cdot\dfrac{2\pi}{360\cdot16}$. Die Kurve $\left(\dfrac{\varDelta X}{\varDelta\varepsilon}\right)_{\varDelta\varepsilon=^1/_{16}{}^0} = F(X)$ beginnt beim Punkte $\left(X=0,\right.$ $\left.\left(\dfrac{\varDelta X}{\varDelta\varepsilon}\right) = \dfrac{2 v_0{}^2}{g}\cdot\dfrac{2\pi}{360\cdot16}\right)$. Der Wert $\left(\dfrac{\varDelta X}{\varDelta\varepsilon}\right)$ nimmt mit steigendem X ab. Die Kurve hat für größere Anfangsgeschwindigkeiten zwei Wendepunkte und fällt steil ab zum Punkte $\left(X=X_{\max},\ \dfrac{\varDelta X}{\varDelta\varepsilon}=0\right)$. Die ausgleichende Kurve wird nach diesen Überlegungen gezeichnet und das Korrekturmaß für runde Werte von X zur Aufnahme in die Schußtafel abgelesen.

Multipliziert man die abgelesenen Werte jeweils mit der Tangente des der Entfernung X entsprechenden Fallwinkels ω, so erhält man den Betrag in Metern, um den eine Erhöhungsänderung um $^1/_{16}$ Grad

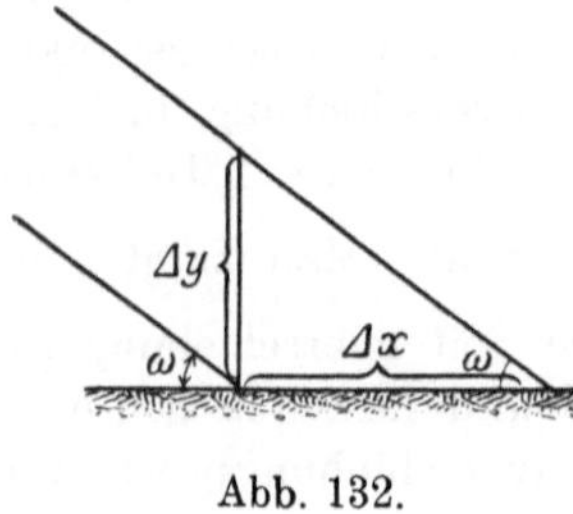

Abb. 132.

den Treffpunkt nach der Höhe verlegt: $\dfrac{\varDelta Y}{\varDelta\varepsilon} = \dfrac{\varDelta X}{\varDelta\varepsilon}\cdot\mathrm{tg}\,\omega$.

Die Kurve $\left(\dfrac{\varDelta Y}{\varDelta\varepsilon}\right) = F(X)$ beginnt im Koordinatennullpunkt, steigt bis zu einem, allgemein nicht näher zu bestimmenden, Maximum und fällt dann wieder sehr steil zum Punkte $\left(X = X_{\max},\ \dfrac{\varDelta Y}{\varDelta \varepsilon} = 0\right)$.

Wie sich aus der Herleitung der beiden Korrekturmaße ergibt, haben diese, streng genommen, nur Geltung für kleine Änderungen. Für größere Entfernungskorrekturen ergeben sich falsche Werte, man liest in diesem Falle die Erhöhungsänderungen besser unmittelbar aus der Erhöhungskurve oder aus der von ihr abgeleiteten Schußtafel ab. Die Angaben werden daher heute eigentlich nur mehr traditionell in die Schußtafeln aufgenommen. Dagegen behält die Herleitung der Funktion $\dfrac{\varDelta X}{\varDelta \varepsilon}$ eine gewisse Bedeutung durch die nachträgliche Prüfung des stetigen Verlaufs der Erhöhungskurve.

4. Ermittlung der Streuungsangaben der Schußtafel.

Aus der Lage der einzelnen Geschoßeinschläge in Platzkoordinaten, einmal gemessen in der Schußrichtung, das andere Mal senkrecht zu dieser, berechnet man nach § 66 die sogenannten mittleren (50prozentigen) Längenstreuungen l_{50} und Breitenstreuungen b_{50} für die betreffende Entfernung. Letztere trägt man ohne weitere Rechnung und Reduktion in Funktion der Schußweite graphisch auf, wobei für die Schußweite Null (Mündung) auch die Breitenstreuung Null sein muß, die Kurve $b_{50} = F(X)$ also im Koordinatennullpunkt beginnt.

Die erschossenen 50prozentigen Längenstreuungen l_{50} werden mittels der Tagesfallwinkel ω' der betreffenden Entfernung auf Streuungswerte q_{50} (senkrecht zur mittleren Flugbahn) umgerechnet: $q_{50} = \sin \omega' \cdot l_{50}$ (bei der deutschen Artillerie Querstreuungen genannt). Auch diese Querstreuungen werden in Funktion der Schußweite graphisch aufgetragen, wobei die Kurve $q_{50} = F(X)$ wiederum vom Koordinatennullpunkt ausgehen muß, da unmittelbar an der Mündung auch die Querstreuung Null sein muß. Aus der Kurve $q_{50} = F(X)$ werden für runde Entfernungen, etwa von 500 zu 500 m, die Querstreuungen abgelesen und mittels der schußtafelmäßigen Fallwinkel ω, die nach Ziffer 1c bereits berechnet vorliegen, in die Werte der mittleren Längenstreuungen zurückgerechnet: $l_{50} = \dfrac{q_{50}}{\sin \omega}$. Die so erhaltenen Werte der mittleren Längenstreuungen werden in Funktion der Schußweiten aufgetragen, wobei zu beachten ist, daß der Ausgangspunkt der Kurve $l_{50} = F(X)$ über dem Koordinatennullpunkt auf der Ordinatenachse liegt.

Aus den Querstreuungen findet man ferner nach $h_{50} = \dfrac{q_{50}}{\cos \omega}$ die 50prozentigen Höhenstreuungen h_{50} der Flugbahnen, die gleichfalls in Funktion von X aufgetragen werden. Diese Kurve geht vom Koordinatennullpunkt aus.

Aus den beobachteten Koordinaten der Sprengpunkte werden, gleichfalls nach § 66, die mittleren (50prozentigen) Längenstreuungen und Höhenstreuungen der Sprengpunkte berechnet. Diese Werte sind ohne weitere Reduktion in Funktion der Schußweite graphisch auszugleichen. Die Kurve für die Längenstreuung der Sprengpunkte beginnt über dem Koordinatennullpunkt, die Kurve der der Höhenstreuung der Sprengpunkte geht von diesem aus. Für Satzringbrennzünder sind im allgemeinen die Längenstreuungen der Sprengpunkte, ebenso vielfach auch die Höhenstreuungen der Sprengpunkte wesentlich größer als die entsprechenden Längen- und Höhenstreuungen der Flugbahnen. Dagegen ist durch zahlreiche Beschüsse während des Krieges die auch theoretisch, zuerst wohl durch Großmann (siehe Lit.-Note) dargelegte Beobachtung erhärtet, daß bei guten mechanischen Zündern die Höhenstreuungen, besonders aber die Längenstreuungen der Sprengpunkte kleiner sein können als die entsprechenden Flugbahnstreuungen.

Schließlich werden aus den einzelnen Kurven der in Funktion von X aufgetragenen Streuungen die Streuungsangaben für die in der Schußtafel gewünschten Entfernungen abgelesen. Die Breitenstreuungen der Sprengpunkte werden nicht besonders ermittelt und eingetragen, in der praktisch zweifellos richtigen Annahme, daß der Geschoßflug durch das Brennen des Satzringes oder das Laufen des Uhrwerks nicht beeinflußt wird, daß also die Breitenstreuungen der Sprengpunkte gleich den Breitenstreuungen der Flugbahnen gesetzt werden können.

5. Verwertung der Zeitzünderschüsse für die Aufschlagschußtafel.

Die Zeitzünderschüsse, wenn auch in erster Linie zur Ermittlung der Schußtafelangaben für die Zünderstellung und für Streuungen der Sprengpunkte verfeuert, können auch zur Berechnung der grundlegenden Koeffizienten der Aufschlagschußtafel mit verwertet werden. Man hat zu diesem Zwecke die mittlere Flugbahn, die zum mittleren Sprengpunkt (x, y) eines Brennlängenbildes gehört, rechnerisch bis zum Schnitt mit dem Mündungshorizont zu verlängern, und findet so für jeden mittleren Sprengpunkt eine zugehörige mittlere Schußweite X, die man genau wie die unmittelbar erschossenen Aufschlagschußweiten reduziert und weiter verwertet. Zu diesen Umrechnungen kommen besonders drei Verfahren in Frage:

a) Bei kleinen Sprenghöhen und besonders auch den kleineren Anfangsgeschwindigkeiten der Minenwerfer, Mörser und Haubitzen kann man das fehlende Stück der Flugbahn als Parabel ansehen und aus der Gleichung $y = x \cdot \mathrm{tg}\, \varphi \cdot \left(1 - \dfrac{x}{X}\right)$ die gesuchte Aufschlag-

schußweite X, aus der Gleichung $y = \dfrac{g}{2} \cdot t \cdot (T - t)$ die gesuchte Ge-samtflugzeit T aus der gemessenen mittleren Flugzeit t des Brenn-längenbildes berechnen (vgl. Formelzusammenstellung des § 7).

b) Sind die Werte für die Endgeschwindigkeit v_e und den Fall-winkel mit genügender Sicherheit aus einer verwandten Schußtafel zu entnehmen, so kann nach E. Stübler die Berechnung nach folgenden Gleichungen stattfinden:

$$X = x + y \cdot \mathrm{cotg}\, \omega - \frac{g \cdot y^2 \cdot \mathrm{cotg}^2\, \omega}{v_e^2 \cdot \sin 2\,\omega},$$
$$T = t + \frac{y}{v_e \cdot \sin \omega}.$$

c) Bei größeren Sprenghöhen, wo besonders das Verfahren nach a zu ungenau würde, rechnet man besser und genauer aus der Flugbahngleichung des angewandten Lösungssystems den gesuchten ballistischen Koeffizienten aus, etwa aus Gleichung (12) des § 79 das Produkt $c' \cdot f$. Daraus muß dann, weil f selbst wieder eine Funktion von c' ist, mittels der Tafel II von Fasella c' durch Probieren bestimmt werden.

d) Weitere Verfahren, um bei gegebenem Abgangswinkel φ und gegebener Anfangsgeschwindigkeit v_0 die Aufschlagschußweite X zu berechnen für eine Flugbahn, die durch einen Punkt (x, y), den mittleren Sprengpunkt, geht, ferner um die Gesamtflugzeit bis zum Mündungshorizont zu berechnen, wenn die Flugzeit t bis zum Punkt (x, y) gemessen ist, findet man für das Lösungssystem Didion-Wuich bei Kozak (siehe Lit.-Note).

6. Ermittlung der schußtafelmäßigen Zünderstellungen.

Die Sekundenteilung am Zünder (oder am Stellschlüssel oder an der Stellmaschine) wird zunächst ermittelt durch „Brennproben" des ruhenden Satzringbrennzünders, durch „Laufproben" des ruhenden mechanischen Zünders. Beim Geschoßflug wird nun das Brennen des Satzringes und das Laufen des Uhrwerkes durch die fortschreitende Bewegung und die Umdrehung des Geschosses, das Brennen des Satzringes allein aber noch ganz besonders durch den mit der Flug-höhe sich ändernden Luftdruck, in geringerem Maße auch durch den Wind beeinflußt. Da die rechnerische Beherrschung dieser Einflüsse trotz beachtlicher Arbeiten (siehe Lit.-Note) doch noch nicht sicher genug möglich ist, müssen gerade diese Einflüsse durch ausreichende Schießversuche ermittelt werden.

Ist die am Zünder beim Schußtafelversuch eingestellte Sekundenzahl für ein Brennlängenbild β', die zugehörige mittlere Flugzeit (das arithmetische Mittel aus den gemessenen einzelnen Flugzeiten) t', so hat man β' in Funktion von t' aufzutragen. Die Kurve $\beta' = F(t')$ ergab sich beim deutschen mechanischen Zünder als gerade Linie, der nach Tausenden im Kriege ausgeführten Beschüssen die Gleichung zukam: $\beta' = a + b \cdot t'$. Darin wechselten die Konstanten a und b nur mit dem Geschütz und der Ladung. Für den Satzringbrennzünder verläuft die Kurve $\beta' = F(t')$ anders. In der Regel ist bei ihm auf den kleineren Entfernungen die gemessene Flugzeit t' kleiner als die Zünderstellung (d. h. der Zünder brennt schneller als in Ruhe); sie wird auf einer bestimmten, mit Geschütz und Ladung wechselnden Entfernung gleich der Zünderstellung und schließlich auf den weiteren Entfernungen größer als die Zünderstellung (d. h. hier brennt der Zünder infolge der größeren Flughöhen und des geringeren Luftdruckes langsamer als in Ruhe). Für die Bestimmung der schußtafelmäßigen Zünderstellung macht man nun die allgemein übliche und wohl auch zulässige Annahme, daß die Zünderstellung des Versuchstages β' sich zur gemessenen mittleren Flugzeit t' verhalte wie die schußtafelmäßige Zünderstellung β zu der entsprechenden schußtafelmäßigen Flugzeit t. Man findet daher z. B. für die Entfernung X und eine mittlere Sprenghöhe Null die schußtafelmäßige Zünderstellung β einfach dadurch, daß man für die zu X gehörige Gesamtflugzeit T aus der Kurve $\beta' = F(t')$ den Wert β' abliest und gleich der schußtafelmäßigen Zünderstellung β setzt. Will man statt für die Sprenghöhe Null für eine Sprenghöhe y die schußtafelmäßige Zünderstellung haben, so kann man bei flachen Flugbahnen diese um das gewünschte Maß y schwenken. Genauere Werte erhält man, indem man nach einer der Ausgleichsmethoden zur Abszisse $x = X$ und der gewünschten Sprenghöhe y die Flugzeit t berechnet und für diese aus der Kurve $\beta = F(t)$ die β-Werte abliest. Diese sind dann die schußtafelmäßigen Zünderstellungen für eine Sprenghöhe y auf der Entfernung X. Bei Schrapnells soll der mittlere Sprengpunkt um ein mit der Geschoßkonstruktion und der Entfernung wechselndes Maß a vorm Ziel liegen. Man hat daher für eine Abszisse $x = X - a$ die Ordinate y und die zugehörige Flugzeit t zu berechnen, was am besten mit einem der Verfahren der vorausgehenden Ziffer 5. erfolgt. Zu t findet man aus der Kurve $\beta = F(t)$ die zugehörige mittlere Zünderstellung.

Die so in bestimmten Intervallen errechneten Angaben der schußtafelmäßigen Werte der Zünderstellung werden nunmehr in Funktion der Gesamtschußweite X aufgetragen und aus der Ausgleichskurve für die Zwischenentfernungen die Schußtafelwerte abgelesen.

7. Ermittlung des bestrichenen Raums.

Die gewöhnlich benutzte Formel ist in § 5, Absatz 2c gegeben. Für die Schußtafeln der Artillerie hat der bestrichene Raum keine Bedeutung mehr.

8. Berechnung der Libellentafeln.

Die Aufsätze der Geschütze haben meist besondere Einrichtungen, mit denen gewisse Zusatzkorrekturen zur eingestellten Rohrerhöhung gegeben werden können (Regler, Libelle, Aufsatzschieber usw.), ohne daß die eingestellte Erhöhungszahl selbst geändert wird. Dazu enthalten die Schußtafeln vielfach Tabellen mit doppeltem Eingang (Kartenentfernung, Zielhöhe), aus denen solche Zusatzkorrekturen λ (Libellenkorrekturen) entnommen werden können, die beim Bekämpfen von Zielen außerhalb des Mündungshorizontes bei nicht zu großen Höhendifferenzen eingestellt werden müssen.

a) **Zur genauen Berechnung** kann man z. B. für eine bestimmte Kartenentfernung x folgendermaßen verfahren: Man entnimmt zu $x = X$ aus der Schußtafel φ_x. Sodann wählt man innerhalb der Grenzen der Libellenausschaltevorrichtung in bestimmten Abständen einige Libellenkorrekturen λ_1, λ_2 usw. und bildet die Abgangswinkel $\varphi_1 = \varphi_x + \lambda_1$, $\varphi_2 = \varphi_x + \lambda_2$. Aus der von der Schußtafelberechnung her vorhandenen Kurve $c' = F(\varphi)$ entnimmt man zu φ_x, φ_1, φ_2 usw. die zugehörigen c'-Werte und berechnet zu diesen nach $f = \dfrac{\sin 2\varphi}{c'}$ die zugehörigen f-Werte $f(\varphi_x)$, $f(\varphi_1)$, $f(\varphi_2)$. Dann gibt die Flugbahngleichung $y_1 = x \cdot \mathrm{tg}\, \varphi_1 \cdot \left(1 - \dfrac{f(\varphi_x)}{f(\varphi_1)}\right)$ usw. die zu φ_1, φ_2 gehörigen Werte der Zielhöhen y_1, y_2 usw. Entsprechend wird mit negativen Libellenkorrekturen verfahren. Die Funktion $y = F(\lambda)$ kann nunmehr graphisch aus den berechneten Werten dargestellt werden. Aus der Ausgleichskurve findet man für die Kartenentfernung x zu runden Werten der Zielhöhen die zugehörigen Libellenkorrekturen. Entsprechend wird dann für weitere Kartenentfernungen x (etwa in Intervallen von 1000 zu 1000 m verfahren. Die für die Libellentafel erforderlichen Zwischenwerte gewinnt man durch graphische Interpolation.

b) Eine in der Praxis auch vielbenutzte **Annäherungsrechnung** geht aus von der Formel (3) des § 2, wonach der zum Treffen eines Zieles (x, y) erforderliche Abgangswinkel φ sich ergibt aus

$$\mathrm{tg}\, \varphi = \frac{2\,h}{x} \pm \sqrt{\left(\frac{2\,h}{x}\right)^2 - \frac{2\,h}{x} \cdot \frac{2\,y}{x} - 1}$$

($+$-Zeichen für obere, $-$-Zeichen für untere Winkelgruppe).

Nun ist nach der Formelzusammenstellung des § 7, 3 $x = 2\,h \cdot \sin 2\,\varphi_x$, also $\dfrac{2\,h}{x} = \operatorname{cosec} 2\,\varphi_x$, wobei φ_x wieder der zur Gesamtschußweite x aus der Schußtafel entnommene Abgangswinkel sein möge. Damit geht die Formel für $\operatorname{tg} \varphi$ nach einigen Umformungen über in folgende Form:

$$\operatorname{tg} \varphi = \operatorname{cosec} 2\,\varphi_x \,(\pm) \sqrt{\operatorname{cosec}^2 2\,\varphi_x - \left(1 + \frac{2\,y}{x} \cdot \operatorname{cosec} 2\,\varphi_x\right)}$$

und die Libellenkorrektur für das Ziel (x, y) wird $\lambda = \varphi - \varphi_x$.

9. Berechnung der Tafeln zum Überschießen von Deckungen.

Diese Tafeln sollen die Feststellung gestatten, mit welcher kleinsten Rohrerhöhung eine nahe vor der Feuerstellung liegende Deckung noch überschossen werden kann, wenn man die Kartenentfernung x zwischen Feuerstellung und Deckungskamm kennt und mit besonderen Meßeinrichtungen (Deckungswinkelmesser usw.) die Neigung der Sehlinie nach dem Deckungskamm zur Horizontalen, den Deckungswinkel γ gemessen hat.

Im Prinzip läuft auch diese Aufgabe darauf hinaus, zu dem Flugbahnpunkt $(x, y = x \cdot \operatorname{tg} \gamma)$, dem Deckungskamm, den zugehörigen Abgangswinkel zu bestimmen. Man kann daher diese Ermittlungen gleichfalls mit genauer Flugbahnberechnung durchführen. Ein einfacheres Rechenverfahren geht auf E. Stübler zurück. Er nimmt die Flugbahngleichung in folgender Form

$$y = x \cdot \operatorname{tg} \varphi - \frac{x \cdot B(x)}{2 \cdot \cos^2 \varphi}, \tag{a}$$

wobei $B(x) = \sin 2\,\varphi_x$ ist. (Dies setzt voraus, daß der ballistische Koeffizient nur von x, nicht von der Höhe abhängig ist, was nach E. Stübler bis etwa 40^0 zutreffen soll.) Für eine horizontale Schußweite x gleich der Kartenentfernung der Deckung sei der Abgangswinkel wiederum φ_x. Wäre das Schwenken der Bahn zulässig, so würde mit einem Abgangswinkel $\varphi = \varphi_x + \gamma$ gerade der Deckungskamm getroffen. Bezeichnet man mit ψ den durch das Bahnschwenken gemachten Winkelfehler, so ist genau richtig $\varphi = \varphi_x + \gamma + \psi$. Aus (a) folgt, da $\operatorname{tg} \gamma = \dfrac{y}{x}$, zunächst $\operatorname{tg} \gamma = \operatorname{tg} \varphi - \dfrac{B(x)}{2 \cos^2 \varphi}$ und, da $2 \cdot \cos^2 \varphi = 1 + \cos 2\,\varphi$, weiter $\operatorname{tg} \gamma \cdot [1 + \cos 2\,\varphi] = \sin 2\,\varphi - B(x)$. Führt man obigen genauen Wert für $\varphi = \varphi_x + \gamma + \psi$ ein, so wird $\operatorname{tg} \gamma \cdot [1 + \cos 2\,(\varphi_x + \gamma + \psi)] = \sin 2\,(\varphi_x + \gamma + \psi) - B(x)$ und durch Auflösung nach γ:

$$\operatorname{tg} \gamma = \frac{\sin 2\,(\varphi_x + \psi) - B(x)}{1 - \cos 2 \cdot (\varphi_x + \psi)}. \tag{b}$$

Entwickelt man in der Gleichung (b) die rechte Seite nach Potenzen von ψ, so erhält man

$$\operatorname{tg} \gamma = \frac{2 \cdot \cos 2\,\varphi_x}{1 - \cos 2\,\varphi_x} \cdot \psi + \cdots,$$

woraus sich die Zusatzkorrektur, die zum Ausgleich des durch das Bahnschwenken gemachten Fehlers nötig ist, ergibt zu

$$\psi = \tfrac{1}{2} \cdot \operatorname{tg} \gamma \cdot (\sec 2\,\varphi_x - 1). \tag{c}$$

(Zu einer ganz entsprechenden Formel gelangt auf anderem Wege Kozak, Geschoßbewegung im Vakuum, Nr. 28). Will man ψ in Sechzehntelgraden haben, so hat man zu setzen:

$$\psi\,(\text{Sechszehntelgrad}) = \tfrac{917}{2} \cdot \operatorname{tg} \gamma \cdot (\sec 2\,\varphi_x - 1).$$

Endlich ist noch die Höhenstreuung zu berücksichtigen. Die mittlere Flugbahn muß mindestens um den doppelten Betrag der 50prozentigen Höhenstreuung des Schießtages über den Deckungskamm hinweggehen, wenn die tiefste Bahn der Garbe gerade noch über den Kamm gehen soll. Da erfahrungsgemäß die Streuungen beim gefechtsmäßigen Schießen gegenüber den Schußtafelangaben wachsen, nimmt man als Höhenstreuung des Schießtages den doppelten Betrag der Höhenstreuung h_{50} der Schußtafel. Die mittlere Flugbahn ist also um $(4 \cdot h_{50})$ m oder um $\left(\frac{4 \cdot h_{50}}{x} \cdot 917\right)$ Sechzehntelgrade über den Deckungskamm zu legen. Der kleinste zulässige Abgangswinkel wird dann

$$\varphi = \gamma + \varphi_x + \frac{917}{2} \cdot \operatorname{tg} \gamma \cdot (\sec 2\,\varphi_x - 1) + \frac{4 \cdot h_{50}}{x} \cdot 917. \tag{d}$$

Bezeichnet man den Abgangsfehlerwinkel mit δ, die bezüglichen Rohrerhöhungen mit ε und ε_x, so ist $\varphi = \varepsilon + \delta$ und $\varphi_x = \varepsilon_x + \delta$. Setzt man diese Werte in obige Gleichung (d) ein, so fällt der Abgangsfehlerwinkel δ heraus und man erhält für die kleinste zulässige Rohrerhöhung schließlich:

$$\varepsilon = \gamma + \varepsilon_x + 917 \cdot \left[\frac{\operatorname{tg} \gamma}{2} \cdot (\sec 2\,\varphi_x - 1) + \frac{4 \cdot h_{50}}{x} \right] = \gamma + \alpha. \tag{e}$$

Wie leicht einzusehen, stellt der zum gemessenen Deckungswinkel γ hinzuzufügende Zuschlag

$$\alpha = \varepsilon_x + 917 \cdot \left[\frac{\operatorname{tg} \gamma}{2} \cdot (\sec 2\,\varphi_x - 1) + \frac{4 \cdot h_{50}}{x} \right] \tag{f}$$

den Aufsatzwinkel dar, mit dem man beim direkten Richten den Deckungskamm anvisieren müßte, damit auch die tiefste Geschoßbahn der Garbe über die Deckung noch hinweggeht.

Bei Berechnung der Zuschläge α kann noch eine weitere Vereinfachung dadurch eintreten, daß sich dieser Wert mit dem Deckungswinkel nur wenig ändert. α, das streng genommen eine Funktion von x und y ist, kann also für eine bestimmte Kartenentfernung x

der Deckung als konstant angenommen werden. Man berechnet dann für einen Deckungswinkel von z. B. 20° und Kartenentfernungen von 100 m bis zu etwa 1000 m die Zuschläge α. Das Ergebnis der Rechnung kann in Tabellenform oder graphisch niedergelegt werden. Bei größerem Abstand zwischen Deckung und Geschütz sind die entsprechenden Ermittlungen mit den Schießbehelfen für den Gebirgskrieg auszuführen.

Damit sind die wichtigsten, heute vom Artilleristen für eine Erdschußtafel geforderten Angaben hinsichtlich ihrer Herleitung besprochen. Es bleibt noch zu betonen, daß bei Aufstellung der Zahlentabellen für die Schußtafel ein letzter sorgfältiger Ausgleich durch Bildung der ersten und nötigenfalls auch der zweiten Differenzenreihen erfolgen muß.

Für die infanteristischen Waffen (Gewehre und Maschinengewehre) kommen eine ganze Anzahl der besprochenen Ermittlungen in Fortfall. Die verbleibenden Ermittlungen zur Schußtafelaufstellung (Beziehung zwischen Visierwinkel und Entfernung in erster Linie, Fallwinkel, Endgeschwindigkeiten, Flugzeiten) erfolgen entsprechend den geschilderten Vorgängen. Nur tritt an Stelle des Erschießens von Bodentreffbildern das Erschießen von Treffbildern nach der vertikalen Scheibe (vgl. § 80, S. 506). In vielen Fällen reichen bei Berechnungen für Gewehre die Tabellenwerke nicht aus.

§ 81. Die Aufstellung der Schießbehelfe zur Flugabwehr.

(Flakschußtafeln.)

I. Die rein rechnerische Ermittlung der Flakschußtafeln.

Liegen für die Schußtafel einer Flugabwehrkanone keinerlei praktische Ergebnisse vor, so muß die Berechnung der Flugbahn in Teilbögen durchgeführt werden. Dies gilt für alle Kaliber bis herab zum Gewehr. Irgendeines der Verfahren des 7. Abschnittes kann im Prinzip benutzt werden. Was im § 79 A, 1. Absatz, über die Wahl des Formkoeffizienten i gesagt wurde, gilt auch hier. Eine gewisse Vereinfachung gegenüber der Berechnung der Geschoßbahn in Teilbögen nach § 79 A tritt insofern ein, als für die obere Winkelgruppe zur Flugabwehr im allgemeinen nur der aufsteigende Ast in Betracht kommt. Im übrigen kann die in § 79 A näher ausgeführte Methode unter Benutzung der Fasella-Tafeln und der Wahl des β-Wertes nach Eberhard auch hier benutzt werden. Bei einer Anfangsgeschwindigkeit unter 600 m/sec ist eine weitere Vereinfachung wenigstens für ein erstes überschlägiges Schußtafelprojekt dadurch möglich, daß man für die untere Winkelgruppe die Flugbahnen nach der aus Formel (12) des § 79 abgeleiteten, für den Gebrauch der Fasella-Tafeln und der

Rechenmaschine besonders geeigneten Gleichung

$$y = x \cdot \operatorname{tg} \varphi \cdot \left(1 - \frac{f(x)}{f(X)}\right)$$

berechnet. Darin entspricht $f(X)$, entnommen aus Tafel II von Fasella, der zum Abgangswinkel φ gehörenden Gesamtschußweite X, $f(x)$ der jeweiligen Abszisse x, zu der die Ordinate y gesucht wird. $f(X)$ ist demnach entlang ein und derselben Bahn als konstant angenommen, während $f(x)$ sich mit der Abszisse x ändert. Die Art, wie sich die demnach auf verschiedene Weise berechnete obere und untere Winkelgruppe aneinander schließen, zeigt, inwieweit das vereinfachte Verfahren zulässig ist.

Ein Ausgleich der errechneten Flugbahnpunkte auf dem Wege über die Kurven gleicher Aufsatzwinkel α empfiehlt sich auch bei der rein rechnerischen Ermittlung der Flakschußtafeln. Dieser Ausgleich ist genauer im nachfolgenden Abschnitt II beschrieben. Die Flugzeiten ergeben sich bei der Berechnung in Teilbogen, wie in § 79 A geschildert: bei der Berechnung nach vorstehender Vereinfachung für die untere Winkelgruppe aus Formel (13) des § 79. Die Kenntnis der Bahngeschwindigkeiten hat, bei der fast ausschließlichen Verwendung von Brisanzgranaten zur Flugabwehr, keine besondere Bedeutung. Wo sie nicht ohnehin, wie bei der bogenweisen Berechnung, für Bestimmung der β-Werte erhalten werden, braucht man sie daher nicht besonders zu berechnen.

II. Die Berechnung einer Flakschußtafel nach Schießversuchen.

Beim Erschießen einer Flakschußtafel werden in der Regel einzelne Flugbahnen des gesamten Erhöhungsbereichs des Geschützes punktweise durch photogrammetrische Aufnahmen von Sprengpunkten festgelegt. Man kann zwar auch in diesem Falle die Geschoßbahnberechnung in Teilbögen durchführen, wobei der i-Wert in wiederholter Rechnung so lange zu ändern ist, bis die errechnete Bahn sich den erschossenen und völlig reduzierten Elementen gut anpaßt. Doch wird man im allgemeinen dieses zeitraubende Verfahren nur anwenden, wenn nur vereinzelte Schießergebnisse vorliegen. Sonst führt das nachstehende Ausgleichsverfahren, das Veithen und Neuendorf in den Jahren 1917 und 1918 bei der Artillerie-Prüfungskommission ausgearbeitet haben, erheblich schneller zu genauen Ergebnissen.

A. Ausgangsgrundlagen (erschossen oder gemessen).

Die am Anfang des § 80 für das Erschießen einer Erdschußtafel als notwendig bezeichneten Messungen und Feststellungen der dortigen Nummern 1 bis 9 sind auch beim Erschießen einer Flakschußtafel erforderlich. Hinzu kommen aber hierbei folgende weitere Feststellungen:

10. Für eine Reihe von Flugbahnen, je nach der verfügbaren Munition in verschieden großen Intervallen. z. B. mit Abgangswinkeln von 15⁰, 30⁰, 45⁰, 60⁰, 70⁰ (dies möge die Erhöhungsgrenze des Geschützes sein), werden jeweils mit verschiedenen Zünderstellungen Sprengpunktgruppen geschossen und photogrammetrisch aufgenommen (siehe hierzu Band III). So mögen z. B. auf der Flugbahn mit 70⁰ Erhöhung mindestens je 5, womöglich je 10 Schuß (letztere Zahl, wenn Streuungsangaben ermittelt werden sollen) mit den Zünderstellungen von 10, 20, 30, 40 Sekunden abgefeuert werden. Das Intervall von 15⁰ von einer punktweise festzulegenden Flugbahn zur anderen, von 10 Sekunden in den Zünderstellungen hat sich im allgemeinen sehr gut bewährt. Es gibt ein dichtes Netz von Punkten, durch das man das gesamte Flugbahnbild sicher festlegen kann.

Die mit dem Stereokomparator ausgewerteten Koordinaten der einzelnen Sprengpunkte werden gruppenweise gemittelt. x, y, z mögen bereits die arithmetischen Mittel aus den einzelnen Sprengpunktgruppen sein. Zu den einzelnen Sprengpunktgruppen sind die Uhrzeiten im Hinblick auf das Zusammenpassen mit den gleichzeitigen meteorologischen Messungen zu vermerken,

11. die Flugzeiten zu den einzelnen Sprengpunkten werden mit der Löbnerschen Tertienuhr, wenn möglich immer gleichzeitig durch mehrere voneinander unabhängig arbeitende Beobachter, gestoppt und gleichfalls gruppenweise gemittelt. Im nachfolgenden sei t bereits das Flugzeitmittel einer Sprengpunktgruppe.

12. Die Gesamtschußweiten der einzelnen beschossenen Abgangswinkel werden jeweils mit mehreren Schüssen festgelegt, desgleichen die zugehörigen Gesamtflugzeiten.

B. Vorbereitende Rechnungen.

1. Die Reduktion der für einzelne Flugbahnen erschossenen Gesamtschußweiten auf den Mündungshorizont erfolgt nach § 80, B 1 Verfahren c oder d.

2. Die Berücksichtigung des Abgangsfehlerwinkels.

Erwünscht ist die Ermittlung des Abgangsfehlerwinkels für verschiedene Rohrerhöhungen, etwa mit dem Dudagerät (vgl. Band III). Seine Berücksichtigung erfolgt dann nach § 80 B 2. Ist der Abgangsfehlerwinkel nur für den Flachschuß nach einem der älteren Verfahren festgestellt, so läßt man ihn besser bei der Berechnung ganz außer Betracht.

3. Die Umrechnung der gemessenen Bahngeschwindigkeiten auf die Mündung.

Es wird nach § 80 B 3 verfahren. Die Festlegung der Anfangsgeschwindigkeit für jeden einzelnen Schuß entweder nach dem dort geschilderten überschlägigen Verfahren aus der Beziehung: Anfangsgeschwindigkeit in Funktion der Uhrzeit oder mit Sondergeräten durch direkte Messung ist besonders bei den Flugabwehrkanonen von Wichtigkeit.

4. Die Berechnung der schußtafelmäßigen Anfangsgeschwindigkeit erfolgt nach § 80 B 4.

5. Die Umrechnung der Gesamtschußweiten X und der Gesamtflugzeiten T auf Normalbedingungen führt man nach § 80 B 5 und § 80 C 1 c aus.

6. Umrechnung der Koordinaten der mittleren Sprengpunkte und der zugehörigen mittleren Flugzeiten auf Normalbedingungen.

a) Reduktion auf Windstille. Man berechnet aus den Höhenwindmessungen unter entsprechendem Anschluß an die gleichzeitigen Messungen des Bodenwindes für die einzelnen, im meteorologischen Protokoll angegebenen Höhenstufen die Windkomponenten in der Schußrichtung w_p (positiv bei Mitwind, negativ bei Gegenwind) und w_s senkrecht zur Schußrichtung (positiv bei Wind von links, negativ bei Wind von rechts). Diese Windkomponenten gleicht man für jeden Pilotaufstieg in Funktion der Höhe graphisch aus. Zu den einzelnen beobachteten Höhenstufen werden die Uhrzeiten eingeschrieben. Ferner wird für einzelne Höhenstufen eine zweite graphische Darstellung angefertigt, die für konstante Höhen h die Windkomponenten w_p und w_s in Funktion der Uhrzeit gibt. Aus diesen Diagrammen läßt sich dann für jede zwischenliegende Höhenstufe und Uhrzeit die betreffende Windkomponente entnehmen. Sind weiter die Mittelwerte der Elemente einer Sprengpunktgruppe x_1, y_1, z_1 und t_1, so ermittelt man nach einem der in § 49 beschriebenen Verfahren die Komponenten des ballistischen Windes für die Höhe y_1 unter Benutzung der beiden vorerwähnten Diagramme. Es ergeben sich somit für verschiedene Sprengpunktgruppen verschiedene ballistische Windkomponenten. (Gegenüber einer Erdschußtafel ist hier die Bestimmung des ballistischen Windes insofern wesentlich erleichtert, als man für jede beschossene Erhöhung die Funktion $y = F(t)$ empirisch festgelegt hat, somit die Gewichtsfaktoren zur Bildung des ballistischen Windes genauer erhält.)

Es mögen die zu den Elementen x_1, y_1, z_1 und t_1 gehörigen Komponenten des ballistischen Windes w_{p_1} und w_{s_1} sein. Dann erfolgt die Umrechnung auf Windstille, für die die Elemente x_0, y_0, z_0 und t_0 seien, nach:

$$x_0 = x_1 - w_{p,1} \cdot \left\{ t_1 + \frac{x_1}{v_0 \cdot \cos \varphi} \right\} \qquad \text{Formel \ (9) \ § 47}$$

$$y_0 = y_1 + \frac{2 \cdot w_{p,1}}{v_0 \cdot \cos \varphi} \cdot \left\{ x_1 \cdot \operatorname{tg} \varphi - 2\,y_1 \right\} \qquad \text{Formel (10) \ § 47}$$

$$z_0 = z_1 + w_{s,1} \cdot \left\{ t_1 - \frac{x_1}{v_0 \cdot \cos \varphi} \right\} \qquad \text{Formel (19) \ § 48}$$

$$t_0 = t_1 \left\{ 1 - \frac{2 \cdot w_{p,1}}{v_0 \cdot \cos \varphi} \right\} \qquad \text{Formel (11) \ § 47}$$

b) **Reduktion auf Normalluftgewicht.** Liegen aerologische Aufstiege (Drachen, Ballon, Flugzeug- oder Raketenmeteorograph) vor, so sind danach die Luftgewichte der einzelnen Höhenstufen zu errechnen und, wie beim Wind, in zwei Diagrammen darzustellen. Fehlen solche Aufstiege, so ist vom Bodenluftgewicht auszugehen und das Luftgewicht für die einzelnen Höhenstufen, etwa mit den **Wienerschen Tabellen** (siehe § 79) des Dichteverhältnisses zu bestimmen. Diese können auch zur Extrapolation über die mit den aerologischen Aufstiegen erreichten Höhen hinaus benutzt werden. Aus den beiden erwähnten Diagrammen wird das ballistische Luftgewicht nach einem der in § 49 erwähnten Verfahren bestimmt.

Das ballistische Normalluftgewicht für die Höhe y sei δ_r, das ballistische Luftgewicht der Versuchszeit für die gleiche Höhe δ. Dann ist $\varDelta \delta = \delta_r - \delta$ und die Reduktion auf Normalluftgewicht erfolgt nach folgenden Gleichungen:

$$\varDelta_1 x = - \frac{\varDelta \delta}{\delta} \cdot x_1 \qquad \text{Formel (25) des § 44}$$

$$\varDelta_1 y = + \frac{\varDelta \delta}{\delta} \cdot \left\{ x_1 \cdot \operatorname{tg} \varphi - 2\,y_1 \right\} \qquad \text{Formel (26) des § 44}$$

$$\varDelta_1 t = - \frac{\varDelta \delta}{\delta} \cdot t_1 \qquad \text{Formel (27) des § 44.}$$

c) **Reduktion auf schußtafelmäßige Anfangsgeschwindigkeit.** Die schußtafelmäßige Anfangsgeschwindigkeit sei $v_{0,r}$, die Anfangsgeschwindigkeit der betreffenden Sprengpunktgruppe v_0, so ist $\varDelta v_0 = v_{0,r} - v_0$. Man erhält die Korrektionen:

$$\varDelta_2 x = - \frac{\varDelta v_0}{v_0} \cdot x_1 \qquad \text{Formel (29) des § 44}$$

$$\varDelta_2 y = + \frac{\varDelta v_0}{v_0} \cdot \left\{ 3\,x_1 \cdot \operatorname{tg} \varphi - 4\,y_1 \right\} \qquad \text{Formel (30) des § 44}$$

$$\varDelta_2 t = - 2 \cdot \frac{\varDelta v_0}{v_0} \cdot t_1 \qquad \text{Formel (31) des § 44.}$$

Schließlich erhält man die völlig auf Normalbedingungen reduzierten Elemente einer Sprengpunktgruppe zu

$$x_r = x_0 + \Delta_1 x + \Delta_2 x$$
$$y_r = y_0 + \Delta_1 y + \Delta_2 y$$
$$t_r = t_0 + \Delta_1 t + \Delta_2 t.$$

7. Reduktion der Zünderstellung.

Man trägt, für jeden beschossenen Abgangswinkel für sich, die Zünderstellungen β der einzelnen Sprengpunktgruppen in Funktion der zugehörigen, gemessenen (nicht bereits reduzierten) Flugzeiten t auf und gleicht durch Kurvenzug aus. Aus diesen Kurven $\beta = F(t)$ kann man auf Grund der gleichen Annahme, die in § 80 D 6 erwähnt ist, ohne weiteres zu den reduzierten Flugzeiten t_r die zugehörige reduzierte Zünderstellung β_r ablesen.

C. Aufstellung der Flugbahnbilder.

1. Ausgleich über die Kurven gleicher Aufsatzwinkel.

Der Winkel zwischen der Visierlinie und der Seelenachse (Aufsatzwinkel) sei mit α, der Winkel der Visierlinie zum Horizont (Geländewinkel) mit γ, der Abgangswinkel mit φ bezeichnet. Dann ist, vom Abgangsfehlerwinkel und von besonderen Verhältnissen beim schräggestellten Aufsatz abgesehen, $\varphi - \alpha = \gamma$. Man berechnet für die reduzierten Punkte jedes Abgangswinkels die zugehörigen Geländewinkel aus $\operatorname{tg}\gamma = \dfrac{y_r}{x_r}$. Dann erhält man die zu den betreffenden Punkten zugehörigen Aufsatzwinkel zu $\alpha = \varphi - \gamma$. Sodann werden, für jeden beschossenen Abgangswinkel gesondert, diese Aufsatzwinkel in Funktion der zugehörigen Werte x_r aufgetragen und durch Kurvenzug ausgeglichen. Sämtliche Kurven $\alpha = F(x_r)$ haben, wie sich aus den Verhältnissen des luftleeren Raumes ergibt, eine gemeinsame Anfangstangente, deren Neigung ε zur Abszissenachse gegeben ist durch $\operatorname{tg}\varepsilon = \dfrac{g}{2\,v_0{}^2}$. Ferner sind die Endpunkte der Kurven $\alpha = F(x_r)$ bestimmt durch die Punkte $P\,(x = X,\ \alpha = \varphi)$, d. h. diese Endpunkte liegen auf der Erhöhungskurve der zugehörigen Erdschußtafel, die man daher zweckmäßig in das Kurvenblatt der $\alpha = F(x_r)$ mit einträgt. Aus den Kurven $\alpha = F(x_r)$ kann man dann für jeden beschossenen Abgangswinkel φ eine Tabelle aufstellen, die zu runden Werten der Aufsatzwinkel, etwa von 5^0 zu 5^0 fortschreitend, die zugehörigen Abszissenwerte x gibt.

Auf dem Kurvenblatt, das zur Aufzeichnung des Flugbahnbildes dienen soll, werden nunmehr zunächst die erschossenen (nicht redu-

34*

zierten) und die reduzierten Punkte eingetragen (Abszisse x, Ordinate y) und zusammengehörige Werte durch Pfeile im Sinne der Reduktion verbunden. Ferner zieht man in angemessenen Intervallen, etwa unter Neigungen von $2^0{,}5$, 5^0, $7^0{,}5$, 10^0 usw. durch den Koordinatennullpunkt die Geländewinkelgeraden. Nun können die Kurven gleicher Aufsatzwinkel punktweise festgelegt werden, was am Beispiel des Aufsatzwinkels $\alpha = 5^0$ erläutert werden möge: Man entnimmt aus der Tabelle für $\varphi = 15^0$ zum Aufsatzwinkel $\alpha = 5^0$ die zugehörige Abszisse x und bezeichnet auf der Geländewinkellinie für $\gamma = 10^0$ den Punkt P, der diese Abszisse hat. Weiter entnimmt man der Tabelle für $\varphi = 20^0$ wiederum zum Aufsatzwinkel $\alpha = 5^0$ die zugehörige Abszisse x' und markiert auf der Geländewinkellinie für $\gamma = 15^0$ den Punkt P', der die Abszisse x' hat, usw. Dann sind P, P' usw. Punkte der Aufsatzwinkelkurve für $\alpha = 5^0$, denn sie erfüllen obige Bedingung, daß $\gamma = \varphi - \alpha$.

Für das endgültige Ziehen der Kurven gleicher Aufsatzwinkel sind noch folgende Punkte zu beachten: Die Kurven beginnen im Mündungshorizont bei einer Abszisse, die gleich der Schußweite X zum Abgangswinkel $\varphi = \alpha$ ist. Des weiteren haben die Kurven gleicher Aufsatzwinkel die gleiche Einhüllende wie die Flugbahnscharen. Endlich fallen bei kleinen Aufsatzwinkeln α die Kurven gleicher Aufsatzwinkel ganz oder nahezu zusammen mit den Flugbahnen für die Abgangswinkel $\varphi = 90^0 - \alpha$. Meist ließen sich bei den zahlreichen, während der Jahre 1917 und 1918 nach diesem Verfahren aufgestellten Luftschußtafeln die Kurven gleicher Aufsatzwinkel glatt und ohne besondere Abweichungen von den Einzelpunkten ziehen.

2. Konstruktion der Flugbahnen.

Durch die erschossenen und reduzierten Punkte, besonders aber durch die Schnittpunkte der Kurven gleicher Aufsatzwinkel mit den Geländewinkelgeraden sind nunmehr auch die einzelnen Geschoßbahnen sicher festgelegt. So erhält man z. B. für die Geschoßbahn mit $\varphi = 40^0$ außer den zu diesem Abgangswinkel gehörenden reduzierten Flugbahnpunkten als weitere Punkte die Schnitte der Geländewinkelgeraden für $\gamma = 35^0$ mit der Aufsatzwinkelkurve für $\alpha = 5^0$; ferner der Geländewinkelgeraden für $\gamma = 30^0$ mit der Aufsatzwinkelkurve für $\alpha = 10^0$, usw. Selbstverständlich müssen die Flugbahnkurven noch den Mündungshorizont (die Abszissenachse) bei der zu dem betreffenden Abgangswinkel φ gehörigen Gesamtschußweite X der Erdschußtafel schneiden; auch muß die Endtangente an die Geschoßbahn mit der Abszissenachse den Fallwinkel ω der Erdschußtafel einschließen.

3. Konstruktion der Kurven gleicher Flugzeiten.

Man zeichnet auf gesondertem Kurvenblatt für jeden Abgangswinkel φ die reduzierten Flugzeiten t_r in Funktion der zugehörigen reduzierten Abszissen x_r auf und gleicht durch Kurvenzüge aus. Die einzelnen Anfangstangenten zu diesen Kurven $t = F(x)$ haben zur Abszissenachse die Neigungen τ, wobei sich aus den Verhältnissen des luftleeren Raumes ergibt: $\mathrm{tg}\,\tau = \dfrac{1}{v_0 \cdot \cos \varphi}$. Aus den Kurven $t = F(x)$ werden nun, getrennt für die einzelnen Abgangswinkel, umgekehrt zu runden Werten der Flugzeit, z. B. für 5, 10, 15 usw. Sekunden die Abszissenwerte abgelesen. Soll nun z. B. die Kurve der Flugzeit von 10 Sekunden gezeichnet werden, so markiert man auf der Flugbahn für $\varphi = 70^0$ den Punkt, der die gleiche Abszisse hat, wie sie aus der Kurve $t = F(x)$ für 70^0 abgelesen wurde. Entsprechend werden die Schnittpunkte der Kurve für 10 Sekunden auf den anderen Flugbahnen gezeichnet. Der Schnitt der Flugzeitkurve mit der Abszissenachse wird durch die zur betreffenden Flugzeit gehörige Schußweite der Erdschußtafel bestimmt. Durch die erhaltenen Punkte wird eine ausgleichende Kurve gezogen.

Bei kleinen Flugzeiten verlaufen diese Kurven konzentrisch mit den Kreisbögen gleicher Zielentfernung, die um den Koordinatennullpunkt (Mündung) geschlagen werden. Bei wachsender Flugzeit zeigen die in der gleichen Zeit erreichten Punkte mit zunehmender Höhe abnehmende direkte Entfernungen zur Mündung. Nur bei sehr großen Anfangsgeschwindigkeiten tritt infolge des günstigen Einflusses der abnehmenden Luftdichte wieder die umgekehrte Tendenz ein.

4. Konstruktion der Kurven gleicher Zünderstellung.

Das Verfahren entspricht völlig dem unter 3. geschilderten. Man zeichnet für die einzelnen beschossenen Abgangswinkel φ gesonderte Kurven $\beta_r = F(x_r)$, die aber im Gegensatz zu den Kurven $t_r = F(x_r)$ nicht vom Nullpunkt ausgehen, liest für runde Zünderstellungen die zugehörigen Abszissenwerte aus diesen Kurven ab und markiert die Schnittpunkte der Kurven gleicher Zünderstellung mit den Flugbahnen wie oben erwähnt. Bei mechanischen Zündern verlaufen die Kurven gleicher Zünderstellung fast völlig konzentrisch zu den Kurven gleicher Flugzeit. Bei Satzringbrennzündern dagegen brennen die Zünder mit zunehmender Höhe infolge des geringern Luftdrucks langsamer. Die Kurven gleicher Zünderstellung weichen daher mit wachsender Höhe immer mehr nach der Einhüllenden zu von den Kurven gleicher Flugzeit ab.

5. Konstruktion der Kurven gleicher Seitenverschiebung.

Die reduzierten Seitenabweichungen z_r von der Schußebene werden an Hand der zugehörigen Abszissen x_r in Seitenverschiebungen s im Winkelmaß (Teilstriche) umgerechnet $s = \frac{z_r}{x_r} \cdot 1017$. Dann trägt man auf einem Kurvenblatt für jede beschossene Erhöhung gesondert die Werte s in Funktion der zugehörigen Abszisse auf (Kurven gehen vom Nullpunkt aus), gleicht graphisch aus und liest umgekehrt für runde Seitenverschiebungswerte die Abszissen ab. Die Schnittpunkte der Kurven gleicher Seitenverschiebung mit den Flugbahnen werden, genau wie dies bei den Flugzeitkurven besprochen, markiert und die Kurven gezogen.

Aus dem fertiggestellten Flugbahnbild lassen sich dann die Flakschußtafeln auch in Tabellenform ableiten. Man gibt entweder die absolute Rohrerhöhung φ oder den Aufsatzwinkel α in Abhängigkeit von zwei anderen Größen: direkte Zielentfernung und Zielhöhe oder statt dieser auch den Geländewinkel.

Es muß zum Schluß dieses Paragraphen noch betont werden, daß die besprochenen Schießbehelfe für Flugabwehrkanonen nur den rein ballistischen Teil der Aufgabe betreffen. Sie geben zunächst nur die Grundlage für die Bekämpfung von Luftzielen, die ihren Raumort nicht ändern. Die schnelle Bewegung und Richtungsänderung bedingt aber die Aufstellung weiterer Behelfe, die auch der Ortsveränderung des Flugzeuges während der Kommandozeit, Ladezeit und Geschoß-flugzeit auf Grund besonderer vorausgehender Ermittlungen Rechnung tragen. Als solche Behelfe sind zuerst sogenannte Kommandotafeln aufgestellt worden. Später ist man mehr und mehr dazu übergegangen, die Aufgabe der Kommandobildung unter Berücksichtigung der ballistischen Verhältnisse und der Flugzeugbewegung zu mechanisieren. Eine nähere Besprechung der Wege, die zu solchen Kommandotafeln oder Kommandogeräten führen, verbietet sich im Rahmen dieses Buches.

§ 82. Herstellung der Schießbehelfe für den Gebirgskrieg.

A. Flugbahnbilder (Flugbahnaufrisse).

In der Regel werden die Flugbahnbilder aus bereits vorhandenen Erdschußtafeln abgeleitet. Je nach der Leistung der betreffenden Waffe kommen dafür verschiedene Verfahren in Frage.

Bei Anfangsgeschwindigkeiten bis etwa 100 m/sec (Minenwerfer mit Ausnahme von deren größten Ladungen) genügt, wie 1917 und 1918 Vergleiche mit zahlreichen, in ihrem vollen Verlaufe photogrammetrisch aufgenommenen Minenflugbahnen gezeigt haben, mit einer für die Bedürfnisse der Praxis völlig ausreichenden Genauigkeit die Anwendung der mehrfach erwähnten Flugbahngleichung des luftleeren Raums

$$y = x \cdot \operatorname{tg} \varphi \cdot \left(1 - \frac{x}{X}\right),$$

in der aber X nicht etwa die parabolische Schußweite bedeutet. Vielmehr wird der Abgangswinkel φ aus der Erdschußtafel zur tatsächlichen Schußweite X entnommen. Für Anfangsgeschwindigkeiten bis etwa 200 m/sec hat sich bisher auch diese Gleichung in der etwas modifizierten Form

$$y = x \cdot \operatorname{tg} \psi \cdot \left(1 - \frac{x}{X}\right)$$

noch gut bewährt, wobei nach Siacci $\operatorname{tg}\psi$ aus der empirischen Beziehung

$$\operatorname{tg} \psi = \frac{x \cdot \operatorname{tg} \omega + (X - x) \cdot \operatorname{tg} \varphi}{X}$$

zu berechnen ist. Beide Formen der Flugbahngleichung sind für obere und untere Winkelgruppe brauchbar. E. Stübler hat zur Berechnung des Flugbahnverlaufs bis zu etwa 300 m/sec, speziell für die obere Winkelgruppe, die Methode Euler-Otto etwas abgeändert; F. Rückle hat hierzu ausführliche Tabellen berechnet, die aber bisher nicht veröffentlicht sind. Ein näheres Eingehen auf die Stüblersche Methode muß daher unterbleiben.

Bei Anfangsgeschwindigkeiten über 200 m/sec (natürlich, soweit die betreffenden Funktionstafeln ausreichen, auch schon darunter) kann im Bereiche der unteren Winkelgruppe, aber nur bei dieser, die Berechnung des Flugbahnaufrisses aus der Flugbahngleichung $y = F(x)$ eines der in den früheren Paragraphen beschriebenen Lösungssysteme erfolgen. Nach Vergleichen, die Nowakowski (siehe Lit.-Note zu § 41) mit photogrammetrisch festgelegten Flugbahnen, allerdings nur für geringere Leistungen bis ca. 300 m/sec durchgeführt hat, ist dabei die in Österreich benutzte Methode Didion-Wuich recht brauchbar, wenn man den ballistischen Koeffizienten aus der zugehörigen Erdschußtafel ableitete. In Deutschland haben ähnliche, vielleicht aber erheblich umfangreichere Vergleiche mit empirisch festgelegten Geschoßbahnen gezeigt, daß auch die Flugbahngleichung des Lösungssystems von Siacci III bis zu einer Anfangsgeschwindigkeit von etwa 600 m/sec noch brauchbar ist. Dabei gestaltet sich besonders bequem die Verwendung dieser Gleichung in der von Fasella gegebenen Form:

$$y = x \cdot \operatorname{tg} \varphi \cdot \left(1 - \frac{f(x)}{f(X)}\right).$$

Liegt von der Berechnung der zugehörigen Erdschußtafel die endgültige Kurve $c' = F(\varphi)$, wie dies die Regel sein wird, vor, so kann man zunächst zur Gesamtschußweite X der betreffenden Flugbahn

über $f_0 = \dfrac{X}{c'}$ aus der Tafel II von Fasella die Funktion $f(X)$ bestimmen. Diese oder der aus einer Reziprokentafel entnommene
Wert $\dfrac{1}{f(X)}$ ist dann für die ganze Flugbahn konstant. Nun sind in gewissen Abszissenintervallen x_1, x_2 usw., ebenso über den Wert $f_0 = \dfrac{x}{c'}$
die Funktionen $f(x_1)$, $f(x_2)$, usw. aus Tafel II zu ermitteln. Dann gibt
vorstehende Gleichung in einfachster Weise die Ordinaten y_1, y_2 usw.
Die Koordinaten des Gipfels sind ebenfalls glatt nach den Formeln (26)
und (27) des § 79 zu berechnen. Liegen die Kurven $c' = F(\varphi)$ nicht
vor, so bestimmt man nach Gleichung (24) des § 79 zunächst die Funktionen f_1, zu diesen aus Tafel III f_0, zu diesen wieder aus Tafel II f.

Für die größtenteils graphische Aufstellung von Flugbahnbildern
benutzte E. Stübler die Flugbahngleichung in der Form

$$y = x \cdot \operatorname{tg} \varphi - \frac{x \cdot B(x)}{2 \cdot \cos^2 \varphi},$$

die für die untere Winkelgruppe bis zu 40^0 sehr genau sein soll.
Die Funktion $B(x)$ ist dabei durch Spezialisierung für $x = X$, $y = 0$
zu berechnen: $B(x) = \sin 2\,\varphi$. Die Anwendung der Gleichung setzt
voraus, daß $B(x)$ allein von x, nicht aber von der Flughöhe abhängt,
eine Annäherung, die jedenfalls nur für die untere Winkelgruppe
mit einiger Genauigkeit gemacht werden darf. Für die größeren Schußweiten und für die obere Winkelgruppe wendet Stübler gewisse
Korrektionen an. Ein näheres Eingehen auf das Stüblersche Verfahren, das namentlich bei der im Kriege nötig gewordenen Herstellung der Flugbahnbilder auf schnellstem Wege ausgezeichnete
Dienste leistete, ist ohne weitgehende zeichnerische Darstellungen
nicht möglich.

Für die obere Winkelgruppe über etwa 300 m/sec und für die
untere Winkelgruppe über 600 m/sec ist Bahnberechnung in Teilbogen
nach einem der Verfahren des 7. Abschnittes nötig. Auch hierbei hat
die im § 79 A erläuterte Berechnungsweise sich besonders bewährt.
Es kommt, wenn bereits eine erschossene Erdschußtafel vorliegt, darauf
an, durch wiederholte Rechnung mit verschiedenem i-Wert die Flugbahn so zu bestimmen, daß ihre Horizontalschußweite mit den Angaben der Erdschußtafel übereinstimmt.

Wird ein Flugbahnbild etwa in ähnlicher Weise wie eine Flakschußtafel erschossen, was immer vor der reinen Rechnung den Vorzug
haben wird, so erfolgt der Ausgleich bis zum fertigen Schaubild in
genau derselben Art, wie dies im vorausgehenden Paragraphen ausführlich besprochen wurde.

Die Berechnung der Kurven gleicher Flugzeiten erfolgt über die
in der jeweils zur Ordinatenberechnung angewandten Lösungsmethode

gegebenen Gleichungen für die Flugzeit; bei empirisch erschossenen Flugzeiten in der im § 81 geschilderten Art.

B. Graphische Schußtafeln.

Denkt man sich aus einem Pivotgeschütz die einzelnen mittleren Flugbahnen für Erhöhungen, steigend von Grad zu Grad, erschossen und festgelegt, und dabei bei jeder Erhöhungsänderung auch die Seitenrichtung um einen konstanten Betrag, etwa gleichfalls 1^0, geändert, so liegen die mittleren Flugbahnen auf der Oberfläche eines Berges, den Amman, auf den das Verfahren zurückgeht, Flugbahnberg nennt. Stellt man diesen Flugbahnberg, genau wie einen Berg im Gelände, durch Schichtlinien dar, so erhält man die „graphische Schußtafel". Aus ihr kann man, genau wie aus einer topographischen Schichtlinienkarte die Höhenverhältnisse der verschiedenen Flugbahnen rückwärts feststellen. Die graphischen Schußtafeln haben im Kriege neben den Flugbahnbildern sich gut bewährt zur Lösung von Schießaufgaben des Gebirgskrieges.

P. Lötzbeyer gewinnt eine andere Art graphischer Schußtafeln, indem er sich mit jeder Erhöhungsänderung die Schußebene parallel zu ihrer ersten Lage um gleiche Beträge verschoben denkt. Den so erhaltenen Flugbahnberg stellt er gleichfalls durch Schichtlinien dar.

C. Ordinatentafeln (Flughöhentafeln).

Bei einzelnen Artillerien sind an Stelle der vorerwähnten graphischen Darstellungen Ordinatentabellen im Gebrauch. Für die Art ihrer Gewinnung gilt das unter A Gesagte.

§ 83. Die Aufstellung der Korrektionstafeln zur Ausschaltung der besonderen Einflüsse und der Witterungseinflüsse.

A. Die innerballistischen Einflüsse.

Abweichungen der tatsächlich beim praktischen Schießen auftretenden Anfangsgeschwindigkeiten vom Schußtafelwert (in Deutschland „besondere Einflüsse" genannt) verursachen in erster Linie eine Änderung der Schußweite. Die Berechnung entsprechender Korrektionstabellen erfolgt entweder für Anfangsgeschwindigkeiten über 300 m/sec nach Formel (52), unter 300 m/sec nach Formel (61) des § 44, oder für alle Geschwindigkeiten bei Benutzung der Fasellatafeln nach der Formel

$$\Delta X = X \cdot \frac{\Delta v_0}{v_0} \cdot f_v, \qquad (a)$$

wobei die Funktion f_v aus der Tafel IX entnommen wird zu den

f_0-Werten, die aus der bei der Schußtafelberechnung nach Fasella aufzustellenden Kurve $f_0 = F(\varphi)$ abgelesen werden. Meist wird dabei $\Delta v_0 = 10$ m/sec gesetzt. Nur in der deutschen Landartillerie ist als Maß für die Geschwindigkeitsänderung die sogenannte Stufeneinheit genommen, die gleich $^1/_3\,{}^0/_0$ der Geschwindigkeit ist. Damit wird die Schußweitenänderung für eine Stufeneinheit:

$$\Delta X = \frac{X}{300} \cdot f_v. \tag{b}$$

Zuverlässiger als die Rechnung mit diesen Differentialformeln ist es, bei Geschützen mit mehreren Ladungen, die Schußweitenänderung aus dem Ladungsvergleich für gleiche Abgangswinkel zu gewinnen (vgl. hierzu § 80 B 5 d).

Zur Berechnung der Änderung der Anfangsgeschwindigkeit durch abweichende Pulvertemperatur, abweichendes Geschoßgewicht und abweichende Pulverfeuchtigkeit dienen, soweit nicht besondere empirische Koeffizienten vorliegen, die Formeln des § 80 B 4. Auf den Vorzeichensinn ist dabei besonders zu achten. So bringt höhere Tagestemperatur für sich allein höhere Anfangsgeschwindigkeit und damit Weitschuß, die Korrektur der Schußweite muß daher negativ werden.

B. Die außerballistischen Einflüsse.

1. Einfluß abweichenden Luftgewichtes.

Die Berechnung der Korrekturtafeln erfolgt für alle Anfangsgeschwindigkeiten nach Formel (49) und (58) des § 44, wobei nach Formel (13) des gleichen Paragraphen $\dfrac{\Delta c}{c} = \dfrac{\Delta \delta}{\delta}$ gesetzt werden darf. Liegen von der Schußtafelberechnung nach Fasella her für bestimmte Abgangswinkel φ die Funktionen f_2 vor, so rechnet man etwas kürzer nach

$$\frac{\Delta X}{X} = \frac{\Delta \delta}{\delta}\left(1 - \frac{1}{f_2}\right).$$

Mit dem Luftgewichtseinfluß wird vielfach kombiniert der außerballistische Einfluß des Geschoßgewichts. Nach Formel (13) des § 44 wirkt eine bestimmte relative Änderung des Geschoßgewichts in gleicher Größe, aber mit umgekehrtem Vorzeichen wie die gleiche relative Änderung des Luftgewichtes auf den ballistischen Koeffizienten. Man kann daher aus $\dfrac{\Delta P}{P} = -\dfrac{\Delta \delta}{\delta}$ bestimmen, welche Korrekturen am beobachteten Luftgewicht anzubringen sind, um einer bestimmten Abweichung des Geschoßgewichts Rechnung zu tragen, dafür im Einzelfalle eine kurze Tabelle geben und liest beim Schießen dann zu dem so korrigierten Luftgewicht die Entfernungskorrektur aus der Haupttabelle ab.

2. Windeinfluß.

Am besten ist eine empirische Ermittlung der Windeinflußtafeln durch Schießen nach verschiedenen Richtungen unter sonst völlig gleichen Bedingungen und bei sorgfältigstem meteorologischem Dienst. Wo derartige Erfahrungen nicht vorliegen, berechnet man den Einfluß des Seitenwindes für alle Anfangsgeschwindigkeiten mit der Formel (19) des § 48, den Einfluß des Längswindes entweder bei Anfangsgeschwindigkeiten unter 300 m/sec mit Formel (12) des § 47, über 300 m/sec mit Formel (13) des § 44 oder, wenn aus der Schußtafelberechnung nach Fasella die Funktionen f_2 für bestimmte Abgangswinkel schon vorliegen, etwas kürzer

$$\text{für } v_0 < 300 \text{ m/sec nach } \varDelta X = - w_p \cdot \left[T - \frac{X}{v_0 \cdot \cos \varphi} \cdot \frac{1}{f_2} \right],$$

$$\text{für } v_0 > 300 \text{ m/sec nach } \varDelta X = - w_p \cdot \left[T - \frac{X}{v_0 \cdot \cos \varphi} \cdot \left(\frac{2}{f_2} - 1 \right) \right].$$

Auf den Vorzeichensinn ist bei Aufstellung der Tabellen zu achten. Bei Mitwind muß die Entfernungskorrektur negativ, bei Gegenwind positiv werden. Die Seitenkorrektur ist bei Wind von links positiv, bei Wind von rechts negativ.

Die Berechnung der einzelnen Korrekturtafeln erfolgt bei den innerballistischen und den äußerballistischen Einflüssen in bestimmten Entfernungsintervallen. Für alle Korrekturen werden dann graphische Darstellungen in Funktion der Entfernung aufgezeichnet und danach die nicht berechneten Zwischenwerte ermittelt.

C. Berechnung der Korrekturwerte gegen Ziele außerhalb des Mündungshorizontes.

Die Aufstellung kurzer Tabellen, wie sie bei Zielen im Mündungshorizont möglich ist, kommt bei Zielen außerhalb desselben nicht in Betracht. Man wird im einzelnen Falle nach den Formeln der § 44, 47 und 48 für beliebige Punkte (x, y) die Berechnungen durchführen und nun zusehen, ob man in dem betreffenden Falle zu bestimmten, ausreichend genauen Vereinfachungen kommt. So fand z. B. E. Stübler für ein bestimmtes Geschütz, daß die Kurven gleicher Verbesserung für das Luftgewicht etwa verlaufen wie die Kurven gleicher Flugzeiten. Daraus ergab sich für das praktische Schießen die Näherungsregel: Man gehe vom Zielpunkt (x, y) gleichlaufend mit der nächsten Kurve gleicher Flugzeiten bis zum Mündungshorizont und ermittle für die hier erhaltene Gesamtschußweite aus den Tabellen die erforderlichen Korrekturen. Diese sind an derjenigen wagrechten Schußweite anzubringen, die zum gleichen Abgangswinkel wie der Punkt (x, y) gehört.

Literaturnoten und Bemerkungen zu Band I.

(Äußere Ballistik.)

Zeitschriften.

Archiv für die Offiziere der Kgl. Preuß. Artillerie und des Ingenieurkorps,
Bd. 1—68. Berlin 1837—1870. Fortgesetzt als:
Archiv für die Artillerie- und Ingenieuroffiziere des deutschen Reichsheeres,
Bd. 69—104. Berlin 1871—1897; seit 1898 eingegangen (Arch. f. Art.- u.
Ing.-Off.).
Army and Navy Journal, New York.
Army Ordnance, Washington.
Army Quarterly, London.
Artilleriskii Journal, 1. Bd. Petersburg 1839 (Petersb., Art. Journ.).
Allgemeine schweizerische Militärzeitung, 1. Bd. Basel 1863.
Artilleristische Monatshefte, 1. Bd. Berlin 1907 (Art. Monatsh.).
Artilleristische Umschau, München.
Artilleri Tidskrift, Upsala.
Dansk Artilleri Tidskrift, Kopenhagen.
De Militaire Spectator, s'Gravenhage.
Der Schweizer Artillerist, Zürich.
Heerestechnik, Berlin, Verlag Offene Worte.
Journal of the Royal Artillery, Woolwich.
Journal of the United States Artillerie, Fort Monroe (Virginia), eingegangen.
Kriegskunst in Wort und Bild, Berlin, Verlag Offene Worte.
Kriegstechnische Zeitschrift, 1. Bd. Berlin 1898 (Kriegstechn. Z.) fortgesetzt in
„Heerestechnik", s. o.
Kugel und Schrot, Berlin.
La Corrispondenza, 1. Bd. Livorno 1899 (La corrisp.), eingegangen.
The Kynoch Journal, Birmingham.
Marinerundschau, Berlin, Verlag Mittler & Sohn.
Memorial de Artilleria, 1. Bd. Madrid 1844.
Mémorial de l'Artillerie de la Marine, Paris.
Mémorial de l'Artillerie française, 1. Bd. Paris 1922.
Mémorial des poudres et salpêtres, Paris.
Militärwissenschaftliche und technische Mitteilungen, Wien.
Mitteilungen des k. k. Geniekomitees über Gegenstände der Ingenieurkunst und
des Kriegswesens. Wien 1856—1870. Fortgesetzt als:
Mitteilungen über Gegenstände des Artillerie- und Geniewesens. Wien, seit 1870
(Mitt. ü. Geg. d. Art.- u. Gen.-Wes.), eingegangen 1918.
Norsk Artilleri Tidskrift, Christiania.
Organ der militärwissensch. Vereine, 1. Bd. Wien 1870.
Proceedings of the royal Artillery Institution, Woolwich.
Revue d'Artillerie, 1. Bd. Paris 1873 (Rev. d'Art.).
Revue d'Infanterie, Paris.
Revue de l'armée belge, Liège.

Revue du Génie militaire, Paris.
Revue militaire française, Paris.
Revue militaire générale, Paris.
Revue maritime et coloniale, 1. Bd. Paris 1872.
Revista Artileriei, Bukarest.
Rivista di Artigleria e Genio, Roma (Riv. d'art. e gen.).
Rivista maritima, 1. Bd. Roma 1868 (Riv. mar.).
Schweizerische Vierteljahrsschrift für Kriegswissenschaft, Basel.
Suomen Sotilaseikakauslehti, Helsingfors.
Svensk Kust Artilleri-Tidsskrift, Karlskrona.
Technik u. Wehrmacht, Berlin, eingegangen 1923, fortgesetzt „Heerestechnik s. o.
The Coast Artillery Journal, Fort Monrœ.
The Field Artillery Journal, Philadelphia.
Vojensko-Technicke Zprâvy, Prag.
Wissen und Wehr, Berlin, Verlag Mittler & Sohn.
Zeitschrift der deutschen Versuchsanstalt für Handfeuerwaffen, Berlin-Halensee.
Zeitschrift für das gesamte Schieß- und Sprengstoffwesen, 1. Bd. München 1906
    (Z. f. d. ges. Schieß- u. Spr.-Wes.).
Zeitschrift „Schuß und Waffe", Versuchsanstalt Neumannswalde-Neudamm.

Lehrbücher und Monographien.

Äußere Ballistik.

Bashforth, F.: Mathematical treatise on the motion of projectiles. London
    1873; supplement 1881 (Bashforth).
Becker, K.: Die Waffentechnik in ihren Beziehungen zur Physik u. Mathem.
    „Kultur der Gegenwart". IV, 12, Leipzig 1913.
Becker, K.: Artillerietechnik; Technik im 20. Jahrhundert, Bd. IV, Braunschweig.
Berlin: Handb. d. Waffenlehre, 3. Aufl. Berlin 1912.
Bianchi, Corso teorico pratico di Balistica esterna, Turin 1922.
Braccialini, S.: Über die praktische Lösung der Probleme des Schießens,
    deutsch von v. Scheve. Berlin 1884.
Brandeis, F.: Der Schuß, Erklärung der den Schußerfolg beeinflussenden
    Umstände und Zufälligkeiten. Wien und Leipzig 1896.
v. Burgsdorff, A. und v. Recklinghausen: Tafeln zur Flugbahnberechnung
    von Infanteriegeschossen. Berlin 1897.
Burileano, S.: Probabilité du tir. Paris 1911.
Charbonnier, P.: Traité de balistique extérieure. Paris 1904 (Charbon-
    nier 1).
— Balistique extérieure rationnelle, 3 Teile. Paris 1907. Teil der Encyclopédie
    scientifique Toulouse (Charbonnier 2 u. 3).
— Manuel de balistique extérieure. Paris 1908.
v. Chrismar: Leitfaden für den Unterricht in der Ballistik, Heft I. Char-
    lottenburg 1904.
Didion, J.: Traité de balistique. Paris 1848 (Didion). 2. Aufl. 1860.
— Lois de la résistance de l'air. Paris 1857.
— Calcul des probabilités appliqué au tir des projectiles. Paris 1858.
v. Eberhard, O.: Das Wesen der modernen Visiervorrichtungen. Berlin 1908.
— Die Waffentechnik in ihrer Beziehung zur Optik. „Kultur der Gegenwart",
    IV, 12. Leipzig 1913.
— Einiges über die Ballistik großer Schußweiten. Berlin: G. Barth 1924.
Fasella, F.: Tavole balistiche secondarie. Genova 1901.

Groos, Anwendung der Wahrscheinlichkeitslehre auf dem Gebiete der Schieß-
    lehre. Berlin 1912.
Groß, W.: Die Berechnung der Schußtafeln (frühere Kruppsche Rechen-
    methode). Leipzig 1901.
Hamilton, A.: Ballistics; Fort Monroe (Virginia) 1908. I und II (äußere
    Ballistik).
Haupt, P.: Mathematische Theorie der Flugbahnen gezogener Geschosse
    Berlin 1876.
Hélie, F.: Traité de ballistique expérimentale. Exposé général des principales
    expériences d'artillerie exécutées à Gâvre en 1830—66. Paris 1865; 2. éd.,
    2 vol. Paris 1884 (Hélie).
v. Heim, J. P. G.: Beiträge zur Ballistik in besonderer Beziehung auf die Um-
    drehung der Artilleriegeschosse. Ulm 1848 (Heim).
Heydenreich, W.: Lehre vom Schuß und die Schußtafeln, 2 Bde. Berlin
    1898 (Heydenreich). 2. Aufl. 1908.
Indra, A.: Graphische Ballistik. Wien 1876.
— Ballistik der Handfeuerwaffen. Wien 1879.
— Synthetische Entwicklung eines allgem. Luftwiderstandsgesetzes. Wien 1886.
— Neue ballistische Theorien. Pola 1893.
Ingalls, J. M.: Exterior ballistics. New York 1886.
— Handbook of problems in direct and indirect fire. New York 1890.
— Handbook of problems in exterior ballistics. Washington 1900 (Ingalls).
Justrow, Geschoßkonstruktion, Berlin 1920 (Druckerei der Insp. f. Waffen
    und Gerät).
Kozák, J.: Grundprobleme der Ausgleichsrechnung nach der Methode der
    kleinsten Quadrate. Wien u. Leipzig 1907/10. Geschoßbewegung im Vakuum.
    Wien u. Leipzig 1909. Einführung in die äußere Ballistik, Wien 1911.
Krause: Die Gestaltung der Geschoßgarbe der Infanterie beim gefechtsmäßigen
    Schießen. Berlin 1904.
Kritzinger, H.: Schuß und Schall in Wetter und Wind. Leipzig 1918.
de la Llave, J.: Balistica abreviada, 1. Aufl. Madrid 1884; 2. Aufl. 1894.
Lorenz, H.: Ballistik; die mechanischen Grundlagen der Lehre vom Schuß.
    2. Aufl. München u. Berlin 1917.
Mayevski, N.: Traité de balistique extérieure (russ.). St. Petersburg 1870;
    franz. Übersetzung unter demselben Titel. Paris 1872 (Mayevski).
— Über die Lösung der Probleme des direkten und indirekten Schießens
    (russ.). St. Petersburg 1882; deutsche Übersetzung von Klussmann unter
    demselben Titel mit einem Anhange: Krupp, F.: Ballistische Formeln von
    N. Mayevski nach F. Siacci, samt der Kruppschen Luftwiderstands-
    tabelle (bis $v = 700$ m). Berlin 1886 (Mayevski-Klussmann).
— Methode der kleinsten Quadrate und deren Anwendung auf das Schießen
    (russ.). St. Petersburg 1881.
v. Minarelli-Fitzgerald, A.: Das moderne Schießwesen. Wien 1901 (v. Mi-
    narelli).
Müller, H.: Die Entwicklung der Feldartillerie in bezug auf Material, Orga-
    nisation und Taktik von 1815 bis 1892. Berlin 1893.
. Negrotto, Balistica Experimental y Aplicada, Madrid 1920, Bd. IV, äußere
    Ballistik.
Neithardt: Die Lehre vom Treffen beim Abteilungsfeuer der Infanterie.
    Oldenburg (ohne Datum).
Ritt. v. Niesiolowski-Gawin, V.: Ausgewählte Kapitel der Technik, mit
    besonderer Rücksicht auf militärische Anwendungen, 2. Aufl. Wien 1908.

Otto, J. C. F.: Mathematische Theorie des Ricochetschusses. Berlin 1833.
— Tafeln für den Bombenwurf. 1842.
— Hilfsmittel für ballistische Rechnungen. Berlin 1859.
Parodi, Balistica esterna, herausgeg. von E. Cavalli. Turin 1901.
Pétry: Monographies de systèmes d'Artillerie. Brüssel 1910.
Piobert: G.: Traité d'artillerie théorique et pratique. 3 Bde. Paris 1831—1859.
Poisson, S. D.: Recherches sur le mouvement des projectiles dans l'air
    Paris 1839.
— Formules relatives aux effects du tir sur les différentes parties de son affût
    2. éd. Paris 1838.
Resal, H.: Mécanique générale, t. 2. Paris 1873 (Resal).
Rohne, H.: Studie über den Schrapnellschuß der Feldartillerie. Berlin 1894.
— Schießlehre für die Feldartillerie. Berlin 1895.
— Schießlehre für die Infanterie. Berlin 1896 u. 1906.
— Neue Studie über den Schrapnellschuß. Berlin 1911.
Ronca, G.: Manuale del tiro. Livorno 1901.
— Manuale di balistica esterna. Livorno 1901. Dazu:
— und Bassani, A.: Balistica esterna. Livorno 1901.
— und Pesci, G., Abbachi per il tiro: abbachi generali della balistica. Livorno
    1901.
Rutzki, A.: Theorie und Praxis der Geschoß- und Zünderkonstruktion. Wien
    1871 (Rutzki).
Sabudski, N.: Über die Lösung der Probleme des indirekten Schießens und
    über den Winkel größter Schußweite (russ.). St. Petersburg 1888; Supple-
    ment 1890.
— Äußere Ballistik (russ.). St. Petersburg 1895 (Sabudski).
— Die Wahrscheinlichkeitsrechnung, ihre Anwendung auf das Schießen und
    auf die Theorie des Einschießens, deutsch von Ritt. v. Eberhard. Stutt-
    gart 1906.
— Bewegung der Langgeschosse. Stuttgart 1907 (deutsch von O. v. Eberhard).
Siacci, F.: Corso di balistica, 3 vol. Roma 1870/84; 2. éd. Torino 1888;
    franz. Übersetzung hiervon unter dem Titel: Balistique extérieure. Paris
    1892 (Siacci).
— Balistica e pratica, Giorn. d'art. e gen. 1880, deutsche Übersetzung von
    Günther unter dem Titel: Ballistik und Praxis   Berlin 1882.
de St. Robert, P.: Mémoires scientifiques, 2 vol. Turin 1872/74 (St. Robert).
de Sparre, M.: Mouvement des projectiles oblongs dans les cas du tir de
    plein fouet. Paris 1875.
— Sur le mouvement des projectiles dans l'air. Paris 1891.
Textbook of gunnery. London 1902.
Thiel, E.: Das Infanteriegewehr, eine ballistisch-technische Studie. Bonn 1883.
de Tilly, J. M.: Balistique extérieure. Gand 1875.
Vahlen, Th.: Ballistik. Berlin u. Leipzig 1922.
Vallier, E.: Balistique expérimentale. Paris 1894 (Vallier).
— Balistique extérieure, Teil der „Encyclopédie scientifique des Aide-Mémoire".
    Paris, ohne Datum.
— Referat über „Ballistik" in der „Encyclopédie des sciences mathématiques"
    (Paris: Gauthier-Villars), herausgeg. von J. Molk; Bd. 4, Nr. 21. Paris-
    Leipzig 1913 („Vallier, Enc.").
Wille, R.: Waffenlehre, 1. Aufl. Berlin 1896; 2. Aufl. 1900; 3. Aufl. 1905.
    (Wille).

Witting. A.: Soldaten-Mathematik, Bd. 22 der „Mathemat. Bibliothek", herausgeg. von W. Lietzmann und A. Witting. Leipzig: Teubner 1916.
v. Wuich, N.: Lehrbuch der äußeren Ballistik. Wien 1886 (v. Wuich).

Zu § 1 bis 7. Wurfbewegung ohne Berücksichtigung des Luftwiderstands: Obermayer, A. v.: Wien. Ber. 110, S. 365. 1901. Charbonnier: 1, S. 278. Vgl. auch Weigner, A.: Mitt. üb. Geg. d. Art.- u. Gen.-Wes. S. 1. 1890. Weiteres üb. d. Bahn im luftleer. Raum: v. Sinner, V. A.: Lehrb. d. Ball., nur 1. Teil, luftleer. Raum. Bern 1834. Tait, P. G.: Proceed. Roy. Soc. of Edinb. 7, S. 107. 1885. Walton, W.: Quart. Journ. of pur. and appl. Math. 10, S. 72. 1869. (Scheer de Lionastre: Théorie bal. bes. S. 20. Gand 1827. Lampe, E.: Boltzmann-Festschrift, S. 215. Leipzig 1904. Bezügl. d. Satzes § 6 über den schiefen Wurf mit Rücksicht auf die Erdkrümmung vgl. Cranz, C.: Kompend. d. Ball., S. 33. Leipzig 1896. Vgl. auch Kozák, J.: Geschoßbewegung im Vakuum. Wien u. Leipzig 1909. Über d. Parabelscharen hat Barisien einige weitere Sätze abgeleitet, die jedoch ballistisch kaum von Bedeutung sind: Nouvell. Annales (3) 6, S. 372. 1887; dazu vgl. auch Leinekugel, G.: ebendort (3) 14, S. 112. 1895. Ferner vgl. Schatte, J.: Kriegstechn. Z. 14, S. 450. 1911. Schmidt, J.: Mitt. üb. Geg. d. Art.- u. Gen.-Wes., S. 879. 1910. Behandlung durch projektivisch-geometrische Betrachtungen: Külp, F.: Arch. d. Math. u. Phys. (23) 3, S. 244ff. 1914. Ricochetschuß im leeren Raum: Nach Bordoni: Memorie della Società italiana, Bd. 17, I, S. 191. 1816. Vgl. auch: de Jonquières, E.: Compt. Rend. t. 97, S. 1278. Lombard: Théorie du tir à ricochet. Brüssel 1841; dort zahlreiche Zahlenangaben; ebenso bei Persy: Cours de balistique, S. 61. Metz 1827/31/33. Radowitz: Arch. f. Art.- u. Ing.-Off., S. 41. 1835; weiteres ebenda 5, S. 248. 1837; 17, S. 181. 1845; 24, S. 185. 1849; 28, S. 153 u. 208. 1850.

Zu § 8 bis 16, Luftwiderstand: Luftwiderstand überhaupt: d'Alembert: Traité de l'équilibre et du mouvement des fluides, Paris 1744; Poncelet, J. V.: Introduction à la mécanique industrielle, S. 522ff. Bruxelles 1839. Didion, J.: Lois de la résistance de l'air. Paris 1857. Vallier, E.: Rev. d'art. 26, S. 226ff. und 324ff. 1885. Indra, A.: Mitt. üb. Geg. d. Art.- u. Gen.-Wes. S. 1ff. 1886. v. Wuich: S. 49 u. 101ff. Page, C. F.: De la résistance de l'air, Paris 1878 und Rev. d'art. 11, S. 254, 345, 457, 561. 1878; 13, S. 531. 1879; 14, S. 38. 1879: 15, S. 128. 1879. Ferner Thibault, L. A.: Recherches expérimentales sur la résistance de l'air, S. 11, 62, 128. Paris 1826. Silvestre, F.: Rev. d'art. 18, S. 236. 1881. Prehn, M.: Über die bequemste Form des Luftwiderstandsgesetzes. Berlin 1874; Mayevski, N.: St. Pétersb. Bull. de l'Acad. (class. de phys. et math.) 17, S. 337. 1858 (für sphärische Geschosse), und ebenda 27, S. 1. 1881. Pfister: Arch. f. Art.- u. Ing.-Off. 88, S. 489. 1881. Journée: Rev. d'art. 49, S. 293. 1897. Hélie: 2, S. 150. Sabudski: 1, S. 55 und Arch. f. Art.- u. Ing.-Off. 102, S. 18. 1895. Sabudski, N.: Petersb. Art. Journ., Nr. 4, S. 299. 1894; Chapel, F.: Paris Comptés Rendus 119, S. 977. 1894. Chapel, F.: Rev. d'art. 45, S. 119 u. 453. 1895. Denecke: Kriegstechn. Zeitschr. 2, S. 482. 1899. Mach, L.: Z. f. Luftschiffahrt, S. 129. 1896 (Strömungslin. d. Luft). Prandtl, L.: Handwörterbuch der Naturwissenschaften 4, S. 558. 1913 („Gasbewegung"), und ebenda S. 129 (Widerstand von Körpern in Flüssigkeiten). Riabouchinski, D.: Mém. de l'art. franç. Bd. II, Heft 3, S. 689. 1923 (Arbeiten aus dem russ. aerodynam. Institut zu Koutchino u. theoret. Berechn. über den Luftwid. bei großen Geschw.). — Über den Mechanismus des Flüssigkeits- und Luftwiderstands vgl. bes. auch: Th. von Kármán u. Rubach, Physikal. Zeitschr. 13 (1912), S. 49.

Über die Abhängigkeit vom Kaliber $2R$: vgl. Didion: S. 53. Ferner Wolf Barry, J.: Engineering (2) 66, S. 408. 1898 u. Finsterwalder: Enzyklop. d. math. Wiss. IV, 17, S. 161; sowie Zeppelin, F. v.: Z. f. Luftschiff. 15, S. 172. 1896.

Über die Änderung der Luftwiderstandsfunktion in der Nähe der Schallgeschwind.: Mayevski, N.: Petersb. Bull. de l'Acad. 27, S. 1. 1881. Indra, A.: Mitt. üb. Geg. d. Art.- u. Gen.-Wes., S. 1—80. 1886. Emden, R.: Habilit.-Schrift., Techn. Hochsch., S. 94. München 1899, u. Ann. Phys. Chem. (2) 69, S. 454. 1899. Thiel, E.: Arch. f. Art. u. Ing.-Off. 94, S. 432. 1887.

Luftwellen: Mach, E.: Wien. Ber. 77, S. 7. 1878; 78, S. 819. 1878; 95, S. 765. 1887; 97, S. 1045. 1888; 98, S. 41. 1889; 98, S. 1257. 1889; 101 S. 977. 1892. Luftdichtenbestimmung: 98, S. 1318. 1889. Über die Stromlinien an Körpern, die durch Wasser bewegt werden, Sichtbarmachung dieser Linien (durch Bärlappmehl bzw. präparierte Sägespäne) u. photogr. Fixierung, vgl. die Jahrgänge 1904, 1905, 1909 des Jahrb. d. Schiffbaut. Ges. sowie Ahlborn, F.: Phys. Z. 11, Nr. 5, S. 201. 1910. Derselbe, Z. d. deutsch. Luftfahrgesellsch. Jahrg. 16, Ausgabe B, Nr. 5, S. 98. 1912 (Widerstand von Luftschiffen und Tragflächen).

Betr. weiterer Literatur über den Luftwiderstand (L. H. F. Melsens, H. Nimier, P. Henrard, F. A. Journeé, P. Vieille, B. Hugoniot, E. L. M. Gibert, J. Hadamard, W. C. Hojel, P. Touche) vgl. auch Vallier, E.: Enc. (französ. Ausgabe der Enc. d. math. Wiss.).

Über theoretische Ableitungen: Newton, J.: Philosophiae natur. principia, lib. 2, sect. 7; § 40; 1726 (Schmidt, J. C. E.: Theorie des Widerstandes der Luft bei der Bewegung der Körper. Göttingen 1831. Dazu Otto, J. C. F.: Z. Math. Phys. 11, S. 515. 1866, u. Mitt. ü. Geg. d. Art.- u. Gen.-Wes., S. 481, 1879). Schmidt, A.: Programm des Stuttgarter Realgymnasiums 1878. Vallier, E.: Rev. d'Art. 26, S. 226, 324. 1885. Résal: 2, S. 1874. Mata, O.: (span.) Rev. de l'arm. belge 19, S. 85. 1895. Bassani, A.: La corrisp. 1, S. 299. 1900. Vieille, P.: Compt. Rend. 130, S. 235. 1900. Okinghaus, E.: Wien. Ber. 109, S. 1159 u. 1291. 1900 u. Monatsh. f. Math. u. Phys. 15, S. 150. 1904. Vgl. auch die allgemeinen Bemerkungen von H. v. Helmholtz: Über den Charakter der von der Geschwindigkeit abhängigen Kräftefunktionen, Vorl. üb. theoret. Phys., Bd. I, S. 31—32. Leipzig 1898. Jouquet, E.: Compt. Rend. 132, S. 677. 1901; 145, S. 500. 1907. Haupt, P.: Art Monatsh. I, S. 249 u. II, S. 241. 1912; I, S. 321 u. 401. 1911; II, Nr. 62, S. 91; Nr. 62, S. 91. 1912. Kobbe, V.: ebenda II, Nr. 55, S. 22. 1911; Nr. 65. S. 383; Nr. 58, S. 283 u. 1912, Nr. 65, S. 382. Engelhardt: ebenda, Nr. 52, S. 245. 1911 u. Nr. 65, S. 383. 1912. Cranz, C.: ebenda II, Nr. 56, S. 85, 1911 (über die Luftwiderstandsgesetze usw., Erwiderung auf P. Haupt.). Lorenz, H.: Ballistik, die mechanischen Grundlagen der Lehre vom Schuß, Z. V. d. I., S. 625. 1916. Lorenz, H.: Beitrag z. Theor. d. Schiffswiderstands, ebenda S. 1824. 1907. Vieille, P.: Mémor. des poudr. et salp. 10, S. 177. 1899/1900 und 10 S. 255, 1900. Hadamard, J.: Leçons sur la propagation des ondes, S. 206. Paris 1903; dazu Zemplén, G.: Enzyklop. d. mathem. Wissensch. IV, 19, Nr. 12, S. 315. Betreff Lanchester, W.: Aerodynamics, London 1907, vgl. Kriloff, A. u. Müller, C. H.: Enzyklop. der mathem. Wissensch. IV, 22 (Theorie des Schiffs), S. 572. Jäger, M.: Graphische Integrationen in der Hydrodynamik, Dissertation. Göttingen 1909. Ricci, G.: Riv. d'art. e gen. 33, vol. I, S. 366. 1913; dasselbe bei M. de Masson d'Autume: Mém. de l'art. nav. (3) 7, Nr. 22, 2. Teil, S. 3. 1913, („apriorische Bestimmung des ballistischen Koeffizienten"). Das Luftwiderstandsgesetz von

A. Sommerfeld in dem bekannten Werk über den Kreisel: Klein, E. und
Sommerfeld, A.: Theorie des Kreisels, Leipzig, Teubner 1910, Teil IV, Ab-
schnitt C (Ballistik), Nr. 7. Dieses Gesetz nach Art von Siacci angewendet
von P. Riebesell-Hamburg, Arch. f. Math. u. Phys. 25, Heft 2, S. 103. 1916.
Über sonstige Theorien bezüglich des Luftwiderstands vgl. das Referat über
Ballistik in der „Encyclop. des scienc. math.", herausgeg. von J. Molk: Paris.
Gauthier - Villars, Bd. 4, Nr. 21 (Balistique extérieure, von E. Vallier-
C. Cranz). Ferner vgl. Darrieus, C.: Mém. de l'art. franç. Bd. I, H. 2,
S. 241. 1922; dazu die Aufsätze von Langevin, P.: ebenda S. 253 und von
Jouquet, E.: S. 267 und Garnier, M.: S. 271. Darrieus findet durch Betrach-
tungen gemäß der kinet. Gastheorie den Luftwiderstand prop. $\delta \cdot v^2 \cdot \psi\left(\dfrac{v}{s}\right)$, wo s
die von der Temp. abhängige Schallgeschw. ist; die Funktion ψ hängt nur von
der Form des Geschosses ab; (ein ähnliches Resultat hat schon früher L.
Prandtl erhalten, vgl. darüber Becker, K. u. Cranz, C.: Art. Monatsh. 1912,
Nr. 69 u. Nr. 71. Schluß). Prandtl, L.: Enzykl. d. math. Wiss. Bd. 5 (Physik)
Artikel 5 b. Derselbe: Physik. Z. 8, S. 23. 1907 und Handwörterbuch d. Natur-
wiss. Bd. 4 1913, Artikel „Gasbewegung", S. 559. Falkenhagen, H.: Art.
Monatsh. 1924, Nr. 205/206 (zum Gesetz von H. Lorenz). — Ableitung aus.
Dimensionsberechnungen: Vahlen, Th.: Ballistik, S. 11 u. f. Berlin u. Leipzig
1922; u. E. Gehrke Z. f. techn. Phys. IV, 1923, S. 292 u. Astr. Nachr. Bd. 2190 (1923)
S. 266. Kritische Bemerkungen bei J. Wallot, Z. f. Phys. Bd. 10, Heft 5, 1922,
S. 338; ferner Lamothe, A.: Mém. de l'Art. franç., Bd. 2, H. 2, S. 347. 1923; er-
erhält $W = \text{konst.} \cdot R^2\,\pi \cdot \delta \cdot v^2 \cdot \psi\left(\dfrac{v}{s},\ \dfrac{v}{s}\cdot\dfrac{2\,R}{l}\right)$, wo l die freie Weglänge des Mole-
küls ist. Dabei werden die Entwicklungen, die Darrieus gegeben hatte,
kritisiert und für viskose Medien vervollständigt.

Zu § 10 und 11. Empir. Luftwid.-Gesetze: Indra, A.: Mitt. ü. Geg. d.
Art.- u. Gen.-Wes. S. 1—80. 1886. Ökinghaus, E.: Wien. Ber. 108, S. 1559.
1899 u. 109, S. 1275. 1900. Denecke, Kriegstechn. Z. 2, S. 426. u. 474.
1899, bes. S. 482 (neue Zonengesetze bis $v = 500$ m auf Grund deutscher Versuche). Chapel, C.: Compt. Rend. 120, S. 677. 1895 u. 119, S. 997. 1894.
Groß, W.: Schweiz. Z. f. Art. u. Gen. 39, S. 409. 1903. v. Scheve, W.:
Kriegstechn. Z. 10, S. 14. 1907 (Gesetz von Chapel-Vallier). Über die Zonengesetze von Mayevski-Sabudski: Mayevski: S. 41. 1872. Sabudski:
Petersb. Art. Journ. 1894, Nr. 4, S. 299 u. Klussmann: Arch. f. Art.- u. Ing.-
Off. 102, S. 18. 1895. Über das neue einheitl. Gesetz von Siacci: Riv. d'art.
e gen., vol. 1, S. 5, 195. 341 1896; u. Arch. f. Art.- u. Ing.-Off. 103, S. 5, 195.
1896 u. u. bes. 341. Becker, K. u. Cranz, C.: Art. Monatsh. 1912, Nr.
69, S. 189 u. 1912, Nr. 71, S. 833 (neue Luftwiderstandsmessungen mit Gewehrgeschossen). v. Eberhard, O.: ebenda 1912, Nr. 69, S. 196 (dasselbe für Artilleriegeschosse. [Vgl. auch Hardcastle, J. H.: Arms and explosives 1913,
Nr. 249, vol. 21, S. 86, Übersetzung der Arbeit von K. Becker u. C. Cranz].

Über Geschosse mit Malandrin-Platten: Z. Schuß u. Waffe 7, S. 241. 1914.

Für kleine Geschwind. Widerstand proport. v: Thiesen, M.: Ann. Phys.
Chem. (2) 26, S. 314. 1885. v. Lössl: Luftwiderstandsgesetze. Wien 1896.

Patent der rauchgebenden Geschosse von Semple (Ver. St. Amer.), D. R. P.
190051, Kl. 1, 72d (26. Aug. 1905). Dazu vgl. Rohne, H.: Art. Monatsh. 1908,
S. 347 (Kruppsche Rauchbahnen) u. Dtsch. Waffenz. 1908, S. 17. Ölker: Z. f.
d. ges. Schieß- u. Sprengstoff-Wes. 11, S. 145, 167, 185. 1916 (Rauchbahnen).

Über Leuchtgeschosse: Deutsch. Reichspatente Kl. 72 d. Gruppe 19, Nr.
242554, 265383, 268324, 271095, 272070, 272115. Bei Verwendung von Rauch-
geschossen oder von Leuchtgeschossen zu Luftwiderstandsversuchen müßte

übrigens vor allem geprüft werden, ob durch die betreffende Einrichtung die Flugbahnverhältnisse abgeändert werden oder nicht.

Über die Messung des Luftwiderstands s. besonders Didion, J.: Lois de la résistance de l'air. Paris 1857, und Page, C. E.: De la résistance de l'air. Paris 1878. — Über die Aufstellung von Luftwiderstandsgesetzen auf Grund von Beobachtungen, u. a. mit Hilfe der Methode der kleinsten Quadrate, s. Siacci, Not. I, p. 313. Sabudski: Petersb. Art. Journ. 1894, Nr. 4, S. 299; 1892, Nr. 6, S. 601 u. Klussmann: Arch. f. Art.- u. Ing.-Off. 97, S. 546. 1890. Siacci: Riv. d'art. e gen., vol. 3, S. 227. 1889 u. vol. 1, S. 199. 1891, sowie Arch. f. Art.- u. Ing.-Off. 99, S. 172. 1892. Schatte, J.: Kriegstechn. Z. 16, S. 1, 57, 111. 1913. Hamilton, A.: Journ. of the Unit. Stat. Art. 24, S. 31, 99, 1905 u. 30, S. 363, 1908.

Finsterwalder, S.: Referat über Aerodynamik, Enzykl. d. math. Wiss., Bd. IV, 17, 4, S. 163. 1903.

Close, C. F.: Proc. Roy. Art. Inst., Januarheft 1905. Greenhill, G.: Journ. of the Roy. Art. 1906, Febr. u. 1909, Febr., S. 473. Wolff, C. E.: ebenda, Aprilheft 1908. Vgl. auch § 19 u. 42.

Zu § 12 und 13. Komponenten des Luftwiderstands bei Schiefstellung des Geschosses u. Lage des Angriffspunkts, sowie Berechnung von Formwerten: Mayevski: S. 40. Mayevski-Klussmann: S. 58. Robert, St.: 1, S. 251—276. Rutzki: S. 68ff. Siacci: S. 378, Note 5 (Begriff des Widerstandspotentials eingeführt). Sparre, M. de: Sur le mouvement des projectiles dans l'air, S. 64. Paris 1891. v. Wuich: S. 70—101, besonders S. 92 mit Tabelle. — Dazu Cranz: Z. Math. Phys. 43, S. 133 u. 169. 1898. — Kummer, E.: Berl. Abh. S. 1. 1875, mit Nachtrag (Experimente) S. 1. 1876. Gauthier: Ann. éc. norm. 5, S. 7—65. 1868. Wellner, G.: Z. f. Luftschiff. 12, S. 237 1897 u. Z. öst. Ing.-V. 45, S. 25—28. 1893. Résal, H.: Nouv. ann. (2) 12, S. 561—565. 1873. Ingalls, J. M.: Journ. of Un. Stat. art. 4, S. 191. 1895. v. Obermayer, A.: Wien. Ber. 104, S. 963. 1895. Duchemin: Mém. de l'art marine 5, S. 65. 1842. Touche, P.: Rev. d'art. 36, S. 131. 1890, Ferner Vallier, E.: S. 10 u. Rev. d'art. 36, S. 160. 1890. Ingalls: Journ. of Un. Stat. art. 4, S. 208. 1895 u. Mitt. ü. Geg. d. Art. u. Gen.-Wes. 1896. S. 411. Siacci: S. 7. Sabudski: 1, S. 57—90; erschossene Formwerte bei Heydenreich, W.: Lehr. v. Schuß, II, S. 116. Berlin 1908. Hamilton, A.: Journ. of the Un. Stat. Art. 1908, Heft 3 u. Art. Monatsh. 1909, Nr. 26, S. 133 (deutsch von Nonn). Hélie: Traité de bal. expér. II, S. 150. Paris 1884. Frank, A.: Z. V. d. I. Bd. 1906. Ferner vgl. betr. der Formkoeffizienten i: Sjohwist, A.: Kust-Art. Tidskrift 1916, Heft 3.

Aerodynamische Messungen von M u. W_t, W_s in Frankreich: Andreau: Mém. de l'art. franç. Bd. 1, H. 3, S. 485. 1922 (Luftstrom gegen das ruhende aufgehängte Geschoß). — Dasselbe in England mit anderem Verfahren, nämlich mit Schießen im Laboratorium u. Beobachten der Scheibendurchschläge: Fowler, R. H., Gallop, E. G., Lock, C. N. H. u. Richmond, H. W.: Mém. de l'art. franç. Bd. I, H. 2, S. 379. 1922 u. H. 3, S. 727; aérodynamique d'un projectile tournant. — Aerodynam. Messungen in Italien (Polytechnikum zu Turin): Burzio: Riv. di art. e gen. 37, vol. 3, S. 155. 1920.

Über die Modell-Regeln vgl. v. Helmholtz, H.: Wissensch. Abhandl. I, S. 158ff. Leipzig 1882. Lorenz, H.: Z. V. d. I. 1907, S. 1824. Niesiolowski-Gawin, V. v.: Ausgew. Kap. d. Techn. S. 326 u. folg. Wien 1908.

Zu § 14. Günstigste Spitzenform: Vgl. außer Newton insbesondere Legendre, A. M.: Mém. de l'Acad. S. 7—37. Paris 1788; sodann von neuerer Literatur: v. Lamezan, G.: Arch. f. Art.- u. Ing.-Off. 87, S. 485. 1880.

Rutzki: S. 30—51. August, F.: Journ. f. Math. 103, S. 1—24. 1888 u. Arch. f. Art.- u. Ing.-Off. 94, S. 1. 1887. v. Wuich: 1, S. 128. Benzivenga, R.: Riv. d'art. e gen., vol. 3, S. 123. 1897. v. Lefèvre, B.: Rev. d'art. 57, S. 221. 1900. Bassani, A.: La corrisp. 1, S. 485. 1900. Decepts: L., Rev. d'art. 57, S. 425. 1901, s. auch La corrisp. 2, S. 63. 1901. Armanini, E.: Ann. di mat. (3) 4, S. 131—149. 1900. Lampe, E.: Verh. d. deutsch. phys. Ges. 3, S. 119 u. 151. Berlin 1901. Kneser: Arch. f. Math. u. Phys. (3) 2, S. 267. 1902. Lefèvre: Rev. d'art. 57, S. 221. 1900. Lacroix: Traité du calcul diff. et intégr., 2. Aufl., Teil II, S. 791. Paris 1814. v. Kobbe, S.: Art. Monatsh. 1911, II, Nr. 58, S. 283. de Masson d'Autume, M.: Mém. de l'art. nav., Ser. 3, t. 7, Nr. 22, S. 481. 1913. Vgl. im übrigen auch Finsterwalder: Enc. d. math. Wiss. IV, 17, Fußnote 90. Valiron, M.: Mém. de l'art. franç. Bd. 1, H. 2, S. 283. 1922.

Über Geschosse mit Verjüngung am hinteren Ende u. Geschosse von Torpedoform (von d'Alembert, Piobert, Dreyse, Withworth, D-Geschoß, Z-Geschoß usw.) vgl. Z. f. d. ges. Schieß- u. Sprengstoffw. 5, Nr. 9, S. 161—163. 1910 u. ferner Selter: Z. f. d. ges. Schieß. u. Sprengstoffw. 10, S. 125, 142. 1915. Über Spitzgeschosse, einschließl. Torpedogeschosse: Ayrolles: Rev. d'art. 38, t. 75, S. 214 u. 274. 1910; 38, t. 76, S. 98, 148, 275. 1910; 39, t. 77, S. 356. 1910/11 (nach spanischen Schießversuchen). Ferner vgl. Justrow, Z. f. d. ges. Schieß- u. Sprengstoffw. 1920, H. 7/8; Justrow, Geschoßkonstruktion, l. c.

Zu § 15. Luftgewicht δ: Vgl. Robert, St.: Mém. scient, Bd. I, (Ballistik), Paris 1872. Charbonnier, P.: Bal. extér. rat., S. 12. Paris 1907. Everling, E.: Art. Monatsh. Nr. 135, S. 72. 1918 und Mödebecks Taschenbuch f. Flugtechniker u. Luftschiffer, 4. Aufl., Kap. 10, S. 472. 1923 sowie Z. f. Flugtechn. Bd. 14, H. 17/22, S. 163. 1923; ferner Taschenbuch der Hütte. Bd. I, S. 407. Linke, F.: Beiträge z. Physik der freien Atm. Bd. 8, H. 3/4, S. 194 u. Aeronaut. Meteorol., Frankfurt 1911. Beobachtungen der meteorol. Station im Kgr. Bayern, München 1907. Darüber s. Beiblätt. zu d. Ann. Phys. 32, S. 558. 1908: für die untersten 3000 m Abnahme der Temp. um 0,57° C. pro 100 m; dagegen von 6 bis 8 km um 0,71°, sodann zwischen 9 und 13 km Temp. konstant zwischen —48° u. —60°. Vgl. auch Bd. III u. Lit.-Note dazu (Schubert), ferner Charbonnier, P.: Traité de balistique extérieure, S. 329. Paris 1904. Fischli, Fr.: Aeronaut. Meteorol., Berlin 1913. Die Formel (II) nach Siacci, F.: Bal. ext. S. 14. Paris 1892. v. Eberhard, O.: Einiges über d. Ballistik großer Schußweiten, Berlin 1924. Rye, C. H. u. Raabye, C.: Luftdichte u. große Schußweiten. Dansk. Art. Tidskrift, Maiheft 1918 u. Art. Monatsh. 1918. Nr. 144, S. 161. A. v. Brunn. Schriften der naturforsch. Ges. z. Danzig, neue Folge, Bd. 15, H. 1; 1919. Eine wertvolle Tabelle für δ_y bei O. Wiener, Leipz. Akad. Ber., Bd. 36, Nr. 1, 1919.

Zu § 17 bis 20. Die Gleichungen des spez. Hauptproblems. Allg. Flugbahneigenschaften. Über Schußweiten, die größer sein sollen, als im leeren Raum: vgl. v. Minarelli: S. 37 (Mitt. von Indra), auch Darapsky: Arch. f. Art.- u. Ing.-Off. 69, S. 256. 1871. Hierher gehören auch die von Robert, St.: 2, S. 1 u. 49 vorgeschlagenen diskusartigen Geschosse, vgl. auch Siacci: Anhang von F. Chapel.

Über den Begriff der Querschnittsbelastung: Galileo Galilei: Dialoghi delle nuove scienze, Leiden 1638 u. Ostwalds „Klassiker der exakten Wissenschaften"; Galilei: Unterredungen . . ., herausgeg. von A. J. v. Öttingen: Bd. 11, 24, 25.

Über die allgemeinen Differentialgleichungen des Problems vgl. Robert, St.: 1, S. 50 u. 336. Ferner Cavalli, E.: Riv. d'art. e gen. 1921, vol. IV u. 1922, vol. II, S. 70; derselbe Aufsatz im Mém. de l'art. franç., Bd. II, 1923, le problème balistique de l'avenir (Hauptgleichung mit Berücksichtigung der Luftgewichtsänderung mit der Höhe).

Über die Integrierbarkeit der Hauptgleichung: Vgl. d'Alembert, J. L.: Traité de l'équilibre et du mouvement des fluides, S. 359. Paris 1744. Siacci: Compt. Rend. 132, S. 1175. 1901 und 133, S. 381. 1901, sowie auch Riv. d'art. e gen., vol. 3, S. 5 u. vol. 4, S. 5. 1901. Ferner Appell, P.: Arch. d. Math. u. Phys. (3) Bd. 5, S 177. 1903. Ouivet, E.: Compt. Rend. Bd. 150, S. 1229. 1910. Hayashi, T.: Giorn. d. Matematiche di Battaglini (3), Bd. 49, S. 231. 1911. Josselin de Jong, G. de (an d. holländ. Milit.-Akad. in Buda), Militaire Spectator 1924 (verwendet das lineare Gesetz $c \cdot v$).

Über die Hodographen-Kurve vgl. Charbonnier, P.: Traite de bal. ext. 2. Aufl., S. 221. Paris 1904 u. Filloux, L.: Rev. d'Art. 72, S. 345. 1908.

Zu § 18 u. 19. Zurückführung auf Quadraturen durch Bernoulli, J. Act. erud. S. 216, Lips. 1719 oder Ges. Werke t. II, S. 394 für $c v^n$; durch Legendre, A. M.: dissertation sur la question de balistique, proposée par l'Académie Roy. des sciences et belles lettres de Prusse, Berlin 1782, teilweise abgedruckt im Journ. écol. polyt. 4, cah. 11, S. 204. 1802 (Abhandl. v. Moreau) u. Journ. des armes spéciales 1845, S. 537 u. 600 u. 1846, S. 32, für $a + c v^2$; durch Jacobi, C. G. J.: J. f. Math. 24, S. 25. 1842 oder Ges. Werke 4, S. 286, für $a + c v^n$. Weiterverfolgung mit elliptischen Integralen für $a = 0$ u. $n = 3$ bzw. $n = 4$ durch Greenhill, A. G.: Woolwich, Roy. Art. Inst. Proceed. 11, S. 131 u. 589. 1881; 12, S. 17. 1882; 17, S. 181. 1890, bzw. durch Sabudski, N.: Über die Lösung des Problems des indirekten Schießens usw. (russ.). St. Petersburg 1888 u. Sabudski 1, S. 550; vgl. auch Austerlitz, L.: Wien. Ber. 84, S. 794. 1882 (mît $c v^n$). Über Tabellen dazu von Mac Mahon, P. A.: vgl. obige Arbeit von Greenhill. Ferner vgl. Vahlen, Th.: Arch. d. Math. u. Phys. 25, H. 3, S. 209. 1916. Ferner vgl. Zlamal, H.: Ber. d. Wien. Akad., math.-phys. Kl., II a, Bd. 126, H. 5. 1917.

Über ähnliche Flugbahnen vgl. Robert, St.: Mém. scient. I, S. 313. Paris 1872 u. Siacci, F.: Bal. extér. S. 97. Paris 1892. Röggla, E.: Mitt. ü. Geg. d. Art.- u. Gen.-Wes. 1908, S. 224.

Zu § 20. Die Sätze § 20, 1 bis 8 und 11 hat zuerst St. Robert aufgestellt; die Sätze 9 u. 10 wurden von Sabudski hinzugefügt, die Formel betreffs des Punktes größter Winkelgeschwindigkeit $\frac{d\vartheta}{dt}$ (Satz 8) vom Verfasser; darüber auch: Robert, St.: 1, S. 50 u. 336, Tor. Mem. (2) 16, S. 434, 498. 1855. Mayevski: S. 52 u. 71. Siacci: 1, S. 25, über ähnliche Flugbahnen S. 97. Sabudski: 1, S. 118 u. La corrisp. 1, S. 293. 1900 u. 2, S. 3. 1901; dazu Siacci: Riv. d'art. e gen. 1901, vol. 1, S. 287 u. vol. 2, S. 21. Ferner de Brettes, M.: Paris Compt. Rend. 67, S. 896. 1868; 68, S. 1336. 1869; 69, S. 394 und 1239. 1870. Vgl. auch Vahlen, Th., l. c. S. 45. Über den Beweis des Satzes 3 vgl. Hjalmar Anér (Hptm. im Schwed. Inf.-Rgt. 27, Hörer an d. militär-techn. Ak.) Art. Monatsh. 1916, Nr. 118, S. 147. Das Beispiel zu Satz 6 berechnet von Oblt. George.

Über den Abgangswinkel größter Schußweite liegen fast nur theoretische Untersuchungen vor: Astier, F.: Rev. d'art. 9, S. 313. 1877 (er gelangt zu dem Resultat, daß je nach dem zugrunde gelegten Luftwiderstandsgesetz dieser Winkel $>$ oder $< 45^0$ sein kann); ferner besonders Siacci: S. 42 u. 393 u. Mitt. ü. Geg. d. Art.- u. Gen.-Wes. 1888, S. 49. Vallier, E.:

Rev. d'Art. 31, S. 362. 1888. Guébhard, Nouv. Ann. (2) 13, S. 436—438.
1874. Radau, R.: Compt. Rend. 66, S. 1032—1034. Paris 1868. de Brettes,
M.: Compt. Rend. 66, S. 896. Paris 1868; 68, S. 1336—1338. 1869; 69,
S. 394—397 u. 1239—1242. 1870. Sabudski, N.: Über die Lösung des
Problems des indirekten Schießens u. d. Winkel größter Schußweite (russ.)
S. 83 ff. St. Petersburg 1888 s. auch Klussmann: Arch. f. Art.- u. Ing.-Off.
96, S. 376. 1889. Vallier, E.: gibt folgende Regel: Für ein Geschoß mit
großer Querschnittsbelastung (Kaliber etwa > 24 cm) ist möglicherweise jener
Winkel größer als 45⁰; aber für jedes Geschoß mit relativ großer Verzögerung
durch den Luftwiderstand ist derselbe $< 45^0$, und zwar um so mehr, je mehr
der Luftwiderstand in Betracht kommt. Ausreichende Versuche, durch welche
die Berechnungen genügend kontrolliert werden können, liegen nicht vor; vgl.
übrigens § 40 (O. v. Eberhard). Die in Leitfäden über das Schießwesen häufig
anzutreffenden Zahlen über die größtmögliche Schußweite von Infanteriegeschossen sind mit Vorsicht aufzunehmen, da sie in den seltensten Fällen auf
genauer Messung beruhen.

Über die allgem. Flugbahneigenschaften bei variabler Luftdichte $\delta(y)$ vgl.
Charbonnier, P.: Mém. de l'art. franç. Bd. II, S. 421. 1923, les théorèmes
généraux de la bal. généralisée.

Zu § 21 und 22. Euler, L.: Berl. Ber. 1753. S. 348; ferner Poisson,
S. D.: Traité de mécanique, 2. vol., 2. éd. Paris 1833. Tabelle für $P(p)$ von
Euler u. von Didion, vgl. Didion, Anhang, S. 8. Über den Zusatz von
Legendre vgl. obige Arbeiten von Legendre u. Didion, S. 159.

Bezüglich der Ottoschen Tabelle, ihrer Vorläufer u. späteren Modifikationen usw., vgl. Otto, J. C. F.: Tafeln für den Bombenwurf, Gebrauchsanweisung, S. 40. Berlin 1842. Vallier: (Tabellen) S. 111; andere Anordnung
der Ottoschen Tabellen durch Siacci: Riv. d'art. e gen. 1885, vol. I,
u. Rev. d'Art. 1885, tom. 26, S. 431; Braccialini: Rev. d'Art. 27,
S. 237. 1885 (hier ist auch der Fall berücksichtigt, daß das Ziel nicht in
Mündungshöhe liegt); ferner Tabellen in bequemer Form s. bei Ingalls: Exterior ballistics in the plane of fire, New York 1886, und Journ. of Un. Stat.
Art. 5¹ S. 52—74. 1896. Ottos Tafeln verlängert von v. Scheve: Arch. f.
Art.- u. Ing.-Off. 92, S. 529. 1893; 93, S. 97, 271. 1886; 103, S. 236. 1896;
ferner Mola, F.: Riv. d'art e gen. 1892, vol. 3, S. 253 und Arch. f. Art.- u.
Gen.-Off. 100, S. 1. 1893; vgl. auch die Diagramme dazu von E. Stübler im
Anhang zu diesem Band I, Diagramme IVa bis VI b. Sabudski 1, S. 239 und
252 berücksichtigt noch die Abnahme der Luftdichte mit der Erhebung über
dem Boden, Rev. d'art. 34, S. 427. 1889; 38, S. 46. 1891. Siehe auch Mayevski-
Kussmann: S. 34. Bassani, A.: La corrisp. 1, S. 116. 1900 (es wird $P(b)$
durch eine Näherungsfunktion zum Zweck der Integration ersetzt) und 1, S. 275.
1900. Basforth: S. 45 f u. Mayevski-Klussmann: S. 28.

Zu § 23 bis 32. Borda, J. C.: Hist. de l'Acad., S. 247—271. Paris 1769,
u. Journ. des armes spéciales, S. 49. 1846; vgl. auch Besout: Mouvement des
projectiles, S. 138—197. Paris 1788. Legendre: Dissert. sur la question de
balistique proposée par l'Acad. Roy. des sciences et belles lettres de Prusse,
Berlin 1782; teilweise abgedruckt im Journ. éc. polyt. 4, cah. 11, S. 204 (Abhandl. von Moreau) 1802, u. Journ. des armes spéciales, S. 537 u. 600. 1845;
S. 32. 1846. Didion: S. 159 (Kritik der Methode von Legendre) u. S. 168
bezügl. der nicht publizierten Arbeit von Français. Über das Verfahren von
Didion vgl. Didion: S. 59 ff. Verallgemeinerung u. Einführung von $\alpha v \cos \vartheta$
als unabhängiger Variablen durch Robert, St.: Mémoires scientifiques, t. I

S. 119 ff. Paris 1872. Bestimmung von α: S. 124. Darüber und über das Ver-, fahren von Hélie vgl. auch Siacci: Riv. d'art. e gen. 1897, vol. 4, S. 5. — v. Wuich: S. 215 u. Mitt. üb. Geg. d. Art.- u. Gen.-Wes. 1894, S. 424, u. 1902 S. 651 u. 893 (zusammenfassende Darstellung des in Österreich benützten Verfahrens durch J. Kozák); dazu v. Portenschlag-Ledermayr, R.: ebenda, S. 563. 1903.

Verfahren „Siacci I": vgl. Siacci, Giorn. d'art. e gen. 1880, S. 376, u. Rev. d'Art. 17, S. 45. 1880; auch Siacci: Ballistik u. Praxis (deutsche Übers. von Günther). Berlin 1882.

Verfahren „Siacci II": vgl. Siacci: Balistique extérieure, S. 34 ff., Paris 1892 u. Rev. d'art. 27, S. 315. 1886. Diese Methode auch bei Heydenreich: Lehre vom Schuß, 1. Aufl., 2, S. 90. Berlin 1898; über β vgl. Siacci, S. 36 ff. u. Riv. d'art e gen. vol. 1, S. 341. 1896 u. vol. 4, S. 5. 1897.

Verfahren von E. Vallier; vgl. Vallier: S. 45; s. auch Sabudski: Rev. d'Art. 34, S. 427 mit $(c\,v^4)$. 1889; Überblick über die Entwicklung der Methoden: Vallier: Rev. d'Art. 29, S. 11. 1886/87; 36, S. 42 u. 153. 1890 u. 37, S. 273. 1890; auch Bal. extérieure, Teil der „Encycl. scientif. des Aidc-Mémoire"; Paris, ohne Datum, u. Balist. expérimentale, Paris 1894 (allgemeinere Auffassung der Methode von Siacci II). Ferner Vallier, E.: Artill. Monatshefte 1912, Nr. 70, S. 253 (sur la position actuelle du problème balistique).

Verfahren von Charbonnier, P.: Traité de balistique extérieure, 2. Aufl., S. 221 ff. Paris 1904.

Weiter vgl. Takeda, S. (Tokyo): Artill. Monatsh. 1914, Nr. 89, S. 321. (Wahl von $\sigma = \dfrac{1}{\alpha}$, wo α der Didionsche Faktor ist, und von $\gamma = \dfrac{\delta}{\delta_y} \cdot \beta$, wo β den Faktor von Siacci (III) bedeutet; also eine Verbindung des Didionschen u. des Siaccischen Verfahrens.) Schatte, J.: Kriegstechn. Z. 12, H. 9, S. 416 ff. 1909. (Wahl von $\sigma = \gamma = \dfrac{1}{\alpha}$, wie bei Didion, dabei jedoch α nicht der Mittelwert von $\sec \vartheta$, sondern secans des Mittelwerts von ϑ an den beiden Enden des Bogens, und als Luftwiderstandsgesetz dasjenige von Chapel-Vallier.) Bianchi, G.: Riv. d'art. e gen. 27, vol. I, S. 175. 1910 (stückweise Berechnnng der Flugbahnen, im Prinzip ähnlich wie Didion-Siacci).

Zu § 24. Didion, J.: Traité de balistique. Paris 1848 u. 1860. de Saint Robert, Paul: Mémoires scientifique, t. 1, balistique. Paris 1872. Mayevski, N.: Traité de bal. extér. Paris 1872.

Zu § 25 u. 26. Robert, St. u. Mayevski, N.: s. Lit.-Note § 24. Siacci: Balistique extérieure. Paris 1892 u. Ballistik u. Praxis. Berlin 1882. Bernoulli, J.: Acta erudit?, S. 1453. Lipsiae 1719 = Bernoulli, J.: Opera 2, S. 393—402 u. S. 513. v. Wuich: S. 199.

Schußfaktoren: Siacci: S. 86 u. 455. Chapel: Rev. d'Art. 17, S. 437. 1881 u. 18, S. 484. 1881.

Verfahren von v. Zedlitz: Arch. f. Art.- u. Ing.-Off. 103, S. 388. 1896 u. Mitt. ü. Geg. d. Art.- u. Gen.-Wes. 1898, S. 881. Ronca, G. u. Bassani, A.: Riv. mar. 1895, S. 569, dazu Siacci: Riv. d'art. e gen. vol. 2, S. 5. 1896. Ronca, G. u. Bassani, A.: Riv. mar. 1897, S. 217.

Frühere Methode von Krupp: Mitt. ü. Geg. d. Art.- u. Gen.-Wes. 1891, S. 1. Groß, W.: Die Berechnung der Schußtafeln. Leipzig 1901. Olsson, W.: Ballistiske tabeller for beregning af skydetabeller. Kristiania 1904; darüber auch: Art. Monatsh. 1908, S. 112.

Zu § 27. Methode Siacci II: vgl. Lit.-Note 23. Ferner Pouchelon, F.:
Rev. d'Art. 26, S. 467 (Tabellen). 1885. Hojel, W. C.: Rev. d'Art, 24, S. 262.
1884. Vallier: S. 45A u. Comptes Rendus 115, S. 648. Paris 1892. — Methode Siacci III: Siacci, F.: Riv. d'art. e gen. vol. 1, S. 341. 1896; über β
vgl. Riv. d'art. e gen. vol. 4, S. 5. 1897 u. Rev. d'Art. 35, S. 493. 1890; dazu
Fasella, E.: Tavole balistiche secondarie. Genova 1901. Parodi: Balistica
esterna, S. 105 u. folg., S. 314ff. Turin 1901 ferner E. Cavalli, Riv. di Artigl.
e Genio. Jahrg. 63, vol 4 Dez. 1924, S. 341, (zweiter Term in der Reihe für β).

Zu § 28. β von Vallier: vgl. Vallier: S. 45 und Rev. d'Art. 29. S. 11.
1888. Analog für v^4: Sabudski: Rev. d'Art. 34, S. 427. 1889. Ferner:
Vallier: Rev. d'Art. 36, S. 42, 153. 1890 u. 37, S. 273. 1890.

Zu § 29. Charbonnier, P.: Traité de bal. extér., 2. Aufl., S. 221ff.
Paris 1904, u. Manuel de balistique extér. Paris 1908.

Zu § 30. Über die primären Tabellen zur Methode Siacci III vgl.
Siacci, F.: Riv. d'art. e gen. vol.1, S. 341. 1896, dazu β vgl. Riv. d'art. e gen.
vol. 4, S. 5. 1897 u. Rev. d'Art 25, S. 493. 1890; die sekundären Tabellen be-
rechnet von Fasella, E.: Tavole balistiche secondaire. Genova 1901. Über die
Tabellen der Schußfaktoren von Siacci u. Chapel vgl. Siacci, F.: bal. extér,
S. 454 u. 455. Paris 1892.

Zu § 31. Betr. der ballist. Abaken vgl. Cranz: Lehrb. d. Ballistik, Bd. I,
Ausg. von 1910, S. 245 u. Bd. IV (Atlas). Ferner Desprez, M.: Abaques de
bal. extér., Mém. de l'Art. franç., Bd. I, H. 1, S. 225, 1922.

Zu § 32. Über Reihenentwicklungen: vgl. Didion: S. 162. Ligowski:
Arch. f. Art.- u. Ing.-Off. 81, S. 79, 163, 178. 1877, u. 83, S. 203. 1878. Ferner
Neumann: Arch. f. Art.- u. Ing.-Off. 6, S. 213. 1838; 14, S. 49. 1842; 29,
S. 93. 1851. Lambert, J. H.: Berl. Abh. 1767, S. 102—188. Borda, J. C.:
Paris, Hist. de l'Acad. 1769, S. 247—271. v. Tempelhof, G. F.: Berl. Abh.
1788/89, S. 216—299. Auch besonders als: Der preußische Bombardier. Berlin
1791. Français' Arbeit von J. Didion veröffentlicht, vgl. Didion: S. 168.
Heim: S. 205. v. Pfister: Arch. f. Art.- u. Ing.-Off. 88, S. 489. 1881. Ro-
bert, St.: 1, S. 125 (hier allgemeinste Behandlung). Denecke: Arch. f. Art.-
u. Ing.-Off. 90, S. 231 u. 405. 1883 (auch einige Konvergenzuntersuchungen).
v. Zedlitz: ebenda 103, S. 388 (Benützung zu Fehlerabschätzungen). 1896.
Über die Annahme einer bestimmten Kurvenform, wobei die Koeffizienten
empirisch bestimmt werden vgl. besonders: Prehn, M.: Ballistik der gezogenen
Geschütze. Berlin 1864, u. Arch. f. Art.- u. Ing.-Off. 74, S. 189. 1873. Mieg, A.:
Theoretische äußere Ballistik. Berlin 1884. Dolliak, O.: Mitt. ü. Geg. d. Art.-
u. Gen.-Wes. 1879, S. 3 der Notizen. Hélie: 2, S. 267; ebenda, S. 262 u.
Vallier: S. 186. Vgl. bezüglich Piton-Bressant: Anonymus: Rev. d'Art. 8,
S. 219. 1876. Ökinghaus, E.: Die Hyperbel als ballistische Kurve, Arch. f.
Art. u. Ing.-Off. 100, S. 241. 1893 mit Fortsetzung in den Jahrgängen 1894 u.
1895 bis 1896, S. 185. Chapel, F.: Comptes Rendus 120, p. 677. Paris 1895.
Stauber, J.: Mitt. ü. Geg. d. Art.- u. Gen.-Wes. 1897, S. 118 u. 1909, S. 575
(modifizierte Hyperbelgleichung). Fernandez, R. G.: Jahrbücher f. d. deutsche
Armee u. Marine I, S. 206. 1907. In allgemeinster Weise dieses Prinzip durchgeführt von Affolter, F.: Allgem. Schweiz. Militärzeitung 1905, Nr. 52, S. 424
u. 1906, Nr. 9, S. 67. Über Konvergenz: Haupt, P : Art. Monatsh. 1915, II,
Nr. 103/104, S. 1. Veithen, C.: Art. Monatsh. 1917; ferner vgl. Th. Vahlen
l. c. S. 57.
Ferner vgl. Risser, R.: Mém. de l'art. franç., Bd. I, H. 3, S. 565. 1922
(schlägt eine ganze rat. algebr. Funktion vom 5. Grad vor; dort auch die

Formeln von Piton-Bressant, Duchêne u. Sugot). Batailler, H.: Les coniques comme courbes balistiques, Rev. d'Art 35, vol. 70, H. 4. 1907. — Über äußerballist. Reihenentwicklungen vgl. auch Petitcol: Rev. d'Art. 35, Bd. 70, S. 137. 1907. (Die Konvergenz wird nicht ausreichend untersucht.)

Zu § 33 bis 40; stückweise Berechnung oder Konstruktion einer Flug-bahn. Graphische Methoden: Poncelet, J. V.: Leçons de mécanique industrielle 2, S. 55. Metz 1828/29; s. auch Didion: S. 196. Indra, A.: Graphische Ballistik. Wien 1876. Cranz, C.: Z. Math. Phys. 42, Zusammenfassung S. 197 (hier nicht wiedergegeben). 1897. Über Verwendung M. d'Ocagnescher Methoden zur Funktionsdarstellung s. Pesci, G.: Riv. mar. 1899, S. 113 u. 1900, S. 1—52 des Beihefts. Ronca, G.: Riv. mar. 1899, u. La corrisp. 2, S. 278. 1901. v. Portenschlag-Ledermayer, R.: Mitt. ü. Geg. d. Art.- u. Gen.-Wes. 1900, S. 796 und 1904, S. 769 (mit v^2). Ronca, G.: Manuale del tiro, S. 296 ff. Livorno 1901. Ronca, G. u. Pesci, G.: Abbachi per il tiro u. Abbachi generali della balistica. Livorno 1901. Ingen. Rothe: Art. Monatsh. 1911, II, Nr. 59. S. 371; Kritik dieser Arbeit durch Narath: ebenda 1915, I, S. 69; dagegen Rothe: ebenda 1915, Nr. 102, S. 314. Nowakowski, A.: Mitt. ü. Geg. d, Art.- u. Gen.-Wes. 1913, H. 7, S. 547 (logarithm. Maßstäbe) u. ebenda 1913, H. 5, S. 383 (Flugbahn-Schichtenpläne). Vgl. auch Garbasso: Riv. d'art. e gen. 20, vol. 2, S. 387 (mit d. Lösung von Siacci). 1903. Über die graphischen Darstellungsverfahren im allgemeinen vgl. besonders: Barker, A. H.: Graphical calculus. London 1908. Mayer, J. E.: Das Rechnen in der Technik. Leipzig 1908. Mehmke, R.: Numerisches Rechnen, Encyklop. d. math. Wissensch., Bd. I F. Leipzig: B. G. Teubner. Morley, A. u. Inchley, W.: Elementary applied mechanics. London 1911. d'Ocagne, M.: Coordonnées parallèles et axiales. Paris 1885; Traité de nomographie. Paris 1889; Calcul graphique et nomographie. Paris 1908. Peddle, J. B.: The construction of graphical charts. New York 1910. Perry, J.: Prakt. Mathematik. Wien 1903. Pirani, M.: Graphische Darstellung, Sammlung Göschen. Berlin u. Leipzig 1914. Schilling, F.: Über die Nomographie von M. d'Ocagne, Leipzig 1900. v. Schrutka, L.: Theorie u. Praxis des logarithm. Rechenschiebers. Leipzig 1911. Schultz, E.: Mathem. u. technische Tabellen, Ausgabe 2 B. Essen 1911. Soreau: Contribution à la theorie et aux applications de la nomographie. Paris 1901. Nouveaux types d'abaques. Paris 1908.

Gümbel, L.: Art. Monatsh. 1918, Nr. 135, S. 78. Vahlen, Th.: Ballistik, S. 29. Berlin u. Leipzig 1922 u. Art. Monatsh. 1918, S. 145. Brauer, E. A.: Anleitg. z. graph. Ermittl. d. Flugbahn eines Gesch. Karlsruhe 1918. Kutta, W.: Z. Math. Phys. Bd. 46, S. 435. Veithen, C.: Art. Monatsh. 1919, Nr. 147, S. 98 (aus dem Nachlaß veröffentlicht von R. Neuendorff). Wiener, O.: Ber. d. Leipz. Akad. Bd. 36, I. 1919, u. Sängewald, R.: ebenda Bd. 73, S. 134. 1921. Eine graph. Konstrukt. der Flugbahn auch bei: d'Antonio: Riv. d'art.egen. 37, vol. 3, S. 16. 1920. Cranz, C. u. Rothe, R.: Art. Monatsh. 1917, Nr. 125/126, S. 197. Das dort beschriebene Verfahren ist durch zwei Beispiele erläutert.

Über mechanische Integration der Hauptgleichung mittels des Beilschneiden-Planimeters, vgl. Filloux, L.: Rev. d'Art. 72, Nr. 6, S. 345. 1908. Dazu Pascal, E.: I miei integrafi per equazioni differenziali. Neapel: L. C. Pellerano 1914. Jacob, L.: Calcul mécanique, S. 387 (ballist. Integraph). Paris 1911. — Mittels des Kugelrollplanimeters: Cranz: C.: Art. Monatsh. 1909, Nr. 30, S. 412. Perrin, A.: Mém. de l'art. franç. vol. 1, cah. 2, S. 337 (Beschreibung eines ball. Integraphen).

Über das Didionsche Verfahren zur Berechnung von Steilbahnen in mehreren Teilen vgl. Didion, J.: Traité de balistique, S. 127 ff. Paris 1860.

Joh. Schmidt benützt ein Näherungsverfahren nach v. Wuich zum Schießen gegen Ziele unter großen Terrainwinkeln, Mitt. ü. Geg. d. Art.- u. Gen.-Wes. 1908, S. 431. Freih. v. Zedlitz: Art. Monatsh. 1913, Nr. 79, S. 1 (Rechnungsverfahren) u. 1914, Nr. 88, S. 274 (Luftschußtafel für ein Gewehr). Harris, F. E.: Journ. of the Un. Stat. Art. 23, S. 43 (Steilfeuertabellen nach Otto). 1905. Charbonnier, P.: Rev. d'Art. 40, Bd. 79 (Dez. 1911), S. 133; Bd. 79 (März 1912), S. 357; Bd. 80 (April 1912), S. 45 (balistique d'aéroplane). Edler v. Portenschlag-Ledermayer, R.: Mitt. ü. Geg. d. Art.- u. Gen.-Wes. 1911, H. 7, S. 616 (Steilschuß). de Josselin de Jong, G.: Holländ. Zeitschr. Militaire Spectator 1924 (stückweise Berechnung auf Grund des linearen Gesetzes $cf(v) = c \cdot v$). Ders.: Grafische berekening van schootstafels ... s'Gravenhage: H. P. de Swart u. Zoon 1924. v. Brunn, A.: Schriften d. Naturforsch. Ges. in Danzig, N. F., Bd. 15, H. 1. 1919. Takeda, S.: Art. Monatsh. 1914, Nr. 89, S. 321. Schatte, J.: Kriegstechn. Z. 12, H. 9, S. 416. 1909. Bianchi, G.: Riv. d'art. e gen 27, vol. I, S. 175. 1910. v. Eberhard, O.: Einiges üb. d. Ball. großer Schußweiten, S. 43. Berlin 1924. Garnier, M.: Mém. de l'art. franç. Bd. I, S. 176, 299, 300. 1922, u. Garnier, M.: Calcul des trajectoires par arcs successifs, S. 378, 379, 380. Verlag v. Gauthier-Villars. Curti: Der Schuß gegen Luftziele, Schweizer. Z. f. Art. u. Gen. 1918 (Beschreibuug eines Zielapparats; punktweise graph. Konstr. steiler Flugbahnen; auf die klare Entwicklung sei besonders hingewiesen). Breuer, S.: Flak-Mathematik, Art. Monatsh. 1920, Nr. 160/161, S. 143. Das Flak-Schießen in Frankreich: Alayrac: Rev. d'Art. 45, Bd. 90, H. 4, S. 332. 1922. Röggla, E.: Mitt. ü. Geg. d. Art. u. Gen.-Wes. 1919, H. 1, S. 1 (Verfahren z. stückweisen Flugbahnberechnung). Ferner vgl. Mussel, M.: La méthode des approximations successives de M. Picard et ses applications possibles en balistique; Mém. de l'Art. franç. Bd. I, H. 1, S. 217. 1922.

Zu § 39. Über ein Berechnungsbeispiel zu § 39 (Vertikalschuß mit dem S-Geschoß) u. über neuere eingehende Versuche von Preuß, bezüglich des vertikalen oder nahezu vertikalen Gewehrschusses vgl. Cranz: Z. „Schuß u Waffe" 2, Nr. 18, S. 413. 1909, sowie Art. Montash. 1909, Nr. 30, S. 412—415 (dort die in § 39 benützte Methode). Zahlreiche Berechnungen über den lotrechten Schuß: Eckhardt: Art. Monatsh. 1912, II, Nr. 61, S. 64. Ferner vgl. v. Burgsdorff, A.: Z. „Schuß u. Waffe" 2, Nr. 8, S. 179. 1908/09. Rohne, H.: ebenda 2, Nr. 7, S. 152. 1908/09.

Über die Maximalhöhe, die ein Geschoß erreichen kann, vgl. Robert, St.: Mém. scientif. p. 43 ff. Paris 1872.

Zu § 41 u. 42; Fehlerbestimmungen. Zu § 41. Bezügl. d. Verfahrens von Cauchy vgl. de St. Robert, P.: Mém. scientif. I, S. 160. Paris 1872. Ferner vgl. Moigno: Leçons sur le calcul diff. et intégr. II, leç. 26—28 u. 33. 1844. Coriolis: Journ. de Math. de Liouville 2, p. 229. 1837. Lipschitz: Lehrb. d. Analysis, II, S. 504. 1880. Picciati: „Il Polytecnico" Bd. 41, S. 493 u. 537. Mailand 1893. Runge: Math. Ann. 44, S. 437. 1894 u. 46, S. 437- 1895. Heun, K.: Jahresber. d. Dt. Math. Vereinigung 9, S. 111. 1900 u. Z. Math. Phys. 45, S. 23. 1900. Photogrammetrisehe Prüfung ballistischer Rechnungsverfahren: Nowakowski, O.: Mitt. ü. Geg. d. Art.- u. Gen.-Wes. 1912, H. 3, S. 262.

Zu § 42. Über das gewöhnliche Schwenken der Bahn im lufterfüllten Raum vgl. von neuerer Literatur: Heydenreich, W.: Lehre vom Schuß I, S. 106. Berlin 1908 (Einfluß des Geländewinkels auf Erhöhungs- und Brennlängenbedarf; Schießen gegen Luftballon und Planschießen).

Gouin: Rev. d'Art. 35, S. 121. 1907. Percin: ebenda 19, S. 281. 1882 u. 27, p. 118. 1885.

v. Burgsdorff, A.: Z. f. d. ges. Schieß- u. Sprengstoff-Wes. 1, Nr. 18, S. 332. 1906, u. Z. „Schuß u. Waffe“ 2, Nr. 8, S. 179. 1907. Kerkhof: Art. Monatsh. 1908, Nr. 13, S. 44. Über die Methoden von G. Fernandez u. von Gonzalez (Jahrb. f. dt. Armee und Marine 1905, Dez.) vgl. Kolarski: Mitt. ü. Geg. d. Art. u. Gen.-Wes. 1906, S. 301. Eine Fehleruntersuchung zu dem Verfahren von A. v. Burgsdorff s. bei K. Popoff, Festschrift für H. v. Seeliger, S. 169—176, Verlag J. Springer, Berlin 1924.

Über Verwendung der Methode des Schwenkens zur Konstruktion einer Flugbahn mit Hilfe einer gewöhnl. Schußtafel vgl. Pucherna: Mitt. ü. Geg. d. Art. u. Gen.-Wes. 1908, S. 809. Vgl. auch § 11 und § 19 (Close, Wolff, Greenhill).

Zu § 43 bis 52; Tageseinflüsse. Heydenreich 1 (1. Aufl.), S. 53 u. 54 u. 2, S. 39, u. Rohne, H.: Kriegstechn. Z. 3, S. 129, 201. 1900 u. 4, S. 326, 1901. Eine Regel der Praxis betr. der Höhenlage des Schießplatzes s. bei v. Minarelli (österr.): S. 61; derselbe: Über das Nehmen von „Feinkorn“ statt „gestrichen Korn“, S. 53. Zahlreiche Daten zu diesen Nummern bei Exler, K.: Z. f. d. ges. Schieß- u. Sprengstoff-Wes. 1, S. 107, 127, 376, 399. 1906. de Sparre, M.: Comptes Rendus Bd. 161, S. 767 u. Bd. 162, S. 33, 496 (zonenweise Berechnung einer Flugbahn mit Berücksichtigung der Abnahme der Luftdichte nach oben; der Verlauf der Luftdichtenänderung bringt es mit sich, daß die Geschoßgeschwindigkeit durch ein Minimum und dann durch ein Maximum hindurchgeht, also schließlich wieder abnimmt. Die Annahmen über das Geschütz, mit welchem Dünkirchen beschossen wurde, beruhen auf bloßen Vermutungen).

Schwarzschild: Einfluß von Wind u. Luftdichte auf die Flugbahn d. Gesch., Preuß. Akad. d. Wiss. 1920, I, S. 37 (Methode der Stoßfaktoren). Garnier, M.: Rev. d'Art. 44, Bd. 88, S. 327 u. 341. 1921.

Zu § 44. Über den Einfluß einer kleinen Änderung von v_0, φ oder c auf X: vgl. Siacci: S. 105. Vallier: S. 67. Denecke: Arch. f. Art.- u. Ing.-Off. 93, S. 1. 1886 und 94, S. 226. 1887. Ferner Anonymus: Arch. f. Art.- u. Ing.-Off. 97, S. 274. 1890. v. Pfister: Arch. f. Art.- u. Ing.-Off. 93, S. 73. 1886. Rohne: Kriegstechn. Z. 3, S. 129 u. 201. 1900, und 4, S. 326. 1901. Sabudski: Peterb. Art. Journ. 1889, Nr. 11, S. 941. Charbonnier, P.: Traité de bal. extér. S. 175. Paris 1894.

Differenzenformeln bei Cavalli, E.: Riv. d'art. e gen. 37, vol. 1, S. 169 u. 265. 1920. Ferner Veithen, C.: Über die Reduktion der Geschoßflugbahnen, Art. Monatsh. 12, Nr. 136/137, S. 101. 1918.

Zu § 45. Schiefer Räderstand, bzw. Verdrehen des Gewehrs. Vgl. Didion: S. 364. Anonymus: Arch. f. Art.- u. Ing.-Off. 93, S. 45, 1886. v. Minarelli: S. 54. Ritt. v. Eberhard: Das Wesen der modernen Visiervorrichtungen der Landartillerie, im Auftrag der Firma F. Krupp bearbeitet. Berlin 1908.

Zu § 46 bis 52; Windeinfluß usw. Vgl. Didion: 1, S. 311; v. Wuich: S. 474; Siacci: S. 113; Résal: 2, append. S. 409; Heydenreich: (1. Aufl.) 1, S. 57; Sabudski: S. 302; Denecke: Arch. f. Art.- u. Ing.-Off. 93, S. 1. 1886, und 94, S. 226. 1887. Anonymus: Arch. f. Art.- u. Ing.-Off. 97, S. 274. 1890 (Erfahrungen im Transvaalkrieg). v. Minarelli: S. 57ff.. Eingehende Berechnung besonders von Rohne, H.: Kriegstechn. Z. 3, S. 129 u. 201. 1900, sowie 4, S. 326. 1901. Rohne berechnet z. B., daß bei mittlerer Windgeschwindigkeit von 5,5 m/sec (Potsdamer Beobacht. 1893—97) der unter 45° schief von vorn kommende horizontale Wind die Schußweite von 2000 m um 31 m verkürzen müßte, und bei einer Windgeschwindigkeit von 30 m um 240 m; die

Seitenabweichung betrüge auf 2000 m bei mittlerer Windgeschwindigkeit nur etwa 18 m. Überhaupt ist nach Rohne die Änderung der Schußweite durch Tageseinflüsse in der Mehrzahl der Fälle kleiner als der wahrscheinliche Schätzungsfehler, selbst dann, wenn Wind und Temperatur in gleichem Sinn wirken (Wind von hinten und Temperatur hoch; Wind von vorn und Temperatur niedrig); dies gilt wenigstens für Gewehre und für Distanzen unter 1000 m. Bei Geschützen sind die Tageseinflüsse bedeutender; für die Feldkanone z. B. mit $v_0 = 465$ m/sec, Schußweite 6000 m, $\varphi = 18^0\,11'$; $\omega = 28^0\,30'$ findet Rohne, daß bei $-22{,}5^0$ C die Schußweite um $394 + 634 = 1038$ m zu kurz ausfallen müßte. — Erwähnt sei noch, daß Heydenreich für seine allgemeinen Angaben die umfangreichen Versuche der deutschen Artillerie-Prüfungs-Kommission zur Verfügung hatte und daß die Versuchsreihen, welche von Krause (Mitglied der deutschen Gewehrprüfungskommission) bezüglich der Tageseinflüsse veröffentlicht wurden, Kriegstechn. Z. 5, S. 433. 1902, eine ziemlich befriedigende Übereinstimmung zwischen Beobachtung und Rechnung ergaben, wenigstens was Temperatur und Barometerstand anlangt. Charbonnier, P.: Rev. d'Art. Jahrg. 41, Bd. 82, S. 305. 1913 (Windkorrekturen). — Ferner bes. Stübler, E.: Sitzungsber. d. Berliner mathem. Gesellsch., Jahrg. 17, S. 51 bis 62. 1919.

Zu § 51. Schuß von Bord des fahrenden Schiffes aus: Métin: Mém. de l'art. franç. Bd. 1. Heft 3, S. 599. 1922. — Schuß von einem Flugzeug aus nach einem anderen Flugzeug: Charbonnier, P.: Rev. d'art. Jahrg. 40, Bd. 79. 1912, Märzheft.

Zu § 53, Erdrotation. Vgl. Galilei, G.: Dialog über das Weltsystem, deutsch von Strauß. Leipzig 1891, S. 189—192. Poisson, S. D.: J. éc. polyt. 15, S. 187. 1832, und Poisson: Recherches sur le mouvement des projectiles dans l'air, S. 41 u. 62, Paris 1839. Page, C. E.: Nouv. ann. (2) 6. S. 96, 387, 481. 1867. Robert, St.: 1, S. 357. Astier, F.: Rev. d'art. 5. S. 272. 1875. Berger, R.: Über den Einfluß der Erdrotation auf den freien Fall der Körper und die Flugbahnen der Projektile, Coburg 1876. Finger, J.: Wien. Ber. 76^2, S. 67. 1878, und Hoppe, R.: Arch. d. Math. 64, S. 96. 1879. Schell, W.: Theorie d. Bewegung und der Kräfte 1, S. 528. Sprung, A. W. F.: Arch. d. deutsch. Seewarte 1879, S. 27; Dt. meteor. Z. 1, S. 250. 1884; Arch. f. Art.- u. Ing.-Off. 103, S. 13. 1896. Résal: 1, S. 107. Ökinghaus, Wochenschrift f. Astron. 1891, S. 89 und Arch. f. Art.- u. Ing.-Off. 103, S. 89. 1896. Sabudski, Petersb. Art.-Journ. 1894, Nr. 2, S. 120 und Rev. d'art. 44, S. 467. 1894. Obermayer, A. v.: Mitt. ü. Geg. d. Art.- u. Gen.-Wes. 1901, S. 707.

Zu der Textbemerkung über die Abweichung eines Geschosses beim Wurf vertikal aufwärts sei hier noch die Notiz von Budde hinzugefügt: beim Schuß lotrecht aufwärts erhalte man eine Abweichung nach Norden (nicht nach Süden) und zwar bis $t = 4\,\dfrac{v_0}{g}$ (Budde: Allg. Mechanik Bd. 1, S. 317).

Zu § 54. Über den Einfluß des Seitengewehrs: Vgl. Hentsch, Fr.: Ballistik der Handfeuerwaffen. Leipzig 1873 (S. 312: „Es stellte sich bei allen Gewehren ... heraus, daß das ohne Seitengewehr auf den Strich angeschossene Gewehr nach Aufpflanzung des Seitengewehrs, dessen Klinge ... rechts am Lauf sich befindet, eine schon auf nahe Distanzen erhebliche Abweichung nach links zeigen"). Ähnlich Weygand, H.: Das Schießen mit Handfeuerwaffen, eine vereinfachte Schießlehre, mit bes. Berücksichtigung des deutschen Inf. Gew. M. 71, Berlin 1876 (besonders S. 184: „Die Erfahrung hat gelehrt, daß das Seitengewehr eine stetige Abweichung des Schusses verursacht und zwar nach

der der Klinge entgegengesetzten Seite"). Ferner vgl. die verschiedenen Aus
gaben des Leitfadens für den „Unterricht in der Waffenlehre an den Kgl. Kriegs-
schulen", 1876 (von Stachorowski), S. 150; 1886 (von Neumann) S. 121;
1890, S. 58. Weiter Cranz, C.: Civil-Ingenieur 21, H. 2. 1885. Kötter, F.:
Verhandl. d. Phys. Ges. zu Berlin 7, S. 17. 1888. Cranz, C. und Koch, K. R.:
Münch. Akad. Ber. 21, S. 572. 1901. Jahresber. d. Deutsch. Mathem. Vereinig.
6, S. 118. 1899. Minarelli-Fitzgerald, A. Chev.: Das moderne Schießwesen
S. 55. Wien 1901. Kötter, F.: Sitz.-Ber. d. Berlin. Mathem. Ges. 2, S. 65.
1903. Entgegnung darauf: Cranz, C.: ebenda 3, S. 11. 1904. Otto, J. C. F.:
Hilfsmittel für ballist. Rechnungen, 4. Lieferung. Berlin 1859 (S. 266 wohl zuerst die Vibration des Gewehrlaufs als Ursache des Abgangsfehlerwinkels erwähnt).

    Zu § 55 bis 60. Geschoßrotation. Vgl. Didion: S. 304 u. 319 und J. éc.
polyt. 16, S. 51. 1839. Piobert, G.: Traité d'artillerie. S. 169. Paris 1839.
Résal: 1, S. 375. Magnus, G.: Berl. Ber. 1852, 1—24, und Ann. Phys. Chem.
88, S. 1. 1853. de St. Robert, P.: Mém. scientif. I, p. 277 u. folg. Paris 1872.
Sparre, M. de: Mouvement des project. oblongs dans le cas du tir de plein
fouet. Paris 1875, und Sur le mouvement des projectiles dans l'air, Paris 1891;
Arch. f. Math., Astron. u. Phys., Stockholm 1904, und Annales de la société
de Bruxelles 35, S. 79. 1911. Timmerhans, R.: Essai d'un traité d'artillerie
2, S. 113. Paris 1846. Otto, J. C. F.: Umdrehung der Artilleriegeschosse,
Berlin 1843, Forts. 1847 u. Allg. Militärzg. 1846, Nr. 64/65, und Arch. f. Art.-
u. Ing.-Off. 6, S. 118. 1840. v. Heim, J. P. G.: S. 169. (Neumann: Arch. f. Art.-
u. Ing.-Off. 6, S. 213 1838; 14, S. 49. 1842 u. 17, S. 193. 1845.) Mondo, C.
Derivation der Langgeschosse, München 1860. Vieth, V. v.: Flugbahn der Geschosse. Dresden 1861. Owen, C. H.: Woolwich, Roy. Art. Inst. Proc. 4, p. 180.
1863, u. 23, p. 217. 1869. Brockhusen, Arch. f. Art.- u. Ing.-Off. 15, S. 93.
1843. Rutzki: S. 169. v. Rouvroy, W.: Theorie der Bewegung der Spitzgeschosse. Berlin 1862, und Arch. f. Art.- u. Ing.-Off. 18, S. 19. 1845. D(arapsk)y:
Derivation der Spitzgeschosse, Cassel 1865. Mayevski, N.: S. 178 u. Petersb.
Art.-Journ. Nr. 3, S. 11. 1865, und Rev. techn. mil. 5, p. 1. 1865. Gauthier, P.:
Mouvement d'un projectile dans l'air. Paris 1867. Paalzow, A.: Über die
Drehung fester Körper, insbesondere der Geschosse und der Erde. Berlin 1867.
Kummer: Berlin. Akad. Abhandl. 1875, S. 1 u. 1876, S. 1. Astier, F.: Essai
sur le mouvement des projectiles oblongs. Paris 1873. Jouffret, F. P.: Rev.
d'art. 4, p. 245, 547. 1874. Haupt, P.: Mathematische Theorie der Flugbahnen
gezogener Geschosse, Berlin 1876. Märker, J.: Über das ballistische Problem,
Gymn.-Progr. Hersford 1876. Muzeau: Rev. d'art. 12, S. 422 u. 495. 1878
mit Forts. bis 14, S. 38. Ingalls: Handbook of Problems in exterior ballistics,
New-York 1900. Anonymus: Arch. f. Art.- u. Ing.-Off. 85, S. 134. 1879, u.
87, S. 180. 1880. Bender, K. B.: Bewegungserscheinungen der Langgeschosse,
Darmstadt 1888. Jansen: Arch. f. Art.- u. Ing.-Off. 97, S. 424. 1890. Sabudski:
Petersb. Art.-Journ. 1890, Nr. 7, S. 649 u. 1891, Nr. 1, S. 1; auch Äußere Ballistik
1895, S. 323—393. Brix, A.: Marine Abhandlungen (russ.) 1891; Nr. 1, S. 25,
Nr. 2, S. 61, Nr. 3, S. 41. Engelhardt: Arch. f. Art.- u. Ing.-Off. 100, S. 403
u. 449. 1893. Tait, P. G.: Nature (engl.) 48, S. 202. 1893. Müller, H.: Entwicklung der Feldartillerie. Berlin 1894. Ökinghaus, E.: Arch. f. Art.- u.
Ing.-Off. 103, S. 185. 1896. Altmann, J.: Erklärung u. Berechnung d. Seitenabweichungen. Wien 1897. v. Obermayer, A.: Wien, Organ der militärwissen-
schaftlichen Vereine 1898 und Mitt. ü. Geg. d. Art.- u. Gen.-Wes. 1899, S. 869.
Greenhill, A. G.: Woolwich, Roy. Art. Inst. Proc. 11, S. 119 u. 124. 1882.
v. Minarelli: S. 43; Ludwig: Studien über Ballistik, Karlsruhe 1853 (Apparat). Tait, P. G.: Transact. Roy. soc. Edinburgh 37 (2), S. 427. 1893 u. Bei-

blätt. zu d. Ann. d. Phys. u. Chem. 4, S. 288. 1895; Proceed. Roy. Soc. 21, S. 116. 1896, u. Beiblätt. z. d. Annal. d. Phys. u. Chem. 21, S. 389. 1897. Röggla, E.: Mitt. ü. Geg. d. Art.- u. Gen.-Wes. 1912, H. 4, S. 317. Cranz: Z. f. Mathem. Phys. 43, S. 133 u. 169. 1898 (dort ist S. 151 Zeile 10 v. o. $+\vartheta$ statt $-\vartheta$ zu lesen, mit Wirkung für S. 152; ferner in Formel (22) statt $+\operatorname{tg}\omega$ zu lesen $+\operatorname{tg}\vartheta_0$, mit Wirkung für Formel (23) und (24) und die Zusammenfassung des Resultats); Jahresber. Dt. Math.-Vereinig. 6, S. 110. 1899.

Grammel, R.: Der Kreisel, § 21. Braunschweig 1920. Grammel, Z. Math. Phys. Bd. 64, H. 2. 1916, — Nöther, F. (unter Benützung eines ungedruckten Manuskripts von A. Sommerfeld): Nachricht d. Ges. d. Wiss. zu Göttingen, math.-phys. Klasse 1919, 30. Mai, und Art. Monatsh. 1919, Nr. 149/150, S. 170. Vahlen, Th.: Art. Monatsh. 1919, Nr. 153, S. 98. Derselbe, Ballistik, S. 126 u. folg. Berlin u. Leipzig 1922. König, H.: Die Bewegung des rotierenden Langgeschosses, Dissertation. Göttingen 1919. Güldner, H.: Z. V. d. I. 1917. Fowler, R. H., Gallop, E. G., Lock, C. N. H. u. Richmond, W.: Aerodynamique d'un projectile tournant, im Mém. de l'art. franç. Bd. 1, Heft 2, S. 379 u. Heft 3, S. 727. 1922. C. Cranz und W. Schmundt, Z. ang. Math. Mech., Bd. 4, S. 449, 1924.

Zu § 55. Abweichungen von Kugeln: Didion, J. u. Saulcy: Cours d'artillerie, partie théorique, rédigé d'apès les cahiers et les leçons de G. Piobert. Paris 1841. Otto, F.: Über die Umdrehung der Artilleriegeschosse, S. 109. Berlin 1843. Fortsetzung dazu, Neisse 1847. Poisson, S. D.: Recherches sur le mouvement des projectiles, S. 69 ff. Paris 1839; Über die Luftreibung S. 74, dazu vgl. auch Winkelmann, A.: Handb. d. Physik, 1, S. 600. Breslau 1891, Bezüglich der Versuche mit exzentrischen Geschossen vgl. besonders Heim, S. 169. Rouvroy: Arch. f. Art.- u. Ing.-Off. 18, S. 19. 1845. Müller, H.: Die Rotation der runden Artilleriegeschosse. Berlin 1862. Die Experimente von Magnus: vgl. Berlin. Akad. Abhandl. 1852, auch besonders unter dem Titel: Über die Abweichung der Geschosse, Berlin 1860. Über die Bewegung des Golfballs und des Bumerangs vgl. Walker, G. T.: Encyklopädie d. mathem. Wissensch. IV, 9, Referat über „Spiel und Sport", S. 135—145. Die Erklärungsweise von Lanchester zur Abweichung kugelförmiger Geschosse durch Rotation: Lanchester, F. W.: Aerodynamik, deutsch von C. u. A. Runge: Bd. 1, S. 36 u. folg. Leipzig: Verlag von Teubner 1909.

Betr. diskusartiger Geschosse vgl. Robert St.: Mémoires scientif. Bd. 2, S. 7. Turin 1873; sowie Siacci, F.: Bal. extér., S. 132. Paris 1892.

Zu § 56. Erfahrungstatsachen: Vgl. Didion, Otto Rutzki, Müller (s. o.); ferner Hélie, M.: Traité de balistique, Bd. 2, S. 310. Paris 1884. Über Beobachtungen des fliegenden Geschosses mit bloßem Auge berichtet Heydenreich: 1, S. 7 u. 2, S. 95—98 (2. Aufl. 147); ferner Rutzki: Theorie und Praxis der Geschoß- und Zünderkonstruktionen. Wien 1871. Müller, H.: Die Entwicklung der preußischen Festungs- und Belagerungsartillerie, S. 162. Berlin 1876. Über indirekte Beobachtungen an Geschoßdurchschlägen in Papierscheiben siehe z. B. Jansen: Arch. f. Art.- u. Ing.-Off. 97, S. 425 u. 497. 1890. Eine photographisch registrierende Vorrichtung im Geschoß gibt Neesen, F.: Arch. f. Art.- u. Ing.-Off. 96, S. 68. 1889; 99, S. 476. 1892 und 101, S. 253. 1894. Beobachtungen mit kleinen Geschwindigkeiten: Cranz, C.: Z. Math. Phys. 43, S. 133 u. 169. 1898 (s. o.).

Über die Bewegung der Geschosse mit flüssigem Inhalt: Nebout: Rev. d'Art. Jg. 43, Bd. 85, S. 133. 1920.

Über die Seitenabweichungen von Gewehrgeschossen: Thiel, E.: Das Inf.-Gewehr. S. 20. Bonn 1883. Rohne, H.: Schießlehre für Infanterie. S. 182,

Berlin 1906 (Angabe nach Krause, 1 m auf 1000 m bei Gewehr M. 88) und Milit. Wochenblatt 1904, Nr. 113, S. 2737. Wille: Waffenlehre IV, S. 231. Berlin 1908 (Versuche von Quinaux, Belgien, mit Gewehren von Linksdrall und Rechtsdrall).

Dähne, A.: Neue Theorie der Flugbahnen von Langgeschossen. Berlin 1888. Derselbe, Bausteine zur Flugbahn- u. Kreiseltheorie. Berlin 1914. Derselbe, Kriegstechn. Z. 10, S. 65 u. 265. 1907, u. 12, S. 58. 1909.

Zu § 57. Vgl. Rutzki, A. v.: Bewegung und Abweichung der Spitzgeschosse. Wien 1861, und Theorie und Praxis der Zünderkonstruktion. Wien 1871. Jansen: Arch. f. Art.- u. Ing.-Off. 97, S. 425 u. 497. 1890. Sabudski, N.: Untersuchungen über die Bewegungen des Langgeschosses (russ.). St. Petersburg 1908. Terada, T. und Okochi, M. (Japan): Z. Tokyo Sugaku-Buturigakkwai Kizi, Ser. 2, vol. 4, Nr. 20, S. 398 (Photogr. flieg. Geschosse, insbes. auch Schüsse durch Röhren, sowie Versuche über Geschoßpendelungen, Beobachtungen an Scheibendurchschlägen, ähnlich wie Jansen mit nicht rotierenden Geschossen); verdeutscht: Art. Monatsh. 1909, S. 301. Yokota, Seinen: Gleiche Zeitschr. Ser. 2, vol. 5, Nr. 18, S. 347 (Kreiselbewegungen der rotierenden Langgeschosse). Dittli, A.: Art. Monatsh. 1916, Nr. 116, S. 49.

Über den Pfeilflug: Layriz: Z. f. d. ges. Schieß- u. Sprengst.-Wes. 10, S. 303. 1915 (Geschichtliches über Pfeilgeschosse; besonders vollständig). Über die Idee von rotationslosen pfeilartigen Langgeschossen vgl. besonders Jansen: Arch. f. Art.- u. Ing.-Off. 97, S. 424 u. 497. 1890, und Mitt. ü. Geg. d. Art.- u. Gen.-Wes. 1871, S. 85 und Rutzki, A.: S. 62 sowie Rutzki, A.: Grundlagen für neue Geschoß- und Waffensysteme. Teschen 1876. Ferner Duchêne: Mémorial de l'art. franç. vol. 1, cah. 4, S. 909. 1922; équilibre et stabilité des projectiles empennés; und bes. Andreau: Les projectiles empennés et la précision; ebenda S. 929 (mathem. Ansatz zum Pfeilflug).

Zu § 58 u. 59. Über die Theorie des Kreisels vgl. in erster Linie das Werk von Klein, F. und Sommerfeld, A.: Über die Theorie des Kreisels. Leipzig 1897—1910, bes. H. 4, Leipzig 1910, Abschnitt C, Ballistik, Nr. 8, S. 317, und das Referat von P. Stäckel in der Encyklop. der mathem. Wissensch. Bd. 4, Nr. 6, dort auch die Literatur. Betr. d. Berücksichtigung eines Anfangsstoßes vgl. Cranz, C.: Z. Math. Phys. 43, S. 133 u. 169. 1898. Putz, H.: Rev. d'art. 24, p. 293. 1884. Bender, K. B.: Bewegungserscheinungen der Langgeschosse. Darmstadt 1888. Jansen: Arch. f. Art. u. Ing.-Off. 97, S. 424. 1890. Müller, H.: Die Entwickl. d. Preuß. Festungs- u. Belag.-Artill. von 1815—1875, Berlin 1876, besonders S. 162 u. 175. Experimente über die Kreiselbewegung von Geschoßmodellen: v. Obermayer, A.: Mitt. ü. Geg. d. Art.- u. Gen.-Wes. 1899, S. 869 (darüber Harris, K. F.: Journ. of Un. Stat. Art. 10, p. 63, 189, 303. 1901); dort auch über die Arbeiten von Magnus: Poggend. Ann. 88, S. 1. 1853 und von A. v. Rutzki: Bezüglich der Abnahme der Rotationsgeschwindigkeit vgl. Altmann, J.: Erklärung u. Berechnung d. Seitenabweichung rotierender Geschosse. Wien 1897. Versuche hat Krall (Mitt. ü. Geg. d. Art.- u. Gen.-Wes. 1888, S. 118) vorgeschlagen und C. V. Boys (ebenda 1897, S. 836) begonnen; vgl. auch Med. Abt. d. Preuß. Kriegsminist., „Über die Wirkg. u. kriegschirurg. Bedeutung der neuen Handfeuerwaffen". Berlin 1894 (Schüsse gegen Drahtnetze unter Wasser).

Über neuere photographische Messungen von Geschoßpendelungen: Neesen, F.: Verhandl. d. dt. physikal. Ges. 11, Nr. 24, S. 441 u. 724. 1909; vgl. auch Band III mit zugehörig. Lit.-Note.

Zu § 59. Vgl. Hélie: 2, S. 94 u. 309; über die Formel von Mayevski, ebenso von v. Wuich u. Ollero, sowie die Tabelle von Langenskjöld vgl.

Vallier, E.: Bal. expérim., S. 40 u. 178. Paris 1894. v. Gleich, G.: Z. Math. Phys. 55, S. 363. 1907. (v. Gleich gelangt zu dem Resultat, daß die Präzesionskurve zwar symmetrisch sei in Beziehung auf die Tangentenvertikalebene, aber sehr langsam beschrieben werde; würde die Flugbahn weiter reichen, so müßte später Linksabweichung erfolgen. Die Präzessionspendelungen sollen dabei (für Rechtsdrall) linksläufig vor sich gehen. S. 371 wird eine Integration so ausgeführt, daß derjenige Teil der seitlichen Luftwiderstandskomponenten, der von dem vorderen Teil der Spitze herrührt, sich samt dem betr. Momente gleich Null ergibt; dadurch werden auch die Reihenentwicklungen und Berechnungen S. 372—374 berührt. Ferner werden S. 379 die Differentialgleichungen (44), die sich auf ein im Raum festes Koordinatensystem beziehen, dadurch „wesentlich vereinfacht", daß diese Gleichungen ohne irgendwelche Änderung auf ein mit der Bahntangente sich drehendes Koordinatensystem bezogen werden.)

Lanchester, F. W.: Aerodynamik, deutsch von C. und A. Runge, Leipzig: Teubner 1911, Bd. 2, Anhang VIIIa, S. 298 u. folg. Bravetta, E.: Z. f. d. ges. Schieß- u. Sprengst.-Wes. 6, S. 81 u. 107. 1911 (bes. Arbeit von Bertagna); ferner Anonymus, ebenda 1914, S. 291.

Hamilton, A.: Ballistics, Fort Monroe 1908, I, S. 155. Haupt, P.: Math. Theorie der Flugbahnen, S. 101. Berlin 1876. Charbonnier, P.: Traité de bal. extér., S. 238 u. folg. Paris 1894.

Zu § 60. Demonstrationsapparate: Ludwigs Apparat s. o.; Perrodon, M. J.: Sur un appareil destiné ... Paris 1875; betr. Pfaundler vgl. Klimpert: Dynamik. Stuttgart 1889. Majneri-Kempen: Art. Monatsh. 1913, Nr. 76, S. 299 (Anwendung von Elektromagneten).

Zu § 61 bis 73; ballistische Wahrscheinlichkeitslehre.

Zu § 61—62. Über die Theorie der Wahrscheinlichkeit vgl. besond. Czuber, E.: Wahrsch.-Rechn. u. ihre Anwendung auf Fehlerausgleichung, Statistik u. Lebensversicherung. Leipzig 1903. Theor. d. Beobachtungsfehler. Leipzig 1891. Czuber, E.: Jahresber. d. dt. Math.-Vereinig. 7, H. 2, S. 1—279. 1899, dort auch die vollständige Literatur. Ferner Sabudski, N.: Die Wahrscheinlichkeitsrechnung, ihre Anwendung auf das Schießen und auf die Theorie des Einschießens, deutsch von Ritt. v. Eberhard. Stuttgart 1906. Kozák, J.: Grundprobleme der Ausgleichsrechnung nach der Methode der kleinsten Quadrate, bis jetzt 2 Bände erschienen. Wien u. Leipzig 1907/08. Über die charakteristischen Fehlermaße vgl. auch Wellisch, S.: Mitt. ü. Geg. d. Art.- u. Gen.-Wes. S. 889 u. 975. 1908; ferner Kozák, J.: ebenda S. 47. 1910 (Bestimmung des mittl. quadrat. Fehlers aus den direkten Beobachtungen, Beobachtungsdifferenzen u. Beobachtungsresten; Formel von Jordan u. Wellisch). Über die verschiedenen Fehlergesetze (von Gauß, E. L. de Forest, K. Pearson, R. Helmert, W. Jordan, C. D. Poisson usw.) s. v. Bortkiewicz, L.: Sitzungsber. d. Berlin. math. Ges., Jg. 22, 1923. Lhoste: Rev. d'art. 91, S. 405 u. 516. 1923; 92, S. 58 u. 152. 1923. Estienne, J. E.: Essai sur l'art de conjecturer. Rev. d'art. et gen. Bd. 61, S. 405; Bd. 62, S. 73; Bd. 64, S. 5 u. 65.

Zu § 63. Über die Theorie der Geschoßstreuung vgl. auch Poisson, S. D.: Mém. de l'art. de la marine 8, S. 141. 1830. Didion, J.: Calcul des probabilités appliqué au tir des projectiles. Paris 1858, u. J. écol. polyt. 16, c 27, S. 51. 1839. Hélie: 2, S. 95 u. v. Wuich: S. 481. Eschler: Vorträge a. d. Artill.-Lehre. Wien 1898. Fischer: Kriegstechn. Z. S. 164, 209. 1909. Schöffler, B.: Mitt. ü. Geg. d. Art.- u. Gen.-Wes. S. 823. 1901 und S. 97, 366. 1902.

Hyperbolische Fehlertheorie in der Ballistik: Mitt. ü. Geg. d. Art.- u. Gen.-Wes. 1914, S. 249, 735, 875 (J. U. van Loon).

Über den Fehlerverteilungsapparat vgl. Cranz: Komp. d. Ball. S. 297. Leipzig 1896, u. Lit.-Note 114 daselbst. Dyck, W.: Katalog math. u. math.-phys. Modelle, Apparate u. Instrumente, S. 154. München 1892. v. Obermayer, A.: Mitt. ü. Geg. d. Art.- u. Gen.-Wes., S. 130. 1899, u. Heft 2, 1900, Notizen.

Zu § 65. Über die durch Jordan u. Helmert begründete Methode der sukzess. Differenzen: vgl. Czuber, E.: Jahresber. d. dt. Math.-Vereinig. 7, H. 2, S. 205. 1899. E. Vallier hat zuerst die Methode in der Ballistik angewendet, vgl. Vallier: S. 166; dazu Ritt. v. Eberhard in dem Werk von Sabudski, N.: Die Wahrscheinlichk.-Rechn. usw., Stuttgart 1906. Beispiele dazu: Heydenreich, W.: Z. f. d. ges. Schieß- u. Sprengst.-Wes. 1, S. 272. 1906.

Zu § 68. Ausreißerregeln: Vgl. Vallier: S. 160 u. Rev. d'art. 9, S. 222. 1877. Über die frühere Liter. betr. d. größten Fehlers (Helmert, Jordan, Fourier, Bertrand, Peirce, Gould, Chauvenet, Airy, Bessel, Faye) vgl. Czuber, E.: Jahresber. d. dt. Math.-Vereinig. 7, H. 2, S. 212 ff. 1899. Ferner Heydenreich, W.: Kriegstechn. Z. 6, S. 253. 1903. Mazzuoli, A.: Riv. mar. 1908, fascic. di gennaio. Über die Ermittlung der 50prozentigen Streuung aus der ganzen Streuung vgl. Rohne, H.: Art. Monatsh. 1907, Nr. 9, S. 235, u. 1909, Nr. 32, S. 129. Kozák, J.: Mitt. ü. Geg. d. Art.- u. Gen.-Wes. 1910, S. 47.

Zu § 69. Gruppierungsachsen: Siacci, F.: Rev. d'art. 22, S. 521. 1883 u. Siacci: ebenda 24, S. 445. 1884 samt weiterer Literatur u. einer Bemerkung von Ch. Schols. Putz, H.: ebenda 24, S. 5 u. 105. 1884, u. 32, S. 213 u. 313. 1888.

Zu § 70—72. Vgl. Krause: Die Gestaltung der Geschoßgarbe der Infanterie beim gefechtsmäß. Schießen usw.; nach amtl. Quellen zusammengestellt. Berlin 1904. Frh. v. Zedlitz u. Neukireh: Kriegstechn. Z. 6, S. 129. 1903. Rohne, H.: Schießlehre f. Infanterie. Berlin 1906. v. Minarelli: S. 65 u. 82. Endres, K.: Arch. f. Art.- u. Ing.-Off. 90, S. 113. 1883. Percin, A.: Rev. d'art. 20, S. 5. 1882. Giletta: Riv. d'art. e gen. S. 218. 1884. Parst: Kriegstechn. Z. 4, S. 330. 1901, u. 7, S. 235. 1902. Rohne, H.: ebenda 4, S. 119. 1901. Rohne, H.: Art. Monatsh. 1907, S. 232, 257, 397. Rohne, H.: Schießlehre für Infanterie. Berlin 1906 (besond. vgl. S. 139 u. folg. über die Zahl der getroffenen Figuren beim gefechtsmäßigen Abteilungsschießen; die Bestimmung dieser Zahl aus der Zahl der Schützen und der Zahl der Treffer im Ziel hat H. Rohne zuerst gegeben).

Speziell über die Theorie des Einschießens der Artillerie: Rohne: Arch. f. Art.- u. Ing.-Off. 100, S. 385 u. 481. 1894, u. 102, S. 64 u. 257. 1895 u. insbesondere 104, S. 172. 1897, sowie Kriegstechn. Z. 1, S. 209 u. 399. 1898, u. 2, S. 115. 1899. Callenberg: Über die Grundlagen des Schrapnellschießens bei der Feldartillerie. Berlin 1898, und Kriegstechn. Z. 2, S. 27 u. 93. 1899. Preiss: Kriegstechn. Z. 3, S. 81. 1900. Strnad, E.: Mitt. ü. Geg. d. Art.- u. Gen.-Wes. 1892, S. 879; sowie 1887, S. 375. Weigner, A.: Mitt. ü. Geg. d. Art.- u. Gen.-Wes. 1898, S. 821. Schöffler: ebenda 1902, S. 97 (Forts. zu der Arbeit 1900, S. 429 u. 1901, S. 823). Theoretisch besonders eingehend bei Sabudski, N.: Wahrsch.-Rechn. Stuttgart 1906. Ferner Kozák, J.: Theorie des Schießwesens auf Grundlage der Wahrsch.-Rechn. u. Fehlertheorie Bd. 2, Teil II. Wien 1900 (dort auch die Arbeiten von E. Röggla u. v. Wuich dargestellt). Eschler, E.: Vorträge aus der Artillerielehre. Wien 1898.

Über das Schießen gegen nicht beobachtungsfähige und gegen bewegliche Ziele; Schießen aus Küsten- u. Schiffsgeschützen, in theoretischer Hinsicht.

Vallier: Rev. d'art. 30, S. 106. 1887. Gandolfi, V.: Riv. d'art. e gen. vol. 4, S. 231. 1896, u. Mitt. ü. Geg. d. Art.- u. Gen.-Wes. 1897, S. 645. Strnad, E.: Mitt. ü. Geg. d. Art.- u. Gen.-Wes. 1897, S. 763. Indra: Mitt. ü. Geg. d. Art.- u. Gen.-Wes. 1897, S. 163 u. 291; dazu Ludwig, A.: ebenda 1901, S. 91 u. 189. Calichiopulo, A.: Riv. d'art. e gen. vol. 1, S. 245 u. 411. 1893. Dragas: Streffleurs österr. mil. Z. S. 184. Wien 1890.

Über die Streuung nach 3 Dimensionen (Sprengpunkt-Streuung): Drei Aufsätze im Mémor. de l'art. française, Bd. 2, H. 2. 1923. Haag, J., S. 217. Garnier, M.: S. 253 und Boutroue, E.: S. 315. — Vgl. ferner Schmidt, Joh.: Mitt. ü. Geg. d. Art. u. Gen.-Wes. 1915, H. 6 bis 9 und K. Becker, Betrachtungen über die Streuungen, Artill. Monatshefte, Mai/Juni 1919.

Über die Treffwahrscheinlichkeit gegen eine beliebig begrenzte Scheibe und die zweckmäßigste Lage des mittleren Treffpunkts; vgl. Rothe, R.: Art. Monatsh. 1916, Nr. 110, S. 65 und Nr. 111, S. 125; Seheffers, G.: Berlin. Akad. Ber., Phys.-math. Kl. 42, S. 733. 1915 (günstigster Zielpunkt).

Zu § 73. Über die Verwendung der Method. d. kleinst. Quadrate vgl. z. B. Kohlrausch: Prakt. Physik S. 17. Leipzig 1901; speziell zur Aufstell. von Luftwiderstandsgesetzen vgl. auch Literaturnote zu Nr. 10 u. 11. Über zweckmäßigste Verwendung der Munition, günstigste Aufstellung von Zwischenscheiben usw. vgl. Vallier, E.: Bal. expér. S. 138 u. 151. Paris 1894.

Zu § 74 bis 78; Wirkung im Ziel. Vgl. Didion: S. 228. Siacci: S. 142. Persy, N.: Cours de balistique. Metz 1827. Résal: Comptes Rendus 120, S. 397. Paris 1895. Schumm, H. C.: Journ. of Un. Stat. art. 4, S. 620. 1895. de Brettes, M.: Comptes Rendus 75, S. 1702. 1872, und 76, S. 278. 1873. Kaiser, G.: Mitt. ü. Geg. d. Art. u. Gen.-Wes. 1885, S. 171 (Notizen); Parodi, C.: Riv. d'art. e gen. vol. 1, S. 42. 1887. Jouffret, E. P.: Les projectiles S. 142. Fontainebleau 1881. Ronca, G.: La corrisp. 1, S. 16 ff. 1900. E. V.: ebenda 1, S. 200. 1900. Bezüglich schiefen Eindringens und Einflusses der Rotation: Mayevski: Rev. d. technol. milit. 5. 1866, und 6. 1867. Vallier: S. 220 und Comptes rendus 120, S. 136. Paris 1895. Heydenreich: 1, S. 8. Bezüglich der Theorie vgl. besonders v. Wuich: Mitt. üb. Geg. d. Art. u. Gen.-Wes. 1893, S. 1 u. 161 und Putz, H.: Rev. d'Art. 34, S. 138 u. 193. 1889; ferner Sabudski: 1, S. 394—420.

Die Theorien von Euler, Poncelet, Résal: Vgl. Robins, R.: Nouveaux principes d'artillerie, commentés par L. Euler, französ. Übersetzung von Lombard: S. 365 ff. Paris 1873. Poncelet: Introduction à la mécanique industrielle, S. 619 ff. Bruxelles 1839. Résal: Comptes Rendus 120, S. 397. Paris 1895. Levi-Civita, T.: Atti del reale istituto Veneto di Scienze 65, Teil II, S. 1149. 1905.

Zu § 75. Tiefstes Eindringen in Sand und Erde bei sehr groß. Geschwindigkeiten: franz. Schießinstruktion, Tabelle IV, vgl. darüber auch v. Minarelli, S. 143 und Wille, Waffenlehre, S. 173. Berlin 1900 (nach de la Llave). Wernicke: Z. f. d. ges. Schieß- u. Sprengstoff-Wes. S. 201. 1910.

Über verschiedene Einzelwirkungen des Schusses vgl. A. Preuß in der Z. „Schuß u. Waffe" 2, Nr. 24, S. 577. 1908/09; 3, Nr. 2, S. 41. 1909/10; 5, Nr. 19, S. 376. 1911/12 (Schießen mit Stearin u. Wasser); 3, Nr. 1, S. 5. 1909/10 (Gewebeabdrücke auf Bleigeschosse); 3, Nr. 9, S. 185. 1909/10 (Auffangen des Geschosses auf Eis).

Über die Geschoßenergie, die notwendig sein soll, um einen Mann, bzw. ein Pferd außer Gefecht zu setzen, vgl. Rohne, H.: Schießlehre f. Infant., S. 68. Berlin 1906, und Art. Monatsh. 1908, S. 197. Pangher, J.: Mitt. üb.

Geg. d. Art. u. Gen.-Wes. 1909, S. 615. Nobile de Giorgi, A.: ebenda 1911, H. 10, S. 891; H. 11, S. 1003; H. 12, S. 1111; 1912, S. 1 u. 12.

Über Panzerschießen und Kappengeschosse, Bahn: Art. Monatsh. 1910, II, S. 401 (Theorie der Kappengeschosse); Veit, R.: Mitt. ü. Geg. d. Art. u. Gen.-Wes. 1912, S. 112 u. 235 (Prüfung von Panzerformeln). Clerke: The Naval Annual 1913, S. 363 (Kappengeschosse); Tressider: Transact. of the Institution of Naval Architekts, Jahrgang 1908, vol. 1 (Kappengeschosse). Sänger: Kruppsche Zementpanzer u. Kappengeschosse, Kattowitz 1907. Eine Theorie der Deformationen durch Stoßbeanspruchung, einschließl. einer Theorie der Wirkung von Kappengeschossen: Mimey, A: Rev. d'Art. 89, t. 78, S. 209. 1911.

Über die Eindringungstiefen in Holz vgl. Journée: Rev. d'Art. 72, S. 105. 1908.

Über Stoßfestigkeit (Festigkeit beim Durchschießen), Mimey, A.: Rev. d'Art., 39. Jahrg., Bd. 78, Juliheft, S. 209. 1911.

Über Splitterwirkung der Granaten, Trefferdichte usw. vgl. Justrow, Geschoß-Konstruktion (s. o.); derselbe: Technik u. Wehrmacht, Heft 9/12. 1921; derselbe: Art. Monatshefte Nr. 186, S. 221. 1922; ferner H. Rohne, Art. Monatshefte Nr. 211/212, S. 121. 1924.

Zu § 77. Über die sog. Explosivwirkung der neueren Infanteriegeschosse. Vgl. v. Obermayer, A.: Mitt. ü. Geg. d. Art. u. Gen.-Wes. 1898, S. 361, und Medizinalabteilung des Preuß. Kriegsministeriums: Über die Wirkung und kriegschirurgische Bedeutung der neuen Handfeuerwaffen. Berlin 1894; dort auch Literatur. Dazu Rink, E.: Rev. d'Art. 25, S. 550. 1885; v. Minarelli: S. 41. Cranz, C. und Koch, K. R.: Ann. d. Phys. Chem. (4) 3, S. 247. 1900 (momentphotogr. Aufnahmen); Versuchsanstalt für Handfeuerwaffen in Halensee-Berlin, Mitt. ü. Geg. d. Art. u. Gen.-Wes. 1903, S. 477 (sog. Afterwirkung zum erstenmal konstatiert). Cranz u. Günther: Z. f. d. ges. Schieß- u. Sprengstoff-Wesen 1912, S. 317. Lehmann, H.: die Kinematographie, ihre Grundlagen und ihre Anwendungen, S. 112. Leipzig: B. G. Teubner 1911. Curschmann: Z. f. d. ges. Schieß- u. Sprengstoff-Wesen 10, S. 123. 1915 (angebliche Dum-Dum-Geschosse). Preuß, A.: Z. „Schuß u. Waffe" 3, Nr. 17, S. 349. 1909/10 (Luftdruck in der Nähe des fliegenden Geschosses). Über Schußverletzungen: Z. „Schuß u. Waffe" 6, S. 421 u. 441. 1913 (Hübener), und 7, S. 281, 297, 317, 337, 357. 1914 (E. Bröer); ferner Bircher, E.: Kriegschirurg. Hefte der Beitr. z. klin. Chir. Bd. 96, H. 1, S. 38. 1915.

Bezüglich der Durchschlagswirkungen von Geschossen, die senkrecht in die Höhe geschossen worden waren, beim Zurückkommen: Cranz: Z. „Schuß u. Waffe" 2, Nr. 18, S. 413. 1909 (Versuche von A. Preuß); ferner Wieting Pascha, Prof.: Militärärztl. Z. 38, H. 15, S. 617. 1909.

Experimentelles über Geschoßdeformation, vgl. Breuer, A.: Mitt. ü. Geg. d. Art. u. Gen.-Wes. 1907, S. 671.

Zu § 78. Über Ricochettschüsse u. Prellschüsse: Vgl. die Literaturnote zu § 5. E. de Jonquières erwähnt, daß Kugeln von 0,16 m Kaliber mit $v_0 = 455$ m/sec im Mittel 22 Sprünge auf Wasser ausführten; Schußweite 2470 m. Weitere Zahlenangaben bes. bei Persy, Cours de balistique, S. 61. Metz 1827. Preuß, A.: Z. „Schuß u. Waffe" 3, Nr. 10, S. 217. 1909/10, und 4, Nr. 11, S. 213. 1910/11 (Schießen unter Wasser). Ramsauer, C.: Über den Ricochettschuß, Dissertat. Kiel 1903. Betreffs Pétry, Heydenreich und v. Chrismar vgl. das Verzeichnis der Lehrbücher und Monographien.

Zu § 79, Schußtafeln. Vgl. Vallier, E.: Bal. exp., Paris 1894 und A. Hamilton, Journ. of the Unit. St. Art. Nr. 100, S. 257 (Dez. 1909) und J. Ottenheimer, bal. extér, Paris 1924. — Die natürlichen Werte der sekundären ballistischen Funktionen von Siacci findet man bei Fasella, Tavole balistiche secondarie, Genua 1901. Zur Verwendung dieser natürlichen Funktionswerte beim Gebrauch der Rechenmaschine empfiehlt sich die Benutzung der „Tafeln für numerisches Rechnen mit Maschinen", von O. Lohse, Leipzig 1909. Drei- stellige Logarithmen dieser sekundären Funktionswerte enthält der Tabellen- anhang zu Bianchi, Corso teorico-pratico di Balistica Esterna, Turin 1922. Bianchi gibt auch eine Bahnberechnung in Teilbögen (l. c. S. 160), unter Be- nutzung der primären Funktionen von Siacci.

Zu § 80. Über die Vornahme von Schußtafelversuchen vgl. auch Heyden- reich, W.: Die Lehre vom Schuß für Gewehr und Geschütz, Berlin 1908, Teil I, S. 70 ff., ferner Bianchi l. c. S. 318—393. — Über die empirische Ermittlung der Schußweiten für Windstille, sowie die experimentelle Ermittlung der Wind- einflüsse auf Seitenabweichung und Schußweite vgl. Becker, K.: Die Berück- sichtigung der besonderen und der Witterungseinflüsse, Zeitsch. Technik und Wehrmacht 1921, Heft 5 bis 10. — Betr. der Witterungseinflüsse vgl. insbes. auch Garnier, M.: Mémorial de l'Artill. franç. Bd. I, Heft 2, S. 299, 1922 und Bd. II, Heft 2, S. 353. 1923. — Für ballistische Berechnung empfiehlt es sich, aus den meteorologischen Protokollen zunächst die Windkomponenten parallel und senkrecht zur Schußrichtung zu entnehmen und hieraus den ballistischen Wind getrennt für beide Richtungen zu ermitteln; (die Ermittlung eines ein- heitlichen ballistischen Windes stellt eine bloße Annäherung dar, die allerdings beim praktischen Gebrauch der entsprechenden Korrekturtafeln durch die Truppe zum Teil notwendig wird.) — Über die Höhen- und Längenstreuungen der Sprengpunkte bei einem idealen, in sich selbst streuungslosen Zeitzünder vgl. Großmann: Mitt. üb Geg. d. Art. u. Gen.-Wes. 1913. — Über den Ein- fluß der Schwankungen des natürlichen Feuchtigkeitsgehalts des Pulvers auf die Anfangsgeschwindigkeit v_0 vgl. Hamilton: Inn. Ball. — Für die Er- mittlung der Streuungen, namentlich bei kurzen Schußentfernungen gibt Pfeifer, Art. Monatshefte 1922, gewisse Regeln, durch welche das Zeichnen der Aus- gleichskurven erleichtert werden kann. — Über das Zünderbrennen unter Be- rücksichtigung der Geschoßbewegung und der Flughöhe vgl. Stübler, E.: Art. Monatshefte 1918, Mai/Juni-Heft; ferner Bianchi, der l. c. S. 220 ff. diese Frage vom Standpunkt der praktischen Erfahrungen aus ausführlich behandelt. Nach den empirischen Daten von Bianchi ist selbst bei dem gleichen Satzring- pulver der das Zünderbrenner kennzeichnende Faktor je nach der Zünderkon- struktion sehr verschieden, so daß die Notwendigkeit außer Zweifel steht, beim Satzring-Brennzünder die Zünderstellungen der Schußtafel praktisch zu erschießen.

Zu § 81. Für die ganz steilen Flugbahnen stellt man die Aufsatzwinkel, Flugzeiten, Zünderstellungen und Seitenverschiebungen, statt in Funktion von x, besser in Funktion von y dar. Im übrigen verfährt man wie im Text angegeben.

Zu § 82. Zur Berechnung der Flugbahnbilder für den Gebirgskrieg, sowie für Flugabwehr entwickelt Bianchi l. c. S. 277 ff. eine Näherungslösung des ballistischen Problems, die für Abgangswinkel φ von $+90^\circ$ bis -90° gelten soll; eine Nachprüfung auf Grund von erschossenen Steilbahnen scheint ge- boten. — Ferner vgl. über die Herstellung von Luftschußtafeln K. Wolf, Mitt. üb. Geg. d. Art. u. Gen.-Wes. 1918, Heft 8, S. 1225 und Heft 9, S. 1393 (Bestimmung der Bahnelemente mit Hilfe von Kurven 2. Grades im Falle photo- grammetrischer Festlegung mehrerer Bahnpunkte), und besonders auch Curti, Schweizerische Ztschr. f. Art. u. Gen. 1918, sowie Neuendorff, R.: Beitrag zur Konstruktion von Luftschußtafeln, Art. Monatsh. 1918, Nr. 139/140, S. 27 (Konstruktion von Kurven gleicher Aufsatzwinkel auf Grund von photo- grammetrischen Aufnahmen oder von stückweisen Berechnungen der Flugbahnen).

Anhang.

Ballistische Tabellen und Diagramme

1. Tabellen für ballistische Berechnungen.

Tabelle 1. Werte der Fallbeschleunigung g für verschiedene geographische Breiten α^0 und verschiedene Meereshöhen h m,

$$g = 9{,}80549 \cdot (1 - 0{,}00259 \cdot \cos 2\alpha) \cdot (1 - 0{,}0^{(6)} 313959 \cdot h).$$

	Höhe über dem Meere in Metern								
	0	100	200	300	400	500	1000	2000	3000
0	9,7801	9,7797	9,7794	9,7791	9,7788	9,7785	9,7769	9,7739	9,7710
10	9,7817	9,7813	9,7810	9,7807	9,7804	9,7801	9,7788	9,7755	9,7724
20	9,7860	9,7857	9,7854	9,7851	9,7848	9,7845	9,7830	9,7799	9,7768
30	9,7928	9,7925	9,7922	9,7919	9,7916	$9{,}7912_5$	9,7897	9,7866	9,7836
40	$9{,}8011_5$	$9{,}8008_5$	9,8005	9,8002	9,7999	9,7996	9,7981	9,7950	9,7919
41	9,8020	9,8017	$9{,}8013_5$	9,8010	9,8007	9,8004	9,7989	9,7958	9,7927
42	9,8028	9,8025	9,8022	9,8019	9,8016	9,8013	9,7998	9,7967	9,7936
43	9,8037	9,8034	9,8031	9,8028	9,8025	9,8022	9,8004	9,7975	9,7945
44	9,8046	9,8043	9,8040	9,8037	9,8034	9,8030	9,8016	9,7985	9,7955
45	9,8055	9,8052	9,8048	9,8045	9,8042	9,8039	9,8024	9,7993	9,7962
46	9,8064	9,8060	9,8057	9,8054	9,8051	9,8048	9,8033	9,8002	9,7971
47	$9{,}8072_5$	9,8069	9,8066	9,8063	9,8060	9,8057	$9{,}8041_5$	9,8010	9,7980
48	$9{,}8081$	$9{,}8078_5$	9,8075	9,8072	9,8069	9,8066	9,8051	9,8019	9,7989
49	9,8090	9,8087	9,8084	9,8081	9,8078	9,8075	9,8059	9,8029	9,7998
50	9,8099	9,8096	9,8093	9,8090	9,8087	9,8083	9,8068	9,8037	9,8007
55	9,8142	9,8139	9,8136	9,8133	9,8129	9,8126	9,8111	9,8080	9,8049
60	9,8182	9,8178	$9{,}8175_5$	9,8173	9,8170	9,8167	9,8151	9,8121	9,8090
65	9,8218	9,8215	9,8212	9,8209	9,8206	9,8203	9,8187	9,8156	9,8126
70	9,8250	9,8246	9,8243	9,8240	9,8237	9,8234	9,8219	9,8188	9,8157
75	9,8275	9,8272	9,8269	9,8265	9,8262	9,8259	9,8244	9,8213	9,8182
80	$9{,}8293_5$	9,8290	9,8287	9,8284	9,8281	9,8278	9,8263	9,8232	9,8201
85	9,8305	9,8302	9,8299	9,8296	9,8293	9,8290	9,8274	9,8243	9,8212
90	9,8310	9,8306	9,8303	$9{,}8299_5$	9,8296	9,8293	9,8277	9,8248	9,8215

(Row label column: Geographische Breite in Graden)

Tabelle 2. Die natürlichen Werte des sinus, tangens und cosinus (von 10 zu 10 Minuten bis 20° und von 1 zu 1 Grad bis 90°).

(Ausführlichere Tabelle, von Minute zu Minute, vgl. Hertzer, Math. Tabellen usw., Berlin 1864 S. 82 und Schubert, Fünfstellige Tafeln und Gegentafeln, Teubner 1897.)

α Grad Min.	$\sin\alpha$	$\operatorname{tang}\alpha$	$\cos\alpha$	α Grad Min.	$\sin\alpha$	$\operatorname{tang}\alpha$	$\cos\alpha$	α Grad Min.	$\sin\alpha$	$\operatorname{tang}\alpha$	$\cos\alpha$
0 00	0,00000	0,00000	1,0000								
0 10	0,00291	0,00291	1,0000	1 50	0,03199	0,03201	0,9995	3 30	0,06105	0,06116	0,9981
0 20	0,00582	0,00582	1,0000	2 00	0,03490	0,03492	0,9994	3 40	0,06395	0,06408	0,9980
0 30	0,00873	0,00873	1,0000	2 10	0,03781	0,03783	0,9993	3 50	0,06685	0,06700	0,9978
0 40	0,01164	0,01164	0,9999	2 20	0,04071	0,04075	0,9992	4 00	0,06976	0,06993	0,9976
0 50	0,01454	0,01455	0,9999	2 30	0,04362	0,04366	0,9990	4 10	0,07266	0,07285	0,9974
1 00	0,01745	0,01746	0,9998	2 40	0,04653	0,04658	0,9989	4 20	0,07556	0,07578	0,9971
1 10	0,02036	0,02037	0,9998	2 50	0,04943	0,04949	0,9988	4 30	0,07846	0,07870	0,9969
1 20	0,02327	0,02328	0,9997	3 00	0,05234	0,05241	0,9986	4 40	0,08136	0,08163	0,9967
1 30	0,02618	0,02619	0,9997	3 10	0,05524	0,05533	0,9985	4 50	0,08426	0,08456	0,9964
1 40	0,02908	0,02910	0,9996	3 20	0,05814	0,05824	0,9983	5 00	0,08716	0,08749	0,9962

α Grad Min.	sin α	tang α	cos α	α Grad Min.	sin α	tang α	cos α	α Grad Min.	sin α	tang α	cos α
5 10	0,09005	0,09042	0,9959	10 10	0,17651	0,17933	0,9843	15 10	0,26163	0,27107	0,9652
5 20	0,09295	0,09335	0,9957	10 20	0,17937	0,18233	0,9838	15 20	0,26443	0,27419	0,9644
5 30	0,09585	0,09629	0,9954	10 30	0,18224	0,18534	0,9833	15 30	0,26724	0,27732	0,9636
5 40	0,09874	0,09923	0,9951	10 40	0,18509	0,18835	0,9827	15 40	0,27004	0,28046	0,9628
5 50	0,10164	0,10216	0,9948	10 50	0,18795	0,19136	0,9822	15 50	0,27284	0,28360	0,9621
6 00	0,10453	0,10510	0,9945	11 00	0,19081	0,19438	0,9816	16 00	0,27564	0,28675	0,9613
6 10	0,10742	0,16805	0,9942	11 10	0,19366	0,19740	0,9811	16 10	0,27843	0,28990	0,9605
6 20	0,11031	0,11099	0,9939	11 20	0,19652	0,20042	0,9805	16 20	0,28123	0,29305	0,9596
6 30	0,11320	0,11394	0,9936	11 30	0,19937	0,20345	0,9799	16 30	0,28402	0,29621	0,9588
6 40	0,11609	0,11688	0,9932	11 40	0,20222	0,20648	0,9793	16 40	0,28680	0,29938	0,9580
6 50	0,11898	0,11983	0,9929	11 50	0,20507	0,20952	0,9787	16 50	0,28959	0,30255	0,9572
7 00	0,12187	0,12278	0,9925	12 00	0,20791	0,21256	0,9781	17 00	0,29237	0,30573	0,9563
7 10	0,12476	0,12574	0,9922	12 10	0,21076	0,21560	0,9775	17 10	0,29515	0,30891	0,9555
7 20	0,12764	0,12869	0,9918	12 20	0,21360	0,21864	0,9769	17 20	0,29793	0,31210	0,9546
7 30	0,13053	0,13165	0,9914	12 30	0,21644	0,22169	0,9763	17 30	0,30071	0,31530	0,9537
7 40	0,13341	0,13461	0,9911	12 40	0,21928	0,22475	0,9757	17 40	0,30348	0,31850	0,9528
7 50	0,13629	0,13758	0,9907	12 50	0,22212	0,22781	0,9750	17 50	0,30625	0,32171	0,9520
8 00	0,13917	0,14054	0,9903	13 00	0,22495	0,23087	0,9744	18 00	0,30902	0,32492	0,9511
8 10	0,14205	0,14351	0,9899	13 10	0,22778	0,23393	0,9737	18 10	0,31178	0,32814	0,9502
8 20	0,14493	0,14648	0,9894	13 20	0,23062	0,23700	0,9730	18 20	0,31454	0,33136	0,9492
8 30	0,14781	0,14945	0,9890	13 30	0,23345	0,24008	0,9724	18 30	0,31730	0,33460	0,9483
8 40	0,15069	0,15243	0,9886	13 40	0,23627	0,24316	0,9717	18 40	0,32006	0,33783	0,9474
8 50	0,15356	0,15540	0,9881	13 50	0,23910	0,24624	0,9710	18 50	0,32282	0,34108	0,9465
9 00	0,15643	0,15838	0,9877	14 00	0,24192	0,24933	0,9703	19 00	0,32557	0,34433	0,9455
9 10	0,15931	0,16137	0,9872	14 10	0,24474	0,25242	0,9696	19 10	0,32832	0,34758	0,9446
9 20	0,16218	0,16435	0,9868	14 20	0,24756	0,25552	0,9689	19 20	0,33106	0,35085	0,9436
9 30	0,16505	0,16734	0,9863	14 30	0,25038	0,25862	0,9681	19 30	0,33381	0,35412	0,9426
9 40	0,16792	0,17033	0,9858	14 40	0,25320	0,26172	0,9674	19 40	0,33655	0,35740	0,9417
9 50	0,17078	0,17333	0,9853	14 50	0,25601	0,26483	0,9667	19 50	0,33929	0,36068	0,9407
10 00	0,17365	0,17633	0,9848	15 00	0,25882	0,26795	0,9659	20 00	0,34202	0,36397	0,9397

α Grade	sin α	tang α	α Grade	α Grade	sin α	tang α	α Grade	α Grade	sin α	tang α	α Grade	α Grade	sin α	tang α	α Grade
20	0,3420	0,3640	70												
21	0,3584	0,3839	69	41	0,6561	0,8693	49	61	0,8746	1,8040	29	81	0,9877	6,3138	9
22	0,3746	0,4040	68	42	0,6691	0,9004	48	62	0,8829	1,8807	28	82	0,9903	7,1154	8
23	0,3907	0,4245	67	43	0,6820	0,9325	47	63	0,8910	1,9626	27	83	0,9925	8,1443	7
24	0,4067	0,4452	66	44	0,6947	0,9657	46	64	0,8988	2,0503	26	84	0,9945	9,5144	6
25	0,4226	0,4663	65	45	0,7071	1,0000	45	65	0,9063	2,1445	25	85	0,9962	11,4301	5
26	0,4384	0,4877	64	46	0,7193	1,0355	44	66	0,9135	2,2460	24	86	0,9976	14,3007	4
27	0,4540	0,5095	63	47	0,7314	1,0724	43	67	0,9205	2,3559	23	87	0,9986	19,0811	3
28	0,4695	0,5317	62	48	0,7431	1,1106	42	68	0,9272	2,4751	22	88	0,9994	28,6363	2
29	0,4848	0,5543	61	49	0,7547	1,1504	41	69	0,9336	2,6051	21	89	0,9998	57,2900	1
30	0,5000	0,5774	60	50	0,7660	1,1918	40	70	0,9397	2,7475	20	90	1,0000	∞	0
31	0,5150	0,6009	59	51	0,7771	1,2349	39	71	0,9455	2,9042	19				
32	0,5299	0,6249	58	52	0,7880	1,2799	38	72	0,9511	3,0777	18				
33	0,5446	0,6494	57	53	0,7986	1,3270	37	73	0,9563	3,2709	17				
34	0,5592	0,6745	56	54	0,8090	1,3764	36	74	0,9613	3,4874	16				
35	0,5736	0,7002	55	55	0,8192	1,4281	35	75	0,9569	3,7321	15				
36	0,5878	0,7265	54	56	0,8290	1,4826	34	76	0,9703	4,0108	14				
37	0,6018	0,7536	53	57	0,8387	1,5399	33	77	0,9744	4,3315	13				
38	0,6157	0,7813	52	58	0,8480	1,6003	32	78	0,9781	4,7046	12				
39	0,6293	0,8098	51	59	0,8572	1,6643	31	79	0,9816	5,1446	11				
40	0,6428	0,8391	50	60	0,8660	1,7321	30	80	0,9848	5,6713	10				
cos α	cot α	α Grade		cos α	cot α	α Grade		cos α	cot α	α Grade		cos α	cot α	α Grade	

Die Spannkraft E des Wasserdampfes (in mm Quecksilbersäule), gesättigt bei der Temperatur t^0 Celsius. Vgl. Band I, § 15.

t^0 C	E	t^0 C	E	t^0 C	E	t^0 C	E	t^0 C	E	t^0 C	E
	mm		mm		mm		mm		mm		mm
− 10	2,2	+ 1	4,9	11	9,8	21	18,5	31	33,4	41	57,9
− 9	2,3	+ 2	5,3	12	10,4	22	19,6	32	35,4	42	61,1
− 8	2,5	+ 3	5,7	13	11,1	23	20,9	33	37,4	43	64,4
− 7	2,7	+ 4	6,1	14	11,9	24	22,2	34	39,6	44	67,8
− 6	2,9	+ 5	6,5	15	12,8	25	23,5	35	41,9	45	71,4
− 5	3,2	+ 6	7,0	16	13,5	26	25,0	36	44,2	46	75,2
− 4	3,4	+ 7	7,5	17	14,4	27	26,5	37	46,7	47	79,1
− 3	3,7	+ 8	8,0	18	15,3	28	28,1	38	49,3	48	83,2
− 2	3,9	+ 9	8,5	19	16,3	29	29,7	39	52,1	49	87,5
− 1	4,2	+ 10	9,1	20	17,4	30	31,5	40	54,9	50	92,0
0	4,6										

Tabelle 4.   Reduktion des Barometerstandes auf 0^0 wegen der Temperatur des Quecksilbers und des Maßstabes.

Man zieht von dem bei der Temperatur t^0 Celsius abgelesenen Barometerstand die betr. Zahl der Tabelle ab, um auf 0^0 zu reduzieren. Ist der Maßstab von Glas statt von Messing, so hat man die Zahl der Tabelle um $0,008 \cdot t$ (s. letzte Spalte) zu vergrößern. Vgl. Band I, Nr. 15.

Temperatur	Abgelesener Barometerstand in mm										$0,008 \cdot t$
t^0 C	680	690	700	710	720	730	740	750	760	770	
	mm	mm	mm	mm	mm	mm	mm	mm	mm	mm	mm
1	0,11	0,11	0,11	0,12	0,12	0,12	0,12	0,12	0,12	0,12	0,01
2	0,22	0,22	0,23	0,23	0,23	0,24	0,24	0,24	0,25	0,25	0,02
3	0,33	0,34	0,34	0,35	0,35	0,35	0,36	0,36	0,37	0,37	0,02
4	0,44	0,45	0,45	0,46	0,47	0,47	0,48	0,49	0,49	0,50	0,03
5	0,55	0,56	0,57	0,58	0,58	0,59	0,60	0,61	0,62	0,62	0,04
6	0,66	0,67	0,68	0,69	0,70	0,71	0,72	0,73	0,74	0,75	0,05
7	0,77	0,78	0,79	0,81	0,82	0,83	0,84	0,85	0,86	0,87	0,06
8	0,88	0,89	0,91	0,92	0,93	0,95	0,96	0,97	0,98	0,99	0,06
9	0,99	1,01	1,02	1,04	1,05	1,06	1,08	1,09	1,11	1,12	0,07
10	1,10	1,12	1,13	1,15	1,17	1,18	1,20	1,22	1,23	1,25	0,08
11	1,21	1,23	1,25	1,27	1,28	1,30	1,32	1,34	1,35	1,37	0,09
12	1,32	1,34	1,36	1,38	1,40	1,42	1,44	1,46	1,48	1,50	0,10
13	1,43	1,45	1,47	1,50	1,52	1,54	1,56	1,58	1,60	1,62	0,10
14	1,54	1,56	1,59	1,61	1,63	1,66	1,68	1,70	1,72	1,75	0,11
15	1,65	1,68	1,70	1,73	1,75	1,77	1,80	1,82	1,85	1,87	0,12
16	1,76	1,79	1,81	1,84	1,87	1,89	1,92	1,94	1,97	2,00	0,13
17	1,87	1,90	1,93	1,96	1,98	2,01	2,04	2,07	2,09	2,12	0,14
18	1,98	2,01	2,04	2,07	2,10	2,13	2,16	2,19	2,22	2,25	0,14
19	2,09	2,12	2,15	2,19	2,22	2,25	2,28	2,31	2,34	2,37	0,15
20	2,20	2,24	2,27	2,30	2,33	2,37	2,40	2,43	2,46	2,49	0,16
21	2,31	2,35	2,38	2,42	2,45	2,48	2,52	2,55	2,59	2,62	0,17
22	2,42	2,46	2,49	2,53	2,57	2,60	2,64	2,67	2,71	2,74	0,18
23	2,53	2,57	2,61	2,65	2,68	2,72	2,76	2,79	2,83	2,87	0,18
24	2,64	2,68	2,72	2,76	2,80	2,84	2,88	2,92	2,95	2,99	0,19
25	2,75	2,79	2,84	2,88	2,92	2,96	3,00	3,04	3,08	3,12	0,20
26	2,86	2,91	2,95	2,99	3,03	3,07	3,12	3,16	3,20	3,24	0,21
27	2,97	3,02	3,06	3,11	3,15	3,19	3,24	3,28	3,32	3,37	0,22
28	3,08	3,13	3,18	3,22	3,27	3,31	3,36	3,40	3,45	3,49	0,22
29	3,19	3,24	3,29	3,34	3,38	3,43	3,48	3,52	3,57	3,62	0,23
30	3,30	3,35	3,40	3,45	3,50	3,55	3,60	3,65	3,69	3,74	0,24

Werte der Exponentialfunktion e^z; vgl. Bd. I, § 24 und 25. $e = 2{,}718\,281\,828\ldots$

z	e^z	Diff.	z	e^z	Diff.	z	e^z	Diff.	z	e^z	Diff.	z	e^z	Diff.	z	e^z	Diff.
0,00	1,0000	100															
0,01	1,0100	102	0,51	1,6653	167	1,01	2,7456	276	1,51	4,5267	455	2,01	7,4633	750	2,51	12,3049	1231
0,02	1,0202	102	0,52	1,6820	169	1,02	2,7732	278	1,52	4,5722	459	2,02	7,5383	757	2,52	12,4280	1255
0,03	1,0304	104	0,53	1,6989	171	1,03	2,8010	282	1,53	4,6181	465	2,03	7,6140	766	2,53	12,5535	1262
0,04	1,0408	105	0,54	1,7160	173	1,04	2,8292	285	1,54	4,6646	469	2,04	7,6906	773	2,54	12,6797	1274
0,05	1,0513	105	0,55	1,7333	174	1,05	2,8577	287	1,55	4,7115	473	2,05	7,7679	780	2,55	12,8071	1287
0,06	1,0618	107	0,56	1,7507	176	1,06	2,8864	290	1,56	4,7588	478	2,06	7,8459	789	2,56	12,9358	1300
0,07	1,0725	108	0,57	1,7683	177	1,07	2,9154	293	1,57	4,8066	483	2,07	7,9248	796	2,57	13,0658	1313
0,08	1,0833	109	0,58	1,7860	180	1,08	2,9447	296	1,58	4,8549	488	2,08	8,0044	805	2,58	13,1971	1326
0,09	1,0942	110	0,59	1,8040	181	1,09	2,9743	299	1,59	4,9037	493	2,09	8,0849	813	2,59	13,3297	1340
0,10	1,1052	111	0,60	1,8221	183	1,10	3,0042	301	1,60	4,9520	498	2,10	8,1662	820	2,60	13,4637	1353
0,11	1,1163	112	0,61	1,8404	185	1,11	3,0343	305	1,61	5,0028	503	2,11	8,2482	829	2,61	13,5990	1367
0,12	1,1275	113	0,62	1,8589	187	1,12	3,0648	308	1,62	5,0531	507	2,12	8,3311	837	2,62	13,7357	1381
0,13	1,1388	115	0,63	1,8776	189	1,13	3,0956	312	1,63	5,1038	514	2,13	8,4148	846	2,63	13,8738	1394
0,14	1,1503	115	0,64	1,8965	190	1,14	3,1268	314	1,64	5,1552	518	2,14	8,4994	855	2,64	14,0132	1408
0,15	1,1618	117	0,65	1,9155	192	1,15	3,1582	317	1,65	5,2070	523	2,15	8,5849	862	2,65	14,1540	1423
0,16	1,1735	118	0,66	1,9347	195	1,16	3,1899	321	1,66	5,2593	528	2,16	8,6711	871	2,66	14,2963	1436
0,17	1,1853	119	0,67	1,9542	196	1,17	3,2220	324	1,67	5,3121	533	2,17	8,7582	880	2,67	14,4399	1452
0,18	1,1972	121	0,68	1,9738	199	1,18	3,2544	327	1,68	5,3654	539	2,18	8,8462	890	2,68	14,5851	1465
0,19	1,2093	121	0,69	1,9937	201	1,19	3,2871	330	1,69	5,4193	544	2,19	8,9352	898	2,69	14,7316	1491
0,20	1,2214	123	0,70	2,0138	202	1,20	3,3201	334	1,70	5,4737	550	2,20	9,0250	907	2,70	14,8797	1496
0,21	1,2337	124	0,71	2,0340	204	1,21	3,3535	337	1,71	5,5287	556	2,21	9,1157	916	2,71	15,0293	1510
0,22	1,2461	125	0,72	2,0544	207	1,22	3,3872	340	1,72	5,5843	561	2,22	9,2073	925	2,72	15,1803	1526
0,23	1,2586	126	0,73	2,0751	208	1,23	3,4212	344	1,73	5,6404	567	2,23	9,2998	935	2,73	15,3329	1541
0,24	1,2712	128	0,74	2,0959	211	1,24	3,4556	347	1,74	5,6971	573	2,24	9,3933	944	2,74	15,4870	1556
0,25	1,2840	129	0,75	2,1170	213	1,25	3,4903	351	1,75	5,7544	579	2,25	9,4877	953	2,75	15,6426	1572
0,26	1,2969	130	0,76	2,1383	215	1,26	3,5254	354	1,76	5,8123	585	2,26	9,5830	963	2,76	15,7998	1588
0,27	1,3099	132	0,77	2,1598	217	1,27	3,5608	358	1,77	5,8708	590	2,27	9,6793	973	2,77	15,9586	1604
0,28	1,3231	133	0,78	2,1815	219	1,28	3,5966	362	1,78	5,9298	596	2,28	9,7766	983	2,78	16,1190	1620
0,29	1,3364	135	0,79	2,2034	221	1,29	3,6328	365	1,79	5,9894	602	2,29	9,8749	993	2,79	16,2810	1636
0,30	1,3499	135	0,80	2,2255	224	1,30	3,6693	369	1,80	6,0496	608	2,30	9,9742	1002	2,80	16,4446	1653
0,31	1,3634	137	0,81	2,2479	226	1,31	3,7062	372	1,81	6,1104	614	2,31	10,0744	1012	2,81	16,6099	1670
0,32	1,3771	139	0,82	2,2705	228	1,32	3,7434	376	1,82	6,1718	620	2,32	10,1756	1023	2,82	16,7769	1686
0,33	1,3910	139	0,83	2,2933	231	1,33	3,7810	380	1,83	6,2338	627	2,33	10,2779	1033	2,83	16,9455	1703
0,34	1,4049	142	0,84	2,3164	232	1,34	3,8190	384	1,84	6,2965	633	2,34	10,3812	1044	2,84	17,1158	1720
0,35	1,4191	142	0,85	2,3396	235	1,35	3,8574	388	1,85	6,3598	639	2,35	10,4856	1053	2,85	17,2878	1737
0,36	1,4333	144	0,86	2,3631	238	1,36	3,8962	391	1,86	6,4237	645	2,36	10,5909	1064	2,86	17,4615	1755
0,37	1,4477	146	0,87	3,3869	240	1,37	3,9353	396	1,87	6,4882	653	2,37	10,6973	1075	2,87	17,6370	1773
0,38	1,4623	147	0,88	2,4109	242	1,38	3,9749	399	1,88	6,5535	658	2,38	10,8048	1086	2,88	17,8143	1790
0,39	1,4770	148	0,89	2,4351	245	1,39	4,0148	404	1,89	6,6193	666	2,39	10,9134	1098	2,89	17,9933	1808
0,40	1,4918	150	0,90	2,4596	247	1,40	4,0552	407	1,90	6,6859	671	2,40	11,0232	1109	2,90	18,1741	1827
0,41	1,5068	151	0,91	2,4843	250	1,41	4,0959	412	1,91	6,7530	679	2,41	11,1341	1118	2,91	18,3568	1845
0,42	1,5219	153	0,92	2,5093	252	1,42	4,1371	416	1,92	6,8209	686	2,42	11,2459	1130	2,92	18,5413	1863
0,43	1,5372	155	0,93	2,5345	255	1,43	4,1787	420	1,93	6,8895	692	2,43	11,3589	1141	2,93	18,7276	1882
0,44	1,5527	156	0,94	2,5600	257	1,44	4,2207	424	1,94	6,9587	700	2,44	11,4730	1153	2,94	18,9258	1902
0,45	1,5683	158	0,95	2,5857	260	1,45	4,2631	428	1,95	7,0287	706	2,45	11,5883	1165	2,95	19,1060	1920
0,46	1,5841	159	0,96	2,6117	262	1,46	4,3059	433	1,96	7,0993	713	2,46	11,7048	1176	2,96	19,2980	1939
0,47	1,6000	161	0,97	3,6379	265	1,47	4,3492	437	1,97	7,1706	721	2,47	11,8224	1189	2,97	19,4919	1959
0,48	1,6161	162	0,98	2,6644	268	1,48	4,3929	442	1,98	7,2427	728	2,48	11,9413	1200	2,98	10,6878	1979
0,49	1,6323	164	0,99	2,6912	271	1,49	4,4371	446	1,99	7,3155	736	3,49	12,0613	1212	2,99	19,8857	1998
0,50	1,6487	166	1,00	2,7183	273	1,50	4,4817	450	2,00	7,3891	742	2,50	12,1825	1224	3,00	20,0855	

Tabelle 5b.

Werte der Funktion $f(z) = 2 \cdot \dfrac{e^z - z - 1}{z^2}$; vgl. Band I, § 24 und 25.

z	$f(z)$	Diff.	z	$f(z)$	Diff.	z	$f(z)$	Diff.	z	$f(z)$	Diff.	z	$f(z)$	Diff.	z	$f(z)$	Diff.
0,00	1,0000	33															
0,01	1,0033	34	0,41	1,1519	41	0,81	1,3348	51	1,21	1,5620	63	1,61	1,8462	80	2,01	2,2045	101
0,02	1,0067	34	0,42	1,1560	42	0,82	1,3399	52	1,22	1,5683	64	1,62	1,8542	80	2,02	2,2146	101
0,03	1,0101	34	0,43	1,1602	41	0,83	1,3451	51	1,23	1,5747	64	1,63	1,8622	81	2,03	2,2247	102
0,04	1,0135	34	0,44	1,1643	42	0,84	1,3502	52	1,24	1,5811	65	1,64	1,8703	81	2,04	2,2349	103
0,05	1,0169	34	0,45	1,1685	42	0,85	1,3554	52	1,25	1,5876	65	1,65	1,8784	82	2,05	2,2452	103
0,06	1,0203	35	0,46	1,1727	43	0,86	1,3606	52	1,26	1,5941	66	1,66	1,8866	82	2,06	2,2555	104
0,07	1,0238	34	0,47	1,1770	42	0,87	1,3658	53	1,27	1,6007	66	1,67	1,8948	83	2,07	2,2659	105
0,08	1,0272	35	0,48	1,1812	43	0,88	1,3711	53	1,28	1,6073	66	1,68	1,9031	83	2,08	2,2764	105
0,09	1,0307	35	0,49	1,1855	43	0,89	1,3764	53	1,29	1,6139	66	1,69	1,9114	83	2,09	2,2869	106
0,10	1,0342	35	0,50	1,1898	43	0,90	1,3817	54	1,30	1,6205	67	1,70	1,9197	84	2,10	2,2975	106
0,11	1,0377	36	0,51	1,1941	44	0,91	1,3871	54	1,31	1,6272	67	1,71	1,9281	84	2,11	2,3081	107
0,12	1,0413	35	0,52	1,1985	43	0,92	1,3925	54	1,32	1,6339	67	1,72	1,9365	85	2,12	2,3188	108
0,13	1,0448	36	0,53	1,2028	44	0,93	1,3979	54	1,33	1,6406	68	1,73	1,9450	85	2,13	2,3296	109
0,14	1,0484	36	0,54	1,2072	44	0,94	1,4033	55	1,34	1,6474	68	1,74	1,9535	86	2,14	2,3405	109
0,15	1,0520	36	0,55	1,2116	44	0,95	1,4088	55	1,35	1,6542	69	1,75	1,9621	87	2,15	2,3514	110
0,16	1,0556	36	0,56	1,2160	45	0,96	1,4143	55	1,36	1,6611	69	1,76	1,9708	87	2,16	2,3624	110
0,17	1,0592	37	0,57	1,2205	45	0,97	1,4198	55	1,37	1,6680	69	1,77	1,9795	87	2,17	2,3734	111
0,18	1,0629	36	0,58	1,2250	45	0,98	1,4253	56	1,38	1,6749	70	1,78	1,9882	88	2,18	2,3845	112
0,19	1,0665	37	0,59	1,2295	45	0,99	1,4309	56	1,39	1,6819	70	1,79	1,9970	89	2,19	2,3957	113
0,20	1,0702	37	0,60	1,2340	46	1,00	1,4365	56	1,40	1,6889	70	1,80	2,0059	89	2,20	2,4070	113
0,21	1,0739	37	0,61	1,2386	45	1,01	1,4421	57	1,41	1,6959	72	1,81	2,0148	90	2,21	2,4183	114
0,22	1,0776	37	0,62	1,2431	46	1,02	1,4478	57	1,42	1,7031	72	1,82	2,0238	90	2,22	2,4297	115
0,23	1,0813	37	0,63	1,2477	47	1,03	1,4535	57	1,43	1,7103	72	1,83	2,0328	91	2,23	2,4412	115
0,24	1,0850	38	0,64	1,2524	46	1,04	1,4592	58	1,44	1,7175	72	1,84	2,0419	91	2,24	2,4527	116
0,25	1,0888	38	0,65	1,2570	47	1,05	1,4650	58	1,45	1,7247	73	1,85	2,0510	92	2,25	2,4643	117
0,26	1,0926	38	0,66	1,2617	47	1,06	1,4708	59	1,46	1,7320	73	1,86	2,0602	93	2,26	2,4760	118
0,27	1,0964	38	0,67	1,2664	47	1,07	1,4767	59	1,47	1,7393	74	1,87	2,0695	93	2,27	2,4878	118
0,28	1,1002	38	0,68	1,2711	47	1,08	1,4826	59	1,48	1,7467	74	1,88	2,0788	93	2,28	2,4996	119
0,29	1,1040	39	0,69	1,2758	48	1,09	1,4885	59	1,49	1,7541	74	1,89	2,0881	94	2,29	2,5115	118
0,30	1,1079	39	0,70	1,2806	48	1,10	1,4944	60	1,50	1,7615	75	1,90	2,0975	95	2,30	2,5233	120
0,31	1,1118	39	0,71	1,2854	48	1,11	1,5004	60	1,51	1,7690	75	1,91	2,1070	95	2,31	2,5353	121
0,32	1,1157	40	0,72	1,2902	48	1,12	1,5064	60	1,52	1,7765	76	1,92	2,1165	95	2,32	2,5474	121
0,33	1,1197	39	0,73	1,2950	49	1,13	1,5124	61	1,53	1,7841	76	1,93	2,1260	96	2,33	2,5595	123
0,34	1,1236	40	0,74	1,2999	49	1,14	1,5185	61	1,54	1,7917	76	1,94	2,1356	97	2,34	2,5718	123
0,35	1,1276	40	0,75	1,3048	49	1,15	1,5246	62	1,55	1,7993	77	1,95	2,1453	97	2,35	2,5841	124
0,36	1,1316	40	0,76	1,3097	50	1,16	1,5308	62	1,56	1,8070	77	1,96	2,1550	98	2,36	2,5965	125
0,37	1,1356	41	0,77	1,3147	50	1,17	1,5370	62	1,57	1,8147	78	1,97	2,1648	98	2,37	2,6090	126
0,38	1,1397	40	0,78	1,3197	50	1,18	1,5432	62	1,58	1,8225	78	1,98	2,1746	99	2,38	2,6216	126
0,39	1,1437	41	0,79	1,3247	50	1,19	1,5494	63	1,59	1,8303	79	1,99	2,1845	100	2,39	2,6342	127
0,40	1,1478	41	0,80	1,3297	51	1,20	1,5557	63	1,60	1,8382	80	2,00	2,1945	100	2,40	2,6469	

Tabelle 5c.

Werte der Funktion $f(z) = \dfrac{e^z - 1}{z}$; vgl. Band I, § 24 und 25.

z	$f(z)$	Diff.	z	$f(z)$	Diff.	z	$f(z)$	Diff.	z	$f(z)$	Diff.	z	$f(z)$	Diff.	z	$f(z)$	Diff.
0,00	1,0000	50															
0,01	1,0050	51	0,41	1,2361	67	0,81	1,5406	88	1,21	1,9450	117	1,61	2,4862	157	2,01	3,2156	212
0,02	1,0101	51	0,42	1,2428	66	0,82	1,5494	88	1,22	1,9567	118	1,62	2,5019	158	2,02	3,2368	214
0,03	1,0152	51	0,43	1,2494	68	0,83	1,5582	89	1,23	1,9685	118	1,63	2,5177	159	2,03	3,2582	215
0,04	1,0203	51	0,44	1,2562	67	0,84	1,5671	90	1,24	1,9803	120	1,64	2,5336	161	2,04	3,2797	217
0,05	1,0254	52	0,45	1,2629	68	0,85	1,5761	90	1,25	1,9923	120	1,65	2,5497	161	2,05	3,3014	219
0,06	1,0306	52	0,46	1,2697	69	0,86	1,5851	90	1,26	2,0043	121	1,66	2,5658	163	2,06	3,3233	220
0,07	1,0358	53	0,47	1,2766	69	0,87	1,5941	92	1,27	2,0164	122	1,67	2,5821	164	2,07	3,3453	222
0,08	1,0411	53	0,48	1,2835	69	0,88	1,6033	92	1,28	2,0286	123	1,68	2,5985	166	2,08	3,3675	224
0,09	1,0464	53	0,49	1,2904	70	0,89	1,6125	93	1,29	2,0409	124	1,69	2,6151	166	2,09	3,3899	226
0,10	1,0517	54	0,50	1,2974	71	0,90	1,6218	93	1,30	2,0533	125	1,70	2,6317	168	2,10	3,4125	227
0,11	1,0571	54	0,51	1,3045	71	0,91	1,6311	94	1,31	2,0658	125	1,71	2,6485	169	2,11	3,4352	229
0,12	1,0625	54	0,52	1,3116	71	0,92	1,6405	95	1,32	2,0783	127	1,72	2,6654	170	2,12	3,4581	230
0,13	1,0679	55	0,53	1,3187	72	0,93	1,6500	96	1,33	2,0910	128	1,73	2,6824	172	2,13	3,4811	233
0,14	1,0734	55	0,54	1,3259	73	0,94	1,6596	96	1,34	2,1038	128	1,74	2,6996	173	2,14	3,5044	234
0,15	1,0789	55	0,55	1,3332	73	0,95	1,6692	97	1,35	2,1166	130	1,75	2,7169	174	2,15	3,5278	236
0,16	1,0844	56	0,56	1,3405	73	0,96	1,6789	97	1,36	2,1296	130	1,76	2,7343	176	2,16	3,5514	238
0,17	1,0900	56	0,57	1,3478	74	0,97	1,6886	98	1,37	2,1426	131	1,77	2,7519	177	2,17	3,5752	240
0,18	1,0956	57	0,58	1,3552	75	0,98	1,6984	99	1,38	2,1557	132	1,78	2,7696	178	2,18	3,5992	242
0,19	1,1013	57	0,59	1,3627	75	0,99	1,7083	100	1,39	2,1689	134	1,79	2,7874	180	2,19	3,6234	243
0,20	1,1070	57	0,60	1,3702	76	1,00	1,7183	100	1,40	2,1823	134	1,80	2,8054	180	2,20	3,6477	246
0,21	1,1127	58	0,61	1,3778	76	1,01	1,7283	101	1,41	2,1957	135	1,81	2,8234	183	2,21	3,6723	247
0,22	1,1185	58	0,62	1,3854	76	1,02	1,7384	102	1,42	2,2092	137	1,82	2,8417	184	2,22	3,6970	249
0,23	1,1243	59	0,63	1,3930	77	1,03	1,7486	103	1,43	2,2229	137	1,83	2,8601	185	2,23	3,7219	251
0,24	1,1302	59	0,64	1,4007	78	1,04	1,7589	103	1,44	2,2366	138	1,84	2,8786	186	2,24	3,7470	253
0,25	1,1361	59	0,65	1,4085	78	1,05	1,7692	104	1,45	2,2504	139	1,85	2,8972	188	2,25	3,7723	255
0,26	1,1420	60	0,66	1,4163	79	1,06	1,7796	105	1,46	2,2643	141	1,86	2,9160	189	2,26	3,7978	257
0,27	1,1480	60	0,67	1,4242	80	1,07	1,7901	105	1,47	2,2784	141	1,87	2,9349	191	2,27	3,8235	259
0,28	1,1540	61	0,68	1,4322	80	1,08	1,8006	107	1,48	2,2925	143	1,88	2,9540	192	2,28	3,8494	261
0,29	1,1601	61	0,69	1,4402	80	1,09	1,8113	107	1,49	2,3068	143	1,89	2,9732	194	2,29	3,8755	263
0,30	1,1662	61	0,70	1,4482	81	1,10	1,8220	108	1,50	2,3211	145	1,90	2,9926	195	2,30	3,9018	265
0,31	1,1723	62	0,71	1,4563	82	1,11	1,8328	108	1,51	2,3356	145	1,91	3,0121	196	2,31	3,9283	267
0,32	1,1785	62	0,72	1,4645	82	1,12	1,8436	110	1,52	2,3501	147	1,92	3,0317	198	2,32	3,9550	269
0,33	1,1847	63	0,73	1,4727	83	1,13	1,8546	110	1,53	2,3648	148	1,93	3,0515	200	2,33	3,9819	272
0,34	1,1910	63	0,74	1,4810	83	1,14	1,8656	111	1,54	2,3796	149	1,94	3,0715	201	2,34	4,0091	273
0,35	1,1973	64	0,75	1,4893	84	1,15	1,8767	112	1,55	2,3945	150	1,95	3,0916	203	2,35	4,0364	275
0,36	1,2037	64	0,76	1,4977	85	1,16	1,8879	112	1,56	2,4095	151	1,96	3,1119	204	2,36	4,0639	278
0,37	1,2101	64	0,77	1,5062	85	1,17	1,8991	114	1,57	2,4246	152	1,97	3,1323	206	2,37	4,0917	280
0,38	1,2165	65	0,78	1,5147	86	1,18	1,9105	114	1,58	2,4398	154	1,98	3,1529	207	2,38	4,1197	282
0,39	1,2230	66	0,79	1,5233	86	1,19	1,9219	115	1,59	2,4552	155	1,99	3,1736	209	2,39	4,1479	284
0,40	1,2296	65	0,80	1,5319	87	1,20	1,9334	116	1,60	2,4707	155	2,00	3,1945	211	2,40	4,1763	

                           Tabelle 6.

Einheitliches Luftwiderstandsgesetz von F. Siacci („Siacci III"); Luftwiderstand gegen das Geschoß (in kg) $= \dfrac{1000 \cdot i \cdot \delta \cdot (2R)^2}{1{,}206 \cdot g} \cdot f(v) = 338 \cdot R^2 \cdot \delta \cdot i \cdot f(v)$, wobei $f(v) = 0{,}2002 \cdot v - 48{,}05$

$$+ \sqrt{(0{,}1648 \cdot v - 47{,}95)^2 + 9{,}6} + \frac{0{,}0442 \cdot v \cdot (v - 300)}{371 + \left(\dfrac{v}{200}\right)^{10}}; \quad 2R = \text{Kaliber in m}; \quad \delta = \text{Tagesluftgewicht}$$

in kg/cbm; i = Formkoeffizient, der für Ogivalgeschosse von 2 Kal. Abrundungsradius = 0,896 sein soll. Die Tabelle gibt für alle Geschwindigkeiten v von 0 bis 1200 m/sec den Wert von $f(v)$ und von $10^6 \cdot K(v) = 10^6 \cdot \dfrac{f(v)}{v^2}$ an. Vgl. Bd. I, Nr. 10, 27, 80.

v	f	Diff.	$10^6\,K$
0	0,00000	12	120
1	0,00012	36	120
2	0,00048	60	120
3	0,00108	84	120
4	0,00192	108	120
5	0,00300	132	120
6	0,00432	156	120
7	0,00588	180	120
8	0,00768	204	120
9	0,00972	23	120
10	0,0120	25	120
11	0,0145	28	120
12	0,0173	30	120
13	0,0203	32	120
14	0,0235	35	120
15	0,0270	38	120
16	0,0308	40	120
17	0,0348	42	120
18	0,0390	45	120
19	0,0435	47	120
20	0,0482	49	120
21	0,0531	51	120
22	0,0582	55	120
23	0,0637	57	120
24	0,0694	59	120
25	0,0753	61	120
26	0,0814	64	120
27	0,0878	66	120
28	0,0944	69	120
29	0,1013	72	121
30	0,1085	73	121
31	0,1158	76	121
32	0,1234	78	121
33	0,1312	81	121
34	0,1393	83	121
35	0,1476	85	121
36	0,1561	88	121
37	0,1649	91	121
38	0,1740	93	121
39	0,1833	96	121
40	0,1929	98	121
41	0,2027	100	121
42	0,2127	102	121
43	0,2229	104	121
44	0,2333	108	121
45	0,2441	110	121
46	0,2551	112	121
47	0,2663	114	121
48	0,2777	117	121
49	0,2894	120	121
50	0,3014	12	121
51	0,313	12	121
52	0,325	13	121
53	0,338	13	121
54	0,351	14	121
55	0,365	13	121
56	0,378	13	121
57	0,391	14	121
58	0,405	14	121
59	0,419	15	121
60	0,434	15	121
61	0,449	15	121
62	0,464	15	121
63	0,479	15	121
64	0,494	16	121
65	0,510	16	121
66	0,526	16	121
67	0,542	16	121
68	0,558	16	121
69	0,574	17	121
70	0,591	17	121
71	0,608	17	121
72	0,625	18	121
73	0,643	18	121
74	0,661	19	121
75	0,680	18	121
76	0,698	18	121
77	0,716	19	121
78	0,735	19	121
79	0,754	19	121
80	0,773	20	121
81	0,793	20	121
82	0,813	20	121
83	0,833	21	121
84	0,854	20	121
85	0,874	21	121
86	0,895	21	121
87	0,916	21	121
88	0,937	21	121
89	0,958	21	121
90	0,979	22	121
91	1,001	23	121
92	1,024	23	121
93	1,047	23	121
94	1,070	22	121
95	1,092	23	121
96	1,115	23	121
97	1,138	24	121
98	1,162	24	121
99	1,186	24	121
100	1,210	24	121
101	1,234	24	121
102	1,258	25	121
103	1,283	25	121
104	1,308	26	121
105	1,334	25	121
106	1,359	26	121
107	1,385	26	121
108	1,411	27	121
109	1,438	27	121
110	1,465	27	121
111	1,492	27	121
112	1,519	28	121
113	1,547	28	121
114	1,575	28	121
115	1,603	28	121
116	1,631	28	121
117	1,659	28	121
118	1,687	29	121
119	1,716	29	121
120	1,745	29	121
121	1,774	30	121
122	1,804	29	121
123	1,833	30	121
124	1,863	31	121
125	1,894	31	121
126	1,925	31	121
127	1,956	31	121
128	1,987	32	121
129	2,019	31	121
130	2,050	32	121
131	2,082	32	121
132	2,114	32	121
133	2,146	33	121
134	2,179	32	121
135	2,211	33	121
136	2,244	34	121
137	2,278	34	121
138	2,312	33	121
139	2,345	34	121
140	2,379	34	121
141	2,413	35	121
142	2,448	35	121
143	2,483	35	121
144	2,518	35	121
145	2,553	36	121
146	2,589	37	121
147	2,626	36	121
148	2,662	36	121
149	2,698	37	121
150	2,735	37	121
151	2,772	37	121
152	2,809	37	121
153	2,846	37	121
154	2,883	38	121
155	2,921	38	122
156	2,959	39	122
157	2,998	39	122
158	3,037	39	122
159	3,076	40	122
160	3,116	39	122
161	3,155	40	122
162	3,195	40	122
163	3,235	40	122
164	3,275	41	122
165	3,316	41	122
166	3,357	42	122
167	3,399	41	122
168	3,440	42	122
169	3,482	42	122
170	3,524	43	122
171	3,567	43	122
172	3,610	43	122
173	3,653	43	122
174	3,696	43	122
175	3,739	43	122
176	3,782	44	122
177	3,826	44	122
178	3,870	44	122
179	3,914	45	122
180	3,959	45	122
181	4,004	46	122
182	4,050	47	122
183	4,097	46	122
184	4,143	46	122
185	4,189	47	122
186	4,236	47	122
187	4,283	48	122
188	4,331	47	122
189	4,378	48	122
190	4,426	48	123
191	4,474	49	123
192	4,523	48	123
193	4,571	49	123
194	4,620	49	123
195	4,669	50	123
196	4,719	50	123
197	4,769	50	123
198	4,819	51	123
199	4,870	50	123
200	4,920	51	123

Tabelle 6. Einheitliches Luftwiderstandsgesetz von Siacci.

v	f	Diff.	10^6K	v	f	Diff.	10^6K	v	f	Diff.	10^6K	v	f	Diff.	10^6K	v	f	Diff.	10^6K
201	4,971	51	123	251	8,04	8	128	301	15,76	31	174	351	33,81	37	274	401	51,88	36	323
202	5,022	51	123	252	8,12	8	128	302	16,07	32	176	352	34,18	37	276	402	52,24	35	323
203	5,073	52	123	253	8,20	8	128	303	16,39	32	178	353	34,55	37	277	403	52,59	36	324
204	5,125	52	123	254	8,28	8	128	304	16,71	32	181	354	34,92	37	288	404	52,95	35	324
205	5,177	53	123	255	8,36	8	128	305	17,03	33	183	355	35,29	36	280	405	53,30	36	325
206	5,330	54	123	256	8,44	9	129	306	17,36	34	185	356	35,65	37	281	406	53,66	35	325
207	5,284	54	123	257	8,53	8	129	307	17,70	34	188	357	36,02	36	282	407	54,01	36	326
208	5,338	54	123	258	8,61	8	129	308	18,04	34	190	358	36,38	37	284	408	54,37	35	326
209	5,392	55	123	259	8,69	9	129	309	18,38	35	192	359	36,75	37	285	409	54,72	36	327
210	5,447	54	123	260	8,78	8	130	310	18,73	35	195	360	37,12	37	286	410	55,08	35	328
211	5,501	55	123	261	8,86	9	130	311	19,08	35	197	361	37,49	36	288	411	55,43	36	328
212	5,556	55	124	262	8,95	9	130	312	19,43	35	199	362	37,85	37	289	412	55,79	35	328
213	5,611	55	124	263	9,04	9	131	313	19,78	35	202	366	38,22	37	290	413	56,14	36	329
214	5,666	56	124	264	9,13	10	131	314	20,13	36	204	364	38,59	36	291	414	56,50	35	329
215	5,722	56	124	265	9,23	10	131	315	20,49	36	206	365	38,95	37	292	415	56,85	35	330
216	5,778	57	124	266	9,33	10	132	316	20,85	36	209	366	39,32	36	293	416	57,20	36	331
217	5,835	57	124	267	9,43	10	132	317	21,21	37	211	367	39,68	36	295	417	57,56	35	331
218	5,892	58	124	268	9,53	10	133	318	21,58	37	213	368	40,04	36	296	418	57,91	35	331
219	5,950	59	124	269	9,63	10	133	319	21,95	37	215	369	40,40	37	297	419	58,26	36	332
220	6,009	58	124	270	9,73	11	133	320	22,32	36	218	370	40,77	36	298	420	58,62	35	332
221	6,067	59	124	271	9,84	11	134	321	22,68	37	220	371	41,13	37	299	421	58,97	35	333
222	6,126	59	124	272	9,95	11	135	322	23,05	36	222	372	41,50	36	300	422	59,32	36	333
223	6,185	59	124	273	10,06	12	135	323	23,41	36	224	373	41,86	36	301	423	59,68	35	333
224	6,244	59	124	274	10,18	12	136	324	23,77	37	226	374	42,22	37	302	424	60,03	35	334
225	6,303	60	124	275	10,30	12	136	325	24,14	37	228	375	42,59	36	303	425	60,38	36	334
226	6,363	61	125	276	10,42	13	137	326	24,51	37	230	376	42,95	36	304	426	60,74	35	335
227	6,424	62	125	277	10,55	13	137	327	24,88	37	233	377	43,31	36	305	427	61,09	35	335
228	6,486	63	125	278	10,68	14	138	328	25,25	37	235	378	43,67	36	306	428	61,44	36	335
229	6,549	63	125	279	10,82	15	139	329	25,62	38	237	379	44,03	36	306	429	61,80	35	336
230	6,612	63	125	280	10,97	15	140	330	26,00	37	239	380	44,39	36	307	430	62,15	36	336
231	6,675	64	125	281	11,12	16	141	331	26,37	37	241	381	44,75	36	308	431	62,51	35	336
232	6,739	65	125	282	11,28	16	142	332	26,74	38	243	382	45,11	36	309	432	62,86	35	337
233	6,804	65	125	283	11,44	17	143	333	27,12	37	244	383	45,47	36	310	433	63,21	36	337
234	6,869	66	125	284	11,61	17	144	334	27,49	37	246	384	45,83	35	311	434	63,57	35	337
235	6,935	65	126	285	11,78	18	145	335	27,86	37	248	385	46,18	36	312	435	63,92	35	338
236	7,000	66	126	286	11,96	19	146	336	28,23	37	250	386	46,54	36	312	436	64,27	36	338
237	7,066	65	126	287	12,15	20	148	337	28,60	38	252	387	46,90	36	313	437	64,63	35	338
238	7,131	66	126	288	12,35	22	149	338	28,98	37	253	388	47,26	36	314	438	64,98	36	339
239	7,197	66	126	289	12,57	23	151	339	29,35	37	255	389	47,62	35	315	439	65,34	35	339
240	7,263	67	126	290	12,80	22	152	340	29,72	38	257	390	47,97	36	315	440	65,69	36	339
241	7,330	67	126	291	13,02	23	154	341	30,10	37	259	391	48,33	35	316	441	66,05	35	340
242	7,397	68	126	292	13,25	24	155	342	30,47	37	260	392	48,68	36	317	442	66,40	36	340
243	7,465	68	127	293	13,49	25	157	343	30,84	37	262	393	49,04	36	318	443	66,76	35	340
244	7,533	68	127	294	13,74	26	159	344	31,21	37	264	394	49,40	35	318	444	67,11	36	340
245	7,601	69	127	295	14,00	27	161	345	31,58	37	265	395	49,75	36	319	445	67,47	35	341
246	7,670	71	127	296	14,27	28	163	346	31,95	37	267	396	50,11	35	320	446	67,82	36	341
247	7,741	73	127	297	14,55	29	165	347	32,32	38	268	397	50,46	36	320	447	68,18	36	341
248	7,814	74	127	298	14,84	30	167	348	32,70	37	270	398	50,82	36	321	448	68,54	35	341
249	7,888	76	127	299	15,14	31	169	349	33,07	37	271	399	51,18	36	322	449	68,89	35	342
250	7,964		128	300	15,45	31	172	350	33,44	37	273	400	51,53	35	323	450	69,24		342

Tabelle 6. Einheitliches Luftwiderstandsgesetz von Siacci.

v	f	Diff.	$10^6 K$	v	f	Diff.	$10^6 K$	v	f	Diff.	$10^6 K$	v	f	Diff.	$10^6 K$	v	f	Diff.	$10^6 K$
451	69,59	36	342	501	87,45	36	348	551	105,46	36	347	601	123,60	36	342	651	141,78	36	335
452	69,95	35	342	502	87,81	36	348	552	105,82	36	347	602	123,96	37	342	652	142,14	36	334
453	70,30	36	343	503	88,17	36	348	553	106,18	37	347	603	124,33	36	342	653	142,50	37	334
454	70,66	35	343	504	88,53	36	348	554	106,55	36	347	604	124,69	36	342	654	142,87	36	334
455	71,01	36	343	505	88,89	36	348	555	106,91	36	347	605	125,05	37	342	655	143,23	37	334
456	71,37	35	343	506	89,25	36	348	556	107,27	36	347	606	125,42	36	341	656	143,60	36	334
457	71,72	36	343	507	89,61	36	348	557	107,63	36	347	607	125,78	36	341	657	143,96	36	333
458	72,08	35	344	508	89,97	36	348	558	107,99	37	347	608	126,14	36	341	658	144,32	37	333
459	72,43	36	344	509	90,33	35	348	559	108,36	36	347	609	126,50	37	341	659	144,69	36	333
460	72,79	35	344	510	90,68	36	348	560	108,72	36	347	610	126,87	36	341	660	145,05	36	333
461	73,14	36	344	511	91,04	36	349	561	109,08	37	347	611	127,23	36	341	661	145,41	37	333
462	73,50	35	344	512	91,40	36	349	562	109,45	36	346	612	127,59	37	341	662	145,78	36	333
463	73,85	36	345	513	91,76	36	349	563	109,81	36	346	613	127,96	36	340	663	146,14	36	332
464	74,21	36	345	514	92,12	36	349	564	110,17	36	346	614	128,32	37	340	664	146,50	37	332
465	74,57	35	345	515	92,48	36	349	565	110,53	37	346	615	128,69	36	340	665	146,87	36	332
466	74,92	36	345	516	92,84	36	349	566	110,90	36	346	616	129,05	37	340	666	147,23	37	332
467	75,28	36	345	517	93,20	36	349	567	111,26	36	346	617	129,42	36	340	667	147,60	37	332
468	75,64	36	346	518	93,56	36	349	568	111,62	37	346	618	129,78	36	340	668	147,97	36	332
469	76,00	35	346	519	93,92	36	349	569	111,99	36	346	619	130,14	36	340	669	148,33	36	331
470	76,35	36	346	520	94,28	36	349	570	112,35	36	346	620	130,50	36	339	670	148,69	37	331
471	76,71	35	346	521	94,64	36	349	571	112,71	36	346	621	130,86	37	339	671	149,06	36	331
472	77,06	35	346	522	95,00	36	349	572	113,07	37	346	622	131,23	36	339	672	149,42	36	331
473	77,41	36	346	523	95,36	36	349	573	113,44	36	345	623	131,59	36	339	673	149,78	37	331
474	77,77	35	347	524	95,72	36	349	574	113,80	36	345	624	131,95	37	339	674	150,15	36	330
475	78,12	36	347	525	96,08	36	349	575	114,16	37	345	625	132,32	36	339	675	150,51	37	330
476	78,48	36	347	526	96,44	36	348	576	114,53	36	345	626	132,68	36	338	676	150,88	36	330
477	78,84	36	347	527	96,80	36	348	577	114,89	36	245	627	133,04	36	338	677	151,24	36	330
478	79,20	36	347	528	97,16	36	348	578	115,25	37	345	628	133,40	37	338	678	151,60	37	330
479	79,56	36	347	529	97,52	36	348	579	115,62	36	345	629	133,77	36	338	679	151,97	36	330
480	79,92	36	347	530	97,88	36	348	580	115,98	36	345	630	134,13	36	338	680	152,33	37	329
481	80,28	36	347	531	98,24	36	348	581	116,34	36	345	631	134,49	37	338	681	152,70	36	329
482	80,64	36	347	532	98,60	36	348	582	116,70	37	345	632	134,86	36	338	682	153,06	36	329
483	81,00	35	347	533	98,96	36	348	583	117,07	36	344	633	135,22	37	337	683	153,42	37	329
484	81,35	36	347	534	99,32	36	348	584	117,43	36	344	634	135,59	36	337	684	153,79	36	329
485	81,71	36	348	535	99,68	36	348	585	117,79	37	344	635	135,95	36	337	685	154,15	36	329
486	82,07	36	348	536	100,04	36	348	586	118,16	36	344	636	136,31	37	337	686	154,51	37	328
487	82,43	36	348	537	100,40	36	348	587	118,52	36	344	637	136,68	36	337	687	154,88	36	328
488	82,79	36	348	538	100,76	36	348	588	118,88	37	344	638	137,04	36	337	688	155,24	36	328
489	83,15	35	348	539	101,12	37	348	589	119,25	36	344	639	137,40	37	336	689	155,60	37	328
490	83,50	36	348	540	101,49	36	348	590	119,61	36	344	640	137,77	36	336	690	155,97	36	328
491	83,86	36	348	541	101,85	36	348	591	119,97	36	343	641	138,13	37	336	691	156,33	37	327
492	84,22	36	348	542	102,21	36	348	592	120,33	37	343	642	138,50	36	336	692	156,70	36	327
493	84,58	36	348	543	102,57	36	348	593	120,70	36	343	643	138,86	37	336	693	157,06	36	327
494	84,94	36	348	544	102,93	36	348	594	121,06	36	343	644	139,23	36	336	694	157,42	37	327
495	85,30	36	348	545	103,29	36	348	595	121,42	37	343	645	139,59	37	335	695	157,79	36	327
496	85,66	35	348	546	103,65	36	348	596	121,79	36	343	646	139,96	36	335	696	158,15	37	326
497	86,01	36	348	547	104,01	36	348	597	122,15	36	343	647	140,32	37	335	697	158,52	37	326
498	86,37	35	348	548	104,37	36	347	598	122,51	36	343	648	140,69	36	335	698	158,89	36	326
499	86,72	36	348	549	104,73	37	347	599	122,87	37	342	649	141,05	36	335	699	159,25	37	826
500	87,08	37	348	550	105,10	36	347	600	123,24	36	342	650	141,41	37	335	700	159,62	36	326

v	f	Diff.	$10^6 K$
701	159,98	36	326
702	160,34	37	325
703	160,71	36	325
704	161,07	36	325
705	161,43	37	325
706	161,80	36	324
707	162,16	37	324
708	162,53	37	324
709	162,90	36	324
710	163,26	37	324
711	163,63	36	323
712	163,99	36	323
713	164,35	37	323
714	164,72	36	323
715	165,08	36	323
716	165,44	37	323
717	165,81	36	322
718	166,17	37	322
719	166,54	36	322
720	166,90	36	322
721	167,26	37	322
722	167,63	36	322
723	167,99	36	321
724	168,35	37	321
725	168,72	36	321
726	169,08	37	321
727	169,45	36	321
728	169,81	37	320
729	170,18	37	320
730	170,55	36	320
731	170,91	36	320
732	171,27	37	319
733	171,64	36	319
734	172,00	36	319
735	172,36	37	319
736	172,73	36	319
737	173,09	37	319
738	173,46	36	318
739	173,82	37	318
740	174,19	36	318
741	174,55	37	318
742	174,92	36	317
743	175,28	37	317
744	175,65	36	317
745	176,01	37	317
746	176,38	36	317
747	176,74	37	317
748	177,11	36	316
749	177,47	37	316
750	177,84	36	316
751	178,20	36	316
752	178,56	37	316
753	178,93	36	315
754	179,29	37	315
755	179,66	36	315
756	180,02	36	315
757	180,38	37	315
758	180,75	36	314
759	181,11	37	314
760	181,48	36	314
761	181,84	37	314
762	182,21	36	314
763	182,57	37	313
764	182,94	37	313
765	183,31	36	313
766	183,67	37	313
767	184,04	36	313
768	184,40	37	312
769	184,77	36	312
770	185,13	37	312
771	185,50	36	312
772	185,86	37	312
773	186,23	36	312
774	186,59	37	311
775	186,96	36	311
776	187,32	36	311
777	187,68	37	310
778	188,05	36	310
779	188,41	37	310
780	188,78	36	310
781	189,14	37	310
782	189,51	36	310
783	189,87	37	310
784	190,24	36	309
785	190,61	36	309
786	190,97	36	309
787	191,33	36	309
788	191,69	37	309
789	192,06	36	308
790	192,42	37	308
791	192,79	36	308
792	193,15	37	308
793	193,52	36	308
794	193,88	37	308
795	194,25	36	307
796	194,61	37	307
797	194,98	36	307
798	195,34	37	307
799	195,71	36	307
800	196,07	37	306
801	196,44	6	306
802	196,80	36	306
803	197,16	37	306
804	197,53	36	305
805	197,89	37	305
806	198,26	36	305
807	198,62	37	305
808	198,99	36	305
809	199,35	36	304
810	199,71	36	304
811	200,07	37	304
812	200,44	36	304
813	200,80	37	304
814	201,17	36	303
815	201,53	37	303
816	201,90	36	303
817	202,26	37	303
818	202,63	36	303
819	202,99	37	302
820	203,36	36	302
821	203,72	37	302
822	204,09	36	302
823	204,45	37	302
824	204,82	36	302
825	205,18	37	301
826	205,55	36	301
827	205,91	37	301
828	206,28	36	301
829	206,64	37	301
830	207,01	36	300
831	207,37	37	300
832	207,74	36	300
833	208,10	37	300
834	208,47	36	300
835	208,83	37	299
836	209,20	36	299
837	209,56	37	299
838	209,93	36	299
839	210,29	37	299
840	210,66	36	299
841	211,02	37	298
842	211,39	36	298
843	211,75	37	298
844	212,12	36	298
845	212,48	37	298
846	212,85	36	298
847	213,21	37	297
848	213,58	36	297
849	213,94	37	297
850	214,31	36	297
851	214,67	36	297
852	215,03	37	296
853	215,40	36	296
854	215,76	37	296
855	216,13	36	296
856	216,49	37	296
857	216,86	36	296
858	217,22	37	296
859	217,59	37	295
860	217,96	36	295
861	218,32	37	295
862	218,69	36	295
863	219,05	37	294
864	219,42	36	294
865	219,78	37	294
866	220,15	36	294
867	220,51	37	294
868	220,88	36	293
869	221,24	36	293
870	221,60	37	293
871	221,97	36	293
872	222,33	37	292
873	222,70	36	292
874	223,06	37	292
875	223,43	36	292
876	223,79	37	291
877	224,16	36	291
878	224,52	37	291
879	224,89	36	291
880	225,25	37	291
881	225,62	36	291
882	225,98	37	291
883	226,35	36	290
884	226,71	37	290
885	227,08	36	290
886	227,44	37	290
887	227,81	36	290
888	228,17	37	289
889	228,54	36	289
890	228,90	37	289
891	229,27	36	289
892	229,63	37	289
893	230,00	36	289
894	230,36	37	288
895	230,73	36	288
896	231,09	37	288
897	231,46	36	288
898	231,82	37	287
899	232,19	36	287
900	232,55	37	287
901	232,92	36	287
902	233,28	37	287
903	233,65	36	286
904	234,01	37	286
905	234,38	36	286
906	234,74	37	286
907	235,11	36	286
908	235,47	37	286
909	235,84	36	285
910	236,20	37	285
911	236,57	36	285
912	236,93	37	285
913	237,30	36	285
914	237,66	37	284
915	238,03	36	284
916	238,39	37	284
917	238,76	36	284
918	239,12	37	284
919	239,49	36	283
920	239,85	37	283
921	240,22	36	283
922	240,58	37	283
923	240,95	36	283
924	241,31	37	283
925	241,68	36	282
926	242,04	37	282
927	242,41	36	282
928	242,77	37	282
929	243,14	36	282
930	243,50	37	282
931	243,87	36	281
932	244,23	37	281
933	244,60	36	281
934	244,96	37	281
935	245,33	36	281
936	245,69	36	280
937	246,05	37	280
938	246,42	36	280
939	246,78	37	280
940	247,15	36	280
941	247,51	37	279
942	247,88	36	279
943	248,24	37	279
944	248,61	36	279
945	248,97	37	279
946	249,34	36	279
947	249,70	37	278
948	250,07	36	278
949	250,43	37	278
950	250,80	36	278

v	f	Diff.	$10^6 K$
951	251,16		278
952	251,53	37	278
853	251,89	36	277
954	252,26	37	277
955	252,62	36	277
956	252,99	37	277
957	253,35	36	276
958	253,72	37	276
959	254,08	36	276
960	254,45	37	276
961	254,81	36	276
962	255,18	37	275
963	255,54	36	275
964	255,90	36	275
965	256,26	36	275
966	256,63	37	275
967	256,99	36	274
968	257,36	37	274
969	257,72	36	274
970	258,09	37	274
971	258,45	36	274
972	258,82	37	273
973	259,18	36	273
974	259,55	37	273
975	259,91	36	273
976	260,28	37	273
977	260,64	36	272
978	261,01	37	272
979	261,37	36	272
980	261,74	37	272
981	262,10	36	272
982	262,47	37	271
983	262,83	36	271
984	263,20	37	271
985	263,56	36	271
986	263,93	37	271
987	264,29	36	271
988	264,66	37	270
989	265,02	36	270
990	265,39	37	270
991	265,75	36	270
992	266,12	37	270
993	266,48	36	270
994	266,85	37	270
995	267,21	36	269
996	267,58	37	269
997	267,94	36	269
998	268,31	37	269
999	268,67	36	269
1000	269,04	37	269

v	f	Diff.	$10^6 K$
1001	269,40		269
1002	269,77	37	268
1003	270,13	36	268
1004	270,50	37	268
1005	270,86	36	268
1006	271,23	37	268
1007	271,59	36	268
1008	271,96	37	267
1009	272,32	36	267
1010	272,69	37	267
1011	273,05	36	267
1012	273,42	37	267
1013	273,78	36	267
1014	274,15	37	266
1015	274,51	36	266
1016	274,88	37	266
1017	275,24	36	266
1018	275,61	37	266
1019	275,97	36	266
1020	276,34	37	266
1021	276,70	36	265
1022	277,07	37	265
1023	277,43	36	265
1024	277,80	37	265
1025	278,16	36	265
1026	278,53	37	265
1027	278,89	36	264
1028	279,26	37	264
1029	279,62	36	264
1030	279,99	37	264
1031	280,35	36	264
1032	280,72	37	263
1033	281,09	37	263
1034	281,45	36	263
1035	281,82	37	263
1036	282,18	36	263
1037	282,55	37	263
1038	282,91	36	262
1039	283,28	37	262
1040	283,64	36	262
1041	284,01	37	262
1042	284,37	36	262
1043	284,74	37	262
1044	285,10	36	261
1045	285,47	37	261
1046	285,83	36	261
1047	286,20	37	261
1048	286,56	36	261
1049	286,93	37	261
1050	287,29	36	261

v	f	Diff.	$10^6 K$
1051	287,66		260
1052	288,02	36	260
1053	288,39	37	260
1054	288,75	36	260
1055	289,12	37	260
1056	289,48	36	260
1057	289,85	37	259
1058	290,21	36	259
1059	290,58	37	259
1060	290,94	36	259
1061	291,31	37	259
1062	291,67	36	258
1063	292,04	37	258
1064	292,40	36	258
1065	292,77	37	258
1066	293,13	36	258
1067	293,50	37	258
1068	293,86	36	258
1069	294,23	37	257
1070	294,59	36	257
1071	294,95	37	257
1072	295,31	36	257
1073	295,68	37	257
1074	296,04	36	257
1075	296,41	37	256
1076	296,77	36	256
1077	297,14	37	256
1078	297,50	36	256
1079	297,87	37	256
1080	298,24	36	256
1081	298,61	37	255
1082	298,97	36	255
1083	299,34	37	255
1084	299,70	36	255
1085	300,07	37	255
1086	300,43	36	255
1087	300,80	37	255
1088	301,16	36	254
1089	301,53	37	254
1090	301,89	36	254
1091	302,26	37	254
1092	302,62	36	254
1093	302,99	37	254
1094	303,35	36	253
1095	303,71	36	253
1096	304,08	37	253
1097	304,44	36	253
1098	304,81	37	253
1099	305,17	36	253
1100	305,54	37	252

v	f	Diff.	$10^6 K$
1101	305,90		252
1102	306,27	37	252
1103	306,63	36	252
1104	307,00	37	252
1105	307,36	36	252
1106	307,73	37	251
1107	308,09	36	251
1108	308,46	37	251
1109	308,82	36	251
1110	309,19	37	251
1111	309,55	36	251
1112	309,92	37	250
1113	310,28	36	250
1114	310,65	37	250
1115	311,01	36	250
1116	311,38	37	250
1117	311,74	36	250
1118	312,11	37	250
1119	312,47	36	249
1120	312,84	37	249
1121	313,20	36	249
1122	313,57	37	249
1123	313,93	36	249
1124	314,30	37	249
1125	314,66	36	248
1126	315,03	37	248
1127	315,39	36	248
1128	315,76	37	248
1129	316,13	36	248
1130	316,49	36	248
1131	316,86	37	248
1132	317,22	36	247
1133	317,59	37	247
1134	317,95	36	247
1135	318,32	37	247
1136	318,68	36	247
1137	319,05	37	247
1138	319,41	36	247
1139	319,78	37	246
1140	320,14	36	246
1141	320,50	37	246
1142	320,87	37	246
1143	321,23	36	246
1144	321,60	37	246
1145	321,96	36	246
1146	322,32	37	245
1147	322,69	37	245
1148	323,05	36	245
1149	323,42	37	245
1150	323,78	36	245

v	f	Diff.	$V\,10^5$
1151	324,15		245
1152	324,51	36	244
1153	324,88	37	244
1154	325,24	36	244
1155	325,61	37	244
1156	325,97	36	244
1157	326,34	37	244
1158	326,70	36	244
1159	327,06	36	243
1160	327,43	37	243
1161	327,79	36	243
1162	328,16	37	243
1163	328,52	36	243
1164	328,89	37	243
1165	329,25	36	242
1166	329,62	37	242
1167	329,98	36	242
1168	330,35	37	242
1169	330,71	36	242
1170	331,08	37	242
1171	331,44	36	242
1172	331,81	37	241
1173	332,17	36	241
1174	332,54	37	241
1175	332,90	36	241
1176	333,27	37	241
1177	333,63	36	241
1178	334,00	37	241
1179	334,36	36	240
1180	334,73	37	240
1181	335,09	36	240
1182	335,46	37	240
1183	335,82	36	240
1184	336,19	37	240
1185	336,55	36	240
1186	336,92	37	239
1187	337,28	36	239
1188	337,65	37	239
1189	338,01	36	239
1190	338,38	37	239
1191	338,74	36	239
1192	339,11	37	239
1193	339,47	36	238
1194	339,84	37	238
1195	340,20	36	238
1196	340,57	37	238
1197	340,93	36	238
1198	341,30	37	238
1199	341,66	36	238
1200	342,03	37	238

von Otto-Lardillon für $v_0 < 240$ m/sec; ballist. Koeffizient $c = \dfrac{R^2 \pi \cdot i \cdot \delta \cdot g \cdot 0,0140}{P \cdot 1,206}$;

$2R =$ Kaliber in m; $\quad P =$ Geschoßgewicht in kg; $\quad \delta =$ Tagesluftgewicht in kg/cbm;

Formkoeffizient $i = 1$ für Ogivalgeschosse von 2 Kaliber Abrundungsradius; $g = 9,81$.

Im übrigen vgl. § 21 Band I.

Linke Tafel

$2cX$	$\dfrac{cv_0^2}{g}$	$\dfrac{v_0^2}{2gX}$	ω	$\dfrac{v_e}{v_0}$	$T\sqrt{\dfrac{g}{X}}$	$\dfrac{y_s}{X}$
			$\varphi = 1^0$			
0,00	0,000	14,326	1° 00′	1,000	0,187	0,0043
0,05	0,725	14,510	1° 00′	0,975	0,188	0,0043
0,10	1,472	14,720	1° 01′	0,951	0,189	0,0043
0,15	2,243	14,950	1° 02′	0,928	0,190	0,0044
0,20	3,044	15,220	1° 02′	0,905	0,191	0,0045
0,25	3,883	15,530	1° 02′	0,882	0,192	0,0045
0,30	4,776	15,920	1° 03′	0,860	0,192	0,0045
0,35	5,750	16,420	1° 04′	0,840	0,193	0,0045
0,40	6,890	17,225	1° 05′	0,820	0,193	0,0046
			$\varphi = 5^0$			
0,00	0,000	2,880	5° 00′	1,000	0,418	0,022
0,05	0,146	2,925	5° 03′	0,975	0,420	0,022
0,10	0,297	2,973	5° 07′	0,951	0,421	0,022
0,15	0,454	3,023	5° 11′	0,928	0,423	0,022
0,20	0,615	3,074	5° 15′	0,905	0,424	0,022
0,25	0,781	3,126	5° 19′	0,882	0,426	0,022
0,30	0,954	3,180	5° 24′	0,860	0,428	0,023
0,35	1,132	3,235	5° 30′	0,840	0,429	0,023
0,40	1,317	3,292	5° 35′	0,820	0,430	0,023
0,45	1,507	3,350	5° 41′	0,800	0,431	0,023
0,50	1,705	3,410	5° 47′	0,781	0,433	0,023
0,55	1,909	3,472	5° 53′	0,763	0,434	0,023
0,60	2,122	3,537	5° 59′	0,745	0,436	0,023
0,65	2,342	3,605	6° 05′	0,727	0,437	0,024
0,70	2,573	3,676	6° 11′	0,709	0,438	0,024
0,75	2,811	3,750	6° 18′	0,692	0,440	0,024
0,80	3,059	3,826	6° 25′	0,675	0,441	0,024
0,85	3,318	3,906	6° 32′	0,659	0,442	0,024
0,90	3,589	3,989	6° 38′	0,642	0,443	0,025
0,95	3,870	4,075	6° 45′	0,626	0,444	0,025
1,00	4,166	4,167	6° 52′	0,611	0,446	0,025
1,05	4,478	4,264	6° 59′	0,595	0,447	0,025
1,10	4,804	4,368	7° 06′	0,579	0,448	0,026
1,15	5,150	4,478	7° 13′	0,564	0,449	0,026
1,20	5,516	4,595	7° 20′	0,550	0,451	0,026
1,25	5,900	4,720	7° 28′	0,536	0,452	0,026

Rechte Tafel

$2cX$	$\dfrac{cv_0^2}{g}$	$\dfrac{v_0^2}{2gX}$	ω	$\dfrac{v_e}{v_0}$	$T\sqrt{\dfrac{g}{X}}$	$\dfrac{y_s}{X}$
			$\varphi = 5^0$			
1,30	6,314	4,856	7° 35′	0,522	0,453	0,027
1,35	6,755	5,003	7° 42′	0,508	0,454	0,027
1,40	7,238	5,168	7° 49′	0,494	0,455	0,027
			$\varphi = 10^0$			
0,00	0,000	1,463	10°00′	1,000	0,594	0,044
0,05	0,074	1,489	10°10′	0,975	0,597	0,044
0,10	0,151	1,514	10°19′	0,951	0,600	0,044
0,15	0,231	1,540	10°28′	0,928	0,602	0,045
0,20	0,313	1,567	10°37′	0,905	0,604	0,045
0,25	0,399	1,595	10°47′	0,882	0,606	0,045
0,30	0,487	1,624	10°57′	0,861	0,608	0,046
0,35	0,579	1,653	11°07′	0,840	0,610	0,046
0,40	0,673	1,683	11°18′	0,820	0,612	0,046
0,45	0,771	1,714	11°30′	0,800	0,614	0,047
0,50	0,873	1,747	11°42′	0,781	0,616	0,047
0,55	0,980	1,781	11°54′	0,763	0,618	0,048
0,60	1,089	1,815	12°06′	0,745	0,620	0,048
0,65	1,201	1,850	12°18′	0,727	0,622	0,049
0,70	1,320	1,886	12°30′	0,710	0,624	0,049
0,75	1,441	1,922	12°42′	0,693	0,626	0,049
0,80	1,568	1,960	12°54′	0,676	0,628	0,050
0,85	1,700	2,000	13°07′	0,660	0,630	0,050
0,90	1,837	2,040	13°20′	0,645	0,632	0,051
0,95	1,978	2,082	13°33′	0,629	0,633	0,051
1,00	2,126	2,126	13°46′	0,614	0,635	0,052
1,05	2,280	2,172	14°00′	0,599	0,636	0,052
1,10	2,441	2,220	14°14′	0,584	0,638	0,053
1,15	2,607	2,269	14°28′	0,569	0,639	0,053
1,20	2,779	2,319	14°42′	0,555	0,641	0,053
1,25	2,957	2,369	14°55′	0,541	0,642	0,054
1,30	3,141	2,420	15°09′	0,528	0,644	0,054
1,35	3,331	2,472	15°23′	0,515	0,645	0,055
1,40	3,530	2,525	15°37′	0,502	0,647	0,055
1,45	3,740	2,579	15°50′	0,489	0,648	0,056
1,50	3,950	2,634	16°04′	0,477	0,650	0,056

Tabelle 7 (Tabelle von Otto-Lardillon).

$\varphi = 10^{\circ}$

$2cX$	$\dfrac{cv_0^2}{g}$	$\dfrac{v_0^2}{2gX}$	ω	$\dfrac{v_e}{v_0}$	$T\sqrt{\dfrac{g}{X}}$	$\dfrac{y_s}{X}$
1,55	4,17	2,691	16° 18′	0,465	0,651	0,057
1,60	4,40	2,750	16° 32′	0,453	0,653	0,057
1,65	4,64	2,812	16° 45′	0,441	0,654	0,057
1,70	4,89	2,874	16° 59′	0,430	0,656	0,058
1,75	5,14	2,937	17° 13′	0,419	0,657	0,058
1,80	5,40	3,001	17° 27′	0,409	0,659	0,059
1,85	5,67	3,066	17° 41′	0,399	0,661	0,059
1,90	5,95	3,132	17° 55′	0,389	0,663	0,059
1,95	6,24	3,200	18° 10′	0,380	0,665	0,060
2,00	6,54	3,270	18° 24′	0,372	0,667	0,060
2,05	6,86	3,345	18° 38′	0,363	0,669	0,060
2,10	7,20	3,429	18° 52′	0,355	0,670	0,061

$\varphi = 15^{\circ}$

$2cX$	$\dfrac{cv_0^2}{g}$	$\dfrac{v_0^2}{2gX}$	ω	$\dfrac{v_e}{v_0}$	$T\sqrt{\dfrac{g}{X}}$	$\dfrac{y_s}{X}$
0,00	0,000	1,000	15° 00′	1,000	0,732	0,067
0,05	0,051	1,020	15° 12′	0,975	0,735	0,067
0,10	0,104	1,040	15° 24′	0,951	0,739	0,068
0,15	0,159	1,059	15° 37′	0,928	0,742	0,068
0,20	0,216	1,078	15° 51′	0,906	0,745	0,069
0,25	0,274	1,097	16° 06′	0,884	0,749	0,069
0,30	0,335	1,117	16° 21′	0,863	0,752	0,070
0,35	0,398	1,138	16° 37′	0,843	0,755	0,071
0,40	0,464	1,160	16° 53′	0,823	0,758	0,071
0,45	0,532	1,182	17° 09′	0,804	0,761	0,072
0,50	0,602	1,204	17° 26′	0,785	0,763	0,072
0,55	0,674	1,225	17° 44′	0,767	0,766	0,073
0,60	0,748	1,246	18° 02′	0,749	0,768	0,074
0,65	0,824	1,267	18° 20′	0,732	0,770	0,074
0,70	0,902	1,289	18° 37′	0,715	0,772	0,075
0,75	0,983	1,311	18° 55′	0,698	0,774	0,075
0,80	1,067	1,334	19° 13′	0,682	0,776	0,076
0,85	1,155	1,359	19° 32′	0,666	0,778	0,077
0,90	1,247	1,386	19° 51′	0,650	0,780	0,077
0,95	1,344	1,414	20° 09′	0,635	0,782	0,078
1,00	1,443	1,443	20° 28′	0,620	0,784	0,079
1,05	1,547	1,473	20° 47′	0,606	0,786	0,079
1,10	1,655	1,504	21° 06′	0,592	0,788	0,080
1,15	1,767	1,536	21° 25′	0,578	0,790	0,080
1,20	1,884	1,570	21° 44′	0,564	0,791	0,081
1,25	2,005	1,605	22° 03′	0,551	0,792	0,082
1,30	2,131	1,640	22° 22′	0,538	0,793	0,082
1,35	2,262	1,676	22° 41′	0,526	0,795	0,083
1,40	2,400	1,715	23° 01′	0,513	0,796	0,084
1,45	2,544	1,755	23° 21′	0,501	0,798	0,084
1,50	2,694	1,796	23° 40′	0,489	0,799	0,085
1,55	2,850	1,838	24° 00′	0,478	0,800	[illegible]
1,60	3,01	1,881	24° 19′	0,467	0,801	[illegible]
1,65	3,18	1,925	24° 39′	0,456	0,802	[illegible]
1,70	3,35	1,970	24° 59′	0,445	0,803	[illegible]
1,75	3,53	2,015	25° 18′	0,435	0,805	[illegible]
1,80	3,71	2,061	25° 38′	0,425	0,806	[illegible]
1,85	3,90	2,107	25° 58′	0,416	0,808	[illegible]
1,90	4,09	2,153	26° 19′	0,406	0,809	[illegible]
1,95	4,29	2,201	26° 39′	0,397	0,810	[illegible]
2,00	4,50	2,251	26° 59′	0,388	0,812	0,091
2,05	4,72	2,302	27° 19′	0,380	0,813	[illegible]
2,10	4,94	2,353	27° 39′	0,371	0,815	[illegible]
2,15	5,17	2,405	28° 00′	0,363	0,816	[illegible]
2,20	5,41	2,459	28° 20′	0,355	0,817	[illegible]
2,25	5,66	2,515	28° 40′	0,347	0,818	0,094
2,30	5,93	2,576	29° 01′	0,339	0,819	[illegible]
2,35	6,21	2,642	29° 22′	0,332	0,820	[illegible]
2,40	6,51	2,712	29° 42′	0,324	0,821	[illegible]
2,45	6,83	2,788	30° 03′	0,317	0,821	[illegible]
2,50	7,18	2,872	30° 24′	0,311	0,822	[illegible]

$\varphi = 20^{\circ}$

$2cX$	$\dfrac{cv_0^2}{g}$	$\dfrac{v_0^2}{2gX}$	ω	$\dfrac{v_e}{v_0}$	$T\sqrt{\dfrac{g}{X}}$	$\dfrac{y_s}{X}$
0,00	0,000	0,779	20° 00′	1,000	0,858	[illegible]
0,05	0,040	0,793	20° 15′	0,976	0,862	[illegible]
0,10	0,081	0,808	20° 31′	0,952	0,866	[illegible]
0,15	0,123	0,824	20° 48′	0,929	0,870	[illegible]
0,20	0,167	0,839	21° 05′	0,907	0,874	[illegible]
0,25	0,213	0,854	21° 23′	0,886	0,878	[illegible]
0,30	0,261	0,869	21° 42′	0,866	0,881	[illegible]
0,35	0,309	0,884	22° 01′	0,846	0,884	[illegible]
0,40	0,359	0,899	22° 21′	0,827	0,887	[illegible]
0,45	0,412	0,915	22° 42′	0,809	0,889	[illegible]
0,50	0,466	0,932	23° 03′	0,791	0,891	[illegible]
0,55	0,522	0,950	23° 24′	0,773	0,893	[illegible]
0,60	0,580	0,968	23° 45′	0,756	0,896	[illegible]
0,65	0,640	0,985	24° 07′	0,739	0,898	[illegible]
0,70	0,702	1,003	24° 29′	0,722	0,900	[illegible]
0,75	0,765	1,021	24° 52′	0,705	0,902	[illegible]
0,80	0,830	1,039	25° 14′	0,689	0,905	[illegible]
0,85	0,898	1,058	25° 37′	0,674	0,907	[illegible]
0,90	0,969	1,078	26° 00′	0,658	0,909	[illegible]
0,95	1,044	1,099	26° 24′	0,643	0,911	[illegible]
1,00	1,122	1,122	26° 48′	0,629	0,914	[illegible]

$\varphi = 20^\circ$

$2cX$	$\dfrac{cv_0^2}{g}$	$\dfrac{v_0^2}{2gX}$	ω	$\dfrac{v_e}{v_0}$	$T\sqrt{\dfrac{g}{X}}$	$\dfrac{y_s}{X}$
1,05	1,203	1,146	27° 13′	0,615	0,916	0,107
1,10	1,288	1,171	27° 38′	0,602	0,919	0,108
1,15	1,377	1,197	28° 03′	0,588	0,921	0,109
1,20	1,469	1,224	28° 28′	0,575	0,924	0,110
1,25	1,564	1,251	28° 53′	0,562	0,926	0,111
1,30	1,663	1,279	29° 18′	0,550	0,928	0,111
1,35	1,766	1,309	29° 43′	0,538	0,930	0,112
1,40	1,874	1,339	30° 09′	0,526	0,932	0,113
1,45	1,986	1,370	30° 34′	0,514	0,934	0,114
1,50	2,102	1,401	30° 59′	0,503	0,936	0,115

$\varphi = 25^\circ$

$2cX$	$\dfrac{cv_0^2}{g}$	$\dfrac{v_0^2}{2gX}$	ω	$\dfrac{v_e}{v_0}$	$T\sqrt{\dfrac{g}{X}}$	$\dfrac{y_s}{X}$
0,00	0,000	0,653	25° 00′	1,000	0,966	0,116
0,05	0,033	0,664	25° 21′	0,976	0,970	0,117
0,10	0,068	0,676	25° 42′	0,953	0,975	0,118
0,15	0,105	0,698	26° 03′	0,932	0,979	0,119
0,20	0,142	0,709	26° 25′	0,911	0,983	0,120
0,25	0,180	0,720	26° 48′	0,891	0,987	0,121
0,30	0,219	0,731	27° 12′	0,871	0,991	0,122
0,35	0,260	0,743	27° 36′	0,852	0,995	0,123
0,40	0,303	0,756	27° 59′	0,833	0,998	0,124
0,45	0,347	0,770	28° 23′	0,815	1,000	0,125
0,50	0,392	0,783	28° 48′	0,798	1,003	0,126
0,55	0,438	0,796	29° 13′	0,780	1,006	0,127
0,60	0,486	0,810	29° 38′	0,763	1,009	0,128
0,65	0,535	0,824	30° 03′	0,746	1,011	0,129
0,70	0,587	0,839	30° 29′	0,729	1,014	0,130
0,75	0,641	0,855	30° 55′	0,713	1,017	0,131
0,80	0,697	0,871	31° 21′	0,698	1,020	0,132
0,85	0,755	0,888	31° 48′	0,682	1,022	0,133
0,90	0,816	0,907	32° 14′	0,667	1,025	0,134
0,95	0,880	0,926	32° 40′	0,653	1,028	0,135
1,00	0,915	0,945	33° 07′	0,639	1,030	0,136
1,05	1,013	0,965	33° 33′	0,625	1,033	0,137
1,10	1,084	0,986	34° 00′	0,612	1,036	0,138
1,15	1,158	1,007	34° 28′	0,599	1,039	0,139
1,20	1,235	1,029	34° 55′	0,587	1,042	0,141
1,25	1,315	1,052	35° 23′	0,575	1,045	0,142
1,30	1,398	1,075	35° 50′	0,563	1,047	0,143
1,35	1,484	1,099	36° 18′	0,551	1,050	0,144
1,40	1,574	1,124	36° 46′	0,540	1,052	0,145
1,45	1,668	1,150	37° 13′	0,529	1,054	0,146
1,50	1,766	1,177	37° 40′	0,518	1,056	0,147

$\varphi = 30^\circ$

$2cX$	$\dfrac{cv_0^2}{g}$	$\dfrac{v_0^2}{2gX}$	ω	$\dfrac{v_e}{v_0}$	$T\sqrt{\dfrac{g}{X}}$	$\dfrac{y_s}{X}$
0,00	0,000	0,577	30° 00′	1,000	1,075	0,144
0,05	0,030	0,587	30° 27′	0,979	1,080	0,145
0,10	0,061	0,598	30° 54′	0,958	1,085	0,147
0,15	0,092	0,609	31° 21′	0,937	1,089	0,148
0,20	0,124	0,620	31° 47′	0,916	1,094	0,149
0,25	0,158	0,632	32° 14′	0,896	1,098	0,151
0,30	0,193	0,644	32° 40′	0,877	1,103	0,152
0,35	0,230	0,657	33° 08′	0,858	1,108	0,153
0,40	0,268	0,670	33° 35′	0,840	1,112	0,154
0,45	0,307	0,683	34° 02′	0,822	1,116	0,155
0,50	0,348	0,696	34° 29′	0,805	1,121	0,157
0,55	0,390	0,709	34° 57′	0,788	1,126	0,158
0,60	0,434	0,723	35° 24′	0,772	1,131	0,159
0,65	0,479	0,738	35° 51′	0,756	1,136	0,161
0,70	0,527	0,753	36° 19′	0,740	1,141	0,162
0,75	0,577	0,769	36° 48′	0,724	1,145	0,164
0,80	0,628	0,785	37° 16′	0,709	1,149	0,165
0,85	0,681	0,801	37° 44′	0,695	1,153	0,166
0,90	0,736	0,818	38° 13′	0,681	1,158	0,168
0,95	0,793	0,835	38° 42′	0,667	1,162	0,169
1,00	0,853	0,853	39° 11′	0,653	1,167	0,171
1,05	0,915	0,871	39° 41′	0,640	1,172	0,172
1,10	0,979	0,890	40° 10′	0,627	1,176	0,174
1,15	1,046	0,910	40° 10′	0,614	1,181	0,175
1,20	1,116	0,930	41° 10′	0,602	1,186	0,177
1,25	1,188	0,951	41° 39′	0,590	1,191	0,179
1,30	1,264	0,973	42° 09′	0,578	1,195	0,181
1,35	1,343	0,995	42° 39′	0,566	1,199	0,182
1,40	1,425	1,018	43° 10′	0,554	1,203	0,183
1,45	1,510	1,041	43° 38′	0,543	1,208	0,185
1,50	1,599	1,066	44° 07′	0,533	1,212	0,186

$\varphi = 35^\circ$

$2cX$	$\dfrac{cv_0^2}{g}$	$\dfrac{v_0^2}{2gX}$	ω	$\dfrac{v_e}{v_0}$	$T\sqrt{\dfrac{g}{X}}$	$\dfrac{y_s}{X}$
0,00	0,000	0,532	35° 00′	1,000	1,183	0,175
0,05	0,027	0,542	35° 28′	0,980	1,188	0,177
0,10	0,055	0,552	35° 56′	0,960	1,193	0,178
0,15	0,085	0,563	36° 24′	0,940	1,199	0,179
0,20	0,115	0,574	36° 52′	0,921	1,204	0,181
0,25	0,146	0,585	37° 21′	0,901	1,209	0,183
0,30	0,179	0,596	37° 51′	0,882	1,214	0,184
0,35	0,213	0,608	38° 21′	0,864	1,220	0,186
0,40	0,248	0,620	38° 51′	0,846	1,225	0,187
0,45	0,284	0,632	39° 20′	0,830	1,230	0,189
0,50	0,322	0,645	39° 50′	0,814	1,235	0,191

Tabelle 7 (Tabelle von Otto-Lardillon).

$\varphi = 35^0$

$2cX$	$\dfrac{vc_0^2}{g}$	$\dfrac{v_0^2}{2gX}$	ω	$\dfrac{v_e}{v_0}$	$T\sqrt{\dfrac{g}{X}}$	$\dfrac{y_s}{X}$
0,55	0,362	0,658	40° 21'	0,797	1,240	0,193
0,60	0,403	0,672	40° 51'	0,781	1,245	0,195
0,65	0,445	0,686	41° 21'	0,766	1,250	0,196
0,70	0,489	0,700	41° 51'	0,751	1,255	0,198
0,75	0,536	0,715	42° 21'	0,736	1,261	0,200
0,80	0,585	0,731	42° 52'	0,720	1,266	0,201
0,85	0,635	0,747	43° 23'	0,706	1,271	0,203
0,90	0,686	0,762	43° 53'	0,692	1,276	0,205
0,95	0,739	0,778	44° 22'	0,679	1,281	0,207
1,00	0,795	0,795	44° 53'	0,665	1,286	0,208
1,05	0,854	0,813	45° 23'	0,652	1,291	0,210
1,10	0,915	0,831	45° 54'	0,639	1,296	0,212
1,15	0,978	0,850	46° 25'	0,627	1,302	0,214
1,20	1,045	0,871	46° 56'	0,615	1,308	0,216
1,25	1,114	0,891	47° 27'	0,603	1,313	0,218
1,30	1,185	0,912	47° 57'	0,591	1,318	0,219
1,35	1,260	0,934	48° 27'	0,580	1,323	0,221
1,40	1,338	0,956	48° 58'	0,569	1,328	0,223
1,45	1,420	0,979	49° 28'	0,558	1,333	0,225
1,50	1,505	1,003	49° 59'	0,547	1,338	0,227

$\varphi = 40^0$

$2cX$	$\dfrac{cv_0^2}{g}$	$\dfrac{v_0^2}{2gX}$	ω	$\dfrac{v_e}{v_0}$	$T\sqrt{\dfrac{g}{X}}$	$\dfrac{y_s}{X}$
1,05	0,829	0,789	50° 50'	0,663	1,417	0,253
1,10	0,889	0,808	51° 20'	0,651	1,423	0,255
1,15	0,952	0,828	51° 51'	0,638	1,429	0,257
1,20	1,018	0,848	52° 21'	0,626	1,435	0,260
1,25	1,087	0,869	52° 52'	0,614	1,441	0,262
1,30	1,158	0,891	53° 22'	0,603	1,447	0,264
1,35	1,233	0,913	53° 53'	0,591	1,453	0,267
1,40	1,311	0,936	54° 22'	0,580	1,459	0,269
1,45	1,393	0,961	54° 53'	0,569	1,465	0,271
1,50	1,478	0,985	55° 22'	0,558	1,470	0,273

$\varphi = 40^0$

$2cX$	$\dfrac{vc_0^2}{g}$	$\dfrac{v_0^2}{2gX}$	ω	$\dfrac{v_e}{v_0}$	$T\sqrt{\dfrac{g}{X}}$	$\dfrac{y_s}{X}$
0,00	0,000	0,508	40° 00'	1,000	1,295	0,210
0,05	0,026	0,518	40° 31'	0,981	1,300	0,211
0,10	0,053	0,528	41° 02'	0,962	1,305	0,213
0,15	0,081	0,538	41° 32'	0,942	1,311	0,215
0,20	0,110	0,549	42° 03'	0,923	1,317	0,217
0,25	0,140	0,560	42° 33'	0,903	1,323	0,219
0,30	0,171	0,571	43° 03'	0,885	1,329	0,221
0,35	0,204	0,583	43° 33'	0,867	1,335	0,223
0,40	0,238	0,595	44° 04'	0,850	1,340	0,225
0,45	0,273	0,607	44° 35'	0,835	1,346	0,227
0,50	0,309	0,618	45° 06'	0,819	1,352	0,229
0,55	0,347	0,631	45° 37'	0,803	1,358	0,231
0,60	0,387	0,645	46° 08'	0,788	1,364	0,234
0,65	0,429	0,660	46° 40'	0,773	1,370	0,236
0,70	0,472	0,674	47° 12'	0,758	1,376	0,238
0,75	0,517	0,689	47° 43'	0,744	1,382	0,240
0,80	0,564	0,705	48° 15'	0,729	1,388	0,242
0,85	0,612	0,720	48° 45'	0,715	1,394	0,244
0,90	0,663	0,737	49° 16'	0,701	1,400	0,246
0,95	0,716	0,754	49° 47'	0,688	1,406	0,248
1,00	0,771	0,771	50° 18'	0,676	1,411	0,251

$\varphi = 45^0$

$2cX$	$\dfrac{cv_0^2}{g}$	$\dfrac{v_0^2}{2gX}$	ω	$\dfrac{v_e}{v_0}$	$T\sqrt{\dfrac{g}{X}}$	$\dfrac{y_s}{X}$
0,00	0,000	0,500	45° 00'	1,000	1,414	0,250
0,05	0,026	0,510	45° 32'	0,981	1,420	0,252
0,10	0,052	0,520	46° 03'	0,963	1,426	0,254
0,15	0,080	0,530	46° 34'	0,944	1,433	0,257
0,20	0,108	0,541	47° 05'	0,926	1,439	0,259
0,25	0,138	0,552	47° 36'	0,908	1,446	0,261
0,30	0,169	0,564	48° 08'	0,891	1,453	0,263
0,35	0,202	0,577	48° 40'	0,874	1,460	0,266
0,40	0,236	0,590	49° 12'	0,858	1,467	0,268
0,45	0,271	0,602	49° 43'	0,842	1,473	0,271
0,50	0,308	0,616	50° 15'	0,826	1,480	0,274
0,55	0,346	0,629	50° 46'	0,810	1,486	0,276
0,60	0,386	0,643	51° 18'	0,794	1,492	0,279
0,65	0,428	0,657	51° 50'	0,779	1,498	0,282
0,70	0,471	0,673	52° 20'	0,764	1,505	0,285
0,75	0,517	0,689	52° 52'	0,750	1,511	0,287
0,80	0,564	0,705	53° 23'	0,736	1,518	0,289
0,85	0,613	0,721	53° 55'	0,723	1,524	0,291
0,90	0,665	0,738	54° 25'	0,710	1,531	0,294
0,95	0,719	0,756	54° 57'	0,696	1,538	0,297
1,00	0,776	0,775	55° 27'	0,683	1,545	0,300
1,05	0,835	0,795	55° 59'	0,670	1,552	0,302
1,10	0,897	0,815	56° 29'	0,658	1,559	0,305
1,15	0,962	0,836	57° 00'	0,645	1,566	0,308
1,20	1,030	0,858	57° 30'	0,633	1,573	0,311
1,25	1,102	0,882	58° 00'	0,621	1,580	0,314
1,30	1,176	0,905	58° 29'	0,610	1,586	0,317
1,35	1,254	0,929	58° 59'	0,598	1,593	0,320
1,40	1,336	0,954	59° 28'	0,587	1,600	0,323
1,45	1,422	0,981	59° 57'	0,576	1,607	0,326
1,50	1,512	1,008	60° 26'	0,565	1,613	0,329

$2cX$	$\dfrac{cv_0^2}{g}$	$\dfrac{v_0^2}{2gX}$	ω	$\dfrac{v_e}{v_0}$	$T\sqrt{\dfrac{g}{X}}$	$\dfrac{y_s}{X}$
			$\varphi = 50^0$			
0,00	0,000	0,508	50° 00′	1,000	1,544	0,298
0,05	0,026	0,519	50° 33′	0,981	1,551	0,300
0,10	0,053	0,530	51° 05′	0,962	1,558	0,303
0,15	0,081	0,540	51° 36′	0,944	1,565	0,306
0,20	0,111	0,551	52° 08′	0,926	1,573	0,309
0,25	0,141	0,564	52° 38′	0,908	1,580	0,312
0,30	0,173	0,577	53° 09′	0,891	1,587	0,315
0,35	0,207	0,591	53° 41′	0,875	1,594	0,318
0,40	0,242	0,605	54° 12′	0,860	1,602	0,321
0,45	0,279	0,620	54° 44′	0,843	1,609	0,324
0,50	0,317	0,634	55° 15′	0,828	1,616	0,327
0,55	0,356	0,647	55° 46′	0,813	1,624	0,331
0,60	0,398	0,663	56° 17′	0,798	1,631	0,334
0,65	0,442	0,680	56° 49′	0,782	1,638	0,337
0,70	0,487	0,696	57° 20′	0,768	1,646	0,340
0,75	0,534	0,712	57° 51′	0,753	1,654	0,343
0,80	0,585	0,731	58° 22′	0,739	1,661	0,347
0,85	0,638	0,751	58° 53′	0,725	1,669	0,350
0,90	0,693	0,770	59° 23′	0,712	1,677	0,353
0,95	0,751	0,791	59° 54′	0,699	1,685	0,357
1,00	0,812	0,812	60° 24′	0,685	1,694	0,360
1,05	0,875	0,833	60° 54′	0,672	1,702	0,364
1,10	0,942	0,856	61° 22′	0,660	1,710	0,368
1,15	1,012	0,880	61° 52′	0,647	1,717	0,371
1,20	1,086	0,905	62° 21′	0,634	1,725	0,375
1,25	1,163	0,930	62° 50	0,623	1,733	0,378
1,30	1,244	0,957	63° 18′	0,611	1,740	0,382
1,35	1,330	0,985	63° 47′	0,599	1,748	0,385
1,40	1,420	1,014	64° 16′	0,588	1,756	0,389
1,45	1,515	1,045	64° 44′	0,576	1,764	0,393
1,50	1,615	1,077	65° 12′	0,565	1,771	0,397
			$\varphi = 55^0$			
0,00	0,000	0,532	55° 00′	1,000	1,690	0,357
0,05	0,027	0,546	55° 32′	0,981	1,696	0,360
0,10	0,056	0,560	56° 04′	0,963	1,703	0,364
0,15	0,086	0,573	56° 36′	0,945	1,711	0,368
0,20	0,117	0,585	57° 07′	0,928	1,720	0,372
0,25	0,149	0,596	57° 38′	0,911	1,728	0,375
0,30	0,183	0,610	58° 09′	0,894	1,737	0,379
0,35	0,219	0,626	58° 40′	0,878	1,746	0,383
0,40	0,257	0,642	59° 11′	0,861	1,754	0,387
0,45	0,296	0,658	59° 42′	0,845	1,763	0,391
0,50	0,337	0,674	60° 12′	0,829	1,772	0,395

$2cX$	$\dfrac{cv_0^2}{g}$	$\dfrac{v_0^2}{2gX}$	ω	$\dfrac{v_e}{v_0}$	$T\sqrt{\dfrac{g}{X}}$	$\dfrac{y_s}{X}$
			$\varphi = 55^0$			
0,55	0,380	0,691	60° 42′	0,813	1,781	0,399
0,60	0,426	0,710	61° 12′	0,798	1,791	0,403
0,65	0,474	0,729	61° 42′	0,783	1,800	0,407
0,70	0,524	0,749	62° 12′	0,768	1,809	0,410
0,75	0,577	0,769	62° 42′	0,753	1,817	0,414
0,80	0,632	0,790	63° 11′	0,739	1,826	0,418
0,85	0,690	0,812	63° 41′	0,725	1,835	0,422
0,90	0,752	0,836	64° 10′	0,710	1,845	0,427
0,95	0,817	0,860	64° 39′	0,696	1,854	0,431
1,00	0,886	0,886	65° 08′	0,682	1,864	0,436
1,05	0,958	0,912	65° 37′	0,669	1,873	0,441
1,10	1,034	0,940	66° 06′	0,656	1,881	0,445
1,15	1,114	0,969	66° 34′	0,644	1,890	0,450
1,20	1,199	0,999	67° 01′	0,631	1,899	0,455
1,25	1,288	1,030	67° 28′	0,618	1,909	0,459
1,30	1,382	1,063	67° 55′	0,605	1,919	0,464
1,35	1,482	1,098	68° 22′	0,592	1,928	0,468
1,40	1,588	1,134	68° 49′	0,579	1,937	0,473
1,45	1,700	1,172	69° 15′	0,567	1,947	0,478
1,50	1,819	1,213	69° 41′	0.555	1,956	0,483
			$\varphi = 60^0$			
0,00	0,000	0,577	60° 00′	1,000	1,861	0,433
0,05	0,029	0,592	60° 32′	0,981	1,870	0,437
0,10	0,060	0,608	61° 03′	0,962	1,880	0,442
0,15	0,093	0,624	61° 32′	0,945	1,890	0,447
0,20	0,128	0,640	62° 03′	0,927	1,900	0,452
0,25	0,164	0,656	62° 32′	0,909	1,910	0,456
0,30	0,202	0,673	63° 03′	0,891	1,920	0,461
0,35	0,242	0,691	63° 32′	0,874	1,930	0,466
0,40	0,284	0,710	64° 03′	0,857	1,940	0,471
0,45	0,328	0,730	64° 31′	0,841	1,950	0,476
0,50	0,375	0,750	65° 01′	0,824	1,961	0,481
0,55	0,424	0,771	65° 30′	0,808	1,971	0,487
0,60	0,476	0,793	66° 00′	0,791	1,981	0,492
0,65	0,531	0,817	66° 28′	0,776	1,992	0,498
0,70	0,589	0,841	66° 57′	0,761	2,002	0,504
0,75	0,650	0,867	67° 25′	0,746	2,012	0,509
0,80	0,715	0,894	67° 53′	0,730	2,023	0,514
0,85	0,784	0,922	68° 21′	0,715	2,034	0,519
0,90	0,858	0,953	68° 49′	0,700	2,046	0,525
0,95	0,937	0,986	69° 17′	0,685	2,058	0,531
1,00	1,020	1,022	69° 44′	0,670	2,069	0,536

Tabelle 7 (Tabelle von Otto-Lardillon).

$2cX$	$\dfrac{cv_0^2}{g}$	$\dfrac{v_0^2}{2gX}$	ω	$\dfrac{v_e}{v_0}$	$T\sqrt{\dfrac{g}{X}}$	$\dfrac{y_s}{X}$	$2cX$	$\dfrac{cv_0^2}{g}$	$\dfrac{v_0^2}{2gX}$	ω	$\dfrac{v_e}{v_0}$	$T\sqrt{\dfrac{g}{X}}$	$\dfrac{y_s}{X}$
		$\varphi = 60^0$							$\varphi = 70^0$				
1,05	1,107	1,054	70⁰ 11′	0,655	2,080	0,542	0,30	0,286	0,954	72⁰ 43′	0,870	2,437	0,742
1,10	1,199	1,090	70⁰ 37′	0,641	2,090	0,548	0,35	0,346	0,989	73⁰ 10′	0,849	2,452	0,752
1,15	1,298	1,129	71⁰ 03′	0,626	2,101	0,554	0,40	0,411	1,027	73⁰ 36′	0,829	2,468	0,762
1,20	1,403	1,169	71⁰ 28′	0,612	2,112	0,560	0,45	0,480	1,067	74⁰ 02′	0,808	2,485	0,772
1,25	1,515	1,212	71⁰ 54′	0,598	2,124	0,567	0,50	0,555	1,110	74⁰ 27′	0,788	2,501	0,783
1,30	1,633	1,256	72⁰ 19′	0,584	2,135	0,573	0,55	0,636	1,156	74⁰ 53′	0,767	2,518	0,794
1,35	1,759	1,303	72⁰ 44′	0,570	2,146	0,580	0,60	0,723	1,205	75⁰ 18′	0,748	2,536	0,804
1,40	1,894	1,353	73⁰ 09′	0,556	2,157	0,586	0,65	0,817	1,257	75⁰ 44′	0,727	2,554	0,815
1,45	2,040	1,407	73⁰ 33′	0,543	2,169	0,593	0,70	0,920	1,314	76⁰ 09′	0,707	2,573	0,827
							0,75	1,031	1,375	76⁰ 34′	0,688	2,591	0,839
		$\varphi = 65^0$					0,80	1,151	1,439	76⁰ 58′	0,668	2,609	0,851
0,00	0,000	0,648	65⁰ 00′	1,000	2,071	0,536	0,85	1,281	1,507	77⁰ 22′	0,649	2,628	0,863
0,05	0,034	0,668	65⁰ 30′	0,981	2,082	0,542	0,90	1,423	1,581	77⁰ 45′	0,629	2,646	0,876
0,10	0,069	0,689	66⁰ 00′	0,961	2,093	0,548	0,95	1,578	1,661	78⁰ 09′	0,609	2,665	0,889
0,15	0,106	0,709	66⁰ 28′	0,942	2,104	0,555	1,00	1,747	1,747	78⁰ 33′	0,590	2,685	0,902
0,20	0,146	0,730	66⁰ 57′	0,922	2,116	0,561							
0,25	0,188	0,752	67⁰ 26′	0,903	2,128	0,568	1,05	1,932	1,840	78⁰ 56′	0,572	2,705	–
							1,10	2,134	1,940	79⁰ 19′	0,554	—	–
0,30	0,233	0,775	67⁰ 55′	0,884	2,140	0,574							
0,35	0,280	0,799	68⁰ 23′	0,866	2,153	0,581			$\varphi = 75^0$				
0,40	0,329	0,824	68⁰ 51′	0,848	2,165	0,587	0,00	0,000	1,000	75⁰ 00′	1,000	2,732	0,933
0,45	0,382	0,850	69⁰ 18′	0,830	2,178	0,594	0,05	0,052	1,040	75⁰ 25′	0,973	2,754	0,947
0,50	0,439	0,878	69⁰ 46′	0,812	2,191	0,602	0,10	0,109	1,085	75⁰ 50′	0,947	2,776	0,962
							0,15	0,170	1,133	76⁰ 16′	0,920	2,798	0,977
0,55	0,500	0,908	70⁰ 14′	0,795	2,205	0,609	0,20	0,236	1,183	76⁰ 41′	0,893	2,820	0,993
0,60	0,564	0,940	70⁰ 41′	0,777	2,218	0,616	0,25	0,309	1,236	77⁰ 06′	0,866	2,842	1,008
0,65	0,632	0,973	71⁰ 08′	0,759	2,232	0,624							
0,70	0,705	1,007	71⁰ 34′	0,742	2,245	0,631	0,30	0,389	1,295	77⁰ 31′	0,840	2,865	1,024
0,75	0,782	1,043	72⁰ 01′	0,725	2,259	0,639	0,35	0,477	1,360	77⁰ 56′	0,815	2,888	1,041
							0,40	0,573	1,431	78⁰ 20′	0,789	2,912	1,059
0,80	0,865	1,081	72⁰ 27′	0,708	2,272	0,647	0,45	0,679	1,508	78⁰ 44′	0,764	2,936	1,077
0,85	0,954	1,122	72⁰ 54′	0,691	2,286	0,655	0,50	0,796	1,591	79⁰ 08′	0,738	2,960	1,096
0,90	1,048	1,165	73⁰ 20′	0,675	2,300	0,664							
0,95	1,149	1,210	73⁰ 46′	0,659	2,314	0,672	0,55	0,925	1,681	79⁰ 32′	0,713	2,985	1,115
1,00	1,259	1,258	74⁰ 12′	0,643	2,328	0,680	0,60	1,067	1,779	79⁰ 56′	0,688	3,011	1,135
							0,65	1,223	1,884	80⁰ 19′	0,664	3,038	1,155
1,05	1,377	1,310	74⁰ 37′	0,627	2,343	0,688	0,70	1,397	1,998	80⁰ 41′	0,640	3,066	1,176
1,10	1,503	1,366	75⁰ 02′	0,611	2,358	0,696	0,75	1,592	2,123	—	—	3,094	1,197
1,15	1,638	1,424	75⁰ 26′	0,595	2,373	0,705							
1,20	1,784	1,487	75⁰ 50′	0,579	2,388	0,714	0,80	1,810	2,262	—	—	3,122	–
1,25	1,941	1,553	76⁰ 13′	0,564	2,402	0,723	0,85	2,055	2,417	—	—	—	–
							0,90	2,333	2,592	—	—	—	–
1,30	2,110	1,623	76⁰ 36′	0,548	2,416	0,732							
		$\varphi = 70^0$											
0,00	0,000	0,777	70⁰ 00′	1,000	2,344	0,687							
0,05	0,040	0,805	70⁰ 28′	0,978	2,359	0,696							
0,10	0,083	0,833	70⁰ 56′	0,956	2,375	0,705							
0,15	0,129	0,862	71⁰ 23′	0,934	2,390	0,714							
0,20	0,178	0,891	71⁰ 50′	0,912	2,405	0,723							
0,25	0,230	0,921	72⁰ 16′	0,891	2,421	0,732							

Tabelle 8a. $\int \dfrac{d\vartheta}{\cos^{n+1}\vartheta}$ in Funktion von ϑ; für $n = 1{,}55$; $1{,}70$; 3; 4; 5; 6 (vgl. § 18, 24, 38, 41).

$\vartheta =$	für $n = 1{,}55$	für $n = 1{,}70$	für $n = 3$	für $n = 4$	für $n = 5$	für $n = 6$
1°	0,01746	0,01746	0,01746	0,01746	0,01746	0,01746
2°	0,03493	0,03493	0,03494	0,03495	0,03495	0,03499
3°	0,05242	0,05248	0,05246	0,05248	0,05250	0,05253
4°	0,06996	0,06999	0,07004	0,07010	0,07016	0,07021
5°	0,08755	0,08760	0,08771	0,08782	0,08794	0,08805
6°	0,10520	0,10527	0,10549	0,10569	0,10588	0,10608
7°	0,12295	0,12303	0,12340	0,12371	0,12403	0,12434
8°	0,14079	0,14089	0,14147	0,14193	0,14240	0,14288
9°	0,15874	0,15895	0,15971	0,16038	0,16105	0,16173
10°	0,17683	0,17689	0,17815	0,17908	0,18002	0,18096
11°	0,19504	0,19517	0,19683	0,19807	0,19933	0,20061
12°	0,21343	0,21369	0,21576	0,21739	0,21905	0,22072
13°	0,23185	0,23233	0,23497	0,23707	0,23920	0,24137
14°	0,25073	0,25108	0,25449	0,25715	0,25985	0,26261
15°	0,26969	0,26979	0,27436	0,27767	0,28105	0,28450
16°	0,28893	0,28907	0,29460	0,29868	0,30285	0,30712
17°	0,30836	0,30862	0,31526	0,32032	0,32532	0,33056
18°	0,32805	0,32846	0,33635	0,34234	0,34851	0,35488
19°	0,34803	0,34861	0,35794	0,36510	0,37251	0,38019
20°	0,36830	0,36908	0,38004	0,38855	0,39739	0,40658
21°	0,38891	0,38992	0,40272	0,41276	0,42324	0,43418
22°	0,40985	0,41114	0,42601	0,43780	0,45015	0,46310
23°	0,43120	0,43276	0,44997	0,46383	0,47822	0,49349
24°	0,45297	0,45481	0,47465	0,49064	0,50757	0,52549
25°	0,47502	0,47729	0,50011	0,51862	0,53832	0,55928
26°	0,49773	0,50027	0,52641	0,54776	0,57060	0,59505
27°	0,52088	0,52378	0,55362	0,57817	0,60458	0,63302
28°	0,54453	0,54790	0,58182	0,60996	0,64043	0,67344
29°	0,56883	0,57263	0,61108	0,64326	0,67832	0,71656
30°	0,59364	0,59806	0,64150	0,67821	0,71848	0,76271
31°	0,61923	0,62411	0,67317	0,71497	0,76115	0,81223
32°	0,64543	0,65093	0,70620	0,75371	0,80658	0,86552
33°	0,67224	0,67845	0,74070	0,79462	0,85509	0,92304
34°	0,70001	0,70693	0,77680	0,83791	0,90702	0,98532
35°	0,72848	0,73638	0,81464	0,88384	0,96274	1,05294
36°	0,75791	0,76633	0,85438	0,93264	1,02271	1,12661
37°	0,78848	0,79814	0,89619	0,98466	1,08742	1,20712
38°	0,81974	0,83064	0,94025	1,04021	1,15744	1,29539
39°	0,85170	0,86462	0,98679	1,09968	1,23344	1,39251
40°	0,88611	0,89965	1,03603	1,16350	1,31616	1,49973

Tabelle 8a. $\int \dfrac{d\vartheta}{\cos^{n+1}\vartheta}$ in Funktion von ϑ; für $n = 1{,}55$; $1{,}70$; 3; 4; 5; 6 (vgl. § 18, 24, 38, 41).

$\vartheta =$	für $n = 1{,}55$	für $n = 1{,}70$	für $n = 3$	für $n = 4$	für $n = 5$	für $n = 6$
41°	0,92147	0,93643	1,08825	1,23218	1,40649	1,61853
42°	0,95806	0,97459	1,14373	1,30627	1,50542	1,75065
43°	0,99604	1,01407	1,20582	1,38642	1,61414	1,89814
44°	1,03568	1,05373	1,26588	1,47336	1,73403	2,06343
45°	1,07686	1,09622	1,33333	1,56795	1,86667	2,24944
46°	1,11993	1,14172	1,40567	1,67117	2,01396	2,45962
47°	1,16525	1,18958	1,48344	1,78416	2,17813	2,69817
48°	1,21266	1,23988	1,56725	1,90823	2,36182	2,97012
49°	1,26250	1,29297	1,65781	2,04494	2,56818	3,28163
50°	1,31489	1,34930	1,75596	2,19609	2,80097	3,64016
51°	1,37049	1,41225	1,86263	2,36382	3,06471	4,05492
52°	1,42872	1,47487	1,97890	2,55063	3,36485	4,53726
53°	1,49219	1,53933	2,10604	2,75954	3,70815	5,10130
54°	1,55827	1,60415	2,24553	2,99411	4,10261	5,76469
55°	1,62871	1,67246	2,39910	3,25262	4,55827	6,54964
56°	1,70260	1,74601	2,56878	3,55828	5,08749	7,48434
57°	1,78269	1,82774	2,75697	3,89934	5,70565	8,60480
58°	1,86710	1,91652	2,96653	4,28949	6,43206	9,95738
59°	1,95839	2,02229	3,20087	4,73816	7,29111	11,60229
60°	2,05773	2,12903	3,46410	5,25700	8,31384	13,61843
61°	2,16308	2,23963	3,7613	—	9,5404	—
62°	2,27790	2,36158	4,0983	—	11,0218	—
63°	2,40684	2,49399	4,4824	—	12,8256	—
64°	2,54284	2,63950	4,9233	—	15,0429	—
65°	2,69269	2,79736	5,4320	—	17,7906	—
66°	2,85912	2,97066	6,0230	—	21,2317	—
67°	3,04040	3,14967	6,7143	—	25,5892	—
68°	3,24349	3,37423	7,5293	—	31,1596	—
69°	3,46926	3,61398	8,4982	—	38,3777	—
70°	3,71860	3,91482	9,6608	—	47,8847	—
71°	4,00677	4,25667	11,0710	—	60,5569	—
72°	4,33334	4,64652	12,7951	—	77,7396	—
73°	4,70703	5,09571	14,9345	—	101,4747	—
74°	5,14268	5,53355	17,6258	—	134,6546	—
75°	5,75329	6,15204	21,0590	—	183,1882	—

Tabelle 8b. $\xi(\vartheta) = \int \dfrac{d\vartheta}{\cos^3\vartheta}$.

ϑ	ξ	ϑ	ξ	ϑ	ξ	ϑ	ξ	ϑ	ξ
0° 0'	0,0000000	0° 45'	0,0130911	1° 30'	0,0261889	2° 15'	0,0393003	3° 0'	0,0524317
1'	0,0002909	46'	0,0133821	31'	0,0264801	16'	0,0395918	1'	0,0527238
2'	0,0005818	47'	0,0136730	32'	0,0267713	17'	0,0398834	2'	0,0530159
3'	0,0008727	48'	0,0139640	33'	0,0270625	18'	0,0401750	3'	0,0533081
4'	0,0011636	49'	0,0142550	34'	0,0273537	19'	0,0404666	4'	0,0536002
5'	0,0014544	50'	0,0145460	35'	0,0276449	20'	0,0407582	5'	0,0538923
6'	0,0017453	51'	0,0148369	36'	0,0279362	21'	0,0410498	6'	0,0541845
7'	0,0020362	52'	0,0151279	37'	0,0282274	22'	0,0413414	7'	0,0544767
8'	0,0023271	53'	0,0154189	38'	0,0285187	23'	0,0416330	8'	0,0547689
9'	0,0026180	54'	0,0157099	39'	0,0288099	24'	0,0419247	9'	0,0550611
10'	0,0029089	55'	0,0160009	40'	0,0291012	25'	0,0422164	10'	0,0553533
11'	0,0031998	56'	0,0162919	41'	0,0293924	26'	0,0425080	11'	0,0556455
12'	0,0034907	57'	0,0165829	42'	0,0296837	27'	0,0427997	12'	0,0559377
13'	0,0037816	58'	0,0168739	43'	0,0299750	28'	0,0430914	13'	0,0562500
14'	0,0040725	59'	0,0171649	44'	0,0302663	29'	0,0433831	14'	0,0565223
15'	0,0043634	1° 0'	0,0174559	45'	0,0305575	30'	0,0436748	15'	0,0568146
16'	0,0046543	1'	0,0177470	46'	0,0308488	31'	0,0439665	16'	0,0571069
17'	0,0049452	2'	0,0180380	47'	0,0311401	32'	0,0442583	17'	0,0573992
18'	0,0052361	3'	0,0183291	48'	0,0314314	33'	0,0445500	18'	0,0576915
19'	0,0055270	4'	0,0186201	49'	0,0317228	34'	0,0448418	19'	0,0579839
20'	0,0058179	5'	0,0189111	50'	0,0320141	35'	0,0451335	20'	0,0582762
21'	0,0061088	6'	0,0192022	51'	0,0323055	36'	0,0454253	21'	0,0585686
22'	0,0063997	7'	0,0194932	52'	0,0325968	37'	0,0457171	22'	0,0588610
23'	0,0066906	8'	0,0197843	53'	0,0328882	38'	0,0460089	23'	0,0591534
24'	0,0069815	9'	0,0200754	54'	0,0331795	39'	0,0463008	24'	0,0594458
25'	0,0072724	10'	0,0203664	55'	0,0334709	40'	0,0465926	25'	0,0597383
26'	0,0075633	11'	0,0206575	56'	0,0337623	41'	0,0468844	26'	0,0600307
27'	0,0078542	12'	0,0209485	57'	0,0340537	42'	0,0471762	27'	0,0603232
28'	0,0081451	13'	0,0212396	58'	0,0343451	43'	0,0474681	28'	0,0606157
29'	0,0084361	14'	0,0215307	59'	0,0346365	44'	0,0477600	29'	0,0609082
30'	0,0087270	15'	0,0218218	2° 0'	0,0349279	45'	0,0480519	30'	0,0612007
31'	0,0090179	16'	0,0221129	1'	0,0352193	46'	0,0483438	31'	0,0614932
32'	0,0093088	17'	0,0224040	2'	0,0355108	47'	0,0486357	32'	0,0617858
33'	0,0095998	18'	0,0226951	3'	0,0358022	48'	0,0489276	33'	0,0620783
34'	0,0098907	19'	0,0229862	4'	0,0360937	49'	0,0492196	34'	0,0623709
35'	0,0101816	20'	0,0232774	5'	0,0363851	50'	0,0495115	35'	0,0626635
36'	0,0104725	21'	0,0235685	6'	0,0366766	51'	0,0498035	36'	0,0629561
37'	0,0107635	22'	0,0238596	7'	0,0369681	52'	0,0500955	37'	0,0632487
38'	0,0110544	23'	0,0241508	8'	0,0372596	53'	0,0503874	38'	0,0635414
39'	0,0113454	24'	0,0244419	9'	0,0375511	54'	0,0506794	39'	0,0638340
40'	0,0116363	25'	0,0247331	10'	0,0378426	55'	0,0509715	40'	0,0641267
41'	0,0119273	26'	0,0250242	11'	0,0381341	56'	0,0512635	41'	0,0644194
42'	0,0122182	27'	0,0253154	12'	0,0384256	57'	0,0515555	42'	0,0647121
43'	0,0125092	28'	0,0256066	13'	0,0387171	58'	0,0518476	43'	0,0650048
44'	0,0128001	29'	0,0258977	14'	0,0390087	59'	0,0521396	44'	0,0652976

Tabelle 8b. $\xi(\vartheta) = \int \dfrac{d\vartheta}{\cos^3\vartheta}$.

ϑ	ξ	ϑ	ξ	ϑ	ξ	ϑ	ξ	ϑ	ξ
3° 45′	0,0655903	4° 35′	0,0802512	5° 25′	0,0949633	6° 15′	0,1097364	7° 5′	0,1245804
46′	0,0658831	36′	0,0805449	26′	0,0952581	16′	0,1100325	6′	0,1248781
47′	0,0661759	37′	0,0808386	27′	0,0955529	17′	0,1103286	7′	0,1251758
48′	0,0664687	38′	0,0811323	28′	0,0958478	18′	0,1106249	8′	0,1254735
49′	0,0667615	39′	0,0814261	29′	0,0961427	19′	0,1109211	9′	0,1257713
50′	0,0670543	40′	0,0817199	30′	0,0964376	20′	0,1112174	10′	0,1260691
51′	0,0673472	41′	0,0820137	31′	0,0967326	21′	0,1115137	11′	0,1263669
52′	0,0676401	42′	0,0823075	32′	0,0970276	22′	0,1118100	12′	0,1266648
53′	0,0679330	43′	0,0826013	33′	0,0973226	23′	0,1121063	13′	0,1269627
54′	0,0682259	44′	0,0828952	34′	0,0976176	24′	0,1124027	14′	0,1272606
55′	0,0685188	45′	0,0831891	35′	0,0979126	25′	0,1126990	15′	0,1275586
56′	0,0688118	46′	0,0834830	36′	0,0982077	26′	0,1129954	16′	0,1278566
57′	0,0691048	47′	0,0837769	37′	0,0985028	27′	0,1132919	17′	0,1281546
58′	0,0693978	48′	0,0840709	38′	0,0987980	28′	0,1135884	18′	0,1284527
59′	0,0696908	49′	0,0843649	39′	0,0990931	29′	0,1138850	19′	0,1287508
4° 0′	0,0699838	50′	0,0846589	40′	0,0993883	30′	0,1141816	20′	0,1290489
1′	0,0702768	51′	0,0849529	41′	0,0996835	31′	0,1144783	21′	0,1293471
2′	0,0705698	52′	0,0852470	42′	0,0999785	32′	0,1147749	22′	0,1296453
3′	0,0708629	53′	0,0855410	43′	0,1002738	33′	0,1150716	23′	0,1299435
4′	0,0711560	54′	0,0858351	44′	0,1005693	34′	0,1153683	24′	0,1302418
5′	0,0714491	55′	0,0861292	45′	0,1008646	35′	0,1156649	25′	0,1305401
6′	0,0717422	56′	0,0864234	46′	0,1011600	36′	0,1159616	26′	0,1308384
7′	0,0720354	57′	0,0867175	47′	0,1014553	37′	0,1162583	27′	0,1311368
8′	0,0723285	58′	0,0870117	48′	0,1017507	38′	0,1165550	28′	0,1313552
9′	0,0726217	59′	0,0873059	49′	0,1020461	39′	0,1168518	29′	0,1317336
10′	0,0729149	5° 0′	0,0876001	50′	0,1023416	40′	0,1171487	30′	0,1320321
11′	0,0732081	1′	0,0878944	51′	0,1026371	41′	0,1174456	31′	0,1323306
12′	0,0735013	2′	0,0881887	52′	0,1029326	42′	0,1177426	32′	0,1326291
13′	0,0737946	3′	0,0884830	53′	0,1032281	43′	0,1180396	33′	0,1329277
14′	0,0740879	4′	0,0887773	54′	0,1035236	44′	0,1183366	34′	0,1332263
15′	0,0743812	5′	0,0890716	55′	0,1038192	45′	0,1186336	35′	0,1335249
16′	0,0746745	6′	0,0893659	56′	0,1041148	46′	0,1189306	36′	0,1338236
17′	0,0749678	7′	0,0896603	57′	0,1044104	47′	0,1192277	37′	0,1341223
18′	0,0752611	8′	0,0899547	58′	0,1047061	48′	0,1195248	38′	0,1344210
19′	0,0755545	9′	0,0902491	59′	0,1050018	49′	0,1198219	39′	0,1347198
20′	0,0758479	10′	0,0905436	6° 0′	0,1052975	50′	0,1201190	40′	0,1350186
21′	0,0761413	11′	0,0908381	1′	0,1055932	51′	0,1204162	41′	0,1353174
22′	0,0764347	12′	0,0911326	2′	0,1058889	52′	0,1207134	42′	0,1356163
23′	0,0767282	13′	0,0914271	3′	0,1061847	53′	0,1210107	43′	0,1359152
24′	0,0770217	14′	0,0917217	4′	0,1064805	54′	0,1213080	44′	0,1362141
25′	0,0773152	15′	0,0920163	5′	0,1067764	55′	0,1216053	45′	0,1365131
26′	0,0776087	16′	0,0923109	6′	0,1070723	56′	0,1219027	46′	0,1368121
27′	0,0779022	17′	0,0926055	7′	0,1073682	57′	0,1222001	47′	0,1371112
28′	0,0781957	18′	0,0929001	8′	0,1076642	58′	0,1224975	48′	0,1374103
29′	0,0784892	19′	0,0931947	9′	0,1079602	59′	0,1227949	49′	0,1377094
30′	0,0787828	20′	0,0934894	10′	0,1082562	7° 0′	0,1230924	50′	0,1380086
31′	0,0790764	21′	0,0937841	11′	0,1085522	1′	0,1233900	51′	0,1383078
32′	0,0793701	22′	0,0940789	12′	0,1088482	2′	0,1236876	52′	0,1386070
33′	0,0796638	23′	0,0943737	13′	0,1091442	3′	0,1239852	53′	0,1389063
34′	0,0799575	24′	0,0946685	14′	0,1094403	4′	0,1242828	54′	0,1392056

Tabelle 8 b. $\xi(\vartheta)=\int\dfrac{d\vartheta}{\cos^3\vartheta}$.

ϑ	ξ	ϑ	ξ	ϑ	ξ	ϑ	ξ	ϑ	ξ
0° 55'	0,1395049	8° 45'	0,1545204	9° 35'	0,1696370	10° 25'	0,1848653	11° 15'	0,2002164
56'	0,1398043	46'	0,1548217	36'	0,1699404	26'	0,1851711	16'	0,2005248
57'	0,1401037	47'	0,1551230	37'	0,1702439	27'	0,1854770	17'	0,2008332
58'	0,1404032	48'	0,1554244	38'	0,1705474	28'	0,1857829	18'	0,2011416
59'	0,1407027	49'	0,1557258	39'	0,1708510	29'	0,1860888	19'	0,2014501
0° 0'	0,1410022	50'	0,1560273	40'	0,1711546	30'	0,1863948	20'	0,2017587
1'	0,1413018	51'	0,1563288	41'	0,1714583	31'	0,1867008	21'	0,2020673
2'	0,1416014	52'	0,1566304	42'	0,1717620	32'	0,1870069	22'	0,2023760
3'	0,1419010	53'	0,1569320	43'	0,1720658	33'	0,1873130	23'	0,2026847
4'	0,1422007	54'	0,1572336	44'	0,1723696	34'	0,1876192	24'	0,2029935
5'	0,1425004	55'	0,1575353	45'	0,1726734	35'	0,1879254	25'	0,2033023
6'	0,1428002	56'	0,1578370	46'	0,1729773	36'	0,1882317	26'	0,2036112
7'	0,1431000	57'	0,1581387	47'	0,1732812	37'	0,1885380	27'	0,2039201
8'	0,1433998	58'	0,1584405	48'	0,1735852	38'	0,1888444	28'	0,2042291
9'	0,1436997	59'	0,1587423	49'	0,1738891	39'	0,1891508	29'	0,2045382
10'	0,1439996	9° 0'	0,1590442	50'	0,1741932	40'	0,1894573	30'	0,2048473
11'	0,1442995	1'	0,1593461	51'	0,1744973	41'	0,1897638	31'	0,2051565
12'	0,1445995	2'	0,1596481	52'	0,1748015	42'	0,1900704	32'	0,2054657
13'	0,1448995	3'	0,1599501	53'	0,1751057	43'	0,1903770	33'	0,2057750
14'	0,1451995	4'	0,1602522	54'	0,1754100	44'	0,1906837	34'	0,2060843
15'	0,1454996	5'	0,1605543	55'	0,1757143	45'	0,1909905	35'	0,2063937
16'	0,1457997	6'	0,1608564	56'	0,1760187	46'	0,1912973	36'	0,2067031
17'	0,1460999	7'	0,1611586	57'	0,1763231	47'	0,1916041	37'	0,2070126
18'	0,1464001	8'	0,1614608	58'	0,1766275	48'	0,1919110	38'	0,2073221
19'	0,1467003	9'	0,1617631	59'	0,1769320	49'	0,1922179	39'	0,2076317
20'	0,1470006	10'	0,1620654	10° 0'	0,1772366	50'	0,1925249	40'	0,2079414
21'	0,1473009	11'	0,1623677	1'	0,1775412	51'	0,1928319	41'	0,2082511
22'	0,1476013	12'	0,1626701	2'	0,1778458	52'	0,1931390	42'	0,2085609
23'	0,1479017	13'	0,1629725	3'	0,1781505	53'	0,1934461	43'	0,2088707
24'	0,1482021	14'	0,1632750	4'	0,1784552	54'	0,1937533	44'	0,2091806
25'	0,1485026	15'	0,1635775	5'	0,1787599	55'	0,1940605	45'	0,2094905
26'	0,1488031	16'	0,1638800	6'	0,1790647	56'	0,1943678	46'	0,2098005
27'	0,1491037	17'	0,1641826	7'	0,1793696	57'	0,1946752	47'	0,2101106
28'	0,1494043	18'	0,1644853	8'	0,1796745	58'	0,1949826	48'	0,2104207
29'	0,1497049	19'	0,1647880	9'	0,1799794	59'	0,1952901	49'	0,2107309
30'	0,1500056	20'	0,1650907	10'	0,1802844	11° 0'	0,1955976	50'	0,2110411
31'	0,1503063	21'	0,1653935	11'	0,1805895	1'	0,1959052	51'	0,2113514
32'	0,1506070	22'	0,1656963	12'	0,1808946	2'	0,1962128	52'	0,2116618
33'	0,1509078	23'	0,1659992	13'	0,1811998	3'	0,1965204	53'	0,2119722
34'	0,1512086	24'	0,1663021	14'	0,1815050	4'	0,1968281	54'	0,2122826
35'	0,1515095	25'	0,1666051	15'	0,1818102	5'	0,1971359	55'	0,2125931
36'	0,1518104	26'	0,1669081	16'	0,1821155	6'	0,1974437	56'	0,2129037
37'	0,1521114	27'	0,1672111	17'	0,1824209	7'	0,1977516	57'	0,2132143
38'	0,1524124	28'	0,1675142	18'	0,1827263	8'	0,1980595	58'	0,2135250
39'	0,1527134	29'	0,1678173	19'	0,1830317	9'	0,1983675	59'	0,2138357
40'	0,1530144	30'	0,1681205	20'	0,1833372	10'	0,1986755	12° 0'	0,2141465
41'	0,1533155	31'	0,1684237	21'	0,1836427	11'	0,1989836	1'	0,2144574
42	0,1536167	32'	0,1687270	22'	0,1839483	12'	0,1992917	2'	0,2147683
43'	0,1539179	33'	0,1690303	23'	0,1842539	13'	0,1995999	3'	0,2150793
44'	0,1542191	34'	0,1693336	24'	0,1845596	14'	0,1999081	4'	0,2153903

Tabelle 8b. $\xi(\vartheta) = \int \frac{d\vartheta}{\cos^3\vartheta}$.

ϑ	ξ	ϑ	ξ	ϑ	ξ	ϑ	ξ	ϑ	ξ
12° 5′	0,2157014	12° 55′	0,2313316	13° 45′	0,2471189	14° 35′	0,2630760	15° 25′	0,2792149
6′	0,2160125	56′	0,2316458	46′	0,2474363	36′	0,2633970	26′	0,2795396
7′	0,2163237	57′	0,2319600	47′	0,2477538	37′	0,2637180	27′	0,2798644
8′	0,2166349	58′	0,2322743	48′	0,2480714	38′	0,2640390	28′	0,2801893
9′	0,2169462	59′	0,2325887	49′	0,2483890	39′	0,2643601	29′	0,2805143
10′	0,2172576	13° 0′	0,2329031	50′	0,2487067	40′	0,2646813	30′	0,2808393
11′	0,2175690	1′	0,2332176	51′	0,2490245	41′	0,2650026	31′	0,2811644
12′	0,2178805	2′	0,2335321	52′	0,2493424	42′	0,2653240	32′	0,2814897
13′	0,2181921	3′	0,2338467	53′	0,2496603	43′	0,2656455	33′	0,2818150
14′	0,2185037	4′	0,2341614	54′	0,2499783	44′	0,2659671	34′	0,2821403
15′	0,2188153	5′	0,2344761	55′	0,2502964	45′	0,2662887	35′	0,2824658
16′	0,2191271	6′	0,2347909	56′	0,2506145	46′	0,2666104	36′	0,2827913
17′	0,2194389	7′	0,2351058	57′	0,2509327	47′	0,2669322	37′	0,2831169
18′	0,2197507	8′	0,2354207	58′	0,2512510	48′	0,2672540	38′	0,2834425
19′	0,2200626	9′	0,2357357	59′	0,2515693	49′	0,2675759	39′	0,2837683
20′	0,2203746	10′	0,2360508	14° 0′	0,2518877	50′	0,2678979	40′	0,2840941
21′	0,2206866	11′	0,2363659	1′	0,2522062	51′	0,2682200	41′	0,2844200
22′	0,2209987	12′	0,2366811	2′	0,2525247	52′	0,2685420	42′	0,2847460
23′	0,2213109	13′	0,2369963	3′	0,2528433	53′	0,2688642	43′	0,2850721
24′	0,2216231	14′	0,2373116	4′	0,2531619	54′	0,2691865	44′	0,2853983
25′	0,2219354	15′	0,2376270	5′	0,2534807	55′	0,2695089	45′	0,2857245
26′	0,2222477	16′	0,2379424	6′	0,2537995	56′	0,2698313	46′	0,2860508
27′	0,2225600	17′	0,2382579	7′	0,2541184	57′	0,2701538	47′	0,2863772
28′	0,2228725	18′	0,2385735	8′	0,2544374	58′	0,2704764	48′	0,2867037
29′	0,2231850	19′	0,2388891	9′	0,2547564	59′	0,2707991	49′	0,2870302
30′	0,2234976	20′	0,2392048	10′	0,2550755	15° 0′	0,2711218	50′	0,2873569
31′	0,2238102	21′	0,2395206	11′	0,2553947	1′	0,2714446	51′	0,2876836
32′	0,2241229	22′	0,2398364	12′	0,2557139	2′	0,2717674	52′	0,2880104
33′	0,2244356	23′	0,2401523	13′	0,2560332	3′	0,2720904	53′	0,2883372
34′	0,2247484	24′	0,2404683	14′	0,2563625	4′	0,2724134	54′	0,2886642
35′	0,2250613	25′	0,2407843	15′	0,2566720	5′	0,2727365	55′	0,2889912
36′	0,2253742	26′	0,2411004	16′	0,2569915	6′	0,2730597	56′	0,2893184
37′	0,2256872	27′	0,2414166	17′	0,2573110	7′	0,2733830	57′	0,2896456
38′	0,2260003	28′	0,2417328	18′	0,2576307	8′	0,2737063	58′	0,2899729
39′	0,2263134	29′	0,2420491	19′	0,2579505	9′	0,2740298	59′	0,2903003
40′	0,2266266	30′	0,2423655	20′	0,2582703	10′	0,2743533	16° 0′	0,2906277
41′	0,2269398	31′	0,2426819	21′	0,2585902	11′	0,2746769	1′	0,2909552
42′	0,2272531	32′	0,2429984	22′	0,2589102	12′	0,2750005	2′	0,2912828
43′	0,2275665	33′	0,2433150	23′	0,2592302	13′	0,2753242	3′	0,2916105
44′	0,2278799	34′	0,2436316	24′	0,2595502	14′	0,2756480	4′	0,2919383
45′	0,2281934	35′	0,2439483	25′	0,2598703	15′	0,2759718	5′	0,2922662
46′	0,2285069	36′	0,2442651	26′	0,2601905	16′	0,2762958	6′	0,2925941
47′	0,2288205	37′	0,2445819	27′	0,2605108	17′	0,2766189	7′	0,2929221
48′	0,2291342	38′	0,2448988	28′	0,2608312	18′	0,2769439	8′	0,2932502
49′	0,2294479	39′	0,2452158	29′	0,2611517	19′	0,2772681	9′	0,2935784
50′	0,2297617	40′	0,2455328	30′	0,2614722	20′	0,2775924	10′	0,2939067
51′	0,2300756	41′	0,2458499	31′	0,2617928	21′	0,2779167	11′	0,2942350
52′	0,2303895	42′	0,2461671	32′	0,2621135	22′	0,2782411	12′	0,2945635
53′	0,2307035	43′	0,2464843	33′	0,2624343	23′	0,2785656	13′	0,2948920
54′	0,2310175	44′	0,2468016	34′	0,2627551	24′	0,2788902	14′	0,2952207

ϑ	ξ	ϑ	ξ	ϑ	ξ	ϑ	ξ	ϑ	ξ
16° 15'	0,2955494	17° 5'	0,3120929	17° 55'	0,3288598	18° 45'	0,3458652	19° 35'	0,3631240
16'	0,2958782	6'	0,3124260	56'	0,3291976	46'	0,3462079	36'	0,3634719
17'	0,2962070	7'	0,3127592	57'	0,3295354	47'	0,3465506	37'	0,3638199
18'	0,2965360	8'	0,3130925	58'	0,3298735	48'	0,3468934	38'	0,3641680
19'	0,2968650	9'	0,3134259	59'	0,3302114	49'	0,3472363	39'	0,3645162
20'	0,2971941	10'	0,3137594	18° 0'	0,3305495	50'	0,3475794	40'	0,3648645
21'	0,2975233	11'	0,3140929	1'	0,3308877	51'	0,3479225	41'	0,3652130
22'	0,2978526	12'	0,3144265	2'	0,3312260	52'	0,3482657	42'	0,3655615
23'	0,2981820	13'	0,3147602	3'	0,3315644	53'	0,3486089	43'	0,3659101
24'	0,2985114	14'	0,3150941	4'	0,3319029	54'	0,3489525	44'	0,3662589
25'	0,2988409	15'	0,3154280	5'	0,3322415	55'	0,3492959	45'	0,3666078
26'	0,2991706	16'	0,3157620	6'	0,3325802	56'	0,3496397	46'	0,3669567
27'	0,2995003	17'	0,3160961	7'	0,3329190	57'	0,3499835	47'	0,3673058
28'	0,2998301	18'	0,3164303	8'	0,3332579	58'	0,3503273	48'	0,3676550
29'	0,3001599	19'	0,3167646	9'	0,3335969	59'	0,3506713	49'	0,3680043
30'	0,3004899	20'	0,3170990	10'	0,3339359	19° 0'	0,3510153	50'	0,3683537
31'	0,3008200	21'	0,3174335	11'	0,3342751	1'	0,3513594	51'	0,3687032
32'	0,3011501	22'	0,3177680	12'	0,3346144	2'	0,3517037	52'	0,3690528
33'	0,3014803	23'	0,3181026	13'	0,3349538	3'	0,3520480	53'	0,3694026
34'	0,3018106	24'	0,3184373	14'	0,3352933	4'	0,3523925	54'	0,3697524
35'	0,3021410	25'	0,3187721	15'	0,3356328	5'	0,3527370	55'	0,3701023
36'	0,3024715	26'	0,3191070	16'	0,3359725	6'	0,3530817	56'	0,3704524
37'	0,3028020	27'	0,3194420	17'	0,3363122	7'	0,3534265	57'	0,3708026
38'	0,3031327	28'	0,3197771	18'	0,3366521	8'	0,3537714	58'	0,3711529
39'	0,3034634	29'	0,3201123	19'	0,3369920	9'	0,3541164	59'	0,3715033
40'	0,3037942	30'	0,3204476	20'	0,3373321	10'	0,3544615	20° 0'	0,3718538
41'	0,3041251	31'	0,3207829	21'	0,3376722	11'	0,3548067	1'	0,3722044
42'	0,3044561	32'	0,3211184	22'	0,3380124	12'	0,3551520	2'	0,3725552
43'	0,3047872	33'	0,3214539	23'	0,3383528	13'	0,3554974	3'	0,3729060
44'	0,3051184	34'	0,3217895	24'	0,3386932	14'	0,3558430	4'	0,3732570
45'	0,3054497	35'	0,3221253	25'	0,3390377	15'	0,3561886	5'	0,3736080
46'	0,3057810	36'	0,3224612	26'	0,3393744	16'	0,3565344	6'	0,3739592
47'	0,3061124	37'	0,3227971	27'	0,3397151	17	0,3568802	7'	0,3743105
48'	0,3064439	38'	0,3231332	28'	0,3400559	18'	0,3572262	8'	0,3746619
49'	0,3067755	39'	0,3234693	29'	0,3403969	19'	0,3575723	9'	0,3750134
50'	0,3071072	40'	0,3238055	30'	0,3407379	20'	0,3579185	10'	0,3753650
51'	0,3074389	41'	0,3241418	31'	0,3410790	21'	0,3582648	11'	0,3757168
52'	0,3077708	42'	0,3244782	32'	0,3414203	22'	0,3586112	12'	0,3760686
53'	0,3081027	43'	0,3248147	33'	0,3417616	23'	0,3589577	13'	0,3764206
54'	0,3084347	44'	0,3251513	34'	0,3421030	24'	0,3593043	14	0,3767727
55'	0,3087668	45'	0,3254879	35'	0,3424444	25'	0,3596511	15'	0,3771249
56'	0,3090991	46'	0,3258247	36'	0,3427860	26'	0,3599979	16'	0,3774772
57'	0,3094314	47'	0,3261715	37'	0,3431279	27'	0,3603449	17'	0,3778297
58'	0,3097638	48'	0,3264985	38'	0,3434697	28'	0,3606919	18'	0,3781822
59'	0,3100962	49'	0,3268355	39'	0,3438116	29'	0,3610391	19'	0,3785348
17° 0'	0,3104288	50'	0,3271727	40'	0,3441537	30'	0,3613868	20'	0,3788874
1'	0,3107614	51'	0,3275099	41'	0,3444958	31'	0,3617338	21'	0,3792404
2'	0,3110942	52'	0,3278472	42'	0,3448380	32'	0,3620811	22'	0,3795934
3'	0,3114270	53'	0,3281847	43'	0,3451803	33'	0,3624286	23'	0,3799465
4'	0,3117599	54'	0,3285222	44'	0,3455227	34'	0,3627763	24'	0,3802997

590   Tabelle 8b. $\xi(\vartheta) = \int \dfrac{d\vartheta}{\cos^3\vartheta}$.

ϑ	ξ	ϑ	ξ	ϑ	ξ	ϑ	ξ	ϑ	ξ
20° 25'	0,3806530	21° 15'	0,3984691	22° 5'	0,4165900	22° 55'	0,4350345	23° 45'	0,4538226
26'	0,3810065	16'	0,3988285	6'	0,4169557	56'	0,4354068	46'	0,4542020
27'	0,3813601	17'	0,3991880	7'	0,4173215	57'	0,4357792	47'	0,4545815
28'	0,3817137	18'	0,3995476	8'	0,4176874	58'	0,4361518	48'	0,4549612
29'	0,3820675	19'	0,3999073	9'	0,4180534	59'	0,4365245	49'	0,4553411
30'	0,3824214	20'	0,4002672	10'	0,4184196	23° 0'	0,4368974	50'	0,4557211
31'	0,3827754	21'	0,4006271	11'	0,4187859	1'	0,4372704	51'	0,4561013
32'	0,3831296	22'	0,4009872	12'	0,4191523	2'	0,4376436	52'	0,4564816
33'	0,3834838	23'	0,4013475	13'	0,4195189	3'	0,4380169	53'	0,4568620
34'	0,3838382	24'	0,4017078	14'	0,4198856	4'	0,4383904	54'	0,4572426
35'	0,3841927	25'	0,4020083	15'	0,4202524	5'	0,4387640	55'	0,4576223
36'	0,3845473	26'	0,4024289	16'	0,4206194	6'	0,4391377	56'	0,4580041
37'	0,3849020	27'	0,4027896	17'	0,4209865	7'	0,4395116	57'	0,4583851
38'	0,3852569	28'	0,4031504	18'	0,4213537	8'	0,4398856	58'	0,4587662
39'	0,3856118	29'	0,4035114	19'	0,4217211	9'	0,4402597	59'	0,4591475
40'	0,3859669	30'	0,4038725	20'	0,4220885	10'	0,4406340	24° 0'	0,4595290
41'	0,3863221	31'	0,4042337	21'	0,4224562	11'	0,4410085	1'	0,4599106
42'	0,3866774	32'	0,4045950	22'	0,4228239	12'	0,4413830	2'	0,4602924
43'	0,3870328	33'	0,4049565	23'	0,4231918	13'	0,4417577	3'	0,4606743
44'	0,3873884	34'	0,4053181	24'	0,4235598	14'	0,4421325	4'	0,4610564
45'	0,3877440	35'	0,4056798	25'	0,4239280	15'	0,4425075	5'	0,4614386
46'	0,3880998	36'	0,4060416	26'	0,4242962	16'	0,4428826	6'	0,4618210
47'	0,3884557	37'	0,4064046	27'	0,4246647	17'	0,4432578	7'	0,4622035
48'	0,3888117	38'	0,4067657	28'	0,4250332	18'	0,4436332	8'	0,4625862
49'	0,3891678	39'	0,4071279	29'	0,4254019	19'	0,4440087	9'	0,4629690
50'	0,3895241	40'	0,4074902	30'	0,4257707	20'	0,4443844	10'	0,4633519
51'	0,3898805	41'	0,4078527	31'	0,4261396	21'	0,4447602	11'	0,4637350
52'	0,3902370	42'	0,4082153	32'	0,4265087	22'	0,4451362	12'	0,4641183
53'	0,3905936	43'	0,4085780	33'	0,4268779	23'	0,4455123	13'	0,4645017
54'	0,3909503	44'	0,4089409	34'	0,4272472	24'	0,4458885	14'	0,4648853
55'	0,3913072	45'	0,4093038	35'	0,4276167	25'	0,4462649	15'	0,4652690
56'	0,3916641	46'	0,4096669	36'	0,4279863	26'	0,4466414	16'	0,4656528
57'	0,3920202	47'	0,4100301	37'	0,4283561	27'	0,4470180	17'	0,4660368
58'	0,3923784	48'	0,4103935	38'	0,4287259	28'	0,4473947	18'	0,4664210
59'	0,3927358	49'	0,4107570	39	0,4290960	29'	0,4477716	19'	0,4668053
21° 0'	0,3930932	50'	0,4111206	40'	0,4294661	30'	0,4481486	20'	0,4671898
1'	0,3934508	51'	0,4114843	41'	0,4298364	31'	0,4485259	21'	0,4675744
2'	0,3938084	52'	0,4118482	42'	0,4302068	32'	0,4489034	22'	0,4679592
3'	0,3941662	53'	0,4122122	43'	0,4305773	33'	0,4492811	23'	0,4683441
4'	0,3945241	54'	0,4125763	44'	0,4309480	34'	0,4496588	24'	0,4687292
5'	0,3948822	55'	0,4129405	45'	0,4313188	35'	0,4500366	25'	0,4691144
6'	0,3952403	56'	0,4133049	46'	0,4316898	36'	0,4504146	26'	0,4694998
7'	0,3955986	57'	0,4136694	47'	0,4320609	37'	0,4507927	27'	0,4698853
8'	0,3959569	58'	0,4140341	48'	0,4324321	38'	0,4511709	28'	0,4702710
9'	0,3963154	59'	0,4143988	49'	0,4328035	39'	0,4515493	29'	0,4706568
10'	0,3966741	22° 0'	0,4147637	50'	0,4331750	40'	0,4519278	30'	0,4710428
11'	0,3970328	1'	0,4151287	51'	0,4335466	41'	0,4523065	31'	0,4714289
12'	0,3973917	2'	0,4154939	52'	0,4339184	42'	0,4526853	32'	0,4718151
13'	0,3977507	3'	0,4158591	53'	0,4342903	43'	0,4530642	33	0,4722016
14'	0,3981097	4'	0,4162245	54'	0,4346623	44'	0,4534433	34'	0,4725882

Tabelle 8 b. $\xi(\vartheta) = \int \frac{d\vartheta}{\cos^3\vartheta}$.

ϑ	ξ	ϑ	ξ	ϑ	ξ	ϑ	ξ	ϑ	ξ
24° 35'	0,4729749	25° 25'	0,4925133	26° 15'	0,5124613	27° 5'	0,5328430	27° 55'	0,5536846
36'	0,4733618	26'	0,4929082	16'	0,5128646	6'	0,5332553	56'	0,5541063
37'	0,4737489	27'	0,4933033	17'	0,5132681	7'	0,5336677	57'	0,5545283
38'	0,4741361	28'	0,4936985	18'	0,5136717	8'	0,5340803	58'	0,5549504
39'	0,4745235	29'	0,4940941	19'	0,5140755	9'	0,5344931	59'	0,5553727
40'	0,4749110	30'	0,4944894	20'	0,5144795	10'	0,5349061	28° 0'	0,5557952
41'	0,4752985	31'	0,4948851	21'	0,5148837	11'	0,5353193	1'	0,5562179
42'	0,4756862	32'	0,4952809	22'	0,5152880	12'	0,5357326	2'	0,5566408
43'	0,4760741	33'	0,4956769	23'	0,5156925	13'	0,5361461	3'	0,5570639
44'	0,4764627	34'	0,4960831	24'	0,5160972	14'	0,5365599	4'	0,5574872
45'	0,4768510	35'	0,4964695	25'	0,5165020	15'	0,5369738	5'	0,5579107
46'	0,4772395	36'	0,4968659	26'	0,5169071	16'	0,5373879	6'	0,5583344
47'	0,4776281	37'	0,4972626	27'	0,5173123	17'	0,5378021	7'	0,5587583
48'	0,4780169	38'	0,4976594	28'	0,5177177	18'	0,5382166	8'	0,5591824
49'	0,4784058	39'	0,4980564	29'	0,5181232	19'	0,5386312	9'	0,5596066
50'	0,4787949	40'	0,4984536	30'	0,5185290	20'	0,5390460	10'	0,5600310
51'	0,4791841	41'	0,4988510	31'	0,5189350	21'	0,5394610	11'	0,5604556
52'	0,4795735	42'	0,4992485	32'	0,5193411	22'	0,5398761	12'	0,5608805
53'	0,4799631	43'	0,4996462	33'	0,5197474	23'	0,5402915	13'	0,5613056
54'	0,4803528	44'	0,5000440	34'	0,5201539	24'	0,5407071	14'	0,5617308
55'	0,4807427	45'	0,5004421	35'	0,5205606	25'	0,5411229	15'	0,5621563
56'	0,4811327	46'	0,5008402	36'	0,5209674	26'	0,5415389	16'	0,5625820
57'	0,4815229	47'	0,5012386	37'	0,5213744	27'	0,5419551	17'	0,5630079
58'	0,4819132	48'	0,5016371	38'	0,5217815	28'	0,5423714	18'	0,5634339
59'	0,4823037	49'	0,5020358	39'	0,5221888	29'	0,5427880	19'	0,5638602
25° 0'	0,4826944	50	0,5024346	40'	0,5225963	30'	0,5432047	20'	0,5642866
1'	0,4830852	51'	0,5028336	41'	0,5230040	31'	0,5436216	21'	0,5647133
2'	0,4834762	52'	0,5032328	42'	0,5234119	32'	0,5440387	22'	0,5651402
3'	0,4838674	53'	0,5036322	43'	0,5238199	33'	0,5444560	23'	0,5655672
4'	0,4842587	54'	0,5040317	44'	0,5242282	34'	0,5448735	24'	0,5659945
5'	0,4846502	55'	0,5044314	45'	0,5246366	35'	0,5452911	25'	0,5664220
6'	0,4850418	56'	0,5048313	46'	0,5250452	36'	0,5457090	26'	0,5668496
7'	0,4854335	57'	0,5052313	47'	0,5254539	37'	0,5461270	27'	0,5672775
8'	0,4858255	58'	0,5056315	48'	0,5258629	38'	0,5465453	28'	0,5677056
9'	0,4862175	59'	0,5060319	49'	0,5262720	39'	0,5469637	29'	0,5681338
10'	0,4866098	26° 0'	0,5064324	50'	0,5266813	40'	0,5473823	30'	0,5685623
11'	0,4870022	1'	0,5068331	51'	0,5270908	41'	0,5478011	31'	0,5689910
12'	0,4873948	2'	0,5072340	52'	0,5275004	42'	0,5482201	32'	0,5694198
13'	0,4877876	3'	0,5076350	53'	0,5279103	43'	0,5486393	33'	0,5698489
14'	0,4881805	4'	0,5080362	54'	0,5283204	44'	0,5490586	34'	0,5702782
15'	0,4885736	5'	0,5084376	55'	0,5287306	45'	0,5494783	35'	0,5707077
16'	0,4880669	6'	0,5088392	56'	0,5291410	46'	0,5498981	36'	0,5711374
17'	0,4893603	7'	0,5092410	57'	0,5295517	47'	0,5503180	37'	0,5715673
18'	0,4897539	8'	0,5096429	58'	0,5299626	48'	0,5507382	38'	0,5719973
19'	0,4901476	9'	0,5100450	59'	0,5303734	49'	0,5511585	39'	0,5724277
20'	0,4905415	10'	0,5104473	27° 0'	0,5307845	50'	0,5515790	40'	0,5728582
21'	0,4909355	11'	0,5108498	1'	0,5311958	51'	0,5519998	41'	0,5732889
22'	0,4913297	12'	0,5112524	2'	0,5316074	52'	0,5524207	42'	0,5737199
23'	0,4917240	13'	0,5116552	3'	0,5320191	53'	0,5528418	43'	0,5741510
24'	0,4921186	14'	0,5120581	4'	0,5324310	54'	0,5532731	44'	0,5745824

Tabelle 8b. $\xi(\vartheta) = \int \frac{d\vartheta}{\cos^3\vartheta}$.

ϑ	ξ	ϑ	ξ	ϑ	ξ	ϑ	ξ	ϑ	ξ
28° 45'	0,5750139	29° 35'	0,5968598	30° 25'	0,6192539	31° 15'	0,6422290	32° 5'	0,6658206
46'	0,5754457	36'	0,5973022	26'	0,6197076	16'	0,6426947	6'	0,6662990
47'	0,5758776	37'	0,5977448	27'	0,6201616	17'	0,6431606	7'	0,6667777
48'	0,5763098	38'	0,5981877	28'	0,6206157	18'	0,6436268	8'	0,6672566
49'	0,5767422	39'	0,5986308	29'	0,6210701	19'	0,6440932	9'	0,6677358
50'	0,5771748	40'	0,5990741	30'	0,6215247	20'	0,6445598	10'	0,6682152
51'	0,5776076	41'	0,5995176	31'	0,6219795	21'	0,6450267	11'	0,6686949
52'	0,5780406	42'	0,5999613	32'	0,6224346	22'	0,6454939	12'	0,6691749
53'	0,5784738	43'	0,6004052	33'	0,6228899	23'	0,6459613	13'	0,6696551
54'	0,5789072	44'	0,6008494	34'	0,6233455	24'	0,6464289	14'	0,6701355
55'	0,5793408	45'	0,6012938	35'	0,6238013	25'	0,6468968	15'	0,6706162
56'	0,5797746	46'	0,6017384	36'	0,6242573	26'	0,6473650	16'	0,6710972
57'	0,5802086	47'	0,6021832	37'	0,6247136	27'	0,6478334	17'	0,6715785
58'	0,5806429	48'	0,6026283	38'	0,6251701	28'	0,6483020	18'	0,6720600
59'	0,5810773	49'	0.6030736	39'	0,6256269	29'	0,6487709	19'	0,6725418
29° 0'	0,5815120	50'	0,6035191	40'	0,6260839	30'	0,6492401	20'	0,6730239
1'	0,5819469	51'	0,6039649	41'	0,6265411	31'	0,6497095	21'	0,6735062
2'	0,5823820	52'	0,6044108	42'	0,6269986	32'	0,6501792	22'	0,6739892
3'	0,5828174	53'	0,6048570	43'	0,6274563	33'	0,6506491	23'	0,6744725
4'	0,5832529	54'	0,6053034	44'	0,6279142	34'	0,6511192	24'	0,6749559
5'	0,5836887	55'	0,6057500	45'	0,6283723	35'	0,6515896	25'	0,6754394
6'	0,5841246	56'	0,6061968	46'	0,6288307	36'	0,6520603	26'	0,6759229
7'	0,5845607	57'	0,6066438	47'	0,6292893	37'	0,6525312	27'	0,6764065
8'	0,5849971	58'	0,6070910	48'	0,6297482	38'	0,6530023	28'	0,6768901
9'	0,5854336	59'	0,6075386	49'	0,6302073	39'	0,6534737	29'	0,6773742
10'	0,5858704	30° 0'	0,6079863	50'	0,6306667	40'	0,6539454	30'	0,6778587
11'	0,5863074	1'	0,6084343	51'	0,6311263	41'	0,6544173	31'	0,6783436
12'	0,5867446	2'	0,6088825	52'	0,6315861	42'	0,6548895	32'	0,6788289
13'	0,5871820	3'	0,6093310	53'	0,6320462	43'	0,6553619	33'	0,6793147
14'	0,5876197	4'	0,6097796	54'	0,6325065	44'	0,6558346	34'	0,6798010
15'	0,5880575	5'	0,6102285	55'	0,6329670	45'	0,6563076	35'	0,6802873
16'	0,5884956	6'	0,6106776	56'	0,6334277	46'	0,6567808	36'	0,6807737
17'	0,5889339	7'	0,6111269	57'	0,6338887	47'	0,6572543	37'	0,6812602
18'	0,5893724	8'	0,6115764	58'	0,6343500	48'	0,6577280	38'	0,6817471
19'	0,5898111	9'	0,6120261	59'	0,6348115	49'	0,6582020	39'	0,6822343
20'	0,5902500	10'	0,6124761	31° 0'	0,6352732	50'	0,6586762	40'	0,6827217
21'	0,5906981	11'	0,6129263	1'	0,6357352	51'	0,6591507	41'	0,6832095
22'	0,5911284	12'	0,6133768	2'	0,6361975	52'	0,6596255	42'	0,6836977
23'	0,5915680	13'	0,6138275	3'	0,6366600	53'	0,6601005	43'	0,6841858
24'	0,5920078	14'	0,6142785	4'	0,6371228	54'	0,6605757	44'	0,6846743
25'	0,5924478	15'	0,6147296	5'	0,6375858	55'	0,6610512	45'	0,6851632
26'	0,5928880	16'	0,6151810	6'	0,6380490	56'	0,6615269	46'	0,6856523
27'	0,5933285	17'	0,6156326	7'	0,6385125	57'	0,6620029	47'	0,6861416
28'	0,5937691	18'	0,6160845	8'	0,6389762	58'	0,6624792	48'	0,6866313
29'	0,5942100	19'	0,6165366	9'	0,6394401	59'	0,6629557	49'	0,6871212
30'	0,5946511	20'	0,6169889	10'	0,6399044	32° 0'	0,6634325	50'	0,6876114
31'	0,5950924	21'	0,6174414	11'	0,6403688	1'	0,6639096	51'	0,6881019
32'	0,5955339	22'	0,6178942	12'	0,6408335	2'	0,6643870	52'	0,6885927
33'	0,5959757	23'	0,6183472	13'	0,6412984	3'	0,6648646	53'	0,6890837
34'	0,5964176	24'	0,6188004	14'	0,6417636	4'	0,6653425	54'	0,6895750

Tabelle 8b. $\xi(\vartheta) = \int \frac{d\vartheta}{\cos^3\vartheta}$.

ϑ	ξ	ϑ	ξ	ϑ	ξ	ϑ	ξ	ϑ	ξ
32° 55'	0,6900666	33° 45'	0,7150071	34° 35'	0,7406856	35° 25'	0,7671487	36° 15'	0,7944451
56'	0,6905585	46'	0,7155133	36'	0,7412070	26'	0,7676863	16'	0,7949999
57'	0,6910506	47'	0,7160198	37'	0,7417288	27'	0,7682242	17'	0,7955550
58'	0,6915430	48'	0,7165266	38'	0,7422508	28'	0,7687625	18'	0,7961105
59'	0,6920357	49'	0,7170337	39'	0,7427732	29'	0,7693011	19'	0,7966663
33° 0'	0,6925287	50'	0,7175412	40'	0,7432959	30'	0,7698400	20'	0,7972226
1'	0,6930219	51'	0,7180489	41'	0,7438189	31'	0,7703793	21'	0,7977791
2'	0,6935154	52	0,7185569	42'	0,7443422	32'	0,7709188	22'	0,7983359
3'	0,6940092	53'	0,7190651	43'	0,7448658	33'	0,7714588	23'	0,7988933
4'	0,6945033	54'	0,7195737	44'	0,7453897	34'	0,7719990	24'	0,7994510
5'	0,6949977	55'	0,7200825	45'	0,7459140	35'	0,7725397	25'	0,8000090
6'	0,6954924	56'	0,7205916	46'	0,7464385	36'	0,7730806	26'	0,8005673
7'	0,6959873	57'	0,7211010	47'	0,7469634	37'	0,7736219	27'	0,8011260
8'	0,6964825	58'	0,7216107	48'	0,7474886	38'	0,7741635	28'	0,8016851
9'	0,6969780	59'	0,7221207	49'	0,7480141	39'	0,7747055	29'	0,8022446
10'	0,6974738	34° 0'	0,7226311	50'	0,7485399	40'	0,7752478	30'	0,8028044
11'	0,6979698	1'	0,7231418	51'	0,7490661	41'	0,7757904	31'	0,8033646
12'	0,6984662	2'	0,7236528	52'	0,7495925	42'	0,7773334	32'	0,8039251
13'	0,6989629	3'	0,7241640	53'	0,7501193	43'	0,7768767	33'	0,8044861
14'	0,6994598	4'	0,7246756	54'	0,7506465	44'	0,7774204	34'	0,8050473
15'	0,6999570	5'	0,7251875	55'	0,7511740	45'	0,7779644	35'	0,8056090
16'	0,7004545	6'	0,7256997	56'	0,7517017	46'	0,7785088	36'	0,8061710
17'	0,7009523	7'	0,7262122	57'	0,7522297	47'	0,7790535	37'	0,8067334
18'	0,7014504	8'	0,7267250	58'	0,7527581	48'	0,7795985	38'	0,8072961
19'	0,7019488	9'	0,7272380	59'	0,7532868	49'	0,7801438	39'	0,8078592
20'	0,7024474	10'	0,7277514	35° 0'	0,7538159	50'	0,7806895	40'	0,8084227
21'	0,7029464	11'	0,7282651	1'	0,7543454	51'	0,7812356	41'	0,8089865
22'	0,7034456	12'	0,7287791	2'	0,7548752	52'	0,7817820	42'	0,8095507
23'	0,7039451	13'	0,7292934	3'	0,7554052	53'	0,7823287	43'	0,8101153
24'	0,7044449	14'	0,7298080	4'	0,7559356	54'	0,7828758	44'	0,8106802
25'	0,7049449	15'	0,7303229	5'	0,7564663	55'	0,7834232	45'	0,8112455
26'	0,7054453	16'	0,7308381	6'	0,7569973	56'	0,7839710	46'	0,8118112
27'	0,7059459	17'	0,7313536	7'	0,7575286	57'	0,7845191	47'	0,8123773
28'	0,7064468	18'	0,7318694	8'	0,7580603	58'	0,7850676	48'	0,8129437
29'	0,7069480	19'	0,7323855	9'	0,7585923	59'	0,7856164	49'	0,8135105
30'	0,7074495	20'	0,7329020	10'	0,7591246	36° 0'	0,7861656	50'	0,8140776
31'	0,7079513	21'	0,7334187	11'	0,7596572	1'	0,7867151	51'	0,8146452
32'	0,7084534	22'	0,7339358	12'	0,7601902	2'	0,7872650	52'	0,8152131
33'	0,7089558	23'	0,7344531	13'	0,7607235	3'	0,7878152	53'	0,8157813
34'	0,7094585	24'	0,7349708	14'	0,7612571	4'	0,7883657	54'	0,8163500
35'	0,7099614	25'	0,7354888	15'	0,7617911	5'	0,7889166	55'	0,8169191
36'	0,7104647	26'	0,7360071	16'	0,7623253	6'	0,7894679	56'	0,8174885
37'	0,7109682	27'	0,7365257	17'	0,7628600	7'	0,7900195	57'	0,8180583
38'	0,7114720	28'	0,7370446	18'	0,7633949	8'	0,7905714	58'	0,8186285
39'	0,7119761	29'	0,7375639	19'	0,7639302	9'	0,7911237	59'	0,8191990
40'	0,7124805	30'	0,7380834	20'	0,7644658	10'	0,7916764	37° 0'	0,8197699
41'	0,7129852	31'	0,7386032	21'	0,7650017	11'	0,7922294	1'	0,8203411
42'	0,7134902	32'	0,7391233	22'	0,7655380	12'	0,7927828	2'	0,8209127
43'	0,7139955	33'	0,7396437	23'	0,7660748	13'	0,7933366	3'	0,8214847
44'	0,7145011	34'	0,7401645	24'	0,7666115	14'	0,7938907	4'	0,8220571

Tabelle 8b. $\xi(\vartheta) = \int \frac{d\vartheta}{\cos^3 \vartheta}$.

ϑ	ξ	ϑ	ξ	ϑ	ξ	ϑ	ξ	ϑ	ξ
37° 5'	0,8226299	37° 55'	0,8517595	38° 45'	0,8818965	39° 35'	0,9131074	40° 25'	0,9454651
6'	0,8232030	56'	0,8523521	46'	0,8825100	36'	0,9137431	26'	0,9461245
7'	0,8237765	57'	0,8529451	47'	0,8831239	37'	0,9143792	27'	0,9467843
8'	0,8243504	58'	0,8535385	48'	0,8837382	38'	0,9150158	28'	0,9474447
9'	0,8249247	59'	0,8541323	49'	0,8843530	39'	0,9156529	29'	0,9481056
10'	0,8254993	38° 0'	0,8547266	50'	0,8849680	40'	0,9162904	30'	0,9487669
11'	0,8260744	1'	0,8553213	51'	0,8855836	41'	0,9169284	31'	0,9494287
12'	0,8266498	2'	0,8559164	52'	0,8861996	42'	0,9175668	32'	0,9500911
13'	0,8272256	3'	0,8565119	53'	0,8868161	43'	0,9182057	33'	0,9507539
14'	0,8278018	4'	0,8571078	54'	0,8874330	44'	0,9188450	34'	0,9514172
15'	0,8283783	5'	0,8577042	55'	0,8880504	45'	0,9194848	35'	0,9520810
16'	0,8289553	6'	0,8583009	56'	0,8886683	46'	0,9201251	36'	0,9527453
17'	0,8295326	7'	0,8588980	57'	0,8892865	47'	0,9207658	37'	0,9534101
18'	0,8301103	8'	0,8594956	58'	0,8899052	48'	0,9214070	38'	0,9540753
19'	0,8306884	9'	0,8600936	59'	0,8905244	49'	0,9220487	39'	0,9547411
20'	0,8312669	10'	0,8606919	39° 0'	0,8911439	50'	0,9226908	40'	0,9554074
21'	0,8318458	11'	0,8612907	1'	0,8917638	51'	0,9233334	41'	0,9560742
22'	0,8324250	12'	0,8618899	2'	0,8923842	52'	0,9239764	42'	0,9567415
23'	0,8330047	13'	0,8624895	3'	0,8930050	53'	0,9246200	43'	0,9574094
24'	0,8335847	14'	0,8630895	4'	0,8936262	54'	0,9252640	44'	0,9580777
25'	0,8341650	15'	0,8636899	5'	0,8942479	55'	0,9259085	45'	0,9587466
26'	0,8347458	16'	0,8642907	6'	0,8948700	56'	0,9265534	46'	0,9594159
27'	0,8353269	17'	0,8648919	7'	0,8954926	57'	0,9271988	47'	0,9600858
28'	0,8359084	18'	0,8654936	8'	0,8961157	58'	0,9278448	48'	0,9607561
29'	0,8364904	19'	0,8660957	9'	0,8967393	59'	0,9284911	49'	0,9614269
30'	0,8370727	20'	0,8666982	10'	0,8973632	40° 0'	0,9291380	50'	0,9620982
31'	0,8376555	21'	0,8673010	11'	0,8979876	1'	0,9297853	51'	0,9627700
32'	0,8382386	22'	0,8679044	12'	0,8986125	2'	0,9304332	52'	0,9634424
33'	0,8388222	23'	0,8685081	13'	0,8992378	3'	0,9310815	53'	0,9641152
34'	0,8394061	24'	0,8691122	14'	0,8998635	4'	0,9317302	54'	0,9647886
35'	0,8399904	25'	0,8697167	15'	0,9004897	5'	0,9323795	55'	0,9654626
36'	0,8405751	26'	0,8703216	16'	0,9011163	6'	0,9330292	56'	0,9661370
37'	0,8411602	27'	0,8709270	17'	0,9017434	7'	0,9336794	57'	0,9668120
38'	0,8417457	28'	0,8715327	18'	0,9023709	8'	0,9343301	58'	0,9674874
39'	0,8423316	29'	0,8721390	19'	0,9029988	9'	0,9349812	59'	0,9681634
40'	0,8429179	30'	0,8727456	20'	0,9036272	10'	0,9356328	41° 0'	0,9688398
41'	0,8435045	31'	0,8733527	21'	0,9042560	11'	0,9362849	1'	0,9695166
42'	0,8440916	32'	0,8739602	22'	0,9048853	12'	0,9369375	2'	0,9701940
43'	0,8446790	33'	0,8745682	23'	0,9055150	13'	0,9375905	3'	0,9708719
44'	0,8452667	34'	0,8751765	24'	0,9061452	14'	0,9382440	4'	0,9715504
45'	0,8458549	35'	0,8757853	25'	0,9067757	15'	0,9388980	5'	0,9722293
46'	0,8464435	36'	0,8763945	26'	0,9074067	16'	0,9395525	6'	0,9729088
47'	0,8470326	37'	0,8770041	27'	0,9080382	17'	0,9402075	7'	0,9735888
48'	0,8476220	38'	0,8776141	28'	0,9086701	18'	0,9408630	8'	0,9742694
49'	0,8482119	39'	0,8782245	29'	0,9093026	19'	0,9415190	9'	0,9749505
50'	0,8488022	40'	0,8788354	30'	0,9099355	20'	0,9421755	10'	0,9756321
51'	0,8493929	41'	0,8794467	31'	0,9105690	21'	0,9428324	11'	0,9763142
52'	0,8499840	42'	0,8800585	32'	0,9112029	22'	0,9434899	12'	0,9769968
53'	0,8505754	43'	0,8806707	33'	0,9118373	23'	0,9441478	13'	0,9776799
54'	0,8511673	44'	0,8812834	34'	0,9124721	24'	0,9448062	14'	0,9783635

Tabelle 8b. $\xi(\vartheta) = \int \frac{d\vartheta}{\cos^3 \vartheta}$.

ϑ	ξ	ϑ	ξ	ϑ	ξ	ϑ	ξ	ϑ	ξ
41° 15'	0,9790476	42° 5'	1,0139407	42° 55'	1,0502364	43° 45'	1,0880351	44° 35'	1,1274463
16'	0,9797323	6'	1,0146526	56'	1,0509773	46'	1,0888072	36'	1,1282518
17'	0,9804175	7'	1,0153651	57'	1,0517187	49'	1,0895799	37'	1,1290580
18'	0,9811033	8'	1,0160782	58'	1,0524609	48'	1,0903533	38'	1,1298648
19'	0,9817896	9'	1,0167918	59'	1,0532036	49'	1,0911272	39'	1,1306725
20'	0,9824765	10'	1,0175060	43° 0'	1,0539469	50'	1,0919018	40'	1,1314807
21'	0,9831639	11'	1,0182207	1'	1,0546909	51'	1,0926771	41'	1,1322896
22'	0,9838519	12'	1,0189359	2'	1,0554355	52'	1,0934530	42'	1,1330993
23'	0,9845403	13'	1,0196516	3'	1,0561806	53'	1,0942296	43'	1,1339097
24'	0,9852293	14'	1,0203679	4'	1,0569264	54'	1,0950068	44'	1,1347207
25'	0,9859188	15'	1,0210848	5'	1,0576727	55'	1,0957847	45'	1,1355324
26'	0,9866089	16'	1,0218022	6'	1,0584197	56'	1,0965632	46'	1,1363449
27'	0,9872994	17'	1,0225203	7'	1,0591672	57'	1,0973425	47'	1,1371581
28'	0,9879905	18'	1,0232389	8'	1,0599154	58'	1,0981223	48'	1,1379719
29'	0,9886822	19'	1,0239582	9'	1,0606642	59'	1,0989028	49'	1,1387864
30'	0,9893743	20'	1,0246781	10'	1,0614136	44° 0'	1,0996840	50'	1,1396016
31'	0,9900669	21'	1,0253985	11'	1,0621636	1'	1,1004658	51'	1,1404176
32'	0,9907600	22'	1,0261195	12'	1,0629142	2'	1,1012483	52'	1,1412342
33'	0,9914537	23'	1,0268410	13'	1,0636654	3'	1,1020314	53'	1,1420516
34'	0,9921480	24'	1,0275631	14'	1,0644173	4'	1,1028152	54'	1,1428697
35'	0,9928428	25'	1,0282856	15'	1,0651698	5'	1,1035997	55'	1,1436885
36'	0,9935381	26'	1,0290088	16'	1,0659229	6'	1,1043848	56'	1,1445080
37'	0,9942340	27'	1,0297325	17'	1,0666766	7'	1,1051706	57'	1,1453283
38'	0,9949305	28'	1,0304569	18'	1,0674309	8'	1,1059570	58'	1,1461493
39'	0,9956275	29'	1,0311818	19'	1,0681858	9'	1,1067441	59'	1,1469710
40'	0,9963251	30'	1,0319073	20'	1,0689414	10'	1,1075319	45° 0'	1,1477934
41'	0,9970232	31'	1,0326334	21'	1,0696976	11'	1,1083204	1'	1,1486166
42'	0,9977218	32'	1,0333602	22'	1,0704544	12'	1,1091095	2'	1,1494405
43'	0,9984209	33'	1,0340875	23'	1,0712118	13'	1,1098993	3'	1,1502651
44'	0,9991206	34'	1,0348154	24'	1,0719699	14'	1,1106898	4'	1,1510904
45'	0,9998208	35'	1,0355438	25'	1,0727286	15'	1,1114810	5'	1,1519164
46'	1,0005216	36'	1,0362729	26'	1,0734879	16'	1,1122728	6'	1,1527432
47'	1,0012229	37'	1,0370025	27'	1,0742479	17'	1,1130653	7'	1,1535707
48'	1,0019248	38'	1,0377328	28'	1,0750084	18'	1,1138585	8'	1,1543988
49'	1,0026272	39'	1,0384636	29'	1,0757697	19'	1,1146524	9'	1,1552277
50'	1,0033301	40'	1,0391950	30'	1,0765315	20'	1,1154469	10'	1,1560574
51'	1,0040336	41'	1,0399269	31'	1,0772940	21'	1,1162422	11'	1,1568877
52'	1,0047376	42'	1,0406594	32'	1,0780571	22'	1,1170380	12'	1,1577188
53'	1,0054423	43'	1,0413925	33'	1,0788209	23'	1,1178346	13'	1,1585505
54'	1,0061474	44'	1,0421262	34'	1,0795853	24'	1,1186318	14'	1,1593830
55'	1,0068531	45'	1,0428605	35'	1,0803503	25'	1,1194296	15'	1,1602162
56'	1,0075594	46'	1,0435954	36'	1,0811159	26'	1,1202281	16'	1,1610502
57'	1,0082662	47'	1,0443309	37'	1,0818820	27'	1,1210273	17'	1,1618849
58'	1,0089736	48'	1,0450670	38'	1,0826489	28'	1,1218272	18'	1,1627204
59'	1,0096815	49'	1,0458037	39'	1,0834163	29'	1,1226278	19'	1,1635567
42° 0'	1,0103900	50'	1,0465410	40'	1,0841844	30'	1,1234291	20'	1,1643937
1'	1,0110990	51'	1,0472788	41'	1,0849532	31'	1,1242312	21'	1,1652315
2'	1,0118086	52'	1,0480173	42'	1,0857227	32'	1,1250339	22'	1,1660700
3'	1,0125187	53'	1,0487564	43'	1,0864929	33'	1,1258374	23'	1,1669092
4'	1,0132294	54'	1,0494961	44'	1,0872636	34'	1,1266415	24'	1,1677491

Tabelle 8b. $\xi(\vartheta) = \int \frac{d\vartheta}{\cos^3\vartheta}$.

ϑ	ξ	ϑ	ξ	ϑ	ξ	ϑ	ξ	ϑ	ξ
45° 25'	1,1685897	46° 15'	1,2115958	47° 5'	1,2566077	47° 55'	1,3037825	48° 45'	1,3532937
26'	1,1694311	16'	1,2124759	6'	1,2575295	56'	1,3047491	46'	1,3543090
27'	1,1702732	17'	1,2133568	7'	1,2584522	57'	1,3057168	47'	1,3553254
28'	1,1711161	18'	1,2142385	8'	1,2593758	58'	1,3066853	48'	1,3563427
29'	1,1719597	19'	1,2151209	9'	1,2603002	59'	1,3076549	49'	1,3573610
30'	1,1728041	20'	1,2160041	10'	1,2612254	48° 0'	1,3086253	50'	1,3583804
31'	1,1736492	21'	1,2168881	11'	1,2621515	1'	1,3095968	51'	1,3594008
32'	1,1744951	22'	1,2177730	12'	1,2630785	2'	1,3105692	52'	1,3604222
33'	1,1753418	23'	1,2186587	13'	1,2640062	3'	1,3115426	53'	1,3614446
34'	1,1761892	24'	1,2195452	14'	1,2649348	4'	1,3125169	54'	1,3624681
35'	1,1770374	25'	1,2204326	15'	1,2658642	5'	1,3134921	55'	1,3634926
36'	1,1778863	26'	1,2213208	16'	1,2667946	6'	1,3144683	56'	1,3645180
37'	1,1787360	27'	1,2222098	17'	1,2677259	7'	1,3154454	57'	1,3655445
38'	1,1795865	28'	1,2230996	18'	1,2686579	8'	1,3164235	58'	1,3665721
39'	1,1804377	29'	1,2239902	19'	1,2695912	9'	1,3174025	59'	1,3676007
40'	1,1812897	30'	1,2248817	20'	1,2705252	10'	1,3183824	49° 0'	1,3686303
41'	1,1821424	31'	1,2257739	21'	1,2714601	11'	1,3193633	1'	1,3696609
42'	1,1829959	32'	1,2266670	22'	1,2723959	12'	1,3203452	2'	1,3706926
43'	1,1838502	33'	1,2275609	23'	1,2733326	13'	1,3213279	3'	1,3717253
44'	1,1847052	34'	1,2284557	24'	1,2742702	14'	1,3223116	4'	1,3727590
45'	1,1855610	35'	1,2293512	25'	1,2752087	15'	1,3232963	5'	1,3737938
46'	1,1864175	36'	1,2302476	26'	1,2761480	16'	1,3242819	6'	1,3748297
47'	1,1872748	37'	1,2311448	27'	1,2770883	16'	1,3252686	7'	1,3758666
48'	1,1881329	38'	1,2320429	28'	1,2780294	18'	1,3262562	8'	1,3769045
49'	1,1889917	39'	1,2329418	29'	1,2789715	19'	1,3272448	9'	1,3779435
50'	1,1898513	40'	1,2338415	30'	1,2799144	20'	1,3282345	10'	1,3789836
51'	1,1907116	41'	1,2347420	31'	1,2808581	21'	1,3292251	11'	1,3800247
52'	1,1915727	42'	1,2356434	32'	1,2818028	22'	1,3302167	12'	1,3810669
53'	1,1924346	43'	1,2365456	33'	1,2827484	23'	1,3312092	13'	1,3821102
54'	1,1932973	44'	1,2374486	34'	1,2836949	24'	1,3322027	14'	1,3831545
55'	1,1941607	45'	1,2383525	35'	1,2846423	25'	1,3331970	15'	1,3841999
56'	1,1950249	46'	1,2392572	36'	1,2855906	26'	1,3341924	16'	1,3852464
57'	1,1958898	47'	1,2401627	37'	1,2865399	27'	1,3351887	17'	1,3862939
58'	1,1967556	48'	1,2410691	38'	1,2874901	28'	1,3361861	18'	1,3873424
59'	1,1976222	49'	1,2419763	39'	1,2884411	29'	1,3371845	19'	1,3883919
46° 0'	1,1984896	50'	1,2428844	40'	1,2893932	30'	1,3381840	20'	1,3894425
1'	1,1993578	51'	1,2437933	41'	1,2903461	31'	1,3391846	21'	1,3904942
2'	1,2002269	52'	1,2447029	42'	1,2912999	32'	1,3401854	22'	1,3915469
3'	1,2010967	53'	1,2456135	43'	1,2922547	33'	1,3411878	23'	1,3926007
4'	1,2019673	54'	1,2465251	44'	1,2932103	34'	1,3421912	24'	1,3936556
5'	1,2028386	55'	1,2474373	45'	1,2941669	35'	1,3431956	25'	1,3947116
6'	1,2037108	56'	1,2483504	46'	1,2951242	36'	1,3442011	26'	1,3957686
7'	1,2045837	57'	1,2492644	47'	1,2960827	37'	1,3452074	27'	1,3968267
8'	1,2054574	58'	1,2501793	48'	1,2970420	38'	1,3462146	28'	1,3978860
9'	1,2063319	59'	1,2510950	49'	1,2980021	39'	1,3472229	29'	1,3989462
10'	1,2072072	47° 0'	1,2520116	50'	1,2989631	40'	1,3482322	30'	1,4000076
11'	1,2080833	1'	1,2529291	51'	1,2999251	41'	1,3492425	31'	1,4010700
12'	1,2089602	2'	1,2538474	52'	1,3008880	42'	1,3502538	32'	1,4021335
13'	1,2098379	3'	1,2547667	53'	1,3018518	43'	1,3512661	33'	1,4031981
14'	1,2107165	4'	1,2556867	54'	1,3028168	44'	1,3522794	34'	1,4042638

Tabelle 8b. $\xi(\vartheta) = \int \frac{d\vartheta}{\cos^3\vartheta}$.

ϑ	ξ	ϑ	ξ	ϑ	ξ	ϑ	ξ	ϑ	ξ
49° 35'	1,4053306	50° 25'	1,460104	51° 15'	1,517847	52° 5'	1,578816	52° 55'	1,643299
36'	1,4063985	26'	1,461229	16'	1,519034	6'	1,580070	56'	1,644626
37'	1,4074676	27'	1,462355	17'	1,520222	7'	1,581326	57'	1,645956
38'	1,4085377	28'	1,463483	18'	1,521411	8'	1,582583	58'	1,647286
39'	1,4096088	29'	1,464611	19'	1,522602	9'	1,583841	59'	1,648618
40'	1,4106813	30'	1,465741	20'	1,523794	10'	1,585101	53° 0'	1,649952
41'	1,4117548	31'	1,466872	21'	1,524987	11'	1,586362	1'	1,651287
42'	1,4128293	32'	1,468004	22'	1,526182	12'	1,587625	2'	1,652624
43'	1,4139048	33'	1,469137	23'	1,527378	13'	1,588889	3'	1,653962
44'	1,4149815	34'	1,470271	24'	1,528575	14'	1,590155	4'	1,655302
45'	1,4160593	35'	1,471407	25'	1,529774	15'	1,591422	5'	1,656644
46'	1,4171383	36'	1,472544	26'	1,530973	16'	1,592690	6'	1,657987
47'	1,4182183	37'	1,473682	27'	1,532174	17'	1,593960	7'	1,659332
48'	1,4192995	38'	1,474822	28'	1,533377	18'	1,595231	8'	1,660678
49'	1,4203818	39'	1,475963	29'	1,534581	19'	1,596504	9'	1,662026
50'	1,4214652	40'	1,477105	30'	1,535786	20'	1,597778	10'	1,663375
51'	1,4225497	41'	1,478248	31'	1,536993	21'	1,599054	11'	1,664727
52'	1,4236354	42'	1,479392	32'	1,538200	22'	1,600331	12'	1,666079
53'	1,4247221	43'	1,480537	33'	1,539409	23'	1,601609	13'	1,667433
54'	1,4258100	44'	1,481684	34'	1,540620	24'	1,602889	14'	1,668789
55'	1,4268993	45'	1,482831	35'	1,541832	25'	1,604170	15'	1,670146
56'	1,4279894	46'	1,483980	36'	1,543045	26'	1,605453	16'	1,671505
57'	1,4290803	47'	1,485131	37'	1,544260	27'	1,606737	17'	1,672865
58'	1,4301731	48'	1,486282	38'	1,545475	28'	1,608023	18'	1,674227
59'	1,4312667	49'	1,487435	39'	1,546692	29'	1,609310	19'	1,675591
50° 0'	1,432361	50'	1,488589	40'	1,547911	30'	1,610599	20'	1,676956
1'	1,433457	51'	1,489744	41'	1,549131	31'	1,611889	21'	1,678323
2'	1,434554	52'	1,490900	42'	1,550352	32'	1,613181	22'	1,679691
3'	1,435652	53'	1,492058	43'	1,551574	33'	1,614474	23'	1,681061
4'	1,436751	54'	1,493217	44'	1,552798	34'	1,615768	24'	1,682433
5'	1,437851	55'	1,494377	45'	1,554023	33'	1,617064	25'	1,683806
6'	1,438953	56'	1,495539	46'	1,555250	36'	1,618362	26'	1,685181
7'	1,440056	57'	1,496701	47'	1,556478	37'	1,619661	27'	1,686558
8'	1,441160	58'	1,497865	48'	1,557707	38'	1,620961	28'	1,687936
9'	1,442265	59'	1,499031	49'	1,558937	39'	1,622263	29'	1,689316
10'	1,443371	51° 0'	1,500197	50'	1,560169	40'	1,623567	30'	1,690697
11'	1,444478	1'	1,501365	51'	1,561403	41'	1,624872	31'	1,692080
12'	1,445587	2'	1,502533	52'	1,562637	42'	1,626178	32'	1,693464
13'	1,446697	3'	1,503704	53'	1,563874	43'	1,627486	33'	1,694851
14'	1,447808	4'	1,504875	54'	1,565111	44'	1,628795	34'	1,696288
15'	1,448920	5'	1,506048	55'	1,566350	45'	1,630106	35'	1,697628
16'	1,450033	6'	1,507222	56'	1,567591	46'	1,631419	36'	1,699019
17'	1,451148	7'	1,508398	57'	1,568832	47'	1,632733	37'	1,700412
18'	1,452263	8'	1,509574	58'	1,570076	48'	1,634048	38'	1,701806
19'	1,453379	9'	1,510752	59'	1,571320	49'	1,635365	39'	1,703203
20'	1,454497	10'	1,511932	52° 0'	1,572566	50'	1,636684	40'	1,704600
21'	1,455616	11'	1,513112	1'	1,573813	51'	1,638004	41'	1,706000
22'	1,456736	12'	1,514294	2'	1,575062	52'	1,639325	42'	1,707401
23'	1,457857	13'	1,515477	3'	1,576312	53'	1,640648	43'	1,708804
24'	1,458980	14'	1,516661	4'	1,577563	54'	1,641973	44'	1,710208

598

Tabelle 8b. $\xi(\vartheta) = \int \frac{d\vartheta}{\cos^3\vartheta}$.

ϑ	ξ	ϑ	ξ	ϑ	ξ	ϑ	ξ	ϑ	ξ
53° 45'	1,711615	54° 35'	1,784120	55° 25'	1,861215	56° 15'	1,943349	57° 5'	2,031027
46'	1,713022	36'	1,785616	26'	1,862806	16'	1,945046	6'	2,032841
47'	1,714432	37'	1,787113	27'	1,864400	17'	1,946746	7'	2,034657
48'	1,715843	38'	1,788613	28'	1,865996	18'	1,948448	8'	2,036476
49'	1,717256	39'	1,790114	29'	1,867594	19'	1,950152	9'	2,038297
50'	1,718670	40'	1,791617	30'	1,869194	20'	1,951859	10'	2,040120
51'	1,720086	41'	1,793121	31'	1,870796	21'	1,953568	11'	2,041946
52'	1,721504	42'	1,794628	32'	1,872400	22'	1,955279	12'	2,043775
53'	1,722924	43'	1,796133	33'	1,874007	23'	1,956992	13'	2,045606
54'	1,724345	44'	1,797646	34'	1,875615	24'	1,958706	14'	2,047440
55'	1,725768	45'	1,799158	35'	1,877225	25'	1,960424	15'	2,049276
56'	1,727193	46'	1,800672	36'	1,878837	26'	1,962144	16'	2,051115
57'	1,728619	47'	1,802188	37'	1,880451	27'	1,963866	17'	2,052956
58'	1,730047	48'	1,803706	38'	1,882067	28'	1,965590	18'	2,054800
59'	1,731477	49'	1,805226	39'	1,883685	29'	1,967317	19'	2,056646
54° 0'	1,732909	50'	1,806748	40'	1,885305	30'	1,969046	20'	2,058495
1'	1,734342	51'	1,808271	41'	1,886928	31'	1,970777	21'	2,060347
2'	1,735777	52'	1,809797	42'	1,888552	32'	1,972510	22'	2,062200
3'	1,737214	53'	1,811324	43'	1,890178	33'	1,974246	23'	2,064057
4'	1,738653	54'	1,812853	44'	1,891807	34'	1,975984	24'	2,065915
5'	1,740093	55'	1,814384	45'	1,893438	35'	1,977724	25'	2,067776
6'	1,741535	56'	1,815917	46'	1,895070	36'	1,979467	26'	2,069640
7'	1,742979	57'	1,817451	47'	1,896705	37'	1,981212	27'	2,071507
8'	1,744424	58'	1,818988	48'	1,898342	38'	1,982959	28'	2,073375
9'	1,745871	59'	1,820526	49'	1,899981	39'	1,984709	29'	2,075247
10'	1,747320	55° 0'	1,822067	50'	1,901622	40'	1,986461	30'	2,077121
11'	1,748771	1'	1,823609	51'	1,903265	41'	1,988215	31'	2,078997
12'	1,750223	2'	1,825154	52'	1,904911	42'	1,989972	32'	2,080877
13'	1,751677	3'	1,826700	53'	1,906558	43'	1,991731	33	2,082758
14'	1,753133	4'	1,828249	54'	1,908208	44'	1,993492	34'	2,084643
15'	1,754590	5'	1,829799	55'	1,909860	45'	1,995255	35'	2,086529
16'	1,756050	6'	1,831351	56'	1,911514	46'	1,997021	36'	2,088419
17'	1,757511	7'	1,832905	57'	1,913170	47'	1,998789	37'	2,090311
18'	1,758974	8'	1,834461	58'	1,914828	48'	2,000560	38'	2,092206
19'	1,760439	9'	1,836019	59'	1,916489	49'	2,002333	39'	2,094103
20'	1,761906	10'	1,837579	56° 0'	1,918151	50'	2,004108	40'	2,096003
21'	1,763374	11'	1,839141	1'	1,919816	51'	2,005886	41'	2,097906
22'	1,764844	12'	1,840705	2'	1,921482	52'	2,007667	42'	2,099811
23'	1,766316	13'	1,842271	3'	1,923151	53'	2,009449	43'	2,101719
24'	1,767790	14'	1,843838	4'	1,924822	54'	2,011234	44'	2,103629
25'	1,769265	15'	1,845408	5'	1,926496	55'	2,013021	45'	2,105542
26'	1,770743	16'	1,846980	6'	1,928171	56'	2,014811	46'	2,107453
27'	1,772222	17'	1,848553	7'	1,929849	57'	2,016603	47'	2,109376
28'	1,773703	18'	1,850129	8'	1,931529	58'	2,018398	48'	2,111297
29'	1,775185	19'	1,851707	9'	1,933211	59'	2,020195	49'	2,113221
30'	1,776670	20'	1,853286	10'	1,934895	57° 0'	2,021994	50'	2,115147
31'	1,778156	21'	1,854868	11'	1,936581	1'	2,023796	51'	2,117076
32'	1,779645	22'	1,856452	12'	1,938270	2'	2,025600	52'	2,119008
33'	1,781135	23'	1,858037	13'	1,939961	3'	2,027407	53'	2,120943
34'	1,782627	24'	1,859625	14'	1,941654	4'	2,029216	54'	2,122880

ϑ	ξ	ϑ	ξ	ϑ	ξ	ϑ	ξ	ϑ	ξ
57° 55'	2,124820	58° 45'	2,225376	59° 35'	2,333432	60° 25'	2,449828	61° 15'	2,575525
56'	2,126762	46'	2,227461	36'	2,335675	26'	2,452247	16'	2,578141
57'	2,128708	47'	2,229549	37'	2,337922	27'	2,454670	17'	2,580761
58'	2,130656	48'	2,231640	38'	2,340171	28'	2,457097	18'	2,583386
59'	2,132607	49'	2,233734	39'	2,342425	29'	2,459528	19'	2,586015
58° 0'	2,134560	50'	2,235831	40'	2,344681	30'	2,461962	20'	2,588647
1'	2,136516	51'	2,237931	41'	2,346942	31'	2,464400	21'	2,591284
2'	2,138475	52'	2,240035	42'	2,349205	32'	2,466841	22'	2,593926
3'	2,140437	53'	2,242141	43'	2,351472	33'	2,469287	23'	2,596571
4'	2,142401	54'	2,244250	44'	2,353742	34'	2,471736	24'	2,599221
5'	2,144368	55'	2,246362	45'	2,356016	35'	2,474189	25'	2,601875
6'	2,146338	56'	2,248477	46'	2,358293	36'	2,476646	26'	2,604533
7'	2,148310	57'	2,250595	47'	2,360573	37'	2,479107	27'	2,607196
8'	2,150286	58'	2,252717	48'	2,362857	38'	2,481571	28'	2,609863
9'	2,152264	59'	2,254841	49'	2,365144	39'	2,484040	29'	2,612534
10'	2,154245	59° 0'	2,256969	50'	2,367435	40'	2,486512	30'	2,615209
11'	2,156228	1'	2,259100	51'	2,369729	41'	2,488988	31'	2,617889
12'	2,158215	2'	2,261233	52'	2,372026	42'	2,491468	32'	2,620573
13'	2,160204	3'	2,263370	53'	2,374327	43'	2,493952	33'	2,623261
14'	2,162197	4'	2,265510	54'	2,376631	44'	2,496440	34'	2,625954
15'	2,164192	5'	2,267654	55'	2,378939	45'	2,498931	35'	2,628651
16'	2,166190	6'	2,269800	56'	2,381250	46'	2,501427	36'	2,631352
17'	2,168191	7'	2,271949	57'	2,383565	47'	2,503927	37'	2,634058
18'	2,170194	8'	2,274102	58'	2,385883	48'	2,506430	38'	2,636768
19'	2,172200	9'	2,276258	59'	2,388205	49'	2,508937	39'	2,639482
20'	2,174209	10'	2,278417	60° 0'	2,390530	50'	2,511449	40'	2,642201
21'	2,176221	11'	2,280579	1'	2,392859	51'	2,513964	41'	2,644924
22'	2,178236	12'	2,282744	2'	2,395191	52'	2,516483	42'	2,647652
23'	2,180254	13'	2,284912	3'	2,397527	53'	2,519006	43'	2,650384
24'	2,182274	14'	2,287084	4'	2,399866	54'	2,521533	44'	2,653121
25'	2,184296	15'	2,289259	5'	2,402209	55'	2,524063	45'	2,655862
26'	2,186323	16'	2,291437	6'	2,404556	56'	2,526598	46'	2,658607
27'	2,198352	17'	2,293618	7'	2,406906	57'	2,529136	47'	2,661357
28'	2,190384	18'	2,295802	8'	2,409260	58'	2,531679	48'	2,664112
29'	2,192419	19'	2,297989	9'	2,411617	59'	2,534225	49'	2,666871
30'	2,194457	20'	2,300180	10'	2,413978	61° 0'	2,536776	50'	2,669634
31'	2,196498	21'	2,302374	11'	2,416343	1'	2,539331	51'	2,672402
32'	2,198541	22'	2,304571	12'	2,418711	2'	2,541889	52'	2,675174
33'	2,200588	23'	2,306771	13'	2,421082	3'	2,544452	53'	2,677952
34'	2,202637	24'	2,308975	14'	2,423458	4'	2,547019	54'	2,680733
35'	2,204690	25'	2,311182	15'	2,425836	5'	2,549590	55'	2,683519
36'	2,206745	26'	2,313392	16'	2,428219	6'	2,552165	56'	2,686310
37'	2,208803	27'	2,315605	17'	2,430605	7'	2,554744	57'	2,689104
38'	2,210864	28'	2,317822	18'	2,432995	8'	2,557327	58'	2,691905
39'	2,212929	29'	2,320042	19'	2,435389	9'	2,559914	59'	2,694711
40'	2,214996	30'	2,322265	20'	2,437786	10'	2,562506	62° 0'	2,697520
41'	2,217066	31'	2,324492	21'	2,440187	11'	2,565101	1'	2,700332
42'	2,219139	32'	2,326722	22'	2,442592	12'	2,567701	2'	2,703150
43'	2,221215	33'	2,328955	23'	2,445000	13'	2,570305	3'	2,705973
44'	2,223294	34'	2,331192	24'	2,447412	14'	2,572913	4'	2,708800

Tabelle 8 b. $\xi(\vartheta) = \int \dfrac{d\vartheta}{\cos^3\vartheta}$.

ϑ	ξ	ϑ	ξ	ϑ	ξ	ϑ	ξ	ϑ	ξ
62° 5'	2,711632	62° 55'	2,859428	63° 45'	3,020392	64° 35'	3,196254	65° 25'	3,389042
6'	2,714469	56'	2,862512	46'	3,023757	36'	3,199937	26'	3,393086
7'	2,717310	57'	2,865602	47'	3,027128	37'	3,203627	27'	3,397137
8'	2,720156	58'	2,868698	48'	3,030505	38'	3,207323	28'	3,401197
9'	2,723007	59'	2,871799	49'	3,033888	39'	3,211026	29'	3,405264
10'	2,725863	63° 0'	2,874905	50'	3,037277	40'	3,214736	30'	3,409339
11'	2,728723	1'	2,878016	51'	3,040671	41'	3,218453	31'	3,413421
12'	2,731588	2'	2,881133	52'	3,044073	42'	3,222177	32'	3,417512
13'	2,734458	3'	2,884255	53'	3,047480	43'	3,225907	33'	3,421610
14'	2,737332	4'	2,887383	54'	3,050893	44'	3,229645	34'	3,425716
15'	2,740211	5'	2,890516	55'	3,054312	45'	3,233389	35'	3,429831
16'	2,743095	6'	2,893664	56'	3,057738	46'	3,237140	36'	3,433953
17'	2,745984	7'	2,896797	57'	3,061169	47'	3,240899	37'	3,438083
18'	2,748878	8'	2,899946	58'	3,064607	48'	3,244664	38'	3,442221
19'	2,751777	9'	2,903101	59'	3,068051	49'	3,248436	39'	3,446368
20'	2,754680	10'	2,906261	64° 0'	3,071501	50'	3,252215	40'	3,450522
21'	2,757588	11'	2,909426	1'	3,074957	51'	3,256001	41'	3,454685
22'	2,760501	12'	2,912597	2'	3,078420	52'	3,259794	42'	3,458855
23'	2,763419	13'	2,915773	3'	3,081888	53'	3,263595	43'	3,463033
24'	2,766342	14'	2,918955	4'	3,085363	54'	3,267402	44'	3,467220
25'	2,769269	15'	2,922142	5'	3,088845	55'	3,271216	45'	3,471414
26'	2,772202	16'	2,925335	6'	3,092332	56'	3,275037	46'	3,475617
27'	2,775139	17'	2,928533	7'	3,095825	57'	3,278866	47'	3,479828
28'	2,778081	18'	2,931737	8'	3,099325	58'	3,282702	48'	3,484047
29'	2,781029	19'	2,934946	9'	3,102831	59'	3,286545	49'	3,488273
30'	2,783981	20'	2,938161	10'	3,106344	65° 0'	3,290395	50'	3,492508
31'	2,786938	21'	2,941382	11'	3,109863	1'	3,294252	51'	3,496752
32'	2,789900	22'	2,944608	12'	3,113388	2'	3,298117	52'	3,501003
33'	2,792868	23'	2,947840	13'	3,116920	3'	3,301989	53'	3,505264
34'	2,795840	24'	2,951078	14'	3,120458	4'	3,305868	54'	3,509532
35'	2,798817	25'	2,954321	15'	3,124002	5'	3,309754	55'	3,513809
36'	2,801799	26'	2,957570	16'	3,127553	6'	3,313648	56'	3,518094
37'	2,804786	27'	2,960825	17'	3,131110	7'	3,317549	57'	3,522388
38'	2,807778	28'	2,964085	18'	3,134674	8'	3,321457	58'	3,526690
39'	2,810775	29'	2,967351	19'	3,138244	9'	3,325372	59'	3,531000
40'	2,813777	30'	2,970623	20'	3,141820	10'	3,329295	66° 0'	3,535319
41'	2,816785	31'	2,973900	21'	3,145403	11'	3,333226	1'	3,539646
42'	2,819797	32'	2,977184	22'	3,148992	12'	3,337164	2'	3,543981
43'	2,822814	33'	2,980473	23'	3,152589	13'	3,341109	3'	3,548326
44'	2,825837	34'	2,983767	24'	3,156191	14'	3,345062	4'	3,552678
45'	2,828865	35'	2,987068	25'	3,159800	15'	3,349023	5'	3,557040
46'	2,831898	36'	2,990374	26'	3,163415	16'	3,352991	6'	3,561410
47'	2,834936	37'	2,993686	27'	3,167037	17'	3,356966	7'	3,565788
48'	2,837979	38'	2,997003	28'	3,170666	18'	3,360949	8'	3,570176
49'	2,841027	39'	3,000327	29'	3,174301	19'	3,364939	9'	3,574571
50'	2,844081	40'	3,003656	30'	3,177944	20'	3,368937	10'	3,578976
51'	2,847140	41'	3,006992	31'	3,181592	21'	3,372943	11'	3,583390
52'	2,850204	42'	3,010333	32'	3,185248	22'	3,376956	12'	3,587812
53'	2,853273	43'	3,013680	33'	3,188910	23'	3,380977	13'	3,592243
54'	2,856348	44'	3,017033	34'	3,192579	24'	3,385006	14'	3,596683

Tabelle 8b. $\xi(\vartheta) = \int \dfrac{d\vartheta}{\cos^3\vartheta}$.

ϑ	ξ	ϑ	ξ	ϑ	ξ	ϑ	ξ	ϑ	ξ
66° 15'	3,601131	67° 5'	3,835341	67° 55'	4,095031	68° 45'	4,384228	69° 35'	4,707786
16'	3,605588	6'	3,840273	56'	4,100510	46'	4,390345	36'	4,714647
17'	3,610055	7'	3,845215	57'	4,106002	47'	4,396476	37'	4,721523
18'	3,614530	8'	3,850167	58'	4,111506	48'	4,402620	38'	4,728416
19'	3,619013	9'	3,855129	59'	4,117021	49'	4,408777	39'	4,735325
20'	3,623506	10'	3,860102	68° 0'	4,122549	50'	4,414949	40'	4,742250
21'	3,628007	11'	3,865085	1'	4,128088	51'	4,421135	41'	4,749192
22'	3,632518	12'	3,870079	2'	4,133640	52'	4,427334	42'	4,756150
23'	3,637037	13'	3,875083	3'	4,139204	53'	4,433548	43'	4,763123
24'	3,641566	14'	3,880097	4'	4,144779	54'	4,439776	44'	4,770113
25'	3,646104	15'	3,885121	5'	4,150367	55'	4,446017	45'	4,777120
26'	3,650651	16'	3,890157	6'	4,155968	56'	4,452273	46'	4,784144
27'	3,655207	17'	3,895203	7'	4,161580	57'	4,458543	47'	4,791185
28'	3,659772	18'	3,900259	8'	4,167204	58'	4,464828	48'	4,798242
29'	3,664346	19'	3,905326	9'	4,172840	59'	4,471127	49'	4,805315
30'	3,668930	20'	3,910403	10'	4,178489	69° 0'	4,477440	50'	4,812406
31'	3,673522	21'	3,915491	11'	4,184150	1'	4,483767	51'	4,819514
32'	3,678124	22'	3,920590	12'	4,189824	2'	4,490110	52'	4,826638
33'	3,682735	23'	3,925700	13'	4,195509	3'	4,496466	53'	4,833780
34'	3,687355	24'	3,930820	14'	4,201207	4'	4,502837	54'	4,840939
35'	3,691985	25'	3,935950	15'	4,206917	5'	4,509223	55'	4,848114
36'	3,696624	26'	3,941091	16'	4,212641	6'	4,515622	56'	4,855307
37'	3,701272	27'	3,946244	17'	4,218377	7'	4,522036	57'	4,862517
38'	3,705930	28'	3,951407	18'	4,224125	8'	4,528466	58'	4,869744
39'	3,700597	29'	3,956581	19'	4,229886	9'	4,534910	59'	4,876989
40'	3,715274	30'	3,961766	20'	4,235659	10'	4,541369	70° 0'	4,884251
41'	3,719961	31'	3,966962	21'	4,241446	11'	4,547843	1'	4,891530
42'	3,724656	32'	3,972169	22'	4,247245	12'	4,554332	2'	4,898826
43'	3,729361	33'	3,977387	23'	4,253057	13'	4,560835	3'	4,906140
44'	3,734076	34'	3,982616	24'	4,258882	14'	4,567354	4'	4,913473
45'	3,738800	35'	3,987857	25'	4,264719	15'	4,573888	5'	4,920822
46'	3,743535	36'	3,993108	26'	4,270569	16'	4,580437	6'	4,928190
47'	3,748279	37'	3,998370	27'	4,276433	17'	4,587001	7'	4,935575
48'	3,753032	38'	4,003643	28'	4,282309	18'	4,593580	8'	4,942977
49'	3,757795	39'	4,008928	29'	4,288199	19'	4,600174	9'	4,950398
50'	3,762567	40'	4,014224	30'	4,294101	20'	4,606783	10'	4,957837
51'	3,767350	41'	4,019531	31'	4,300016	21'	4,613407	11'	4,965294
52'	3,772142	42'	4,024850	32'	4,305944	22'	4,620047	12'	4,972770
53'	3,776944	43'	4,030180	33'	4,311885	23'	4,626703	13'	4,980263
54'	3,781756	44'	4,035521	34'	4,317840	24'	4,643374	14'	4,987774
55'	3,786577	45'	4,040873	35'	4,323808	25'	4,640060	15'	4,995304
56'	3,791409	46'	4,046237	36'	4,329790	26'	4,646761	16'	5,002852
57'	3,796250	47'	4,051613	37'	4,335784	27'	4,653478	17'	5,010419
58'	3,801101	48'	4,057000	38'	4,341792	28'	4,660211	18'	5,018004
59'	3,805963	49'	4,062398	39'	4,347814	29'	4,666960	19'	5,025607
67° 0'	3,810834	50'	4,067807	40'	4,353849	30'	4,673725	20'	5,033228
1'	3,815715	51'	4,073229	41'	4,359898	31'	4,680505	21'	5,040869
2'	3,820606	52'	4,078662	42'	4,365960	32'	4,687301	22'	5,048528
3'	3,825508	53'	4,084106	43'	4,372036	33'	4,694113	23'	5,056206
4'	3,830419	54'	4,089563	44'	4,378125	34'	4,700942	24'	5,063903

Tabelle 8b. $\xi(\vartheta) = \int \frac{d\vartheta}{\cos^3\vartheta}$.

ϑ	ξ	ϑ	ξ	ϑ	ξ	ϑ	ξ	ϑ	ξ
70° 25'	5,071618	71° 15'	5,482963	72° 5'	5,950783	72° 55'	6,486266	73° 45'	7,103521
26'	5,079352	16'	5,491733	6'	5,960789	56'	6,497756	46'	7,116817
27'	5,087105	17'	5,500526	7'	5,970820	57'	6,509280	47'	7,130153
28'	5,094878	18'	5,509341	8'	5,980879	58'	6,520836	48'	7,143529
29'	5,102670	19'	5,518178	9'	5,990965	59'	6,532426	49'	7,156944
30'	5,110481	20'	5,527038	10'	6,001079	73° 0'	6,544048	50'	7,170400
31'	5,118311	21'	5,535921	11'	6,011221	1'	6,555702	51'	7,183897
32'	5,126160	22'	5,544828	12'	6,021390	2'	6,567391	52'	7,197435
33'	5,134029	23'	5,553758	13'	6,031586	3'	6,579113	53'	7,211015
34'	5,141918	24'	5,562711	14'	6,041809	4'	6,590870	54'	7,224635
35'	5,149826	25'	5,571687	15'	6,052062	5'	6,602660	55'	7,238203
36'	5,157754	26'	5,580686	16'	6,062342	6'	6,614485	56'	7,251994
37'	5,165700	27'	5,589709	17'	6,072651	7'	6,626342	57'	7,265737
38'	5,173667	28'	5,598756	18'	6,082988	8'	6,638233	58'	7,279522
39'	5,181653	29'	5,607826	19'	6,093352	9'	6,650159	59'	7,293350
40'	5,189660	30'	5,616921	20'	6,103745	10'	6,662120	74° 0'	7,307220
41'	5,197687	31'	5,626037	21'	6,114166	11'	6,674116	1'	7,321130
42'	5,205734	32'	5,635177	22'	6,124617	12'	6,686147	2'	7,335083
43'	5,213800	33'	5,644342	23'	6,135096	13'	6,698211	3'	7,349080
44'	5,221887	34'	5,653531	24'	6,145605	14'	6,710310	4'	7,363120
45'	5,229995	35'	5,662744	25'	6,156141	15'	6,722445	5'	7,377203
46'	5,238122	36'	5,671982	26'	6,166706	16'	6,734615	6'	7,391329
47'	5,246271	37'	5,681243	27'	6,177301	17'	6,746821	7'	7,405498
48'	5,254439	38'	5,690528	28'	6,187926	18'	6,759063	8'	7,419710
49'	5,262626	39'	5,699838	29'	6,198580	19'	6,771337	9'	7,433966
50'	5,270835	40'	5,709174	30'	6,209264	20'	6,783649	10'	7,448267
51'	5,279065	41'	5,718533	31'	6,219976	21'	6,795996	11'	7,462612
52'	5,287316	42'	5,727918	32'	6,230718	22'	6,808381	12'	7,477001
53'	5,295587	43'	5,737326	33'	6,241490	23'	6,820802	13'	7,491431
54'	5,303879	44'	5,746760	34'	6,252292	24'	6,833260	14'	7,505907
55'	5,312192	45'	5,756218	35'	6,263125	25'	6,845753	15'	7,520428
56'	5,320526	46'	5,765703	36'	6,273988	26'	6,858283	16'	7,534996
57'	5,328882	47'	5,775212	37'	6,284879	27'	6,870851	17'	7,549603
58'	5,337259	48'	5,784747	38'	6,295802	28'	6,883456	18'	7,564267
59'	5,345657	49'	5,794306	39'	6,306755	29'	6,896098	19'	7,578969
71° 0'	5,354076	50'	5,803891	40'	6,317740	30'	6,908777	20'	7,593717
1'	5,362515	51'	5,813502	41'	6,328755	31'	6,921490	21'	7,608512
2'	5,370976	52'	5,823139	42'	6,339802	32'	6,934242	22'	7,623354
3'	5,379459	53'	5,832801	43'	6,350879	33'	6,947033	23'	7,638243
4'	5,387964	54'	5,842489	44'	6,361987	34'	6,959862	24'	7,653178
5'	5,396491	55'	5,852201	45'	6,373127	35'	6,972730	25'	7,668157
6'	5,405039	56'	5,861940	46'	6,384298	36'	6,985636	26'	7,683185
7'	5,413608	57'	5,871705	47'	6,395501	37'	3,998578	27'	7,698260
8'	5,422200	58'	5,881497	48'	6,406736	38'	7,011559	28'	7,713388
9'	5,430814	59'	5,891315	49'	6,418000	39'	7,024579	29'	7,728554
10'	5,439450	72° 0'	5,901160	50'	6,429297	40'	7,037639	30'	7,743773
11'	5,448108	1'	5,911031	51'	6,440626	41'	7,050738	31'	7,759037
12'	5,456789	2'	5,920928	52'	6,451988	42'	7,063876	32'	7,774349
13'	5,465491	3'	5,930853	53'	6,463382	43'	7,077051	33'	7,789711
14'	5,474215	4'	5,940805	54'	6,474808	44'	7,090266	34'	7,805128

Tabelle 8b. $\xi(\vartheta) = \int \dfrac{d\vartheta}{\cos^3\vartheta}$.

ϑ	ξ	ϑ	ξ	ϑ	ξ	ϑ	ξ	ϑ	ξ
74°35'	7,820583	75°25'	8,660734	76°15'	9,654526	77° 5'	10,84264	77°55'	12,28022
36'	7,836093	26'	8,678988	16'	9,676229	6'	10,86874	56'	12,31199
37'	7,851649	27'	8,697303	17'	9,698010	7'	10,89493	57'	12,34390
38'	7,867255	28'	8,715681	18'	9,719869	8'	10,92122	58'	12,37594
39'	7,882911	29'	8,734122	19'	9,741801	9'	10,94761	59'	12,40811
40'	7,898619	30'	8,752624	20'	9,763814	10'	10,97411	78° 0'	12,44041
41'	7,914377	31'	8,771185	21'	9,785908	11'	11,00071	1'	12,47284
42'	7,930185	32'	8,789810	22'	9,808082	12'	11,02741	2'	12,50540
43'	7,946041	33'	8,808499	23'	9,830337	13'	11,05420	3'	12,53810
44	7,961949	34'	8,827253	24'	9,852673	14'	11,08110	4'	12,57094
45'	7,977909	35'	8,846071	25'	9,875084	15'	11,10811	5'	12,60392
46'	7,993920	36'	8,864953	26'	9,897577	16'	11,13522	6'	12,63703
47'	8,009983	37'	8,883898	27'	9,920154	17'	11,16244	7'	12,67027
48	8,026098	38'	8,902905	28'	9,942813	18'	11,18977	8'	12,70365
49'	8,042263	39'	8,921977	29'	9,965556	19'	11,21720	9'	12,73717
50'	8,058477	40'	8,941117	30'	9,988382	20'	11,24473	10'	12,77083
51'	8,074747	41'	8,960324	31'	10,011285	21'	11,27237	11'	12,80464
52'	8,091069	42'	8,979596	32'	10,034273	22'	11,30013	12'	12,83859
53'	8,107445	43'	8,998930	33'	10,057347	23'	11,32799	13'	12,87267
54'	8,123874	44'	9,018332	34'	10,080506	24'	11,35596	14'	12,90690
55'	8,140353	45'	9,037802	35'	10,103751	25'	11,38403	15'	12,94127
56'	8,156886	46'	9,057340	36'	10,127081	26'	11,41221	16'	12,97579
57'	8,173474	47'	9,076946	37'	10,150490	27'	11,44051	17'	13,01046
58'	8,190116	48'	9,096620	38'	10,173988	28'	11,46892	18'	13,04527
59'	8,206814	49'	9,116357	39'	10,197574	29'	11,49744	19'	13,08022
75° 0'	8,223565	50'	9,136163	40'	10,221248	30'	11,52608	20'	13,11531
1'	8,240367	51'	9,156040	41'	10,245010	31'	11,55482	21'	13,15056
2'	8,257226	52'	9,175986	42'	10,26886	32'	11,58368	22'	13,18597
3'	8,274141	53'	9,196003	43'	10,29279	33'	11,61265	23'	13,22152
4'	8,291112	54'	9,216089	44'	10,31682	34'	11,64174	24'	13,25723
5'	8,308139	55'	9,236240	45'	10,34093	35'	11,67095	25'	13,29308
6'	8,325222	56'	9,256463	46'	10,36514	36'	11,70027	26'	13,32908
7'	8,342358	57'	9,276758	47'	10,38943	37'	11,72970	27'	13,36525
8'	8,359551	58'	9,297124	48'	10,41382	38'	11,75925	28'	13,40157
9'	8,376802	59'	9,317563	49'	10,43829	39'	11,78892	29'	13,43804
10'	8,394111	76° 0'	9,338074	50'	10,46285	40'	11,81871	30'	13,47468
11'	8,411477	1'	9,358652	51'	10,48751	41'	11,84862	31'	13,51146
12'	8,428902	2'	9,379303	52'	10,51226	42'	11,87865	32'	13,54840
13'	8,446381	3'	9,400029	53'	10,53711	43'	11,90879	33'	13,58551
14'	8,463918	4'	9,420829	54'	10,56205	44'	11,93906	34'	13,62278
15'	8,481515	5'	9,441702	55'	10,58708	45'	11,96945	35'	13,66021
16'	8,499171	6'	9,462650	56'	10,61220	46'	11,99997	36'	13,69780
17'	8,516886	7'	9,483666	57'	10,63742	47'	12,03060	37'	13,73554
18'	8,534660	8'	9,504758	58'	10,66274	48'	12,06137	38'	13,77345
19'	8,552488	9'	9,525927	59'	10,68815	49'	12,09225	39'	13,81153
20'	8,570377	10'	9,547171	77° 0'	10,71366	50'	12,12326	40'	13,84978
21'	8,588328	11'	9,568492	1'	10,73926	51'	12,15440	41'	13,88819
22'	8,606339	12'	9,589889	2'	10,76495	52'	12,18566	42'	13,92678
23'	8,624411	13'	9,611356	3'	10,79075	53'	12,21706	43'	13,96552
24'	8,642544	14'	9,632902	4'	10,81665	54'	12,24858	44'	14,00443

Tabelle 8b. $\xi(\vartheta) = \int \frac{d\vartheta}{\cos^3\vartheta}$.

ϑ	ξ	ϑ	ξ	ϑ	ξ	ϑ	ξ	ϑ	ξ
78° 45'	14,04352	79° 35'	16,24047	80° 25'	19,02772	81° 15'	22,63990	82° 5'	27,44121
46'	14,08279	36'	16,28981	26'	19,09092	16'	22,72277	6'	27,55290
47'	14,12223	37'	16,33936	27'	19,15445	17'	22,80611	7'	27,66528
48'	14,16184	38'	16,38916	28'	19,21832	18'	22,88991	8'	27,77838
49'	14,20162	39'	16,43920	29'	19,28252	19'	22,97421	9'	27,89219
50'	14,24157	40'	16,48949	30'	19,34705	20'	23,05898	10'	28,00673
51'	14,28171	41'	16,54002	31'	19,41192	21'	23,14425	11'	28,12200
52'	14,32203	42'	16,59079	32'	19,47712	22'	23,23000	12'	28,23800
53'	14,36253	43'	16,64179	33'	19,54268	23'	23,31625	13'	28,35473
54'	14,40321	44'	16,69303	34'	19,60857	24'	23,40299	14'	28,47222
55'	14,44405	45'	16,74454	35'	19,67482	25'	23,49025	15'	28,59047
56'	14,48509	46'	16,79629	36'	19,74140	26'	23,57799	16'	28,70946
57'	14,52631	47'	16,84831	37'	19,80835	27'	23,66625	17'	28,82923
58'	14,56772	48'	16,90057	38'	19,87564	28'	23,75503	18'	28,94979
59'	14,60932	49'	16,95306	39'	19,94329	29'	23,84432	19'	29,07111
79° 0'	14,65110	50'	17,00582	40'	20,01131	30'	23,93414	20'	29,19322
1'	14,69306	51'	17,05884	41'	20,07969	31'	24,02449	21'	29,31612
2'	14,73521	52'	17,11213	42'	20,14843	32'	24,11535	22'	29,43983
3'	14,77755	53'	17,16568	43'	20,21754	33'	24,20676	23'	29,56435
4'	14,82009	54'	17,21949	44'	20,28701	34'	24,29870	24'	29,68967
5'	14,86283	55'	17,27354	45'	20,35687	35'	24,39120	25'	29,81583
6'	14,90576	56'	17,32786	46'	20,42709	36'	24,48423	26'	29,94282
7'	14,94887	57'	17,38246	47'	20,49770	37'	24,57782	27'	30,07064
8'	14,99218	58'	17,43734	48'	20,56868	38'	24,67195	28'	30,19930
9'	15,03569	59'	17,49249	49'	20,64005	39'	24,76666	29'	30,32881
10'	15,07940	80° 0'	17,54792	50'	20,71180	40'	24,86192	30'	30,45919
11'	15,12332	1'	17,60363	51'	20,78395	41'	24,95777	31'	30,59044
12'	15,16744	2'	17,65959	52'	20,85649	42'	25,05418	32'	30,72254
13'	15,21174	3'	17,71585	53'	20,92941	43'	25,15116	33'	30,85554
14'	15,25625	4'	17,77237	54'	21,00274	44'	25,24873	34'	30,98944
15'	15,30098	5'	17,82917	55'	21,07647	45'	25,34690	35'	31,12423
16'	15,34591	6'	17,88627	56'	21,15060	46'	25,44564	36'	31,25992
17'	15,39105	7'	17,94365	57'	21,22514	47'	25,54499	37'	31,39653
18'	15,43640	8'	18,00132	58'	21,30009	48'	25,64495	38'	31,53406
19'	15,48194	9'	18,05931	59'	21,37545	49'	25,74550	39'	31,67253
20'	15,52770	10'	18,11753	81° 0'	21,45123	50'	25,84667	40'	31,81194
21'	15,57368	11'	18,17608	1'	21,52742	51'	25,94847	41'	31,95228
22'	15,61988	12'	18,23491	2'	21,60404	52'	26,05087	42'	32,09360
23'	15,66629	13'	18,29405	3'	21,68100	53'	26,15392	43'	32,23587
24'	15,71292	14'	18,35349	4'	21,75855	54'	26,25758	44'	32,37912
25'	15,75975	15'	18,41324	5'	21,83646	55'	26,36189	45'	32,52336
26'	15,80680	16'	18,47328	6'	21,91478	56'	26,46684	46'	32,66859
27'	15,85409	17'	18,53363	7'	21,99356	57'	26,57243	47'	32,81482
28'	15,90159	18'	18,59430	8'	22,07278	58'	26,67868	48'	32,96206
29'	15,94933	19'	18,65526	9'	22,15243	59'	26,78560	49'	33,11032
30'	15,99729	20'	18,71654	10'	22,23253	82° 0'	26,89318	50'	33,25961
31'	16,04546	21'	18,77813	11'	22,31310	1'	27,00141	51'	33,40995
32'	16,09386	22'	18,84006	12'	22,39411	2'	27,11034	52'	33,56133
33'	16,14249	23'	18,90230	13'	22,47558	3'	27,21994	53'	33,71377
34'	16,19136	24'	18,96485	14'	22,55751	4'	27,33023	54'	33,86727

Tabelle 8b. $\xi(\vartheta) = \int \dfrac{d\vartheta}{\cos^3\vartheta}$.

ϑ	ξ	ϑ	ξ	ϑ	ξ	ϑ	ξ	ϑ	ξ
82° 55'	34,02187	83° 45'	43,39013	84° 35'	57,3857	85° 25'	79,6619	86° 15'	118,3482
56'	34,17755	46'	43,61648	36'	57,7331	26'	80,2351	16'	119,3949
57'	34,33433	47'	43,84465	37'	58,0837	27'	80,8146	17'	120,4557
58'	34,49222	48'	44,07464	38'	58,4376	28'	81,4005	18'	121,5308
59'	34,65122	49'	44,30650	39'	58,7948	29'	81,9929	19'	122,6207
83° 0'	34,81131	50'	44,54024	40'	59,1553	30'	82,5918	20'	123,7253
1'	34,97265	51'	44,77584	41'	59,5193	31'	83,1975	21'	124,8451
2'	35,13508	52'	45,01337	42'	59,8866	32'	83,8099	22'	125,9802
3'	35,29868	53'	45,25286	43'	60,2575	33'	84,4291	23'	127,1312
4'	35,46346	54'	45,49428	44'	60,6318	34'	85,0554	24'	128,2981
5'	35,62942	55'	45,73770	45'	61,0097	35'	85,6888	25'	129,4813
6'	35,79658	56'	45,98312	46'	61,3912	36'	86,3293	26'	130,6811
7'	35,96495	57'	46,23055	47'	61,7764	37'	86,9772	27'	131,8979
8'	36,13454	58'	46,48004	48'	62,1652	38'	87,6325	28'	133,1318
9'	36,30536	59'	46,73159	49'	62,5578	39'	88,2953	29'	134,3834
10'	36,47744	84° 0'	46,98522	50'	62,9542	40'	88,9658	30'	135,6528
11'	36,65077	1'	47,24099	51'	63,3545	41'	89,6440	31'	136,9405
12'	36,82536	2'	47,49888	52'	63,7586	42'	90,3301	32'	138,2467
13'	37,00124	3'	47,75894	53'	64,1667	43'	91,0243	33'	139,5720
14'	37,17842	4'	48,02118	54'	64,5788	44'	91,7265	34'	140,9165
15'	37,35690	5'	48,28564	55'	64,9949	45'	92,4371	35'	142,2808
16'	37,53671	6'	48,55233	56'	65,4152	46'	93,1560	36'	143,6651
17'	37,71785	7'	48,82129	57'	65,8395	47'	93,8834	37'	145,0700
18'	37,90034	8'	49,09253	58'	66,2682	48'	94,6195	38'	146,4956
19'	38,08419	9'	49,36608	59'	66,7010	49'	95,3644	39'	147,9426
20'	38,26941	10'	49,64197	85° 0'	67,1382	50'	96,1182	40'	149,4114
21'	38,45601	11'	49,92024	1'	67,5797	51'	96,8812	41'	150,9023
22'	38,64403	12'	50,20089	2'	68,0258	52'	97,6533	42'	152,4159
23'	38,83345	13'	50,48397	3'	68,4763	53'	98,4349	43'	153,9525
24'	39,02431	14'	50,76952	4'	68,9314	54'	99,2259	44'	155,5127
25'	39,21662	15'	51,05751	5'	69,3911	55'	100,0267	45'	157,0969
26'	39,41038	16'	51,34813	6'	69,8556	56'	100,8373	46'	158,7057
27'	39,60561	17'	51,64106	7'	70,3247	57'	101,6579	47'	160,3395
28'	39,80234	18'	51,93668	8'	70,7986	58'	102,4887	48'	161,9989
29'	40,00057	19'	52,23486	9'	71,2775	59'	103,3299	49'	163,6843
30'	40,20031	20'	52,5357	10'	71,7613	86° 0'	104,1816	50'	165,3965
31'	40,40161	21'	52,8392	11'	72,2501	1'	105,0439	51'	167,1358
32'	40,60445	22'	53,1454	12'	72,7440	2'	105,9171	52'	168,9029
33'	40,80885	23'	53,4543	13'	73,2431	3'	106,8014	53'	170,6984
34'	41,01484	24'	53,7660	14'	73,7474	4'	107,6970	54'	172,5230
35'	41,22244	25'	54,0804	15'	74,2570	5'	108,6040	55'	174,3772
36'	41,43163	26'	54,3976	16'	74,7719	6'	109,5226	56'	176,2617
37'	41,64248	27'	54,7177	17'	75,2924	7'	110,4531	57'	178,1771
38'	41,85498	28'	55,0408	18'	75,8183	8'	111,3956	58'	180,1242
39'	42,06914	29'	55,3667	19'	76,3500	9'	112,3502	59'	182,1030
40'	42,28498	30'	55,6956	20'	76,8872	10'	113,3175	87° 0'	184,1160
41'	42,50253	31'	56,0275	21'	77,4303	11'	114,2974		
42'	42,72182	32'	56,3624	22'	77,9792	12'	115,2902		
43'	42,94283	33'	56,7004	23'	78,5323	13'	116,2961		
44'	43,16560	34'	57,0414	24'	79,0949	14'	117,3153		

Tabelle 9. Schußfaktorentabelle von Siacci auf Grund des

Z	$^{10}\log f =$	Diff.	$^{10}\log f_1 =$	Diff.	$^{10}\log f_2 =$	Diff.	$^{10}\log f_3 =$	Diff.	$^{10}\log f_4 =$	Diff.
0,00	0,0000	44	0,0000	44	$\overline{1}$,6548	11	0,0000	65	$\overline{1}$,6990	11
0,03	0,0044	43	0,0044	43	$\overline{1}$,6559	11	0,0065	65	$\overline{1}$,7001	10
0,06	0,0087	44	0,0087	43	$\overline{1}$,6570	11	0,0130	65	$\overline{1}$,7011	11
0,09	0,0131	44	0,0130	44	$\overline{1}$,6581	11	0,0195	65	$\overline{1}$,7022	11
0,12	0,0175	45	0,0174	43	$\overline{1}$,6592	10	0,0260	66	$\overline{1}$,7033	11
0,15	0,0220	45	0,0217	43	$\overline{1}$,6602	11	0,0326	65	$\overline{1}$,7044	10
0,18	0,0265	44	0,0260	44	$\overline{1}$,6613	11	0,0391	65	$\overline{1}$,7054	11
0,21	0,0309	45	0,0304	44	$\overline{1}$,6624	10	0,0456	65	$\overline{1}$,7065	11
0,24	0,0354	46	0,0348	43	$\overline{1}$,6634	11	0,0521	65	$\overline{1}$,7076	10
0,27	0,0400	45	0,0391	43	$\overline{1}$,6645	11	3,0586	65	$\overline{1}$,7086	11
0,30	0,0445	46	0,0434	43	$\overline{1}$,6656	10	0,0651	66	$\overline{1}$,7097	10
0,33	0,0491	46	0,0477	44	$\overline{1}$,6666	10	0,0717	65	$\overline{1}$,7107	11
0,36	0,0537	46	0,0521	43	$\overline{1}$,6676	11	0,0782	65	$\overline{1}$,7118	10
0,39	0,0583	47	0,0564	44	$\overline{1}$,6687	10	0,0847	65	$\overline{1}$,7128	11
0,42	0,0630	46	0,0608	43	$\overline{1}$,6697	11	0,0912	65	$\overline{1}$,7139	10
0,45	0,0676	47	0,0651	43	$\overline{1}$,6708	10	0,0977	65	$\overline{1}$,7149	11
0,48	0,0723	47	0,0694	43	$\overline{1}$,6718	10	0,1042	65	$\overline{1}$,7160	10
0,51	0,0770	48	0,0737	43	$\overline{1}$,6728	11	0,1107	65	$\overline{1}$,7170	11
0,54	0,0818	47	0,0780	43	$\overline{1}$,6739	10	0,1172	66	$\overline{1}$,7181	10
0,57	0,0865	48	0,0823	43	$\overline{1}$,6749	10	0,1238	65	$\overline{1}$,7191	10
0,60	0,0913	48	0,0866	43	$\overline{1}$,6759	11	0,1303	65	$\overline{1}$,7201	10
0,63	0,0961	49	0,0909	43	$\overline{1}$,6770	10	0,1368	65	$\overline{1}$,7211	10
0,66	0,1010	48	0,0952	44	$\overline{1}$,6780	10	0,1433	65	$\overline{1}$,7221	10
0,69	0,1058	49	0,0996	43	$\overline{1}$,6790	10	0,1498	65	$\overline{1}$,7231	10
0,72	0,1107	49	0,1039	42	$\overline{1}$,6800	10	0,1563	66	$\overline{1}$,7241	11
0,75	0,1156	49	0,1081	43	$\overline{1}$,6810	10	0,1629	65	$\overline{1}$,7252	10
0,78	0,1205	49	0,1124	43	$\overline{1}$,6820	10	0,1694	65	$\overline{1}$,7262	10
0,81	0,1254	50	0,1167	43	$\overline{1}$,6830	10	0,1759	65	$\overline{1}$,7272	10
0,84	0,1304	50	0,1210	42	$\overline{1}$,6840	10	0,1824	65	$\overline{1}$,7282	10
0,87	0,1354	50	0,1252	43	$\overline{1}$,6850	10	0,1889	65	$\overline{1}$,7292	10
0,90	0,1404	51	0,1295	43	$\overline{1}$,6860	10	0,1954	65	$\overline{1}$,7302	10
0,93	0,1455	50	0,1338	42	$\overline{1}$,6870	9	0,2019	66	$\overline{1}$,7312	9
0,96	0,1505	51	0,1380	43	$\overline{1}$,6879	10	0,2085	65	$\overline{1}$,7321	10
0,99	0,1556	51	0,1423	42	$\overline{1}$,6889	10	0,2150	65	$\overline{1}$,7331	10
1,02	0,1607	52	0,1465	43	$\overline{1}$,6899	9	0,2215	65	$\overline{1}$,7341	10
1,05	0,1659	51	0,1508	42	$\overline{1}$,6908	10	0,2280	65	$\overline{1}$,7351	10
1,08	0,1710	52	0,1550	42	$\overline{1}$,6918	10	0,2345	65	$\overline{1}$,7361	9
1,11	0,1762	52	0,1592	43	$\overline{1}$,6928	9	0,2410	65	$\overline{1}$,7370	10
1,14	0,1814	53	0,1635	42	$\overline{1}$,6937	10	0,2475	66	$\overline{1}$,7380	9
1,17	0,1867	52	0,1677	42	$\overline{1}$,6947	9	0,2541	65	$\overline{1}$,7389	10
1,20	0,1919	53	0,1719	42	$\overline{1}$,6956	10	0,2606	65	$\overline{1}$,7399	10
1,23	0,1972	53	0,1761	42	$\overline{1}$,6966	9	0,2671	65	$\overline{1}$,7409	9
1,26	0,2025	53	0,1803	42	$\overline{1}$,6975	10	0,2736	65	$\overline{1}$,7418	9
1,29	0,2078	54	0,1845	42	$\overline{1}$,6985	6	0,2801	65	$\overline{1}$,7427	10
1,32	0,2132		0,1887		$\overline{1}$,6994		0,2866		$\overline{1}$,7437	

quadratischen Luftwiderstandsgesetzes, vgl. Band I, § 25.

$^{10}\log f_5 =$	Diff.	$f_6 =$	$f_7 =$	Diff.
$\bar{1},3979$		0	0	
$\bar{1},4002$	23	139	140	140
$\bar{1},4024$	22	278	283	143
$\bar{1},4046$	22	417	429	146
$\bar{1},4068$	22	556	578	149
$\bar{1},4089$	21	694	730	152
$\bar{1},4111$	22	833	886	156
$\bar{1},4133$	22	972	1044	158
$\bar{1},4155$	22	1111	1206	162
$\bar{1},4176$	21	1250	1370	164
$\bar{1},4198$	22	1389	1539	169
$\bar{1},4220$	22	1528	1711	172
$\bar{1},4241$	21	1667	1886	175
$\bar{1},4263$	22	1806	2065	179
$\bar{1},4284$	21	1944	2247	182
$\bar{1},4306$	22	2083	2434	187
$\bar{1},4327$	21	2222	2625	191
$\bar{1},4349$	22	2361	2819	194
$\bar{1},4370$	21	2500	3018	199
$\bar{1},4392$	22	2639	3221	203
$\bar{1},4413$	21	2778	3428	207
$\bar{1},4435$	22	2917	3639	211
$\bar{1},4456$	21	3056	3855	216
$\bar{1},4477$	21	3194	4075	220
$\bar{1},4498$	21	3333	4301	226
$\bar{1},4520$	22	3472	4531	230
$\bar{1},4542$	22	3611	4766	235
$\bar{1},4563$	21	3750	5006	240
$\bar{1},4585$	22	3889	5251	245
$\bar{1},4606$	21	4028	5501	250
$\bar{1},4627$	21	4167	5757	256
$\bar{1},4648$	21	4306	6019	262
$\bar{1},4669$	21	4445	6286	267
$\bar{1},4691$	22	4583	6558	272
$\bar{1},4712$	21	4722	6837	279
$\bar{1},4733$	21	4861	7122	285
$\bar{1},4755$	22	5000	7413	291
$\bar{1},4776$	21	5139	7711	298
$\bar{1},4797$	21	5278	8015	304
$\bar{1},4818$	21	5417	8325	310
$\bar{1},4839$	21	5556	8643	318
$\bar{1},4860$	21	5694	8967	324
$\bar{1},4881$	21	5833	9299	332
$\bar{1},4902$	21	5972	9638	339
$\bar{1},4922$	20	6111	9985	347

Bemerkungen

Es bedeutet:

$$f = \frac{v_0{}^2 \sin 2\varphi}{g X}$$

$$f_1 = \frac{\operatorname{tg}\omega}{\operatorname{tg}\varphi}$$

$$f_2 = \frac{T}{\sqrt{X \operatorname{tg}\varphi}}$$

$$f_3 = \frac{v_0 \cos\varphi}{v_e \cos\omega}$$

$$f_4 = \frac{x_s}{X}$$

$$f_5 = \frac{y_s}{X \cdot \operatorname{tg}\varphi}$$

$$f_5 = \frac{1000 \cdot i \cdot \delta \cdot \alpha \cdot (2R)^2}{1,206 \cdot P} \cdot X$$

$$f_6 = \frac{1000 \cdot i \cdot \delta \cdot \alpha \cdot (2R)^2}{g \cdot 1,206 \cdot P} \cdot v_0{}^2 \sin 2\varphi$$

$$Z = 2 c \alpha X$$

Dabei

$$c = \frac{0,014 \cdot R^2 \pi \cdot \delta \cdot 9,81 \cdot i}{1,206 \cdot P}$$

$2R =$ Kaliber in m

$P =$ Geschoßgewicht in kg

$\delta =$ Tagesluftgew. in kg/cbm, i Formkoeffizient, $= 1$ für Ogivalgeschosse von 1,3 Kaliber Spitzenhöhe oder 2 Kaliber Abrundungsradius

$$\alpha = \frac{\xi(\varphi)}{\operatorname{tg}\varphi}\; ; \text{ genauer:}$$

$$\alpha = \frac{\xi\left(\dfrac{\varphi+\omega}{2}\right)}{\operatorname{tg}\left(\dfrac{\varphi+\omega}{2}\right)}$$

Tabelle 10a. Primäre Funktionen D, J, A, T von u auf Grund des Luftwiderstandsgesetzes von Chapel-Vallier-Hojel.

Formeln zu den Tabellen 10a bis 10f:

Beliebiger Flugbahnpunkt $(x\,y)$

$$\frac{x}{c'} = \xi = D(u) - D(v_0)$$

$$t = \frac{c'}{\cos \varphi} \cdot (T(u) - T(v_0)) = \frac{c'}{\cos \varphi} \cdot H(v_0, \xi)$$

$$\operatorname{tg} \vartheta = \operatorname{tg} \varphi - \frac{c'}{2 \cos^2 \varphi} \cdot (J(u) - J(v_0)) = \operatorname{tg} \varphi - \frac{c'}{2 \cos^2 \varphi} \cdot L(v_0, \xi)$$

$$y = x \cdot \operatorname{tg} \varphi - \frac{c' \cdot x}{2 \cos^2 \varphi} \left(\frac{A(u) - A(v_0)}{D(u) - D(v_0)} - J(v_0) \right) = x \operatorname{tg} \varphi - \frac{c' \, x}{2 \cos^2 \varphi} \cdot E(v_0, \xi)$$

$$u = \frac{v \cos \vartheta}{\cos \varphi}.$$

Gipfelpunkt $(x_s \, y_s)$ der Flugbahn

$$\frac{x_s}{c'} = \xi_s = D(u_s) - D(v_0)$$

$$\frac{\sin 2\varphi}{c'} = L(v_0, \xi_s)$$

$$t_s = \frac{c'}{\cos \varphi} \cdot H(v_0, \xi_s)$$

$$y_s = x_s \cdot \frac{c'}{2 \cos^2 \varphi} \cdot M(v_0, \xi_s) = x_s \cdot \operatorname{tg} \varphi \cdot \frac{M(v_0, \xi_s)}{L(v_0, \xi_s)}$$

$$u_s = \frac{v_s}{\cos \varphi}$$

Auffallpunkt $(x = X, \ y = 0)$

$$\frac{X}{c'} = \xi_e = D(u_c) - D(v_0)$$

$$\sin 2\varphi = X \cdot N(v_0, \xi_e) = c' \cdot E(v_0, \xi_e)$$

$$\operatorname{tg} \omega = -\operatorname{tg} \vartheta_e = \frac{c'}{2 \cos^2 \varphi} \cdot M(v_0, \xi_e) = \operatorname{tg} \varphi \cdot \frac{M(v_0, \xi_e)}{E(v_0, \xi_e)}$$

$$T = \frac{c'}{\cos \varphi} \cdot H(v_0, \xi_c)$$

$$u_e = \frac{v_e \cos \omega}{\cos \varphi},$$

dabei ist

$$c' = \frac{P \cdot 1{,}206}{R^2 \cdot \delta \cdot i_0 \cdot \beta}; \quad P = \text{Geschoßgewicht in kg}; \ 2\,R = \text{Kaliber in cm};$$

$$\delta = \text{Tagesluftgewicht in kg/cbm}.$$

β ist in erster Annäherung $= 1$ oder genauer

$$\beta = \cos \frac{2}{3} \varphi; \quad \text{im übrigen vgl. Band I, § 28.}$$

$D(u)$	$J(u)$	Diff.	$A(u)$	Diff.	$T(u)$	Diff.	u	Diff.
0	0,005	1	32	2	0,00	8	1200	10
100	0,006	2	34	2	0,08	8	1190	10
200	0,008	1	36	2	0,16	9	1180	10
300	0,009	2	38	2	0,25	9	1170	10
400	0,011	1	40	2	0,34	9	1160	10
500	0,012	2	42	2	0,43	9	1150	9
600	0,014	1	44	1	0,52	8	1141	10
700	0,015	1	45	1	0,60	9	1131	9
800	0,016	2	46	2	0,69	8	1122	10
900	0,018	2	48	2	0,77	9	1112	9
1000	0,020	1	50	2	0,86	10	1103	10
1100	0,021	2	52	3	0,96	9	1093	9
1200	0,023	2	55	2	1,05	9	1084	10
1300	0,025	1	57	3	1,14	8	1074	9
1400	0,026	2	60	2	1,22	9	1065	9
1500	0,028	2	62	3	1,31	10	1056	10
1600	0,030	2	65	3	1,41	10	1046	9
1700	0,032	2	68	3	1,51	9	1037	9
1800	0,034	1	71	4	1,60	10	1028	10
1900	0,035	2	75	3	1,70	10	1018	9
2000	0,037	2	78	3	1,80	10	1009	9
2100	0,039	2	81	4	1,90	10	1000	9
2200	0,041	2	85	4	2,00	10	991	9
2300	0,043	2	89	5	2,10	10	982	10
2400	0,045	2	94	4	2,20	10	972	9
2500	0,047	3	98	5	2,30	10	963	9
2600	0,050	2	103	5	2,40	10	954	9
2700	0,052	2	108	5	2,50	11	945	9
2800	0,054	2	113	6	2,61	11	936	9
2900	0,056	3	119	6	2,72	11	927	9
3000	0,059	1	125	3	2,83	6	918	5
3050	0,060	1	128	2	2,89	6	913	4
3100	0,061	1	130	3	2,95	5	909	4
3150	0,062	2	133	3	3,00	6	905	5
3200	0,064	1	136	4	3,06	6	900	5
3250	0,065	1	140	3	3,12	6	895	4
3300	0,066	1	143	3	3,18	5	891	4
3350	0,067	2	146	4	3,23	6	887	5
3400	0,069	1	150	3	3,29	6	882	4
3450	0,070	1	153	3	3,35	5	878	4
3500	0,071	2	156	4	3,40	6	874	5
3550	0,073	1	160	4	3,46	6	869	4
3600	0,074	1	164	4	3,52	6	865	5
3650	0,075	2	168	4	3,58	6	860	4
3700	0,077	1	172	4	3,64	6	856	4
3750	0,678	1	176	4	3,70	6	852	5
3800	0,079	1	180	4	3,76	6	847	4
3850	0,080	2	184	4	3,82	6	843	4
3900	0,082	1	188	4	3,88	6	839	4
3950	0,083	2	192	4	3,94	6	835	5
4000	0,085	1	196	4	4,00	6	830	4
4050	0,086	1	200	5	4,06	6	826	4
4100	0,087	2	205	4	4,12	5	822	4
4150	0,089	1	209	4	4,17	6	818	4
4200	0,090	2	213	4	4,23	7	814	4
4250	0,092	2	217	5	4,30	7	810	5
4300	0,094	1	222	5	4,37	6	805	4
4350	0,095	1	227	5	4,43	6	801	4
4400	0,096	2	232	5	4,49	6	797	4
4450	0,098	1	237	5	4,55	6	793	4
4500	0,099	2	242	5	4,61	6	789	4
4550	0,101	1	247	5	4,67	6	785	4
4600	0,102	2	252	6	4,73	8	781	5
4650	0,104	2	258	5	4,81	7	776	4
4700	0,106	1	263	5	4,88	6	772	4
4750	0,107	2	268	5	4,94	6	768	4
4800	0,109	1	273	6	5,00	6	764	4
4850	0,110	2	279	6	5,06	7	760	4
4900	0,112	2	285	5	5,13	7	756	4
4950	0,114	1	290	6	5,20	7	752	4
5000	0,115	2	296	6	5,27	7	748	4
5050	0,117	2	302	6	5,34	6	744	4
5100	0,119	1	308	6	5,40	7	740	4
5150	0,120	2	314	6	5,47	7	736	4
5200	0,122	2	320	6	5,54	6	732	4
5250	0,124	2	326	6	5,60	7	728	4
5300	0,126	2	332	6	5,67	7	724	4
5350	0,128	2	338	7	5,74	7	720	4
5400	0,130	2	345	7	5,81	7	716	4
5450	0,132	2	352	6	5,88	8	712	4
5500	0,134	2	358	7	5,96	8	708	4
5550	0,136	2	365	7	6,04	7	704	4
5600	0,138	2	372	7	6,11	7	700	4
5650	0,140	2	379	7	6,18	7	696	4
5700	0,142	2	386	7	6,25	8	692	4
5750	0,144	2	393	7	6,33	7	688	4
5800	0,146	2	400	8	6,40	8	684	4
5850	0,148	2	408	7	6,48	8	680	4
5900	0,150	2	415	7	6,56	7	676	4
5950	0,152	2	422	8	6,63	7	673	3
6000	0,154	2	430	7	6,70	7	669	4
6050	0,156	2	437	8	6,77	8	665	4
6100	0,158	2	445	8	6,85	8	661	4
6150	0,160	2	453	7	6,93	7	657	4
6200	0,162	3	460	8	7,00	7	654	3
6250	0,165	2	468	8	7,07	8	650	4
6300	0,167	2	476	8	7,15	7	646	4
6350	0,169	3	484	9	7,22	8	643	3
6400	0,172	2	493	8	7,30	8	639	4
6450	0,174	2	501	8	7,38	7	635	3
6500	0,176		509		7,45		632	

D (u)	J (u)	Diff.	A (u)	Diff.	T (u)	Diff.	u	Diff.
6550	0,179	3	518	9	7,53	8	628	4
6600	0,182	3	527	9	7,61	8	624	3
6650	0,185	2	536	9	7,69	8	621	4
6700	0,187	3	545	10	7,77	8	617	4
6750	0,190	3	555	9	7,85	8	613	3
6800	0,193	2	564	9	7,93	8	610	3
6850	0,195	3	573	10	8,01	8	607	4
6900	0,198	3	583	9	8,09	8	603	3
6950	0,201	3	592	10	8,17	8	600	4
7000	0,204	2	602	10	8,25	8	596	3
7050	0,206	3	612	10	8,33	9	593	4
7100	0,209	3	622	11	8,42	8	589	3
7150	0,212	3	633	11	8,50	9	586	4
7200	0,215	3	644	11	8,59	8	582	3
7250	0,218	3	655	11	8,67	8	579	3
7300	0,221	3	666	11	8,75	9	576	4
7350	0,224	3	677	11	8,84	9	572	3
7400	0,227	3	688	12	8,93	9	569	4
7450	0,230	3	700	12	9,02	9	565	3
7500	0,233	3	712	12	9,10	8	562	3
7550	0,236	4	724	12	9,18	9	559	4
7600	0,240	3	736	12	9,27	10	555	3
7650	0,243	3	748	12	9,37	9	552	3
7700	0,246	3	760	13	9,46	9	549	3
7750	0,249	4	773	13	9,55	10	546	4
7800	0,253	3	786	13	9,65	10	542	3
7850	0,256	3	799	13	9,75	9	539	3
7900	0,259	3	812	13	9,84	9	536	3
7950	0,262	4	825	13	9,93	9	533	3
8000	0,266	4	838	14	10,02	10	530	4
8050	0,270	4	852	14	10,12	10	526	3
8100	0,274	3	866	14	10,22	9	523	3
8150	0,277	3	880	14	10,31	10	520	3
8200	0,280	4	894	14	10,41	9	517	3
8250	0,284	4	908	15	10,50	10	514	3
8300	0,288	3	923	15	10,60	10	511	3
8350	0,291	4	938	15	10,70	10	508	3
8400	0,295	4	953	15	10,80	10	505	3
8450	0,299	4	968	15	10,90	11	502	3
8500	0,303	4	983	16	11,01	10	499	3
8550	0,307	5	999	16	11,11	11	496	3
8600	0,312	4	1015	16	11,22	11	493	3
8650	0,316	4	1031	16	11,33	10	490	3
8700	0,320	5	1047	17	11,43	10	487	3
8750	0,325	5	1064	17	11,53	11	484	3
8800	0,330	4	1081	17	11,64	11	481	3
8850	0,334	4	1098	17	11,75	10	478	2
8900	0,338	5	1115	18	11,85	11	476	3
8950	0,343	5	1133	18	11,96	11	473	3
9000	0,348	4	1151	18	12,07	11	470	3

D (u)	J (u)	Diff.	A (u)	Diff.	T (u)	Diff.	u	Diff.
9050	0,352	4	1169	18	12,18	11	467	2
9100	0,356	5	1187	19	12,29	11	465	3
9150	0,361	5	1206	19	12,40	11	462	3
9200	0,366	5	1225	19	12,51	11	459	3
9250	0,371	4	1244	19	12,62	10	456	2
9300	0,375	5	1263	19	12,72	10	454	2
9350	0,380	5	1282	20	12,82	10	452	3
9400	0,385	6	1302	20	12,92	11	449	3
9450	0,391	5	1322	20	13,03	11	446	3
9500	0,396	5	1342	20	13,14	12	443	2
9550	0,401	5	1362	20	13,26	12	441	3
9600	0,406	5	1382	20	13,38	12	438	2
9650	0,411	5	1402	21	13,50	12	436	2
9700	0,416	5	1423	21	13,62	12	434	3
9750	0,421	5	1444	21	13,74	12	431	2
9800	0,426	5	1465	21	13,86	12	429	3
9850	0,431	5	1486	21	13,98	11	426	2
9900	0,436	5	1507	21	14,09	12	424	3
9950	0,441	6	1528	22	14,21	12	421	2
10000	0,447	5	1550	22	14,33	11	419	2
10050	0,452	6	1572	22	14,44	12	417	2,5
10100	0,458	5	1594	22	14,56	12	414,5	2,5
10150	0,463	6	1616	22	14,68	12	412	2
10200	0,469	6	1638	23	14,80	12	410	2,5
10250	0,475	6	1661	23	14,92	13	407,5	2
10300	0,481	6	1684	23	15,05	12	405,5	2
10350	0,487	6	1707	24	15,17	13	403,5	2,5
10400	0,493	6	1731	24	15,30	12	401	2
10450	0,499	7	1755	25	15,42	13	399	2
10500	0,506	6	1780	25	15,55	13	397	2,5
10550	0,512	6	1805	26	15,68	13	394,5	2
10600	0,518	6	1831	26	15,81	12	392,5	2
10650	0,524	7	1857	26	15,93	13	390,5	2
10700	0,531	7	1883	27	16,06	13	388,5	2
10750	0,538	7	1910	27	16,19	13	386,5	2
10800	0,545	7	1937	28	16,32	13	384,5	2
10850	0,552	7	1965	28	16,45	13	382,5	2
10900	0,559	7	1993	28	16,58	13	380,5	1,5
10950	0,566	7	2021	29	16,71	13	378,5	2
11000	0,573	7	2050	28	16,84	13	377	2
11050	0,580	7	2078	29	16,97	13	375	2
11100	0,587	7	2107	29	17,10	14	373	2
11150	0,594	7	2136	29	17,24	14	371	2
11200	0,601	7	2165	30	17,38	13	369,5	1,5
11250	0,608	7	2195	31	17,51	13	367,5	2
11300	0,615	7	2226	32	17,64	14	366	1,5
11350	0,622	8	2258	32	17,78	14	364	2
11400	0,630	8	2290	32	17,92	13	362,5	1,5
11450	0,638	8	2322	33	18,05	14	361	1,5
11500	0,646	8	2355	33	18,19		359	

$D(u)$	$J(u)$	Diff.	$A(u)$	Diff.	$T(u)$	Diff.	u	Diff.
11550	0,654	8	2388	33	18,33	14	357,5	1,5
11600	0,662	8	2421	34	18,47	14	356	2
11650	0,670	8	2455	34	18,61	14	354	1,5
11700	0,678	8	2489	35	18,75	15	352,5	1,5
11750	0,686	8	2524	35	18,90	14	351	1,5
11800	0,694	8	2559	35	19,04	14	349,5	1,5
11850	0,702	8	2594	35	19,18	15	348	1,5
11900	0,710	8	2629	36	19,33	15	346,5	1,5
11950	0,718	8	2665	36	19,48	15	345	1,5
12000	0,726	8	2701	36	19,63	15	343,5	1,5
12050	0,734	9	2737	37	19,78	14	342	1,5
12100	0,743	8	2774	37	19,92	15	340,5	1,5
12150	0,751	9	2811	38	20,07	15	339	1,5
12200	0,760	8	2849	38	20,22	15	337,5	1,5
12250	0,768	9	2887	39	20,37	14	336	1
12300	0,777	8	2926	39	20,51	15	335	1,5
12350	0,785	9	2965	39	20,66	15	333,5	1,5
12400	0,794	9	3004	40	20,81	15	332	1,5
12450	0,803	9	3044	41	20,96	15	330,5	1
12500	0,812	9	3085	41	21,11	15	329,5	1
12550	0,821	9	3126	41	21,26	15	328,5	1,5
12600	0,830	9	3167	42	21,41	15	327	1
12650	0,839	10	3209	42	21,56	15	326	1,5
12700	0,849	9	3251	42	21,71	16	324,5	1
12750	0,858	10	3293	44	21,87	15	323,5	1,5
12800	0,868	9	3337	43	22,02	16	322	1
12850	0,877	10	3380	44	22,18	16	321	1
12900	0,887	20	3424	91	22,34	31	320	2,5
13000	0,907	20	3515	92	22,65	32	317,5	2
13100	0,927	20	3607	95	22,97	32	315,5	2
13200	0,947	21	3702	96	23,29	33	313,5	2,5
13300	0,968	20	3798	98	23,62	32	311	2
13400	0,988	21	3896	99	23,94	33	309	2
13500	1,009	20	3995	102	24,27	33	307	2
13600	1,029	21	4097	103	24,60	32	305,5	1,5
13700	1,050	21	4200	105	24,92	33	303,5	2
13800	1,071	21	4305	107	25,25	33	301,5	2
13900	1,092	21	4412	111	25,58	33	300	1,5
14000	1,113	22	4523	113	25,91	33	298	2
14100	1,135	23	4636	115	26,24	34	296,5	1,5
14200	1,158	23	4751	116	26,58	34	294,5	2
14300	1,181	23	4867	119	26,92	34	293	1,5
14400	1,204	24	4986	121	27,26	34	291	2
14500	1,228	24	5107	123	27,60	35	289,5	1,5
14600	1,252	24	5230	126	27,95	35	288	1,5
14700	1,276	24	5356	129	28,30	35	286	2
14800	1,300	24	5485	132	28,65	36	284,5	1,5
14900	1,324	25	5617	134	29,01	36	283	1,5
15000	1,349	25	5751	137	29,37	36	281,5	1,5
15100	1,374	26	5888	139	29,73	36	280	1,5

$D(u)$	$J(u)$	Diff.	$A(u)$	Diff.	$T(u)$	Diff.	u	Diff.
15200	1,400	26	6027	141	30,09	36	278,5	2
15300	1,426	26	6168	143	30,45	36	276,5	1,5
15400	1,452	26	6311	146	30,81	36	275	1,5
15500	1,478	26	6457	148	31,17	36	273,5	1,5
15600	1,504	26	6605	151	31,53	37	272	1,5
15700	1,530	26	6756	154	31,90	37	270,5	1,5
15800	1,556	27	6910	159	32,27	38	269	1,5
15900	1,583	27	7069	159	32,65	37	267,5	1,5
16000	1,610	57	7228	330	33,02	74	266	3
16200	1,667	59	7558	341	33,76	75	263	2,5
16400	1,726	60	7899	352	34,51	75	260,5	3
16600	1,786	61	8251	363	35,26	76	257,5	2,5
16800	1,847	61	8614	374	36,02	79	255	3
17000	1,908	62	8988	386	36,81	81	252	2,5
17200	1,970	63	9374	398	37,62	82	249,5	3
17400	2,033	64	9772	411	38,44	83	246,5	2,5
17600	2,097	65	10183	424	39,27	84	244	2,5
17800	2,162	67	10607	438	40,11	85	241,5	2,5
18000	2,229	68	11045	452	40,96	86	239	2,5
18200	2,297	70	11497	466	41,82	86	236,5	2,5
18400	2,367	72	11963	480	42,68	87	234	2,5
18600	2,439	73	12443	494	43,55	87	231,5	2
18800	2,512	76	12937	508	44,42	88	229,5	2,5
19000	2,588	78	13445	523	45,30	88	227	2
19200	2,666	79	13968	539	46,18	89	225	2,5
19400	2,745	80	14507	556	47,07	89	222,5	2
19600	2,825	82	15063	576	47,96	90	220,5	2,5
19800	2,907	84	15639	601	48,86	91	218	2
20000	2,991	86	16240	616	49,77	93	216	2,5
20200	3,077	87	16856	631	50,70	94	213,5	2
20400	3,164	88	17487	646	51,64	95	211,5	2
20600	3,252	90	18133	661	52,59	96	209,5	2
20800	3,342	92	18794	677	53,55	97	207,5	2
21000	3,434	94	19471	693	54,52	98	205,5	2
21200	3,528	96	20164	711	55,50	99	203,5	2
21400	3,624	98	20875	729	56,49	1,00	201,5	2
21600	3,722	99	21604	748	57,49	1,00	199,5	2
21800	3,821	100	22352	771	58,49	1,02	197,5	1,5
22000	3,921	103	23123	799	59,51	1,03	196	2
22200	4,024	106	23922	817	60,54	1,03	194	1,5
22400	4,130	108	24739	835	61,57	1,04	192,5	2
22600	4,238	109	25574	856	62,61	1,05	190,5	1,5
22800	4,347	111	26430	879	63,66	1,06	189	2
23000	4,458	113	27309	898	64,72	1,07	187	1,5
23200	4,571	116	28207	920	65,79	1,08	185,5	2
23400	4,687	117	29127	947	66,87	1,09	183,5	1,5
23600	4,804	119	30074	974	67,96	1,11	182	1,5
23800	4,923	123	31048	1008	69,07	1,13	180,5	2
24000	5,046	124	32056	1010	70,20	1,13	178,5	1
24200	5,170	126	33066	1023	71,33	1,14	177	1

$D\,(u)$	$J\,(u)$	Diff.	$A\,(u)$	Diff.	$T\,(u)$	Diff.	u	Diff.
24400	5,296	129	34089	1043	72,47	1,15	175,5	1,5
24600	5,425	131	35132	1047	73,62	1,16	174	1,5
24800	5,556	134	36179	1122	74,78	1,17	172,5	1,5
25000	5,690	135	37301	1154	75,95	1,18	171	1,5
25200	5,825	137	38455	1187	77,13	1,18	169,5	1,5
25400	5,962	140	39642	1259	78,31	1,19	168	1,5
25600	6,102	143	40901	1269	79,50	1,20	166,5	1,5
25800	6,245	146	42170	1280	80,70	1,21	165	1,5
26000	6,391	147	43450	1285	81,91	1,21	163,5	1,5
26200	6,538	148	44735	1290	83,12	1,22	162	1,5
26400	6,686	150	46025	1297	84,34	1,21	160,5	1
26600	6,836	151	47322	1303	85,55	1,22	159,5	1,5
26800	6,987	153	48625	1435	86,77	1,23	158	1
27000	7,140	40	50060	3640	88,00	3,22	157	3,5
27500	7,54	42	53700	3890	91,22	3,30	153,5	3,5
28000	7,96	45	57590	4110	94,52	3,37	150	3
28500	8,41	47	61700	4330	97,89	3,44	147	3
29000	8,88	48	66030	4550	101,33	3,51	144	3
29500	9,36	50	70580	4800	104,84	3,58	141	3
30000	9,86	53	75380	5070	108,42	3,66	138	3
30500	10,39	56	80450	5330	112,08	3,74	135	3
31000	10,95	57	85780	5680	115,82	3,83	132	2,5
31500	11,52	60	91460	6000	119,65	3,91	129,5	3
32000	12,12	63	97460	6240	123,56	3,99	126,5	2,5
32500	12,75	65	103700	6520	127,55	4,09	124	2,5
33000	13,40	68	110220	7010	131,64	4,17	121,5	3
33500	14,08	71	117230	7420	135,81	4,25	118,5	2,5
34000	14,79	74	124650	7810	140,06	4,34	116	2,5
34500	15,53	78	132460	8020	144,40	4,45	113,5	2
35000	16,31	80	140480	8320	148,85	4,54	111,5	2,5
35500	17,11	84	148800	8700	153,39	4,64	109	2,5
36000	17,95	88	157500	9020	158,03	4,74	106,5	2
36500	18,83	93	166520	9160	162,77	4,84	104,5	2,5
37000	19,76	99	175680	10300	167,61	4,93	102	2
37500	20,75	1,00	185980	10620	172,54	5,04	100	2
38000	21,75	1,03	196600	11110	177,58	5,16	98	2
38500	22,78	1,08	207710	11420	182,74	5,28	96	2
39000	23,86	1,14	219130	11980	188,02	5,40	94	2
39500	25,00	1,19	231110	12500	193,42	5,53	92	2
40000	26,19	1,25	243610	13100	198,95	5,65	90	2
40500	27,44	1,30	256710	13270	204,60	5,77	88	2
41000	28,74	1,34	269980	15000	210,37	5,85	86	1,5
41500	30,08	1,41	284980	15320	216,22	5,98	84,5	2
42000	31,49	1,48	300300	16430	222,20	6,12	82,5	2
42500	32,97	1,54	316730	18060	228,32	6,27	80,5	1,5

$D\,(u)$	$J\,(u)$	Diff.	$A\,(u)$	Diff.	$T\,(u)$	Diff.	u	Diff.
43000	34,51	1,59	334790	18210	234,59	6,38	79	1,5
43500	36,10	1,67	353000	18610	240,97	6,53	77,5	2
44000	37,77	1,76	371610	19010	247,50	6,68	75,5	1,5
44500	39,53	1,83	390620	19910	254,18	6,84	74	1,5
45000	41,36	1,92	410530	20880	261,02	7,01	72,5	1,5
45500	43,28	2,01	431410	22200	268,03	7,16	71	1,5
46000	45,29	2,08	453610	23590	275,19	7,30	69,5	1,5
46500	47,37	2,16	477200	24310	282,49	7,44	68	1,5
47000	49,53	2,24	501510	25030	289,93	7,55	66,5	1,5
47500	51,77	2,35	526540	25730	297,48	7,72	65	1
48000	54,12	2,45	552270	27330	305,20	7,89	64	1,5
48500	56,57	2,57	579600	29840	313,09	8,06	62,5	1,5
49000	59,14	2,64	609440	31000	321,15	8,15	61	1
49500	61,78	2,75	640440	31710	329,30	8,36	60	1
50000	64,53	2,91	672150	32420	337,66	8,57	58,5	1,5
50500	67,44	3,05	704570	33130	346,23	8,78	57,5	1,5
51000	70,49	3,14	737700	35580	355,01	8,89	56	1,5
51500	73,63	3,30	773280	37210	363,90	9,16	55	1
52000	76,93	3,47	810490	39770	373,06	9,44	54	1,5
52500	80,40	3,66	850260	41670	382,50	9,71	52,5	1
53000	84,06	3,89	891930	44010	392,21	10,10	51,5	1
53500	87,95	4,05	935940	46020	402,31	10,30	50,5	1
54000	92,00	4,21	981960	48160	412,61	10,47	49,5	1,5
54500	96,21	4,37	1030120	50320	423,08	10,64	48	1
55000	100,58	4,49	1080440	52610	433,72	10,77	47	1
55500	105,07	4,69	1133050	53530	444,49	10,93	46	1
56000	109,76	4,89	1186510	55600	455,42	11,13	45	0,5
56500	114,65	5,09	1242180	57740	466,55	11,32	44,5	1
57000	119,74	5,17	1299920	59110	477,87	11,39	43,5	1
57500	124,91	5,45	1359030	60920	489,26	11,67	42,5	1
58000	130,36	5,72	1419950	66780	500,93	11,96	41,5	1
58500	136,08	6,00	1486730	70340	512,89	12,25	40,5	0,5
59000	142,08	6,11	1557070	73210	525,14	12,38	40	1
59500	148,19	6,48	1630280	76010	537,52	12,78	39	1
60000	154,67	6,86	1706290	77420	550,30	13,19	38	0,5
60500	161,53	7,24	1783710	80320	563,49	13,59	37,5	1
61000	168,77	7,69	1864030	83120	577,08	14,19	36,5	0,5
61500	176,46	8,01	1947150	90630	591,27	14,48	36	1
62000	184,47	8,34	2037780	98140	605,75	14,72	35	0,5
62500	192,81	8,66	2135920	105660	620,47	14,96	34,5	1
63000	201,47	8,95	2241580	107220	635,43	15,20	33,5	0,5
63500	210,42	9,30	2348800	108790	650,63	15,40	33	1
64000	219,72	9,65	2457590	110360	666,03	15,62	32	0,5
64500	229,37	10,00	2567950	111930	681,65	15,82	31,5	0,5
65000	239,37	10,35	2679880	113500	697,47	16,02	31	1
65500	249,72		2793380		713,49		30	

Tabelle 10b. Sekundäre Funktion E; vgl. Bd. I, § 30.

ξ ＼ v_0	1200	Diff.	1180	Diff.	1160	Diff.	1140	Diff.	1120	Diff.	1100	Diff.	1080	Diff.	1060	Diff.	1040	Diff.
0	0,000	4	0,000	4	0,000	4	0,000	4	0,000	4	0,000	4	0,000	4	0,000	5	0,000	5
500	0,004	4	0,004	4	0,004	4	0,004	4	0,004	5	0,004	5	0,004	5	0,005	5	0,005	5
1000	0,008	8	0,008	8	0,008	9	0,008	9	0,009	9	0,009	9	0,009	10	0,010	10	0,010	11
2000	0,016	9	0,016	10	0,017	10	0,017	10	0,018	10	0,018	11	0,019	11	0,020	11	0,021	12
3000	0,025	10	0,026	10	0,027	11	0,027	12	0,028	12	0,029	12	0,030	13	0,031	13	0,033	14
4000	0,035	12	0,036	12	0,038	12	0,039	13	0,040	14	0,041	15	0,043	15	0,044	16	0,047	16
5000	0,047	14	0,048	14	0,050	14	0,052	15	0,054	16	0,056	17	0,058	18	0,060	19	0,063	19
6000	0,061	17	0,062	17	0,064	17	0,067	18	0,070	19	0,073	20	0,076	21	0,079	23	0,082	24
7000	0,078	20	0,079	21	0,081	22	0,085	22	0,089	23	0,093	24	0,097	25	0,102	26	0,106	28
8000	0,098	23	0,100	24	0,103	26	0,107	27	0,112	28	0,117	29	0,122	30	0,128	32	0,134	35
9000	0,121	27	0,124	29	0,129	30	0,134	31	0,140	33	0,146	35	0,152	37	0,160	38	0,169	40
10000	0,148	32	0,153	34	0,159	35	0,165	37	0,173	38	0,181	40	0,189	43	0,198	45	0,209	47
11000	0,180	38	0,187	40	0,194	43	0,202	44	0,211	46	0,221	48	0,232	51	0,243	54	0,256	55
12000	0,218	45	0,227	47	0,237	49	0,246	52	0,257	54	0,269	56	0,283	58	0,297	60	0,311	62
13000	0,263	52	0,274	54	0,286	56	0,298	59	0,311	61	0,325	64	0,341	66	0,357	68	0,373	70
14000	0,315	60	0,328	62	0,342	64	0,357	67	0,372	70	0,389	72	0,407	74	0,425	77	0,443	80
15000	0,375	67	0,390	70	0,406	73	0,424	75	0,442	78	0,461	81	0,481	83	0,502	85	0,523	88
16000	0,442	76	0,460	79	0,479	82	0,499	85	0,520	88	0,542	91	0,564	94	0,587	96	0,611	98
17000	0,518	86	0,539	89	0,561	92	0,584	95	0,608	98	0,633	100	0,658	102	0,683	103	0,709	105
18000	0,604	96	0,628	98	0,653	100	0,679	102	0,706	104	0,733	106	0,760	109	0,786	114	0,814	118
19000	0,700	102	0,726	106	0,753	110	0,781	113	0,810	115	0,839	118	0,869	120	0,900	122	0,932	125
20000	0,802		0,832		0,863		0,894		0,925		0,957		0,989		1,022		1,057	

ξ ＼ v_0	1020	Diff.	1000	Diff.	980	Diff.	960	Diff.	940	Diff.	920	Diff.	900	Diff.	880	Diff.	860	Diff.
0	0,000	5	0,000	5	0,000	5	0,000	5	0,000	6	0,000	6	0,000	6	0,000	6	0,000	7
500	0,005	5	0,005	6	0,005	6	0,005	6	0,006	6	0,006	6	0,006	6	0,006	7	0,007	7
1000	0,010	12	0,011	12	0,011	12	0,011	13	0,012	13	0,012	14	0,012	15	0,013	15	0,014	16
2000	0,022	12	0,023	13	0,023	14	0,024	15	0,025	15	0,026	16	0,027	17	0,028	18	0,030	19
3000	0,034	14	0,036	15	0,037	16	0,039	17	0,040	18	0,042	19	0,044	20	0,046	22	0,049	23
4000	0,048	17	0,051	18	0,053	19	0,056	20	0,058	22	0,061	23	0,064	24	0,068	25	0,072	27
5000	0,065	21	0,069	22	0,072	23	0,076	24	0,080	26	0,084	27	0,088	29	0,093	31	0,099	32
6000	0,086	25	0,091	26	0,095	28	0,100	29	0,106	30	0,111	32	0,117	34	0,124	36	0,131	38
7000	0,111	30	0,117	32	0,123	33	0,129	35	0,136	36	0,143	38	0,151	40	0,160	42	0,169	44
8000	0,141	37	0,149	38	0,156	40	0,164	41	0,172	43	0,181	45	0,191	47	0,202	49	0,213	51
9000	0,178	42	0,187	44	0,196	46	0,205	48	0,215	50	0,226	52	0,238	55	0,251	57	0,264	59
10000	0,220	49	0,231	51	0,242	53	0,253	55	0,265	57	0,278	60	0,293	62	0,308	64	0,323	67
11000	0,269	57	0,282	59	0,295	61	0,308	63	0,322	66	0,338	69	0,355	71	0,372	74	0,390	76
12000	0,326	64	0,341	66	0,356	68	0,371	72	0,388	75	0,407	78	0,426	81	0,446	83	0,466	86
13000	0,390	72	0,407	75	0,424	78	0,443	81	0,463	84	0,485	86	0,507	89	0,529	92	0,552	95
14000	0,462	82	0,482	85	0,502	88	0,524	91	0,547	93	0,571	96	0,596	98	0,621	101	0,647	104
15000	0,544	91	0,567	94	0,590	98	0,615	101	0,640	104	0,667	105	0,694	109	0,722	112	0,751	115
16000	0,635	101	0,661	103	0,688	105	0,716	107	0,744	110	0,772	114	0,803	116	0,834	120	0,866	124
17000	0,736	107	0,764	110	0,793	114	0,823	118	0,854	122	0,886	126	0,919	130	0,954	133	0,990	137
18000	0,843	122	0,874	126	0,907	129	0,941	131	0,976	133	1,012	135	1,049	138	1,087	142	1,127	146
19000	0,965	128	1,000	130	1,036	134	1,072	136	1,109	140	1,147	145	1,187	150	1,229	155	1,273	159
20000	1,093		1,130		1,170		1,208		1,249		1,292		1,337		1,384		1,432	

Tabelle 10b. Sekundäre Funktion E.

$\xi\,\backslash\,v_0$	840	Diff.	820	Diff.	800	Diff.	790	Diff.	780	Diff.	770	Diff.	760	Diff.	750	Diff.	740	Diff.
0	0,000		0,000		0,000		0,000		0,000		0,000		0,000		0,000		0,000	
500	0,007	7	0,007	7	0,008	8	0,008	8	0,009	9	0,009	9	0,009	9	0,009	9	0,010	10
1000	0,014	7	0,015	8	0,016	8	0,017	9	0,018	9	0,019	10	0,019	10	0,019	10	0,020	10
2000	0,031	17	0,033	18	0,035	19	0,037	20	0,039	21	0,040	21	0,041	22	0,042	23	0,043	23
3000	0,051	20	0,054	21	0,057	22	0,060	23	0,063	24	0,065	25	0,067	26	0,068	26	0,070	27
4000	0,075	24	0,079	25	0,083	26	0,086	26	0,090	27	0,093	28	0,096	29	0,099	31	0,102	32
5000	0,104	29	0,109	30	0,114	31	0,118	32	0,122	32	0,126	33	0,130	34	0,134	35	0,138	36
6000	0,138	34	0,144	35	0,151	37	0,156	38	0,161	39	0,166	40	0,171	41	0,176	42	0,181	43
7000	0,178	40	0,186	42	0,195	44	0,201	45	0,207	46	0,213	47	0,219	48	0,225	49	0,232	51
8000	0,224	46	0,235	49	0,247	52	0,254	53	0,261	54	0,268	55	0,276	57	0,284	59	0,292	60
9000	0,277	53	0,291	56	0,307	60	0,316	62	0,325	64	0,334	66	0,343	67	0,352	68	0,361	69
10000	0,338	61	0,355	64	0,375	68	0,385	69	0,395	70	0,405	71	0,416	73	0,427	75	0,438	77
11000	0,409	71	0,429	74	0,451	76	0,463	78	0,475	80	0,487	82	0,499	83	0,511	84	0,524	86
12000	0,487	78	0,510	81	0,535	84	0,548	85	0,562	87	0,576	89	0,590	91	0,604	93	0,619	95
13000	0,576	89	0,602	92	0,630	95	0,645	97	0,660	98	0,675	99	0,691	101	0,707	103	0,723	104
14000	0,675	99	0,705	103	0,737	107	0,753	108	0,770	110	0,787	112	0,804	113	0,821	114	0,838	115
15000	0,782	107	0,815	110	0,850	113	0,868	115	0,886	116	0,904	117	0,923	119	0,942	121	0,962	124
16000	0,900	118	0,936	121	0,974	124	0,994	126	1,014	128	1,034	130	1,055	132	1,076	134	1,098	136
17000	1,028	128	1,068	132	1,110	136	1,132	138	1,154	140	1,177	143	1,200	145	1,223	147	1,246	148
18000	1,169	141	1,213	145	1,259	149	1,283	151	1,307	153	1,331	154	1,355	155	1,379	156	1,404	158
19000	1,319	150	1,367	154	1,417	158	1,441	158	1,466	159	1,492	161	1,519	164	1,547	168	1,576	172
20000	1,481	162	1,532	165	1,585	168	1,612	171	1,640	174	1,669	177	1,699	180	1,729	182	1,760	184

$\xi\,\backslash\,v_0$	730	Diff.	720	Diff.	710	Diff.	700	Diff.	690	Diff.	680	Diff.	670	Diff.	660	Diff.	650	Diff.
0	0,000		0,000		0,000		0,000		0,000		0,000		0,000		0,000		0,000	
500	0,010	10	0,010	10	0,011	11	0,011	11	0,011	11	0,011	11	0,012	12	0,012	12	0,013	13
1000	0,021	11	0,021	11	0,022	11	0,023	12	0,023	12	0,024	13	0,025	13	0,026	14	0,027	14
2000	0,044	23	0,045	24	0,047	25	0,049	26	0,050	27	0,052	28	0,054	29	0,056	30	0,058	31
3000	0,072	28	0,073	28	0,076	29	0,079	30	0,081	31	0,084	32	0,087	33	0,090	34	0,093	35
4000	0,105	33	0,108	35	0,111	35	0,114	35	0,117	36	0,121	37	0,125	38	0,129	39	0,133	40
5000	0,142	37	0,146	38	0,150	39	0,155	41	0,159	42	0,164	43	0,169	44	0,175	46	0,181	48
6000	0,186	44	0,191	45	0,197	47	0,203	48	0,209	50	0,215	51	0,221	52	0,228	53	0,236	55
7000	0,239	53	0,246	55	0,253	56	0,260	57	0,267	58	0,275	60	0,283	62	0,292	64	0,301	65
8000	0,300	61	0,308	62	0,316	63	0,325	65	0,334	67	0,343	68	0,353	70	0,364	72	0,375	74
9000	0,370	70	0,380	72	0,390	74	0,400	75	0,410	76	0,421	78	0,433	80	0,445	81	0,457	82
10000	0,449	79	0,461	81	0,473	83	0,485	85	0,497	87	0,509	88	0,524	91	0,537	92	0,550	93
11000	0,537	88	0,550	89	0,563	90	0,577	92	0,591	94	0,605	96	0,620	96	0,635	98	0,651	101
12000	0,634	97	0,649	99	0,664	101	0,680	103	0,696	105	0,712	107	0,728	108	0,745	110	0,763	112
13000	0,740	106	0,757	108	0,774	110	0,791	111	0,808	112	0,826	114	0,845	117	0,865	120	0,885	122
14000	0,856	116	0,874	117	0,892	118	0,911	120	0,930	122	0,950	124	0,971	126	0,993	128	1,016	131
15000	1,982	126	1,003	129	1,024	132	1,045	134	1,066	136	1,088	138	1,111	140	1,135	142	1,160	144
16000	0,120	138	1,142	139	1,165	141	1,188	143	1,212	146	1,236	148	1,261	150	1,287	152	1,314	154
17000	1,270	150	1,294	152	1,318	153	1,343	155	1,369	157	1,396	160	1,424	163	1,452	165	1,480	166
18000	1,430	160	1,457	163	1,484	166	1,511	168	1,539	170	1,568	172	1,598	174	1,629	177	1,660	180
19000	1,605	175	1,634	177	1,663	179	1,692	181	1,722	183	1,753	185	1,785	187	1,818	189	1,851	191
20000	1,791	186	1,822	188	1,853	190	1,885	193	1,918	196	1,952	199	1,987	202	2,023	205	2,059	208

ξ \ v_0	640	Diff.	630	Diff.	620	Diff.	610	Diff.	600	Diff.	590	Diff.	580	Diff.	570	Diff.	560	Diff.
0	0,000		0,000		0,000		0,000		0,000		0,000		0,000		0,000		0,000	
500	0,013	13	0,014	14	0,014	14	0,014	14	0,014	14	0,015	15	0,015	15	0,016	16	0,016	16
1000	0,028	15	0,029	15	0,029	15	0,030	16	0,031	17	0,032	17	0,033	18	0,034	18	0,035	19
2000	0,060	32	0,062	33	0,063	34	0,065	35	0,067	36	0,069	37	0,071	38	0,073	39	0,075	40
3000	0,096	36	0,099	37	0,102	39	0,105	40	0,109	42	0,112	43	0,115	44	0,119	46	0,122	47
4000	0,137	41	0,141	42	0,146	44	0,151	46	0,156	47	0,161	49	0,166	51	0,172	53	0,177	55
5000	0,187	50	0,193	52	0,199	53	0,205	54	0,212	56	0,219	58	0,226	60	0,234	62	0,241	64
6000	0,244	57	0,252	59	0,260	61	0,268	63	0,277	65	0,286	67	0,295	69	0,305	71	0,314	73
7000	0,311	67	0,322	70	0,332	72	0,342	74	0,352	75	0,362	76	0,373	78	0,385	80	0,396	82
8000	0,387	76	0,399	77	0,411	79	0,423	81	0,435	83	0,447	85	0,460	87	0,474	89	0,487	91
9000	0,472	85	0,486	87	0,500	89	0,514	91	0,528	93	0,542	95	0,557	97	0,572	98	0,587	100
10000	0,566	94	0,582	96	0,598	98	0,613	99	0,628	100	0,644	102	0,661	104	0,679	107	0,696	109
11000	0,669	103	0,687	105	0,705	107	0,722	109	0,739	111	0,757	113	0,776	115	0,796	117	0,815	119
12000	0,782	113	0,802	115	0,822	117	0,841	119	0,860	121	0,880	123	0,901	125	0,923	127	0,944	129
13000	0,905	123	0,927	125	0,949	127	0,970	129	0,991	131	1,013	133	1,036	135	1,060	137	1,083	139
14000	1,039	134	1,063	136	1,087	138	1,110	140	1,133	142	1,157	144	1,182	146	1,208	148	1,234	151
15000	1,185	146	1,210	147	1,235	148	1,261	151	1,287	154	1,313	156	1,340	158	1,368	160	1,396	162
16000	1,341	156	1,368	158	1,396	161	1,424	163	1,453	166	1,482	169	1,511	171	1,541	173	1,572	176
17000	1,509	168	1,539	171	1,570	174	1,601	177	1,632	179	1,663	181	1,695	184	1,728	187	1,762	190
18000	1,691	182	1,722	183	1,755	185	1,789	188	1,824	192	1,859	196	1,894	199	1,930	202	1,967	205
19000	1,884	193	1,918	196	1,954	199	1,992	203	2,031	207	2,070	211	2,109	215	2,148	218	2,188	221
20000	2,095	211	2,133	215	2,173	219	2,214	222	2,256	225	2,298	228	2,341	232	2,384	236	2,428	240

ξ \ v_0	550	Diff.	540	Diff.	530	Diff.	520	Diff.	510	Diff.	500	Diff.	490	Diff.	480	Diff.	470	Diff.
0	0,000		0,000		0,000		0,000		0,000		0,000		0,000		0,000		0,000	
500	0,017	17	0,017	17	0,018	18	0,018	18	0,019	19	0,019	19	0,020	20	0,021	21	0,021	21
1000	0,036	19	0,037	20	0,038	20	0,039	21	0,040	21	0,041	22	0,043	23	0,045	24	0,047	26
2000	0,078	42	0,081	44	0,083	45	0,086	47	0,088	48	0,091	50	0,094	51	0,097	52	0,101	54
3000	0,127	49	0,132	51	0,136	53	0,140	54	0,144	56	0,149	58	0,154	60	0,159	62	0,165	64
4000	0,184	57	0,190	58	0,196	60	0,202	62	0,209	65	0,216	67	0,223	69	0,230	71	0,238	73
5000	0,250	66	0,259	69	0,267	71	0,275	73	0,283	74	0,292	76	0,301	78	0,311	81	0,322	84
6000	0,325	75	0,336	77	0,346	79	0,356	81	0,366	83	0,377	85	0,389	88	0,401	90	0,414	92
7000	0,409	84	0,422	86	0,434	88	0,446	90	0,458	92	0,471	94	0,486	97	0,502	101	0,518	104
8000	0,502	93	0,516	94	0,530	96	0,545	99	0,560	102	0,576	105	0,592	106	0,611	109	0,630	112
9000	0,604	102	0,620	104	0,637	107	0,654	109	0,672	112	0,691	115	0,711	119	0,732	121	0,753	123
10000	0,715	111	0,734	114	0,753	116	0,773	119	0,794	122	0,816	125	0,838	127	0,862	130	0,886	133
11000	0,836	121	0,857	123	0,879	126	0,902	129	0,926	132	0,951	135	0,976	138	1,002	140	1,029	143
12000	0,967	131	0,990	133	1,015	136	1,041	139	1,068	142	1,096	145	1,124	148	1,152	150	1,182	153
13000	1,109	142	1,134	144	1,162	147	1,191	150	1,221	153	1,251	155	1,282	158	1,313	161	1,346	164
14000	1,263	154	1,291	157	1,321	159	1,353	162	1,386	165	1,419	168	1,453	171	1,487	174	1,522	176
15000	1,427	164	1,459	168	1,493	172	1,528	175	1,564	178	1,600	181	1,637	184	1,674	187	1,713	191
16000	1,606	179	1,641	182	1,678	185	1,716	188	1,755	191	1,794	194	1,834	197	1,874	200	1,915	202
17000	1,799	193	1,837	196	1,877	199	1,918	202	1,960	205	2,002	208	2,044	210	2,087	213	2,132	217
18000	2,007	208	2,048	211	2,091	214	2,135	217	2,180	220	2,225	223	2,270	226	2,317	230	2,366	234
19000	2,231	224	2,276	228	2,322	231	2,369	234	2,417	237	2,465	240	2,515	245	2,566	249	2,619	253
20000	2,473	242	2,521	245	2,571	249	2,622	253	2,673	256	2,725	260	2,779	264	2,835	269	2,893	274

$\xi \backslash v_0$	460	Diff.	450	Diff.	440	Diff.	430	Diff.	420	Diff.	410	Diff.	400	Diff.	390	Diff.	380	Diff.
0	0,000	22	0,000	23	0,000	24	0,000	25	0,000	27	0,000	28	0,000	30	0,000	31	0,000	32
500	0,022	27	0,023	28	0,024	29	0,025	30	0,027	30	0,028	32	0,030	33	0,031	35	0,032	30
1000	0,049	56	0,051	58	0,053	60	0,055	63	0,057	67	0,060	70	0,063	73	0,066	77	0,070	88
2000	0,105	66	0,109	68	0,113	71	0,118	74	0,124	77	0,130	80	0,136	84	0,143	88	0,150	92
3000	0,171	75	0,177	78	0,184	81	0,192	84	0,201	87	0,210	91	0,220	95	0,231	98	0,242	101
4000	0,246	87	0,255	89	0,265	91	0,276	94	0,288	97	0,301	100	0,315	102	0,329	105	0,343	108
5000	0,333	95	0,344	98	0,356	101	0,370	104	0,385	107	0,401	110	0,417	114	0,434	117	0,451	121
6000	0,428	106	0,442	108	0,457	111	0,474	114	0,492	117	0,511	120	0,531	124	0,551	128	0,572	131
7000	0,534	115	0,550	118	0,568	121	0,588	124	0,609	127	0,631	130	0,655	132	0,679	135	0,703	140
8000	0,649	126	0,668	129	0,689	131	0,712	134	0,736	137	0,761	141	0,787	146	0,814	150	0,843	153
9000	0,775	136	0,797	139	0,820	142	0,846	144	0,873	148	0,902	151	0,933	154	0,964	158	0,996	162
10000	0,911	146	0,936	149	0,962	152	0,990	155	1,021	157	1,053	161	1,087	165	1,122	170	1,158	175
11000	1,057	156	1,085	159	1,114	162	1,145	165	1,178	170	1,214	174	1,252	178	1,292	181	1,333	186
12000	1,213	167	1,244	170	1,276	173	1,310	178	1,348	182	1,388	186	1,430	190	1,473	195	1,519	200
13000	1,380	179	1,414	183	1,449	188	1,488	191	1,530	195	1,574	199	1,620	203	1,668	209	1,719	214
14000	1,559	194	1,597	198	1,637	202	1,679	206	1,725	210	1,773	215	1,823	221	1,877	225	1,933	230
15000	1,753	205	1,795	209	1,839	214	1,885	220	1,935	224	1,988	229	2,044	234	2,102	240	2,163	246
16000	1,958	221	2,004	226	2,053	232	2,105	237	2,159	242	2,217	246	2,278	251	2,342	257	2,409	263
17000	2,179	239	2,230	243	2,285	246	2,342	250	2,401	256	2,463	263	2,529	270	2,599	277	2,672	285
18000	2,418	256	2,473	263	2,531	271	2,592	277	2,657	281	2,726	285	2,799	290	2,876	295	2,957	301
19000	2,674	280	2,736	283	2,802	286	2,869	292	2,938	300	3,011	308	3,089	315	3,171	322	3,258	329
20000	2,954		3,019		3,088		3,161		3,238		3,319		3,404		3,493		3,587	

$\xi \backslash v_0$	370	Diff.	360	Diff.	350	Diff.	340	Diff.	330	Diff.	320	Diff.	310	Diff.	300	Diff.	290	Diff.
0	0,000	34	0,000	36	0,000	38	0,000	40	0,000	43	0,000	46	0,000	49	0,000	53	0,000	57
500	0,034	40	0,036	42	0,038	45	0,040	48	0,043	50	0,046	52	0,049	55	0,053	58	0,057	62
1000	0,074	84	0,078	89	0,083	93	0,088	98	0,093	103	0,098	109	0,104	115	0,111	122	0,119	130
2000	0,158	95	0,167	98	0,176	102	0,186	106	0,196	112	0,207	118	0,219	125	0,233	133	0,249	142
3000	0,253	104	0,265	108	0,278	113	0,292	119	0,308	124	0,325	130	0,344	137	0,366	144	0,391	152
4000	0,357	113	0,373	118	0,391	124	0,411	129	0,432	134	0,455	139	0,481	146	0,510	155	0,543	165
5000	0,470	125	0,491	129	0,515	133	0,540	138	0,566	144	0,594	150	0,627	157	0,665	166	0,708	177
6000	0,595	134	0,620	139	0,648	144	0,678	149	0,710	154	0,744	160	0,784	168	0,831	177	0,885	187
7000	0,729	145	0,759	149	0,792	153	0,827	159	0,864	167	0,904	175	0,952	183	1,008	190	1,072	198
8000	0,874	157	0,908	162	0,945	167	0,986	172	1,031	177	1,079	184	1,135	192	1,198	204	1,270	218
9000	1,031	166	1,070	170	1,112	175	1,158	181	1,208	189	1,263	199	1,327	208	1,402	216	1,488	226
10000	1,197	179	1,240	184	1,287	190	1,339	196	1,397	203	1,462	210	1,535	220	1,618	231	1,714	244
11000	1,376	192	1,444	198	1,477	203	1,535	208	1,600	213	1,672	223	1,755	235	1,849	249	1,958	263
12000	1,568	205	1,622	210	1,680	216	1,743	222	1,813	232	1,895	242	1,990	252	2,098	265	2,221	280
13000	1,773	219	1,832	224	1,896	230	1,965	239	2,045	247	2,137	257	2,242	270	2,363	285	2,501	302
14000	1,992	235	2,056	240	2,126	248	2,204	257	2,292	266	2,394	274	2,512	286	2,648	301	2,803	319
15000	2,227	252	2,296	259	2,374	267	2,461	276	2,558	287	2,668	300	2,798	315	2,949	332	3,122	351
16000	2,479	270	2,555	279	2,641	287	2,737	296	2,845	306	2,968	317	3,113	327	3,281	341	3,473	360
17000	2,749	293	2,834	300	2,928	308	3,033	318	3,151	331	3,285	347	3,440	364	3,622	380	3,833	397
18000	3,042	311	3,134	323	3,236	335	3,351	346	3,482	357	3,632	369	3,804	384	4,002	403	4,230	425
19000	3,353	336	3,457	344	3,571	354	3,697	367	3,839	382	4,001	398	4,188	418	4,405	440	4,655	464
20000	3,689		3,801		3,925		4,064		4,221		4,399		4,606		4,845		5,119	

$\xi \downarrow$ \ $v_0 \rightarrow$	280	Diff.	270	Diff.	260	Diff.	250	Diff.	240	Diff.	230	Diff.	220	Diff.	210	Diff.	200	Diff.
0	0,000	61	0,000	65	0,000	70	0,000	75	0,000	81	0,000	88	0,000	96	0,000	105	0,000	115
500	0,061	67	0,065	72	0,070	78	0,075	86	0,081	95	0,088	105	0,096	115	0,105	125	0,115	136
1000	0,128	139	0,137	150	0,148	162	0,161	175	0,176	190	0,193	206	0,211	224	0,230	244	0,251	266
2000	0,267	152	0,287	163	0,310	174	0,336	185	0,366	199	0,399	215	0,435	234	0,474	256	0,517	280
3000	0,419	161	0,450	173	0,484	187	0,521	204	0,565	220	0,614	238	0,669	257	0,730	278	0,797	305
4000	0,580	176	0,623	186	0,671	198	0,725	212	0,785	228	0,852	246	0,926	266	1,008	289	1,102	317
5000	0,756	190	0,809	204	0,869	218	0,937	231	1,013	245	1,098	262	1,192	285	1,297	315	1,419	349
6000	0,946	198	1,013	211	1,087	225	1,168	242	1,258	262	1,360	284	1,477	307	1,612	330	1,768	352
7000	1,144	208	1,224	220	1,312	244	1,410	260	1,520	278	1,644	298	1,784	330	1,942	354	2,120	385
8000	1,352	233	1,444	250	1,556	259	1,670	280	1,798	298	1,942	328	2,114	345	2,296	377	2,505	417
9000	1,585	238	1,694	251	1,815	267	1,950	286	2,096	314	2,270	337	2,459	372	2,673	413	2,922	454
10000	1,823	259	1,945	277	2,082	297	2,236	320	2,410	346	2,607	375	2,831	407	3,086	442	3,376	480
11000	2,082	279	2,222	298	2,379	321	2,556	344	2,756	365	2,982	394	3,238	433	3,528	462	3,856	495
12000	2,361	296	2,520	313	2,700	331	2,900	351	3,121	385	3,376	415	3,671	443	3,990	490	4,351	543
13000	2,657	321	2,833	341	3,031	363	3,251	388	3,506	416	3,791	448	4,114	484	4,480	524	4,894	569
14000	2,978	340	3,174	364	3,394	389	3,639	415	3,922	444	4,239	477	4,598	515	5,004	559	5,463	609
15000	3,318	372	3,538	395	3,783	420	4,054	448	4,366	478	4,716	510	5,113	545	5,563	586	6,072	638
16000	3,690	384	3,933	414	4,203	449	4,502	484	4,844	514	5,226	543	5,658	576	6,149	612	6,710	669
17000	4,074	417	4,347	440	4,652	467	4,986	499	5,358	537	5,769	574	6,234	610	6,761	650	7,379	690
18000	4,491	450	4,787	477	5,119	506	5,485	537	5,895	570	6,343	603	6,844	636	7,411	676	8,067	733
19000	4,941	488	5,264	512	5,625	537	6,022	565	6,465	598	6,946	638	7,480	676	8,087	712	8,802	761
20000	5,429		5,776		6,162		6,587		7,063		7,584		8,156		8,799		9,563	

$\xi \downarrow$ \ $v_0 \rightarrow$	190	Diff.	180	Diff.	170	Diff.	160	Diff.	150	Diff.	140	Diff.	130	Diff.	120	Diff.	110	Diff.
0	0,000	127	0,000	142	0,000	161	0,000	184	0,00	21	0,00	25	0,00	29	0,00	33	0,00	39
500	0,127	147	0,142	158	0,161	173	0,184	197	0,21	24	0,25	28	0,29	32	0,33	38	0,39	44
1000	0,274	292	0,300	323	0,334	359	0,381	411	0,45	48	0,53	56	0,61	65	0,71	74	0,83	87
2000	0,566	308	0,623	342	0,693	385	0,792	435	0,93	51	1,09	59	1,26	68	1,45	80	1,70	94
3000	0,874	338	0,966	377	1,078	422	1,225	467	1,44	52	1,68	60	1,94	72	2,25	85	2,64	98
4000	1,212	353	1,342	400	1,500	457	1,692	503	1,96	58	2,28	65	2,66	74	3,10	87	3,62	104
5000	1,565	386	1,742	428	1,957	487	2,195	537	2,54	60	2,93	68	3,40	79	3,97	93	4,66	110
6000	1,951	402	2,170	446	2,444	520	2,732	570	3,14	65	3,61	72	4,19	83	4,90	98	5,76	119
7000	2,353	424	2,616	488	2,964	542	3,302	604	3,79	67	4,33	76	5,02	87	5,88	103	6,95	130
8000	2,777	466	3,104	516	3,506	573	3,906	639	4,45	71	5,09	81	5,89	96	6,91	116	8,25	142
9000	3,243	488	3,620	542	4,079	601	4,545	675	5,16	75	5,90	87	6,85	103	8,07	125	9,67	152
10000	3,731	525	4,162	567	4,680	636	5,220	711	5,91	79	6,77	89	7,88	105	9,32	129	11,19	161
11000	4,256	532	4,729	592	5,316	654	5,931	747	6,70	87	7,66	100	8,93	116	10,61	138	12,80	169
12000	4,788	596	5,321	649	5,970	702	6,678	783	7,57	93	8,66	110	10,09	129	11,99	151	14,49	178
13000	5,384	619	5,970	674	6,672	734	7,461	819	8,50	96	9,76	116	11,38	139	13,50	162	16,27	187
14000	6,003	660	6,644	713	7,406	769	8,280	855	9,46	101	10,92	119	12,77	143	15,12	171	18,14	196
15000	6,663	693	7,357	757	8,175	856	9,135	942	10,47	110	12,11	128	14,20	150	16,83	176	20,10	207
16000	7,356	735	8,114	818	9,031	921	10,077	1032	11,57	120	13,39	137	15,70	158	18,59	185	22,17	219
17000	8,091	762	8,932	871	9,952	1012	11,109	1125	12,77	129	14,76	150	17,28	173	20,44	201	24,36	234
18000	8,853	817	9,803	938	10,964	1106	12,234	1221	14,06	141	16,26	156	19,01	176	22,45	208	26,70	250
19000	9,670	843	10,741	983	12,070	1206	13,455	1320	15,47	148	17,82	163	20,79	186	24,53	221	29,20	274
20000	10,513		11,724		13,276		14,775		16,95		19,45		22,65		26,74		31,94	

Tabelle 10b. Sekundäre Funktion E.

ξ \ v_0	100	Diff.	90	Diff.	80	Diff.	70	Diff.	60	Diff.
0	0,00	48	0,00	60	0,00	74	0,00	90	0,0	11
500	0,48	52	0,60	64	0,74	83	0,90	110	1,1	15
1000	1,00	105	1,24	131	1,57	167	2,00	216	2,6	28
2000	2,05	112	2,55	137	3,24	175	4,16	233	5,4	31
3000	3,17	113	3,92	146	4,99	193	6,49	253	8,5	34
4000	4,30	121	5,38	154	6,92	205	9,02	277	11,9	37
5000	5,51	131	6,92	170	8,97	227	11,79	301	15,6	39
6000	6,82	155	8,62	184	11,24	238	14,80	310	19,5	41
7000	8,37	168	10,46	205	13,62	241	17,90	314	23,6	44
8000	10,05	175	12,51	214	16,03	258	21,04	326	28,0	46
9000	11,80	185	14,65	227	18,61	269	24,30	334	32,6	48
10000	13,65	197	16,92	238	21,30	282	27,64	344	37,4	50
11000	15,62	210	19,30	254	24,12	303	31,08	382	42,4	53
12000	17,72	214	21,84	265	27,15	330	34,90	413	47,7	56
13000	19,86	222	24,49	278	30,45	357	39,03	441	53,3	60
14000	22,08	228	27,27	284	34,02	383	43,44	464	59,3	65
15000	24,36	241	30,11	289	37,85	372	48,08	510	65,8	—
16000	26,77	257	33,00	313	41,57	396	53,18	521	—	—
17000	29,34	272	36,13	330	45,53	423	58,39	539	—	—
18000	32,06	303	39,43	372	49,76	462	63,78	660	—	—
19000	35,09	345	43,15	421	54,38	508	70,38		—	—
20000	38,52		47,36		59,46		—		—	—

Tabelle 10c. Sekundäre Funktion N; vgl. Bd. I, § 30.

ξ \ v_0	1200	Diff	1180	Diff	1160	Diff	1140	Diff	1120	Diff	1100	Diff	1080	Diff
0	0,000007	0	0,000007	0	0,000007	0	0,000007	0	0,000008	0	0,000008	0	0,000008	1
500	0,000007	1	0,000007	1	0,000007	1	0,000007	1	0,000008	1	0,000008	1	0,000009	0
1000	0,000008	0	0,000008	0	0,000008	1	0,000008	1	0,000009	0	0,000009	0	0,000009	1
2000	0,000008	0	0,000008	1	0,000009	0	0,000009	0	0,000009	0	0,000009	1	0,000010	0
3000	0,000008	1	0,000009	0	0,000009	1	0,000009	1	0,000009	1	0,000010	0	0,000010	1
4000	0,000009	0	0,000009	1	0,000010	0	0,000010	0	0,000010	1	0,000010	1	0,000011	1
5000	0,000009	1	0,000010	0	0,000010	1	0,000010	1	0,000011	1	0,000011	1	0,000012	1
6000	0,000010	1	0,000010	1	0,000011	1	0,000011	1	0,000012	1	0,000012	1	0,000013	1
7000	0,000011	1	0,000011	2	0,000012	1	0,000012	2	0,000013	1	0,000013	2	0,000014	1
8000	0,000012	1	0,000013	1	0,000013	1	0,000014	1	0,000014	2	0,000015	1	0,000015	2
9000	0,000013	2	0,000014	1	0,000014	2	0,000015	2	0,000016	1	0,000016	2	0,000017	2
10000	0,000015	2	0,000015	2	0,000016	2	0,000017	2	0,000017	2	0,000018	2	0,000019	2
11000	0,000017	1	0,000017	2	0,000018	2	0,000019	2	0,000019	2	0,000020	3	0,000021	3
12000	0,000018	2	0,000019	2	0,000020	2	0,000021	2	0,000021	3	0,000023	2	0,000024	2
13000	0,000020	2	0,000021	2	0,000022	2	0,000023	2	0,000024	2	0,000025	3	0,000026	3
14000	0,000022	3	0,000023	3	0,000024	3	0,000025	3	0,000026	3	0,000028	3	0,000029	3
15000	0,000025	3	0,000026	3	0,000027	3	0,000028	3	0,000029	3	0,000031	3	0,000032	3
16000	0,000028	3	0,000029	3	0,000030	3	0,000031	3	0,000032	4	0,000034	3	0,000035	4
17000	0,000031	3	0,000032	3	0,000033	3	0,000034	4	0,000036	3	0,000037	4	0,000039	3
18000	0,000034	3	0,000035	3	0,000036	4	0,000038	3	0,000039	4	0,000041	3	0,000042	4
19000	0,000037	3	0,000038	4	0,000040	3	0,000041	4	0,000043	4	0,000044	4	0,000046	3
20000	0,000040		0,000042		0,000043		0,000045		0,000047		0,000048		0,000049	

$\xi \backslash v_0$	1060	Diff.	1040	Diff.	1020	Diff.	1000	Diff.	980	Diff.	960	Diff.	940	Diff.
0	0,000009	1	0,000009	1	0,000010	0	0,000010	1	0,000011	0	0,000011	0	0,000011	1
500	0,000010	0	0,000010	0	0,000010	0	0,000011	0	0,000011	0	0,000011	0	0,000012	0
1000	0,000010	0	0,000010	1	0,000010	1	0,000011	1	0,000011	1	0,000011	1	0,000012	1
2000	0,000010	0	0,000011	0	0,000011	0	0,000012	0	0,000012	0	0,000012	1	0,000013	1
3000	0,000010	1	0,000011	1	0,000011	1	0,000012	1	0,000012	1	0,000013	1	0,000013	2
4000	0,000011	1	0,000012	1	0,000012	1	0,000013	1	0,000013	1	0,000014	1	0,000015	1
5000	0,000012	1	0,000013	1	0,000013	1	0,000014	1	0,000014	2	0,000015	2	0,000016	2
6000	0,000013	2	0,000014	1	0,000014	2	0,009015	2	0,000016	2	0,000017	2	0,000018	2
7000	0,000015	1	0,000015	2	0,000016	2	0,000017	2	0,000018	2	0,000019	2	0,000020	2
8000	0,000016	2	0,000017	2	0,000018	2	0,000019	2	0,000020	2	0,000021	2	0,000022	2
9000	0,000018	2	0,000019	2	0,000020	2	0,000021	2	0,000022	2	0,000023	2	0,000024	3
10000	0,000920	2	0,000021	2	0,000022	3	0,000023	3	0,000024	3	0,000025	3	0,000026	3
11000	0,000022	3	0,000023	3	0,000025	2	0,000026	3	0,000027	3	0,000028	3	0,000029	3
12000	0,000025	3	0,000026	3	0,000027	3	0,000029	2	0,000030	3	0,000031	3	0,000032	4
13000	0,000028	3	0,000029	3	0,000030	3	0,000031	3	0,000033	3	0,000034	3	0,000036	3
14000	0,000031	3	0,000032	3	0,000033	3	0,000034	3	0,000036	3	0,000037	4	0,000039	4
15000	0,000034	3	0,000035	3	0,000036	4	0,000038	3	0,000039	4	0,000041	4	0,000043	3
16000	0,000037	3	0,000038	4	0,000040	3	0,000041	4	0,000043	4	0,000045	4	0,000046	4
17000	0,000040	4	0,000042	3	0,000043	4	0,000045	4	0,000047	4	0,000049	4	0,000050	4
18000	0,000044	3	0,000045	4	0,000047	4	0,000049	4	0,000051	4	0,000053	4	0,000054	4
19000	0,000047	4	0,000049	4	0,000051	4	0,000053	4	0,000055	4	0,000057	4	0,000058	4
20000	0,000051		0,000053		0,000055		0,000057		0,000059		0,000061		0,000062	

$\xi \backslash v_0$	920	Diff.	900	Diff.	880	Diff.	860	Diff.	840	Diff.	820	Diff.	800	Diff.
0	0,000011	1	0,000012	1	0,000012	1	0,000013	1	0,000013	1	0,000014	1	0,000014	1
500	0,000012	0	0,000013	0	0,000013	0	0,000014	0	0,000014	0	0,000015	0	0,000015	1
1000	0,000012	1	0,000013	1	0,000013	1	0,000014	1	0,000014	2	0,000015	2	0,000016	2
2000	0,000013	1	0,000014	1	0,000014	1	0,000015	1	0,000016	1	0,000017	1	0,000018	1
3000	0,000014	1	0,000015	1	0,000015	2	0,000016	2	0,000017	2	0,000018	2	0,000019	2
4000	0,000015	2	0,000016	2	0,000017	2	0,000018	2	0,000019	2	0,000020	2	0,000021	2
5000	0,000017	2	0,000018	2	0,000019	2	0,000020	2	0,000021	2	0,000022	2	0,000023	2
6000	0,000019	2	0,000020	2	0,000021	2	0,000022	2	0,000023	2	0,000024	2	0,000025	2
7000	0,000021	2	0,000022	2	0,000023	2	0,000024	2	0,000025	3	0,000026	3	0,000027	3
8000	0,000023	2	0,000024	2	0,000025	3	0,000026	3	0,000028	3	0,000029	3	0,000030	4
9000	0,000025	3	0,000026	3	0,000028	3	0,000029	3	0,000031	3	0,000032	3	0,000034	3
10000	0,000028	3	0,000029	3	0,000031	3	0,000032	3	0,000034	3	0,000035	4	0,000037	3
11000	0,000031	3	0,000032	3	0,000034	3	0,000035	3	0,000037	4	0,000039	4	0,000040	4
12000	0,000034	3	0,000035	4	0,000037	4	0,000039	4	0,000041	3	0,000043	3	0,000044	4
13000	0,000037	4	0,000039	3	0,000041	4	0,000042	3	0,000044	4	0,000046	4	0,000048	4
14000	0,000041	4	0,000042	4	0,000045	3	0,000046	4	0,000048	4	0,000050	4	0,000052	4
15000	0,000045	3	0,000046	4	0,000048	4	0,000050	4	0,000052	4	0,000054	4	0,000056	4
16000	0,000048	4	0,000050	4	0,000052	4	0,000054	4	0,000056	4	0,000058	5	0,000060	5
17000	0,000052	4	0,000054	4	0,000056	4	0,000058	4	0,000060	5	0,000063	4	0,000065	5
18000	0,000056	4	0,000058	4	0,000060	5	0,000062	5	0,000065	4	0,000067	5	0,000070	5
19000	0,000060	4	0,000062	5	0,000065	4	0,000067	5	0,000069	5	0,000072	5	0,000075	5
20000	0,000064		0,000067		0,000069		0,000072		0,000074		0,000077		0,000080	

ξ \\ v_0	790	Diff.	780	Diff.	770	Diff.	760	Diff.	750	Diff.	740	Diff.	730	Diff.
5	0,000015		0,000015		0,000016		0,000016		0,000017		0,000018		0,000018	
500	0,000016	1	0,000016	1	0,000017	1	0,000017	1	0,000018	1	0,000019	1	0,000019	1
1000	0,000017	1	0,000017	1	0,000018	1	0,000018	1	0,000019	1	0,000020	1	0,000020	1
2000	0,000019	2	0,000019	2	0,000020	2	0,000020	2	0,000021	2	0,000022	2	0,000022	2
3000	0,000020	1	0,000021	2	0,000022	2	0,000022	2	0,000023	2	0,000024	2	0,000024	2
4000	0,000022	2	0,000023	2	0,000024	2	0,000024	2	0,000025	2	0,000026	2	0,000026	2
5000	0,000024	2	0,000025	2	0,000026	2	0,000026	2	0,000027	2	0,000028	2	0,000028	2
6000	0,000026	2	0,000027	2	0,000028	2	0,000028	2	0,000029	2	0,000030	2	0,000031	3
7000	0,000028	2	0,000029	2	0,000031	3	0,000031	3	0,000032	3	0,000033	3	0,000034	3
8000	0,000031	3	0,000032	3	0,000034	3	0,000034	3	0,000035	3	0,000036	3	0,000037	3
9000	0,000035	4	0,000036	4	0,000038	4	0,000038	4	0,000039	4	0,000040	4	0,000041	4
10000	0,000039	4	0,000040	4	0,000042	4	0,000042	4	0,000043	4	0,000044	4	0,000045	4
11000	0,000042	3	0,000043	3	0,000045	3	0,000045	3	0,000046	3	0,000048	4	0,000049	4
12000	0,000046	4	0,000047	4	0,000049	4	0,000049	4	0,000050	4	0,000052	4	0,000053	4
13000	0,000050	4	0,000051	4	0,000053	4	0,000053	4	0,000054	4	0,000056	4	0,000057	4
14000	0,000054	4	0,000055	4	0,000057	4	0,000057	4	0,000058	4	0,000060	4	0,000061	4
15000	0,000058	4	0,000059	4	0,000061	4	0,000061	4	0,000062	4	0,000064	4	0,000065	4
16000	0,000062	4	0,000063	4	0,000066	5	0,000066	5	0,000067	5	0,000069	5	0,000070	5
17000	0,000067	5	0,000068	5	0,000071	5	0,000071	5	0,000072	5	0,000074	5	0,000075	5
18000	0,000072	5	0,000073	5	0,000076	5	0,000076	5	0,000077	5	0,000079	5	0,000080	5
19000	0,000077	5	0,000078	5	0,000081	5	0,000081	5	0,000082	5	0,000084	5	0,000085	5
20000	0,000082	5	0,000083	5	0,000086	5	0,000086	5	0,000087	5	0,000089	5	0,000090	5

ξ \\ v_0	720	Diff.	710	Diff.	700	Diff.	690	Diff.	680	Diff.	670	Diff.	660	Diff.
0	0,000019		0,000020		0,000020		0,000021		0,000022		0,000023		0,000024	
500	0,000020	1	0,000021	1	0,000021	1	0,000022	1	0,000023	1	0,000024	1	0,000025	1
1000	0,000021	1	0,000022	1	0,000022	1	0,000023	1	0,000024	1	0,000025	1	0,000026	1
2000	0,000023	2	0,000024	2	0,000024	2	0,000025	2	0,000026	2	0,000027	2	0,000028	2
3000	0,000025	2	0,000026	2	0,000026	2	0,000027	2	0,000028	2	0,000029	2	0,000030	2
4000	0,000027	2	0,000028	2	0,000028	2	0,000029	2	0,000030	2	0,000031	2	0,000032	2
5000	0,000029	2	0,000030	2	0,000031	3	0,000032	3	0,000033	3	0,000034	3	0,000035	3
6000	0,000032	3	0,000033	3	0,000034	3	0,000035	3	0,000036	3	0,000037	3	0,000038	3
7000	0,000035	3	0,000036	3	0,000037	3	0,000038	3	0,000039	3	0,000040	3	0,000042	4
8000	0,000038	3	0,000039	3	0,000040	3	0,000042	4	0,000043	4	0,000044	4	0,000046	4
9000	0,000042	4	0,000043	4	0,000044	4	0,000046	4	0,000047	4	0,000048	4	0,000050	4
10000	0,000046	4	0,000047	4	0,000048	4	0,000050	4	0,000051	4	0,000052	4	0,000054	4
11000	0,000050	4	0,000051	4	0,000052	4	0,000054	4	0,000055	4	0,000056	4	0,000058	4
12000	0,000054	4	0,000055	4	0,000056	4	0,000058	4	0,000059	4	0,000060	4	0,000062	4
13000	0,000058	4	0,000059	4	0,000060	4	0,000062	4	0,000063	4	0,000065	5	0,000067	5
14000	0,000062	4	0,000064	5	0,000065	5	0,000067	5	0,000068	5	0,000070	5	0,000072	5
15000	0,000067	5	0,000068	4	0,000070	5	0,000071	4	0,000073	5	0,000074	4	0,000076	4
16000	0,000072	5	0,000073	5	0,000075	5	0,000076	5	0,000078	5	0,000079	5	0,000081	5
17000	0,000077	5	0,000078	5	0,000080	5	0,000081	5	0,000083	5	0,000084	5	0,000086	5
18000	0,000082	5	0,000083	5	0,000085	5	0,000086	5	0,000088	5	0,000089	5	0,000091	5
19000	0,000087	5	0,000088	5	0,000090	5	0,000091	5	0,000093	5	0,000094	5	0,000096	5
20000	0,000092	5	0,000093	5	0,000095	5	0,000096	5	0,000098	5	0,000099	5	0,000101	5

$\xi \,\backslash\, v_0$	650	Diff.	640	Diff.	630	Diff.	620	Diff.	610	Diff.	600	Diff.	590	Diff.
0	0,000025	1	0,000026	1	0,000027	1	0,000027	1	0,000028	1	0,000029	1	0,000030	1
500	0,000026	1	0,000027	1	0,000028	1	0,000028	1	0,000029	1	0,000030	1	0,000031	1
1000	0,000027	2	0,000028	2	0,000029	2	0,000029	3	0,000030	3	0,000031	3	0,000032	3
2000	0,000029	2	0,000030	2	0,000031	2	0,000032	2	0,000033	2	0,000034	2	0,000035	2
3000	0,000031	2	0,000032	2	0,000033	2	0,000034	2	0,000035	3	0,000036	3	0,000037	3
4000	0,000033	3	0,000034	3	0,000035	3	0,000036	3	0,000038	3	0,000039	3	0,000040	4
5000	0,000036	3	0,000037	4	0,000038	4	0,000039	4	0,000041	4	0,000042	4	0,000044	4
6000	0,000039	4	0,000041	4	0,000042	4	0,000043	4	0,000045	4	0,000046	4	0,000048	4
7000	0,000043	4	0,000045	4	0,000046	4	0,000047	4	0,000049	4	0,000050	4	0,000052	4
8000	0,000047	4	0,000049	4	0,000050	4	0,000051	4	0,000053	4	0,000054	4	0,000056	4
9000	0,000051	4	0,000053	4	0,000054	4	0,000055	4	0,000057	4	0,000058	4	0,000060	4
10000	0,000055	4	0,000057	4	0,000058	4	0,000059	4	0,000061	4	0,000062	4	0,000064	4
11000	0,000059	4	0,000061	4	0,000062	4	0,000063	5	0,000065	5	0,000066	5	0,000068	5
12000	0,000063	5	0,000065	5	0,000066	5	0,000068	5	0,000070	5	0,000071	5	0,000073	5
13000	0,000068	5	0,000070	5	0,000071	5	0,000073	5	0,000075	5	0,000076	5	0,000078	5
14000	0,000073	5	0,000075	4	0,000076	5	0,000078	4	0,000080	4	0,000081	5	0,000083	5
15000	0,000078	5	0,000079	5	0,000081	5	0,000082	5	0,000084	5	0,000086	5	0,000088	5
16000	0,000083	5	0,000084	5	0,000086	5	0,000087	5	0,000089	5	0,000091	5	0,000093	5
17000	0,000088	5	0,000089	5	0,000091	5	0,000092	5	0,000094	5	0,000096	5	0,000098	5
18000	0,000093	5	0,000094	5	0,000096	5	0,000097	6	0,000099	6	0,000101	6	0,000103	6
19000	0,000098	5	0,000099	5	0,000101	6	0,000103	6	0,000105	6	0,000107	6	0,000109	6
20000	0,000103		0,000105		0,000107		0,000109		0,000111		0,000113		0,000115	

$\xi \,\backslash\, v_0$	580	Diff.	570	Diff.	560	Diff.	550	Diff.	540	Diff.	530	Diff.	520	Diff.
0	0,000031	1	0,000032	1	0,000033	1	0,000034	1	0,000035	1	0,000036	1	0,000037	1
500	0,000032	1	0,000033	1	0,000034	1	0,000035	1	0,000036	1	0,000037	1	0,000038	1
1000	0,000033	3	0,000034	3	0,000035	3	0,000036	3	0,000037	4	0,000038	4	0,000039	4
2000	0,000036	2	0,000037	3	0,000038	3	0,000039	3	0,000041	3	0,000042	3	0,000043	4
3000	0,000038	3	0,000040	3	0,000041	4	0,000042	4	0,000044	4	0,000045	4	0,000047	4
4000	0,000041	4	0,000043	4	0,000045	4	0,000046	4	0,000048	4	0,000049	4	0,000051	4
5000	0,000045	4	0,000047	4	0,000049	4	0,000050	4	0,000052	4	0,000053	5	0,000055	4
6000	0,000049	4	0,000051	4	0,000053	4	0,000054	4	0,000056	4	0,000058	4	0,000059	5
7000	0,000053	4	0,000055	4	0,000057	4	0,000058	4	0,000060	4	0,000062	4	0,000064	4
8000	0,000057	5	0,000059	5	0,000061	5	0,000062	5	0,000064	5	0,000066	5	0,000068	5
9000	0,000062	4	0,000064	4	0,000066	4	0,000067	4	0,000069	4	0,000071	4	0,000073	4
10000	0,000066	4	0,000068	4	0,000070	4	0,000071	5	0,000073	5	0,000075	5	0,000077	5
11000	0,000070	5	0,000072	5	0,000074	5	0,000076	5	0,000078	5	0,000080	5	0,000082	5
12000	0,000075	5	0,000077	5	0,000079	5	0,000081	5	0,000083	5	0,000085	5	0,000087	5
13000	0,000080	5	0,000082	5	0,000084	5	0,000086	5	0,000088	5	0,000090	5	0,000092	5
14000	0,000085	5	0,000087	5	0,000089	5	0,000091	5	0,000093	5	0,000095	5	0,000097	5
15000	0,000090	5	0,000092	5	0,000094	5	0,000096	5	0,000098	5	0,000100	5	0,000102	5
16000	0,000095	5	0,000097	5	0,000099	5	0,000101	5	0,000103	5	0,000105	5	0,000107	6
17000	0,000100	5	0,000102	5	0,000104	5	0,000106	5	0,000108	6	0,000110	6	0,000113	6
18000	0,000105	6	0,000107	6	0,000109	6	0,000111	6	0,000114	6	0,000116	6	0,000119	6
19000	0,000111	6	0,000113	6	0,000115	6	0,000117	6	0,000120	6	0,000122	6	0,000125	6
20000	0,000117		0,000119		0,000121		0,000123		0,000126		0,000128		0,000131	

$\xi \,\backslash\, v_0$	510	Diff.	500	Diff.	490	Diff.	480	Diff.	470	Diff.	460	Diff.	450	Diff.
0	0,000038	1	0,000039	1	0,000040	1	0,000041	2	0,000043	2	0,000045	2	0,000047	2
500	0,000039	1	0,000040	1	0,000041	2	0,000043	2	0,000045	2	0,000047	2	0,000049	2
1000	0,000040	4	0,000041	4	0,000043	4	0,000045	4	0,000047	4	0,000049	4	0,000051	4
2000	0,000044	4	0,000045	5	0,000047	4	0,000049	4	0,000051	4	0,000053	4	0,000055	4
3000	0,000048	4	0,000050	4	0,000051	5	0,000053	5	0,000055	5	0,000057	5	0,000059	5
4000	0,000052	4	0,000054	4	0,000056	4	0,000058	4	0,000060	4	0,000062	5	0,000064	5
5000	0,000056	5	0,000058	5	0,000060	5	0,000062	5	0,000064	5	0,000067	5	0,000069	5
6000	0,000061	5	0,000063	5	0,000065	5	0,000067	5	0,000069	5	0,000072	5	0,000074	5
7000	0,000066	4	0,000068	4	0,000070	4	0,000072	4	0,000074	5	0,000077	4	0,000079	4
8000	0,000070	5	0,000072	5	0,000074	5	0,000076	5	0,000079	5	0,000081	5	0,000083	5
9000	0,000075	4	0,000077	5	0,000079	5	0,000081	5	0,000084	5	0,000086	5	0,000088	5
10000	0,000079	5	0,000082	5	0,000084	5	0,000086	5	0,000089	5	0,000091	5	0,000093	5
11000	0,000084	5	0,000087	5	0,000089	5	0,000091	5	0,000094	5	0,000096	5	0,000098	5
12000	0,000089	5	0,000092	4	0,000094	5	0,000096	5	0,000099	5	0,000101	5	0,000103	5
13000	0,000094	5	0,000096	5	0,000099	5	0,000101	5	0,000104	5	0,000106	5	0,000108	6
14000	0,000099	5	0,000101	6	0,000104	5	0,000106	6	0,000109	5	0,000111	6	0,000114	6
15000	0,000104	6	0,000107	5	0,000109	6	0,000112	5	0,000114	6	0,000117	5	0,000120	5
16000	0,000110	5	0,000112	6	0,000115	5	0,000117	6	0,000120	5	0,000122	6	0,000125	6
17000	0,000115	6	0,000118	6	0,000120	6	0,000123	6	0,000125	6	0,000128	6	0,000131	6
18000	0,000121	6	0,000124	6	0,000126	6	0,000129	6	0,000131	7	0,000134	7	0,000137	7
19000	0,000127	6	0,000130	6	0,000132	7	0,000135	7	0,000138	7	0,000141	7	0,000144	7
20000	0,000133		0,000136		0,000139		0,000142		0,000145		0,000148		0,000151	

$\xi \,\backslash\, v_0$	440	Diff.	430	Diff.	420	Diff.	410	Diff.	400	Diff.	390	Diff.	380	Diff.
0	0,000049	2	0,000051	2	0,000052	2	0,000055	2	0,000058	2	0,000061	2	0,000065	2
500	0,000051	2	0,000053	2	0,000054	3	0,000057	3	0,000060	3	0,000063	3	0,000067	3
1000	0,000053	4	0,000055	4	0,000057	5	0,000060	5	0,000063	5	0,000066	5	0,000070	5
2000	0,000057	4	0,000059	5	0,000062	5	0,000065	5	0,000068	5	0,000071	6	0,000075	6
3000	0,000061	5	0,000064	5	0,000067	5	0,000070	5	0,000073	5	0,000077	5	0,000081	5
4000	0,000066	5	0,000069	5	0,000072	5	0,000075	5	0,000078	5	0,000082	5	0,000086	5
5000	0,000071	5	0,000074	5	0,000077	5	0,000080	5	0,000083	5	0,000087	5	0,000091	5
6000	0,000076	5	0,000079	5	0,000082	5	0,000085	5	0,000088	5	0,000092	5	0,000096	5
7000	0,000081	5	0,000084	5	0,000087	5	0,000090	5	0,000093	5	0,000097	5	0,000101	5
8000	0,000086	5	0,000089	5	0,000092	5	0,000095	5	0,000098	5	0,000102	5	0,000106	5
9000	0,000091	5	0,000094	5	0,000097	5	0,000100	5	0,000103	5	0,000107	5	0,000111	5
10000	0,000096	5	0,000099	5	0,000102	5	0,000105	5	0,000108	5	0,000112	5	0,000116	5
11000	0,000101	5	0,000104	5	0,000107	5	0,000110	6	0,000113	6	0,000117	6	0,000121	6
12000	0,000106	5	0,000109	5	0,000112	5	0,000116	5	0,000119	6	0,000123	6	0,000127	6
13000	0,000111	6	0,000114	6	0,000117	6	0,000121	6	0,000125	6	0,000129	6	0,000133	6
14000	0,000117	6	0,000120	6	0,000123	6	0,000127	6	0,000131	5	0,000135	5	0,000139	6
15000	0,000123	5	0,000126	6	0,000129	6	0,000133	6	0,000136	6	0,000140	6	0,000145	6
16000	0,000128	6	0,000132	6	0,000135	6	0,000139	6	0,000142	6	0,000146	6	0,000151	6
17000	0,000134	6	0,000138	6	0,000141	6	0,000145	6	0,000148	7	0,000152	7	0,000157	7
18000	0,000140	7	0,000144	7	0,000147	7	0,000151	7	0,000155	7	0,000159	8	0,000164	7
19000	0,000147	7	0,000151	7	0,000154	8	0,000158	8	0,000162	8	0,000167	8	0,000171	8
20000	0,000154		0,000158		0,000162		0,000166		0,000170		0,000175		0,000179	

ξ \ v_0	370	Diff.	360	Diff.	350	Diff.	340	Diff.	330	Diff.	320	Diff.	310	Diff.
0	0,000069	2	0,000073	2	0,000078	2	0,000083	2	0,000088	2	0,000093	2	0,000098	3
500	0,000071	3	0,000075	3	0,000080	3	0,000085	3	0,000090	3	0,000095	3	0,000101	3
1000	0,000074	5	0,000078	5	0,000083	5	0,000088	5	0,000093	5	0,000098	6	0,000104	6
2000	0,000079	6	0,000083	6	0,000088	5	0,000093	5	0,000098	5	0,000104	5	0,000110	5
3000	0,000085	5	0,000089	5	0,000093	5	0,000098	5	0,000103	5	0,000109	5	0,000115	5
4000	0,000090	5	0,000094	5	0,000098	5	0,000103	5	0,000108	5	0,000114	5	0,000120	5
5000	0,000095	5	0,000099	5	0,000103	5	0,000108	5	0,000113	5	0,000119	5	0,000125	6
6000	0,000100	5	0,000104	5	0,000108	5	0,000113	5	0,000118	5	0,000124	5	0,000131	5
7000	0,000105	5	0,000109	5	0,000113	5	0,000118	5	0,000123	6	0,000129	6	0,000136	6
8000	0,000110	5	0,000114	5	0,000118	5	0,000123	5	0,000129	5	0,000135	6	0,000142	6
9000	0,000115	5	0,000119	5	0,000123	6	0,000128	5	0,000134	6	0,000141	6	0,000148	6
10000	0,000120	5	0,000124	5	0,000129	5	0,000133	6	0,000140	5	0,000147	5	0,000154	6
11000	0,000125	6	0,000129	6	0,000134	6	0,000139	6	0,000145	6	0,000152	6	0,000160	6
12000	0,000131	6	0,000135	6	0,000140	6	0,000145	6	0,000151	6	0,000158	6	0,000166	6
13000	0,000137	6	0,000141	6	0,000146	6	0,000151	6	0,000157	7	0,000164	7	0,000172	7
14000	0,000143	6	0,000147	6	0,000152	6	0,000157	7	0,000164	7	0,000171	7	0,000179	8
15000	0,000149	6	0,000153	7	0,000158	7	0,000164	7	0,000171	7	0,000178	7	0,000187	7
16000	0,000155	6	0,000160	7	0,000165	7	0,000171	7	0,000178	7	0,000185	8	0,000194	8
17000	0,000161	7	0,000167	7	0,000172	8	0,000178	8	0,000185	8	0,000193	8	0,000202	9
18000	0,000168	8	0,000174	8	0,000180	8	0,000186	8	0,000193	9	0,000201	9	0,000211	9
19000	0,000176	8	0,000182	8	0,000188	8	0,000194	9	0,000202	9	0,000210	10	0,000220	10
20000	0,000184		0,000190		0,000196		0,000203		0,000211		0,000220		0,000230	

ξ \ v_0	300	Diff.	290	Diff.	280	Diff.	270	Diff.	260	Diff.	250	Diff.	240	Diff.
0	0,000106	2	0,000114	2	0,000123	2	0,000132	3	0,000143	3	0,000155	3	0,000169	3
500	0,000108	3	0,000116	3	0,000125	3	0,000135	3	0,000146	3	0,000158	3	0,000172	3
1000	0,000111	6	0,000119	6	0,000128	6	0,000138	6	0,000149	7	0,000161	7	0,000175	7
2000	0,000117	5	0,000125	5	0,000134	5	0,000144	6	0,000156	6	0,000168	6	0,000182	7
3000	0,000122	5	0,000130	6	0,000139	6	0,000150	6	0,000162	6	0,000174	6	0,000189	7
4000	0,000127	5	0,000136	5	0,000145	6	0,000156	6	0,000168	6	0,000180	7	0,000196	7
5000	0,000132	6	0,000141	6	0,000151	6	0,000162	7	0,000174	7	0,000187	7	0,000203	7
6000	0,000138	6	0,000147	6	0,000157	7	0,000169	7	0,000181	7	0,000194	7	0,000210	8
7000	0,000144	6	0,000153	6	0,000164	6	0,000176	6	0,000188	7	0,000201	7	0,000218	8
8000	0,000150	6	0,000159	6	0,000170	6	0,000182	6	0,000195	7	0,000208	8	0,000226	8
9000	0,000156	6	0,000165	6	0,000176	6	0,000188	6	0,000202	7	0,000216	8	0,000234	8
10000	0,000162	6	0,000171	7	0,000182	7	0,000194	7	0,000209	7	0,000224	8	0,000242	8
11000	0,000168	7	0,000178	7	0,000189	7	0,000201	8	0,000216	8	0,000232	9	0,000250	9
12000	0,000175	7	0,000185	7	0,000196	8	0,000209	9	0,000224	9	0,000241	10	0,000259	10
13000	0,000182	7	0,000192	8	0,000204	8	0,000218	9	0,000233	10	0,000251	10	0,000269	11
14000	0,000189	8	0,000200	8	0,000212	9	0,000227	9	0,000243	10	0,000261	11	0,000280	12
15000	0,000197	8	0,000208	9	0,000221	9	0,000236	10	0,000253	10	0,000272	11	0,000292	12
16000	0,000205	8	0,000217	9	0,000230	10	0,000246	10	0,000263	11	0,000283	11	0,000304	12
17000	0,000213	9	0,000226	9	0,000240	10	0,000256	10	0,000274	11	0,000294	11	0,000316	12
18000	0,000222	10	0,000235	10	0,000250	10	0,000266	11	0,000285	11	0,000305	12	0,000328	12
19000	0,000232	10	0,000245	11	0,000260	11	0,000277	11	0,000296	11	0,000317	12	0,000340	13
20000	0,000242		0,000256		0,000271		0,000289		0,000307		0,000329		0,000353	

Tabelle 10c. Sekundäre Funktion N.

ξ＼v_0	230	Diff.	220	Diff.	210	Diff.	200	Diff.	190	Diff.	180	Diff.
0	0,000184	3	0,000202	3	0,000222	3	0,000243	4	0,000266	4	0,000291	5
500	0,000187	4	0,000205	4	0,000225	4	0,000247	4	0,000270	5	0,000296	6
1000	0,000191	7	0,000209	7	0,000229	7	0,000251	8	0,000275	9	0,000302	11
2000	0,000198	7	0,000216	7	0,000236	8	0,000259	8	0,000284	9	0,000313	12
3000	0,000205	7	0,000223	7	0,000244	8	0,000267	9	0,000293	10	0,000325	12
4000	0,000212	7	0,000230	8	0,000252	8	0,000276	9	0,000303	11	0,000337	12
5000	0,000219	8	0,000238	8	0,000260	9	0,000285	10	0,000314	11	0,000349	13
6000	0,000227	8	0,000246	9	0,000269	9	0,000295	10	0,000325	12	0,000362	14
7000	0,000235	8	0,000255	9	0,000278	10	0,000305	11	0,000337	13	0,000376	14
8000	0,000243	8	0,000264	9	0,000288	10	0,000316	11	0,000350	13	0,000390	14
9000	0,000251	9	0,000273	9	0,000298	10	0,000327	12	0,000363	13	0,000404	14
10000	0,000260	9	0,000282	10	0,000308	11	0,000339	12	0,000376	13	0,000418	15
11000	0,000269	10	0,000292	11	0,000319	12	0,000351	13	0,000389	14	0,000433	15
12000	0,000279	11	0,000303	12	0,000331	13	0,000364	14	0,000403	14	0,000448	15
13000	0,000290	12	0,000315	13	0,000344	13	0,000378	14	0,000417	14	0,000463	15
14000	0,000302	12	0,000328	13	0,000357	13	0,000392	14	0,000431	14	0,000478	16
15000	0,000314	13	0,000341	13	0,000370	14	0,000406	14	0,000445	15	0,000494	16
16000	0,000327	13	0,000354	13	0,000384	14	0,000420	14	0,000460	16	0,000510	17
17000	0,000340	13	0,000367	13	0,000398	14	0,000434	15	0,000476	17	0,000527	19
18000	0,000353	13	0,000380	14	0,000412	14	0,000449	15	0,000493	17	0,000546	20
19000	0 000366	13	0,000394	14	0,000426	15	0,000464	16	0,000510	18	0,000566	21
20000	0,000379		0,000408		0,000441		0,000480		0,000528		0,000587	

ξ＼v_0	170	Diff.	160	Diff.	150	Diff.	140	Diff.	130	Diff.	120	Diff.
0	0,000322	6	0,000365	7	0,00043	1	0,00051	1	0,00060	1	0,00070	1
500	0,000328	7	0,000372	8	0,00044	1	0,00052	1	0,00061	1	0,00071	1
1000	0,000335	13	0,000380	16	0,00045	1	0,00053	1	0,00062	1	0,00072	1
2000	0,000348	14	0,000396	16	0,00046	2	0,00054	1	0,00063	2	0,00073	2
3000	0,000362	14	0,000412	16	0,00048	1	0,00056	2	0,00065	1	0,00075	2
4000	0,000376	15	0,000428	16	0,00049	2	0,00057	2	0,00066	2	0,00077	2
5000	0,000391	15	0,000444	17	0,00051	1	0,00059	1	0,00068	2	0,00079	3
6000	0,000406	16	0,000461	17	0,00052	2	0,00060	2	0,00070	2	0,00082	2
7000	0,000422	16	0,000478	18	0,00054	2	0,00062	2	0,00072	2	0,00084	2
8000	0,000438	16	0,000496	18	0,00056	2	0,00064	2	0,00074	2	0,00086	3
9000	0,000454	16	0,000514	18	0,00058	2	0,00066	2	0,00076	2	0,00089	4
10000	0,000470	16	0,000532	18	0,00060	2	0,00068	2	0,00078	3	0,00093	4
11000	0,000486	16	0,000550	18	0,00062	2	0,00070	2	0,00081	3	0,00097	4
12000	0,000502	16	0,000568	18	0,00064	2	0,00072	3	0,00084	4	0,00101	4
13000	0,000518	16	0,000586	18	0,00066	2	0,00075	3	0,00088	3	0,00105	4
14000	0,000534	16	0,000604	18	0,00068	2	0,00078	3	0,00091	4	0,00109	4
15000	0,000550	18	0,000622	20	0,00070	2	0,00081	3	0,00095	3	0,00113	4
16000	0,000568	20	0,000642	22	0,00072	3	0,00084	3	0,00098	4	0,00117	4
17000	0,000588	22	0,000664	25	0,00075	3	0,00087	3	0,00102	3	0,00121	4
18000	0,000610	24	0,000689	28	0,00078	3	0,00090	3	0,00105	4	0,00125	4
19000	0,000634	25	0,000717	30	0,00081	4	0,00093	4	0,00109	4	0,00129	5
20000	0,000659		0,000747		0,00085		0,00097		0,00113		0,00134	

v_0 / ξ	110	Diff.	100	Diff.	90	Diff.	80	Diff.	70	Diff.	60	Diff.
0	0,00082	1	0,00097	1	0,00119	2	0,00151	2	0,00196	3	0,0024	1
500	0,00083	1	0,00098	2	0,00121	2	0,00153	3	0,00199	3	0,0025	1
1000	0,00084	2	0,00100	3	0,00123	4	0,00156	5	0,00202	6	0,0026	1
2000	0,00086	2	0,00103	3	0,00127	4	0,00161	5	0,00208	8	0,0027	1
3000	0,00088	2	0,00106	3	0,00131	4	0,00166	6	0,00216	9	0,0028	1
4000	0,00090	3	0,00109	3	0,00135	4	0,00172	7	0,00225	9	0,0029	2
5000	0,00093	3	0,00112	4	0,00139	5	0,00179	7	0,00234	9	0,0031	2
6000	0,00096	3	0,00116	4	0,00144	5	0,00186	7	0,00243	9	0,0033	1
7000	0,00099	3	0,00120	4	0,00149	6	0,00193	7	0,00252	9	0,0034	1
8000	0,00102	4	0,00124	5	0,00155	6	0,00200	7	0,00261	9	0,0035	1
9000	0,00106	4	0,00129	5	0,00161	6	0,00207	7	0,00270	9	0,0036	1
10000	0,00110	4	0,00134	5	0,00167	7	0,00214	7	0,00279	9	0,0037	1
11000	0,00114	5	0,00139	6	0,00174	7	0,00221	8	0,00288	9	0,0038	1
12000	0,00119	5	0,00145	6	0,00181	7	0,00229	8	0,00297	9	0,0039	1
13000	0,00124	5	0,00151	6	0,00188	7	0,00237	8	0,00306	9	0,0040	1
14000	0,00129	5	0,00157	6	0,00195	7	0,00245	8	0,00315	10	0,0041	1
15000	0,00134	5	0,00163	6	0,00202	7	0,00253	8	0,00325	11	0,0042	
16000	0,00139	5	0,00169	6	0,00209	7	0,00261	8	0,00336	11		
17000	0,00144	5	0,00175	6	0,00216	7	0,00269	9	0,00347	11		
18000	0,00149	5	0,00181	6	0,00223	7	0,00278	9	0,00358	12		
19000	0,00154	6	0,00187	6	0,00230	7	0,00287	10	0,00370			
20000	0,00160		0,00193		0,00237		0,00297					

Tabelle 10d. Sekundäre Funktion *H*; vgl. Bd. I, § 30.

v_0 / ξ	1200	Diff.	1180	Diff.	1160	Diff.	1140	Diff.	1120	Diff.	1100	Diff.	1080	Diff.	1060	Diff.
0	0,00	43	0,00	43	0,00	44	0,00	44	0,00	45	0,00	45	0,00	46	0,00	47
500	0,43	44	0,43	45	0,44	45	0,44	46	0,45	46	0,45	48	0,46	49	0,47	50
1000	0,87	93	0,88	95	0,89	97	0,90	99	0,91	101	0,93	103	0,95	106	0,97	109
2000	1,80	103	1,83	105	1,86	108	1,89	110	1,92	113	1,96	116	2,01	118	2,06	120
3000	2,83	115	2,88	118	2,94	120	2,99	123	3,05	126	3,12	128	3,19	131	3,26	134
4000	3,98	129	4,06	131	4,14	134	4,22	137	4,31	140	4,40	144	4,50	147	4,60	150
5000	5,27	142	5,37	145	5,48	148	5,59	152	5,71	156	5,84	160	5,97	164	6,10	169
6000	6,69	159	6,82	163	6,96	167	7,11	171	7,27	174	7,44	177	7,61	181	7,79	186
7000	8,28	178	8,45	182	8,63	186	8,82	190	9,01	196	9,21	202	9,42	208	9,65	213
8000	10,06	201	10,27	206	10,49	211	10,72	216	10,97	221	11,23	226	11,50	231	11,78	236
9000	12,07	226	12,33	231	12,60	236	12,88	241	13,18	246	13,49	251	13,81	256	14,14	261
10000	14,33	252	14,64	257	14,96	262	15,29	267	15,64	271	16,00	276	16,37	280	16,75	285
11000	16,85	278	17,21	283	17,58	288	17,96	293	18,35	298	18,76	302	19,17	307	19,60	311
12000	19,63	304	20,04	308	20,46	312	20,89	316	21,33	320	21,78	325	22,24	330	22,71	335
13000	22,67	324	23,12	329	23,58	334	24,05	339	24,53	344	25,03	349	25,54	354	26,06	359
14000	25,91	346	26,41	351	26,92	356	27,44	361	27,97	366	28,52	370	29,08	374	29,65	378
15000	29,37	366	29,92	370	30,48	374	31,05	378	31,63	383	32,22	388	32,82	393	33,43	398
16000	33,03	386	33,62	391	34,22	396	34,83	401	35,46	405	36,10	409	36,75	414	37,41	419
17000	36,89	408	37,53	413	38,18	418	38,84	423	39,51	428	40,19	433	40,89	437	41,60	441
18000	40,97	430	41,66	434	42,36	438	43,07	442	43,79	446	44,52	450	45,26	455	46,01	460
19000	45,27	449	46,00	453	46,74	457	47,49	461	48,25	466	49,02	472	49,81	477	50,61	482
20000	49,76		50,53		51,31		52,10		52,91		53,74		54,58		55,43	

 Tabelle 10d. Sekundäre Funktion H.

ξ \ v_0	1040	Diff.	1020	Diff.	1000	Diff.	980	Diff.	960	Diff.	940	Diff.	920	Diff.	900	Diff.
0	0,00	48	0,00	50	0,00	51	0,00	52	0,00	53	0,00	54	0,00	56	0,00	57
500	0,48	52	0,50	52	0,51	54	0,52	55	0,53	57	0,54	58	0,56	59	0,57	60
1000	1,00	111	1,02	114	1,05	116	1,07	119	1,10	121	1,12	124	1,15	127	1,17	130
2000	2,11	123	2,16	125	2,21	128	2,26	131	2,31	134	2,36	137	2,42	140	2,47	144
3000	3,34	137	3,41	140	3,49	143	3,57	146	3,65	149	3,73	153	3,82	157	3,91	162
4000	4,71	153	4,81	157	4,92	160	5,03	164	5,14	169	5,26	174	5,39	178	5,53	182
5000	6,24	173	6,38	177	6,52	182	6,67	187	6,83	191	7,00	195	7,17	201	7,35	207
6000	7,97	192	8,15	198	8,34	204	8,54	209	8,74	215	8,95	221	9,18	227	9,42	233
7000	9,89	217	10,13	222	10,38	227	10,63	233	10,89	239	11,16	245	11,45	250	11,75	256
8000	12,06	242	12,35	247	12,65	252	12,96	258	13,28	264	13,61	270	13,95	276	14,31	282
9000	14,48	266	14,82	272	15,17	278	15,54	283	15,92	288	16,31	293	16,71	298	17,13	303
10000	17,14	290	17,54	295	17,95	301	18,37	306	18,80	311	19,24	316	19,69	321	20,16	326
11000	20,04	315	20,49	320	20,96	324	21,43	329	21,91	334	22,40	339	22,90	344	23,42	349
12000	23,19	340	23,69	344	24,20	348	24,72	353	25,25	358	25,79	363	26,34	368	26,91	372
13000	26,59	363	27,13	367	27,68	372	28,25	376	28,83	380	29,42	385	30,02	390	30,63	395
14000	30,22	383	30,80	388	31,40	393	32,01	398	32,63	403	33,27	407	33,92	412	34,58	417
15000	34,05	403	34,68	408	35,33	413	35,99	418	36,66	423	37,34	428	38,04	433	38,75	438
16000	38,08	424	38,76	429	39,46	434	40,17	439	40,89	444	41,62	449	42,37	454	43,13	459
17000	42,32	445	43,05	450	43,80	455	44,56	460	45,33	465	46,11	470	46,91	475	47,72	480
18000	46,77	466	47,55	471	48,35	476	49,16	481	49,98	486	50,81	491	51,66	495	52,52	500
19000	51,43	486	52,26	491	53,11	496	53,97	501	54,84	506	55,72	511	56,61	516	57,52	521
20000	56,29		57,17		58,07		58,98		59,90		60,83		61,77		62,73	

ξ \ v_0	880	Diff.	860	Diff.	840	Diff.	820	Diff.	800	Diff.	790	Diff.	780	Diff.	770	Diff.
0	0,00	58	0,00	60	0,00	61	0,00	62	0,00	64	0,00	64	0,00	65	0,00	66
500	0,58	62	0,60	63	0,61	64	0,62	66	0,64	67	0,64	69	0,65	70	0,66	71
1000	1,20	133	1,23	136	1,25	140	1,28	144	1,31	148	1,33	150	1,35	152	1,37	154
2000	2,53	148	2,59	153	2,65	158	2,72	162	2,79	167	2,83	169	2,87	171	2,91	173
3000	4,01	167	4,12	171	4,23	176	4,34	181	4,46	186	4,52	189	4,58	192	4,64	195
4000	5,68	187	5,83	193	5,99	198	6,15	204	6,32	210	6,41	212	6,50	215	6,59	218
5000	7,55	212	7,76	218	7,97	224	8,19	230	8,42	236	8,53	239	8,65	241	8,77	244
6000	9,67	239	9,94	244	10,21	250	10,49	256	10,78	262	10,92	265	11,06	268	11,21	271
7000	12,06	262	12,38	269	12,71	275	13,05	281	13,40	287	13,57	290	13,74	293	13,92	296
8000	14,68	288	15,07	293	15,46	299	15,86	305	16,27	311	16,47	314	16,67	317	16,88	330
9000	17,56	309	18,00	315	18,45	321	18,91	327	19,38	332	19,61	335	19,84	338	20,08	341
10000	20,65	331	21,15	336	21,66	341	22,18	346	22,70	352	22,96	355	23,22	358	23,49	361
11000	23,96	353	24,51	358	25,07	363	25,64	368	26,22	373	26,51	375	26,80	378	27,10	380
12000	27,49	376	28,09	380	28,70	384	29,32	389	29,95	394	30,26	397	30,58	399	30,90	402
13000	31,25	400	31,89	404	32,54	408	33,21	412	33,89	416	34,23	418	34,57	421	34,92	423
14000	35,29	422	35,93	427	36,62	432	37,33	436	38,05	441	38,41	443	38,78	445	39,15	447
15000	39,47	443	40,20	448	40,94	453	41,69	459	42,46	465	42,84	468	43,23	470	43,62	473
16000	43,90	464	44,68	470	45,47	476	46,28	482	47,11	487	47,52	490	47,93	493	48,35	495
17000	48,54	486	49,38	491	50,23	496	51,10	501	51,98	507	52,42	510	52,86	514	53,30	518
18000	53,40	505	54,29	510	55,19	516	56,11	521	57,05	527	57,52	531	58,00	534	58,48	538
19000	58,45	526	59,39	531	60,35	536	61,32	543	62,32	550	62,83	553	63,34	556	63,86	559
20000	63,71		64,70		65,71		66,75		67,82		68,36		68,90		69,45	

$\xi \downarrow$ / $v_0 \rightarrow$	760	Diff.	750	Diff.	740	Diff.	730	Diff.	720	Diff.	710	Diff.	700	Diff.	690	Diff.
0	0,00	67	0,00	68	0,00	69	0,00	70	0,00	71	0,00	72	0,00	73	0,00	74
500	0,67	72	0,68	72	0,69	73	0,70	74	0,71	75	0,72	76	0,73	77	0,74	78
1000	1,39	156	1,40	159	1,42	161	1,44	163	1,46	166	1,48	169	1,50	171	1,52	174
2000	2,95	176	2,99	179	3,03	182	3,07	185	3,12	187	3,17	190	3,21	193	3,26	196
3000	4,71	198	4,78	200	4,85	203	4,92	206	4,99	210	5,07	213	5,14	217	5,22	220
4000	6,69	221	6,78	225	6,88	228	6,98	231	7,09	234	7,20	237	7,31	240	7,42	243
5000	8,90	247	9,03	250	9,16	253	9,29	256	9,43	259	9,57	261	9,71	264	9,85	267
6000	11,37	274	11,53	277	11,69	280	11,85	283	12,02	285	12,18	289	12,35	291	12,52	294
7000	14,11	298	14,30	301	14,49	304	14,68	307	14,87	310	15,07	313	15,26	316	15,46	319
8000	17,09	323	17,31	326	17,53	329	17,75	332	17,97	335	18,20	337	18,42	341	18,65	343
9000	20,32	344	20,57	347	20,82	350	21,07	353	21,32	356	21,57	359	21,83	361	22,08	364
10000	23,76	364	24,04	366	24,32	369	24,60	371	24,88	374	25,16	377	25,44	380	25,72	383
11000	27,40	383	27,70	386	28,01	388	28,31	392	28,62	394	28,93	397	29,24	400	29,55	403
12000	31,23	404	31,56	406	31,89	409	32,23	411	32,56	415	32,90	417	33,24	420	33,58	423
13000	35,27	425	35,62	428	35,98	430	36,34	433	36,71	435	37,07	439	37,44	441	37,81	444
14000	39,52	450	39,90	452	40,28	455	40,67	457	41,06	459	41,46	461	41,85	464	42,25	467
15000	44,02	475	44,42	478	44,83	480	45,24	483	45,65	486	46,07	488	46,49	491	46,92	493
16000	48,77	498	49,20	501	49,63	504	50,07	507	50,51	510	50,95	514	51,40	517	51,85	520
17000	53,75	521	54,21	524	54,67	528	55,14	531	55,61	534	56,09	537	56,57	540	57,05	543
18000	58,96	542	59,45	545	59,95	548	60,45	551	60,95	554	61,46	557	61,97	561	62,48	565
19000	64,38	562	64,90	565	65,43	568	65,96	571	66,49	575	67,03	578	67,58	581	68,13	584
20000	70,00		70,55		70,11		71,67		72,24		72,81		73,39		73,97	

$\xi \downarrow$ / $v_0 \rightarrow$	680	Diff.	670	Diff.	660	Diff.	650	Diff.	640	Diff.	630	Diff.	620	Diff.	610	Diff.
0	0,00	75	0,00	76	0,00	77	0,00	78	0,00	79	0,00	81	0,00	82	0,00	83
500	0,75	79	0,76	80	0,77	82	0,78	83	0,79	85	0,81	86	0,82	88	0,83	90
1000	1,54	177	1,56	180	1,59	182	1,61	185	1,64	188	1,67	191	1,70	194	1,73	197
2000	3,31	199	3,36	202	3,41	205	3,46	208	3,52	211	3,58	214	3,64	218	3,70	222
3000	5,30	223	5,38	226	5,46	229	5,54	233	5,63	236	5,72	240	5,82	243	5,92	247
4000	7,53	246	7,64	249	7,75	252	7,87	255	7,99	259	8,12	263	8,25	267	8,39	271
5000	9,99	270	10,13	274	10,27	278	10,42	281	10,58	284	10,75	287	10,92	290	11,10	293
6000	12,69	297	12,87	299	13,05	302	13,23	305	13,42	308	13,62	311	13,82	314	14,03	317
7000	15,66	322	15,86	325	16,07	327	16,28	330	16,50	333	16,73	335	16,96	338	17,20	341
8000	18,88	346	19,11	349	19,34	352	19,58	355	19,83	357	20,08	360	20,34	362	20,61	364
9000	22,34	366	22,60	369	22,86	372	23,13	374	23,40	377	23,68	379	23,96	382	24,25	385
10000	26,00	386	26,29	389	26,58	392	26,87	395	27,17	398	27,47	401	27,78	404	28,10	407
11000	29,86	406	30,18	409	30,50	412	30,82	415	31,15	418	31,48	422	31,82	425	32,17	428
12000	33,92	426	34,27	429	34,62	432	34,97	435	35,33	438	35,70	441	36,07	445	36,45	449
13000	38,18	447	38,56	450	38,94	453	39,32	457	39,71	460	40,11	463	40,52	466	40,94	469
14000	42,65	470	43,06	473	43,47	476	43,89	479	44,31	483	44,74	486	45,18	489	45,63	492
15000	47,35	496	47,79	499	48,23	502	48,68	505	49,14	508	49,60	512	50,07	515	50,55	518
16000	52,31	523	52,78	525	53,25	528	53,73	531	54,22	534	54,72	536	55,22	539	55,73	542
17000	57,54	546	58,03	549	58,53	552	59,04	555	59,56	558	60,08	562	60,61	565	61,15	568
18000	63,00	568	63,52	572	64,05	575	64,59	578	65,14	581	65,70	584	66,26	587	66,83	590
19000	68,68	588	69,24	591	69,80	595	70,37	599	70,95	602	71,54	605	72,13	609	72,73	613
20000	74,56		75,15		75,75		76,36		76,97		77,59		78,22		78,86	

40*

$\downarrow\xi$ \ $v_0\rightarrow$	600	Diff.	590	Diff.	580	Diff.	570	Diff.	560	Diff.	550	Diff.	540	Diff.	530	Diff.
0	0,00		0,00		0,00		0,00		0,00		0,00		0,00		0,00	
500	0,85	85	0,86	86	0,88	88	0,89	89	0,91	91	0,93	93	0,95	95	0,97	97
1000	1,76	91	1,79	93	1,83	95	1,86	97	1,90	99	1,94	101	1,98	103	2,01	104
2000	3,77	201	3,84	205	3,91	208	3,98	212	4,06	216	4,14	220	4,21	223	4,29	228
3000	6,03	226	6,13	229	6,24	233	6,36	238	6,47	241	6,59	245	6,70	249	6,82	253
4000	8,53	250	8,68	255	8,83	259	8,98	262	9,13	266	9,29	270	9,44	274	9,60	278
5000	11,28	275	11,46	278	11,65	282	11,84	286	12,03	290	12,23	294	12,43	299	12,63	303
6000	14,25	297	14,47	301	14,70	305	14,93	309	15,16	313	15,40	317	15,64	321	15,88	325
7000	17,45	320	17,71	324	17,97	327	18,24	331	18,51	335	18,78	338	19,06	342	19,33	345
8000	20,89	344	21,17	346	21,46	349	21,76	352	22,06	355	22,37	359	22,67	361	22,98	365
9000	24,55	366	24,86	369	25,18	372	25,51	375	25,84	378	26,17	380	26,51	384	26,85	387
10000	28,43	388	28,77	391	29,12	394	29,48	397	29,84	400	30,20	403	30,57	406	30,94	409
11000	32,53	410	32,90	413	33,28	416	33,67	419	34,06	422	34,45	425	34,85	428	35,25	431
12000	36,84	431	37,24	434	37,65	437	38,07	440	38,49	443	38,92	447	39,35	450	39,78	453
13000	41,36	452	41,79	455	42,23	458	42,68	461	43,13	464	43,59	467	44,05	470	44,52	474
14000	46,09	473	46,56	477	47,03	480	47,51	483	48,00	487	48,49	490	48,99	494	49,49	497
15000	51,04	495	51,54	498	52,05	502	52,57	506	53,09	509	53,62	513	54,16	517	54,70	521
16000	56,25	521	56,78	524	57,32	527	57,87	530	58,43	534	59,00	538	59,58	542	60,16	546
17000	61,70	545	62,27	549	62,85	553	63,44	557	64,04	561	64,64	564	65,25	567	65,87	571
18000	67,41	571	68,01	574	68,62	577	69,24	580	69,87	583	70,51	587	71,16	591	71,82	595
19000	73,35	594	73,98	597	74,63	601	75,29	605	75,96	609	76,63	612	77,32	616	78,02	620
20000	79,51	616	80,18	620	80,86	623	81,56	627	82,27	631	82,98	635	83,71	639	84,45	643

$\downarrow\xi$ \ $v_0\rightarrow$	520	Diff.	510	Diff.	500	Diff.	490	Diff.	480	Diff.	470	Diff.	460	Diff.	450	Diff.
0	0,00		0,00		0,00		0,00		0,00		0,00		0,00		0,00	
500	0,99	99	1,01	101	1,03	103	1,05	105	1,08	108	1,10	110	1,12	112	1,15	115
1000	2,05	106	2,09	108	2,13	110	2,17	112	2,21	113	2,25	115	2,30	118	2,35	120
2000	4,37	232	4,45	236	4,53	240	4,61	244	4,69	248	4,77	252	4,86	256	4,95	260
3000	6,94	257	7,06	261	7,18	265	7,31	270	7,42	273	7,55	278	7,68	282	7,82	287
4000	9,76	282	9,93	287	10,09	291	10,26	295	10,43	301	10,60	305	10,78	310	10,96	314
5000	12,83	307	13,04	311	13,25	316	13,46	320	13,67	324	13,88	328	14,10	332	14,32	336
6000	16,12	329	16,36	332	16,61	336	16,86	340	17,11	344	17,37	349	17,63	353	17,89	357
7000	19,61	349	19,89	353	20,17	356	20,46	360	20,75	364	21,05	368	21,35	372	21,65	376
8000	23,29	368	23,60	371	23,92	375	24,24	378	24,57	382	24,91	386	25,25	390	25,60	395
9000	27,19	390	27,53	393	27,88	396	28,23	399	28,59	402	28,96	405	29,34	409	29,73	413
10000	31,31	412	31,68	415	32,06	418	32,44	421	32,83	424	33,23	427	33,64	430	34,07	434
11000	35,65	434	36,05	437	36,46	440	36,87	443	37,30	447	37,74	451	38,19	455	38,65	458
12000	40,21	456	40,65	460	41,09	463	41,54	467	42,01	471	42,49	475	42,98	479	43,48	483
13000	44,99	478	45,47	482	45,95	486	46,44	490	46,95	494	47,47	498	48,00	502	48,55	507
14000	50,00	501	50,52	505	51,04	509	51,57	513	52,12	517	52,68	521	53,26	526	53,86	531
15000	55,25	525	55,81	529	56,37	533	56,94	537	57,53	541	58,14	546	58,77	551	59,42	556
16000	60,75	550	61,35	554	61,95	558	62,57	563	63,20	567	63,85	571	64,53	576	65,23	581
17000	66,50	575	67,14	579	67,78	583	68,44	587	69,12	592	69,82	597	70,54	601	71,29	606
18000	72,49	599	73,18	604	73,87	609	74,58	614	75,30	618	76,04	622	76,81	627	77,61	632
19000	78,73	624	79,46	628	80,20	633	80,95	637	81,72	642	82,51	647	83,33	652	84,18	657
20000	85,21	648	85,98	652	86,77	657	87,57	662	88,39	667	89,23	672	90,10	677	91,01	683

$\xi \backslash v_0$	440	Diff.	430	Diff.	420	Diff.	410	Diff.	400	Diff.	390	Diff.	380	Diff.	370	Diff.
0	0,00		0,00		0,00		0,00		0,00		0,00		0,00		0,00	
500	1,17	117	1,20	120	1,23	123	1,26	126	1,29	129	1,32	132	1,35	135	1,39	139
1000	2,40	123	2,45	125	2,51	128	2,57	131	2,63	134	2,69	137	2,76	141	2,83	144
2000	5,05	265	5,15	270	5,26	275	5,37	280	5,49	286	5,61	292	5,74	298	5,87	304
3000	7,96	291	8,11	296	8,26	300	8,42	305	8,59	310	8,76	315	8,94	320	9,13	326
4000	11,14	318	11,33	322	11,53	327	11,73	331	11,94	335	12,16	340	12,39	345	12,63	350
5000	14,55	341	14,78	345	15,02	349	15,27	354	15,53	359	15,80	364	16,08	369	16,37	374
6000	18,16	361	18,43	365	18,71	369	19,01	374	19,32	379	19,64	384	19,97	389	20,31	394
7000	21,96	380	22,28	385	22,61	390	22,95	394	23,30	398	23,67	403	24,06	409	24,46	415
8000	25,95	399	26,31	403	26,68	407	27,07	412	27,47	417	27,89	422	28,34	428	28,81	435
9000	30,13	418	30,53	422	30,94	426	31,37	430	31,83	436	32,31	442	32,82	448	33,36	455
10000	34,50	437	34,94	441	35,40	446	35,88	451	36,39	456	36,93	462	37,50	468	38,11	475
11000	39,12	462	39,61	467	40,11	471	40,64	476	41,20	481	41,79	486	42,42	492	43,09	498
12000	43,99	487	44,52	491	45,07	496	45,65	501	46,26	506	46,91	512	47,60	518	48,33	524
13000	49,12	513	49,70	518	50,30	523	50,94	529	51,61	535	52,32	541	53,06	546	53,84	551
14000	54,48	536	55,12	542	55,79	549	56,49	555	57,22	561	57,99	567	58,79	573	59,64	580
15000	60,09	561	60,79	567	61,52	573	62,28	579	63,08	586	63,91	592	64,78	599	65,69	605
16000	65,95	586	66,70	591	67,49	597	68,32	604	69,18	610	70,08	617	71,02	624	72,01	632
17000	72,07	612	72,88	618	73,72	623	74,61	629	75,54	636	76,51	643	77,53	651	78,60	659
18000	78,44	637	79,30	642	80,20	648	81,15	654	82,15	661	83,20	669	84,30	677	85,46	686
19000	85,07	663	86,00	670	86,96	676	87,97	682	89,03	688	90,15	695	91,33	703	92,58	712
20000	91,96	689	92,94	694	93,96	700	95,03	706	96,16	713	97,35	720	98,61	728	99,95	737

$\xi \backslash v_0$	360	Diff.	350	Diff.	340	Diff.	330	Diff.	320	Diff.	310	Diff.	300	Diff.	290	Diff.
0	0,00		0,00		0,00		0,00		0,00		0,00		0,00		0,00	
500	1,42	142	1,46	146	1,50	150	1,54	154	1,59	159	1,64	164	1,69	169	1,75	175
1000	2,90	148	2,98	152	3,06	156	3,15	161	3,24	165	3,34	170	3,44	175	3,55	180
2000	6,01	311	6,15	317	6,30	324	6,47	332	6,65	341	6,85	351	7,06	362	7,28	373
3000	9,33	332	9,53	338	9,75	345	10,00	353	10,27	362	10,57	372	10,89	383	11,23	395
4000	12,88	355	13,14	361	13,43	368	13,75	375	14,11	384	14,51	394	14,94	405	15,40	417
5000	16,67	379	16,99	385	17,34	391	17,73	398	18,17	406	18,66	415	19,20	426	19,79	439
6000	20,67	400	21,06	407	21,48	414	21,95	422	22,47	430	23,05	439	23,69	449	24,40	461
7000	24,89	422	25,35	429	25,84	436	26,39	444	27,00	453	27,68	463	28,43	474	29,26	486
8000	29,31	442	29,85	450	30,43	459	31,06	467	31,76	476	32,54	486	33,41	498	34,37	511
9000	33,94	463	34,55	470	35,20	477	35,91	485	36,71	495	37,61	507	38,60	519	39,70	533
10000	38,76	482	39,45	490	40,18	498	40,97	506	41,87	516	42,88	527	44,00	540	45,24	554
11000	43,80	504	44,56	511	45,37	519	46,26	529	47,25	538	48,36	548	49,60	560	50,99	575
12000	49,10	530	49,93	537	50,81	544	51,79	553	52,87	562	54,09	573	55,44	584	56,97	598
13000	54,68	558	55,57	564	56,52	571	57,59	580	58,76	589	60,08	599	61,55	611	63,20	623
14000	60,53	585	61,47	590	62,51	599	63,66	607	64,93	617	66,35	627	67,94	639	69,72	652
15000	66,66	613	67,69	622	68,79	628	70,03	637	71,39	646	72,91	656	74,63	669	76,57	685
16000	73,06	640	74,17	648	75,37	658	76,69	666	78,15	676	79,79	688	81,64	701	83,75	718
17000	79,73	667	80,93	676	82,22	685	83,65	696	85,22	707	86,99	720	88,99	735	91,28	753
18000	86,68	695	87,98	705	89,37	715	90,91	726	92,61	739	94,53	754	96,70	771	99,18	790
19000	93,90	722	95,31	733	96,83	746	98,48	757	100,32	771	102,40	787	104,77	807	107,47	829
20000	101,38	748	102,91	760	104,55	772	106,35	787	108,34	802	110,60	820	113,21	844	116,16	869

Tabelle 10d. Sekundäre Funktion H.

ξ \ v_0	280	Diff.	270	Diff.	260	Diff.	250	Diff.	240	Diff.	230	Diff.	220	Diff.	210	Diff.
0	0,00	181	0,00	187	0,00	194	0,00	201	0,00	209	0,00	218	0,00	228	0,00	239
500	1,81	186	1,87	193	1,94	201	2,01	211	2,09	221	2,18	231	2,28	242	2,39	253
1000	3,67	385	3,80	399	3,95	415	4,12	433	4,30	452	4,49	472	4,70	492	4,92	514
2000	7,52	408	7,79	422	8,10	437	8,45	454	8,82	472	9,21	492	9,62	514	10,06	537
3000	11,60	430	12,01	445	12,47	460	12,99	475	13,54	493	14,13	513	14,76	535	15,43	559
4000	15,90	453	16,46	467	17,07	483	17,74	500	18,47	518	19,26	537	20,11	559	21,02	582
5000	20,43	475	21,13	490	21,90	506	22,74	523	23,65	541	24,63	561	25,70	582	26,84	606
6000	25,18	499	26,03	514	26,96	531	27,97	549	29,06	568	30,24	588	31,52	609	32,90	633
7000	30,17	525	31,17	539	32,27	555	33,46	573	34,74	594	36,12	616	37,61	639	39,23	663
8000	35,42	548	36,56	564	37,82	582	39,19	602	40,68	623	42,28	645	44,00	669	45,86	695
9000	40,90	570	42,20	589	43,64	608	45,21	628	46,91	649	48,73	673	50,69	700	52,81	728
10000	46,60	592	48,09	611	49,72	631	51,49	653	53,40	675	55,46	701	57,69	730	60,09	760
11000	52,52	614	54,20	633	56,03	654	58,02	677	60,15	702	62,47	729	64,99	759	67,69	792
12000	58,66	638	60,53	657	62,57	678	64,79	702	67,17	728	69,76	758	72,58	789	75,61	822
13000	65,04	668	67,10	685	69,35	706	71,81	729	74,45	757	77,34	786	80,47	818	83,83	853
14000	71,72	702	73,95	720	76,41	740	79,10	763	82,02	790	85,20	818	88,65	851	92,36	888
15000	78,74	737	81,15	757	83,81	778	86,73	801	89,92	827	93,38	856	97,16	889	101,24	926
16000	86,11	773	88,72	795	91,59	819	94,74	845	98,19	871	101,94	902	106,05	936	110,50	974
17000	93,84	812	96,67	836	99,78	863	103,19	892	106,90	921	110,96	953	115,41	988	120,24	1027
18000	101,96	853	105,03	880	108,41	910	112,11	942	116,11	976	120,49	1012	125,29	1051	130,51	1092
19000	110,49	897	113,83	927	117,51	959	121,53	994	125,87	1035	130,61	1077	135,80	1122	141,43	1167
20000	119,46		123,10		127,10		131,47		136,22		141,38		147,02		153,10	

ξ \ v_0	200	Diff.	190	Diff.	180	Diff.	170	Diff.	160	Diff.	150	Diff.	140	Diff.	130	Diff.
0	0,00	251	0,00	264	0,00	278	0,00	294	0,00	313	0,00	335	0,00	361	0,00	391
500	2,51	265	2,64	277	2,78	291	2,94	307	3,13	324	3,35	344	3,61	368	3,91	396
1000	5,16	538	5,41	565	5,69	594	6,01	626	6,37	664	6,79	709	7,29	762	7,87	824
2000	10,54	561	11,06	587	11,63	617	12,27	652	13,01	692	13,88	739	14,91	795	16,11	861
3000	16,15	585	16,93	613	17,80	642	18,79	678	19,93	720	21,27	770	22,86	829	24,72	897
4000	22,00	607	23,06	634	24,22	669	25,57	707	27,13	750	28,97	802	31,15	863	33,69	935
5000	28,07	632	29,40	661	30,91	698	32,64	738	34,63	784	36,99	838	39,78	901	43,04	975
6000	34,39	661	36,01	693	37,89	724	40,02	768	42,47	819	45,37	877	48,79	942	52,79	1018
7000	41,00	688	42,94	717	45,13	757	47,70	801	50,66	854	54,14	916	58,21	985	62,97	1064
8000	47,88	723	50,11	754	52,70	792	55,71	838	59,20	892	63,30	957	68,06	1030	73,61	1112
9000	55,11	757	57,65	792	60,62	832	64,09	879	68,12	936	72,87	1002	78,36	1077	84,73	1162
10000	62,68	791	65,57	829	68,94	870	72,88	925	77,48	984	82,89	1051	89,13	1127	96,35	1213
11000	70,59	826	73,86	865	77,64	909	82,13	965	87,32	1029	93,40	1100	100,40	1179	108,48	1268
12000	78,85	860	82,51	901	86,73	950	91,78	1007	97,61	1073	104,40	1148	112,19	1231	121,16	1323
13000	87,45	893	91,52	938	96,23	991	101,85	1048	108,34	1116	115,88	1194	124,50	1281	134,39	1378
14000	96,38	929	100,90	976	106,14	1032	112,33	1090	119,50	1161	127,82	1241	137,31	1331	148,17	1432
15000	105,67	968	110,66	1017	116,46	1073	123,23	1134	131,11	1206	140,23	1288	150,62	1381	162,49	1488
16000	115,35	1016	120,83	1066	127,19	1121	134,57	1184	143,17	1257	153,11	1340	164,43	1436	177,37	1545
17000	125,51	1072	131,49	1121	138,40	1178	146,41	1242	155,74	1316	166,51	1400	178,79	1496	192,82	1606
18000	136,23	1137	142,70	1187	150,18	1245	158,83	1311	168,90	1386	180,51	1471	193,75	1567	208,88	1678
19000	147,60	1214	154,57	1266	162,63	1322	171,94	1391	182,76	1467	195,22	1553	209,42	1650	225,66	1761
20000	159,74		167,23		175,85		185,85		197,43		210,75		225,92		243,27	

ξ \ v_0	120	Diff.	110	Diff.	100	Diff.	90	Diff.	80	Diff.	70	Diff.	60	Diff.
0	0,00	425	0,00	464	0,00	509	0,00	562	0,00	627	0,00	712	0,00	836
500	4,25	429	4,64	468	5,09	516	5,62	576	6,27	651	7,12	752	8,36	857
1000	8,54	896	9,32	980	10,25	1078	11,38	1193	12,78	1328	14,64	1516	16,93	1767
2000	17,50	937	19,12	1026	21,03	1130	23,31	1250	26,06	1389	29,80	1585	34,60	1860
3000	26,87	978	29,38	1072	32,33	1182	35,81	1307	39,95	1451	45,65	1641	53,20	1981
4000	36,65	1019	40,10	1117	44,15	1230	48,88	1362	54,46	1516	62,06	1722	73,01	2077
5000	46,84	1061	51,27	1160	56,45	1275	62,50	1414	69,62	1581	79,28	1791	93,78	2141
6000	57,45	1104	62,87	1205	69,20	1323	76,64	1466	85,43	1641	97,19	1897	115,19	2206
7000	68,49	1151	74,92	1253	82,43	1373	91,30	1521	101,84	1699	116,16	2019	137,25	2271
8000	80,00	1204	87,45	1307	96,16	1429	106,51	1581	118,83	1758	136,35	2099	159,96	2363
9000	92,04	1258	100,52	1367	110,45	1491	122,32	1646	136,41	1820	157,34	2160	183,59	2463
10000	104,62	1312	114,19	1428	125,36	1558	138,78	1718	154,61	1911	178,94	2232	208,22	2597
11000	117,74	1369	128,47	1489	140,94	1629	155,96	1797	173,72	2015	201,26	2294	234,19	2778
12000	131,43	1428	143,36	1552	157,23	1703	173,93	1883	193,87	2130	224,20	2402	261,97	2920
13000	145,71	1488	158,88	1617	174,26	1777	192,76	1976	215,17	2252	248,22	2498	291,17	3016
14000	160,59	1549	175,05	1685	192,03	1853	212,52	2073	237,69	2376	273,20	2623	321,33	3102
15000	176,08	1612	191,90	1758	210,56	1933	233,25	2171	261,45	2493	299,43	2895	352,35	3184
16000	192,20	1676	209,48	1833	229,89	2018	254,96	2270	286,38	2604	328,38	2952	384,19	
17000	208,96	1740	227,81	1909	250,07	2110	277,66	2372	312,42	2716	357,90	3046		
18000	226,36	1812	246,90	1986	271,17	2208	301,38	2476	339,58	2830	388,36	3130		
19000	244,48	1896	266,76	2068	293,25	2313	326,14	2583	367,88	2945	419,66			
20000	263,44		287,44		316,38		351,97		397,33					

Tabelle 10e. Sekundäre Funktion L; vgl. § 30.

ξ \ v_0	1200	Diff.	1180	Diff.	1160	Diff.	1140	Diff.	1120	Diff.	1100	Diff.	1080	Diff.	1060	Diff.
0	0,000	6	0,000	6	0,000	7	0,000	7	0,000	7	0,000	8	0,000	8	0,000	9
500	0,006	8	0,006	8	0,007	8	0,007	9	0,007	10	0,008	10	0,008	10	0,009	10
1000	0,014	18	0,014	19	0,015	19	0,016	20	0,017	21	0,018	21	0,018	22	0,019	23
2000	0,032	22	0,033	23	0,034	24	0,036	24	0,038	24	0,039	26	0,040	27	0,042	28
3000	0,054	26	0,056	26	0,058	26	0,060	28	0,062	30	0,065	31	0,067	33	0,070	34
4000	0,080	30	0,082	32	0,084	35	0,088	36	0,092	37	0,096	39	0,100	41	0,104	43
5000	0,110	39	0,114	40	0,119	42	0,124	44	0,129	47	0,135	49	0,141	51	0,147	54
6000	0,149	50	0,154	52	0,161	54	0,168	57	0,176	60	0,184	63	0,192	67	0,201	70
7000	0,199	62	0,206	66	0,215	70	0,225	73	0,236	76	0,247	81	0,259	85	0,271	89
8000	0,261	79	0,272	84	0,285	88	0,298	93	0,312	98	0,328	102	0,344	106	0,360	111
9000	0,340	102	0,356	107	0,373	112	0,391	117	0,410	122	0,430	126	0,450	131	0,471	136
10000	0,442	126	0,463	131	0,485	136	0,508	142	0,532	147	0,556	152	0,581	158	0,607	165
11000	0,568	153	0,594	157	0,621	162	0,650	167	0,679	174	0,708	181	0,739	187	0,772	193
12000	0,721	180	0,751	185	0,783	190	0,817	196	0,853	202	0,889	208	0,926	215	0,965	222
13000	0,901	207	0,936	212	0,973	218	1,013	223	1,055	229	1,097	236	1,141	244	1,187	251
14000	1,108	234	1,148	240	1,191	246	1,236	252	1,284	257	1,333	264	1,385	271	1,438	279
15000	1,342	262	1,388	268	1,437	274	1,488	280	1,541	287	1,597	294	1,656	301	1,717	308
16000	1,604	294	1,656	299	1,711	304	1,768	311	1,828	319	1,891	326	1,957	332	2,025	338
17000	1,898	327	1,955	332	2,015	338	2,079	345	2,147	353	2,217	361	2,289	368	2,363	375
18000	2,225	362	2,287	369	2,353	377	2,424	385	2,500	393	2,578	401	2,657	409	2,738	417
19000	2,587	400	2,656	409	2,730	418	2,809	427	2,893	436	2,979	446	3,066	457	3,155	466
20000	2,987		3,065		3,148		3,236		3,329		3,425		3,523		3,621	

$\xi \quad v_0$	1040	Diff.	1020	Diff.	1000	Diff.	980	Diff.	960	Diff.	940	Diff.	920	Diff.	900	Diff.
0	0,000		0,000		0,000		0,000		0,000		0,000		0,000		0,000	
500	0,009	9	0,009	9	0,010	10	0,010	10	0,011	11	0,011	11	0,012	12	0,012	12
1000	0,020	11	0,021	12	0,022	12	0,023	13	0,024	13	0,025	14	0,026	14	0,027	15
2000	0,044	24	0,046	25	0,048	26	0,050	27	0,052	28	0,054	29	0,057	31	0,059	32
3000	0,073	29	0,076	30	0,080	32	0,083	33	0,087	35	0,091	37	0,095	38	0,099	40
4000	0,109	36	0,114	38	0,119	39	0,125	42	0,131	44	0,138	47	0,145	50	0,153	54
5000	0,154	45	0,162	48	0,170	51	0,178	53	0,187	56	0,197	59	0,207	62	0,218	65
6000	0,211	57	0,223	61	0,235	65	0,247	69	0,259	72	0,273	76	0,288	81	0,303	85
7000	0,284	73	0,299	76	0,316	81	0,333	86	0,350	91	0,369	96	0,389	101	0,409	106
8000	0,377	93	0,396	97	0,417	101	0,439	106	0,462	112	0,487	118	0,513	124	0,539	130
9000	0,493	116	0,517	121	0,543	126	0,571	132	0,601	139	0,631	144	0,663	150	0,695	156
10000	0,635	142	0,665	148	0,697	154	0,731	160	0,767	166	0,803	172	0,841	178	0,879	184
11000	0,806	171	0,842	177	0,880	183	0,920	189	0,962	195	1,004	201	1,048	207	1,092	213
12000	1,006	200	1,048	206	1,092	212	1,138	218	1,186	224	1,234	230	1,284	236	1,335	243
13000	1,234	228	1,283	235	1,333	241	1,385	247	1,439	253	1,493	259	1,549	265	1,607	272
14000	1,492	258	1,547	264	1,603	270	1,661	276	1,721	282	1,781	288	1,843	294	1,908	301
15000	1,778	286	1,840	293	1,902	299	1,966	305	2,032	311	2,099	318	2,168	325	2,239	331
16000	2,093	315	2,162	322	2,231	329	2,301	335	2,373	341	2,447	348	2,524	356	2,604	365
17000	2,438	345	2,515	353	2,592	361	2,670	369	2,750	377	2,833	386	2,919	395	3,009	405
18000	2,821	383	2,906	391	2,992	400	3,078	408	3,167	417	3,260	427	3,357	438	3,458	449
19000	3,246	425	3,340	434	3,436	444	3,534	456	3,634	467	3,737	477	3,844	487	3,955	497
20000	3,721	475	3,824	484	3,930	494	4,039	505	4,151	517	4,266	529	4,384	540	4,505	550

$\xi \quad v_0$	880	Diff.	860	Diff.	840	Diff.	820	Diff.	800	Diff.	790	Diff.	780	Diff.	770	Diff.
0	0,000		0,000		0,000		0,000		0,000		0,000		0,000		0,000	
500	0,013	13	0,013	13	0,013	13	0,014	14	0,015	15	0,016	16	0,016	16	0,017	17
1000	0,028	15	0,029	16	0,030	17	0,032	18	0,034	19	0,035	19	0,036	20	0,037	20
2000	0,061	33	0,064	35	0,068	38	0,072	40	0,076	42	0,078	43	0,080	44	0,082	45
3000	0,104	43	0,109	45	0,115	47	0,122	50	0,129	53	0,133	55	0,137	57	0,141	59
4000	0,160	56	0,168	59	0,177	62	0,186	64	0,198	69	0,204	71	0,210	73	0,216	75
5000	0,229	69	0,241	73	0,254	77	0,268	82	0,284	86	0,293	89	0,302	92	0,311	95
6000	0,319	90	0,335	94	0,352	98	0,371	103	0,393	109	0,405	112	0,417	115	0,429	118
7000	0,429	110	0,451	116	0,475	123	0,501	130	0,529	136	0,544	139	0,559	142	0,574	145
8000	0,565	136	0,592	141	0,622	147	0,655	154	0,691	162	0,709	165	0,727	168	0,746	172
9000	0,727	162	0,762	170	0,799	177	0,838	183	0,880	189	0,902	193	0,924	197	0,946	200
10000	0,918	191	0,960	198	1,005	206	1,051	213	1,099	219	1,124	222	1,149	225	1,175	229
11000	1,138	220	1,187	227	1,239	234	1,292	241	1,346	247	1,374	250	1,403	254	1,432	257
12000	1,388	250	1,444	257	1,502	263	1,562	270	1,622	276	1,654	280	1,686	283	1,719	287
13000	1,667	279	1,730	286	1,795	293	1,861	299	1,927	305	1,962	308	1,998	312	2,034	315
14000	1,976	309	2,045	315	2,117	322	2,190	329	2,261	334	2,301	339	2,342	344	2,383	349
15000	2,313	337	2,390	345	2,470	353	2,553	363	2,635	374	2,680	379	2,725	383	2,770	387
16000	2,687	374	2,773	383	2,863	393	2,956	403	3,051	416	3,100	420	3,149	424	3,199	429
17000	3,102	415	3,199	426	3,299	436	3,403	447	3,510	459	3,564	464	3,619	470	3,674	475
18000	3,562	460	3,670	471	3,781	482	3,897	494	4,016	506	4,076	512	4,137	518	4,198	524
19000	4,070	508	4,189	519	4,312	531	4,439	542	4,570	554	4,637	561	4,705	568	4,773	575
20000	4,630	560	4,760	571	4,895	583	5,035	596	5,179	609	5,253	616	5,328	623	5,403	630

ξ \ v_0	760	Diff.	750	Diff.	740	Diff.	730	Diff.	720	Diff.	710	Diff.	700	Diff.	690	Diff.
0	0,000	17	0,000	18	0,000	18	0,000	19	0,000	19	0,000	19	0,000	20	0,000	20
500	0,017	21	0,018	21	0,018	22	0,019	22	0,019	23	0,019	24	0,020	24	0,020	25
1000	0,038	46	0,039	48	0,040	50	0,041	52	0,042	54	0,043	56	0,044	58	0,045	60
2000	0,084	61	0,087	63	0,090	65	0,093	67	0,096	69	0,099	71	0,102	73	0,105	75
3000	0,145	78	0,150	80	0,155	82	0,160	84	0,165	86	0,170	89	0,175	92	0,180	95
4000	0,223	97	0,230	99	0,237	102	0,244	105	0,251	108	0,259	110	0,267	113	0,275	117
5000	0,320	121	0,329	124	0,339	127	0,349	130	0,359	133	0,369	136	0,380	139	0,392	142
6000	0,441	148	0,453	151	0,466	154	0,479	157	0,492	160	0,505	164	0,519	168	0,534	172
7000	0,589	176	0,604	180	0,620	183	0,636	187	0,652	191	0,669	195	0,687	198	0,706	201
8000	0,765	204	0,784	208	0,803	213	0,823	217	0,843	221	0,864	224	0,885	227	0,907	230
9000	0,969	232	0,992	236	1,016	239	1,040	243	1,064	247	1,088	251	1,112	255	1,137	258
10000	1,201	261	1,228	264	1,255	268	1,283	271	1,311	274	1,339	278	1,367	282	1,395	286
11000	1,462	290	1,492	293	1,523	296	1,554	299	1,585	303	1,617	307	1,649	311	1,681	316
12000	1,752	319	1,785	323	1,819	326	1,853	330	1,888	334	1,924	338	1,960	342	1,997	346
13000	2,071	353	2,108	357	2,145	362	2,183	362	2,222	370	2,262	374	2,302	380	2,343	387
14000	2,424	391	2,465	396	2,507	401	2,549	407	2,592	413	2,636	419	2,682	425	2,730	431
15000	2,815	435	2,861	441	2,908	447	2,956	453	3,005	459	3,055	465	3,107	471	3,161	477
16000	3,250	480	3,302	486	3,355	493	3,409	500	3,464	507	3,520	514	3,578	520	3,638	525
17000	3,730	530	3,788	536	3,848	542	3,909	548	3,971	555	4,034	562	4,098	569	4,163	576
18000	4,260	582	4,324	588	4,390	594	4,457	601	4,526	607	4,596	613	4,667	619	4,739	626
19000	4,842	637	4,912	644	4,984	650	5,058	656	5,133	662	5,209	668	5,286	675	5,365	682
20000	5,479		5,556		5,634		5,714		5,795		5,877		5,961		6,047	

ξ \ v_0	680	Diff.	670	Diff.	660	Diff.	650	Diff.	640	Diff.	630	Diff.	620	Diff.	610	Diff.
0	0,000	21	0,000	22	0,000	23	0,000	24	0,000	25	0,000	25	0,000	26	0,000	27
500	0,021	26	0,022	27	0,023	28	0,024	29	0,025	30	0,025	32	0,026	33	0,027	34
1000	0,047	61	0,049	63	0,051	65	0,053	67	0,055	69	0,057	71	0,059	73	0,061	75
2000	0,108	78	0,112	80	0,116	82	0,120	85	0,124	88	0,128	91	0,132	94	0,136	97
3000	0,186	97	0,192	100	0,198	103	0,205	106	0,212	109	0,219	112	0,226	115	0,233	119
4000	0,283	121	0,292	124	0,301	128	0,311	131	0,321	134	0,331	138	0,341	142	0,352	146
5000	0,404	146	0,416	150	0,429	154	0,442	158	0,455	162	0,469	166	0,483	170	0,498	174
6000	0,550	176	0,566	180	0,583	183	0,600	186	0,617	190	0,635	194	0,653	199	0,672	203
7000	0,726	204	0,746	207	0,766	211	0,786	215	0,807	219	0,829	223	0,852	227	0,875	232
8000	0,930	233	0,953	236	0,977	239	1,001	243	1,026	247	1,052	251	1,079	255	1,107	259
9000	1,163	261	1,189	265	1,216	269	1,244	273	1,273	277	1,303	281	1,334	285	1,366	289
10000	1,424	290	1,454	294	1,485	298	1,517	302	1,550	306	1,584	310	1,619	314	1,655	318
11000	1,714	320	1,748	324	1,783	328	1,819	332	1,856	336	1,894	340	1,933	345	1,973	351
12000	2,034	352	2,072	358	2,111	364	2,151	369	2,192	374	2,234	380	2,278	386	2,324	392
13000	2,386	393	2,430	399	2,475	405	2,520	411	2,566	417	2,614	423	2,664	429	2,716	434
14000	2,779	437	2,829	443	2,880	449	2,931	455	2,983	461	3,037	467	3,093	473	3,150	480
15000	3,216	483	3,272	489	3,329	495	3,386	501	3,444	507	3,504	513	3,566	519	3,630	525
16000	3,699	530	3,761	536	3,824	543	3,887	550	3,951	557	4,017	564	4,085	571	4,155	578
17000	4,229	583	4,297	589	4,367	595	4,437	603	4,508	611	4,581	618	4,656	625	4,733	632
18000	4,812	634	4,886	642	4,962	649	5,040	656	5,119	663	4,199	671	5,281	679	5,365	687
19000	5,446	689	5,528	697	5,611	706	5,696	714	5,782	723	5,870	731	5,960	739	6,052	747
20000	6,135		6,225		6,317		6,410		6,505		6,601		6,699		6,799	

Tabelle 10e. Sekundäre Funktion L.

$\xi \downarrow \quad v_0 \rightarrow$	600	Diff.	590	Diff.	580	Diff.	570	Diff.	560	Diff.	550	Diff.	540	Diff.	530	Diff.
0	0,000	28	0,000	29	0,000	30	0,000	31	0,000	32	0,000	33	0,000	34	0,000	35
500	0,028	35	0,029	36	0,030	37	0,031	38	0,032	39	0,033	41	0,034	43	0,035	45
1000	0,063	78	0,065	81	0,067	84	0,069	87	0,071	90	0,074	93	0,077	96	0,080	100
2000	0,141	99	0,146	102	0,151	105	0,156	109	0,161	113	0,167	117	0,173	121	0,180	125
3000	0,240	123	0,248	126	0,256	130	0,265	135	0,274	140	0,284	144	0,294	148	0,305	152
4000	0,363	150	0,374	155	0,386	159	0,400	163	0,414	167	0,428	171	0,442	176	0,457	181
5000	0,513	179	0,529	183	0,545	188	0,563	192	0,581	196	0,599	200	0,618	204	0,638	208
6000	0,692	207	0,712	212	0,733	216	0,755	220	0,777	224	0,799	228	0,822	232	0,846	235
7000	0,899	236	0,924	240	0,949	244	0,975	248	1,001	252	1,027	256	1,054	260	1,081	265
8000	1,135	264	1,164	268	1,193	272	1,223	276	1,253	280	1,283	285	1,314	289	1,346	293
9000	1,399	293	1,432	297	1,465	301	1,499	305	1,533	309	1,568	313	1,603	318	1,639	323
10000	1,692	322	1,729	326	1,766	330	1,804	334	1,842	339	1,881	344	1,921	350	1,962	356
11000	2,014	357	2,055	363	2,096	369	2,138	374	2,181	379	2,225	385	2,271	391	2,318	397
12000	2,371	398	2,418	404	2,465	410	2,512	416	2,560	422	2,610	428	2,662	434	2,715	441
13000	2,769	439	2,822	445	2,875	452	2,928	460	2,982	468	3,038	475	3,096	481	3,156	488
14000	3,208	487	3,267	494	3,327	501	3,388	508	3,450	515	3,513	522	3,577	530	3,644	538
15000	3,695	532	3,761	540	3,828	548	3,896	556	3,965	564	4,035	572	4,107	580	4,182	588
16000	4,227	585	4,301	592	4,376	600	4,452	608	4,529	616	4,607	625	4,687	634	4,770	643
17000	4,812	639	4,893	646	4,976	653	5,060	661	5,145	670	5,232	679	5,321	689	5,413	699
18000	5,451	695	5,539	703	5,629	711	5,721	719	5,815	728	5,911	738	6,010	748	6,112	758
19000	6,146	755	6,242	763	6,340	771	6,440	780	6,543	789	6,649	798	6,758	807	6,870	817
20000	6,901		7,005		7,111		7,220		7,332		7,447		7,565		7,687	

$\xi \downarrow \quad v_0 \rightarrow$	520	Diff.	510	Diff.	500	Diff.	490	Diff.	480	Diff.	470	Diff.	460	Diff.	450	Diff.
0	0,000	36	0,000	37	0,000	39	0,000	41	0,000	43	0,000	45	0,000	47	0,000	49
500	0,036	47	0,037	49	0,039	51	0,041	53	0,043	55	0,045	57	0,047	59	0,049	61
1000	0,083	104	0,086	108	0,090	112	0,094	116	0,098	120	0,102	124	0,106	129	0,110	134
2000	0,187	129	0,194	134	0,202	138	0,210	142	0,218	146	0,226	151	0,235	156	0,244	161
3000	0,316	157	0,328	161	0,340	165	0,352	170	0,364	175	0,377	180	0,391	185	0,405	190
4000	0,473	185	0,489	189	0,505	193	0,522	198	0,539	203	0,557	208	0,576	213	0,595	219
5000	0,658	212	0,678	216	0,698	221	0,720	226	0,742	231	0,765	236	0,789	241	0,814	247
6000	0,870	240	0,894	245	0,919	250	0,946	255	0,973	260	1,001	265	1,030	270	1,061	276
7000	1,110	269	1,139	273	1,169	278	1,201	283	1,233	288	1,266	294	1,300	300	1,337	306
8000	1,379	297	1,412	302	1,447	307	1,484	312	1,521	317	1,560	322	1,600	328	1,643	334
9000	1,676	328	1,714	333	1,754	339	1,796	345	1,838	351	1,882	357	1,928	364	1,977	372
10000	2,004	362	2,047	369	2,093	376	2,141	383	2,189	390	2,239	397	2,292	405	2,349	414
11000	2,366	404	2,416	411	2,469	419	2,524	427	2,579	435	2,636	443	2,697	451	2,763	459
12000	2,770	448	2,827	456	2,888	464	2,951	472	3,014	480	3,079	489	3,148	498	3,222	507
13000	3,218	496	3,283	504	3,352	512	3,423	521	3,494	530	3,568	539	3,646	548	3,729	557
14000	3,714	546	3,787	554	3,864	562	3,944	571	4,024	580	4,107	590	4,194	600	4,286	610
15000	4,260	597	4,341	606	4,426	615	4,515	624	4,604	634	4,697	644	4,794	654	4,896	664
16000	4,857	651	4,947	660	5,041	670	5,139	680	5,238	690	5,341	700	5,448	711	5,560	722
17000	5,508	709	5,607	718	5,711	727	5,819	737	5,928	747	6,041	758	6,159	770	6,282	783
18000	6,217	768	6,325	778	6,438	788	6,556	798	6,675	809	6,799	821	6,929	835	7,065	850
19000	6,985	828	7,103	840	7,226	852	7,354	864	7,484	876	7,620	888	7,764	902	7,915	918
20000	7,813		7,943		8,078		8,218		8,360		8,508		8,666		8,833	

ξ \ v_0	440	Diff.	430	Diff.	420	Diff.	410	Diff.	400	Diff.	390	Diff.	380	Diff.	370	Diff.
0	0,000		0,000		0,000		0,000		0,000		0,000		0,000		0,000	
		51		53		55		58		61		64		68		72
500	0,051		0,053		0,055		0,058		0,061		0,064		0,068		0,072	
		63		66		69		72		75		78		82		86
1000	0,114		0,119		0,124		0,130		0,136		0,142		0,150		0,158	
		139		145		151		157		164		171		178		185
2000	0,253		0,264		0,275		0,287		0,300		0,313		0,328		0,343	
		167		173		179		185		192		199		206		213
3000	0,420		0,437		0,454		0,472		0,492		0,512		0,534		0,556	
		195		201		207		213		220		227		234		242
4000	0,615		0,638		0,661		0,685		0,712		0,739		0,768		0,798	
		225		231		237		243		249		256		263		271
5000	0,840		0,869		0,898		0,928		0,961		0,995		1,031		1,069	
		253		259		265		271		278		285		292		300
6000	1,093		1,128		1,163		1,199		1,239		1,280		1,323		1,369	
		282		288		294		300		307		314		321		329
7000	1,375		1,416		1,457		1,499		1,546		1,594		1,644		1,698	
		312		318		324		330		337		345		354		364
8000	1,687		1,734		1,781		1,829		1,883		1,939		1,998		2,062	
		341		349		357		365		374		384		395		407
9000	2,028		2,083		2,138		2,194		2,257		2,323		2,393		2,469	
		380		389		398		407		417		428		439		451
10000	2,408		2,472		2,536		2,601		2,674		2,751		2,832		2,920	
		423		432		441		451		462		474		486		499
11000	2,831		2,904		2,977		3,052		3,136		3,225		3,318		3,419	
		468		477		487		498		509		521		534		548
12000	3,299		3,381		3,464		3,550		3,645		3,746		3,852		3,967	
		516		526		537		547		560		572		585		599
13000	3,815		3,907		4,001		4,097		4,205		4,318		4,437		4,566	
		567		577		588		601		612		625		639		654
14000	4,382		4,484		4,589		4,698		4,817		4,943		5,076		5,220	
		620		631		643		655		667		680		694		709
15000	5,002		5,115		5,232		5,353		5,484		5,623		5,770		5,929	
		675		687		700		713		726		739		753		769
16000	5,677		5,802		5,932		6,066		6,210		6,362		6,523		6,698	
		734		747		760		773		787		802		818		836
17000	6,411		6,549		6,692		6,839		6,997		7,164		7,341		7,534	
		796		810		824		838		853		870		890		913
18000	7,207		7,359		7,516		7,677		7,850		8,034		8,231		8,447	
		866		882		898		914		932		952		975		1001
19000	8,073		8,241		8,414		8,591		8,782		8,986		9,206		9,448	
		935		953		972		992		1014		1038		1065		1095
20000	9,008		9,194		9,386		9,583		9,796		10,024		10,271		10,543	

ξ \ v_0	360	Diff.	350	Diff.	340	Diff.	330	Diff.	320	Diff.	310	Diff.	300	Diff.	290	Diff.
0	0,000		0,000		0,000		0,000		0,000		0,000		0,000		0,000	
		76		80		85		90		96		102		109		117
500	0,076		0,080		0,085		0,090		0,096		0,102		0,109		0,117	
		90		94		99		104		110		116		123		131
1000	0,166		0,174		0,184		0,194		0,206		0,218		0,232		0,248	
		193		202		211		221		232		245		260		277
2000	0,359		0,376		0,395		0,415		0,438		0,463		0,492		0,525	
		221		230		240		251		263		276		291		308
3000	0,580		0,606		0,635		0,666		0,701		0,739		0,783		0,833	
		250		259		269		280		292		305		320		338
4000	0,830		0,865		0,904		0,946		0,993		1,044		1,103		1,171	
		279		288		297		307		319		334		352		373
5000	1,109		1,153		1,201		1,253		1,312		1,378		1,455		1,544	
		308		317		327		339		354		372		393		417
6000	1,417		1,470		1,528		1,592		1,666		1,750		1,848		1,961	
		338		349		362		377		394		414		437		463
7000	1,755		1,819		1,890		1,969		2,060		2,164		2,285		2,424	
		375		388		403		420		439		460		484		521
8000	2,130		2,207		2,293		2,389		2,499		2,624		2,769		2,945	
		420		434		449		466		485		507		532		560
9000	2,550		2,641		2,742		2,855		2,984		3,131		3,301		3,505	
		464		478		494		512		533		557		584		614
10000	3,014		3,119		3,236		3,367		3,517		3,688		3,885		4,119	
		513		528		544		562		583		607		635		667
11000	3,527		3,647		3,780		3,929		4,100		4,295		4,520		4,786	
		563		579		596		615		637		663		693		727
12000	4,090		4,226		4,376		4,544		4,737		4,958		5,213		5,513	
		614		630		648		668		691		718		749		785
13000	4,704		4,856		5,024		5,212		5,428		5,676		5,962		6,298	
		670		687		706		727		751		779		812		851
14000	5,374		5,543		5,730		5,939		6,179		6,455		6,774		7,149	
		725		743		764		788		816		849		888		934
15000	6,099		6,286		6,494		6,727		6,995		7,304		7,662		8,083	
		788		810		835		863		895		933		978		1030
16000	6,887		7,096		7,329		7,590		7,890		8,237		8,640		9,113	
		857		881		908		939		985		1017		1066		1122
17000	7,744		7,977		8,237		8,529		8,875		9,254		9,706		10,235	
		939		968		1000		1035		1074		1118		1169		1228
18000	8,683		8,945		9,237		9,564		9,949		10,372		10,875		11,463	
		1030		1062		1097		1135		1177		1224		1277		1338
19000	9,713		10,007		10,334		10,699		11,126		11,596		12,152		12,801	
		1128		1164		1203		1245		1291		1342		1399		1463
20000	10,841		11,171		11,537		11,944		12,417		12,938		13,551		14,264	

Tabelle 10e. Sekundäre Funktion L.

ξ \ v_0	280	Diff.	270	Diff.	260	Diff.	250	Diff.	240	Diff.	230	Diff.	220	Diff.	210	Diff.
0	0,000	126	0,000	136	0,000	147	0,000	159	0,000	172	0,000	187	0,000	204	0,000	223
500	0,126	140	0,136	150	0,147	161	0,159	174	0,172	189	0,187	206	0,204	225	0,223	246
1000	0,266	296	0,286	317	0,308	340	0,333	366	0,361	396	0,393	431	0,429	471	0,469	516
2000	0,562	328	0,603	351	0,648	377	0,699	406	0,757	439	0,824	476	0,900	518	0,985	565
3000	0,890	360	0,954	386	1,025	416	1,105	450	1,196	488	1,300	530	1,418	576	1,550	626
4000	1,250	398	1,340	427	1,441	460	1,555	497	1,684	538	1,830	583	1,994	632	2,176	685
5000	1,648	444	1,767	474	1,901	507	2,052	544	2,222	585	2,413	630	2,626	679	2,861	734
6000	2,092	492	2,241	524	2,408	559	2,596	597	2,807	638	3,043	683	3,305	734	3,595	793
7000	2,584	541	2,765	574	2,967	611	3,193	651	3,445	695	3,726	744	4,039	800	4,388	865
8000	3,125	592	3,339	628	3,578	668	3,844	712	4,140	760	4,470	813	4,839	873	5,253	943
9000	3,717	648	3,967	686	4,246	728	4,556	774	4,900	825	5,283	883	5,712	951	6,196	1032
10000	4,365	703	4,653	743	4,974	788	5,330	839	5,725	897	6,166	964	6,663	1042	7,228	1133
11000	5,068	765	5,396	808	5,762	857	6,169	913	6,622	977	7,130	1051	7,705	1137	8,361	1237
12000	5,833	827	6,204	876	6,619	932	7,082	996	7,599	1069	8,181	1152	8,842	1246	9,598	1353
13000	6,660	897	7,080	951	7,551	1013	8,078	1084	8,668	1165	9,333	1257	10,088	1361	10,951	1478
14000	7,557	987	8,031	1048	8,564	1114	9,162	1194	9,833	1279	10,590	1373	11,449	1477	12,429	1593
15000	8,544	1089	9,079	1155	9,678	1228	10,356	1308	11,112	1396	11,963	1493	12,926	1601	14,022	1724
16000	9,633	1185	10,234	1255	10,906	1332	11,664	1416	12,508	1509	13,456	1613	14,527	1732	15,746	1772
17000	10,818	1295	11,489	1370	12,238	1453	13,080	1544	14,017	1645	15,069	1759	16,259	1890	17,518	2044
18000	12,113	1407	12,859	1484	13,691	1571	14,624	1670	15,662	1783	16,828	1913	18,149	2064	19,562	2241
19000	13,520	1535	14,343	1617	15,262	1711	16,294	1819	17,445	1943	18,741	2086	20,213	2252	21,803	2446
20000	15,055		15,960		16,973		18,113		19,388		20,827		22,465		24,249	

ξ \ v_0	200	Diff.	190	Diff.	180	Diff.	170	Diff.	160	Diff.	150	Diff.	140	Diff.	130	Diff.
0	0,000	245	0,000	271	0,000	302	0,00	34	0,00	38	0,00	43	0,00	49	0,00	47
500	0,245	270	0,271	298	0,302	331	0,34	36	0,38	41	0,43	47	0,49	55	0,57	65
1000	0,515	567	0,569	625	0,633	692	0,70	77	0,79	87	0,90	99	1,04	114	1,22	132
2000	1,082	618	1,194	678	1,325	747	1,47	84	1,66	95	1,89	108	2,18	124	2,54	143
3000	1,700	682	1,872	745	2,072	816	2,31	91	2,61	103	2,97	118	3,42	136	3,97	157
4000	2,382	744	2,617	810	2,888	884	3,22	99	3,64	111	4,15	127	4,78	146	5,54	170
5000	3,126	798	3,427	874	3,772	966	4,21	109	4,75	123	5,42	140	6,24	160	7,24	185
6000	3,924	863	4,301	948	4,738	1052	5,30	118	5,98	134	6,82	153	7,84	175	9,09	202
7000	4,787	942	5,249	1035	5,790	1148	6,48	128	7,32	144	8,35	164	9,59	189	11,11	220
8000	5,729	1027	6,284	1129	6,938	1253	7,76	140	8,76	159	9,99	182	11,48	210	13,31	244
9000	6,756	1129	7,413	1245	8,191	1383	9,16	154	10,35	174	11,81	198	13,58	227	15,75	262
10000	7,885	1240	8,658	1366	9,574	1514	10,70	168	12,09	189	13,79	215	15,85	247	18,37	287
11000	9,125	1353	10,024	1488	11,088	1645	12,38	184	13,98	206	15,94	233	18,32	267	21,24	310
12000	10,478	1476	11,512	1618	12,733	1783	14,22	198	16,04	222	18,27	252	20,99	290	24,34	338
13000	11,954	1609	13,130	1755	14,516	1917	16,20	214	18,26	242	20,79	276	23,89	318	27,72	370
14000	13,563	1725	14,885	1880	16,433	2069	18,34	232	20,68	263	23,55	300	27,07	345	31,42	400
15000	15,288	1869	16,765	2046	18,502	2267	20,66	255	23,31	289	26,55	330	30,52	379	35,42	439
16000	17,157	2041	18,811	2249	20,769	2497	23,21	281	26,20	318	29,85	362	34,31	414	39,81	477
17000	19,198	2229	21,060	2455	23,266	2734	26,02	306	29,38	345	33,47	391	38,45	446	44,58	514
18000	21,427	2450	23,515	2698	26,000	2993	29,08	334	32,83	375	37,38	424	42,91	483	49,72	557
19000	23,877	2675	26,213	2948	28,993	3275	32,42	367	36,58	412	41,62	465	47,74	528	55,29	606
20000	26,552		28,161		32,268		36,09		40,70		46,27		53,02		61,35	

ξ \ v_0	120	Diff.	110	Diff.	100	Diff.	90	Diff.	80	Diff.	70	Diff.	60	Diff.
0	0,00		0,00		0,00		0,00		0,00		0,00		0,00	
500	0,67	67	0,80	80	0,97	97	1,19	119	1,49	149	1,95	195	2,67	267
1000	1,44	77	1,71	91	2,06	109	2,52	133	3,17	168	4,15	220	5,66	299
2000	2,98	154	3,52	181	4,22	216	5,17	265	6,65	348	8,65	450	11,87	621
3000	4,65	167	5,51	199	6,65	243	8,21	304	10,43	378	13,68	503	18,47	660
4000	6,48	183	7,68	217	9,28	263	11,47	326	14,56	413	19,02	534	25,50	703
5000	8,49	201	10,09	241	12,21	293	15,09	362	19,11	455	24,84	582	33,08	758
6000	10,66	217	12,68	259	15,36	315	19,00	391	24,07	496	31,27	643	41,59	851
7000	13,03	237	15,51	283	18,80	344	23,26	426	29,45	538	38,21	694	50,74	915
8000	15,62	259	18,60	309	22,55	375	27,91	465	35,36	591	45,92	771	61,05	1031
9000	18,48	286	21,99	339	26,63	408	32,93	502	41,73	637	54,31	839	72,52	1147
10000	21,57	309	25,63	364	30,97	434	38,35	542	48,63	690	63,50	919	85,21	1269
11000	24,90	333	29,59	396	35,79	482	44,25	590	56,17	754	73,39	989	98,58	1337
12000	28,54	364	33,92	433	41,02	523	50,70	645	64,35	818	84,11	1072	113,09	1451
13000	32,52	398	38,65	473	46,71	569	57,68	698	73,15	880	95,67	1156	128,52	1543
14000	36,86	434	43,79	514	52,89	618	65,29	761	82,72	957	108,28	1261	145,76	1724
15000	41,55	469	49,37	558	59,65	676	73,65	836	93,30	1058	122,02	1374	164,11	1835
16000	46,70	515	55,51	614	67,10	745	82,86	921	104,91	1161	136,96	1494	183,76	1965
17000	52,27	557	62,14	663	75,17	807	92,91	1005	117,70	1279	153,57	1661		
18000	58,29	602	69,34	720	83,98	881	103,93	1102	131,74	1404	171,81	1824		
19000	64,83	654	77,19	785	93,62	964	116,01	1208	147,11	1537	191,59	1978		
20000	71,91	708	85,66	847	104,02	1040	129,09	1308	163,75	1664				

Tabelle 10f. Sekundäre Funktion M; vgl. § 30.

ξ \ v_0	1200	Diff.	1180	Diff.	1160	Diff.	1140	Diff.	1120	Diff.	1100	Diff.	1080	Diff.	1060	Diff.
0	0,000		0,000		0,000		0,000		0,000		0,000		0,000		0,000	
500	0,002	2	0,002	2	0,003	3	0,003	3	0,003	3	0,003	3	0,004	4	0,004	4
1000	0,006	4	0,006	4	0,007	4	0,008	5	0,008	5	0,008	5	0,009	5	0,009	5
2000	0,016	10	0,017	11	0,018	11	0,019	11	0,020	12	0,020	12	0,021	12	0,022	13
3000	0,029	13	0,030	13	0,031	13	0,033	14	0,034	14	0,035	15	0,037	16	0,039	17
4000	0,045	16	0,046	16	0,047	16	0,050	17	0,052	18	0,054	19	0,057	20	0,060	21
5000	0,065	20	0,067	21	0,069	22	0,073	23	0,076	24	0,079	25	0,083	26	0,087	27
6000	0,089	24	0,092	25	0,096	27	0,102	29	0,106	30	0,111	32	0,117	34	0,123	36
7000	0,122	33	0,127	35	0,133	37	0,141	39	0,147	41	0,154	43	0,162	45	0,170	47
8000	0,166	44	0,173	46	0,181	48	0,192	51	0,201	54	0,211	57	0,222	60	0,233	63
9000	0,223	57	0,233	60	0,244	63	0,258	66	0,270	69	0,283	72	0,297	75	0,311	78
10000	0,300	77	0,313	80	0,327	83	0,344	86	0,359	89	0,375	92	0,392	95	0,409	98
11000	0,392	92	0,409	96	0,427	100	0,448	104	0,467	108	0,487	112	0,508	116	0,529	120
12000	0,503	111	0,524	115	0,546	119	0,571	123	0,594	127	0,618	131	0,643	135	0,668	139
13000	0,637	134	0,662	138	0,688	142	0,717	146	0,744	150	0,772	154	0,801	158	0,830	162
14000	0,789	152	0,818	156	0,848	160	0,881	164	0,912	168	0,944	172	0,977	176	1,010	180
15000	0,963	174	0,996	178	1,030	182	1,067	186	1,102	190	1,138	194	1,175	198	1,212	202
16000	1,159	196	1,195	199	1,232	202	1,272	205	1,311	209	1,351	213	1,392	217	1,433	221
17000	1,377	218	1,416	221	1,456	224	1,499	227	1,542	231	1,586	235	1,631	239	1,677	244
18000	1,617	240	1,660	244	1,705	249	1,753	254	1,801	259	1,850	264	1,900	269	1,951	274
19000	1,884	267	1,931	271	1,981	276	2,034	281	2,087	286	2,142	292	2,198	298	2,256	305
20000	2,182	298	2,234	303	2,289	308	2,348	314	2,407	320	2,469	327	2,532	334	2,597	341

$\xi \diagdown v_0$	1040	Diff.	1020	Diff.	1000	Diff.	980	Diff.	960	Diff.	940	Diff.	920	Diff.	900	Diff.
0	0,000		0,000		0,000		0,000		0,000		0,000		0,000		0,000	
500	0,004	4	0,004	4	0,005	5	0,005	5	0,005	5	0,005	5	0,006	6	0,006	6
1000	0,010	6	0,010	6	0,012	7	0,012	7	0,013	8	0,013	8	0,014	8	0,015	9
2000	0,023	13	0,024	14	0,026	14	0,027	15	0,028	15	0,029	16	0,031	17	0,033	18
3000	0,040	17	0,042	18	0,044	18	0,046	19	0,048	20	0,050	21	0,053	22	0,056	23
4000	0,062	22	0,065	23	0,068	24	0,071	25	0,075	27	0,079	29	0,084	31	0,088	32
5000	0,090	28	0,095	30	0,100	32	0,105	34	0,111	36	0,117	38	0,124	40	0,130	42
6000	0,128	38	0,135	40	0,142	42	0,150	45	0,159	48	0,168	51	0,178	54	0,187	57
7000	0,178	50	0,188	53	0,198	56	0,209	59	0,221	62	0,233	65	0,246	68	0,258	71
8000	0,244	66	0,257	69	0,270	72	0,284	75	0,299	78	0,314	81	0,331	85	0,347	89
9000	0,325	81	0,341	84	0,358	88	0,376	92	0,395	96	0,414	100	0,435	104	0,455	108
10000	0,426	101	0,446	105	0,467	109	0,489	113	0,512	117	0,535	121	0,560	125	0,584	129
11000	0,550	124	0,574	128	0,599	132	0,625	136	0,652	140	0,679	144	0,708	148	0,736	152
12000	0,693	143	0,721	147	0,750	151	0,780	155	0,811	159	0,842	163	0,875	167	0,907	171
13000	0,859	166	0,891	170	0,924	174	0,958	178	0,993	182	1,028	186	1,065	190	1,101	194
14000	1,043	184	1,079	188	1,116	192	1,154	196	1,193	200	1,232	204	1,273	208	1,313	212
15000	1,249	206	1,289	210	1,330	214	1,372	218	1,415	222	1,458	226	1,503	230	1,547	234
16000	1,474	225	1,518	229	1,565	235	1,611	239	1,659	244	1,707	249	1,757	254	1,806	259
17000	1,723	249	1,772	254	1,824	259	1,876	265	1,928	269	1,981	274	2,036	279	2,091	285
18000	2,002	279	2,056	284	2,113	289	2,170	294	2,228	300	2,287	306	2,349	313	2,411	320
19000	2,314	312	2,375	319	2,439	326	2,503	333	2,568	340	2,634	347	2,704	355	2,774	363
20000	2,662	348	2,730	355	2,801	362	2,872	369	2,944	376	3,018	384	3,096	392	3,174	400

$\xi \diagdown v_0$	880	Diff.	860	Diff.	840	Diff.	820	Diff.	800	Diff.	790	Diff.	780	Diff.	770	Diff.
0	0,000		0,000		0,000		0,000		0,000		0,000		0,000		0,000	
500	0,006	6	0,006	6	0,007	7	0,007	7	0,007	7	0,007	7	0,007	7	0,008	8
1000	0,015	9	0,015	9	0,016	9	0,017	10	0,017	10	0,017	10	0,018	11	0,019	11
2000	0,034	19	0,035	20	0,037	21	0,039	22	0,040	23	0,041	24	0,042	24	0,043	24
3000	0,058	24	0,060	25	0,064	27	0,068	29	0,071	31	0,073	32	0,075	33	0,077	34
4000	0,092	34	0,096	36	0,102	38	0,108	40	0,114	43	0,117	44	0,120	45	0,123	46
5000	0,136	44	0,142	46	0,150	48	0,159	51	0,168	54	0,173	56	0,178	58	0,183	60
6000	0,196	60	0,205	63	0,216	66	0,228	69	0,240	72	0,247	74	0,254	76	0,261	78
7000	0,270	74	0,283	78	0,298	82	0,314	86	0,330	90	0,339	92	0,348	94	0,357	96
8000	0,363	93	0,380	97	0,399	101	0,419	105	0,439	109	0,450	111	0,461	113	0,472	115
9000	0,475	112	0,496	116	0,519	120	0,543	124	0,567	128	0,580	130	0,593	132	0,606	134
10000	0,608	133	0,633	137	0,660	141	0,688	145	0,716	149	0,731	151	0,746	153	0,761	155
11000	0,764	156	0,793	160	0,824	164	0,856	168	0,888	172	0,905	174	0,925	179	0,939	178
12000	0,939	175	0,972	179	1,007	183	1,043	187	1,079	191	1,098	193	1,120	195	1,136	197
13000	1,137	198	1,174	202	1,213	206	1,255	212	1,295	216	1,316	218	1,340	220	1,358	222
14000	1,353	216	1,394	220	1,437	224	1,483	228	1,527	232	1,551	235	1,576	236	1,600	242
15000	1,591	238	1,636	242	1,683	246	1,733	250	1,781	254	1,808	257	1,835	259	1,862	262
16000	1,856	265	1,907	271	1,961	278	2,018	285	2,073	292	2,103	295	2,134	299	2,165	303
17000	2,148	292	2,206	299	2,267	306	2,331	313	2,394	321	2,428	325	2,463	329	2,498	333
18000	2,475	327	2,540	334	2,608	341	2,680	349	2,751	357	2,789	361	2,828	365	2,867	369
19000	2,846	371	2,919	379	2,995	387	3,075	395	3,154	403	3,196	407	3,239	411	3,282	415
20000	3,254	408	3,335	416	3,419	424	3,507	432	3,594	440	3,640	444	3,687	448	3,834	552

ξ \ v_0	760	Diff.	750	Diff.	740	Diff.	730	Diff.	720	Diff.	710	Diff.	700	Diff.	690	Diff.
0	0,000	8	0,000	8	0,000	9	0,000	9	0,000	9	0,000	9	0,000	9	0,000	9
500	0,008	11	0,008	11	0,009	11	0,009	12	0,009	12	0,009	12	0,009	12	0,009	13
1000	0,019	25	0,019	26	0,020	27	0,021	28	0,021	29	0,021	30	0,021	31	0,022	32
2000	0,044	35	0,045	36	0,047	37	0,049	39	0,050	41	0,051	43	0,052	44	0,054	45
3000	0,079	47	0,081	48	0,084	49	0,088	50	0,091	52	0,094	54	0,096	56	0,099	58
4000	0,126	62	0,129	64	0,133	66	0,138	68	0,143	70	0,148	72	0,152	74	0,157	76
5000	0,188	80	0,193	82	0,199	84	0,206	86	0,213	88	0,220	90	0,226	92	0,233	94
6000	0,268	98	0,275	100	0,283	102	0,292	104	0,301	106	0,310	108	0,318	110	0,327	112
7000	0,366	117	0,375	119	0,385	121	0,396	123	0,407	125	0,418	127	0,428	129	0,439	131
8000	0,483	136	0,494	139	0,506	141	0,519	143	0,532	145	0,545	148	0,557	150	0,570	152
9000	0,619	157	0,633	160	0,647	162	0,662	164	0,677	166	0,693	169	0,707	171	0,722	173
10000	0,776	180	0,793	182	0,809	184	0,826	186	0,843	188	0,862	190	0,878	192	0,895	194
11000	0,956	199	0,975	201	0,993	203	1,012	205	1,031	207	1,052	209	1,070	211	1,089	213
12000	1,155	224	1,176	226	1,196	228	1,217	230	1,238	232	1,261	234	1,281	236	1,302	238
13000	1,379	246	1,402	248	1,424	251	1,447	253	1,470	255	1,495	255	1,517	258	1,540	261
14000	1,625	264	1,650	267	1,675	270	1,700	273	1,725	277	1,750	282	1,775	288	1,801	294
15000	1,889	307	1,917	310	1,945	313	1,973	317	2,002	321	2,032	325	2,063	329	2,095	332
16000	2,196	337	2,227	341	2,258	345	2,290	349	2,323	353	2,357	357	2,392	361	2,427	366
17000	2,533	373	2,568	377	2,603	382	2,639	387	2,676	392	2,714	397	2,753	402	2,793	406
18000	2,906	419	2,945	423	2,985	427	3,026	430	3,068	433	3,111	436	3,155	439	3,199	443
19000	3,325	456	3,368	460	3,412	464	3,456	469	3,501	474	3,547	479	3,594	484	3,642	489
20000	3,781		3,828		3,876		3,925		3,975		4,026		4,078		4,131	

ξ \ v_0	680	Diff.	670	Diff.	660	Diff.	650	Diff.	640	Diff.	630	Diff.	620	Diff.	610	Diff.
0	0,000	10	0,000	10	0,000	11	0.000	11	0,000	12	0,000	12	0,000	13	0,000	13
500	0,010	13	0,010	14	0,011	14	0,011	15	0,012	15	0,012	16	0,013	17	0,013	18
1000	0,023	33	0,024	34	0,025	35	0,026	36	0,027	37	0,028	38	0,030	39	0,031	40
2000	0,056	46	0,058	47	0,060	48	0,062	49	0,064	51	0,066	53	0,069	55	0,071	57
3000	0,102	60	0,105	62	0,108	64	0,111	66	0,115	68	0,119	70	0,124	72	0,128	74
4000	0,162	78	0,167	80	0,172	82	0,177	84	0,183	86	0,189	88	0,196	90	0,202	92
5000	0,240	96	0,247	98	0,254	100	0,261	102	0,269	104	0,277	106	0,286	108	0,294	110
6000	0,336	114	0,345	116	0,354	118	0,363	120	0,373	122	0,383	124	0,394	126	0,404	128
7000	0,450	133	0,461	135	0,472	137	0,483	139	0,495	141	0,507	143	0,520	145	0,532	147
8000	0,583	155	0,596	157	0,609	159	0,622	162	0,636	164	0,650	166	0,665	169	0,679	171
9000	0,738	176	0,753	178	0,768	180	0,784	183	0,800	185	0,816	187	0,834	190	0,850	192
10000	0,914	196	0,931	198	0,948	200	0,967	202	0,985	204	1,003	206	1,024	208	1,042	210
11000	1,110	215	1,129	217	1,148	219	1,169	221	1,189	223	1,209	225	1,232	228	1,252	231
12000	1,325	240	1,346	242	1,367	244	1,390	246	1,412	249	1,434	252	1,460	256	1,483	260
13000	1,565	263	1,588	268	1,611	274	1,636	278	1,661	283	1,686	289	1,716	291	1,743	297
14000	1,828	299	1,856	304	1,885	308	1,914	312	1,944	316	1,975	320	2,007	324	2,040	328
15000	2,127	336	2,160	340	2,193	344	2,226	349	2,260	353	2,295	357	2,331	361	2,368	365
16000	2,463	370	2,500	374	2,537	378	2,575	382	2,613	387	2,652	392	2,692	397	2,733	402
17000	2,833	411	2,874	415	2,915	420	2,957	424	3,000	428	2,044	432	3,089	436	3,135	440
18000	3,244	447	3,289	452	3,335	457	3,381	463	3,428	469	3,476	475	3,525	480	3,575	485
19000	3,691	494	3,741	499	3,792	504	3,844	509	3,897	513	3,951	517	4,005	522	4,060	527
20000	4,185		4,240		4,296		4,353		4,410		4,468		4,527		4,587	

$\xi \backslash v_0$	600	Diff.	590	Diff.	580	Diff.	570	Diff.	560	Diff.	550	Diff.	540	Diff.	530	Diff.
0	0,000	14	0,000	14	0,000	15	0,000	15	0,000	16	0,000	16	0,000	17	0,000	17
500	0,014	18	0,014	19	0,015	19	0,015	20	0,016	21	0,016	22	0,017	23	0,017	24
1000	0,032	41	0,033	43	0,034	45	0,035	47	0,037	49	0,038	51	0,040	53	0,041	55
2000	0,073	59	0,076	61	0,079	63	0,082	65	0,086	67	0,089	69	0,093	71	0,096	73
3000	0,132	76	0,137	78	0,142	80	0,147	82	0,153	84	0,158	86	0,164	88	0,169	90
4000	0,208	94	0,215	96	0,222	98	0,229	100	0,237	102	0,244	104	0,252	106	0,259	109
5000	0,302	112	0,311	114	0,320	116	0,329	118	0,339	120	0,348	122	0,358	125	0,368	127
6000	0,414	130	0,425	132	0,436	134	0,447	136	0,459	140	0,470	142	0,483	144	0,495	146
7000	0,544	150	0,557	152	0,570	154	0,583	157	0,599	160	0,612	163	0,627	165	0,641	168
8000	0,694	173	0,709	176	0,724	178	0,740	181	0,759	183	0,775	185	0,792	187	0,809	190
9000	0,867	194	0,885	197	0,902	199	0,921	202	0,942	204	0,960	207	0,979	209	0,999	212
10000	1,061	213	1,082	215	1,101	217	1,123	219	1,146	221	1,167	223	1,188	226	1,211	228
11000	1,274	235	1,297	238	1,318	242	1,342	247	1,367	251	1,390	254	1,414	258	1,439	261
12000	1,509	264	1,535	268	1,560	272	1,589	276	1,618	280	1,644	284	1,672	288	1,700	292
13000	1,773	301	1,803	305	1,832	311	1,865	313	1,898	316	1,928	322	1,960	327	1,992	332
14000	2,074	332	2,108	337	2,143	342	2,178	348	2,214	353	2,250	358	2,287	363	2,324	369
15000	2,406	369	2,445	373	2,485	377	2,526	381	2,567	386	2,608	392	2,650	397	2,693	402
16000	2,775	407	2,818	412	2,862	417	2,907	422	2,953	427	3,000	432	3,047	437	3,095	442
17000	3,182	445	3,230	450	3,279	455	3,329	460	3,380	465	3,432	470	3,484	475	3,537	484
18000	3,627	488	3,680	493	3,734	498	3,789	503	3,845	503	3,902	515	3,959	521	4,021	527
19000	4,115	533	4,173	537	4,232	541	4,292	546	4,354	551	4,417	557	4,480	563	4,548	570
20000	4,648		4,710		4,773		4,838		4,905		4,974		5,043		5,118	

$\xi \backslash v_0$	520	Diff.	510	Diff.	500	Diff.	490	Diff.	480	Diff.	470	Diff.	460	Diff.	450	Diff.
0	0,000	18	0,000	19	0,000	20	0,000	21	0,000	22	0,000	23	0,000	24	0,000	25
500	0,018	25	0,019	26	0,020	27	0,021	28	0,022	29	0,023	30	0,024	31	0,025	32
1000	0,043	58	0,045	61	0,047	64	0,049	67	0,051	70	0,053	73	0,055	76	0,057	79
2000	0,101	75	0,106	77	0,111	79	0,116	81	0,121	83	0,126	85	0,131	88	0,136	91
3000	0,176	92	0,183	95	0,190	98	0,197	101	0,204	104	0,211	107	0,219	110	0,227	113
4000	0,268	111	0,278	114	0,288	117	0,298	120	0,308	123	0,318	126	0,329	129	0,340	132
5000	0,379	130	0,392	133	0,405	136	0,418	139	0,431	142	0,444	145	0,458	148	0,472	151
6000	0,509	148	0,525	150	0,541	152	0,557	154	0,573	156	0,589	158	0,606	160	0,623	163
7000	0,657	170	0,675	173	0,693	175	0,711	178	0,729	180	0,747	183	0,766	186	0,786	189
8000	0,827	192	0,848	195	0,868	197	0,889	200	0,909	202	0,930	205	0,952	208	0,975	211
9000	1,019	214	1,043	217	1,065	219	1,089	222	1,111	224	1,135	227	1,160	230	1,186	234
10000	1,233	231	1,260	233	1,284	235	1,311	238	1,335	242	1,362	246	1,390	251	1,420	257
11000	1,464	265	1,493	269	1,519	273	1,549	278	1,577	283	1,608	289	1,641	295	1,677	301
12000	1,729	297	1,762	301	1,792	309	1,827	313	1,860	320	1,897	325	1,936	330	1,978	334
13000	2,026	336	2,063	339	2,101	343	2,140	349	2,180	356	2,222	363	2,266	370	2,312	377
14000	2,362	375	2,402	380	2,444	385	2,489	389	2,536	394	2,585	399	2,636	405	2,689	412
15000	2,737	407	2,782	412	2,829	418	2,878	425	2,930	432	2,984	440	3,041	448	3,101	455
16000	3,144	447	3,194	453	3,247	459	3,303	466	3,362	473	3,424	480	3,489	487	3,556	495
17000	3,591	491	3,647	498	3,706	505	3,769	512	3,835	519	3,904	526	3,976	533	4,051	540
18000	4,082	534	4,145	542	4,211	550	4,281	558	4,354	566	4,430	574	4,509	582	4,591	590
19000	4,616	577	4,687	584	4,761	591	4,839	598	4,920	605	5,004	613	5,091	622	5,181	633
20000	5,193		5,271		5,352		5,437		5,525		5,617		5,713		5,814	

$\xi \backslash v_0$	440	Diff.	430	Diff.	420	Diff.	410	Diff.	400	Diff.	390	Diff.	380	Diff.
0	0,000	26	0,000	27	0,000	28	0,000	30	0,000	32	0,000	34	0,000	36
500	0,026	33	0,027	34	0,028	37	0,030	39	0,032	41	0,034	43	0,036	45
1000	0,059	82	0,061	85	0,065	88	0,069	91	0,073	94	0,077	97	0,081	100
2000	0,141	94	0,146	97	0,153	100	0,160	103	0,167	106	0,174	109	0,181	112
3000	0,235	116	0,243	119	0,253	122	0,263	125	0,273	128	0,283	131	0,293	134
4000	0,351	135	0,362	138	0,375	141	0,388	144	0,401	147	0,414	150	0,427	153
5000	0,486	154	0,500	157	0,516	160	0,532	163	0,548	166	0,564	169	0,580	172
6000	0,640	166	0,657	169	0,676	172	0,695	175	0,714	179	0,733	183	0,752	188
7000	0,806	192	0,826	195	0,848	198	0,870	202	0,893	206	0,916	211	0,940	216
8000	0,998	214	1,021	217	1,046	220	1,072	224	1,099	228	1,127	233	1,156	239
9000	1,212	238	1,238	243	1,266	248	1,296	254	1,327	260	1,360	267	1,395	275
10000	1,450	264	1,481	272	1,514	280	1,550	288	1,587	297	1,627	306	1,670	315
11000	1,714	307	1,753	313	1,794	319	1,838	326	1,884	333	1,933	340	1,985	348
12000	2,021	340	2,066	347	2,113	355	2,164	362	2,217	370	2,273	379	2,333	388
13000	2,361	384	2,413	390	2,468	396	2,526	402	2,587	409	2,652	416	2,721	424
14000	2,745	418	2,803	425	2,864	432	2,928	439	2,996	446	3,068	454	3,145	463
15000	3,163	463	3,228	471	3,296	479	3,367	487	3,442	495	3,522	502	3,608	509
16000	3,626	503	3,699	511	3,775	519	3,854	527	3,937	535	4,024	544	4,117	554
17000	4,129	547	4,210	554	4,294	561	4,381	569	4,472	578	4,568	589	4,671	602
18000	4,676	598	4,764	607	4,855	617	4,950	628	5,050	641	5,157	656	5,273	673
19000	5,274	646	5,371	660	5,472	675	5,578	690	5,691	706	5,813	722	5,946	739
20000	5,920		6,031		6,147		6,268		6,397		6,535		6,685	

$\xi \backslash v_0$	370	Diff.	360	Diff.	350	Diff.	340	Diff.	330	Diff.	320	Diff.	310	Diff.
0	0,000	38	0,000	40	0,000	42	0,000	44	0,000	47	0,000	50	0,000	53
500	0,038	47	0,040	49	0,042	51	0,044	53	0,047	55	0,050	58	0,053	61
1000	0,085	103	0,089	106	0,093	109	0,097	113	0,102	117	0,108	122	0,114	129
2000	0,188	116	0,195	120	0,202	125	0,210	130	0,219	136	0,230	143	0,243	151
3000	0,304	138	0,315	142	0,327	147	0,340	152	0,355	158	0,373	164	0,394	170
4000	0,442	157	0,457	161	0,474	166	0,492	171	0,513	176	0,537	182	0,564	189
5000	0,599	175	0,618	179	0,640	183	0,663	188	0,689	194	0,719	202	0,753	211
6000	0,774	193	0,797	198	0,823	204	0,851	212	0,883	221	0,921	232	0,964	244
7000	0,967	221	0,995	227	1,027	234	1,063	243	1,104	253	1,153	265	1,208	278
8000	1,188	246	1,222	254	1,261	263	1,306	274	1,357	286	1,418	299	1,486	314
9000	1,434	284	1,476	293	1,524	303	1,580	315	1,643	328	1,717	342	1,800	358
10000	1,718	324	1,769	333	1,827	342	1,895	351	1,971	361	2,059	372	2,158	385
11000	2,042	357	2,102	367	2,169	377	2,246	388	2,332	399	2,431	411	2,543	425
12000	2,399	396	2,469	406	2,546	418	2,634	428	2,731	438	2,842	452	2,968	469
13000	2,795	433	2,875	443	2,962	455	3,062	465	3,169	481	3,294	495	3,437	510
14000	3,228	473	3,318	484	3,417	496	3,527	509	3,650	524	3,789	541	3,947	561
15000	3,701	517	3,802	527	3,913	539	4,036	554	4,174	572	4,330	594	4,508	620
16000	4,218	565	4,329	578	4,452	593	4,590	610	4,746	630	4,924	654	5,128	683
17000	4,783	618	4,907	636	5,045	657	5,200	681	5,376	707	5,578	734	5,811	762
18000	5,401	691	5,543	711	5,702	733	5,881	757	6,083	783	6,312	811	6,573	842
19000	6,092	759	6,254	781	6,435	808	6,638	837	6,866	869	7,123	903	7,415	937
20000	6,851		7,035		7,243		7,475		7,735		8,026		8,352	

Tabelle 10f. Sekundäre Funktion M.

ξ \ v_0	300	Diff.	290	Diff.	280	Diff.	270	Diff.	260	Diff.	250	Diff.	240	Diff.
0	0,000	57	0,000	61	0,000	66	0,000	71	0,000	77	0,000	84	0,000	91
500	0,057	64	0,061	68	0,066	72	0,071	77	0,077	82	0,084	88	0,091	95
1000	0,121	137	0,129	146	0,138	156	0,148	167	0,159	179	0,172	192	0,186	207
2000	0,258	160	0,275	170	0,294	181	0,315	193	0,338	206	0,364	221	0,393	238
3000	0,418	177	0,445	185	0,475	195	0,508	208	0,544	224	0,585	243	0,631	265
4000	0,595	198	0,630	209	0,670	223	0,716	239	0,768	258	0,828	280	0,896	305
5000	0,793	222	0,839	236	0,893	252	0,955	270	1,026	290	1,108	312	1,201	336
6000	1,015	258	1,075	274	1,145	292	1,225	312	1,316	334	1,420	358	1,537	384
7000	1,273	293	1,349	310	1,437	329	1,537	350	1,650	373	1,778	398	1,921	425
8000	1,566	330	1,659	348	1,766	367	1,887	388	2,023	411	2,176	436	2,346	463
9000	1,896	375	2,007	394	2,133	414	2,275	436	2,434	460	2,612	486	2,809	514
10000	2,271	400	2,401	418	2,547	438	2,711	461	2,894	487	3,098	516	3,323	548
11000	2,671	442	2,819	462	2,985	485	3,172	511	3,381	540	3,614	572	3,871	607
12000	3,113	488	3,281	508	3,470	534	3,683	566	3,921	599	4,186	635	4,478	680
13000	3,601	527	3,789	547	4,004	575	4,249	608	4,520	648	4,821	695	5,158	749
14000	4,128	585	4,336	615	4,579	649	4,857	684	5,168	727	5,516	783	5,907	839
15000	4,713	649	4,951	680	5,228	712	5,541	760	5,895	808	6,299	860	6,746	918
16000	5,362	718	5,631	759	5,940	800	6,301	841	6,703	883	7,159	932	7,664	995
17000	6,080	793	6,390	829	6,740	878	7,142	930	7,586	986	8,091	1045	8,659	1108
18000	6,873	876	7,219	913	7,618	953	8,072	1001	8,572	1065	9,136	1133	9,767	1213
19000	7,749	970	8,132	1003	8,571	1042	9,073	1105	9,637	1174	10,269	1254	10,980	1444
20000	8,719		9,135		9,613		10,178		10,811		11,523		12,425	

ξ \ v_0	230	Diff.	220	Diff.	210	Diff.	200	Diff.	190	Diff.	180	Diff	170	Diff.
0	0,000	99	0,000	108	0,000	118	0,000	130	0,000	144	0,000	160	0,00	18
500	0,099	103	0,108	112	0,118	122	0,130	134	0,144	149	0,160	169	0,18	19
1000	0,202	224	0,220	244	0,240	268	0,264	296	0,293	329	0,329	367	0,37	41
2000	0,426	258	0,464	281	0,508	307	0,560	337	0,622	371	0,696	409	0,78	45
3000	0,684	290	0,745	318	0,815	349	0,897	383	0,993	420	1,105	460	1,23	50
4000	0,974	333	1,063	364	1,164	398	1,280	435	1,413	475	1,565	508	1,73	55
5000	1,307	362	1,427	389	1,562	417	1,715	446	1,888	476	2,073	517	2,28	60
6000	1,669	411	1,816	442	1,979	474	2,161	509	2,364	548	2,590	592	2,88	65
7000	2,080	454	2,258	485	2,453	519	2,670	558	2,912	605	3,182	664	3,53	72
8000	2,534	492	2,743	523	2,972	557	3,228	596	3,517	644	3,846	707	4,25	80
9000	3,026	544	3,266	577	3,529	616	3,824	666	4,161	734	4,553	829	5,05	94
10000	3,570	584	3,843	627	4,145	682	4,490	755	4,895	853	5,362	984	5,99	112
11000	4,164	646	4,470	692	4,827	750	5,245	826	5,748	937	6,346	1071	7,11	121
12000	4,810	729	5,162	812	5,577	899	6,071	990	6,685	1063	7,417	1142	8,32	130
13000	5,539	810	5,974	878	6,476	954	7,061	1038	7,748	1130	8,559	1230	9,62	134
14000	6,349	898	6,852	961	7,430	1029	8,099	1117	8,878	1224	9,789	1356	10,96	152
15000	7,247	983	7,813	1056	8,459	1138	9,216	1231	10,102	1353	11,145	1510	12,48	170
16000	8,230	1070	8,869	1156	9,597	1260	10,447	1372	11,455	1514	12,655	1679	14,18	189
17000	9,300	1185	10,025	1280	10,857	1394	11,819	1539	12,969	1693	14,334	1863	16,07	205
18000	10,485	1310	11,305	1428	12,251	1565	13,358	1717	14,662	1881	16,197	2055	18,12	223
19000	11,795	1548	12,733	1646	13,816	1734	15,075	1914	16,543	2105	18,252	2292	20,35	246
20000	13,343		14,379		15,550		16,989		18,648		20,544		22,81	

$\xi \backslash v_0$	160	Diff.	150	Diff.	140	Diff.	130	Diff.	120	Diff.	110	Diff.
0	0,00	20	0,00	22	0,00	24	0,00	27	0,00	32	0,00	39
500	0,20	22	0,22	25	0,24	29	0,27	34	0,32	40	0,39	48
1000	0,42	46	0,47	52	0,53	59	0,61	68	0,72	79	0,87	92
2000	0,88	50	0,99	56	1,12	64	1,29	74	1,51	87	1,79	105
3000	1,38	55	1,55	62	1,76	71	2,03	82	2,38	96	2,84	115
4000	1,93	63	2,17	71	2,47	82	2,85	96	3,34	114	3,99	137
5000	2,56	66	2,88	78	3,29	94	3,81	112	4,48	131	5,36	156
6000	3,22	74	3,66	86	4,23	101	4,93	119	5,79	141	6,92	168
7000	3,96	82	4,52	94	5,24	109	6,02	127	7,20	149	8,60	177
8000	4,78	92	5,46	107	6,33	125	7,29	146	8,69	170	10,37	199
9000	5,70	106	6,53	121	7,58	139	8,75	160	10,39	184	12,36	218
10000	6,76	127	7,74	145	8,97	168	10,35	189	12,23	211	14,49	238
11000	8,03	136	9,19	150	10,65	172	12,24	192	14,34	221	16,87	260
12000	9,39	139	10,69	157	12,37	176	14,16	219	16,55	250	19,47	293
13000	10,78	155	12,26	183	14,13	206	16,35	235	19,05	271	22,40	320
14000	12,33	179	14,09	199	16,19	222	18,70	252	21,76	296	25,60	367
15000	14,12	193	16,08	220	18,41	251	21,22	289	24,72	339	29,27	407
16000	16,05	213	18,28	242	20,92	277	24,11	319	28,11	372	33,34	444
17000	18,18	230	20,70	262	23,69	296	27,30	341	31,83	401	37,78	486
18000	20,48	250	23,32	283	26,65	327	30,71	379	35,84	446	42,64	535
19000	22,98	276	26,15	317	29,92	365	34,50	420	40,30	487	47,99	573
20000	25,74		29,32		33,57		38,70		45,17		53,72	

$\xi \backslash v_0$	100	Diff.	90	Diff.	80	Diff.	70	Diff.	60	Diff.
0	0,00	48	0,00	59	0,00	74	0,00	97	0,0	13
500	0,48	59	0,59	74	0,74	93	0,97	117	1,3	15
1000	1,07	108	1,33	130	1,67	167	2,14	231	2,8	34
2000	2,15	130	2,63	164	3,34	210	4,45	273	6,2	36
3000	3,45	141	4,27	176	5,44	223	7,18	287	9,8	38
4000	4,86	167	6,03	205	7,67	253	10,05	314	13,6	39
5000	6,53	188	8,08	228	10,20	277	13,19	336	17,5	41
6000	8,41	202	10,36	245	12,97	300	16,55	371	21,6	46
7000	10,43	214	12,81	265	15,97	340	20,26	459	26,2	66
8000	12,57	237	15,46	292	19,37	378	24,85	517	32,8	73
9000	14,94	251	18,38	306	23,15	394	30,02	543	40,1	80
10000	17,45	277	21,44	334	27,09	458	35,45	675	48,1	87
11000	20,22	313	24,78	388	31,67	511	42,20	685	56,8	93
12000	23,35	342	28,66	432	36,78	587	49,05	749	66,1	99
13000	26,77	390	32,98	491	42,65	635	56,54	836	76,0	105
14000	30,67	462	37,89	565	49,00	645	64,90	904	86,5	118
15000	35,29	504	43,54	632	55,45	789	73,94	984	98,3	
16000	40,33	550	49,86	692	63,34	883	83,78	1140		
17000	45,83	609	56,78	772	72,17	981	95,18	1285		
18000	51,92	661	64,50	836	81,98	1075	108,03	1318		
19000	58,53	697	72,86	887	92,73	1156	121,21			
20000	65,50		81,73		104,29					

Tabelle 11. Primäre Funktionen $D(u)$, $J(u)$, $A(u)$, $T(u)$ zu dem einheitlichen Luftwiderstandsgesetz von Siacci („Siacci III“).

$$\frac{x}{c'} = D(u) - D(v_0)$$

$$y = x\cdot\operatorname{tg}\varphi - \frac{c'}{2\cdot\cos^2\varphi}\cdot x\cdot\left(\frac{A(u)-A(v_0)}{D(u)-D(v_0)} - J(v_0)\right)$$

$$\operatorname{tg}\vartheta = \operatorname{tg}\varphi - \frac{c'}{2\cdot\cos^2\varphi}\left(J(u) - \tfrac{x}{s}J(v_0)\right)$$

$$t = \frac{c'}{\cos\varphi}\cdot(T(u) - T(v_0))$$

$$u = \frac{v\cos\vartheta}{\cos\varphi}.$$

Dabei $c' = \dfrac{1}{c\,\beta}$; $c\,f(v) =$ Verzögerung des Geschosses durch den Luftwiderstand; für $f(v)$ vgl. Tabelle 6; für β vgl. Schluß von Tabelle 11 und Diagramm Nr. VI.

$$c = \frac{(2R)^2\cdot\delta\cdot 1000\cdot i\cdot 0,896}{P\cdot 1,206};\quad 2R = \text{Kaliber in m}; \quad P = \text{Geschoßgewicht in kg};$$

$\delta =$ Tagesluftgewicht in kg/1 cbm; i soll $= 1$ sein für Ogivalgeschosse von 2 Kal. Abrundungsradius. Im übrigen vgl. Band I, § 27.

D	J	Diff.	A	Diff.	T	Diff.	u	Diff.
1000	0,10000	8	100,000	1,000	1,000	6	1500,0	3,0
1010	0,10008	9	101,000	1,001	1,006	6	1497,0	3,0
1020	0,10017	9	102,001	1,003	1,012	7	1494,0	3,0
1030	0,10026	9	103,004	1,003	1,019	6	1491,0	3,0
1040	0,10035	9	104,007	1,004	1,025	7	1488,0	3,0
1050	0,10044	9	105,011	1,004	1,032	7	1485,0	3,0
1060	0,10053	9	106,015	1,006	1,039	7	1482,0	3,0
1070	0,10062	9	107,021	1,007	1,046	7	1479,0	3,0
1080	0,10071	9	108,028	1,007	1,053	7	1476,0	3,0
1090	0,10080	9	109,035	1,009	1,060	7	1473,0	3,0
1100	0,10089	9	110,044	1,009	1,067	7	1470,0	3,0
1110	0,10098	9	111,053	1,010	1,074	6	1467,0	3,0
1120	0,10107	10	112,063	1,011	1,080	7	1464,0	3,0
1130	0,10117	9	113,074	1,013	1,087	7	1461,0	3,0
1140	0,10126	9	114,087	1,013	1,094	7	1458,0	3,0
1150	0,10135	10	115,100	1,014	1,101	7	1455,0	3,0
1160	0,10145	9	116,114	1,015	1,108	7	1452,0	3,0
1170	0,10154	9	117,129	1,015	1,115	7	1449,0	3,0
1180	0,10163	9	118,144	1,017	1,122	7	1446,0	3,0
1190	0,10172	10	119,161	1,018	1,129	7	1443,0	3,0
1200	0,10182	9	120,179	1,019	1,136	7	1440,0	2,9
1210	0,10191	10	121,198	1,020	1,143	7	1437,1	3,0
1220	0,10201	9	122,218	1,021	1,150	7	1434,1	3,0
1230	0,10210	10	123,239	1,021	1,157	7	1431,1	3,0
1240	0,10220	9	124,260	1,022	1,164	7	1428,1	2,9
1250	0,10229	10	125,282	1,024	1,171	7	1425,2	3,0
1260	0,10239	9	126,306	1,024	1,178	7	1422,2	3,0
1270	0,10248	10	127,330	1,025	1,185	7	1419,2	3,0
1280	0,10258	10	128,355	1,026	1,192	7	1416,2	3,0
1290	0,10268	10	129,381	1,028	1,199	7	1413,2	2,9
1300	0,10278	10	130,409	1,028	1,206	7	1410,3	3,0

D	J	Diff.	A	Diff.	T	Diff.	u	Diff.
1310	0,10288	10	131,437	1,030	1,213	7	1407,3	2,9
1320	0,10298	11	132,467	1,030	1,220	8	1404,4	3,0
1330	0,10309	10	133,497	1,031	1,228	7	1401,4	2,9
1340	0,10319	10	134,528	1,033	1,235	7	1398,5	3,0
1350	0,10329	10	135,561	1,033	1,242	7	1395,5	2,9
1360	0,10339	11	136,594	1,035	1,249	7	1392,6	3,0
1370	0,10350	10	137,629	1,035	1,256	8	1389,6	3,0
1380	0,10360	10	138,664	1,036	1,264	7	1386,6	2,9
1390	0,10370	10	139,700	1,038	1,271	7	1383,7	3,0
1400	0,10380	11	140,738	1,039	1,278	7	1380,7	2,9
1410	0,10391	10	141,777	1,039	1,285	8	1377,8	3,0
1420	0,10401	10	142,816	1,041	1,293	7	1374,8	2,9
1430	0,10411	11	143,857	1,041	1,300	8	1371,9	3,0
1440	0,10422	10	144,898	1,043	1,308	7	1368,9	2,9
1450	0,10432	11	145,941	1,044	1,315	7	1366,0	3,0
1460	0,10443	10	146,985	1,045	1,322	8	1363,0	2,9
1470	0,10453	11	148,030	1,046	1,330	7	1360,1	3,0
1480	0,10464	10	149,076	1,047	1,337	7	1357,1	2,9
1490	0,10474	10	150,123	1,047	1,344	7	1354,2	3,0
1500	0,10484	11	151,170	1,049	1,351	7	1351,2	2,9
1510	0,10495	11	152,219	1,050	1,358	8	1348,3	3,0
1520	0,10506	11	153,269	1,051	1,366	7	1345,3	2,9
1530	0,10517	10	154,320	1,053	1,373	8	1342,4	2,9
1540	0,10527	11	155,373	1,053	1,381	7	1339,5	3,0
1550	0,10538	11	156,426	1,054	1,388	8	1336,5	2,9
1560	0,10549	11	157,480	1,056	1,396	7	1333,6	2,9
1570	0,10560	12	158,536	1,057	1,403	8	1330,7	2,9
1580	0,10572	11	159,593	1,058	1,411	7	1327,8	2,9
1590	0,10583	11	160,651	1,059	1,418	8	1324,9	3,0
1600	0,10594	12	161,710	1,060	1,426	7	1321,9	2,9
1610	0,10606	11	162,770	1,061	1,433	7	1319,0	2,9
1620	0,10617	12	163,831	1,062	1,440	8	1316,1	2,9
1630	0,10629	11	164,893	1,063	1,448	8	1313,2	2,9
1640	0,10640	12	165,956	1,065	1,456	8	1310,3	3,0
1650	0,10652	11	167,021	1,066	1,464	7	1307,3	2,9
1660	0,10663	12	168,087	1,066	1,471	8	1304,4	2,9
1670	0,10675	11	169,153	1,068	1,479	8	1301,5	2,9
1680	0,10686	12	170,221	1,070	1,487	8	1298,6	2,9
1690	0,10698	11	171,291	1,070	1,495	8	1295,7	3,0
1700	0,10709	12	172,361	1,071	1,503	7	1292,7	2,9
1710	0,10721	12	173,432	1,073	1,510	8	1289,8	2,9
1720	0,10733	11	174,505	1,074	1,518	8	1286,9	2,9
1730	0,10744	12	175,579	1,075	1,526	8	1284,0	2,9
1740	0,10756	12	176,654	1,076	1,534	8	1281,1	2,9
1750	0,10768	12	177,730	1,077	1,542	8	1278,2	2,9
1760	0,10780	12	178,807	1,079	1,550	7	1275,3	2,9
1770	0,10792	12	179,886	1,080	1,557	8	1272,4	2,9
1780	0,10804	12	180,966	1,081	1,565	8	1269,5	2,9
1790	0,10816	12	182,047	1,082	1,573	7	1266,6	2,8
1800	0,10828	13	183,129	1,083	1,580	8	1263,8	2,9

D	J	Diff.	A	Diff.	T	Diff.	u	Diff.
1810	0,10841	12	184,212	1,085	1,588	8	1260,9	2,9
1820	0,10853	13	185,297	1,086	1,596	8	1258,0	2,9
1830	0,10866	12	186,383	1,087	1,604	8	1255,1	2,9
1840	0,10878	13	187,470	1,089	1,612	8	1252,2	2,9
1850	0,10891	12	188,559	1,089	1,620	8	1249,3	2,9
1860	0,10903	13	189,648	1,091	1,628	8	1246,4	2,9
1870	0,10916	12	190,739	1,092	1,636	8	1243,5	2,9
1880	0,10928	13	191,831	1,094	1,644	8	1240,6	2,9
1890	0,10941	13	192,925	1,095	1,652	8	1237,7	2,8
1900	0,10954	13	194,020	1,096	1,660	8	1234,9	2,9
1910	0,10967	13	195,116	1,097	1,668	8	1232,0	2,8
1920	0,10980	13	196,213	1,099	1,676	8	1229,2	2,9
1930	0,10993	13	197,312	1,100	1,684	9	1226,3	2,9
1940	0,11006	14	198,412	1,101	1,693	8	1223,4	2,9
1950	0,11020	13	199,513	1,103	1,701	8	1220,5	2,9
1960	0,11033	13	200,616	1,104	1,709	8	1217,6	2,8
1970	0,11046	13	201,720	1,105	1,717	9	1214,8	2,9
1980	0,11059	13	202,825	1,107	1,726	8	1211,9	2,9
1990	0,11072	14	203,932	1,108	1,734	9	1209,0	2,8
2000	0,11086	14	205,040	1,110	1,743	8	1206,2	2,9
2010	0,11100	13	206,150	1,110	1,751	8	1203,3	2,8
2020	0,11113	14	207,260	1,112	1,759	8	1200,5	2,9
2030	0,11127	14	208,372	1,113	1,767	8	1197,6	2,8
2040	0,11141	14	209,485	1,115	1,775	9	1194,8	2,8
2050	0,11155	13	210,600	1,116	1,784	8	1192,0	2,9
2060	0,11168	14	211,716	1,118	1,792	8	1189,1	2,8
2070	0,11182	14	212,834	1,119	1,800	9	1186,3	2,9
2080	0,11196	14	213,953	1,121	1,809	8	1183,4	2,8
2090	0,11210	14	215,074	1,122	1,817	9	1180,6	2,8
2100	0,11224	14	216,196	1,123	1,826	9	1177,8	2,9
2110	0,11238	15	217,319	1,124	1,835	9	1174,9	2,8
2120	0,11253	14	218,443	1,126	1,844	8	1172,1	2,8
2130	0,11267	15	219,569	1,127	1,852	9	1169,3	2,8
2140	0,11282	14	220,696	1,128	1,861	9	1166,5	2,8
2150	0,11296	15	221,824	1,130	1,870	8	1163,7	2,9
2160	0,11311	14	222,954	1,133	1,878	9	1160,8	2,8
2170	0,11325	15	224,087	1,134	1,887	8	1158,0	2,8
2180	0,11340	14	225,221	1,135	1,895	9	1155,2	2,8
2190	0,11354	15	226,356	1,136	1,904	8	1152,4	2,8
2200	0,11369	15	227,492	1,137	1,912	9	1149,6	2,8
2210	0,11384	15	228,629	1,138	1,921	9	1146,8	2,8
2220	0,11399	15	229,767	1,141	1,930	9	1144,0	2,9
2230	0,11414	15	230,908	1,142	1,939	9	1141,1	2,8
2240	0,11429	15	232,050	1,144	1,948	8	1138,3	2,8
2250	0,11444	16	233,194	1,145	1,956	9	1135,5	2,8
2260	0,11460	15	234,339	1,147	1,965	9	1132,7	2,8
2270	0,11475	15	235,486	1,148	1,974	9	1129,9	2,8
2280	0,11490	16	236,634	1,150	1,983	9	1127,1	2,8
2290	0,11506	15	237,784	1,152	1,992	8	1124,3	2,8
2300	0,11521	16	238,936	1,153	2,000	9	1121,5	2,8

D	J	Diff.	A	Diff.	T	Diff.	u	Diff.
2310	0,11537		240,089		2,009		1118,7	
		15		1,154		9		2,8
2320	0,11552		241,243		2,018		1115,9	
		16		1,155		9		2,7
2330	0,11568		242,398		2,027		1113,2	
		15		1,157		9		2,8
2340	0,11583		243,555		2,036		1110,4	
		16		1,160		9		2,8
2350	0,11599		244,715		2,045		1107,6	
		16		1,161		9		2,8
2360	0,11615		245,876		2,054		1104,8	
		16		1,162		9		2,8
2370	0,11631		247,038		2,063		1102,0	
		16		1,163		9		2,8
2380	0,11647		248,201		2,072		1099,2	
		17		1,165		9		2,8
2390	0,11664		249,366		2,081		1096,4	
		16		2,168		10		2,7
2400	0,11680		250,534		2,091		1093,7	
		16		1,169		9		2,8
2410	0,11696		251,703		2,100		1090,9	
		16		1,171		9		2,8
2420	0,11712		252,874		2,109		1088,1	
		17		1,172		9		2,7
2430	0,11729		254,046		2,118		1085,4	
		16		1,174		10		2,8
2440	0,11745		255,220		2,128		1082,6	
		17		1,175		9		2,8
2450	0,11762		256,395		2,137		1079,8	
		17		1,177		9		2,7
2460	0,11779		257,572		2,146		1077,1	
		17		1,179		10		2,8
2470	0,11796		258,751		2,156		1074,3	
		18		1,181		9		2,7
2480	0,11814		259,932		2,165		1071,6	
		17		1,182		9		2,8
2490	0,11831		261,114		2,174		1068,8	
		18		1,183		9		2,7
2500	0,11849		262,297		2,183		1066,1	
		17		1,186		10		2,7
2510	0,11866		263,483		2,193		1063,4	
		18		1,188		9		2,8
2520	0,11884		264,671		2,202		1060,6	
		17		1,189		10		2,7
2530	0,11901		265,860		2,212		1057,9	
		18		1,191		9		2,8
2540	0,11919		267,051		2,221		1055,1	
		18		1,193		10		2,7
2550	0,11937		268,244		2,231		1052,4	
		17		1,194		9		2,7
2560	0,11954		269,438		2,240		1049,7	
		18		1,196		10		2,8
2570	0,11972		270,634		2,250		1046,9	
		18		1,199		9		2,7
2580	0,11990		271,833		2,259		1044,2	
		18		1,200		10		2,8
2590	0,12008		273,033		2,269		1041,4	
		18		1,202		9		2,7
2600	0,12026		274,235		2,278		1038,7	
		19		1,203		10		2,7
2610	0,12045		275,438		2,288		1036,0	
		18		1,205		10		2,7
2620	0,12063		276,643		2,298		1033,3	
		19		1,208		10		2,7
2630	0,12082		277,851		2,308		1030,6	
		19		1,209		9		2,7
2640	0,12101		279,060		2,317		1027,9	
		18		1,210		10		2,8
2650	0,12119		280,270		2,327		1025,1	
		19		1,214		10		2,7
2660	0,12138		281,484		2,337		1022,4	
		19		1,215		10		2,7
2670	0,12157		282,699		2,347		1019,7	
		19		1,216		10		2,7
2680	0,12176		283,915		2,357		1017,0	
		19		1,219		9		2,7
2690	0,12195		285,134		2,366		1014,3	
		18		1,220		10		2,7
2700	0,12213		286,354		2,376		1011,6	
		19		1,222		10		2,7
2710	0,12232		287,576		2,386		1008,9	
		19		1,224		10		2,7
2720	0,12251		288,800		2,396		1006,2	
		20		1,226		10		2,7
2730	0,12271		290,026		2,406		1003,5	
		19		1,228		10		2,7
2740	0,12290		291,254		2,416		1000,8	
		20		1,230		10		2,6
2750	0,12310		292,484		2,426		998,2	
		20		1,233		10		2,7
2760	0,12330		293,717		2,436		995,5	
		20		1,234		10		2,7
2770	0,12350		294,951		2,446		992,8	
		19		1,236		10		2,7
2780	0,12369		296,187		2,456		990,1	
		20		1,238		10		2,7
2790	0,12389		297,425		2,466		987,4	
		20		1,240		10		2,7
2800	0,12409		298,665		2,476		984,7	
		21		1,242		11		2,6

D	J	Diff.	A	Diff.	T	Diff.	u	Diff.
2810	0,12430		299,907		2,487		982,1	
		20		1,243		10		2,7
2820	0,12450		301,150		2,497		979,4	
		21		1,246		10		2,7
2830	0,12471		302,396		2,507		976,7	
		21		1,248		11		2,6
2840	0,12492		303,644		2,518		974,1	
		21		1,250		10		2,7
2850	0,12513		304,894		2,528		971,4	
		21		1,252		10		2,7
2860	0,12534		306,146		2,538		968,7	
		21		1,255		10		2,6
2870	0,12555		307,401		2,548		966,1	
		21		1,257		11		2,7
2880	0,12576		308,658		2,559		963,4	
		20		1,259		10		2,6
2890	0,12596		309,917		2,569		960,8	
		21		1,261		10		2,7
2900	0,12617		311,178		2,579		958,1	
		22		1,263		11		2,7
2910	0,12639		312,441		2,590		955,4	
		22		1,265		10		2,6
2920	0,12661		313,706		2,600		952,8	
		22		1,267		11		2,6
2930	0,12683		314,973		2,611		950,2	
		22		1,269		10		2,7
2940	0,12705		316,242		2,621		947,5	
		22		1,271		11		2,6
2950	0,12727		317,513		2,632		944,9	
		22		1,274		10		2,6
2960	0,12749		318,787		2,642		942,3	
		22		1,276		11		2,6
2970	0,12771		320,063		2,653		939,7	
		22		1,278		11		2,6
2980	0,12793		321,341		2,664		937,1	
		22		1,280		10		2,7
2990	0,12815		322,621		2,674		934,4	
		22		1,283		11		2,6
3000	0,12837		323,904		2,685		931,8	
		23		1,285		11		2,7
3010	0,12860		325,189		2,696		929,1	
		22		1,287		10		2,6
3020	0,12882		326,476		2,706		926,5	
		22		1,290		11		2,6
3030	0,12904		327,766		2,717		923,9	
		23		1,291		11		2,6
3040	0,12927		329,057		2,728		921,3	
		23		1,294		11		2,6
3050	0,12950		330,351		2,739		918,7	
		23		1,296		11		2,6
3060	0,12973		331,647		2,750		916,1	
		24		1,299		11		2,6
3070	0,12997		332,946		2,761		913,5	
		24		1,301		11		2,6
3080	0,13021		334,247		2,772		910,9	
		24		1,303		11		2,6
3090	0,13045		335,550		2,783		908,3	
		24		1,306		11		2,6
3100	0,13069		336,856		2,794		905,7	
		24		1,308		11		2,6
3110	0,13093		338,164		2,805		903,1	
		25		1,310		11		2,6
3120	0,13118		339,474		2,816		900,5	
		24		1,313		11		2,6
3130	0,13142		340,787		2,827		897,9	
		24		1,315		12		2,5
3140	0,13166		342,102		2,839		895,4	
		24		1,318		11		2,6
3150	0,13190		343,420		2,850		892,8	
		25		1,320		11		2,6
3160	0,13215		344,740		2,861		890,2	
		25		1,323		11		2,6
3170	0,13240		346,063		2,872		887,6	
		25		1,325		11		2,6
3180	0,13265		347,388		2,883		885,0	
		25		1,328		12		2,6
3190	0,13290		348,716		2,895		882,4	
		25		1,330		11		2,5
3200	0,13315		350,046		2,906		879,9	
		26		1,332		11		2,6
3210	0,13341		351,378		2,917		877,3	
		25		1,336		12		2,5
3220	0,13366		352,714		2,929		874,8	
		26		1,338		11		2,6
3230	0,13392		354,052		2,940		872,2	
		26		1,340		12		2,5
3240	0,13418		355,392		2,952		869,7	
		26		1,343		11		2,6
3250	0,13444		356,735		2,963		867,1	
		26		1,346		12		2,5
3260	0,13470		358,081		2,975		864,6	
		26		1,348		11		2,6
3270	0,13496		359,429		2,986		862,0	
		27		1,351		12		2,5
3280	0,13523		360,780		2,998		859,5	
		26		1,354		11		2,6
3290	0,13549		362,134		3,009		856,9	
		27		1,356		12		2,5
3300	0,13576		363,490		3,021		854,4	
		27		1,359		11		2,5

D	J	Diff.	A	Diff.	T	Diff.	u	Diff.
3310	0,13603	27	364,849	1,362	3,032	12	851,9	2,5
3320	0,13630	28	366,211	1,364	3,044	12	849,4	2,5
3330	0,13658	27	367,575	1,367	3,056	12	846,9	2,5
3340	0,13685	28	368,942	1,370	3,068	12	844,4	2,5
3350	0,13713	27	370,312	1,373	3,080	12	841,9	2,5
3360	0,13740	28	371,685	1,375	3,092	12	839,4	2,5
3370	0,13768	28	373,060	1,378	3,104	12	836,9	2,5
3380	0,13796	28	374,438	1,381	3,116	12	834,4	2,5
3390	0,13824	29	375,819	1,384	3,128	12	831,9	2,5
3400	0,13853	28	377,203	1,387	3,140	12	829,4	2,4
3410	0,13881	29	378,590	1,389	3,152	12	827,0	2,5
3420	0,13910	29	379,979	1,393	3,164	12	824,5	2,5
3430	0,13939	29	381,372	1,395	3,176	13	822,0	2,5
3440	0,13968	30	382,767	1,399	3,189	12	819,5	2,4
3450	0,13998	29	384,166	1,401	3,201	12	817,1	2,5
3460	0,14027	30	385,567	1,404	3,213	12	814,6	2,5
3470	0,14057	29	386,971	1,408	3,225	12	812,1	2,4
3480	0,14086	30	388,379	1,410	3,237	13	809,7	2,5
3490	0,14116	31	389,789	1,413	3,250	12	807,2	2,5
3500	0,14147	30	391,202	1,416	3,262	13	804,7	2,5
3510	0,14177	31	392,618	1,419	3,275	13	802,2	2,4
3520	0,14208	30	394,037	1,422	3,288	12	799,8	2,4
3530	0,14238	31	395,459	1,426	3,300	13	797,4	2,5
3540	0,14269	32	396,885	1,429	3,313	12	784,9	2,4
3550	0,14301	31	398,314	1,431	3,325	13	792,5	2,5
3560	0,14332	32	399,745	1,435	3,338	12	790,0	2,4
3570	0,14364	31	401,180	1,438	3,350	13	787,6	2,4
3580	0,14395	32	402,618	1,441	3,363	13	785,2	2,5
3590	0,14427	32	404,059	1,444	3,376	13	782,7	2,4
3600	0,14459	32	405,503	1,447	3,389	13	780,3	2,4
3610	0,14491	33	406,950	1,451	3,402	13	777,9	2,4
3620	0,14524	33	408,401	1,455	3,415	13	775,5	2,4
3630	0,14557	33	409,856	1,457	3,428	13	773,1	2,4
3640	0,14590	34	411,313	1,461	3,441	13	770,7	2,4
3650	0,14624	33	412,774	1,464	3,454	13	768,3	2,4
3660	0,14657	33	414,238	1,467	3,467	13	765,9	2,4
3670	0,14690	33	415,705	1,470	3,480	13	763,5	2,4
3680	0,14723	34	417,175	1,474	3,493	13	761,1	2,4
3690	0,14757	34	418,649	1,478	3,506	13	758,7	2,4
3700	0,14791	33	420,127	1,481	3,519	13	756,3	2,4
3710	0,14824	34	421,608	1,484	3,532	13	753,9	2,4
3720	0,14858	35	423,092	1,487	3,545	13	751,5	2,3
3730	0,14893	35	424,579	1,491	3,558	14	749,2	2,4
3740	0,14928	36	426,070	1,495	3,572	13	746,8	2,3
3750	0,14964	35	427,565	1,498	3,585	13	744,5	2,4
3760	0,14999	36	429,063	1,501	3,598	14	742,1	2,3
3770	0,15035	36	430,564	1,506	3,612	13	739,8	2,4
3780	0,15071	37	432,070	1,509	3,625	14	737,4	2,3
3790	0,15108	37	433,579	1,512	3,639	14	735,1	2,4
3800	0,15145	37	435,091	1,516	3,653	13	732,7	2,3

D	J	Diff.	A	Diff.	T	Diff.	u	Diff.
3810	0,15182	37	436,607	1,520	3,666	14	730,4	2,4
3820	0,15219	38	438,127	1,524	3,680	14	728,0	2,3
3830	0,15257	37	439,651	1,528	3,694	14	725,7	2,4
3840	0,15294	37	441,179	1,531	3,708	14	723,3	2,3
3850	0,15331	38	442,710	1,535	3,722	14	721,0	2,4
3860	0,15369	38	444,245	1,539	3,736	14	718,6	2,3
3870	0,15407	38	445,784	1,543	3,750	14	716,3	2,3
3880	0,15445	39	447,327	1,546	3,764	14	714,0	2,3
3890	0,15484	39	448,873	1,551	3,778	14	711,7	2,3
3900	0,15523	39	450,424	1,554	3,792	14	709,4	2,3
3910	0,15562	39	451,978	1,558	3,806	14	707,1	2,4
3920	0,15601	40	453,536	1,562	3,820	15	704,7	2,3
3930	0,15641	39	455,098	1,566	3,835	14	702,4	2,3
3940	0,15680	40	456,664	1,570	3,849	14	700,1	2,2
3950	0,15720	40	458,234	1,575	3,863	15	697,9	2,3
3960	0,15760	41	459,809	1,578	3,878	14	695,6	2,3
3970	0,15801	42	461,387	1,582	3,892	14	693,3	2,2
3980	0,15843	41	462,969	1,587	3,906	14	691,1	2,3
3990	0,15884	41	464,556	1,590	3,920	15	688,8	2,2
4000	0,15925	42	466,146	1,594	3,935	14	686,6	2,3
4010	0,15967	42	467,740	1,599	3,949	15	684,3	2,2
4020	0,16009	42	469,339	1,603	3,964	15	682,1	2,2
4030	0,16051	43	470,942	1,607	3,979	14	679,9	2,3
4040	0,16094	43	472,549	1,612	3,993	15	677,6	2,2
4050	0,16137	43	474,161	1,616	4,008	15	675,4	2,2
4060	0,16180	44	475,777	1,620	4,023	15	673,2	2,2
4070	0,16224	43	477,397	1,625	4,038	15	671,0	2,2
4080	0,16267	44	479,022	1,629	4,053	15	668,8	2,3
4090	0,16311	44	480,651	1,633	4,068	15	666,5	2,2
4100	0,16355	44	482,284	1,638	4,083	15	664,3	2,2
4110	0,16399	45	483,922	1,641	4,098	15	662,1	2,1
4120	0,16444	45	485,563	1,647	4,113	16	660,0	2,2
4130	0,16489	46	487,210	1,651	4,129	15	657,8	2,2
4140	0,16535	46	488,861	1,656	4,144	15	655,6	2,2
4150	0,16581	47	490,517	1,660	4,159	15	653,4	2,2
4160	0,16628	46	492,177	1,666	4,174	16	651,2	2,2
4170	0,16674	47	493,843	1,669	4,190	15	649,0	2,2
4180	0,16721	47	495,512	1,674	4,205	15	646,8	2,2
4190	0,16768	47	497,186	1,679	4,220	16	644,6	2,1
4200	0,16815	48	498,865	1,684	4,236	16	642,5	2,2
4210	0,16863	48	500,549	1,689	4,252	15	640,3	2,1
4220	0,16911	49	502,238	1,693	4,267	16	638,2	2,2
4230	0,16960	49	503,931	1,699	4,283	16	636,0	2,1
4240	0,17009	49	505,630	1,703	4,299	16	633,9	2,1
4250	0,17058	50	507,333	1,708	4,315	16	631,8	2,1
4260	0,17108	49	509,041	1,713	4,331	16	629,7	2,2
4270	0,17157	50	510,754	1,719	4,347	16	627,5	2,1
4280	0,17207	50	512,473	1,723	4,363	16	625,4	2,1
4290	0,17257	50	514,196	1,728	4,379	16	623,3	2,1
4300	0,17307	51	515,924	1,733	4,395	17	621,2	2,1

D	J	Diff.	A	Diff.	T	Diff.	u	Diff.
4310	0,17358		517,657		4,412		619,1	
		51		1,739		16		2,1
4320	0,17409		519,396		4,428		617,0	
		52		1,743		16		2,1
4330	0,17461		521,139		4,444		614,9	
		52		1,749		16		2,1
4340	0,17513		522,888		4,460		612,8	
		52		1,754		16		2,0
4350	0,17565		524,642		4,476		610,8	
		53		1,759		16		2,1
4360	0,17618		526,401		4,492		608,7	
		53		1,764		17		2,1
4370	0,17671		528,165		4,509		606,6	
		53		1,770		16		2,1
4380	0,17724		529,935		4,525		604,5	
		54		1,776		17		2,1
4390	0,17778		531,711		4,542		602,4	
		54		1,780		16		2,0
4400	0,17832		533,491		4,558		600,4	
		55		1,785		17		2,1
4410	0,17887		535,276		4,575		598,3	
		55		1,792		17		2,0
4420	0,17942		537,068		4,592		596,3	
		56		1,797		17		2,0
4430	0,17998		538,865		4,609		594,3	
		56		1,802		17		2,1
4440	0,18054		540,667		4,626		592,2	
		56		1,809		17		2,0
4450	0,18110		542,476		4,643		590,2	
		56		1,813		17		2,1
4460	0,18166		544,289		4,660		588,1	
		57		1,820		17		2,0
4470	0,18223		546,109		4,677		586,1	
		57		1,825		17		2,0
4480	0,18280		547,934		4,694		584,1	
		57		1,831		17		2,0
4490	0,18337		549,765		4,711		582,1	
		58		1,837		17		2,0
4500	0,18395		551,602		4,728		580,1	
		58		1,842		18		2,0
4510	0,18453		553,444		4,746		578,1	
		59		1,848		17		2,0
4520	0,18512		555,292		4,763		576,1	
		59		1,855		17		1,9
4530	0,18571		557,147		4,780		574,2	
		60		1,860		18		2,0
4540	0,18631		559,007		4,798		572,2	
		60		1,866		17		1,9
4550	0,18691		560,873		4,815		570,3	
		61		1,872		18		2,0
4560	0,18752		562,745		4,833		568,3	
		61		1,878		17		2,0
4570	0,18813		564,623		4,850		566,3	
		62		1,885		18		1,9
4580	0,18875		566,508		4,868		564,4	
		62		1,891		18		2,0
4590	0,18937		568,399		4,886		562,4	
		62		1,897		17		2,0
4600	0,18999		570,296		4,903		560,4	
		63		1,903		18		2,0
4610	0,19062		572,199		4,921		558,4	
		63		1,909		18		2,0
4620	0,19125		574,108		4,939		556,4	
		64		1,915		18		1,9
4630	0,19189		576,023		4,957		554,5	
		64		1,922		18		1,9
4640	0,19253		577,945		4,975		552,6	
		64		1,929		19		1,8
4650	0,19317		579,874		4,994		550,8	
		65		1,935		18		1,9
4660	0,19382		581,809		5,012		548,9	
		65		1,941		18		1,9
4670	0,19447		583,750		5,030		547,0	
		66		1,948		18		1,9
4680	0,19513		585,698		5,048		545,1	
		66		1,955		18		1,9
4690	0,19579		587,653		5,066		543,2	
		66		1,961		19		1,9
4700	0,19645		589,614		5,085		541,3	
		67		1,968		19		1,9
4710	0,19712		591,582		5,104		539,4	
		68		1,974		18		1,9
4720	0,19780		593,556		5,122		537,5	
		68		1,982		18		1,8
4730	0,19848		595,538		5,140		535,7	
		69		1,988		19		1,9
4740	0,19917		597,526		5,159		533,8	
		69		1,996		19		1,8
4750	0,19986		599,522		5,178		532,0	
		70		2,002		19		1,9
4760	0,20056		601,524		5,197		530,1	
		70		2,009		19		1,9
4770	0,20126		603,533		5,216		528,2	
		70		2,016		19		1,8
4780	0,20196		605,549		5,235		526,4	
		71		2,023		19		1,8
4790	0,20267		607,572		5,254		524,6	
		71		2,030		19		1,9
4800	0,20338		609,602		5,273		522,7	
		72		2,038		20		1,8

D	J	Diff.	A	Diff.	T	Diff.	u	Diff.
4810	0,20410	73	611,640	2,044	5,293	19	520,9	1,8
4820	0,20483	73	613,684	2,052	5,312	19	519,1	1,8
4830	0,20556	74	615,736	2,060	5,331	20	517,3	1,8
4840	0,20630	74	617,796	2,066	5,351	19	515,5	1,8
4850	0,20704	75	619,862	2,075	5,370	20	513,7	1,8
4860	0,20779	75	621,937	2,081	5,390	19	511,9	1,8
4870	0,20854	75	624,018	2,089	5,409	20	510,1	1,7
4880	0,20929	76	626,107	2,097	5,429	20	508,4	1,8
4890	0,21005	76	628,204	2,104	5,449	19	506,6	1,8
4900	0,21081	77	630,308	2,112	5,468	20	504,8	1,7
4910	0,21158	78	632,420	2,120	5,488	20	503,1	1,7
4920	0,21236	78	634,540	2,128	5,508	20	501,4	1,8
4930	0,21314	79	636,668	2,135	5,528	20	499,6	1,7
4940	0,21393	80	638,803	2,144	5,548	21	497,9	1,7
4950	0,21473	80	640,947	2,151	5,569	20	496,2	1,7
4960	0,21553	81	643,098	2,159	5,589	20	494,5	1,8
4970	0,21634	81	645,257	2,168	5,609	20	492,7	1,7
4980	0,21715	81	647,425	2,175	5,629	20	491,0	1,7
4990	0,21796	82	649,600	2,184	5,649	20	489,3	1,7
5000	0,21878	83	651,784	2,192	5,669	20	487,6	1,7
5010	0,21961	84	653,976	2,200	5,689	21	485,9	1,7
5020	0,22045	85	656,176	2,209	5,710	20	484,2	1,7
5030	0,22130	85	658,385	2,217	5,730	21	482,5	1,7
5040	0,22215	86	660,602	2,226	5,751	21	480,8	1,7
5050	0,22301	85	662,828	2,234	5,772	21	479,1	1,6
5060	0,22386	86	665,062	2,243	5,793	21	477,5	1,7
5070	0,22472	86	667,305	2,251	5,814	21	475,8	1,6
5080	0,22558	87	669,556	2,260	5,835	21	474,2	1,7
5090	0,22645	87	671,816	2,269	5,856	22	472,5	1,6
5100	0,22732	88	674,085	2,277	5,878	21	470,9	1,6
5110	0,22820	88	676,362	2,285	5,899	22	469,3	1,6
5120	0,22908	89	678,647	2,295	5,921	21	467,7	1,6
5130	0,22997	90	680,942	2,304	5,942	22	466,1	1,6
5140	0,23087	91	683,246	2,313	5,964	21	464,5	1,6
5150	0,23178	92	685,559	2,323	5,985	22	462,9	1,6
5160	0,23270	94	687,882	2,332	6,007	21	461,3	1,6
5170	0,23364	94	690,214	2,342	6,028	22	459,7	1,6
5180	0,23458	95	692,556	2,350	6,050	22	458,1	1,6
5190	0,23553	95	694,906	2,360	6,072	22	456,5	1,5
5200	0,23648	96	697,266	2,370	6,094	22	455,0	1,6
5210	0,23744	96	699,636	2,379	6,116	22	453,4	1,5
5220	0,23840	97	702,015	2,388	6,138	23	451,9	1,5
5230	0,23937	97	704,403	2,398	6,161	22	450,4	1,6
5240	0,24034	97	706,801	2,408	6,183	22	448,8	1,5
5250	0,24131	98	709,209	2,418	6,205	22	447,3	1,5
5260	0,24229	99	711,627	2,428	6,227	23	445,8	1,5
5270	0,24328	99	714,055	2,438	6,250	22	444,3	1,5
5280	0,24427	100	716,493	2,448	6,272	22	442,8	1,5
5290	0,24527	101	718,941	2,458	6,294	23	441,3	1,5
5300	0,24628	101	721,399	2,468	6,317	23	439,8	1,5

D	J	Diff.	A	Diff.	T	Diff.	u	Diff.
5310	0,24729		723,867		6,340		438,3	
5320	0,24831	102	726,346	2,479	6,363	23	436,8	1,5
5330	0,24934	103	728,835	2,489	6,386	23	435,3	1,5
5340	0,25038	104	731,334	2,499	6,409	23	433,8	1,5
5350	0,25142	104	733,844	2,510	6,433	24	432,4	1,4
		105		2,519		23		1,5
5360	0,25247		736,363		6,456		430,9	
5370	0,25353	106	738,893	2,530	6,479	23	429,5	1,4
5380	0,25460	107	741,434	2,541	6,502	23	428,1	1,4
5390	0,25568	108	743,985	2,551	6,525	23	426,7	1,4
5400	0,25677	109	746,547	2,562	6,549	24	425,2	1,5
		110		2,57		24		1,4
5410	0,25787		739,12		6,573		423,8	
5420	0,25897	110	751,70	2,58	6,596	23	422,4	1,4
5430	0,26008	111	754,30	2,60	6,620	24	421,0	1,4
5440	0,26120	112	756,91	2,61	6,643	23	419,6	1,4
5450	0,26232	112	759,52	2,61	6,667	24	418,2	1,4
		112		2,63		24		1,4
5460	0,26344		762,15		6,691		416,8	
5470	0,26457	113	764,79	2,64	6,715	24	415,4	1,4
5480	0,26571	114	767,44	2,65	6,739	24	414,0	1,4
5490	0,26684	113	770,11	2,67	6,763	24	412,6	1,4
5500	0,26799	115	772,78	2,67	6,788	25	411,3	1,3
		116		2,69		24		1,4
5510	0,26915		775,47		6,812		409,9	
5520	0,27031	116	778,16	2,69	6,836	24	408,6	1,3
5530	0,27148	117	780,87	2,71	6,861	25	407,3	1,3
5540	0,27266	118	783,59	2,72	6,885	24	406,0	1,3
5550	0,27385	119	786,33	2,74	6,910	25	404,7	1,3
		121		2,74		25		1,3
5560	0,27506		789,07		6,935		403,4	
5570	0,27627	121	791,83	2,76	6,960	25	402,1	1,3
5580	0,27749	122	794,60	2,77	6,985	25	400,8	1,3
5590	0,27872	123	797,38	2,78	7,010	25	399,5	1,3
5600	0,27996	124	800,17	2,79	7,035	25	398,2	1,3
		125		2,81		25		1,3
5610	0,28121		802,98		7,060		396,9	
5620	0,28246	125	805,80	2,82	7,085	25	395,6	1,3
5630	0,28372	126	808,63	2,83	7,111	26	394,4	1,2
5640	0,28499	127	811,47	2,84	7,136	25	393,1	1,3
5650	0,28626	127	814,33	2,86	7,162	26	391,9	1,2
		128		2,87		26		1,2
5660	0,28754		817,20		7,188		390,7	
5670	0,28883	129	820,08	2,88	7,213	25	389,4	1,3
5680	0,29012	129	822,98	2,90	7,239	26	388,2	1,2
5690	0,29142	130	825,88	2,90	7,265	26	387,0	1,2
5700	0,29273	131	828,80	2,92	7,290	25	385,8	1,2
		132		2,94		27		1,2
5710	0,29405		831,74		7,317		384,6	
5720	0,29538	133	834,69	2,95	7,343	26	383,4	1,2
5730	0,29672	134	837,65	2,96	7,369	26	382,2	1,2
5740	0,29807	135	840,62	2,97	7,395	26	381,0	1,2
5750	0,29942	135	843,61	2,99	7,421	26	379,9	1,1
		136		3,00		26		1,2
5760	0,30078		846,61		7,447		378,7	
5770	0,30215	137	849,62	3,01	7,474	27	377,6	1,1
5780	0,30353	138	852,65	3,03	7,500	26	376,4	1,2
5790	0,30492	139	855,69	3,04	7,526	26	375,3	1,1
5800	0,30632	140	858,75	3,06	7,553	27	374,1	1,2
		141		3,07		27		1,1

D	J	Diff.	A	Diff.	T	Diff.	u	Diff.
5810	0,30773		861,82		7,580		373,0	
		141		3,08		26		1,1
5820	0,30914		864,90		7,606		371,9	
		142		3,10		27		1,1
5830	0,31056		868,00		7,633		370,8	
		143		3,12		27		1,1
5840	0,31199		871,12		7,660		369,7	
		144		3,12		27		1,1
5850	0,31343		874,24		7,687		368,6	
		145		3,14		27		1,1
5860	0,31488		877,38		7,714		367,5	
		146		3,15		27		1,1
5870	0,31634		880,53		7,741		366,4	
		147		3,17		28		1,1
5880	0,31781		883,70		7,769		365,3	
		147		3,19		27		1,1
5890	0,31928		886,89		7,796		364,2	
		148		3,20		28		1,0
5900	0,32076		890,09		7,824		363,2	
		149		3,21		27		1,1
5910	0,32225		893,30		7,851		362,1	
		150		3,23		27		1,0
5920	0,32375		896,53		7,878		361,1	
		151		3,25		28		1,1
5930	0,32526		899,78		7,906		360,0	
		152		3,26		28		1,0
5940	0,32678		903,04		7,934		359,0	
		153		3,27		28		1,0
5950	0,32831		906,31		7,962		358,0	
		154		3,29		28		1,0
5960	0,32985		909,60		7,990		357,0	
		154		3,31		28		1,0
5970	0,33139		912,91		8,018		356,0	
		155		3,32		28		1,0
5980	0,33294		916,23		8,046		355,0	
		156		3,34		29		0,9
5990	0,33450		919,57		8,075		354,1	
		156		3,35		29		1,0
6000	0,33606		922,92		8,104		353,1	
		157		3,37		28		1,0
6010	0,33763		926,29		8,132		352,1	
		159		3,38		29		1,0
6020	0,33922		929,67		8,161		351,1	
		159		3,40		28		0,9
6030	0,34081		933,07		8,189		350,2	
		161		3,42		29		1,0
6040	0,34242		936,49		8,218		349,2	
		161		3,43		29		1,0
6050	0,34403		939,92		8,247		348,2	
		162		3,45		28		0,9
6060	0,34565		943,37		8,275		347,3	
		163		3,47		29		0,9
6070	0,34728		946,84		8,304		346,4	
		164		3,48		29		0,9
6080	0,34892		950,32		8,333		345,5	
		165		3,49		29		0,9
6090	0,35057		953,81		8,362		344,6	
		166		3,52		29		0,9
6100	0,35223		957,33		8,391		343,7	
		167		3,53		30		0,9
6110	0,35390		960,86		8,421		342,8	
		167		3,55		29		0,9
6120	0,35557		964,41		8,450		341,9	
		168		3,56		29		0,9
6130	0,35725		967,97		8,479		341,0	
		169		3,58		30		0,9
6140	0,35894		971,55		8,509		340,1	
		170		3,60		29		0,9
6150	0,36064		975,15		8,538		339,2	
		171		3,61		30		0,8
6160	0,36235		978,76		8,568		338,4	
		172		3,63		29		0,9
6170	0,36407		982,39		8,597		337,5	
		173		3,65		30		0,9
6180	0,36580		986,04		8,627		336,6	
		173		3,67		30		0,8
6190	0,36753		989,71		8,657		335,8	
		174		3,69		29		0,8
6200	0,36927		993,40		8,686		335,0	
		175		3,70		30		0,8
6210	0,37102		997,10		8,716		334,2	
		176		3,72		30		8
6220	0,37278		1000,82		8,746		333,4	
		177		3,73		30		8
6230	0,37455		1004,55		8,776		332,6	
		178		3,76		30		8
6240	0,37633		1008,31		8,806		331,8	
		179		3,77		31		8
6250	0,37812		1012,08		8,837		331,0	
		179		3,79		30		8
6260	0,37991		1015,87		8,867		330,2	
		180		3,81		30		8
6270	0,38171		1019,68		8,897		329,4	
		181		3,82		30		8
6280	0,38352		1023,50		8,927		328,6	
		182		3,85		30		7
6290	0,38534		1027,35		8,957		327,9	
		183		3,86		31		8
6300	0,38717		1031,21		8,988		327,1	
		184		3,88		30		8

D	J	Diff.	A	Diff.	T	Diff.	u	Diff.
6310	0,38901		1035,09		9,018		326,3	
6320	0,39086	185	1038,99	3,90	9,048	30	325,6	7
6330	0,39272	186	1042,91	3,92	9,079	31	324,8	8
6340	0,39458	186	1046,84	3,93	9,110	31	324,1	7
6350	0,39645	187	1050,80	3,96	9,141	31	323,3	8
		188		3,97		31		7
6360	0,39833		1054,77		9,172		322,6	
6370	0,40022	189	1058,77	4,00	9,203	31	321,9	7
6380	0,40212	190	1062,78	4,01	9,234	31	321,2	7
6390	0,40402	190	1066,81	4,03	9,266	32	320,5	7
6400	0,40593	191	1070,86	4,05	9,297	31	319,8	7
		192		4,07		31		7
6410	0,40785		1074,93		9,328		319,1	
6420	0,40978	193	1079,02	4,09	9,359	31	318,5	6
6430	0,41172	194	1083,12	4,10	9,391	32	317,8	7
6440	0,41367	195	1087,25	4,13	9,422	31	317,1	7
6450	0,41562	195	1091,40	4,15	9,454	32	316,4	7
		196		4,16		31		6
6460	0,41758		1095,56		9,485		315,8	
6470	0,41955	197	1099,75	4,19	9,517	32	315,1	7
6480	0,42153	198	1103,95	4,20	9,549	32	314,5	6
6490	0,42352	199	1108,18	4,23	9,581	32	313,8	7
6500	0,42552	200	1112,42	4,24	9,613	32	313,1	7
		201		4,27		32		6
6510	0,42753		1116,69		9,645		312,5	
6520	0,42955	202	1120,97	4,28	9,677	32	311,9	6
6530	0,43157	202	1125,28	4,31	9,710	33	311,2	7
6540	0,43360	203	1129,61	4,33	9,742	32	310,6	6
6550	0,43564	204	1133,95	4,34	9,774	32	310,0	6
		204		4,37		32		6
6560	0,43768		1138,32		9,806		309,4	
6570	0,43973	205	1142,71	4,39	9,839	33	308,8	6
6580	0,44179	206	1147,11	4,40	9,871	32	308,3	5
6590	0,44386	207	1151,54	4,43	9,903	32	307,7	6
6600	0,44593	207	1155,99	4,45	9,936	33	307,1	6
		208		4,47		32		6
6610	0,44801		1160,46		9,968		306,5	
6620	0,45010	209	1164,95	4,49	10,001	33	305,9	6
6630	0,45220	210	1169,46	4,51	10,034	33	305,4	5
6640	0,45431	211	1173,99	4,53	10,066	32	304,8	6
6650	0,45642	211	1178,55	4,56	10,099	33	304,2	6
		212		4,57		33		5
6660	0,45854		1183,12		10,132		303,7	
6670	0,46067	213	1187,72	4,60	10,165	33	303,1	6
6680	0,46281	214	1192,34	4,62	10,198	33	302,5	6
6690	0,46496	215	1196,98	4,64	10,231	33	302,0	5
6700	0,46712	216	1201,64	4,66	10,265	34	301,5	5
		216		4,68		33		5
6710	0,46928		1206,32		10,298		301,0	
6720	0,47145	217	1211,02	4,70	10,331	33	300,5	5
6730	0,47363	218	1215,75	4,73	10,364	33	299,9	6
6740	0,47582	219	1220,49	4,74	10,398	34	299,4	5
6750	0,47801	219	1225,26	4,77	10,431	33	298,9	5
		220		4,79		34		5
6760	0,48021		1230,05		10,465		298,4	
6770	0,48241	220	1234,87	4,82	10,498	33	297,9	5
6780	0,48462	221	1239,70	4,83	10,532	34	297,4	5
6790	0,48684	222	1244,56	4,86	10,565	33	296,9	5
6800	0,48906	222	1249,44	4,88	10,599	34	296,4	5
		223		4,90		34		5

Tabelle 11. Primäre Funktionen von Siacci.

D	J	Diff.	A	Diff.	T	Diff.	u	Diff.
6810	0,49129		1254,34		10,633		295,9	
		225		4,93		34		4
6820	0,49354		1259,27		10,667		295,5	
		225		4,94		34		5
6830	0,49579		1264,21		10,701		295,0	
		226		4,97		33		5
6840	0,49805		1269,18		10,734		294,5	
		226		4,99		34		5
6850	0,50031		1274,17		10,768		294,0	
		227		5,02		34		5
6860	0,50258		1279,19		10,802		293,5	
		228		5,03		34		4
6870	0,50486		1284,22		10,836		293,1	
		229		5,06		34		5
6880	0,50715		1289,28		10,870		292,6	
		230		5,08		34		4
6890	0,50945		1294,36		10,904		292,2	
		230		5,11		35		5
6900	0,51175		1299,47		10,939		291,7	
		231		5,13		34		4
6910	0,51406		1304,60		10,973		291,3	
		232		5,15		34		5
6920	0,51638		1309,75		11,007		290,8	
		232		5,18		35		4
6930	0,51870		1314,93		11,042		290,4	
		233		5,20		34		5
6940	0,52103		1320,13		11,076		289,9	
		234		5,22		35		4
6950	0,52337		1325,35		11,111		289,5	
		235		5,25		34		5
6960	0,52572		1330,60		11,145		289,0	
		235		5,27		35		4
6970	0,52807		1335,87		11,180		288,6	
		236		5,29		35		4
6980	0,53043		1341,16		11,215		288,2	
		236		5,31		35		5
6990	0,53279		1346,47		11,250		287,7	
		238		5,34		35		4
7000	0,53517		1351,81		11,285		287,3	
		238		5,37		35		4
7010	0,53755		1357,18		11,320		286,9	
		239		5,38		35		4
7020	0,53994		1362,56		11,355		286,5	
		239		5,42		35		4
7030	0,54233		1367,98		11,390		286,1	
		240		5,43		35		4
7040	0,54473		1373,41		11,425		285,7	
		240		5,46		34		5
7050	0,54713		1378,87		11,459		285,2	
		241		5,48		35		4
7060	0,54954		1384,35		11,494		284,8	
		242		5,51		35		4
7070	0,55196		1389,86		11,529		284,4	
		243		5,53		35		4
7080	0,55439		1395,39		11,564		284,0	
		243		5,56		36		4
7090	0,55682		1400,95		11,600		283,6	
		244		5,58		35		4
7100	0,55926		1406,53		11,635		283,2	
		245		5,60		35		4
7110	0,56171		1412,13		11,670		282,8	
		246		5,63		35		4
7120	0,56417		1417,76		11,705		282,4	
		246		5,66		36		4
7130	0,56663		1423,42		11,741		282,0	
		247		5,68		35		4
7140	0,56910		1429,10		11,776		281,6	
		247		5,70		36		3
7150	0,57157		1434,80		11,812		281,3	
		248		5,73		36		4
7160	0,57405		1440,53		11,848		280,9	
		249		5,75		35		4
7170	0,57654		1446,28		11,883		280,5	
		249		5,78		36		4
7180	0,57903		1452,06		11,919		280,1	
		250		5,80		36		4
7190	0,58153		1457,86		11,955		279,7	
		251		5,83		36		4
7200	0,58404		1463,69		11,991		279,3	
		252		5,85		36		3
7210	0,58656		1469,54		12,027		279,0	
		253		5,88		36		4
7220	0,58909		1475,42		12,063		278,6	
		253		5,90		36		4
7230	0,59162		1481,32		12,099		278,2	
		254		5,93		36		4
7240	0,59416		1487,25		12,135		277,8	
		254		5,96		35		4
7250	0,59670		1493,21		12,170		277,4	
		255		5,98		36		4
7260	0,59925		1499,19		12,206		277,0	
		256		6,00		36		4
7270	0,60181		1505,19		12,242		276,6	
		256		6,03		36		4
7280	0,60437		1511,22		12,278		276,2	
		257		6,06		36		4
7290	0,60694		1517,28		12,314		275,8	
		258		6,08		37		3
7300	0,60952		1523,36		12,351		275,5	
		259		6,11		36		4

D	J	Diff.	A	Diff.	T	Diff.	u	Diff.
7310	0,61211		1529,47		12,387		275,1	
		260		6,13		36		4
7320	0,61471		1535,60		12,423		274,7	
		260		6,16		36		4
7330	0,61731.		1541,76		12,459		274,3	
		261		6,19		37		4
7340	0,61992		1547,95		12,496		273,9	
		262		6,21		36		3
7350	0,62254		1554,16		12,532		273,6	
		262		6,24		37		4
7360	0,62516		1560,40		12,569		273,2	
		263		6,27		37		4
7370	0,62779		1566,67		12,606		272,8	
		264		6,29		37		3
7380	0,63043		1572,96		12,643		272,5	
		264		6,31		37		4
7390	0,63307		1579,27		12,680		272,1	
		265		6,35		37		4
7400	0,63572		1585,62		12,717		271,7	
		265		6,37		37		4
7410	0,63837		1591,99		12,754		271,3	
		266		6,40		37		3
7420	0,64103		1598,39		12,791		271,0	
		267		6,42		37		4
7430	0,64370		1604,81		12,828		270,6	
		268		6,45		37		3
7440	0,64638		1611,26		12,865		270,3	
		269		6,48		37		4
7450	0,64907		1617,74		12,902		269,9	
		270		6,50		37		4
7460	0,65177		1624,24		12,939		269,5	
		271		6,53		37		3
7470	0,65448		1630,77		12,976		269,2	
		271		6,56		37		4
7480	0,65719		1637,33		13,013		268,8	
		272		6,59		37		3
7490	0,65991		1643,92		13,050		268,5	
		273		6,61		37		4
7500	0,66264		1650,53		13,087		268,1	
		273		6,64		38		3
7510	0,66537		1657,17		13,125		267,8	
		274		6,67		37		4
7520	0,66811		1663,84		13,162		267,4	
		275		6,69		37		3
7530	0,67086		1670,53		13,199		267,1	
		276		6,72		37		4
7540	0,67362		1677,25		13,236		266,7	
		276		6,75		38		3
7550	0,67638		1684,00		13,274		266,4	
		277		6,78		38		4
7560	0,67915		1690,78		13,312		266,0	
		277		6,81		38		3
7570	0,68192		1697,59		13,350		265,7	
		278		6,83		38		4
7580	0,68470		1704,42		13,388		265,3	
		279		6,86		38		3
7590	0,68749		1711,28		13,426		265,0	
		279		6,89		37		4
7600	0,69028		1718,17		13,463		264,6	
		280		6,92		38		3
7610	0,69308		1725,09		13,501		264,3	
		281		6,94		38		4
7620	0,69589		1732,03		13,539		263,9	
		282		6,97		38		3
7630	0,69871		1739,00		13,577		263,6	
		283		7,01		38		4
7640	0,70154		1746,01		13,615		263,2	
		283		7,03		38		3
7650	0,70437		1753,04		13,653		262,9	
		284		7,05		38		4
7660	0,70721		1760,09		13,691		262,5	
		285		7,09		38		3
7670	0,71006		1767,18		13,729		262,2	
		286		7,11		38		4
7680	0,71292		1774,29		13,767		261,8	
		287		7,15		38		3
7690	0,71579		1781,44		13,805		261,5	
		287		7,17		38		4
7700	0,71866		1788,61		13,843		261,1	
		288		7,20		39		3
7710	0,72154		1795,81		13,882		260,8	
		289		7,23		38		4
7720	0,72443		1803,04		13,920		260,4	
		290		7,26		38		3
7730	0,72733		1810,30		13,958		260,1	
		290		7,29		39		3
7740	0,73023		1817,59		13,997		259,8	
		291		7,31		39		4
7750	0,73314		1824,90		14,036		259,4	
		292		7,35		38		3
7760	0,73606		1832,25		14,074		259,1	
		292		7,38		39		3
7770	0,73898		1839,63		14,113		258,8	
		293		7,40		39		4
7780	0,74191		1847,03		14,152		258,4	
		294		7,43		39		3
7790	0,74485		1854,46		14,191		258,1	
		295		7,47		38		4
7800	0,74780		1861,93		14,229		257,7	
		295		7,49		39		3

D	J	Diff.	A	Diff.	T	Diff.	u	Diff.
7810	0,75075	296	1869,42	7,52	14,268	39	257,4	3
7820	0,75371	297	1876,94	7,55	14,307	39	257,1	4
7830	0,75668	298	1884,49	7,59	14,346	39	256,7	3
7840	0,75966	298	1892,08	7,61	14,385	39	256,4	3
7850	0,76264	299	1899,69	7,64	14,424	39	256,1	3
7860	0,76563	300	1907,33	7,67	14,463	39	255,8	3
7870	0,76863	301	1915,00	7,70	14,502	39	255,5	4
7880	0,77164	302	1922,70	7,73	14,541	39	255,1	3
7890	0,77466	303	1930,43	7,76	14,580	39	254,8	3
7900	0,77769	303	1938,19	7,80	14,619	40	254,5	3
7910	0,78072	304	1945,99	7,82	14,659	39	254,2	3
7920	0,78376	305	1953,81	7,85	14,698	40	253,9	4
7930	0,78681	306	1961,66	7,88	14,738	40	253,5	3
7940	0,78987	306	1969,54	7,92	14,778	39	253,2	3
7950	0,79293	307	1977,46	7,94	14,817	40	252,9	3
7960	0,79600	308	1985,40	7,98	14,857	40	252,6	3
7970	0,79908	308	1993,38	8,01	14,897	39	252,3	4
7980	0,80216	309	2001,39	8,03	14,936	40	251,9	3
7990	0,80525	310	2009,42	8,07	14,976	39	251,6	3
8000	0,80835	310	2017,49	8,10	15,015	40	251,3	3
8010	0,81145	311	2025,59	8,13	15,055	40	251,0	3
8020	0,81456	312	2033,72	8,16	15,095	40	250,7	4
8030	0,81768	313	2041,88	8,19	15,135	39	250,3	3
8040	0,82081	314	2050,07	8,23	15,174	40	250,0	3
8050	0,82395	315	2058,30	8,25	15,214	40	249,7	3
8060	0,82710	316	2066,55	8,29	15,254	40	249,4	3
8070	0,83026	317	2074,84	8,32	15,294	40	249,1	4
8080	0,83343	318	2083,16	8,35	15,334	40	248,7	3
8090	0,83661	319	2091,51	8,38	15,374	40	248,4	3
8100	0,83980	319	2099,89	8,41	15,414	41	248,1	3
8110	0,84299	320	2108,30	8,45	15,455	40	247,8	3
8120	0,84619	321	2116,75	8,48	15,495	40	247,5	3
8130	0,84940	321	2125,23	8,51	15,535	41	247,2	4
8140	0,85261	322	2133,74	8,54	15,576	41	246,8	3
8150	0,85583	323	2142,28	8,57	15,617	40	246,5	3
8160	0,85906	324	2150,85	8,61	15,657	41	246,2	3
8170	0,86230	325	2159,46	8,64	15,698	41	245,9	3
8180	0,86555	326	2168,10	8,67	15,739	41	245,6	3
8190	0,86881	326	2176,77	8,71	15,780	40	245,3	3
8200	0,87207	327	2185,48	8,73	15,820	41	245,0	4
8210	0,87534	328	2194,21	8,77	15,861	41	244,6	3
8220	0,87862	329	2202,98	8,81	15,902	41	244,3	3
8230	0,88191	330	2211,79	8,83	15,943	41	244,0	3
8240	0,88521	331	2220,62	8,87	15,984	41	243,7	3
8250	0,88852	331	2229,49	8,90	16,025	41	243,4	3
8260	0,89183	332	2238,39	8,93	16,066	41	243,1	3
8270	0,89515	333	2247,32	8,97	16,107	41	242,8	3
8280	0,89848	334	2256,29	9,01	16,148	41	242,5	3
8290	0,90182	335	2265,30	9,03	16,189	41	242,2	3
8300	0,90517	336	2274,33	9,07	16,230	42	241,9	4

D	J	Diff.	A	Diff.	T	Diff.	u	Diff.
8310	0,90853		2283,40		16,272		241,5	
		336		9,10		41		3
8320	0,91189		2292,50		16,313		241,2	
		337		9,14		41		3
8330	0,91526		2301,64		16,354		240,9	
		338		9,17		42		3
8340	0,91864		2310,81		16,396		240,6	
		339		9,20		41		3
8350	0,92203		2320,01		16,437		240,3	
		340		9,24		42		3
8360	0,92543		2329,25		16,479		240,0	
		341		9,27		42		3
8370	0,92884		2338,52		16,521		239,7	
		342		9,30		42		3
8380	0,93226		2347,82		16,563		239,4	
		343		9,34		42		3
8390	0,93569		2357,16		16,605		239,1	
		344		9,38		42		3
8400	0,93913		2366,54		16,647		238,8	
		344		9,41		42		3
8410	0,94257		2375,95		16,689		238,5	
		345		9,44		42		3
8420	0,94602		2385,39		16,731		238,2	
		346		9,48		42		3
8430	0,94948		2394,87		16,773		237,9	
		347		9,51		42		3
8440	0,95295		2404,38		16,815		237,6	
		348		9,55		42		3
8450	0,95643		2413,93		16,857		237,3	
		349		9,58		43		3
8460	0,95992		2423,51		16,900		237,0	
		349		9,61		42		3
8470	0,96341		2433,12		16,942		236,7	
		350		9,66		42		3
8480	0,96691		2442,78		16,984		236,4	
		351		9,68		42		3
8490	0,97042		2452,46		17,026		236,1	
		352		9,72		42		3
8500	0,97394		2462,18		17,068		235,8	
		353		9,76		42		3
8510	0,97747		2471,94		17,110		235,5	
		354		9,79		43		2
8520	0,98101		2481,73		17,153		235,3	
		355		9,83		43		3
8530	0,98456		2491,56		17,196		235,0	
		356		9,86		42		3
8540	0,98812		2501,42		17,238		234,7	
		357		9,90		43		3
8550	0,99169		2511,32		17,281		234,4	
		357		9,94		42		3
8560	0,99526		2521,26		17,323		234,1	
		358		9,97		43		3
8570	0,99884		2531,23		17,366		233,8	
		359		10,00		43		3
8580	1,00243		2541,23		17,409		233,5	
		360		10,05		42		3
8590	1,00603		2551,28		17,451		233,2	
		361		10,08		43		3
8600	1,00964		2561,36		17,494		232,9	
		362		10,11		43		3
8610	1,01326		2571,47		17,537		232,6	
		363		10,15		43		2
8620	1,01689		2581,62		17,580		232,4	
		364		10,19		44		3
8630	1,02053		2591,81		17,624		232,1	
		365		10,22		43		3
8640	1,02418		2602,03		17,667		231,8	
		366		10,26		43		3
8650	1,02784		2612,29		17,710		231,5	
		366		10,30		44		3
8660	1,03150		2622,59		17,754		231,2	
		367		10,33		43		3
8670	1,03517		2632,92		17,797		230,9	
		368		10,37		43		3
8680	1,03885		2643,29		17,840		230,6	
		369		10,41		44		3
8690	1,04254		2653,70		17,884		230,3	
		370		10,44		43		3
8700	1,04624		2664,14		17,927		230,0	
		371		10,48		44		3
8710	1,04995		2674,62		17,971		229,7	
		372		10,52		44		2
8720	1,05367		2685,14		18,015		229,5	
		373		10,56		43		3
8730	1,05740		2695,70		18,058		229,2	
		374		10,59		44		3
8740	1,06114		2706,29		18,102		228,9	
		375		10,63		43		3
8750	1,06489		2716,92		18,145		228,6	
		376		10,67		44		3
8760	1,06865		2727,59		18,189		228,3	
		377		10,70		44		3
8770	1,07242		2738,29		18,233		228,0	
		378		10,75		44		3
8780	1,07620		2749,04		18,277		227,7	
		378		10,78		44		2
8790	1,07998		2759,82		18,321		227,5	
		379		10,82		43		3
8800	1,08377		2770,64		18,364		227,2	
		380		10,85		44		3

D	J	Diff.	A	Diff.	T	Diff.	u	Diff.
8810	1,08757	381	2781,49	10,90	18,408	44	226,9	3
8820	1,09138	382	2792,39	10,93	18,452	45	226,6	3
8830	1,09520	383	2803,32	10,97	18,497	44	226,3	3
8840	1,09903	384	2814,29	11,01	18,541	44	226,0	2
8850	1,10287	385	2825,30	11,05	18,585	44	225,8	3
8860	1,10672	387	2836,35	11,09	18,629	45	225,5	3
8870	1,11059	388	2847,44	11,12	18,674	44	225,2	3
8880	1,11447	389	2858,56	11,17	18,718	45	224,9	3
8890	1,11836	389	2869,73	11,20	18,763	44	224,6	3
8900	1,12225	390	2880,93	11,24	18,807	45	224,3	2
8910	1,12615	391	2892,17	11,28	18,852	45	224,1	3
8920	1,13006	392	2903,45	11,32	18,897	45	223,8	3
8930	1,13398	393	2914,77	11,36	18,942	44	223,5	3
8940	1,13791	394	2926,13	11,40	18,986	45	223,2	3
8950	1,14185	395	2937,53	11,44	19,031	45	222,9	3
8960	1,14580	396	2948,97	11,48	19,076	45	222,6	2
8970	1,14976	397	2960,45	11,51	19,121	45	222,4	3
8980	1,15373	398	2971,96	11,56	19,166	45	222,1	3
8990	1,15771	400	2983,52	11,60	19,211	45	221,8	3
9000	1,16171	400	2995,12	11,63	19,256	45	221,5	2
9010	1,16571	401	3006,75	11,68	19,301	46	221,3	3
9020	1,16972	402	3018,43	11,72	19,347	45	221,0	3
9030	1,17374	403	3030,15	11,76	19,392	46	220,7	3
9040	1,17777	404	3041,91	11,79	19,438	45	220,4	3
9050	1,18181	405	3053,70	11,84	19,483	46	220,1	2
9060	1,18586	406	3065,54	11,88	19,529	45	219,9	3
9070	1,18992	407	3077,42	11,92	19,574	46	219,6	3
9080	1,19399	409	3089,34	11,96	19,620	45	219,3	3
9090	1,19808	410	3101,30	12,00	19,665	45	219,0	2
9100	1,20218	410	3113,30	12,05	19,710	46	218,8	3
9110	1,20628	411	3125,35	12,08	19,756	46	218,5	3
9120	1,21039	412	3137,43	12,12	19,802	46	218,2	3
9130	1,21451	413	3149,55	12,17	19,848	46	217,9	2
9140	1,21864	414	3161,72	12,21	19,894	46	217,7	3
9150	1,22278	415	3173,93	12,24	19,940	46	217,4	3
9160	1,22693	417	3186,17	12,29	19,986	46	217,1	2
9170	1,23110	418	3198,46	12,34	20,032	46	216,9	3
9180	1,23528	419	3210,80	12,37	20,078	46	216,6	3
9190	1,23947	420	3223,17	12,42	20,124	46	216,3	2
9200	1,24367	421	3235,59	12,45	20,170	47	216,1	3
9210	1,24788	422	3248,04	12,50	20,217	46	215,8	3
9220	1,25210	423	3260,54	12,55	20,263	46	215,5	2
9230	1,25633	424	3273,09	12,58	20,309	47	215,3	3
9240	1,26057	425	3285,67	12,63	20,356	46	215,0	3
9250	1,26482	426	3298,30	12,67	20,402	47	214,7	2
9260	1,26908	427	3310,97	12,71	20,449	46	214,5	3
9270	1,27335	427	3323,68	12,75	20,495	47	214,2	3
9280	1,27762	428	3336,43	12,80	20,542	47	213,9	2
9290	1,28190	430	3349,23	12,84	20,589	47	213,7	3
9300	1,28620	431	3362,07	12,89	20,636	48	213,4	2

D	J	Diff.	A	Diff.	T	Diff.	u	Diff.
9310	1,29051	432	3374,96	12,92	20,684	47	213,2	3
9320	1,29483	433	3387,88	12,97	20,731	47	212,9	3
9330	1,29916	434	3400,85	13,02	20,778	47	212,6	2
9340	1,30350	435	3413,87	13,05	20,835	47	212,4	3
9350	1,30785	437	3426,92	13,10	20,872	47	212,1	2
9360	1,31222	438	3440,02	13,15	20,919	47	211,9	3
9370	1,31660	439	3453,17	13,18	20,966	47	211,6	2
9380	1,32099	440	3466,35	13,24	21,013	47	211,4	3
9390	1,32539	441	3479,59	13,27	21,060	47	211,1	3
9400	1,32980	442	3492,86	13,32	21,107	48	210,8	2
9410	1,33422	443	2506,18	13,37	21,155	47	210,6	3
9420	1,33865	444	3519,55	13,41	21,202	48	210,3	2
9430	1,34309	445	3532,96	13,45	21,250	48	210,1	3
9440	1,34754	446	3546,41	13,50	21,298	48	209,8	3
9450	1,35200	447	3559,91	13,54	21,346	48	209,5	2
9460	1,35647	448	3573,45	13,59	21,394	48	209,3	3
9470	1,36095	449	3587,04	13,63	21,442	48	209,0	2
9480	1,36544	450	3600,67	13,67	21,490	47	208,8	3
9490	1,36994	453	3614,34	13,73	21,537	48	208,5	2
9500	1,37447	453	3628,07	13,76	21,585	49	208,3	3
9510	1,37900	454	3641,83	13,82	21,634	48	208,0	2
9520	1,38354	455	3655,65	13,85	21,682	48	207,8	3
9530	1,38809	456	3669,50	13,91	21,730	48	207,5	2
9540	1,39265	457	3683,41	13,95	21,778	49	207,3	3
9550	1,39722	458	3697,36	13,99	21,827	48	207,0	2
9560	1,40180	459	3711,35	14,04	21,875	48	206,8	3
9570	1,40639	460	3725,39	14,09	21,923	48	206,5	2
9580	1,41099	461	3739,48	14,13	21,971	49	206,3	3
9590	1,41560	462	3753,61	14,18	22,020	48	206,0	2
9600	1,42022	464	3767,79	14,23	22,068	49	205,8	3
9610	1,42486	465	3782,02	14,27	22,117	49	205,5	2
9620	1,42951	466	3796,29	14,32	22,166	49	205,3	3
9630	1,43417	467	3810,61	14,36	22,215	49	205,0	2
9640	1,43884	468	3824,97	14,41	22,264	48	204,8	3
9650	1,44352	469	3839,38	14,46	22,312	49	204,5	2
9660	1,44821	471	3853,84	14,51	22,361	49	204,3	3
9670	1,45292	472	3868,35	14,55	22,410	49	204,0	2
9680	1,45764	473	3882,90	14,60	22,459	49	203,8	3
9690	1,46237	474	3897,50	14,65	22,508	49	203,5	2
9700	1,46711	476	3912,15	14,69	22,557	50	203,3	3
9710	1,47187	477	3926,84	14,75	22,607	49	203,0	2
9720	1,47664	478	3941,59	14,79	22,656	50	202,8	3
9730	1,48142	479	3956,38	14,83	22,706	49	202,5	2
9740	1,48621	480	3971,21	14,89	22,755	49	202,3	3
9750	1,49101	481	3986,10	14,94	22,804	49	202,0	2
9760	1,49582	482	4001,04	14,98	22,853	50	201,8	3
9770	1,50064	483	4016,02	15,02	22,903	50	201,5	2
9780	1,50547	484	4031,04	15,09	22,953	49	201,3	3
9790	1,51031	485	4046,13	15,12	23,002	50	201,0	2
9800	1,51516	487	4061,25	15,18	23,052	50	200,8	3

D	J	Diff.	A	Diff.	T	Diff.	u	Diff.
9810	1,52003		4076,43		23,102		200,5	
		488		15,22		50		2
9820	1,52491		4091,65		23,152		200,3	
		489		15,28		50		3
9830	1,52980		4106,93		23,202		200,0	
		491		15,32		50		2
9840	1,53471		4122,25		23,252		199,8	
		492		15,37		50		3
9850	1,53963		4137,62		23,302		199,5	
		493		15,42		50		2
9860	1,54456		4153,04		23,352		199,3	
		495		15,47		51		3
9870	1,54951		4168,51		23,403		199,0	
		496		15,52		50		2
9880	1,55447		4184,03		23,453		198,8	
		497		15,57		50		3
9890	1,55944		4199,60		23,503		198,5	
		499		15,62		50		2
9900	1,56443		4215,22		23,553		198,3	
		500		15,67		51		3
9910	1,56943		4230,89		23,604		198,0	
		501		15,72		50		2
9920	1,57444		4246,61		23,654		197,8	
		502		15,77		51		3
9930	1,57946		4262,38		23,705		197,5	
		503		15,82		50		2
9940	1,58449		4278,20		23,755		197,3	
		504		15,87		51		2
9950	1,58953		4294,07		23,806		197,1	
		505		15,92		51		3
9960	1,59458		4309,99		23,857		196,8	
		506		15,97		51		2
9970	1,59964		4325,96		23,908		196,6	
		508		16,02		50		2
9980	1,60472		4341,98		23,958		196,4	
		509		16,08		51		3
9990	1,60981		4358,06		24,009		196,1	
		510		16,12		51		2
10000	1,61491		4374,18		24,060		195,9	
		512		16,17		51		2
10010	1,62003		4390,35		24,111		195,7	
		513		16,23		52		3
10020	1,62516		4406,58		24,163		195,4	
		514		16,28		51		2
10030	1,63030		4422,86		24,214		195,2	
		515		16,33		51		3
10040	1,63545		4439,19		24,265		194,9	
		517		16,38		51		2
10050	1,64062		4455,57		24,316		194,7	
		518		16,43		52		3
10060	1,64580		4472,00		24,368		194,4	
		519		16,48		51		2
10070	1,65099		4488,48		24,419		194,2	
		520		16,54		52		2
10080	1,65619		4505,02		24,471		194,0	
		522		16,59		51		3
10090	1,66141		4521,61		24,522		193,7	
		523		16,64		52		2
10100	1,66664		4538,25		24,574		193,5	
		525		16,69		52		3
10110	1,67189		4554,94		24,626		193,2	
		526		16,75		52		2
10120	1,67715		4571,69		24,678		193,0	
		527		16,79		52		3
10130	1,68242		4588,48		24,730		192,7	
		528		16,85		51		2
10140	1,68770		4605,33		24,781		192,5	
		530		16,91		52		2
10150	1,69300		4622,24		24,833		192,3	
		531		16,96		52		3
10160	1,69831		4639,20		24,885		192,0	
		532		17,01		52		2
10170	1,70363		4656,21		24,937		191,8	
		533		17,06		52		2
10180	1,70896		4673,27		24,989		191,6	
		535		17,11		52		3
10190	1,71431		4690,38		25,041		191,3	
		536		17,17		53		2
10200	1,71967		4707,55		25,094		191,1	
		538		17,23		52		2
10210	1,72505		4724,78		25,146		190,9	
		539		17,27		52		3
10220	1,73044		4742,05		25,198		190,6	
		541		17,34		53		2
10230	1,73585		4759,39		25,251		190,4	
		542		17,38		52		2
10240	1,74127		4776,77		25,303		190,2	
		543		17,44		53		3
10250	1,74670		4794,21		25,356		189,9	
		544		17,49		53		2
10260	1,75214		4811,70		25,409		189,7	
		546		17,55		53		2
10270	1,75760		4829,25		25,462		189,5	
		547		17,61		53		3
10280	1,76307		4846,86		25,515		189,2	
		548		17,65		53		2
10290	1,76855		4864,51		25,568		189,0	
		549		17,72		53		2
10300	1,77404		4882,23		25,621		188,8	
		551		17,77		54		3

D	J	Diff.	A	Diff.	T	Diff.	u	Diff.
10310	1,77955	552	4900,00	17,82	25,675	53	188,5	2
10320	1,78507	554	4917,82	17,88	25,728	53	188,3	2
10330	1,79061	555	4935,70	17,93	25,781	53	188,1	3
10340	1,79616	556	4953,63	17,99	25,834	54	187,8	2
10350	1,80172	558	4971,62	18,05	25,888	53	187,6	2
10360	1,80730	559	4989,67	18,10	25,941	53	187,4	3
10370	1,81289	561	5007,77	18,15	25,994	53	187,1	2
10380	1,81850	562	5025,92	18,22	26,047	53	186,9	2
10390	1,82412	564	5044,14	18,27	26,100	54	186,7	3
10400	1,82976	565	5062,41	18,32	26,154	54	186,4	2
10410	1,83541	566	5080,73	18,38	26,208	53	186,2	2
10420	1,84107	567	5099,11	18,44	26,261	54	186,0	2
10430	1,84674	569	5117,55	18,49	26,315	54	185,8	3
10440	1,85243	571	5136,04	18,56	26,369	54	185,5	2
10450	1,85814	572	5154,60	18,61	26,423	54	185,3	2
10460	1,86386	573	5173,21	18,67	26,477	54	185,1	2
10470	1,86959	575	5191,88	18,72	26,531	54	184,9	3
10480	1,87534	576	5210,60	18,79	26,585	54	184,6	2
10490	1,88110	578	5229,39	18,84	26,639	54	184,4	2
10500	1,88688	580	5248,23	18,89	26,693	54	184,2	2
10510	1,89268	581	5267,12	18,96	26,747	55	184,0	3
10520	1,89849	582	5286,08	19,01	26,802	54	183,7	2
10530	1,90431	582	5305,09	19,08	26,856	55	183,5	2
10540	1,91013	584	5324,17	19,13	26,911	55	183,3	2
10550	1,91597	585	5343,30	19,19	26,966	54	183,1	3
10560	1,92182	587	5362,49	19,24	27,020	55	182,8	2
10570	1,92769	589	5381,73	19,31	27,075	55	182,6	2
10580	1,93358	590	5401,04	19,36	27,130	55	182,4	2
10590	1,93948	591	5420,40	19,43	27,185	55	182,2	2
10600	1,94539	592	5439,83	19,48	27,240	55	182,0	2
10610	1,95131	594	5459,31	19,54	27,295	55	181,8	3
10620	1,95725	595	5478,85	19,61	27,350	56	181,5	2
10630	1,96320	597	5498,46	19,66	27,406	55	181,3	2
10640	1,96917	598	5518,12	19,72	27,461	55	181,1	2
10650	1,97515	600	5537,84	19,78	27,516	55	180,9	2
10660	1,98115	601	5557,62	19,84	27,571	55	180,7	2
10670	1,98716	603	5577,46	19,91	27,626	55	180,5	3
10680	1,99319	605	5597,37	19,96	27,681	56	180,2	2
10690	1,99924	606	5617,33	20,02	27,737	55	180,0	2
10700	2,00530	608	5637,35	20,08	27,792	56	179,8	2
10710	2,01138	609	5657,43	20,15	27,848	56	179,6	2
10720	2,01747	610	5677,58	20,20	27,904	56	179,4	3
10730	2,02357	612	5697,78	20,27	27,960	56	179,1	2
10740	2,02969	613	5718,05	20,33	28,016	56	178,9	2
10750	2,03582	615	5738,38	20,39	28,072	56	178,7	2
10760	2,04197	616	5758,77	20,45	28,128	56	178,5	2
10770	2,04813	618	5779,22	20,51	28,184	56	178,3	3
10780	2,05431	620	5799,73	20,57	28,240	56	178,0	2
10790	2,06051	621	5820,30	20,64	28,296	56	177,8	2
10800	2,06672	623	5840,94	20,70	28,352	56	177,6	2

D	J	Diff.	A	Diff.	T	Diff.	u	Diff.
10810	2,07295		5861,64		28,408		177,4	2
		624		20,76		57		
10820	2,07919		5882,40		28,465		177,2	2
		625		20,82		56		
10830	2,08544		5903,22		28,521		177,0	3
		627		20,89		57		
10840	2,09171		5924,11		28,578		176,7	2
		629		20,94		56		
10850	2,09800		5945,05		28,634		176,5	2
		630		21,02		57		
10860	2,10430		5966,07		28,691		176,3	2
		632		21,07		57		
10870	2,11062		5987,14		28,748		176,1	3
		633		21,14		57		
10880	2,11695		6008,28		28,805		175,8	2
		635		21,20		57		
10890	2,12330		6029,48		28,862		175,6	2
		637		21,26		57		
10900	2,12967		6050,74		28,919		175,4	2
		638		21,33		58		
10910	2,13605		6072,07		28,977		175,2	2
		640		21,40		57		
10920	2,14245		6093,47		29,034		175,0	2
		642		21,45		57		
10930	2,14887		6114,92		29,091		174,8	2
		643		21,52		57		
10940	2,15530		6136,44		29,148		174,6	2
		644		21,59		58		
10950	2,16174		6158,03		29,206		174,4	3
		646		21,65		57		
10960	2,16820		6179,68		29,263		174,1	2
		647		21,71		57		
10970	2,17467		6201,39		29,320		173,9	2
		648		21,78		57		
10980	2,18115		6223,17		29,377		173,7	2
		650		21,85		57		
10990	2,18765		6245,02		29,434		173,5	2
		651		21,90		58		
11000	2,19416		6266,92		29,492		173,3	3
		653		21,98		57		
11010	2,20069		6288,90		29,549		173,0	2
		655		22,04		58		
11020	2,20724		6310,94		29,607		172,8	2
		657		22,10		58		
11030	2,21381		6333,04		29,665		172,6	2
		658		22,17		58		
11040	2,22039		6355,21		29,723		172,4	2
		660		22,24		58		
11050	2,22699		6377,45		29,781		172,2	2
		662		22,30		58		
11060	2,23361		6399,75		29,839		172,0	2
		664		22,37		58		
11070	2,24025		6422,12		29,897		171,8	2
		666		22,44		58		
11080	2,24691		6444,56		29,955		171,6	2
		668		22,50		59		
11090	2,25359		6467,06		30,014		171,4	2
		669		22,57		58		
11100	2,26028		6489,63		30,072		171,2	2
		670		22,64		58		
11110	2,26698		6512,27		30,130		171,0	2
		672		22,70		59		
11120	2,27370		6534,97		30,189		170,8	2
		673		22,77		58		
11130	2,28043		6557,74		30,247		170,6	2
		675		22,84		59		
11140	2,28718		6580,58		30,306		170,4	2
		676		22,91		59		
11150	2,29394		6603,49		30,365		170,2	2
		678		22,97		59		
11160	2,30072		6626,46		30,424		170,0	2
		680		23,04		59		
11170	2,30752		6649,50		30,483		169,8	2
		681		23,11		59		
11180	2,31433		6672,61		30,542		169,6	2
		683		23,18		59		
11190	2,32116		6695,79		30,601		169,4	3
		684		23,24		59		
11200	2,32800		6719,03		30,660		169,1	2
		686		23,32		60		
11210	2,33486		6742,35		30,720		168,9	2
		688		23,38		59		
11220	2,34174		6765,73		30,779		168,7	2
		690		23,45		59		
11230	2,34864		6789,18		30,838		168,5	2
		691		23,52		60		
11240	2,35555		6812,70		30,898		168,3	2
		693		23,59		59		
11250	2,36248		6836,29		30,957		168,1	2
		695		23,66		60		
11260	2,36943		6859,95		31,017		167,9	2
		697		23,73		59		
11270	2,37640		6883,68		31,076		167,7	2
		699		23,80		60		
11280	2,38339		6907,48		31,136		167,5	2
		700		23,87		59		
11290	2,39039		6931,35		31,195		167,3	3
		702		23,94		60		
11300	2,39741		6955,29		31,255		167,0	2
		704		24,01		60		

D	J	Diff.	A	Diff.	T	Diff.	u	Diff.
11310	2,40445	706	6979,30	24,08	31,315	60	166,8	2
11320	2,41151	707	7003,38	24,15	31,375	60	166,6	2
11330	2,41858	709	7027,53	24,22	31,435	60	166,4	2
11340	2,42567	711	7051,75	24,29	31,495	60	166,2	2
11350	2,43278	713	7076,04	24,36	31,555	61	166,0	2
11360	2,43991	714	7100,40	24,44	31,616	60	165,8	2
11370	2,44705	716	7124,84	24,51	31,676	60	165,6	2
11380	2,45421	718	7149,35	24,57	31,736	60	165,4	2
11390	2,46139	719	7173,92	24,65	31,796	61	165,2	2
11400	2,46858	721	7198,57	24,73	31,857	60	165,0	2
11410	2,47579	723	7223,30	24,79	31,917	61	164,8	2
11420	2,48302	725	7248,09	24,87	31,978	61	164,6	2
11430	2,49027	726	7272,96	24,94	32,039	61	164,4	2
11440	2,49753	728	7297,90	25,01	32,100	61	164,2	2
11450	2,50481	730	7322,91	25,08	32,161	61	164,0	2
11460	2,51211	732	7347,99	25,16	32,222	61	163,8	2
11470	2,51943	734	7373,15	25,23	32,283	61	163,6	2
11480	2,52677	736	7398,38	25,30	32,344	61	163,4	2
11490	2,53413	737	7423,68	25,38	32,405	62	163,2	2
11500	2,54150	739	7449,06	25,45	32,467	61	163,0	2
11510	2,54889	740	7474,51	25,53	32,528	61	162,8	2
11520	2,55629	742	7500,04	25,60	32,589	62	162,6	2
11530	2,56371	744	7525,64	25,68	32,651	61	162,4	2
11540	2,57115	746	7551,32	25,74	32,712	62	162,2	2
11550	2,57861	748	7577,06	25,83	32,775	61	162,0	2
11560	2,58609	750	7602,89	25,90	32,835	62	161,8	2
11570	2,59359	753	7628,79	25,97	32,897	62	161,6	2
11580	2,60112	754	7654,76	26,05	32,959	62	161,4	2
11590	2,60866	756	7680,81	26,12	33,021	63	161,2	2
11600	2,61622	757	7706,93	26,20	33,084	62	161,0	2
11610	2,62379	759	7733,13	26,28	33,146	62	160,8	2
11620	2,63138	761	7759,41	26,35	33,208	63	160,6	1
11630	2,63899	763	7785,76	26,43	33,271	62	160,5	2
11640	2,64662	764	7812,19	26,50	33,333	63	160,3	2
11650	2,65426	765	7838,69	26,58	33,396	62	160,1	2
11660	2,66191	768	7865,27	26,66	33,458	63	159,9	2
11670	2,66959	770	7891,93	26,74	33,521	62	159,7	2
11680	2,67729	772	7918,67	26,81	33,583	63	159,5	2
11690	2,68501	774	7945,48	26,89	33,646	63	159,3	2
11700	2,69275	776	7972,37	26,96	33,709	63	159,1	2
11710	2,70051	778	7999,33	27,05	33,772	64	158,9	2
11720	2,70829	780	8026,38	27,12	33,836	63	158,7	2
11730	2,71609	782	8053,50	27,20	33,899	63	158,5	2
11740	2,72391	783	8080,70	27,28	33,962	64	158,3	2
11750	2,73174	785	8107,98	27,35	34,026	63	158,1	2
11760	2,73959	787	8135,33	27,44	34,089	63	157,9	1
11770	2,74746	789	8162,77	27,51	34,152	64	157,8	2
11780	2,75535	791	8190,28	27,60	34,216	63	157,6	2
11790	2,76326	793	8217,88	27,67	34,279	63	157,4	2
11800	2,77119	795	8245,55	27,75	34,342	63	157,2	2

D	J	Diff.	A	Diff.	T	Diff.	u	Diff.
11810	2,77914	797	8273,30	27,83	34,405	64	157,0	2
11820	2,78711	799	8301,13	27,91	34,469	63	156,8	2
11830	2,79510	801	8329,04	27,99	34,532	64	156,6	2
11840	2,80311	803	8357,03	28,07	34,596	64	156,4	2
11850	2,81114	805	8385,10	28,16	34,660	64	156,2	2
11860	2,81919	807	8413,26	28,23	34,724	65	156,0	2
11870	2,82726	809	8441,49	28,31	34,789	64	155,8	2
11880	2,83535	810	8469,80	28,39	34,853	64	155,6	2
11890	2,84345	812	8498,19	28,48	34,917	65	155,4	2
11900	2,85157	815	8526,67	28,56	34,982	64	155,2	1
11910	2,85972	817	8555,23	28,63	35,046	65	155,1	2
11920	2,86789	819	8583,86	28,72	35,111	64	154,9	2
11930	2,87608	821	8612,58	28,81	35,175	65	154,7	2
11940	2,88429	823	8641,39	28,88	35,240	65	154,5	2
11950	2,89252	825	8670,27	28,97	35,305	65	154,3	2
11960	2,90077	827	8699,24	29,05	35,370	65	154,1	2
11970	2,90904	829	8728,29	29,13	35,435	65	153,9	2
11980	2,91733	831	8757,42	29,21	35,500	65	153,7	2
11990	2,92564	832	8786,63	29,30	35,565	65	153,5	2
12000	2,93396	835	8815,93	29,38	35,630	66	153,3	2
12010	2,94231	837	8845,31	29,47	35,696	65	153,1	1
12020	2,95068	839	8874,78	29,54	35,761	65	153,0	2
12030	2,95907	841	8904,32	29,64	35,826	66	152,8	2
12040	2,96748	843	8933,96	29,71	35,892	65	152,6	2
12050	2,97591	845	8963,67	29,81	35,957	66	152,4	2
12060	2,98436	848	8993,48	29,88	36,023	65	152,2	2
12070	2,99284	850	9023,36	29,97	36,088	66	152,0	1
12080	3,00134	852	9053,33	30,06	36,154	66	151,9	2
12090	3,00986	854	9083,39	30,14	36,220	66	151,7	2
12100	3,01840	856	9113,53	30,23	36,286	66	151,5	2
12110	3,02696	858	9143,76	30,31	36,352	67	151,3	2
12120	3,03554	860	9174,07	30,40	36,419	66	151,1	1
12130	3,04414	862	9204,47	30,48	36,485	66	151,0	2
12140	3,05276	864	9234,95	30,57	36,551	67	150,8	2
12150	3,06140	866	9265,52	30,66	36,618	66	150,6	2
12160	3,07006	868	9296,18	30,74	36,684	66	150,4	1
12170	3,07874	869	9326,92	30,84	36,750	67	150,3	2
12180	3,08743	871	9357,76	30,91	36,817	66	150,1	2
12190	3,09614	873	9388,67	31,01	36,883	67	149,9	2
12200	3,10487	876	9419,68	31,09	36,950	67	149,7	2
12210	3,11363	878	9450,77	31,18	37,017	67	149,5	1
12220	3,12241	880	9481,95	31,27	37,084	67	149,4	2
12230	3,13121	882	9513,22	31,35	37,151	67	149,2	2
12240	3,14003	885	9544,57	31,45	37,218	68	149,0	2
12250	3,14888	887	9576,02	31,53	37,286	67	148,8	1
12260	3,15775	889	9607,55	31,62	37,353	67	148,7	2
12270	3,16664	891	9639,17	31,72	37,420	67	148,5	2
12280	3,17555	893	9670,89	31,80	37,487	68	148,3	2
12290	3,18448	896	9702,69	31,89	37,555	67	148,1	2
12300	3,19344	898	9734,58	31,97	37,622	68	147,9	1

D	J	Diff.	A	Diff.	T	Diff.	u	Diff.
12310	3,20242		9766,55		37,690		147,8	
		900		32,07		68		2
12320	3,21142		9798,62		37,758		147,6	
		902		32,16		67		2
12330	3,22044		9830,78		37,825		147,4	
		904		32,25		68		2
12340	3,22948		9863,03		37,893		147,2	
		907		32,34		68		2
12350	3,23855		9895,37		37,961		147,0	
		909		32,43		68		1
12360	3,24764		9927,80		38,029		146,9	
		911		32,53		68		2
12370	3,25675		9960,33		38,097		146,7	
		913		32,61		68		2
12380	3,26588		9992,94		38,165		146,5	
		915		32,70		69		2
12390	3,27503		10025,64		38,234		146,3	
		917		32,80		68		2
12400	3,28420		10058,44		38,302		146,1	
		920		32,89		68		1
12410	3,29340		10091,33		38,370		146,0	
		922		32,98		69		2
12420	3,30262		10124,31		38,439		145,8	
		924		33,07		69		2
12430	3,31186		10157,38		38,508		145,6	
		926		33,16		68		2
12440	3,32112		10190,54		38,576		145,4	
		929		33,26		69		2
12450	3,33041		10223,80		38,645		145,2	
		931		33,35		69		1
12460	3,33972		10257,15		38,714		145,1	
		934		33,45		69		2
12470	3,34906		10290,60		38,783		144,9	
		936		33,53		69		2
12480	3,35842		10324,13		38,852		144,7	
		938		33,64		69		2
12490	3,36780		10357,77		38,921		144,5	
		941		33,72		70		2
12500	3,37721		10391,49		38,991		144,3	
		943		33,82		69		2
12510	3,38664		10425,31		39,060		144,1	
		945		33,91		69		1
12520	3,39609		10459,22		39,129		144,0	
		947		34,01		70		2
12530	3,40556		10493,23		39,199		143,8	
		949		34,10		69		2
12540	3,41505		10527,33		39,268		143,6	
		952		34,20		70		1
12550	3,42457		10561,53		39,338		143,5	
		953		34,30		69		2
12560	3,43410		10595,83		39,407		143,3	
		956		34,38		70		2
12570	3,44366		10630,21		39,477		143,1	
		958		34,49		70		1
12580	3,45324		10664,70		39,547		143,0	
		960		34,58		70		2
12590	3,46284		10699,28		39,617		142,8	
		963		34,68		70		2
12600	3,47247		10733,96		39,687		142,6	
		965		34,77		71		1
12610	3,48212		10768,73		39,758		142,5	
		967		34,87		70		2
12620	3,49179		10803,60		39,828		142,3	
		969		34,96		70		2
12630	3,50148		10838,56		39,898		142,1	
		971		35,07		70		1
12640	3,51119		10873,63		39,968		142,0	
		974		35,16		71		2
12650	3,52093		10908,79		40,039		141,8	
		977		35,26		70		2
12660	3,53070		10944,05		40,109		141,6	
		979		35,35		71		1
12670	3,54049		10979,40		40,180		141,5	
		981		35,46		70		2
12680	3,55030		11014,86		40,250		141,3	
		984		35,55		71		2
12690	3,56014		11050,41		40,321		141,1	
		986		35,65		71		1
12700	3,57000		11086,06		40,392		141,0	
		989		35,75		71		2
12710	3,57989		11121,81		40,463		140,8	
		991		35,85		71		2
12720	3,58980		11157,66		40,534		140,6	
		993		35,94		71		1
12730	3,59973		11193,60		40,605		140,5	
		996		36,05		72		2
12740	3,60969		11229,65		40,677		140,3	
		998		36,15		71		2
12750	3,61967		11265,80		40,748		140,1	
		1000		36,24		71		1
12760	3,62967		11302,04		40,819		140,0	
		1002		36,35		72		2
12770	3,63969		11338,39		40,891		139,8	
		1004		36,45		71		2
12780	3,64973		11374,84		40,962		139,6	
		1007		36,55		72		1
12790	3,65980		11411,39		41,034		139,5	
		1009		36,64		72		2
12800	3,66989		11448,03		41,106		139,3	
		1012		36,75		72		2

D	J	Diff.	A	Diff.	T	Diff.	u	Diff.
12810	3,68001		11484,78		41,178		139,1	
		1014		36,86		72		1
12820	3,69015		11521,64		41,250		139,0	
		1017		36,95		72		2
12830	3,70032		11558,59		41,322		138,8	
		1019		37,05		73		2
12840	3,71051		11595,64		41,395		138,6	
		1022		37,16		72		2
12850	3,72073		11632,80		41,467		138,4	
		1025		37,26		72		1
12860	3,73098		11670,06		41,539		138,3	
		1028		37,36		72		2
12870	3,74126		11707,42		41,611		138,1	
		1030		37,46		73		2
12880	3,75156		11744,88		41,684		137,9	
		1033		37,57		72		2
12890	3,76189		11782,45		41,756		137,7	
		1036		37,67		73		1
12900	3,77225		11820,12		41,829		137,6	
		1038		37,77		72		2
12910	3,78263		11857,89		41,901		137,4	
		1040		37,88		73		2
12920	3,79303		11895,77		41,974		137,2	
		1043		37,99		73		1
12930	3,80346		11933,76		42,047		137,1	
		1045		38,08		73		2
12940	3,81391		11971,84		42,120		136,9	
		1048		38,19		73		2
12950	3,82439		12010,03		42,193		136,7	
		1050		38,30		74		2
12960	3,83489		12048,33		42,267		136,5	
		1053		38,40		73		1
12970	3,84542		12086,73		42,340		136,4	
		1055		38,51		73		2
12980	3,85597		12125,24		42,413		136,2	
		1058		38,61		73		2
12990	3,86655		12163,85		42,486		136,0	
		1061		38,72		74		1
13000	3,87716		12202,57		42,560		135,9	
		106		38,8		74		2
13010	3,8878		12241,4		42,634		135,7	
		107		38,9		74		2
13020	3,8985		12280,3		42,708		135,5	
		107		39,1		74		1
13030	3,9092		12319,4		42,782		135,4	
		108		39,1		74		2
13040	3,9200		12358,5		42,856		135,2	
		107		39,3		74		1
13050	3,9307		12397,8		42,930		135,1	
		108		39,3		74		2
13060	3,9415		12437,1		43,004		134,9	
		107		39,5		73		2
13070	3,9522		12476,6		43,077		134,7	
		108		39,6		74		2
13080	3,9630		12516,2		43,151		134,5	
		108		39,7		74		1
13090	3,9738		12555,9		43,225		134,4	
		108		39,7		75		2
13100	3,9846		12595,6		43,300		134,1	
		109		39,9		74		2
13110	3,9955		12635,5		43,374		134,0	
		109		40,1		75		1
13120	4,0064		12675,6		43,449		133,9	
		110		40,1		75		2
13130	4,0174		12715,7		43,524		133,7	
		109		40,2		75		1
13140	4,0283		12755,9		43,599		133,6	
		110		40,3		74		2
13150	4,0393		12796,2		43,673		133,4	
		110		40,4		75		1
13160	4,0503		12836,6		43,748		133,3	
		111		40,6		75		2
13170	4,0614		12877,2		43,823		133,1	
		111		40,7		75		1
13180	4,0725		12917,9		43,898		133,0	
		111		40,8		75		1
13190	4,0836		12958,7		43,973		132,9	
		112		40,9		76		2
13200	4,0948		12999,6		44,049		132,7	
		112		41,0		75		2
13210	4,1060		13040,6		44,124		132,5	
		112		41,1		76		1
13220	4,1172		13081,7		44,200		132,4	
		113		41,2		75		2
13230	4,1285		13122,9		44,275		132,2	
		112		41,4		76		2
13240	4,1397		13164,3		44,351		132,0	
		113		41,4		76		1
13250	4,1510		13205,7		44,427		131,9	
		112		41,6		76		2
13260	4,1622		13247,3		44,503		131,7	
		113		41,7		76		1
13270	4,1735		13289,0		44,579		131,6	
		113		41,8		76		2
13280	4,1848		13330,8		44,655		131,4	
		114		41,9		76		1
13290	4,1962		13372,7		44,731		131,3	
		114		42,0		76		2
13300	4,2076		13414,7		44,807		131,1	
		114		42,1		77		1

D	J	Diff.	A	Diff.	T	Diff.	u	Diff.
13310	4,2190	115	13456,8	42,3	44,884	76	131,0	2
13320	4,2305	114	13499,1	42,3	44,960	76	130,8	2
13330	4,2419	115	13541,4	42,3	45,036	77	130,6	2
13340	4,2534	115	13583,9	42,5	45,113	77	130,4	1
13350	4,2649	116	13626,5	42,6	45,190	77	130,3	2
				42,7				
13360	4,2765	116	13669,2	42,8	45,267	77	130,1	2
13370	4,2881	117	13712,0	43,0	45,344	77	129,9	1
13380	4,2998	116	13755,0	43,0	45,421	77	129,8	2
13390	4,3114	117	13798,0	43,2	45,498	77	129,6	2
13400	4,3231	117	13841,2	43,3	45,575	77	129,4	1
13410	4,3348	117	13884,5	43,4	45,652	78	129,3	2
13420	4,3465	118	13927,9	43,5	45,730	77	129,1	1
13430	4,3583	118	13971,4	43,7	45,807	78	129,0	2
13440	4,3701	118	14015,1	43,7	45,885	77	128,8	2
13450	4,3819	119	14058,8	43,9	45,962	78	128,6	1
13460	4,3938	119	14102,7	44,0	46,040	78	128,5	2
13470	4,4057	119	14146,7	44,1	46,118	78	128,3	1
13480	4,4176	119	14190,8	44,3	46,196	78	128,2	2
13490	4,4296	120	14235,1	44,3	46,274	78	128,0	1
13500	4,4416	120	14279,4	44,5	46,352	79	127,9	2
13510	4,4536	121	14323,9	44,6	46,431	78	127,7	1
13520	4,4657	121	14368,5	44,7	46,509	78	127,6	2
13530	4,4778	121	14413,2	44,8	46,587	78	127,4	1
13540	4,4899	121	14458,0	45,0	46,665	79	127,3	2
13550	4,5020	122	14503,0	45,1	46,744	78	127,1	1
13560	4,5142	121	14548,1	45,2	46,822	79	127,0	2
13570	4,5263	122	14593,3	45,3	46,901	79	126,8	2
13580	4,5385	122	14638,6	45,4	46,980	79	126,6	1
13590	4,5507	122	14684,0	45,6	47,059	79	126,5	2
13600	4,5629	123	14729,6	45,7	47,138	80	126,3	1
13610	4,5752	123	14775,3	45,8	47,218	79	126,2	2
13620	4,5875	123	14821,1	46,0	47,297	79	126,0	1
13630	4,5998	124	14867,1	46,0	47,376	80	125,9	2
13640	4,6122	124	14913,1	46,2	47,456	79	125,7	1
13650	4,6246	124	14959,3	46,3	47,535	80	125,6	2
13660	4,6370	125	15005,6	46,4	47,615	80	125,4	1
13670	4,6495	125	15052,0	46,6	47,695	80	125,3	1
13680	4,6620	126	15098,6	46,7	47,775	80	125,2	2
13690	4,6746	126	15145,3	46,8	47,855	80	125,0	1
13700	4,6872	126	15192,1	46,9	47,935	81	124,9	2
13710	4,6998	127	15239,0	47,1	48,016	80	124,7	1
13720	4,7125	127	15286,1	47,2	48,096	80	124,6	2
13730	4,7252	127	15383,3	47,3	48,176	81	124,4	1
13740	4,7379	127	15380,6	47,4	48,257	80	124,3	2
13750	4,7506	128	15428,0	47,6	48,337	81	124,1	1
13760	4,7634	127	15475,6	47,7	48,418	80	124,0	2
13770	4,7761	128	15523,3	47,8	48,498	81	123,8	1
13780	4,7889	128	15571,1	48,0	48,579	80	123,7	2
13790	4,8017	128	15619,1	48,1	48,659	81	123,5	1
13800	4,8145	129	15667,2	48,2	48,740	81	123,4	2

D	J	Diff.	A	Diff.	T	Diff.	u	Diff.
13810	4,8274	129	15715,4	48,3	48,821	81	123,2	1
13820	4,8403	130	15763,7	48,5	48,902	81	123,1	2
13830	4,8533	130	15812,2	48,6	48,983	82	122,9	1
13840	4,8663	131	15860,8	48,7	49,065	81	122,8	2
13850	4,8794	130	15909,5	48,9	49,146	82	122,6	1
13860	4,8924	131	15958,4	49,0	49,228	82	122,5	2
13870	4,9055	131	16007,4	49,1	49,310	82	122,3	1
13880	4,9186	132	16056,5	49,2	49,392	82	122,2	2
13890	4,9318	132	16105,7	49,4	49,474	82	122,0	1
13900	4,9450	132	16155,1	49,5	49,556	83	121,9	2
13910	4,9582	133	16204,6	49,7	49,639	82	121,7	1
13920	4,9715	133	16254,3	49,8	49,721	82	121,6	2
13930	4,9848	134	16304,1	49,9	49,803	83	121,4	1
13940	4,9982	133	16354,0	50,0	49,886	82	121,3	2
13950	5,0115	134	16404,0	50,2	49,968	83	121,1	1
13960	5,0249	134	16454,2	50,3	50,051	82	121,0	2
13970	5,0383	134	16504,5	50,5	50,133	83	120,8	1
13980	5,0517	135	16555,0	50,6	50,216	82	120,7	2
13990	5,0652	135	16605,6	50,7	50,298	83	120,5	1
14000	5,0787	135	16656,3	50,8	50,381	83	120,4	2
14010	5,0922	136	16707,1	51,0	50,464	83	120,2	1
14020	5,1058	136	16758,1	51,1	50,547	84	120,1	1
14030	5,1194	137	16809,2	51,3	50,631	83	120,0	2
14040	5,1331	137	16860,5	51,4	50,714	84	119,8	1
14050	5,1468	137	16911,9	51,5	50,798	83	119,7	2
14060	5,1605	138	16963,4	51,7	50,881	84	119,5	1
14070	5,1743	137	17015,1	51,8	50,965	84	119,4	2
14080	5,1880	138	17066,9	52,0	51,049	84	119,2	1
14090	5,2018	138	17118,9	52,1	51,133	84	119,1	1
14100	5,2156	139	17171,0	52,2	51,217	85	119,0	2
14110	5,2295	139	17223,2	52,4	51,302	84	118,8	1
14120	5,2434	139	17275,6	52,5	51,386	84	118,7	2
14130	5,2573	140	17328,1	52,6	51,470	85	118,5	1
14140	5,2713	140	17380,7	52,8	51,555	84	118,4	2
14150	5,2853	140	17433,5	52,9	51,639	84	118,2	1
14160	5,2993	141	17486,4	53,1	51,723	85	118,1	2
14170	5,3134	141	17539,5	53,2	51,808	85	117,9	1
14180	5,3275	142	17592,7	53,3	51,893	85	117,8	1
14190	5,3417	142	17646,0	53,5	51,978	85	117,7	2
14200	5,3559	142	17699,5	53,6	52,063	86	117,5	1
14210	5,3701	143	17753,1	53,8	52,149	85	117,4	2
14220	5,3844	142	17806,9	53,9	52,234	85	117,2	1
14230	5,3986	143	17860,8	54,1	52,319	86	117,1	1
14240	5,4129	144	17914,9	54,2	52,405	85	117,0	2
14250	5,4273	144	17969,1	54,3	52.490	86	116,8	1
14260	5,4417	145	18023,4	54,5	52,576	85	116,7	2
14270	5,4562	144	18077,9	54,6	52,661	86	116,5	1
14280	5,4706	145	18132,5	54,8	52,747	86	116,4	2
14290	5,4851	145	18187,3	54,9	52,833	86	116,2	1
14300	5,4996	146	18242,2	55,1	52,919	87	116,1	2

D	J	Diff.	A	Diff.	T	Diff.	u	Diff.
14310	5,5142		18297,3		53,006		115,9	
14320	5,5288	146	18352,5	55,2	53,092	86	115,8	1
14330	5,5435	147	18407,9	55,4	53,178	86	115,7	1
14340	5,5581	146	18463,4	55,5	53,265	87	115,5	2
14350	5,5728	147	18519,1	55,7	53,351	86	115,4	1
14360	5,5875	147	18574,9	55,8	53,438	87	115,2	2
14370	5,6023	148	18630,8	55,9	53,524	86	115,1	1
14380	5,6171	148	18686,9	56,1	53,611	87	115,0	1
14390	5,6320	149	18743,1	56,2	53,698	87	114,8	2
14400	5,6469	149	18799,5	56,4	53,785	87	114,7	1
14410	5,6618	149	18856,1	56,6	53,873	88	114,5	2
14420	5,6768	150	18912,8	56,7	53,960	87	114,4	1
14430	5,6918	150	18969,6	56,8	54,048	88	114,3	1
14440	5,7069	151	19026,6	57,0	54,136	88	114,1	2
14450	5,7220	151	19083,8	57,2	54,224	88	114,0	1
14460	5,7371	151	19141,1	57,3	54,311	87	113,9	1
14470	5,7523	152	19198,5	57,4	54,399	88	113,7	2
14480	5,7674	151	19256,1	57,6	54,487	88	113,6	1
14490	5,7826	152	19313,9	57,8	54,575	88	113,5	1
14500	5,7978	152	19371,8	57,9	54,663	88	113,3	2
14510	5,8131	153	19429,8	58,0	54,752	89	113,2	1
14520	5,8284	153	19488,0	58,2	54,840	88	113,1	1
14530	5,8438	154	19546,4	58,4	54,929	89	112,9	2
14540	5,8592	154	19604,9	58,5	55,017	88	112,8	1
14550	5,8747	155	19663,6	58,7	55,106	89	112,6	2
14560	5,8901	154	19722,4	58,8	55,195	89	112,5	1
14570	5,9056	155	19781,4	59,0	55,284	89	112,4	1
14580	5,9212	156	19840,5	59,1	55,373	89	112,2	2
14590	5,9368	156	19899,8	59,3	55,461	88	112,1	1
14600	5,9524	156	19959,2	59,4	55,550	89	112,0	1
14610	5,9681	157	20018,8	59,6	55,639	89	111,8	2
14620	5,9838	157	20078,6	59,8	55,729	90	111,7	1
14630	5,9996	158	20138,5	59,9	55,818	89	111,5	2
14640	6,0153	157	20198,6	60,1	55,908	90	111,4	1
14650	6,0311	158	20258,8	60,2	55,998	90	111,3	1
14660	6,0469	158	20319,2	60,4	56,088	90	111,1	2
14670	6,0628	159	20379,8	60,6	56,178	90	111,0	1
14680	6,0787	159	20440,5	60,7	56,268	90	110,9	1
14690	6,0947	160	20501,3	60,8	56,358	90	110,7	2
14700	6,1106	159	20562,3	61,0	56,449	91	110,6	1
14710	6,1266	160	20623,5	61,2	56,539	90	110,5	1
14720	6,1427	161	20684,9	61,4	56,629	90	110,4	1
14730	6,1588	161	20746,4	61,5	56,720	91	110,2	2
14740	6,1750	162	20808,1	61,7	56,810	90	110,1	1
14750	6,1912	162	20869,9	61,8	56,901	91	110,0	1
14760	6,2074	162	20931,9	62,0	56,992	91	109,8	2
14770	6,2237	163	20994,0	62,1	57,083	91	109,7	1
14780	6,2400	163	21056,4	62,4	57,174	91	109,6	1
14790	6,2563	163	21118,8	62,4	57,266	92	109,4	2
14800	6,2727	164	21181,5	62,7	57,358	92	109,3	1
		164		62,8		91		1

D	J	Diff.	A	Diff.	T	Diff.	u	Diff.
14810	6,2891		21244,3		57,449		109,2	
14820	6,3055	164	21307,3	63,0	57,541	92	109,1	1
14830	6,3220	165	21370,4	63,1	57,633	92	108,9	2
14840	6,3385	165	21433,7	63,3	57,725	92	108,8	1
14850	6,3551	166	21497,2	63,5	57,816	91	108,7	1
		167		63,6		92		2
14860	6,3718		21560,8		57,908		108,5	
14870	6,3885	167	21624,6	63,8	58,000	92	108,4	1
14880	6,4053	168	21688,6	64,0	58,092	92	108,3	1
14890	6,4220	167	21752,7	64,1	58,184	92	108,1	2
14900	6,4388	168	21817,0	64,3	58,277	93	108,0	1
		169		64,5		92		1
14910	6,4557		21881,5		58,369		107,9	
14920	6,4726	169	21946,1	64,6	58,461	92	107,7	2
14930	6,4896	170	22010,9	64,8	58,554	93	107,6	1
14940	6,5065	169	22075,9	65,0	58,646	92	107,5	1
14950	6,5235	170	22141,1	65,2	58,739	93	107,4	1
		170		65,3		93		2
14960	6,5405		22206,4		58,832		107,2	
14970	6,5576	171	22271,9	65,5	58,926	94	107,1	1
14980	6,5747	171	22337,6	65,7	59,020	94	107,0	1
14990	6,5919	172	22403,4	65,8	59,114	94	106,8	2
15000	6,6091	172	22469,4	66,0	59,209	95	106,7	1
		173		66,2		94		2
15010	6,6264		22535,6		59,303		106,5	
15020	6,6437	173	22601,9	66,3	59,397	94	106,4	1
15030	6,6610	173	22668,4	66,5	59,492	95	106,3	1
15040	6,6784	174	22735,1	66,7	59,586	94	106,1	2
15050	6,6958	174	22802,0	66,9	59,680	94	106,0	1
		175		67,1		94		1
15060	6,7133		22869,1		59,774		105,9	
15070	6,7308	175	22936,3	67,2	59,868	94	105,7	2
15080	6,7484	176	23003,7	67,4	59,963	95	105,6	1
15090	6,7660	176	23071,3	67,6	60,057	94	105,5	1
15100	6,7837	177	23139,0	67,7	60,152	95	105,3	2
		177		67,9		95		1
15110	6,8014		23206,9		60,247		105,2	
15120	6,8192	178	23275,0	68,1	60,342	95	105,1	1
15130	6,8370	178	23343,3	68,3	60,437	95	105,0	1
15140	6,8548	178	23411,8	68,5	60,533	96	104,8	2
15150	6,8727	179	23480,4	68,6	60,628	95	104,7	1
		179		68,8		96		1
15160	6,8906		23549,2		60,724		104,6	
15170	6,9085	179	23618,2	69,0	60,819	95	104,5	1
15180	6,9265	180	23687,4	69,2	60,915	96	104,3	2
15190	6,9445	180	23756,7	69,3	61,011	96	104,2	1
15200	6,9626	181	23826,3	69,6	61,107	96	104,1	1
		181		69,7		96		1
15210	6,9807		23896,0		61,203		104,0	
15220	6,9989	182	23965,9	69,9	61,299	96	103,8	2
15230	7,0171	182	24036,0	70,1	61,395	96	103,7	1
15240	7,0353	182	24106,2	70,2	61,492	97	103,6	1
15250	7,0536	183	24176,7	70,5	61,589	97	103,5	1
		183		70,6		96		2
15260	7,0719		24247,3		61,685		103,3	
15270	7,0903	184	24318,1	70,8	61,782	97	103,2	1
15280	7,1087	184	24389,1	71,0	61,879	97	103,1	1
15290	7,1272	185	24460,3	71,2	61,976	97	103,0	1
15300	7,1457	185	24531,7	71,4	62,073	97	102,8	2
		186		71,5		98		1

D	J	Diff.	A	Diff.	T	Diff.	u	Diff.
15310	7,1643	186	24603,2	71,7	62,171	98	102,7	1
15320	7,1829	187	24674,9	72,0	62,269	97	102,6	1
15330	7,2016	187	24746,9	72,1	62,366	98	102,5	1
15340	7,2203	188	24819,0	72,3	62,464	98	102,4	2
15350	7,2391	188	24891,3	72,5	62,562	98	102,2	1
15360	7,2579	188	24963,8	72,6	62,660	97	102,1	1
15370	7,2767	189	25036,4	72,9	62,757	98	102,0	1
15380	7,2956	189	25109,3	73,0	62,855	98	101,9	1
15390	7,3145	190	25182,3	73,3	62,953	99	101,8	2
15400	7,3335	190	25255,6	73,4	63,052	99	101,6	1
15410	7,3525	190	25329,0	73,6	63,151	99	101,5	1
15420	7,3715	191	25402,6	73,8	63,250	99	101,4	1
15430	7,3906	192	25476,4	74,0	63,349	99	101,3	1
15440	7,4098	192	25550,4	74,2	63,448	99	101,2	2
15450	7,4290	193	25624,6	74,4	63,547	100	101,0	1
15460	7,4483	193	25699,0	74,6	63,647	99	100,9	1
15470	7,4676	193	25773,6	74,8	63,746	99	100,8	1
15480	7,4869	194	25848,4	74,9	63,845	99	100,7	1
15490	7,5063	194	25923,3	75,2	63,944	100	100,6	2
15500	7,5257	195	25998,5	75,4	64,044	100	100,4	1
15510	7,5452	195	26073,9	75,5	64,144	100	100,3	1
15520	7,5647	196	26149,4	75,8	64,244	100	100,2	1
15530	7,5843	196	26225,2	75,9	64,344	100	100,1	2
15540	7,6039	197	26301,1	76,1	64,444	100	99,9	1
15550	7,6236	197	26377,2	76,4	64,544	101	99,8	1
15560	7,6433	198	26453,6	76,5	64,645	100	99,7	1
15570	7,6631	198	26530,1	76,7	64,745	100	99,6	1
15580	7,6829	199	26606,8	77,0	64,845	100	99,5	2
15590	7,7028	199	26683,8	77,1	64,945	101	99,3	1
15600	7,7227	200	26760,9	77,3	65,046	101	99,2	1
15610	7,7427	200	26838,2	77,5	65,147	101	99,1	1
15620	7,7627	201	26915,7	77,8	65,248	101	99,0	1
15630	7,7828	201	26993,5	77,9	65,349	102	98,9	2
15640	7,8029	201	27071,4	78,1	65,451	101	98,7	1
15650	7,8230	202	27149,5	78,4	65,552	102	98,6	1
15660	7,8432	202	27227,9	78,5	65,654	101	98,5	1
15670	7,8634	203	27306,4	78,7	65,755	101	98,4	1
15680	7,8837	203	27385,1	79,0	65,856	102	98,3	1
15690	7,9040	204	27464,1	79,1	65,958	102	98,2	1
15700	7,9244	204	27543,2	79,3	66,060	102	98,1	2
15710	7,9448	205	27622,5	79,6	66,162	102	97,9	1
15720	7,9653	205	27702,1	79,8	66,264	103	97,8	1
15730	7,9858	206	27781,9	79,9	66,367	102	97,7	1
15740	8,0064	206	27861,8	80,2	66,469	103	97,6	1
15750	8,0270	207	27942,0	80,4	66,572	102	97,5	1
15760	8,0477	207	28022,4	80,5	66,674	103	97,4	2
15770	8,0684	207	28102,9	80,8	66,777	102	97,2	1
15780	8,0891	208	28183,7	81,0	66,879	103	97,1	1
15790	8,1099	208	28264,7	81,2	66,982	103	97,0	1
15800	8,1307		28345,9		67,085		96,9	

Tabelle 11. Primäre Funktionen von Siacci.

Zugehörige Tafel der β-Werte.

Schußweite X (in m):

Abgangswinkel φ	\(X=\) 1000	2000	3000	4000	5000	6000	7000	8000	9000	10000	11000	12000	13000	14000	15000	16000	17000	18000	19000	20000
6°	1,00	0,99	1,00	1,00	1,00															
7°	1,00	0,99	0,99	1,00	1,00															
8°	1,00	0,99	0,99	0,99	1,00															
9°	1,00	0,99	0,99	0,98	0,99															
10°	1,00	1,00	0,98	0,98	0,99															
11°	1,01	1,00	0,98	0,97	0,98	1,00	1,00	1,00												
12°	1,01	1,00	0,98	0,96	0,97	1,00	1,00	1,00												
13°	1,01	1,00	0,98	0,97	0,96	0,99	1,00	1,00												
14°	1,01	1,00	0,99	0,97	0,95	0,98	0,99	1,00												
15°	1,01	1,00	0,99	0,98	0,96	0,96	0,98	0,99												
16°	1,02	1,01	1,00	0,99	0,95	0,95	0,97	0,99												
17°	1,02	1,01	1,00	0,99	0,96	0,93	0,96	0,98												
18°	1,02	1,01	1,00	1,00	0,96	0,92	0,95	0,97	0,99	1,00	1,00	1,01								
19°	1,02	1,01	1,00	1,00	0,97	0,94	0,92	0,95	0,97	1,00	1,00	1,00								
20°	1,03	1,02	1,01	1,01	0,98	0,94	0,91	0,92	0,96	0,99	0,99	1,00								
21°	1,03	1,03	1,02	1,01	0,99	0,95	0,90	0,91	0,95	0,98	0,99	1,00								
22°	1,03	1,03	1,02	1,02	1,00	0,96	0,89	0,89	0,93	0,97	0,98	0,99								
23°	1,03	1,03	1,02	1,02	1,01	0,97	0,88	0,88	0,92	0,96	0,98	0,99								
24°	1,04	1,04	1,03	1,03	1,02	0,98	0,88	0,87	0,91	0,95	0,97	0,99	1,00	1,00	1,01	1,01	1,02			
25°	1,04	1,04	1,03	1,03	1,02	0,99	0,89	0,86	0,89	0,93	0,95	0,98	0,99	1,00	1,01	1,01	1,02			
26°	1,05	1,05	1,04	1,04	1,03	1,00	0,90	0,85	0,88	0,91	0,93	0,96	0,99	1,00	1,01	1,01	1,02			
27°	1,05	1,05	1,04	1,04	1,04	1,01	0,91	0,85	0,86	0,89	0,92	0,95	0,98	0,99	1,00	1,01	1,01			
28°	1,05	1,05	1,05	1,05	1,04	1,02	0,93	0,86	0,84	0,87	0,91	0,94	0,97	0,98	1,00	1,01	1,01			
29°	1,06	1,06	1,06	1,05	1,05	1,03	0,95	0,87	0,82	0,85	0,89	0,93	0,96	0,97	0,99	1,00	1,01			
30°	1,06	1,06	1,06	1,06	1,05	1,04	0,97	0,88	0,81	0,83	0,88	0,92	0,95	0,97	0,99	1,00	1,01			
31°	1,07	1,07	1,07	1,06	1,06	1,04	0,98	0,89	0,81	0,82	0,86	0,90	0,93	0,96	0,98	1,00	1,01			
32°	1,07	1,07	1,07	1,06	1,06	1,05	1,00	0,90	0,82	0,81	0,85	0,88	0,91	0,94	0,97	0,99	1,00			
33°	1,08	1,08	1,08	1,07	1,07	1,05	1,01	0,92	0,82	0,81	0,83	0,86	0,90	0,93	0,96	0,98	1,00			
34°	1,09	1,09	1,08	1,07	1,07	1,06	1,02	0,94	0,83	0,80	0,81	0,84	0,88	0,92	0,95	0,97	0,99			
35°	1,09	1,09	1,08	1,08	1,08	1,06	1,03	0,96	0,84	0,80	0,80	0,82	0,87	0,90	0,94	0,97	0,99			
36°	1,10	1,10	1,09	1,08	1,08	1,07	1,04	0,98	0,84	0,79	0,79	0,81	0,85	0,89	0,93	0,96	0,99	1,00		
37°	1,11	1,10	1,09	1,08	1,08	1,07	1,05	0,99	0,85	0,79	0,79	0,80	0,83	0,87	0,91	0,95	0,97	0,99		
38°	1,11	1,10	1,09	1,09	1,08	1,08	1,06	1,00	0,87	0,80	0,78	0,79	0,82	0,85	0,89	0,94	0,96	0,98		
39°	1,12	1,11	1,10	1,09	1,09	1,09	1,07	1,01	0,89	0,80	0,78	0,79	0,80	0,83	0,87	0,92	0,95	0,97		
40°	1,13	1,12	1,12	1,11	1,11	1,10	1,08	1,02	0,90	0,81	0,77	0,78	0,79	0,82	0,86	0,90	0,93	0,96		
41°	1,14	1,13	1,12	1,12	1,11	1,11	1,09	1,03	0,91	0,81	0,77	0,78	0,79	0,82	0,85	0,89	0,92	0,95		
42°	1,15	1,14	1,13	1,13	1,12	1,12	1,10	1,04	0,92	0,81	0,77	0,77	0,77	0,81	0,84	0,88	0,91	0,95		
43°	1,16	1,15	1,14	1,14	1,13	1,13	1,11	1,05	0,92	0,82	0,78	0,77	0,77	0,81	0,84	0,88	0,91	0,95		
44°	1,17	1,16	1,15	1,15	1,14	1,14	1,11	1,06	0,93	0,82	0,78	0,78	0,78	0,81	0,83	0,87	0,90	0,94		
45°	1,18	1,18	1,17	1,17	1,16	1,15	1,12	1,07	0,94	0,83	0,78	0,78	0,78	0,80	0,83	0,86	0,89	0,93	0,96	0,99

Die β-Werte findet man auch weiter unten in dem Diagramm Nr. VI. Diese graphische Darstellung ist genauer als obige Zahlentafel und zur bequemen graphischen Interpolation.

Tabelle 12.

$$\text{Werte der Funktion } \varphi(t) = \frac{2}{\sqrt{\pi}} \cdot \int_0^t e^{-t^2} \cdot dt.$$

Die Wahrscheinlichkeit dafür, daß in einem einzelnen Fall eine Abweichung λ zwischen $+l$ und $-l$ oder der absoluten Größe nach zwischen 0 und l liegt, ist $\varphi\left(\dfrac{l}{\mu\sqrt{2}}\right) = \varphi\left(\dfrac{0,4769\ldots l}{w}\right)$; dabei bedeutet w die wahrscheinliche oder 50 % ige Abweichung und μ die mittlere quadratische Abweichung, $\left[\mu = \sqrt{\dfrac{\Sigma\lambda^2}{n-1}}\right]$.

Vgl. Band 1, §§ 63 bis 73.

t	$\varphi(t)$	Diff.	t	$\varphi(t)$	Diff.	t	$\varphi(t)$	Diff.
0,00	0,0000000	112833	0,36	0,3893296	98763	0,71	0,6846654	67676
0,01	0,0112883	112811	0,37	0,3992059	98034	0,72	0,6914330	66708
0,02	0,0225644	112766	0,38	0,4090093	97292	0,73	0,6981038	65742
0,03	0,0338410	112699	0,39	0,4187385	96537	0,74	0,7046780	64776
0,04	0,0451109	112609	0,40	0,4283922	95768	0,75	0,7111556	63811
0,05	0,0563718	112497						
0,06	0,0676215	112362	0,41	0,4379690	94986	0,76	0,7175367	62849
0,07	0,0788577	112204	0,42	0,4474676	94191	0,77	0,7238216	61888
0,08	0,0900781	112025	0,43	0,4568867	93384	0,78	0,7300104	60931
0,09	0,1012806	111824	0,44	0,4662251	92567	0,79	0,7361035	59975
0,10	0,1124630	111600	0,45	0,4754818	91737	0,80	0,7421010	59023
0,11	0,1236230	111354	0,46	0,4846555	90897	0,81	0,7480033	58075
0,12	0,1347584	111087	0,47	0,4937452	90046	0,82	0,7538108	57130
0,13	0,1458671	110799	0,48	0,5027498	89185	0,83	0,7595238	56189
0,14	0,1569470	110489	0,49	0,5116683	88316	0,84	0,7651427	55253
0,15	0,1679959	110158	0,50	0,5204999	87438	0,85	0,7706680	54322
0,16	0,1790117	109806	0,51	0,5292437	86550	0,86	0,7761022	53396
0,17	0,1899923	109434	0,52	0,5378987	85654	0,87	0,7814398	52475
0,18	0,2009357	109041	0,53	0,5464641	84751	0,88	0,7866873	51559
0,19	0,2118398	108627	0,54	0,5549392	83841	0,89	0,7918432	50650
0,20	0,2227025	108193	0,55	0,5633233	82924	0,90	0,7969082	49746
0,21	0,2335218	107740	0,56	0,5716157	82001	0,91	0,8018828	48849
0,22	0,2442958	107267	0,57	0,5798158	81071	0,92	0,8067677	47958
0,23	0,2550225	106775	0,58	0,5879229	80136	0,93	0,8115635	47075
0,24	0,2657000	106263	0,59	0,5959365	79196	0,94	0,8162710	46198
0,25	0,2763263	105734	0,60	0,6038561	78251	0,95	0,8208908	45328
0,26	0,2868997	105185	0,61	0,6116812	77302	0,96	0,8254236	44467
0,27	0,2974182	104618	0,62	0,6194114	76349	0,97	0,8298703	43612
0,28	0,3078800	104034	0,63	0,6270463	75394	0,98	0,8342315	42766
0,29	0,3182834	103433	0,64	0,6345857	74435	0,99	0,8385081	41927
0,30	0,3286267	102814	0,65	0,6420292	73473	1,00	0,8427008	41097
0,31	0,3389081	102178	0,66	0,6493765	72510	1,01	0,8468105	40275
0,32	0,3491259	101526	0,67	0,6566275	71545	1,02	0,8508380	39462
0,33	0,3592785	100859	0,68	0,6637820	70579	1,03	0,8547842	38657
0,34	0,3693644	100175	0,69	0,6708399	69611	1,04	0,8586499	37861
0,35	0,3793819	99477	0,70	0,6778010	68644	1,05	0,8624360	37075

t	$\varphi(t)$	Diff.	t	$\varphi(t)$	Diff.	t	$\varphi(t)$	Diff.
1,06	0,8661435	36297	1,56	0,9726281	9745	2,06	0,9964235	1587
1,07	0,8697732	35529	1,57	0,9736026	9444	2,07	0,9965822	1522
1,08	0,8733261	34769	1,58	0,9745470	9150	2,08	0,9967344	1461
1,09	0,8768030	34020	1,50	0,9754620	8864	2,09	0,9968805	1400
1,10	0,8802050	33280	1,60	0,9763484	8585	2,10	0,9970205	1343
1,11	0,8835330	32549	1,61	0,9772069	8312	2,11	0,9971548	1288
1,12	0,8867879	31828	1,62	0,9780381	8048	2,12	0,9972836	1234
1,13	0,8899707	31116	1,63	0,9788429	7789	2,13	0,9974070	1183
1,14	0,8930823	30415	1,64	0,9796218	7538	2,14	0,9975253	1133
1,15	0,8961238	29724	1,65	0,9803756	7293	2,15	0,9976386	1086
1,16	0,8990962	29042	1,66	0,9811049	7055	2,16	0,9977472	1039
1,17	0,9020004	28370	1,67	0,9818104	6824	2,17	0,9978511	994
1,18	0,9048374	27709	1,68	0,9824928	6598	2,18	0,9979505	954
1,19	0,9076083	27057	1,69	0,9831526	6378	2,19	0,9980459	913
1,20	0,9103140	26415	1,70	0,9837904	6166	2,20	0,9981372	872
1,21	0,9129555	25784	1,71	0,9844070	5958	2,21	0,9982244	835
1,22	0,9155339	25162	1,72	0,9850028	5757	2,22	0,9983079	799
1,23	0,9180501	24551	1,73	0,9855785	5561	2,23	0,9983878	764
1,24	0,9205052	23949	1,74	0,9861346	5371	2,24	0,9984642	731
1,25	0,9229001	23358	1,75	0,9866717	5186	2,25	0,9985373	698
1,26	0,9252359	22777	1,76	0,9871903	5007	2,26	0,9986071	668
1,27	0,9275136	22206	1,77	0,9876910	4832	2,27	0,9986739	638
1,28	0,9297342	21645	1,78	0,9881742	4664	2,28	0,9987377	609
1,29	0,9318987	21093	1,79	0,9886406	4499	2,29	0,9987986	582
1,30	0,9340080	20552	1,80	0,9890905	4340	2,30	0,9988568	556
1,31	0,9360632	20020	1,81	0,9895245	4186	2,31	0,9989124	531
1,32	0,9380652	19498	1,82	0,9899431	4036	2,32	0,9989655	507
1,33	0,9400150	18987	1,83	0,9903467	3892	2,33	0,9990162	484
1,34	0,9419137	18485	1,84	0,9907359	3751	2,34	0,9990646	461
1,35	0,9437622	17992	1,85	0,9911110	3615	2,35	0,9991107	441
1,36	0,9455614	17510	1,86	0,9914725	3482	2,36	0,9991548	420
1,37	0,9473124	17036	1,87	0,9918207	3355	2,37	0,9991968	401
1,38	0,9490160	16573	1,88	0,9921562	3231	2,38	0,9992369	382
1,39	0,9506733	16118	1,89	0,9924793	3111	2,39	0,9992751	364
1,40	0,9522851	15673	1,90	0,9927904	2995	2,40	0,9993115	347
1,41	0,9538524	15238	1,91	0,9930899	2883	2,41	0,9993462	331
1,42	0,9553762	14811	1,92	0,9933782	2775	2,42	0,9993793	315
1,43	0,9568573	14393	1,93	0,9936557	2669	2,43	0,9994108	300
1,44	0,9582966	13984	1,94	0,9939226	2568	2,44	0,9994408	286
1,45	0,9596950	13585	1,95	0,9941794	2469	2,45	0,9994694	272
1,46	0,9610535	13194	1,96	0,9944263	2374	2,46	0,9994966	260
1,47	0,9623729	12812	1,97	0,9946637	2283	2,47	0,9995226	246
1,48	0,9636541	12438	1,98	0,9948920	2194	2,48	0,9995472	235
1,49	0,9648979	12073	1,99	0,9951114	2109	2,49	0,9995707	223
1,50	0,9661052	11716	2,00	0,9953223	2025	2,50	0,9995930	213
1,51	0,9672768	11367	2,01	0,9955248	1947	2,51	0,9996143	202
1,52	0,9684135	11027	2,02	0,9957195	1868	2,52	0,9996345	192
1,53	0,9695162	10695	2,03	0,9959063	1795	2,53	0,9996537	183
1,54	0,9705857	10370	2,04	0,9960858	1733	2,54	0,9996720	173
1,55	0,9716227	10054	2,05	0,9962581	1654	2,55	0,9996893	165

t	$\varphi(t)$	Diff.	t	$\varphi(t)$	Diff.	t	$\varphi(t)$	Diff.	t	$\varphi(t)$
2,56	0,9997058	157	2,96	0,9999716	17	3,36	0,9999980	1	3,76	0,99999989477
2,57	0,9997215	149	2,97	0,9999733	17	3,37	0,9999981	1	3,77	0,99999990265
2,58	0,9997364	141	2,98	0,9999750	15	3,38	0,9999982	2	3,78	0,99999990995
2,59	0,9997505	135	2,99	0,9999765	14	3,39	0,9999984	1	3,79	0,99999991672
2,60	0,9997640	127	3,00	0,9999779	14	3,40	0,9999985	1	3,80	0,99999992300
2,61	0,9997767	121	3,01	0,9999793	12	3,41	0,9999986	1	3,81	0,99999992881
2,62	0,9997888	115	3,02	0,9999805	12	3,42	0,9999987	1	3,82	0,99999993421
2,63	0,9998003	109	3,03	0,9999817	12	3,43	0,9999988	1	3,83	0,99999993921
2,64	0,9998112	103	3,04	0,9999829	10	3,44	0,9999989	0	3,84	0,99999994383
2,65	0,9998215	98	3,05	0,9999839	10	3,45	0,9999989		3,85	0,99999994812
2,66	0,9998313	93	3,06	0,9999849	10	3,46	0,99999900780		3,86	0,99999995208
2,67	0,9998406	88	3,07	0,9999859	8	3,47	0,99999907672		3,87	0,99999995575
2,68	0,9998494	84	3,08	0,9999867	9	3,48	0,99999914101		3,88	0,99999995915
2,69	0,9998578	79	3,09	0,9999876	8	3,49	0,99999920097		3,89	0,99999996230
2,70	0,9998657	75	3,10	0,9999884	7	3,50	0,99999925691		3,90	0,99999996521
2,71	0,9998732	71	3,11	0,9999891	7	3,51	0,99999930905		3,91	0,99999996790
2,72	0,9998803	67	3,12	0,9999898	6	3,52	0,99999935766		3,92	0,99999997039
2,73	0,9998870	63	3,13	0,9999904	6	3,53	0,99999940296		3,93	0,99999997260
2,74	0,9998933	61	3,14	0,9999910	6	3,54	0,99999944519		3,94	0,99999997482
2,75	0,9998994	57	3,15	0,9999916	5	3,55	0,99999948452		3,95	0,99999997678
2,76	0,9999051	54	3,16	0,9999921	5	3,56	0,99999952115		3,96	0,99999997860
2,77	0,9999105	51	3,17	0,9999926	5	3,57	0,99999955527		3,97	0,99999998028
2,78	0,9999156	48	3,18	0,9999931	5	3,58	0,99999958703		3,98	0,99999998183
2,79	0,9999204	46	3,19	0,9999936	4	3,59	0,99999961661		3,99	0,99999998327
2,80	0,9999250	43	3,20	0,9999940	4	3,60	0,99999964414		4,00	0,99999998458
2,81	0,9999293	41	3,21	0,9999944	3	3,61	0,99999966975		4,10	0,99999999330
2,82	0,9999334	38	3,22	0,9999947	4	3,62	0,99999969358		4,20	0,99999999714
2,83	0,9999372	37	3,23	0,9999951	3	3,63	0,99999971574		4,30	0,99999999881
2,84	0,9999409	34	3,24	0,9999954	3	3,64	0,99999973636		4,40	0,99999999951
2,85	0,9999443	33	3,25	0,9999957	3	3,65	0,99999975551		4,50	0,99999999980
2,86	0,9999476	31	3,26	0,9999960	2	3,66	0,99999977333		4,60	0,99999999992
2,87	0,9999507	29	3,27	0,9999962	3	3,67	0,99999978990		4,70	0,99999999997
2,88	0,9999536	27	3,28	0,9999965	2	3,68	0,99999980528		4,80	0,99999999999
2,89	0,9999563	26	3,29	0,9999967	2	3,69	0,99999981957			
2,90	0,9999589	24	3,30	0,9999969	2	3,70	0,99999983285			
2,91	0,9999613	23	3,31	0,9999971	2	3,71	0,99999984517			
2,92	0,9999636	22	3,32	0,9999973	2	3,72	0,99999985663			
2,93	0,9999658	21	3,33	0,9999975	2	3,73	0,99999986726			
2,94	0,9999679	19	3,34	0,9999977	1	3,74	0,99999987712			
2,95	0,9999698	18	3,35	0,9999978	2	3,75	0,99999988629			

Tabelle 13.

Tafel der Wahrscheinlichkeitsfaktoren und Trefferprozente.

Die Wahrscheinlichkeit dafür, daß eine Abweichung zwischen $+l$ und $-l$ oder der absoluten Größe nach zwischen o und l liegt, ist $\psi\left(\dfrac{l}{w}\right)$, wobei w die wahrscheinliche Abweichung bedeutet. Ein horizontaler (bzw. vertikaler) Zielstreifen von der Höhe (bzw. Breite) $2\,l$, in dessen Mitte der mittlere Treffpunkt liegt, enthält $100\cdot\psi\left(\dfrac{l}{w}\right)$ Prozent Treffer, oder: Zum Wahrscheinlichkeitsfaktor $\dfrac{l}{w}$ gehören $100\cdot\psi\left(\dfrac{l}{w}\right)$ Trefferprozente. Vgl. §§ 63 bis 73.

$\dfrac{l}{w}$	$\psi\left(\dfrac{l}{w}\right)$	Diff.	$\dfrac{l}{w}$	$\psi\left(\dfrac{l}{w}\right)$	Diff.	$\dfrac{l}{w}$	$\psi\left(\dfrac{l}{w}\right)$	Diff.
0,00	0,00000	538						
0,01	0,00538	538	0,31	0,16562	526	0,61	0,31925	494
0,02	0,01076	538	0,32	0,17088	526	0,62	0,32419	492
0,03	0,01614	538	0,33	0,17614	524	0,63	0,32911	491
0,04	0,02152	538	0,34	0,18138	524	0,64	0,33402	490
0,05	0,02690	538	0,35	0,18662	523	0,65	0,33892	488
0,06	0,03228	538	0,36	0,19185	522	0,66	0,34380	486
0,07	0,03766	537	0,37	0,19707	522	0,67	0,34866	486
0,08	0,04303	537	0,38	0,20229	520	0,68	0,35352	483
0,09	0,04840	538	0,39	0,20749	519	0,69	0,35835	482
0,10	0,05378	536	0,40	0,21268	519	0,70	0,36317	481
0,11	0,05914	537	0,41	0,21787	517	0,71	0,36798	479
0,12	0,06451	536	0,42	0,22304	517	0,72	0,37277	478
0,13	0,06987	536	0,43	0,22821	515	0,73	0,37755	476
0,14	0,07523	536	0,44	0,23336	515	0,74	0,38231	474
0,15	0,08059	535	0,45	0,23851	513	0,75	0,38705	473
0,16	0,08594	535	0,46	0,24364	512	0,76	0,39178	471
0,17	0,09129	534	0,47	0,24876	512	0,77	0,39649	469
0,18	0,09663	534	0,48	0,25388	510	0,78	0,40118	468
0,19	0,10197	534	0,49	0,25898	509	0,79	0,40586	466
0,20	0,10731	533	0,50	0,26407	508	0,80	0,41052	465
0,21	0,11264	532	0,51	0,26915	506	0,81	0,41517	462
0,22	0,11796	532	0,52	0,27421	506	0,82	0,41979	461
0,23	0,12328	532	0,53	0,27927	504	0,83	0,42440	459
0,24	0,12860	531	0,54	0,28431	503	0,84	0,42899	458
0,25	0,13391	530	0,55	0,28934	502	0,85	0,43357	456
0,26	0,13921	530	0,56	0,29436	500	0,86	0,43813	454
0,27	0,14451	529	0,57	0,29936	499	0,87	0,44267	452
0,28	0,14980	528	0,58	0,30435	498	0,88	0,44719	450
0,29	0,15508	527	0,59	0,30933	497	0,89	0,45169	449
0,30	0,16035	527	0,60	0,31430	495	0,90	0,45618	446

$\dfrac{l}{w}$	$\psi\left(\dfrac{l}{w}\right)$	Diff.	$\dfrac{l}{w}$	$\psi\left(\dfrac{l}{w}\right)$	Diff.	$\dfrac{l}{w}$	$\psi\left(\dfrac{l}{w}\right)$	Diff.
0,91	0,46064	445	1,36	0,64102	352	1,81	0,77785	254
0,92	0,46509	443	1,37	0,64454	350	1,82	0,78039	252
0,93	0,46952	441	1,38	0,64804	348	1,83	0,78291	251
0,94	0,47393	439	1,39	0,65152	346	1,84	0,78542	248
0,95	0,47832	438	1,40	0,65498	343	1,85	0,78790	246
0,96	0,48270	435	1,41	0,65841	341	1,86	0,79036	244
0,97	0,48705	434	1,42	0,66182	339	1,87	0,79280	242
0,98	0,49139	431	1,43	0,66521	337	1,88	0,79522	239
0,99	0,49570	430	1,44	0,66858	335	1,89	0,79761	238
1,00	0,50000	428	1,45	0,67193	333	1,90	0,79999	236
1,01	0,50428	425	1,46	0,67526	330	1,91	0,80235	234
1,02	0,50853	424	1,47	0,67856	328	1,92	0,80469	231
1,03	0,51277	422	1,48	0,68184	326	1,93	0,80700	230
1,04	0,51699	420	1,49	0,68510	323	1,94	0,80930	228
1,05	0,52119	418	1,50	0,68833	322	1,95	0,81158	225
1,06	0,52537	415	1,51	0,69155	319	1,96	0,81383	224
1,07	0,52952	414	1,52	0,69474	317	1,97	0,81607	221
1,08	0,53366	412	1,53	0,69791	315	1,98	0,81828	220
1,09	0,53778	410	1,54	0,70106	313	1,99	0,82048	218
1,10	0,54188	407	1,55	0,70419	310	2,00	0,82266	215
1,11	0,54595	406	1,56	0,70729	309	2,01	0,82481	214
1,12	0,55001	403	1,57	0,71038	306	2,02	0,82695	212
1,13	0,55404	402	1,58	0,71344	304	2,03	0,82907	210
1,14	0,55806	399	1,59	0,71648	301	2,04	0,83117	207
1,15	0,56205	397	1,60	0,71949	300	2,05	0,83324	206
1,16	0,56602	396	1,61	0,72249	297	2,06	0,83530	204
1,17	0,56998	393	1,62	0,72546	295	2,07	0,83734	202
1,18	0,57391	391	1,63	0,72841	293	2,08	0,83936	201
1,19	0,57782	389	1,64	0,73134	291	2,09	0,84137	198
1,20	0,58171	387	1,65	0,73425	289	2,10	0,84335	196
1,21	0,58558	384	1,66	0,73714	286	2,11	0,84531	195
1,22	0,58942	383	1,67	0,74000	285	2,12	0,84726	193
1,23	0,59325	380	1,68	0,74285	282	2,13	0,84919	190
1,24	0,59705	378	1,69	0,74567	280	2,14	0,85109	189
1,25	0,60083	377	1,70	0,74847	277	2,15	0,85298	188
1,26	0,60460	373	1,71	0,75124	276	2,16	0,85486	185
1,27	0,60833	372	1,72	0,75400	274	2,17	0,85671	183
1,28	0,61205	370	1,73	0,75674	271	2,18	0,85854	182
1,29	0,61575	367	1,74	0,75945	269	2,19	0,86036	180
1,30	0,61942	366	1,75	0,76214	267	2,20	0,86216	178
1,31	0,62308	363	1,76	0,76481	265	2,21	0,86394	176
1,32	0,62671	361	1,77	0,76746	263	2,22	0,86570	175
1,33	0,63032	359	1,78	0,77009	261	2,23	0,86745	172
1,34	0,63391	356	1,79	0,77270	258	2,24	0,86917	171
1,35	0,63747	355	1,80	0,77528	257	2,25	0,87088	170

$\frac{l}{w}$	$\psi\left(\frac{l}{w}\right)$	Diff.	$\frac{l}{w}$	$\psi\left(\frac{l}{w}\right)$	Diff.	$\frac{l}{w}$	$\psi\left(\frac{l}{w}\right)$	Diff
2,26	0,87258	167	2,71	0,93243	101	3,16	0,96694	55
2,27	0,87425	166	2,72	0,93344	99	3,17	0,96749	55
2,28	0,87591	164	2,73	0,93443	98	3,18	0,96804	53
2,29	0,87755	163	2,74	0,93541	97	3,19	0,96857	53
2,30	0,87918	160	2,75	0,93638	96	3,20	0,96910	52
2,31	0,88078	159	2,76	0,93734	94	3,21	0,96962	51
2,32	0,88237	158	2,77	0,93828	94	3,22	0,97013	51
2,33	0,88395	155	2,78	0,93922	92	3,23	0,97064	50
2,34	0,88550	155	2,79	0,94014	91	3,24	0,97114	49
2,35	0,88705	152	2,80	0,94105	90	3,25	0,97163	48
2,36	0,88857	151	2,81	0,94195	89	3,26	0,97211	48
2,37	0,89008	149	2,82	0,94284	87	3,27	0,97259	47
2,38	0,89157	147	2,83	0,94371	87	3,28	0,97306	46
2,39	0,89304	146	2,84	0,94458	85	3,29	0,97352	45
2,40	0,89450	145	2,85	0,94543	84	3,30	0,97397	45
2,41	0,89595	143	2,86	0,94627	84	3,31	0,97442	44
2,42	0,89738	141	2,87	0,94711	82	3,32	0,97486	44
2,43	0,89879	140	2,88	0,94793	81	3,33	0,97530	43
2,44	0,90019	138	2,89	0,94874	80	3,34	0,97573	42
2,45	0,90157	136	2,90	0,94954	79	3,35	0,97615	42
2,46	0,90293	135	2,91	0,95033	78	3,36	0,97657	41
2,47	0,90428	134	2,92	0,95111	76	3,37	0,97698	40
2,48	0,90562	132	2,93	0,95187	76	3,38	0,97738	40
2,49	0,90694	131	2,94	0,95263	75	3,39	0,97778	39
2,50	0,90825	129	2,95	0,95338	74	3,40	0,97817	359
2,51	0,90954	128	2,96	0,95412	73	3,50	0,98176	306
2,52	0,91082	126	2,97	0,95485	72	3,60	0,98482	261
2,53	0,91208	124	2,98	0,95557	71	3,70	0,98743	219
2,54	0,91332	124	2,99	0,95628	70	3,80	0,98962	185
2,55	0,91456	122	3,00	0,95698	69	3,90	0,99147	155
2,56	0,91578	120	3,01	0,95767	68	4,00	0,99302	129
2,57	0,91698	119	3,02	0,95835	67	4,10	0,99431	108
2,58	0,91817	118	3,03	0,95902	66	4,20	0,99539	88
2,59	0,91935	116	3,04	0,95968	65	4,30	0,99627	73
2,60	0,92051	115	3,05	0,96033	65	4,40	0,99700	60
2,61	0,92166	114	3,06	0,96098	63	4,50	0,99760	48
2,62	0,92280	112	3,07	0,96161	63	4,60	0,99808	40
2,63	0,92392	111	3,08	0,96224	62	4,70	0,99848	31
2,64	0,92503	110	3,09	0,96286	60	4,80	0,99879	26
2,65	0,92613	108	3,10	0,96346	60	4,90	0,99905	21
2,66	0,92721	107	3,11	0,96406	60	5,00	0,99926	16
2,67	0,92828	106	3,12	0,96466	58	5,10	0,99942	13
2,68	0,92934	104	3,13	0,96524	58	5,20	0,99955	10
2,69	0,93038	103	3,14	0,96582	56	5,30	0,99965	
2,70	0,93141	102	3,15	0,96638	56			

Logarithmus der Hyperbelfunktion $\dfrac{e^x - e^{-x}}{2}$ oder $\mathfrak{Sin}\,x$ (vgl. Band I, § 39).

x	0	1	2	3	4	5	6	7	8	9	D
0,0	$\overline{8}$, 0000	0000	3011	4772	6022	6991	7784	8455	9036	9548	459
0,1	$\overline{9}$, 0007	0423	0802	1152	1475	1777	2060	2325	2576	2814	225
0,2	$\overline{9}$, 3039	3254	3459	3655	3844	4025	4199	4366	4528	4685	151
0,3	9, 4836	4982	5125	5264	5398	5529	5656	5781	5902	6020	116
0,4	$\overline{9}$, 6136	6249	6359	6468	6574	6678	6780	6880	6978	7074	95
0,5	$\overline{9}$, 7169	7262	7354	7444	7533	7620	7707	7791	7875	7958	81
0,6	$\overline{9}$, 8039	8119	8199	8277	8354	8431	8506	8581	8655	8728	72
0,7	$\overline{9}$, 8800	8872	8942	9012	9082	9150	9218	9286	9353	9419	66
0,8	$\overline{9}$, 9485	9550	9614	9678	9742	9805	9868	9930	9992	0053	61
0,9	0, 0114	0174	0234	0294	0353	0412	0470	0529	0586	0644	57
1,0	0, 0701	0758	0815	0871	0927	0983	1038	1093	1148	1203	54
1,1	0, 1257	1311	1365	1419	1472	1525	1578	1631	1684	1736	52
1,2	0, 1788	1840	1892	1944	1995	2046	2098	2148	2199	2250	50
1,3	0, 2300	2351	2401	2451	2501	2551	2600	2650	2699	2748	49
1,4	0, 2797	2846	2895	2944	2993	3041	3090	3138	3186	3234	48
1,5	0, 3282	3330	3378	3426	3474	3521	3569	3616	3663	3710	47
1,6	0, 3758	3805	3852	3899	3946	3992	4039	4086	4132	4179	46
1,7	9, 4225	4272	4318	4364	4411	4457	4503	4549	4595	4641	46
1,8	0, 4687	4733	4778	4824	4870	4915	4961	5007	5052	5098	45
1,9	0, 5143	5188	5234	5279	5324	5370	5415	5460	5505	5550	45
2,0	0, 5595	5640	5685	5730	5775	5820	5865	5910	5955	5999	45
2,1	0, 6044	6089	6134	6178	6223	6268	6312	6357	6401	6446	45
2,2	0, 6491	6535	6580	6624	6668	6713	6757	6802	6846	6890	45
2,3	0, 6935	6979	7023	7067	7112	7156	7200	7244	7289	7333	44
2,4	0, 7377	7421	7465	7509	7553	7597	7642	7686	7730	7774	44
2 5	0, 7818	7862	7906	7950	7994	8038	8082	8126	8169	8213	44
2,6	0, 8257	8301	8345	8389	8433	8477	8521	8564	8608	8652	44
2,7	0, 8696	8740	8784	8827	8871	8915	8959	9003	9046	9090	44
2,8	0, 9134	9178	9221	9265	9309	9353	9396	9440	9484	9527	44
2,9	0, 9571	9615	9658	9702	9746	9789	9833	9877	9920	9964	44
3,0	1, 0008	0051	0095	0139	0182	0226	0270	0313	0357	0400	44
3,1	1, 0444	0488	0531	0575	0618	0662	0706	0749	0793	0836	44
3,2	1, 0880	0923	0967	1011	1054	1098	1141	1185	1228	1272	44
3,3	1, 1316	1359	1403	1446	1490	1533	1577	1620	1664	1707	44
3,4	1, 1751	1794	1838	1881	1925	1968	2012	2056	2099	2143	43
3,5	1, 2186	2230	2273	2317	2360	2404	2447	2491	2534	2578	43
3,6	1, 2621	2665	2708	2752	2795	2839	2882	2925	2969	3012	44
3,7	1, 3056	3099	3143	3186	3230	3273	3317	3360	3404	3447	44
3,8	1, 3491	3534	3578	3621	3665	3708	3752	3795	3838	3882	43
3,9	1, 3925	3969	4012	4056	4099	4143	4186	4230	4273	4317	43
4,0	1, 4360	4403	4447	4490	4534	4577	4621	4664	4708	4751	44
4,1	1, 4795	4838	4881	4925	4968	5012	5055	5099	5142	5186	43
4,2	1, 5229	5273	5316	5359	5403	5446	5490	5533	5577	5620	44
4,3	1, 5664	5707	5750	5794	5837	5881	5924	5968	6011	6055	43
4,4	1, 6098	6141	6185	6228	6272	6315	6359	6402	6446	6489	43
4,5	1, 6532	6576	6619	6663	6706	6750	6793	6836	6880	6923	44
4,6	1, 6967	7010	7054	7097	7141	7184	7227	7271	7314	7358	43
4,7	1, 7401	7445	7488	7531	7575	7618	7662	7705	7749	7792	44
4,8	1, 7836	7879	7922	7966	8009	8053	8096	8140	8183	8226	44
4,9	1, 8270	8313	8357	8400	8444	8487	8530	8574	8617	8661	43
5,0	1, 8704										

Für kleine Werte von x ist nahezu $\log \mathfrak{Sin}\,x = \log x$.

Logarithmus der Hyperbelfunktion $\dfrac{e^x + e^{-x}}{2}$ oder $\mathfrak{Cof}\, x$.

x	0	1	2	3	4	5	6	7	8	9	D
0,0	0, 0000	0000	0001	0002	0003	0005	0008	0011	0014	0018	4
0,1	0, 0022	0026	0031	0037	0042	0049	0055	0062	0070	0078	8
0,2	0, 0086	0095	0104	0114	0124	0134	0145	0156	0168	0180	13
0,3	0, 0193	0205	0219	0232	0246	0261	0276	0291	0306	0322	17
0,4	0, 0339	0355	0372	0390	0407	0426	0444	0463	0482	0502	20
0,5	0, 0522	0542	0562	0583	0605	0626	0648	0670	0693	0716	23
0,6	0, 0739	0762	0786	0810	0835	0859	0884	0910	0935	0961	26
0,7	0, 0987	1013	1040	1067	1094	1122	1149	1177	1206	1234	29
0,8	0, 1263	1292	1321	1350	1380	1410	1440	1470	1501	1532	31
0,9	0, 1563	1594	1625	1657	1689	1721	1753	1785	1818	1851	33
1,0	0, 1884	1917	1950	1984	2018	2052	2086	2120	2154	2189	34
1,1	0, 2223	2258	2293	2328	2364	2399	2435	2470	2506	2542	36
1,2	0, 2578	2615	2651	2688	2724	2761	2798	2835	2872	2909	28
1,3	0, 2947	2984	3022	3059	3097	3135	3173	3211	3249	3288	38
1,4	0, 3326	3365	3403	3442	3481	3520	3559	3598	3637	3676	39
1,5	0, 3715	3754	3794	3833	3873	3913	3952	3992	4032	4072	40
1,6	0, 4112	4152	4192	4232	4273	4313	4353	4394	4434	4475	40
1,7	0, 4515	4556	4597	4637	4678	4719	4760	4801	4842	4883	41
1,8	0, 4924	4965	5006	5048	5089	5130	5172	5213	5254	5296	41
1,9	0, 5337	5379	5421	5462	5504	5545	5587	5629	5671	5713	41
2,0	0, 5754	5796	5838	5880	5922	5964	6006	6048	6090	6132	43
2,1	0, 6175	6217	6259	6301	6343	6386	6428	6470	6512	6555	42
2,2	0, 6597	6640	6682	6724	6767	6809	6852	6894	6937	6979	43
2,3	0, 7022	7064	7107	7150	7192	7235	7278	7320	7363	7406	42
2,4	0, 7448	7491	7534	7577	7619	7662	7705	7748	7791	7833	43
2,5	0, 7876	7919	7962	8005	8048	8091	8134	8176	8219	8262	43
2,6	0, 8305	8348	8391	8434	8477	8520	8563	8606	8649	8692	43
2,7	0, 8735	8778	8821	8864	8907	8951	8994	9037	9080	9123	43
2,8	0, 9166	9209	9252	9295	9338	9382	9425	9468	9511	9554	43
2,9	0, 9597	9641	9684	9727	9770	9813	9856	9900	9943	9986	43
3,0	1, 0029	0073	0116	0159	0202	0245	0289	0332	0375	0418	44
3,1	1, 0462	0505	0548	0591	0635	0678	0721	0764	0808	0851	43
3,2	1, 0894	0938	0981	1024	1067	1111	1154	1197	1241	1284	43
3,3	1, 1327	1371	1414	1457	1501	1544	1587	1631	1674	1717	44
3,4	1, 1761	1804	1847	1891	1934	1977	2021	2064	2107	2151	43
3,5	1, 2194	2237	2281	2324	2367	2411	2454	2497	2541	2584	44
3,6	1, 2628	2671	2714	2758	2801	2844	2888	2931	2974	3018	43
3,7	1, 3061	3105	3148	3191	3235	3278	3322	3365	3408	3452	43
3,8	1, 3495	3538	3582	3625	3669	3712	3755	3799	3842	3886	43
3,9	1, 3929	3972	4016	4059	4103	4146	4189	4233	4276	4320	43
4,0	1, 4363	4406	4450	4493	4537	4580	4623	4667	4710	4754	43
4,1	1, 4797	4840	4884	4927	4971	5014	5057	5101	5144	5188	43
4,2	1, 5231	5274	5318	5361	5405	5448	5492	5535	5578	5622	43
4,3	1, 5665	5709	5752	5795	5839	5882	5926	5669	6012	6056	43
4,4	1, 6099	6143	6186	6230	6273	6316	6360	6403	6447	6490	43
4,5	1, 6533	6577	6620	6664	6707	6751	6794	6837	6881	6924	44
4,6	1, 6968	7011	7055	7098	7141	7185	7228	7272	7315	7358	44
4,7	1, 7402	7445	7489	7532	7576	7619	7662	7706	7749	7793	43
4,8	1, 7836	7880	7923	7966	8010	8053	8097	8140	8184	8227	43
4,9	1, 8270	8314	8357	8401	8444	8487	8531	8574	8618	8661	44
5,0	1, 8705										

Für x größer als 5 hat man auf mindestens 4 Stellen genau:

$$\log \mathfrak{Sin}\, x = \log \mathfrak{Cof}\, x = 0{,}43429 \cdot x - 0{,}30103, \quad x = 2{,}30259 \cdot (\log \mathfrak{Cof}\, x + 0{,}30103)$$

$$\log 0{,}4342 = 9 \cdot 6378; \quad \log \overline{2}{,}3026 = 0 \cdot 3622.$$

Logarithmus der Hyberbelfunktionen $\dfrac{e^x - e^{-x}}{e^x + e^{-x}}$ oder $\mathfrak{Tg}\, x$.

Für $x = 0$ bis $2{,}39$; um 10 vergrößert.

x	0	1	2	3	4	5	6	7	8	9	D
0,0	$-\infty$	8, 0000	3010	4770	6018	6986	7776	8444	9022	9531	455
0,1	8, 9986	0396*	0771*	1115*	1433*	1729*	2004*	2263*	2506*	2736*	217
0,2	9, 2953	3159	3355	3542	3720	3890	4053	4210	4360	4505	139
0,3	9, 4644	4778	4907	5031	5152	5268	5381	5490	5596	5698	99
0,4	9, 5797	5894	5987	6078	6166	6252	6336	6417	6496	6573	75
0,5	9, 6648	6720	6792	6861	6928	6994	7058	7121	7182	7242	58
0,6	9, 7300	7357	7413	7467	7520	7571	7622	7671	7720	7767	46
0,7	9, 7813	7858	7902	7945	7988	8029	8069	8109	8147	8185	37
0,8	9, 8222	8258	8293	8328	8362	8395	8428	8459	8491	8521	30
0,9	9, 8551	8580	8609	8637	8664	8691	8717	8743	8768	8793	24
1,0	9, 8817	8841	8864	8887	8909	8931	8952	8973	8994	9014	20
1,1	9, 9034	9053	9072	9090	9108	9126	9144	9161	9177	9194	16
1,2	9, 9210	9226	9241	9256	9271	9285	9300	9314	9327	9341	13
1,3	9, 9354	9367	9379	9391	9404	9415	9427	9438	9450	9460	11
1,4	9, 9471	9482	9492	9502	9512	9522	9531	9540	9550	9558	9
1,5	9, 9567	9576	9584	9592	9601	9608	9616	9624	9631	9639	7
1,6	9, 9646	9653	9660	9666	9673	9679	9686	9692	9698	9704	6
1,7	9, 9710	9716	9721	9727	9732	9738	9743	9748	9753	9758	5
1,8	9, 9763	9767	9772	9776	9781	9785	9789	9794	9798	9802	4
1,9	9, 9806	9810	9813	9817	9821	9824	9828	9831	9834	9838	3
2,0	9, 9841	9844	9847	9850	9853	9856	9859	9862	9864	9867	3
2,1	9, 9870	9872	9875	9877	9880	9882	9884	9887	9889	9891	2
2,2	9, 9893	9895	9898	9900	9902	9904	9905	9907	9909	9911	2
2,3	9, 9913	9914	9916	9918	9919	9921	9923	9924	9926	9927	2

Schuß vertikal aufwärts. Tafeln der Funktionen $Q(v)$ und $M(v)$ für die Geschwindigkeiten v von 1200 m/sec bis Null und für $c = 6$; 5; 4; 3; 2; 1; 0,5; 0,2; 0,1; vgl. § 39 in Band I.

Wenn die Geschwindigkeit des Geschosses von v_0 auf v gesunken ist, befindet sich das Geschoß in der Höhe $y = Q(v) - Q(v_0)$. Die verflossene Zeit ist $t = M(v) - M(v_0)$. Ganze Steighöhe $Y = Q(o) - Q(v_0)$; ganze Flugzeit für die Aufwärtsbewegung $T = M(o) - M(v_0)$. ($v_0 = $ Anfangsgeschwindigkeit; c wie im Eingang zu Tabelle 11.)

v m/sec	$Q(v) = \int\limits_{v}^{1200} \dfrac{v \cdot dv}{g + c \cdot f(v)}$ (m) für $c =$								
	6	5	4	3	2	1	0,5	0,2	0,1
1200	0	0	0	0	0	0	0	0	0
1000	120	140	180	240	350	690	1350	3100	5450
900	180	220	270	360	540	1060	2050	4700	8190
800	250	300	370	490	730	1440	2790	6300	10970
700	320	380	480	630	940	1840	3550	7970	13680
650	360	420	530	700	1050	2040	3940	8840	15000
600	400	470	590	780	1160	2270	4350	9700	16350
550	440	520	650	860	1280	2500	4780	10570	17690
500	480	570	720	950	1410	2750	5240	11460	19040
450	530	630	790	1050	1550	3020	5720	12380	20380
400	590	700	870	1160	1720	3330	6260	13360	21740
380	620	730	910	1210	1790	3460	6500	13770	22260
360	650	770	960	1270	1870	3610	6740	14220	22780
340	680	810	1010	1330	1960	3770	7000	14690	23310
320	720	860	1070	1410	2070	3970	7290	15150	23860
300	770	910	1140	1500	2200	4180	7620	15610	24410
280	830	990	1230	1600	2360	4440	7960	16050	24950
270	870	1030	1290	1660	2450	4570	8140	16280	25210
260	910	1080	1350	1720	2550	4700	8340	16500	25460
250	960	1130	1400	1790	2650	4850	8520	16700	25700
240	1000	1190	1460	1870	2740	4990	8690	16900	25920
220	1090	1290	1590	2030	2940	5290	9040	17300	26360
200	1190	1410	1720	2220	3140	5580	9390	17670	26750
180	1300	1530	1860	2390	3340	5850	9720	18020	27120
160	1410	1650	2000	2560	3550	6110	10020	18350	27460
140	1520	1780	2150	2720	3750	6330	10290	18640	27750
120	1640	1900	2290	2890	3930	6530	10520	18900	28010
100	1750	2030	2430	3040	4100	6710	10710	19120	28230
80	1860	2150	2560	3190	4250	6880	10860	19290	28390
60	1970	2270	2680	3300	4380	7020	10980	19440	28510
50	2020	2310	2720	3350	4430	7080	11040	19500	28560
40	2060	2350	2760	3390	4480	7110	11080	19540	28600
30	2090	2380	2800	3420	4510	7140	11120	19580	28640
20	2110	2400	2830	3450	4540	7160	11150	19600	28680
10	2120	2410	2840	3460	4550	7180	11180	19610	28710
0	2130	2415	2850	3470	4560	7200	11200	19620	28730

v m/sec	$M(v)_{(sec)} = \int_{v}^{1200} \dfrac{dv}{g + c \cdot f(v)}$ für $c =$								
	6	5	4	3	2	1	0,5	0,2	0,1
1200	0,00	0,00	0,00	0,00	0,00	0,00	0,00	0,00	0,00
1000	0,11	0,13	0,16	0,22	0,33	0,64	1,24	2,86	5,01
900	0,18	0,20	0,26	0,34	0,52	1,02	1,99	4,53	7,90
800	0,25	0,30	0,37	0,51	0,75	1,48	2,84	6,45	11,10
700	0,34	0,40	0,52	0,70	1,03	2,00	3,85	8,63	14,74
650	0,40	0,46	0,60	0,81	1,19	2,32	4,43	9,89	16,74
600	0,47	0,54	0,68	0,93	1,37	2,68	5,09	11,30	18,92
550	0,54	0,63	0,78	1,07	1,58	3,09	5,83	12,82	21,26
500	0,63	0,73	0,91	1,24	1,83	3,56	6,71	14,57	23,86
450	0,74	0,85	1,07	1,44	2,13	4,12	7,73	16,54	26,72
400	0,87	1,02	1,27	1,71	2,52	4,85	8,98	18,83	29,87
380	0,94	1,09	1,37	1,85	2,70	5,20	9,56	19,86	31,22
360	1,02	1,18	1,48	2,00	2,92	5,60	10,22	20,96	32,68
340	1,11	1,30	1,62	2,18	3,18	6,08	10,99	22,16	34,22
320	1,22	1,44	1,80	2,41	3,51	6,65	11,87	23,49	35,84
300	1,39	1,64	2,03	2,70	3,94	7,33	12,91	25,02	37,55
280	1,60	1,91	2,36	3,03	4,50	8,16	14,12	26,68	39,40
270	1,73	2,07	2,54	3,22	4,82	8,65	14,78	27,53	40,31
260	1,87	2,25	2,75	3,45	5,17	9,20	15,46	28,38	41,23
250	2,02	2,44	2,99	3,70	5,54	9,79	16,17	29.21	42,14
240	2,19	2,65	3,24	3,99	5,95	10,45	16,90	30,09	43,10
220	2,60	3,12	3,80	4,71	6,81	11,68	18,46	31.87	45,02
200	3,14	3,66	4,43	5,66	7,78	12,89	20,03	33,71	46,93
180	3,75	4,28	5,16	6,70	8,86	14,31	21,66	35,55	48,90
160	4,44	5,00	6,00	7,75	10,06	15,86	23,28	37,46	50,86
140	5,24	5,83	6,96	8,78	11,33	17,45	25,00	39,45	52,85
120	6,12	6,87	8,07	10,02	12,78	19,08	26,90	41,40	54,84
100	7,10	8,03	9,34	11,30	14,35	20,86	28,95	43,35	56,86
80	8,17	9,39	10,80	12,94	16,05	22,78	30,94	45,29	58,86
60	9,38	10,94	12,50	14,74	17,72	24,68	32,94	47,31	60,90
50	10,07	11,82	13,33	15,68	18,58	25,64	33,94	48,26	61,92
40	10,98	12,72	14,22	16,61	19,42	26,60	34,94	49,26	62,95
30	12,08	13,66	15,15	17,52	20,30	27,56	35,94	50,28	63,97
20	13,20	14,64	16,16	18,42	21,36	28,59	36,93	51,30	64,98
10	14,33	15,66	17,19	19,37	22,56	29,66	37,93	52,35	66,00
0	15,47	16,68	18,21	20,47	23,58	30,67	38,94	53,45	67,06

Tabelle 16.

Einige bestimmte Integrale; Formeln für Trägheitsmomente.

I.
$$\frac{2\,h}{\sqrt{\pi}}\cdot\int\limits_0^\infty e^{-h^2 x^2}\cdot dx = \frac{2}{\sqrt{\pi}}\cdot\int\limits_0^\infty e^{-t^2}\cdot dt = 1\,; \qquad \frac{2\,h}{\sqrt{\pi}}\cdot\int\limits_0^\infty x\cdot e^{-h^2 x^2}\cdot dx = \frac{1}{h\cdot\sqrt{\pi}}\,;$$

$$\frac{2\,h}{\sqrt{\pi}}\cdot\int\limits_0^\infty x^2\cdot e^{-h^2 x^2}\cdot dx = \frac{1}{2\cdot h^2}\,; \qquad \frac{2\,h}{\sqrt{\pi}}\cdot\int\limits_0^\infty x^3\cdot e^{-h^2 x^2}\cdot dx = \frac{1}{h^3\cdot\sqrt{\pi}}\,.$$

$$\Gamma(n) = \int\limits_0^\infty e^{-t}\cdot t^{n-1}\cdot dt = \int\limits_0^1 \left(ln\,\frac{1}{y}\right)^{n-1}\cdot dy\,;$$

$$\Gamma(n) = 1\cdot 2\cdot 3\ldots(n-1),\ (n\ \text{ganz}):\quad \Gamma\left(\frac{1}{2}\right) = \sqrt{\pi}\,;$$

$$\Gamma\left(n+\frac{1}{2}\right) = \frac{1\cdot 3\cdot 5\ldots(2\,n-1)\cdot\sqrt{\pi}}{2^n}\,,\ (n\ \text{ganz})\,.$$

II. Bedeutet m je die Masse des betreffenden Körpers, so ist das Trägheitsmoment:

1. Für einen dünnen Stab von der Länge l um eine Querachse durch den Schwerpunkt: $\dfrac{m}{12}\cdot l^2$.

2. Für ein massives rechtwinkliges Parallelepipedon von den Kantenlängen a, b, c um die durch den Schwerpunkt gehende Achse parallel zur Kante c: $\dfrac{m}{12}\cdot(a^2+b^2)$.

3. Für einen massiven Kreiskegel von der Höhe h und dem Basishalbmesser r um die Kegelachse: $\dfrac{3}{10}\,m\cdot r^2$; ebenso um eine Querachse senkrecht zur Kegelachse durch den Schwerpunkt: $\dfrac{3}{20}\,m\left(r^2+\dfrac{1}{4}\,h^2\right)$.

4. Für einen massiven Kegelstumpf von der Höhe h und den Halbmessern R und r der Grenzflächen um die Achse des Kegelstumpfs: $\dfrac{3}{10}\,m\cdot\dfrac{R^5-r^5}{R^3-r^3}$.

5. Für die Mantelfläche des Kegelstumpfs um dieselbe Achse: $\dfrac{m}{2}\,(R^2+r^2)$.

6. Für eine massive Kugel vom Halbmesser r um einen Durchmesser: $\dfrac{2}{5}\,mr^2$.

7. Für eine Hohlkugel von den Halbmessern R und r um einen Durchmesser: $\dfrac{2}{5}\,m\cdot\dfrac{R^5-r^5}{R^3-r^3}$.

8. Für eine Kugeloberfläche vom Halbmesser r um einen Durchmesser: $\dfrac{2}{3}\,mr^2$.

9. Für einen massiven Kugelabschnitt von der Höhe h und dem Kugelhalbmesser r um die Symmetrieachse: $m\cdot h\cdot\dfrac{2\,r^2-1{,}5\cdot rh+0{,}3\cdot h^2}{3\,r-h}$.

10. Für einen massiven Ring vom Halbmesser R, mit kreisförmigem Querschnitt vom Halbmesser r, um die Mittelachse senkrecht zum Ring durch den Mittelpunkt: $m\left(R^2 + \dfrac{3}{4}\,r^2\right)$; ebenso um eine den Ring schneidende Querachse durch den Mittelpunkt: $m\left(\dfrac{1}{2}\,R^2 + \dfrac{5}{8}\,r^2\right)$.

11. Für einen massiven geraden Kreiszylinder vom Halbmesser r und der Länge l um die Zylinderachse: $\dfrac{m}{2}\cdot r^2$; ebenso um eine Querachse durch den Schwerpunkt: $m\left(\dfrac{l^2}{12} + \dfrac{r^2}{4}\right)$.

12. Für einen Hohlzylinder (Ring mit rechteckigem Querschnitt) mit den Halbmessern R und r um die Zylinderachse: $\dfrac{m}{2}\,(R^2 + r^2)$; ebenso um eine Querachse durch den Schwerpunkt: $m\left(\dfrac{l^2}{12} + \dfrac{1}{4}\,(R^2 + r^2)\right)$.

13. Für ein massives Ellipsoid von den Halbachsen a, b, c um die durch den Schwerpunkt gehende Achse c: $\dfrac{m}{5}\,(a^2 + b^2)$.

14. Ist J_0 das Trägheitsmoment um eine Achse durch den Schwerpunkt, so ist das Trägheitsmoment J um eine zu dieser Achse parallele Gerade gegeben durch: $J = J_0 + m\cdot a^2$, wobei a den Abstand der beiden parallelen Achsen bedeutet.

2. Diagramme für Flugbahnberechnungen.

Inhaltsübersicht.

Diagramme Ia bis Id für den lotrechten und den nahezu lotrechten Schuß aufwärts (vgl. Band I, § 39). Darstellung der Hilfsfunktionen M, Q, G, P:

$$M(v) = \int_{v}^{1200} \frac{dv}{g + cf(v)}; \qquad Q(v) = \int_{v}^{1200} \frac{v \cdot dv}{g + cf(v)}; \qquad G(v) = e^{N(v)},$$

$$\text{wo} \qquad N(v) = g \int_{v}^{1200} \frac{dv}{v\,(g + cf(v))}; \qquad P(v) = \int_{v}^{1200} \frac{G(v) \cdot v \cdot dv}{g + cf(v)}.$$

Dabei $c = \dfrac{(2\,R)^2 \cdot \delta \cdot 896 \cdot i}{P \cdot 1{,}206}$; $2\,R = $ Kaliber (in m); $P = $ Geschoßgewicht (in kg); $\delta = $ Tagesluftgewicht (in kg/cbm); $i = 1$ für Ogivalgeschosse von 2 Kalibern Abrundungsradius. Die zugehörigen Gleichungen sind bei den Diagrammen angegeben.

Diagramme IIa bis IId für den lotrechten und den nahezu lotrechten Schuß abwärts. Darstellung der Hilfsfunktionen M_1, Q_1, G_1, P_1:

$$M_1(v) = \int_{v}^{1200} \frac{dv}{cf(v) - g}; \qquad Q_1(v) = \int_{v}^{1200} \frac{v \cdot dv}{cf(v) - g}; \qquad G_1(v) = e^{N_1(v)},$$

$$\text{wo} \qquad N_1(v) = -g \int_{v}^{1200} \frac{dv}{v\,(cf(v) - g)}; \qquad P_1(v) = \int_{v}^{1200} \frac{G_1(v) \cdot v \cdot dv}{cf(v) - g}.$$

Diagramme IIIa bis IIIi, ballistische Abaken für die graphische Auflösung von Flugbahnaufgaben. Diese Abaken sind graphische Darstellungen von sekundären ballistischen Funktionen zu dem einheitlichen Luftwiderstandsgesetz von F. Siacci (die primären Funktionen hierzu sind in der Zahlentafel Nr. 11 gegeben). Mit

den zugehörigen sekundären Funktionen E, N, H, L und mit u
hängen die Abakenwerte A_1, A_3, A_7, A_8, A_9 wie folgt zusammen:

$$A_1 = \frac{E \cdot v_0{}^2}{\xi} = N \cdot v_0{}^2; \quad A_3 = \frac{u}{v_0},$$

wo $\quad u = \dfrac{v \cos \vartheta}{\cos \varphi}; \quad A_7 = v_0{}^2 \cdot E; \quad A_8 = H; \quad A_9 = L.$

Wenn es sich um die Elemente v_e, ω, T des Auffallpunkts ($x = X$, $y = 0$) im Mündungshorizont, ferner um die
Koordinaten x_s, y_s des Gipfels und um den Formkoeffizienten i
handelt, werden die Abaken A_1 bis A_7 benützt; und dann bedeutet
die Abszisse ξ den Wert $\xi = c\beta X$ oder $\dfrac{X}{c'}$.

Wenn dagegen die Elemente eines beliebigen Flugbahn-
punktes berechnet werden sollen (x oder y, v, t, ϑ), so kommen
die Abaken A_1, A_3, A_7, A_8, A_9 zur Verwendung; und dann bedeutet die Diagrammabszisse ξ den Wert $\xi = c\beta x$ oder $\dfrac{x}{c'}$.

Die Gleichungen sind im Eingang zu den Diagrammen III
zu finden, samt Schlüssel der Bezeichnungen und Zahlenbeispiel.

Die Verwendung dieser Abaken gibt bei scharfer Ablesung
nahezu dieselbe Genauigkeit wie die Zahlentafeln von F. Fasella
(Tavole balistiche secondarie, Genova 1901); dabei entfällt die
doppelte rechnerische Interpolation. Man hat nur nötig, zwischen
die aufgeführten Abakenkurven sich diejenige Kurve eingezeichnet
vorzustellen, die sich auf die in Betracht kommende Mündungsgeschwindigkeit v_0 bezieht.

Diagramme IVa bis IVf, graphische Darstellungen für die Ottosche
Zahlentabelle 9 (s. oben), für Abgangswinkel φ von 45° ab aufwärts.

Diagramm V, nomographische Tafel für die Ermittlung des Tagesluftgewichtes δ aus Barometerstand und Lufttemperatur. Vgl.
Band I § 15.

Diagramm VI, graphische Darstellung zur Ermittlung des Siacci-
schen Ausgleichfaktors β, für den oben in der Zahlentabelle Nr. 11
Schluß die Siaccische Zahlentabelle gegeben worden war. Das
Diagramm liefert β zu irgendeiner Schußweite X und irgendeinem
Abgangswinkel φ genauer und bequemer als jene Zahlentafel.

Diagramm Ia.

Hilfsfunktion $M(v)$ für Schuß aufwärts.

$$c = 6,\ 5,\ 4,\ 3,\ 2,\ 1$$

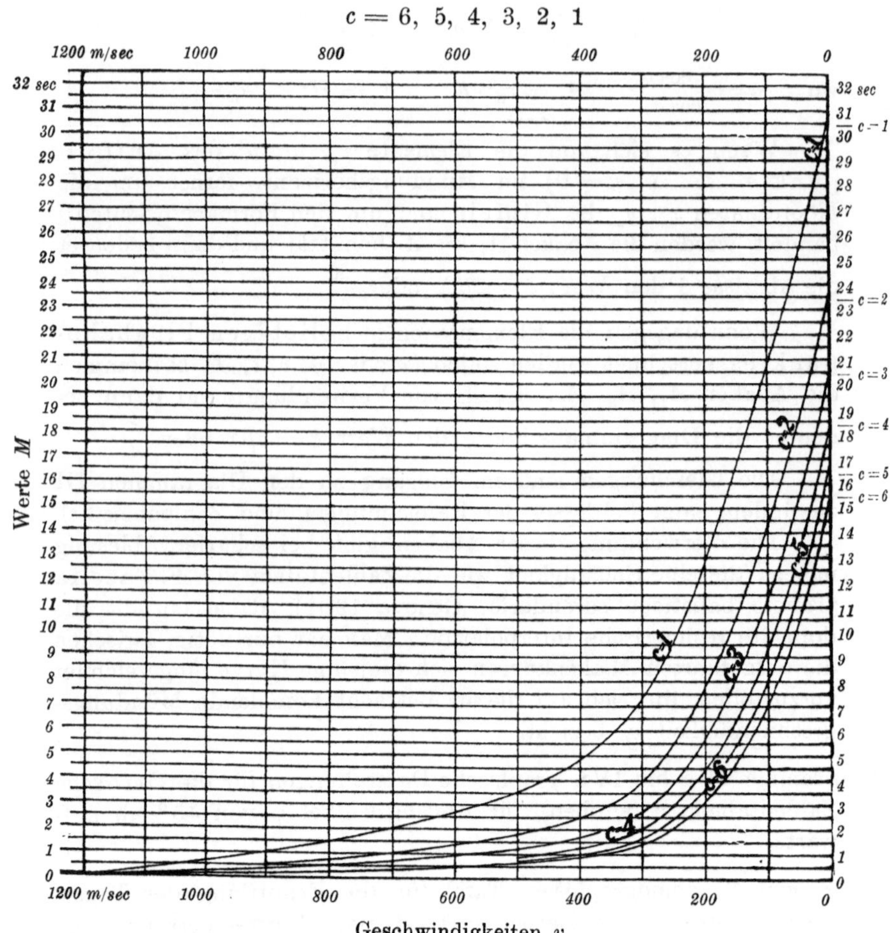

1. Zu den Diagrammen Ia bis Id.

x und y sind die Koordinaten des Geschoßschwerpunktes nach t sec; die x-Achse horizontal, die y-Achse lotrecht aufwärts, der Koordinatenanfang im Abgangspunkt; v (m/sec) die Geschwindigkeit des Geschosses nach t sec; ψ (im Bogenmaß) der spitze Winkel zwischen Flugbahntangente und Lotrechter; v_0 bzw. ψ_0 dasselbe für den Anfang, also v_0 die Anfangsgeschwindigkeit und ψ_0 der Abgangswinkel gegenüber der Lotrechten. Dann ist für kleine ψ_0 und ψ

Hilfsfunktion $M(v)$ für Schuß aufwärts.

$$c = 1;\ 0,5;\ 0,2;\ 01$$

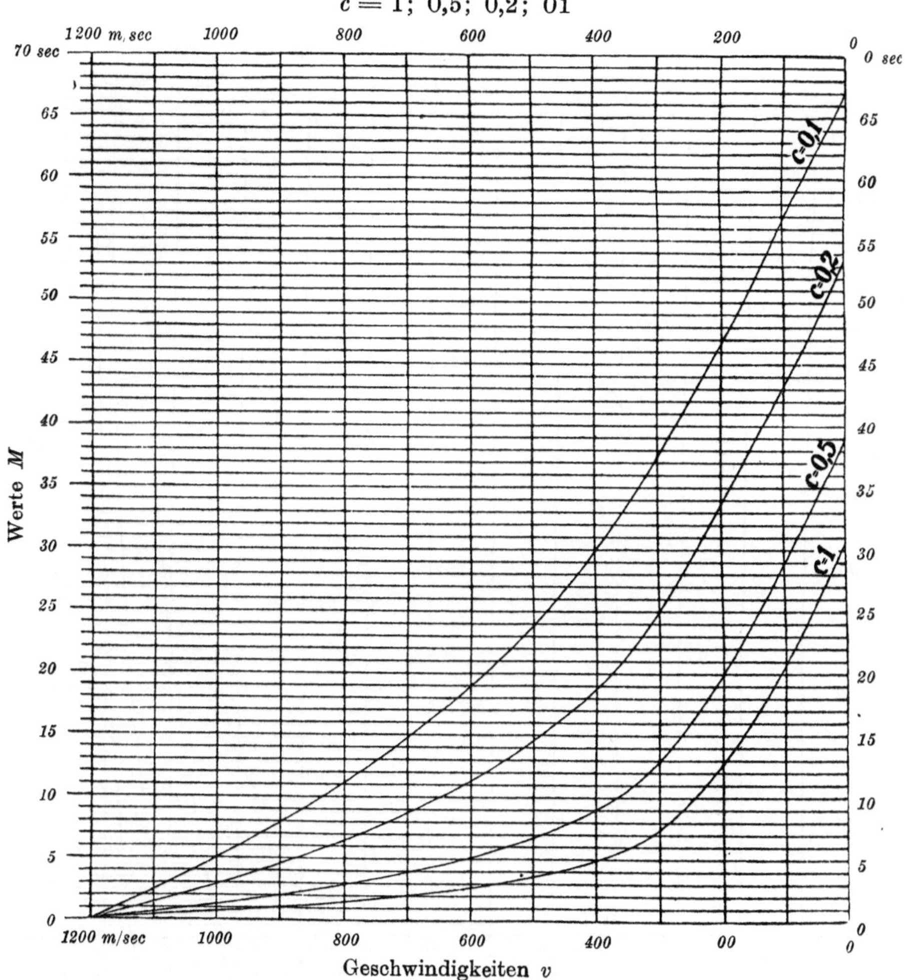

$$x = \frac{\psi_0}{G(v_0)} \cdot (P(v) - P(v_0)); \qquad y = Q(v) - Q(v_0);$$

$$\psi = \frac{\psi_0}{G(v_0)} \cdot G(v); \qquad\qquad t = M(v) - M(v_0).$$

Die Funktionen G, M, P, Q sind in den Diagrammen gegeben für die verschiedenen Werte von v und für mehrere Werte von $c = \dfrac{(2R)^2 \cdot \delta \cdot i \cdot 896}{1{,}206 \cdot P}$.

Speziell für den lotrechten Schuß ($\psi_0 = 0$) ist

die gesamte Steighöhe $Y = Q(0) - Q(v_0)$;

    „   „   Steigzeit $T = M(0) - M(v_0)$.

(Die Funktionen M und Q liegen auch in den Zahlentafeln Nr. 15 vor.)

Diagramm Ic.

Hilfsfunktion $G\,(v)$ für Schuß aufwärts.

$$c = 6,\ 3,\ 1$$

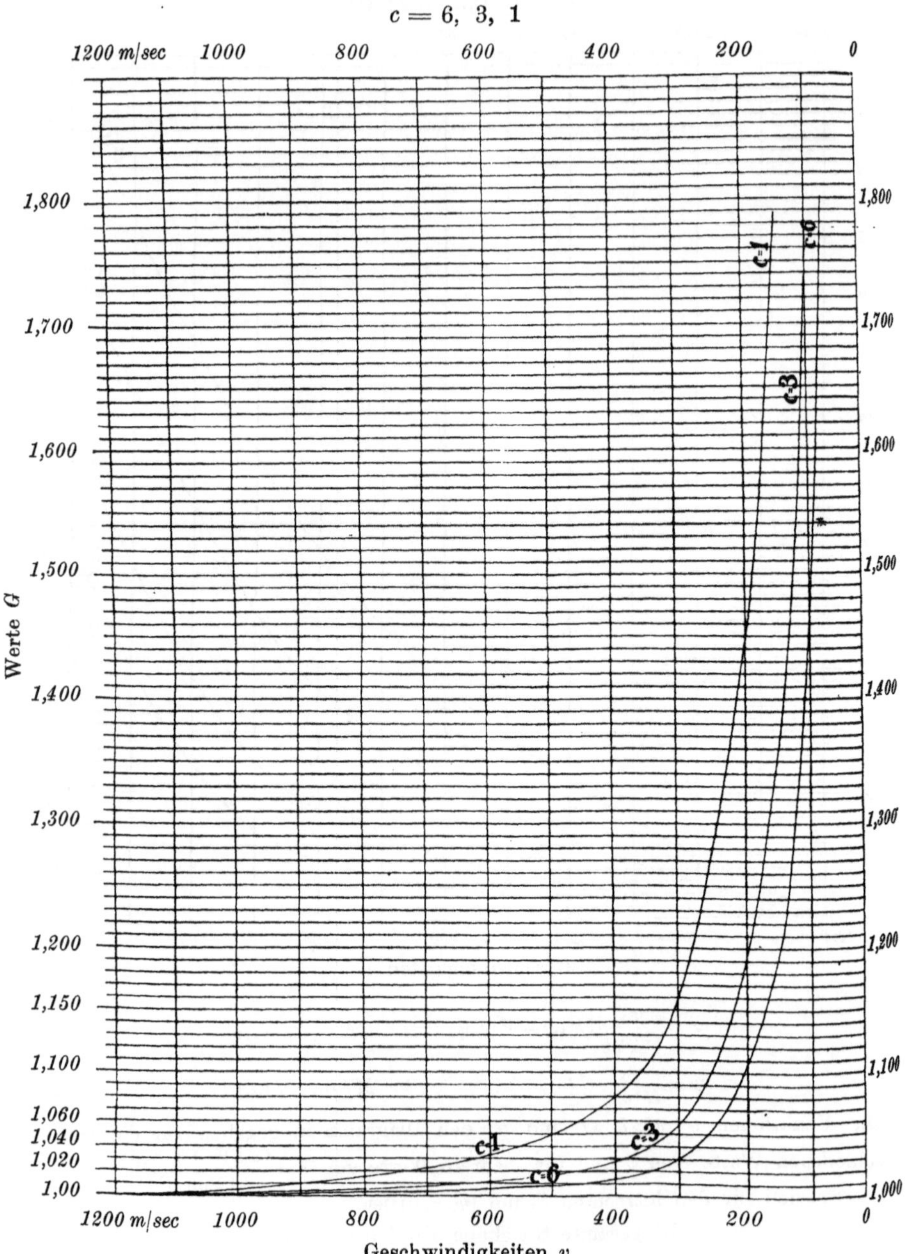

Geschwindigkeiten v

Erläuterung siehe S. 690 u. 691 des Anhangs.

Additional material from *Äussere Ballistik oder Theorie der Bewegung des Geschosses von der Mündung der Waffe Ab Bis Zum Eindringen in das Ziel*, ISBN 978-3-662-39288-1 (978-3-662-39288-1_OSFO1),

is available at http://extras.springer.com

Diagramm I c (Fortsetzung).
Hilfsfunktion $G(v)$ für Schuß aufwärts.
$$c = 1;\ 0,5;\ 0,2;\ 0,1$$

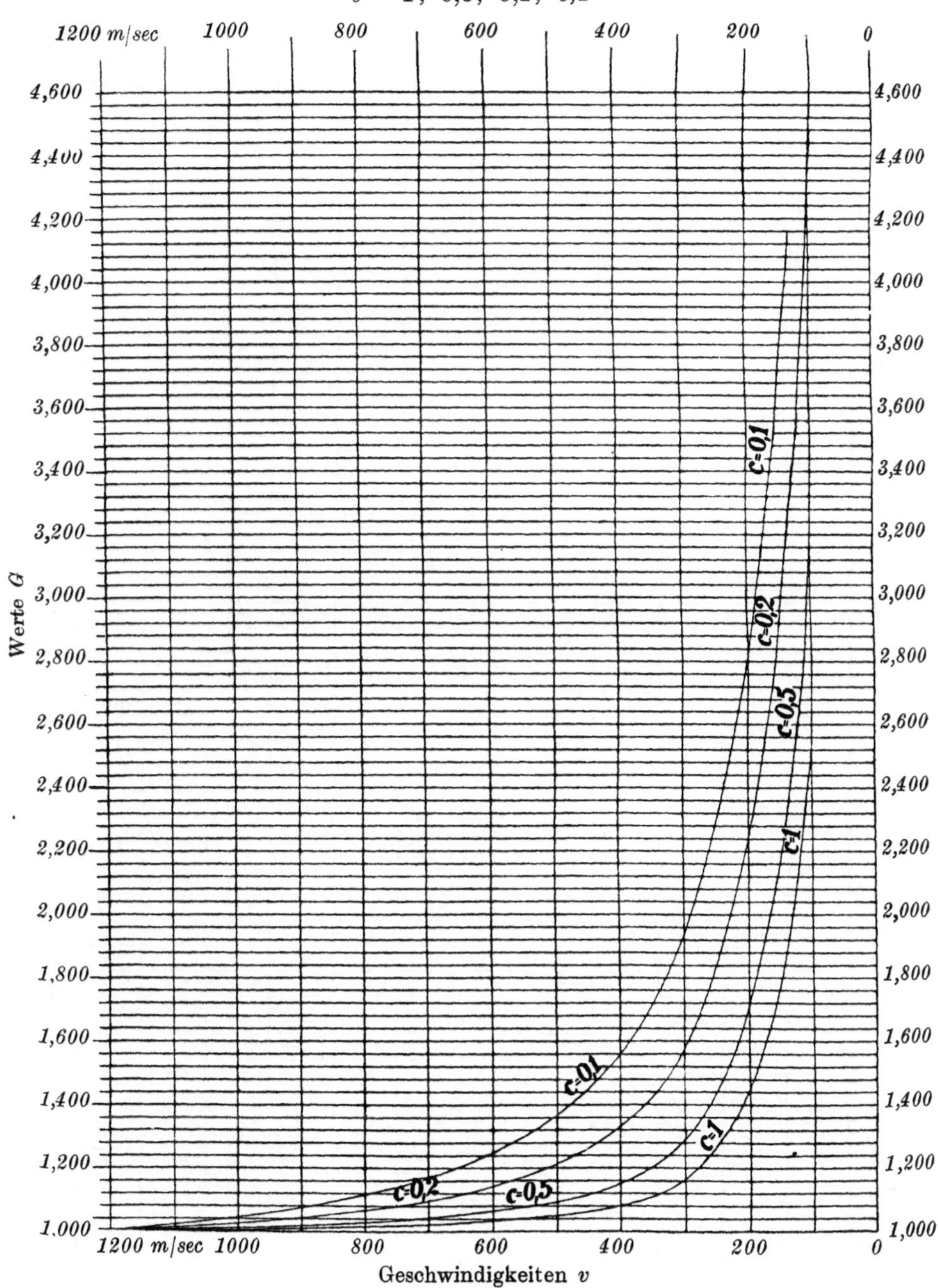

Erläuterung siehe S. 690 u. 691 des Anhangs.

Diagramm I d.
Hilfsfunktion $P(v)$ für Schuß aufwärts.
$$c = 6,\ 3,\ 1$$

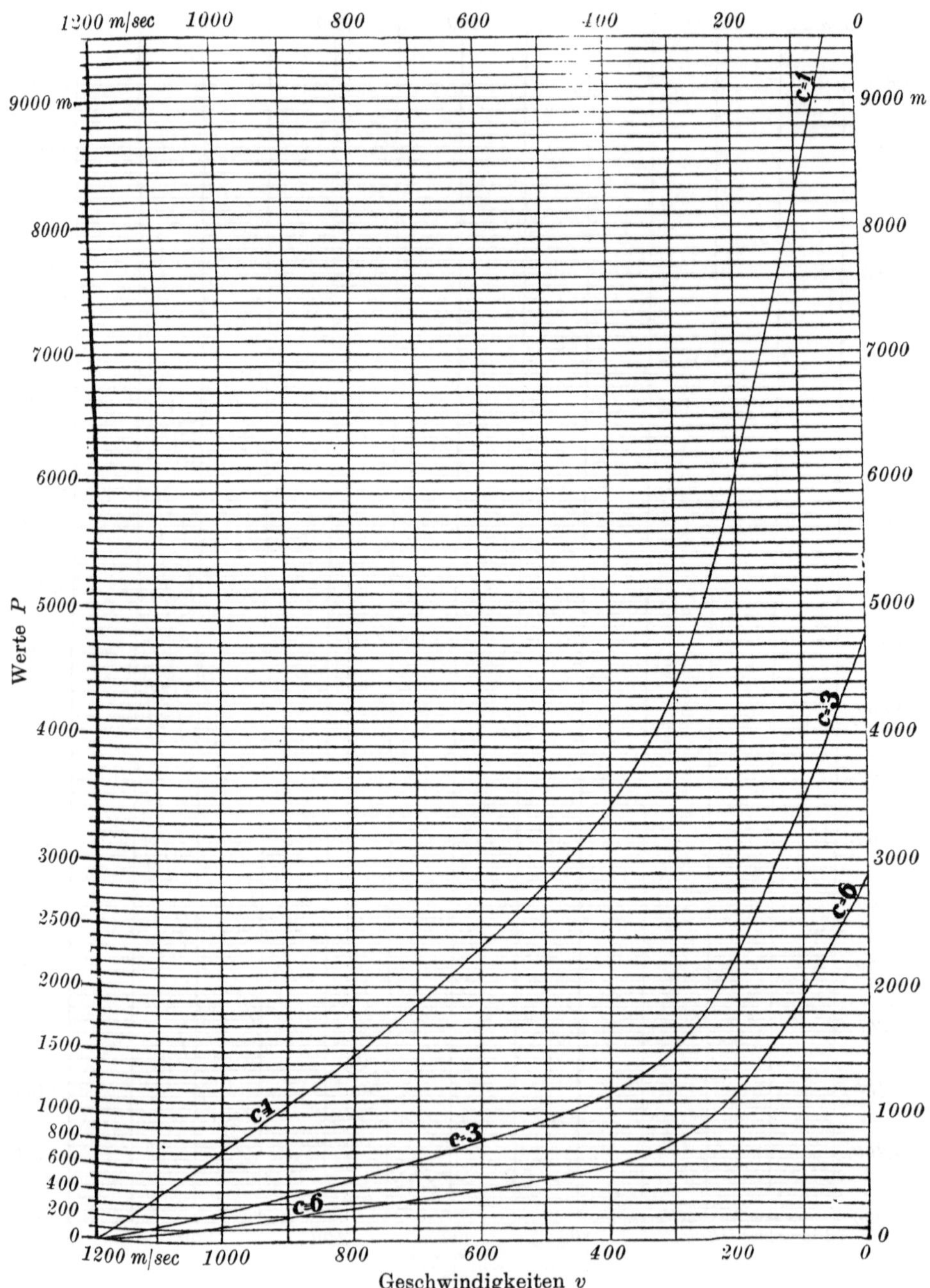

Erläuterung siehe S. 690 u. 691 des Anhangs.

Diagramm Id (Fortsetzung).

Hilfsfunktion $P(v)$ für Schuß aufwärts.

$$c = 1;\ 0{,}5;\ 0{,}2;\ 0{,}1$$

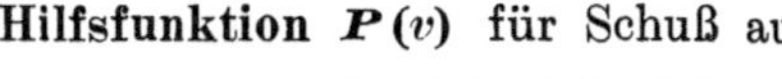

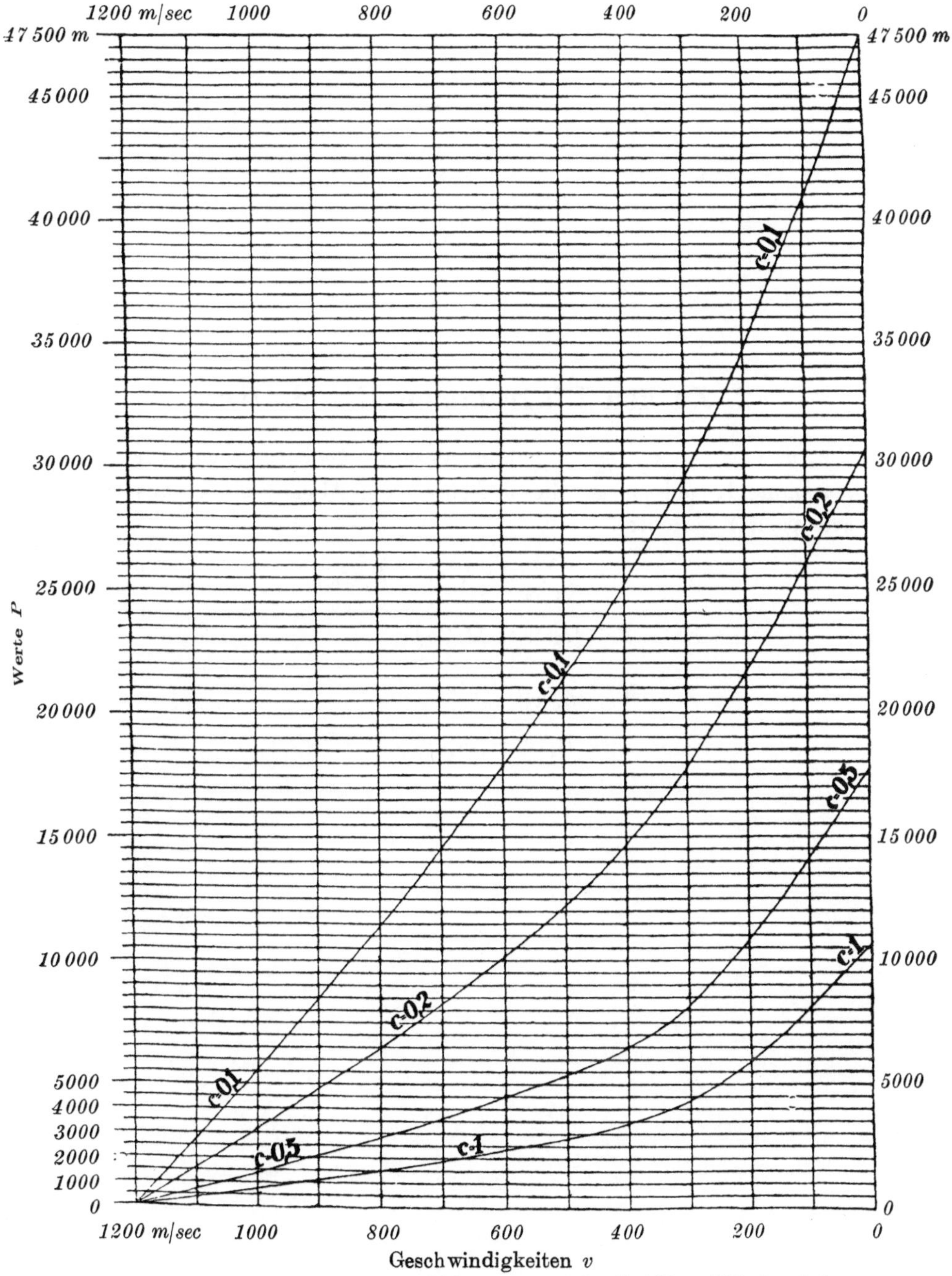

Erläuterung siehe S. 690 u. 691 des Anhangs.

2. Zu den Diagrammen IIa bis IId.

x, y, t, v, ψ, v_0, ψ_0, c haben dieselbe Bedeutung wie für die Diagramme I, jedoch ist die y-Achse vom Abgangspunkt aus abwärts positiv gerichtet.

$$x = \frac{\psi_0}{G_1(v_0)} \cdot (P_1(v) - P_1(v_0));$$

$$y = Q_1(v) - Q_1(v_0);$$

$$\psi = \frac{\psi_0}{G_1(v_0)} \cdot G_1(v);$$

$$t = M_1(v) - M_1(v_0).$$

Diagramm IIa.

Hilfsfunktion $M_1(v)$ für Schuß abwärts.

$$c = 6,\ 3,\ 1$$

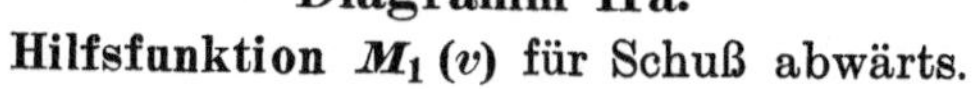

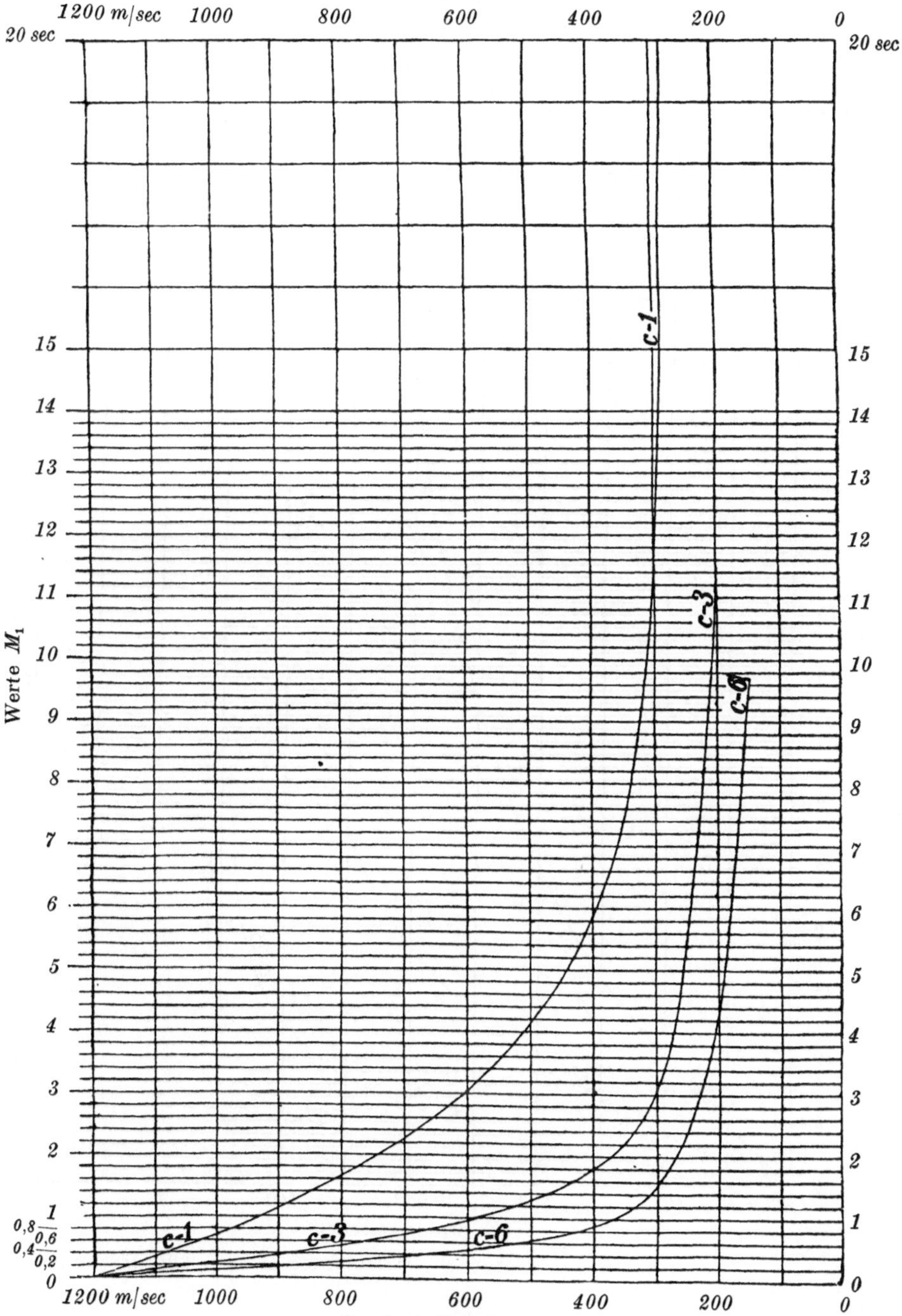

Erläuterung siehe gegenüberstehende Seite.

Diagramm II a (Fortsetzung).

Hilfsfunktion $M_1(v)$ für Schuß abwärts.

$$c = 1; \ 0,5; \ 0,2; \ 0,1$$

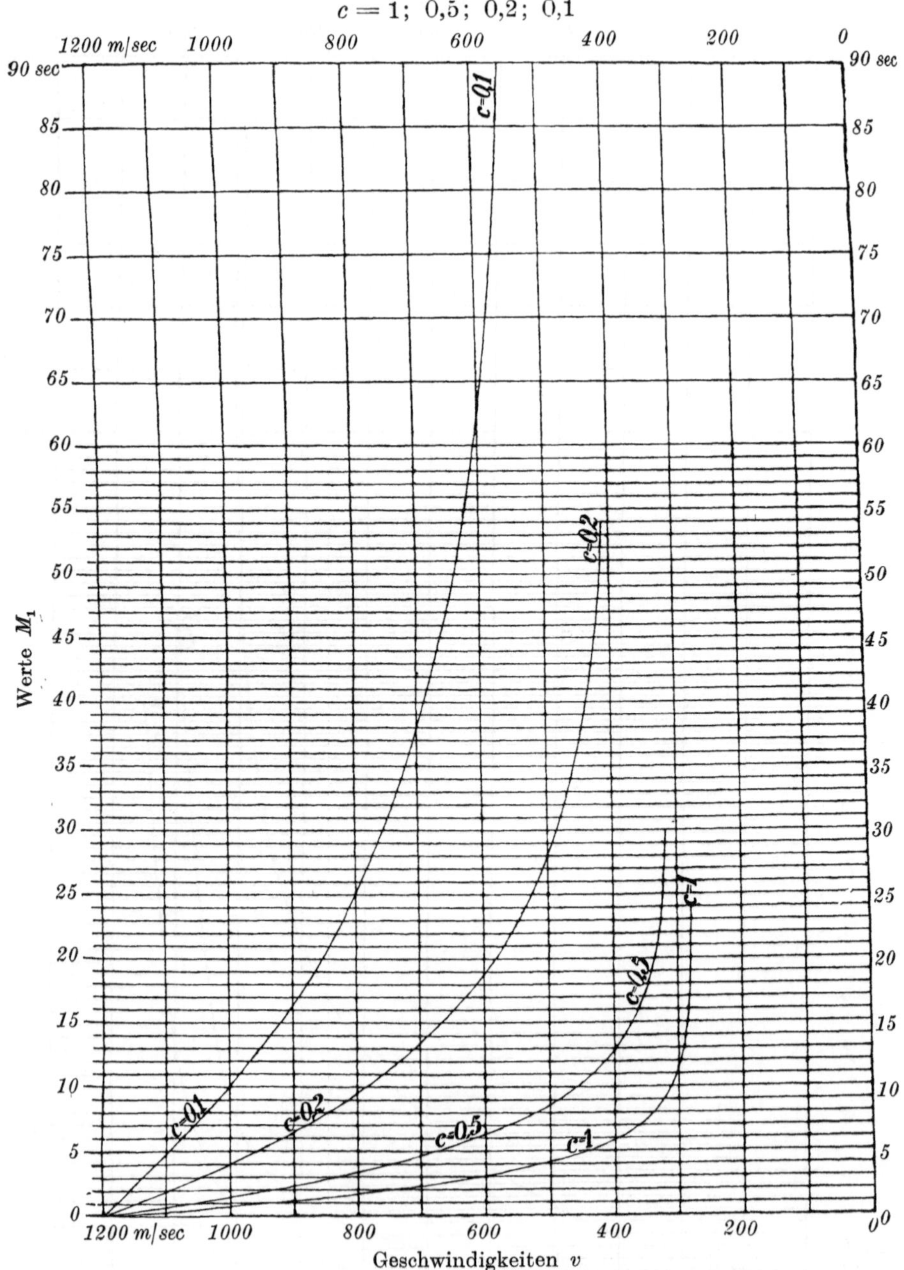

Erläuterung siehe S. 696 des Anhangs.

Additional material from *Äussere Ballistik oder Theorie der Bewegung des Geschosses von der Mündung der Waffe Ab Bis Zum Eindringen in das Ziel*, ISBN 978-3-662-39288-1 (978-3-662-39288-1_OSFO2),

is available at http://extras.springer.com

Diagramm II b.

Hilfsfunktion $Q_1(v)$ für Schuß abwärts.

$$c = 6,\ 3,\ 1$$

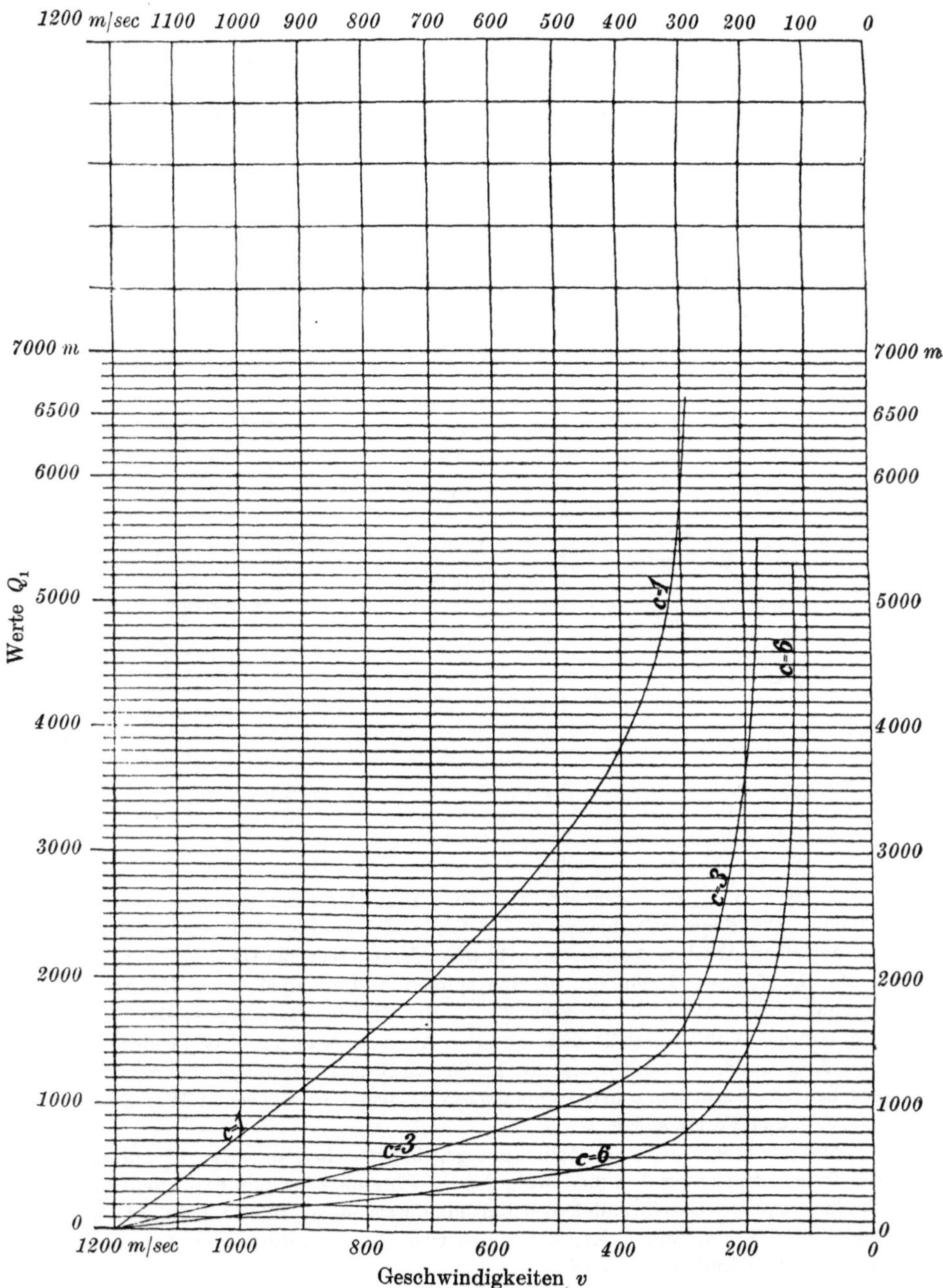

Erläuterung siehe S. 696 des Anhangs.

3. Zu den Diagrammen IIIa bis IIIi.

Es bedeutet: v_0 die Anfangsgeschwindigkeit (in m/sec); φ den Abgangs-winkel; (x, y) die Koordinaten eines beliebigen Flugbahnpunktes (in m); ϑ den Horizontalneigungswinkel der Flugbahntangente in diesem Punkte (x, y); t die Flugzeit des Geschosses bis zum Erreichen dieses Punktes (x, y); v die Bahn-geschwindigkeit des Geschosses in diesem Punkt; speziell für den Gipfelpunkt: x_s die Abszisse, y_s die Ordinate des Gipfelpunktes; ferner speziell in der Hori-zontalebene durch den Abgangspunkt: X die Schußweite, T die zugehörige Flug-zeit, v_e die Auffallgeschwindigkeit, ω den spitzen Auffallwinkel; endlich all-gemein c den ballistischen Koeffizienten $c = \dfrac{(2R)^2 \cdot \delta \cdot i \cdot 896}{1{,}206 \cdot P}$; dabei $2R$ das Ka-liber (in m), P das Geschoßgewicht (in kg), δ das mittlere Tagesluftgewicht (in kg/cbm); Formkoeffizient $i = 1$ für 2 Kaliber Abrundungsradius der ogivalen Geschoßspitze. c' bedeutet die Abkürzung für $\dfrac{1}{c\beta}$, $c' = \dfrac{1}{c\beta}$.

Beliebiger Flugbahnpunkt (x, y)	Gipfelpunkt der Flugbahn (x_s, y_s):	Auffallpunkt $(x = X,\ y = 0)$:
$\xi = c\beta x = \dfrac{x}{c'}$;	$\xi = c\beta X = \dfrac{X}{c'}$;	$\xi = c\beta X = \dfrac{X}{c'}$;
$y = x\,\mathrm{tg}\,\varphi - \dfrac{x\,c'}{2\,v_0{}^2\cos^2\varphi}\,A_7$;	$x_s = X \cdot A_5$;	$\dfrac{\sin 2\varphi \cdot v_0{}^2}{X} = A_1$;
$= x\,\mathrm{tg}\,\varphi - \dfrac{x^2}{2\,v_0{}^2\cos^2\varphi}\,A_1$;	$y_s = X\,\mathrm{tg}\,\varphi \cdot A_6.$	$\mathrm{tg}\,\omega = \mathrm{tg}\,\varphi \cdot A_2$;
$x = \dfrac{y \cdot 2\,v_0{}^2\cos^2\varphi}{v_0{}^2\sin 2\varphi - c' \cdot A_7}$;		$v_e = \dfrac{v_0\cos\varphi}{\cos\omega}\,A_3$;
$\mathrm{tg}\,\vartheta = \mathrm{tg}\,\varphi - \dfrac{c'}{2\cos^2\varphi}\cdot A_9$;		$T = \sqrt{X\,\mathrm{tg}\,\varphi} \cdot A_4$;
$t = \dfrac{c'}{\cos\varphi}\cdot A_8$;		$c\beta\,v_0{}^2\sin 2\varphi = A_7$ oder
$v = \dfrac{v_0\cos\varphi}{\cos\vartheta}\cdot A_3.$		$v_0{}^2\sin 2\varphi = c' \cdot A_7.$

1. Ist z. B. v_0, φ, X gegeben, so kennt man A_1; dazu suche man in dem Abakus IIIa diejenige Abszisse $\xi = c\beta X$ auf, die zu der Ordinate A_1 gehört. Zu derselben Abszisse ξ suche man in den Abaken IIIb bis IIIg die Ordinaten-werte A_2, A_3 usw. Dann gibt A_2 den spitzen Auffallwinkel ω, A_3 die Auffall-geschwindigkeit v_e, A_4 die Flugzeit T, A_5 die Gipfelabszisse x_s, A_6 die Gipfel-ordinate y_s. Endlich erhält man aus der Abszisse $\xi = c\beta X$ das Produkt $c\beta$, und da β durch die Zahlentafel Nr. 11 Schluß (besser durch das Diagramm VI) gegeben ist, kennt man den Koeffizienten c, also bei gegebenen Werten von $2R, \delta, P$ den Formkoeffizienten i.

Soll außerdem zu einer beliebigen gegebenen Abszisse x die Flughöhe y, die Tangentenneigung ϑ in diesem Punkt, die Flugzeit t bis zum Erreichen dieses Punktes und die Geschwindigkeit v bestimmt werden, so ist $c\beta x$ bekannt; man findet also A_1, A_3, A_7, A_8, A_9 als zugehörige Ordinatenwerte der Diagramm-kurven und damit y, ϑ, t und v.

Additional material from *Äussere Ballistik oder Theorie der Bewegung des Geschosses von der Mündung der Waffe Ab Bis Zum Eindringen in das Ziel,*
ISBN 978-3-662-39288-1 (978-3-662-39288-1_OSFO3),
is available at http://extras.springer.com

2. Ist v_0, c, X gegeben, so ist damit ξ bekannt und damit φ, ω, T und v_e zu bestimmen.

3. Ist v_0, φ, x, y gegeben, so ist $A_1 = \dfrac{(x \operatorname{tg} \varphi - y) \, 2 v_0{}^2 \cos^2 \varphi}{x^2}$ bekannt, damit $\xi = c \beta x$ aus dem Diagramm IIIa; also können ϑ, t und v für den Flugbahnpunkt (x, y) bestimmt werden. Ferner ist $c \beta = \dfrac{\xi}{x}$, also kann $A_7 = c \beta v_0{}^2 \sin 2 \varphi$ berechnet und aus dem Diagramm IIIg der zu dieser Ordinate zugehörige Abszissenwert ξ für die Schußweite in der Horizontalebene durch den Abgangspunkt gefunden werden. Somit ist $X = \dfrac{\xi}{c \beta}$ bekannt, und mit Hilfe der Diagramme IIIb bis IIIf können die Elemente des Auffallpunktes und des Gipfels bestimmt werden.

Zahlenbeispiel.

Gegeben: $v_0 = 495$ m/sec, $\varphi = 18^0$, $X = 7000$ m.

Zu bestimmen a) für die Schußweite X in der Horizontalebene durch den Abgangspunkt: ω, v_e, T; b) die Gipfelkoordinaten x_s und y_s; c) für den Flugbahnpunkt mit der Abszisse $x = 3500$ m die Ordinate y, ferner ϑ, v und t.

a) Bekannt ist $A_1 = \dfrac{v_0{}^2 \sin 2 \varphi}{X} = 20{,}58$; man sucht in dem Diagramm IIIa die zu der Ordinate A_1 gehörige Abszisse ξ für die Geschwindigkeit $v_0 = 495$ m/sec. Es ergibt sich: $\xi = 3530$; daraus $c \beta = \dfrac{\xi}{X} = 0{,}504$ und $c' = \dfrac{1}{c \beta} = 1{,}983$.

Zu dieser Abszisse $\xi = 3530$ bestimmt man in den Diagrammen IIIb bis IIId die zugehörenden Ordinatenwerte. Man findet $A_2 = 1{,}553$, hieraus $\operatorname{tg} \omega = \operatorname{tg} \varphi \cdot A_2 = 0{,}4981$; $\omega = 26\,{}^8/_{16}{}^0$; ferner $A_3 = 0{,}488$; $v_e = \dfrac{v_0 \cos \varphi}{\cos \omega} = 256$ m/sec und $A_4 = 0{,}4994$; $T = \sqrt{X \operatorname{tg} \varphi} \cdot A_4 = 23{,}8$ sec.

b) Aus den Diagrammen IIIe und IIIf ergeben sich zu der gleichen Abszisse $\xi = 3530$ die Werte $A_5 = 0{,}551$ und $A_6 = 0{,}3220$ und damit $x_s = X \cdot A_5 = 3860$ m und $y = X \operatorname{tg} \varphi \cdot A_6 = 732$ m.

c) Für den Flugbahnpunkt mit der Abszisse $x = 3500$ ist $c \beta x = 0{,}504 \cdot 3500 = 1764$. Zu diesem Wert als Abszisse in den Abaken finden sich aus den Diagrammen IIIa, IIIc, IIIh und IIIi die Ordinatenwerte $A_1 = 14{,}95$, hieraus $y = x \operatorname{tg} \varphi - \dfrac{x^2}{2 v_0{}^2 \cos^2 \varphi} \cdot A_1 = 723$ m; ferner $A_9 = 0{,}2565$; hierzu $\operatorname{tg} \vartheta = \operatorname{tg} \varphi - \dfrac{c'}{2 \cos^2 \varphi} \cdot A_9 = 0{,}044$; $\vartheta = 2\,{}^8/_{16}{}^0$; $A_8 = 4{,}75$, dazu $t = \dfrac{c'}{\cos \varphi} \cdot A_8 = 9{,}89$; $A_3 = 0{,}6075$ und hieraus $v = \dfrac{v_0 \cos \varphi}{\cos \vartheta} = 286$ m/sec.

Diagramm IIIb. Ballistischer Abakus für $\dfrac{\operatorname{tg}\omega}{\operatorname{tg}\varphi} = A_2$.

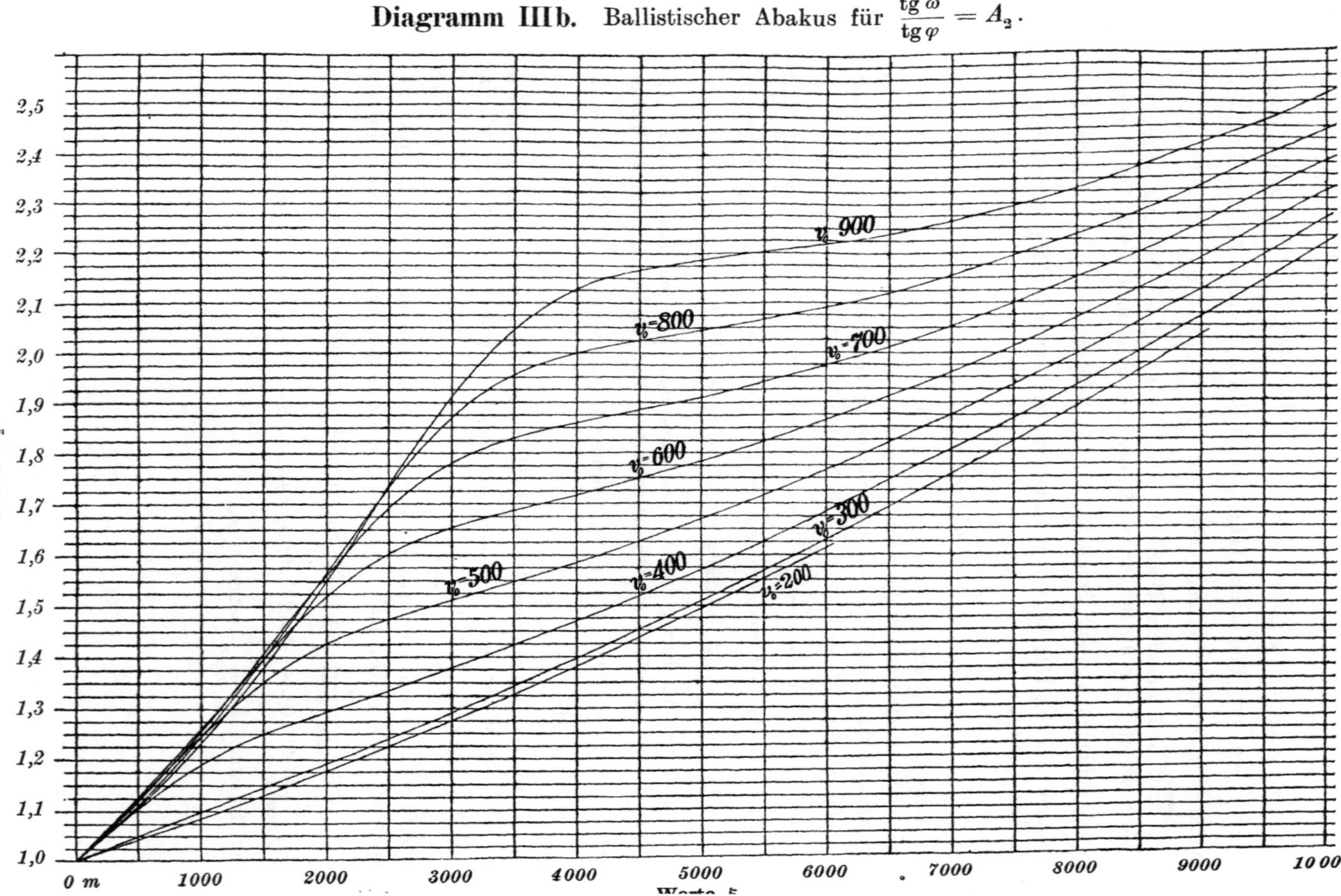

Diagramm IIIc.

Ballistischer Abakus A_3; dabei $A_3 = \dfrac{v_e \cos \omega}{v_0 \cos \varphi}$, für $\xi = c\,\beta\,X$; $\quad A_3 = \dfrac{v \cos \vartheta}{v_0 \cos \varphi} = \dfrac{u}{v_0}$, für $\xi = c\,\beta\,x$.

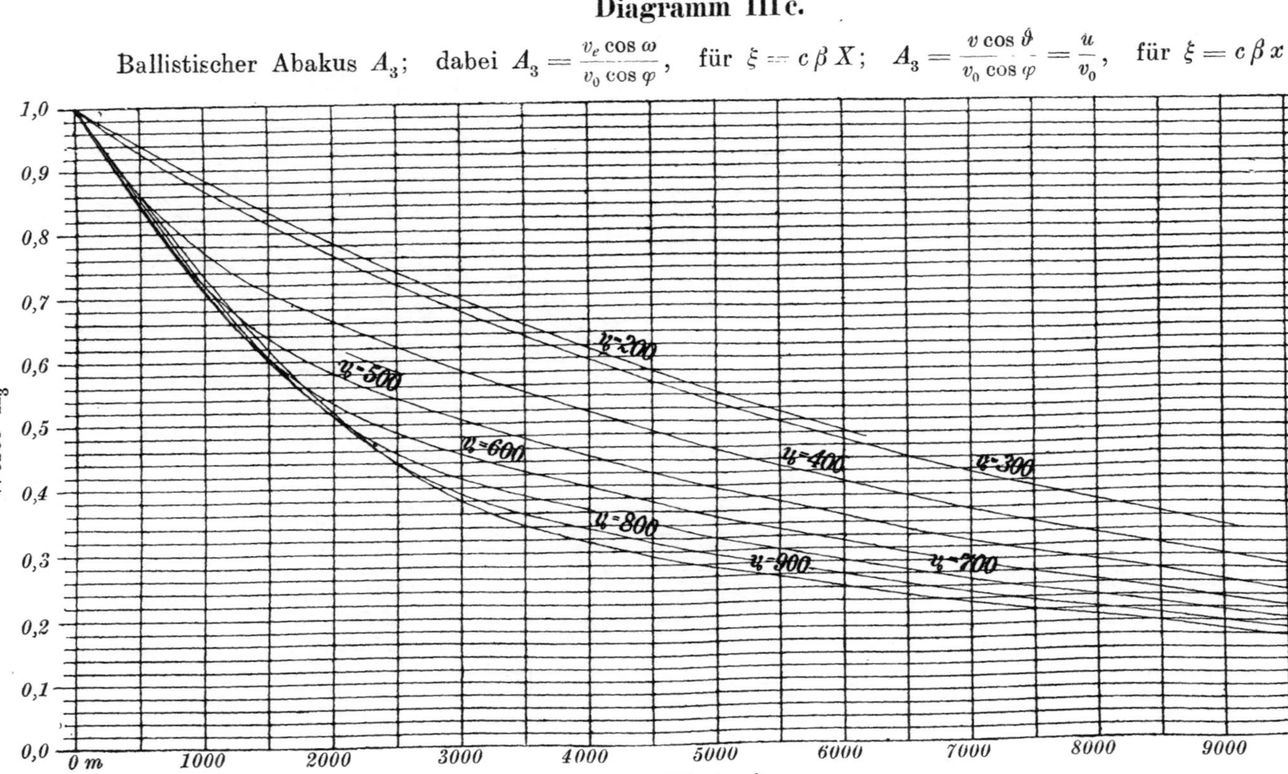

Erläuterung siehe S. 700 u. 701 des Anhangs.

Diagramm III d.

Ballistischer Abakus für $\dfrac{T}{\sqrt{X \cdot \mathrm{tg}\,\varphi}} = A_4$.

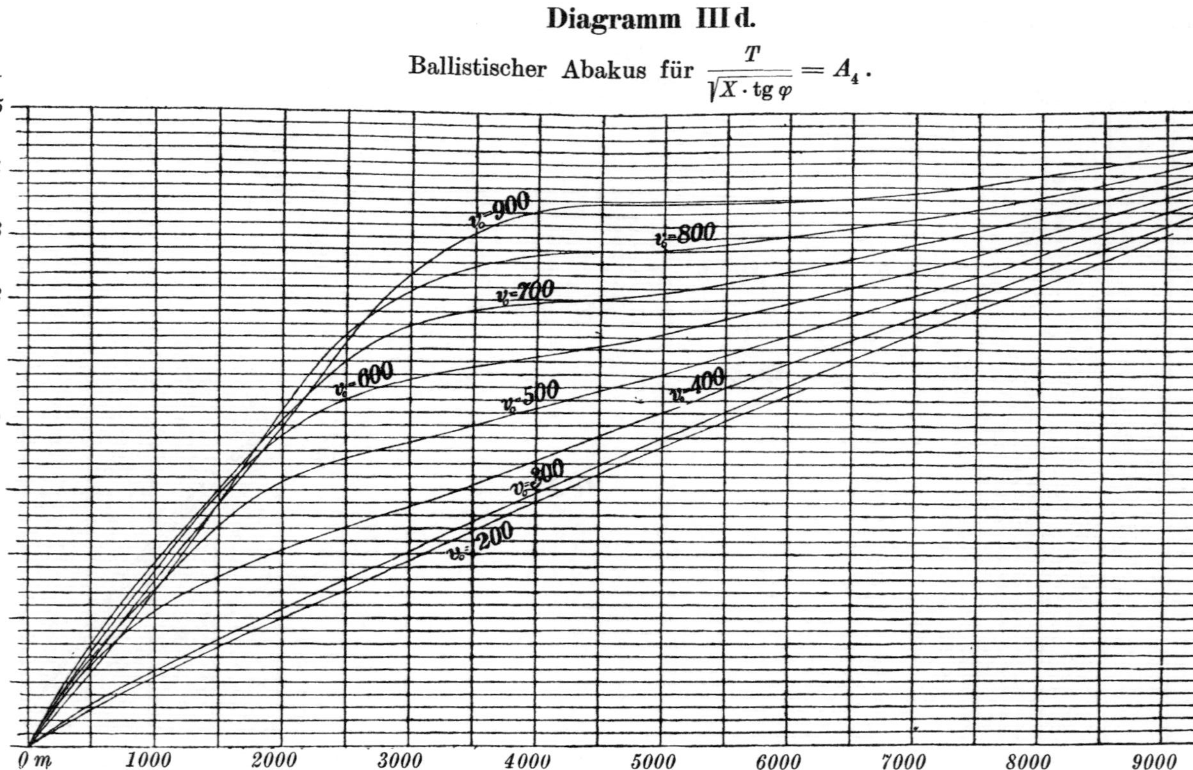

Erläuterung siehe S. 700 u. 701 des Anhangs.

Additional material from *Äussere Ballistik oder Theorie der Bewegung des Geschosses von der Mündung der Waffe Ab Bis Zum Eindringen in das Ziel,* ISBN 978-3-662-39288-1 (978-3-662-39288-1_OSFO4),

is available at http://extras.springer.com

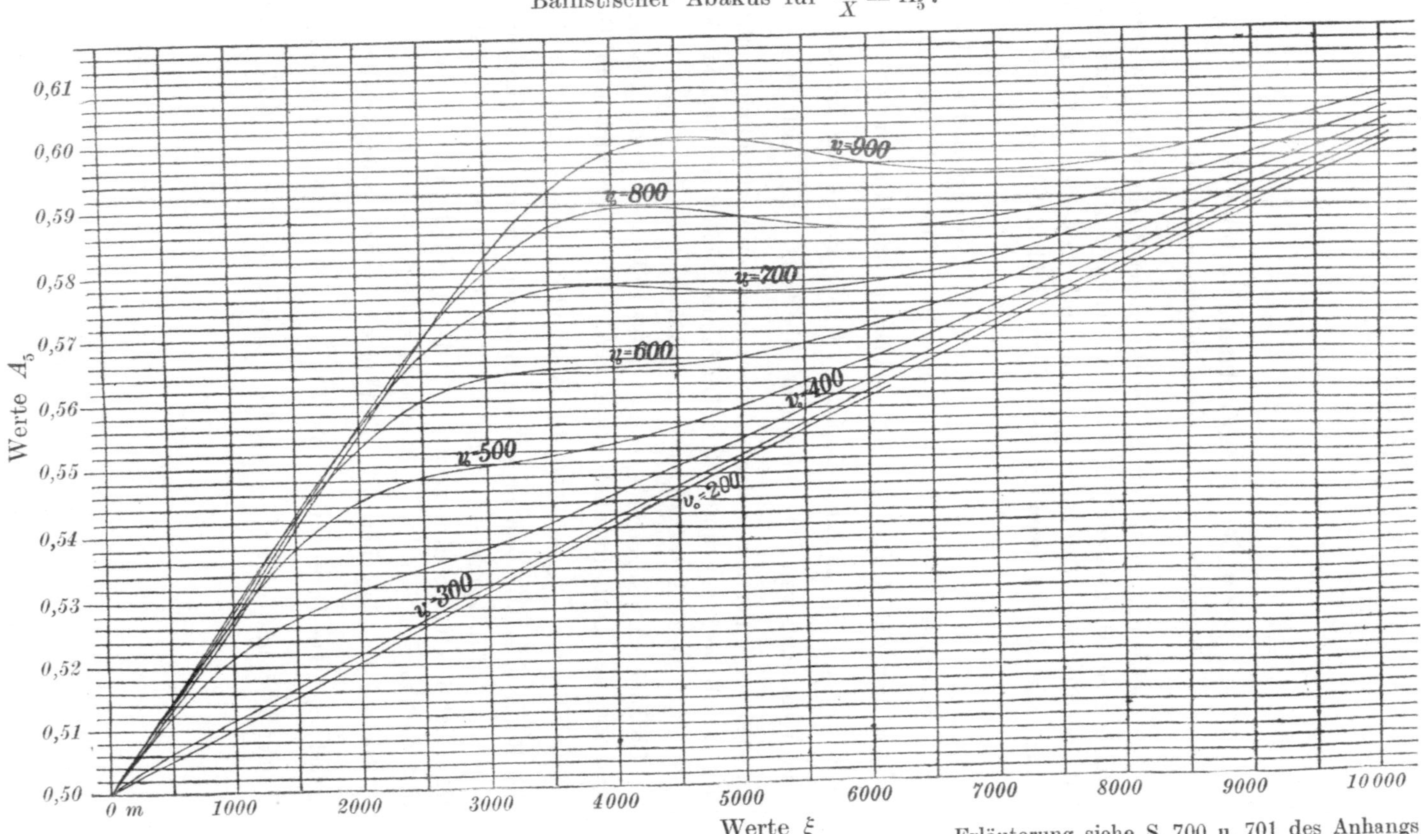

Diagramm III e.
Ballistischer Abakus für $\frac{x_s}{X} = A_5$.
Werte A_5
Werte ξ
Cranz. Ballistik. 5. Aufl., Bd. I.
45
Erläuterung siehe S. 700 u. 701 des Anhangs.
v=900
v=800
v=700
v=600
v=500
v=400
v_o=300
v_o=200
0,61
0,60
0,59
0,58
0,57
0,56
0,55
0,54
0,53
0,52
0,51
0,50
0 m
1000
2000
3000
4000
5000
6000
7000
8000
9000
10000

4. Zu den Diagrammen IVa bis IVf.

(Graphische Tafeln zu den Tabellen nach Otto.)

Die hier beigefügten, für die Zwecke dieses Buchs von E. Stübler gezeichneten Diagramme IVa bis IVf entsprechen den Ottoschen Tabellen für große Erhöhung ($\varphi = 45^0$ und größer als 45^0), und sie werden wie diese verwendet. (Vgl. obige Zahlentafel Nr. 7 und den Text von § 21).

Beispiel 1. Gegeben $c = 0{,}000981$, Anfangsgeschwindigkeit $v_0 = 95{,}95$ m/sec, Abgangswinkel $\varphi = 70^0$. Um X zu bestimmen, benutzt man die Kurve $\varphi = 70^0$ des Diagramms IVa für $\dfrac{c\,v_0^2}{g}$. Man setzt die eine Spitze eines Zirkels auf den Punkt der Kurve, der dem Wert $0{,}92$ von $\dfrac{c\,v_0^2}{g}$ entspricht. überträgt den Abstand dieses Punktes von einer der in der Nähe verlaufenden Vertikallinien mittels des Zirkels auf das unter dem Diagramm befindliche Maßstäbchen und erhält so $2\,c\,X = 0{,}70$, also $X = 357$ m.

Beispiel 2. Gegeben $v_0 = 241$ m/sec, $X = 5015$ m, $\varphi = 50^0$; man soll den Auffallwinkel bestimmen. Man entnimmt dem Diagramm IVb für $\dfrac{v_0^2}{2\,g\,X} = 0{,}590$ den Abstand des betreffenden Punktes der Kurve $\varphi = 50^0$ von einer Vertikalen mit einem Zirkel und überträgt ihn auf Diagramm IVc für $\omega - \varphi$. Die eine Spitze des Zirkels wird dabei auf die Kurve $\varphi = 50^0$ dieser Tafel gesetzt, und man liest dort $\omega - \varphi = 3^{10}/_{16}{}^0$ ab; also $\omega = 53^{10}/_{16}{}^0$.

Beispiel 3. Gegeben $\varphi = 60^0$, Flugzeit $T = 40{,}65$ sec, $X = 3520$ m, gesucht v_0. Die Berechnung von $T\,\Big|\sqrt{\dfrac{g}{X}}$ ergibt $2{,}146$, also nach Diagramm IVe und IVb $\dfrac{v_0^2}{2\,g\,X} = 1{,}309$; hieraus folgt $v_0 = 300{,}7$ m/sec.

Additional material from *Äussere Ballistik oder Theorie der Bewegung des Geschosses von der Mündung der Waffe Ab Bis Zum Eindringen in das Ziel*, ISBN 978-3-662-39288-1 (978-3-662-39288-1_OSFO5),

is available at http://extras.springer.com

Diagramm V.

Ermittlung des Tagesluftgewichtes δ aus Barometerstand B (mm) und Lufttemperatur t (Grad Cels.).

$$\delta = \frac{0,001\,702}{1 + 0,004\,t} \cdot B$$

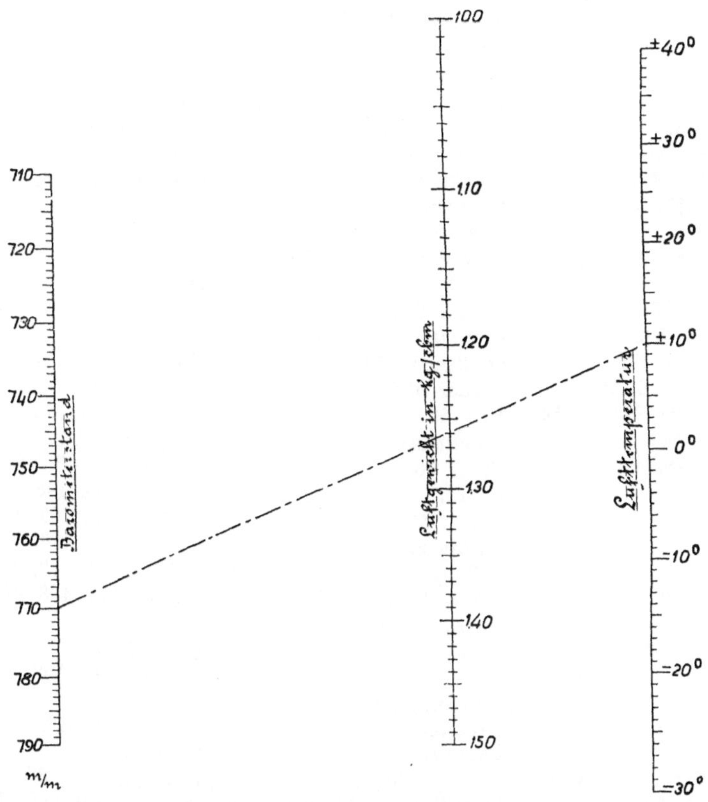

5. Zu Diagramm V.

Man legt eine Linealkante so an, daß sie rechts die abgelesene Lufttemperatur, links den abgelesenen Barometerstand trifft. Dann ist an der mittleren Linie das Luftgewicht abzulesen. Z. B. Temperatur $+ 10^0$ C, Barometerstand 770 mm. Dann erhält die Ablesekante des Lineals die Lage der strich-punktierten Linie, also Luftgewicht 1,26 kg/cbm. Die so erhaltenen Angaben gelten für einen Feuchtigkeitsgehalt von $50^0/_0$. Die für einen anderen Feuchtigkeitsgehalt am Luftgewicht anzubringenden Verbesserungen bleiben bis zu einer Lufttemperatur von $+ 20^0$ C aufwärts kleiner als die Einheit der zweiten Dezimale.

Namenverzeichnis.

Abdank-Abakanowitz 203, 213, 235, 322.
Affolter 552.
Ahlborn 545.
Airy 420.
Alayrac 554.
d'Alembert 98, 117, 118, 544, 548, 549.
Altmann 557, 559.
Amann 194.
Andreau 84, 547, 559.
Anér 129, 549.
d'Antonio 553.
Appell 117, 549.
Armanini 94, 548.
Astier 549, 556, 557.
August 91, 93, 94, 107, 548.
Austerlitz 549.
Ayrolles 548.

Bahn 563.
Barisian 544.
Barker 553.
Barry 45, 545.
Bashforth 56, 57, 63, 64, 68, 144, 145, 550.
Bassani 144, 545, 548, 550, 551.
Batailler 553.
Bayes 393.
Becker 63, 65, 101, 240, 268, 496, 546, 562, 564.
Bender 557, 559.
Bensberg 240.
Benzivenga 548.
Berardinelli 175.
Berger 556.
Bernoulli 117, 160, 163, 186, 391, 402, 549, 551.
Bertagna 377, 560.
Bertrand 420, 428, 561.
Besout 148, 550.

Bessel 561.
Bianchi 229, 551, 554, 564.
Bircher 563.
Blumenthal 255.
Borda 88, 147, 152, 197, 254, 550, 552.
Bordoni 26, 544.
Bortkiewicz 560.
Boutroue 562.
Boys 559.
Braccialini 142, 171, 175, 550.
Brauer 219, 553.
Bravetta 377, 560.
de Brettes 549, 550, 562.
Breuer 554.
Brix 557.
Brockhusen 557.
Broer 563.
v. Brunn 101, 225, 228, 254, 548, 554.
Budda 556.
v. Burgsdorff 269, 273, 425, 554, 555.
Burzio 84, 547.
Busch 255.

Calichiopulo 562.
Callenberg 440, 561.
Canovetti 54.
Cauchy 254, 554.
Cavalli 113, 114, 254, 549, 552, 555.
Chapel 57, 62, 168, 169, 170, 178, 194, 546, 548.
Charbonnier 62, 76, 80, 101, 113, 115, 139, 153, 183, 215, 254, 258, 275, 311, 377, 544, 548, 549, 550, 551, 552, 554, 555, 556, 560.
Chauvenet 421, 424, 561.

v. Chrismar 494, 563.
Clerke 563.
Close 70, 128, 547, 555.
Coriolis 554.
Coym 101.
Curschmann 563.
Curti 554, 564.
Czuber 394, 396, 401, 407, 560, 561.

Dähne 559.
Dalton 99.
le Dantec 54.
Darapsky 548.
Darricus 287, 546.
Decepts 548.
Denecke 197, 544, 546, 554.
Desprez 552.
Didion 44, 45, 54, 55, 63, 64, 88, 144, 148, 152, 154, 156, 158, 160, 163, 170, 174, 177, 186, 193, 206, 207, 209, 229, 289, 328, 331, 334, 408, 459, 550, 553, 562.
Dittli 559.
Dolliak 197, 552.
Dragas 562.
Dreyse 98, 548.
Dubuat 66.
Duchemin 72, 87, 547.
Duchêne 195, 200, 553, 559.
Duda 69, 82.
v. Eberhard 31, 45, 52, 59, 60, 65, 66, 83, 98, 101, 103, 104, 137, 150, 151, 182, 207, 229, 243, 267, 289, 294, 391, 394, 412, 433, 440, 498, 546, 548, 550, 554, 555, 560, 561.
Eckhardt 554.
Emde 210, 238, 545.

Endres 561.
Engelhardt 545, 557.
Eschler 560, 561.
Estienne 560.
Euler 140, 141, 144, 145, 331, 457, 497, 504, 515, 550, 562.
Everling 101, 548.
Exler 555.

Falkenhagen 45, 51, 52, 546.
Fasella 152, 190, 246, 251, 498, 511, 552, 564.
Faye 420, 561.
Fernandez 552.
Filloux 549, 553.
Finger 556.
Finsterwalder 54, 66, 545, 547, 548.
Fischer 560.
Fischli 548.
de Forest 402, 560.
Fourier 561.
Fowler 84, 358, 375, 376, 547.
Français 148, 197, 550, 552, 564.
Frank 89, 547.
Froude 126.

Galilei 548, 556.
Gallop 84, 358, 547.
Gandolfi 562.
Garbasso 194, 553.
Garnier 287, 546, 554, 555. 562, 564.
Gassendi 331.
Gauß 396, 401, 560.
Gauthier 547, 557.
Gehrcke 49.
George 549.
Gibert 545.
Giletta 561.
de Giorgi 563.
v. Gleich 560.
v. Göler 255.
Gonzalez 555.
Gottschow 428.
Gouin 269, 554.
Gould 420, 561.
v. Grävenitz 142.
Grammel 358, 370, 558.
Greenhill 70, 113, 124, 128, 547, 549, 555, 557.

Groos 391.
Groß 59, 75, 79, 80, 85, 86, 174, 258, 546, 551.
Guébhard 550.
Güldner 357, 558.
Gümbel 209, 219, 553.
Günther 482, 551, 563.

Haag 562.
Hadamard 545.
Haker-Heidorn 271.
Hamilton 87, 377, 547, 560, 563, 564.
Hardcastle 546.
Harris 554, 559.
Haupt 50, 197, 377, 545, 552, 557, 560.
Hayashi 117, 549.
Hebler 98, 336.
v. Heim 197, 328, 332, 552, 557, 558.
Hélie 56, 87, 153, 161, 195, 197, 199, 228, 281, 334, 335, 337, 402, 517, 558.
Helmert 402, 409, 411, 448, 560, 561.
v. Helmholtz 126, 545, 547.
Henrard 545.
Hentsch 326, 556.
Heun 554.
Heydenreich 89, 165, 166, 175, 179, 377, 420, 422, 437, 504, 554, 555, 561, 563.
Hill 374.
Hitchcock 309.
Hojel 56, 65, 178, 545.
Hübener 563.
Hugoniot 545.
Humbert 26.
Hutton 88, 331.

Inchley 553.
Indra 43, 127, 221, 544, 548, 553, 562.
Ingalls 86, 153, 275, 547, 550, 557.

Jacob 115, 116, 219, 465, 553.
Jacobi 26, 549.
Jäger 545.
Jahnke 210, 238.

Jakobi 142.
Jansen 84, 376, 557, 558, 559.
Jong, Josselin de 120, 231, 549, 554.
Jordan 402, 409, 560, 561.
de Jonquières 544, 563.
Jouffret 557, 562.
Jouguet 287, 545.
Journée 460, 544, 545.
Justrow 98, 478, 548, 563.

Kaiser 562.
Kármán 42, 51, 544.
Keck 26.
Kerkhof 555.
Kirchhoff 54, 72.
Klein 366, 369, 370, 546, 559.
Klußmann 171, 546.
Kneser 548.
v. Kobbe 545, 548.
v. Koch 485, 557.
Kohlrauch 562.
König 358, 558.
Koppe 100, 548.
Kötter 326, 557.
Kozák 165, 391, 394, 439, 521, 544, 551, 560, 561.
Krall 559.
Kranzfelder 488.
Krause 336, 437, 559, 561.
Kriloff 545.
Kritzinger 542.
Krupp 26, 45, 56, 57, 59, 65, 83, 136, 153, 154, 174, 175, 183, 213, 222, 464, 477, 551, 555.
Külp 15, 544.
Kummer 75, 80, 81, 345, 547, 557.
Kutta 222, 242, 254, 267, 553.

Lagrange 195.
Lacroix 548.
Lambert 197, 552.
v. Lamezan 547.
Lamothe 49.
Lampe 94, 548.
Lamprecht 100.
Lanchester 50, 333, 545, 558, 560.

Lang 43.
v. Langenskjöld 380, 559.
Langevin 287, 546.
Langley 54.
Laplace 391.
Lardillon 142.
Layriz 558.
Leinekugel 544.
Lefèvre 548.
Legendre 97, 117, 124, 144, 148, 547, 549, 550.
Lehmann 482, 563.
Levi-Civita 458, 461, 562.
Lhoste 560.
Lietzmann 544.
Ligowski 197, 210, 552.
Lilienthal 54.
Linke 101, 548.
Lipschitz 137, 554.
de la Llave 471, 472, 479, 562.
Lock 84, 358, 547.
v. Lössl 54, 66, 72, 75, 85, 86, 87, 106, 546.
Lombard 331, 544.
van Loon 402.
Lorenz 43, 45, 51, 52, 106, 545, 546, 547.
Ludwig 334, 382, 557, 560, 562.
Lupascu 286.

Mach 37, 39, 46, 481, 482, 544, 545.
Mac Mahon 549.
Märker 557.
Magnon 440.
Magnus 332, 342, 345, 360, 373, 557, 559.
Marey 54.
Mariotte 98.
de Masson d'Autume 545, 548.
Mata 49, 545.
Mauser 490.
Mayer 194, 553.
Mayevski 43, 55, 57, 64, 66, 76, 147, 170, 175, 207, 255, 358, 367, 381, 428, 544, 549, 557.
Mazzuoli 420, 421, 561.
Mehmke 194, 553.
Melsens 545.

Métin 556.
Mieg 197, 552.
Mimey 465, 563.
v. Minarelli 107, 326, 437, 548, 555, 557, 561, 562, 563.
Mola 142, 175.
Mondo 557.
Moreau 549, 550.
Morin 64, 328, 459.
Morley 553.
Müller, C. H., 545.
Müller, H., 557, 558.
Mussel 554.
Muzeau 380, 557.

Narath 221, 553.
Navez 55, 64.
Nebout 558.
Neesen 26, 69, 71, 82, 194, 374, 558, 559.
Neuendorff 222, 527, 553, 564.
Neumann 197, 326.
Newton 47, 48, 63, 72, 75, 76, 81, 85, 87, 91, 106, 126, 127, 547.
v. Niesiolowski-Gawin 547.
Nimier 545.
Noble 472.
Nöther 358, 553.
Nonn 547.
Nowakowski 194, 276, 535, 554.

v. Obermayer 21, 491, 544, 547, 556, 557, 559, 561, 563.
d'Ocagne 194, 553.
Ökinghaus 49, 50, 127, 545, 546, 552, 556, 557.
Ölker 546.
Okochi 84, 376, 559.
Ollero 559.
Olsson 174, 551.
Otto 119, 140, 142, 143, 144, 197, 331, 497, 504, 515, 550, 557, 558.
Ouivet 117, 549.
Owen 557.

Paalzow 345, 557.
Page 544, 547, 556.
Paixhans 331.

Pangher 466, 562.
Parodi 178, 254, 552, 562.
Parst 561.
Pascal 483, 553.
Pearson 402, 560.
Peddle 553.
Peirce 420, 422, 561.
Percin 272, 554, 561.
Perrin 553.
Perrodon 381, 560.
Perry 553.
Persy 544, 562, 563.
Pesci 194, 553.
Petitcol 553.
Pétry 459, 472, 563.
Pfaundler 381, 560.
v. Pfister 197, 544, 552.
Picard 554.
Picciati 554.
Piobert 64, 98, 328, 459, 548, 558.
v. Pivani 194, 553.
Piton-Bressant 63, 161, 195, 197, 276, 514, 552, 553.
Plaskuda 255.
Plönnies 130.
Poisson 324, 332, 341, 392, 402, 550, 556, 558, 560.
Poncelet 54, 207, 457, 544, 553, 562.
Popoff 113, 555.
v. Portenschlag-Ledermayr 194, 551, 553, 554.
Pouchelon 552.
Prandtl 52, 82, 83, 84, 137, 360, 373, 544, 546.
Prehn 197, 544, 552.
Preiß 561.
Preuß 554, 562, 563.
Pucherna 555.
Putz 559, 561.

Quinaux 336, 559.

Raabye 548.
Radau 550.
Radowitz 544.
Ramsaner 494, 495, 563.
Rayleigh 72.
Reger 484.
Renard 54.
Résal 457, 547, 556, 562.
Riabouchinsky 72, 87, 544.

Richmond 84, 358, 547.
Riebesell 546.
Riemann 42, 49, 50.
Rink 563.
de St. Robert 55, 75, 101, 125, 147, 152, 155, 170, 229, 238, 254, 275, 547, 548, 549, 557, 558.
Robins 98, 331, 562.
Röggla 125, 374, 549, 554, 558, 561.
Rohde 331.
Rohne 221, 391, 420, 422, 424, 431, 437, 439, 440, 460, 474, 476, 546, 554, 555, 558, 561, 562, 563.
Ronca 170, 194, 464, 551, 553, 562.
Rothe, R., 110, 194, 209, 218, 219, 449, 450, 553, 562.
Rothe, Ing., 221, 553.
v. Rouvroy 557, 558.
Rubach 51, 544.
v. Rudolphi 384.
Rumpff 69.
Runge 51, 194, 209, 211, 222, 235, 254, 558, 559, 560.
Rutzki 547, 557.

Sabudski 57, 107, 124, 145, 153, 175, 275, 325, 391, 394, 433, 440, 479, 549, 560.
Sänger 563.
Sängewald 51, 52, 59, 225, 228, 254, 553.
v. Sanden 194, 203, 222, 223.
Saulcy 558.
Schatte 192, 229, 255, 267, 324, 491, 492, 544, 547, 551, 554.
Scheer de Lionastre 544.
Scheffers 562.
Schell 556.
Scheve 57, 62, 142, 546.
Schilling 194, 553.
Schmidt, A., 49, 545.
Schmidt, J. C. E., 544, 545, 554.

Schmundt 353, 355, 358, 558.
Schöffler 560, 561.
Schrutka 194, 553.
Schultz 194, 255, 553.
Schütte 43.
Schubert 101, 215, 388.
Schumm 562.
Schwarzschild 228, 555.
Schwinning 488.
Selter 548.
Semple 56, 58, 62, 69, 546.
Siacci 76, 90, 117, 125, 142, 147, 150, 153, 166, 170, 171, 174, 175, 177, 179, 186, 229, 240, 275, 283, 502, 548, 549, 552, 558, 561, 562.
Silvestre 544.
Simon 194.
Simpson 225, 402.
v. Sinner 544.
Sjowist 87, 547.
Smeaton 54.
Sommerfeld 43, 51, 52, 358, 366, 369, 370, 546, 558, 559.
Soreau 194, 553.
de Sparre 76, 136, 358, 547, 555, 557.
Sprung 556.
Stacharowski 326, 557.
Stäckel 559.
Stauber 127, 552.
Stirling 394.
Stone 420, 422.
Strnad 561, 562.
Strödel 40.
Stübler 230, 242, 275, 280, 297, 304, 305, 307, 522, 524, 535, 536, 539, 550, 556, 564.
Sugot 553.

Tait 334, 359, 544, 557.
Takeda 229, 551, 554.
Tempelhof 197, 552.
Terada 84, 376, 559.
Terquem 331.
Thibault 544.
Thiel 336, 491, 545, 558.
Thiesen 54.

Tielmann 488.
Timmerhans 331, 557.
Touche 545, 547.
Tressider 563.

Uschold 409, 410.

Vahlen 49, 80, 144, 178, 186, 197, 219, 221, 254, 297, 357, 358, 546, 549, 552, 553, 558.
Valiron 548.
Vallier 57, 62, 153, 175, 181, 186, 206, 258, 275, 381, 412, 420, 421, 455, 459, 479, 501, 549, 550, 552, 560, 561, 562, 563.
Vauban 26.
Veit 563.
Veithen 197, 209, 218, 222, 224, 242, 254, 267, 275, 278, 527, 552, 553, 555.
Vieille 49, 52, 106, 545.
Vieth 557.
Vince 88.

Walker 558.
Walton 544.
Weierstraß 97.
Weigner 544, 561.
Weißbach 54.
Wellisch 409, 560.
Wellner 547.
Wernicke 463, 562.
Weygand 130, 326, 556.
Wiener 59, 105, 215, 225, 228, 254, 548, 553.
Wieschberger 51.
Wille 98, 559.
Withworth 98, 548.
Wolf 545, 564.
Wolff 70, 128, 547.
v. Wuich 76, 93, 153, 166, 229, 391, 463, 548, 562.

v. Zedlitz 168, 169, 170, 230, 242, 259, 437, 438, 551, 552, 554, 561.
Zemplén 545.
v. Zeppelin 545.
Zimmerle 98.
Zlamal 197, 549.

Sachverzeichnis.

Abgangswinkel größter Schußweite 136.
Abteilungsschießen 439.
Abweichungen der Geschosse:
  durch Wind 289.
  durch Erdrotation 316.
  durch das Seitengewehr 325.
  durch schiefen Räderstand 287.
  durch Geschoßrotation 328.
  durch Eigenbewegung der Waffe 313.
Änderungen, kleine, der Schußweite 275.
Anfangsgeschwindigkeit 508.
Auffallwinkel 502.
Augustsche Geschoßspitze 91.
Ausreißerregeln 419.

Ballistisches Problem 108.
Ballistischer Wind 308.
Ballistisches Luftgewicht 310.
Bombenabwurf 241, 311.

Cubisches Luftwiderstandsgesetz 56, 63, 168.

Dum-Dum-Wirkung 480.

Eindringen des Geschosses in das Ziel 457.
Einschießen der Artillerie 439.
Erdkrümmung, Berücksichtigung der 30.
Exzentrische Geschosse 328.
Explosivwirkung 480.

Fernschießen 243.
Flugbahnscharen 6.
Flugweite 477.
Flugzeug, Flakschußtafeln 526.
Flugzeit 135.
Formwert des Geschosses 84.

Genauigkeit der Flugbahnberechnungen 251.
Geschoßgeschwindigkeit, Verlauf der 130, 136.
Graphische Methoden 207.
Gruppierungsachsen eines Trefferbilds 425.
Gruppenweise Beobachtungen 415.

Haubengeschosse 98.
Hyperbolische Theorien 127.

Integrierbarkeit der Hauptgleichung 116.

Kappengeschosse 465.
Kleinste Quadrate, Methode der 450.
Kopfwelle des Geschosses 39.
Luftgewicht 98.

Luftkrieg, Ballistik des 526.
Luftwellen 38.
Luftwiderstand 36.

Magnuseffekt 332.
Mündungshorizont 3.

Ogivalgeschosse 86.

Panzerformeln 464.
Pendelungen der Geschosse 358.
Prellschüsse 493.

Quadratisches Luftwiderstandsgesetz 47, 54.

Ricochettieren 24, 494.
Ringscheiben 443.
Rotationsgeschwindigkeit des Geschosses 348.

Scheitel der Flugbahn 34.
Schiefes Gelände, Schuß auf 15.
Schiefstellung der Geschoßachse 68, 72.
Schußebene 3.
Schußfaktoren 166.
Schußgenauigkeit 413.
Schußtafeln 496.
Schußtafelberechnung 497.
Schußweite 35, 136.
Schwenken der Flugbahn 268.
Sekundäre Funktionen 186.
Seitenabweichungen s. Abweichungen.
Sprenghöhe, Sprengweite 477.
Steilbahnen 207, 233.
Streuung, mittlere usw. 395.
Streuungskegel 470.
Sukzessive Differenzen 410.

Tagesluftgewicht 98.
Trefferreihen 437.
Trefferprozentzahl 438.

Vertikaler Schuß 233.

Wind, Abweichungen durch 289.

Zielstreifen 432.
Zonengesetze 55.

(Außerdem vergleiche das Inhaltsverzeichnis S. XV—XX.)